国家科学技术学术著作出版基金资助出版

“十二五”国家重点图书

金属硅化物

易丹青　刘会群　王　斌　著

北　京
冶　金　工　业　出　版　社
2014

内 容 提 要

本书以金属硅化物为研究对象，较为系统地介绍了金属－硅系统热力学，金属硅化物的电子结构和晶体结构，金属硅化物合成与制备的原理和方法，金属硅化物结构材料的力学性能，金属硅化物的氧化行为、金属硅化物高温涂层以及金属硅化物基功能材料。本书是国内第一本系统介绍金属硅化物的专著，涉及物理学、化学、晶体学、表面物理、物理冶金学、陶瓷等学科，并与工程应用紧密结合，可供科研院所和工业部门从事材料设计、材料研发和工程应用的科研人员和工程技术人员阅读，也可供高等院校相关专业的教师、研究生和本科生作为教学参考书使用。

图书在版编目(CIP)数据

金属硅化物／易丹青，刘会群，王斌著．—北京：冶金工业出版社，2012.9（2014.2 重印）
国家科学技术学术著作出版基金资助出版　“十二五”国家重点图书
ISBN 978-7-5024-6037-2

Ⅰ.①金…　Ⅱ.①易…　②刘…　③王…　Ⅲ.①金属—硅化物　Ⅳ.①O613.72

中国版本图书馆 CIP 数据核字(2012)第 229096 号

出 版 人　谭学余
地　　址　北京北河沿大街嵩祝院北巷 39 号，邮编 100009
电　　话　(010)64027926　电子信箱　yjcbs@cnmip.com.cn
责任编辑　郭冬艳　美术编辑　李　新　版式设计　孙跃红
责任校对　王贺兰　刘　倩　责任印制　牛晓波
ISBN 978-7-5024-6037-2
冶金工业出版社出版发行；各地新华书店经销；三河市双峰印刷装订有限公司印刷
2012 年 9 月第 1 版，2014 年 2 月第 2 次印刷
787mm×1092mm　1/16；31 印张；753 千字；482 页
99.00 元
冶金工业出版社投稿电话：(010)64027932　投稿信箱：tougao@cnmip.com.cn
冶金工业出版社发行部　电话：(010)64044283　传真：(010)64027893
冶金书店　地址：北京东四西大街 46 号(100010)　电话：(010)65289081(兼传真)
（本书如有印装质量问题，本社发行部负责退换）

序

在人类文明发展的历史长河中，材料是推动社会生产力进步的最关键要素之一，也是社会进步的物质基础。时至今日，人们已开发出成千上万种不同用途的材料，其中，金属材料在人类文明中更占有特殊重要的地位，其中金属硅化物是非常重要的金属材料之一。硅在地球上储量丰富，含硅材料有着广泛的应用前景，如航空、航天、化工、冶金、仪器仪表、电子工业等领域，其科学内涵丰富，涉及微结构与性能、应用的关系。因此，对含硅材料的系统研究是材料科学中充满机遇和挑战的一个领域。

金属硅化物的研究可以追溯到19世纪初叶，Berzelius 试图在实验室制备纯硅时意外地获得了铁的硅化物。在第一次世界大战之前，Moisson、Honigschmid 和他们的同代人制备了大量的硅化物并且研究了它们的性能。“二战”后，对新的难熔材料的需求使人们对硅化物产生了强烈的兴趣，开始考虑金属硅化物的高温结构应用，并发现硅化物的室温脆性是它们结构应用的主要障碍。与此同时，Nowotny 等对许多金属－硅二元相图和 Mo－Si－C 三元相图作了开创性的研究。进入20世纪70年代，Fitzer 在德国开始致力于 $MoSi_2$ 基复合材料的研究，发现在 $MoSi_2$ 中加入 Al_2O_3 和 SiC 可提高其高温强度。由于金属硅化物良好的导电导热性和优越的抗氧化性，很多人对硅化物薄膜的制备及其性能作了大量的研究，这些研究成果导致金属硅化物在大规模集成电路中得到广泛应用。到90年代，纳米晶硅化物的制备获得成功，开辟了硅化物强韧化的新途径。迄今为止，国内外材料工作者已对金属硅化物的制备、微观结构和应用等方面做了大量的深入研究，并积累了丰富的资料和研究成果，但令人遗憾的是，目前还没有一本系统介绍金属硅化物的专著。

本书作者易丹青教授于20世纪90年代初赴瑞典留学，开始从事金属硅化物的研究，1998 年回国后继续从事金属硅化物的研究，承担了多项与此相关的课题，如国家自然科学基金项目“M_5Si_3 型硅化物的合金化效应”、教育部留学回国人员科研基金项目“硅基有序金属间化合物的合成与性能研究”等。作者在总结多年科研成果和半个多世纪以来国内外金属硅化物研究成果的基础上，撰写了本书，填补了国内空白，并获得了国家科学技术学术著作出版基金的资助。

本书较为系统地介绍了有关硅化物的相图与热力学性质、电子结构、晶体结构与缺陷、变形行为与力学性能等理论方面的知识，也介绍了有关硅化物的制备、氧化等工程应用方面的知识，还介绍了硅化物结构材料和硅化物涂层的制备原理与应用以及硅化物功能材料。在金属硅化物的研究领域中，硅化物结构材料的强韧化、硅化物基复合材料的设计与制备、硅化物基功能材料、硅化物纳米晶合金和纳米薄膜等方面是目前的研究热点和发展趋势，本书既从金属硅化物的基础理论，又从金属硅化物的应用等方面详细介绍了这些热点领域的研究现状和其中的科学问题，对于从事金属硅化物材料的研究和产业人员具有重要的理论和实践指导意义，可供工业和科研设计部门从事材料设计、研发和应用的工程技术人员参考，也可供高等院校有关专业的师生参考。本书的出版，不仅能够推动金属硅化物材料的科学研究和应用研究，而且能够促进金属硅化物材料的产业发展。

中国科学院院士 金展鹏

2012 年 5 月

前　言

金属硅化物是一个或多个金属元素与硅形成的化合物，属长程有序结构，其物理、力学和化学性质比较接近于金属，现代材料科学将其归入有序金属间化合物家族。金属硅化物在冶金、化工、机械、电子、航天等工业领域具有广泛的应用前景。在美国、欧洲、俄罗斯和日本等国家的实验室里，材料科学家合成了上百种金属硅化物，并对它们的热力学性质、晶体结构、物理和力学性能以及它们的工程应用做过大量研究，积累了相当丰富的文献资料。在欧美国家出版的金属间化合物书籍和手册中，有专门介绍金属硅化物的章节。很多发表在国际期刊和国际会议论文集中的综述性文章从不同的角度对金属硅化物进行了介绍。例如，美国出版的《Intemetallic Compound》和美国金属学会出版的 ASM 金属手册《Special Materials》卷均有专门的章节介绍金属硅化物。我国对金属硅化物的研究和工程应用起步较晚，20 世纪 80 年代以来，中国材料界开始重视金属硅化物的研究与应用，相关的研究活动开始活跃起来，研究文献逐渐增加；2004 年曾出版过一本张厚安撰写的《$MoSi_2$ 及其复合材料的制备与性能》，主要对二硅化钼基材料的制备与性能进行了介绍。

在国家公派留学计划的支持下，本人有幸于 20 世纪 90 年代初赴瑞典查尔姆斯工业大学金属工程系留学，开始从事金属硅化物的研究。对金属硅化物的制备、结构与性能的关系、合金化与强韧化等问题做过比较深入的研究。1997 年完成了题为《Structural Silicide——Microstructure, Property and Toughening》的博士论文。在海外留学期间，作者萌生了写一本金属硅化物专著的想法，为此，系统收集了这个领域的文献资料，对金属硅化物的研究历史、代表性的研究成果、研究现状和发展趋势有了比较全面的认识。1998 年回国以后，本人在国家自然科学基金、教育部博士点基金和湖南省科技计划的大力支持下，对 Mo－Si，Fe－Si 和 Nb－Si 等体系的合金化、结构与性能、腐蚀、氧化以及工程应用又做了很多研究，发表了数十篇研究论文和综述文章，对硅化物的性质和用途有了更深的认识。

本书10年前开始动笔，现在得以付梓出版，正所谓“十年磨一剑”。书的出版除本人努力外也是多人共同劳动的成果。我的同事刘会群博士和王斌博士，多年来和我一道为本书资料的收集和整理付出了大量的劳动，他们参加了第2章、第4章和第6章的撰写，同时还参与了全书的讨论与修改；肖来荣教授和周宏明副教授参与了硅化物涂层这一章部分内容的撰写和讨论。我的很多学生也参与了本书的资料收集、部分章节内容的撰写与讨论，分别是：孙顺平（第2章）、许艳飞（第3章）、许灿辉（第5章）、周明哲和傅上（第6章）、吴春萍（第7章）、陈宇强（第8章）、陈丽勇和王宏伟（第9章）。在本书的写作过程中，瑞典查尔姆斯工业大学的李长海教授就本书的结构和内容同作者进行过多次讨论，使我本人深受启发；此外，曹昱博士、殷磊博士、李洪武硕士、张霞硕士、李丹硕士、柳公器硕士在实验研究、文献翻译和整理都做了不少的工作。在此对他们为本书的出版所做出的贡献表示真诚的感谢！

本书的出版得到了冶金工业出版社和国内外许多同行专家的大力支持和帮助。我的恩师黄培云院士92岁高龄时仍仔细审阅了本书初稿并提出了宝贵的意见；黄培云院士和金展鹏院士在同作者讨论本书的一些重要学术观点时，给予了本人很多指教并欣然为作者申请国家科学技术学术著作出版基金撰写了中肯的推荐意见。中国科技大学彭良明教授就本书涉及的一些学术问题也与作者进行了有益的讨论。作者在此一并表示最诚挚的感谢。

在本书的写作过程中，遇到过很多的困难。首先是文献资料收集方面的困难，一些早期的文献是以德文、俄文写的，年代已久，散布在各国的图书馆里，收集起来实属不易。再就是学术方面的困难，本书内容涉及物理、化学、晶体学、表面物理、物理冶金、陶瓷多个学科，作者时感学力不及，虽尽力为之，但疏漏之处，仍在所难免，望同行专家斧正。

易丹青

2012年6月18日于长沙岳麓山

目　　录

1 绪　论

1.1 硅化物的概念

金属与硅生成的化合物即为金属硅化物。在所有金属元素中，仅有个别金属（Hg 和 Tl）与硅不发生任何作用，另有一部分金属（如 Al，Ga，In，Zn，Sn，Cd，Sb，Ag 和 Au）与硅生成低共熔合金，而绝大多数金属（包括过渡金属、稀土和锕系金属）可与硅生成金属间化合物，它们一般坚硬而有金属光泽，具有较高的熔点。此外，碱金属与碱土金属也易与硅形成金属硅化物，如 NaSi、KSi 和 CaSi 等，但这些金属硅化物缺乏金属特征，而在某种程度上与硼化物和碳化物相似[1]。迄今为止，已知的二元金属硅化物超过 100 多种，二元硅化物的“元素周期表”见图 1－1[2]。

Li_4Si Li_2Si										
NaSi Na_2Si	Mg_2Si									
KSi	Ca_2Si CaSi $CaSi_2$	Sc_5Si_3 ScSi Sc_2Si_3 Sc_3Si_5	Ti_3Si Ti_5Si_3 Ti_5Si_4 TiSi $TiSi_2$	V_3Si V_5Si_3 V_6Si_5 VSi_2	Cr_3Si Cr_5Si_3 CrSi $CrSi_2$	Mn_3Si Mn_5Si_3 MnSi $MnSi_{17}$	Fe_3Si Fe_5Si_3 FeSi $FeSi_2$	Co_3Si Co_2Si CoSi $CoSi_2$	Ni_3Si Ni_5Si_2 Ni_2Si* Ni_3Si_2 NiSi $NiSi_2$	κ(CuSi) β(CuSi) γ-Cu_5Si $Cu_{31}Si_8$ $Cu_{15}Si_4$
Rb_2Si RbSi	Sr_2Si SrSi $SrSi_2$	Y_5Si_4 Y_5Si_3 YSi YSi_2*	Zr_3Si Zr_2Si Zr_5Si_3 Zr_6Si_5 ZrSi $ZrSi_2$	Nb_3Si Nb_5Si_3* $NbSi_2$	Mo_3Si Mo_5Si_3 $MoSi_2$	Tc_5Si_3 TcSi $TcSi_2$	Ru_2Si Ru_5Si_3 Ru_4Si_3 RuSi* Ru_2Si_3	Rh_2Si Rh_5Si_3 $Rh_{20}Si_{13}$ Rh_3Si_2 RhSi	Pd_3Si Pd_2Si PdSi	
CsSi $CsSi_3$	BaSi $BaSi_2$* $BaSi_3$	LaSi $LaSi_2$ La_3Si_2 La_5Si_3 La_5Si_4 La_2Si_3	Hf_2Si Hf_3Si_2 HfSi $HfSi_2$	Ta_3Si Ta_2Si_3 Ta_5Si_3* $TaSi_2$	W_5Si_3 WSi_2	Re_5Si_3 ReSi $ReSi_2$	OsSi Os_2Si_3	Ir_3Si Ir_2Si Ir_3Si_2 IrSi $IrSi_3$	Pt_3Si* Pt_2Si* Pt_6Si_5 PtSi	
	CeSi $CeSi_2$ Ce_5Si_3 Ce_2Si_3	$PrSi_2$* $PrSi_3$ PrSi Pr_3Si_2	Nd_5Si_3 NdSi $NdSi_2$*	Sm_5Si_3 SmSi $SmSi_2$*	EuSi $EuSi_2$	Gd_5Si_3 GdSi Gd_2Si_3 $GdSi_2$	TbSi Tb_5Si_3 Tb_2Si_3 $TbSi_2$	DySi Dy_5Si_3 Dy_2Si_3 $DySi_2$	HoSi Ho_5Si_3 Ho_2Si_3 $HoSi_2$	Er_5Si_3 ErSi $ErSi_2$
Tm_5Si_3 TmSi $TmSi_2$	Yb_5Si_3 YbSi $YbSi_2$	Lu_5Si_3 LuSi $LuSi_2$								

	Th_3Si_2 ThSi Th_2Si_3 $ThSi_2$*		U_3Si U_3Si_2 USi* U_3Si_5 USi_2 USi_3	$NpSi_2$ $NpSi_3$	Pu_5Si_3 PuSi Pu_2Si Pu_3Si_2	AmSi $AmSi_2$	CmSi $CmSi_2$ Am_2Si_3			

注：* 代表该成分点附近的相。

图 1－1　已知二元硅化物的“元素周期表”[2]

元素周期表中多数元素可以与硅反应生成一种或多种硅化物。金属硅化物的制备一般涉及高温下的物理化学反应，制备方法很多，可以通过物理、化学、冶金和机械化学等方法来制备金属硅化物。

1.2　金属硅化物的发展简史

金属硅化物是人工合成的化合物，在地壳中发现的硅的化合物中，尚未发现天然金属硅化物。金属硅化物人工合成的历史可以追溯到19世纪初叶，瑞典科学家 Berzelius 试图在实验室制备纯硅时意外地获得了铁的硅化物。然而，在法国化学家 Moisson 发展电炉之前，硅化物并没有引起人们的注意。制备和处理金属硅化物需要很高的温度，如何达到这样的温度并能够控制它，在一个世纪以前并不容易做到。Moisson 电炉第一次向人们提供了获得高温并控制它的实际手段。在第一次世界大战之前的二十年中，Moisson 和 Honigschmid（德国人）以及同时代人制备了大量的硅化物并且研究了它们的性能。Fe_3Si 优异的软磁性能，很早就引起了人们的注意，20 世纪初叶开始生产 Fe－Si 基软磁材料，到了 30 年代，日本人发明了以 Fe_3Si 为重要组成相的铁硅铝磁性合金，其发明地在仙台县，故又称 Sendust 合金。第二次世界大战后，对新的难熔材料的需求使人们对硅化物产生了强烈的兴趣，从而在 50 年代初出现了一个硅化物研究和应用的热潮。20 世纪 50 年代，人们开始考虑将金属硅化物作为高温结构材料来应用。美国的 Maxwell 研究了 $MoSi_2$ 和 $MoSi_2-Al_2O_3$ 复合材料的高温力学性能，并发现硅化物的室温脆性是它们结构应用的主要障碍。与此同时，奥地利科学家 Nowotny 等对许多金属－硅二元相图和 Mo－Si－C 三元相图作了开创性的研究。1954 年，芝加哥大学的 Hardy 和 Hulm 首次报道了 V_3Si 具有低温超导特性，其临界转变温度 $T_c=17.1K$[3]。硅化物最重要的工程应用可能是以 $MoSi_2$ 电热元件作为标志。1956 年，瑞典的 Kanthal 公司用 80% 的 $MoSi_2$ 和 20% 的玻璃粉混合起来制成了 U 形的高温电炉用发热元件，并以 Super Kanthal 为其命名。目前，该公司生产的 $MoSi_2$ 基发热元件最高使用温度可达到 1850℃。20 世纪 60 年代，苏联科学家 Samsonov 用粉末冶金方法制备了许多金属硅化物并对它们的物理、力学、化学性能进行了深入研究。到了 60 年代，英国科学家 Ware 和 McNiell 首次报道了 $\beta FeSi_2$ 半导体的热电性能，后来人们通过掺杂和优化微观结构来改善其热电性能。60 年代末期，Lepselter 在贝尔实验室进行了大量的用金属硅化物制作肖特基势垒的研究，获得多项美国专利，开拓了金属硅化物的应用新领域。早在 20 世纪 70～80 年代，美国空军和宇航局就投入大量的人力和物力，对难熔金属及其合金的体系、制备技术及性能进行了研究，研制了多种高温抗氧化硅化物涂层并用于高温合金的保护。$MoSi_2$ 具有极好的耐高温、抗氧化性，是一种理想的难熔金属及其合金的涂层材料。70～80 年代，很多人对硅化物薄膜的制备与性能做了大量的研究，这些研究的成果使得 NiSi、$CoSi_2$、Pd_2Si 和 $TiSi_2$ 等金属硅化物在大规模集成电路中得到广泛应用。$MoSi_2$ 基复合材料的研究始于 70 年代，德国科学家 Fitzer 发现在 $MoSi_2$ 中加入 Al_2O_3 和 SiC，可大大改善其高温强度。到 80 年代，由于工业界的需求，新的材料制备技术和表征方法的不断问世，机械合金化、热压/热等静压、自蔓延高温合成技术和等离子喷射沉积等方法陆续被用来制备金属硅化物。另外，物理气相沉积技术、化学气相沉积技术和分子束外延法等制备方法的不断进步与成熟，促进了金属硅化物薄膜材料的快速发展。80 年代中期，由于其他脆性的金属间化合物，如

Ni_3Al，Ti_3Al 和 TiAl 的强韧化取得重大进展，硅化物的高温结构应用再次引起人们的强烈关注，结构硅化物研究再起热潮。到 90 年代，纳米晶硅化物的制备获得成功，开辟了硅化物强韧化的新途径。进入 21 世纪，有关硅化物的化合键的性质、物理性质和界面行为的研究，特别是在原子尺度上的计算与模拟发展得比较快，发表了一些研究论文，正在成为一个值得重视的研究方向。

1.3 基本性质

在当代材料科学中，金属硅化物被划分为金属间化合物的一个大类。它们的许多物理、力学性能比较接近于金属。一般来说，金属硅化物是比较硬的晶体物质，跟金属一样具有金属光泽，高的导电、导热性，正的电阻温度系数，大多数情况下具有顺磁性。硅化物的物理性质和力学性能在很大程度上是由金属组元决定的，因此，难熔金属的硅化物具有比较高的熔点、硬度和压缩强度，具有中等的密度和抗拉强度以及良好的高温力学性能。金属与硅的反应降低了金属的活性，因此硅化物的化学稳定性相当好。特别是含硅量高的难熔金属硅化物（如二硅化钼），它们的室温和高温耐腐蚀性和抗氧化性都很好。金属硅化物的主要缺点是室温下很脆、冲击韧性低，抗热冲击能力不足。

1.3.1 化学性质

硅化物中的原子结合力很强，其化学键既有金属键的特点又有很强的共价键性质。因此，金属硅化物的性质介于金属与陶瓷之间。对于大多数金属硅化物来说，在高温条件下，能够在表面生成一层玻璃状的、致密的、黏附力强的 SiO_2 氧化膜，因而具有优异的抗氧化性能。有一些硅化物，如 $MoSi_2$、Mo_3Si、$NiSi_2$、Mo_5Si_3 等化合物在高温下（$>1000℃$）表现出很好的抗氧化性能，但在低温氧化过程中会发生一种奇特的现象——“Pesting”现象。早在 1955 年，Fitzer 首次发现 $MoSi_2$ 在 400 ~ 600℃下有加速氧化的趋势，材料会因剧烈氧化由块状变为粉末，引起材料灾难性的毁坏，这就是所谓的 Pesting 现象[4]。Pesting 现象的存在，严重限制了这些硅化物的使用范围。在高温抗氧化性方面，所有的 M_5Si_3 型硅化物都不及 $MoSi_2$，而且，M_5Si_3 型硅化物的抗氧化性差别很大。例如，Ti_5Si_3、Cr_5Si_3、Mo_5Si_3 和 W_5Si_3 在高温条件下表现出很好的抗氧化性；而 Ta_5Si_3、Nb_5Si_3、V_5Si_3 等虽然熔点很高，但是它们的抗氧化性能却很差；因此，限制了其在高温氧化环境中的应用。通常可以通过表面涂层和合金化的方法来改善金属硅化物的高温抗氧化性能。

金属硅化物不光具有良好的高温抗氧化性能，而且具有优异的耐腐蚀性能。第Ⅰ族或第Ⅱ族元素的硅化物（如 Na_2Si 和 Ca_2Si）与水反应会产生氢气和（或）硅烷。过渡族金属硅化物一般都具有较好的化学稳定性，在碱和无机酸（除氢氟酸）的溶液中一般不溶解。但是，过渡族金属硅化物易溶于熔融态的碱中，并且在高温下与氟和氯发生反应。

在钛 - 硅系中，已经发现的二元硅化物有 4 个，它们是 Ti_5Si_3、Ti_5Si_4、TiSi、$TiSi_2$。这些化合物可以通过铝热法、熔盐电解，反应烧结和真空电弧熔炼的方法制备。在钛的硅化物中，人们最感兴趣的、研究得比较多的是 Ti_5Si_3 和 $TiSi_2$。$TiSi_2$ 是报道得最早的二元钛硅化合物，它是一个化学计量型化合物。它的抗氧化性能和耐酸的腐蚀性非常好，在空气中加热到发红时，氧化速度仍然很慢；除氢氟酸之外，它不受其他矿物酸的腐蚀。但是，$TiSi_2$ 不耐碱的腐蚀，它与碱发生强烈的反应。Ti_5Si_3 不是化学计量型化合物，有一定的成分范围，但它是一种非常稳定的化合物。熔化以前不发生转变，加热到熔点，转变成同成分的液相。

在锆－硅系中，人们研究得比较多、有较大实际应用价值的是 Zr_5Si_3 和 $ZrSi_2$。历史上第一个报道的锆硅化物是 $ZrSi_2$。在高温下和空气中，块状的 $ZrSi_2$ 也很稳定。与 $TiSi_2$ 相类似，除氢氟酸之外，其他的矿物酸都不能腐蚀 $ZrSi_2$，甚至在碱溶液中它也很稳定；但它易溶于熔融的碱中。

有关金属硅化物的氮化行为的报道比较少，最近黄朝晖等对 $MoSi_2$ 的高温氮化行为进行了研究，发现在 1400～1700℃，0.9MPa 氮气气氛条件下，$MoSi_2$ 可以被氮化，其氮化产物主要有 Mo_5Si_3 和 Si_3N_4，并且 Si_3N_4 的数量随温度的升高而增加[5]。

1.3.2 物理性能

许多金属硅化物具有较高的熔点和弹性模量，良好的导电、导热性，较低的电阻率，并且具有金属光泽。表 1－1 列出了部分硅化物的物理性能数据[6~9]。

表 1－1 部分硅化物的物理性能

硅化物	密度/g·cm^{-3}	弹性模量 E/GPa	剪切模量 G/GPa	泊松比 ν
$MoSi_2$	6.24	440	191	0.15
WSi_2	9.86	468	204	0.14
$CrSi_2$	5.00	347	147	0.18
VSi_2	4.63	331	142	0.167
$CoSi_2$	4.95	116	—	—
$TiSi_2$	4.39	265	115	—
$NbSi_2$	5.69	—	—	—
Ti_5Si_3	4.32	约 150	—	—
Zr_5Si_3	5.99	220	—	—
V_5Si_3	5.27	257	101	0.271
Mg_2Si	1.88	—	—	—
Cr_3Si	6.54	351	137	0.286
V_3Si	5.62	213	81.9	0.298

金属硅化物的熔点与金属组元的熔点密切相关。一般说来，一种金属的熔点越高，其对应的金属硅化物的熔点也越高。由图 1－2 可以看出，金属硅化物的熔点与该金属的熔点成正比关系。很多金属元素能与硅生成一种以上的硅化物，在这种情况下，硅化物的熔点既取决于金属组元的熔点，又受金属与硅的比例的影响。在生成多个硅化物的金属－硅体系中，硅含量高的化合物和硅含量低的化合物的熔点数据示于表 1－2。从表中可以看出，对于难熔金属硅化物来说，MSi_2 型硅化物具有最低的熔点，而且重金属硅化物比轻金属硅化物的熔点要高。而对于某种贵金属与硅的化合物，金属/硅的原子比值越大，该硅化物的熔点越低，如 Pt_2Si 的熔点为 1100℃，比 PtSi 的熔点（1229℃）低。

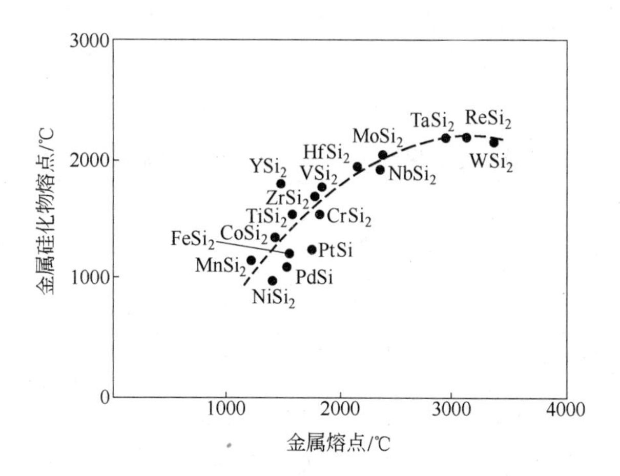

图 1-2 金属硅化物熔点-金属熔点关系图[10]

表 1-2 部分金属-硅体系中高硅化物与低硅化物的熔点[11]

金 属	熔点/℃	最高熔点		最低熔点	
		硅化物	熔点/℃	硅化物	熔点/℃
Ti	1661 ± 10	Ti_5Si_3	2130	$TiSi_2$	1540
Zr	1853	Zr_5Si_3，Zr_3Si_2	2325	$ZrSi_2$	1650 ~ 1700
Hf	2227	Hf_3Si_2	2460	$HfSi_2$	1800
V	1891 ± 10	V_5Si_3	2010	VSi_2	1670
Nb	2469	Nb_5Si_3	2500	$NbSi_2$	1950
Ta	2997	Ta_5Si_3	2500	$TaSi_2$	2200 ± 100
Cr	1857 ± 20	Cr_3Si	1770	$CrSi_2$	1550
Mo	2617	Mo_3Si_2	2190	$MoSi_2$	1980
W	3411	W_5Si_3	约 2400	WSi_2	2165
Re	3181	$ReSi_2$	1980	ReSi	1880
Fe	1535	FeSi	1410	$FeSi_2$	约 1212
Co	1495	CoSi	1460	Co_3Si	1215
Ni	1453	Ni_2Si	1318	NiSi	992
Pd	1553	Pd_2Si	1398	Pd_5Si	830
Pt	1773	PtSi	1229	Pt_2Si	1100
Ru	2311	RuSi	1800	Ru_2Si	1660

ⅣA，ⅤA，ⅥA，ⅦA 和Ⅷ族元素与硅的化合物，具有较低的电阻率，可以用来制作肖特基势垒，欧姆接触和金属互联。因此，它们的物理特性及其在微电子工程学领域的应用受到关注。对于集成电路中的用途而言，金属硅化物的电阻率是最重要的判据，贝尔实验室测量了各种硅化物的电阻率。表 1-3 给出了部分硅化物的物理性能数据[12~14]。由表 1-3 可以看出，金属硅化物在硅上形成的肖特基势垒高度在 0.55 ~ 0.94eV 之间。其中，$TiSi_2$ 的电阻率最低，只有约 15μΩ · cm。Fe、Cr 硅化物具有很高的电阻率，而 Mo 和 W 的二元硅化物的电阻率比较低，在 60 ~ 100μΩ · cm 之间。硅化物电阻率随 d-电子数目的增加而增大（例如：Ti 有 2 个 d 电子，而 Cr 有 4 个 d 电子）。另外，几乎所有的金属硅

化物都表现出与金属相似的物理特性：电阻率随温度的升高而增加，导电性随温度的升高而减小。但是，人们对于金属硅化物的导电机理知之甚少，有关霍尔系数和自由载流子浓度等数据非常缺乏。

表 1－3 部分硅化物的电阻率及其在 N 型硅上的肖特基势垒高度（Φ_β）[12～14]

二硅化物	Φ_β/eV	电阻率 /μΩ · cm	其他硅化物	Φ_β/eV	电阻率 /μΩ · cm
$TiSi_2$	0.6	13～16	HfSi	0.53	—
VSi_2	—	50～55	MnSi	0.76	—
$CrSi_2$	0.57	约 600	CoSi	0.68	—
$ZrSi_2$	0.55	35～40	NiSi	0.7～0.75	—
$NbSi_2$	—	50	Ni_2Si	0.7～0.75	—
$MoSi_2$	0.55	约 100	RhSi	0.74	—
$HfSi_2$	—	45～50	Pd_2Si	0.74	30～35
$TaSi_2$	0.59	35～45	Pt_2Si	0.78	—
WSi_2	0.65	约 70	PtSi	0.87	28～35
$FeSi_2$	—	>1000	IrSi	0.93	—
$CoSi_2$	0.64	18～20	Ir_2Si_3	0.85	—
$NiSi_2$	0.7	约 50	$IrSi_3$	0.94	—

迄今为止，只报道过少数几个 M_5Si_3 型相的电性能和热物理性能，有关的数据见表 1－4 和表 1－5[15,16]。一般说来，M_5Si_3 型相的物理性能表现出高度的各向异性，这是由它们的晶体结构的低对称性和化学键的方向性所决定的。以 Ti_5Si_3 为例，沿不同的晶体取向测得的 Ti_5Si_3 单晶的电阻率和线膨胀系数随温度的变化情况分别示于图 1－3 和图 1－4[17,18]。很明显，在所考察的温度范围内，Ti_5Si_3 单晶的电阻率和线膨胀系数表现出强烈的各向异性。

表 1－4 部分 M_5Si_3 型相的电性能

硅 化 物	电导率 /MS · m^{-1}	电阻温度系数 /K^{-1} ×10^{-3}
Cr_5Si_3	0.654	—
Fe_5Si_3	0.59	—
Mo_5Si_3	2.18	+0.66（20～800℃）
Mn_5Si_3	0.39	—
Ta_5Si_3	9.27	—
Ti_5Si_3	1.82	—
V_5Si_3	0.878	+1.24（20～200℃）

表 1－5 部分 M_5Si_3 型相的热物理性质

硅化物	热导率 /W · (m · K) $^{-1}$	温度/℃	线膨胀系数 /×10^{-6} · ℃ $^{-1}$	温度范围 /℃	备 注
Cr_5Si_3	10.886	20	6.0	20～170	—
			10.6	170～720	—
			14.2	720～1070	—

续表 1－5

硅化物	热导率 /W·(m·K)$^{-1}$	温度/℃	线膨胀系数 /×10^{-6}·℃$^{-1}$	温度范围 /℃	备注
Mo_5Si_3	21.771	20	4.3 6.7	20～270 270～1070	— —
Mn_5Si_3	6.699	20	—	—	—
Nb_5Si_3	—	—	7.3 4.6	20～650 20～650	沿 *a* 轴 沿 *c* 轴
Ta_5Si_3	9.965	20	5.5 8.0	20～1000 20～1000	沿 *a* 轴 沿 *c* 轴
Ti_5Si_3	15.198	20	11.0	170～1070	—
V_5Si_3	12.560	20	9.5	20～770	—
Zr_5Si_3	12.142	20	—	—	—

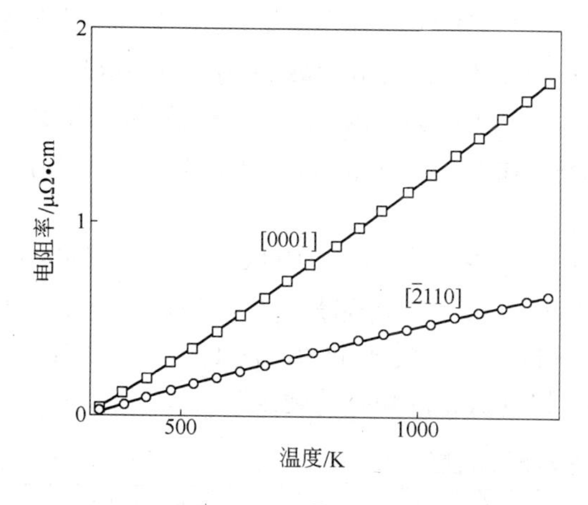

图 1－3 Ti_5Si_3 沿［$\bar{2}$110］和［0001］方向的电阻率－温度曲线

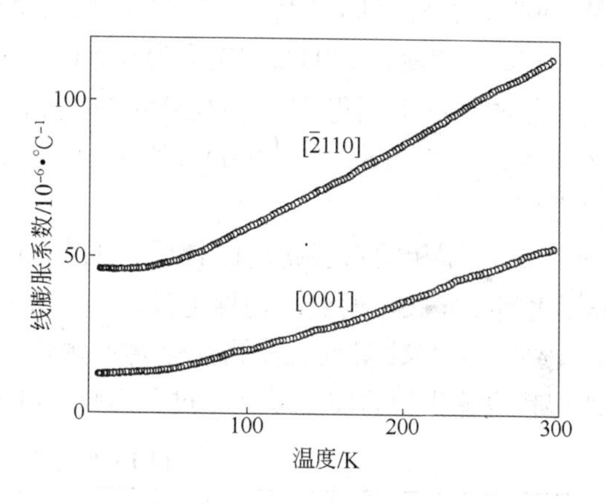

图 1－4 Ti_5Si_3 沿［$\bar{2}$110］和［0001］方向的线膨胀系数－温度曲线

除导电、导热性质外，一些金属硅化物还具有独特的物理性能。例如 Fe_3Si 是一种磁性化合物，V_3Si、Mo_3Si 等在低温下表现出超导性能。大多数金属硅化物具有金属的性质，但也有不少硅化物表现出半导体的性质（如 $\beta FeSi_2$ 和 Mg_2Si）。

1.3.3 力学性能

许多过渡族金属硅化物和难熔金属硅化物具有较高的硬度和压缩强度，中等的抗拉强度以及良好的高温力学性能。金属硅化物的主要缺点是室温下很脆、冲击韧性低，抗热冲击能力不足。

近年来，硅化物作为一种能在高温环境下应用的新型材料引起了人们的极大兴趣。在众多的金属硅化物中，高熔点的 Nb_5Si_3 和低密度的 Ti_5Si_3 格外受到人们的关注。在所有金属硅化物中 $MoSi_2$ 具有最好的高温抗氧化性，同时又具有足够高的熔点（>2000℃）、适中的密度以及良好的热力学稳定性，成为近年来研究最多的金属硅化物。根据报道，在所有金属硅化物中，除了 WSi_2 以外，$MoSi_2$ 具有最高的弹性模量，为 380～440GPa 之间[19]。

在1100℃下，$MoSi_2$ 的屈服强度为700MPa，接近1500℃时，屈服强度为250MPa，单晶 $MoSi_2$ 在1000℃左右发生脆－延转变[20]。同样，多晶 $MoSi_2$ 的脆－延转变温度大约为1000～1300℃，在20～1250℃温度范围内，它的强度为320MPa左右，而当温度超过1300℃时，强度急剧下降[21]。

M_5Si_3 型硅化物中的化学键有很强的方向性，它们的变形也表现出强烈的各向异性。Ti_5Si_3 的屈服强度依赖于晶体取向且随温度升高而急剧降低[22]。大多数 M_5Si_3 型硅化物都有很高的弹性模量。在100～1000℃温度范围内，单相 Ti_5Si_3 的弹性模量基本上是一个常数（150GPa）[19]。尽管 M_5Si_3 型硅化物在室温下很脆，但在较高的温度下发生脆－延转变；与 MSi_2 型硅化物相比，许多 M_5Si_3 型硅化物的熔点和脆－延转变温度更高，例如，Ti_5Si_3 的脆－延转变温度（BDTT）高达1300℃。当变形温度低于脆－延转变温度时，随温度的上升，M_5Si_3 型硅化物的强度下降得很少，但变形温度高于BDTT时，强度下降明显。例如，从室温到1000℃，单相 Ti_5Si_3 的压缩屈服强度大于1000MPa，但是当温度升高到1300℃时下降到250MPa。与 MSi_2 型硅化物相比，M_5Si_3 型硅化物的高温抗蠕变性能更好。有研究表明在1200℃和应力为69MPa的条件下，Mo_5Si_3 的压缩蠕变速率为 $4\times10^{-8}/s$，而在相同条件下测得 $MoSi_2$ 的压缩蠕变速率为 $2.1\times10^{-7}/s$，显然，Mo_5Si_3 的抗高温蠕变的性能远优于 $MoSi_2$[23]。1000℃的高温下，Ti_5Si_3 和 Mo_5Si_3 的抗蠕变能力可与镍基超合金单晶相比。

M_5Si_3 型相的断裂韧性比较低，如 Ti_5Si_3 的断裂韧性（20～1100℃），在5～7MPa·$m^{1/2}$ 之间，Mo_5Si_3 的断裂韧性更低，约为2～3MPa·$m^{1/2}$[24]。部分硅化物的显微硬度示于表1－6。这些数据表明金属硅化物的硬度相当高，除少数几个的硬度低于10000MPa之外，其他硅化物的硬度远远超过了10000MPa，接近氮化硅陶瓷的硬度。

表1－6 部分硅化物的硬度值

硅化物	显微硬度/MPa	硅化物	显微硬度/MPa
CoSi	10000	Mo_3Si	13100
CrSi	10050	V_3Si	14300～15600
NiSi	4000	Mo_5Si_3	11700
Ni_3Si	4000	αNb_5Si_3	7000
TiSi	10390	Ta_5Si_3	12000～15000
USi	7450	Ti_5Si_3	9860
ZrSi	10300	V_5Si_3	13500～15100
Cr_3Si	10050	Zr_5Si_3	12800～13900

V_3Si 不仅表现出良好的低温超导性能，作为结构材料也具有一定的潜力，因而引起很多研究者的兴趣。V_3Si 的脆－延转变温度约为1200℃，但是室温下硬而脆，加工起来非常困难，通常需要加入一种塑性相（例如V）来改善它的室温脆性[25]。另外，有些金属硅化物虽然在室温下韧性很差，但是在高温条件下却表现出超塑性。例如，Ni_3Si 具有立方结构，它有一个很好的特性，那就是它的屈服应力随温度的升高而增大。Ni_3Si 的主要缺点是室温韧性很差，加工成型困难。室温下，二元 Ni_3Si 的失效模式是由本征晶间脆性引起的晶间断裂。然而，在900～1000℃下在较宽的应变速率范围内，Ni_3Si 表现出高达

650%的超塑性[26]，相应的超塑性机制是晶界滑动。有研究表明，在 Ni_3Si 中加入少量的B，能改善其塑性，但改善的程度不像 Ni_3Al 加 B 那样显著。含 B 的 Fe_3Si（Fe-22%Si-0.25%B，原子分数）在 1173K 时其伸长率为 200%，表现很好的超塑性。并且其超塑性条件却不同于其他的合金或金属，在晶粒尺寸为 72μm 的条件下同样表现出了超塑性，而无需满足晶粒尺寸小于 10μm 的细晶要求[27]。

$NbSi_2$、$TaSi_2$ 和 VSi_2 单晶的室温压缩强度都达到 400MPa，温度在 300℃以上时，强度显著降低。这些硅化物的脆-延转变温度都比较低，VSi_2 为 200℃，$NbSi_2$ 为 400℃，$TaSi_2$ 为 500℃。

1.4 硅化物分类

金属硅化物是一个很大的化合物家族。目前已知的二元金属硅化物就有 100 多种，三元和多元硅化物的数量可能更多。为了研究和应用的方便有必要对金属硅化物进行适当的分类。国际上尚无统一的分类方法。下面对几种常用的分类方法进行介绍。

1.4.1 按化学组成分类

按化学组元的数目，金属硅化物可分为二元硅化物、三元硅化物和多元硅化物。二元硅化物中又可以按化学式将其分为 M_3Si（Fe_3Si、Ni_3Si、Cr_3Si、V_3Si、Ti_3Si 等）、M_2Si（Mg_2Si、Pd_2Si、Co_2Si、Ni_2Si、Pt_2Si 等）、M_5Si_3（Ti_5Si_3、Cr_5Si_3、Nb_5Si_3、Ta_5Si_3、W_5Si、V_5Si_3 等）、MSi（CrSi、NiSi、FeSi、CoSi、PtSi、PdSi 等）、M_2Si_3（Ir_2Si_3）、MSi_2（$MoSi_2$、$TiSi_2$、$CrSi_2$、$NbSi_2$、$ZrSi_2$、$NiSi_2$ 等）等类型（这里，M 代表金属组元）。M_5Si_3型硅化物主要在过渡族元素、难熔金属元素、稀土元素与硅之间形成。

常见的三元硅化物有 Mo_2Ni_3Si、Co_3Mo_2Si、$TaCo_4Si_3$、$Zr_3Mn_4Si_6$、$Cr_{13}Ni_5Si_2$ 等。还有很多三元硅化物由稀土-过渡族金属-硅组成，这类硅化物一般都具有超导电性和磁性能，其中具有代表性的有 LaPtSi、$Sc_5Co_4Si_{10}$、$YCoSi_2$、LaRhSi、$LaRu_3Si_2$ 等。目前已经报道的多元硅化物很少，迄今为止，只对二元硅化物和少数三元硅化物做过比较多的研究，对三元和多元硅化物的认识尚待深入。

1.4.2 按结构分类

金属硅化物的结构类型很多，而且非常复杂。通常一个晶胞内的原子数目非常大，如 $TiSi_2$ 一个晶胞内平均含有 24 个原子，而 Pd_2Si 则每个晶胞含有 288 个原子。虽然，金属硅化物的结构类型很多，但细究起来，也有一定的规律可循。一般说来，金属组元属于同一族且化学式相同的金属硅化物通常具有相同的晶体结构，虽然化学式相同但金属组元不属于同一族的则晶体结构各异。

按晶体结构，金属硅化物则可以分为 *A*15、*C*1、$C11_b$、*C*40、*C*49、*C*54、$D8_8$、$D8_m$、DO_3、$L1_2$ 等不同类型。

*A*15 结构是从每个晶胞有 2 个原子的 bcc 晶格（*A*2）衍生出来的复杂拓扑密排立方结构。金属硅化物中具有 *A*15 晶体结构的有：V_3Si、Mo_3Si、Cr_3Si 等。

$CoSi_2$ 具有比较简单的六方 *C*1 结构，被广泛用于电子器件和大规模集成电路。Mg_2Si 是一种半导体，它具有 fcc *C*1 结构，每个晶胞内有 12 个原子。过渡族金属的 MSi_2 相（M

代表 Ti、Zr、Hf、V、Nb、Ta、Cr、Mo 或 W）为正方 $C11_b$ 结构、六方 $C40$ 结构或斜方 $C49$ 和 $C54$ 结构，并有扩大了的固溶体区。这些晶体结构是密切相关的，因为是同样的结构单元只有堆垛方式不同。$MoSi_2$ 在较低温度下为 $C11_b$ 结构而在非常高的温度下为 $C40$ 结构。VSi_2、$NbSi_2$、$CrSi_2$ 和 $TaSi_2$ 具有六方 $C40$ 结构，$ZrSi_2$ 为斜方 $C49$ 结构，$TiSi_2$ 的晶体结构为斜方 $C54$。

Fe_3Si 为有序的 bcc DO_3 结构，它和 Fe_3Al 很相似。Ni_3Si 是一种晶体结构非常简单的富金属硅化物，它是有序 fcc $L1_2$ 结构。过渡族金属的硅化物 CrSi、MnSi、FeSi 和 CoSi 是立方的 $B20$ 结构，而 NiSi 和贵金属硅化物 PtSi、IrSi 和 PdSi 为斜方的 $B31$ 结构。

M_5Si_3 相有各种各样的复杂结构。过渡金属的 M_5Si_3 相大部分是正方的 $D8_m$ 结构（如 M 代表 V、Cr、Mo 或 W 时）或者是六方的 $D8_8$ 结构（如 M 代表 Mo 和 Ti 时）。

1.4.3　按功能和用途分类

按功能和用途，金属硅化物可以分为结构硅化物和功能硅化物两类。但是，这两者之间并没有明显的界限，比如 $MoSi_2$，$TiSi_2$，$CrSi_2$ 和 V_3Si，既可以是结构硅化物也可以是功能硅化物。

许多过渡金属硅化物和难熔金属硅化物具有熔点高、弹性模量和高温强度高、抗氧化性能好的优点，作为高温结构材料，具有很大的发展潜力。尤其是在 1200 ~ 1600℃ 范围内，金属硅化物作为结构材料，具有高温合金和陶瓷材料所不具备的优势，有很大的发展潜力。综合考虑熔点、密度和抗氧化性等多方面的因素，有希望用于高温结构的难熔金属硅化物主要有：$MoSi_2$、Mo_5Si_3、$TiSi_2$ 和 Ti_5Si_3 等。其中 $MoSi_2$ 在所有金属硅化物中具有最好的高温抗氧化性，同时又具有足够高的熔点和适中的密度而成为近年来研究最多的结构硅化物。

另外，金属硅化物具有独特的晶体结构和物理性能，表现出优异的高温抗氧化性和导电、传热性，作为高温抗氧化涂层、磁性材料、集成电路电极薄膜等功能材料已被广泛地研究并获得应用。例如，Fe_3Si 有序合金具有优异的软磁性能，被广泛用作磁头材料；V_3Si 是人们发现的第一个具有超导性的 $A15$ 相，它的临界转变温度为 17.1K[28]；$MoSi_2$ 由于其优良的电性能和极好的抗氧化性，被广泛用作高温电炉的加热元件。

1.5　工 程 应 用

金属硅化物的上述物理、化学特性和力学性能使它们有多方面的用途。首先，硅化物作为高温结构材料在航空、航天、化工方面有很好的应用前景。

高温结构材料必须具有两个重要的条件：第一，高温下具有优异的综合性能；第二，高温暴露环境下具有足够好的抗氧化性能。某些金属硅化物作为高温结构材料，具有很大的发展潜力。然而，金属硅化物作为结构材料应用存在一个最大的障碍，那就是它们的室温脆性。能不能改善硅化物的韧性，是这种材料能不能作为结构材料得到实际应用的关键。目前人们已经采用了很多方法来改善其韧性并提高它们的强度。其中，将各种强化相引入金属硅化物基体中，来制备金属基复合材料是最有希望的强韧化方法，已成为研究工作的重点。以高温结构应用为目的的金属硅化物基复合材料的历史可以追溯到 20 世纪 50 年代初。当时，美国航空顾问委员会 Maxwell 提出了将 $MoSi_2$ 作为结构材料使用的建议，

并对 $MoSi_2-Al_2O_3$ 复合材料作了一些开创性的研究工作。另外，美国宇航局通过对 SiC 连续纤维的表面增加涂层后，采用热压和热等静压两步工艺制备出了 SiC 连续纤维强韧化 $MoSi_2$ 复合材料，其室温下的断裂韧性达到目前最高的 35MPa · $m^{1/2}$，该材料已用于制造航空发动机中的一些关键部件。在众多的金属硅化物中，适合作复合材料基体的有 $MoSi_2$、Ti_5Si_3、Nb_5Si_3 和 V_3Si 等。其中尤以 $MoSi_2$ 的综合性能最佳，关于 $MoSi_2$ 基复合材料的研究最多，因为这种复合材料具有很大的潜力发展成为 1200 ~ 1600℃ 温度范围内应用的结构材料。

同样，金属硅化物在微电子器件制造中起着非常重要的作用。由于硅化物的电阻比多晶硅的电阻低，而且，硅化物与硅基体的界面是原子级洁净的界面，相容性很好，在微电子器件制造业中，硅化物薄膜如 NiSi、PtSi 和 PdSi 等，作为肖特基势垒和互联材料得到广泛应用。$TiSi_2$ 因具有工艺简单、高温稳定性好等优点，被应用于 0.25μm 以上金属氧化物半导体场效应晶体管技术。$CoSi_2$ 作为钛硅化物的替代品被应用于从 0.18μm 到 90nm 技术节点，其主要原因在于它在该尺寸条件下没有出现线宽效应。对于 45nm 及其以下技术节点的半导体制程，镍硅化物（NiSi）正成为接触应用上的候选材料[29,30]。

由于其优异的化学稳定性，优良的电性能，较低的电阻系数以及极好的抗氧化性能，$MoSi_2$ 已经被广泛地用作高温炉的加热元件。一些二硅化物（如 $CrSi_2$、$MnSi_2$、$FeSi_2$）既具有半导体的性质，又有高的熔点和优良的抗氧化性，可以作为热/电转换元件用于太阳能 - 电能转换。此外，硅化物的磁性能也令人们感兴趣。现已知道，第一长周期过渡族元素的硅化物都是顺磁性的，其磁化率与这些过渡族元素的磁化率相似。然而，重过渡族元素的硅化物具有抗磁性。其中，$ZrSi_2$ 的抗磁性特别大。Fe_3Si 有序合金具有优异的软磁性能，被广泛用于音频、视频及卡片阅读器用磁头材料。有些硅化物（如 V_3Si、$CoSi_2$、Mo_3Si、PtSi、PdSi、Th_2Si_3）展现出超导性，V_3Si 是人们发现的第一个具有超导性的 *A*15 相。另外，金属硅化物作为高温抗氧化涂层，被广泛应用在镍基合金、耐热钢、难熔金属及其合金这些高温结构材料的表面。

1.6 发展趋势

自从第一个硅化物在实验室诞生以来，人类对金属硅化物的研究走过近 200 年的历程，取得了长足的进展，制备合成了数以百计的金属硅化物，并对它们的性质和用途进行了广泛的研究，积累了大量的数据和文献资料。随着材料科学的发展，人们对硅化物的认识将不断深入，相关研究的发展趋势主要体现在以下几个方面：

（1）积极开展金属硅化物的理论计算研究，例如利用第一性原理来计算金属硅化物化学键的性质、弹性模量以及电荷分布（电荷密度、态密度）等。

（2）进一步完善金属 - 硅体系相图的计算和测定，对相图中尚不明确的相和相区进行确定，为合金制备和成分设计提供理论指导。

（3）金属硅化物的强韧化研究。从结构应用的角度看，金属硅化物的室温脆性和较低的断裂强度，严重影响着其应用前景。因此，有必要通过适当的强韧化手段来进一步改善金属硅化物的力学性能，尤其是室温韧性。已有研究指出 B 的微合金化明显改善 M_5Si_3 型硅化物的耐蚀性，添加少量的 Fe 和 Re 元素能够减少 $MoSi_2$ 在中温下由于粉化（pesting）而发生的氧化性碎裂，用 C 微合金化可以避免在晶界产生 SiO_2。另外，将金属延性相或陶瓷相引入硅化物中，获得硅化物基复合材料是强韧化的另一重要途径。

（4）设计开发新的合金体系、探索新的硅化物及其性能。迄今为止，人们只对二元硅化物和少数三元硅化物做过比较多的研究，对三元和多元硅化物的认识尚待深入。而对多元硅化物的探索也许会发现一些新的特性和用途。

（5）积极探索新的制备技术，获得更高纯度和更高性能的金属硅化物。例如利用原位反应弥散相粒子生成技术（XD™）来制备金属硅化物基复合材料，陶瓷颗粒可以在熔融金属中原位形成，而且界面干净。另外，纳米级的金属硅化物材料涂层，可进一步改善基体表面的物理和化学性能。但是金属硅化物在传统上通过高温反应的方法来制备，这很难获得纳米级的材料。虽然人们已对金属硅化物纳米材料的制备进行了一些研究，但是还没有真正找到一种经济高效的方法来制备金属硅化物纳米材料。

（6）开拓新的应用领域。金属硅化物通常具有很高的熔点、较低的电阻率、很好的高温热稳定性，有些还具有奇异的光、电、磁、超导、催化等性能。因此，金属硅化物从功能到结构用材料展现了一个十分广阔的应用领域。除了磁学方面的应用以外，Fe_3Si 合金和 $(Fe_{1-x}M_x)_3Si$（M 代表 Ti、V、Cr 和 Mn）合金由于具有负电阻温度系数，是一种特殊性质的导体，有可能成为新型的电阻材料。$NiSi_2$ 除了在电子器件方面的应用之外，还可能用作热贮存材料。值得一提的是，在 $NiSi_2$ 中加入 Ni 和 Al 合金化可以产生不同颜色的相，如浅蓝色、黄色、白色以及由这些颜色变化而成的各种颜色，这些合金在某些场合可能成为宝石的替代品。二元相 Y_5Si_3 和三元相 $Y_5(Si, Ge)_3$ 有一定的贮氢能力，有可能作为贮氢材料得到应用。

参 考 文 献

[1] 郝润蓉，方锡义，钮少冲. 无机化学丛书碳硅锗分族第三卷［M］. 北京：科学出版社，1998：236.

[2] J J Petrovic. $MoSi_2$-based High-temperature Structural Silicides［J］. MRS Bulletin，1993：35.

[3] G F Hardy，J K Hulm. The Superconductivity of Some Transition Metal Compounds［J］. Phys. Rev. B1954 (93)：1004.

[4] E. Fitzer. In：Benesovsky F，editor. Warmfeste and Korrosionsbestandige Sinterwerkstoffe. 2nd Plansee Seminar［M］. Elmsford (NY) Pergamon Press，1956：56.

[5] 黄朝晖，胡建辉，杨景周，等. $MoSi_2$ 高温氮化行为的研究［J］. 稀有金属材料与工程，2007 (36) 增刊 1：276.

[6] C J Smithells. Metals Reference Book［M］. vol. 1，Butterworths，London，1967.

[7] P T B Shaffer. Plenum Press Handbooks of High-temperature Materials［M］. vol. 1，Plenum Press，New York，1964.

[8] G V Samsonov. Plenum Press Handbooks of High-temperature Materials［M］. No. 2-Properties index，vol. 2，Plenum Press，New York，1964.

[9] D Q Yi. Structural Silicides-processing，Microstructure and Toughening［D］. Doctoral thesis for the Degree of Doctor of Philosophy，Sweden，1997.

[10] F Mohammadi. Silicides for Interconnection Technology［J］. Solid State Technol. 1981 (24)：65.

[11] S P Murarka. Transition Metal Silicides［M］. Murray Hill：Bell Lanoratories，1983：117.

[12] S P Murarka. Refractory Silicides for Integrated Circuits［J］. J. Vac. Sci. Technol. 1980 (17)：775.

[13] K N Tu，R D Thompson，B Y Tsaur. Low Schottky Barrier of Rare-earth Silicide on n-Si［J］. Appl. Phys. Lett. 1981 (38)：626.

[14] S P Murarka, M H Read, C J Doherty, et al. Resistivities of Thin Film Transition Metal Silicides [J]. J. Electrochem. Soc. 1982 (129): 293.

[15] G V Samsonov. Silicides and Their Applications in Technology [M] . lzd, AN UkrSSR, Kiev, 1959.

[16] P T B Shaffer. Plenum Press Handbooks of High Temperature Materials [M] . No. 1, New York: Plenum Press. 1964: 131.

[17] T Nakashima, Y Umakoshi. Anisotropy of Electrical Resistivity and Thermal Expansion of Single-crystal Ti_5Si_3 [J] . Philos. Magaz. Lett. 1992 (66): 317.

[18] 易丹青，杜若昕，曹昱 . M_5Si_3 型硅化物的研究及相关的物理冶金学问题 [J] . 金属学报，2001 (37): 1121.

[19] D M Shah, D Berczik, D L Anton, et al. Appraisal of Other Silicides as Structural Materials [J]. Mater. Sci. Eng. 1992 (A155): 45.

[20] Y Umakoshi, T Sakagami, T Hirano, et al. High Temperature Deformation of $MoSi_2$ Single Crystals with the $C11_b$ Structure [J] . Acta Metall. et Mater. 1990 (38): 909.

[21] P J Meschter, D S Schwartz. Silicide-matrix Materials for High-temperature Applications [J] . JOM 1989 (41) 52.

[22] Y Umakoshi, T Nakano, E Yanagisawa. High Temperature Silicides and Refractory Alloys [M] . MRS Symposium Proceedings, 1994 (322): 9.

[23] D L Anton, E Hartford CT, D M Shah, et al. High Temperature Properties of Refractory Intermetallics [M]. MRS Symposium Proceedings, 1991 (213): 733.

[24] K S Kumar. In Intermetallic Compounds [M] . vol. 2, ed. J. H. Westbrook and R. L. Fleischer, John Wiley & Sons Ltd. , 1994, 211.

[25] D M Nehiep, P Paufler, U Kramer, et al. Creep Deformation of V_3Si Single Crystals [J]. J. Mater. Sci. 1980 (15): 1140.

[26] T G Nieh, W C Oliver. Superplasticity in Intermetallic Alloys and Ceramics [J] . Scripta Metall. 1989 (23): 851.

[27] WonYong Kim, Shuji Hanada. Flow Behavior and Microstructures of Large-grained Fe_3Si during High Temperature Deformation [J] . J. Alloys Compd. 2002 (347): 219.

[28] H A C M Bruning. Homogeneity Regions and Superconducting Transition Temperatures in the System V-V_3Si [J] . Philips Res. Rep. 1967 (22): 349.

[29] A Lauwers, J A Kittl, M Van Dal, et al. Low Temperature Spike Anneal for Ni-silicide Formation [J]. Microelectron. Eng. 2004 (76) 303.

[30] J A Kittl, A Lauwers, O. Chamirian, et al. Ni and Co-based Silicides for Advanced CMOS Applications [J] . Microelectron. Eng. 2003 (70): 158.

2 金属－硅系统热力学

2.1 引　　言

总体上讲，对于金属－硅系统热力学已经进行了很多研究，积累了相当丰富的数据和资料，大多数金属－硅二元相图已经用各种实验方法测定，部分二元金属硅化物的生成自由能和生成热的数据可以从 Kubaschewski[1] 和 Hultgren[2] 的著作中查到，有兴趣的读者可以参阅。热力学研究平衡态，一个封闭系统达到平衡态时，它的能量为最小值。研究金属－硅系统热力学，对于硅化物的合成、硅化物的稳定性和它们的应用具有十分重要的意义。由金属硅化物的热力学性质可以了解它们的物理本质。生成自由能表明了它们的稳定性；生成热与原子键的类型有密切联系；而生成熵则反映了硅化物形成时原子的振动行为以及它们的排列方式的变化。热容和绝对熵也反映了原子的振动行为。熔化热、熔化熵，还有熔点则揭示了从晶态到液态转变的某些性质。硅化物中各组元的活度指示了其化学键的性质。金属与硅的反应多在相当高的温度下发生，用实验方法测定硅化物的热力学性质十分不容易。同时，由于实验方法和实验材料的差异，同一个相的热力学性质，从不同来源获得的数据有时候差别会很大。另一方面，由于计算材料理论与方法的快速发展，金属－硅系统热力学理论研究日趋活跃，近年来在模型研究、相图计算，相的稳定性、新相的预测等方面取得了一些进展。

所有硅化物的生成都伴随着自由能的变化，化学反应进行的方向都是使自由能降低，因为自由能较低的状态比较稳定，此谓能量最低原理。本章介绍了硅化物的基本热力学性质、硅化物生成吉布斯自由能计算和硅－金属二元系相图。目前，实验测定硅的三元系相图还比较少，为了本章内容的完整性，作者尽可能利用所掌握的文献资料，选择了若干有工程应用价值的硅－金属－金属和硅金属－非金属三元系，对一些有代表性的三元等温截面、四相反应和三元化合物的形成情况进行了介绍。本章内容对了解和预测硅化物的生成和稳定性非常重要。

2.2 硅化物的热力学性质

2.2.1 硅化物的生成自由能

一个系统的自由能是容量性质的热力学函数，在一定的条件下，自由能的变化具有可加性，一个化学反应涉及的自由能变化与反应热和反应熵之间的关系由下式来表达：

$$\Delta G = \Delta H - T\Delta S \tag{2-1}$$

式中，ΔH 是生成热，也称为形成焓；ΔS 是反应熵变；T 为绝对温度。形成焓可以通过量热法测得，反应熵变可以从化合物和纯组元的标准熵变中获得。

纯组元之间生成硅化物的过程伴随着自由能的降低。在一个多相体系中，如果某一相有着相对较低的自由能，那么该相在这个体系中相对较为稳定。目前，对于硅化物的自由能有这样的观点：在均匀成分范围内存在的硅化物，其自由能的最小值通常出现于化学计量比的化合物中。Home - Rothery、Christian 和 Pearson 均指出这个看法只是基于对实验事实的归纳，并没有阐明这一现象的物理本质，但也很少有实验数据证实化合物的最小自由能不是出现于化学计量比的化合物中。

硅化物的生成自由能可以通过平衡反应测定。多数金属与硅之间的反应是在高温下发生的，涉及这些平衡反应的热化学性质数据也总在高温下测得，然而有些数据对室温也是适用的。硅化物的生成自由能可以从电动势的平衡数据测量中获得。有些情况下，硅化物的某一组元或两种组元的蒸气压可以通过热重分析测得，若在低压下则可用质谱仪来测量。T. G. Chart 根据努森隙透蒸汽压法（Knudsen - effusion Vapour Pressure Method）确定了 1410 ~ 1675K 温度范围内 Mo - Si 系硅化物的生成自由能，测定过程如下：

$$Si(Mo-Si\ 溶体) + SiO_2(s) = 2SiO(g) \qquad (2-2)$$

而含有纯 Si 的反应如下：

$$Si(s) + SiO_2(s) = 2(SiO)(g) \qquad (2-3)$$

式（2-2）和式（2-3）合并后可得：

$$Si(g) = Si(Mo-Si\ 溶体) \qquad (2-4)$$

上式中 Si 溶体的偏吉布斯自由能与 SiO 气体的压力有关，如下所示：

$$\Delta G_{Si} = RT\ln\left(\frac{p^2_{SiO(2-2)}}{p^2_{SiO(2-3)}}\right) \qquad (2-5)$$

其中 $p_{SiO(2-2)}$ 指反应（2-2）中 SiO 的压力，$p_{SiO(2-3)}$ 指反应（2-3）中 SiO 的压力。T. G. Chart 制备了 Si 含量分别为 $X_{Si}=0.2$、$X_{Si}=0.35$ 和 $X_{Si}=0.6$ 的 Mo - Si 系合金，合金中所加入的 SiO_2 纯度大于99.9%，并通过实验测定了 1310 ~ 1675K 温度范围内的蒸汽压。各合金所发生的反应如下：

$$X_{Si}=0.2;\ \langle Mo_3Si\rangle + \langle SiO_2\rangle = 3\langle Mo\rangle + 2(SiO) \qquad (2-6)$$

$$X_{Si}=0.35;\ \frac{3}{4}\langle Mo_5Si_3\rangle + \langle SiO_2\rangle = \frac{5}{4}\langle Mo_3Si\rangle + 2(SiO) \qquad (2-7)$$

$$X_{Si}=0.6;\ \frac{5}{7}\langle MoSi_2\rangle + \langle SiO_2\rangle = \frac{1}{7}\langle Mo_5Si_3\rangle + 2(SiO) \qquad (2-8)$$

以上三个反应中 SiO 的压力可以通过努森方程计算得到，分别为：

$$X_{Si}=0.2,\ \lg p = 13.685 - 2.1001\times10^4/T \quad (1512\sim1663K) \qquad (2-9)$$

$$X_{Si}=0.35,\ \lg p = 13.402 - 2.1017\times10^4/T \quad (1408\sim1674K) \qquad (2-10)$$

$$X_{Si}=0.6,\ \lg p = 13.702 - 1.9205\times10^4/T \quad (1430\sim1618K) \qquad (2-11)$$

而反应（2-3）的压力为 $\lg p = 13.6 - 1.785\times10^4/T$ （1300 ~ 1580K），结合式（2-9）~式（2-11）可以得到合金中 Si 溶体的偏吉布斯自由能：

$$X_{Si}=0.2,\ \Delta G_{Si} = -120.65 + 3.26\times10^{-3}T \quad kJ/mol \qquad (2-12)$$

$$X_{Si}=0.35,\ \Delta G_{Si} = -82.97 - 7.73\times10^{-3}T \quad kJ/mol \qquad (2-13)$$

$$X_{Si}=0.6,\ \Delta G_{Si} = -51.88 + 3.91\times10^{-3}T \quad kJ/mol \qquad (2-14)$$

在 1500K 时，Si 在 Mo 中的固溶度（原子分数）为 0.5%，假定合金中的硅化物均为化学计量比型，因此，可通过式(2-1）以及式(2-12）~式(2-14）得到 1500K 时 Mo - Si

系化合物的生成自由能、生成热和生成熵，如表 2－1 所示。

表 2－1 1500K 时 Mo－Si 系化合物的生成自由能、生成热和生成熵

X_{Si}	ΔG_f/kJ · mol^{-1}	ΔH_f/kJ · mol^{-1}	ΔS_f/J · (K · mol)$^{-1}$
0.250	−28.99	−30.13	−0.76
0.375	−39.92	−38.93	+0.66
0.667	−42.77	−44.98	−1.47

2.2.2 硅化物的生成热

金属硅化物的生成热定义为由纯金属组元和硅通过下面的反应生成 1mol 硅化物时系统中生成焓 ΔH_f 的变化：

$$aM + bSi \xlongequal{} M_aSi_b \tag{2-15}$$

$$H_{M_aSi_b} - (aH_M + bH_{Si}) = \Delta H_T \tag{2-16}$$

在标准状态（25℃，1 个大气压）下测定的生成热叫标准生成热，通常用 ΔH_{298} 来表示。习惯上规定在标准状态下，元素的热焓值为零。因此，在标准状态下，由纯金属和纯硅生成硅化物反应的反应热就等于它的标准生成热。

实际上，并非所有的硅化物都是通过纯金属与硅反应而制取的。其他方法，如用硅还原金属氧化物、金属卤化物与硅反应、硅的卤化物与金属反应等方法都可用来制备硅化物。因此，有必要掌握如何通过这些反应的反应热来计算硅化物的生成热。可以运用物质吉布斯自由能法求出硅化物的生成热。作为一个例子，计算下面的化学反应的反应热：

$$5MoSi_2(s) + 7C \xlongequal{} Mo_5Si_3(s) + 7SiC(s) \tag{2-17}$$

$$\Delta G = -1994.8\text{kJ/mol}^{[3]} \tag{2-18}$$

查表得：

$$\Delta H(MoSi_2) = -131.712\text{kJ/mol} \tag{2-19}$$

$$\Delta H(Mo_5Si_3) = -309.616\text{kJ/mol} \tag{2-20}$$

$$\Delta H(SiC) = -73.220\text{kJ/mol} \tag{2-21}$$

$$\Delta H(C) = 0 \tag{2-22}$$

所以，反应(2－17)的生成热可由下式计算：

$$\Delta H_f = \Delta H_{(Mo_5Si_3)} + \Delta H_{(SiC)} - \Delta H_{(MoSi_2)} - \Delta H_{(C)} \tag{2-23}$$

反应(2－17)的反应热为 −251.124kJ/mol。绝大多数硅化物的生成反应是放热反应，生成热是负值，其数值一般在每摩尔几十至几百千焦之间。

可以用多种方法测定硅化物生成热的方法，常用方法有高温量热法、Oelsen's 技术、燃烧热测定和溶解热测定。生成热也能够从不同温度的平衡热力学数据中获得，而这些平衡数据可以通过热电磁方法或者蒸汽压测定。

对于已知热容系统测量由反应引起的温度变化便可确定它的生成热。比如，分别测定硅化物和它的组元在给定的酸中的溶解热，再利用盖斯定理就可以求得硅化物的生成热。

如果硅化物的生成反应涉及气体的话，确定反应平衡常数的温度系数，生成热或者反应热可以由 Van'T Hoff（范特霍夫）方程确定：

$$\Delta H_{\mathrm{T}} = RT^2\left(\frac{\mathrm{dln}K_{\mathrm{p}}}{\mathrm{d}T}\right) \tag{2-24}$$

实际的做法是，确定两个或者多个温度（T_1，T_2，…）下的 K_{p}，或者做出 $\lg K_{\mathrm{p}} - 1/T$ 曲线，从曲线上取 K_{p_1} 和 K_{p_2} 两个值，再将上式积分后就得到下面的公式（2－25）：

$$\ln\frac{K_{\mathrm{p}2}}{K_{\mathrm{p}1}} = \frac{\Delta_{\mathrm{r}}H}{R}\left(\frac{1}{T_1} - \frac{1}{T_2}\right) \tag{2-25}$$

如果参加反应的化合物中只有一个是气体，则方程可以写为（2－26）：

$$\frac{\mathrm{dln}p}{\mathrm{d}T} = \frac{\Delta H_{\mathrm{vap}}}{RT^2} \tag{2-26}$$

上式称为 Clausius－Clapeyron 方程，可以改写为下面的标准形式（2－27）：

$$\ln\frac{P_2}{P_1} = \frac{\Delta H_{\mathrm{vap}}}{R}\left(\frac{1}{T_1} - \frac{1}{T_2}\right) \tag{2-27}$$

方程（2－26）也可应用于溶液，只要分解压是在相同的溶液成分和不同的温度下测得。在这种情况下得到的是挥发性组元的偏溶解热。

苏联学者 G. Samosonov 对金属硅化物的热力学性质进行了很多研究，报道了很多难熔硅化物的熔点、生成热等热力学数据，对金属硅化物的研究作出了重要的贡献。

Samosonov 将硅化物的生成热同硅含量联系起来，表 2－2 列出了每个金属原子硅化物的生成热，这里生成热已经按每一金属原子作了归一化处理，以至于可以得到生成热和每个金属原子的硅当量之间的关系。表中每一列顶上的数字是硅与金属的原子比。随着化合物中硅含量的增加，ΔH_{f} 逐渐增加，可以看出，对于 Pt，V，Hf 硅化物，ΔH_{f} 的增加比 Cr，Ta，Mo，W 和 Re 的硅化物更快。另一个值得注意的地方是富硅的硅化物按每个金属原子计算具有更高的生成热，而且没有例外。这一事实表明硅化物倾向于结合更多的硅，这也说明了二硅化物具有更高的稳定性。

表 2－2 硅化物的生成热 $-\Delta H_{\mathrm{f}}$[4] (kJ/mol)

Si/M	0.33	0.5	0.6	1.0	2
M	M_3Si	M_2Si	M_5Si_3	MSi	MSi_2
Ti	—	—	116.3152	129.704	133.888
Zr	—	104.6	115.4784	154.808	158.992
Hf	—	94.14	111.7128	142.256	225.936
V	38.9112	77.404	80.3328	—	313.8
Nb	—	—	97.0688	—	138.072
Ta	51.4632	62.76	66.944	—	119.244
Cr	46.024	—	65.2704	79.496	123.0096
Mo	33.472	—	56.0656	—	108.784
W	—	—	38.9112	—	92.8848
Mn	45.6056	—	46.024	97.0688	—
Re	17.5728	—	31.38	52.7184	90.3744

续表 2-2

Si/M	0.33	0.5	0.6	1.0	2
Fe	31.38	—	48.9528	73.6384	81.1696
Ru	—	—	—	84.0984	—
Os	—	—	—	92.048	—
Co	—	57.7392	—	100.416	102.9264
Rh	—	—	—	122.1728	—
Ir	—	—	—	133.888	—
Ni	46.8608	74.0568	—	85.772	87.2364
Pd	84.0984	120.0808	—	142.256	—
Pt	70.2912	106.692		168.1968	

图2-1~图2-3给出了298K时M_5Si_3、M_3Si、MSi和MSi_2型硅化物的生成热与元素周期顺序的关系[5]，可见，d电子层处于半填充状态的过渡族金属硅化物的热力学稳定性最低。在M_5Si_3型硅化物中，Ti和Zr硅化物的生成热最负，稳定性最高，随原子序数增加，生成热负值减小，硅化物的稳定性下降，其中Fe、Ru和Os的硅化物在常温下不稳定。在M_3Si和MSi型硅化物中，ZrSi、TiSi和Zr_3Si的稳定性最高，Mn、Fe、Tc、Ru、Re和Os的M_3Si型硅化物稳定性较低。在MSi_2型硅化物中，Zr、Nb和Mo的二硅化物生成热最负，稳定性最高，目前$TiSi_2$、$FeSi_2$和$TaSi_2$等硅化物是工程上比较重要的几种金属硅化物。

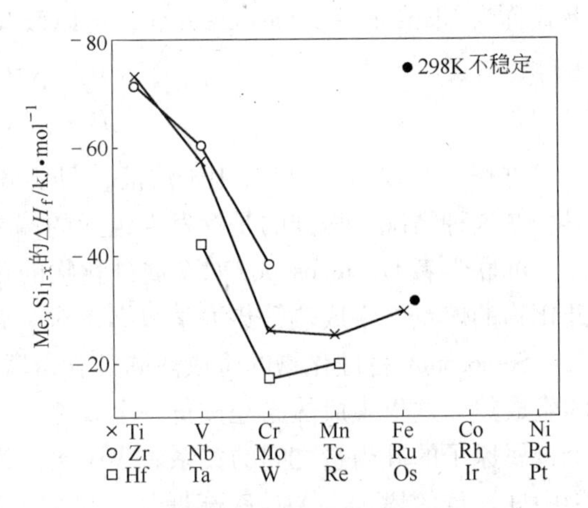

图2-1 M_5Si_3型过渡族金属硅化物在298K下的生成热与元素周期顺序的关系[5]

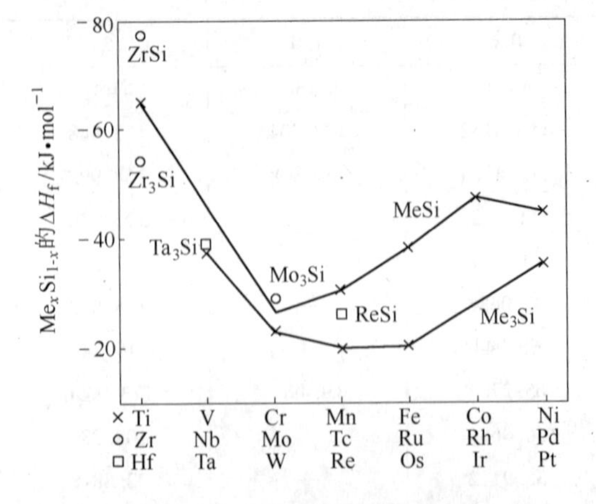

图2-2 M_3Si和MSi型过渡族金属硅化物在298K下的生成热与元素周期顺序的关系[5]

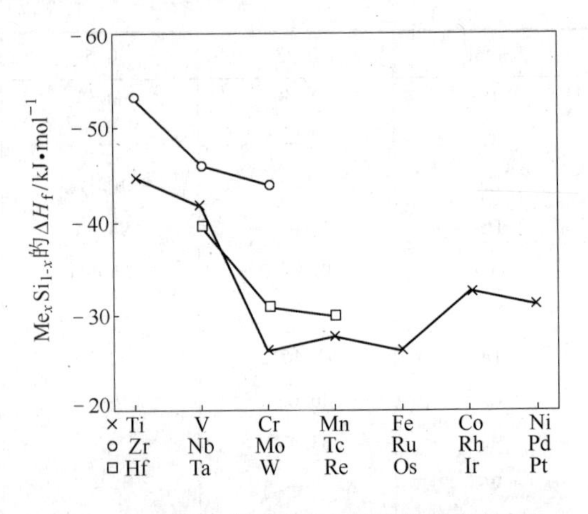

图2-3 MSi_2型过渡族金属硅化物在298K下的生成热与元素周期顺序的关系[5]

2.2.3 硅化物化学键及其与生成热的关系

硅化物的生成热是硅化物和纯组元之间的热焓差。生成热与硅化物中的键合能有关，但单独的键合能不能从热力学数据计算中得到。只有在计算过程中忽略所有原子间的相互作用，而不是仅仅是最近邻原子对间的相互作用时才可通过热力学数据计算出键合能。如果仅考虑最近邻原子对，则可以依据硅化物中近邻原子对的数目而区分硅化物的键合能。这一点不仅忽略了其他原子产生的对近邻原子对键合能的影响，而且也忽略了非近邻原子之间的键合作用。当然，如果键合能和晶格中距离和位置的相互关系已知，则可以考虑以上忽略的两点。事实上，我们没有必要计算和测量晶体中单独的键合能，我们要知道的是硅化物的生成热与其键合方式紧密相关。

在讨论一种化合物的生成热时，必须考虑离子键、共价键、范德华键以及这些键之间的转换，而且，在一种化合物中不止出现一种键。硅化物的化学键多为金属键-共价键组成的混合键，其金属键的比例在元素周期表中从左到右逐渐降低，具体见4.1节。如果某一化合物化学键的性质与其纯组元化学键的性质不同，则这种化合物具有较大的放热生成热，如离子键和共价键型的金属间化合物。离子键型金属间化合物的生成热值大约在 -40 ~ -160kJ/mol 之间，随离子化程度增加生成热更负。共价键化合物的放热生成热比离子键化合物的大，这是因为在共价键化合物中原子之间共享的电子具有较低能量，多数共价金属间化合物的生成热大约在 -10 ~ -35kJ/mol 之间。金属键化合物的生成热主要取决于纯金属中原子配位和化合物中的原子配位差，此类化合物的生成热大于 -30kJ/mol。

对于金属硅化物来说各组元原子半径和电负性差均很小，随离子键对化合物的作用增加，尺寸效应和电负性差也增加，离子键化合物的电负性差值则非常大。共价键化合物中原子尺寸和电负性差异较小。金属和共价化合物的生成热较小，离子化合物的生成热很大。

2.2.4 硅化物的生成熵

硅化物的生成熵可以认为是以下几项的总和：

$$\Delta S = \Delta S_{vib} + \Delta S_{conf} + \Delta S_{el} + \Delta S_{magn} \tag{2-28}$$

式中，ΔS_{vib}是振动熵，由化合物和纯组元原子之间振动的差异造成，这种差异是由于原子的键合强度和晶体学位向关系的变化引起，简单地说，如果化合物中原子振动的几何自由度比纯组元中的小，则振动熵是降低的。ΔS_{conf}是组态熵，生成无序化合物时原子占据点阵位置的不确定性就会产生组态熵，二元无序化合物形成的组态熵可表示如下：

$$\Delta S_{conf} = -R(N_A \ln N_A + N_B \ln N_B) \tag{2-29}$$

式中，N_A 和 N_B 分别是 A 组元和 B 组元的原子百分含量。随有序度的增加组态熵是降低的，完全形成有序化合物时组态熵为零。ΔS_{el} 和 ΔS_{magn} 分别为电子熵和磁性熵，通常可忽略不计，除非化合物中含有过渡族元素。

生成熵可以从平衡数据中获得，用下式表示：

$$\Delta S = -\frac{d\Delta F}{dT} \tag{2-30}$$

平衡数据通常以电动势来表示，因为多数原电池是在高温下操作，因此生成熵也是高温下的数值。生成熵也可以从化合物和纯组元的标准熵之间的差异求得，在生成自由能和生成热已知的情况下也可用公式（2－16）来求得，即 $\Delta S_{f298}=\sum(n_i\Delta S_{i,298})_{生成物}-\sum(n_i\Delta S_{i,298})_{反应物}$。表2－3给出了部分硅化物298K下的生成熵。

表2－3　部分硅化物298K下的生成熵

硅化物	生成熵 ΔS_f/J·(K·mol)$^{-1}$	参考文献
VSi_2	−2.6±1.5	[6]
Cr_3Si	−1.0±1.5	[7]
Cr_5Si_3	+0.8±1.5	[7]
CrSi	+0.6±1.5	[7]
$CrSi_2$	−1.0±1.5	[7]
Mn_3Si	−2.8±1.5	[8]
Mn_5Si_3	+2.8±1.5	[9]
MnSi	−2.2±1.5	[10]
$MnSi_{1.7}$	−2.9±1.5	[11]
CoSi	−3.1±1.5	[12]
$CoSi_2$	−1.2±1.5	[13]
NiSi	−2.1±1.5	[14]
$Ni_{0.35}Si_{0.65}$	−0.7±1.5	[6]
Mo_3Si	+0.4±1.2	[15]
Mo_5Si_3	+1.0±1.2	[16]，[17]，[18]，[19]
$MoSi_2$	−0.4±1.2	
Ta_3Si	0.0±4.0	[18]，[20]，[21]，[22]，[23]，[24]
Ta_2Si	+2.1±4.0	
Ta_5Si_3	+2.1±3.3	
$TaSi_2$	−1.3±2.0	
W_5Si_3	+1.3±1.5	[25]
WSi_2	−2.1±1.5	[18]
Re_5Si_3	+2.1±2.0	[25]
ReSi	0.0±2.0	[25]
$ReSi_2$	0.0±2.0	[25]

2.2.5　硅化物的热容

根据Kopp－Neumann规则，金属硅化物的热容等于各组元的热容之和。这一规则仅用于组元的化学键和晶体排布相似的化合物中。热容表达式为：

$$C_p=A+BT+CT^{-2}+DT2(T\text{ 单位为 K})\qquad(2-31)$$

实际上，实验和计算值有着一定的偏离，我们认为可能是由于一些实验数据的精度并不令人满意，当然用于计算的组元的热容值也可能不太精确。表2－4给出了部分硅化物的热容表达式。

表 2-4 部分过渡族金属硅化物的热容表达式

硅化物	A	10^3B	10^{-5}C	10^5D	温度范围/K	参考文献
$V_3Si(s)$	23.44	4.57	-1.74		298~1400	[26], [27]
$VSi_2(s)$	23.82	3.89	-3.14		298~1950	[26], [28]
$VSi_2(l)$	39.75				1950~2100	[28]
$Cr_5Si_3(s)$	24.82	6.16	-3.20		298~1300	[29], [30]
$Cr_5Si_3(s)$	73.35	-67.91		2.816	1300~1920	[30]
$Cr_5Si_3(l)$	39.75				1920~2100	[30]
$CrSi(s)$	26.00	4.37	-4.21		298~1700	[29], [31]
$CrSi_2(s)$	21.87	7.50	-2.59		298~1730	[29], [30]
$CrSi_2(l)$	30.00				1730~1900	[30]
$Mn_3Si(s)$	25.22	13.02	-3.68		298~950	[32], [33]
$Mn_5Si_3(s)$	25.17	6.77	-2.45		298~1573	[32], [34]
$Mn_5Si_3(l)$	40.58				1573~2000	[34]
$MnSi(s)$	24.66	6.39	-3.20		298~1548	[32], [35]
$MnSi(l)$	39.33				1548~2000	[35]
$MnSi_{1.7}(s)$	26.64	1.71	-4.84		298~1425	[36], [32]
$CoSi(s)$	24.58	6.05	-3.77		298~1733	[37]
$CoSi(l)$	43.68				1733~1900	[37]
$CoSi_2(s)$	23.62	6.22	-3.31		298~1600	[38]
$CoSi_2(l)$	38.70				1600~1900	[38]
$NiSi(s)$	24.38	3.06	-3.26		298~1265	[39], [40], [41]
$NiSi(l)$	39.75				1265~1800	[39]
$NiSi_{1.85}(s)$	25.02	3.69	-3.61		298~1200	[38]
$Nb_5Si_3(s)$	23.64	3.85	-1.88		298~2000	[42]
$NbSi_2(s)$	21.05	5.12	-0.93		298~2000	[43]
$Mo_3Si(s)$	21.46	5.67	+0.08		298~2000	[44], [45]
$Mo_5Si_3(s)$	22.92	4.38	-1.50		298~2200	[46]
$MoSi_2(s)$	22.61	3.99	-2.19		298~2200	[46], [47], [48], [49]
$TaSi_2(s)$	24.42	2.57	-3.02		298~2200	[50], [48]
$W_5Si_3(s)$	22.46	4.90	-1.11		298~2200	[46]
$WSi_2(s)$	22.61	3.68	-2.03		298~2200	[46], [48]

注：$C_p = A + BT + CT^{-2} + DT^2$（$C_p$ 的单位为 J/(K·mol)；T 的单位为 K）。

2.2.6 硅化物的熔化热和熔化熵

熔化是通过吸收热量在熔点温度等温发生的一级相变。已有大量证据表明金属硅化物中略低于熔点温度能发现预熔现象。在高于熔点温度的较大范围内，一些硅化物在熔化过程中可能没有完全分解，类似固态的原子团簇仍然存在。

对于一个具有固定熔点的化合物而言，在熔点温度 T_f 时，固相和液相的自由能相等，熔化热 ΔH_m 和熔化熵 ΔS_m 的关系：

$$\Delta S_m = \frac{\Delta H_m}{T_m} \tag{2-32}$$

硅化物的熔化热是由原子周期性排列的固态改变到原子排布不太严格的液态所需要吸收的能量。硅化物的熔化热包括熔点温度任一有序结构的破坏和伴随熔化进程的化学键类型的改变所需的能量，特别是固体的离子键或者共价键转变为液态中的金属键。熔化熵与熔体的振动自由度的增加以及有序化合物的无序化紧密相关。

硅化物的熔化热可以通过各种量热计来测定，例如液滴量热计和连续温度梯度量热计。无序硅化物的熔化熵可以通过组元金属的熔化熵的增加来估计。如果在熔点处有序，一个无序参数 σ 应该加入到熔化熵值中。如果固体完全有序，二元化合物的无序参数表示为与成分相关的函数，方程表示如下

$$\sigma = -R(N_A \ln N_A + N_B \ln N_B) \tag{2-33}$$

在所有情况下液态被认为是完全无序的。固态部分有序硅化物的熔化熵在完全有序和完全无序熔化熵的估值之间。

硅化物的熔点依赖于固相和液相的自由能。由于固态保留了液态的一些特征，熔点的高低对于熔化热的大小很重要。

熔点附近固相线和液相线的形状给出了固态和液态有序度的信息。如果硅化物部分无序，则其固相线在一定成分范围内呈双曲线特征。如果液相之间相连，液相线也呈双曲线特征，如果液相之间完全不相交，液相线呈抛物线特征。液相线和固相线在某一点相交，相交点的成分可能是硅化物的化学计量比成分。

很多金属硅化物的熔化热已经被报道。表 2－5 给出了部分硅化物的熔化热。图 2－4 给出了部分过渡族金属硅化物的熔化熵与熔点之间的关系曲线[51]，随硅化物中金属元素原子序数的减小，硅化物的熔化熵和熔点均呈增大趋势。

表 2－5　部分硅化物的熔化热

硅 化 物	熔化热 ΔH_m/kJ · mol^{-1}	熔点/K	参考文献
Mg_2Si	6.8 ± 0.8	1085	[51]
VSi_2	52.8 ± 2	1950	[52]
Cr_5Si_3	33.6 ± 2	1920	[53]
$CrSi_2$	42.6 ± 1.5	1730	[53]
Mn_5Si_3	21.6 ± 1.5	1573	[54]
MnSi	29.7 ± 1.5	1548	[55]
Co_2Si	21.3 ± 1.5	1605	[56]
CoSi	34.6 ± 1.5	1733	[57]，[58]
$CoSi_2$	33.4 ± 1.5	1600	[52]
Ni_2Si	18.1 ± 1.5	1560	[56]
NiSi	21.5 ± 1.5	1265	[59]

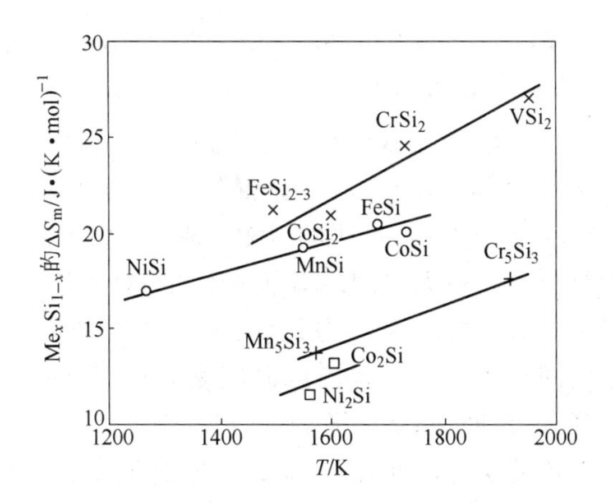

图 2-4 过渡族金属硅化物的熔化熵与熔点的关系

2.3 硅-金属二元系相图

以上介绍了硅化物的热力学性质及其计算方法，通过相图可以将硅化物的一些具体性质形象地表达出来。在周期表的一百多种元素中，有七十余种元素与硅的二元系相图已被测定。硅的二元系相图的分类方法有多种，对七十多个硅的二元系相图综合分析后，我们将硅的二元系相图归纳为七种类型：硅与碱金属形成的二元系、硅与碱土金属形成的二元系、硅与贵金属形成的二元系、硅与难熔金属形成的二元系、硅与稀土元素形成的二元系、硅与主族金属形成的二元系、硅与过渡族金属形成的二元系。

2.3.1 硅与碱金属形成的二元系

此类二元系只有 Si-Li 系二元相图被报道，该类相图属于与硅形成化合物的二元系相图。Si-Na、Si-K、Si-Rb 和 Si-Cs 系可形成化合物。Si-Na 系可形成 NaSi、$NaSi_2$、Na_4Si_{23}和 Na_xSi_{136}等化合物，Si-K 系可形成 KSi 和 K_4Si_{23}等化合物，Si-Rb 系可形成 RbSi 和 $RbSi_6$ 等化合物。

Si 与 Li 既可形成稳定化合物，也可以形成不稳定化合物。稳定化合物具有一定的熔点，在熔点温度以下，它们保持自己固有的结构而不发生分解，如 Li_3Si_4，Li_7Si_3，而不稳定化合物是指加热至一定温度即发生分解的化合物，如 Si-Li 二元相图中的 Li_2Si_5，Li_2Si_7，这些不稳定化合物都是由包晶反应形成的，也可以说，所有由包晶反应形成的中间相均属不稳定化合物。包晶反应是三相平衡的等温反应，由一种液相和一种固相生成另一种固相的反应。许多不稳定化合物对组元有一定溶解度范围，因而表现为一定的成分区间，不过对于 Si-Li 系相图而言，由于两组元不发生溶解，则在相图上为一条垂线。

图 2-5 给出了实验测定的 Si-Li 系二元合金相图。Si-Li 二元系共有四种化合物生成，分别为 $Li_{22}Si_5$，$Li_{13}Si_4$，Li_7Si_3，$Li_{12}Si_7$，此外较为有争议的化合物有 Li_4Si，Li_7Si_2，$Li_{10}Si_3$，Li_2Si 和 $Li_{13}Si_7$。Li 在 Si 中最大固溶度（原子分数）为共晶转变温度 855K 时的 0.013%。

Si-Li 二元系共有五个三相反应：

$$L \rightleftharpoons (\beta Li) + Li_{22}Si_5 \text{（共晶反应，180℃）}$$

$$L + Li_{13}Si_4 \rightleftharpoons Li_{22}Si_5$$（包晶反应，628℃）

$$L \rightleftharpoons Li_{13}Si_4 + Li_7Si_3$$（共晶反应，709℃）

$$L + Li_7Si_3 \rightleftharpoons Li_{12}Si_7$$（包晶反应，648℃）

$$L \rightleftharpoons Li_{12}Si_7 + (Si)$$（共晶反应，592℃）

对于 $L + Li_{13}Si_4 \rightleftharpoons Li_{22}Si_5$ 包晶反应中的液相点成分，C. Van der Marel[64]等人的实验测定结果与热力学计算结果存在较大差别，本书采用的数据为热力学计算结果。值得一提的是，假定 Si 在（βLi）中的固溶度为 0，通过热力学计算求得的 $L \rightleftharpoons (\beta Li) + Li_{22}Si_5$ 共晶转变温度比 Li 的熔点低 0.1℃，共晶点的硅浓度为 0.004% Si（原子分数）。该数据基于一些热力学假设，尚未得到实验结果证实。

Si－Li 系材料由于纳米尺度的 Si 可用于 Li 离子电池正极活性物质，故其在锂电池领域有巨大的应用前景[63]。

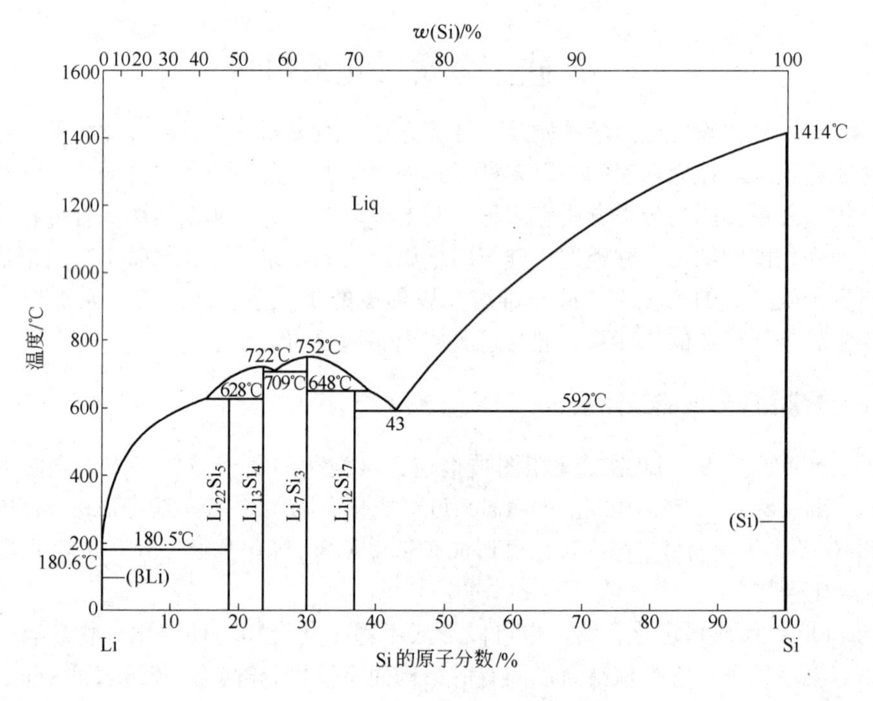

图 2－5 Si－Li 系二元合金相图

2.3.2 硅与碱土金属形成的二元系

属于此类的二元系有 Si－Be、Si－Mg、Si－Sr、Si－Ca 和 Si－Ba 系等，相应的相图可从二元合金相图手册中查到。其中 Si－Be 二元相图的液相线未完全测定，Be 与 Si 形成共晶相图，且在（Si）中的溶解度很小。这类相图的特点是液相无限互溶、固相有限互溶，形成有限固溶体，并具有共晶转变。在 Si－Mg，Si－Sr，Si－Ca 和 Si－Ba 系中有一个或多个金属硅化物形成，Si－Mg 二元系形成稳定化合物，而 Si－Sr，Si－Ca 和 Si－Ba 二元系既可形成稳定化合物，也可以形成不稳定化合物。

图 2－6 给出了实验测定的 Si－Mg 系二元合金相图。Si－Mg 系有稳定的化合物 Mg_2Si

生成。Si 在（Mg）中的固溶度和 Mg 在（Si）中的固溶度几乎为零。

Si-Mg 二元系存在两个三相反应：

$$L \rightleftharpoons (Mg) + Mg_2Si \text{（共晶反应，637.6℃）}$$

$$L \rightleftharpoons Mg_2Si + (Si) \text{（共晶反应，945.6℃）}$$

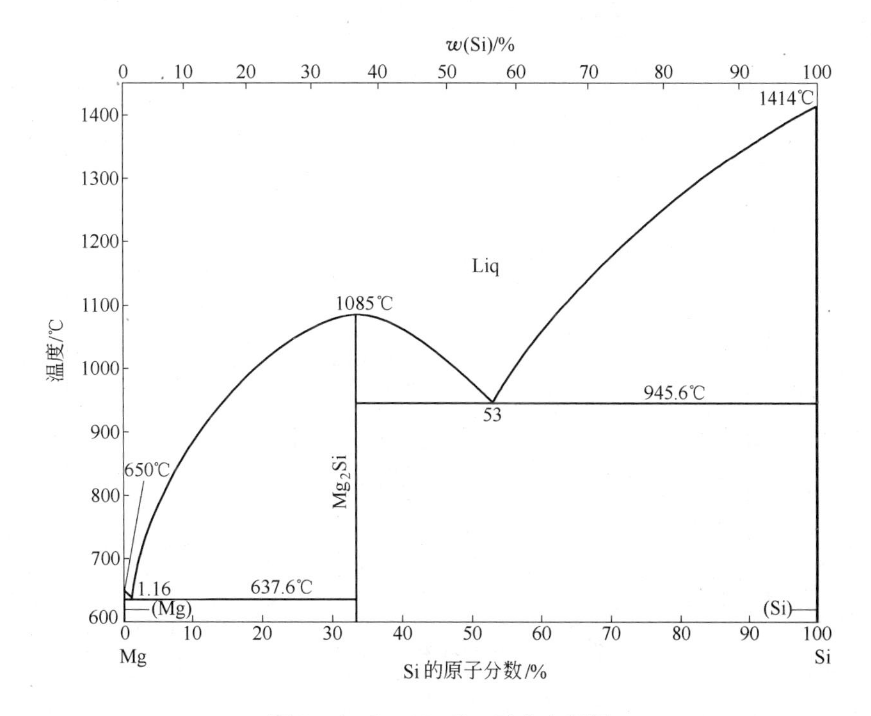

图 2-6 Si-Mg 系二元合金相图

Mg_2Si 的熔点为 1085℃，具有立方反萤石结构 *C*1，Si 占据八面体位置形成 fcc 排列，Mg 占据四面体位置[66]。Mg_2Si 是 Mg-Si 二元系中非常重要的一个相，在低温（25～400℃）高压（高于 10.0GPa）下，该相会发生多晶型转变，由立方结构转变为六方结构，该相变存在显著的滞后效应，当温度为 400℃，压强为 10.0GPa 时，出现两相共存。类似的现象在 Mg 和其他ⅣB 族金属（Mg_2Sn、Mg_2Ge）形成的化合物中也会出现。

在 6××× 系铝合金中 Mg_2Si 是常见的第二相，Mg_2Si 以及以 Mg_2Si 为基体的材料，具有高的热电势，低的导热性，是良好的中高温热电半导体材料，工作温度在 400～700K 范围左右[65]。

图 2-7 给出了优化后的 Si-Ba 系二元合金相图。Si-Ba 二元系形成 BaSi 和 $BaSi_2$ 两种化合物，均为线型化合物，具有 *Bf* 结构。在 M. Pani[69] 优化的 Si-Ba 系二元合金相图（图 2-8）中，Si-Ba 系还可形成 Ba_2Si、Ba_5Si_3 和 Ba_3Si_4 等化合物，它们分别具有 *C*12 和 *Bf* 结构。Si-Ba 二元相图中的大部分细节已确定，但 L+(Si) 两相区边界还未完全确定，两个共晶反应温度也未完全确定。Si 在（Ba）中和 Ba 在（Si）中的固溶度几乎为零。

Si-Ba 二元系存在三个三相反应：

$$L \rightleftharpoons Ba + BaSi \text{（共晶反应，630℃）}$$

$$L + BaSi_2 \rightleftharpoons BaSi \text{（包晶反应，840℃）}$$

$$L \rightleftharpoons BaSi_2 + (Si)$$（共晶反应，1020℃）

Si－Ba 系材料在半导体器件领域有应用，国内外学者对钡沉积于硅基体的界面问题展开了一系列的研究[67,68]。

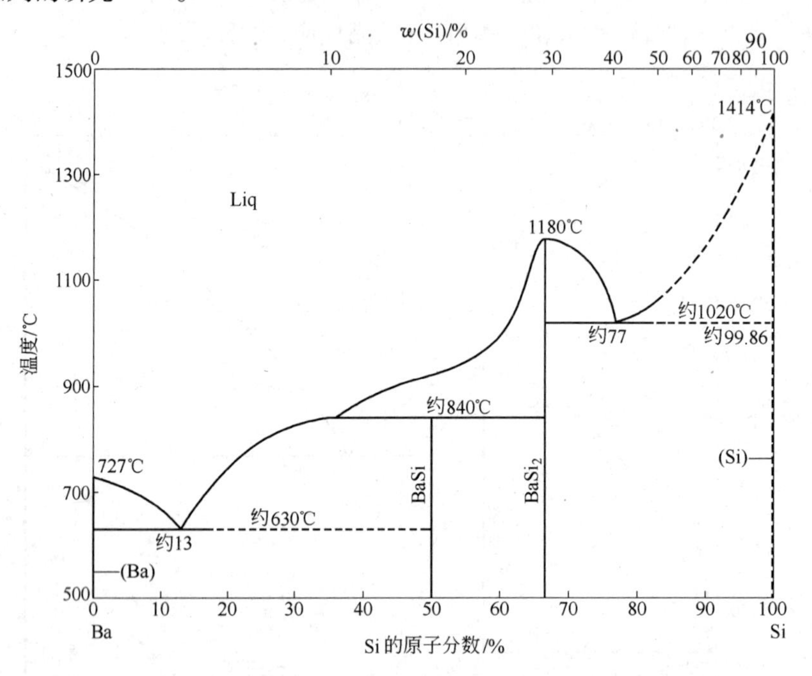

图 2－7 Si－Ba 系二元合金相图

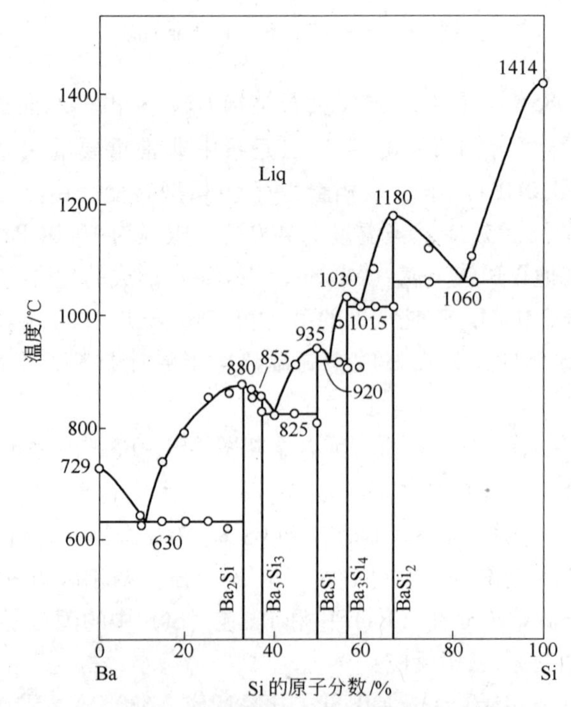

图 2－8 M. Pani 优化后的 Si－Ba 系二元合金相图

（图中圆圈代表实验温度）

2.3.3 硅与贵金属形成的二元系

此类二元相图有 Si－Ag，Si－Au，Si－Pt，Si－Pd，Si－Rh，Si－Ru 和 Si－Os 系相图。其中 Ag 和 Au 与 Si 形成共晶相图，且 Ag 和 Au 在（Si）中的溶解度很小；而 Si－Pt，Si－Pd，Si－Rh，Si－Ru 和 Si－Os 系相图略为复杂，相图上贵金属元素与硅形成一个或多个化合物，其中 Si－Pt，Si－Pd，Si－Rh，Si－Ru 二元系还属于发生固态转变的硅－金属二元系相图。Pd 与 Si 发生共析反应，该反应与共晶反应相似，都是由一相分解为两相的三相平衡等温转变，所不同的就是共析转变前的相是固相而不是液相。Pt 与 Si 发生包析反应，该包析转变在相图上的特征与包晶转变类似，所不同之处就是包析转变前均为固相而不是液相。Si－Rh 和 Si－Ru 二元系既有共析反应，也有包析反应。

图 2－9 给出了实验测定的 Si－Au 系二元合金相图，为简单共晶相图。Si－Au 系存在两种端际固溶体，一种是 fcc 结构的（Au），Si 在其中的固溶度不超过 2%（原子分数），另一种是金刚石结构的（Si），Au 在其中的固溶度非常小，约为 $2\times10^{-4}\%$（原子分数）。在非晶态/晶态转变温度以上对合金退火和在中等冷却速率下（$10^3\sim10^6$℃/s）对液态合金进行淬火可得到亚稳态结构。

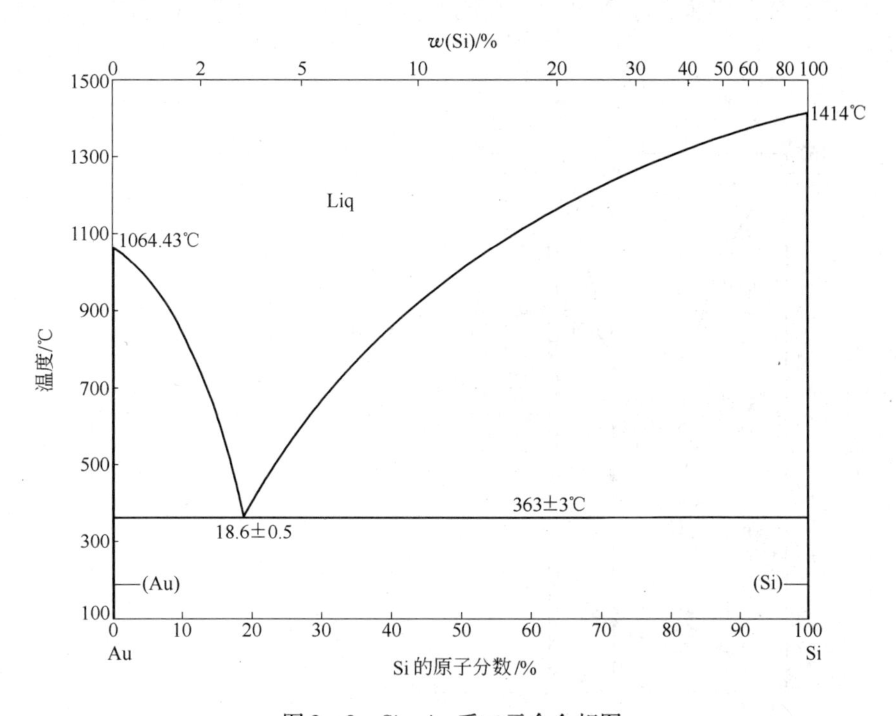

图 2－9 Si－Au 系二元合金相图

Si－Au 二元系存在一个三相反应：

$$L \rightleftharpoons (Au)+(Si)\ （共晶反应，363℃）$$

Si－Au 系合金在快速冷却情况下可形成非晶态合金，在气相沉积条件下也可以形成非晶态薄膜，此非晶态的相具有密堆结构[70,71]。

图 2－10 给出了实验测定的 Si－Pd 系二元合金相图。Si－Pd 二元系形成的化合物有

Pd_5Si、Pd_9Si_2、Pd_3Si、Pd_2Si 和 PdSi 等。Pd 与 Si 之间几乎没有固溶度，Pd 和 Si 的固溶体可视为纯 Pd 和纯 Si。P. Duwez 等人[73]通过快速冷凝方法制备出 Pd－Si 非晶相，当 Pd－Si 合金中 Si 含量（原子分数）为 15%～23%，冷却速度达到大于 10^4K/s 时，就可得到该过渡型非晶体，该过渡相又被称为金属玻璃。除以上报道的相以外，有文献报道[74] Si－Pd 二元系中还有可能存在 Pd_9Si_4、Pd_4Si 等相，由于许多研究工作尚在进行中，这些相在相图中未标出。

Si－Pd 二元系存在九个三相反应：

$L \rightleftharpoons (Pd) + Pd_5Si$（共晶反应，821℃）

$L \rightleftharpoons Pd_5Si + Pd_9Si_2$（共晶反应，816℃）

$L + Pd_3Si \rightleftharpoons Pd_9Si_2$（包晶反应，823℃）

$Pd_9Si_2 \rightleftharpoons Pd_5Si + Pd_3Si$（共析反应，772℃）

$Pd_5Si \rightleftharpoons (Pd) + Pd_3Si$（共析反应，727℃）

$L \rightleftharpoons Pd_3Si + Pd_2Si$（共晶反应，1050℃）

$L + Pd_2Si' \rightleftharpoons PdSi$（包晶反应，901℃）

$L \rightleftharpoons PdSi + (Si)$（共晶反应，892℃）

$PdSi \rightleftharpoons Pd_2Si' + (Si)$（共析反应，824℃）

Si－Pd 系合金在快速冷却情况下可形成非晶态合金，由于其具有许多优异特性而备受关注[72]。

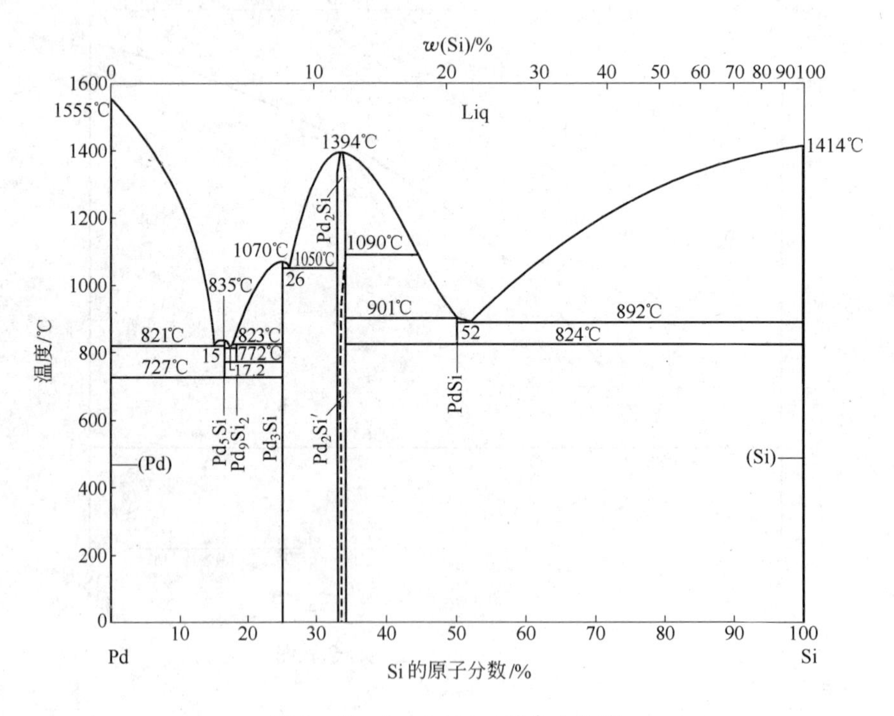

图 2－10 Si－Pd 系二元合金相图

2.3.4 硅与难熔金属形成的二元系

此类二元相图有 Si－Ti、Si－V、Si－Cr、Si－Zr、Si－Nb、Si－Mo、Si－Hf、Si－Ta

和 Si-W 系相图，这些相图均为难熔金属组元与 Si 形成化合物的二元系相图。Si-Cr，Si-Mo，Si-Hf，Si-Ta 和 Si-W 相图的部分液相线未完全测定，这些二元系中，大多数二元硅化物的熔点很高，实验测定相图有一定的困难。Si-Ti，Si-V，Si-Cr，Si-Zr，Si-Nb，Si-Mo，Si-Hf，Si-Ta 和 Si-W 这些二元系易形成稳定化合物，也可以形成不稳定化合物，如 Si-V、Si-Ti、Si-Cr、Si-Hf 和 Si-Li 二元系，其中 Si 和 Hf 形成四个不稳定化合物：Hf_2Si、Hf_5Si_4、HfSi、$HfSi_2$。Si-Zr 二元系中形成的化合物 Si_4Zr_5 和 SiZr，以及 Si-Nb 二元系中 Nb_5Si_3 发生同素异构转变。Si-Ti、Si-V、Si-Zr、Si-Nb 二元系还属于发生固态转变的硅-金属二元系，其中 Si-Ti、Si-Zr 二元系既有共析反应，也有包析反应，Si-V 二元系则有共析反应。

图 2-11 给出了优化后的 Si-Cr 系二元合金相图。Si-Cr 二元系共形成四个化合物 Cr_3Si、Cr_5Si_3、CrSi 和 $CrSi_2$。Cr_3Si 相具有 *A*15 立方结构，其熔点为 1770℃，Cr_5Si_3 相具有 $D8_m$ 四方结构，其熔点为 1680℃，且在 1550℃时会发生多晶型转变，CrSi 相具有 *B*20 立方结构，温度高于 1413℃发生分解，$CrSi_2$ 相具有 C40 六方结构，其熔点为 1490℃。Si 在（Cr）中最大固溶度为共晶转变温度（1705℃）时的 9.5%（原子分数），Cr 在（Si）中最大固溶度为共晶转变温度（1305℃）时的 8×10^{-6}%（原子分数）。尽管 Si-Cr 系二元相图中的三相反应、主要的相区边界和化合物的成分结构均已确定，但这个二元系还有一些细节如液相线和 L + Cr_5Si_3 相区边界还未确定。

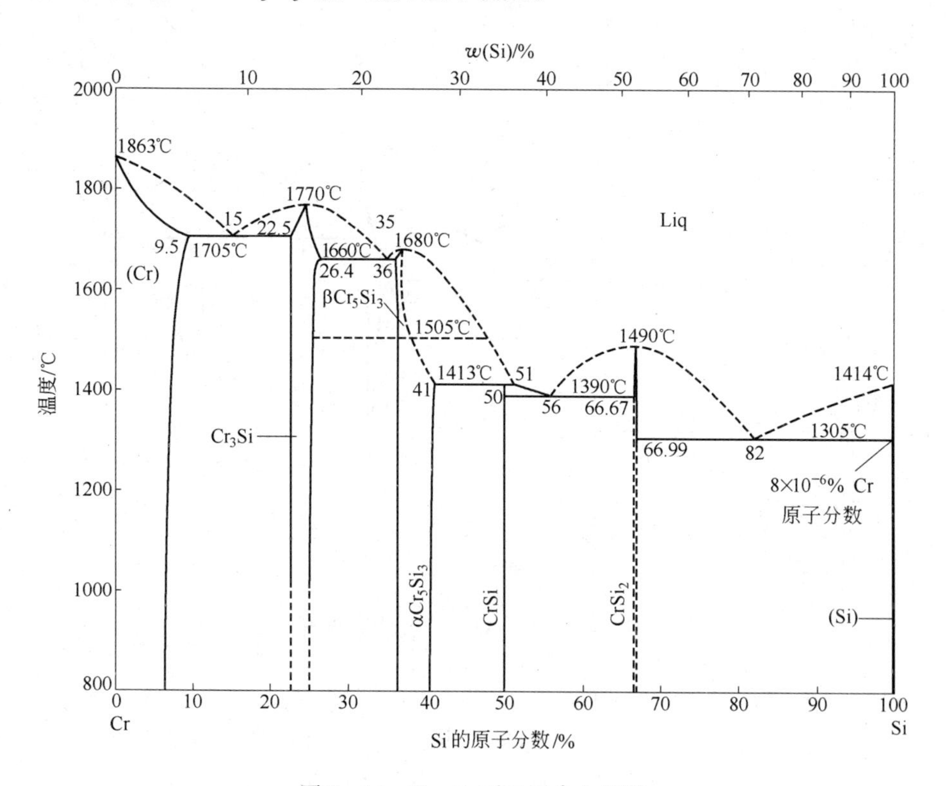

图 2-11 Si-Cr 系二元合金相图

Si-Cr 二元系存在五个三相反应：

$$L \rightleftharpoons (Cr) + Cr_3Si \text{（共晶反应，1705℃）}$$

$$L \rightleftharpoons Cr_3Si + Cr_5Si_3$$ （共晶反应，1660℃）

$$Cr_5Si_3 + L \rightleftharpoons CrSi$$ （包晶反应，1413℃）

$$L \rightleftharpoons CrSi + CrSi_2$$ （共晶反应，1390℃）

$$L \rightleftharpoons CrSi_2 + (Si)$$ （共晶反应，1305℃）

Si-Cr 系化合物具有低密度、高熔点、优异的高温蠕变强度和高温抗氧化性能而成为先进航空发动机、煤气转化器等的候选材料[75,76]。

图 2-12 给出了优化后的 Si-W 系二元合金相图。Si-W 系共形成 Si_2W 和 Si_3W_5 两种稳定化合物。Si_2W 是线型化合物，熔点为 2160℃，具有 $C11_b$ 型结构和高的稳定性。由于缺乏可靠的实验数据，仅能推测 Si_3W_5 相的平均成分在共晶反应温度时为 60~62.5% W（原子分数），Si_3W_5 相具有 *D8m* 结构。W 在（Si）中的固溶度可忽略不计，共晶反应温度 2180℃时 Si 在（W）中的固溶度达 5.5%（原子分数）。尽管 Si-W 二元相图中的三相反应、化合物的成分和结构均已确定，但部分两相区的边界如 L + Si_2W、L + Si_3W_5 以及 L +（W）等还未确定。

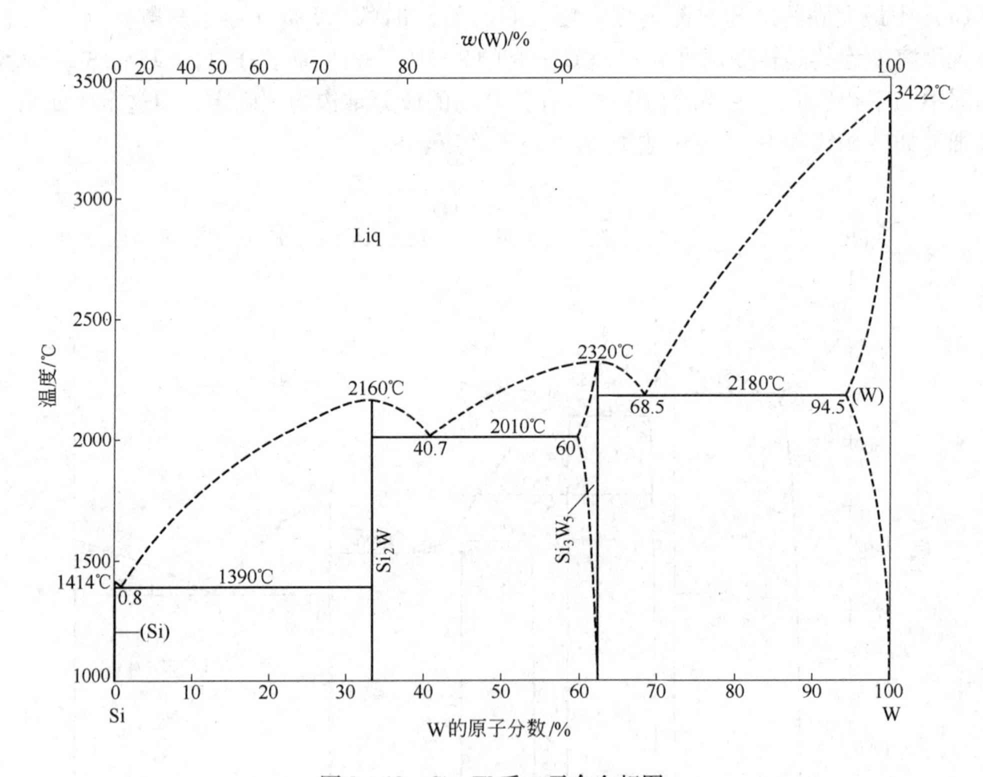

图 2-12 Si-W 系二元合金相图

Si-W 二元系存在三个三相反应：

$$L \rightleftharpoons (Si) + Si_2W$$ （共晶反应，1390℃）

$$L \rightleftharpoons Si_2W + Si_3W_5$$ （共晶反应，2010℃）

$$L \rightleftharpoons Si_3W_5 + (W)$$ （共晶反应，2180℃）

Si-W 系合金可用于集成电路的电磁量热计、以硅为基体的钨涂层半导体器件、X 射线望远镜、显微镜及激光等的光学元件、钢铁材料的耐磨涂层、碳与碳材料的抗氧化涂层等[77~81]。

图2－13给出了优化后的Si－Hf系二元合金相图。Si－Hf系共形成Hf_2Si、Hf_3Si_2、Hf_5Si_4、HfSi和$HfSi_2$五个化合物。Hf_2Si具有*C*16型结构，Hf_3Si_2具有$D5_d$型结构，Hf_5Si_4具有Si_4Zr_5型结构，HfSi具有*B*27型结构，$HfSi_2$具有*C*49型结构。Si在（βHf）中的最大固溶度小于1%（原子分数），而Hf在（Si）中的固溶度还没有测定，据推测应该非常小。Si－Hf二元相图中，在Hf侧暂定为发生包析反应，这一点是基于C. E. Brukl的研究工作，他发现在Hf的同素异晶转变温度（1743℃）之上的温度约1770℃时会出现热制动，这表明Si提高了Hf的同素异晶转变温度，极有可能是经历了包析转变。Si－Hf系的液相线还没有完全确定。对Si－Hf二元合金的电阻特性和热电性质作过一些研究，Hf_2Si、HfSi和$HfSi_2$等的电阻率在30～800℃范围内随温度升高而线性增加。30℃时，Hf_2Si、Hf_5Si_4和$HfSi_2$的塞贝克系数分别为35μV/℃、22μV/℃和30μV/℃，Si－Hf系合金可能在温度测量与控制，热电转换等方面得到应用。

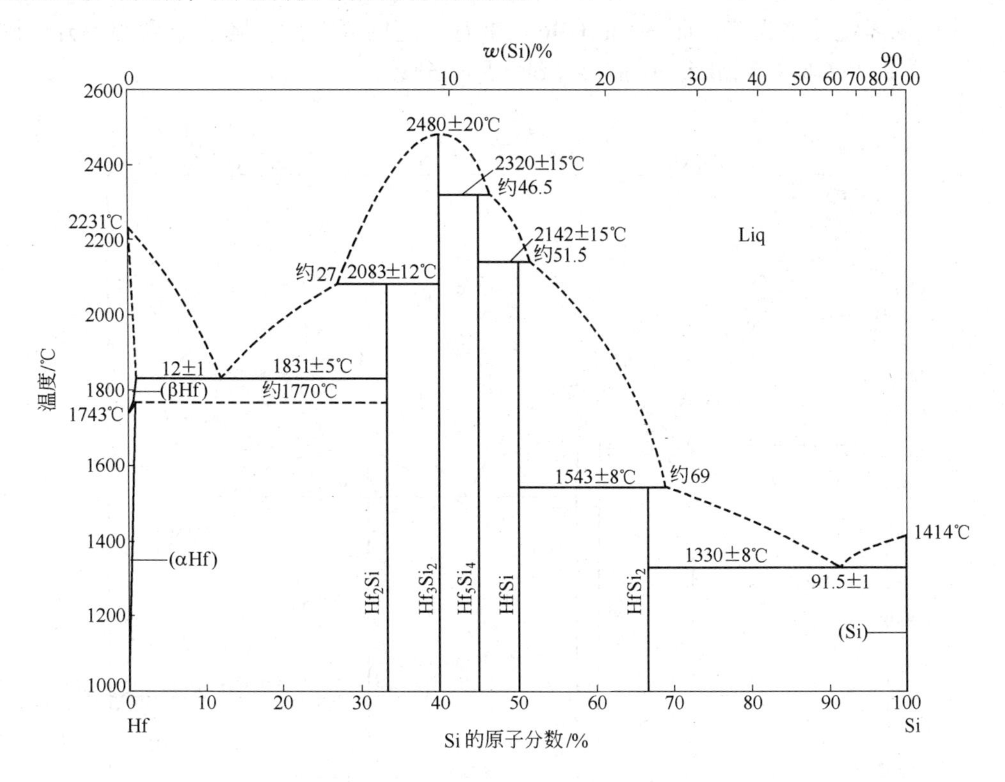

图2－13 Si－Hf系二元合金相图

Si－Hf二元系存在七个三相反应：

$$(\beta Hf) + Hf_2Si \rightleftharpoons (\alpha Hf)$$（包析反应，1770℃）

$$L \rightleftharpoons (\beta Hf) + Hf_2Si$$（共晶反应，1831±5℃）

$$L + Hf_3Si_2 \rightleftharpoons Hf_2Si$$（包晶反应，2083±12℃）

$$L + Hf_3Si_2 \rightleftharpoons Hf_5Si_4$$（包晶反应，2320±15℃）

$$L + Hf_5Si_4 \rightleftharpoons HfSi$$（包晶反应，2142±15℃）

$$L + HfSi \rightleftharpoons HfSi_2$$（包晶反应，1543±8℃）

$$L \rightleftharpoons HfSi_2 + (Si)$$（共晶反应，1330 ± 8℃）

Si－Hf 系合金材料可用于大型集成电路，HfO_2 在 Si 表面的薄膜是 MOS（金属－氧化物－半导体材料）场效应晶体管的优异候选材料。Si－Hf 系材料在高温和极端条件下具有超高强度和优异的抗氧化性能，具有很好的应用前景，如可用于等离子弧电极、熔融金属坩埚、切割工具、下一代超声速飞行器、火箭推进器及耐磨涂层等[82,83]。

许多人对 Si－Mo 系相图都做过研究，图 2－14 给出了实验测定的 Si－Mo 系二元合金相图。Si－Mo 二元系共形成三个有序化合物 Mo_3Si、Mo_5Si_3、$MoSi_2$。(Mo) 固溶体遵循亨利定律。Mo_3Si 是线型化合物，具有 *A*15 结构和高的热稳定性。Mo_5Si_3 具有 $D8_m$ 结构，有一定的成分范围和很高的热稳定性，温度升高不发生分解，直至 2180℃ 发生同成分熔化。$MoSi_2$ 是一个化学计量比化合物，有很高的稳定性、耐磨性、抗氧化性，1900℃ 以下这个相具有 $C11_b$ 结构，1900℃ 以上转变成 *C*40 结构的 $\beta MoSi_2$。关于 $\alpha MoSi_2$－$\beta MoSi_2$ 的转变，也有作者认为与杂质含量有关，只有 $\alpha MoSi_2$ 中含有微量杂质时才会发生这个转变。Mo 在 (Si) 中的固溶度几乎为零，而 Si 在 (Mo) 中有一定的固溶度，随着温度的上升，固溶度增大，在 2025℃ 时达到最大，约为 4% Si（原子分数）。

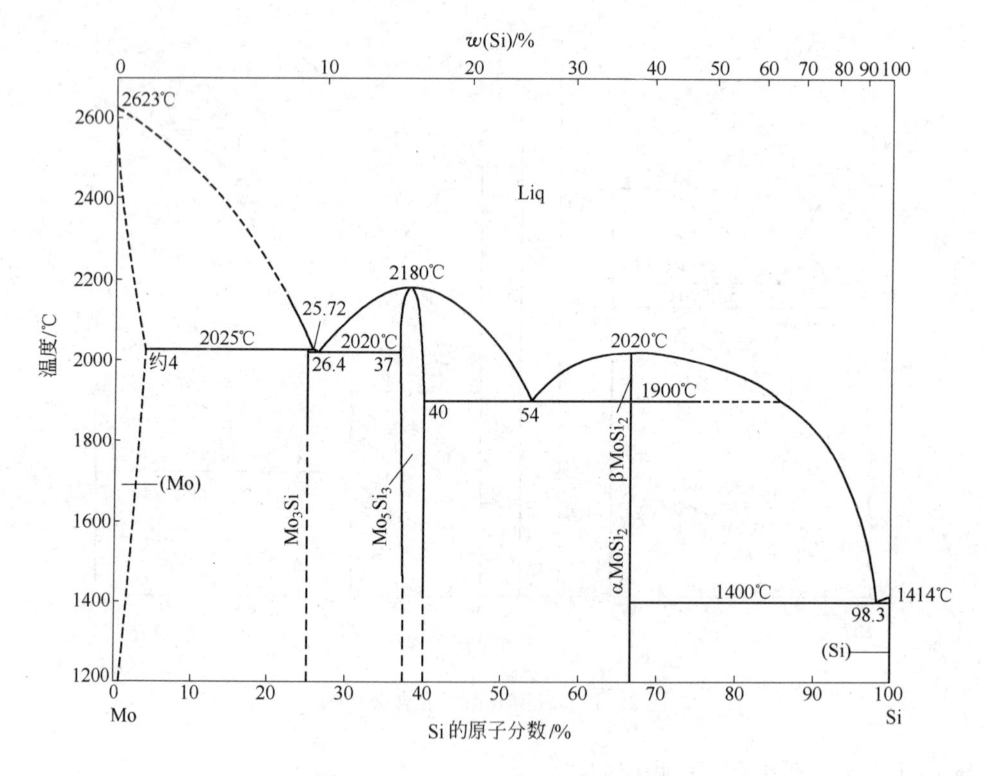

图 2－14 Si－Mo 系二元合金相图

Si－Mo 二元系存在四个三相反应：

$$L + (Mo) \rightleftharpoons Mo_3Si$$（包晶反应，2025℃）

$$L \rightleftharpoons Mo_3Si + Mo_5Si_3$$（共晶反应，2020℃）

$$L \rightleftharpoons Mo_5Si_3 + \beta MoSi_2$$（共晶反应，1900℃）

$$L \rightleftharpoons \alpha MoSi_2 + (Si)$$（共晶反应，1400℃）

尽管 Si-Mo 二元相图中的三相反应、主要的相区边界和化合物的成分、结构均已用实验方法确定，但这个二元系还有一些细节，如（Mo）+L 两相区的边界、$MoSi_2$+L 两相区的边界尚未确定，$\alpha MoSi_2$—$\beta MoSi_2$ 转变的条件和机制仍需进一步研究。

Si-Mo 二元系是一个具有重要工程意义的二元系，Si-Mo 系合金材料是高温结构应用的候选材料，可用于发热体材料，具有优良的导热性、抗氧化性和耐腐蚀性，可以用作高温合金和其他难熔金属的高温抗氧化保护涂层等[61,62,84~87]。

图 2-15 给出了优化后的 Si-Ta 系二元合金相图。Si-Ta 二元系共形成四个化合物 Ta_3Si、Ta_2Si、Ta_5Si_3 和 $TaSi_2$。R. Kieffer[92] 和 H. Nowotny[93] 的研究发现在 Si-Ta 系中存在 $Ta_{4.5}Si$ 亚稳定相，需要一定含量的间隙元素对其进行稳定化处理。在非晶态 Ta-Si 薄膜的晶化过程中会出现六方结构的 Ta_5Si_3 相。$TaSi_2$ 相与其他硅化物不同，为反磁性物相，$TaSi_2$ 的电阻特性研究表明在常温下它呈现金属性。Si 在（Ta）中的最大固溶度在 2260℃ 时约为 7% Si（原子分数），而 Ta 在（Si）中的固溶度可忽略不计。

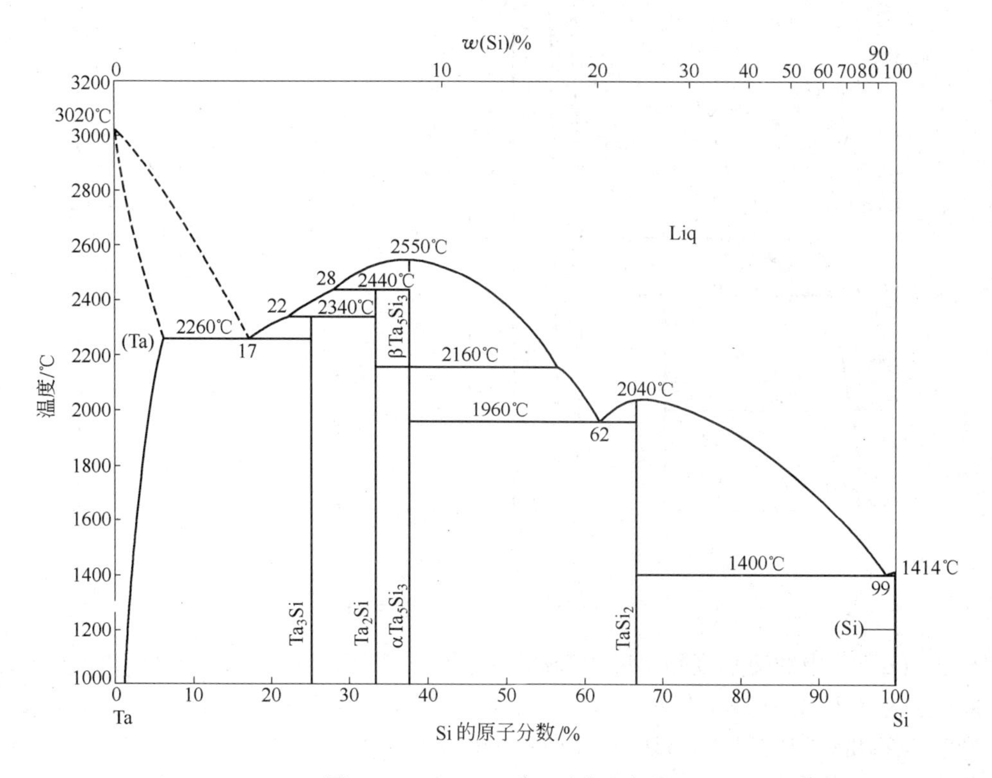

图 2-15　Si-Ta 系二元合金相图

Si-Ta 二元系存在五个三相反应：

$$L \rightleftharpoons Ta_3Si + (Ta)\ \text{（共晶反应，2260℃）}$$

$$L + Ta_2Si \rightleftharpoons Ta_3Si\ \text{（包晶反应，2340℃）}$$

$$L + \beta Ta_5Si_3 \rightleftharpoons Ta_2Si\ \text{（包晶反应，2440℃）}$$

$$L \rightleftharpoons TaSi_2 + Ta_5Si_3\ \text{（共晶反应，1960℃）}$$

$$L \rightleftharpoons (Si) + TaSi_2\ \text{（共晶反应，1400℃）}$$

Si-Ta 系合金材料具有低电阻率、优良的稳定性以及与硅基体的优良匹配性而用于高温结构材料、肖特基势垒、欧姆接触、栅极材料以及集成电路的连接体等，Si－Ta 与氮气形成的薄膜可用于光致发光材料以及半导体器件的扩散阻碍层等[88~91]。

图 2－16 给出了优化后的 Si－Ti 系二元合金相图。Si－Ti 二元系共形成六种化合物 Ti_3Si、Ti_5Si_3、Ti_5Si_4、Ti_6Si_5、TiSi 和 $TiSi_2$。Ti_3Si 是线型化合物，具有简单正方结构；Ti_5Si_3 相具有 $D8_8$ 简单六方结构，其成分范围为 35.5%～39.5%（原子分数），等成分熔化温度为 2130℃；Ti_5Si_4 相是线型化合物，具有 Si_4Zr_5 型简单正方结构；Ti_6Si_5 相具有四方结构，但并未在相图中表示出来；TiSi 相是线型化合物，具有简单斜方结构；$TiSi_2$ 相是线型化合物，具有 *C*54 型复杂面心斜方结构。

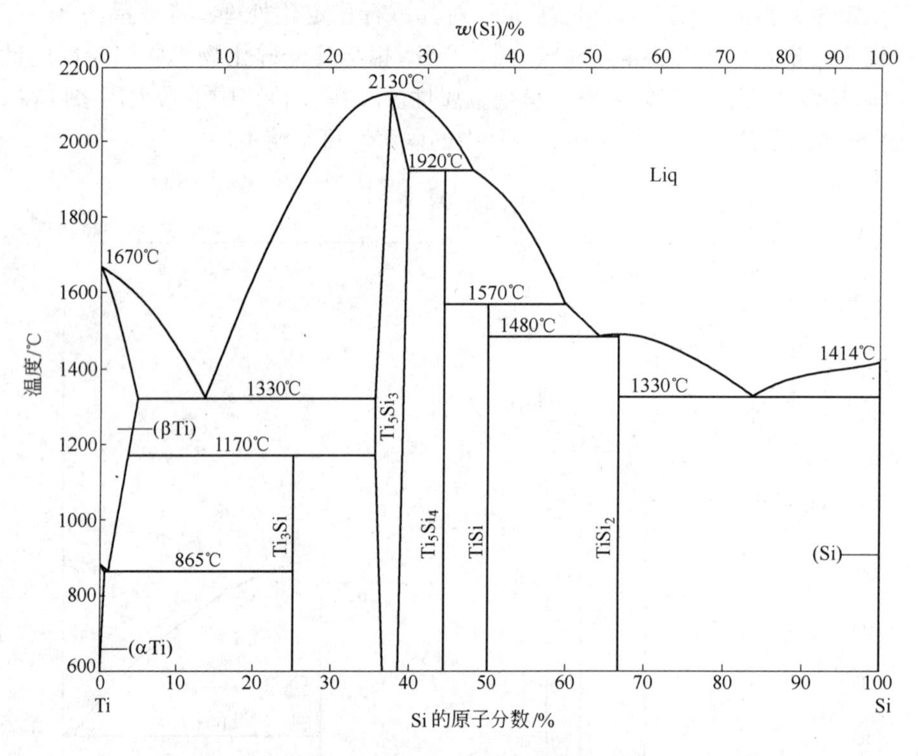

图 2－16 Si－Ti 系二元合金相图

Si 在（αTi）中的溶解度随温度的升高而提高，在 750℃时为 0.31% Si（原子分数），在 800℃时为 0.7% Si（原子分数）。Si 在（βTi）中的固溶度在共晶温度时为 5% Si（原子分数），在 1000℃时约为 3.35% Si（原子分数）。当发生（βTi）$\rightleftharpoons$（αTi）块状相变时，Si 在 αTi 中的溶解度可达 1.1% Si（原子分数）[99]，通过快速凝固制备的含 20% Si（原子分数）的非晶态合金[100]，其晶化温度为 594℃，快速凝固时 Si 含量可达 20% Si（原子分数）。

Si－Ti 二元系存在七个三相反应：

(βTi) $\rightleftharpoons$ (αTi) + Ti_3Si（共析反应，865℃）

(βTi) + Ti_5Si_3 $\rightleftharpoons$ Ti_3Si（包析反应，1170℃）

L $\rightleftharpoons$ (βTi) + Ti_5Si_3（共晶反应，1330℃）

L + Ti_5Si_4 $\rightleftharpoons$ TiSi（包晶反应，1570℃）

L + Ti_5Si_3 $\rightleftharpoons$ Ti_5Si_4（包晶反应，1920℃）

$$L \rightleftharpoons TiSi + TiSi_2$$（共晶反应，1480℃）

$$L \rightleftharpoons TiSi_2 + (Si)$$（共晶反应，1330℃）

Si－Ti 系合金是重要的高温结构应用材料。Si 是 Ti 合金中重要的合金化元素，可以提高强度，并且能显著提高 Ti 的抗高温氧化能力，Si－Ti 系化合物直到 1200℃左右都不会氧化。对机械合金化法制备的 Si－Ti 系非晶态合金、快速凝固 Si－Ti 系合金、Si－Ti 系化合物的高温稳定性、Si－Ti 系合金作为锂离子电池正极材料等方面进行了研究[94~98]。

2.3.5 硅与稀土元素形成的二元系

此类二元系相图包括 Si－Ce、Si－Pr、Si－Nd、Si－Sm、Si－Gd、Si－Er、Si－Tm、Si－Yb、Si－Lu，以及 Si－Sc 和 Si－Y 系相图。Si－Ce、Si－Sm、Si－Gd、Si－Er、Si－Tm、Si－Yb、Si－Lu 二元系的部分液相线未完全测定，这主要由于稀土元素特殊的活性，实验测定相图有一定的困难。这些二元系易于形成稳定化合物，也可以形成不稳定化合物，如 Si－Sc 二元系中形成化合物 $ScSi_{2-x}$；Si－Nd 二元系中形成 Nd_2Si_3 和 $NdSi_x$，Si－Gd 二元系中 $GdSi_2$ 和 $GdSi_{2-x}$发生同素异构转变。Si－Sc、Si－Pr、Si－Nd 二元系也属于发生固态转变的硅－金属二元系，其中 Si－Sc、Si－Nd 二元系既有共析反应，也有包析反应，Si－Pr 二元系存在共析反应。其中 Si－Nd 二元系在富 Nd 侧还有可能发生熔晶反应，即由一个已凝固的固相在熔晶温度又分解为一个液相和另一个固相。Si－Gd 二元系还发生磁性转变。

图 2－17 给出了优化后的 Si－Ce 系二元合金相图。Si 和 Ce 的相互溶解度非常小，可忽略不计。Si－Ce 二元系存在六种化合物，分别为 Ce_5Si_3，Ce_3Si_2，Ce_5Si_4，CeSi，Ce_3Si_5 和 $CeSi_2$。此外，L. A. Dvorina[105] 和 L. Brewer[106] 分别指出在 Si－Ce 体系还存在 Ce_3Si 相和 $CeSi_{0.75}$(Ce_4Si_3) 相，但没有其他文献报道过这两个相，因此最近优化的 Si－Ce 系二元合金相图中没有出现这两个相。F. Benesovsky[107] 报道 Si－Ce 系中出现 $CeSi_{2-x}$和 $CeSi_2$ 相，其成分范围为 60%～70% Si（原子分数），而随后的研究表明 $CeSi_2$ 相具有 $\alpha ThSi_2$ 型结构，其成分范围为 64%～66.67% Si（原子分数），Ce_3Si_5 相具有 $\alpha GdSi_2$ 型结构，CeSi 相具有 *B*27 型结构，Ce_5Si_4 相具有 Si_4Zr_5 型结构，Ce_3Si_2 具有 $D5_a$ 型结构，Ce_5Si_3 具有 $D8_m$ 型结构。H. Yashima[108] 的研究也证实了 $CeSi_2$ 相的成分范围。这些研究均表明在 64%～66.67% Si（原子分数）成分范围内的中间相没有磁性，而小于 64% Si（原子分数）的成分时有非常明显的磁性转变。根据 B. T. Matthias[109] 的研究，$CeSi_2$ 相在温度降至小于 1K 时没有超导转变。尽管 Si－Ce 二元相图中主要的三相反应、化合物的成分和结构以及主要的相边界已确定，但 Si－Ce 系二元合金相图的液相线还有待确定。

Si－Ce 二元系存在七个三相反应：

$$L \rightleftharpoons (Ce) + Ce_5Si_3$$（共晶反应，650℃）

$$L \rightleftharpoons Ce_5Si_3 + Ce_3Si_2$$（共晶反应，1270℃）

$$L \rightleftharpoons Ce_3Si_2 + Ce_5Si_4$$（共晶反应，1360℃）

$$L \rightleftharpoons Ce_5Si_4 + CeSi$$（共晶反应，1390℃）

$$L \rightleftharpoons CeSi + Ce_3Si_5$$（共晶反应，1400℃）

$$L + CeSi_2 \rightleftharpoons Ce_3Si_5$$（包晶反应，1560℃）

$$L \rightleftharpoons CeSi_2 + (Si)$$（共晶反应，1200℃）

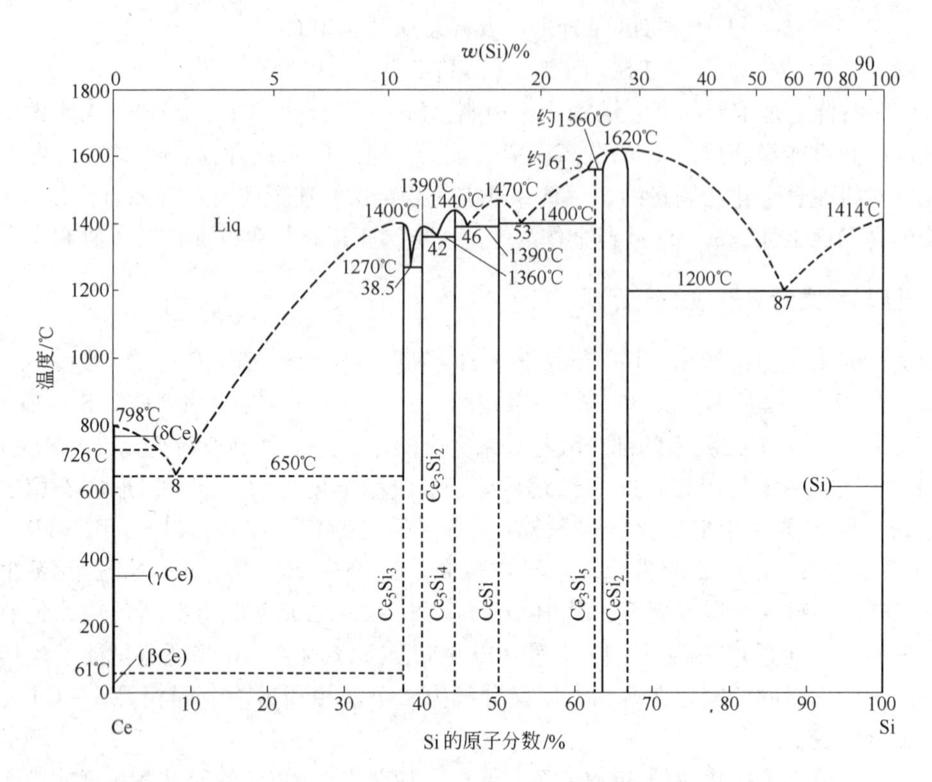

图 2－17 Si－Ce 系二元合金相图

在 N 型硅基体上的稀土硅化物由于具有低的肖特基势垒而在半导体器件领域有着广泛应用，其中 Si－Ce 系合金的界面结构及扩散行为、康多效应（Kondo effect）以及磁性能等方面的研究得到了广泛关注[101~104]。

图 2－18 给出了优化后的 Si－Gd 系二元合金相图。Si 在（Gd）中的固溶度小于 1%（原子分数），而 Gd 在（Si）中几乎没有固溶度。Si－Gd 二元系共形成七个化合物，它们是 Gd_5Si_3、Gd_5Si_4、GdSi、$\alpha GdSi_{2-x}$、$\beta GdSi_{2-x}$、$\alpha GdSi_2$ 和 $\beta GdSi_2$，而在 Mianliang Huang 等人[113]优化计算的 Si－Gd 系二元合金相图（见图 2－19）中，还有 Gd_3Si_5 生成。Gd_5Si_3 相具有 $D8_8$ 的六方结构，是线型化合物，熔点为 1650±20℃；Gd_5Si_4 相具有 Ge_4Sm_5 型的斜方结构，是线型化合物，熔点未确定；GdSi 相具有 *B*27 型斜方结构，是线型化合物，熔点未确定；$GdSi_{2-x}$ 相具有 *C*32 型的六方结构，其成分范围为 60%～62.5% Si（原子分数），存在两种同素异晶体，但转变温度还未确定；$GdSi_2$ 相具有斜方结构，其成分范围为 64%～66.8% Si（原子分数），400±25℃ 时发生同素异晶转变，转变为正方结构的 $\beta GdSi_{2-x}$，具有等成分熔化的特点，熔化温度 2100℃。尽管 Si－Gd 二元相图中部分三相反应、化合物的成分结构等已确定，但仍有部分细节如 $L \rightleftharpoons Gd_5Si_3 + Gd_5Si_4$ 共晶反应的成分点、液相线等还未确定。

Si－Gd 二元系目前已确定的三相反应有两个：

$$L \rightleftharpoons (\alpha Gd) + Gd_5Si_3 \text{（共晶反应，1070℃）}$$

$$L \rightleftharpoons Gd_5Si_3 + Gd_5Si_4 \text{（共晶反应，1060℃）}$$

Si－Gd 系合金材料可用于磁性材料领域，具有磁致热效应和巨磁阻效应等，Gd 在 Si

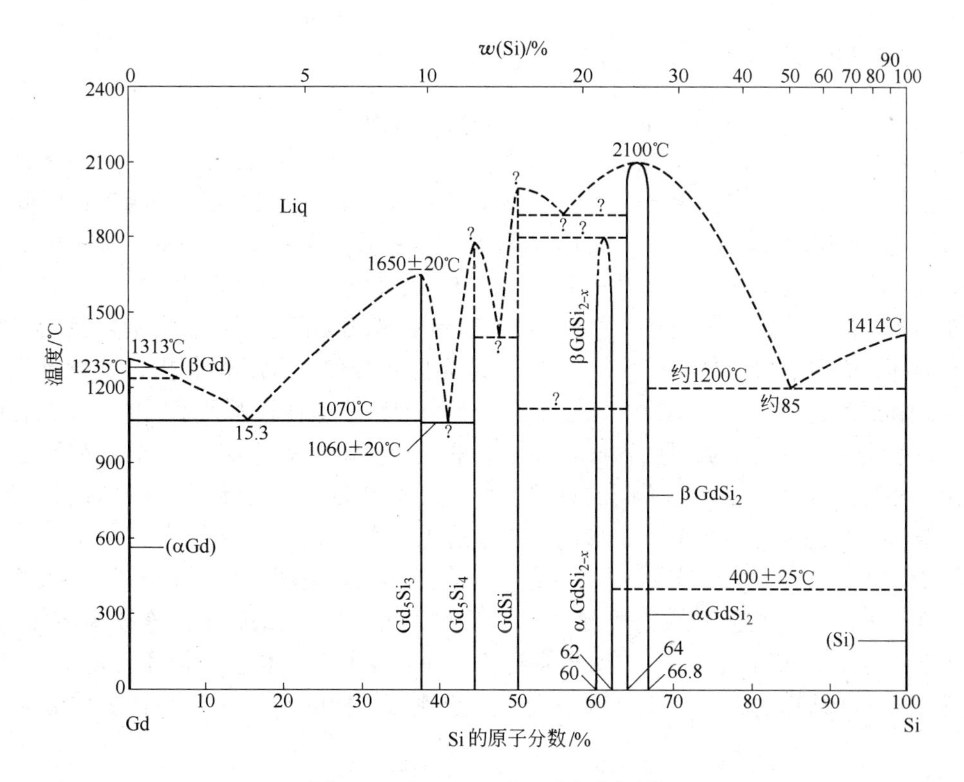

图 2－18　Si－Gd 系二元合金相图

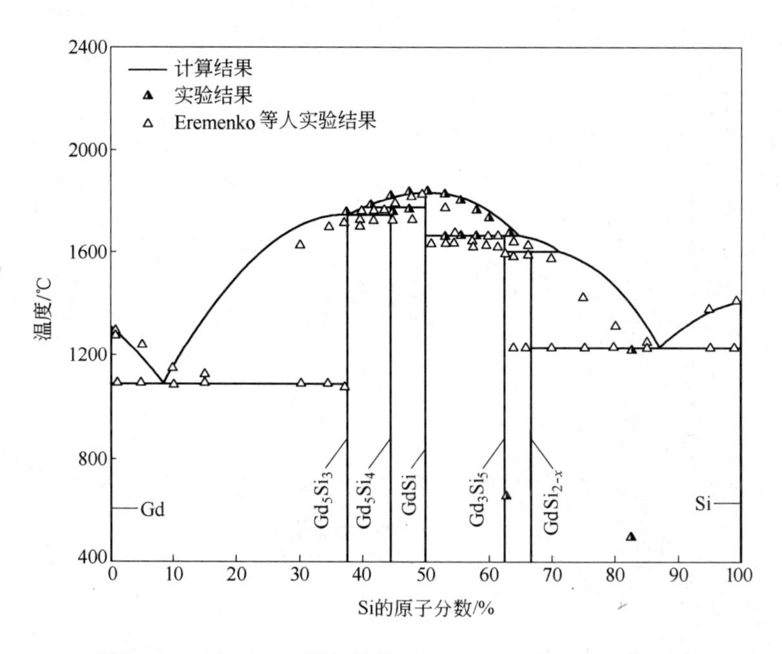

图 2－19　M. Huang 优化计算后的 Si－Gd 系二元合金相图

表面的氧化物或金属薄膜可用于大型集成电路，具有低的介电常数和肖特基势垒，还可用于红外传感器等方面[110~112]。

2.3.6 硅与主族金属形成的二元系

此类二元相图主要有 Si - Ge，Si - Al，Si - Ga，Si - In，Si - Sb，Si - Bi，Si - Pb 和 Si - As 系相图。Si - Ge 二元系为形成连续固溶体的二元系，主要是由于 Si 与 Ge 在周期表中是同族元素，原子的外层电子构造一样，点阵类型相同，原子半径相近，因此 Si - Ge 二元系相图属于形成连续固溶体的匀晶相图。Si - Al，Si - Ga，Si - In，Si - Sb 二元系相图为硅 - 金属二元共晶相图。其中 Ga、In、Sb 在（Si）中的溶解度很小，共晶点非常接近于 100% Si（原子分数）处。这类相图的特点是液相无限互溶、固相有限互溶，形成有限固溶体，并具有共晶转变。Si - Pb 二元系为硅 - 金属二元偏晶相图，其特点是在一定的成分和温度范围内，二组元在液态下也呈有限溶解，即存在两种不同的液相共存的区域，并发生由一种液相生成另一种液相和固相的反应，即偏晶反应，它与共晶反应类似，均为由一相分解成另两相，所不同的只是两个生成相中有一个是液相。Si - As 二元系中，砷与硅既形成稳定化合物 SiAs，也形成了不稳定化合物 $SiAs_2$。

图 2 - 20 给出了实验测定的 Si - Ge 系二元合金相图。由图可见，Si 与 Ge 的液相线和固相线都是连续的，相图中仅有 L 液相区，固液两相区及（Ge，Si）连续固溶体相区。在高压下，低于 300K 时，Si - Ge 固溶体会转变为两相共存结构。在高压环境下（300×10^8 Pa）下，bct 结构的 Si - Ge 固溶体比低压下金刚石结构的 Si - Ge 固溶体更加稳定。

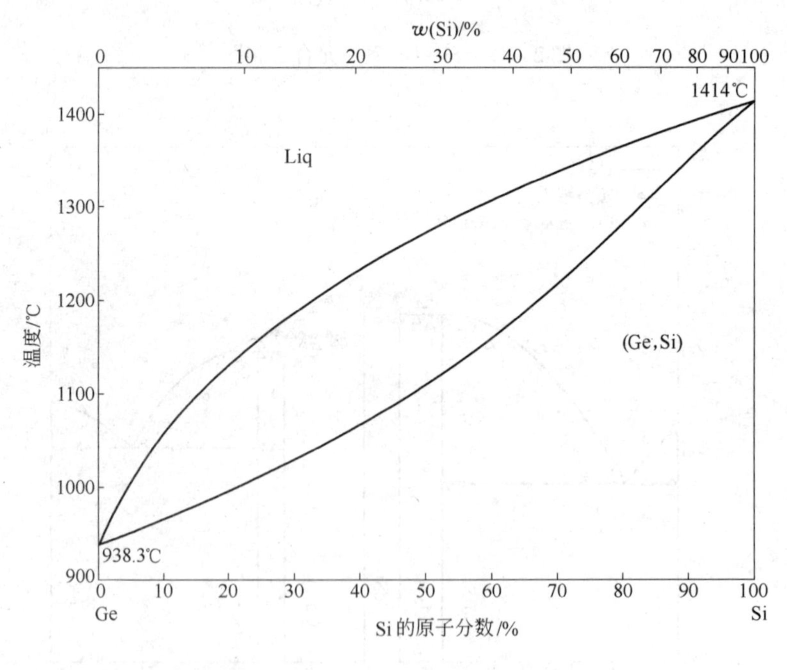

图 2 - 20 Si - Ge 系二元合金相图

Si - Ge 合金是半导体工业实现异质结构器件的重要材料，在能带隙工程、热电材料、半导体材料以及光电材料领域均有广泛应用[114~117]。

图 2 - 21 给出了优化后的 Si - Al 系二元合金相图，为简单共晶相图。共晶温度时（577 ± 1℃），Si 在（Al）中的最大固溶度为 1.5% ± 0.1%（原子分数），当温度为 300℃

时降为 0.05%（原子分数）。Al 在（Si）中的最大固溶度为 1190℃时的 0.016% ± 0.003%（原子分数）。通过液态急冷可在很大程度上提高 Si 在（Al）中的固溶度，最大可提高至 11% ±1% Si（原子分数）。Si－Al 二元系存在两种固溶体，体心立方的（Al）和金刚石结构的（Si）。

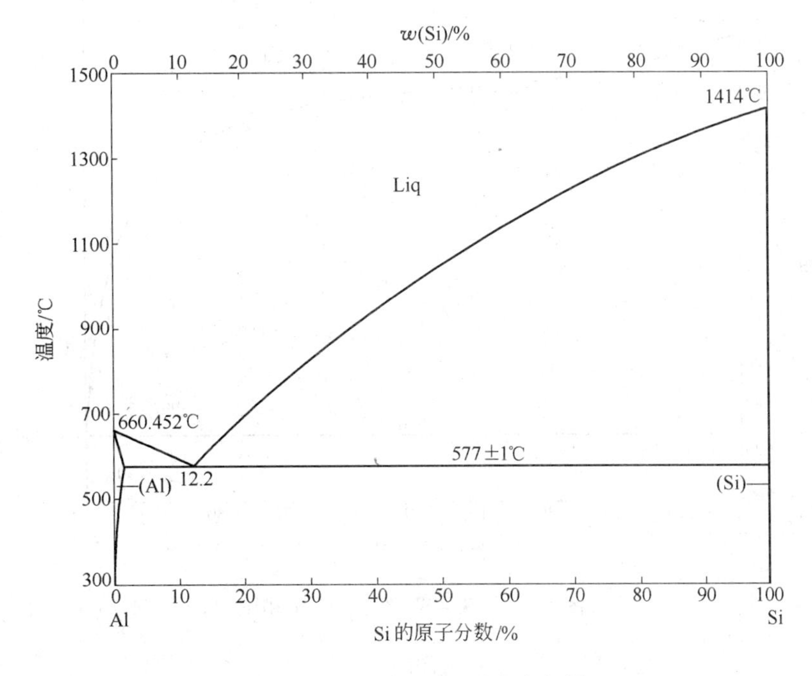

图 2－21 Si－Al 系二元合金相图

Si－Al 二元系存在一个三相反应：

$$L \rightleftharpoons (Al) + (Si)\ (共晶反应，577℃)$$

Si－Al 系共晶合金具有优异的耐磨性、低的线膨胀系数、优良的铸造和焊接性能，是内燃机和活塞用的首选材料。

图 2－22 给出了优化后的 Si－Sb 系二元合金相图。Sb 在（Si）中的最大固溶度在 1300℃为 0.1%（原子分数），通过离子注入和随后的激光或加热退火可将 Sb 在（Si）中的固溶度提高至 2.6%（原子分数）。而 Si 在（Sb）中几乎没有溶解度。Si－Sb 体系存在两种固溶体，一种是 Sb 在 Si 中的固溶体（Si），另一种是 Si 在 Sb 中的固溶体（Sb）。

Si－Sb 二元系存在一个三相反应：

$$L \rightleftharpoons (Si) + (Sb)\ (共晶反应，630℃)$$

Si－Sb 系合金在高频器件的嵌入接触层、单电子晶体三极管、高电子迁移率三极管等半导体材料领域有广泛应用，主要是将第Ⅴ族元素锑吸附于硅的低指数表面，形成金属和半导体界面，从而产生低维相和纳米结构相，成为低维电子输运特性器件[118~121]。

图 2－23 给出了优化后的 Si－Bi 系二元合金相图。1350℃时 Bi 在（Si）中的最大固溶度仅为 0.0018%（原子分数），而 Si 在（Bi）中几乎没有固溶度。液相在 3.3% Bi（原子分数）处为偏晶成分。Si－Bi 二元系存在两种端际固溶体，一种是（Si），另一种是（Bi）。

尽管 Si－Bi 二元相图中的三相反应、主要的相区边界已确定，但（L_1+L_2）相区边界还未确定。

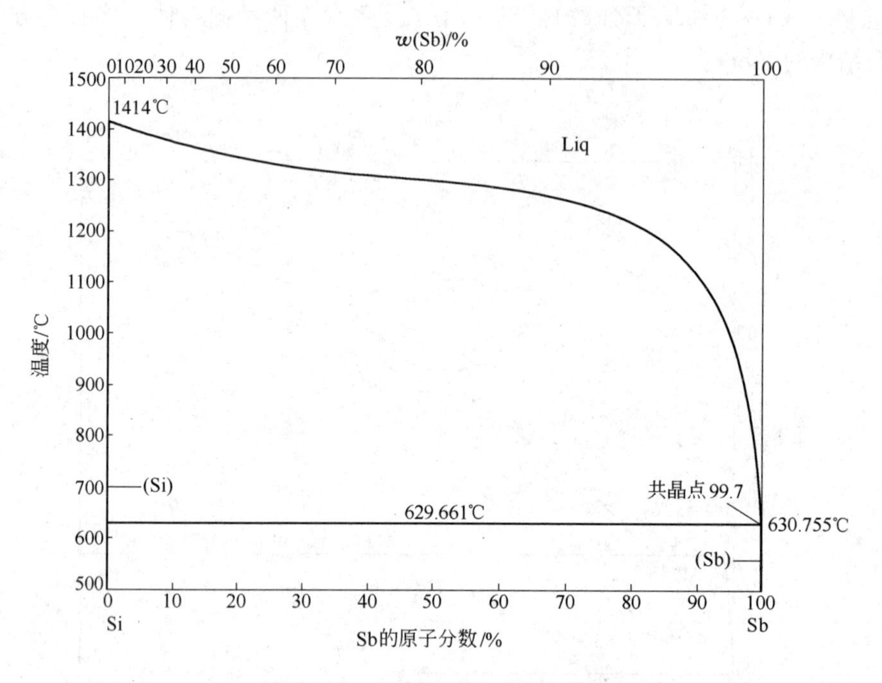

图 2－22　Si－Sb 系二元合金相图

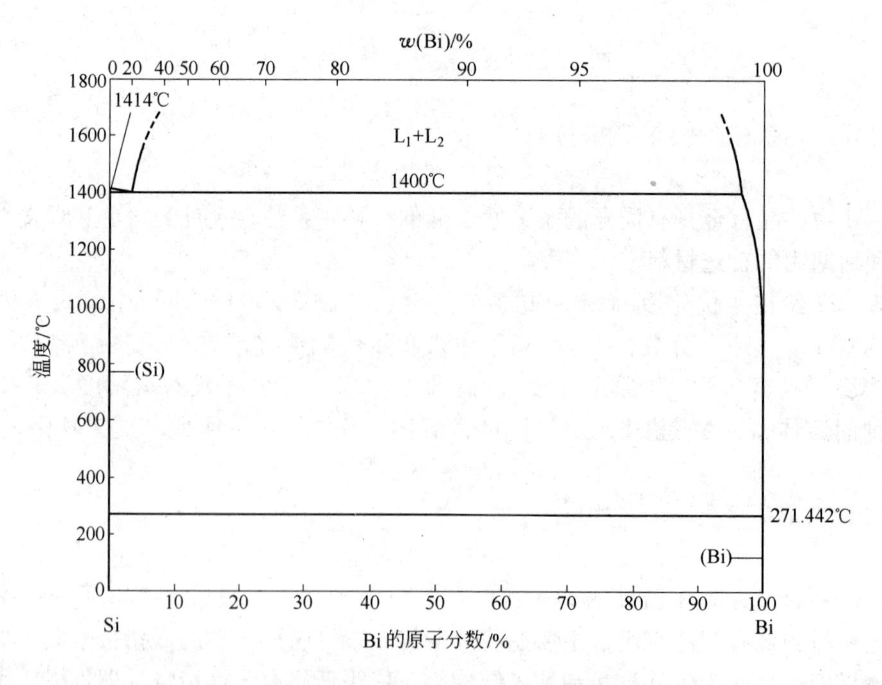

图 2－23　Si－Bi 系二元合金相图

Si－Bi 二元系存在两个三相反应：

$$L_1 \rightleftharpoons L_2 + Si \text{（偏晶反应，1400℃）}$$

$$L_2 \rightleftharpoons (Si) + (Bi)\ (共晶反应，271.442℃)$$

Si-Bi 系合金可用于高温超导体和磁致电阻材料等，主要是在硅的低指数表面形成铋薄膜[122~124]。

图 2-24 给出了优化后的 Si-Pb 系二元合金相图。固态下 Si 和 Pb 没有明显的互溶。C. D. Thurmond 等人[129]测定了 1050~1250℃范围内 Si 在 Pb 中的液态溶解度。D. H. Kirkwood 等人[130]测定了 1420℃ Si 在 Pb 中的溶解度。目前很多研究者计算了液相边界，还无法确定溶解度间隙是否已超过了 Pb 的沸点 1750℃。Si-Pb 液相溶体的形成具有放热特点，并且活度曲线正偏离于 Raoult 定律。

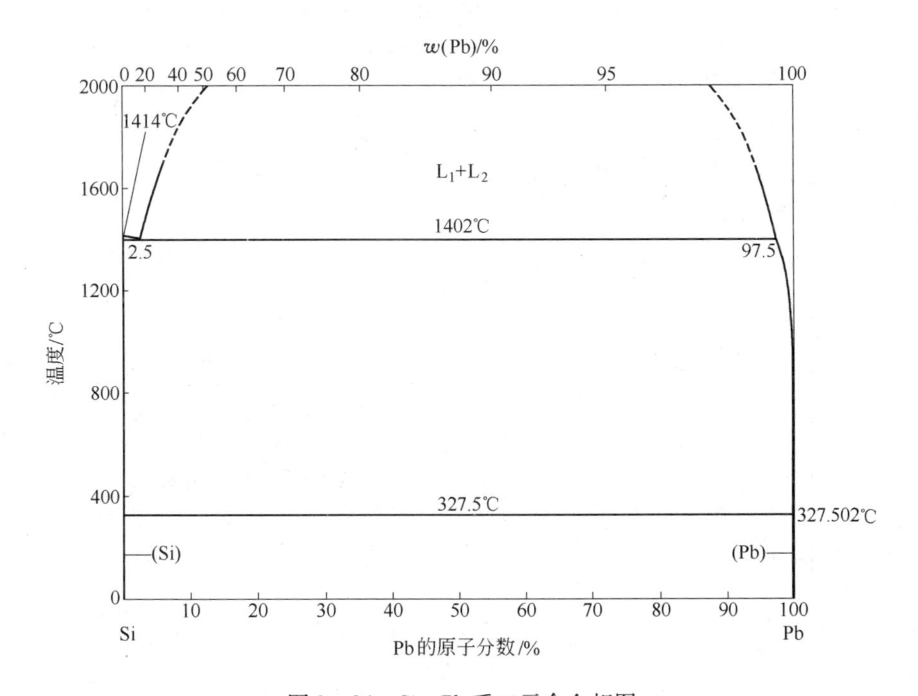

图 2-24 Si-Pb 系二元合金相图

Si-Pb 二元系存在两个三相反应：

$$L_1 \rightleftharpoons L_2 + (Si)\ (偏晶反应，1402℃)$$

$$L_2 \rightleftharpoons (Si) + (Pb)\ (共晶反应，稍低于 Pb 熔点的温度发生)$$

Si-Pb 系合金由于在低温下没有反应而用于制备金属/半导体器件，以硅为基体的铅薄膜在集成电路领域有着重要应用[125~128]。

2.3.7 硅与过渡族金属形成的二元系

此相图二元系有 Si-Cd、Si-Zn、Si-Re、Si-Co、Si-Fe、Si-Cu、Si-Ni、Si-U 和 Si-Mn 相图。Si-Cd 二元系液相线尚未完全测定。Si-Cd，Si-Zn 二元系为硅-金属二元共晶系，其中 Cd、Zn 在 Si 中的溶解度很小，共晶点非常接近于 100% Si（原子分数）处。Si-Re、Si-U、Si-Mn、Si-Fe、Si-Co、Si-Cu、Si-Ni 二元系金属组元与硅主要形成稳定化合物，Si-Re 二元系还有不稳定化合物 ReSi 形成。Si-Mn 二元系中 Mn_3Si 还发生了同素异构转变。Si-Re、Si-U、Si-Mn、Si-Fe、Si-Co、Si-Cu、Si-Ni 二元系

中有固态转变发生，Si-Fe 二元系既发生共析反应也发生包析反应，Si-Re 二元系发生共析反应，Si-U、Si-Mn、Si-Co、Si-Cu、Si-Ni 二元系发生包析反应。Si-Fe 二元系还发生磁性转变。

图 2-25 给出的 Si-Cd 系二元合金相图是通过热力学模型优化而得到的。模型假定 Si-Cd 二元系具有理想溶体性质和零互溶度，在接近 Cd 的熔点温度时，Si-Cd 系存在共晶反应或包晶反应。Si-Cd 系没有化合物生成，没有液态溶解度间隙，固态下 Si-Cd 之间的溶解度可忽略不计。Si-Cd 系合金可用于制备肖特基势垒接触、非晶态薄膜以及磁性材料等。

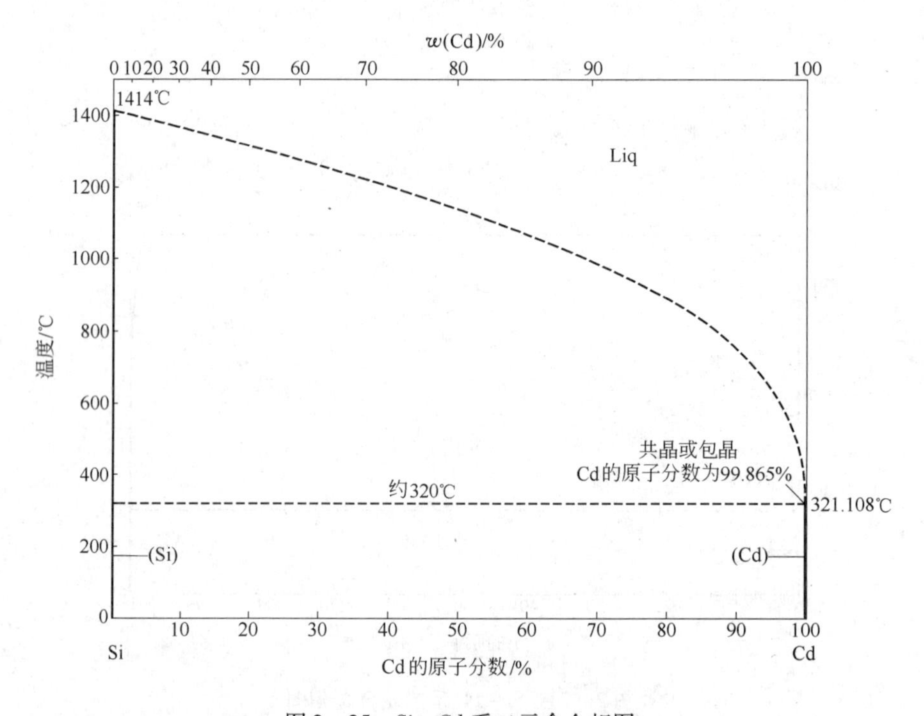

图 2-25 Si-Cd 系二元合金相图

图 2-26 给出了优化后的 Si-Co 合金相图，图 2-27 给出了 Yong Du 等人[135]优化计算后的 Si-Co 合金相图，图 2-28 为富 Co 侧 Si-Co 合金相图。Si 在（εCo）中的最大溶解度在共晶温度（1204℃）时为 18.4% Si（原子分数），还存在立方结构固溶体（Si），Co 在（Si）中几乎没有固溶度。H. Luo[136] 的研究表明通过熔体快速淬火可将（αCo）的固溶度范围扩大至 $x(\mathrm{Si})=13\%$。

Si-Co 二元系共形成四种化合物 Co_3Si、Co_2Si、CoSi 和 $CoSi_2$。Co_3Si 是线型化合物，具有 Ni_3Sn 型结构，Co_2Si 有一定的成分范围，具有 *C*23 型结构，CoSi 有一定的成分范围，具有 *B*20 型结构，$CoSi_2$ 是线型合物，具有 *C*1 型结构。J. V. D. Boomgaard[137] 发现在 1192℃发生亚共晶反应 $L \rightleftharpoons (\alpha Co) + \alpha Co_2Si$。$Co_3Si$ 相经过共析反应后转变为富 Co 固溶体和 αCo_2Si 相。R. E. Johnson[138] 发现在温度低于 570℃时会出现 $D0_{19}$ 结构的亚稳有序相。V. I. Larchev[139] 发现压力大于 4GPa 温度在 500～750℃范围内会形成 Co_2Si_3 亚稳相，700℃退火后这个相分解为 $\alpha CoSi_2$ 和 CoSi 相。尽管 Si-Co 二元相图中三相反应、主要的相区边

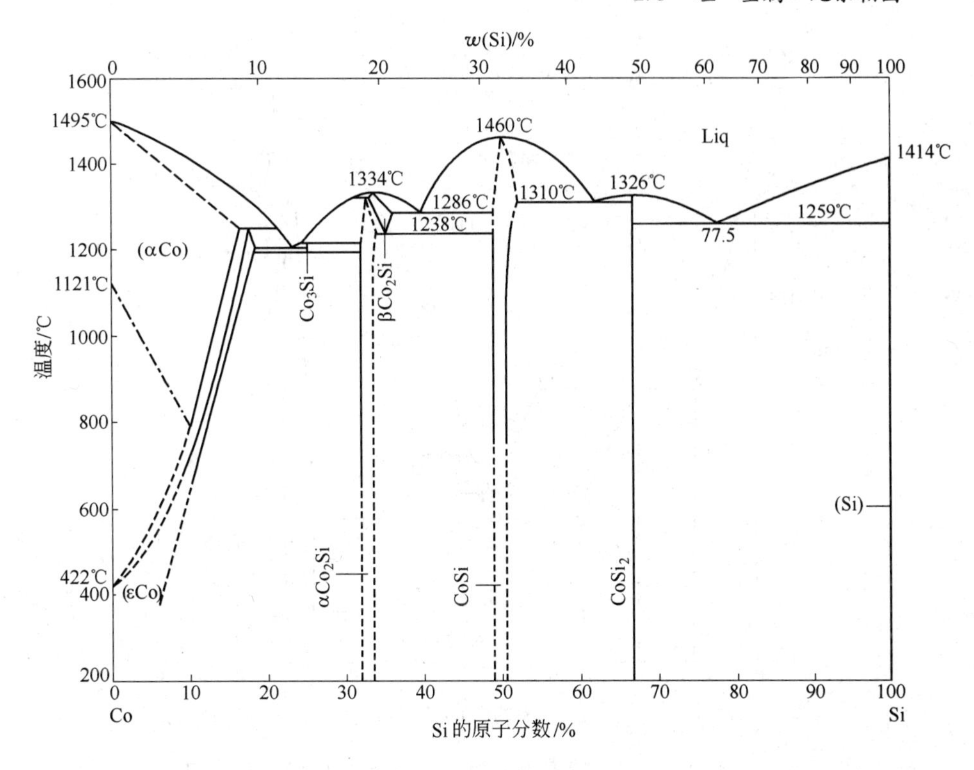

图 2－26 Si－Co 系二元合金相图

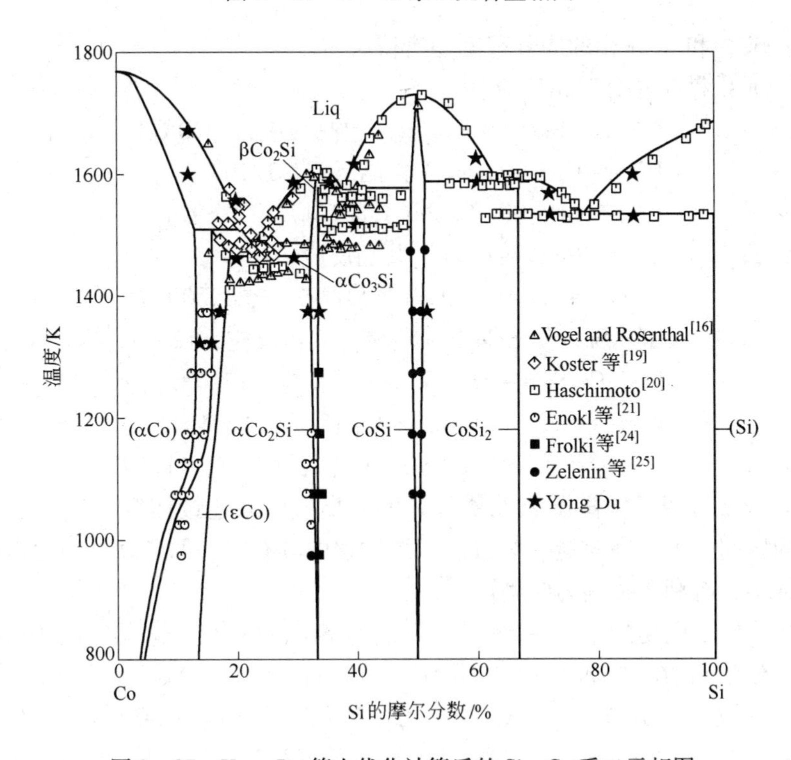

图 2－27 Yong Du 等人优化计算后的 Si－Co 系二元相图

界和化合物的成分、结构均已用实验方法确定，但还有一些细节如（αCo）+（εCo）相区

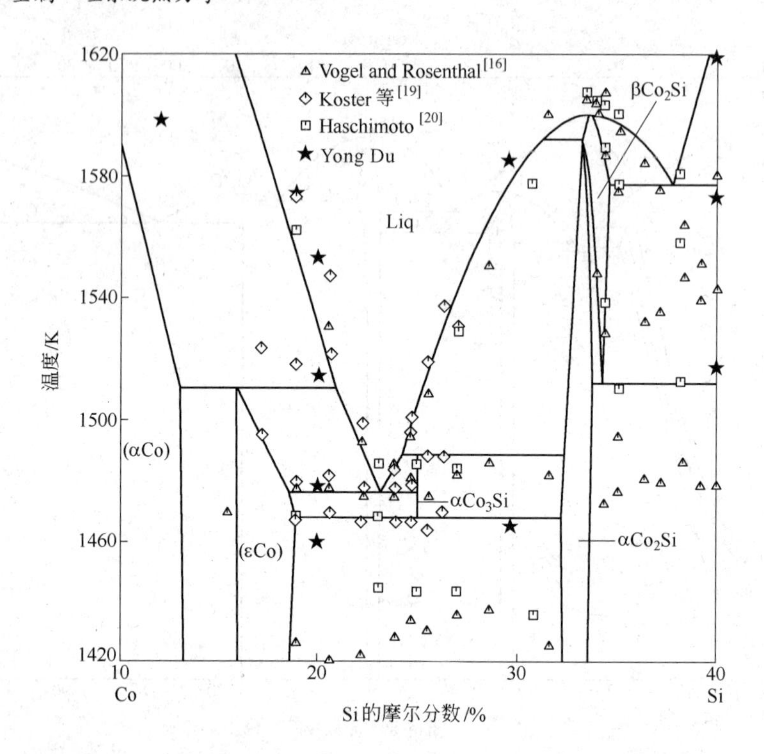

图 2－28 Yong Du 等人优化计算后 Co 侧 Si－Co 系二元相图

的边界、αCo_2Si 相和 CoSi 相的成分范围还有待确定。

Si－Co 二元系存在九个三相反应：

$$L + \beta Co_2Si \rightleftharpoons \alpha Co_2Si\ (\text{包晶反应，}1320℃)$$

$$L \rightleftharpoons CoSi + CoSi_2\ (\text{共晶反应，}1310℃)$$

$$L \rightleftharpoons \beta Co_2Si + CoSi\ (\text{共晶反应，}1286℃)$$

$$L \rightleftharpoons CoSi_2 + (Si)\ (\text{共晶反应，}1259℃)$$

$$(\alpha Co) + L \rightleftharpoons (\varepsilon Co)\ (\text{包晶反应，}1250℃)$$

$$\beta Co_2Si \rightleftharpoons \alpha Co_2Si + CoSi\ (\text{共析反应，}1238℃)$$

$$L + \alpha Co_2Si \rightleftharpoons Co_3Si\ (\text{包晶反应，}1214℃)$$

$$L \rightleftharpoons (\varepsilon Co) + Co_3Si\ (\text{共晶反应，}1204℃)$$

$$Co_3Si \rightleftharpoons (\varepsilon Co) + \alpha Co_2Si\ (\text{共析反应，}1193℃)$$

Si－Co 系合金可用于锂离子电池薄膜、大型集成电路连接体等，硅钴系共晶合金具有较宽的凝固区间，因而在铸造、焊接、钎焊过程中具有很好的流动性，而且硅钴共晶合金显微组织细小，有利于提高力学性能[131～134]。

图 2－29 给出了优化后的 Si－Fe 系二元合金相图。Si 在（γFe）中的最大固溶度为 3.19%（原子分数），在（αFe）中的固溶度为 19.5%（原子分数），在 α2 相中的成分范围为 10%～22%（原子分数），在 α1 相中的成分范围为 10%～30%（原子分数）。Si－Fe 系共形成 $Fe_3Si(\alpha_1)$，$Fe_2Si(\beta)$，$Fe_5Si_3(\eta)$，$FeSi(\varepsilon)$，$FeSi_2(\zeta_\beta)$ 和 $FeSi_{2.33}(\zeta_\alpha)$ 六种化合物。（αFe）和 Fe_3Si 均具有磁性转变的特征；Fe_3Si 具有 DO_3 型立方结构，成分范围为 10%～30% Si（原子分数）；Fe_2Si 相具有六方结构，等成分熔化温度为 1212℃；

Fe_5Si_3 相具有 $D8_8$ 型四方结构，是线型化合物；FeSi 相具有 B20 型立方结构，等成分熔化温度为 1410℃；$\beta FeSi_2$ 相为线型化合物，而 $\alpha FeSi_2$ 相为高温相，Si 的成分范围为 69.5% ~ 73.5%（原子分数）。尽管 Si - Fe 二元相图中的三相反应、主要的相区边界和化合物的成分、结构均已确定，但有些细节如包晶反应 $L + (\alpha Fe) \rightleftharpoons \alpha_2$ 和包晶反应 $L + \alpha_2 \rightleftharpoons \alpha_1$ 还未确定，磁性转变线也未完全确定。

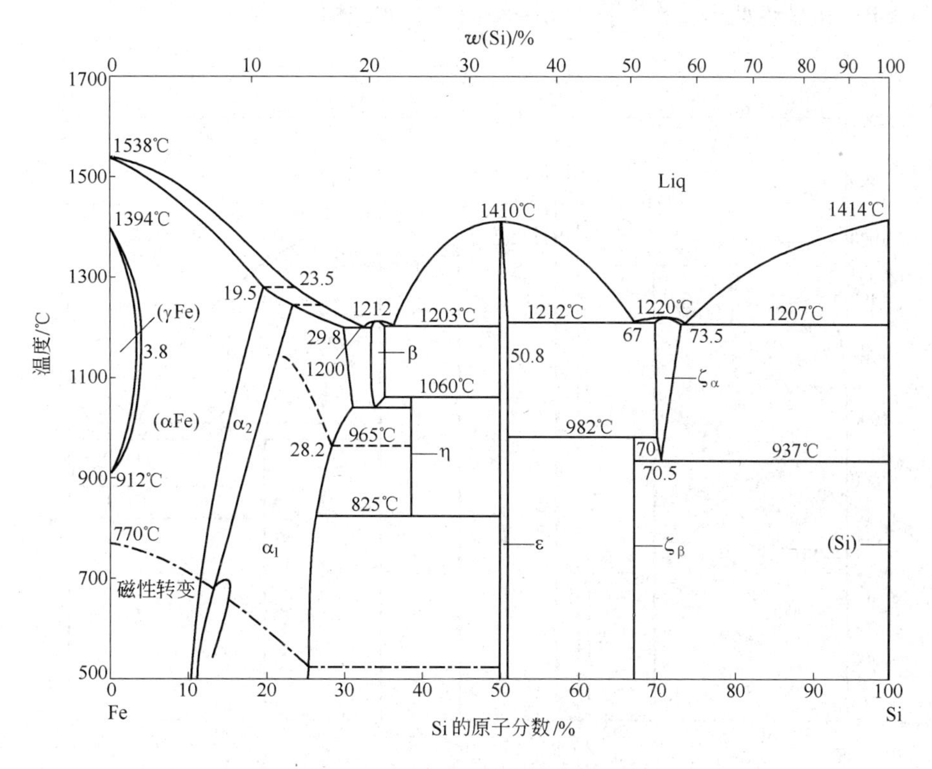

图 2-29 Si-Fe 系二元合金相图

Si - Fe 二元系存在九个三相反应：

$$L \rightleftharpoons \alpha_1 + \beta \text{（共晶反应，1200℃）}$$
$$L \rightleftharpoons \beta + \varepsilon \text{（共晶反应，1203℃）}$$
$$\beta \rightleftharpoons \alpha_1 + \eta \text{（共析反应，1040℃）}$$
$$\beta + \varepsilon \rightleftharpoons \eta \text{（包析反应，1060℃）}$$
$$\eta \rightleftharpoons \alpha_1 + \varepsilon \text{（共析反应，825℃）}$$
$$L \rightleftharpoons \varepsilon + \zeta_\alpha \text{（共晶反应，1212℃）}$$
$$\varepsilon + \zeta_\alpha \rightleftharpoons \zeta_\beta \text{（包析反应，982℃）}$$
$$\zeta_\alpha \rightleftharpoons \zeta_\beta + (\mathrm{Si}) \text{（共析反应，937℃）}$$
$$L \rightleftharpoons \zeta_\alpha + (\mathrm{Si}) \text{（共晶反应，1207℃）}$$

Si - Fe 系化合物在大规模集成电路、光电器件、热电器件、旋转电子学器件、半导体器件和薄膜，以及磁性材料等领域均有广泛的应用[140,141]。

图 2-30 给出了优化后的 Si - U 系二元合金相图。Si 在（γU）中的最大固溶度在共晶反应温度（985℃）时约为 2.5% Si（原子分数），U 在（Si）中的最大固溶度在共晶反

应温度（1315℃）时约为1.9%U（原子分数）。Si－U二元系共形成Si_3U、Si_2U、$Si_{1.88}U$、Si_5U_3、SiU、Si_2U_3和SiU_3七种化合物。Si_3U相是线型化合物，具有$L1_2$型简单立方结构；Si_2U相是线型化合物，具有$C32$型简单六方结构；$Si_{1.88}U$相是线型化合物，具有C_c型体心正方结构；Si_5U_3相是线型化合物，同成分熔点为1770℃；SiU相是线型化合物，具有$B27$型简单斜方结构；Si_2U_3相是线型化合物，具有$D5_a$型简单正方结构同成分熔点为1665℃；SiU_3相是线型化合物，具有$L1_2$型简单立方结构。

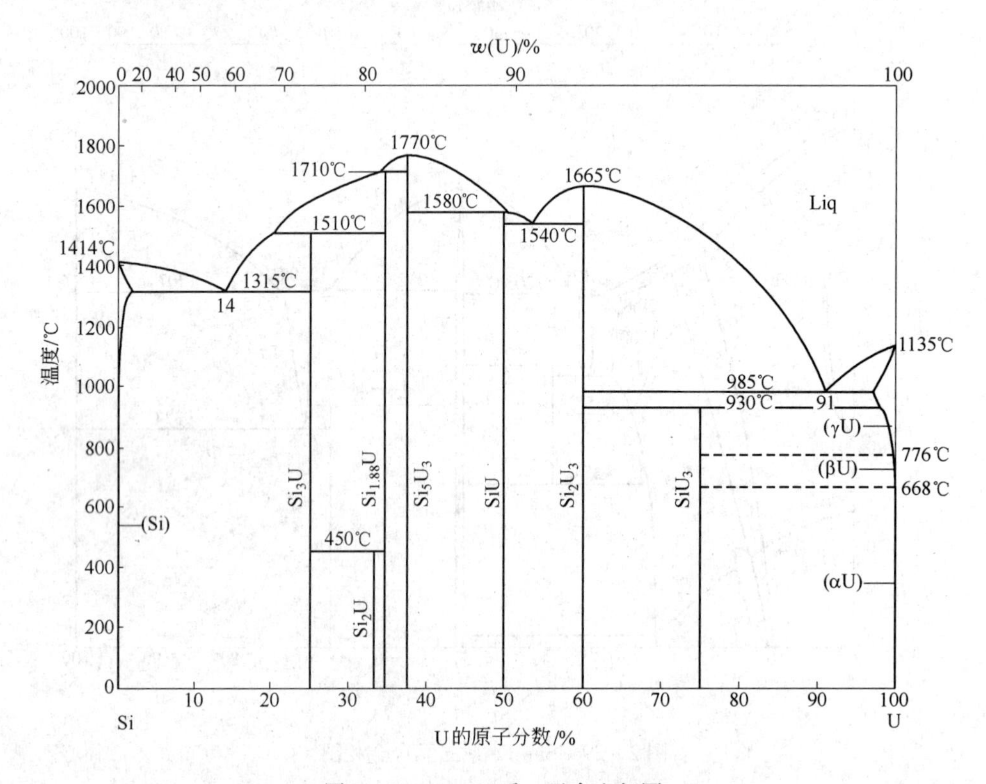

图2－30 Si－U系二元合金相图

Si－U二元系存在八个三相反应：

$$L \rightleftharpoons (Si) + Si_3U \text{（共晶反应，1315℃）}$$
$$L + Si_{1.88}U \rightleftharpoons Si_3U \text{（包晶反应，1510℃）}$$
$$Si_3U + Si_{1.88}U \rightleftharpoons Si_2U \text{（包析反应，450℃）}$$
$$L + Si_5U_3 \rightleftharpoons Si_{1.88}U \text{（包晶反应，1710℃）}$$
$$L + Si_5U_3 \rightleftharpoons SiU \text{（包晶反应，1580℃）}$$
$$L \rightleftharpoons SiU + Si_2U_3 \text{（共晶反应，1540℃）}$$
$$L \rightleftharpoons Si_2U_3 + (\gamma U) \text{（共晶反应，985℃）}$$
$$Si_2U_3 + (\gamma U) \rightleftharpoons SiU_3 \text{（包析反应，930℃）}$$

Si－U层用于强子计测量波谱能量损失中的反应介质层以及金属/半导体器件的U硅化物外延薄膜，Si_2U_3化合物还可应用于动力反应器燃料装置，人们对Si－U系合金的电子结构、磁性能、非晶相的形成以及相转变均展开了研究，有关结果可参阅文献［142～145］。

2.4 硅的三元系相图

与硅有关的三元系相图数目繁多，目前对于硅的三元系相图也还没有一个统一的分类方法。经过对一百多种硅的三元系相图综合分析后，我们将硅的三元系相图主要分成两类，一类是一个金属组元和两个非金属组元构成的三元系相图，另一类是两个金属组元与硅构成的三元系相图。

在两种金属元素与硅组成的三元相图中，又可以分为两类，一类不含难熔金属组元，另一类包含难熔金属组元，其中含难熔金属的硅三元系相图是较为典型的一类，有 Mo－W－Si、Zr－Mo－Si、Mo－Nb－Si、Mo－Ta－Si，Al－Mo－Si，Al－Nb－Si 体系等等。

第二类硅的三元相图又可以分为两类，一类是三个组元是金属、硅和氧，此类三元系有 Mo－Si－O、Nb－Si－O、Ta－Si－O、W－Si－O 等；另一类的三个组元分别是金属、硅和除氧以外的非金属组元，此类三元系最为典型的是 Mo－Si－B，Mo－Si－C。

下面我们简单地介绍一些典型的硅三元系相图，包括 Mo－Si－C 系、Mo－Si－B 系、Al－Cu－Si 系、Cu－Ni－Si 系、Nb－Hf－Si 系、Fe－Zn－Si 系、Hf－O－Si 系、Ti－Si－N 系、Fe－Si－B 系、Au－Ag－Si 系和 Ce－Ag－Si 系。

2.4.1 Mo－Si－C 系相图

$MoSi_2$ 具有高熔点（2020℃），低密度（6240kg/m^3），优异的耐腐蚀和抗氧化性能，可作为一种重要的结构材料，已受到研究人员的广泛关注。但是，$MoSi_2$ 高温强度偏低和室温韧性差都限制着它的工程应用。合金化方法能有效改善有序金属间化合物的力学性能，其中 C 元素是一种改善 $MoSi_2$ 性质的重要微合金化元素。复合强化也是一种改善 $MoSi_2$ 性能的方法，SiC 是 $MoSi_2$ 基复合材料中很有前景的强化相。为了更好地理解 C 在 $MoSi_2$ 体系中的行为，针对 Mo－Si－C 三元系的相平衡关系的研究就显得十分必要。

Nowotny[146] 给出了 Mo－Si－C 在 1600℃的等温截面（图 2－31）。从该等温截面可以看出在 1600℃下 $MoSi_2$ 和 SiC 的混合物在热力学上是不稳定的，因而不可能三相共存，取而代之的是形成 T 相（Mo_5Si_3C 相）。$MoSi_2$ 和 SiC 之间有一个狭长的两相区，$MoSi_2$ 和 SiC 在 1600℃是稳定的[147]，这一点已经得到了实验的证实。Nowotny 认为 Mo－Si－C 的等温截面中出现了 MoC，这一点与我们知道的 Mo－C 二元相图的结果不一致，他还认为 Mo－Si－C 等温截面中会出现 Mo_3Si_2 相，而目前已确认应为 Mo_5Si_3 相。

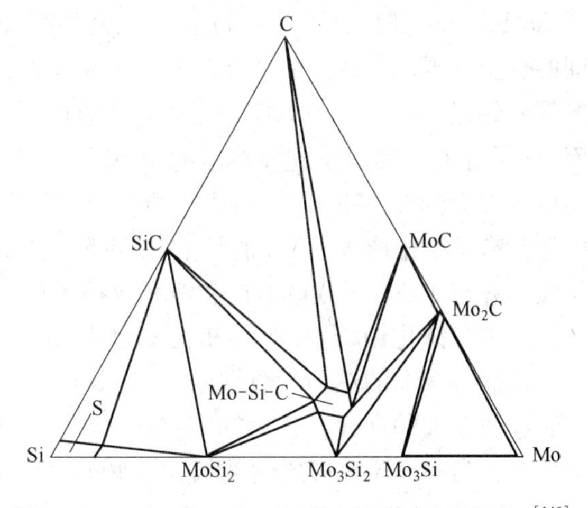

图 2－31 Mo－Si－C 三元系 1600℃等温截面图[146]

F. I. J. van Loo[148] 给出了 Mo－Si－C 的 1200℃等温截面（图 2－32），在 1200℃，$MoSi_2$、Mo_5Si_3 和 SiC 的混合物在热力学上是相对稳定的，因而可三相共存。不过 Costa e Silva[149] 认

为 Mo_5Si_3 和 SiC 之间不应该有相平衡线，取而代之的是 $MoSi_2$ 与 Mo_5Si_3C 之间应该有一个相平衡。

Xiaobao Fan[150] 认为 Mo_5Si_3C 在 1600℃并不是一个稳定相，他认为 Mo_5Si_3C 相的形成焓至少要达到 -40.555kJ/mol 才能在 1600℃稳定存在，而 Costa e Silva[149] 报道了 Mo_5Si_3C 相的形成焓为 -40.2kJ/mol，因而该相并不稳定。为了便于与 Nowotny 的结果进行比较，Xiaobao Fan 给出了 Mo-Si-C 在 1590℃的等温截面（图 2-33）。

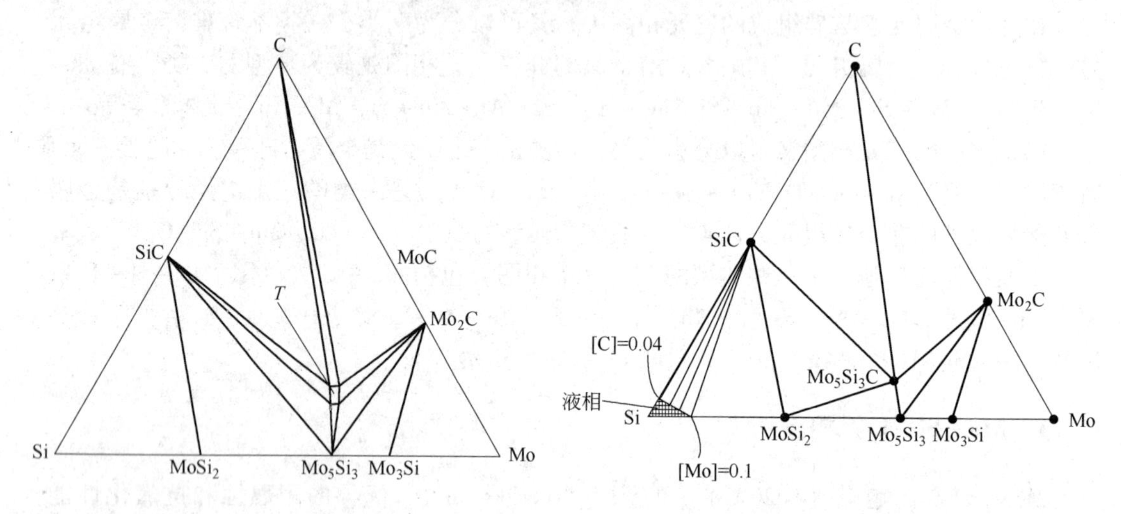

图 2-32 Mo-Si-C 三元系 1200℃等温截面[148]　　图 2-33 Mo-Si-C 三元系 1590℃计算等温截面[150]

计算得到的 Mo-Si-C 的 1590℃等温截面中，MoC 不是一个稳定相，这一点与 Mo-C 二元相图的结果一致，不过在富硅区出现一个液相区，这一点 Xiaobao Fan 同样认为是合理的，因为纯硅的熔点为 1413℃，因而不太可能在 1590℃时还出现 Si 与其他相平衡的情况。

比较 Mo-Si-C 1200℃等温截面和 1590℃计算等温截面，我们可以看到，两温度下的相图仅有微小的区别。在 1590℃时 Mo-Si-C 三元系将在富硅角出现一个液相区，而且三元相 Mo_5Si_3C 的相区范围将减小。另一点不同的是 $MoSi_2$ 与 Mo_5Si_3C 之间的相平衡线取代了 Mo_5Si_3 和 SiC 之间的相平衡线，这一观点与 Costa e Silva 是一致的。

Xiaobao Fan 还计算了 C-$MoSi_2$ 伪二元相图（图 2-34），其结果暗示成分在 C-$MoSi_2$ 之间的合金主要的平衡产物为 SiC 和 Mo_5Si_3C 相，包含 Mo_5Si_3C 体系的合金在凝固过程中一般都要经过 $MoSi_2$-C-SiC 三相区。计算的平衡产物为 Mo_5Si_3C，这一点已经得到实验方面[151]的证实，实验发现在热压的 $MoSi_2$-C 样品中形成了 Mo_5Si_3C 相。从计算相图中，我们也可以看到 C-$MoSi_2$ 之间成分的合金不管以怎样的 C/$MoSi_2$ 成分比在液相的凝固过程中都会有 SiC 相形成。SiC 的熔点比 $MoSi_2$ 要高，在液相凝固时，将在液相中首先形核和长大，并与 $MoSi_2$（或者 C）和液相保持平衡。这一点也被实验观测所证实，在等离子感应的渗碳二硅化钼粉中，SiC 相在凝固的 $MoSi_2$ 液滴中原位生成。

从目前可查询的热力学数据中，Xiaobao Fan 认为在液相形成温度时，Mo_5Si_3C 并不稳定。通过假设性的计算，认为 SiC-Mo_5Si_3C-$MoSi_2$ 相区的存在与 Mo_5Si_3C 的形成焓数值密切相关，当 Mo_5Si_3C 形成焓数值比 -40.6kJ/mol 更负时，该三相区将完全消失。不过，Costa e Silva 认为 SiC-Mo_5Si_3C-$MoSi_2$ 三相平衡可以在 1594℃甚至更低的温度时出现。

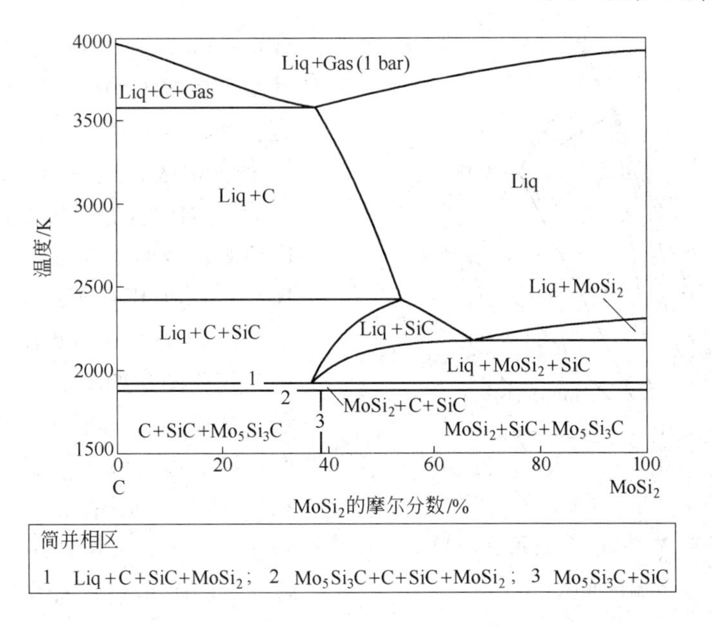

图 2-34 C-$MoSi_2$ 伪二元相图

2.4.2 Mo-Si-B 系相图

Mo-Si-B 系的研究主要集中在富 Mo 区，Mo-Si-B 系富 Mo 区成分的合金是非常有前景的高温结构材料，通过寻找合适的合金成分及最佳的加工工艺可以实现该合金最优的断裂韧性、抗氧化性和蠕变强度[152]。B 元素是 Mo-Si 系的一种重要的微合金化元素，在 Mo-Si 合金中加入少量的 B 在氧化过程中可生成硼硅酸盐薄膜，相比于未添加 B 生成的 SiO_2 而言，可有效地改善该化合物的抗氧化性能[153]。为了改善多相组织的微结构设计，了解组织和性能之间的关系，有必要对 Mo-Si-B 系中的相平衡和相关热力学性质进行深入的研究。

Nowotny 首先研究了 Mo-Si-B 三元系富 Mo 区的相平衡关系[154]。他运用退火 12h 的粉末样品的 XRD 数据，建立了 Mo-Si-B 三元系富 Mo 区的 1600℃的等温截面见图 2-35。从等温截面中，我们可以看到出现一个三元化合物 T_2(Mo_5SiB_2)，为 Cr_5B_3 结构，该三相区可与 Mo_3Si、Mo_5Si_3(T_1)、Mo_2B、MoB 和（Mo）之间构成相平衡，其中 T_1 相有 B 固溶在 Mo_5Si_3 中，为 W_5Si_3 结构。Si 在 αMo 中的固溶度达到 3%（原子分数），而 B 在 αMo 中的固溶度小于 1%（原子分数）。

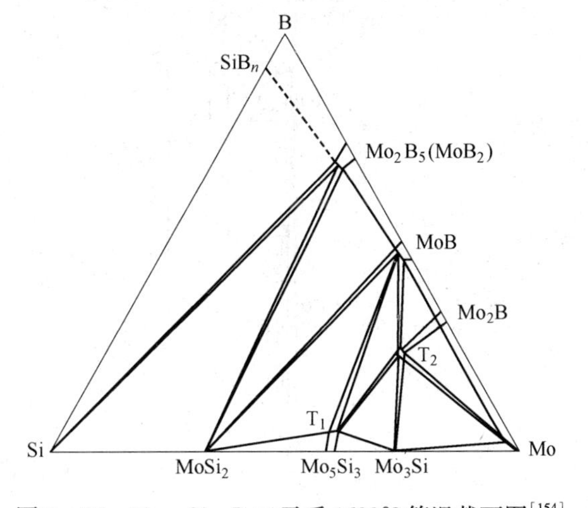

图 2-35 Mo-Si-B 三元系 1600℃等温截面图[154]

Xiaobao Fan[150] 也给出了 Mo-Si-B 三元系富 Mo 区 1600℃的计算等温截面（图 2-36），该截面中未出现 Si-Mo_2B_5-$MoSi_2$ 的三相共存区，取而代之的是

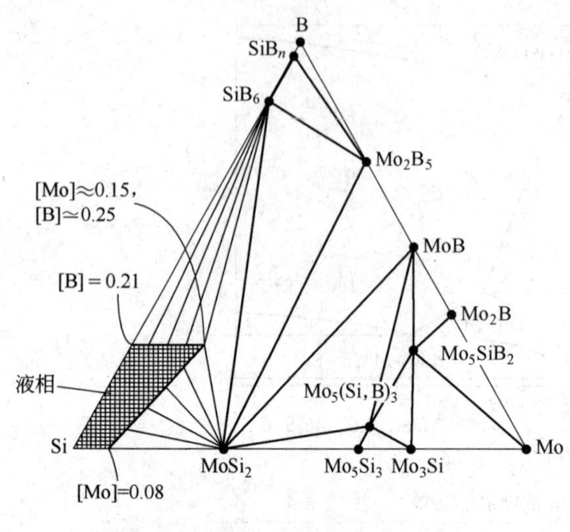

图 2－36　Mo－Si－B 三元系 1600℃等温截面图[150]

$SiB_6-Mo_2B_5-MoSi_2$ 三相区。不过，与其本人提出的 Mo－Si－C 三元系相同的是，Mo－Si－B 三元系在富硅区也出现一个液相区，这一点 Xiaobao Fan 同样认为是合理的，因为纯硅的熔点为 1413℃，因而不太可能在 1600℃时还出现 Si 与其他相平衡的情况。

Xiaobao Fan 也给出了 $B-Mo_5Si_3$ 的伪二元相图，如图 2－37 和图 2－38 所示。从该伪二元相图（图 2－37）中我们看到，可与液相平衡的稳定相包括 T_1 和 T_2 两个三元相，以及 MoB、Mo_2B_5 和 $MoSi_2$ 三个二元相。在低温时，在一个较大范围 B/Mo_5Si_3 比情况下，出现 $MoB-T_1-MoSi_2$ 的三相平衡和 T_1-MoSi_2 的两相平衡。而在伪二元相图的富硼角，则出现狭窄的 B 与 Mo_2B_5，MoB_4 和 SiB_n 的两相区，其平衡相主要为 MoB_2、Mo_2B_5、SiB_3、SiB_6 和 SiB_n 等。Costa e Silva 研究了 Mo_5Si_3 和 B 的粉末热压样品（其中 Mo_5Si_3 的含量为 20%），在这一复合物中主要观测到的相为 $MoSi_2$、MoB 和 Mo_2B_5。Costa e Silva 同时也观测到当 Mo_5Si_3 含有 B 元素时，MoB 和 $MoSi_2$ 在 Mo_5Si_3 中出现协同生长，其原因可能是由于 MoB 和 $MoSi_2$ 均为四角结构，两种化合物的底面有相同的 Mo 原子排布，并且底面的晶格间距极为接近（分别为 0.311nm 和 0.32nm）。Xiaobao Fan 计算的 $B-Mo_5Si_3$ 伪二元相图中的三相共存区（$MoB-Mo_2B_5-MoSi_2$）与上述实验符合得很好。根据 Xiaobao Fan 的计算相图，我们可以看到当 Mo_5Si_3 的含量为 0.12～0.22 时，在 1600℃以下温度时，$B-Mo_5Si_3$ 二元

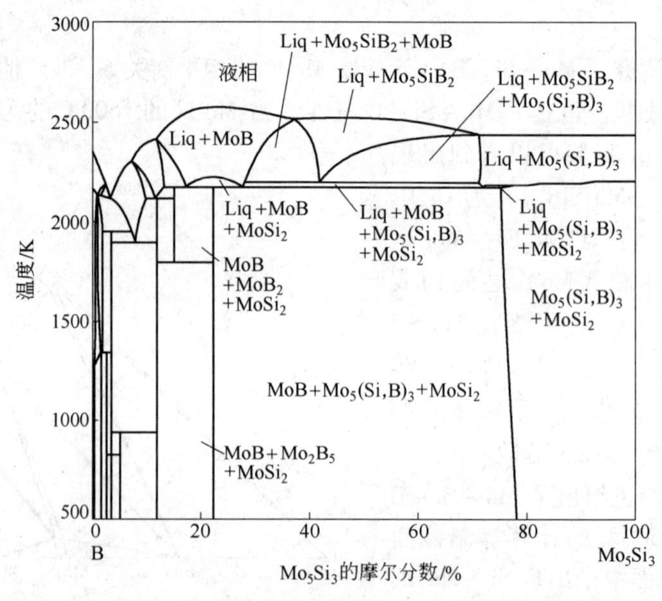

图 2－37　$B-Mo_5Si_3$ 伪二元相图[150]

系中均可出现 $MoB-Mo_2B_5-MoSi_2$ 三相共存。当合金体系位于该三相区的边界时，平衡组元则分别为 $MoSi_2-MoB$ 和 $MoSi_2-Mo_2B_5$。Xiaobao Fan 的 $B-Mo_5Si_3$ 的伪二元相图计算结果与 Costa e Silva[149] 的实验结果符合得很好。

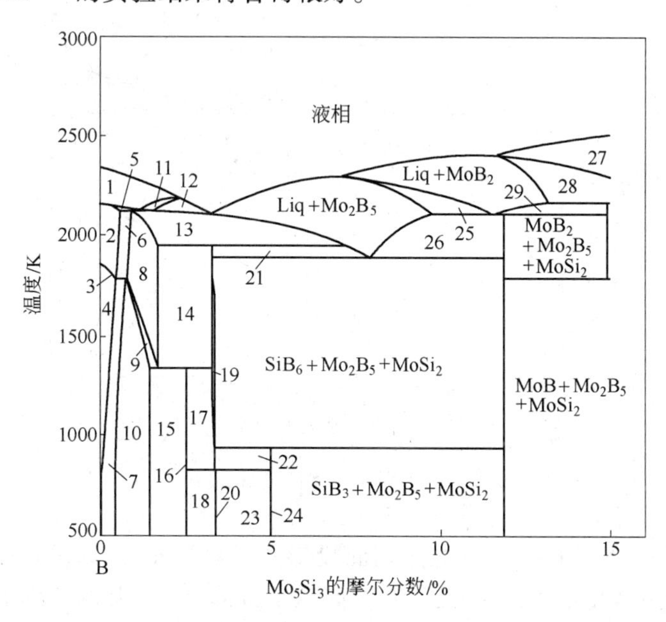

图 2－38 $B-Mo_5Si_3$ 伪二元相图富硼区放大图

1—Liq + B；2—$B+Mo_2B_5$；3—$B+MoB_4+Mo_2B_5$；4—$B+MoB_4$；5—$Liq+B+Mo_2B_5$；6—$B+Mo_2B_5+SiB_n$；7—$B+SiB_n+MoB_4$；8—$Mo_2B_5+SiB_n$；9—$Mo_2B_5+SiB_n+MoB_4$；10—SiB_n+MoB_4；11—$Liq+B+Mo_2B_5+SiB_n$；12—Liq + SiB；13—$Liq+Mo_2B_5+SiB_n$；14—$SiB_6+SiB_n+Mo_2B_5$；15—$SiB_6+SiB_n+MoB_4$；16—SiB_6+MoB_4；17—$SiB_6+MoB_4+Mo_2B_5$；18—$SiB_6+SiB_3+MoB_4$；19—$SiB_6+Mo_2B_5$；20—SiB_3+MoB_4；21—$Liq+SiB_6+Mo_2B_5$；22—$SiB_6+SiB_3+Mo_2B_5$；23—$SiB_3+MoB_4+Mo_2B_5$；24—$SiB_3+Mo_2B_5$；25—$Liq+MoB_2+Mo_2B_5$；26—$Liq+Mo_2B_5+MoSi_2$；27—Liq + MoB；28—$Liq+MoB_2+MoB$；29—$Liq+MoB_2+MoSi_2$

图 2－39 是 Y. Yang[152] 计算的 Mo－Si－B 三元系富 Mo 区 1600℃等温截面，从图中我们可以看到如下几个主要相区。其中 T_1，T_2 为单相区，分别为 Mo_5SiB_2 和 Mo_5Si_3 单相区，而 A、B、C、D、E、F 和 G 为三相共存区，分别为 $MoB+MoB_2+MoSi_2$、$MoB+Mo_2B+T_2$、$MoB+T_1+T_2$、$Mo+Mo_2B+T_2$、$Mo+Mo_3Si+T_2$、$Mo_3Si+T_1+T_2$ 和 $MoB+MoSi_2+T_1$ 三相区。从图中也可以看出 B 在 Mo_5SiB_2 中的固溶度为 0.6%（原子分数），而实验报道的 B 在 Mo_5SiB_2 中的固溶度小于 2%（原子分数）。

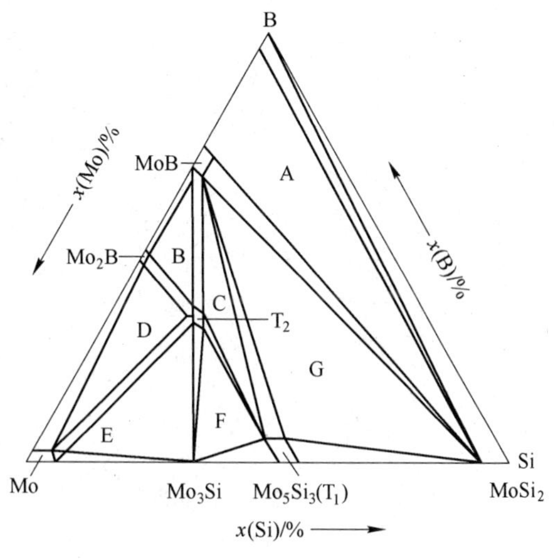

图 2－39 Mo－Si－B 三元系富 Mo 区 1600℃计算等温截面[152]

Y. Yang 给出了 $Mo-T_2$ 伪二元相图，从图 2－40 中可以看到 Mo 在 T_2 中的含量随着温度的降低而减小，这一点与实验观测[155]一致。

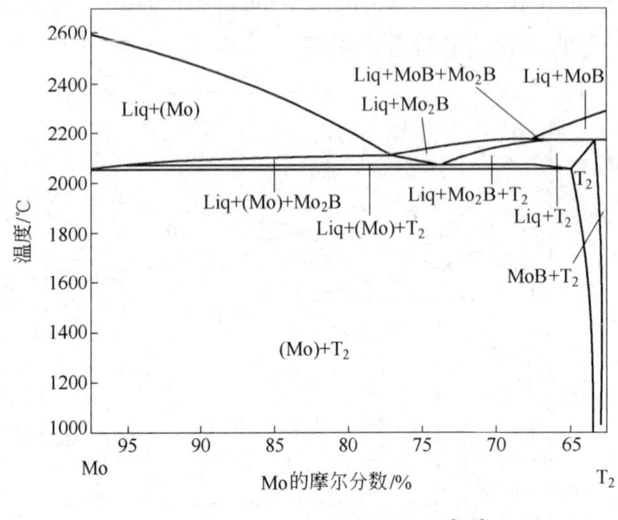

图 2－40　Mo－T_2 伪二元相图[152]

图 2－41 是 Mo－Si－B 三元系的液相面投影图。Y. Yang 计算得到在 2164℃时 Mo－Si－B 三元系发生三相反应 Liq＋MoB→T_2。而 Schneibel[156]认为该三相反应的反应温度为 2130℃。液相面的交线就是三相平衡的液相成分单变线，而单变线的交点对应着相图中的四相平衡反应。有文献指出 Mo－Si－B 三元系相图中应存在 Liq→MoB＋T_1 三相共晶反应和 Liq＋MoB→T_1＋T_2 四相包共晶反应，这一点的实验证据是 Mo－Si－B 三元系合金中形成的 MoB＋T_1 和 T_1＋T_2 共晶组织。而 Y. Yang 经过相图计算认为 Mo－Si－B 三元系相图中应存在 Liq→T_1＋T_2 三相共晶反应和 Liq＋T_2→T_1＋MoB 四相包共晶反应，同样与实验结果相符合。

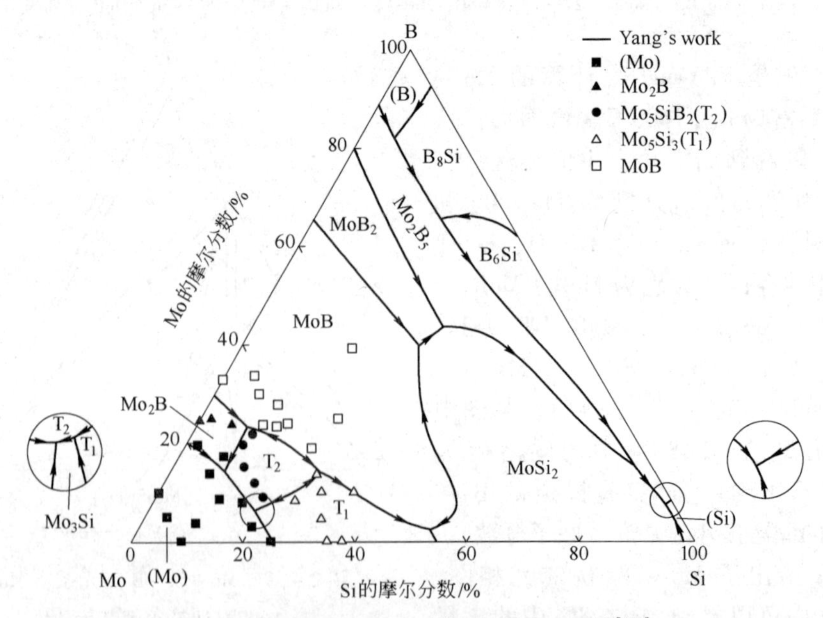

图 2－41　Mo－Si－B 三元系液相面投影图[152]

2.4.3 Al - Cu - Si 系相图

Cu、Si 是铝合金中两种重要的合金元素，Al - Cu 二元合金是各种高强铝合金和耐热铝合金的基础。适量 Si 的加入可以提高铝合金的铸造性能和力学性能。Al - Cu - Si 合金具有良好的力学性能和压铸性能，是当前高强度压铸合金的发展方向之一。因此研究Al - Cu - Si 三元系的相图及热力学优化具有很重要的理论和现实意义[157]。

多个研究组研究了 Al - Cu - Si 体系富 Al 角的相平衡关系。不过，对于富 Al 角的共晶反应 L→θ + (Al) + Si 的温度就有不同的测量结果，G. M. Kuznetsov[158]认为是 525℃，不过 Philips[159]报道为 524℃，Hisatsune[160]报道为 522℃。

Matsuyama[161]和 Hisatsune[160]用金相分析和热分析法，研究了整个三元系的相平衡关系，Matsuyama 报道了 12 个垂直截面，富 Cu 端的液相面投影图和一个室温下的等温截面图。Hisatsune 报道了 16 个垂直截面、四个等温截面以及液相面投影图。他们的研究表明 β 相在 Al - Cu 和 Cu - Si 之间有连续的固溶区域。由于当时的 Cu - Si 二元相图还没有观察到 κ(Hcp - A3) 相，所以两组研究者都没有把这个相从（Cu）固溶相中区分出来。Matsuyama 假设在 AlCu 的二元相 γ_0 和 Cu - Si 二元相 δ 之间是一个连续的固溶区间，然而 Hisatsune 认为这个连续的固溶区间是在 Al - Cu 的二元相 γ_1 和 Cu - Si 的二元相 δ 之间。然而这三个相有着不同的晶体结构，它们不可能形成一个完全混合的连续固溶相区。这两篇文章的所报道的液相面在 70% ~90% Cu（原子分数）范围内是不一致的。Matsuyama 认为有一个大的 γ_0 - δ 初晶面和一个分离的 γ_1 初晶面。

Wilson[162]研究了富 Cu 区域，他们提出随着 Al 含量的增加，κ 相在三元系中变得稳定并且出现在室温。Lloyd[163]证实了这一点并提出 β 相在三元系中也是稳定相，它在低于两个二元共析反应的温度（545℃）共析分解为（Cu），κ 和 γ_1 相（Lloyd 等把它命名为 γ_2 相）。

Cui - Yun He[164]通过实验给出了 Al - Cu - Si 三元系 500℃和 600℃等温截面（图 2 - 42 和图 2 - 43）。他们未发现三元化合物存在于 Al - Cu - Si 的 500℃和 600℃等温截面中。600℃等温截面的特征是：两个二元相 γ_1 和 κ 在三元体系中都具有很大固溶度。κ 相固溶了相当大含量的 Al，稳定地存在于三相区内，这一结果符合 Wilson 和 Lloyd 的研究结论，它最大的固溶度达 15% Al（原子分数）。另一个特殊的二元相是 γ_1，它从 Al - Cu 边界二元系中的 65% ~69% Cu（原子分数）的范围，延伸到约 13% Si 和 76% Cu（原子分数）的区域，它的固溶区域是往外和往富 Cu 端延伸，这意味着它的固溶替代不是单纯的 Si 替代 Al，而是更复杂的替代行为。此外还发现其他几个二元相也都固溶了少量的第三组元：β(AlCu$_3$) 固溶了约 4% Si（原子分数），CuSi -

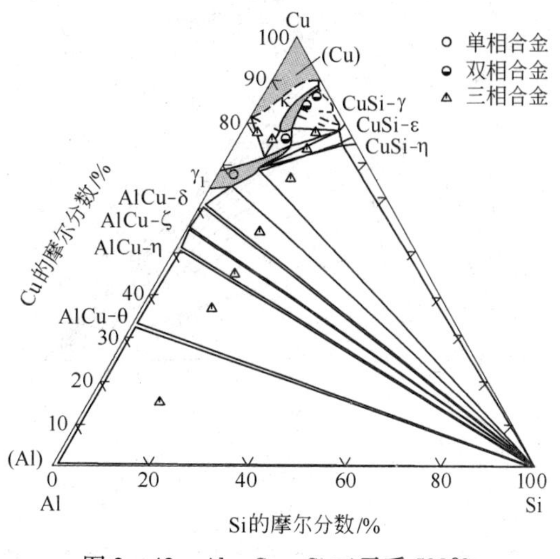

图 2 - 42 Al - Cu - Si 三元系 500℃实验等温截面

γ 固溶了约 1% Al（原子分数）和 CuSi－ε 固溶了约 1.5% Al（原子分数），CuSi－η 固溶了大约 3% Al（原子分数）。在富 Al 角，存在一个液相区域，它从 Al－Cu 边界二元系延伸到 Al－Si 二元系。由于液相的相区范围很难通过实验方法精确测定，因此是根据边界二元相关系和相律推测出来的并以虚线表示。

Cui－Yun He 还给出了 Al－Cu－Si 三元系 400℃、500℃和 600℃计算等温截面（图 2－44～图 2－46）。通过这三个温度的实验和计算截面的比较，我们可以看到，计算截面的相关系完全与实验测量的结果相符合。大部分的实验点也都落在相应的相区内，计算与实验符合得相当好，但也还是存在一些偏差。

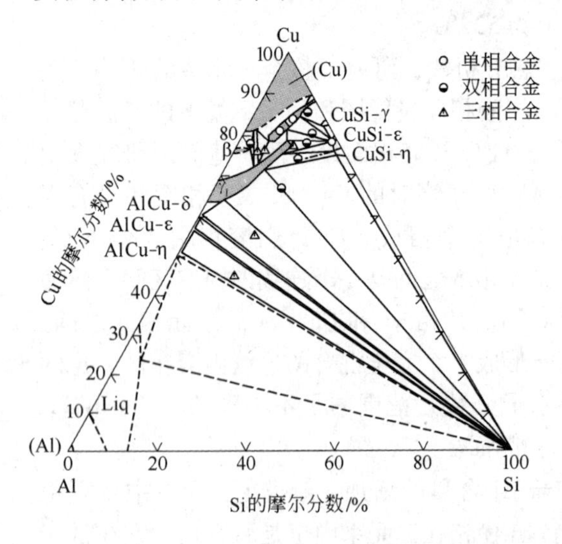

图 2－43 Al－Cu－Si 三元系 600℃实验等温截面

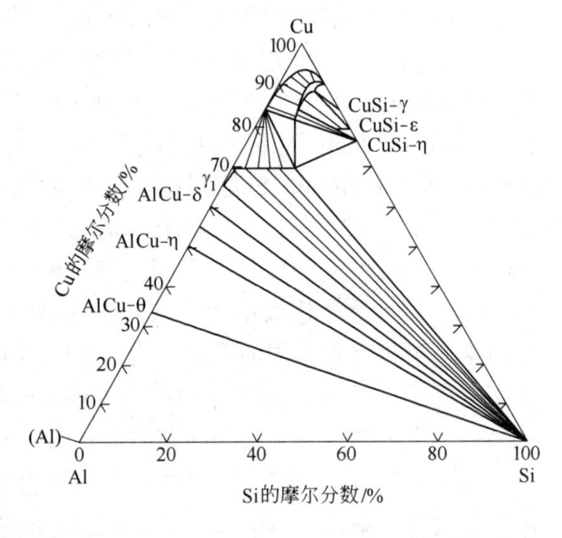

图 2－44 Al－Cu－Si 三元系 400℃计算等温截面

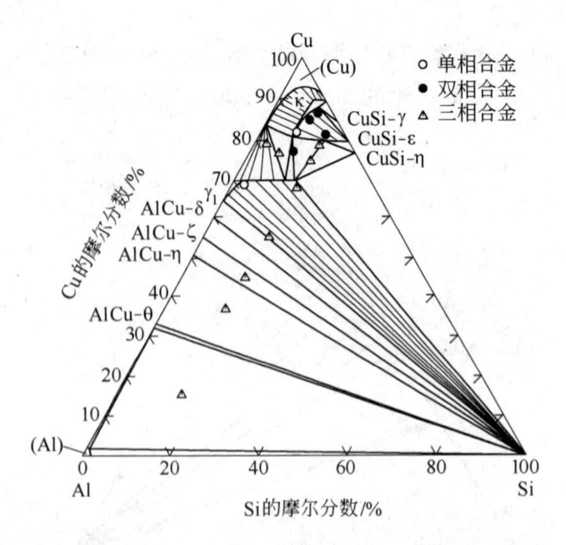

图 2－45 Al－Cu－Si 三元系 500℃计算等温截面

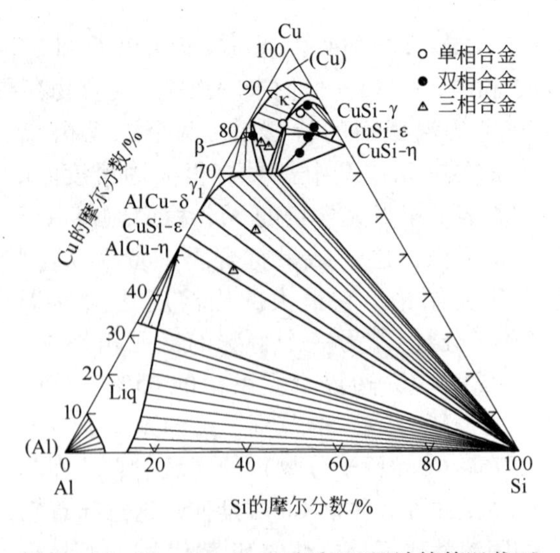

图 2－46 Al－Cu－Si 三元系 600℃计算等温截面

纵观 400℃、500℃和 600℃三个等温截面，其中最主要的背离是来自于 γ_1 相的固溶区域。出现这种情况是由 Cui－Yun He 对 γ_1 采用了模型 $(Al)_4(Al, Cu)_1(Cu)_8$，从这个二元模型可以看出，Si 在这个模型中只能替代 Al 或 Cu，这两种替代模式的结果都将造成固溶区域向 Si 端伸展。而事实上 γ_1 的固溶替代不仅仅是 Si 替代 Al，而是存在更复杂的替代方式，如 Cu 和 Si 以一定的比例共同替代 Al。

2.4.4 Cu – Ni – Si 系相图

Cu 基合金由于具有良好的导电性能，已经被广泛用在电子器件领域，如电路连接线和引线框架等，不过作为微电子领域使用的小型器件，还要求导电材料具有较高的强度，因此人们发展了高强高导 Cu – Be 合金。但是由于 Be 和 Be 化合物具有毒性，因而有必要发展无毒性的先进 Cu 合金来替代 Cu – Be 合金。

高强高导铜合金一般为时效强化铜合金，即在高温固溶、淬火，随后在合适的温度时效，可以得到细小弥散的第二相粒子弥散分布于铜基体中。Cu – Ti 合金和 Cu – Ni – Si 合金是目前研究较多的时效强化铜合金。其中，Cu – Ni – Si 合金是一种重要的高强、中导型合金，通过时效过程可析出 Ni_2Si 相，使合金保持较高导电性的条件下，强度大幅提高，抗拉强度可以达到 800MPa，电导率高于 50% IACS，因而受到人们的广泛关注，可作为大规模集成电路用高强、中导型铜合金引线框架材料，也被用于电路断路器、继电器及电闸齿轮等领域。

Jyrki Miettinen[165] 给出了 Cu – Ni – Si 三元系富 Cu 角计算液相面，如图 2 – 47 所示。图中实线为计算液相面，虚线为实验报道结果，从图中可以看出计算液相面等温线与实验数据[166] 符合得很好。从该计算液相面中可以看到，当 w(Ni) 含量超过 24%，将会出现 Ni_5Si_2 和 Ni_2Si 两个相区。不过实验指出 Ni_5Si_2 相区扩展到了 w(Ni) 含量 14%，并且没有出现 Ni_2Si 相。

Jyrki Miettinen 给出了 Cu – Ni – Si 三元系的 1010℃、950℃、900℃和 800℃等温截面，如图 2 – 48 至图 2 – 51 所示。计算得到的 fcc + hcp + γ 三相区只覆盖了实验得到的两个数据点中的一个。

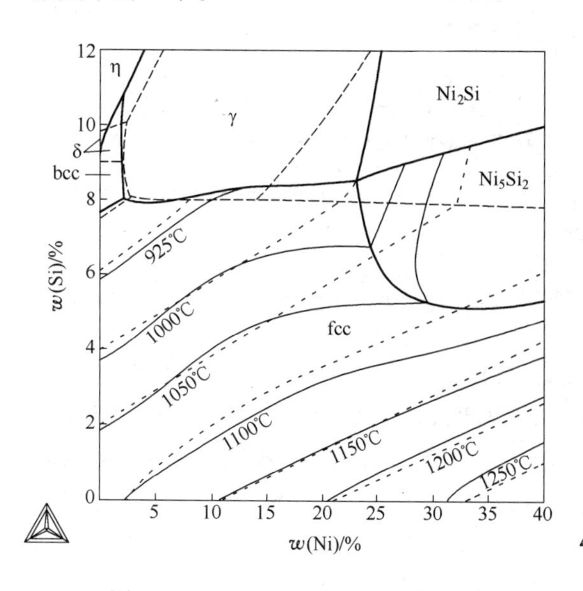

图 2 – 47 Cu – Ni – Si 三元系富 Cu 角的计算液相面和单变线

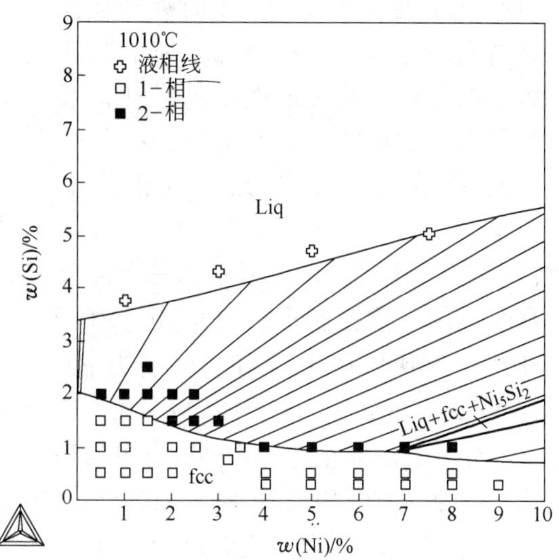

图 2 – 48 Cu – Ni – Si 三元系富 Cu 角 1010℃等温截面

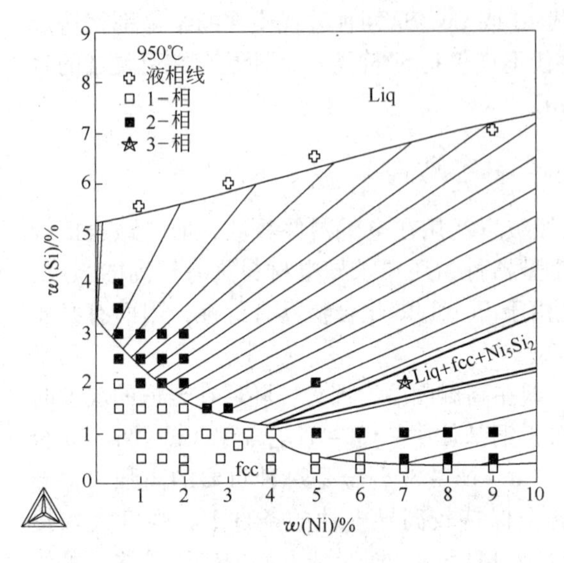

图 2－49　Cu－Ni－Si 三元系富 Cu 角 950℃等温截面

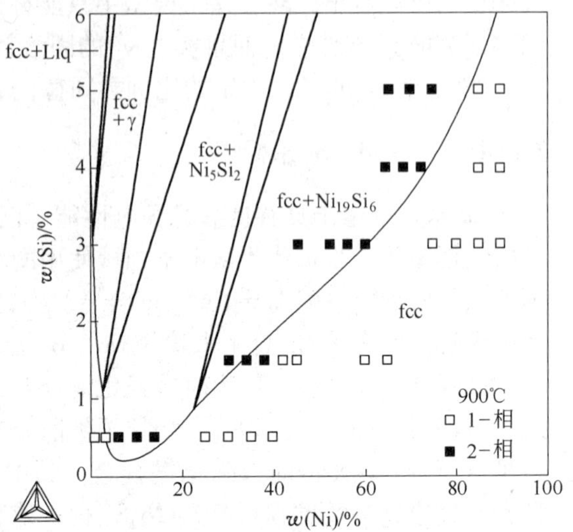

图 2－50　Cu－Ni－Si 三元系 Cu－Ni 二元边界 900℃等温截面

2.4.5　Nb－Hf－Si 系相图

铌硅基合金作为一种可在 1200℃高温下使用的结构材料，是先进飞机发动机中涡轮螺旋桨的候选材料。在该合金体系中添加 Ti 元素和 Hf 元素可以改善合金的室温断裂韧性和高温抗氧化性能[167]。Bewlay 发现当 Nb/(Hf＋Ti) 原子比小于 1.5 时铌硅基合金高温蠕变速率急剧增加。为了更好地实现铌硅基合金的微结构设计，了解其组织和性能之间的关系，有必要研究 Nb－Hf－Si 三元系的相平衡关系。

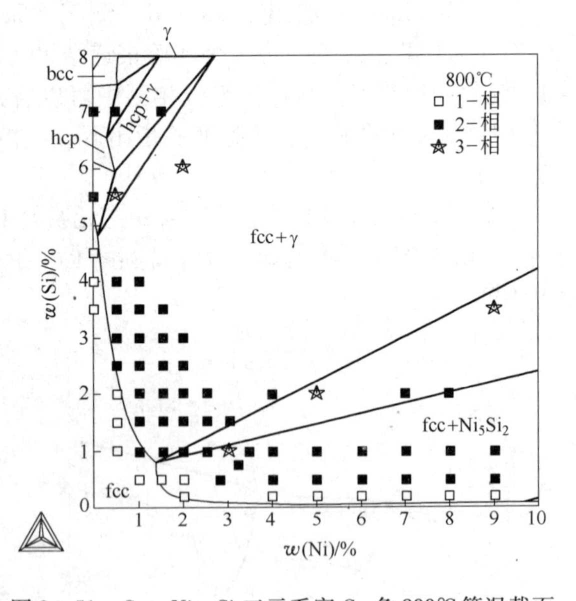

图 2－51　Cu－Ni－Si 三元系富 Cu 角 800℃等温截面

图 2－52 是 Nb－Hf－Si 三元合金富金属区三维投影示意图。Nb－Hf－Si 三元系中出现 10 个相，分别为 β(Nb，Hf，Si)、α(Hf，Nb，Si)、$Nb(Hf)_5Si_3$、$Hf(Nb)_5Si_3$、$Nb(Hf)_3Si$、$Hf(Nb)_2Si$、$Hf(Nb)_3Si_2$、$Hf(Nb)_5Si_4$、Hf(Nb)Si 和 $Nb(Hf)Si_2$，这些化合物的晶型各不相同。这里值得一提的是，含少量 Si 的 Nb－Hf 固溶体出现两种结构，密排六方结构为 α(Hf，Nb，Si)，体心立方结构为 β(Nb，Hf，Si)。

J. C. Zhao[168]通过实验对 Nb－Hf－Si 三元系进行了研究，并给出了 1500℃的实验等温截面，如图 2－53 所示。实验指出 Nb 在 $Hf(Nb)_2Si$ 中的固溶度约为 46%，在 $Hf(Nb)_5Si_3$ 中的固溶度约为 36%，在 $Hf(Nb)_3Si_2$ 中的固溶度大于 6.5%，在 $Hf(Nb)_5Si_4$ 中

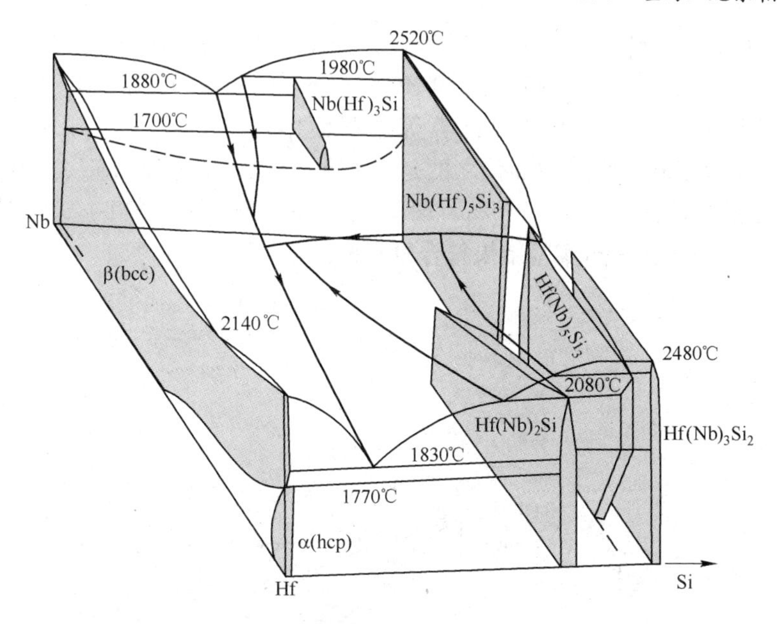

图 2-52 Nb-Hf-Si 三元合金富金属区三维投影示意图[168]

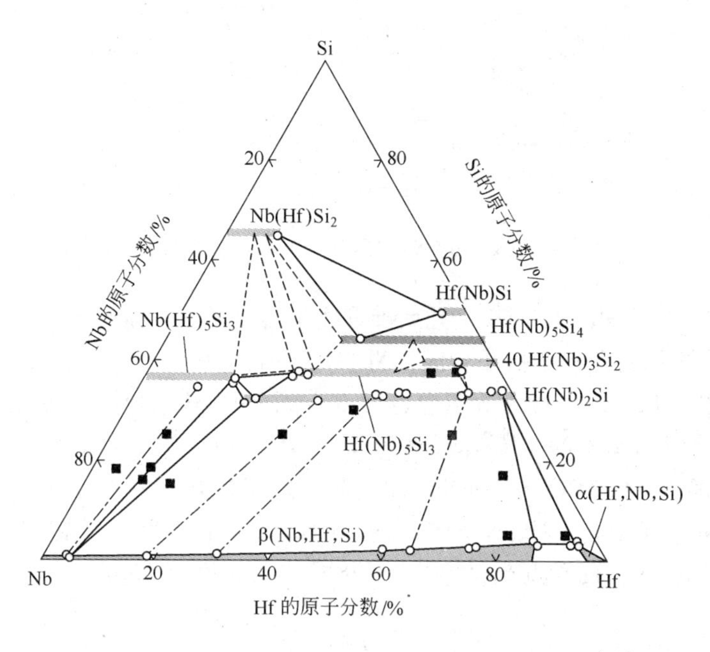

图 2-53 Nb-Hf-Si 三元系 1500℃实验等温截面[168]

的固溶度大于22%，在 Hf(Nb)Si 中的固溶度约为5%。Hf 在 $Nb(Hf)_5Si_3$ 和 $Nb(Hf)Si_2$ 的固溶度分别约为16%和9.4%。该三元系在1500℃时有四个三相区 β(Nb，Hf，Si)+$Nb(Hf)_5Si_3$+$Hf(Nb)_2Si$、$Nb(Hf)_5Si_3$+$Hf(Nb)_2Si$+$Hf(Nb)_5Si_3$、β(Nb，Hf，Si)+α(Hf，Nb，Si)+$Hf(Nb)_2Si$ 和 $Nb(Hf)Si_2$+$Hf(Nb)_5Si_3$+Hf(Nb)Si 三相区。其中 $Nb(Hf)_3Si$ 相不稳定，在1500℃时将转变为 β(Nb，Hf，Si) 和 $Nb(Hf)_5Si_3$ 的共晶组织。

Y. Yang[167] 给出了 Nb-Hf-Si 三元系 1500℃计算等温截面，如图 2-54 所示，这一

计算结果与 J. C. Zhao 的实验结果符合得很好。Zhao 认为 Nb－Hf－Si 三元系 1500℃存在 $Hf(Nb)_5Si_4 + Hf(Nb)_3Si_2 + Hf(Nb)_5Si_3$ 和 $Hf(Nb)_3Si_2 + Hf(Nb)_5Si_3 + Hf(Nb)_2Si$ 两个三相区，这一点得到了证实。从 1500℃计算等温截面中，我们可以看到 $Nb(Hf)Si_2$ 和 $Hf(Nb)_5Si_3$ 之间不存在相平衡，取而代之的是 $Hf(Nb)_5Si_3$ 和 $Hf(Nb)_5Si_4$ 之间的相平衡。Hf 在 $Nb(Hf)_5Si_3$ 的计算固溶度为 17.6%，Nb 在 $Hf(Nb)_5Si_3$ 和 $Hf(Nb)_2Si$ 的计算固溶度分别为 43.1% 和 37.6%，也与实验结果符合得很好。

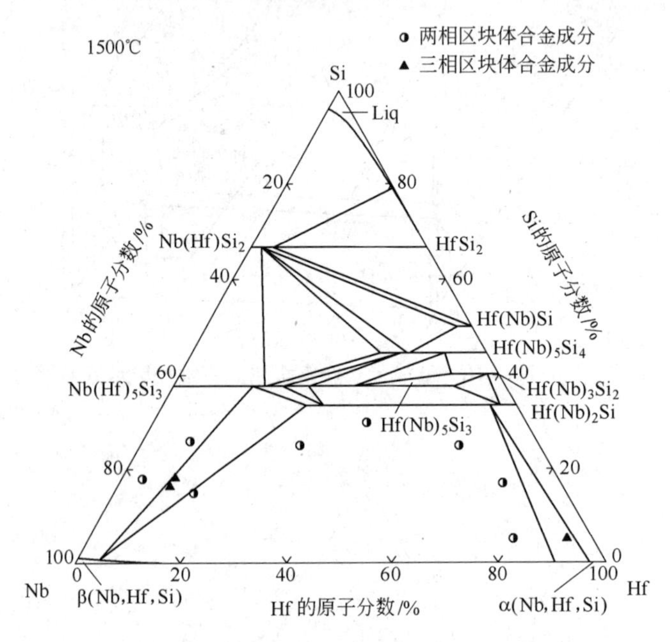

图 2－54　Nb－Hf－Si 三元系 1500℃计算等温截面[167]

Y. Yang 还给出了 Nb－Hf－Si 三元系计算液相面投影图，如图 2－55 所示。Si 含量从 0 到 40% 的计算液相面有 6 个初晶相区，$Nb(Hf)_5Si_3$，βNb_5Si_3，$Hf(Nb)_2Si$，$Nb(Hf)_3Si$，$Hf(Nb)_5Si_3$ 和 β(Nb，Hf，Si)。从图中也可以看到 Nb－Hf－Si 三元系有 3 个四相反应，其中一个四相反应为 $L + Nb(Hf)_3Si \rightarrow Nb(Hf)_5Si_3 + \beta(Nb, Hf, Si)$，这一点不同于 Bewlay[169] 提出的 $L + Nb(Hf)_5Si_3 \rightarrow Nb(Hf)_3Si + \beta(Nb, Hf, Si)$。图中的鞍点 S_2 对应了共晶反应 $L \rightarrow Nb(Hf)_5Si_3 + Hf(Nb)_5Si_3$。鞍点 S_3 对应了 2088℃的包晶反应 Liquid + $Hf(Nb)_5Si_3 \rightarrow Hf(Nb)_2Si$，而鞍点 S_4 对应了 1578℃的共晶反应 Liquid→$Hf(Nb)_2Si + \beta(Nb, Hf, Si)$。

2.4.6 Fe－Zn－Si 系相图

锌和锌合金涂层被广泛用于改善钢铁的耐腐蚀性能。硅是钢铁中的一种起强化作用的合金元素，在钢铁连续铸造过程中添加的还原剂含有硅，因而 Si 在钢铁中是一种常见元素。不过硅元素的含量极大的影响着钢铁表面锌合金涂层的外观和性能。研究发现含硅镇静钢在镀锌过程中，涂层增长动力学曲线由抛物线型转变为直线型。在镀锌过程中，当钢铁中的含 Si 量在 0.06% 到 0.10% 之间时，会发生圣德林（Sandelin）效应[170]，表现为热镀锌时铁锌反应剧烈，生成超厚、表面灰暗且黏附力差的镀层，并导致锌耗增加。针对含

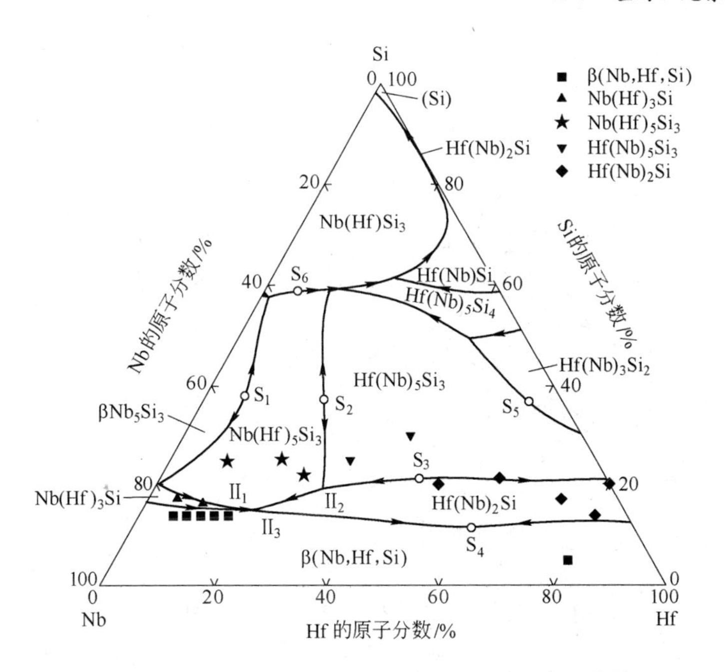

图 2 – 55 Nb – Hf – Si 三元系计算液相面投影图[167]

硅钢镀锌层组织变化的原因，人们展开了大量的研究，有过激烈的争论，目前较普遍的看法是大量的 ζ 相的生成对涂层的性能不利。对 Fe – Zn – Si 三元系的相图和热力学研究将有助于我们进一步研究含硅钢镀锌涂层的行为。

Chunsheng Sha[171] 给出了 Fe – Si – Zn 三元系 873K 的实验等温截面，如图 2 – 56 所示。从图中我们可以看到，873K 时 Fe – Si – Zn 三元系无稳定的三元化合物生成。873K 时，Si 在二元化合物 δ 相和 Γ 相中的固溶度分别为 1.4% 和 0.5%（原子分数），而 Si 在 FeSi 和 $FeSi_2$ – L 的固溶度小于 1%（原子分数）。基于 Liq + FeSi + delta 和 Liq + $alpha_1$ – Fe_3Si + delta 两个三相区相连的实验事实，Chunsheng Sha 认为 Liq + alpha = FeSi + delta 的四相转变温度应为 873K。α_1Fe_3Si 和 α_2 为体心立方结构的稳定的有序化合物，在 Fe – Si – Zn

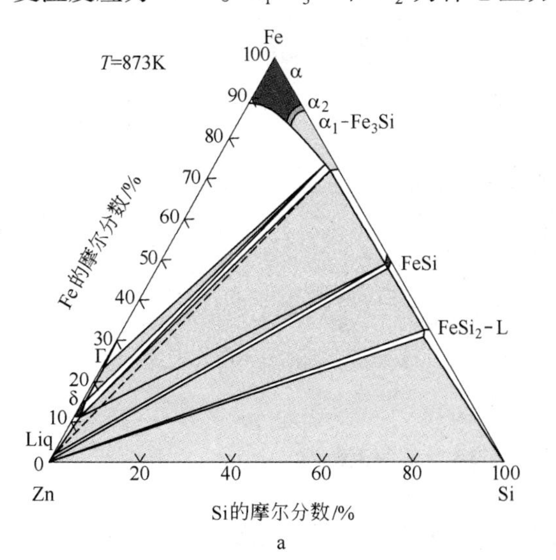

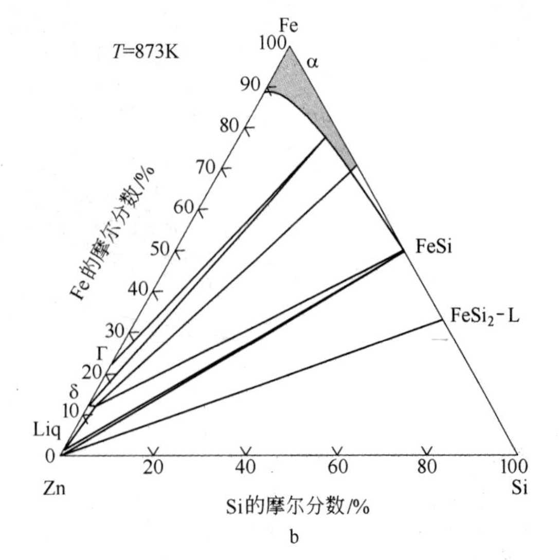

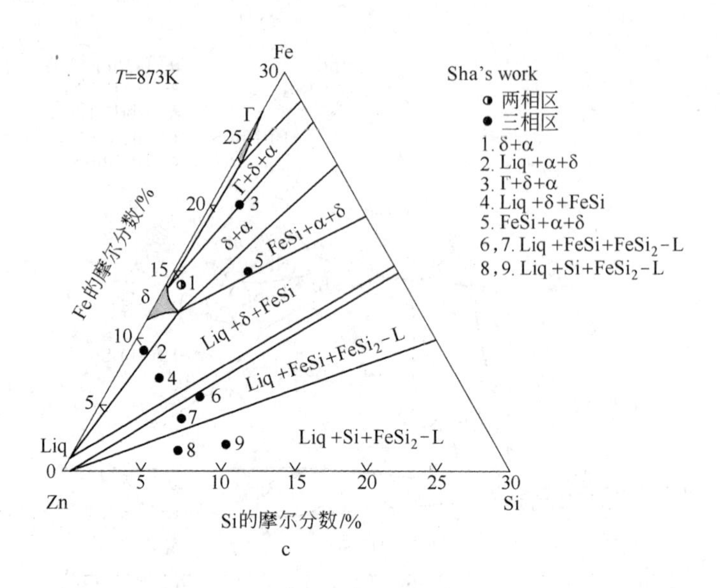

图 2-56 Fe-Si-Zn 三元系 873K 等温截面

a—实验等温截面（虚线内为 Liq + α_1 - Fe_3Si + δ 三相区）；b—计算等温截面；c—富 Zn 角计算等温截面放大图

三元系的富铁角会出现 α/α_2 和 α_2/α_1 之间的有序无序转变。Chunsheng Sha 还计算了Fe-Si-Zn 三元系 873K 的等温截面，该等温截面与实验等温截面符合得很好。

Chunsheng Sha 还计算了 Fe-Si-Zn 三元系 678K 和 753K 的等温截面，计算结果如图 2-57 和图 2-58 所示。Si 在二元化合物 δ 相中的固溶度在 678K 和 753K 时分别为 1.1% 和0.6%（原子分数），而 Si 在 ζ 相中几乎不固溶，这一结论同样与 Wang[172] 的实验研究结果符合得很好。

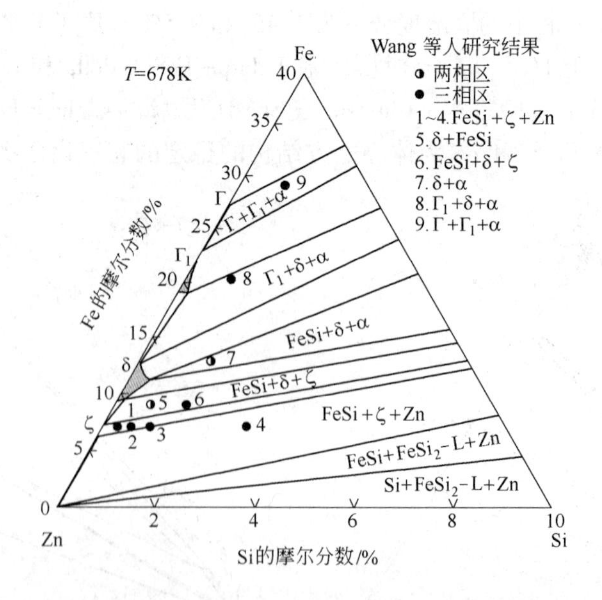

图 2-57 Fe-Si-Zn 三元系 678K 计算等温截面

Chunsheng Sha 计算了 Fe-Si-Zn 三元系 723K 和 833K 的等温截面，如图 2-59 ~ 图

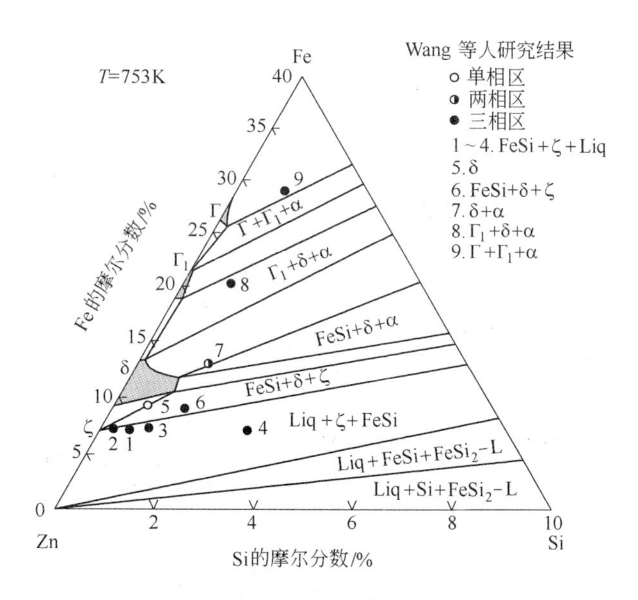

图 2-58 Fe-Si-Zn 三元系 753K 计算等温截面

2-61 所示。从这几个图中可以看到，在熔融 Zn 液中 Fe 元素的固溶度随着 Si 元素在液态中含量的增加而急剧减小，这一结果与 Su[173] 的实验观测一致。在 723K 下，Si 在 δ 相中的固溶度约为 0.9%（原子分数），在 833K 时，该固溶度为 1.7%（原子分数），这一数值大于 Yin[174] 报道的实验结果。

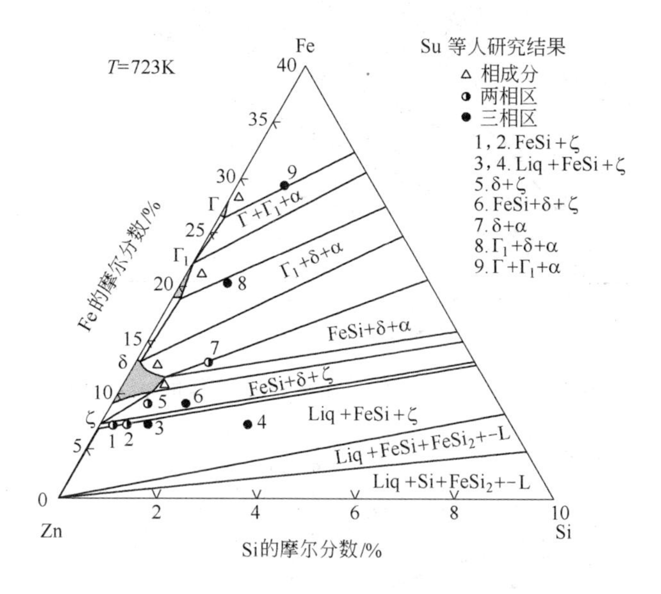

图 2-59 Fe-Si-Zn 三元系 723K 计算等温截面

Chunsheng Sha 还计算了 Fe-Si-Zn 三元系 1023K 的等温截面，如图 2-62 所示，以及不同含 w(Zn) 量（64%、90%、95%）的垂直截面（图 2-63～图 2-65），其计算相图与 Köster[175] 的实测结果符合得很好。

Chunsheng Sha 还计算了 Fe-Si-Zn 三元系 1253K 和 1523K 等温截面（图 2-66 和图

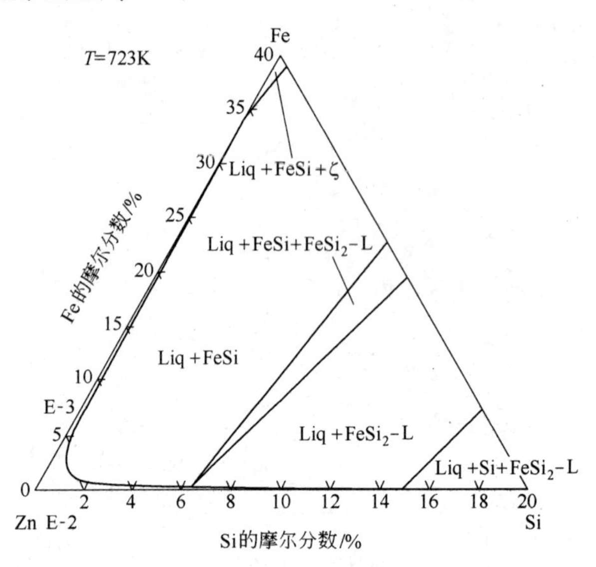

图 2－60　Fe－Si－Zn 三元系 723K 富锌角等温截面

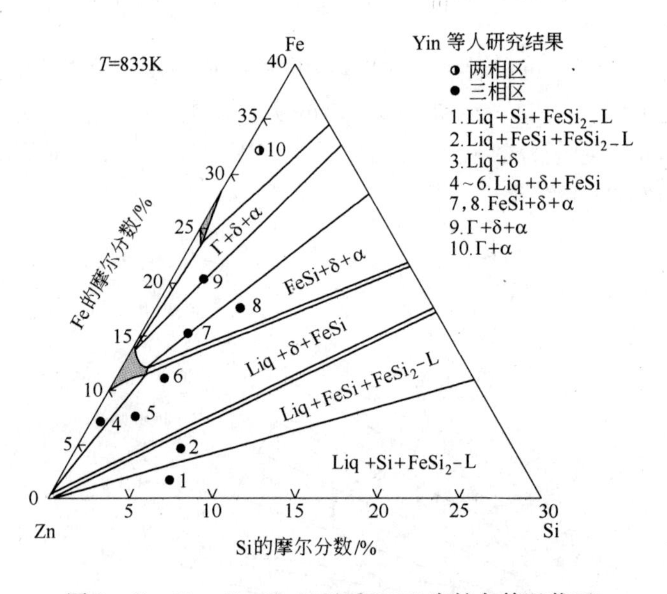

图 2－61　Fe－Si－Zn 三元系 833K 富锌角等温截面

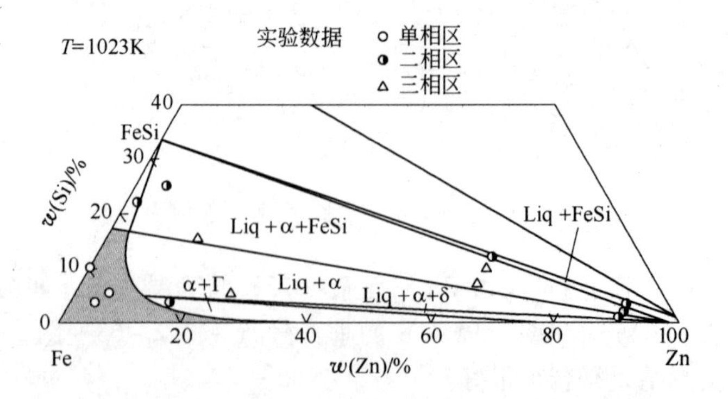

图 2－62　Fe－Si－Zn 三元系 1023K 等温截面，并与 Köster 的实验数据[175]进行比较

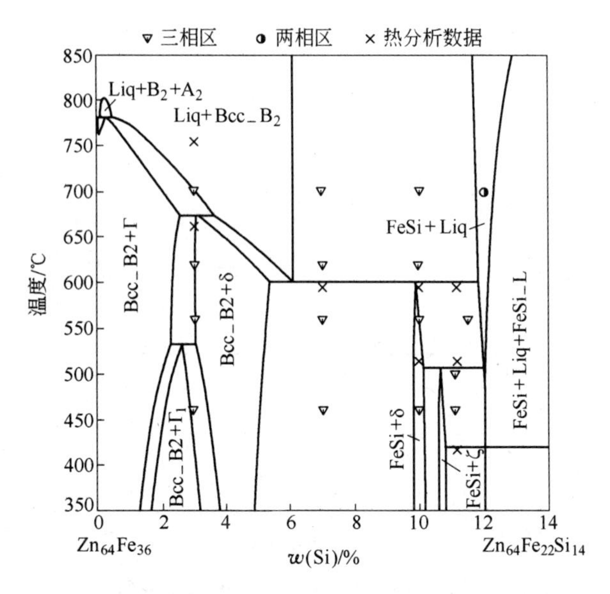

图 2-63 含 $w(\mathrm{Zn})=64\%$ 的 Fe-Si-Zn 三元系计算垂直截面

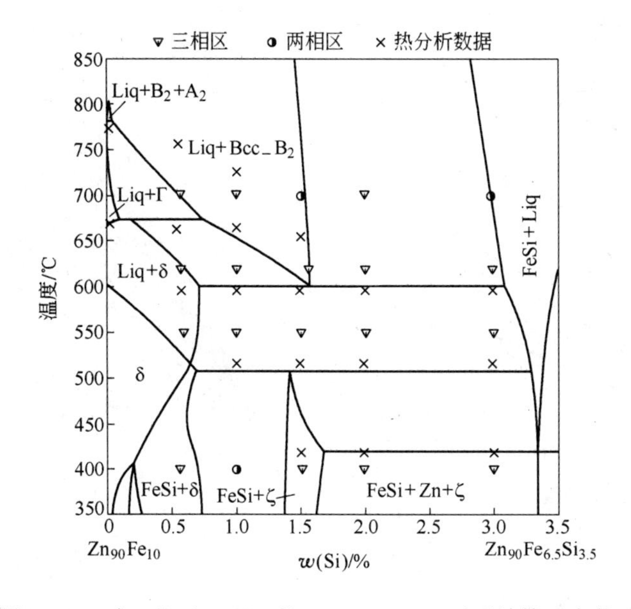

图 2-64 含 $w(\mathrm{Zn})=90\%$ 的 Fe-Si-Zn 三元系计算垂直截面

2-67)。从图中可以看到，在 1253K 时，化合物 Fe_5Si_3 与液相不存在相平衡，这一点已经被 Köster 所证实。在 1523K 时，Fe-Si-Zn 三元系中还存在一个稳定的液相溶解度间隙。

Chunsheng Sha 还计算了 Fe-Si-Zn 三元系液相面投影图，如图 2-68 所示。从投影图中可以看到，L_1+L_2 相区与 $FeSi_2$_ H、FeSi、Fe_2Si 和 Bcc_ B_2 四个相区之间有相交，这表明 Fe-Si-Zn 三元系存在 3 个四相偏晶反应。

2.4.7 Hf-Si-O 系相图

铪氧系合金具有重要的工程应用，可用作核材料和高温高压材料。其中二氧化铪被认

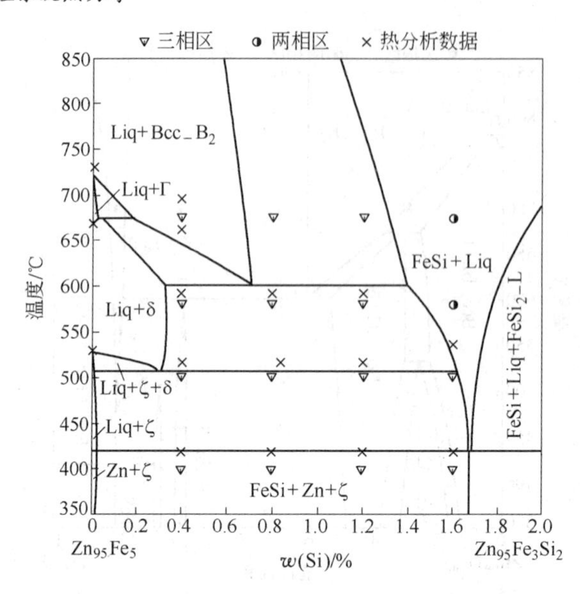

图 2-65 含 $w(Zn)=95\%$ 的 Fe-Si-Zn 三元系计算垂直截面

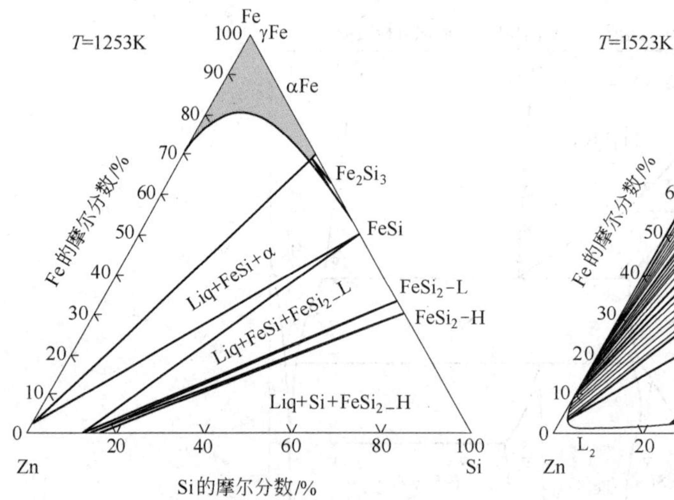

图 2-66 Fe-Si-Zn 三元系 1253K 等温截面

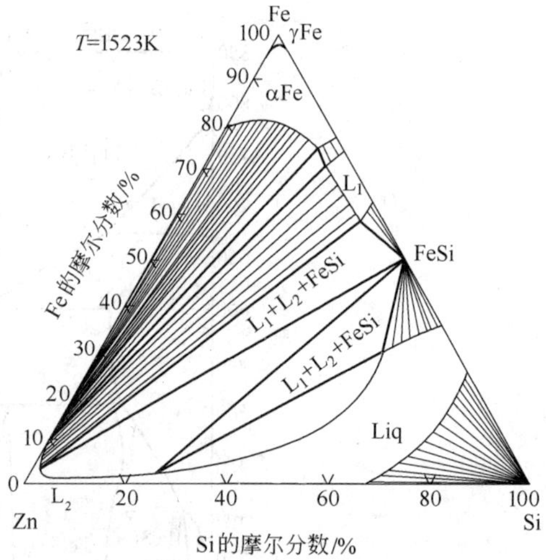

图 2-67 Fe-Si-Zn 三元系 1523K 等温截面

为是最稳定的氧化物，具有很高的熔点，极低的化学活性，以及较高的热中子捕获能力，使其成为非常有潜力的核反应堆材料。与此同时，在半导体材料中，相比于 SiO_2 而言，HfO_2 和 ZrO_2 有更高的绝缘系数，可作为先进的补偿型金属氧化物半导体 CMOS（Complementary Metal-Oxide Semiconductor）整体电路的新型栅极氧化物材料，近年来也逐渐受到人们的重视。HfO_2 和 ZrO_2 两种氧化物热力学稳定性的计算结果显示 HfO_2/Si 的界面相比于 ZrO_2/Si 要稳定，这使得 HfO_2 在半导体行业中显得更有前景。为了更好地理解 HfO_2/SiO_2/Si 的热力学稳定性和界面行为，有必要研究 Hf-O-Si 三元系的相平衡关系。

Parfenenkov[176] 报道了 Liquid + HfO_2（Monoclinic）→ $HfSiO_4$ 三相反应的反应温度为 2023K。Dongwon Shin[177] 在 Parfenenkov 工作的基础上计算了 HfO_2-SiO_2 的伪二元相图，计算结果示于图 2-69。

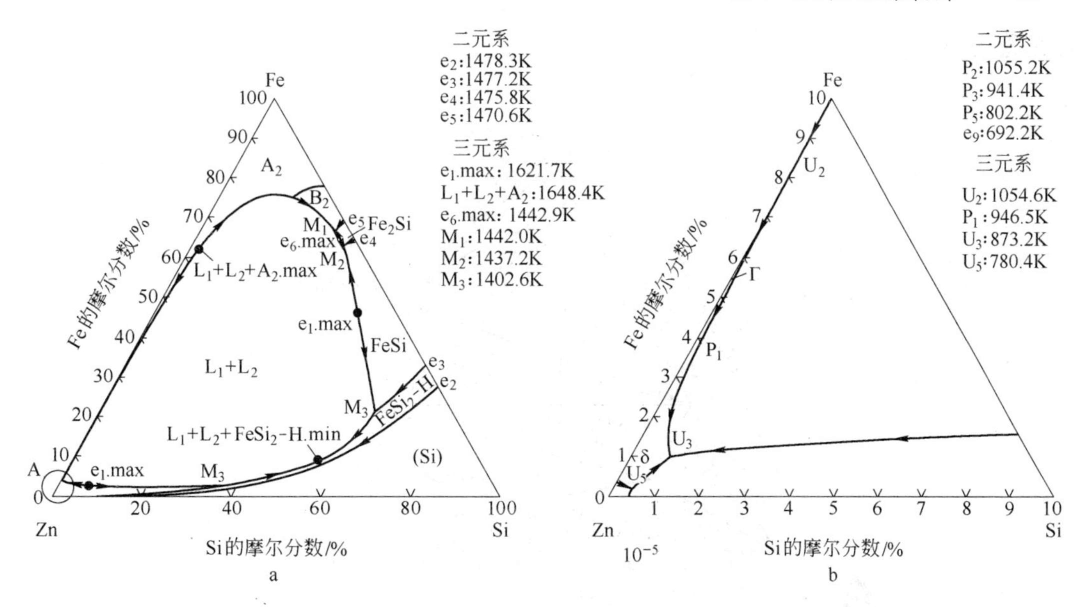

图 2-68 Fe-Si-Zn 三元系的液相面投影图

a—全成分范围投影图；b—富 Zn 角放大图

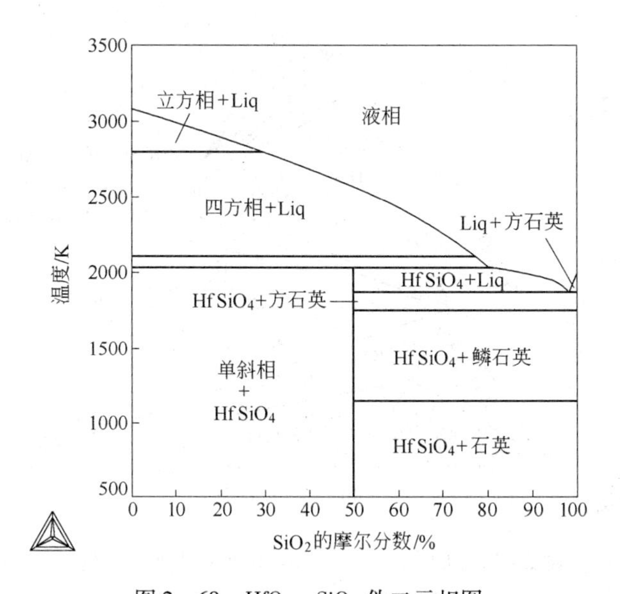

图 2-69 HfO_2-SiO_2 伪二元相图

对 Hf-Si-O 三元系不同温度等温截面进行计算可以更好的预测 HfO_2/Si 界面的稳定性。Dongwon Shin 计算了 Hf-Si-O 三元系 500K 和 1000K 的等温截面，如图 2-70 和图 2-71 所示，其中 500K 的低温对应于雾化沉积和快速热处理，而 1000K 则是氧化物沉积的外延生长的典型温度。从 Hf-Si-O 合金 500K 等温截面图中，我们可以看到 $HfSiO_4+HfO_2+Hf_2Si$ 和 $HfSiO_4+Si+Hf_2Si$ 两个三相区与 HfO_2/Si 的界面的稳定性有重要关系。因为这两个三相区分别与 HfO_2 和 Si 直线相连，在 500K 时我们能够在大块硅基体上制造的多晶 Si/HfO_2 MOS 场效应晶体管中找到 $HfSi_2$，而在 1000K 时从相图来看 HfO_2 相对于 Si 基体是稳定的。

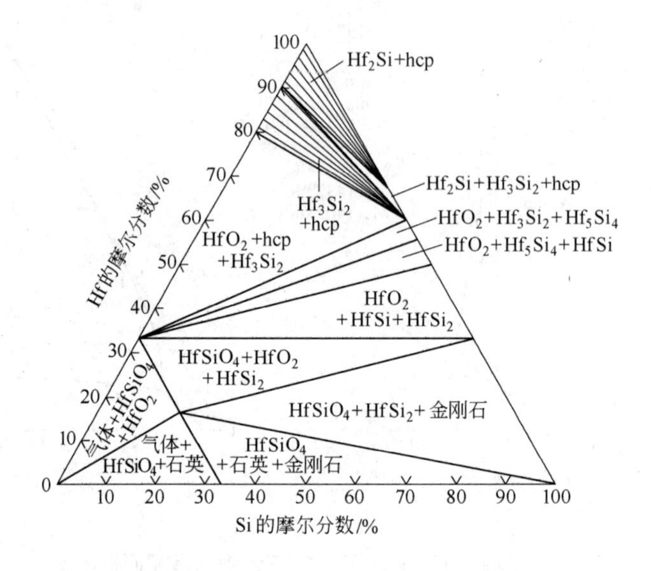

图 2-70 Hf-Si-O 三元系 500K 计算等温截面

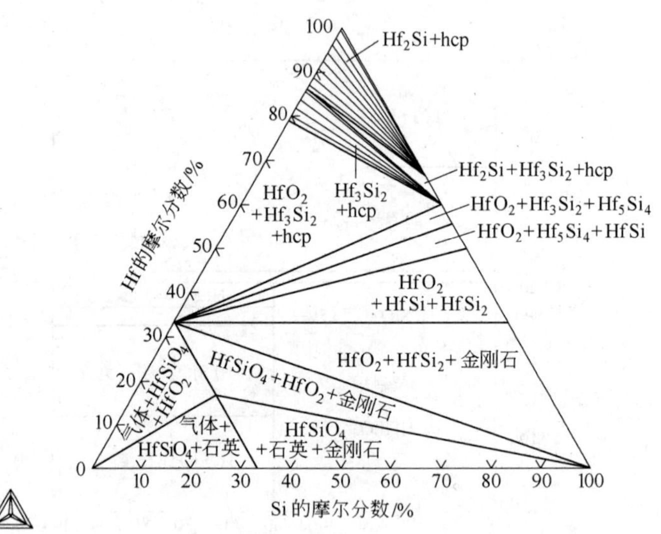

图 2-71 Hf-Si-O 三元系 1000K 计算等温截面

比较 Hf-Si-O 三元系 500K 等温截面和 1000K 计算等温截面，我们可以看到，两温度下的相图在富硅区有着较大的不同，1000K 等温截面相比于 500K 等温截面而言，主要是 HfO_2 和 Si 之间的相平衡线取代了 $HfSi_2$ 和 $HfSiO_4$ 之间的相平衡线。

为了更好的研究 $HfSi_2$ 在 HfO_2/Si 界面的热稳定性，Dongwon Shin 给出了 HfO_2-Si 的伪二元相图（图 2-72）。从图中我们可以看到 $HfSi_2$ 在 543.53K 以下的温度稳定，即 HfO_2/Si 的界面在 543.53K 温度以上热力学稳定，这一结果与 Gutowski[178] 的实验观测一致。Gutowski 还在实验中指出在 823K 沉积的 HfO_2 薄膜在 1023K 退火时并没有发现有任何类型的硅化物形成。

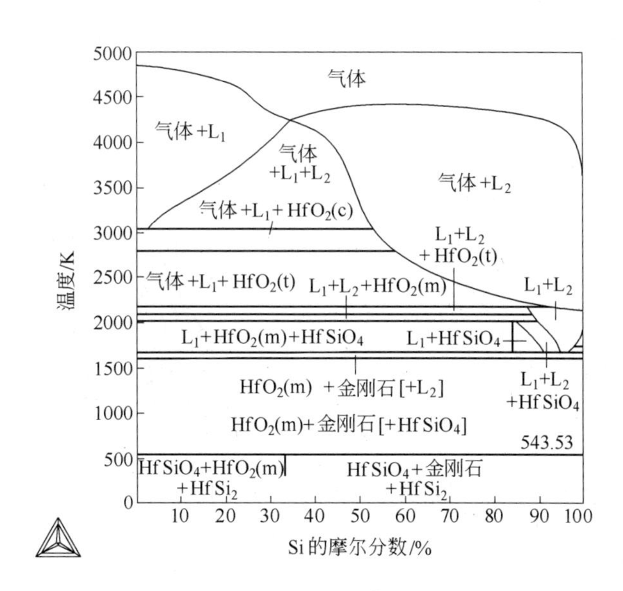

图 2-72 HfO_2 - Si 的伪二元相图

2.4.8 Ti-Si-N 系相图

钛氮合金薄膜由于其高硬度和低的摩擦系数，已被广泛运用于切割工具、轴承以及各种成型工具的涂层，不过其化学稳定性较差，故不能在高温中使用。Al 和 Si 元素被认为是一种非常有效的 Ti-N 薄膜合金化元素，能有效改善 Ti-N 薄膜的物理和机械性能。在高温下，Ti-Si-N 系比 TiN 涂层有着更高的硬度和热稳定性，因而受到人们的广泛关注[179]。

Ting[180]发现 TiN 层与 Si 基体在 1173K 温度下热处理 30min 时无反应出现，从而证实了Ti-Si-N 三元系中存在 TiN-Si 的连接线。Borisov[181]证实了 TiN-$TiSi_2$、TiN-TiSi 和 TiN-$Ti_5Si_3N_x$ 之间存在相连接线，Desu[182]则发现 TiN-$TiSi_2$，TiN-$Ti_5Si_3N_x$ 和 TiN-Si_3N_4 之间存在相连接。Beyers[183]结合前人的实验数据和热力学参数，首先给出了 Ti-Si-N 三元系 973~1273K 的等温截面（图 2-73）。

Wakelkamp[184]给出了 Ti-Si-N 三元系 1300K 等温截面，如图 2-74 所示。他认为金属间化合物 TiN 和 $Ti_5Si_3N_x$ 应为两个相区，Ti-Si-N 三元系中还应存在 Ti_3Si 相和 Ti_5Si_4 相以及终端固溶体 αTi，并且再次指出了 TiN-$TiSi_2$ 相之间也应有连接线。

Sambasivan[185]给出了 Ti-Si-N 三元系 1273K 等温截面（图 2-75）。他给出了 $Ti_5Si_3N_x$ 相区的成分边界。相比于 Wakelkamp 的观点，Sambasivan 认为 TiN-TiSi 的连接线应该存在。

Beyers、Wakelkamp、Sambasivan 各自提出的 Ti-Si-N 三元系的等温截面中 TiN 和 Si 之间都有相连接线，而 $TiSi_2$ 和 Si_3N_4 之间都没有相连接线。不过 Paulasto[186]给出了 Ti-Si-N 三元系 1373K 等温截面（图 2-76），他指出 TiN 和 Si 之间会发生反应生成 Si_3N_4 和 $TiSi_2$，他还认为 Ti_3Si 和 αTi 之间可出现相平衡。

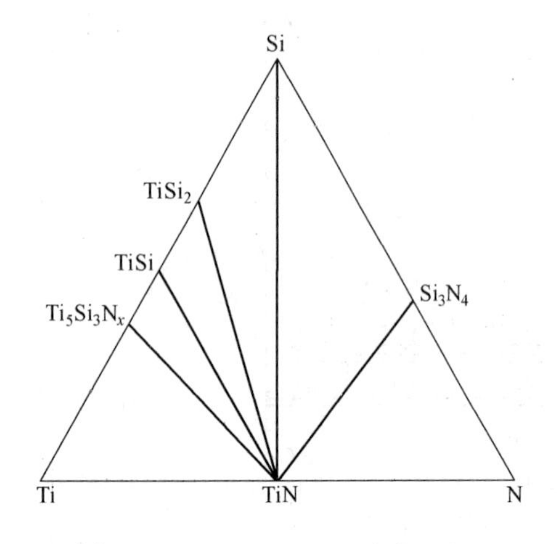

图 2－73 Ti－Si－N 三元系 973～1273K 的等温截面[180]

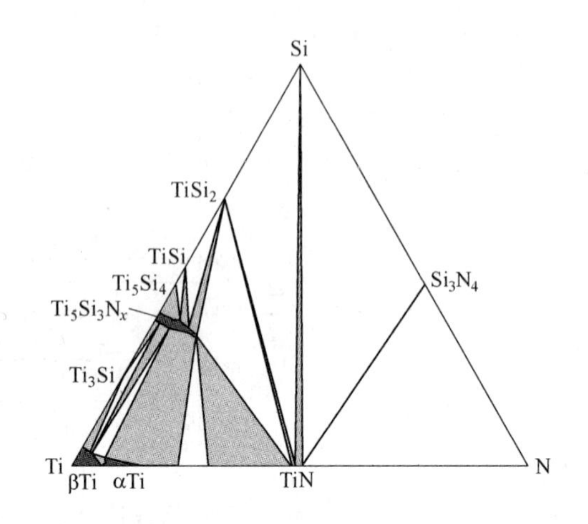

图 2－74 Ti－Si－N 三元系 1300K 等温截面[184]

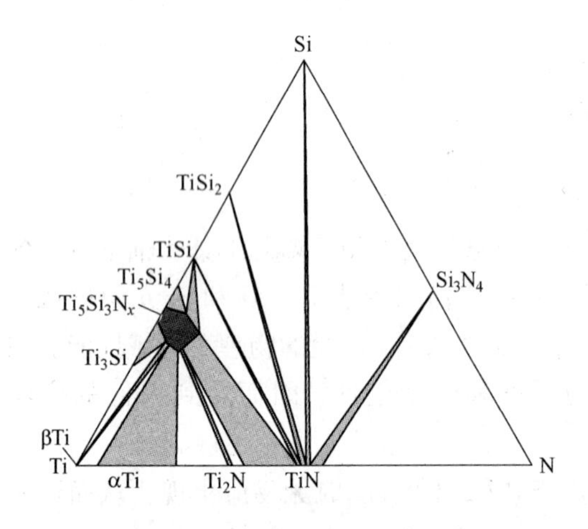

图 2－75 Ti－Si－N 三元系 1273K 等温截面[185]

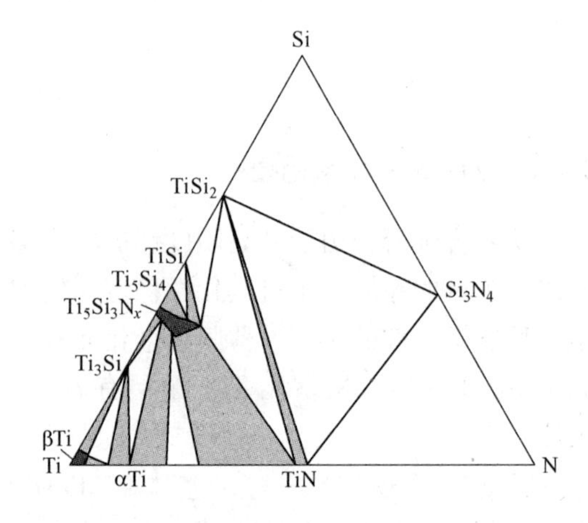

图 2－76 Ti－Si－N 三元系 1373K 等温截面[186]

Rogl[187]同样认为 $TiSi_2-Si_3N_4$ 在 1200K 下应该有相连接线。

Xiaoyan Ma[179]计算了 Ti－Si－N 三元系不同温度的等温截面，如图 2－77～图 2－81 所示。从图中我们也可以看到 Ti_5Si_3 相在三元系中扩展为 $Ti_5Si_3N_x$ 三元相区，在低温时该相区范围很小，随着温度升高该相区逐渐变大，相区成分的变化导致了在高温和低温时出现不同的相平衡关系。TiN 能够和 $Ti_5Si_3N_x$、Ti_5Si_4、TiSi、$TiSi_2$ 和 Si_3N_4 等相形成平衡，而且随着温度的增加，到了 1273K 和 1373K 时，$TiN-Ti_5Si_4$ 和 TiN－TiSi 连接线先后消失。

目前针对 Ti－Si－N 三元系的研究表明，$TiSi_2-Si_3N_4$ 和 TiN－Si 的相连接线不可能同时存在，通过对 Xiaoyan Ma 计算的 Ti－Si－N 三元系的各等温截面的仔细观察，我们发现 Xiaoyan Ma 更赞成 $TiSi_2-Si_3N_4$ 之间的应该存在相连接线，这一观点与 Paulasto 和 Rogl 的观点相同。

比较 Xiaoyan Ma 计算的 Ti－Si－N 三元系从 1073K 到 1673K 的等温截面，我们可以看到，Ti－Si－N 三元系的等温截面的主要变化出现在富 Ti 角。相比于 1073K 时的等温截

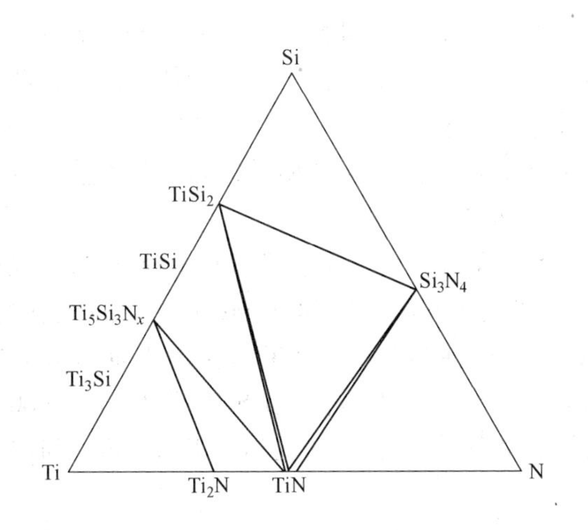

图 2－77　Ti－Si－N 三元系 1273K 的等温截面[187]

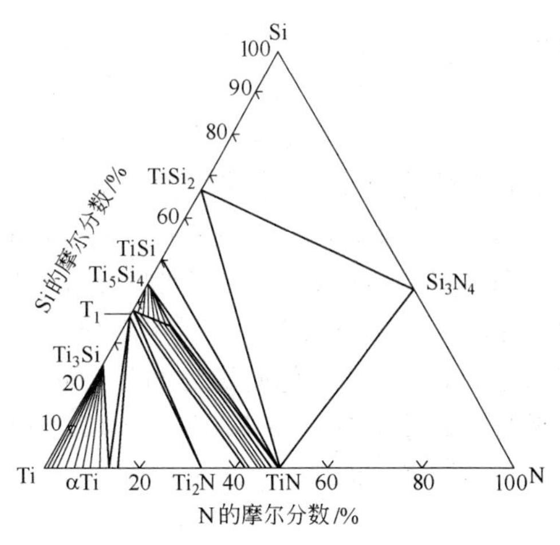

图 2－78　Ti－Si－N 三元系 1073K 等温截面[179]

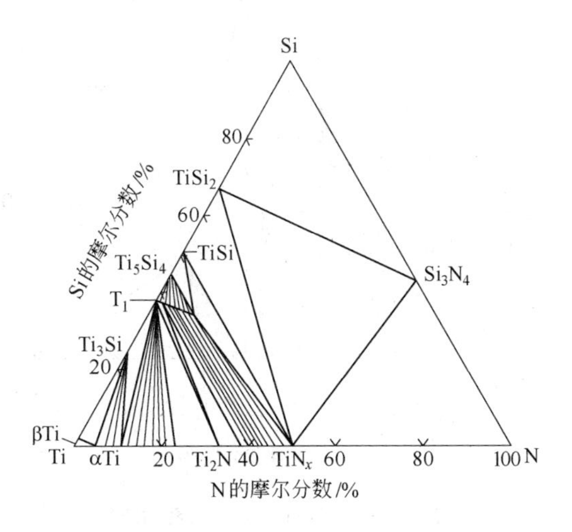

图 2－79　Ti－Si－N 三元系 1273K 等温截面[179]

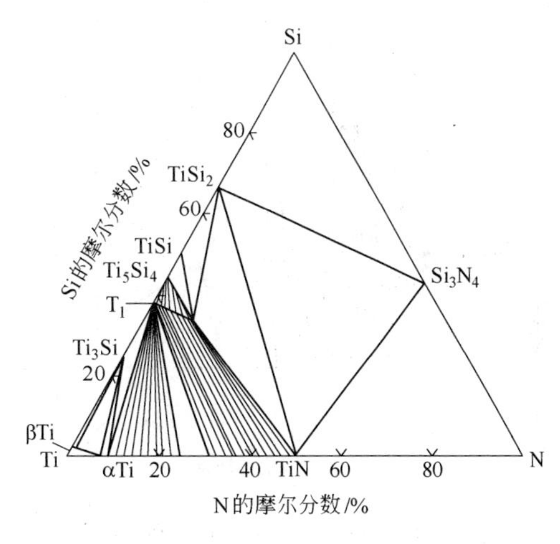

图 2－80　Ti－Si－N 三元系 1373K 等温截面[179]

面，Ti－Si－N 三元系在 1273K 时，出现 T_1 与 TiSi 之间相平衡，并且在纯 Ti 成分附近出现 βTi 相区。到了 1373K 时，TiSi－TiN 的相连接线消失，取而代之的是 T_1－$TiSi_2$ 的相连接线。在 1673K 时，Ti_3Si 和 αTi 之间的相连接线消失，与此同时，在纯 Ti 成分附近出现液相区。

2.4.9　Fe－Si－B 系相图

Fe－Si－B 三元合金在镍基钎料，镍基自熔性合金等领域有着重要的潜在应用，而

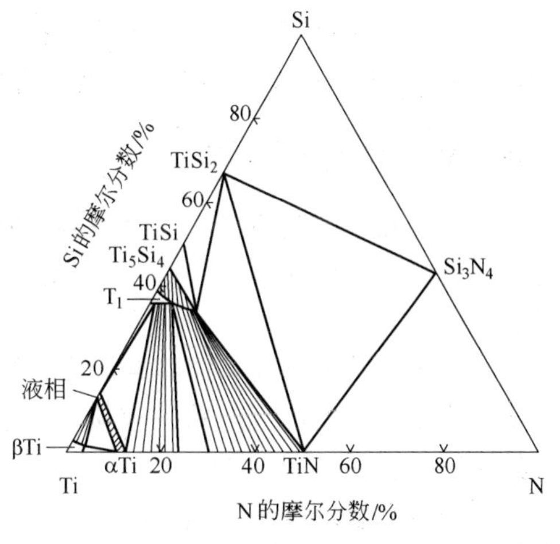

图 2－81　Ti－Si－N 三元系 1673K 等温截面[179]

且由于该合金具有良好的磁学性能，还可用作变压器的磁芯材料。目前针对 Fe-Si-B 三元合金非晶形成能力的研究已经开展了大量的实验工作，不过为了进一步从理论上预测合金的非晶形成能力，则需要知道三元系的相图信息和相关热力学参数。事实上，与液相有关的相平衡的相关信息是非常重要的，合金的非晶形成能力与液相线的温度有着重要的关系，因而有必要开展 Fe-Si-B 三元合金的相图和热力学相关研究。

Tatsuya Tokunaga[188]结合实验给出了 Fe-Si-B 三元合金的 900℃和 1000℃的等温截面，如图 2-82 和图 2-83 所示。图中虚线分别为 Chaban[189]和 Aronsson[190]通过实验报道的相平衡连接线，他们认为 FeB、Fe_5SiB_2 和 FeSi 在 900℃和 1000℃温度下都可以获得相平衡。不过在 Tatsuya Tokunaga 的 XRD 分析中，则显示 FeB、$Fe_{4.7}Si_2B$ 和 FeSi 在 900℃保持三相平衡，因而在 Tatsuya Tokunaga 的等温截面中可以看到三相区 FeB + $Fe_{4.7}Si_2B$ + FeSi。

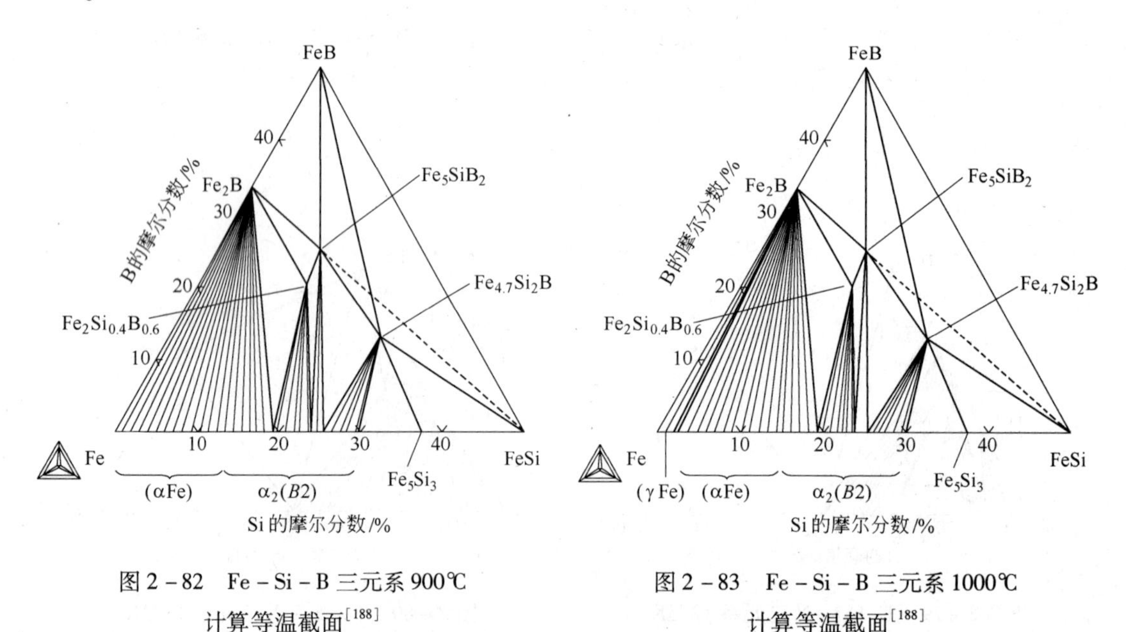

图 2-82　Fe-Si-B 三元系 900℃计算等温截面[188]

图 2-83　Fe-Si-B 三元系 1000℃计算等温截面[188]

比较 Fe-Si-B 三元合金的 900℃和 1000℃的等温截面，我们可以看到，1000℃和 900℃的等温截面几乎没有区别，只是在富 Fe 角区域出现了一个（γFe）的单相区。

2.4.10　Au-Ag-Si 系相图

在微电子器件的制造中，硬焊料是一种重要的连接材料，很多硬焊料是贵金属银、金和硅的三元合金，因此 Au-Ag-Si 三元系相图的研究对于硬焊料的开发具有重要的指导意义。

由于电子封装的密度和速度常常受到封装技术的限制，这就要求人们不断地去寻找更为合适的用于大规模集成电路的连接材料和接触材料[191]。电子/光电子封装的连接材料需要具备三个主要功能：电气连接、机械支撑、散热性。人们根据熔体的温度，将连接材料分为软焊料和硬焊料[192]。软焊料，如 Sn 基合金，熔点低，主要用于焊接金属[193]。而硬焊料，包括富 Au 的 Au-Sn，Au-Si 和 Au-Ge 合金，主要用于对高温制备工艺敏感但对蠕变性能要求较高的连接器件[194]。为了在电子器件的制备和随后的维护过程中保证有好的导电性和好的连接性，热力学性质和体系的相关系在合金设计和加工过程中就显得至关重要了。

Wang Jiang[195]给出了 Au－Ag－Si 三元系计算液相面投影图（图 2－84）。从图中可以看到一典型的三元共晶反应，且其单变线 e_1e_2 平缓的从 Ag－Si 二元共晶点 e_1 变至 Au－Si 二元共晶点 e_2。

Wang Jiang 给出了 Au－Ag－Si 三元系的垂直截面，如图 2－85 和图 2－86 所示，计算结果与 Hassam[196]的实验报道符合得很好。图中的 fcc－A1 为面心立方结构（α）的 AgAu 固溶体，diamond－A4 为金刚石结构（β）的 Si 相，从图中可以看到，不同成分的 Au－Ag－Si 三元系在室温的稳定相都为 fcc－A1＋diamond－A4。

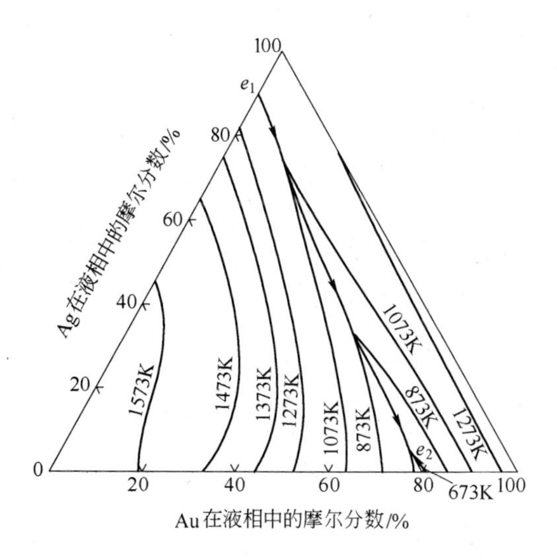

图 2－84　Au－Ag－Si 三元系计算液相面投影图

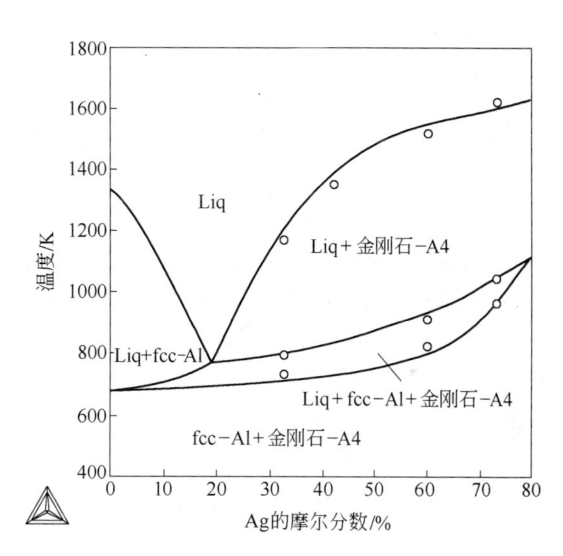

图 2－85　Au－Ag－Si 三元系含 20% Ag 的计算垂直截面

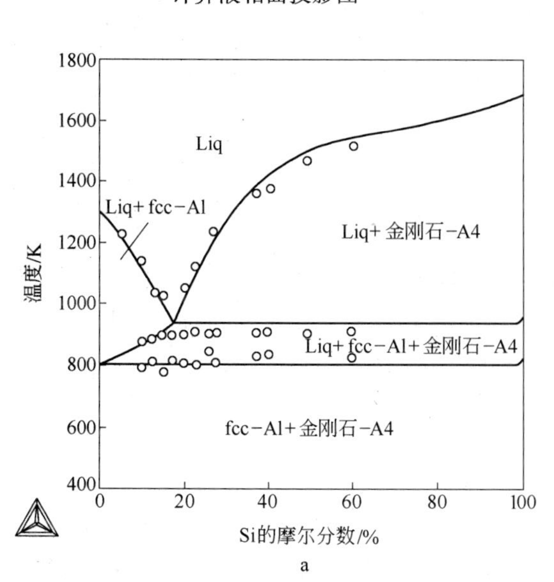

a

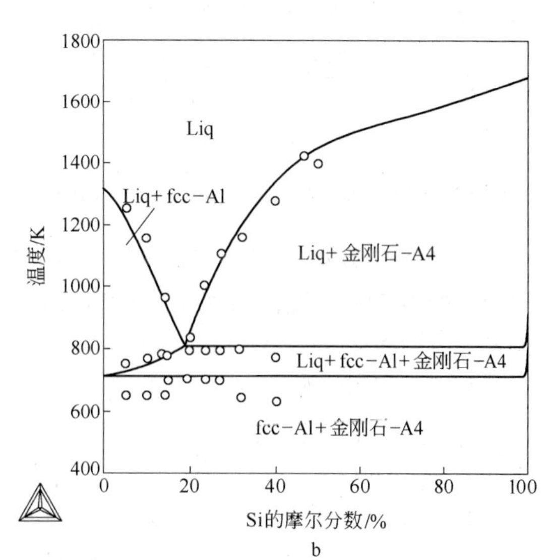

b

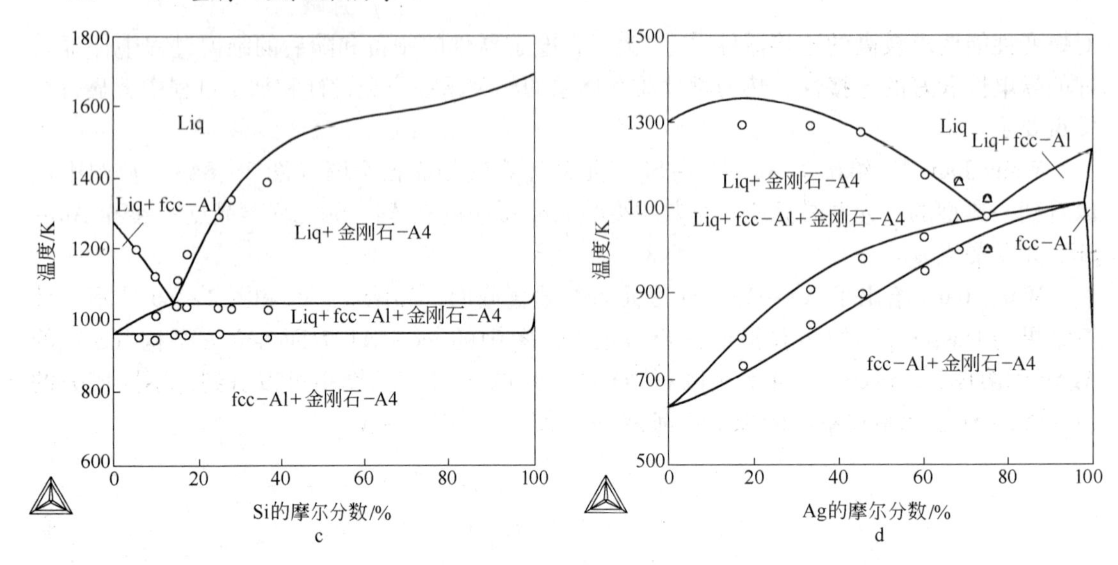

图 2－86　Au－Ag－Si 三元系的计算垂直截面

a—$Ag_{0.50}Au_{0.50}$－Si；b—$Ag_{0.30}Au_{0.70}$－Si；c—$Ag_{0.75}Au_{0.25}$－Si；d—$Au_{0.50}Si_{0.50}$－Ag

Wang Jiang 还给出了 Au－Ag－Si 三元系的 673K 和 1073K 的等温截面（图 2－87 和图 2－88），等温截面的相关系和相边界与 Prince[197] 的结果一致。

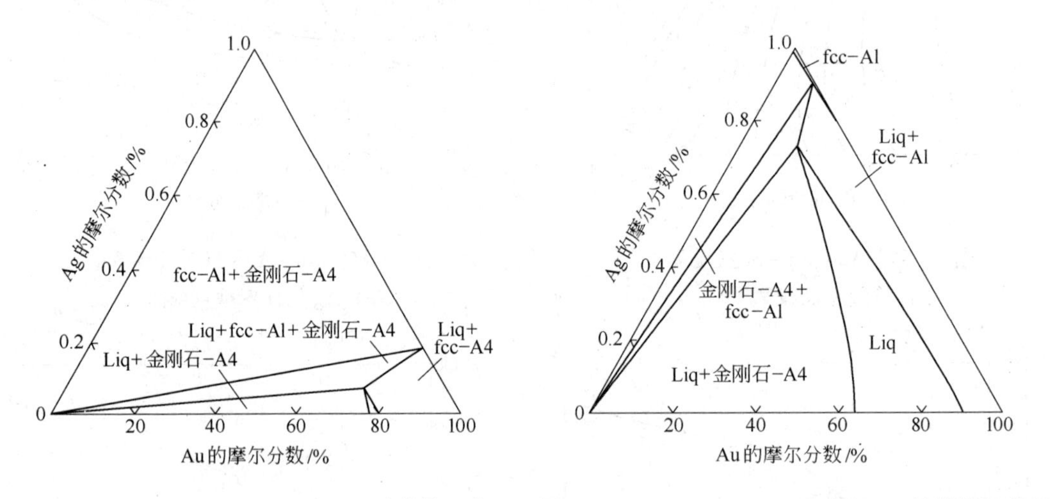

图 2－87　Au－Ag－Si 三元系 673K 计算等温截面　　图 2－88　Au－Ag－Si 三元系 1073K 计算等温截面

比较 Au－Ag－Si 三元系的 673K 和 1073K 的等温截面，我们可以看到，Au－Ag－Si 三元系的 1073K 等温截面相比于 673K 而言，液相区 L 和两相区 L＋diamond－A4 相区范围扩大，两相区 fcc－A1＋diamond－A4 相区范围减小。在 1073K 时，在 Au－Ag－Si 三元系的富 Ag 角还出现了 fcc－A1 单相区。

2.4.11　Ce－Ag－Si 系相图

随着重费米子超导化合物 $CeCu_2Si_2$[198] 的出现，人们开始对相同结构的化合物 $CeAg_2Si_2$[199] 的物理性质产生了浓厚的兴趣，Ce－Ag－Si 的三元热力学及其相平衡关系也开始受到人们的重视。

Edgar Cordruwisch[200]通过 XRD(X - ray diffraction), LOM(light optical microscopy) 和 EMPA(quantitative electron probe microanalysis) 等实验手段给出了 Ce - Ag - Si 三元系 850℃等温截面 (图 2 - 89)。从图中可以看到三个三元化合物 τ_1($CeAgSi_2$), τ_2($CeAg_2Si_2$), τ_3(Ce (Ag_xSi_{1-x})$_{2-y}$), 其中 τ_3 相一般为 $ThSi_2$ 型和 AlB_2 型结构, 且其相区范围较大, 表明各组元在 τ_3 相中有较大的固溶度。二元铈硅化合物与银和银硅化合物之间存在相连接线, 这也暗示着 $ThSi_2$ 型和 AlB_2 型固溶体与 Ag 之间的相平衡有较高的热力学稳定性, 这一点已经在 Edgar Cordruwisch 的铸态和退火态样品的形貌特征中得到证实。相比于 Ce - Ag - Ge 三元系, Ce - Ag - Si 的三元系中并没有出现类似化学计量比的三元金属间化合物, 如 $Ce_3Ag_4Si_4$、$Ce_4Ag_3Si_3$ 和 $Ce_6Ag_5Si_9$。在 600℃ 到 850℃ 温度范围之内也不会出现三元金属间化合物 Ce_2AgSi_6。

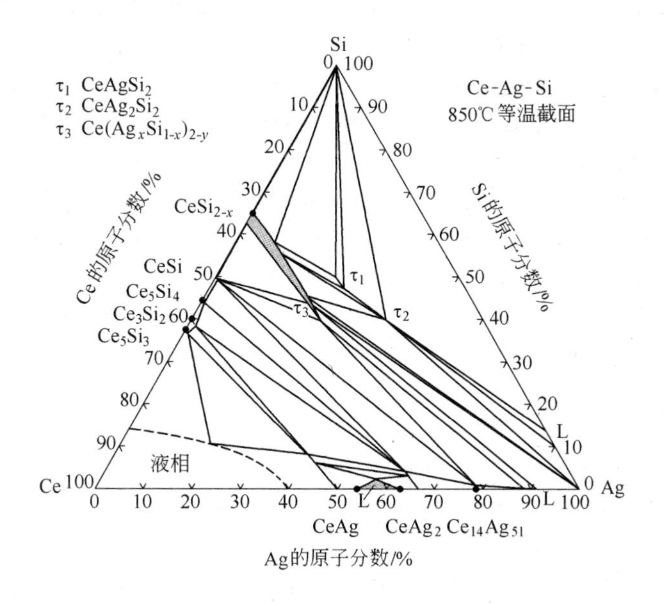

图 2 - 89 Ce - Ag - Si 三元系 850℃等温截面

B. Belan[201]给出了 Ce - Ag - Si 三元系 500℃等温截面, 如图 2 - 90 所示。从图中可以看到, 第三组元在 Ce - Si 和 Ce - Ag 体系二元化合物中的溶解度基本上都小于 5% (原子分数)。不过 Ag 在 α$ThSi_2$ 型结构 (空间群 I41/amd) 的 $CeSi_2$ 中的溶解度达到了 18% (原子分数)。Ce - Ag - Si 三元系在 500℃ 时, 出现了一个新化合物 $CeAg_{1.12}Si_{0.88}$, 为 LaPtSi 型结构 (空间群 I41md, $a = 0.42346$ (2), $c = 1.4712$(1) nm)。该等温截面中也出现了 $CeAg_2Si_2$[202] ($CeAl_2Ga_2$ 型结构, 空间群 *I4/mmm*) 和

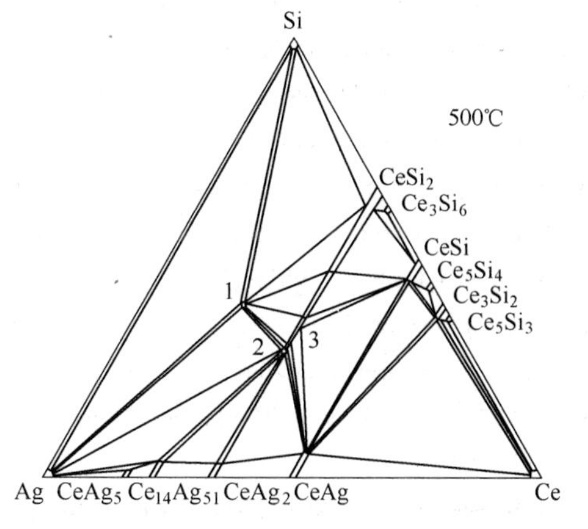

图 2 - 90 Ce - Ag - Si 三元系 500℃等温截面

1—$CeAg_2Si_2$; 2—$CeAg_{1.12}Si_{0.50}$; 3—$CeAg_{0.9-1}Si_{1.1-0.9}$

CeAgSi[203]（AlB_2 型结构，空间群 *P6/mmm*），这些化合物已在前人的工作中被报道。对应于 CeAgSi 三元化合物，由于各组元在该化合物中的溶解，Ce－Ag－Si 三元系在 500℃ 时会出现一个均质相区 $CeAg_{0.90\sim1.10}Si_{1.10\sim0.90}$。B. Belan 还将 Ce－Ag－Si 三元系和 Ce－Cu－Si[204] 三元系的等温截面进行了比较，相比于 Ce－Cu－Si 三元系有 5 个三元化合物，Ce－Ag－Si 三元系中三元化合物的数量有所减少，只有 3 个三元化合物。

参 考 文 献

[1] O Kubaschewski, E LL Evans, C B Alcock. Metallurgical Thermochemistry [M]. 4th Edition, Pergamon Press, London, Oxford, 1979.

[2] R Hultgren, R L Orr, P D Anderson, et al. Selected Values of Thermodynamic Properties of Metals and Alloys [M]. Wiley, New York, 1963.

[3] N S Jacobson, K N Lee, S A Maloy, et al. Chemical Reactions in the Processing of $MoSi_2$ Carbon Compacts [J]. 1993, 76 (8): 2005～2009.

[4] G V Samsonov, I M Vinitskii. Handbook of Refractory Compounds [M]. IFI/Plenum, New York, 1980.

[5] T G Chart. Thermochemical Data for Transition Metal－Silicon Systems [J]. High Temperatures －High Pressures, 1973 (5): 241～252.

[6] G I Kalishevich, P V Geld, R P Krentsis, et al. Chem., 1968 (42): 675～676.

[7] G I Kalishevich, P V Geld, R P Krentsis. Standard Heat Capacities, Entropies, And Enthalpies of Silicon, Chromium, and Chromium Silicides [J]. Russ. J. Phys. Chem., 1965 (39): 1602～1603.

[8] S M Letun, P V Geld, N N Serebrennikov. Thermochemistry of Mn_3Si [J]. Russ. Met., 1965 (6): 97.

[9] S M Letun, P V Geld. Some Thermodynamic Characteristics of Solid and Liquid Mn_5Si_3 [J]. High Tem., 1965 (3): 39.

[10] S M Letun, P V Geld, N N Serebrennikov. Thermodynamic Characteristics of Manganese Monosilicide [J]. Izv. Vys. Uchebn. Zaved. Chern. Met., 1965 (4): 5.

[11] P V Geld, S M Letun, N N Serebrennikov. Thermodynamics of MnSi 1.70 Alloy [J]. Izv. Vys. Uchebn. Zaved. Chern. Met., 1966 (12): 5.

[12] G I Kalishevich, P V Geld, R. P. Krentsis. High Temp., 1964 (2): 11.

[13] G I Kalishevich, P V Geld, R. P. Krentsis. Russ. J. Phys. Chem., 1968 (42): 675.

[14] G I Kalishevich, P V Geld, Yu V Putintsev. The Heat Capacity, Enthalpy, and Entropy of The Monosilicides of Chromium and Nickel [J]. Trans. Ural Politekh. Inst., 1968 (167): 152.

[15] E G King, A U Christensen. Low Temperature Heat Capacity, Entropy at 298.15K., and High Temperature Heat Content of Mo_3Si [J]. J. Phys. Chem., 1958 (62): 499.

[16] A S Bolgar, T S Verkhoglyadova, G V Samsonov. The Vapor Pressure and Rate of Evaporization of Certain Refractory Compounds in Vacuum at High Temperature [J]. Izv. Akad. Nauk SSSR, Otdel. Tekhn. Nauk, Ser. Met. I Toplivo, 1961 (1): 142.

[17] A A Hasapis, A J Melveger, M B Panish, et al. The Vaporization and Physical Properties of Certain Refractories: Experimental Studies [M]. Tech. Documentary Rep., WADD－TR－60－463, 1962, (Part 2).

[18] D A Robins, I Jenkins. The Heats of Formation of Some Transition Metal Silicides [J]. Acta Met., 1955 (3): 598.

[19] A W Searcy, A G Tharp. The Dissociation Pressures and the Heats of Formation of the Molybdenum Silicides [J]. J. Phys. Chem., 1960 (64): 1539.

[20] L Brewer, O Krikorian. Reactions of Refractory Silicides with Carbon and Nitrogen [J]. J. Electrochem. Soc.,

1956 (103): 38.

[21] S R Levine, M Kolodney. The Free Energy of Formation of Tantalum Silicides Using Solid Oxide Electrolytes [J] . J. Electrochem. Soc. , 1969 (116): 1420.

[22] C E Myers, A W Searcy. The Dissociation Pressures of the Tantalum Silicides [J] . J. Amer. Chem. Soc. , 1957 (79): 526.

[23] A W Searcy, J Amer. Predicting the Thermodynamic Stabilities and Oxidation Resistances of Silicide Cermets [J] . Ceram. Soc. , 1957 (40): 431.

[24] A W Searcy, L N Finnie, J Amer. Stability of Solid Phases in the Ternary Systems of Silicon and Carbon with Rhenium and the Six Platinum Metals [J] . Ceram. Soc. , 1962 (45): 268.

[25] T G Chart. National Physical Laboratory, A Critical Assessment of Thermochemical Data for Transition Metal - Silicon Systems (Thermodynamic Properties of Transition Metal/Silicon Binary Alloys) [R] . Report DCS 18, 1972.

[26] Yu M Golutvin, T M Kozlovskaya. Russ. J. Phys. Chem. , 1962 (36): 183.

[27] L B Pankratz, K K Kelley. High - Temperature Heat - Content and Entropy Data for Vanadium Silicide (V_3Si) [R] . US Bureau of Mines, Report of Investigation 6241, 1963.

[28] G I Kalishevich, P V Geld, Yu V Putintsev. High - Temperature Changes in the Enthalpy of the Higher Silicides of Vanadium, Cobalt, And Nickel [J] . High Temp. , 1968 (6): 959.

[29] Yu M Golutvin, Liang Chin - K' Uei. Heats of Formation, Heat Contents and Heat Capacities of Chromium Silicides [J] . Russ. J. Phys. Chem. , 1961 (35): 62L.

[30] G I Kalishevich, P V Geld, R P Krentsis. Specifaic Heat, Enthalpy, and Entropy of Cr_5Si_3 and $CrSi_2$ [J]. High Temp. , 1966 (4): 613.

[31] G I Kalishevich, P V Geld, Yu V Putintsev. Trans. Ural Politekh. Inst. , 1968 (167): 152.

[32] Yu M Golutvin. T M Kozlovskaya, E G Maslennikova. Russ. J. Phys. Chem. , 1963 (37): 723.

[33] S M Letun, P V Geld, N N Serebrennikov. The Thermochemistry of Manganese Silicide [J] . Russ. Met. , 1965 (6): 97.

[34] S M Letun, P V Geld. Some Thermodynamic Characteristics of Solid and Liquid Mn_5Si [J] . High Tem. , 1965 (3): 39.

[35] S M Letun, P V Geld, N N Serebrennikov. Thermodynamic Characteristics of Manganese Monosilicide [J]. Izv. Vys. Uchebn. Zaved. Chern. Met. , 1965 (4): 5.

[36] P V Geld, S M Letun, N N Serebrennikov. Thermodynamics of MnSi Alloy [J]. Izv. Vys. Uchebn. Zaved. Chern. Met. , 1966 (12): 5.

[37] G I Kalishevich, P V Geld, R P Krentsis. High Temp. , 1964 (2): 11.

[38] G I Kalishevich, P V Geld, Yu V Putintsev. High Temp. , 1968 (6): 959.

[39] G I Kalishevich, P V Geld, Yu V Putintsev. The Heat Capacity, Enthalpy, and Entropy of the Monosilicides of Chromium and Nickel [J] . Trans. Ural Politekh. Inst. , 1968 (167): 152.

[40] H Schimpff, Z Phys. Chem. , 1910 (71): 257.

[41] P Schübel. Metallographische Mitteilungen Aus Dem Institut Für Physikalische Chemie Der Universität Göttingen. LXXXVII. Über Die Wärmekapazität Von Metallen Und Metallverbindungen Zwischen 18 ~ 600℃ [J]. Z. Anorg. Chem. , 1914 (87): 81.

[42] V P Bondarenko, L A Dvorina, N P Slyusar, et al. Enthalpy of Nb_4Si and Nb_5Si_3 in the Temperature Range from 1200 to 2200 K (Enthalpy Measurements of Niobium Silicides at 1200 ~ 2200 K by Mixing Method, Using Isothermic Calorimeter) [J] . Porosh. Met. , 1971 (11): 48.

[43] V P Bondarenko, V I Zmii, E N Fomichev, et al. High Temp. , 1970 (8): 856.

[44] V P Bondarenko, E N Fomichev, A A Kalashnik. Enthalpy of the Silicides of Mo and W in the Temperature Range 1200 ~ 2200 K [R] . In Teplofizicheskie Svoistva Tverdykh Veshchestv (Nauka, Moscow), 1971: 167.

[45] E G King, A U Christensen. Low Temperature Heat Capacity, Entropy at 298. 15K. , And High Temperature Heat Content of Mo_3Si [J] . J. Phys. Chem. , 1958 (62): 499.

[46] V P Bondarenko, E N Fomichev, A A Kalashnik. In Teplofizicheskie Svoistva Tverdykh Veshchestv (Nauka, Moscow), 1971: 167.

[47] T B Douglas, W M Logan. Anhydrous Sodium Hydroxide: the Heat Content from 0 to 700℃, the Transition Temperature and the Melting Point [J] . J. Res. Nat. Bur. Std. , 1954 (53): 91.

[48] R Mezaki, E W Tilleux, T F Jambois, et al. Advances in Thermophysical Properties at Extreme Temperatures and Pressures [R] . In Proceedings of 3rd Symposium on Thermophysical Properties, Lafayette, Indiana, 1965: 138.

[49] B E Walker, J A Grand, R R Miller. High Temperature Heat Content and Heat Capacity of Al_2O_3 and $MoSi_2$. [J] . J. Phys. Chem. , 1956 (60): 231.

[50] V P Bondarenko, V I Zmii, E N Fomichev, et al. High Temp. , 8 (1970): 856.

[51] T G Chart. Thermochemical Data for Transition Metal - Silicon Systems [J] . High Temperatures - High Pressures, 1973 (5): 241 ~ 252.

[52] G I Kalishevich, P V Geld, Yu V Putintsev. High Temp. , 1968 (6): 959.

[53] G I Kalishevich, P V Geld, R P Krentsis. Specific Heat, Enthalpy, and Entropy of Cr_5Si_3 And $CrSi_2$ [J]. High Temp. , 1966 (4): 613.

[54] S M Letun, P V Geld. Some Thermodynamic Characteristics of Solid and Liquid Mn_5Si_3 [J] . High Tem. , 1965 (3): 39.

[55] S M Letun, P V Geld N N. Thermodynamic Characteristics of Manganese Monosilicide [J]. Serebrennikov. Izv. Vys. Uchebn. Zaved. Chern. Met. , 1965 (4): 5.

[56] A A Frolov, Yu V Putintsev, F A Sidorenko, et al. Inorganic Materials, 8 (1972): 408.

[57] G I Kalishevich, P V Geld, R P Krentsis. High Temp. , 1964 (2): 11.

[58] F Weibke, O Kubaschewski. Thermochemie Derlegierungen [M] . Thermochemie Der Legierungen (Springer, Berlin), 1943.

[59] G I Kalishevich, P V Geld, Yu V Putintsev. The Heat Capacity, Enthalpy, and Entropy of the Monosilicides of Chromium and Nickel [J] . Trans. Ural Politekh. Inst. , 1968 (167): 152.

[60] 叶大伦，胡建华. 实用无机物热力学数据手册 [M] . 北京：冶金工业出版社，2002.

[61] Y Yang, Y A Chang. Thermodynamic Modeling of the Mo - Si - B System [J] . Intermetallics, 2005 (13): 121 ~ 128.

[62] 肖来荣，中南大学博士学位论文.

[63] V L Chevrier, J W Zwanziger, J R Dahn. First Principles Study of Li - Si Crystalline Phases: Charge Transfer, Electronic Structure, and Lattice Vibrations [J] . Journal of Alloys and Compounds, 2010 (496): 25 ~ 36.

[64] C Van Der Marel, G J B. Vinke, W Van Der Lugt. The Phase Diagram of the System Lithium - Silicon [J]. Solid State Commun. , 1985, 54 (11): 917 ~ 919.

[65] E J Guo, B X Ma, L P Wang. Modification of Mg_2Si Morphology in Mg - Si Alloys with Bi [J] . Journal of Materials Processing Technology, 2008 (206): 161 ~ 166.

[66] T Moriga, K Watanabe, D Tsuji, et al. Reaction Mechanism of Metal Silicide Mg_2Si for Li Insertion [J]. Journal of Solid State Chemistry, 2000 (153): 386 ~ 390.

[67] Y Takeda, T Urano, T Ohtani, et al. Adsorption Structure and Silicide Formation of Ba on the Si (001)

surface [J] . Surface Science, 1998 (402 ~ 404): 692 ~ 696.

[68] X Huang, S Koh, K Wu, et al. Reaction at the Interface between Si Melt and a Ba – Doped Silica Crucible [J] . Journal of Crystal Growth, 2005 (277): 154 ~ 161.

[69] M Pani, A Palenzona. The Phase Diagram of the Ba – Si System [J] . Journal of Alloys and Compounds, 2008 (454): L1 ~ L2.

[70] H Fujii, S Tahara, Y Kato, et al. Structural Properties of Liquid Au – Si and Au – Ge Alloys With Deep Eutectic Region [J] . Journal of Non – Crystalline Solids, 2007 (353): 2094 ~ 2098.

[71] S Takeda, H Fujii, Y Kawakita, et al. Structure of Eutectic Alloys of Au with Si and Ge [J] . Journal of Alloys and Compounds, 2008 (452): 149 ~ 153.

[72] L C Wang, P H Hao, B J Wu. Low Temperature Processed (150 ~ 175℃) Ge/Pd-Based Ohmic Contacts ($P_c = 1 \times 10^{-6} \Omega cm^2$) to N – GaAs [J] . Appl. Phys. Lett. 1995 (67): 509.

[73] P Duwez, R H Willens, R C Crewdson. Amorphous Phase in Palladium-Silicon Alloys [J]. J. Appl. Phys. , 1965 (36): 2267 ~ 2269.

[74] R D Shull, A J Mcalister, M J Kaufman. J. Met. , 37 (1985) .

[75] M Naka, M Maeda, T Shibayanagi, et al. Formation and Properties of Cr – Si Sputtered Alloys [J]. Vacuum, 2002 (65): 503 ~ 507.

[76] S Haro, R Colás, A Velasco, et al. Study of Weldability of a Cr – Si Modified Heat – Resisting Alloy [J]. Materials Chemistry and Physics, 2002 (77): 831 ~ 835.

[77] A G Deineka, A A Tarasenko, L Jastrabík, et al. An Ellipsometric Study of W Thin Films Deposited on Si [J] . Thin Solid Films, 1999 (339): 216 ~ 219.

[78] A Biswas, A K Poswal, R B Tokas, et al. Characterization of Ion Beam Sputter Deposited W and Si Films and W/Si Interfaces by Grazing Incidence X – Ray Reflectivity, Atomic Force Microscopy and Spectroscopic Ellipsometry [J] . Applied Surface Science, 2008 (254): 3347 ~ 3356.

[79] A Ramalho, A Merstallinger, A Cavaleiro. Fretting Behaviour of W – Si Coated Steels in Vacuum Environments [J] . Wear, 2006 (261): 79 ~ 85.

[80] L Cheng, Y Xu, L Zhang, et al. Oxidation Behavior of C – SiC Composites with a Si – W Coating from Room Temperature to 1500℃ [J] . Carbon, 2000 (38): 2133 ~ 2138.

[81] M Mamor, E D Gergam, L Finkman, et al. W/Si Schottky Diodes: Effect of Sputtering Deposition Conditions on the Barrier Height [J] . Applied Surface Science, 1995 (91): 342 ~ 346.

[82] M F Carazzolle, M Schürmann, C R Flüchter, et al. Structural and Electronic Analysis of Hf on Si(111) Surface Studied by XPS, LEED and XPD [J] . Journal of Electron Spectroscopy and Related Phenomena, 2007 (156 ~ 158): 393 ~ 397.

[83] V R Galakhov, E Z Kurmaev, S N Shamin, et al. X – Ray Emission Spectra and Interfacial Solid – Phase Reactions in Hf/ (001) Si System [J] . Thin Solid Films, 1999 (350): 143 ~ 146.

[84] P Feng, X Qu, F Akhtar, et al. Effect of the Composition of Starting Materials of Mo – Si on the Mechanically Induced Self – Propagating Reaction [J] . Journal of Alloys and Compounds, 2008 (456): 304 ~ 307.

[85] K Yanagihara, T Maruyama, K Nagata. High Temperature Oxidation of Mo – Si – X Intermetallics (X = Al, Ti, Ta, Zr and Y) [J] . Intermetallics, 1995 (3): 243 ~ 251.

[86] E Summers, A J Thom, B Cook, et al. Extrusion and Selected Engineering Properties of Mo – Si – B Intermetallics [J] . Intermetallics, 2000 (8): 1169 ~ 1174.

[87] J P Hirvonen, I Suni, H Kattelus, et al. Crystallization and Oxidation Behavior of Mo – Si – N Coatings [J]. Surface and Coatings Technology, 1995 (74 ~ 75): 981 ~ 985.

[88] C L Yeh, H J Wang. A Comparative Study on Combustion Synthesis of Ta - Si Compounds [J]. Intermetallics, 2007 (15): 1277 ~ 1284.

[89] C K Chung, T S Chen. A New Visible Photoluminescence in the Conducting Ta - Si - N Nanocomposite Thin Films [J] . Journal of Luminescence, 2009 (129): 370 ~ 375.

[90] A Kuchuk, E Kaminska, A Piotrowska, et al. Amorphous Ta - Si - N Diffusion Barriers on GaAs [J]. Thin Solid Films, 2004 (459): 292 ~ 296.

[91] M Guziewicz, A Piotrowska, E Kaminsak, et al. Ta - Si Contacts to N - SiC for High Temperatures Devices [J] . Materials Science and Engineering, 2006 (B 135): 289 ~ 293.

[92] R Kieffer, F Benesovsky, H Nowotny, H Schachner. Contribution to the System Tantalum - Silicon [J]. Z. Metallkd. , 1953 (44), 242 ~ 246 in German.

[93] H Nowotny, H Schachner, R Kieffer, F. Benesovksy. Röntgenographische Untersuchungen Im System Tantal - Siliziummonatsh [J] . Chem. , 1953 (84, 1 ~ 12) in German.

[94] K M Lee, Y S Lee, Y W Kim, et al. Electrochemical Characterization of Ti - Si and Ti - Si - Al Alloy Anodes for Li - Ion Batteries Produced by Mechanical Ball Milling [J] . Journal of Alloys and Compounds, 2009 (472): 461 ~ 465.

[95] M Bulanova, L Tretyachenko, K Meleshevich, et al. Influence of Tin on the Structure and Properties of As - Cast Ti - Rich Ti - Si Alloys [J] . Journal of Alloys and Compounds, 2003 (350): 164 ~ 173.

[96] A Rogatchev, U Mizutani. Interrelation of Specific Heat and Electron - Electron Interaction In Metallic Amorphous Ti - Si Alloys Close to Metal - Insulator Transition [J] . Physica, 2000 (B 281 ~ 282): 610 ~ 612.

[97] A Jazayeri - G, H A Davies, R A Buckley. Microstructure of Rapidly Solidified Ti - Al - V and Ti - Al - Si - V Alloys [J] . Materials Science and Engineering, 2004 (A 375 ~ 377): 512 ~ 515.

[98] Y W Gu, L S Goi, A E W Jarfors, et al. Structural Evolution in Ti - Si Alloy Synthesized by Mechanical Alloying [J] . Physica, 2004 (B 352): 299 ~ 304.

[99] M R Plichta, H I Aaronson, J H Perepezko. The Thermodynamics and Kinetics of the $\beta \rightarrow \alpha M$ Transformation in Three Ti - X systems [J] . Acta Metall. , 1978 (26): 1293 ~ 1305.

[100] D E Polk, A Calka, B C Giessen. The Preparation and Thermal and Mechanical Properties of New Titanium Rich Metallic Glasses [J] . Acta Metall. , 1978 (26): 1097 ~ 1103.

[101] Y Kohori, T Kohara, K Asayama, et al. 29Si NMR Study of the Dense Kondo System Ce - Si [J]. Journal of Magnetism and Magnetic Materials, 1986 (54 ~ 57): 437 ~ 438.

[102] T Yokota, N Fujimura, Y Morinaga, et al. Detailed Structural Analysis of Ce Doped Si Thin Films [J]. Physica, 2001 (E 10): 237 ~ 241.

[103] T Terao, Y Nishimura, D Shindo, et al. Magnetic Properties of Low - Temperature Grown Si : Ce Thin Films on (001) Si Substrate [J] . Journal of Magnetism and Magnetic Materials, 2007 (310): E726 ~ E728.

[104] H Lee, D Lee, D K Lim, et al. One - Dimensional Chain Structure Produced by Ce on Vicinal Si (100) [J] . Surface Science, 2006 (600): 1283 ~ 1289.

[105] L A Dvorina. Physico - Chemical Properties of Silicides of Rare - Earth Metals [J] . Izv. Akad. Nauk SSSR, Neorg. Mater. , 1965, 1 (10): 1772 ~ 1777.

[106] L Brewer, D Krikorian, J Electrochem. Reactions of Refractory Silicides with Carbon and Nitrogen [J]. Soc. , 1965, 103 (38 ~ 51): 701 ~ 703.

[107] F Benesovsky, H Nowotny, W Pifger, H Rassaerts. Untersuchungen in Den Dreistoffen Cer - Thorium (Uran) - Silicium [J] . Monatsh. Chem. , 1966 (97): 221 ~ 229 in German.

[108] H Yashima, T Satoh, H Mori, et al. Thermal and Magnetic Properties and Crystal Structures of $CeGe_2$ and $CeSi_2$ [J]. Solid State Commun., 1982, 41 (1), 1 ~ 4.

[109] B T Matthias, T H Geballe, V B Compton. Superconductivity [J]. Rev. Mod. Phys., 1963, 35 (1), 1 ~ 22.

[110] J C Chen, G H Shen, L J Chen. Formation of Gd Oxide Thin Films on (111) Si [J]. Applied Surface Science, 1999 (142): 120 ~ 123.

[111] A Kirakosian, J L McChesney, R Bennewitz, et al. One – Dimensional Gd – Induced Chain Structures on Si(111) Surfaces [J]. Surface Science, 2002 (498): L109 ~ L112.

[112] V O Vas'Kovksiy, A V Svalov, A V Gorbunov, et al. Structure and Magnetic Properties of Gd/Si and Gd/Cu Multilayered Films [J]. Physica, 2002 (B 315): 143 ~ 149.

[113] Mianliang Huang, Deborah L Schlagel, Frederick A Schmidt, et al. Experimental Investigation and Thermodynamic Modeling of the Gd – Si System [J]. Journal of Alloys and Compounds, 2007 (441): 94 ~ 100.

[114] R Koch, G Wedler, B Wassermann. Evolution of Stress and Strain Relaxation of Ge And SiGe Alloy Films on Si (001) [J]. Applied Surface Science, 2002 (190): 422 ~ 427.

[115] S S Lyer, G L Parson, J M Stork, et al. Heterojunction Bipolar Transistors using Si – Ge Alloys [J]. IEEE Trans. Electron Devices, 1989 (36): 2043.

[116] M Mamor, F D Auret, S A Goodman, et al. Argon Plasma Sputter Etching Induced Defect Levels in Strained, Epitaxial P – Type Si – Ge Alloys [J]. Thin Solid Films, 1999 (343 ~ 344): 416 ~ 419.

[117] H Kawaji, H Horie, S Yamanaka, et al. Superconductivity in the Silicon Clathrate Compound $(Na, Ba)_xSi_{46}$ [J]. Phys. Rev. Lett., 1995 (74): 1427.

[118] M Kumar, Govind, V K Paliwal, et al. Adsorption Induced Faceting and Superstructural Phase Diagram of the Sb/Si (5512) Interface [J]. Surface Science, 2006 (600): 2745 ~ 2751.

[119] G M Kumar, V K Paliwal, S M Shivaprasad. High Temperature Superstructural Phases of the Sb/Si (5512) Interface [J]. Vacuum, 2008 (82): 1452 ~ 1456.

[120] K S An, J R Ahn, Y K Kim, et al. One – Dimensional Electronic Structure of the Sb – Decorated Si (113) 2 × 2 Surface [J]. Surface Science, 2005 (583): 199 ~ 204.

[121] E S Cho, M K Kim, J W Park, et al. Photoemission Study on the Sb – Induced Reconstruction of the Si (112) Surface [J]. Surface Science, 2005 (591): 38 ~ 44.

[122] H Hattab, E Zubkov, A Bernhart, et al. Epitaxial Bi (111) Films on Si (001): Strain State, Surface Morphology, and Defect Structure [J]. Thin Solid Films, 2008 (516): 8227 ~ 8231.

[123] J Falta, O Mielmann, T Schmidt, et al. High Concentration Bi Δ – Doping Layers on Si (001) [J]. Applied Surface Science, 1998 (123/124): 538 ~ 541.

[124] J H G Owen, D R Bowler, K Miki. Identification of Intermediate Linear Structure Formed during Bi/Si (001) Surface Anneal [J]. Surface Science, 2005 (596): 163 ~ 175.

[125] B Rout, J Kamila, M Rundhe, et al. Clustering in Pb Thin Films on Si(111) and Pb – Induced Si Surface Ordering [J]. Nuclear Instruments and Methods in Physics Research 2002 (B 190): 641 ~ 645.

[126] Y F Zhang, J F Jia, Z Tang, et al. Growth, Stability and Morphology Evolution of Pb Films on Si(111) Prepared at Low Temperature [J]. Surface Science, 2005, 596 (1 ~ 3): L331 ~ L338.

[127] H S Yoon, M A Ryu, K H Han, et al. Initial Growth of Pb on Si (001) at Room Temperature and Low Temperature [J]. Surface Science, 2003, 547 (1 ~ 2): 210 ~ 218.

[128] M E Aydin, K Akkílíç, T Kílíçoglu. The Importance of the Neutral Region Resistance for the Calculation of the Interface State in Pb/P – Si Schottky Contacts [J]. Physica B, 2004, 352 (1 ~ 4): 312 ~ 317.

[129] C D Thurmond, M Kowalchik. Germanium And. Silicon Liquidus Curves [J] . Bell Sys. Tech. J. , 1960 (39): 169 ~ 204.

[130] D H Kirkwood, J Chipman. The Free Energy of Silicon Carbide from Its Solubility in Molten Lead [J]. J. Phys. Chem. , 1961 (65): 1082 ~ 1084.

[131] W J Yao, N Wang, B Wei. Containerless Rapid Solidification of Highly Undercooled Co - Si Eutectic Alloys [J] . Materials Science and Engineering A, 2003, 344 (1 ~ 2): 10 ~ 19.

[132] Y L Kim, H Y Lee, S W Jang, et al. Electrochemical Characteristics of Co - Si Alloy and Multilayer Films as Anodes for Lithium ion Microbatteries [J] . Electrochimica Acta, 2003, 48 (18): 2593 ~ 2597.

[133] O Mailliart, F Hodaj, V Chaumat, et al. Influence of Oxygen Partial Pressure on the Wetting of SiC by a Co - Si Alloy [J] . Materials Science and Engineering A, 2008, 495 (1 ~ 2): 174 ~ 180.

[134] C Jo, D C Kim, J I Lee. Magnetic Properties of Co - Si Alloy Clusters [J] . Journal of Magnetism and Magnetic Materials, 2006, 306 (1): 156 ~ 160.

[135] Lijun Zhang, Yong Du, Honghui Xu, et al. Experimental Investigation and Thermodynamic Description of the Co - Si System [J] . Calphad, 2006, 30 (4): 470 ~ 481.

[136] H Luo, P Duwez. Face - Centered Cubic Cobalt - Rich Solid Solutions in Binary Alloys with Aluminum, Gallium, Silicon, Germanium and Tin [J] . Can. J. Phys. , 1963 (41): 758 ~ 761.

[137] J V D Boomgaard, F M A Carpay. The Eutectoid Co_3Si Phase in the Co - Si System [J] . Acta Metall. , 1972 (20): 473 ~ 476.

[138] R E Johnson, H W Rayson, W Wright. Structure and Magnetic Properties of Phases Occurring in a Cobalt Silicon Alloy of Eutectic Composition [J] . Acta Metall. , 1973 (21): 1471 ~ 1477.

[139] V I Larchev, S V Popova. The New Chimney - Ladder Phases Co_2Si_3 and Re_4Ge_7 Formed by Treatment at High Temperatures and Pressures [J] . J. Less - Common Met. , 1982 (84): 87 ~ 91.

[140] J Herfort, B Jenichen, V Kaganer, et al. Epitaxial Heusler Alloy Fe_3Si Films on GaAs (001) Substrates [J] . Physica E, 2006, 32 (1 ~ 2): 371 ~ 374.

[141] C G Polo, J I P Landazúbal, V Recarte, et al. Effect of the Ordering on the Magnetic and Magnetoimpedance Properties of Fe - 6. 5% Si Alloy [J] . Journal of Magnetism and Magnetic Materials, 2003, 254 ~ 255, 88 ~ 90.

[142] C Furetta, C Leroy, S Pensotti, et al. Experimental Determination of the Intrinsic Fluctuations from Binding Energy Losses in Si/U Hadron Calorimeters [J] . Nuclear Instruments and Methods in Physics Research A, 1995, 361 (1 ~ 2): 149 ~ 156.

[143] S Fujimori, Y Saito, K Yamaki, et al. Photoemission Study of the U/Si(111) Interface [J] . Surface Science, 2000, 444 (1 ~ 3): 180 ~ 186.

[144] M Ugajin, A Itoh, S Okayasu, et al. Uranium Molybdenum Silicide U_3MoSi_2 and Phase Equilibria in the U - Mo - Si System [J] . Journal of Nuclear Materials, 1998, 257 (2): 145 ~ 151.

[145] S Fujimori, Y Saito, K Yamaki, et al. The Electronic Structure of U/Si (100), Studied by X - Ray Photoelectron Spectroscopy [J] . Journal of Electron Spectroscopy and Related Phenomena, 1998: 88 ~ 91, 631 ~ 635.

[146] H Nowotny, E Parthe, R Kieffer, et al. Das Dreistoffsystem: Molybdän—Silizium—Kohlenstoff [J]. Monatsh. Chem. 1954 (85): 255.

[147] Danqing Yi, Zonghe Lai, Changhai Li, et al. Ternary Alloying Study of $MoSi_2$ [J] . Metallurgical and Materials Transactions A, 1998, 29 (1): 119 ~ 129.

[148] F I J van Loo, F M Smet, G D Rieck, et al. Phase Relations and Diffusion Paths in the Mo - Si - C Sys-

tem at 1200℃ [J]. High Tem. High Press, 1982 (14): 25.

[149] A Costa e Silva, M J Kaufman. Phase Relations in the Mo - Si - C System Relevant to the Processing of $MoSi_2$ - SiC Composites [J]. Metallurgical and Materials Transactions A, 1994, 25 (1): 5 ~ 15.

[150] Xiaobao Fan, Klaus Hack, Takamasa Ishigaki. Calculated C - $MoSi_2$ and B - Mo_5Si_3 Pseudo - Binary Phase Diagrams for the Use in Advanced Materials Processing [J]. Materials Science and Engineering A, 2000, 278 (1 ~ 2): 46 ~ 53.

[151] N S Jacobson, K N Lee, S A Maloy, et al. Chemical Reactions in the Processing of $MoSi_2$ Carbon Compacts [J]. Journal of the American Ceramic Society, 1993, 76 (8): 2005 ~ 2009.

[152] Y Yang, Y A Chang. Thermodynamic Modeling of the Mo - Si - B System [J]. Intermetallics, 2005, 13 (2): 121 ~ 128.

[153] M K Meyer, M Akinc. Oxidation Behavior of Boron - Modified Mo_5Si_3 at 800 - 1300℃ [J]. Journal of the American Ceramic Society, 1996, 79 (4): 938 ~ 944.

[154] H Nowotny, E Dimakopoulou, H Kudielka. Investigations of the Three - Component Systems: Mo - Si - B and W - Si - B, and of the VSi_2 - $TaSi_2$ System [J]. Monatsh Chem. 1957, 88 (2): 180 ~ 192.

[155] J H Schneibel, C T Liu, D S Easton, et al. Microstructure and Mechanical Properties of Mo - Mo_3Si - Mo_5SiB_2 Silicides [J]. Materials Science and Engineering A, 1999, 261 (1 ~ 2): 78 ~ 83.

[156] C A Nunes, R Sakidja, Z Dong, et al. Liquidus Projection for the Mo - Rich Portion of the Mo - Si - B Ternary System [J]. Intermetallics, 2000, 8 (4): 327 ~ 337.

[157] 贺翠云. Al - Cu - Mn、Al - Cu - Si、Al - Mg - Ni 和 Ni - Ti - Si 体系的相图测定及热力学研究 [D]. 中南大学博士论文, 2008.

[158] G M Kuznetsov, D U Smagulov, S V Vasenova. Experimental Determination of the Direction of Tie Lines in the Two Phase Fields (Al) + Liquid in the Al - Cu - Mg and Al - Cu - Si System [J]. Izv. Vyffh. Uchebn. Zaved. Tsvetn. Met. 1975 (4): 96 ~ 100.

[159] H W L Philips. The Constitution of Aluminum - Copper - Silicon Alloys [J]. J. Inst. Met. 1953, 82 (36): 9 ~ 15.

[160] C Hisatsune. Constitution Diagram of the Copper - Silicon - Aluminium [J]. Mem. Coll. Eng. Kyoto Imp. Univ. 1935, 9 (1): 18 ~ 47.

[161] K Matsuyama. Ternary Diagram of the Al - Cu - Si System [J]. Kinzoku No Kenkyu, 1934 (11): 461 ~ 490.

[162] F H Wilson. The Copper - Rich Corner of the Copper - Aluminium - Silicon [J]. Trans. Amer. Inst. Met. Eng., Inst. Met. Div. 1948 (175): 262 ~ 282.

[163] B A Lloyd, J W Pyemont. Phase Equilibrium Diagram for 2% Silicon Isopleth in Copper - Aluminium - Silicon Alloys in the Range 5% to 11 % Al [J]. Met. Tech. 1974 (1): 534 ~ 537.

[164] Cuiyun He, Yong Du, Hailin Chen, et al. Experimental Investigation and Thermodynamic Modeling of the Al - Cu - Si System [J]. Calphad, 2009, 33 (1): 200 ~ 210.

[165] Jyrki Miettinen. Thermodynamic Description of the Cu - Ni - Si System in the Copper - Rich Corner above 700℃ [J]. Calphad, 2005, 29 (3): 212 ~ 221.

[166] M Okamoto. The Investigation of the Equilibrium State of the Whole System Copper - Nickel - Silicon [J]. J. Japan Inst. Met. 1939 (3): 305 ~ 402.

[167] Y Yang, Y A Chang, J C Zhao, et al. Thermodynamic Modeling of the Nb - Hf - Si Ternary System [J]. Intermetallics, 2003, 11 (5): 407 ~ 415.

[168] J C Zhao, B P Bewlay, M R Jackson. Determination of Nb - Hf - Si Phase Equilibria [J]. Intermetallics, 2001, 9 (8): 681 ~ 689.

[169] B P Bewlay, M R Jackson, R R Bishop. The Nb – Hf – Si Ternary Phase Diagram. Liquid – Solid Phase Equilibria in Nb – and Hf – Rich Alloys [J]. Z. Metallkd. 1999, 90 (6): 413 ~ 422.

[170] R W Sandelin. Wire Prod. 1940 (15): 3 ~ 24.

[171] Chunsheng Sha, Shuhong Liu, Yong Du, et al. Experimental Investigation and Thermodynamic Reassessment of the Fe – Si – Zn System [J]. Calphad, 2010, 34 (4): 405 ~ 414.

[172] J H Wang, X Su, F Yin. The 480℃ and 405℃ Isothermal Sections of the Phase Diagram of Fe – Zn – Si Ternary System [J]. Journal of Alloys and Compounds, 2005, 399 (1 ~ 2): 214 ~ 218.

[173] X Su, N Y Tang, J M Toguri. 450℃ Isothermal Section of the Fe – Zn – Si Ternary Phase Diagram [J]. Canadian Metallurgical Quarterly, 2001, 40 (3): 377 ~ 384.

[174] F Yin, X Su, X M Wang. 560℃ Isothermal Section of the Zn – Fe – Ni – Si Quaternary System at the Zinc-Rich Corner [J]. Int. J. Mater. Res. 2009, 100 (2): 254 ~ 259.

[175] W Köster. Metallurgica, 1969 (80): 219 ~ 229.

[176] V N Parfenenkov, R G Grebenshchikov, N A Toropov. Phase Equilibrium in the HfO/Sub 2/ – SiO/Sub 2/ System [J]. Dokl. Akad. Nauk SSSR 1969, 185 (4): 840 ~ 842.

[177] Dongwon Shin, Raymundo Arróyave, Zi Kui Liu. Thermodynamic Modeling of the Hf – Si – O System [J]. Calphad, 2006, 30 (4): 375 ~ 386.

[178] M Gutowski, J E Jaffe, C – L Liu, et al. Thermodynamic Stability of High – K Dielectric Metal Oxide ZrO_2 and HfO_2 in Contact with Si and SiO_2 [J]. Applied Physics Letters, 2002, 80 (11): 1897 ~ 1899.

[179] Xiaoyan Ma, Changrong Li, Weijing Zhang. The Thermodynamic Assessment of the Ti – Si – N System and the Interfacial Reaction Analysis [J]. Journal of Alloys and Compounds, 2005, 394 (1 ~ 2): 138 ~ 147.

[180] C Y Ting. TiN Formed by Evaporation as a Diffusion Barrier between Al and Si [J]. Journal of Vacuum Science and Technology, 1982, 21 (1): 14 ~ 18.

[181] Yu S Borisov, A L Borisova, Yu A Kocherzhinskii, et al. Reactions in the Ti – Si_3N_4 System under Ordinary and Plasma Heating Conditions [J]. Poroshk. Metall. 1978 (3): 63 ~ 69.

[182] S B Desu, J A Taylor. Reactions Which form both Silicide and Nitride Layers [J]. Journal of the American Ceramic Society, 1990, 73 (5): 509 ~ 515.

[183] R Beyers, R Sinclair. Phase Equilibria in Thin – Film Metallizations [J]. Journal of Vacuum Science & Technology B, 1984, 2 (4): 781 ~ 784.

[184] W Wakelkamp. Phase Diagrams of Ternary Boron Nitride and Silicon Nitride Systems [D]. Ph. D. Thesis, Technical University of Eindhoven, Eindhoven, The Netherlands, 1991.

[185] S Sambasivan, W T Petuskey. Phase Chemistry in the Ti – Si – N System: Thermochemical Review with Phase Stability Diagrams [J]. Journal of Materials Research, 1994, 9 (9): 2362 ~ 2369.

[186] M Paulasto, J K Kivilahti, F J J Van Loo. Interfacial Reactions in Ti/Si_3N_4 and TiN/Si Diffusion Couples [J]. Journal of Applied Physics, 1995, 77 (9): 4412 ~ 4416.

[187] P Rogl, J C Shuster (Eds.). Phase Diagrams of Ternary Boron Nitride and Silicon Nitride Systems [M]. ASM International, Materials Park, OH, 1992.

[188] Tatsuya Tokunaga, Hiroshi Ohtani, Mitsuhiro Hasebe. Thermodynamic Evaluation of the Phase Equilibria and Glass – Forming Ability of the Fe – Si – B System [J]. Calphad, 2004, 28 (4): 354 ~ 362.

[189] N F Chaban, Yu B Kuzma. Phase Equilibria in the Systems Manganese Silicon Boron and Iron – Silicon – Boron [J]. Inorg. Mater. 1970, 6 (5): 883 ~ 884.

[190] B Aronsson, I Engström. X – Ray Investigations on Me – Si – B Systems (Me = Mn, Fe, Co). II. Some

Features of the Fe - Si - B and Mn - Si - B Systems, Acta Chem. Scand. , 1960, 14 (6): 1403 ~ 1413.

[191] T Som, P Ayyub, D Kabiraj, et al. Formation of $Au_{0.6}Ge_{0.4}$ Alloy Induced by Au - Ion Irradiation of Au/Ge Bilayer [J] . Journal of Applied Physics, 2003, 93 (2): 903 ~ 906.

[192] J Y Tsai, C W Chang, Y C Shieh, et al. Controlling the Microstructures from the Gold - Tin Reaction [J]. Journal of Electronic Materials, 2005, 34 (2): 182 ~ 187.

[193] M Abtew, G Selvaduray. Lead - Free Solders in Microelectronics [J] . Materials Science and Engineering R, 2000, 27 (5 ~ 6): 95 ~ 141.

[194] J W R Tew, X Q Shi, S Yuan. Au/Sn Solder for Face - Down Bonding of AlGaAs/GaAs Ridge Waveguide Laser Diodes [J] . Materials Letters, 2004, 58 (21): 2695 ~ 2699.

[195] Wang Jiang, Liu Hua Shan, Liu Libin, Jin Zhanpeng. Thermodynamic Description of Au - Ag - Si Ternary System [J] . Transactions of Nonferrous Metals Society of China, 2007, 17 (6): 1405 ~ 1411.

[196] S Hassam, J Ägren, M Gaune - Escard, et al. The Ag - Au - Si System: Experimental and Calculated Phase Diagram [J] . Metallurgical and Materials Transactions A, 1990, 21 (7): 1877 ~ 1884.

[197] A Prince, G V Raynor, D S Evans. Phase Diagrams of Ternary Gold Alloys [M] . London: The Institute of Metals, 1990.

[198] F Steglich, J Aarts, C D Bredl, et al. Superconductivity in the Presence of Strong Pauli Paramagnetism: $CeCu_2Si_2$ [J] . Physical Review Letters, 1979, 43 (25): 1892 ~ 1896.

[199] B H Grier, J M Lawrence, V Murgai, et al. Magnetic Ordering in CeM_2Si_2 (M = Ag, Au, Pd, Rh) Compounds as Studied by Neutron Diffraction [J] . Physical Review B, 1984, 29 (5): 2664 ~ 2672.

[200] Edgar Cordruwisch, Dariusz Kaczorowski, Peter Rogl, et al. Constitution, Structural Chemistry and Magnetism in the Ternary System Ce - Ag - Si [J] . Journal of Alloys and Compounds, 2001, 320 (2): 308 ~ 319.

[201] B Belan, O Bodak, R Gladyshevskii, et al. Interaction of the Components in the Systems Ce - Ag - Si at 500℃ and Eu - Ag - Si at 400℃ [J] . Journal of Alloys and Compounds, 2005, 396 (1 ~ 2): 212 ~ 216.

[202] D Rossi, R Marazza, R Ferro. Ternary Rme_2x_2 Alloys of the Rare Earths with the Precious Metals and Silicon (or germanium) [J] . J. Less - Common Met. 1979, 66 (2): 17 ~ 25.

[203] A Iandelli. The Structure of Ternary Compounds of the Rare Earths: RAgSi [J] . J. Less - Common Met. 1985, 113 (2): 5 ~ 27.

[204] O I Bodak, Ya M Kalychak, E I Gladyshevskii. System Ce—Cu—Si [J] . Izv. an USSR. Neorgan Mater. 1974, 10 (3): 450 ~ 455.

3 金属硅化物的电子结构

3.1 概　　述

一般而言，大多数金属硅化物都具有金属的性质，但也有不少硅化物表现出半导体的特性，如 β－$FeSi_2$，其禁带宽度为0.85eV，是一种非常有前途的热电材料。众所周知，金属之所以有优良的导电导热性质是由于金属中的化学键是金属键，自由电子在电场作用下作定向迁移形成电流。金属中的晶格振动、晶体缺陷对电子造成散射作用，因此，电子的定向迁移受到不同程度的阻碍，宏观上表现为电阻。为了解释金属硅化物的电性能，必须对其化学键和能带结构的特点进行研究。

硅化物的电子结构影响甚至决定了它们的晶体结构、化学稳定性和物理性能。人们已经从实验和理论两个方面对硅化物电子结构进行了大量的研究，本章主要介绍金属硅化物电子结构的研究方法和代表性的研究结果。

在半导体领域，金属/半导体的界面性质对器件的制造和性能至关重要，根据界面的电子结构和电性能金属与半导体界面可以分为两种情况：

（1）金属与半导体接触形成肖特基势垒，势垒的高度与金属的种类有关，金属硅化物在硅上形成的肖特基势垒高度在0.4～0.9eV之间；

（2）金属与半导体接触具有欧姆接触性质。从工程应用的角度看，这两种不同性质的接触都非常有用。金属硅化物在大规模集成电路中被广泛用作肖特基势垒与欧姆接触。对不同硅化物在硅上形成的肖特基势垒的性质，很多文献作了专门的研究，代表性的结果将在本章中做扼要介绍。

除导电、导热性质外，一些金属硅化物还具有独特的物理性能，例如 Fe_3Si 是一种磁性化合物，V_3Si 在低温下表现出超导的特性，$FeSi_2$ 在一定条件下展示出热电效应。毫无疑问，金属硅化物的物理性能与其电子结构有着密切的关系。对其电子结构进行深入的研究有助于理解其光、磁、热性能的物理本质，在此基础上可以指导硅化物功能材料的开发与应用。

3.1.1 电子结构参数

固体由原子（或离子）组成，它们以一定的方式排列。金属固体中存在大量的自由电子，这些电子起着导电和导热的作用。金属的电子结构是指金属中价电子的分布与运动状态，更广泛地说，还包括有关的固态性质。固体中的电子结构反映了电子的排布方式、电子运动轨道、电子的能量及其分布状态。以现代量子力学为基础，考虑了固体中原子之间的相互作用、核外电子的排布方式、轨道及能量，建立了固体能带理论。固体的电子结构可以用其能带结构来描述。想要较为精确地描述固体中电子结构的特点，必须使用多个电子结构参数。

能带理论的出发点是固体中的电子不再束缚于个别的原子，而是在整个固体内运动，称为共有化电子。电子共有化的结果，使原先每个原子中具有相同能量的电子能级，分裂为一系列与原能级很接近的新能级，由于晶体中的原子数目很大，这些新能级彼此间隔很小，可以看做是准连续的，即形成一定宽度的能带。如图 3-1 所示[1]，能级分裂为一系列的能带 1，2，3，…。能带的宽度，即能带最高和最低能级之间的能量差，是由相互作用的轨道间的重叠度所决定的。相邻的轨道之间重叠越大，带宽就越大。能带的宽度记作 ΔE，一般为几个电子伏特。能带的宽度只与晶体中原子之间的结合状况有关，与晶体中的原子数目无关。一般规律是原子间距越小，能带越宽，ΔE 越大；越是外层电子，能带越宽，ΔE 越大。

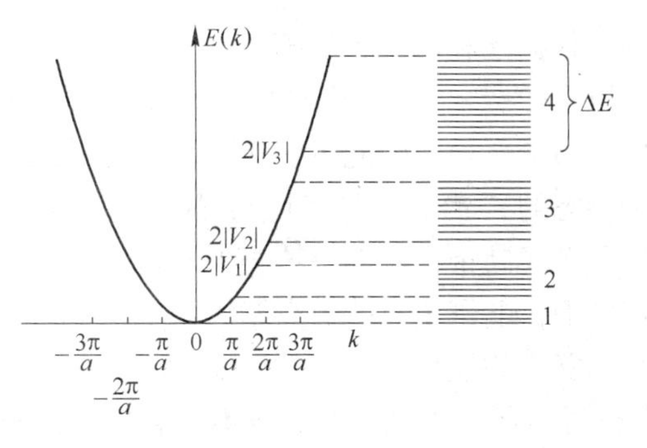

图 3-1 $E(k)$ 图和能带

正常情况下，电子总是优先填充能量较低的能级。如果一个能带中的各能级都被电子填满，这样的能带称为满带。满带中的电子不参与导电过程。由价电子能级分裂而形成的能带称为价带，激发态能级则分裂为导带。通常情况下价带为能量最高的能带，价带可能被填满，成为满带，也可能未被填满。有的能带（一般为价带）只有部分能级被电子占据，在外电场作用下，这种能带中的电子向高一些的能级转移时，也没有反向的电子转移与之抵消，也可形成电流，表现出导电性，因此未被电子填满的能带也称为导带。在未被激发的情况下，与原子的激发能级对应的能带没有电子填入，称为空带。由于空带中也可以表现出导电性，因此也可以称为导带。各能带之间的间隔称为带隙或禁带，各带间的间隔直接对应于图 3-1 中 $E(k)$ 图线在 $k=\frac{n\pi}{a}$处的间断值 $E_g=2|V_1|$，$2|V_2|$，$2|V_3|$，…，$2|V_n|$，称为禁带宽度（或带隙宽度）。

如图 3-1 所示，在 k 空间把原点和所有倒格矢中点的垂直平分面画出，k 空间被分割为许多区域。在每个区域内自由电子的能量 E 对 k 是连续变化的，而能量 $E(k)$ 在这些区域的边界 $k=\frac{\pm n\pi}{a}$处发生突变，能量的突变为 E_g 即禁带宽度，这些区域被称为布里渊区。包含原点的布里渊区称为第一布里渊区，又称为简约布里渊区，该区内的波矢量称为简约波矢量。属于同一个布里渊区的能级构成一个能带，不同的布里渊区对应于不同的能带（见表 3-1）。

表 3-1 一维布拉格子的能带序号、波矢 k 的范围和布里渊区的对应关系

能带序号	k 的范围	k 的坐标轴长度	布里渊区
$E_1(k)$	$-\frac{\pi}{a}\sim\frac{\pi}{a}$	$\frac{2\pi}{a}$	第一布里渊区
$E_2(k)$	$-\frac{2\pi}{a}\sim-\frac{\pi}{a},\frac{\pi}{a}\sim\frac{2\pi}{a}$	$\frac{2\pi}{a}$	第二布里渊区
$E_3(k)$	$-\frac{3\pi}{a}\sim-\frac{2\pi}{a},\frac{2\pi}{a}\sim\frac{3\pi}{a}$	$\frac{2\pi}{a}$	第三布里渊区
⋮	⋮	⋮	⋮

根据泡利不相容原理，一个量子态不能容纳两个或两个以上的费米子（电子），所以在绝对零度下，电子将从低到高依次填充各能级，除最高能级外均被填满，形成电子能态的“费米海”。对于金属，电子除了填满一系列的能带形成满带，还部分填充了其他能带形成导带。在绝对零度下，电子填充的最高能级为费米能级，它位于一个或几个能带的能量范围之内。在每一个部分占据的能带中，k 空间都有一个占有电子与不占有电子区域的分界面，所有这些表面的集合就是费米面。费米面的能量值为费米能，用 E_F 来表示。在图 3－2 中给出了费米球的二维示意图，k_F 为费米球半径，球的表面为费米面。

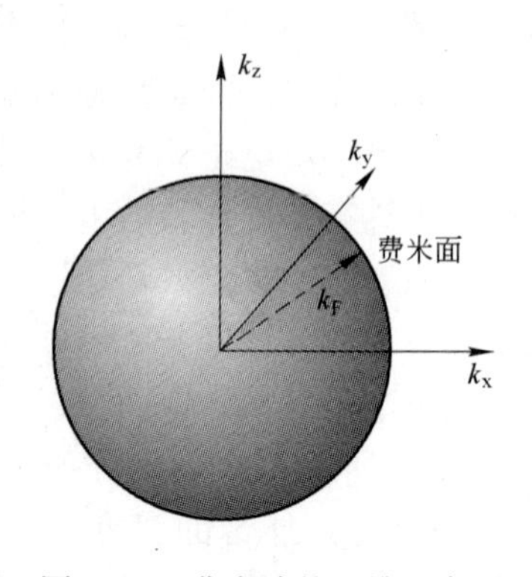

图 3－2 费米球的二维示意图

载流子是指可以自由移动的带有电荷的物质微粒。金属中为电子，半导体中有两种载流子即电子和空穴。迁移率 μ 是指载流子在单位电场作用下的平均漂移速度，即载流子在电场作用下运动速度的快慢的量度，它描述了载流子的导电能力。运动得越快，迁移率越大；运动得慢，迁移率小。同一种半导体材料中，载流子类型不同，迁移率不同，一般是电子的迁移率高于空穴。本征载流子是由热激发——本征激发所产生出来的，即是价电子从价带跃迁到导带而产生出来的，它们是成对产生的，所以电子和空穴的浓度始终相等。本征半导体，从物理本质上来说，也就是两种载流子数量相等、都对导电起同样大小作用的半导体。因此，未掺杂的半导体是本征半导体，但是掺有杂质的半导体在一定条件下也可能成为本征半导体（只要两种载流子的浓度相等）。对于同样材质的半导体，温度越高，热激发越强烈，本征载流子浓度越高；在同样的温度下，禁带宽度越窄，电子或空穴更容易从价带跃迁到导带，本征载流子浓度越高。通常我们把导带底和价带顶处于 k 空间同一点的半导体，称为直接带隙半导体，而把导带底和价带顶处于 k 空间不同点的半导体，称为间接带隙半导体。硅材料是属于间接带隙半导体。功函数是指把一个电子从固体内部刚刚移到此物体表面所需的最少的能量。热电子发射现象的一个基本规律是发射电流随温度基本上按下列指数规律变化 $e^{-\frac{W}{k_BT}}$，W 称为功函数。对于一个金属的均匀表面，其功函数 W 定义为真空能级与费米能级的电子势能之差。

在孤立或单个原子中，电子的本征态形成一系列分立的能级，可以标明各能级的能量和分布情况。然而，在固体中，电子能级是异常密集的，形成准连续分布，去标明每个能级是没有意义的。为了概括这种情况下能级的状况，引入了所谓“能态密度”的概念[2]。因为固体中所有能带都可以在简约布里渊区中表示，并且在 k 空间状态均匀分布，密度为 $\frac{2V}{(2\pi)^3}$，因此，利用 δ 函数的筛选性质，对于一个确定的能带 $E_n(k)$，能态密度可表示为式（3－1）：

$$N_n(E) = \frac{2V}{(2\pi)^3}\int_{\Omega^*} d^3k\delta[E - E_n(k)] \tag{3-1}$$

其中积分限制在一个倒格子原胞体积之内。如果在 k 空间，能量相等的状态分布在一系列连续的曲面，称为等球面。上式（3－1）可表示为另一种更实用的形式

$$N_n(E) = \frac{2V}{(2\pi)^3}\int \frac{\mathrm{d}S_E}{|\nabla_k E_n(k)|} \tag{3-2}$$

积分是沿着一个能量为 E 的等能面进行。考虑到能带的交叠，总的能态密度可写为

$$N(E) = \sum_n N_n(E) \tag{3-3}$$

这样就可以通过能带结构 $E_n(k)$ 来计算能态密度。对于不同的维度，能态密度公式分别为：

$$\begin{cases} N_n(E) = \dfrac{2V}{(2\pi)^3}\displaystyle\int \dfrac{\mathrm{d}S_E}{|\nabla_k E_n(k)|} & \text{三维情况} \\ N_n(E) = \dfrac{2S}{(2\pi)^2}\displaystyle\int \dfrac{\mathrm{d}L_E}{|\nabla_k E_n(k)|} & \text{二维情况} \\ N_n(E) = \dfrac{2L}{2\pi}\dfrac{2}{|\mathrm{d}E_n(k)/\mathrm{d}k|} = \dfrac{2L}{\pi}\left|\dfrac{\mathrm{d}E_n(k)}{\mathrm{d}k}\right|_E^{-1} & \text{一维情况} \end{cases}$$

在一维情况下，能带的等能面退化为两个等能点。而在二维情况下，等能面退化为等能线。

3.1.2 电子结构与物理性能

晶体为什么会有金属、半金属、半导体和绝缘体的区别？这主要与它们内部的电子结构和能带结构有关。金属的最大特征是电导率高，这是因为金属中有大量可以自由运动的电子。图 3-3 给出了绝缘体、金属、半金属和半导体的允许能带的电子占据状况示意图，图 3-4 为晶体能带结构示意图[3]。

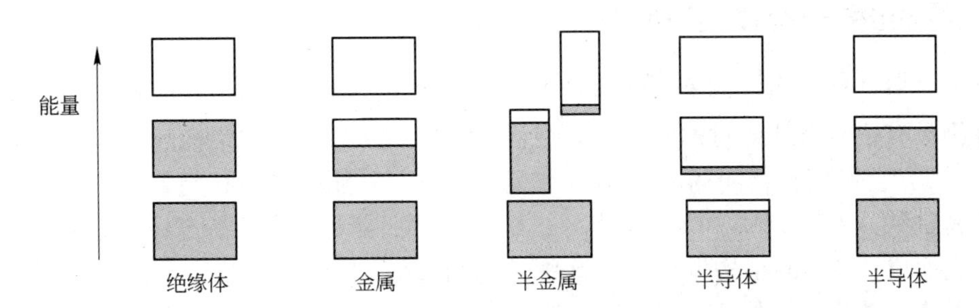

图 3-3 绝缘体、金属、半金属和半导体的允许能带的电子占据状况示意图

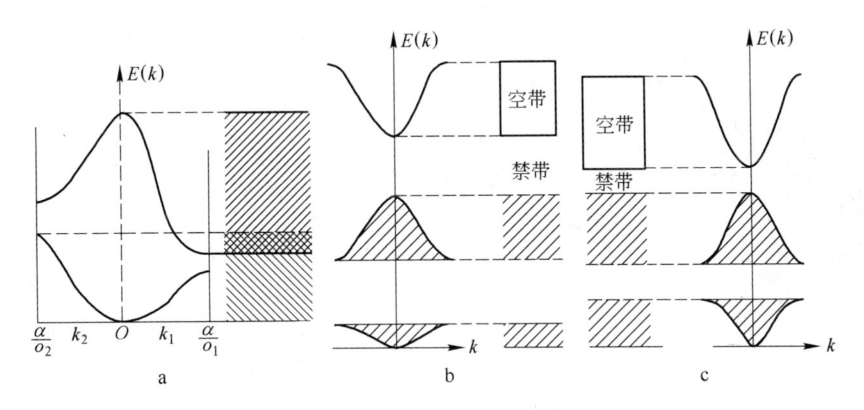

图 3-4 晶体能带结构示意图

a—金属能带的交叠；b—绝缘体能带；c—半导体能带

如果允许能带是充满的或是全空的，导带和价带之间存在一个很宽的禁带，在电场中没有电子能够运动，这时晶体就是绝缘体；如果在一系列能带中除了电子填充满的能带（满带）以外，还有部分被电子填充的能带，后者起着导电作用，晶体的行为就是金属性的；如果除了一个或两个能带几乎空着或几乎充满以外，其余所有能带全部充满，则晶体就是半导体或半金属。半导体能带结构与绝缘体的相似，但是半导体禁带宽度较绝缘体的窄。

硅是典型的元素半导体，具有金刚石结构，每个原胞中有 2 个原子，每个原子具有 4 个价电子，状态是一个 ns 和三个 np 态。在 N 个原胞中共有 $8N$ 个价电子。当原子间距为 r_0 时，产生为禁带隔开的两个能带，每一个带有 $4N$ 个能级，正好 $8N$ 个电子都填在下面一个带，因而硅是半导体，Si 的禁带为 1.12eV，如图 3－5 所示。

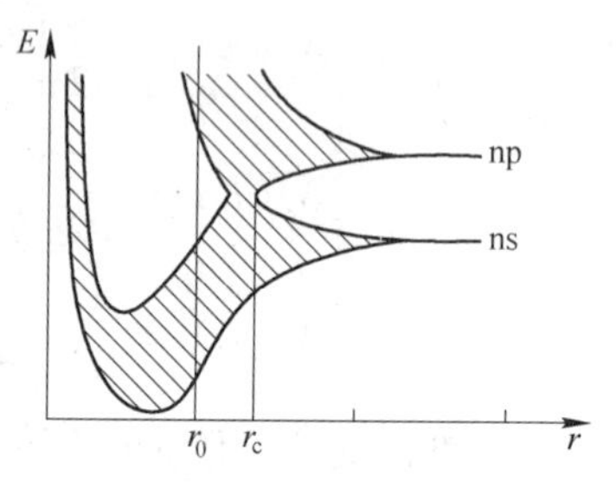

图 3－5　元素半导体 Si 的能带示意图

金属硅化物一般具有高熔点、低电阻率、良好的导热性质。除此之外，一些金属硅化物还具有独特的物理性能。例如，$\beta FeSi_2$ 具有 0.80～0.89eV 的直接带隙，是一种新型环境半导体光电子材料，在光电子器件和能量器件应用方面具有非常良好的性能。$MoSi_2$ 晶体中含有较高密度的晶格电子，使 $MoSi_2$ 具有良好的导电性。Os－Si 系列半导体的能带各不相同，OsSi 具有 0.34eV 带隙，Os_2Si_3 具有约 2.3eV 的直接带隙。

3.1.3　电子结构与化合物的稳定性

难熔金属硅化物 MSi_2（如 $TiSi_2$、VSi_2、$MoSi_2$ 等）具有高温稳定性和低电阻效应，这些化合物具有很复杂的低对称性的斜方结构（$C54$，$C49$），六方结构（$C40$）以及四方结构（$C11_b$），它们拥有共同的六方结构单元，图 3－6 为六方 $C40$ 与四方 $C11_b$ 的结构单元。尤其是斜方 $C54$、六方 $C40$ 以及四方 $C11_b$，它们都是由六方 MSi_2 层通过不同的堆垛序列排列而成，$C49$ 的结构也类似。这些结构与过渡金属组分的 d－能带填充方式有关。例如，Ⅳ族二硅化物中的 $C54$（$TiSi_2$）或 $C49$（$ZrSi_2$，$HfSi_2$）分别由 4 层（ABCD）和 2 层（AB′）堆垛序列组成。另外，第Ⅴ族硅化物一般是 3 层（ABC）堆垛的六方 $C40$ 结构，Ⅵ族硅化物的稳定相不仅有 $C40$（$CrSi_2$）还有 2 层（AB）堆垛的四方 $C11_b$ 相（$MoSi_2$，WSi_2）。Ⅵ族等电子化合物的六方－四方转变说明了这些化合物的结构能发生了简并[4]。

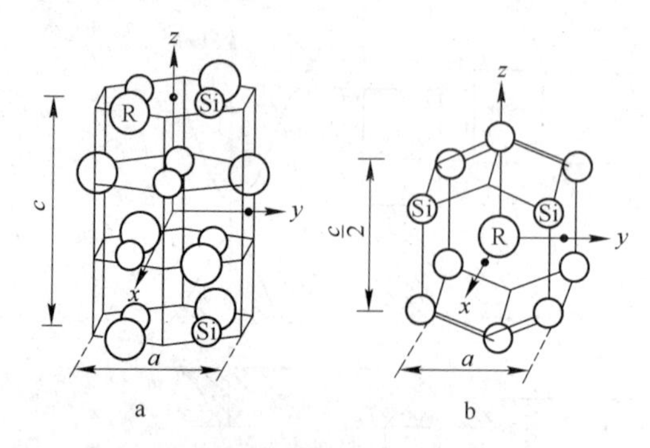

图 3－6　Ⅵ族难熔金属硅化物的结构单元
a—六方 $C40$ 的结构单元晶胞；b—四方 $C11_b$ 的结构单元
（大球为 M，小球为 Si）

L. F. Mattheiss[5] 研究了难熔金属硅化物 MSi_2（M 代表 Cr、Mo 和 W）的结构稳定性与电子结构的关系，利用线性化缀加平面波方法（LAPW）计算了这些化合物中的六方 $C40$ 与四方 $C11_b$ 结构相的总能量，比较了具有 $C40$ 和 $C11_b$ 结构的Ⅵ族金属硅化物 $CrSi_2$、$MoSi_2$ 和 WSi_2 的结构－价电子能量的差异。结果发现 $C11_b$ 曲线始终处于 $C40$ 的下方，也就是说稳定结构为 $C11_b$，$C40$ 为亚稳定结构。

G. Shao[6] 利用密度泛函理论（DFT）计算了ⅣB－ⅥB 过渡金属硅化物 MSi_2 的生成热和电子态密度（electron density of states，DOS），比较了 MSi_2 各种结构的稳定性。图3－7 为 G. Shao 计算得到的 MSi_2 不同结构（$C40$、$C49$、$C11_b$ 和 $C54$）在 0K 下的生成热。从该图可以看出，对于 MSi_2，（当 M 代表 Ti、Zr 和 Hf 时），$C49$、$C11_b$ 和 $C54$ 结构的生成热相对较低，说明 $C49$、$C11_b$ 和 $C54$ 结构相对稳定；当 M 代表 V、Nb、Ta、Cr、Mo 和 W 时，$C40$、$C11_b$ 和 $C54$ 为稳定结构。图 3－8 为 $C40$ 和 $C11_b$ 结构的 $CrSi_2$ 的 DOS 曲线。两种结构在零能量以下都出现了一个 p－d 杂化的主峰，在靠近零能量状态的时候出现了一个 d－d 杂化的峰，但是 $C40$ 结构的 d－d 杂化峰要比 $C11_b$ 结构的强很多。而且，在 d－d 峰上面都存在一个赝隙。

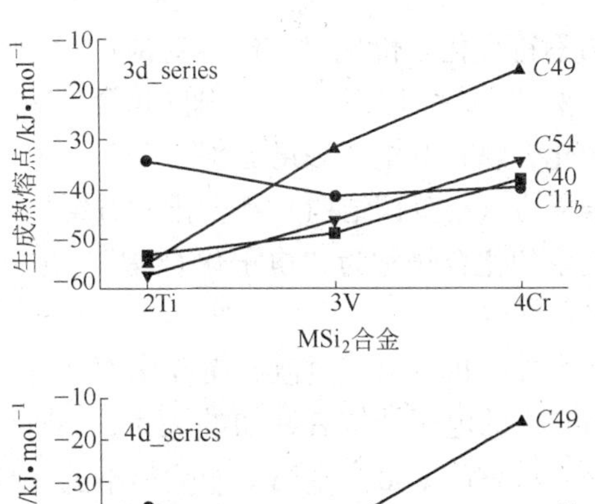

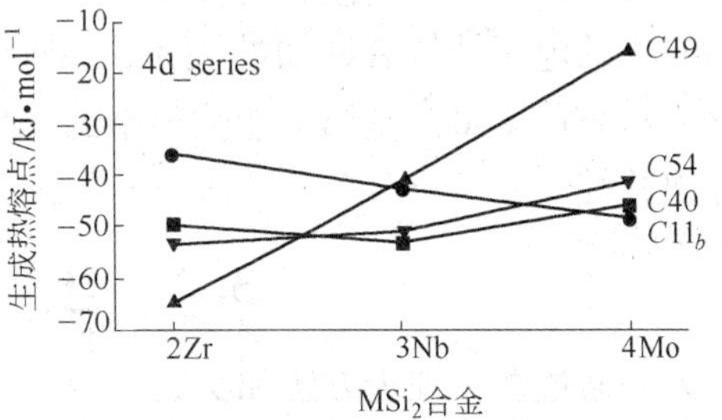

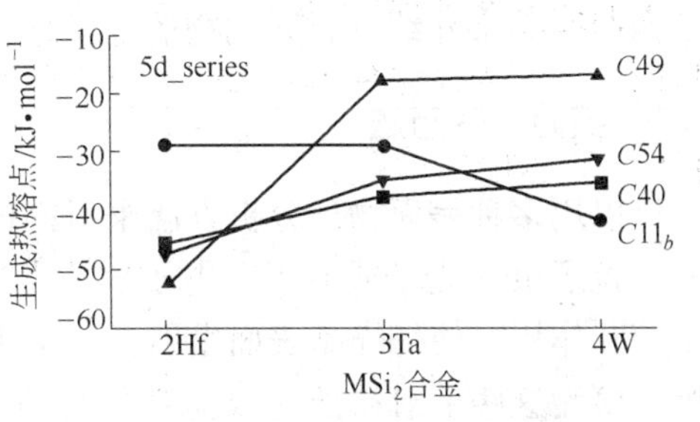

图 3－7 MSi_2 不同结构在 0K 下的生成热
（M 代表 Ti、Zr、Hf、V、Nb、Ta、Cr、Mo 和 W）

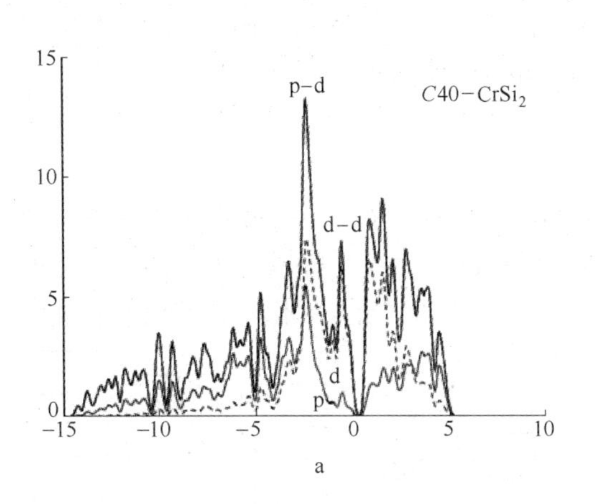

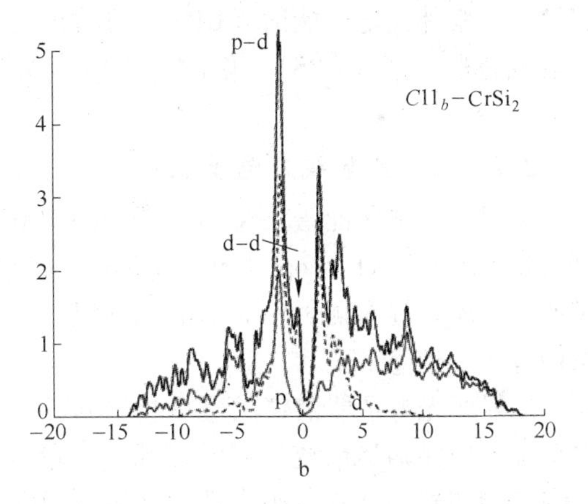

图 3－8 MSi_2 的 $C40$（a）和 $C11_b$（b）结构的 $CrSi_2$ 的 DOS 曲线

3.1.4 电子结构与晶体结构

影响金属间化合物形成及其结构的主要因素，除了电负性和原子尺寸以外，还有电子浓度。Hume－Rothery 在研究 Cu、Ag、Au 三个元素和周期表上 B 族元素组成的合金时，首先发现，随着第二组元的增加，依次出现一系列的金属化合物（β、γ、ε）等。这类化合物不符合化学价规律，但相对应的化合物却具有相同的电子浓度和相同的晶体结构类型。例如 Cu - Si 二元系中，随 Cu 含量减少依次出现 β(Cu_5Si)、γ($Cu_{31}Si_8$) 和 ε(Cu_3Si) 三种化合物，其电子浓度分别为 3/2、21/13 和 7/4，其对应的晶体结构分别为体心立方、复杂立方（γ 黄铜结构）和密排六方结构。因此把这类晶体结构与电子浓度值有一定的对应关系的化合物称为“电子化合物”。电子结构是决定此类电子化合物晶体结构的基本因素。

另外，Ⅳ - Ⅵ族过渡金属硅化物具有非常相似的晶体结构：*C*40，$C11_b$，*C*49 和 *C*54，这与它们的电子结构有密切的关系，每个 MSi_2 单元中填充了 14 个电子，出现了一个赝隙[7,8]。$CrSi_2$(*C*40) 是属于能隙很小的半导体，$MoSi_2$ 和 WSi_2($C11_b$) 的费米面很小，具有金属特性。

3.2 电子结构研究方法

人们通过多种理论方法和实验手段，对金属硅化物的电子结构进行了广泛的研究。下面从两个方面来介绍金属硅化物的电子结构研究方法。

3.2.1 实验研究方法

可以用多种表面物理分析方法来对固体的电子结构进行研究。表面分析技术的特点是用一个粒子束（光子或原子、电子、离子等）或探针去探测样品表面，与被分析的表面发生相互作用，使得样品表面发射及散射电子、离子、中性粒子（原子或分子）、光子与场等。检测这些出射粒子（或场）的空间分布、能量（动量）分布、质荷比（*M/e*）、束流强度等就可以得到样品表面的形貌、原子结构（排列）、化学组成、价态和电子态（电子结构）等信息。对硅化物电子结构和能带进行表征的分析技术有：X 射线光电子能谱（XPS）、紫外光电子能谱（UPS）、低能电子衍射（LEED）、角分辨光电子谱（ARPES）、卢瑟福背散射谱（RBS）、俄歇电子谱（AES）、电子能量损失谱（EELS）和芯能级光谱（CLS）等。

3.2.1.1 X 射线光电子能谱

X 射线光电子能谱（X - ray Photoelectron Spectroscopy，XPS）也被称作化学分析电子谱（Electron Spectroscopy for Chemical Analysis，ESCA）。它对材料表面化学特性有高度识别能力，不仅能探测材料表面的化学组成，而且可以确定各元素的化学状态以及有关电子结构等重要信息。

X 射线光电子能谱仪的基本构成包括：真空系统、样品输运系统、X 射线源、能量分析系统、检测器和计算机操作系统（图 3 - 9）。

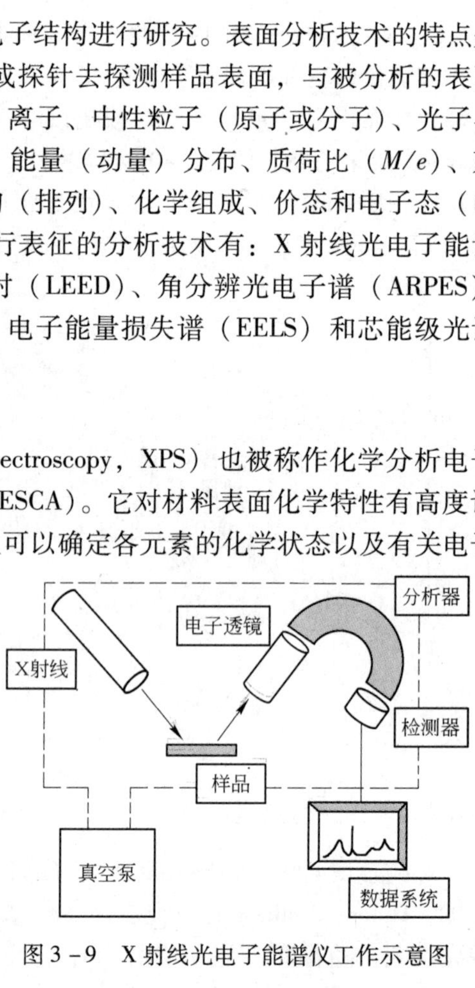

XPS 的理论基础是爱因斯坦的光电效应[9,10]，即采用软 X 射线辐照样品，在样品表面发生光电效应，就会产生与被测元素内层电子能级有关的具有特征能量的光电子，对这些光电子的能量分布进行分析，便得到光电子谱图。根据爱因斯坦的能量关系式有：$h\nu = E_B +$

图 3 - 9 X 射线光电子能谱仪工作示意图

E_K，其中 ν 为光子的频率，E_B 是内层电子的轨道结合能，E_K 是被入射光子激发出的光电子的动能。对于固体样品，与谱仪间存在接触电荷，因而在实际测试中，应考虑谱仪材料的功函数 ϕ_{SP}。在实际分析中，采用费米能级（E_F）作为基准（即结合能为零），固体的电子结合能 E_B 为：

$$E_B = h\nu - E_K - \phi_{SP} \tag{3-4}$$

式中，E_K 为某一光电子的动能；$h\nu$ 为激发光能量；E_B 是固体中的电子结合能；ϕ_{SP} 为谱仪的功函数。图 3-10 给出了这一过程的示意图。

因此，在实际分析中，测得了样品的电子结合能（E_B）值，就可判断出被测元素种类。由于被测元素的结合能变化与其周围的化学环境有关，根据这一变化，可推测出该元素的化学结合状态和价态。

利用 XPS 技术可测量金属硅化物的价电子带。图 3-11 给出了 Co_2Si，CoSi，$CoSi_2$ 以及纯 Co 和纯 Si 的价带光电子能谱[11]。从图 3-11a 可以看出，Co 的价电子带中起主导作用的是峰 A，它代表 Co 3d 电子。图 3-11e 中 Si 的价电子带光谱中出现了三个特征峰（B，C，D），B 特征峰对应于 Si 3p 电子、D 特征峰对应于 s 电子，C 特征峰对应于 s 和 p 的混合电子。图 3-11b～d 中，钴硅化物的 A 特征峰相对于纯 Co 来说逐渐变窄，并且向高结合能的方向发生偏移。Co_2Si，CoSi，$CoSi_2$ 中 A 特征峰对应的结合能分别为 0.85eV、1.25eV 和 1.55eV。因此，钴硅化物的电子结构受 Co 3d 和 3p 电子相互作用的影响，三种化学计量比钴的硅化物的电子轨道由 Co 3d 和 Si 3p 电子混合形成。

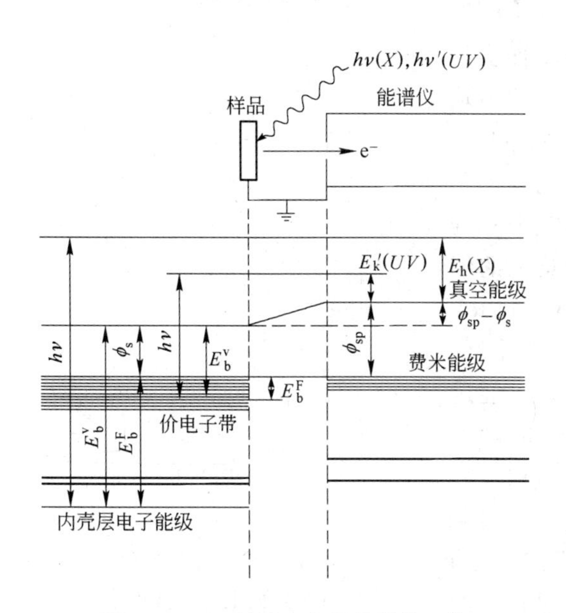

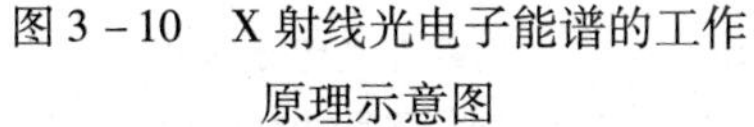
图 3-10　X 射线光电子能谱的工作原理示意图

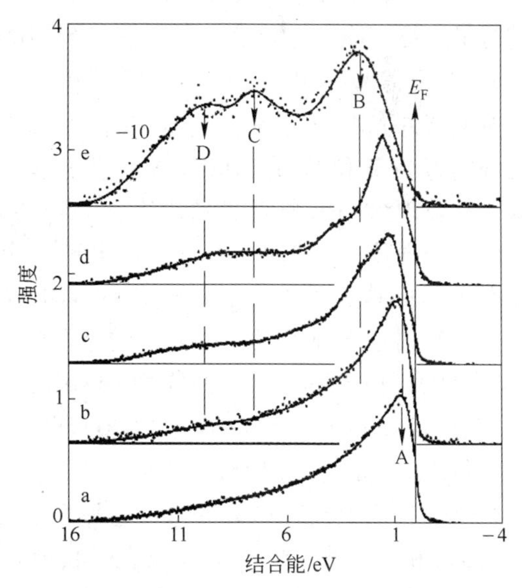

图 3-11　Co 和 Si 以及钴硅化合物的 XPS 能谱[11]

a—Co；b—Co_2Si；c—CoSi；d—$CoSi_2$；e—Si

3.2.1.2　紫外光电子能谱

紫外光电子能谱（Ultraviolet Photoelectron Spectroscopy，UPS）与 XPS 的原理相同，都是基于爱因斯坦光电方程，它们的主要区别在于激发源不同。XPS 采用 X 射线激发样品，而 UPS 以真空紫外线为激发源，激发分子或原子的外层电子电离，收集激发电离电子得到光电子能谱。X 射线光子的能量是 1000 ~ 1500eV，用 X 射线作光源辐射样品表面，不仅可以使分子的价电子电离，而且也可以把内层电子激发出去，从而可以测量各内层电子的结合能。一般紫外光的光电子能量小于 41eV，当用它照射样品表面时，只能使分子的价电子电离，即只有分子占据较高能级的电子才有可能被激发出去。紫外线的单色性好，分辨率高，可用于分析样品外壳层轨道结构、能带结构、空态分布和态密度，以及离子的振动结构、自旋分裂等方面的信息。激发源紫外线的能量较低，该光子产生于激发原子或离子的退激，最常用的低能光子源为氦Ⅰ和氦Ⅱ。图 3 - 12 给出了紫外光电子能谱仪的示意图。

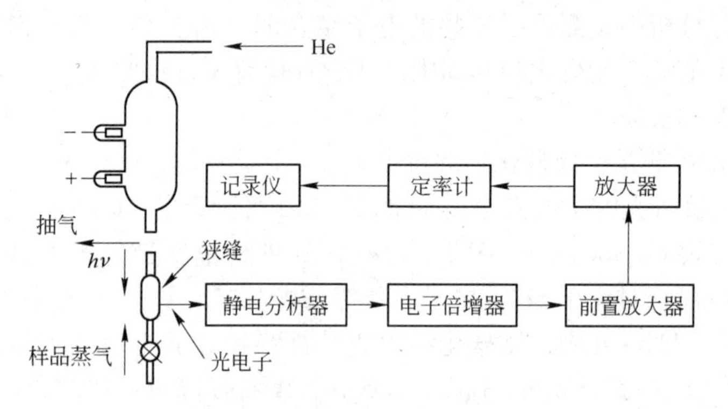

图 3 - 12 紫外光电子能谱仪示意图

人们利用 UPS 技术对硅化物界面的价电子态密度进行了表征。图 3 - 13 给出了沉积在 Si(100) 面上的 FeSi、FeSi(100) 单晶、$\beta FeSi_2$ 厚膜和 $\alpha FeSi_{2,3}$(100) 的典型紫外光电子能谱[12]。图 3 - 13 中 a 曲线和 b 曲线分别为 FeSi 和 FeSi (100) 的谱线，它们的峰形相似，都表现出一个金属费米边缘，大约在 0.55eV 处出现一个强峰，在 1.8 ~ 2.2eV 处出现一个较宽的但强度较弱的峰。另外，$\beta FeSi_2$ 分别在 0.8eV、1.3eV 和 1.6eV 附近出现了三个可分辨的特征峰（见图 3 - 13c 曲线）。图 3 - 13 中 d 曲线为 $\alpha FeSi_{2,3}$(100) 通过 Ar^+ 溅射沉积在 Si(100) 面上，800℃退火 5min 的态密度曲线，e 曲线为 $\alpha FeSi_{2,3}$(100) 通过 Ar^+ 溅射沉积在 Si(100) 面上没有退火处理的态密度曲线，图 3 - 13d 曲线和 e 曲线的形状差别很大。其中，图 3 - 13d 曲线和 c 曲线分布相似，只是相对于 $\beta FeSi_2$ 来说，图 3 - 13d 曲线能量向 E_F 方向移动了 0.15eV。而图 3 - 13e 曲线在 0.5eV、1.0eV 和 3.0eV 处出现特征峰。这主要是由于 $\alpha FeSi_{2,3}$ 在 900℃以下是亚稳相，当它经过 800℃退火处理后，样品表面 $\alpha FeSi_{2,3}$ 转化成 $\beta FeSi_2$ 造成的。

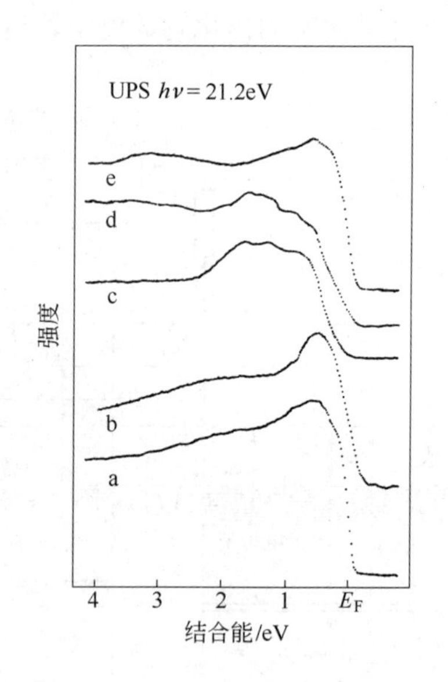

图 3 - 13 铁硅化物沉积在 Si(100) 面上的角度积分紫外光电子能谱[12]

a—FeSi 在 Si(100) 上原位生长；b—FeSi(100) 单晶；c—$\beta FeSi_2$ 厚膜在 Si(100) 上原位生长；d—$\alpha FeSi_{2,3}$(100)，Ar^+ 溅射，800℃退火；e—$\alpha FeSi_{2,3}$(100)，Ar^+ 溅射

3.2.1.3 低能电子衍射和角分辨光电子谱

低能电子衍射（Low Energy Electron Diffraction，

LEED)，是在高真空中，将能量为 5 ~ 500eV 范围的单色电子入射于样品表面，通过电子与晶体相互作用，将一部分电子以相干散射的形式反射到真空中，所形成的衍射束进入接收器进行强度测量，或者再被加速至荧光屏，给出可观察的衍射图像。由于电子束能量低（几到几百电子伏特），穿透力弱，衍射图像主要是表面原子层的贡献，衍射花样反映了表面层原子排布状况，而不是反映晶体的三维结构，因而 LEED 是研究晶体表面结构的方法，即从衍射图样可得出平行于表面的二维晶胞的形状和大小，分析衍射强度，推断晶胞中原子的位置，从而了解固体的表面结构等。

角分辨光电子谱（Angle - Resolved Photoemission Spectroscopy，ARPES）的基本原理和普通的光电子能谱一样，也是利用光电效应来研究固体的电子结构。但是 ARPES 具有角分辨功能。一般的光电子能谱测量中，使用固定的光子能量；而在 ARPES 测量中可以不断改变光电子的入射角，得到不同入射角的光电子的动能，进而得到电子平行于样品表面的动量分量。将得到的能量和动量对应起来，就可以得到晶体中电子的色散关系。同时，ARPES 也可以得到能态密度曲线和动量密度曲线，并直接给出固体的费米面。ARPES 原理示意图见图 3 - 14，常采用稀有气体电离或者同步辐射作为光源，光电子在真空飞行的过程中，被一个接受角度很小的能量分析器收集计数。

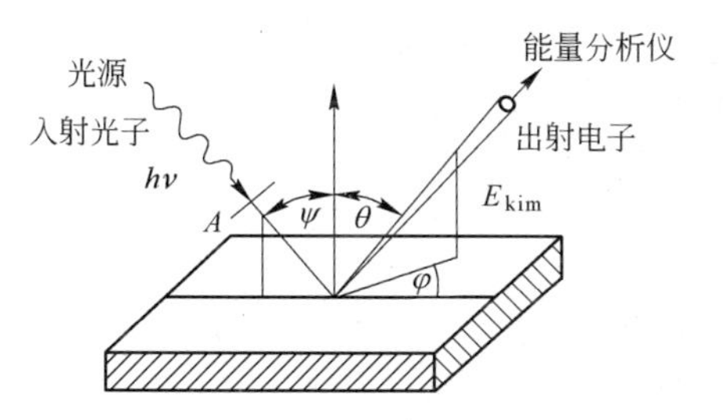

图 3 - 14　角分辨光电子谱（ARPES）的原理示意图

Zhang 等人[13] 利用 LEED 和 ARPES 技术研究了 Ag 沉积至 Si(111)$\sqrt{3}\times\sqrt{3}$、$\sqrt{21}\times\sqrt{21}$和 6 × 6 面上的相以及表面态能带（见图 3 - 15 和图 3 - 16）。图 3 - 15 给出了 Ag/Si(111) 界面随 Ag 的覆盖角度变化的 LEED 衍射花样。利用石英晶体检测器把 Ag 蒸发沉积到样品 Si 的表面，蒸发了一个原子层（ML）的 Ag 之后对样品进行 520℃/2min 的退火处理。从图 3 - 15a 可以看到$\sqrt{3}\times\sqrt{3}$表面非常明显的 LEED 衍射花样。图 3 - 15b 是在 100K 的温度下对上述$\sqrt{3}\times\sqrt{3}$表面再蒸发沉积 0.15ML Ag 的 LEED 衍射花样，图中显示了生成的$\sqrt{21}\times\sqrt{21}$表面。图 3 - 15c 是在 70K 的温度下同样在$\sqrt{3}\times\sqrt{3}$表面沉积一层 0.22ML Ag 的 LEED 衍射花样，图中可以观察到 6 × 6 表面。

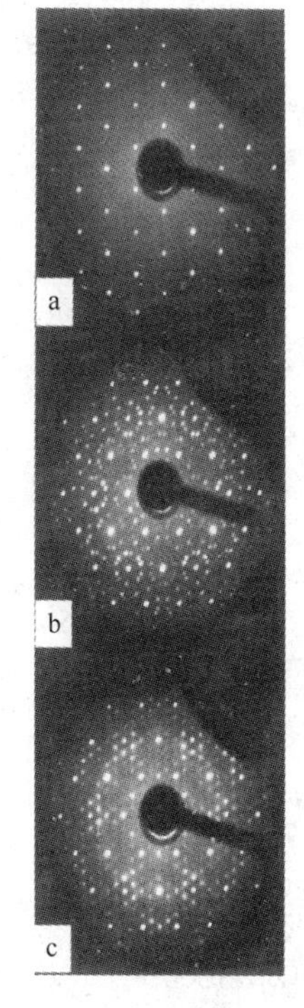

图 3 - 15　Ag/Si(111) 界面随 Ag 的覆盖厚度 θ 变化的 LEED 衍射花样[13]

a—$\theta\approx1.0$ML，$\sqrt{3}\times\sqrt{3}$，100K，114eV；b—$\theta\approx1.15$ML，$\sqrt{21}\times\sqrt{21}$，100K，114eV；c—$\theta\approx1.22$ML，6 × 6，70K，114eV

图 3 - 16 是用同步辐射作为光源，测出的一系列沿$\sqrt{3}\times\sqrt{3}$表面布里渊区（SBZ）$\overline{\Gamma M \Gamma}$方向的 Ag/Si(111) 表面的角分辨光电子谱。图 3 - 16a 是 100K 温度下$\sqrt{3}\times\sqrt{3}$表面，检测

到3个表面态，分别记作 S_1，S_2 和 S_3。S_1 峰的位置处在低于费米能级的0.06eV，根据文献［14，15］，S_1 是金属带。文献［16和17］中指出，在1ML Ag/Si(111) $\sqrt{3}\times\sqrt{3}$表面HCT模型中，每个晶胞中有偶数个价电子，表明了$\sqrt{3}\times\sqrt{3}$表面固有的半导体性质。

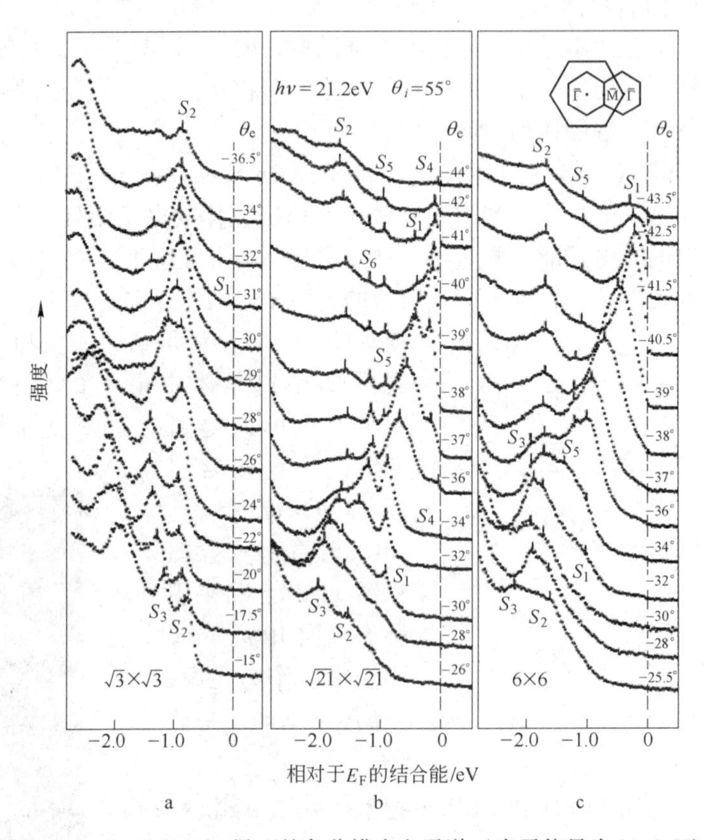

图3－16 Ag/Si(111) 界面的角分辨光电子谱（光子能量为21.2eV），
发射角度沿着$\sqrt{3}\times\sqrt{3}$布里渊区（SBZ）$\overline{\Gamma}\,\overline{M}\,\overline{\Gamma}$方向[13]
a—$\sqrt{3}\times\sqrt{3}$，100K；b—$\sqrt{21}\times\sqrt{21}$，100K；c—6×6，70K
（图中右上角为$\sqrt{3}\times\sqrt{3}$表面布里渊区（SBZ））

图3－16b是100K温度下$\sqrt{21}\times\sqrt{21}$表面，检测到6个表面态（S_1，S_2，S_3，S_4，S_5和S_6）。与$\sqrt{3}\times\sqrt{3}$表面相比，$\sqrt{21}\times\sqrt{21}$表面表现出很强的金属特性。表面态 S_1 在 θ_e = －32°时处在－0.92eV，低于 E_F，并逐步向上发散在 θ_e = －39°达到峰值（－0.36eV）。此外，相对$\sqrt{3}\times\sqrt{3}$，$\sqrt{21}\times\sqrt{21}$的表面态 S_2 和 S_3 也降低了大约0.74eV。

图3－16c是70K温度下6×6表面，检测到4个表面态（S_1，S_2，S_3 和 S_5），与$\sqrt{21}\times\sqrt{21}$表面的金属特性不同，6×6表面表现出半导体特征。图中可以看到，当 θ_e = －41.5°时，出现一个约为0.2eV的能隙。相对于$\sqrt{21}\times\sqrt{21}$，6×6表面最大的变化是，当 θ_e > －41.5°时 S_1 变得很强并且向下发散，此时，金属带 S_4 消失了。当 θ_e = －41.5°，S_1 处在－0.2eV的位置（低于 E_F），当 θ_e = －32°时，S_1 向下发散至－1.05eV，当发射角度更小时，S_1 变得非常微弱。样品表面上沉积的Ag原子的增加明显地改变了 S_1 和 S_4，例如 S_1 向下移动至接近费米能级，并且强度变大，S_4 消失不见。

总之，退火态的$\sqrt{3}\times\sqrt{3}$出现了两个主要的表面态能带，证明了其固有的半导体特性。$\sqrt{21}\times\sqrt{21}$出现了6个表面态能带，出现一个金属带S_4，表现出金属性质。6×6有四个表面态能带，没有一个跨越费米能级，金属带S_4消失了，出现一个0.2eV的能隙，表现出半导体特征。结果显示，随着蒸发沉积的Ag原子厚度的增加，Ag/Si(111)表面出现了连续的半导体—金属—半导体过渡过程。

3.2.1.4 卢瑟福背散射谱

卢瑟福背散射谱（Rutherford Backscattering Spectroscopy，RBS）也是固体表面层和薄膜的分析方法，是诸多的离子束分析技术中应用最为广泛的一种微分析技术。卢瑟福背散射分析的原理很简单。一束MeV能量的离子（通常用4He离子）入射到靶样品上，与靶原子（原子核）发生弹性碰撞（见图3-17a），其中有部分离子从背向散射出来。用半导体探测器测量这些背散射离子的能量，就可确定靶原子的质量，以及发生碰撞的靶原子在样品中所处的深度位置；从散射离子计数可确定靶原子浓度。在弹性碰撞（见图3-17b）中，当入射离子的能量E_0和质量M_1一定，散射角θ确定时，散射离子能量E_1只与靶原子质量$M_2(M_1<M_2)$有关，有关系式$E_1=KE_0$，其中$K=\left(\frac{M_1\cos\theta+\sqrt{M_2^2-M_1^2\sin^2\theta}}{M_1+M_2}\right)^2$称为背散射运动因子，它仅与$M_1$，$M_2$和$\theta$有关。靶原子质量越重，散射离子能量越大。散射离子能量差越大，越容易区分不同质量的靶杂质原子。

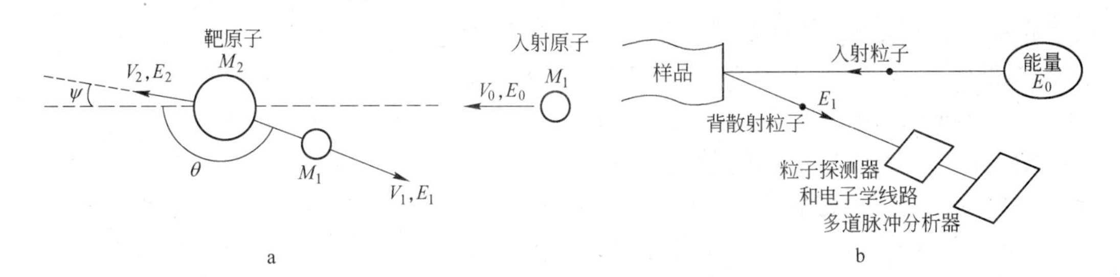

图3-17 离子背散射示意图

a—离子与靶原子的弹性碰撞；b—背散射谱仪系统

Kinoshita等人[18]利用高分辨卢瑟福背散射分析技术来研究Fe沉积在Si(001)基体上的初期产物，如图3-18所示。Si峰出现在能量约为361keV处左右，Fe峰出现在约375keV。2×1Si洁净表面的半高宽为2.5keV，Fe沉积后样品的半高宽增加到6.5keV，而退火后的该值继续增加到7.4keV。Fe：Si的原子比约为2：1，因此，初期产物为Fe_2Si。

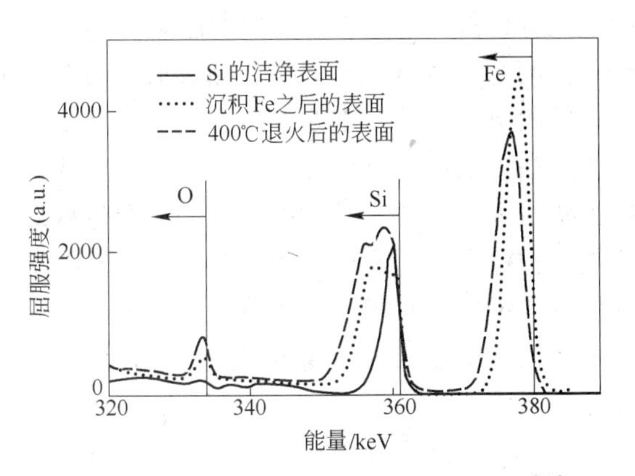

图3-18 Fe沉积在Si基体上的RBS谱[18]

3.2.1.5 电子能量损失谱（EELS）

电子能量损失谱（Electron Energy Loss Spectroscopy，EELS）是利用电子束击穿薄膜，通过测量非弹性散射电子能谱来研究固体表面的振动模式、电子的带间跃迁以及表面等离子体振荡等多方面信息的技术。EELS 技术用约 50 ~ 200eV 电子作用于样品，入射电子与表面内的各种激发元（如声子、激子等各类准粒子）相互作用而引起能量损耗，这种能量损耗携带了各类激发元的有关信息，由此可研究固体表面的结构。

硅化物中电子气的聚激发态信息和单颗粒的变化可从 EELS 分析中获得。EELS 技术常被用来研究金属 - 硅界面的初期形成阶段的电子结构的变化[19~22]。文献［22］给出了 Pd 沉积至 Si 表面的 EELS 谱图（图 3 - 19），并将界面相与硅化物的能谱进行了对比，定性分析了电子行为之间的差异。

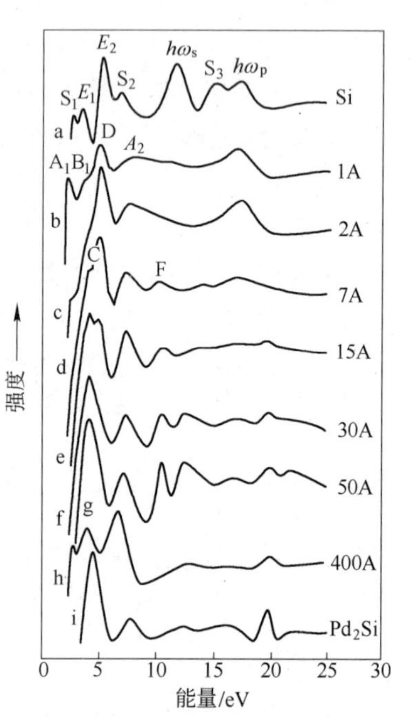

图 3 - 19　Pd/Si 体系的 EELS 电子能量损失谱[22]

a—清洁 Si 基体；b，c，d，e，f，g—覆盖不同层厚度 Pd 的 Si 基体；h—Pd；i—Pd_2Si

对于 Pd_2Si，初始能量为 E_P = 100eV 的光谱中在 4.5eV、7eV 以及 19.5eV 处出现了三个主峰。仔细分析发现这些激发态向近光吸收下限降低，尤其是，能带理论模型表明能带和能带之间的转变是能量吸收的原因，这样可以预测实验所能发现损耗的能量区域。因此 Pd 中的前两个损耗是由于振荡的缘故，其横向的模式描述了从 d 带向费米能级的变化。Pd_2Si 中只在 4.5eV 处有一单个低能量转变，这是由于从 d 带所产生的激发态的缘故。从纯金属向 Pd_2Si 变化的过程中能量的变化是由于 d 带变窄及其向高结合能（Binding Energy，BE）方向移动的缘故。Pd_2Si 中 7eV 处损耗的原因存在不同的看法。根据 Okuno 等人[21]的解释，这主要是由于伴随着从 Pd 的 d 带（费米能级之下 5eV 处）向一些费米能级之上 2.5eV 处空态的转变。对突变的 Pd/Si 界面使用了介电模型，U. del Pennino 等人[22]则认为在 7eV 处应该是表面等离子损耗。

3.2.1.6　俄歇电子谱

利用俄歇现象发展而成的俄歇电子谱（Auger Eelectron Spectroscopy，AES）是最主要的表面分析技术之一[23]。20 世纪 70 年代，扫描俄歇微探针（Scanning Auger Microprobe，SAM）问世，俄歇电子谱学逐渐发展成为表面微区分析的重要技术。

俄歇电子谱的基本原理是：以一定能量的电子束轰击样品表面，使原子的内层电子电离，并在内层出现空位，而其他电子填充此空位，同时使另一电子脱离原子发射出去，产生无辐射俄歇跃迁，发射俄歇电子，产生俄歇效应（见图 3 - 20）。由于俄歇电子的特征能量只与样品中的原子种类有关，与激发能量无关。因此根据电子谱中俄歇峰位置所对应的俄歇电子能量和峰形，就可以鉴定原子种类（样品表面的元素组成），并在一定实验条件下，根据俄歇信号强度可确定原子含量，还可以根据俄歇峰能量位移和峰形变化，鉴别样品表面原子的化学态。

俄歇电子谱仪的基本结构如图 3 - 21 所示，它主要由真空系统、初级电子探针系统（即电子源和电子枪）、电子能量分析器、样品台、俄歇及光电子信号测量系统以及在线计算机等构成。

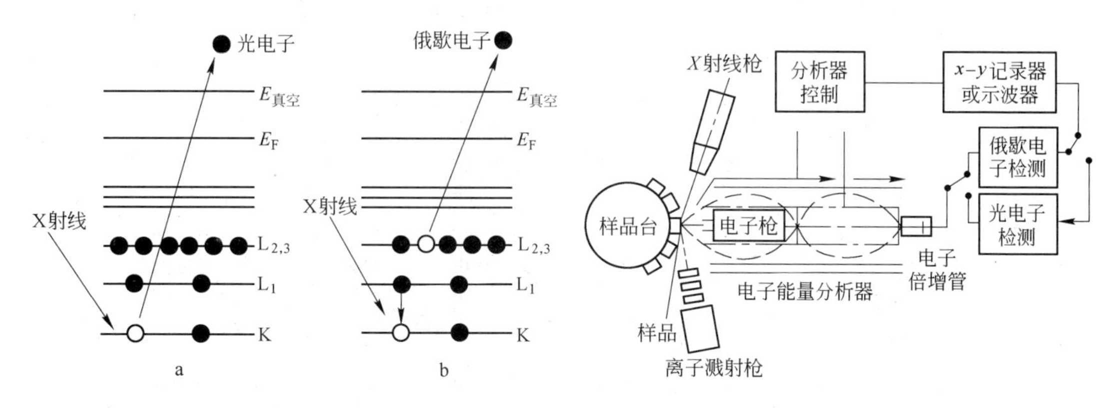

图 3－20 固体样品的光电离过程示意图

图 3－21 俄歇电子谱仪示意图

核－价带－价带俄歇谱已被很多研究者用来检测从纯元素向硅化物过渡时所发生的电子结构的变化[24~27]。这些研究表明俄歇电子谱（AES）的谱线对价电荷的变化非常敏感。若终态效应不是很重要，可根据布洛赫态和能带来理解俄歇信号。近贵金属的俄歇转变对此种研究不太适合，因为最终俄歇态时双空穴的排斥力太高[28,29]。众所周知，俄歇电子的动力学能量 E_{kin} 由下式给出：

$$E_{kin} = E_c - E_1 - E_2 - U_{eff} \tag{3-5}$$

式中，E_c 是芯能级的结合能；E_1 和 E_2 是转变中的两个价态；U_{eff} 是俄歇参数，它可解释空穴－空穴间的排斥及终态的弛豫。如果 U_{eff} 大则俄歇谱类似于自由原子的光谱，这表明了相同的由固态效应扩宽的多重结构。Ni 是这些效应非常明显的过渡族金属。另一方面，如果 U_{eff} 小，则相关性效应不明显，并且能带的特征可用俄歇曲线来鉴别。在 Si $L_{2,3}VV$ 转变的情况下 $U_{eff} = 0$；因此谱线的线型对结构和化学计量比的差异非常敏感[30,31]。对于 Si 元素的这种转变，在理论和实验上进行了很多研究。所得到的普遍结论是谱线由转变所控制着，其导致的终态在价带中具有两个 p 空穴，这可用来解释实验曲线中主峰的强度（见图 3－22）。从 Si 到硅化物的变化过程中，Si 的 p－轨道发生了很大的变化，并且谱线也发生了很大的变化。这一点可以在图 3－22 中很清楚地看到，图中给出了 Ni 硅化物的一系列的 AES 谱线。可以看出硅化物的谱线与纯 Si 的有很大不同。图中竖条黑色线段表示了主要结构所在的位置，这样可以鉴别出结构上的细微变化，这在二次获得的曲线中也可以见到[27]。与积分的 Si 曲线相比可以看出硅化物的线型更窄并且呈现对称性；从 Si 到富 Ni 的硅化物的变化过程中曲线上部的边缘部分向更低能量的方向偏移，而大约 94.5eV 处的肩宽变弱。

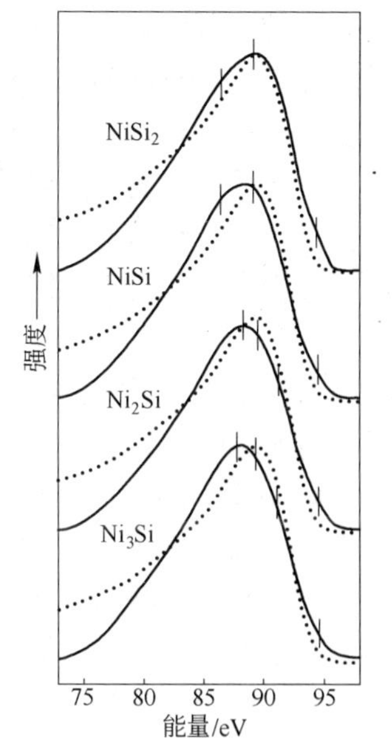

图 3－22 Ni 硅化物的 Si $L_{2,3}VV$ 积分谱[27]

（图中给出了纯 Si 的曲线（点线）以作对比）

在其他的近贵金属硅化物中也发现了化合物形成时所发生

的明显变化。图 3－23 给出了在 Pd_2Si 中所观察到的积分 $L_{2,3}VV$ 曲线[24]。与纯 Si 相比硅化物谱线更加体现了结构化并且在 79eV、84eV、89eV 和 94eV 处出现了峰。图 3－23b 中给出了形成化合物所引起的变化。

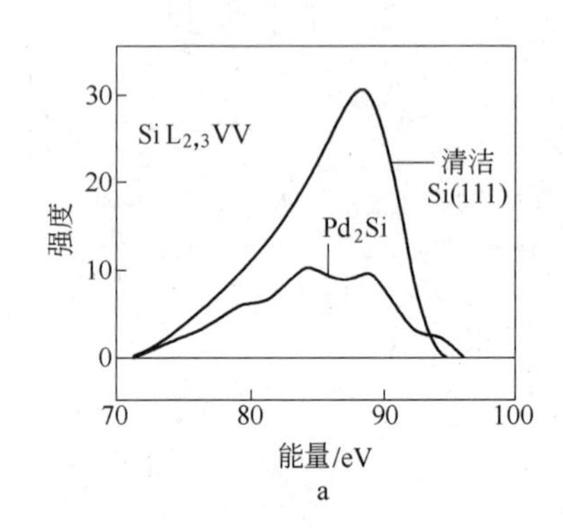

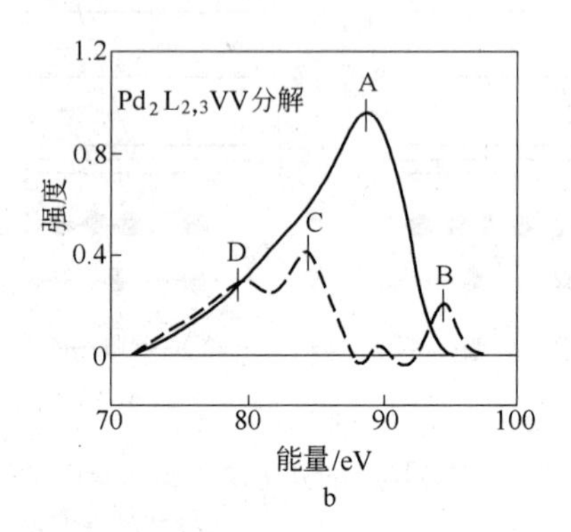

图 3－23 Pd 硅化物的 Si $L_{2,3}VV$ 积分谱[25]

a—在 Pd_2Si 和 Si(111)7×7 表面观察到的 Si $L_{2,3}VV$ 俄歇谱的对比；b—俄歇谱分解为两部分（实线部分为与纯元素对应的峰成比例；虚线部分表示化合物形成所引起的变化）

图 3－24 给出了镍硅化合物的散射曲线研究结果。通过这些曲线之间的对比以及图3－22 的实验数据可解释实验能量分布曲线的一些重要特征。在这两种情况下硅化物的线型在 94eV 处的散射比纯 Si 中出现在更高的能级下，这是由反键合态区域的 pp 空穴引起的。在实验谱中此散射的强度随 Si 含量的下降而减小，这一点可以从理论上很好地解释，就是从导带的填充态部分去除掉反键合态。此理论解释了能量分布曲线的对称性，以及随 Ni 含量增加，最大值向更低的能量方向的偏移现象。但是，理论曲线仍然表明典型的结构在低于 85eV 下出现，这在实验曲线中观察不到，这是由于散射过程包括了由原子矩阵元过量估算的 s－空穴。

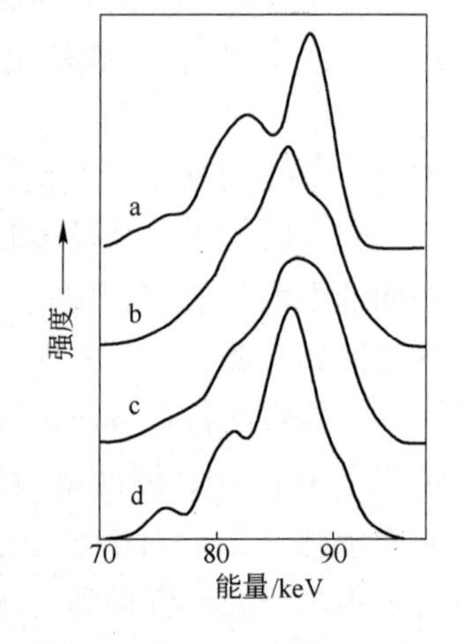

图 3－24 Si $L_{2,3}VV$ 俄歇曲线的理论线型[27]

a—纯 Si；b—$NiSi_2$；c—NiSi；d—Ni_2Si

Si $L_{2,3}VV$ 俄歇线型的研究有两方面的意义。

（1）它们给出了 Si 态的信息，这在某种程度上与光电子散射实验结果互补。光电子散射能量分布曲线主要由 d－态散射来确定，并且几乎观察不到 Si 轨道的特征，如镍硅化合物。因此 Si $L_{2,3}VV$ 转变的分析保留了 Si 价态信息的最直接的技术方法。

（2）Si $L_{2,3}VV$ 具有很强的表面敏感性，可以借助 AES 研究金属硅化物在形成初始阶段所产生的表面和界面。

3.2.1.7 芯能级光谱

芯能级光谱（Core Level Spectroscopy，CLS）是研究固体电子结构的一个有用工具。其原理同 XPS 相似，都是通过采用软 X 射线辐照样品，但是它通过芯能级的光电子散射得到光谱。芯能级光谱为一些重要的问题如电荷迁移和键合离子性、电子－空穴从费米面激发、相关性效应等提供有用的信息。图 3－25 给出了 Pt 硅化物中 Pt 4f 芯能级的一些典型的光谱[32,33]。可以看出，化合物形成之后双重态移向了更高结合能的方向，其移动幅度大于富 Si 的硅化物。在 Ni 和 Pd 化合物中 Ni 的 $2p_{3/2}$[32,34] 和 3p[25] 能级以及 Pd 的 3d 能级[35] 的结合能测量中也发现了相同的行为。从图 3－25 光谱线型可以看出，与纯金属曲线相比，硅化物曲线要窄而且更加不对称。Pt 硅化物中 Si 的 $2p_{3/2}$ 芯能级位置也稍有改变，与纯 Si 中所测量的 99.4～99.8eV 位置相比，它位于 100.5eV 处。

图 3－26 给出了块体 $CrSi_2$ 芯能级光谱。与纯元素结合能比较，$CrSi_2$ 与近贵金属情况不同，化合物形成之后发生了可以估算到的能级偏移。芯能级中结合能的变化主要是受以下三个因素的影响：

（1）电子构型的变化；

（2）化学键合的影响，导致电荷移向或移出所研究的原子；

（3）弛豫效应的变化，即核空穴中价电荷的重新调整[36]。

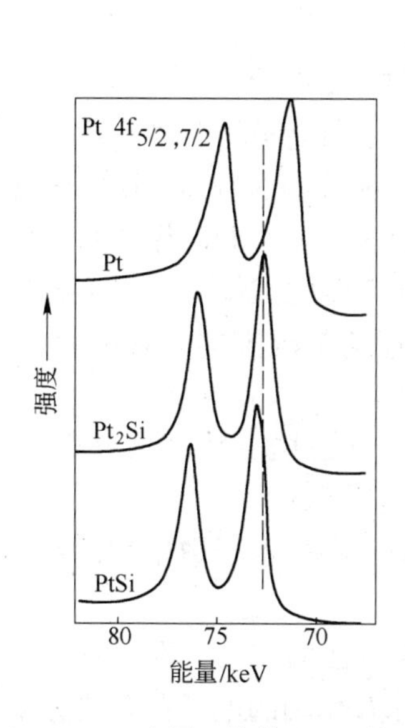

图 3－25 Pt 金属、块体 Pt_2Si 和 PtSi 硅化物中 Pt 的 4f 芯能级光谱[33]

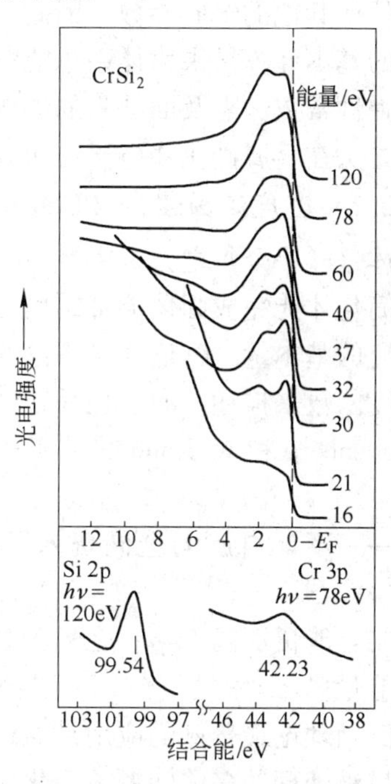

图 3－26 原位截取块体、多晶 $CrSi_2$ 的价带和心部的 EDCs[34]

尽管一些计算报道了硅化物中大量的电荷转移，但这些化合物的金属特性排除了大量电荷在组元之间转移的可能性。不同于离子键，金属键必须要考虑电荷的重新分布[33]。因此，可以根据电荷偏移导致键的形成来解释芯能级结合能的偏移。Franciosi 等人[34] 的研究表明，镍硅化物中结合能偏移的原因主要是基于电子结构的变化。图 3－25 中线型的变化是由于电子空穴通过费米面的激发所引起的，这也是芯线型不对称性的原因[37]，这一点在纯金属中要表现得更显著。尽管芯能级光谱是研究电子结构的一个有用工具，但是对于芯能级偏移机制的理解以及硅化物中线型的变化均停留在定性的水平上。

3.2.2 理论研究方法

能带理论是目前研究固体中电子运动的主要理论基础。在固体中存在大量的电子，它们的运动是相互关联着的，这种多电子系统的解析显然是不可能得到的。能带理论是单电子近似的理论，就是把每个电子的运动看成是独立地在一个等效势场中的运动。在原子结合成固体的过程中价电子的运动状态发生了很大的变化，而内层电子的变化是比较小的，可以把原子核和内层电子近似看成是一个离子实，把晶体电子态的波函数用布洛函数集合展开，然后代入薛定谔方程，确定展开式的系数所必须满足的久期方程，据此可求得能量本征值，再依照逐个本征值确定波函数展开式的系数。在不同的能带计算模型和方法中，所采取的理论框架是相同的，只是选取了不同的函数集合[3]。

第一性原理方法是在电子层次上研究材料的性能，被广泛应用于计算金属硅化物的能带结构。所谓第一性原理，即从最基本的物理规律出发，求解体系的薛定谔方程以获取材料性能方面的信息，从而理解材料中出现的一些现象，预测材料的性能。除原子构型外，它不需要任何其他的经验参数，因此，第一性原理方法是一种真正意义上的预测。第一性原理方法的基本计算结果为体系总能量以及电荷分布（电荷密度、态密度），很多更加实用的量如弹性常数、点及面缺陷的形成能均可从这些量推演而出。下面系统地介绍一下第一性原理方法在金属硅化物电子结构方面的应用。

3.2.2.1 密度泛函理论（Density Functional Theory，DFT）

对固体这样一个每立方米中有 10^{29} 数量级的原子核和电子的多粒子系统，必须采用一些近似和简化才能完成固体能带结构的确定。密度泛函理论的目标是用电子密度取代波函数作为研究的基本量。密度泛函理论的基本思想是原子、分子和固体的基态物理性质可以用粒子密度函数来描述，源于托马斯[38]和费米[39]1927 年的工作，密度泛函理论基础是建立在 P. Hohenberg 和 W. Kohn 的关于非均匀电子气理论基础上的，它可归结为两个基本定理[40]：

定理一：不计自旋的全同费米子系统的基态能量是粒子数密度函数 $\rho(r)$ 的唯一泛函。

定理二：能量泛函 $E[\rho]$ 在粒子数不变条件下对正确的粒子数密度函数 $\rho(r)$ 变分就得到基态能量。

密度泛函理论最普遍的应用是通过 Kohn - Sham 方法实现的。在 Kohn - Sham DFT 的框架中，最难处理的多体问题被简化成了一个没有相互作用的电子在有效势场中运动的问题。这个有效势场包括了外部势场以及电子间库仑相互作用的影响。例如，交换和相关作用。处理交换相关作用是 Kohn - Sham DFT 中的难点。目前并没有精确求解交换相关能的方法。最简单的近似求解方法为局域密度近似（LDA）。LDA 近似使用均匀电子气来计算体系的交换能，而相关能部分则采用对自由电子气进行拟合的方法来处理。

周士芸等[41]采用基于第一性原理的密度泛函理论赝势平面波方法，对六方 $C40$ 结构 $CrSi_2$ 的能带结构、态密度和光学性质进行了理论计算。通过计算得到了 $CrSi_2$ 沿布里渊区高对称点方向的能带结构，如图 3 - 27 所示，图中虚线代表费米能级。从图 3 - 27 中可以看到，在费米面以下 -15eV 的价带区共有 21 条价带能级；在费米面以上到 +5eV 之间的导带区共有 12 条导带能级。第一布里渊区中高对称 k 点在价带顶 E_V 和导带底 E_C 的特征能量值见表 3 - 2。由表 3 - 2 可以看出，$CrSi_2$ 的能带在价带的 L 点得到最大值 0eV，而在导带的 M 点取得最小值 0.353eV。因此，$CrSi_2$ 在价带的 L 点到导带的 M 点表现出间接带隙半导体的性质，带隙宽度 E_g = 0.353eV。图 3 - 28 为与能带结构相应的总态密度图和部分态密度图。从图3-28中可以看出，在费米面附近，$CrSi_2$的能态曲线主要由Cr的3d态和Si的3p态电子的能态密度确定，因此，$CrSi_2$的电传输性质及载流子类型主要由Cr的d态电子和Si的p态电子决定。

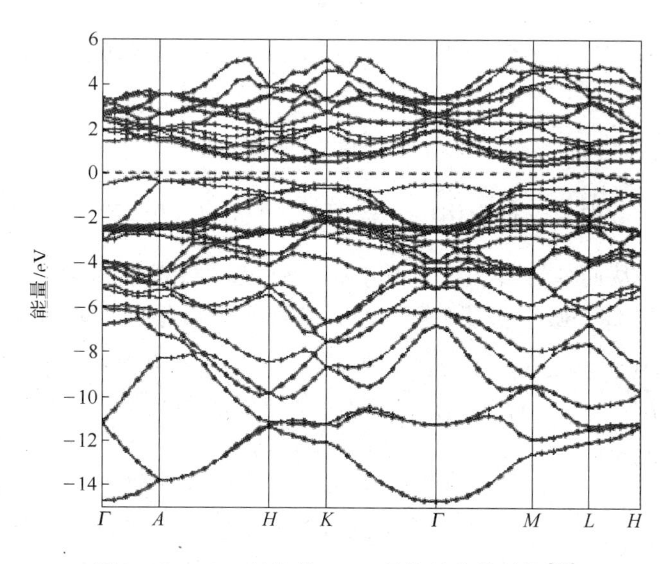

图3-27 C40结构的$CrSi_2$晶体的能带结构[41]

表3-2 第一布里渊区中高对称k点在价带E_V和导带底E_C的特征能量值[41]

特征能量	Γ	A	H	K	M	L
E_V	-0.513	-0.381	-0.310	-0.492	-0.413	0.0
E_C	1.450	1.432	0.604	0.558	0.353	0.558

总之，采用密度泛函理论计算$CrSi_2$的能带结构结果表明，C40结构的$CrSi_2$属于一种间接带隙半导体，禁带宽度为0.353eV；其能态密度主要由Cr的3d层电子和Si的3p层电子的能态密度决定。

3.2.2.2 赝势方法

近自由电子模型的成功并不足以证明离子对电子的相互作用势$U(r)$确实是微弱的。在原子附近，$U(r)$可以相当强，造成波函数作原子式的振荡，但是决定电子结构的关键问题在于离子对于入射电子波的散射效应，菲利浦与克莱恩曼提出采用微弱的赝势（pseudo-potential）来取代离子的实际相互作用势，使问题大为简化[42]。

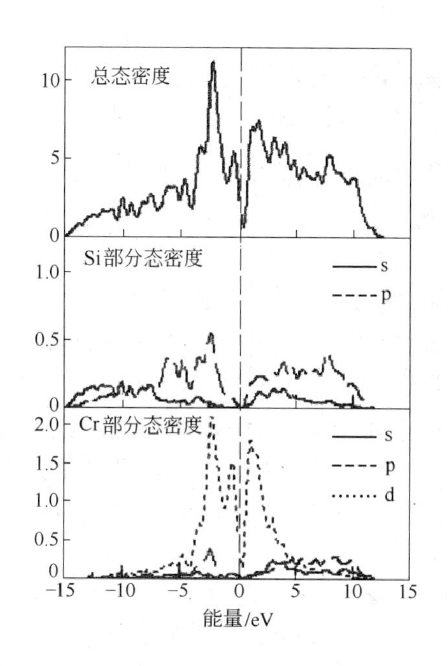

图3-28 C40结构的$CrSi_2$晶体电子能态密度[41]

赝势的概念在能带计算中已被广泛的采用，这里做些简单的介绍。首先是为什么要引入赝势？在近自由电子近似中曾假定周期势场的起伏是很小的，若把周期势场做傅氏展开如式（3 -6）：

$$V(r) = \sum_n V_n e^{iG_n \cdot r} \tag{3-6}$$

意味着系数 V_n 很小。V_n 是联系 k 状态与 $k+G_n$ 状态之间的矩阵元，所谓 V_n 很小是指下述不等式（3 -7）：

$$|E_k^0 - E_{k+G_n}^0| \gg V_n \tag{3-7}$$

能够经常被满足，（例如一维近自由电子近似中，只在 $k=0$，$k=\pm\dfrac{\pi}{\alpha}$ 及其附近，有一对状态是不满足的），从而使计算大大简化。但是在实际材料中周期势场的起伏并不是很小，在原子核附近，库仑吸引作用使得 $V(r)$ 偏离平均值很远，如图 3 -29a 所示[1]。因此式（3 -6）的条件并不是经常能满足的，从而使得对 k 状态的微扰计算需要包含很多 $k+G_n$ 的平面波的叠加，增加了计算的难度。但是另一方面，许多金属材料的实验结果表明，采用近自由电子模型得到的计算结果对于它们的实际能带结构是适合的。赝势的引入不仅可以使近自由电子近似能带计算方法大大简化，还可以解释产生上述矛盾的原因。

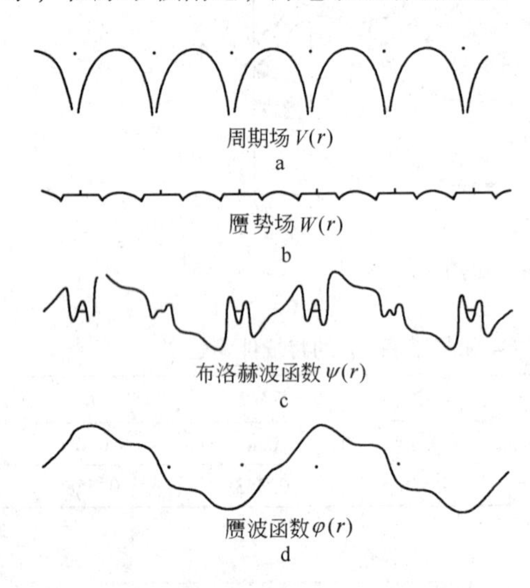

图 3 -29 晶体中的周期场、赝势场、布洛赫波函数以及赝波函数

在固体中，人们最关心的是价电子。固体中价电子的波函数一般具有图 3 -29c 中所示意的形式。在离子实之间的区域，波函数变化平滑，与自由电子的平面波很相近；在离子实内部的区域，波函数变化剧烈，上下摆动存在若干节点。在离子实内部，用假想的势能取代真实的势能，求解波动方程时，若不改变其能量本征值及离子实之间的区域波动函数，则这个假想的势能就叫做赝势。赝势同时概括了离子实的吸引作用和波函数的正交要求，二者是相消的，见图 3 -29 中的 b。由赝势求出的波函数称为赝波函数，见图 3 -29 中的 d，在离子实之间的区域真实的势和赝势给出同样的波函数。

用赝势方法对很多金属材料做了能带计算，由于离子势的吸引作用和波函数正交要求二者的作用是相消的，使得计算结果接近于近自由电子近似的模型。赝势的方法也被用于研究半导体中的价带和导带。

闫万珺等[43] 采用基于第一性原理的赝势平面波方法系统地计算了 $\beta FeSi_2$ 基态的几何结构、能带结构和光学性质。图 3 -30 为 $\beta FeSi_2$

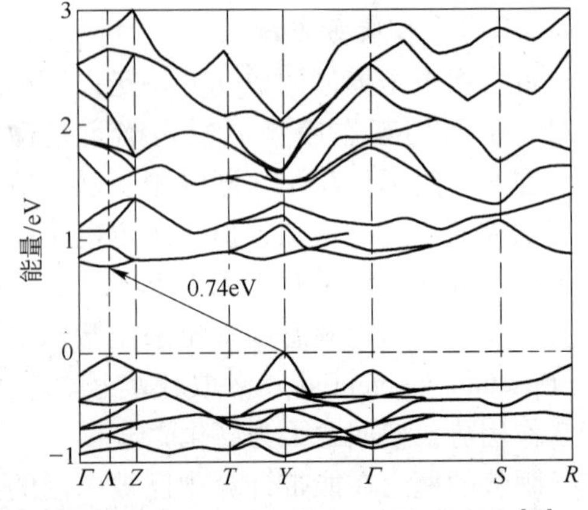

图 3 -30 $\beta FeSi_2$ 禁带附近的能带结构[43]

禁带附近的能带结构的片段，图中选取费米能级为零点。表 3-3 为第一布里渊区中高对称 k 点在价带顶 E_V 和导带底 E_C 的特征能量值。结合图 3-30 和表 3-3 可以看出，$\beta FeSi_2$ 的能带在价带的 Y 点得到最大值 0eV，而在导带的 Λ 点（即 ΓZ 之间）取得最小值 0.74eV，因此 $\beta FeSi_2$ 在价带的 Y 点和导带的 Λ 点表现出间接带隙半导体的性质，带隙宽度 $E_g = 0.74eV$。但是，价带顶的 Λ 点的特征能量值仅比 Y 点的值小 65meV，即 $\beta FeSi_2$ 的间接能隙只比附近的直接能隙的值低 65meV，在 Λ 点 $\beta FeSi_2$ 表现出准直接能隙半导体的性质。

表 3-3 第一布里渊区中高对称 k 点在价带 E_V 和导带底 E_C 的特征能量值[43]

特征能量	Γ	Z	T	Y	Λ	S
E_V	-0.201	-0.176	-0.396	0.0	-0.065	-0.338
E_C	0.789	0.823	0.867	0.821	0.740	1.106

图 3-31 为计算的 $\beta FeSi_2$ 的总态密度（DOS）和 Fe、Si 的部分态密度图（PDOS）[43]。从图中可见，在电子能量较小的范围（-13.7 ~ -5eV），$\beta FeSi_2$ 的态密度

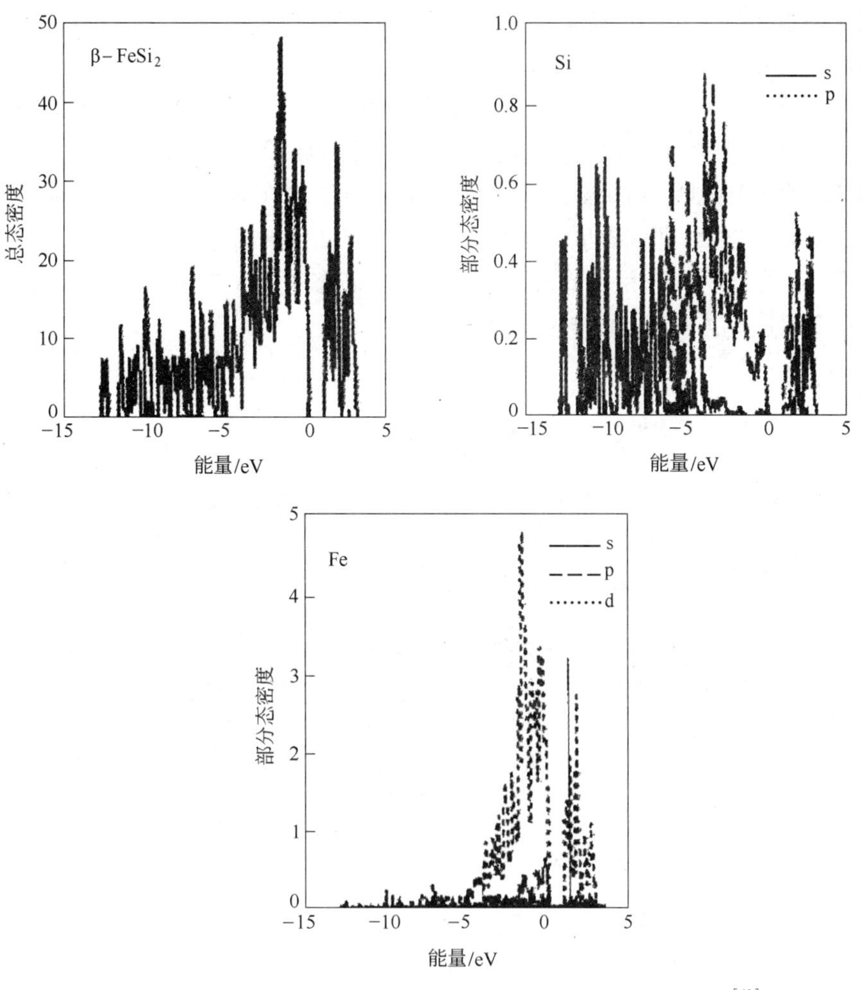

图 3-31 $\beta FeSi_2$ 总态密度以及 Si、Fe 各亚层电子的能态密度[43]

主要由 Si 的 3s 态电子构成；在 -5 ~ 0eV 的能量范围，$\beta FeSi_2$ 的态密度主要由 Fe 的 3d 态电子构成，Si 的 3p 态电子也有所贡献；费米能级 E_F 处的态密度贡献主要来自于 Fe 的 3d 态电子和 Si 的 3p 态电子，Si 的 3s 态电子对费米能级处的态密度基本没有什么贡献，而且在整个能量范围内贡献都相对较小；在能量大于 0eV 的范围 $\beta FeSi_2$ 的态密度主要由 Fe 的 3d 态电子和 Si 的 3p 态电子共同构成，价带的延展从 0 到 -13.7eV，最大的峰值出现在能量为 -1.61eV 的位置。由此可以看出，$\beta FeSi_2$ 的电传输性质及载流子类型主要由 Si 的 3p 层电子及 Fe 的 3d 层电子决定。

3.2.2.3　正交化平面波方法

平面波方法计算固体能带的优点是简单明了，缺点是收敛很慢，需要解几百阶的行列式，即使借助高速计算机也不容易实现。Herring[44] 于 1940 年提出了一种改进方法，即正交化平面波方法（Orthogonalized Plane Wave，OPW）。晶体电子的波函数可以按平面波展开，但是由于离子实附近的势场很强，要描述好靠近离子实附近电子波函数就需要极大量的平面波叠加，这给实际计算带来难以克服的困难。Herring 认识到：传导电子的波函数必须和内层电子的波函数正交。那么利用和内层电子波函数正交的各个平面波相叠加，既可描述离子附近传导电子的结构又可大大减少所需要的平面波数目。这种同内层电子态正交的平面波称为正交化平面波。

OPW 方法已被广泛用于硅化物的能带计算，Herman[45] 等用 OPW 方法得到 Si 的能带结构（图 3-32）。从图中可以看出，Si 的价带宽度约为 12eV，价带顶都在 Γ 点，具有三度简并的 $\Gamma_{25'}$ 状态。说明 Si 晶体是 sp^3 杂化形成的典型共价键，具有四面体取向的空间对称性。Si 的导带底在 Δ 轴上靠近 X 点处的 Δ_1 态，且 $\Gamma_{12'} > \Gamma_{15}$，这是由于 Si 中芯态只有 s 和 p 态。$\Gamma_{12'}$ 是类 s 态，Γ_{15} 是类 p 态，它们分别受芯态中的 s 态和 p 态的排斥，因 s 态排斥 $\Gamma_{12'}$ 的强度超过 p 态对 Γ_{15} 的排斥，故 $\Gamma_{12'}$ 在 Γ_{15} 之上。

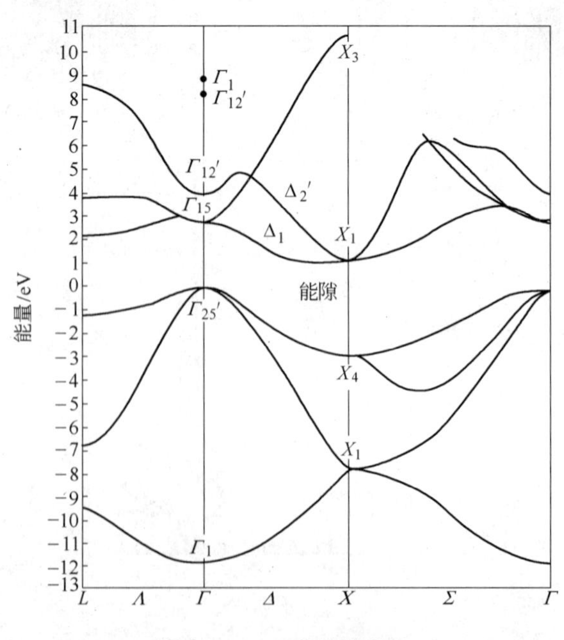

图 3-32　Si 的能带结构

3.2.2.4 线性化缀加平面波法

线性化缀加平面波方法（Linear Augmented Plane Wave，LAPW）是迄今为止已经发展起来的许多固体材料能带计算方法中最为有效和最为精准的方法之一。

原胞法中假定每个原胞内势场 $V(r)$ 是球面对称的，因此薛定谔方程可以分离变数。解此方程可求出一组正交归一化的波函数，这组函数的形式是

$$Y_{lm}(\theta,\varphi)R_l(E,r)$$

式中，$Y_{lm}(\theta,\varphi)$ 是球谐函数，矢径函数 $R_l(E,r)$ 满足方程式（3-8）：

$$\frac{1}{r^2}\frac{d}{dr}\left(r^2\frac{dR_l}{dr}\right)+\left\{\frac{2m}{\hbar^2}[E-V(r)]-\frac{l(l+1)}{r^2}\right\}R_l=0 \tag{3-8}$$

能量为 $E(k)$ 的晶体电子波函数 $\psi(k,r)$ 可写成式（3-9）：

$$\psi(k,r)=\sum_{l=0}^{\infty}\sum_{m=-l}^{l}b_{lm}(k)Y_{lm}(\theta,\varphi)R_l(E,r) \tag{3-9}$$

在原胞边界面上的 $\psi(k,r)$ 及其法向导数必须满足一定的条件。

为了克服原胞法中在 Wigner - Seitz 多面体上满足边界条件的困难，Slater[46] 提出了用 Muffin - tin Potential（蛋糕模子势能）模型来处理问题。他的主要思想是把原胞分为两个区域，如图 3-33 所示。

在区域Ⅰ，即半径为 r_s 的球内，势场是球对称的 $V(r)$；球外区域Ⅱ，势场等于常数，通常选取适当的能量零点，使此常数等于零。这样的势场模型被称之为蛋糕模子势能，因为它很像蛋糕模子，如图 3-34 所示。

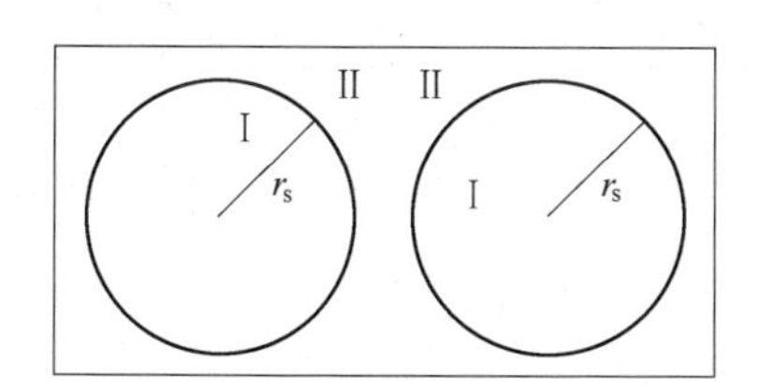

图 3-33　LAPW 方法中球对称势区域Ⅰ和常数势区域Ⅱ

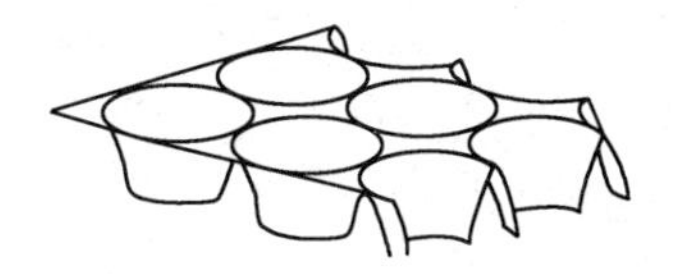

图 3-34　Muffin - tin 形式的势场

这样，在区域Ⅰ同原胞法类似，晶体电子的波函数是球面波的叠加；在区域Ⅱ，它是平面波。于是在原胞的边界面，边界条件自动满足，此时则必须处理在球表面的条件。可以把上述概念用函数 $A(k,r)$ 来描写：

$$A(k,r)=\sum_{l=0}^{\infty}\sum_{m=-l}^{l}a_{lm}(k)Y_{lm}(\theta,\varphi)R_l(E,r)\eta(r_s-r)+e^{iK\cdot r}\eta(r-r_s) \tag{3-10}$$

这里，$\eta(x)=\begin{cases}0 & \text{当宗量 } x \text{ 为负时}\\ 1 & \text{当宗量 } x \text{ 为正时}\end{cases}$

(r,θ,φ) 是以原胞中心为原点的球极坐标变量，$Y_{lm}(\theta,\varphi)$ 是球谐函数，矢径函数 $R_l(E,r)$ 由方程式（3-8）确定。系数 $a_{lm}(k)$ 则由函数在 $r=r_s$ 处连续的条件决定。按此条件确定的函数 $A(k,r)$ 称为缀加平面波（LAPW）。一般说来，LAPW 是一个连续的函数，但在 $r=r_s$ 处，函数的导数不连续。晶体电子的波函数 $\psi(k,r)$ 写成 APW 的线性组合，即

$$\psi(k,r) = \sum_j b_j(k) A(k + K_j, r) \tag{3-11}$$

代入薛定谔方程，再对系数 $b_j(k)$ 作变分，得到确定晶体电子能量的久期方程式：

$$\det \left| \langle A_i | H - E | A_j \rangle \right| = 0 \tag{3-12}$$

式中，A_i 代表缀加平面波 $A(k+K_j, r)$。

为了从理论上理解Ⅵ族二硅化物 RSi_2 的结构能，Mattheiss 等人[47~49]利用线性缀加平面波方法（LAPW）计算了这些化合物中的六方 $C40$ 与四方 $C11_b$ 结构相的总能量，比较了具有 $C40-C11_b$ 结构的Ⅵ族金属硅化物 $CrSi_2$、$MoSi_2$ 和 WSi_2 的结构－能量的差异，并与非松弛几何学方法进行了比较，结果显示 $C11_b$ 比 $C40$ 结构更加稳定。从图 3－35 中可以看出，对于金属硅化物 $CrSi_2$、$MoSi_2$ 和 WSi_2，$C40$ 和 $C11_b$ 两种结构的能量－体积曲线

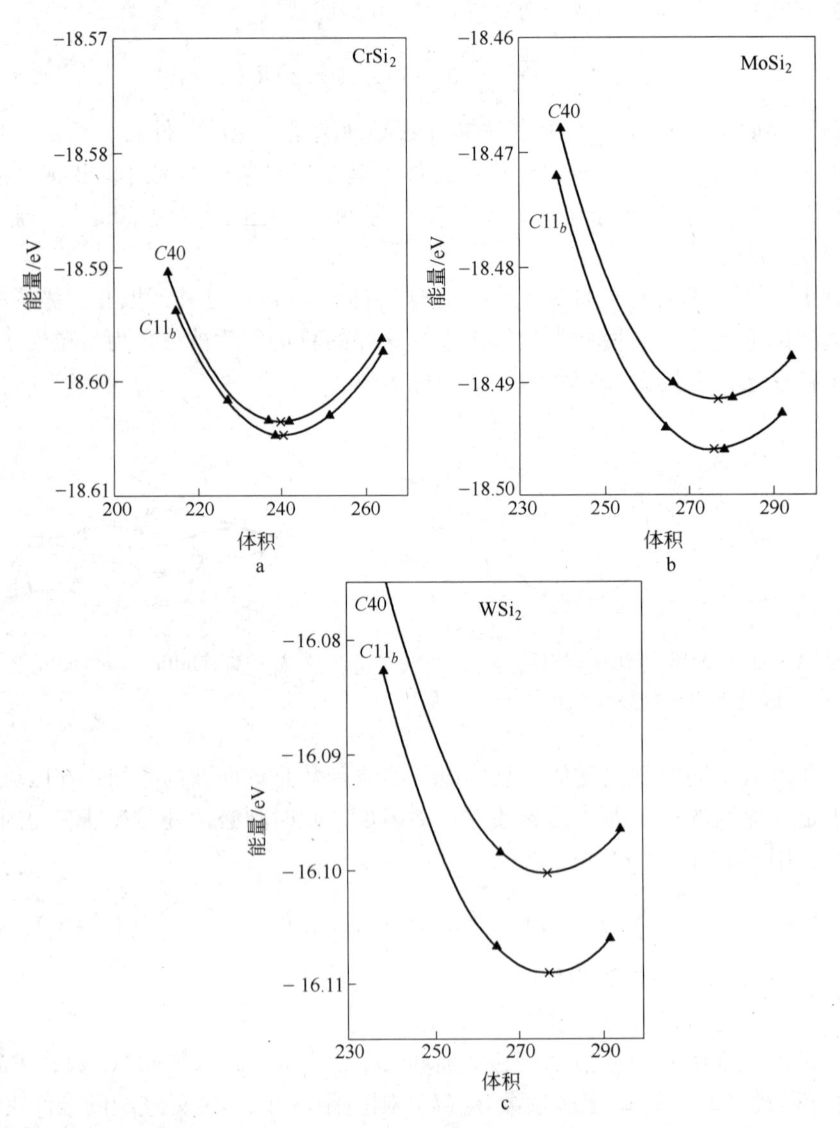

图 3－35 LAPW 计算结果：$C40(c/a=1.40,\ x=1/6)$ 和 $C11_b(c/a=\sqrt{6},\ x=1/3)$ 两种晶型价电子能量 E_{val}（valence－electron energy E_{val}）—体积变化曲线[48]

a—$CrSi_2$；b—$MoSi_2$；c—WSi_2

变化趋势基本一致，最低点基本处在同一个位置，但是 $C11_b$ 总是处于 $C40$ 的下方，也就是说 $C11_b$ 比 $C40$ 结构具有更低的能量。对比其他两种硅化物，$CrSi_2$ 的 $C40$ 和 $C11_b$ 曲线靠的最近，说明 $CrSi_2$ 两种不同结构之间的能量值相差最小。

3.2.2.5 线性蛋糕模子轨道法

线性蛋糕模子轨道法（Linear Muffin – Tin Orbital，LMTO）中假定原胞中原子球的体积总和等于原胞体积：原子球内势场是球对称的。LMTO 方法中的基函数 MT 轨道为式（3 – 13）：

$$\chi_{\mathrm{L}}^{k}(r) = \frac{\Phi_{\mathrm{tlm}}(-l-1, r-q)}{\sqrt{s_1/2}\,\Phi_{\mathrm{tl}}(-)}\delta q'q - \sum_{l'm'} \frac{\Phi_{\mathrm{t'l'm'}}(l', r-q')}{2(2l'+1)\sqrt{s_1/2}\,\Phi_{\mathrm{t'l'}}(+)} s_{\mathrm{L'L}}^{k} \tag{3-13}$$

久期矩阵由 Ω，π 矩阵给出：$H - EO = \pi[\Omega - (E - E_{\mathrm{r}})\pi]$，其中 $L = q, t, l, m$，χ_{L}^{k} 表示原胞中第 l 个原子球，其球心位于 q 的 lm 量子态所对应的 MT 轨道；$s_{\mathrm{L'L}}^{k}$ 为结构常数，其余的是常规的势参数符号[50]。所谓的内部求和计入空 d 轨道的处理是指在式（3 – 13）中让 L 包含 s，p 态，而让 l' 包含 s，p，d 态，也就是说把较高能量的未被电子占据的 d 轨道的作用以内部求和的扰动方式计入到 MT 基函数和久期矩阵中去，同时又不增加久期方程的阶数。

O. K. Andersen[51] 等人利用局域密度泛函理论（Local – Density Functional Theory，LDFT）和 LMTO 方法计算了 $MoSi_2$ 的电子结构。图 3 – 36 和图 3 – 37 分别为 $MoSi_2$ 的能带结构和总的态密度曲线。结果显示，$MoSi_2$ 的能带结构中共有 0 ~ 14 个带隙，第 7 个带隙很宽，并且贯穿整个布里渊区，$Mo^{+1}Si_2^{\frac{-1}{2}} = Mo\ \ 4d^5\ \ Si_2\ \ 3s^2\ \ 3p^{2.5}$。

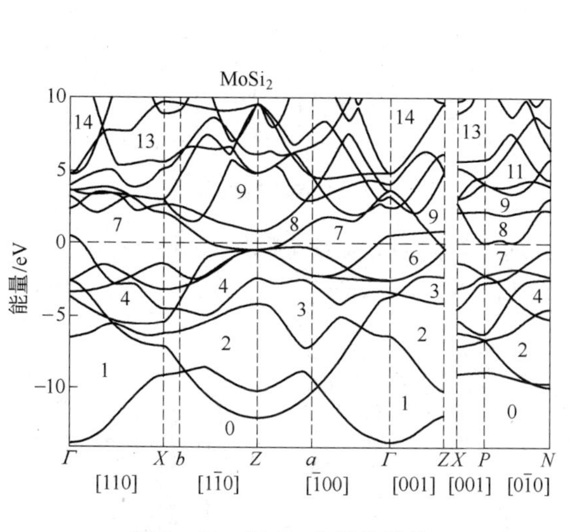

图 3 – 36 $MoSi_2$ 的能带结构

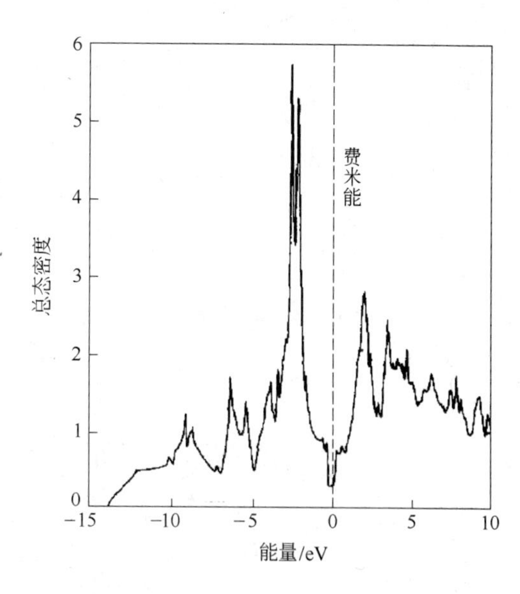

图 3 – 37 $MoSi_2$ 的总态密度（DOS）曲线

3.2.2.6 原子球近似 – 线性蛋糕模子轨道法

原子球近似（Atomic Sphere Approximation LMTO，ASA – LMTO）方法是基于密度泛函理论，采用蛋糕模子（Muffin – tin）轨道的线性组合，在原子球近似下的一种能带计算方法，在 ASA – LMTO 能带计算中，原子球（ASA）内的晶体势采用球对称近似。实际上，原子球之间的交叠区势场是偏离球对称的，为了减小交叠区对球对称势的影响，在原子球间隙区添加空原子球（简称空球），这样提高了填充比（原胞中相切的 Muffin - tin 球的体积总和与原胞体积的比值，简称 M - T 球填充比），随着填充比的提高，交叠区对球对称势的影响减小了。在 Muffin - tin 轨道的计算过程中，采用半相对论的 Dirac 方程，忽略自旋一轨道的耦合和电子之间的交换作用，并采用 Bath - Hedin 局域自旋密度模型，久期方程由原胞中原子球的分波态决定，所需的基函数少，因而久期方程的阶数也小。

R. Girlanda[52] 采用 ASA - LMTO 方法计算了 CsCl 结构的 FeSi 和四方结构的 $\alpha FeSi_2$ 的能带结构。图 3 - 38 给出了 Fe 原子的电荷 q（单位为 e）随点阵常数的变化。$\alpha FeSi_2$ 中 Fe 的电荷转移数 q 随实验点阵常数 a_{exp} 的增加呈直线下降，FeSi 相对来说变化很小。图 3 - 39 为 FeSi 和 $\alpha FeSi_2$ 的态密度（DOS）随能量的变化曲线（$E_F=0$）。图中可看出 FeSi 表现半金属特性，而 $\alpha FeSi_2$ 呈现金属特性。DOS 曲线中，最强烈的是 Fe 的 d - 态，其次是 Si 的 p - 态。FeSi 中 Fe 的 d - 态和 Si 的 p - 态强烈杂化，而 $\alpha FeSi_2$ 则存在 Fe 的 d - 态和 Si 的 s - 态的杂化。图 3 - 40 为 FeSi 和 $\alpha FeSi_2$ 沿着高对称布里渊区的能带结构。图中 FeSi 在 -2.5eV 与 -1eV 之间的价电子曲线相对比较平坦，仅在 M 和 Δ 处有点下降，0.5eV 处的曲线在 Z 处呈直线展开。在 $\alpha FeSi_2$ 中，当 $E\approx -4.3$eV 时，M 处各能带曲线捆扎在一点，在 Σ 与 Λ 处比较平坦，E 大约为 -3.5eV，A 点处为 -2.5eV。捆扎的能带在 Λ 大约为 -1.5eV，在 A 处为 0.5eV。

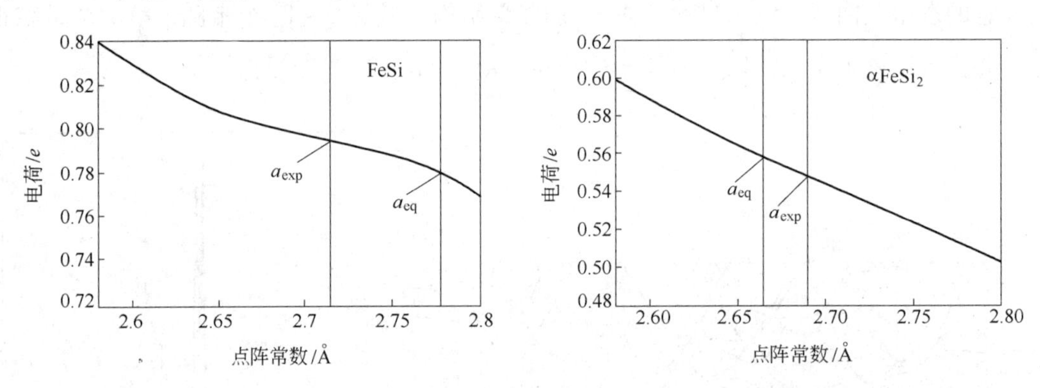

图 3 - 38　FeSi 和 $\alpha FeSi_2$ 中 Fe 原子的电荷 q（单位为 e）随点阵常数的变化[53]

a_{eq}—理论计算值；a_{exp}—实验值

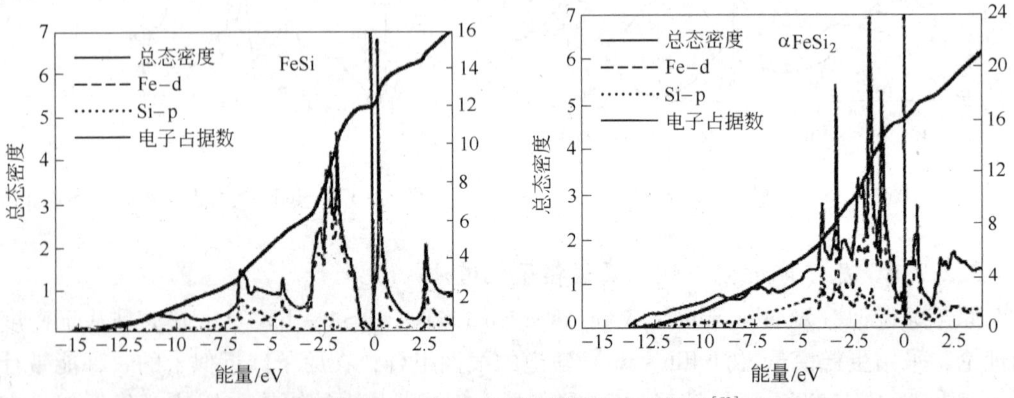

图 3 - 39　FeSi 和 $\alpha FeSi_2$ 的态密度随能量的变化曲线[53]（$E_F=0$）

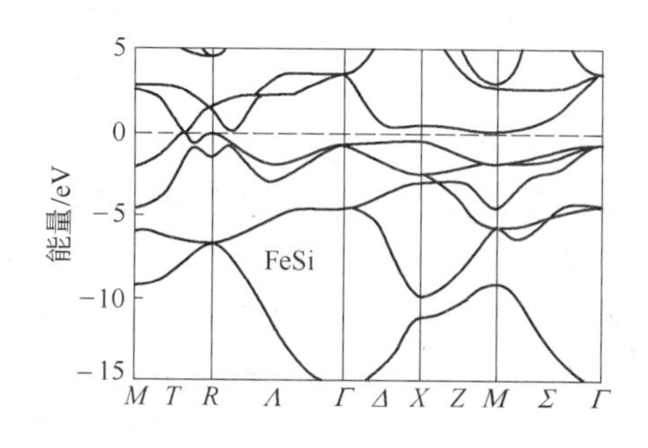

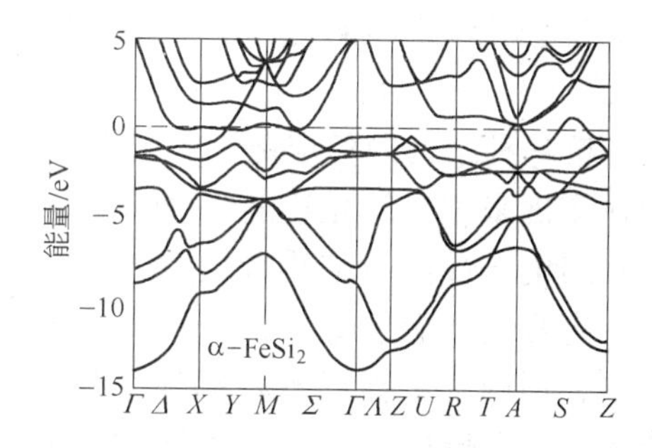

图 3-40 FeSi 和 α-$FeSi_2$ 沿着高对称布里渊区的能带结构[52]

3.3 块体硅化物的电子结构

从 20 世纪 80 年代开始，金属硅化物的电子结构和电性能引起了人们的广泛关注，主要是由于金属硅化物在电子器件，尤其是在大规模集成电路中具有广阔的应用前景。硅化物具有与金属相似的物理性质，如具有导电性、顺磁磁化性，热电性和可压缩等物理特性，这主要取决于它的电子动能。迄今为止，人们研究了许多二元块体硅化物和硅化物薄层的电子结构，但是对于三元的和高度有序的硅化物研究得比较少。

在块体硅化物中，人们对近贵金属（Ni，Pd，Pt）和难熔金属（Cr，Mo，V，Nb）的硅化物做过比较深入的研究。这些硅化物的电子性质存在差别，而造成差别的原因是 d-能带的充填情况不同。下面对它们的电子性质作稍微详细一点的介绍，着重阐述由于 d-电子带的占据情况不同而引起的各硅化物的电子性能的差别。

3.3.1 化学键和化合物的稳定性

为了预测在硅/过渡金属界面反应中形成的硅化物，我们必须了解两个基本问题：（1）为什么化合物会形成和它们怎样形成；（2）它们会以什么结构出现。第一个问题涉及硅化物形成的物理机制，物理机制与系统中的化学键联系在一起。第二个问题要求确定能够稳定一种给定结构的电子因素。在确定价电子的分布时，明确元素组元的原子轨道作用，只有这样才能对化学键作全面的描述。

我们可以从金属-硅相图的富金属边开始，尝试着了解哪些因素决定了 Ni_2Si，Pd_2Si 等化合物的稳定性。Friedel[53] 指出过渡金属中 d-电子能带的形成是对其内聚能的主要贡献。当金属原子聚集在一起时，原子的 d-轨道会形成一个能带，能带的宽度取决于相邻原子的 d-轨道之间的跳跃整数。其在真空中的能量比在自由原子中的能量更高一些，因为在形成金属时，电荷受到很大的压缩。而电荷的压缩主要是传导的 sp-电子被吸引至 Wigner-Seitz 原胞内以保持电中性。不同原子共振能级之间的相互作用导致 d-电子能带的形成。当 Si 原子插入过渡金属的点阵中，原子 d-轨道彼此排斥、跳跃整数减小，d 能带变窄，共振能级向高结合能的方向移动，这会导致 d-电子键合强度变弱和内聚能的损失；为了弥补这一损失，Si 的能态和金属轨道之间的耦合必然发生，从而形成比原来两种状态更紧密的键合态。填充这些成键的轨道导致键的强化，使得金属硅化物具有很强的稳定性。可以预计，反键合态主要是空的，因为填充这些能态会导致键的弱化。总能量计算和大量的实验数据表明，硅的 p－轨道和金属 d－轨道之间存在强相互作用。

在分析各种结构的稳定范围时，金属 d－电子在决定化合物的性质方面所起的重要作用便显露出来了。硅化物有各种各样的结构，其复杂性和稳定性有很大的差别。因此，要找出电子性质与结构稳定性之间的相关性，似乎相当困难；但用结构图的方法可以在一定程度上做到这一点。图 3－41 是难熔金属和近贵金属硅化物的结构图[54]。结构图中，用两个坐标把各种晶体结构关联起来，一个是价电子数（包括 d－电子），另一个是硅－金属电负性差。不同的结构用不同的符号来表示，两个变量的值就决定了一个给定点的坐标。如果某一结构在一定的成分范围内稳定，利用结构图可以成功地将这些区域分离开来。在计算价电子数时必须将 d－电子考虑进去，这一点对实现这种区分非常重要。这种做法实际也证明了 d－电子成键与硅化物的稳定性之间存在着显著的相关性。在绘制结构图时，使用了原子电负性参数，表明短程化学相互作用是决定晶体结构的主要因素。

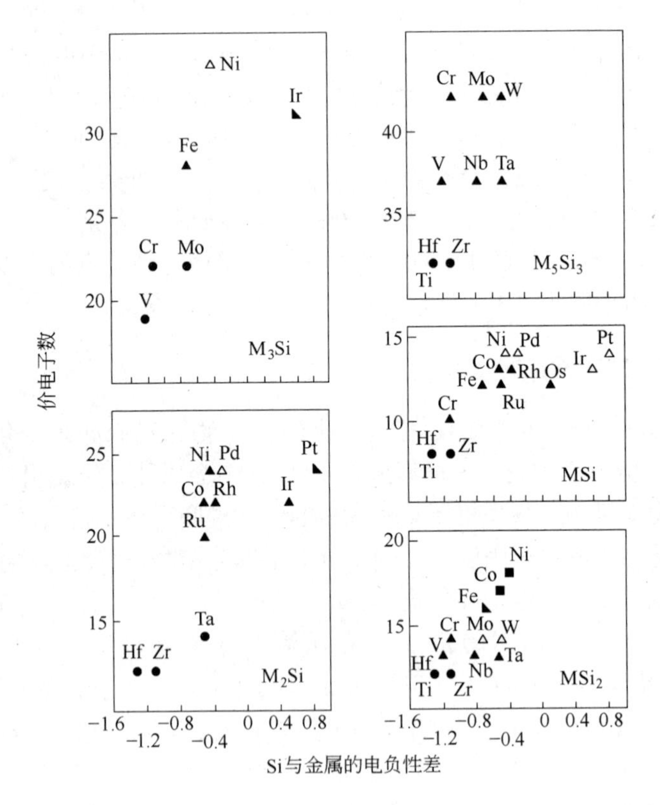

图 3－41　不同化学计量比难熔金属和近贵金属硅化物的结构图[54]

（横坐标是硅－金属之间的 Mulliken 电负性差值，纵坐标是每个分子中的价电子数（包括 d－电子））

3.3.2　$\beta FeSi_2$ 的电子结构

近年来，$\beta FeSi_2$ 在低温下波长为 1.5μm 和室温下波长为 1.6μm 的电致发光的现象被陆续报道[55,56]，英国 Surrey 大学的 Kevin P. Homewood 教授的实验室采用 p－Si/$\beta FeSi_2$/n－Si

结构做成了 LED，并在 Nature 上发表了此 LED 红外电致发光的结果[57]。这些研究报道再次掀起了世界各国科学家对 $\beta FeSi_2$ 在光电子器件应用方面的研究热潮。$\beta FeSi_2$ 因其原料价格低廉且利于环保而成为一种非常有前途的热电材料，人们对 $\beta FeSi_2$ 的能带结构做了很多的研究。

就电子结构而言，$\beta FeSi_2$ 是由 2 个原子形貌不同的簇 $Fe^{I}Si_8$ 和 $Fe^{II}Si_8$ 构成，在每个簇中，处于中心的 Fe 原子周围有 8 个 Si 原子，它们构成了变形的正方体结构。在这种结构中，Fe 原子的 3d 轨道上的电子和 Si 的 2p 轨道上的电子发生耦合。这表明 Fe 的 3d 轨道和 Si 的 2p 轨道作用形成的反键决定了 $\beta FeSi_2$ 半导体的性质。

对 $\beta FeSi_2$ 的能带结构的研究关系到 $\beta FeSi_2$ 能否应用到光电子领域的关键问题。由于理论和实验结果的不统一，目前这方面争论还比较大。实验的测量主要是通过吸收边附近带隙跃迁的规律，即吸收系数与光子能量的关系来判定，而理论工作主要以第一原理计算为主。

在吸收边附近，直接带隙半导体的吸收系数与光子能量关系为式（3 - 14）

$$a(h\nu) = A(h\nu - E_g^d)^{\frac{1}{2}}, \tag{3-14}$$

而对间接带隙半导体则有式（3 - 15）

$$a(h\nu) = A'(h\nu - E_g^{\mathrm{lnd}} - E_{\mathrm{pk}})^{\frac{1}{2}} \tag{3-15}$$

$\beta FeSi_2$ 的直接带隙的能带结构正是基于这一原理进行测量的。图 3 - 42 是 $\beta FeSi_2$ 薄膜的光吸收系数平方与入射光能量关系的曲线，E_g 在 0.80 ~ 0.89eV 之间[58]。

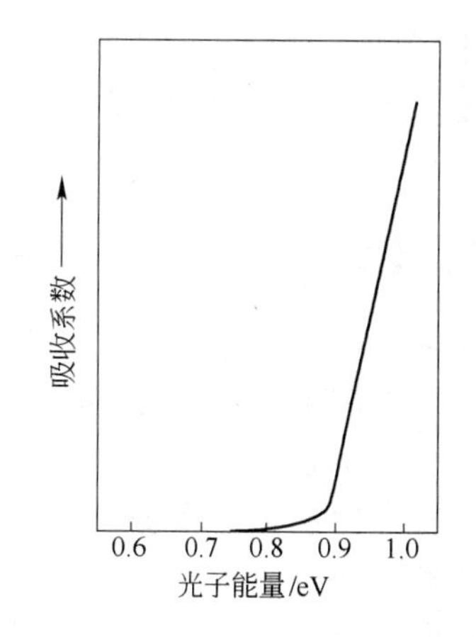

图 3 - 42 $\beta FeSi_2$ 直接带隙的光吸收法确定[58]

Eppenga[59]等在 1990 年采用基于第一性原理的扩展球面波方法（ASW）对 $\beta FeSi_2$ 的能带结构进行了计算，得到一个宽度为 0.46eV 的直接带隙和宽度为 0.44eV 的间接带隙；Christensen 等[60]在 1990 年采用线性蛋糕模子轨道法计算了 $\beta FeSi_2$ 的能带结构，得到一个宽为 0.80eV 的直接带隙和一个宽为 0.77eV 的间接带隙，而且在 $T = 0K$ 间接带隙仅比直接带隙低 35meV，他认为 $\beta FeSi_2$ 中 Γ 点的跃迁为 d - d 跃迁，见图 3 - 43。Eisebitt 等人[61]采用全势线性缀加平面波方法（FLAPW）进行计算，得到一个沿 $Z\Gamma$ 的对称点处宽为 0.78eV 的直接带隙，在 Y 点得到一个宽为 0.82eV 的直接带隙；Filonov 等人[62]采用基于局域密度近似（LDA）的线性化 Muffin - tin 球轨道 LMTO 方法计算了 $\beta FeSi_2$ 的能带结构，得到宽为 0.74eV 的直接带隙，如图 3 - 44 所示。潘志军等人[63]采用 FLAPW 方法对 $\beta FeSi_2$ 的能带结构进行了计算，在能带点 H 处得到直接带隙宽度为 0.74eV，在点 H 处与 $\Lambda/3$ 之间值存在 0.71eV 的间接带隙。闫万珺等[43]采用基于第一性原理的赝势平面波方法计算了 $\beta FeSi_2$ 的能带结构和能态密度，结果表明 $\beta FeSi_2$ 属于一种准直接带隙半导体，禁带宽度为 0.74eV，其能态密度主要由 Fe 的 3d 层电子和 Si 的 3p 层电子的能态密度决定。

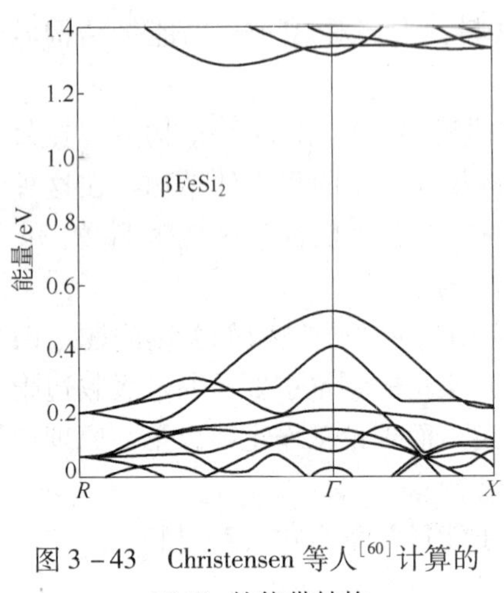

图 3-43　Christensen 等人[60]计算的 $\beta FeSi_2$ 的能带结构

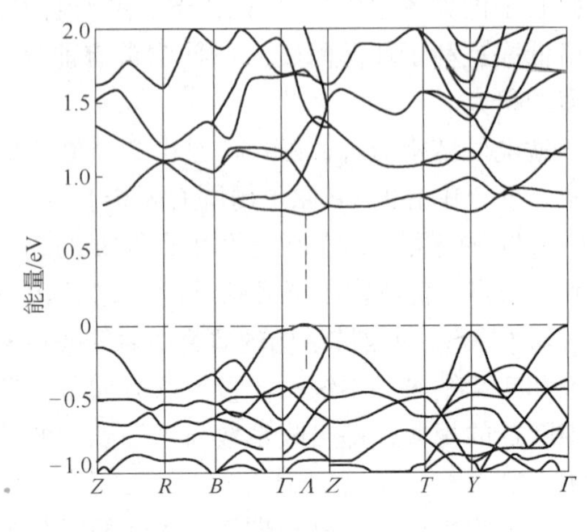

图 3-44　Filonov 等人[62]计算的 $\beta FeSi_2$ 的能带结构

针对 $\beta FeSi_2$ 中是否真正存在间接带隙，Giannini 等人[64]研究了不同温度下厚度为 450nm 的多晶 $\beta FeSi_2$ 的光吸收特性，对吸收带尾进行了间接跃迁的拟合，但鉴于所测样品本身存在很多缺陷，实验也无法确定带尾起源于间接跃迁。Alvarez 等人[65]利用紫外光电子能谱（UPS）对 $\beta FeSi_2$ 的电子结构进行了研究，指出费米面紧靠价带边缘，并且被高密度的缺陷所钉扎，这种结构也说明了含有高密度缺陷的 $\beta FeSi_2$ 为空穴导电。

3.3.3　过渡族金属硅化物的电子结构

某些过渡金属硅化物（Ni 和 Pd）的价带的光电子能量谱示于图 3-45，此图同时也给出了纯金属的谱线[35]。能量分布曲线清楚地表明化合物的形成导致 d 能带的主峰变窄，还导致主峰的重心向高结合能方向偏移。Pd_2Si 的 d-能带结构看起来比纯金属的更复杂。这表明当硅化物形成时 d 电荷发生了较大的再分布。但是，从纯 Ni 到 Ni_2Si，同样的情况并不出现。在 Ni 和 Ni_2Si 两种情况中，d-电子能带都呈三角形，在高能量的一边更不对称。这种行为有点反常，这主要是由于纯 Ni 的相关效应所致。随着 Si 含量的增加，主峰明显变窄。由实验得到 Ni 的硅化物的电荷分布曲线示于图 3-46[66]。作者认为硅化物的电子结构与贵金属的电子结构的相似性，因而过渡金属的硅化物的 d-能带基本上被充满，并推测费米能级 E_F 处的态密度仅仅来自 sp-态。然而光电激发实验数据表明即使在富硅的材料中，金属 d

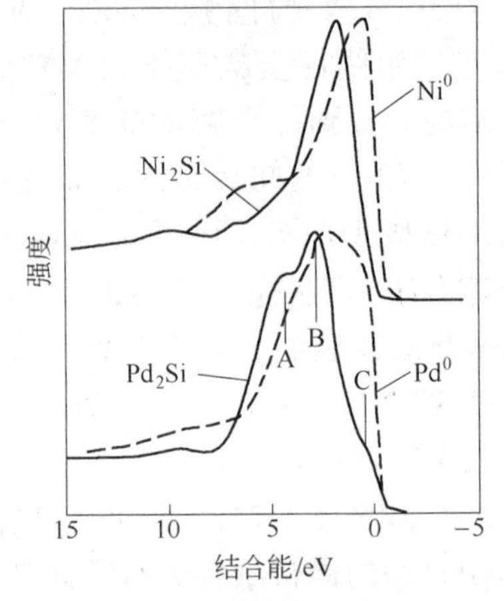

图 3-45　块体硅化物 Ni_2Si、Pd_2Si 的 XPS 价带光谱与块体纯 Ni、纯 Pd 光谱的比较[35]

-轨道对 E_F 附近初始态密度也有较大的贡献。增加硅的浓度可以部分地将这些态从 E_F 处移走，但即使当硅含量达到25%时，它们仍然在谱中出现。

3.3.4 难熔金属硅化物的电子结构

对Si与难熔过渡族金属（Ti，V，Cr，Nb，Mo）的富金属化合物已进行了很多研究，其中的一些，具有A15结构的化合物，在低温下具有异常的超导性、弹性常数及结构不稳定行为。为理解这类硅化物的电子特性，有必要考察成分变化对能带结构的影响。近来获得了几种成分和化学计量比的难熔金属硅化物的电子结构数据[67~70]。结合单粒子态密度的研究结果，可以准确地对这些材料的电子特性进行描述。

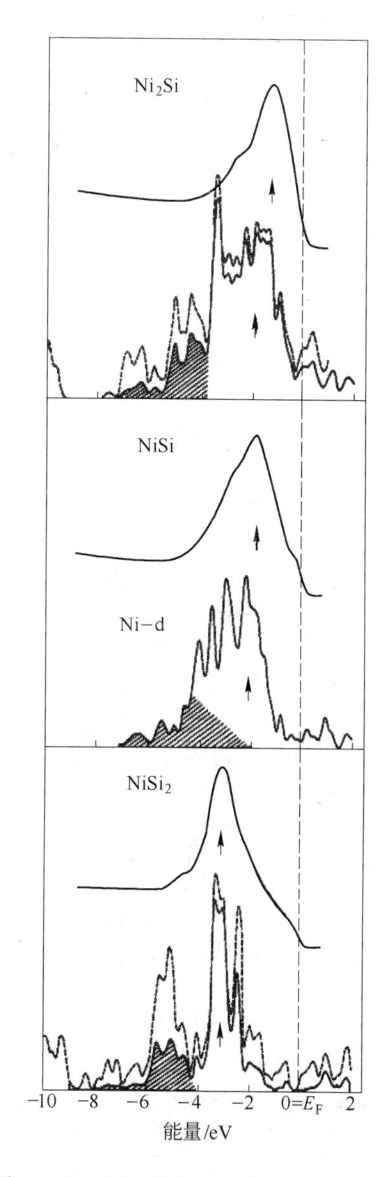

图3-46 DOS计算的块体 Ni_2Si，NiSi，$NiSi_2$ 实验光电子散射光谱的对比[66]
（阴影部分表示在键合态图形中的Si p/Ni d态杂化；空白部分为初始未键合d态。总DOS（虚线），Ni d对DOS的投影（实线），$h\nu=50eV$ 的EDC（顶端部分实线））

图3-47给出了不同Si浓度下二元Cr-Si化合物的计算总态密度（DOS）以及纯Cr的谱线[66]。在金属中DOS分为两个峰，具有体心立方结构的特征。费米能级在两个峰之间处于最低状态，为近半填充能带状态。Si原子的添加产生了结构化的d带并在 E_F 上增加了DOS，在CrSi中这一变化尤为明显。继续增加Si含量至 $CrSi_2$，则在 E_F 上DOS降低。产生于Si轨道与金属d态杂化的键合态位于-5到-8eV之间，而反键合态的位置比 E_F 高几个eV。从 Cr_3Si 到 $CrSi_2$，Si态的演变可以很清楚地由Si的s-轨道的行为来说明，Si的s-轨道在富金属化合物中于-10eV处形成了禁带，而在二硅化物中则与p-轨道耦合在-14~-8eV范围内表现出态的连续性。

二硅化物 $CrSi_2$ 是唯一的一种在450℃反应后生长于Si上的Cr-Si化合物。图3-48给出了几种难熔金属硅化物在 $h\nu=50eV$ 下的能量分布曲线（EDC）与理论态密度（DOS）之间的对比[69]。$CrSi_2$ 曲线中出现了两个主要的光谱特征，它们的相对强度随光子的能量而改变，但两者在 $h\nu>25eV$ 下则差别很小。因此似乎它们具有初始态密度的特征。对于图3-48中 $CrSi_2$ 的实验曲线来说，在0.6eV处有一主峰，在大约1.7eV处有一宽化的肩（在1.3~3eV间扩展）。计算预测了 $CrSi_2$ 在 E_F 之下0.65eV处一主要的未键合3d特征，而在1.3~4eV间扩展的宽结构的形成则是由于2.4eV处的3d-键合态和1.8eV处的未键合态特征。但总的来说 EDC 的结果表示 d 带比理论所描述的具有更紧密的形状。关于两个峰的相对强度，从与 Si 键合的状态中产生的结构要比从未键合态所产生的结构弱。

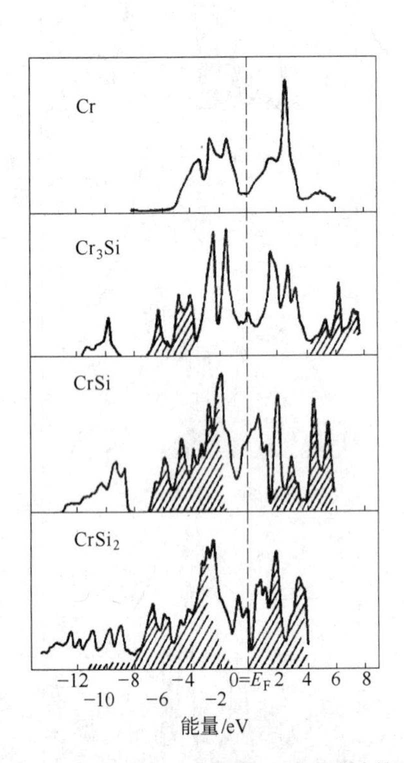

图 3－47 Cr_3Si，CrSi 及 $CrSi_2$ 的计算 DOS，给出了未键合 d 态（侧面）和反键合 Si p/Cr d 态（阴影）[66]
（随 Cr 含量增加未键合 d 态逐渐变宽）

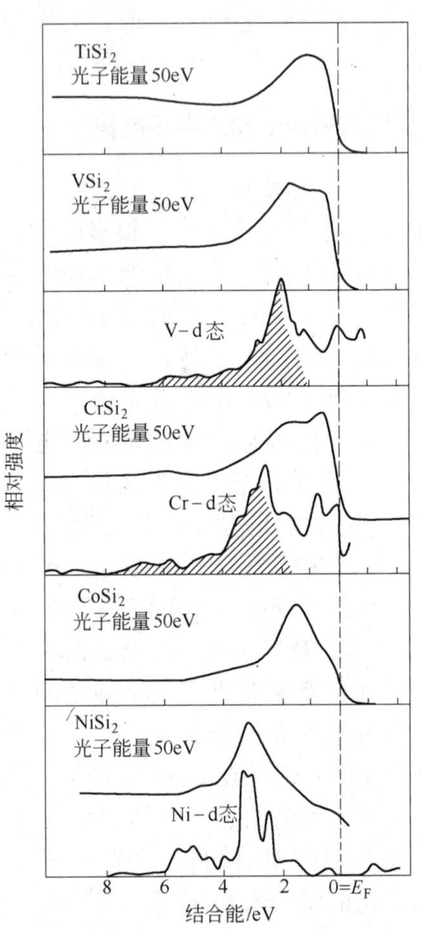

图 3－48 价带散射和 3d 金属－二硅化物理论上金属（d 态）对 DOS 的投影[69]
（阴影表示 Si（p 态）/金属（d 态）键合态）

图 3－48 中 VSi_2 的实验能量分布曲线（EDCs）显示，除 1.6eV 处的主峰外，在 5.5eV 和 7.2eV 处出现了子结构。理论计算结果的对比说明此硅化物在 1.6eV 和 5.5eV 处具有很大作用的金属 3d 态的特征，而在 7.2eV 处只具有 p－特征的 Si 结构[71]。在同一图中给出了一系列 3d 金属硅化物在 $h\nu=50$eV 处的价带散射。可以看出 $TiSi_2$ 和 VSi_2 的主要散射与杂化 pd－轨道有关。随着 E_F 之下未键合 d 态出现数目的增加，在硅化物系列中曲线向更高结合能的方向偏移。对于此系列的 $TiSi_2$ 来说，其电子散射具有未键合 3d 特征，并且在主 d 带之下近 2eV 处的杂化轨道具有宽肩形的特征[69]。$CrSi_2$ 在某种程度上具有以上两种特征。此结果与 Egert 和 Panzner 对 $FeSi_2$ 的研究结果相一致[72]。对 $NbSi_2$ 和 $MoSi_2$ 的分析也得到了相似的结论，尽管其 d 带比 3d 金属化合物的要宽，但两者具有相似的光谱特征。具体细节可见文献［68，69］。

3.3.5　贵金属硅化物的电子结构

二元金 - 硅体系相图是一简单的共晶相图，并且在平衡条件下没有稳定的化合物存在[73]。但是，借助非常规手段如近共晶成分熔体和蒸汽混合物快淬[74]、激光熔淬技术[75]、等离子溅射、气相沉积及离子束共混合等技术可以制备出亚稳相或非晶相。非晶相在室温下不稳定，一定条件下可转化为稳定的晶相。

Alvarez 等人[65]在较大的浓度范围内研究了非晶 Au - Si 合金的光学性质。他们得到的主要结论是随 Si 浓度的增加，带隙向更高能量方向移动，并且比纯金的弱很多。带隙的偏移是由费米能的变化引起的，作者在计算费米能的变化时，假设了 Au 向载流电子浓度贡献一个电子，Si 贡献四个电子。这个研究发现与金属 d 态作为振荡能级与自由电子连续体相耦合的作用形式一致，这表明贵金属硅化物中的 Si p/金属 d 耦合比近贵金属硅化物中的要弱。假设 Au_3Si 为理想晶体结构的理论计算也支持了这一结果[76]。如图 3 - 49 所示，Au 的 d 带位于 - 3.5 ~ - 8.3eV 费米能级范围内，并且只出现了两个子结构，分别位于 - 3eV 和 - 9eV 处，这是由于和 Si 态的耦合作用引起的。

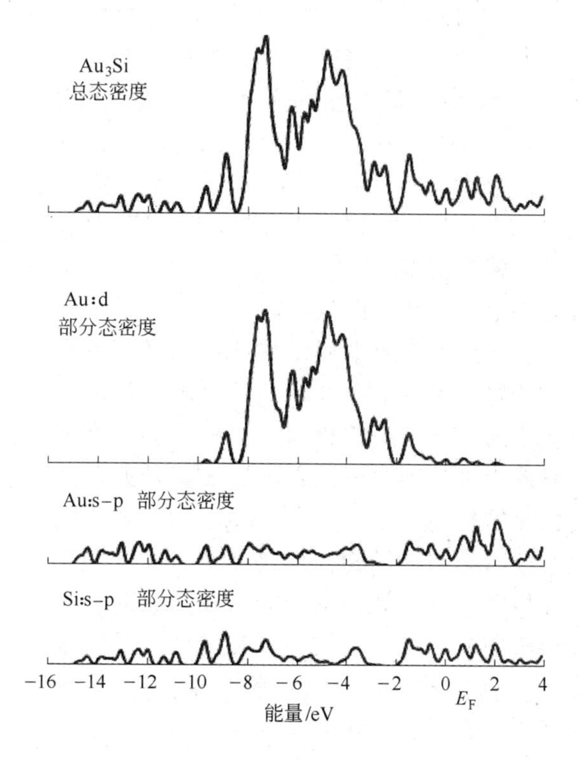

图 3 - 49　理论总态密度（DOS）及其各部分所作的贡献[76]

3.4　薄膜硅化物的电子结构

大量的研究结果表明，沉积到单晶硅表面的过渡金属通过反应形成硅化物[77~80]。薄膜硅化物通常用于 MOS 管中的源、漏、栅与金属互连导线的接触，以降低器件的串联方阻，从而可以提高器件开关速度。

3.4.1　金属 - 硅界面形成与表征

金属 - 硅界面的特性取决于多个因素，如金属硅化物的性质，退火温度，沉积条件等等。为了弄清楚硅化物形成的物理机制，人们对金属薄膜与硅之间的反应进行了大量的实验研究。通常的做法是将过渡金属沉积在硅的表面上，在随后进行的热处理过程中，金属与硅反应形成硅化物。Ni - Si 的表面可生成多个不同结构硅化物，图 3 - 50 给出了 Ni 沉积在 Si 系中形成的相的序列，即“硅化物树”[81]。在 200℃ 左右形成的 Ni_2Si 是第一个硅化物，这个相不断长大直至所有的金属或者硅都消耗完。如果硅先消耗完，则形成富金属的化合物（见图 3－50 的左边）。如果金属先消耗完，则富硅的化合物继续生长（见图 3－50 的右边）。该图中的箭头方向指出了化合物的形成序列，箭头由其中两个相指向一个正在生长的化合物，从中可以看出要形成一个指定的化合物，其他这两个相的存在是必要条件。例如，Ni_3Si_2 这个相的形成从 Ni 沉积到硅上面开始，在大约 200℃，Ni 和 Si 发生反应形成 Ni_2Si。当 Ni 消耗尽之后，Ni_2Si 和 Si 一起引起 NiSi 的生长。如果硅足够厚，Ni_2Si 和 NiSi 这两层硅化物分别生成。这时，Ni_3Si_2 开始在这两个相之间生长。

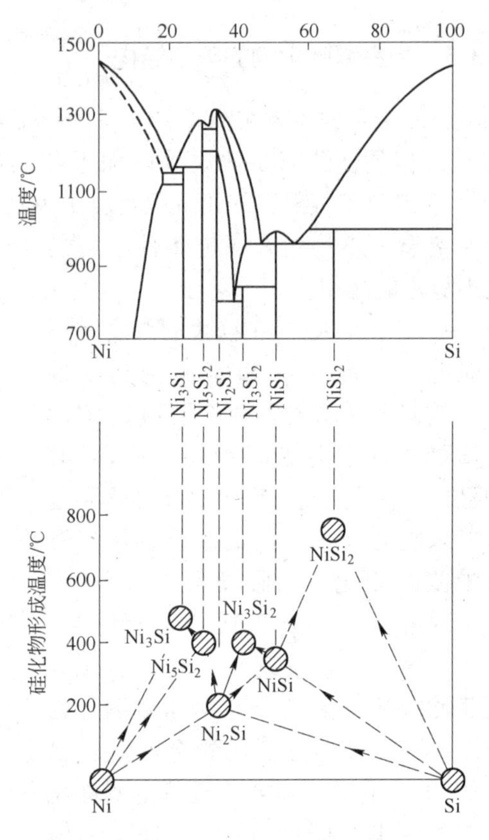

图 3－50　Ni－Si 化合物相形成顺序与形成温度的“关系树”图[81]

（Ni－Si 相图画在树的上方）

对于薄膜反应中硅化物的形成序列有不同的解释，Walser 和 Bene'[82]提出了把薄膜反应中第一个出现的相和大块材料的平衡相图联系起来的唯象理论：由金属蒸发或者溅射到冷的 Si 基体上所形成的过渡金属/硅界面具有金属玻璃的结构，金属玻璃的成分接近平衡相图中共晶熔点的成分。在退火时，最先形核生成的晶相是与共晶相邻的、最稳定的、具有同成分熔点的那个相。Tsaur 等人[83]进一步指出：第一个化合物与剩余的元素（硅或者金属）形成的后续产物将是：富含未反应完的那个元素的、最近邻的同熔点化合物。同样的规律也适用于包晶反应形成的相。这些经验规则已经被大量的实例所证实。在薄膜反应中，共晶点起着中心作用。由于两个平衡相之间的界面自由能极低，因此共晶点是相图中最重要的点。在许多情况下，最低温度的共晶对应着最低的界面自由能。Ronay[84]指出：在临近中央共晶的相中，最先形成的相是富含主扩散物质的相。这就清楚地指明了在确定相形成序列时，动力学因素的重要性。这些经验关系对总结实验数据，发现薄膜反应中的趋势是有用的，但是还不能揭示硅化物的形成序列的物理机制。尽管硅化物相的负的混合热提供了反应的化学驱动力，是化合物形成的先决条件，但能量的考虑对解释所观察到的硅化物形成序列没有很大的帮助。动力学的考虑可能更恰当。一般地说，在固定温度下，化合物的生长与 $t^{1/2}$ 成正比，扩散过程是热激活过程，改变动力学因素就可能改变硅化物的出现序列。例如，用 NiPt 合金代替 Ni－Si 扩散偶中的纯 Ni，第一个形成的硅化物将是 NiSi 而不是 Ni_2Si。这些实验说明了动力学因素是支配硅化物形成序列的主要因素[85]。基于实验观察，有人提出了一个模型[86]。这个模型指出：相的选择性生长主要由界面成分引起，而界面成分又是由到达界面的通量所控制。对于一个确定的化合物，通量与先前形成的化合物的厚度严格地联系在一起。例如，在 Ni/Si 系统中，这个模型预言：超过 Ni_2Si 的临界厚度后，另一个相会形成。在薄膜中这个临界厚度永远达不到，当所有的 Ni 或者 Si 被消耗掉之后，通量出现急剧的变化，在这种情况下，只有某些相会形成。在厚膜中通量的变化是连续的，因此，几个硅化物会出现。

3.4.2　过渡金属 - 硅界面

过渡金属与硅的接触系统一直被人们所关注，因为它们在界面处具有形成肖特基势垒和外延生长的特征，且用它们制作的器件具有稳定和耐高温等重要特性。

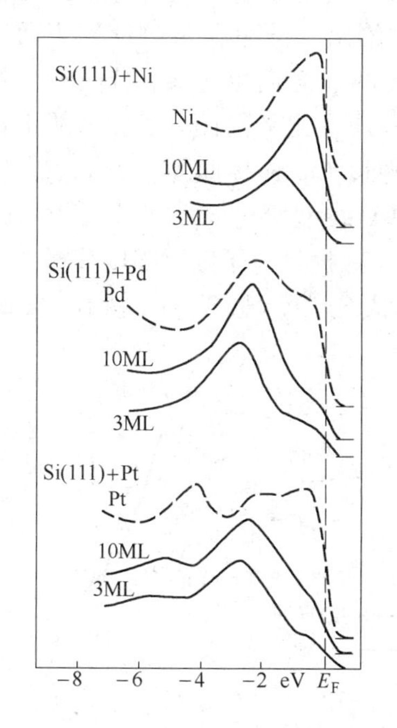

图 3 - 51　Ni，Pd，Pt 沉积至 Si(111) 面 3 ~ 10ML 的角度积分紫外线光谱[87]

为了研究硅化物/硅界面形成的早期阶段，常常对厚度为单个原子层（ML）或几个原子层的超薄膜进行研究。这一类实验通常在超高真空中和一个原子级洁净有序的硅的表面上进行，覆盖层厚度在单原子层（ML）到几个原子之间。图 3 - 51 给出了沉积在 Si(111) 面上的某些近贵金属（Ni，Pd，Pt）的典型紫外光电子能谱[87]，沉积厚度为 3ML 和 10ML。为了便于比较，图中也给出了纯金属的谱线。由图 3 - 51 可以看出，金属沉积层的能量分布曲线（EDC）与纯金属的 EDC 存在很大的差别，这是由于界面上生成了化合物。随金属沉积层厚度的增加，能量分布曲线的结构发生变化，这表明界面中的浓度梯度由富硅一侧向富金属侧发生变化。例如，对于 10ML 厚的 Pt/Si 和 Pd/Si 系统，EDC 曲线依然保留了界面的特征，然而在 Ni/Si 系统中，10ML 厚的金属沉积层的曲线已经接近于纯镍的曲线，这表明 Ni/Si 系统中存在更大的浓度梯度。

通常，超薄膜中的反应动力学比薄膜中的反应要快，界面化合物可以在更低的温度下形成。对于 Au、Cu 和近贵金属元素，界面反应甚至可以在液氮温度区出现。在这样低的温度下，硅的共价键是怎样断裂的是一个令人感兴趣的问题，这个问题涉及界面反应的电子和原子过程，因此，只有对这些过程有了清楚的认识，才能找到这个问题的答案。难熔金属/硅界面的行为不同于贵金属/硅界面，界面反应只能在室温或高于室温时才能激活。沉积在硅上面的贵金属可以导致一个明显的、活性的或者亚稳的界面。影响超薄膜中反应动力学的速度有三方面的原因。

首先是质量输运因素，在薄膜反应中这是控制反应速度的因素，但在厚度只有几个原子层的超薄膜中，质量输运对反应速度的影响力减小；

其次，高清洁度和有序的表面的使用，既允许金属沉积又不产生污染；

第三，在薄膜反应中，化合物的生长涉及发生在金属/硅界面和硅/硅界面上的几步反应，而在超薄沉积层中，硅化物直接在金属/硅界面上形成。许多研究结果指出，退火处理会引起反应层成分和电子结构的显著变化。有人用紫外光电子能谱方法对沉积态和退火态的 Pd/Si(111) 系统进行了研究，实验结果示于图 3 - 52[88]。从该图中可以看出，退火处理首先促进界面反应，然后引起 Si 偏析到硅化物表层，在其他系统中也观察到类似的现象。总之，界面化合物的形成是一个很复杂的问题，退火条件对界面的锐度和硅化物的电子性能也有决定性的影响。

3.4.2.1 Cu/Si 界面

当在液氮温度下发生金属沉积时，Cu 原子与洁净的解理 Si(111) 表面的相互作用产生了一界面混合区域[89]。

Rossi 和 Lindau[90]借助此手段研究了 Cu/Si 界面。图 3-53 给出了 Cu 沉积至 Si(111) 2×1 表面约 12 个单层厚度下的 Si $L_{2,3}VV$ 光谱，同时也给出了洁净的 Si(111) 表面的光谱。不同的曲线具有四个峰。这些结构的出现是由于 Si 的 p 态向由 ≈5eV 分隔开的两个主要结构中重新分布的结果，根据 Ho 等人[24,91]对 Pd_2Si 所提出的简图，Si p 态的重新分布产生了四个 AES 峰。他们研究发现：室温下 12 单层厚度 Cu/Si 界面的电子构型在较大范围（Cu 覆盖层）内是非常稳定的，并且其与 Si $L_{2,3}VV$ 线型所对应的成分（俄歇强度比）在较大温度范围内（最高 350℃）也是非常稳定的。根据光电子散射强度分析，一些研究者提出了这种稳定的混合 Si-Cu 相中 Cu_3Si 的平均成分[90]。对 Si-Cu 来说 Cu_3Si 的成分对应于共晶点。

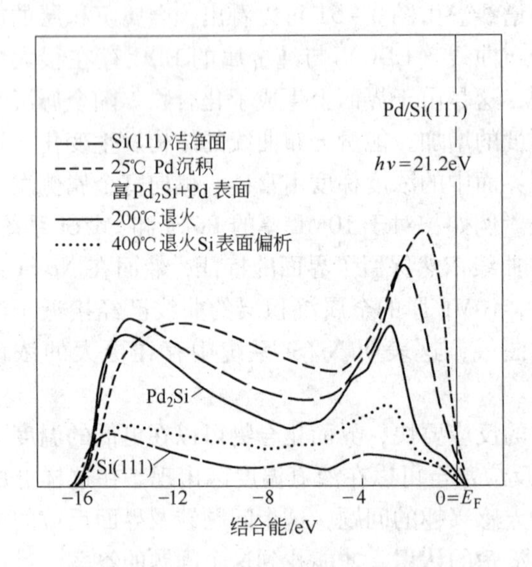

图 3-52 Pb/Si(111) 系统的角度积分紫外光电子谱[88]
---清洁的 Si(111) 7×7 表面；----反应过程中 Pd_2Si 表面，即由过剩未反应 Pd 金属富集的 Pd_2Si；——200℃退火形成的 Pd_2Si（表面和块体）；……过反应的 Pd_2Si 表面，即由 Si 表面偏聚富集的 Si

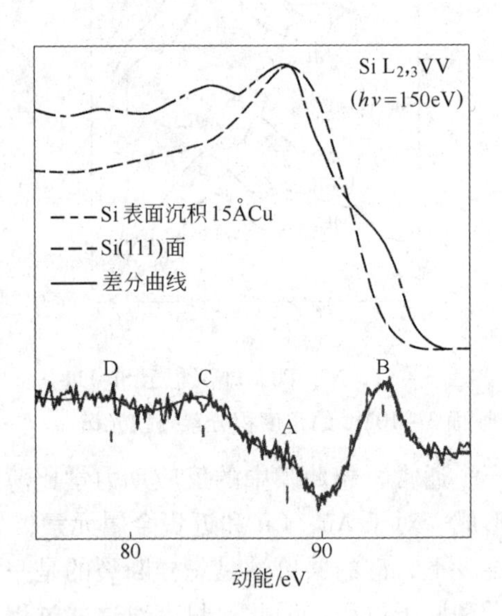

图 3-53 Si+15Å Cu（点线）、洁净 Si(111)2×1 表面（虚线）以及差分曲线（实线）的实验 Si $L_{2,3}VV$ 谱线[90]

室温沉积至 7×7 表面的研究表明在界面形成的开始阶段出现了混合相，此混合相的浓度梯度测量值扩展至几个单层的范围[92]。与 Au/Si 情况相比，没有发现室温下 Si 偏聚的证据。对于一很大的覆盖层来说，Cu 金属薄膜与 Si 基体在混合膜中的生长关系为外延生长。借助接近于 5×5 超结构有序 LEED 谱表征了 400℃之上的单覆盖层。在更高的覆盖层下，根据 Stranski-Krastanov 机制[92]在单层的顶部发现了三维（3D）岛状结构。退火之后，沉积在洁净表面的部分也发现有此岛状结构。空间解析的 AES 表明这些岛状结构由 Cu－Si 混合相形成[93]。

3.4.2.2 Ag/Si 界面

其他近贵金属界面上 Si(111) 表面的吸收过程几乎与表面条件无关，不同的是，由超高真空沉积所制备的 Ag/Si 界面结构的电子特性均随基体表面几何尺寸的变化而发生明显的改变。因此我们将综述一下从 Ag/Si 7×7 切割表面的一些研究结果。一般来讲，Ag/Si(111) 界面在几个单层的范围内非常明显[18,94~96]。

沉积至退火 Si(111)7×7 表面产生了由覆盖层和温度决定的几种结构。室温下 Ag 原子的吸收导致了 1/7 有序点的逐渐消失，直至具有大于 1ML 的强背景 1×1 谱覆盖层出现[95,97]。表面扩展 X 射线吸收精细结构（SEXAFS）测定发现，在沉积的初始阶段 Ag 原子在三重空位置产生了化学吸附，大约在 Si 表面层之上 0.7Å 处。覆盖层大于 2/3ML 时，Ag 的生长模式为逐层模式（Frank－Van der Merwe 机制）[94]或近二维岛状结构的 Stranski-Krastanov 形核[98]。在 200～600℃ 温度之间的吸收可得到$\sqrt{3}\times\sqrt{3}$ R(30°)(R_3) LEED 谱。Ag 原子的进一步沉积形成了 Stranski－Krastanov 生长模式的 3D 岛状结构。Venables 等人[99]用扫描电子显微镜分析表明，随着温度的降低，岛状结构的强度明显增加。他们提出在 RT 层岛状机制与逐层生长机制之间存在一明显的平衡。500℃下退火及室温下沉积单层均可以得到 R_3 谱。

借助不同的光谱技术研究了 Ag 沉积至 Si(111) 上的电子特性[94,95,100]。对于 1ML 的金属沉积来讲，Ag/Si 界面的电子结构与洁净 Si 表面和厚 Ag 薄膜的电子结构截然不同。这一点对于 400℃下沉积不同覆盖层厚度的 EELS 谱中可以很明显地看出（见图 3－54）[94]。吸收 Ag 原子之后所有峰的 Si 表面特征均消失，而块体特征的强度随着 Ag 覆盖层的增加减少很慢。在吸收初期阶段 7.1eV 和 4.6eV 处出现了两个 Ag 诱发的结构。这些峰要宽一些，但是随覆盖层厚度的增加它们逐渐变窄并且向类块体激发（7.5eV 和 4eV）方向偏移。在多于 30ML 沉积之后才会发现块体的光谱。在少量覆盖层下室温光谱几乎相同，但在 1ML 之上则明显不同，这是因为在 2.5ML 处已经得到了块体 Ag 光谱[94]。这是室温生长具有二维特征的结果，Ag(111) 面在第一单层上生长。

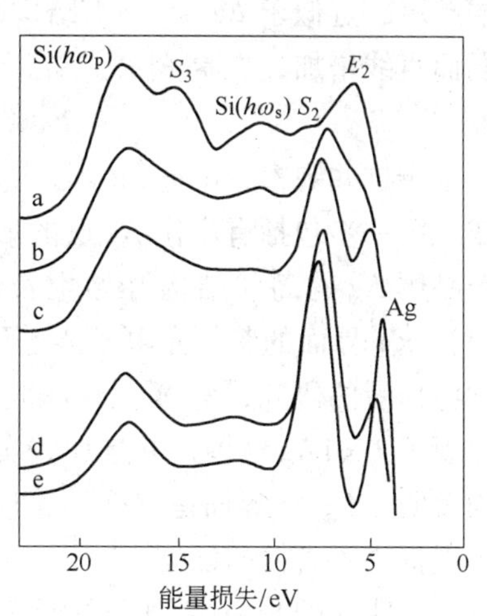

图 3－54 400℃ Ag/Si(111) 的 EELS 光谱

a—洁净 Si(111)7×7 表面；b—$\theta=1/3$ML；c—$\theta=2/3$ML；d—$\theta=10$ML；e—$\theta\approx30$ML[94]

Houzay 等人[101]借助 p－极化中 50eV 角分辨紫外光电子能谱研究了 Ag/Si R_3 结构的电子特性，此结构在单层室温表面退火之后产生。图 3－55 给出了洁净 Si(111)7×7 表面和有序 R_3 结构的正常散射光谱。由有序化层引起的变化主要是具有 Ag 4d 散射特征的两个峰的出现。它们的能隙（0.7eV）和整个结构（1.6eV）的半高宽（FWHM）均小于块体的相应值（分别为 1.5eV 和 3.2eV）。这是有序

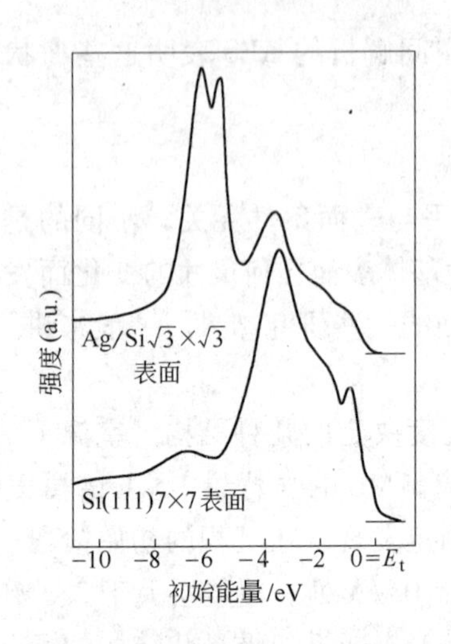

图 3 – 55　正常散射和 p – 极化光（$h\nu$ = 50eV）下洁净 Si(111)7×7 表面和 $\sqrt{3}\times\sqrt{3}$Ag/Si 有序层的角分辨紫外光电子能谱[101]

结构中Ag – Ag之间较弱相互作用的直接证据。这个谱与室温 2/3ML 覆盖层下获得的正常散射 EDC 有很大的区别。在这种情况下观察不到图 3 – 54 中 –3.2eV 处出现的结构以及块体散射。由于使用了 50eV 的光子，所以光电子的逸出宽度很小，并且只能检测到一个或两个表面层的电子结构，–3.2eV 处散射的原因是由于在 Ag 沉积后仍能检测到外层 Si 原子。这一结果与 Saitoh 等人[97]的模型一致，Saitoh 等人的模型假定在高温沉积的情况下 Ag 原子嵌入到 Si 基体中。

可以发现 16Å 厚（大约 7ML）的 Ag 薄膜所具有的能量与单晶体 Ag(111）的能量相同[102]。解理和增加 Ag 覆盖层之后 Si(111）面的 LEED 研究表明，在 0.3 ~ 1.3ML 覆盖层厚度之间金属沉积产生了$\sqrt{7}\times\sqrt{7}$ R(19°）结构，此结构叠加于重组 Si 基体的 2×1 谱上[103]。1.3ML 之上出现了一新结构，由 Ag(111）面平行于 Si(111）面生长所引起。在 2ML 之上洁净表面光谱消失。覆盖层越厚，近似于 Ag 的 1×1 结构越明显。在低覆盖层情况下，Ag 的俄歇峰随着 Si 峰的减弱而直线增加；在高覆盖层情况下，Ag 峰的强度继续增加，但 Si 峰的强度则保持不变[103]。

基于这些观察，Bolmont 等人[103]得出结论，在室温下 Ag/Si 界面在两个连续的步骤下形成。第一步包括有序化 Ag 层的形成，这在半个和一个单层的厚度下完成。在第二步中取向晶体 Ag 的岛状结构开始生长。光电子能谱的研究发展支持了这些结论。在 Ag/Si(111)2×1 界面的紫外光电子能谱研究中，McKinley 等人[100]几乎得到了同样的结论。根据这些作者的研究，Ag 覆盖层很均匀，吸附原子之间的作用力也很小。在高覆盖层情况下出现了 1×1Ag 结构，并且那些实验的能量分布曲线是对纯金属而言的。而所有这些研究均表明，Ag/Si 界面是突变的，连续光电子散射研究为界面形成初期相中明显混合现象的出现提供了直接的证据[104,105]。尤其是库柏最小值光谱的使用表明，在较低覆盖层范围内发生了明显的 Si sp – 电子的重新分布，这类似于其他 Si/金属界面的情况。对能量分布 – 温度实验曲线进行分析发现混合现象至少扩展到了两个原子面。

3.4.2.3　Au/Si 界面

人们利用 AES 和背散射技术研究了 Si 和 Au 薄膜之间界面处发生的混合现象[106~111]。研究发现以微分模式记录下来的 Si $L_{2,3}$VV 俄歇峰在 Au 的几个单原子层（≈5ML）内具有谱线分裂的特征。这种分裂是 Si 浓度低于 30% 时 Au – Si 合金的特征[74]，其原因是价带中 p – d 键合和反键合态结构的形成。卢瑟福背散射谱表明温度低于共晶温度时，Si 原子通过 Au 薄膜层发生迁移。

在较宽温度范围（从液氮温度到 550℃）及覆盖层（从几个到 100 个单原子层内）的光电子 EDCs 和不同 Si 表面的 EDCs，不同于纯 Au 或纯 Si 的 EDCs，这给出了沉积 Au 原子后 Si 表面键的断裂以及 Au/Si 界面形成的直接证据[112~116]。而且它表明了相关的能量分布是由金属的凝聚能引起的[112]。

与 Cu/Si 界面相比，Au/Si 体系具有较低的浓度梯度。根据 Abbati 和 Grioni[89] 的研究，这是由于不同的相图所造成的。与 Cu 不同，Au 不会形成稳定的硅化物，这是界面间扩散的势垒。

采用光谱和 LEED 技术对 Au 沉积至 Si(111)7×7 面上的影响因素展开了广泛的研究，得到了生长过程的特性以及其温度依赖关系[116~119]。室温界面层出现了一非晶 LEED 谱并且以半连续的方式生长。对于厚≈20Å 的 Au 覆盖层来说，Au/Si(111) 体系由以下区域组成：

(1) 约 15Å 的扩散和合金化区域；

(2) 几乎均为纯 Au 薄膜区域；

(3) 在 Au 区域顶部有一很薄（1~2ML）的混合相，其成分接近于块体 Au－Si 共晶($Au_{0.81}Si_{0.19}$)。

约 400℃退火后，外部非晶混合相发生了晶化，引起了几种 LEED 谱的出现[106]。

$T>400$℃时，Au 在 Si(111) 7×7 上的生长机制遵循 Stransky－Krastanov 生长模式[117]。可根据薄（1~2ML）中间层来描述这个高温相，此中间层表面的 20% 由 3D 的 Cu 原子簇所覆盖。薄中间层连续出现了 5×1、R_3 以及 6×6 LEED 谱，分别在 2/5ML、1ML 以及 1.5ML 下出现[117,120]。用反射电子显微镜可直接观察到这些 2D 的表面相[121]。

室温同步加速器辐射光电散射的研究表明了合金化 Au－Si 相的形成。对于小于 15ML 的 Au 沉积层来说，形成的相是富 Si 的，而在更高的覆盖层下形成了 Au－Si 相[113]。在高温下此种界面的 UPS 研究中发现 Au 结构逐渐降低。图3－56 给出了从室温到 550℃下 10 个 Au 单原子层沉积至解理 Si 表面的一系列 EDCs 谱[115]。可以看出 Au 的 d－带结构向更高的结合能方向偏移，并且在低于 345℃温度下退火其强度随温度的增加而降低。在高于 400℃温度下退火没有明显改变 EDCs。

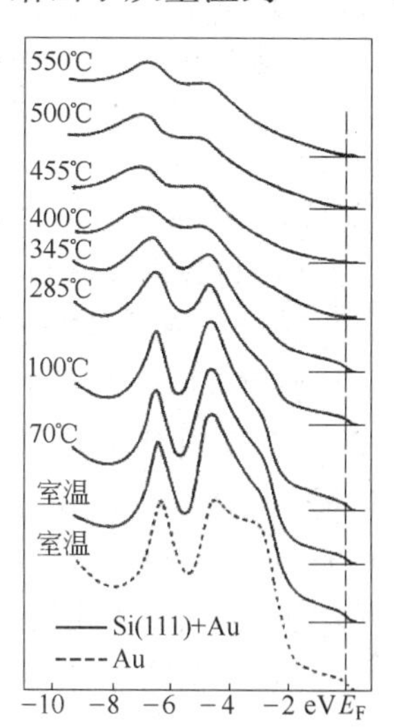

图 3－56 不同温度下退火处理 10min，10 个 Au 原子层 Si(111)2×1 面的角分辨紫外光电子能谱[120]
(----等量的 Au 沉积至惰性基体上的 EDC 谱)

Perfetti 等人利用 EELS 实验方法研究了电子结构作为 Au 覆盖层和退火温度（最高至 500℃）的函数的演变规律[122]。图 3－57 给出了增加覆盖层厚度至一个单原子层的 EELS 曲线以及退火对单层光谱的影响。可以很清楚地看到，退火过程使主要的光谱特征变窄，但并没有改变它们的位置，这表明在单层之后沉积形成的体系是稳定的。这些研究者在对更高覆盖层下光谱的研究中发现了一些新特征，在亚单层区域内不会出现这些特征，并且对重金属沉积层来说这些特征向纯 Au 的光谱特征变化。但是，20ML 和 100ML 覆盖层的退火循环处理后所得到的 EELS 光谱与单层的相同。此相似性出现是由于高覆盖层退火产生了 Au 的岛状结构，如 Au/Si(111)7×7 体系。扫描电子显微镜和 X 射线衍射分析表明，由岛状结构所覆盖的区域占整个样品区域的约 10%，而且这

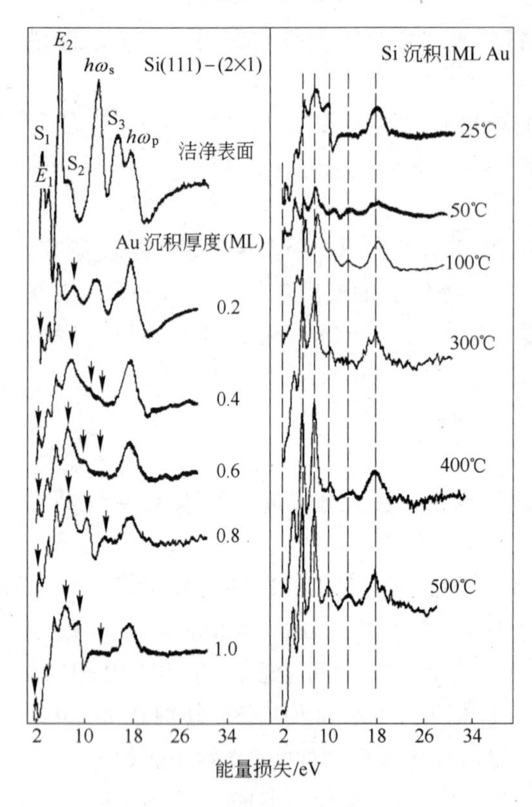

图 3-57 洁净的解理 Si(111)2×1 表面和覆盖有 Au 亚单层的相同表面和 EELS 曲线[122]
(图的右边给出了 1ML 覆盖层在不同温度下退火 30min 之后的光谱)

些区域主要由 Au 组成，只有少量体积分数的 Si。这些岛状结构之间的结构和电子特性类似于覆盖有 1ML Au 的 Si 的特性。借助空间分辨 AES 的研究观察到这些岛状结构由 Au-Si 反应薄膜所覆盖[123]。具有岛状结构的 Si $L_{2,3}VV$ 谱线的特征是富 Au 的 Si-Au 合金。从平坦区域检测到的信号没有显示出纯 Si 散射的任何改变，这表明，如果混合现象发生，则会生成富 Si 相。

对于能够发生互扩散的最小 Au 厚度，迄今为止尚存在争论。根据 Okuno 等人[21]的研究，Si $L_{2,3}VV$ 转变的 AES 光谱在单层范围内不具有在 92eV 处发生解理的特征，这一点是在低覆盖层下 Si-Au 反应的证据。Perfetti 等人[122]解释了 EELS 单层光谱的稳定性以及俄歇强度的变化行为，说明在低覆盖层下 Au 不与 Si 发生互扩散反应，这个反应被限制在了具有强 Au-Si 键合突变界面上。借助高能离子散射实验对 Au/Si(111)7×7 界面得到了相似的结论[123,124]。

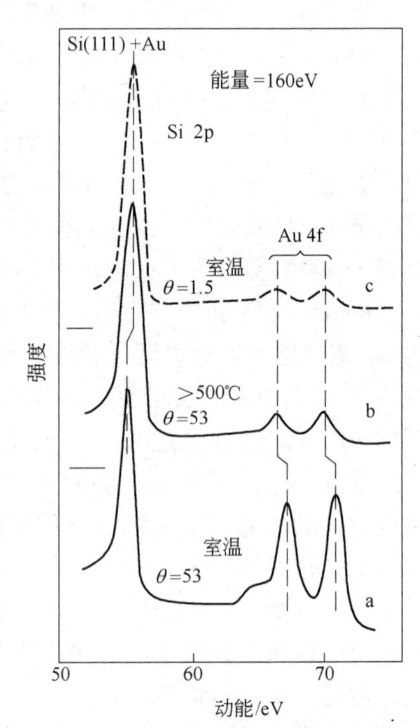

图 3-58 覆盖以下不同厚度层 Si(111)2×1 的芯能级光谱[113]
a—室温 53ML；b—550℃退火 10min 的 53ML；c—室温 1.5ML

混合过程甚至在低层下发生，根据光电子散射实验[113,116]对两种界面提出了以下两种不同的机制[116]：

(1) 角分辨紫外光电子结构不具有极角的依赖性关系，与表面区域的非晶特征一致；

(2) 在 BE 能级上发现的 Au5d-能带峰的能量位置要略深于块体 Au 和 Au 簇中的情况。

对于 Au 沉积至 Si(111)2×1 表面的情况，低覆盖层下混合现象发生的依据是：

(1) Au5d 态的半原子分裂，表明 Au 处于弥散状态[113]；

(2) Au4f 谱线的强度与亚单层的关系，所测量的值低于界面处 Au-Si 混合现象出现所预计的值[113]。

图 3-58 给出了热处理（$T>500℃$）对 Si 2p 和 Au 4f 谱线的影响[113]。Si 和 Au 谱线强度的变化表明了 Au 浓度的降低。有序混合高温相（6×6）和室温

非晶 1.5ML 散射之间极强的相似性，说明室温混合可以在低至 1.5ML 的覆盖层下发生[125]。

利用对应于不同逸出深度光子能量的软 XPS 可测量 Si 2p 芯能级光谱的变化。这些数据表明甚至在低覆盖层下表面 Au－Si 相占据了光谱的主要谱线[124]。

几种实验证据均支持低覆盖层下 Si－Au 室温相互作用的两种模型；为阐明这一点必须要做进一步的研究工作。Oura 和 Hanawa[126]的 LEED/AES 研究表明，总的来讲，Au 在 Si(001) 和 Si(111) 上的生长具有相似性。

3.4.2.4 Pd/Si 界面

Buckley 和 Moss[127]研究确定了室温下 Pd_2Si 在 Si(111) 上的外延生长。正如 Ni/Si 界面中，外延出现的决定因素是 Si(111) 晶格与 Pd_2Si(0001) 基面的严格匹配，六边形一侧分别为 6.65Å 和 6.49Å。他们提出了一个 Pd 和 Si 在间隙位置的互扩散机制。图 3－59 给出了 Pd_2Si 的两个原子面，垂直于六方 c 轴。Si 原子以六边形形状排列在单位原胞 A 的周围。如果包括 A 点但忽略掉 A 位置的 Si 原子，则 Si 的构型与原子在 Si(111) 面上的构型相同。根据 Buckley 和 Moss 的研究，Pd 原子迁移至 A 周围的三个位置并且将 Si 原子排挤出中心位置，使其移至它们之间，因此 Si 原子将位于这三个 Pd 原子的顶部，其位置在硅化物的第二个面上，如图 3－59b 所示。第二个面由下一层所替代的 Si 原子所组成，位于 3 个 Pd 原子上面，如图 3－59b 中所示，Si 原子被 3 个 Pd 原子以 B 构型所包围。图 3－59a 中的“×”表示 Si 晶格中的 Si 原子位于分图 a 原子面正下方。这些原子可通过这个打开式的结构，自由移动至（a）层并开始它们的迁移。如 Tu 和 Mayer[128]所指出的，这个生长模型模糊地假定了 Pd 和 Si 的间隙互扩散。Si 中的间隙位置是 A 点周围的三个位置。

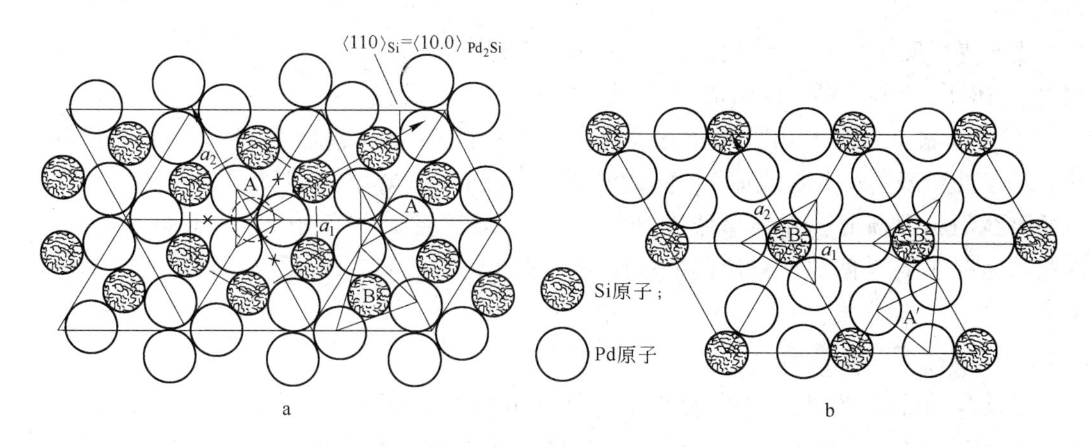

图 3－59 Pd_2Si 中垂直于 c 轴的两个交替原子面[128]

a—六方单胞的基面；b—c 轴半高处的原子面

借助横截面 TEM 和[91,129]离子背散射光谱（ISS）分析[130]及 SEXAFS 分析[131]，证实了 Pd_2Si 在 Si(111) 上的外延性。在 ISS 实验中研究了 Pd 沉积至 Si(111)7×7 和 Si(100) 2×1 上的效果；两种情况下，Pd_2Si 在覆盖层大于 1ML 时开始形成。在亚单层 Pd 覆盖层下发现了不同的行为。根据 He^+ 中子数据，发现 Si(111) 表面第一个亚单层为非金属，而（100）表面在0.5ML时具有金属的特性。根据Pd_2Si在Si(100）上的非均匀性生长可解释这一行为。Pd/Si(100）界面可能由Pd/Si(111）面组成，这是因为Pd_2Si不能在Si（100）面上外延生长，而在Si(111）面上可以。从Pd/Si(111）体系的SEXAFS分析可以发现[131]：沉积1.5ML后在Pd原子周围的局部结构已经接近Pd_2Si的结构。

对于块体Pd_2Si，用UPS光谱发现了Pd在Si(111)7×7上的亚单层覆盖层，证实了Pd的不同化学构型[88,132]。图3-60给出了Pd在洁净Si(111）上亚单层沉积的不同光谱。并与洁净Si(111)的光谱对比。亚单层Pd覆盖层光谱的变化类似于Pd_2Si层的光谱（图3-60e和图3-60f），其差别为d带峰从低覆盖层下（约-3.5eV）处向更高覆盖层（4~8Å）最终位置（约-2.75eV）处偏移。由此可知：低覆盖层下的化学键非常类似于Pd_2Si的化学键合。当室温Pd覆盖层超过约12Å时，主d带峰开始偏移接近E_F。此行为与未反应Pd在Pd_2Si表面的出现相一致。Pd_2Si层退火之后可以发现相反的偏移。根据温度与Si在Pd_2Si中溶解度的依赖关系可以解释这一效应[88]。

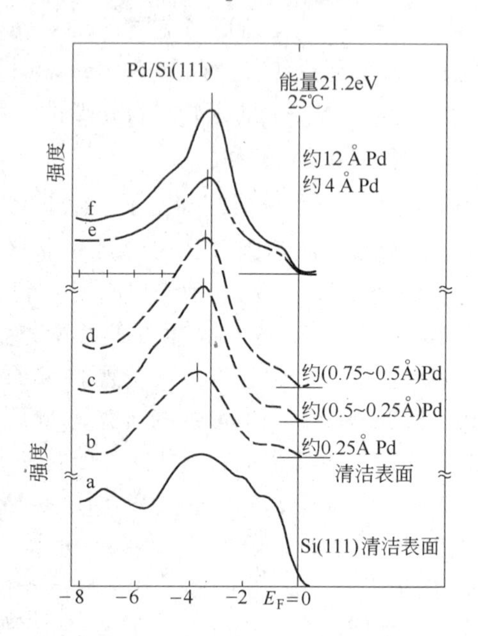

图3-60 角分辨紫外光电子能谱[136]

a—Si(111)7×7表面；b—0.25Å覆盖表面-Si(111）表面；c—0.5~0.25ÅPd覆盖表面；d—0.75~0.5ÅPd覆盖表面；e—Pd在Si(111)上≈4Å覆盖层；f—Pd在Si(111)上12Å覆盖层，增量差异曲线

由于界面反应引起的Si化学态的变化反映在了Si $L_{2,3}$VV AES谱的变化上[91,133,134]。图3-61给出了对于增加覆盖层后扣除Si基体谱后的Si $L_{2,3}$VV光谱的变化。20Å处光谱实际上是块体Pd_2Si的光谱。如果扣除Pd_2Si谱线则得到如图3-62所示的谱线的界面部分。界面谱线在94eV处很明显，此处与低于E_F状态的出现有关。这些状态存在于Si间隙所对应的能量区域，并且表明了Si-Pd反应开始时能带间隙的出现。

3.4.2.5 Co/Si界面

通过Co沉积至Si上以及后续400℃之上热处理可使Co_2Si，CoSi及$CoSi_2$以连续层的方式生长[135]。$CoSi_2$与$NiSi_2$具有同样的CaF_2立方晶格结构，并且与Si晶格的匹配度在1.2%之内。通过金属沉积并在随后600~1000℃范围内退火，可使外延$CoSi_2$层在晶体Si上生长[136~138]。分子束外延可在低至550℃温度下制备出Co在Si(111)7×7上的外延过生长层[137]。$CoSi_2$在Si(111）上的薄膜被报道为几乎是最优异的单晶薄层。整个硅化物薄膜沿垂直于Si表面被旋转180°[139~141]。过生长层与Si(111）基体之间的这种孪晶关系已在$NiSi_2$/Si(111）界面中有所描述，此种关系是A型取向与B型取向的混合。单层$CoSi_2$过生长层是完全B型。

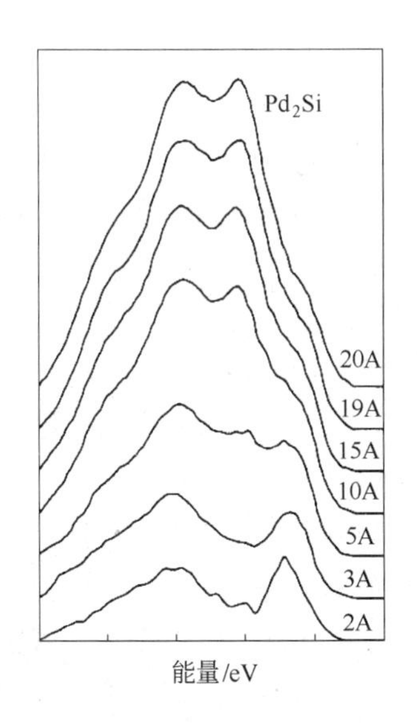

图 3-61 增加 Pd 覆盖层 Si $L_{2,3}VV$ 俄歇电子谱的硅化物部分，扣除 Si 基体谱之后得到[91]

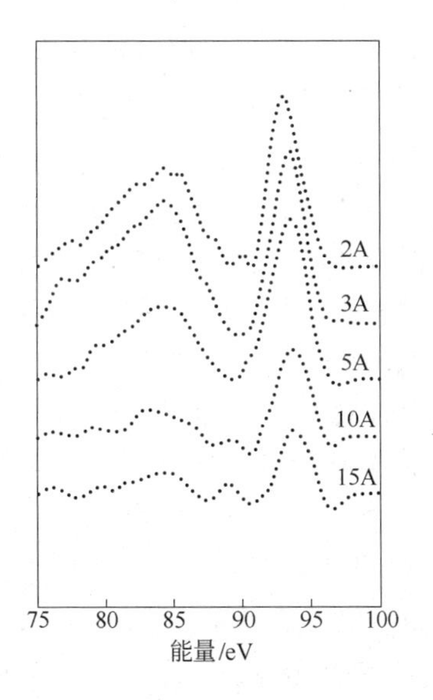

图 3-62 Si $L_{2,3}VV$ 光谱作为 Pd 覆盖层函数的界面部分，从图 3-61 光谱扣除 Pd_2Si 谱后得到[91]

借助 LEED、XPS 及角分辨 UPS 研究了 $CoSi_2$ 在 Si(111)7×7 上形成的初始阶段[142]。图 3-63 给出了室温沉积垂直散射情况所记录下的角分辨 UPS 光谱。随着 Co 亚单层的沉积洁净 Si 表面的特征消失，在 E_F 之下 1～1.7eV 处出现了第一个宽化峰。在这个覆盖层范围下得到的光谱不同于纯 Si 光谱叠加于纯 Co 上所得到的，并且这表明混合相的形成。增加覆盖层的厚度（至约 4ML），在第一个峰之下出现了第二个峰，其位置从低覆盖层下约 -2.8eV 处移至 4ML 下约 -3.2eV 处。4ML 的 UPS 光谱类似于 $CoSi_2$ 薄膜的光谱。4ML 体系的 LEED 观察得到了具有外延 $CoSi_2$ 形成特征的 1×1 谱。覆盖层大于 4ML 后这个 LEED 谱的消失表明富 Co 表面相不具有长程有序特征。借助图 3-63 光谱证实了覆盖层大于 4ML 后未反应 Co 的出现，并且给出了 Si-Co 键合态峰（约 -3.2eV）的消失以及主 Co 峰向纯金属 Co 峰（25ML 处）的演变。XPS 分析表明了在高覆盖层条件下 Si 散射的存在，这是因为一些 Si 原子仍然在 Co 过生长层或此金属层表面偏聚。

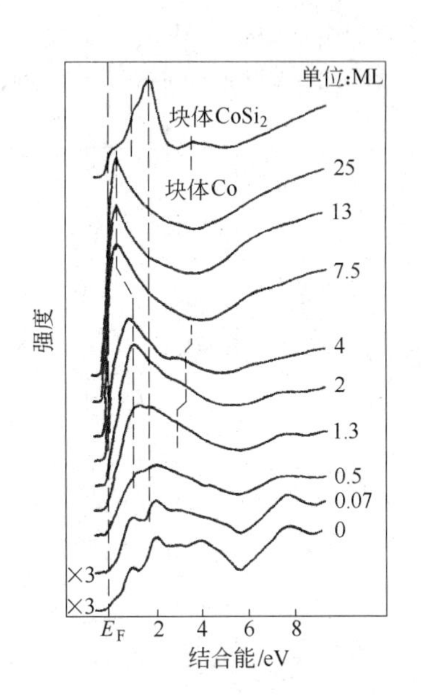

图 3-63 室温 Co 沉积至 Si(111)7×7 上不同覆盖层的角分辨紫外光电子谱[142]（同时也给出了块体 $CoSi_2$ 光谱）

600℃热处理导致了完全的反应，产生了二硅化物层。这个高温 Co/Si 界面具有有序的 LEED 结构。在 Co 沉积的初始阶段观察到了一$\sqrt{7}\times\sqrt{7}$LEED 图谱；增加覆盖层厚度，约 1ML 处可观察到一新的 2×2 谱。1ML 之上观察到了 $CoSi_2$ 薄膜外延生长于 Si 基体上的 1×1 特性图。UPS 结果证实了有序 $CoSi_2$ 过生长层的形成。在亚单层区域，与室温光谱相比只有很小的差别。在覆盖层大于 1ML 时可观察到 $CoSi_2$ 的特征谱[142,143]。

3.4.2.6　Cr/Si 界面

Cr 蒸镀到 Si 上并进行热处理之后仅能形成的块体硅化物为 $CrSi_2$。使用同步加速器辐射的光电子散射光谱对 Cr/Si(111) 界面的研究表明，在室温界面形成过程中发生了金属 - 半导体混合现象，这与 V/Si 界面形成了强烈的对比[144]。在硅 - 难熔金属体系中室温混合现象的发生比其他硅 - 过渡族金属界面要明显得多。难熔金属/Si 界面具有更高的激活能和硅化物生长的形成温度[128]。在所有的 Si - 难熔金属体系中，$CrSi_2$ 化合物具有最低的形成温度（450℃）并且具有最低的激活能（1.7eV）。实验测得的室温 Cr/Si(111) 2×1 界面的肖特基势垒高度（SBH）为 0.79eV，而 $CrSi_2$/Si 节点的 SBH 为 0.67eV[145]。而且 Cr 沉积至 Si(111)7×7 和 Si(111)2×1 表面所得到的核散射和价态散射不同于 $CrSi_2$/Si 界面所得到的结果[66,144,145]。图 3 - 64 给出了 10ML Cr 覆盖层下 $CrSi_2$ 与室温 Cr/Si(111)7×7 界面价带散射和核散射的对比结果[146]。界面反应产物的 Si 2p 和 Cr 3p 核的能量相对 $CrSi_2$ 来讲，分别向低能量方向偏移了 0.74eV 和 0.42eV。在实验不确定性因素范围内，块体 Cr 中 Cr 3p 的结合能与 $CrSi_2$ 结合能的值是相同的。价态光谱证实了 Si - Cr 混合现象，这与纯 Cr 的明显不同。块体 $CrSi_2$ 价带的双结构特性在界面的情况下没有出现，只是在界面光谱中出现了一宽化的 3d 峰。这个结果表明，室温下界面的电子构型明显不同于 $CrSi_2$ 的电子构型。与 Cr_3Si、CrSi 以及 $CrSi_2$ 的理论 DOS 作对比，Franciosi 等人[146]得出结论：没有一种块体 Cr 硅化物具有与界面反应产物相近似的电子结构。

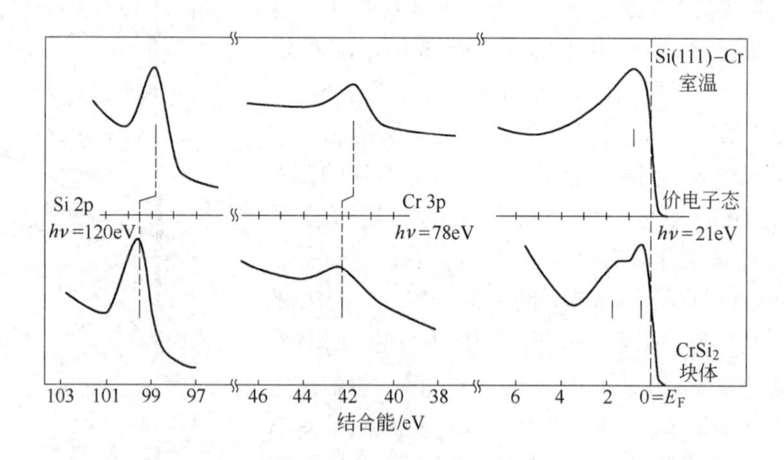

图 3 - 64　$CrSi_2$ 和 Cr/Si(111) 界面之间在室温和 10ML 覆盖层下价带散射和核散射的对比[146]

3.4.3　界面理论模型

过渡族金属/硅界面的理论描述是一项很有难度的工作。第一个复杂的方面就是在垂直于界面的方向上没有周期性。这一特征通常是表面的典型问题，这对于三维块体体系来说增加了理论处理的难度。金属/硅界面的活性特征更增加了理论描述的难度。硅化物覆盖层增加了平行于表面的二维单胞的尺寸，这是由于硅化物单胞中的原子数目较大。通常硅化物覆盖层的层数是大于 1 的，而且相对简单的单覆盖层的描述又是不足的。由于这些困难的存在，因此对界面来讲通常采用简化的模型结构。从这些研究中所得到的结论通常与实验数据进行对比检验。

Hoshino[147]通过模拟不同化学吸附的几何结构研究了 Ag/Si(111) 界面的性质。按照 Hoshino[147]的研究，室温沉积初始阶段 UPS 所观察到的电子结构可根据顶层化学吸附相来解释。借助镶嵌空穴位置几何结构解释了高温 R_3 光电子散射的特征。

Ihm 等人[148]在假定不具有任何互扩散和有序 1 ×1 过覆盖层的情况下，在单覆盖层下进行了 Pd/Si(111) 界面的赝势能计算。研究了 Pd 的两个不同的吸附位置（顶层位置和三角位置）。Pd - Si 最近邻距离被假定为 Pd 和 Si 半径之和，即 2.55Å。图 3 - 65 给出了 Si(111) 表面顶层位置 Pd 单层的 DOS。Pd 的 d 带位于 - 1.8eV 峰的 - 3 ~ - 1.2eV 范围内。Si 能带边缘的弱峰（B 和 C）源于 Si - Pd 杂化态。在三角形位置 Pd 原子在 Si 区域的影响更大，并且 Pd 能带具有更大的弥散性和更宽的总能带宽度。Pd 的 d 能带出现在 - 4 ~ - 1eV 范围内，在 - 2.2eV 处出现一明显的结构峰。两种几何结构的 DOS 曲线表明，即使在金属 Pd 单层在 Si 表面出现的情况下，Si 的能带间隙依然存在。此结果与金属在 Si 表面的情况对比可以看出：金属诱发间隙态的出现决定了费米能级的阻塞[149,150]。在 Pd 单层情况下与 Si 态的耦合是非常弱的，并且 E_F 处的 DOS 与简单金属情况有很大的不同。对于顶层几何结构来说，Pd 的 d 态重心位置位于 E_F 之下，因此，SBH 实际上是 Si 能带间隙大小（1.1eV）。三角形位置几何结构的费米能级位于 E_V 之上 0.15eV 处，引起的势垒高度为 0.95eV。实验 SBH 约为 0.75eV。简单化学吸附键不能正确描述 Si 间隙区域中状态的特征。

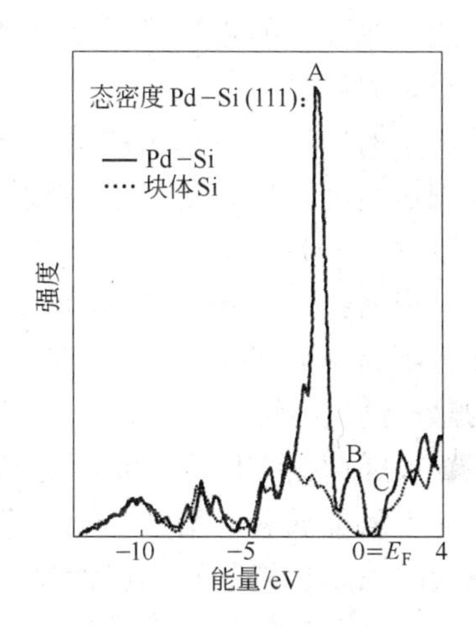

图 3 - 65 Si(111) 表面顶层位置 Pd 单层的态密度（DOS）

Herman 等人[151]研究了 Pd_2Si/Si 界面的 SBH 值。尽管单层几何结构具有不同的原子状态，但是势垒高度值很类似，都在 1.0 ~ 1.1eV。这是由于费米能级在 Si 价带边缘上部被 Pd - Si 的杂化态所阻塞。为了解释 Pd_2Si/Si 的 SBH 测量值比理论估算的低，考虑了理想突变界面模型的偏差。根据以上作者提到的模型[151]，Pd 原子将扩散至 Si 基体中，在 Si 空隙之间形成三角形簇。六方 Si(A - B - B - A 顺序) 比立方晶格（A - B - B - C）更易于与 Pd 三角形簇相容，表明在界面前端出现了六方 Si 过渡区域。即使这个过渡区域只有几个原子层，其电子结构具有能带间隙约为 0.85eV 的六方 Si 的特性。Pd - Si 杂化态在 Si 价带边缘上的出现将会阻塞费米能级，并且使 Pd_2Si/Si 的 SBH 的上限值达 0.85eV。

Bisi 和 Tu[152]研究了具有薄膜外延特征的 Pd_2Si/Si 界面体系在沉积初始阶段缺陷形成过程的作用，目的是研究界面不同模型的电子结构并找出不同模型的区别。从紫外光电子谱可知：亚单层 d 能带的位置大约在 - 3.5eV 处，块体 Pd_2Si 中的为 - 2.75eV。实验中光子能量为 21.2eV，Pd 的 4d 光电子散射横截面占主要位置。

图 3 - 66 给出了不同模型得到的理论 4d - DOS。实验和理论的对比并没有说明沉积初始阶段外延的出现。在富 Pd 硅化物层中大约 - 1.5eV 处发现的反键合 d 态峰，这与实验数据不一致。对于 Pd 原子位于 Si 表面之下情况 Pd 的 DOS，Pd 在 Si 中占据间隙位置也示于图 3 - 66。在这种几何结构中 Pd 原子与未畸变 Si 近邻区域之间的强相互作用，产生了

宽度约为 4.5eV 的能带，其中心位置在约 -6.7eV 处。引入的 Si 原子在金属间隙周围产生 0.2Å 的弛豫，d-能带变窄并且更接近于 UPS 的实验结果。相对于块体中 d-能带的位置，此结果的重要意义在于确定了 d-能带正确的偏移方向，这个结果仅仅是在间隙几何结构的情况下得出的。原子几何形状的详细描述可给出定量上的一致性。在金属状态中发现了 Pd 间隙周围的 Si 原子。

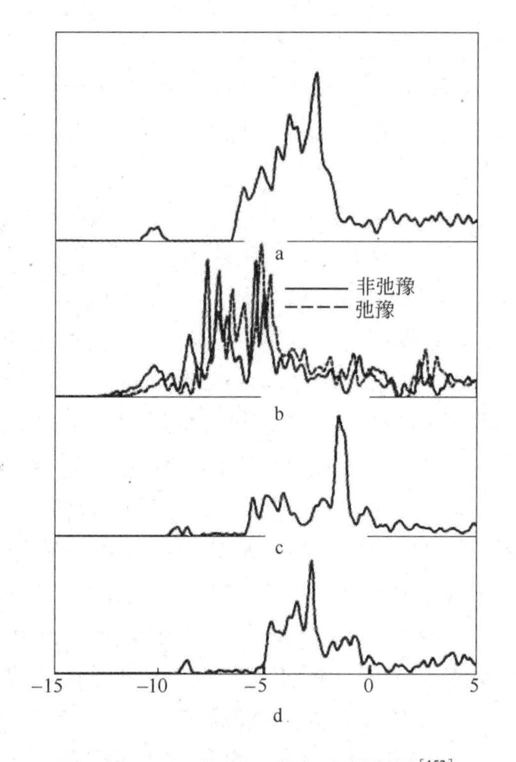

图 3-66　Pd 的 DOS 的理论投影图[152]

a—Pd_2Si 块体；b—未畸变 Si(111) 中的间隙 Pd 原子（实线）以及间隙 Pd 原子周围 Si 原子的 0.2Å 的弛豫（虚线）；c—沉积至 Si(111) 上的全 Pd_2Si 层；d—沉积至 Si(111) 上 Pd_2Si 的第一个半原子面

根据这一结果，在封闭壳层 $4d^{10}$ 构型中接近于 Si 表面的 Pd 原子不能与重组 Si(111) 的悬空键进行键合，而是占据了 Si 中的间隙位置。因此由 Pd 原子和 Si 的近邻位置形成了亚表面金属簇。增加金属沉积层，这些金属簇的浓度也增加。当此浓度足够高时，可发生向全金属外延体系的转变。这说明在形成 Pd/Si 界面的过程中，间隙金属簇对确定 SBH 起着关键的作用。

对 Ni/Si 体系进行了类似的分析[153]。结果表明：

（1）块体 Si 中不同化学计量比间隙金属 Ni 的亚稳定金刚烷结构；

（2）近 Si(111) 和 Si(001) 表面的孤立间隙 Ni；

（3）Si(111) 上旋转 180°$NiSi_2$ 的单层；

（4）Si(111) 上于 $NiSi_2$ 单层上的 Ni 原子化学吸附。图 3-67 给出了块体硅化物和界面模型的部分 Ni DOS 的理论投影图[154]。

对于 Si(111) 表面来说，Ni 的初始沉积引起了光电子散射谱中约 -2eV 处一宽化峰的出现[155]。在不同的模型研究中，只有在 SEXAFS 分析[156]得出的 $NiSi_4$ 金刚烷结构和 $NiSi_2$/Si(111) 表面结构中，提出了中心位置在 -2eV 这个能量值附近的 d-能带。根据所得到的实验数据很难在这两种结构之间作出区分。SEXAFS 数据提出了外延结构，而光电子散射谱[155,157]则接近于 $NiSi_4$ 模型的 DOS。

就 Ni/Si（001）来说，UPS 分析说明在 2.78eV 处具有一位于 E_F 之下的峰，这是 Ni 原子扩散至 Si 晶格中的原因[158]。将此峰的能量位置与块体硅化物 $NiSi_2$、NiSi 及 Ni_2Si 的特征位置 -3.2eV、-1.8eV 和 -1.3eV 进行了对比。这一点支持了间隙 Ni 在 Si(001) 表面进行扩散并形成了 $NiSi_2$ 金刚烷亚稳相这一观点。Ni 和 Pd 之间不同的行为与它们不同的原子尺寸有关[156]。

Ni/Si 和 Pd/Si 体系的研究结果与 Tu[154] 提出的反应机制相一致，在这个机制中，强 Si 共价键的减弱是由于金属原子扩散至 Si 晶格中占据间隙位置所造成的。

Hiraki[159] 提出了适合于解释金属/半导体界面的不同机制。根据这个模型，金属覆盖

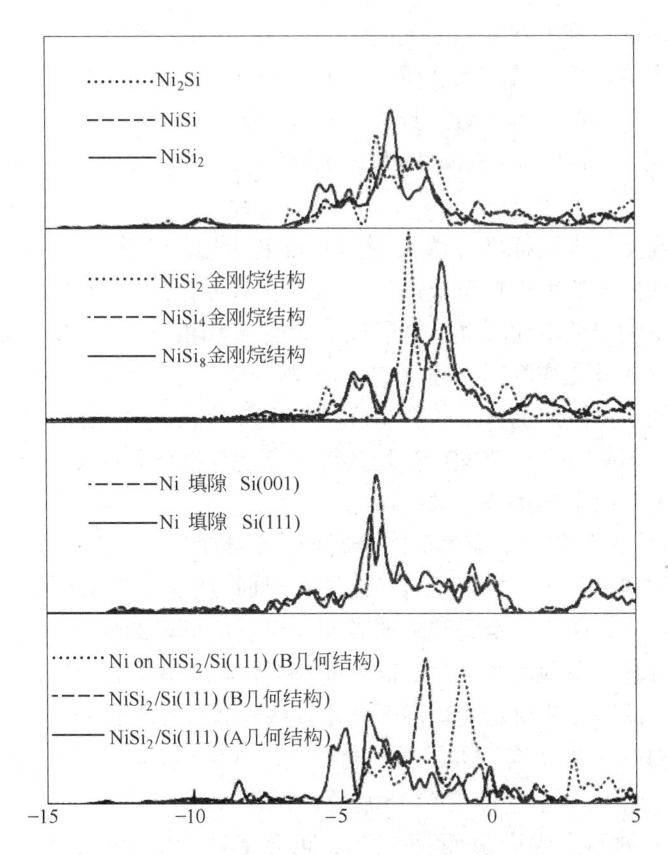

图 3-67 块体硅化物和不同界面模型中 Ni 的 DOS 的理论投影图[153]
（对于 $NiSi_2$/Si(111) 界面的两个模型来说，沿垂直于表面方向将硅化物晶格旋转 180°；
在 A(B) 几何结构中 $NiSi_2$(111) 单层的 Ni(Si) 原子直接位于 Si(111) 表面原子之上）

层中的自由电子屏蔽减弱了 Si 基体中的共价键。结果表明：在相互作用发生前可能存在一金属薄膜的临界厚度，这是因为当薄膜的厚度处于金属中电子平均自由路径之内，屏蔽作用就很明显。在 Au/Si 体系中没有发现临界厚度的存在。Ag/Si 界面上不存在反应，这说明，金属屏蔽不是控制贵金属/Si 界面反应程度的主要因素。

从上面的讨论中我们可以看出，要深刻认识和理解金属/Si 界面物理性质是很困难的。由于存在多个决定界面行为的变量，所以一个系统的研究方法是必需的。这样可以得到对界面反应更好的理解。这种方法有助于理论模型的建立。

3.4.4 界面电性能

3.4.4.1 肖特基势垒高度

金属半导体接触时表现出非线性阻抗特性（整流特性），1938 年德国的肖特基提出理论模型[160]，对此特性作了科学的解释，故后来把这种金属与半导体的交界面，或者说电荷在金属和半导体之间移动所需的势垒称为肖特基结或肖特基势垒。

基本原理：半导体的逸出功一般比金属的小，故当金属与半导体（以 N 型为例）接触时，电子就从半导体流入金属，在半导体表面层内形成一个由带正电不可移动的杂质离子组成的空间电荷区，在此区中存在一个由半导体指向金属的电场，犹如筑起了一座高墙，阻止半导体中的电子继续流入金属。在界面处半导体的能带发生弯曲，形成一个高势能区，这就是肖特基势垒。电子必须具有高于这一势垒的能量才能越过势垒流入金属。当平衡时，肖特基势垒的高度（Schottky Barrier Height，SBH）是金属和半导体逸出功的差值[161,162]。

肖特基势垒高度可以用标准方法来测定。目前所用的方法有 I－V 法、C－V 法和光子响应法。尽管这些方法可以用于金属－硅体接触和原位反应形成的硅化物/硅界面，但是在体接触情况下测得的金属－硅扩散偶的数据，不如由硅化物/硅自生界面得到的数据可靠。这是由于形成硅化物的固－固反应使杂质迁移，远离界面，留下一个原子级清洁的金属－半导体接触。所测定的肖特基势垒高度与反应状态有关，通常不同于未反应的或未完全反应的界面，但是很多研究发现肖特基势垒高度与硅化物的化学计量比无关，块体硅化物相的特性并不是决定 SBH 的主要因素。

表 3－4 列出了 N 型硅上反应生成的金属硅化物的肖特基势垒高度测量值。在硅化物形成过程中，杂质和缺陷在早期阶段有可能影响界面电性能，但随着反应的进行，硅化物层向硅基体一方推进，形成一个无缺陷的表面。对反应形成的界面，本征因素而不是非本征因素决定了肖特基势垒的性质。对于硅化物/硅界面，SBH 随金属的不同而变化，在界面处特定的金属－硅键合是决定能隙内部费米能级位置的主要因素。

界面化学键对势垒高度有重要影响。以在 Si(111) 面上生长的 $NiSi_2$ 为例，在理想外延生长的情况下和相对于基体旋转 180°的情况下，形成的 $NiSi_2$ 具有不同的 SBH 值。如果镀到硅基体上的不是纯金属而是一个二元合金，所形成的肖特基势垒高度是否位于两个单一金属所形成的势垒高度之间，这是一个令人感兴趣的问题。有人研究了 Ni－Pt 和 Pd－Er 合金的情况，结果发现只有在形成三元化合物的情况下，SBH 才会发生明显的变化。

表 3－4　N 型硅上反应生成的金属硅化物的肖特基势垒高度（SBH）测量值

元素族	元　素	SBH/eV	参考文献
IV_B	Ti	0.62～0.65	[163，164]
	Zr	0.55	[165，166]
	Hf	0.57～0.73	[167，168]
V_B	V	0.59～0.64	[169，170]
	Nb	0.59	[171]
	Ta	0.59	[169]
VI_B	Cr	0.57～0.59	[165]
	Mo	0.55～0.7	[167，165]
	W	0.65	[169]
VII_B	Mn	0.65～0.67	[167，172]
Ⅷ	Fe	0.67～0.68	[173]
	Co	0.66～0.68	[174]
	Rh	0.7～0.74	[165～167]
	Ir	0.93	[175，176]

续表 3-4

元素族	元 素	SBH/eV	参考文献
Ⅷ	Ni	0.63~0.67	[177]
	Pd	0.70~0.75	[170, 177]
	Pt	0.82~0.87	[170, 177]
$Ⅲ_B$ 稀土	Y	0.39	[178]
	Gd	0.37	[178]
	Dy	0.37	[178]
	Ho	0.37	[178]
	Er	0.39	[178, 179]

3.4.4.2 肖特基势垒形成

很多作者对肖特基势垒的形成，特别是对费米能级在金属半导体界面上的阻塞机制作过研究，使用了多个模型阐明了势垒形成的原因，解释了相关的效应。但是有关肖特基势垒在硅和Ⅲ-Ⅴ族金属接触时形成行为的解释仍存在很大的争议。争论主要集中在哪一个模型更适合于描述实验中所观察的现象。但是，从研究可以很清楚地看出，肖特基势垒的物理本质不只需要一个模型来解释，并且解释势垒形成行为的微观机制取决于不同的实验条件，如金属层、半导体表面的质量和取向、互扩散过程的出现和不同的金属反应活性等[180,181]。

势垒的高度由半导体带隙内费米能级的位置决定。如果半导体表面上存在电荷，由于电中性的要求，表面电荷必须通过异号电荷来补偿，因此，界面处形成一个电压差约为1eV的双级层。对于一个半导体的自由表面，补偿电荷由浅能级杂质提供，双级层的宽度和半导体德拜长度在同一个数量级，即几千埃的数量级。

如果硅基体上的纯金属沉积层超过一个原子层的厚度，当沉积的金属原子开始同硅反应形成金属硅化物相时，补偿电荷可以由金属本身来提供。这种情况下，双级层的厚度在托马斯-费米金属的数量级，即几个埃的数量级。对于自由表面，大约 10^{12} el/cm^2 的电荷密度就可钉扎费米能级。有金属存在的情况下，所需的电荷密度则达到 10^{14} el/cm^2。对一个金属/半导体界面，表面电荷与本征或非本征表面能态有关联，补偿电荷位于界面的半导体一侧。例如，当纯银沉积在硅表面时，在带隙内部和靠近价带顶部由发射光谱测得的有效表面能态密度如图 3-68 所示[102]。峰 a 和峰 b 分别对应于分步诱发和本征表面能态，从图 3-68 中可以看出，直到沉积厚度达到半个单原子层，表面能态大致保持不变，唯一的变化就是分步诱发峰消失。银原子的存在对悬空键的行为没有明显影响，由于悬空键支配着自由表面上费米能级的位置，沉积金属银之后，没有发现能带弯曲情况的变化。

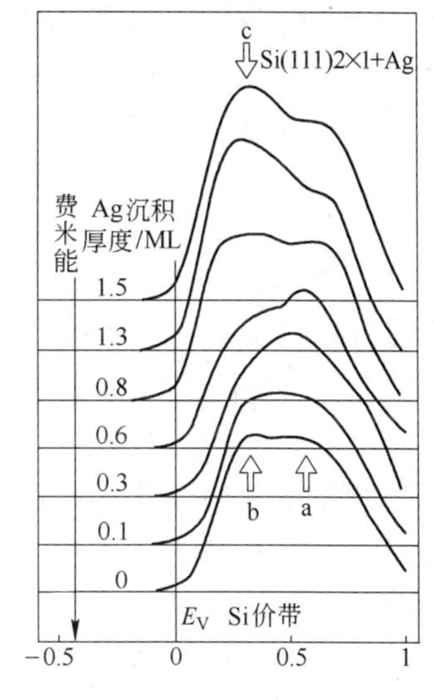

图 3-68 Ag 沉积在 Si(111) 面的有效表面能态密度变化图[102]

对于势垒形成的理解，很重要的一点就是要确定在哪一种状态下产生表面电荷。在原始 Bardeen 模型中[182]表面电荷容被容纳在表面能带中，此表面能带来自于半导体表面的未饱和悬空键。此模型定性地解释了共价半导体中势垒高度几乎与金属性质无关的现象。更多对Ⅲ－Ⅴ材料的研究表明：甚至在表面状态不出现时不依赖金属的情况下费米能级也可被钉扎。这表明吸收诱发缺陷状态在决定接触电子特性行为上具有非常重要的作用[183~186]。不管表面电荷是本身固有的还是由缺陷带来的，它们的分布均可由吸收来改变，当固态反应形成化合物时也会发生改变。

基于这些分析考虑，金属/半导体界面表面电荷的产生和分布分为以下几种情况：

（1）表面电荷既与界面状态有关，也与在半导体一侧的补偿电荷有关。这种情况常出现于非常低的金属沉积层中。第一种情况对于第Ⅳ族半导体来说很典型，而对于Ⅲ－Ⅴ族材料的解理表面则属第二种情况。图 3－68 给出了这种情况的一个例子，给出了 Ag 沉积至解理 Si 表面上，间隙中和近价带处光电子散射光谱所测得的表面状态的有效密度[102]。a 峰和 b 峰分别对应着分步诱发和固有表面状态。可以看出一直深入至半个单层厚度，这些表面状态仍然保持不变，唯一的影响就是分步诱发峰的消除。由于它们占据了自由表面费米能级的位置，所以沉积金属后没有发现有能带偏移发生。

应该注意到的很重要的一点是当Ⅲ－Vs 的（110）表面解理的非常好时，则在能带间隙中不具有任何的外来状态[187,188]。吸收过程可以引起限制费米能的缺陷的产生。在Ⅲ－Vs 中出现这样的化学吸收诱发缺陷是很普遍的，并且其不取决于吸收原子的特性[183]。尽管当间隙中出现固有状态的分布时，化学吸收诱发缺陷起不了太多作用，但化学吸收诱发缺陷可在任何情况和任何表面情况下均可产生。

（2）表面电荷连续分布于间隙中，并且它们由金属一侧的屏蔽电荷来补偿。这些能带间隙态，通常被称为“金属诱发表面”，其在金属一侧的电荷密度具有金属的性质，并且逐渐具有类似悬空键的性质，而且在 Si 中迅速变为零。另一方面，存在于自由表面情况下，间隙能量处的悬空键被宽化并且在金属态的连续区域中变为谐振。这种情况与自由电子连续区域局部状态的杂化等同，正如 Newns － Anderson 哈密顿函数所描述的[189~191]。在某种环境下简单金属沉积到硅上可以观察到此类现象。对于后一种情况，金属沉积必须排除表面弛豫并且偏移向悬空键表面能带的间隙方向。

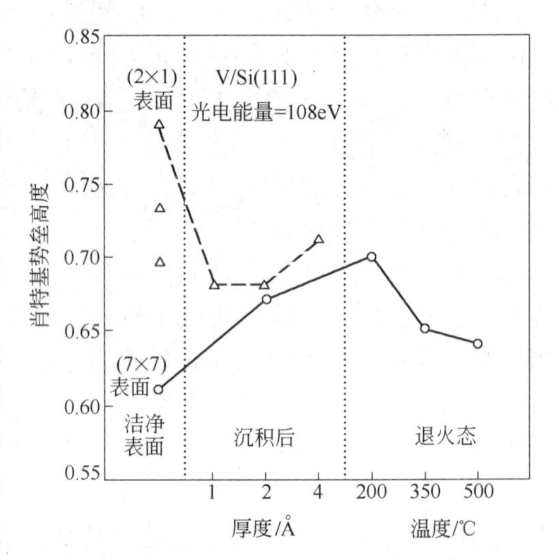

图 3－69　沉积态和反应态 V/Si(111) 界面的 Schottky 势垒高度（N 型势垒）[67]

（3）由于沉积过程生长层和半导体基体之间的强化学交互作用，产生了可容纳表面电荷的表面状态。这表明：表面状态从能带间隙区域中被去除，并且被化学吸收态所替代。可以从实验上在 V/Si(111) 界面处发现此种行为，此处整个界面均没有 V－Si 混合的情况下 V 原子形成了更多或更少的均匀过生长层[67]。图 3－69 说明了这种情况，给出了沉积态表面的 SBH 值，从 2×1 和 7×7 基体开始。可以看到对于 1～2Å 的沉积层来说，势垒值变化至不取决于初始洁净表面重组处，这表明固有的表面状态不是很重要的。似乎缺陷模型不能解释这一行为，这是因为 V 和 Si 之间的化学键必将在 Si 的能带间隙区域导致高的表面态密度。关于第（2）种情况，沉积态原子和表面之间具有更强的相互作用。固有表面状态，而不是被自由电子气杂化所宽化的状态，在吸附原子的轨道上开始形成键合态。此行为类似于强耦合状态下的 Newns－Anderson 哈密顿函数。

（4）表面电荷的分布由固态反应或界面原子混合引起的合金化所决定。这些过程可在室温下或退火后发生。退火态 V/Si 界面给出了一个例子，图 3－69 描述了其变化行为。可以看到退火后的势垒值与沉积态的势垒值不同。因此，电子特性的行为是由界面处原子之间的化学吸收键决定，而非界面相的成分和化学计量比。

Purtell 等人[192]借助光电子散射光谱测量了贵金属沉积至洁净 Si 2×1 和 7×7 表面后的 SBH 值，并且分析了决定 SBH 值的内在因素。图 3－70 给出了 Pd 吸收作为金属覆盖层的函数研究结果。可以看到，尽管两个表面之间的初始肖特基势垒高度差为 180meV，但数据均为宏观 Si－硅化物接触厚界面处的典型值。这说明：尽管 Pt 和 Ni 界面形成的初始阶段不同，但是具有相似的行为。

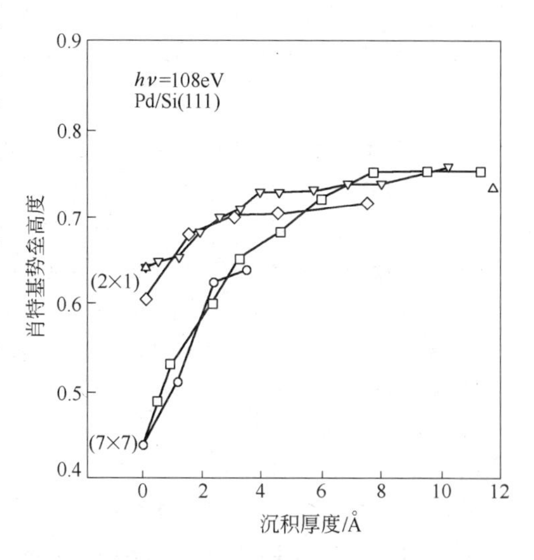

图 3－70 洁净 N 型 Si(111)2×1 和 7×7 表面 Schottky 势垒高度的变化与 Pd 覆盖层的函数关系[192]

参 考 文 献

[1] 黄昆，原著，韩汝琦，改编．固体物理学［M］．北京：高等教育出版社，1988.

[2] 胡安，章维益．固体物理学［M］．北京：高等教育出版社，2005.

[3] 方俊鑫，陆栋．固体物理学［M］．上海：上海科学技术出版社，1980.

[4] F M d'Heurle，C Petersson，M Y Tsai. Observations on the Hexagonal form of $MoSi_2$ and WSi_2 Films Produced by Ion Implantation and on Related Snowplow Effects［J］. J. Appl. Phys. 1980（51）：5976.

[5] L F Mattheiss. Calculated Structural Properties of $CrSi_2$，$MoSi_2$，and WSi_2［J］. Phys. Rev. 1992（B 45）：3252.

[6] G Shao. Prediction of Structural Stabilities of Transition－metal disilicide Alloys by the Density Functional Theory［J］. Acta Mater. 2005（53）：3729.

[7] B K Bhattacharyya，D M Bylander，L Kleinman. Fully Relativistic Energy Bands and Cohesive Energy of $ReSi_2$［J］. Phys. Rev. 1985（B 32）：7973.

[8] L F Mattheiss. Structural Effects on the Calculated Semiconductor Gap of $CrSi_2$［J］. Phys. Rev. 1991（B 43）：1863.

[9] 陆家和，陈长彦．表面分析技术［M］．北京：电子工业出版社，1987.

[10] Briggs D. 桂琳琳，等译．X 射线与紫外光电子能谱［M］．北京：北京大学出版社，1984.

[11] V Kinsinger，I Dezsi，P Steiner，et al. The Electronic Structure of Co Silicides and Co Germanides［J］. J. Phys. F：Met. Phys. 1988（18）：1515.

[12] J Alvarez, J J Hinarejos, E G Michel, et al. Electronic Structure of Iron Silicides Grown on Si (100) Determined by Photoelectron Spectroscopies [J]. Phys. Rev. B, 1992 (45): 14042.

[13] H M Zhang, K Sakamoto, R I G Uhrberg. Semiconductor - metal - semiconductor Transition: Valence Band Photoemission Study of Ag/Si (111) Surfaces [J]. Applied Surface Science, 2002 (190): 103.

[14] L S O Johansson, E Landemark, C J Karlsson, et al. Fermi - level Pinning and Surface - state Band Structure of the Si(111) - ($\sqrt{3}\times\sqrt{3}$) R30° - Ag surface [J]. Phys. Rev. Lett. 1989 (63): 2092.

[15] L S O Johansson, E Landemark, C J Karlsson, et al. Comment on Structure of the ($\sqrt{3}\times\sqrt{3}$) R30° Ag/Si (111) Surface from First - principles Calculations [J]. Phys. Rev. Lett. 1992 (69): 2451.

[16] Y G Ding, C T Chan, K M Ho. Structure of the ($\sqrt{3}\times\sqrt{3}$) R30° Ag/Si(111) Surface from First - principles Calculations [J]. Phys. Rev. Lett. 1991 (67): 1454.

[17] Y G Ding, C T Chan, K M Ho. Ding, Chan, and Ho Reply [J]. Phys. Rev. Lett. 1992 (69): 2452.

[18] K Kinoshita, R Imaizumi, K Nakajima, et al. Formation of Iron Silicide on Si (001) Studied by High Resolution Rutherford Backscattering Spectroscopy [J]. Thin Solid Films 2004 (461): 131.

[19] A Taleb - Ibrahimi, C A Sébenne, D Bolmont, et al. Electronic Properties of Cleaved Si (111) upon Room - temperature Deposition of Au [J]. Surface Sci. 1984 (146): 229.

[20] T Ito, M Iwami, A Hiraki. A New Application of Electron Energy Loss Spectroscopy Technique for a Non - destructive Study of the Si - SiO_2 Interface [J]. Solid State Commun. 1980 (36): 695.

[21] K Okuno, T Ito, M Iwami, et al. Low Energy Electron Loss Spectroscopic Study of Pd - Si(111) System. Solid State Commun [J]. 1980 (44): 209.

[22] U del Pennino, P Sassaroli, S Valeri. Els Investigation of the Si - Pd Interface [J]. Surface Sci. 1982 (122): 307.

[23] 张强基. 俄歇电子谱仪 [J]. 真空科学与技术, 1984, 6: 439.

[24] P S Ho, G W Rubloff, J E Lewis, et al. Chemical Bonding and Electronic Structure of Pd_2Si [J]. Phys. Rev. 1980 (B22): 4784.

[25] V Atzrodt, Th Wirth, H Lange. Investigation of NiSi and Pd_3Si Thin Films by AES and XPS [J]. Phys. Status. Solidi (a) 1980 (62): 531.

[26] S D Bader, L Richter, M B Brodsky, et al. Silicon L2, 3VV Auger Lineshape and Oxygen Chemisorption Study of Pd_4Si [J]. Solid State Commun. 1981 (37): 729.

[27] U del Pennino, P Sassaroli, S Valeri, et al. Effects of Chemical Environment in the Lineshape of Silicon $L_{2,3}$ VV Auger Spectra of Nickel Silicides [J]. J. Phys. C: Solid State Phys. 1983 (16): 6309.

[28] R Weissman, K Muller. Handbook of Auger Electron Spectroscopy [M]. Surface Sci. Rept. 1981 (1): 251.

[29] F P Larkins. Theoretical Developments in High Resolution Auger Electron Studies of Solids [J]. Appl. Surface Sci. 1982 (13): 4.

[30] M Cini. Theory of Auger X V V Spectra of Solids: Many Body Effects in Incompletely Filled Bands [J]. Surface Sci. 1979 (87): 483.

[31] P Feibelman, E J McGuire, K C Pandey. Theory of Valence - band Auger Line Shapes: Ideal Si (111), (100), and (110) [J]. Phys. Rev. 1977 (B15): 2202.

[32] N W Cheung, P J Grunthaner, F J Grunthaner, et al. Metal - semiconductor Interfacial Reactions: Ni/Si System [J]. J. Vacuum. Sci. Technol 1981 (18): 917.

[33] P J Grunthaner, F J Grunthaner, A Madhukar, et al. Chemical Bonding and Charge Redistribution: Va-

lence Band and Core Level Correlations for the Ni/Si, Pd/Si, and Pt/Si Systems [J]. J. Vacuum Sci. Technol. 1982 (20): 680.

[34] A Franciosi, J H Weaver, F A Schmidt. Electronic Structure of Nickel Silicides Ni_2Si, NiSi, and $NiSi_2$ [J]. Phys. Rev. 1982 (B26): 546.

[35] P J Grunthaner, F J Grunthaner, A Madhukar, et al. Metal/Silicon Interface Formation: The Ni/Si and Pd/Si Systems [J]. J. Vacuum Sci. Technol. 1981 (19): 649.

[36] A R Williams, N Lang. Core - level Binding - energy Shifts in Metals [J]. Phys. Rev. Lett. 1978 (40): 954.

[37] G K Wertheim, P H Citrin. Photoemission in solid [M]. vol. 1, Eds. M. Cardona and L. Ley (Springer, Berlin, 1978): 197.

[38] L H Thomas. The Calculation of Atomic Fields [J]. Proc. Cambridge Phil. Soc. 1927 (23) 542.

[39] E Fermi. Un Metodo Statistico Per La Determinazione Di Alcune Priorieta Dell' atome [J]. Rend. Accad. Naz. Lincei 1927 (6): 602.

[40] P Hohenberg, W Kohn. Inhomogeneous Electron Gas [J]. Phys. Rev. B136 (1964): 864.

[41] 周士芸，谢泉，闫万珺，等. $CrSi_2$ 电子结构及光学性质的第一原理计算 [J]. 中国科学，2009 (39) 2: 175.

[42] L C R Alfred, N H March. Solute Diffusion in Metals [J]. Phys. Rev. 1956 (103): 877.

[43] 闫万珺，谢泉，张晋敏，等. 铁硅化合物 β - $FeSi_2$ 带间光学跃迁的理论研究 [J]. 半导体学报，2007 (28) 9: 1381.

[44] C Herring. A New Method for Calculating Wave Functions in Crystals [J]. Phys. Rev. 1940 (57): 1169.

[45] F Herman, R L Kortum, C D Kuglin. Energy Band Structure of Diamond, Cubic Silicon Carbide, Silicon, and Germanium [J]. Int. J. Quantum Chem. 1967 (1): 533.

[46] J C Slater. Wave functions in a Periodic Potential [J]. Phys. Rev. 1937 (51): 846.

[47] L F Mattheiss, D R Hamann. Electronic Structure of $CrSi_2$ and Related Refractory Disilicides [J]. Phys. Rev. 1991 (B 43): 12549.

[48] L F Mattheiss, D R Hamann. Calculated Structural Properties of $CrSi_2$, $MoSi_2$, and WSi_2 [J]. Phys. Rev. 1992 (B 45): 3252.

[49] L F Mattheiss, D R Hamann. Electronic Structure and Properties of $CoSi_2$ [J]. Phys. Rev. 1988 (B 37): 10623.

[50] O K Anderse. Linear Methods in Band Theory [J]. Phys. Rev. 1975 (B12): 3060.

[51] O K Andersen, O Jepsen, VI N Antonov, et al. Fermi Surface, Bonding, and Pseudogap in $MoSi_2$ [J]. Physica, 1995 (B 204): 65.

[52] R Girlanda, E Piparo, A Balzarotti. Band Structure and Electronic Properties of FeSi and α - $FeSi_2$ [J]. J. Appl. Phys. 1994 (76) 5: 2837.

[53] J Friedel. The Physics of Metals [M]. Ed. J M Ziman. Cambridge University Press: London, 1969.

[54] H B Michaelson. Relation Between an Atomic Electronegativity Scale and the Work Function [J]. IBM J. Res. Develop. 1978 (22): 72.

[55] Dimaitriadia C A, J H Werner, S Logothetidis, et al. Electronic Properties of Semiconducting $FeSi_2$ Films [J]. J. Appl. Phys. 1990 (68): 1726.

[56] T Suemasu, Y Negishi, K Takakura, et al. Room Temperature 1.6 μm Electroluminescence from a Si - based Light Emitting Diode with β - $FeSi_2$ Active Region [J]. Jpn. J. Appl. Phys. Part2, 2000 (39): L1013.

[57] Leong D, M Harry, K J Reeson, et al. A Silicon/iron – disilicide Light Emitting Diode Operating at a Wavelength of 1. 5 μm [J] . Nature 1997 (387): 686.

[58] T Yoshikaz, M Yoshihito. Enhancement of 1. 54 μm Photoluminescence Observed in Al – doped β – $FeSi_2$ [J] . Appl. Phys. Lett. 2004 (84): 903 ~ 905.

[59] R Eppenga. Ab Initio Band – structure Calculation of the Semiconductor – $FeSi_2$ [J] . J. Appl. Phys. 1990 (68): 3027.

[60] Christensen N E. Electronic Structure of β – $FeSi_2$ [J] . Phys. Rev. 1990 (B42): 7148.

[61] Eisebitt, J E Rubensson, M Nicodemus, et al. Electronic Structure of Buried α – $FeSi_2$ and β – $FeSi_2$ Layers [J] . Phys. Rev. 1994 (B 50) 24: 18330.

[62] A B Filonov, D B Migas, V L Shaposhnikov, et al. Electronic and Related Properties of Crystalline Semiconducting Iron Disilicide [J] . J. Appl. Phys. 1996, 79 (10): 7708 ~ 7712.

[63] 潘志军，张澜庭，吴建生．掺杂半导体 β – $FeSi_2$ 电子结构及几何结构第一性原理研究 [J] ．物理学报，2005 (54)：5308.

[64] Giannini C, S Lagomarsino, F Scarinci, et al. Nature of the Band Gap of Polycrystalline β – $FeSi_2$ Films [J] . Phys. Rev. 1991 (B 45) 15: 8822.

[65] Alvarez J, J J Hinarejos, E G Michel, et al. Determination of the Fe/Si(111) Phase Diagram by Means of Photoelectron Spectroscopies [J] . Phys. Rev. 1993 (B 287 ~ 288): 490.

[66] A Franciosi, J H Weaver, D G O'Neill, et al. Chemical Bonding at the Si – metal Interface: Si – Ni and Si – Cr [J], J. Vacuum Sci. Technol. 1982 (21): 624.

[67] J G Clabes, G W Rubloff, T Y Tan. Chemical Reaction and Schottky – barrier Formation at V/Si Interfaces [J] . Phys. Rev. 1984 (B29): 1540.

[68] J H Weaver, V L Moruzzi, F A Schmidt. Experimental and Theoretical Band – structure Studies of Refractory Metal Silicides [J] . Phys. Rev. 1981 (B23): 2916.

[69] A Franciosi, J H Weaver. Si – Cr and Si – Pd Interface Reaction and Bulk Electronic Structure of Ti, V, Cr, Co, Ni, and Pd Silicides [J] . Surface Sci. 1983 (132): 324.

[70] D Aitelhabit, G Gewinner, J C Peruchetti, et al. Interpretation of Cr (001) Photoemission Spectra: Influence of Correlations [J] . J. Phys. 1984 (F14): 1317.

[71] O Bisi, L W Chiao. Electronic Structure of Vanadium Silicides [J] . Phys. Rev. 1982 (B25): 4943.

[72] B Egert, G Panzner. Bonding State of Silicon Segregated to α – iron Surfaces and on Iron Silicide Surfaces Studied by Electron Spectroscopy [J] . Phys. Rev. 1984 (B29): 2091.

[73] G A Anderson, J L Bestel, A A Johnson, et al. Eutectic Decomposition in the Gold Silicon System [J]. Mater. Sci. Eng. 1971 (7): 83.

[74] A Hiraki, A Shimizu, M Iwami, et al. Metallic State of Si in Si – noble – metal Vapor – quenched Alloys Studied by Auger Electron Spectroscopy [J] . Appl. Phys. Lett. 1975 (26): 57.

[75] M von Allen, S S Lau, M Maenpaa, et al. Phase Transformations in Laser – irradiated Au – Si Thin Films [J] . Appl. Phys. Lett. 1980 (36): 205.

[76] O Bisi, C Calandra, L Braicovich, et al. Electronic Properties of Metal – rich Au – Si Compounds and Interfaces [J] . J. Phys. C: Solid State Phys. 1982 (15): 470.

[77] R Kieffer, F Benesovsky. In: Hartstoffe [M] . Springer, Vienna, 1963.

[78] J M Poate, K N Tu, et al. Thin Film Reactions and Diffusion [M] (Wiley, New York, 1978) .

[79] M J Howes, D V Morgan, Eds. Reliability and Degradation: Devices Cevices Circuits and Systems [M]. Wiley, New York, 1978.

[80] G Ottaviani. Interface Metallurgy and Electronic Properties of Silicides [J] . J. Vacuum Sci. Technol. 1981 (18): 924.

[81] C Calandra, O Bisi, G Ottaviani. Electronic Properties on Silicon – transition Metal Interface Compounds [J] . Surf. Sci. Rep. 1985 (4): 271 ~364.

[82] R M Walser, R W Bene'. First Phase Nucleation in Silicon – transition – metal Planar Interfaces [J]. Appl. Phys. Lett. 1976 (28): 624.

[83] B Y Tsaur, S S Lau, J W Mayer, et al. Sequence of Phase Formation in Planar Metal – Si Reaction Couples [J] . Appl. Phys. Lett. 1981 (38): 922.

[84] M Ronay. Reinvestigation of First Phase Nucleation in Planar Metal – Si Reaction Couples [J]. Appl. Phys. Lett. 1983 (42): 577.

[85] G Ottaviani, K N Tu, W K Chu, et al. NiSi Formation at the Silicide/Si Interface on the NiPt/Si System [J] . J. Appl. Phys. 1982 (53): 4903.

[86] G Majni, C Nobili, G Ottaviani, et al. The Variation of Vaporization Rates with Orientation for Basal Planes of Zinc Oxide and Cadmium Sulfide [J] . J. Appl. Phys. 1981 (52): 4047.

[87] I Abbati, L Braicovich, B De Michelis, et al. in Proc. 15th Int. Conf. on the Physics of Semiconductors, Kyoto, 1 ~ 5 September 1980, edited by S. Tanaka and Y. Toyozawa [C] . J. Phys. Soc. 1980 (49A): 1071.

[88] G W Rubloff, P S Ho, J L Freeouf, et al. Chemical Bonding and Reactions at the Pd/Si Interface [J]. Phys. Rev. 1981 (B23): 4183.

[89] I Abbati, M Grioni. Photoemission Investigation of Si(111) – Cu Interfaces [J] . J. Vacuum Sci. Technol. 1981 (19): 631.

[90] G Rossi, I Lindau. Compound Formation and Bonding Configuration at the Si – Cu Interface [J]. Phys. Rev. 1983 (B28): 3597.

[91] P S Ho, P E Schmid, H Föll. Stoichiometric and Structural Origin of Electronic States at the Pd_2Si – Si interface [J] . Phys. Rev. Lett. 1981 (46): 782.

[92] F Ringeisen, J Derrien, E Daugy, et al. Formation and Properties of the Copper Silicon (111) interface [J] . J. Vacuum Sci. Technol. 1983 (B1): 546.

[93] M Sancrotti, M Sacchi, O Sakho, et al. Anisotropic Empty Electron – band States at the Pseudo – 5 ×5 Si (111) /Cu Interface [J] . Phys. Rev. 1991 (B 44): 1958.

[94] J Derrien, G Le Lay, F Salvan. Electronic and Crystallographic Structures of Silver Adsorbed on Silicon (111) [J] . J. Physique Lett. 1978 (39): L287.

[95] F Wehking, H Bekermann, R Niedermayer. Investigation of the initial Stages of Growth of Ag Films on Si (111) 7 × 7 by a Combination of LEED, AES, and UPS [J] . Surface Sci. 1978 (71): 364.

[96] Y Gotoh, S Ino. Surface Structures of Ag on Si (111) Surface Investigated by RHEED [J]. J. Appl. Phys. 1978 (17): 2097.

[97] M Saitoh, F Shoji, K Oura, et al. Initial Growth Process and Surface Structure of Ag on Si(111) Studied by Low – energy Ion – scattering Spectroscopy (ISS) and LEED – AES [J] . Surface Sci. 1981 (112): 306.

[98] E J van Loenen, M Iwami, R M Tromp, et al. The Adsorption of Ag on the Si(111) 7 ×7 Surface at Room Temperature Studied by Medium Energy ion Scattering, LEED and AES [J] . Surface Sci. 1984 (137) 1.

[99] J A Venables, J Derrien, A P Janssen. Direct Observation of the Nucleation and Growth Modes of Ag/Si (111) [J] . Surface Sci. 1980 (95): 411.

[100] A McKinley, R H Williams, A W Parke. An Investigation of Thin Silver Films on Cleaved Silicon Surfaces [J] . J. Phys. C: Solid State Phys. 1979 (12): 2447.

[101] F Houzay, G M Guichar, A Cros, et al. Angle Resolved Photoemission Measurements on Ag - Si(111) 7 ×7 interfaces [J] . Surface Sci. 1983 (124): L1.

[102] A L Wachs, T Miller, T C Chiang. Angle - resolved Photoemission Studies of Epitaxial Ag Films on Si (111) - (7 ×7) [J] . Phys. Rev. 1984 (B29): 2286.

[103] D Bolmont, P Chen, C A Sebenne, et al. Structural and Electronic Properties of Cleaved Si(111) Upon Room - temperature Formation of an Interface with Ag [J] . Phys. Rev. 1981 (B24): 4552.

[104] G Rossi, I Abbati, L Braicovich, et al. Chemical Reaction at the Ge (111) - Ag and Si(111) - Ag Interfaces for Small Ag Coverages [J] . Surface Sci. Lett. 1981 (112): L765.

[105] G Rossi, I Abbati, I Lindau, et al. Intermixing at the Early Stage of the Si(111)/Ag Interface Growth [J] . Appl. Surface Sci. 1982 (11/12): 348.

[106] A K Green, E Bauer. Formation Structure, and Orientation of Gold Silicide on Gold Surfaces [J]. J. Appl. Phys. 1976 (47): 1284.

[107] A Hiraki, M A Nicolet, J W Mayer. Low - Temperature Migration of Silicon in thin Layers of Gold and Platinum [J] . Appl. Phys. Lett. 1971 (18): 178.

[108] T Narusawa, S Komiya, A Hiraki. Auger Spectroscopic Observation of Si [Single Bond] Au Mixed - phase Formation at Low Temperatures [J] . Appl. Phys. Lett. 1972 (20): 272.

[109] M T Thomas, D L Styris. Auger Spectroscopy of Submonolayer Gold Depositions on Silicon [J]. Phys. Status Solidi, 1973 (B 57): K83.

[110] T Narusawa, S Komiya, A Hiraki. Diffuse Interface in Si (substrate) - Au (evaporated film) System [J]. Appl. Phys. Letters, 1973 (22): 389.

[111] A Hiraki, K Shuto, S Kim, et al. Room - temperature Interfacial Reaction in Au - semiconductor Systems [J] . Appl. Phys. Letters, 1977 (31): 611.

[112] I Abbati, L Braicovich, A Franciosi. Evidence of Intermixing at Si (Ⅲ) /Au Interface at Liquid Nitrogen Temperature [J]. Phys. Lett. 1980 (80A): 69.

[113] L Braicovich, C M Garner, P R Skeath, et al. Photoemission Studies of the Silicon - gold Interface [J]. Phys. Rev. 1979 (B20): 5131.

[114] I Abbati, L Braicovich, A Franciosi, et al. Photoemission Investigation of the Temperature Effect on Si - Au Interfaces [J] . J. Vacuum Sci. Technol. 1980 (17): 930.

[115] I Abbati, L Braicovich, J N Miller, et al. Systematics on the Electron States of Silicon D - metal Interfaces [J] . Solid State Commun. 1980 (33): 881.

[116] F Houzay, G M Guichar, A Cros, et al. Angle - resolved Photoemission of the Initial Stages of Au Growth on Si(111) 7 × 7 [J] . J. Phys. C: Solid State Phys. 1982 (15): 7065.

[117] G Le Lay, J P Faurie. AES Study of the Very First Stages of Condensation of Gold Films on Silicon (111) Surfaces [J] . Surface Sci. 1977 (69): 295.

[118] F Salvan, A Cros, J Derrien. Electron Energy Loss Measurements on the Gold - silicon Interface [J]. J. de Physique Lett. 1980 (41): L337.

[119] V G Lifshits, V A Akilov, Y L Gavriljuk. Interaction of Thin Gold Films with Silicon [J] . Solid State Commun. 1981 (40): 429.

[120] Y Yabuuchi, F Shoji, K Oura, et al. Surface Structure of the Si(111) - 5 × 1 - Au Studied by low - energy ion Scattering Spectroscopy [J] . Surface Sci. 1983 (131): L412.

[121] N Osakabe, Y Tanishiro, K Yagi, et al. Reflection Electron Microscopy of Clean and Gold Deposited (111) Silicon Surfaces [J] . Surface Sci. 1980 (97): 393.

[122] P Perfetti, S Nannarone, F Patella, et al. Low-energy Electron-loss Spectroscopy and Auger-electron-spectroscopy Studies of Noble-metal—silicon Interfaces: Si – Au System [J] . Phys. Rev. 1982 (B26): 1125.

[123] T Narusawa, K Kinoshita, W M Gibson, et al. Structure Study of Au – Si Interface by MeV Ion Scattering [J] . J. Vacuum Sci. Technol. 1981 (18): 872.

[124] L J Brillson, A D Katnani, M Kelly, et al. Photoemission Studies of Atomic Redistribution at Gold – silicon and Aluminum – silicon Interfaces [J] . J. Vacuum Sci. Technol. 1984 (A2): 551.

[125] G Le Lay. Physics and Electronics of the Noble – metal/Elemental – semiconductor Interface Formation: A Status Report [J] . Surface Sci. 1983 (132): 169.

[126] K Oura, T Hanawa. LEED – AES Study of the Au Si (100) System [J] . Surface Sci. 1979 (82): 202.

[127] W D Buckley, S C Moss. Structure and Electrical Characteristics of Epitaxial Palladium Silicide Contacts on Single Crystal Silicon and Diffused P – N diodes [J] . Solid State Electron 1972 (15): 1331.

[128] K N Tu, J W Mayer. in: Thin Film Reactions and Diffusion [M]. Eds. J. M. Poate, K. N. Tu and J. W. Mayer (Wiley, New York, 1978) .

[129] P Perfetti, S Nannarone, F Patella, et al. Energy Loss Spectroscopy (ELS) on the Si – Au System [J]. Solid State Commun, 1980 (35): 151.

[130] R M Tromp, E J van Loenen, M Iwami, et al. Ion Beam Analysis of the Reaction of Pd with Si (100) and Si(111) at Room Temperature [J] . Surface Sci. 1983 (124): 1.

[131] J Stohr, R Jaeger. Structural Studies of Schottky Barrier Formation by Means of Surface EXAFS: Pd and Ag on Si (111) 7×7 [J] . J. Vacuum Sci. Technol. 1982 (21): 619.

[132] J L Freeouf, G W Rubloff, P S Ho, et al. Microscopic Compound Formation at the Pd – Si(111) Interface [J] . Phys. Rev. Lett. 1979 (43): 1836.

[133] P S Ho, T Y Tan, J E Lewis, et al. Chemical and Structural Properties of the Pd/Si Interface during the Initial Stages of Silicide Formation [J] . J. Vacuum Sci. T echnol. 1979 (16): 1120.

[134] P E Schmid, P S Ho, H Foll, et al. Electronic States and Atomic Structure at the Pd_2Si – Si Interface [J]. J. Vacuum Sci. Technol. 1981 (18): 937.

[135] G J van Gurp, C Langereis. Cobalt Silicide layers on Si. I. Structure and Growth [J] . J. Appl. Phys. 1975 (46): 4301.

[136] S Saitoh, H Ishiwara, S Furukawa, et al. Double Heteroepitaxy in the Si (111) /$CoSi_2$/Si Structure [J]. Appl. Phys. Lett. 1980 (37): 203.

[137] J C Bean, J M Poate. Silicon/metal Silicide Heterostructures Grown by Molecular Beam Epitaxy [J]. Appl. Phys. Lett. 1980 (37): 643.

[138] H Ishiwara. in: Proc. Symp. Thin Film Interfaces and Interfactions [M] . Eds. J. E. Baglin and J. M. Poate (1980): 159.

[139] R T Tung, J C Bean, J M Gibson, et al. Growth of single – crystal $CoSi_2$ on Si (111) [J]. Appl. Phys. Lett. 1982 (40): 684.

[140] J M Gibson, J C Bean, J M Poate, et al. The Effects of Nucleation and Growth on Epitaxy in the $CoSi_2$/Si System [J] . Thin Solid Films, 1982 (93): 101.

[141] L J Chen, J W Mayer, K N Tu, et al. Formation and Structure of Epitaxial $NiSi_2$ and $CoSi_2$. Thin Solid Films, 1982 (93): 137.

[142] C Pirri, J C Peruchetti, G Gewinner, et al. Cobalt Disilicide Epitaxial Growth on the Silicon (111) Surface [J]. Phys. Rev. 1984 (B29): 3391.

[143] J Tersoff, D R Hamann. Bonding and Structure of $CoSi_2$ and $NiSi_2$ [J]. Phys. Rev. 1983 (B28): 1168.

[144] A Franciosi, D J Peterman, J H Weaver. Silicon - refractory Metal Interfaces: Evidence of Room - temperature Intermixing for Si - Cr [J]. J. Vacuum Sci. Technol. 1981 (19): 657.

[145] A Franciosi, D J Peterman, J H Weaver, et al. Structural Morphology and Electronic Properties of the Si - Cr interface [J]. Phys. Rev. 1982 (B25): 4981.

[146] A Franciosi, J H Weaver, D G O'Neill, et al. Electronic Structure of Cr Silicides and Si - Cr Interface Reactions [J]. Phys. Rev. 1983 (B28): 7000.

[147] T Hoshino. Electronic Structures of Chemisorption Systems on Si(111) Surface [J]. Surface Sci. 1982 (121): 1.

[148] J Ihm, M L Cohen, J R Chelikowsky. Electronic Structure of a Pd Monolayer on an Si (111) Surface [J]. Phys. Rev. 1980 (B22): 4610.

[149] J R Chelikowsky. Electronic Structure of Al Chemisorbed on the Si (111) Surface [J]. Phys. Rev. 1977 (B16): 3618.

[150] H I Zhang, M Schluter. Studies of the Si(111) Surface with Various Al Overlayers [J]. Phys. Rev. 1978 (B18): 1923.

[151] F Herman, F Casula, R V Kasowksi. Electronic States and Schottky Barriers at Pd_2Si/Si(111) Interfaces [J]. Physica, 1983 (117/118B): 837.

[152] O Bisi, K N Tu. Atomic Intermixing and Electronic Interaction at the Pd - Si(111) Interface [J]. Phys. Rev. Letters, 1984 (52): 1633.

[153] O Bisi, L W Chiao, K N Tu. Electronic Structure and Properties of Ni - Si (001) and Ni - Si (111) Reactive Interfaces [J]. Phys. Rev. 1984 (B30): 4664.

[154] N Tu. Selective Growth of Metal - rich Silicede of Near - noble Metals [J]. Appl. Phys. Lett. 1975 (27): 221.

[155] I Abbati, L Braicovich, B De Michelis, et al. Valence Photoemission Study of Temperature Dependent Reaction Products in Ni - Si Interfaces and Thin Films [J]. Solid State Commun. 1982 (43): 199.

[156] F Comin, F E Rowe, P H Citrin. Structure and Nucleation Mechanism of Nickel Silicide on Si(111) Derived From Surface Extended - X - Ray - absorption Fine Structure [J]. Phys. Rev. Lett. 1983 (51): 2402.

[157] K L I Kobayashi, S Sugaki, A Ishizaka, et al. Ni on Si: Interfacial Compound Formation and electronic Structure [J]. Phys. Rev. 1982 (B25): 1377.

[158] Yu Jeng Chang, J L Erskine. Diffusion Layers and the Schottky - barrier Height in Nickel Silicide—silicon Interfaces [J]. Phys. Rev. 1983 (B28): 5766.

[159] A Hiraki. A Model on the Mechanism of Room Temperature Interfacial Intermixing Reaction in Various Metal - Semiconductor Couples: What Triggers the Reaction? [J]. J. Electrochem. Soc. 1980 (127): 2662.

[160] E H Rhoderick. Metal - semiconductor Contacts [M]. Clarendon Press, Oxford, 1978.

[161] 黄昆，谢希德．半导体物理学 [M]．北京：科学出版社，1958.

[162] A Watson. Microwave Semiconductor Devices and Their Circuit Applications [M], McGraw - Hill, New York, 1969.

[163] H Kato, Y Nakamura. Solid State Reactions in Titanium Thin Films on Silicon [J]. Thin Solid Films, 1976 (34): 135.

[164] L N Aleksandrov, R N Lovyagin, P A Simonov. Contacts of Refractory Metals on Thermally Cleaned Silicon Surfaces [J] . Thin Solid Films, 1980 (70): 11.

[165] B Schwartz. Ohmic Contact to Semiconductors [C] . Electrochemical Society, New York, 1969.

[166] J M Andrews, M P Lepselter. Reverse Current - voltage Characteristics of Metal - silicide Schottky Diodes [J] . Solid State Electron. 1970 (13): 1011.

[167] K E Sundstrom, S Petersson, P A Tove. Studies of Formation of Silicides and Their Barrier Heights to Silicon [J] . Phys. Status Solidi (a) 1973 (20): 653.

[168] A N Saxena, J J Grob, M Hage - Ali, et al. in Metal Semiconductor Contacts [C]. Inst. Phys. Conf. Ser. 1974 (22): 160.

[169] J M Andrews, J C Phillips. Chemical Bonding and Structure of Metal - semiconductor Interfaces [J]. Phys. Rev. Lett. 1975 (35): 56.

[170] P E Schmid, P S Ho, H Föll, et al. Effects of Variations of Silicide Characteristics on the Schottky - barrier Height of Silicide - silicon Interfaces [J] . Phys. Rev. 1983 (B28): 4593.

[171] J A Roth, L B Roth. in: Proc. Symp. Thin Film Interfaces and Interfactions [C]. Eds. J. E. Baglin and J. M. Poate (1980): 111.

[172] M Eizenberg, K N Tu. Formation and Schottky Behavior of Manganese Silicides on N - type silicon [J]. J. Appl. Phys. 1982 (53): 6885.

[173] M Michelini, F Nava, E Galli. Structural and Electrical Investigation of Amorphous - to - crystalline Transformation in iron Disilicide Alloy Thin Films [J] . J. Mater. Res. 1991 (6): 1655.

[174] G J Van Gurp. Cobalt Silicide Layers on Si. II. Schottky Barrier Height and Contact Resistivity [J]. J. Appl. Phys. 1975 (46): 4308.

[175] I Odhomari, K N Tu, F M dHeurle, et al. Schottky - barrier Height of Iridium Silicide [J]. Phys. Rev. Lett. 1978 (33): 1028.

[176] I Odhomari, T S Kuan, K N Tu. Microstructure and Schottky Barrier Height of Iridium Silicides Formed on Silicon [J] . J. Appl. Phys. 1979 (50): 7020.

[177] G Ottaviani, K N Tu, J W Mayer. Barrier Heights and Silicide Formation for Ni, Pd, and Pt on Silicon [J] . Phys. Rev. 1981 (B 24): 3354.

[178] K N Tu, R D Thompson, B Y Tsaur. Low Schottky Barrier of Rare - earth Silicide on - Si [J]. Phys. Rev. Letters, 1981 (38): 626.

[179] C S Wu, S S Lau, T F Kuech, et al. Surface Morphology and Electronic Properties of $ErSi_2$ [J] . Thin Solid Films, 1983 (104): 175.

[180] J L Freeouf. Schottky Barriers: Models and "Tests" [J] . Surface Sci. 1983 (132): 233.

[181] A Zur, T C McGill, D L Smith. Fermi - level Position at a Semiconductor - metal Interface [J]. Phys. Rev. 1983 (B28): 2060.

[182] J Bardeen. Surface States and Rectification at a Metal Semi - conductor Contact [J] . Phys. Rev. 1947 (71): 717.

[183] W E Spicer, I Lindau, P Skeath, et al. Unified Defect Model and Beyond [J] . J. Vacuum Sci. Technol. 1980 (17): 1019.

[184] W Monch, H Gant. Chemisorption - induced defects on GaAs (110) Surfaces. Phys. Rev. Lett. 1982 (48): 512.

[185] W Monch, R S Bauer, H Gant, et al. The Electronic Structure of Ge: GaAs (110) Interfaces [J]. J. Vacuum Sci. Technol. 1982 (21): 498.

[186] H Gant, W Monch. On the chemisorption of Ge on GaAs (110) Surfaces: UPS and Work Function Measurements [J]. Appl. Surface Sci. 1982 (11 ~ 12): 332.

[187] H Huijser, J van Laar, T L van Rooy. Electronic Surface Properties of Uhv - cleaved III - V Compounds [J]. Surface Sci. 1977 (62): 472.

[188] C Calandra, O Bisi, G Ottaviani. Electronic Properties on Silicon - transition Metal Interface Compounds [J]. Surf. Sci. Rep. 1985 (4) 271.

[189] S G Louie, M L Cohen. Electronic Structure of a Metal - semiconductor Interface [J]. Phys. Rev. 1976 (B13): 2461.

[190] D M Newns. Self - consistent Model of Hydrogen Chemisorption [J]. Phys. Rev. 1969 (178): 1123.

[191] F Manghi, C Calandra, C M Bertoni, et al. Electronic Properties of the Cs - GaAs (110) Interface at Monolayer Coverage [J]. Surface Sci. 1984 (136): 629.

[192] R J Purtell, P S Ho, G W Rubloff, et al. Formation of the Schottky Barrier at the Pd/Si Interface [J]. Physica, 1983 (117 ~ 118B): 834.

4 金属硅化物的晶体结构

现代社会使用的金属和陶瓷材料绝大部分是晶态材料，其结构基元（原子、分子、络合离子等）在空间呈规则的周期性排列。这一本质特征决定了晶体的宏观、微观特征和物理性质。人们运用X射线衍射、计算数学、对称性理论等方法对晶体基元排列和实际晶体结构进行研究，可以获得晶体组分和实际结构的知识，从而可以运用各种手段来控制晶态材料的性质，据此还能探索新的晶体。实际上，人们借鉴晶体结构的研究成果，已经成功研制出一大批新型结构和功能材料[1,2]。

金属硅化物一般都具有金属光泽、较高的热导率和电导率、正的电阻温度系数、顺磁性等金属特性，这些性质在很大程度上是由其金属组元所决定的。但不同硅化物的晶体结构具有较大的差异，其组元的化学键类型具有多样性[3]，又使其显示部分非金属特性。

因此，为了科学认识金属硅化物的性质并揭示其物理本质，有必要对其晶体结构进行深入研究，了解其内部原子的排列规则、堆垛次序等重要信息，进而揭示晶体结构与性能的关系。本章主要从晶体的原子键合、结构特点和研究方法方面进行介绍，同时对典型金属硅化物的晶体结构进行了归类整理，对金属硅化物中的缺陷类型和运动方式等进行了阐述。

4.1 化 学 键

在物质结构中，质点（原子、离子或分子）都按照一定的规则进行排列，质点之间都具有一定的结合力，即物质是依靠质点之间的相互作用力结合在一起，这种质点之间所存在的结合力称为键，它主要体现为质点间吸引力和排斥力的综合作用结果。当质点间互相作用处于平衡位置时，这两种力的合力为零，相应的势能曲线上出现一个最低点。在固体材料中，质点之间排斥力作用大致具有相同的形式，而吸引力的作用则表现出不同的形式，从而产生不同的质点结合方式，即不同的键型。结合键一般分为：化学键和物理键，而物理键则是范德华力和氢键。金属硅化物中存在着各种化学键，其键合性质各有不同，具体包括离子键、共价键和金属键等。[4,5]

4.1.1 化学键的类型

4.1.1.1 离子键

离子键主要存在于离子晶体化合物中，本质上可归结为静电吸引力。离子键常发生在活泼的金属元素（如 I_A、II_A、III_A 主族金属元素和低价态的过渡金属元素）和活泼的非金属元素（如 VI_A、VII_A 主族和N元素等）之间。这种结合的基本特征是以离子而不是以原子为结合的单位。离子晶体的结合能大部分源于静电相互作用。如在晶态NaCl中，一个正离子与其最近邻负离子之间的距离为 2.81×10^{-9}mm，两个正、负离子本身的库仑力吸引的势能为5.1eV。图4－1为NaCl离子键的结合示意图[6]。

离子晶体有两种常见的晶体结构，即NaCl型和CsCl型结构。图4－2显示了NaCl晶体结构图[7]，图中基元由一个Na^+离子和一个Cl^-离子组成，每个离子有六个相邻的离子，组成一个八面体。晶格中正负离子交替排列在立方体的8个顶点上。而CsCl型晶格中8个顶点上排列的全部是正（或负）离子，晶格的中心上还有一个正（或负）离子。图4－3为CsCl的晶体结构图。

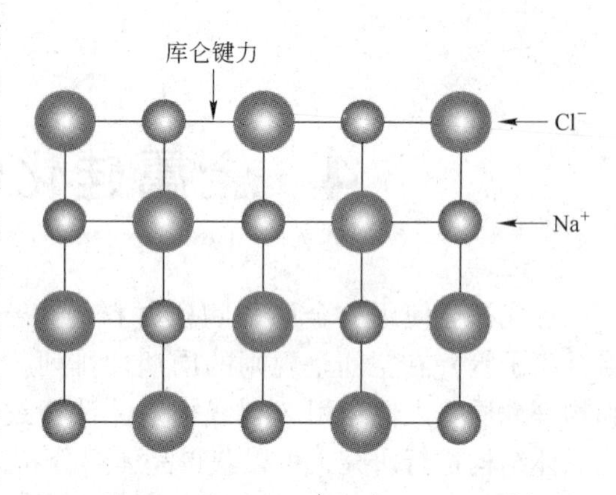

图4－1　NaCl离子键的结合示意图[6]

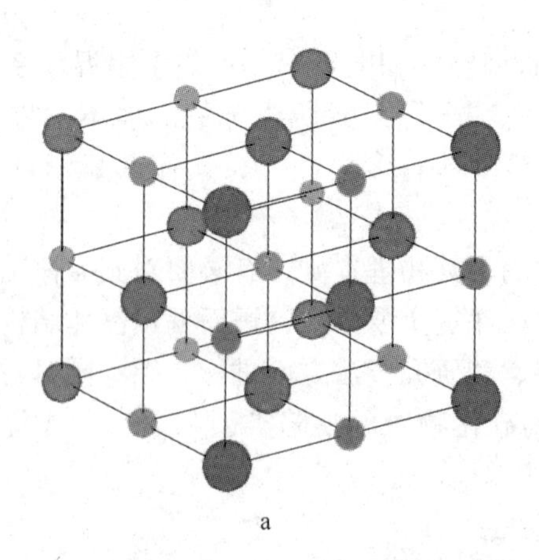

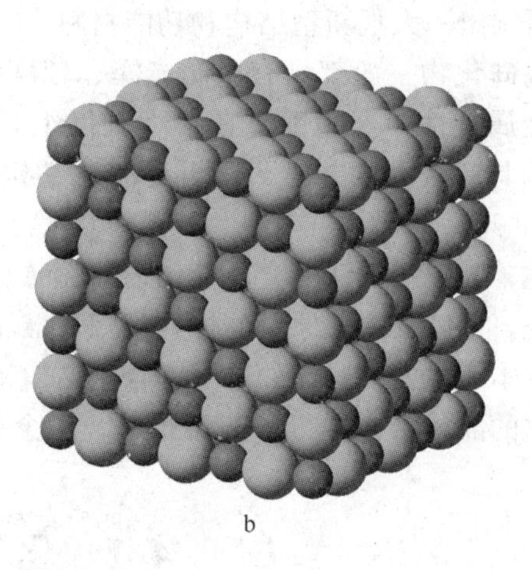

图4－2　NaCl晶体结构图和模型[7]

a—晶体结构图；b—结构模型图

（浅色—Na^+，深色—Cl^-）

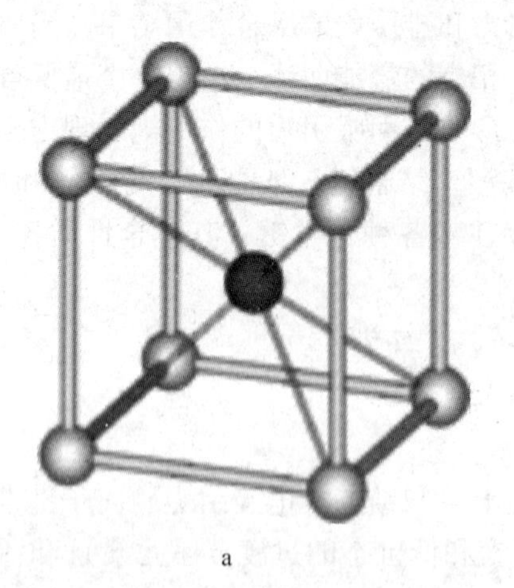

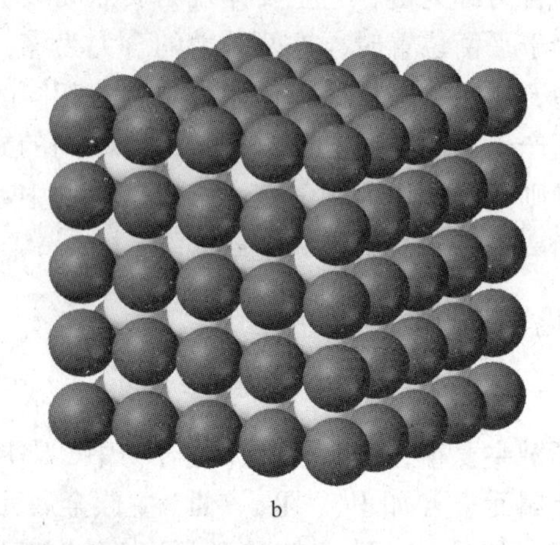

图4－3　CsCl晶体结构图和模型[7]

a—晶体结构图；b—结构模型图

（淡色—Cs^+，深色—Cl^-）

4.1.1.2 共价键

当两原子相互靠近时，其原子轨道相互作用，组成新的分子轨道，引起原子间电子分布情况发生改变，两原子间的电子聚集的程度变大，电子云密度增加，电子云同时受到两个原子核吸引，体系的能量降低，形成稳定的化学键，称为共价键。进入共价键的原子并没有获得或损失电子，对外不显示电荷。共价键的强度比氢键要强，与离子键接近或有些时候甚至比离子键强。

碳、硅、锗具有金刚石结构，其原子位于四面体角隅上，每个原子与四个最近邻原子成共价键，如图4－4所示[8,9]。金刚石结构的晶格类型属面心立方，与每个晶格阵点联系着的初基基元含有两个全同原子，分别位于000和1/4、1/4、1/4位置，每个原子有四个最邻近的原子，形成四面体键合。

单质硅属于典型的金刚石结构，其晶格常数 a = 5.430Å。在此结构中Si—Si键长235.16pm(25℃)。在绝大多数硅化合物中，硅原子的成键情况和硅单质中相似，以 sp^3 杂化轨道和周围原子结合。由于Si—Si键较长，键能低，它不像C原子相互连接在一起形成大量稳定的化合物的核心，再不断衍生出新的化合物。Si原子通常是分立地以 sp^3 杂化轨道和其他原子连接成硅的化合物[10]。

值得一提的是碳化硅，碳化硅至少有70种结晶型态，α－碳化硅为最常见的一种同质异晶体，在高于2000℃高温下形成，具有六方晶系构造。β－碳化硅，在低于2000℃生成，立方晶系结构，其晶体结构和金刚石相似，如图4－5所示[11]。C原子和Si原子都是按四面体取向交替地排列，属ZnS型结构，C原子周围连接4个Si原子，Si原子周围连接4个C原子。Si－C键长189pm，略短于Si和C的共价单键半径之和（195pm）。在碳化硅的结构中充分体现了C原子和Si原子成键的共同性[12]。

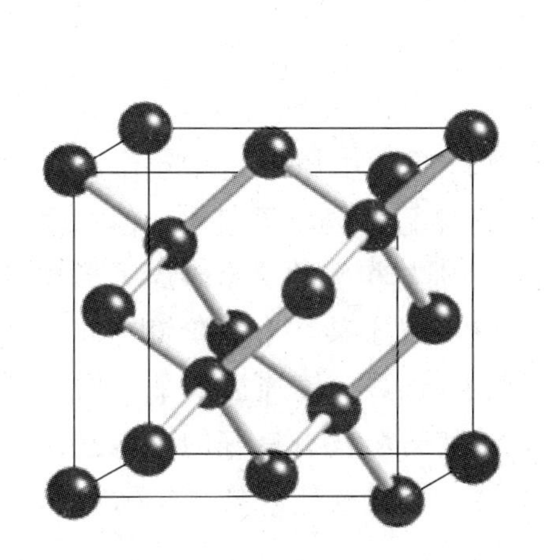

图4－4 单质硅（金刚石型）晶体结构键合示意图[9]

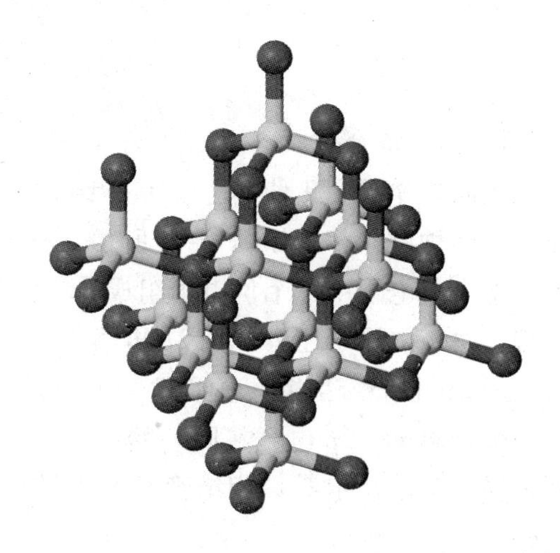

图4－5 β型碳化硅金刚石结构键合示意图[11]
（浅色—碳原子，深色—硅原子）

Ⅵ—Ⅷ族元素与硅形成的化合物，例如 $SiCl_4$，SiF_4，$SiBr_4$ 等，呈现较多的共价键特性，其共价键结构如图4－6所示。

4.1.1.3 金属键

金属键是由自由电子及排列成晶格状的金属离子之间的静电吸引力组合而成。1916

年，荷兰理论物理学家洛伦兹（Lorentz，H. A. 1853 ~ 1928）提出金属“自由电子理论”定性地阐明金属的一些特征性质[13]。这个理论认为，在金属晶体中，金属原子失去其价电子成为正离子，正离子如刚性球体排列在晶体中，电离下来的电子可在整个晶体范围内“自由”地运行，称为自由电子。正离子之间固然相互排斥，但可在晶体中自由运行的电子能吸引晶体中所有的正离子，把它们紧紧地“结合”在一起。这就是金属键的自由电子理论模型。这种金属正离子与“自由电子”之间的相互作用就构成了金属原子间的结合力——金属键，其模型如图 4 - 7[14]所示。

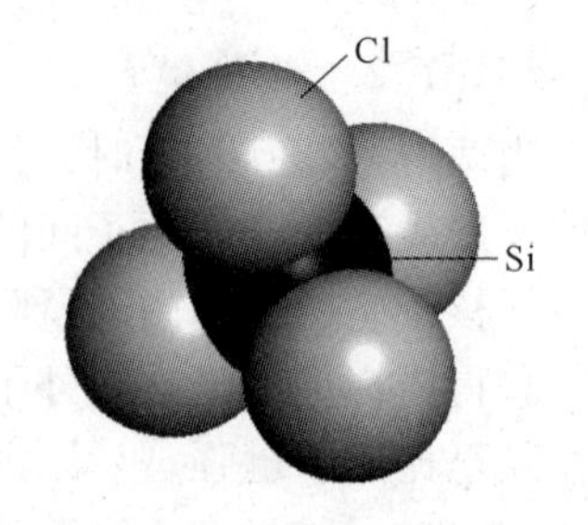

图 4 - 6　$SiCl_4$ 的共价键结构

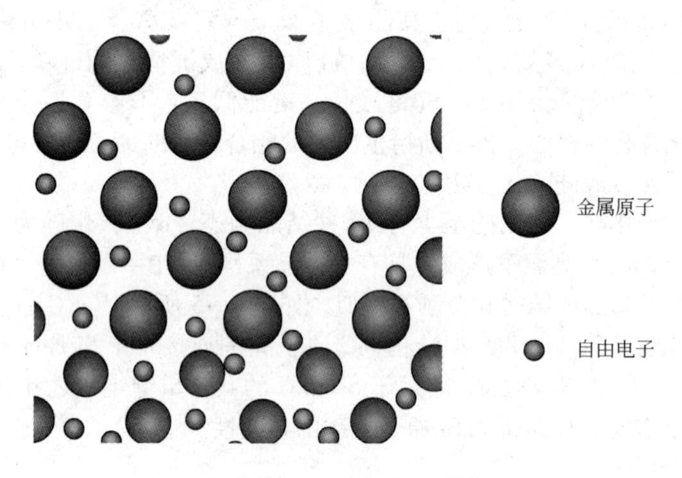

图 4 - 7　金属键示意图[14]

4.1.1.4　混合键

以上简单介绍了几种典型的晶体结合类型，在实际晶体中原子间相互作用比较复杂，往往多种键共存。如图 4 - 8 所示，石墨和金刚石都是由碳原子组成，但石墨中碳原子的四个价电子中三个价电子组成 sp^2 杂化轨道，分别与相邻的三个碳原子形成三个共价键，每个碳原子还有一个 2p 电子未参与杂化，它不属于某一个共价键，同一平面上所有的 2p 电子云互相重叠形成一个金属键。这样由 sp^2 共价键连成的平面网上还叠加上一个金属键，2p 电子在同一网层上可以自由移动使石墨具有良好的导电性；网层之间则通过范德瓦尔斯键相结合。石墨结构是共价键、金属键和范德瓦尔斯键三键共存结构[15]。

在实际晶体中，原子间的结合很少是纯粹属于这三种键型之一，而多数晶体中的化学键是偏离这三种典型键型的。离子型和共价型晶体之间不存在绝对的界限，重要的问题在于估算一个给定的键在多大程度上是离子性或共价性。图 4 - 9 是按元素周期律排列的若干化合物中键型变化示意图，图中除三角形的三个顶点上所标明的化合物（或单质）外，其余化合物均同时包含不同键型的因素，并逐渐过渡，这种现象称为键型变异现象[16~18]。键型变异是与离子极化、电子离域以及轨道重叠等因素密切相关的。

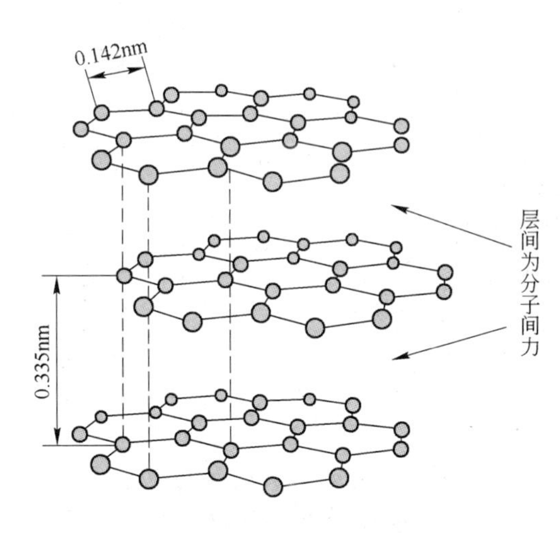

图 4－8 石墨结构示意图[15]

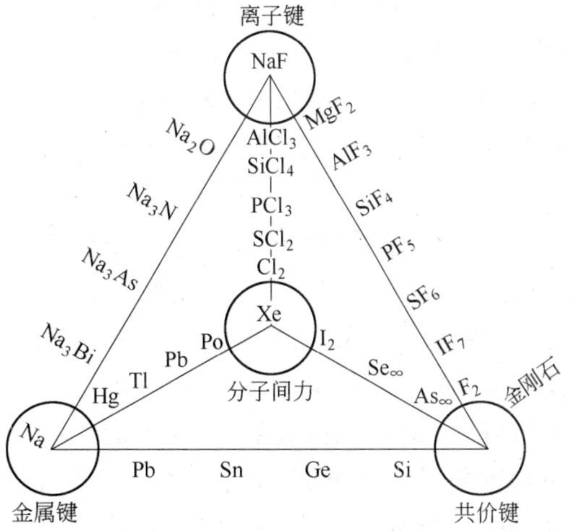

图 4－9 化合物中键型变异现象[17]

一种原子将形成哪一种键型常常和化合物本身的结构有关，不同的结构为原子提供成键的条件不同，键型也会发生改变[19]。例如，金刚石和石墨均由碳原子组成，在金刚石结构中，C—C 之间按照典型的共价键成键，而在石墨晶体中，由于有条件形成离域 π 键，增大电子的离域范围，其导电性能、颜色和光泽均与金属相似。AgI 有多种晶型，常温下 ZnS 型的 γAgI 中共价键占优势，而高温下具有体心立方结构的 αAgI 中离子键占优势。因此不同的结构导致原子形成不同的化学键，晶体性质也不同。

从上述情况可以看出，在化合物中各个原子之间只要满足成键的条件，就会最大可能地形成多种形式的化学键，各个原子参加成键的方式多种多样，形成化学键的形式也是多种多样，通过这些成键作用，可以改变原子电荷的分布，促进原子轨道互相有效的重叠，使异号电荷之间的吸引力增强，使分子和晶体的势能降低，稳定性增加，化合物的物理和化学性质也随键型的变异而不同。

4.1.2 化学键的性质

4.1.2.1 金属键的特点

金属键的无方向性和无饱和性是它的两个重要特点。

金属键是在晶体的整个区域内起作用的，因此要断开金属键比较困难。但由于金属键没有方向性，原子排列方式简单，重复周期短，因此在两层正离子之间比较容易产生滑动。在滑动过程中，自由电子的流动性能帮助克服势能障碍，各层之间始终保持着金属键的作用，金属虽然发生了形变，但不至断裂。因此，金属一般有较好的延展性和可塑性。由于自由电子几乎可以吸收所有波长的可见光，随即又发射出来，因而使金属具有通常所说的金属光泽。自由电子的这种吸光性能，使光线无法穿透金属。因此，金属一般是不透明的，除非是经特殊加工制成的极薄的箔片。

利用核心电子能量损失谱方法计算出的镍硅化物薄膜材料的光散射变化如图 4－10 所示，由图可见，相对于纯金属 Ni100% 的光反射率，镍硅化合物的光反射率从 Ni_2Si（58%）到 $NiSi_2$（27%）、NiSi（18%）逐渐降低，其电阻率从 $NiSi_2$（34Ω · m）、Ni_2Si

(25Ω · m)到 NiSi(12Ω · m)逐渐降低[20]。从中可以发现，金属镍硅化合物中存在部分金属特性，即部分金属键的作用，随着 M/Si 原子比的变化，其金属键特征也变化。

由于金属键没有方向性，所以金属原子总是趋于密集排列，得到简单的原子密排结构，造成金属晶体具有较高的密度。同时金属键也表现良好的导电和导热性能。诸如，硅化物中金属键性较多的 Mg_2Si 表现出较好的热电性。V_5Si 具有良好的超导性（其临界转变温度为 17K）。

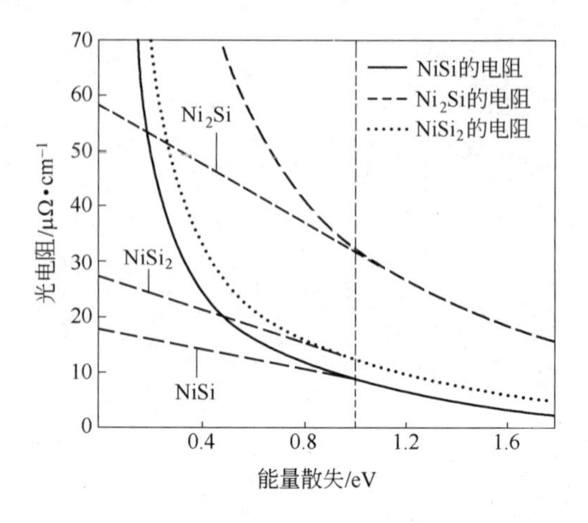

图 4－10　不同镍硅化合物的光反射率与能量散失谱对比图[20]

4.1.2.2　共价键的特点

共价键的饱和性、方向性和稳定性是它的三个重要特点[21]。

(1) 共价键的饱和性。由于一个原子只能形成一定数目的共价键，所以，依靠共价键只能和一定数目的其他原子结合，且只能由未配对的电子形成。以氢原子和氦原子对为例，氢原子在 1s 轨道上只有一个电子，自旋可以取任意方向，这样的电子称为未配对的电子；而在氦原子中，1s 轨道上有两个电子，根据泡利不相容原理，它们必须具有相反的自旋，这样自旋已经“配对”的电子便不能形成共价键。因此，能形成共价键的数目与价电子数相等。当价电子壳层超过半满时，部分电子必须自旋相反配对，所能形成的共价键数目少于价电子的数目。当Ⅳ族至Ⅶ族的元素依靠共价键结合时，共价键的数目符合 $8-N$ 定则，N 指价电子数目。

(2) 共价键的方向性。共价键的方向性是指原子只在特定的方向上形成共价键，根据共价键的量子理论，共价键的强弱取决于形成共价键的两个电子轨道相互交叠的程度，因此，原子易在价电子波函数最大的方向上形成共价键。例如，p 态的价电子云具有哑铃的形状，其便是在对称轴的方向上形成共价键。

共价键的饱和性和方向性对共价键的结构有严格的要求，如 C，Si 均为金刚石结构，以共价键相联系的原子间束缚是非常强的，如金刚石的结合能为 711kJ/mol，键能为 1～5eV。因此，共价键晶体一般很硬，不易变形。共价键化合物一般不具有导电性。材料以共价键结合时，相邻原子的个数受共价键个数的制约，所以共价键材料的密度较低。

(3) 共价键的稳定性。一般情况下，熔点的高低代表材料稳定性程度，物质加热时，原子热振动足以破坏相邻原子之间的结合键，便会发生熔化。由于共价键稳定性较高，在加热时，原子键合不容易破坏，以共价键结合的材料熔点也较高，例如纯共价键的金刚石熔点（3550℃）最高。

4.1.2.3　离子键的特点

离子键的特点是无方向性。由于离子具有满壳层电子结构，其电荷分布近似于球对称，所以离子键是没有方向性的，是晶格配位数较高的结构。一般离子晶体的熔点较高，硬度较大。电子不容易脱离开离子，离子也不容易离开格点位置，所以导电性差，只是在高温下离子才可以离开正常格点位置并参与导电。大多数离子晶体对可见光是透明的，在远红外区有一特征吸收峰。

4.1.2.4 混合键的特点

材料中单一结合键的情况并不是很多，大部分材料的原子结合键往往是不同键的混合，例如，金刚石具有单一的共价键，而同族元素 Si、Ge、Sn、Pb 也有 4 个价电子，但电负性自上而下逐渐下降，即失去电子的倾向逐渐增大，因此这些元素在形成共价键结合的同时，电子有一定的几率脱离原子成为自由电子，即存在一定比例的金属键，因此，Ⅳ族的 Si、Ge、Sn 元素与其他金属原子的结合往往是共价键和金属键的混合。又如金属与金属形成的金属间化合物（如 CuGe），尽管组成元素都是金属，但两者的电负性不同，有一定的离子化倾向，于是构成金属键与离子键的混合键。陶瓷化合物中常出现离子键和共价键混合的情况，化合物中离子键的比例取决于组成元素的电负性差，电负性相差越大，离子键比例越高。表 4－1 列出了某些陶瓷化合物中混合键的相对比例[22]。

表 4－1 部分陶瓷化合物中混合键的特征

化合物	结合原子对	电负性差	离子键比例/%	共价键比例/%
MgO	Mg－O	2.13	68	32
Al_2O_3	Al－O	1.83	57	43
SiO_2	Si－O	1.54	45	55
Si_3N_4	Si－N	1.14	28	72
SiC	Si－C	0.65	10	90

4.1.3 硅化物的键合特征及性质

相对碳来说，硅的金属性较强，其形成的硅化物的化学键有共价键、离子键或金属键和混合键，表 4－2 列举元素周期表中各元素与硅形成的硅化物。它包含了除了氦、铍以外的大多数主族和过渡族金属。大部分金属硅化物的键合以金属键和共价键的混合为主。金属键的出现使金属硅化物具备比陶瓷好的塑性，共价键的出现又使其原子结合力增强，化学键趋于稳定。所以金属硅化物具备高强度、高熔点、高硬度和良好的抗氧化性能。此外，原子的结合力增强，扩散减缓，导致蠕变激活能提高，所以金属硅化物还具有良好的高温抗蠕变性能。下面按不同主族顺序介绍其金属硅化物的键合特征。

（1）一般认为，硅与碱土族金属形成的金属硅化物多为离子键和共价键的混合键，如 Na_2Si、KSi、Ca_2Si、Mg_2Si，第Ⅰ族的金属硅化物往往呈现较多共价键特性，其大多溶于水，或与水反应会产生氢和（或）硅烷。Na_2Si 与水反应式如式（4－1），2mol Na_2Si 反应可放出 175J 热量，并且产生 5mol 氢气，该硅化物被认为是新一代氢能源的重要来源[23]。

$$2NaSi(s) + 5H_2O(l) \longrightarrow Na_2Si_2O_5(s) + 5H_2(g) + 175kJ/mol \qquad (4-1)$$

表 4-2 各元素与硅形成的二元硅化物汇总表

IA	IIA	IIIA	IVA	VA	VIA	VIIA	VIIIA	VIIIA	VIIIA	IB	IIB	IIIB	IVB	VB	VIB	VIIB	VIII
H_4Si																	
$Li_{22}Si_5$ $Li_{15}Si_4$ $Li_{21}Si_8$ Li_2Si												B_6Si B_4Si B_3Si	CSi	N_4Si_3	OSi O_2Si	F_4Si	
$NaSi$ $NaSi_2$	Mg_2Si											$AlSi$	Si	PSi PSi_2	S_2Si SSi	Cl_4Si	
KSi KSi_6	Ca_2Si $CaSi$ $CaSi_2$	Sc_5Si_3 $ScSi$ Sc_2Si_3 Sc_3Si_5	Ti_5Si_3 Ti_5Si_4 $TiSi$ $TiSi_2$ (C49) $TiSi_2$ (C54)	V_3Si V_5Si_3 V_6Si_5 VSi_2	Cr_3Si Cr_5Si_3 $CrSi$ $CrSi_2$	Mn_6Si Mn_9Si_2 Mn_3Si Mn_5Si_2 $MnSi$ $Mn_{15}Si_{26}$ $Mn_{27}Si_{47}$ $Mn_{11}Si_{19}$	Fe_3Si Fe_2Si Fe_5Si_3 $FeSi$ $FeSi_2$	Co_3Si Co_2Si $CoSi$ $CoSi_2$	Ni_3Si $Ni_{31}Si_{12}$ Ni_2Si Ni_3Si_2 $NiSi$ $NiSi_2$	Cu_5Si $Cu_{15}Si_4$ Cu_3Si				As_2Si $AsSi$	$SeSi$ Se_2Si	Br_4Si	
Rb_2Si $RbSi$ $RbSi_6$ $RbSi_8$	$SrSi$ $SrSi_2$	Y_5Si_4 Y_5Si_3 YSi Y_3Si_5	Zr_2Si Zr_5Si_3 Zr_3Si_2 $ZrSi$ $ZrSi_2$	Nb_3Si Nb_5Si_3 $NbSi_2$	Mo_3Si Mo_5Si_3 $MoSi_2$	Tc_4Si Tc_5Si_3 $TcSi$ $TcSi_2$	Ru_2Si Ru_5Si_3 Ru_4Si_3 $RuSi$ Ru_2Si_3	Rh_2Si Rh_5Si_3 $Rh_{20}Si_{13}$ $RhSi$ Rh_4Si_5 Rh_3Si_4	Pd_5Si Pd_9Si_2 Pd_4Si Pd_3Si Pd_2Si $PdSi$ Pd_4Si_{20}						Te_3Si_2 Te_2Si $TeSi$	I_4Si	
$CsSi$ $CsSi_3$	$BaSi$ $BaSi_2$	La_5Si_3 La_5Si_2 La_3Si_2 (*) $LaSi$ $LaSi_2$	Hf_2Si Hf_5Si_2 Hf_5Si_3 Hf_3Si_2 Hf_5Si_4 $HfSi$ $HfSi_2$	Ta_3Si Ta_2Si Ta_5Si_3 $TaSi_2$	W_5Si_3 WSi_2	Re_5Si_3 $ReSi$ $ReSi_2$	$OsSi$ Os_2Si_3 $OsSi_{1.8}$ $OsSi_2$	Ir_3Si Ir_2Si Ir_4Si_5 Ir_3Si_4 $IrSi_{1.75}$ $IrSi_3$	Pt_3Si $Pt_{12}Si_5$ Pt_2Si Pt_6Si_5 $PtSi$								
		(**)															

(*)	Ce_3Si_2 Ce_5Si_3 $CeSi$ $CeSi_2$	Pr_3Si_2 $PrSi_3$ $PrSi$ $PrSi_2$	Nd_5Si_3 $NdSi$ $NdSi_2$		Sm_5Si_3 $SmSi$ $SmSi_2$	$EuSi$ $EuSi_2$	Gd_5Si_3 $GdSi$ $GdSi_2$	Tb_5Si_3 $TbSi$ $TbSi_2$	Dy_5Si_3 $DySi$ $DySi_2$	Ho_5Si_3 $HoSi$ $HoSi_2$	Er_5Si_3 $ErSi$ $ErSi_2$	Tm_5Si_3 $TmSi$ $TmSi_2$	Yb_5Si_3 $YbSi$ $YbSi_2$	Lu_5Si_3 $LuSi$ $LuSi_2$
(**)	Th_3Si_2 $ThSi$ Th_3Si_5 $ThSi_2$		U_3Si_2 USi U_2Si_3 USi_2 USi_3	$NpSi_3$ $NpSi_2$	Pu_5Si_3 Pu_3Si_2 Pu_2Si_3 $PuSi$ $PuSi_2$	$AmSi$ $AmSi_2$	$CmSi$ Cm_2Si_3 $CmSi_2$							

过渡族

镧系

（2）第Ⅱ主族的 Mg_2Si 是重要的热电材料，也可作为半导体和照明光学工程中使用的固体结晶，其键合为共价键为主，并混合一些离子键。文献报道：其离子性 $FI = 0.212$，能带间隙 $C = 1.65eV$。X 射线的衍射分析显示 Mg_2Si 中围绕镁原子的球型电子分布密度如图 4-11[24] 所示，图中硅原子的最外层电子壳的电子向镁原子方向发生相对大的扭曲，呈现一定离子性。

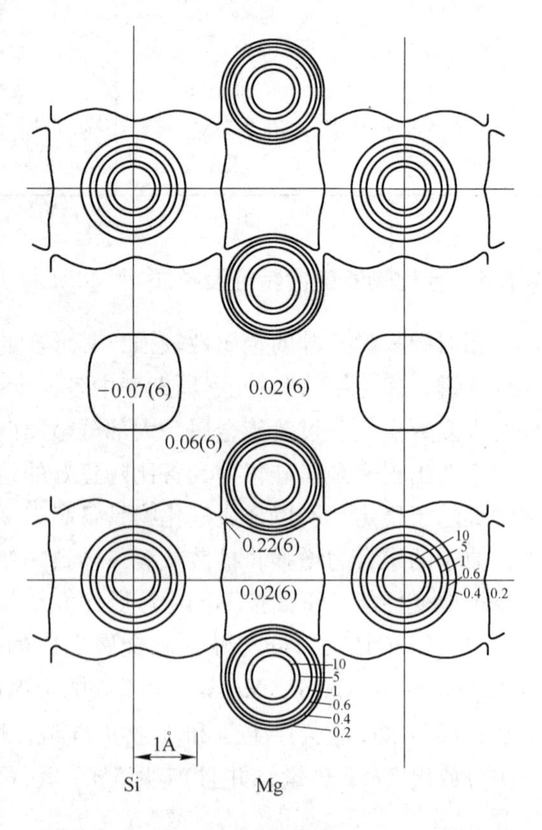

图 4-11 $Mg_2Si(110)$ 面镁原子和硅原子的电子密度分布（EA^{-3}）[24]

在 Mg_2Si 中掺入 Sb、Te、Ag、Cu 以后，Si 原子的电子布居数（布居在不同能量层次的原子/分子的数量）明显减小，并且 Mg-Si 之间的共价键级显著减弱。这表明杂质元素的掺入在一定程度上减弱了 Mg-Si 之间的共价键强度，增强了其离子键比例。这主要是由于 Sb、Te、Cu、Ag 的电负性都比 Si 略大；掺入这些元素以后，Si 原子得电子的能力降低，电子云部分向 Sb、Te、Cu、Ag 转移，使得 Mg-Si 键之间的电子云重叠程度降低，从而削弱了其共价键强度[25]。

钙硅化物的键合性质与硅含量有关，从

Ca_2Si，CaSi 到 $CaSi_2$，Ca/Si 比逐渐减小，钙硅化合物中共价键成分增多，但也存在一些离子键，Ca 的 s-p-d 轨道都参与硅的杂化[26]。

（3）第ⅢA 族到第ⅡB 副族中的大多数过渡族金属都能与硅形成的金属硅化物，其键合类型一般为金属键和共价键混合型，其金属性和导电率取决于金属原子与硅原子之比，特别取决于金属 M 的特性。M/Si 比愈低，金属性愈弱，在晶格中硅更容易形成连续的链状或网状。M/Si 比较低的化合物如 $ReSi_2$、$MnSi_2$、$FeSi_2$、$CrSi_2$、Ca_2Si、Co_2Si、Sr_2Si 等表现出更多共价键的特征。

然而，过渡族金属硅化物的成键形式非常复杂，例如六方结构的 $CrSi_2$ 实际上更多的为共价键，呈现半导体性，而同样结构的 $NbSi_2$ 的化学键主要表现为金属键，呈现较多金属性。目前人们发现：过渡族金属 d 轨道与硅的 3p 轨道的杂化成键的特征是影响其金属硅化物键合特性的主要原因之一。

文献［27］研究了 NiSi 系化合物电子结构及化学键，发现镍硅化合物中，邻近 Ni-Si 键中间的电子密度总是大于那些间隙领域，如图 4-12 所示。比较 Ni-Si 键中间区域的电子密度值：$Ni_2Si(0.512) > NiSi_2(0.474) > NiSi(0.456)$，这表明 Ni_2Si 的镍和硅原子的共价键比例大于其他两个镍硅化合物。

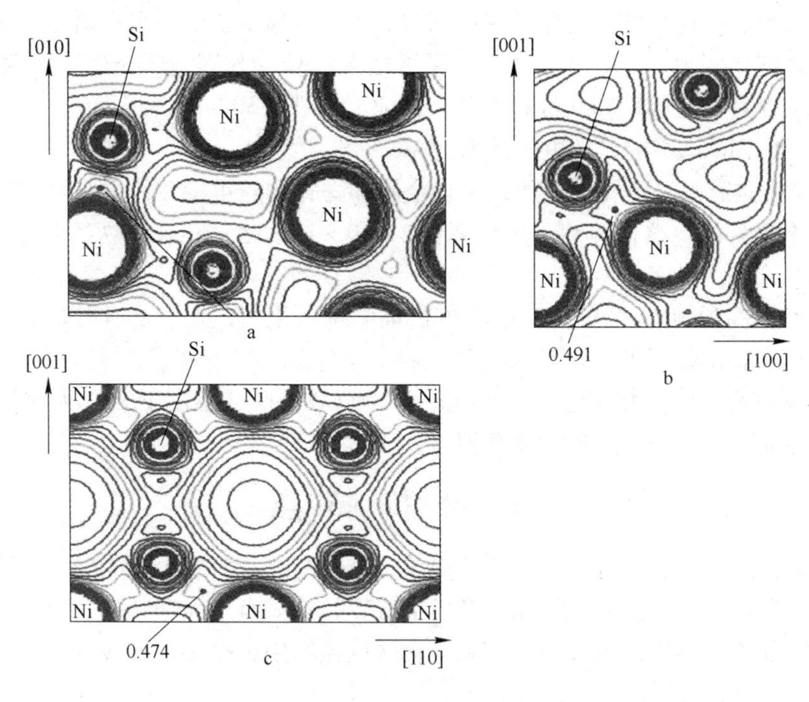

图 4-12 镍硅化合物中的价电子密度等高线图[27]

a—Ni_2Si；b—NiSi；c—$NiSi_2$

文献［28］对比研究了 $CoSi_2$ 和 $NiSi_2$ 的电子态密度谱，如图 4-13 所示，发现费米能级以下 -14eV 到 -8eV 之间的硅原子 s 态对能带贡献较大，此外还有硅原子的 p 态电子分布不存在和镍原子的耦合，硅的 s 态电子几乎没有参与成键，对电子结构起主要作用的是 p-d 杂化。利用第一原理计算出：无缺陷的 $NiSi_2$ 超晶胞中镍原子和硅原子的布里居（Muliken）电荷分别为 +0.56 和 -0.26，$CoSi_2$ 的 Muliken 电荷分别为 +0.52 和 -0.26。

$NiSi_2$ 和 $CoSi_2$ 的有效离子价（effective lonic value）分别为1.68和1.74，该值可以用来表征离子性，如果该值为0，表示理想离子晶体，该值越大，则共价键成分增多，两相比较发现 $CoSi_2$ 的共价性大于 $NiSi_2$。

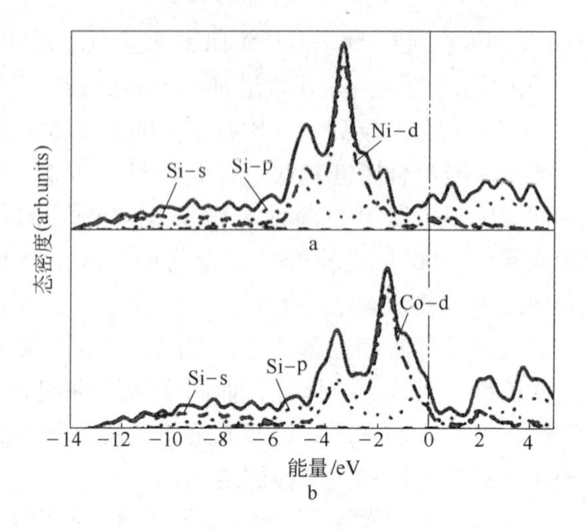

图4-13　$NiSi_2$ 和 $CoSi_2$ 的电子态密度图（DOS）[28]

a—$NiSi_2$；b—$CoSi_2$

$MoSi_2$ 的化学键也是金属键和共价键的混合[29]，由于Mo、Si原子半径相差不大（$R_{Mo}=1.39$nm，$R_{Si}=1.34$nm），电负性也比较接近（$X_{Mo}=1.80\sim2.10$，$X_{Si}=1.80\sim1.90$）。当Mo与Si的原子之比为1∶2时即可形成成分固定的道尔顿（Daltnide）型金属间化合物，这种晶体结构是由3个体心立方晶胞沿 *C* 轴方向经过3次重叠，Mo原子坐落其中心节点及八个顶角，硅原子位于其余结点，从而构成了稍微特殊的体心立方结构。从这种结构的原子密排面（110）上的原子组态可以看出，Si-Si原子组成了共价键链，而Mo-Mo原子属于金属键结合，Mo-Si原子介于其中，致使这种结构中的原子结合具有金属键和共价键的共存特征。文献［30］计算了 $MoSi_2$ 晶体的赝势和费米分布，指出 $MoSi_2$ 中的特征电子构型为 $Mo^{4d\,5}\,Si_2{}^{3s23p\,2.5}$。

由于 $MoSi_2$ 具有混合键特性，所以呈现金属和陶瓷的双重特性，主要表现在：

（1）具有良好的电热传导性（电阻率为 $21.50\times10^{-6}\Omega\cdot cm$，导热系数为45W/(m·K)）；

（2）具有很高的熔点（2030℃），极好的高温抗氧化性，几乎是所有难熔金属硅化物中最好的，其抗氧化温度可达到1700℃以上；

（3）具有较高的脆性转变温度（BDTT=1000℃），在该温度下表现为陶瓷般的硬脆性，而在该温度以上则呈现金属般的高塑性。

4.2　结构特点

一般而言，晶体是质点（原子、离子或分子）按照一定的规律周期性重复排列而成的，但在一些条件下，其排列的周期性会发生改变，诸如有序无序转变、原子堆垛顺序的变化等，其物理和化学性能也会随之变化。金属硅化物中也存在结构转变，因此有必要对其晶体结构特点进行分析。

4.2.1　长程有序

4.2.1.1　有序固溶体

晶体在某一临界温度以上，不同质点（原子或离子以至空位）都随机地分布于某一种（或几种）结构位置上，相互间排布没有一定规律性，这种结构状态称为无序态；在此临界温度以下，这些不同的质点又可以各自有选择地分占这些结构位置中的不同位置，相互间作规则排列，这样的结构状态称为有序态，相应的晶体结构称为超结构或超点阵，其转变也称为有序无序转变，或长程有序化。

有序无序转变从物质结构上可区分为三种主要类型：

（1）位置有序；

（2）取向有序；

（3）与电子自旋及粒子自旋状态有关的有序等。也可分以下两种情况：一是结构中有关原子之间的有序排布在整个晶粒范围内均无例外地周期性重复出现，称为长程有序；另一种是有序排布只局限于晶粒内的某个局部范围，称为短程有序或局域有序。

例如 $AuCu_3$ 中的有序无序转变，如图 4-14 所示[7]，常压下 395℃以上呈无序态时，表现为面心立方晶格，Au、Cu 两种原子都随机地分布在立方面心格子的各个结点位置上，Au 原子在统计上占据任一位置的几率（称为占位率）均为 1/4，Cu 原子则为 3/4。但当温度低于 395℃时，Au 原子只占据立方格子角顶上的特定位置，在此种位置上 Au 原子的占位率为 1 而 Cu 原子为 0；立方格子的面心位置则 Cu 的占位率为 1 而 Au 为 0；晶格相应地转变为立方原始格子。

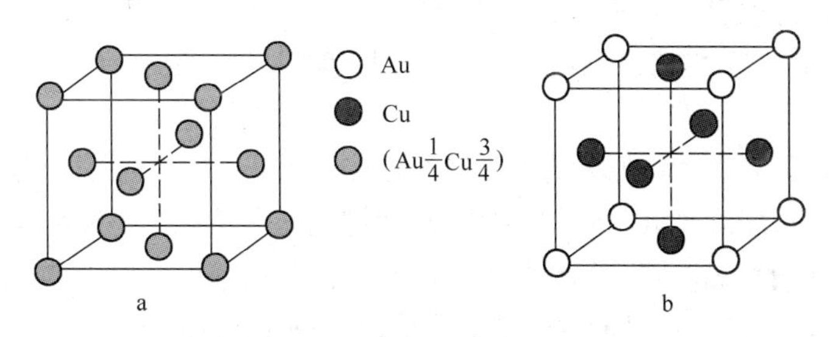

图 4-14 $CuAu_3$ 有序无序转变[7]

a—无序态；b—有序态

晶体有序化之后，点阵的对称性有所降低，或阵点的数目减少（如面心立方点阵变为简单立方点阵），或点阵常数加大，这都会有附加的 X 射线衍射峰，这被称为超点阵线条。1925 年由尤安森（C. H. Johansson）和林德（J. O. Linde）用 X 射线衍射的超点阵线条证实固溶体有序化[31,32]。表 4-3 列出了一些合金的有序结构，这些常见结构有 $L1_0$、$L1_2$、$B2$、DO_3、DO_{19}、$L2_1$ 等。

表 4-3 一些有序-无序结构转变的合金体系[33]

$L1_2$	$L1_0$	$B2$	DO_3	DO_{19}	$L2_1$
四方点阵	简单立方	体心立方	体心立方	六方	面心立方
Cu_3Au	CuAu	CuZn	Fe_3Al	Ni_3Sn	Cu_2AlMn
$\alpha'-AlNi_3$	AgTi	AgCd AgZn	Fe_3Si	Cd_3Mg	$AlCu_2Mn$
Al_3Zr	AlTi	AgMg CoTi	Cu_3Al	Mg_3Cd	$AlNi_2Ti$
Au_3Cu	CuAu Ⅰ	NiTi FeAl	$\gamma-Cu_3Sn$	Co_3Mo	Cu_2FeSn
$CoPt_3$	θ-CdPt	FeCo FeTi	Mn_3Si	CoW	
Fe_3Ge	NiPt	FeV	Ni_3Sn	Ni_3In	
Ni_3Mn	γ''-FePd	β-NiAl		Ni_3Sn	
$FePd_3$、Cr_3Pt	θ-MnNi	AuZn		Mn_3Ge	

4.2.1.2　有序度和合金性能变化

置换固溶体在临界温度变成长程有序的必要条件是异类原子之间相互吸引必须大于同类原子之间吸引，以降低体系自由能。异类原子 A 和 B 之间的交互作用能量可用式(4－2)表示：

$$E_{AB} < 1/2(E_{AA} + E_{BB}) \tag{4-2}$$

式中，E_{AA}和E_{BB}表示同类原子之间的交互作用能；E_{AB}表示异类原子之间的交互作用能。在晶体点阵中存在两类可辨别的位置，分别记为 A 原子占据的 α 位置和 B 原子占据的 β 位置。我们把 α 位置被 A 原子占据的几率记为 P，用这些概念可定义长程有序参数 S（Long－range Ordered Parameter）为式（4－3）：

$$S = (p - r)/(1 - r) \tag{4-3}$$

式中，r 是合金中 A 原子的摩尔分数。从式中可看出，如果合金完全有序时，$P = 1$，长程有序参数 $S = 1$；完全无序时，$P = r$，长程有序参数 $S = 0$。只有那些成分接近一定的原子比（例如 A_3B，AB，AB_3 等）的固溶体合金，才能在低于一定的临界温度 T_c 时转变为有序固溶体。

金属间化合物的有序度与原子之间的结合键能的大小有关。原子结合键能越小，原子的排列就越随意，有序度越低。因此，具有较大键能的离子化合物都是有序型化合物。共价键化合物有较强的键能，同时其化学键之间有几何条件约束，原子也呈有序排列。金属键的化合物中，只有拉斯夫（Laves）相由于借助两种不同大小的原子配合，排列成非常紧密的密堆结构，而变得非常稳定，是有序固溶体；而电子化合物由于结合键能较低，而且也没有严格的几何约束条件，因此都为无序固溶体。

伴随有序无序转变，合金的某些物理的、力学的、化学的性质发生相应的变化。例如合金的热容量、电阻率、磁导率、硬度及屈服强度、弹性模量以及电极电势等都会发生改变，其中热容量和电阻率的变化是一个普遍现象。

有序无序转变，是热处理所依赖的固态相变之一。如 Ni_3Mn 在无序状态是顺磁的合金，有序化之后则为铁磁性合金；以 Cu_2MnAl 为代表的赫斯勒（Heusler）合金，尽管构成合金的各组元皆非铁磁性元素，但当它呈现有序结构时显示出很强的铁磁性。另一类 Heusler 合金（Cu_2NiAl，Zn_2CuAu），其有序结构的晶体在一定温度范围中会出现热弹性马氏体相变，可作为形状记忆合金。有些合金的有序化是与其脆性相联系的，Fe－Si 系合金中出现 DO_3 型的有序结构（Fe_3Si）会增加合金的脆性。

4.2.1.3　金属硅化物中的有序转变

Fe_3Si 为有序的体心立方 DO_3 结构，其原子的排列如图 4－15[33] 所示。晶格常数大约为 αFe 的两倍，晶胞中包括 16 个原子。整个晶胞是由两个亚晶格组成，一个是包含 8 个 Fe 原子（白球）的亚晶格，另一个则为 Fe（灰球）和 Si（黑球）间隔占据立方体顶点的亚晶格。由于 Fe_3Si 晶体结构较复杂，其相变过程也具有复杂性。Si 含量为 10%～25%（原子分数）的 Fe_3Si 可形成两种有序结构 $a_2(B2)$ 和 $a_1(DO_3)$，这两种结构都是属于 bcc 结构。$a_1(DO_3)$ 是 bcc 结构的有序固溶体，$a_2(B2)$ 结构是由（αFe）结构中原子和最近邻的异类原子对形成的。按化学式配比的 Fe_3Si(DO_3)结构一直到 800℃左右都是稳定的，高于该温度就转变为 $B2$ 结构，在 1000℃左右 Fe_3Si 发生无序化转变，形成体心立方固溶体[34]。

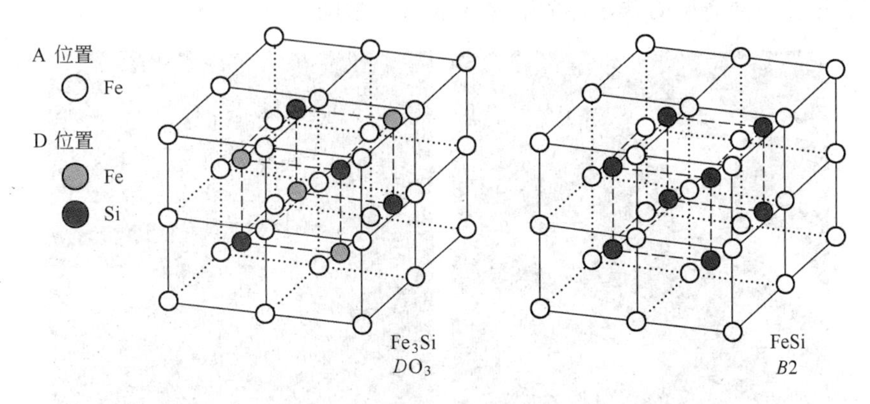

图 4-15 DO_3 型 Fe_3Si 晶胞结构

（Fe 原子占据白色和灰色球位置；Si 原子占据黑色球位置）

$$\eta_1 = P_A^1 - P_A^2 \quad \eta_2 = 1/2(P_A^1 + P_A^2 - P_A^3 - P_A^4)$$

文献［35］计算了 DO_3-B2 有序/有序转变的长程有序参数 η 与温度的定量关系，如图 4-16 所示，结果表明：随着温度的升高，其有序化程度逐渐降低；Fe_3Si 有效迁移能高于 Fe_3Al，其有序稳定性也较高。

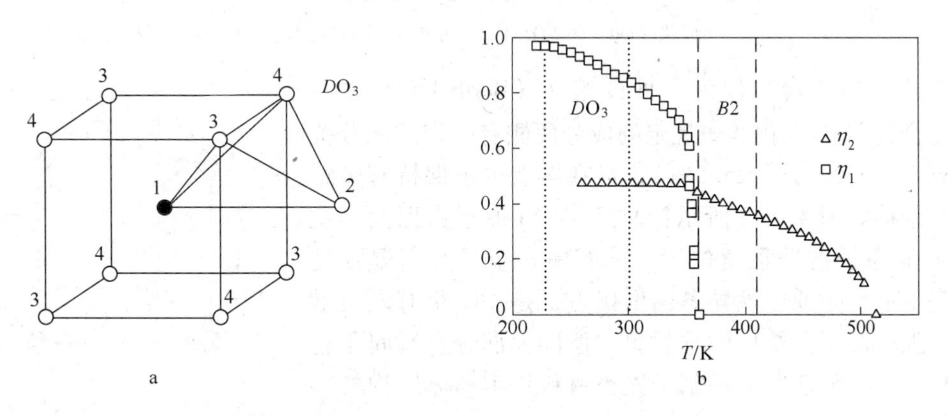

图 4-16 长程有序参数与温度变化的关系[35]

a—计算胞；b—有序化参数

（$\eta_1\eta_2$ 为长程有序参数，P 为原子占位概率）

Fe_3Si 合金在有序化时具有优异的软磁性能[36]，而被广泛应用于音频、视频及卡片阅读器用磁头材料，而且有望代替普通硅钢片，成为新一代能量转换用磁芯材料。另外，Fe-X-Si 三元体系中的超结构相也引起人们的广泛兴趣。文献［37］报道：在 873K 时富 Fe 区的 Fe-Cr-Si 三元相图中出现了两相（$A2+DO_3$）共存区，其中出现了 DO_3 结构的有序金属间化合物，这为开发两相共存的复相材料带来了希望。Yamamoto 等人[38]在 Fe-X-Si 基础引入了 $x(\text{Ti})=1\%$，使原来的 $A2+DO_3$ 复相区中再增加了一个新相

Huesler$L2_1$ 相，从而出现了 $A2+L2_1$ 两相共存或 $A2+DO_3+L2_1$ 三相共存（如图4－17 所示）。这样得到的复相材料可利用 DO_3 超结构的 Fe_3Si 相作为铁合金的高温强化相，并且 Cr 与 Fe_3Si 双重作用能够使新型的铁素体耐热合金具有很好的高温强度以及抗高温蠕变性能，这对于开发一种新型的铁素体耐热合金非常有帮助。

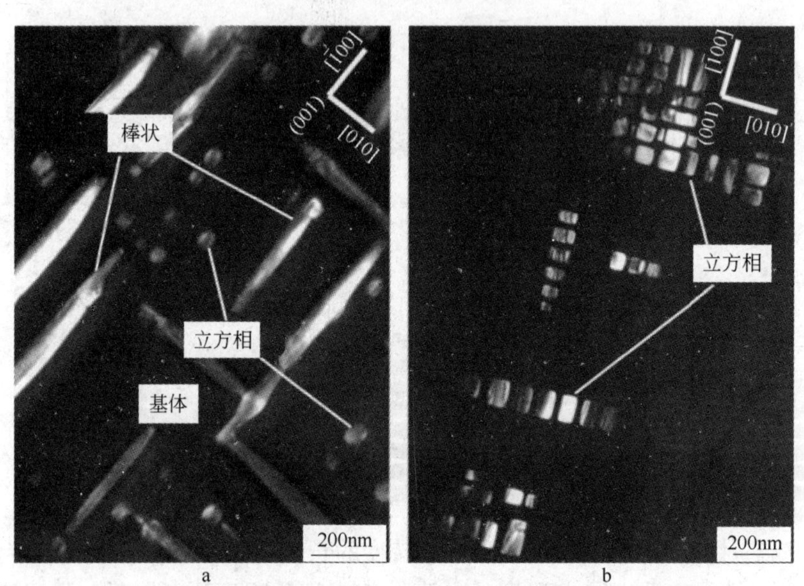

图 4－17 Fe－12Si－10Cr－0.5Ti 合金暗场像（热处理后）

a—873K/300h；b—973K/100h

（棒状（rod）为 DO_3 相，立方相（cube）为 $L2_1$ 相）

Ni_3Si 化合物合金作为一种贝陀立（Bertholide）型金属间化合物[39]，在化学式规定的成分两侧有一定的成分范围（$x(Si)=22.5\%\sim25.5\%$），且在熔点以下保持有序结构。其结构如图 4－18 所示：Ni_3Si 中 Ni 原子占据面心位置，而 Si 原子占据顶角位置。该有序合金具有高温强度高、密度低、耐蚀性优异等突出优点，是一类很有发展潜力的高强耐蚀高温结构候选材料。但同大部分金属间化合物一样，室温脆性严重限制了该类材料作为整体结构材料在实际工况下的应用。

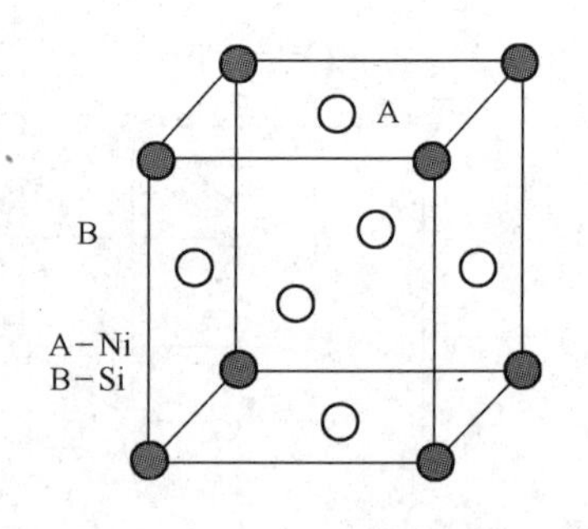

图 4－18 Ni_3Si 的晶体结构示意图

与其他 $L1_2$ 型金属间化合物一样，Ni_3Si 作为一种 $L1_2$ 型结构的金属间化合物，具有强度随温度变化的异常效应（R 效应），即强度随着温度的升高不是连续下降，而是先增大后下降的现象。在 700K 左右时，Ni_3Si 的屈服强度达到最大值约为 800MPa，大大超过了镍基高温合金在该温度条件下的屈服强度，但在 1200K 时屈服强度降为 300MPa。

4.2.2 原子堆垛和密堆结构

4.2.2.1 原子堆垛

晶体由金属键、离子键、分子间作用力等力结合在一起，晶体中的原子、离子或分子总是趋向于形成堆积密度大，配位数高，能充分利用空间的稳定结构，这就是晶体结构的等径圆球紧密堆积原理，它是能量最低原理在晶体结构中的一种表现。1883 年，英国学者巴罗发现等径圆球的最紧密堆积只有两种排列方式：一种是立方对称的，一种是六方对称的，还提出用大球可排列成的 NaCl 型和 CsCl 型密堆积，并且指出其中大球是按立方最紧密堆积排列的。1913 年，布拉格父子从巴罗的假说中得到了帮助，建立了 X 射线晶体学。W. L. 布拉格用 X 射线测定了氯化钠和氯化钾的晶体结构，劳厄、布拉格等人用 X 射线测定了铜和其他金属的晶体结构，也证实了巴罗的等径圆球最密堆积假说[40]。

现在，我们详细说明一下等径圆球最密堆积模型。取许多直径相同的硬圆球，把它们相互接触排列成一条直线，形成了一个等径圆球密排列。将许多互相平行的等径圆球密置在一个平面上最紧密地相互靠拢，就形成了一个等径圆球密排层（图 4－19）。取 A、B 两个等径圆球密排层，将 B 层放在 A 层上面，使 B 层球的投影位置正落在 A 层中三个球所围成的空隙的中心上，并使两层紧密接触。将第三个等径圆球密置层 C 放在上述密排双层的上面，与 B 层紧密接触，C 层中球的投影位置对准前二层组成的正八面体空隙中心，以后第四、五、六；第七、八、九个密置层的投影位置分别依次与 A、B、C 层重合。这样我们就得到了 *A*1 型的密堆积，它可用符号 ABCABC 来表示，因为可从 *A*1 型密堆积结构中抽出立方晶胞来（图 4－19a 所示），所以它又称为立方最密堆积。具有 *A*1 型密堆积结构的金属单质有铝、铅、铜、银、金、铂、钯、镍、γFe 等。

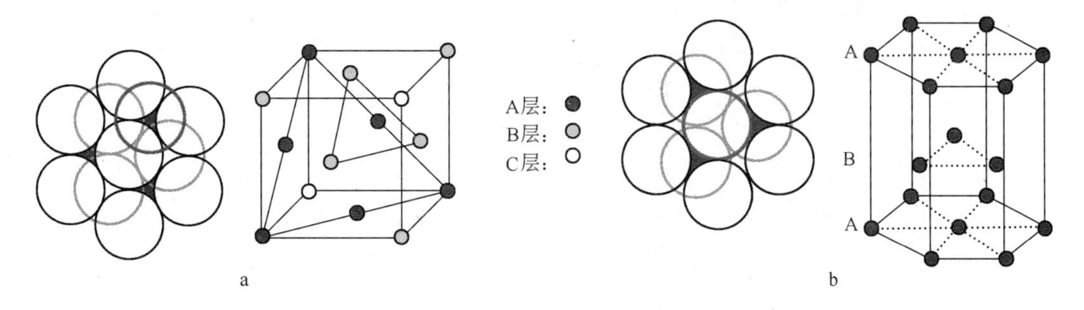

图 4－19　密堆积结构示意图

a—立方密排（或面心立方）；b—六角密排结构

如果加在密置双层 AB 上的第三、五、七层的投影位置正好与 A 层重合，第四、六、八……层的投影位置正好与 B 层重合，各层间都紧密接触，则得到 *A*3 型的密堆积，它可用符号 ABAB 来表示，它又称为六方最密堆积。从其中可抽出六方晶胞，如图 4－19b 所示。具有 *A*3 型堆积结构的金属单质有铍、镁、钛、锆、锌、镉、锇等。这两种堆积方式是在等径圆球密堆积中最紧密的，空隙率最小（只占总体积的 25.95%）。

金属单质有三种典型的结构形式，除 *A*1 和 *A*3 型外，还有一种 *A*2 型密堆积。在 *A*2 型结构中，最小单位是立方体，立方体中心有一个球（代表原子），立方体的每一顶角各有一个球，空隙率为 31.98%。钠、钾、钡、钡、铬、钼、钨、αFe 等金属单质都具有 *A*2 型结构。

在金属单质中，上述三种高配位密堆积结构形式占了统治地位。尽管晶体质点间作用力比较复杂，但这些作用力都趋向使原子（离子）具有较大的配位数以降低体系的能量，因此许多晶态物质都是原子或离子紧密堆积的集合体，许多晶体的结构可以用球体的堆积来讨论。

4.2.2.2　典型硅化物的原子堆垛特征比较

根据原子面的堆垛情况和层错能的特点，人们很自然地将等径圆球密堆原理应用到硅化物中，并从有序化几何、密排面的堆垛次序等方面来考察。DO_{19}、$L1_2$、DO_{24}、DO_{22}、DO_{23}这几种晶体结构之间的关系是比较清楚的，在具有 $C11_b$、$C40$ 和 $C54$ 结构的二硅化物中，存在类似的堆垛花样之间转换关系。Mass 等人[41]最先注意到并研究了这种关系，Umakoshi 等[42]应用它解释硅化物的变形行为。图 4－20 和图 4－21 分别为 $MoSi_2$ 和 WSi_2 的 $C54$ 结构密排面｛110｝上的原子排列、堆垛示意图[29]，Mo 原子和 W 原子占据六方晶格中的中心位置，周围分布着 Si 原子。其｛110｝密排面的堆垛顺序和密排六方 hcp 的相同，为 ABABAB 顺序（图 4－21b）。当 $MoSi_2$ 和 WSi_2 转变为 $C40$ 结构时，其密排面上的原子排列顺序是相同的，不同的是，其密排面的堆垛顺序变化为 ABCABC，C 层原子面重合于 A 层，如图 4－21c 所示[43]。无论具有 $C11_b$ 或者 $C40$ 结构的硅化物，在与堆垛面相正交的面上，硅原子与硅原子都保持紧密的键合。

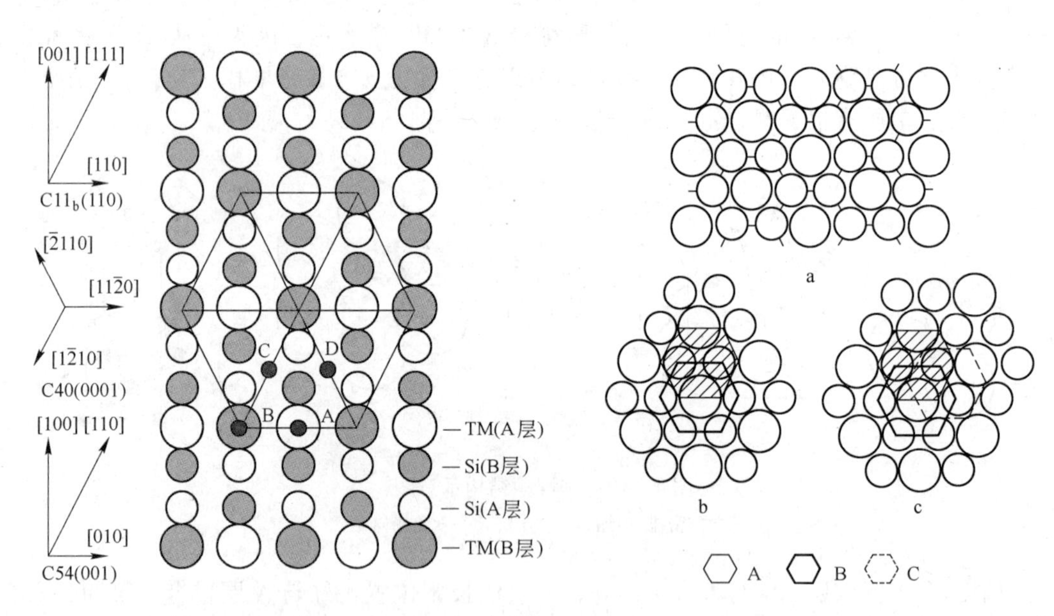

图 4－20　WSi_2、$MoSi_2$ 的原子堆垛层的排列图[29]（含 $C11_b(110)$、$C40(0001)$ 和 $C54(001)$ 结构，A～D 为原子堆垛的位置）

图 4－21　$MoSi_2$ 和 WSi_2 原子堆垛结构示意图[43]
a—｛110｝面上的原子紧密；b—$C11_b$ 结构的堆垛顺序；c—$C40$ 结构紧密排面的堆垛顺序

图 4－22 展示了 $C11_b$ 和从 $C40$ 结构的变化联系[44]，只要 $C11_b$ 结构的｛110｝晶面出现一个 1/4〈111〉的不全位错，就可以很容易地得到 $C40$ 结构，即 $C40$、$C11_b$ 结构的稳定性在一定程度上受堆垛层错的影响。

M_5Si_3 型的硅化物的堆垛形式主要为 $D8_8$ 或 $D8_m$ 方式[45]，图 4－23 展示了 Zr_5Si_3 的 $D8_8$ 结构，它由三个不同的基本原子面按 ABACA 的顺序堆垛而成。在 B 和 C 原子面上原子的排列相同，但彼此之间方位转动了 180°。

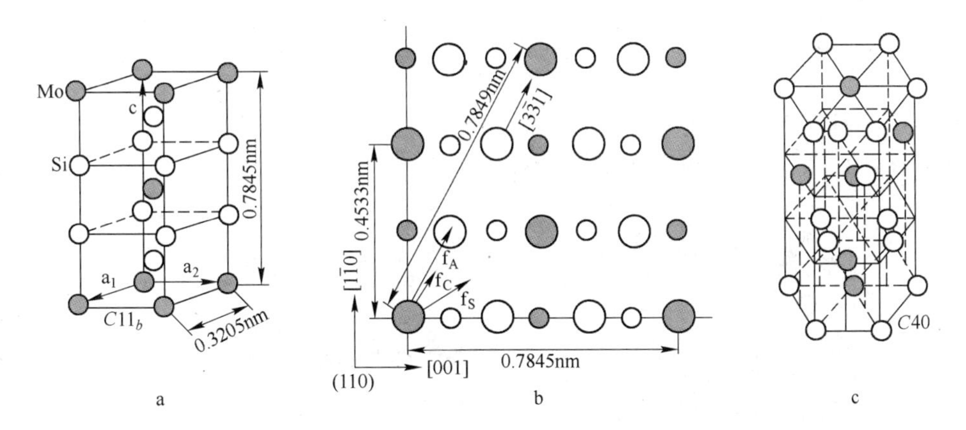

图 4－22 $MoSi_2$ 和 WSi_2 空间结构示意图[44]

a—$C11_b$ 结构；b—t(110) 面的 $C11_b$ 结构；c—$C40$ 结构

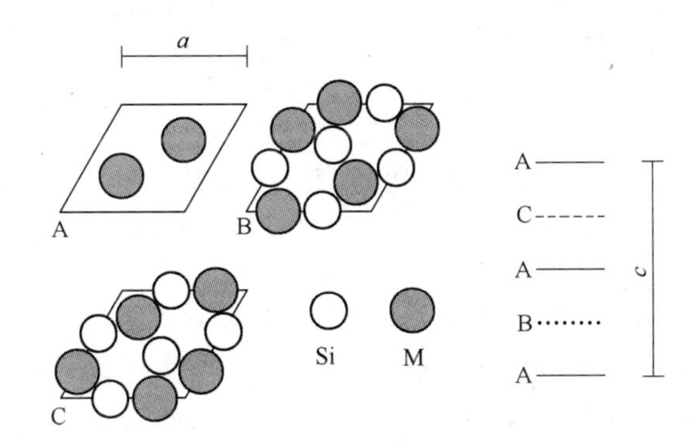

图 4－23 在 Zr_5Si_3 的 $D8_8$ 结构中三组基本原子面的堆垛情况[45]

4.2.3 晶体结构转变

4.2.3.1 晶体结构转变

某些金属在固态下的晶体结构是不固定的，而是随着温度、压力等因素的变化而变化，如铁、钛等，这种现象称为同素异晶转变，也称为重结晶。下面以铁为例子来说明同素异晶转变：

$$\alpha Fe \longrightarrow \gamma Fe \longrightarrow \delta Fe \longrightarrow L$$

BCC (912℃) fcc (1492℃) BCC

金属和合金在固态加热或冷却时会发生结构转变，且转变前后两种结构可能会有某种内在联系。例如 Fe_3Si 在室温的稳定结构为 DO_3，900℃左右 DO_3 结构就会转变成 $B2$ 结构，若再加热到 1200℃左右，$B2$ 结构又会转变为 $A2$(fcc) 结构，这种结构的内部转变属于二级相变，其结构的过渡和变化实际上是结构原子占位概率的变化。

金属硅化物，特别是硅与过渡族金属形成的硅化物存在多种相结构，其空间结构也存在诸多变化，不同晶体结构相的稳定性、耐氧化性能和力学性能等差别较大，不少学者对其晶体结构的转变做了深入研究，以下重点介绍两类硅化物的结构转变。

绝大多数 M_5Si_3 型硅化物（M 代表 V，Nb，Ta，Mo，Ti，Z）结晶时会形成 $D8_m$（四

方）或 $D8_8$（六方）型晶体结构[33]，如图 4－24 所示。这两种结构是可以互相转化的，例如，Cr_5Si_3 的 $D8_m$ 结构仅在 1505℃ 以下是稳定的，高于这个温度转变成 $D8_8$ 结构。研究表明：一些具有 $D8_m$ 型晶体结构的金属硅化物（如 Mo_5Si_3，V_5Si_3，Nb_5Si_3）在添加间隙原子（C，B，N，O）后可以转变为 $D8_8$ 型结构。

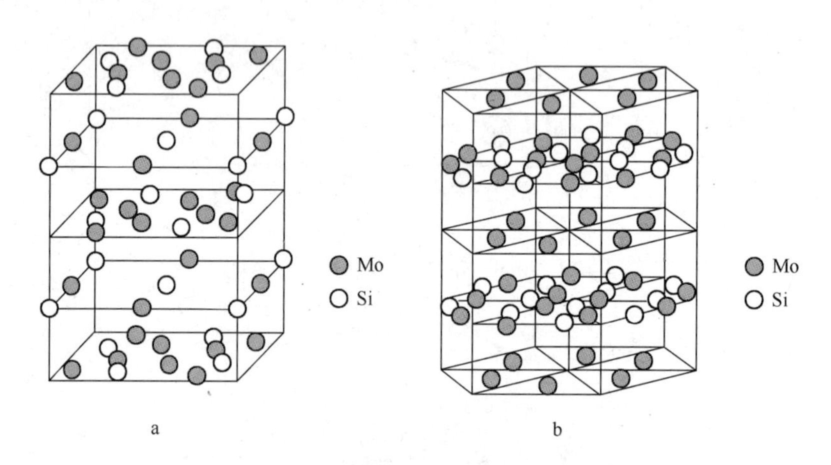

图 4－24　四方结构型硅化物的结构变化[33]

a—$D8_m$，e. g. Mo_5Si_3；b—$D8_8$，e. g. Mo_5Si_3

文献［46］介绍了 $D8_8$ 结构的 γNb_5Si_3 相是一种亚稳相，常出现在添加 C、Ti、Hf 的 Nb－Mo－Si 三元系合金中。它与 $C40$ 结构的 Nb(Mo)Si_2 相存在以下晶面关系：$(0001)_{C40}//(0001)_{\gamma}$ 和 $(1\bar{1}00)_{C40}//(2\bar{1}\bar{1}0)_{\gamma}$，两组晶面界面能较低，这使其在一定条件下可由 $C40$ 结构转变为六方的 $D8_8$ 结构，如图 4－25 所示。其转变后的微观组织形貌如图 4－26 所示，图中深色的 $C40$ 的基体上出现块状的 γNb_5Si_3 相。

4.2.3.2　影响晶体结构的因素

影响晶格构型的因素有内因和外因，内因与组成原子数量的多少和原子的外围电子构型有关。例如，离子晶体的结构类型与离子半径、离子的电荷、离子的电子组态等因素有关，与离子的半径关系更为密切。当正负离子密切接触时，所形成的离子晶体才最稳定。决定因素为 r^+/r^-（正负离子的半径之比）。AB 型晶体中，正负离子半径比与配位数、晶体构型的关系如表 4－4 所示。外因主要有晶体形成时的温度、压力条件。

表 4－4　AB 型离子晶体的离子半径比与配位数、晶体构型的关系

r^+/r^-	配位数	晶体构型	实　例
0.225～0.414	4	ZnS 型	ZnS，ZnO，BeO，BeS，CuCl，CuBr 等
0.414～0.732	6	NaCl 型	NaCl，KCl，NaBr，LiF，CaO，MgO，CaS，BaS 等
0.732～1	8	CsCl 型	CsCl，CsBr，CsI，TlCl，NH_4，Cl，TlCN 等

从宏观上看：决定晶体结构稳定性的是热力学的条件，特别是熵对结构转变的影响，这在体心立方结构中特别明显。对于具有多型性转变的元素，体心立方结构通常是以高温相的形式出现[47～49]。

对于硅化物来说，引起其结构转变的因素除了温度外，某些间隙式杂质原子也对某些

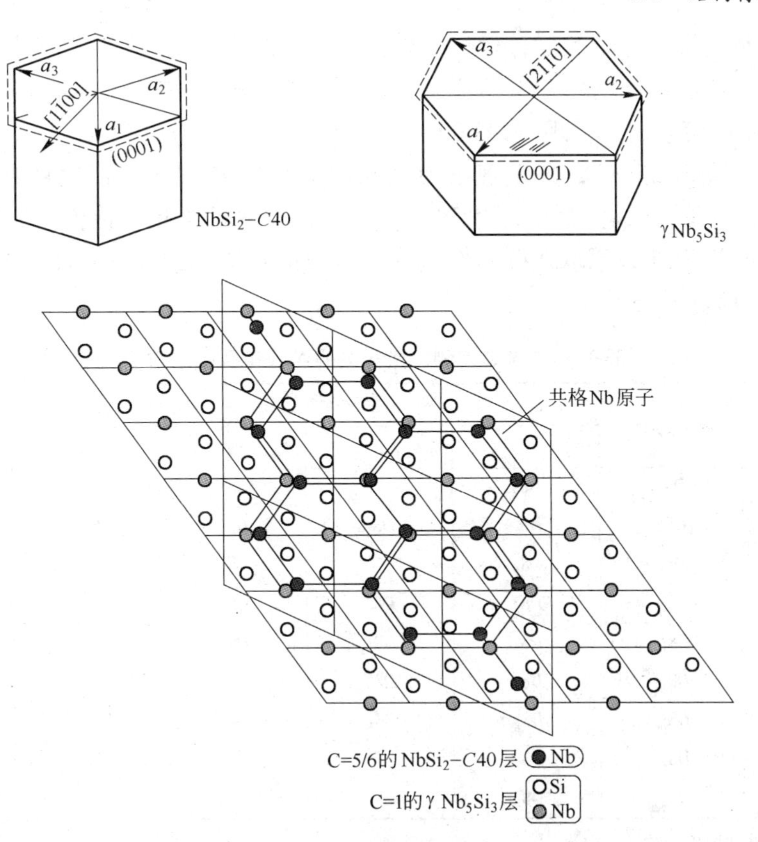

图 4 - 25　$NbSi_2$ - $C40$ 结构与 γNb_5Si_3 结构转换关系[46]

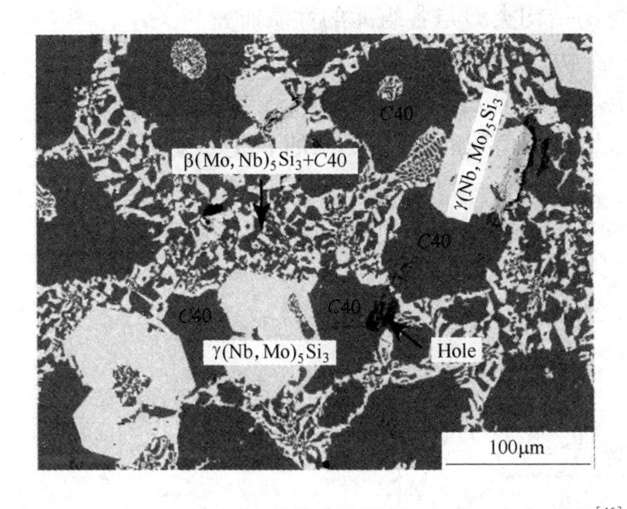

图 4 - 26　在 $NbSi_2$ - $C40$ 基体中产生的 γNb_5Si_3 相的形貌[46]

硅化物（如 M_5Si_3 型相）的结构稳定性有重要影响[50~52]；例如，在 Cr_5Si_3，Mo_5Si_3，Nb_5Si_3，Ta_5Si_3，V_5Si_3 和 W_5Si_3 中加入碳、硼、氮、氧后，它们的结构由四方转变为六方。此外，在 Cr - Si - C，Mo - Si - C 和 W - Si - C 系中发现了三元六方结构的 $M_{5-x}Si_{3-y}C_{x+y}$型化合物。$Mo_{\leqslant 5}Si_3C_{\leqslant 1}$是 Mo - Si - C 系中唯一稳定的三元相，也被称为 Nowotny 相。

它的结构为 $D8_8$，是一个非化学计量化合物。Brewer 和 Krikorian[53] 研究了若干种硅化物的高温稳定性，发现氧可增加 Ti_5Si_3 和 Zr_5Si_3 的稳定性。Huebsch 等[54] 用多种手段测定了 B 在 $M_{5+y}Si_{3-y}$ 中的溶解度，发现在 1800℃，当 $-0.08 \leqslant y \leqslant 0.04$ 时，B 在 $M_{5+y}Si_{3-y}$ 中的溶解度约为 2%（原子分数），并发现不掺杂和硼掺杂的 $M_{5+y}Si_{3-y}$ 相均具有四方的 W_5Si_3（$D8_m$）结构。对于 Cr_5Si_3、Mo_5Si_3 和 W_5Si_3，需要较大的碳浓度才能使六方结构稳定。在四方结构的 M_5Si_3 相中以硼取代硅，得到了 α-型四方结构的 $M_5(Si,B)_3$ 型相，有关的掺杂后的结构示见表 4-5[55]。

表 4-5 含碳、硼、氮和氧的 M_5Si_3 型相的结构

M_5Si_3 类型	晶体结构	M_5Si_3 型三元化合物晶体结构				$M_5(Si, B)_3$ 晶体结构
		C	B	N	O	
Ti_5Si_3	$D8_8$	$D8_8$	—	—	$D8_8$	—
Zr_5Si_3	$D8_8$	$D8_8$	$D8_8$	$D8_8$	$D8_8$	—
Hf_5Si_3	$D8_8$	$D8_8$	—	—	—	—
V_5Si_3	$D8_m$	$D8_8$	$D8_8$	$D8_8$	*	Tetra（α）
Nb_5Si_3	$D8_m$	$D8_8$	$D8_8$	$D8_8$	*	Tetra（α）
Ta_5S_3	$D8_m$	$D8_8$	$D8_8$	$D8_8$	*	Tetra（α）
Cr_5Si_3	$D8_m$	$D8_8$	$D8_8$	*	*	Cr_5Si_3
Mo_5Si_3	$D8_m$	$D8_8$	*	*	*	Tetra（α）
W_5Si_3	$D8_m$	$D8_8$	*	*	*	Tetra（α）

注：* 为六方结构不稳定。

过渡金属硅化物的结构类型与各组元的性质有密切关系，图 4-27[56] 显示出这种关系。在这个图中，一个伪四元相图（硅位于四面体的顶点）被投影到由三组过渡族元素组成的基础三角形上。在铁族元素中，只有铁与硅能形成 M_5Si_3 型相，而钴和镍都不能与硅形成 M_5Si_3 型相；由图 4-27 还可了解不同的 MSi_2 型硅化物之间、M_5Si_3 型硅化物之间

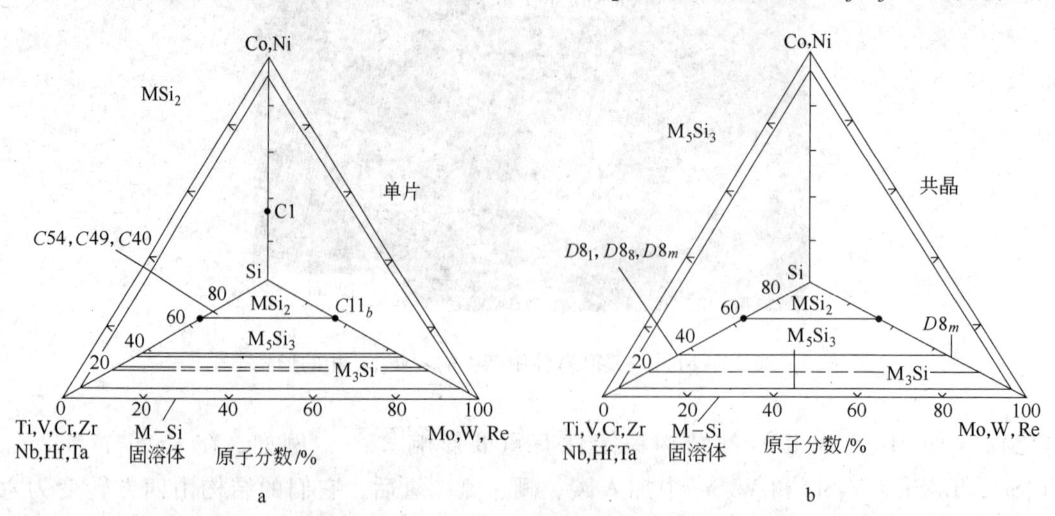

图 4-27 AB_2 型和 A_5B_3 型硅化物形成规律的伪四元相图的投影图

a—MSi_2；b—M_5Si_3

的互溶程度，M_5Si_3 型硅化物比 MSi_2 型硅化物有更大的合金化空间。搞清楚各种 $D8_x$ 结构之间的相互联系，有助于利用合金化的手段调制 M_5Si_3 型硅化物的组织，制备出各种复合的 M_5Si_3 型硅化物。

4.3 晶体结构的研究方法

晶体的结构信息包括：晶胞形状、晶格尺寸、原子三维排列的对称性；同时也包括晶胞中原子的种类、数目和相对位置。这些位置用原子在晶胞中的坐标参数表示。在 X 射线衍射晶体学提出之前，人们对晶体的研究主要集中于晶体的点阵几何上，包括测量各晶面相对于理论参考坐标系（晶体坐标轴）的夹角，以及建立晶体点阵的对称关系等等。夹角的测量用测角仪完成。每个晶面在三维空间中的位置用它们在一个立体球面坐标“网”上的投影点（一般称为投影“极”）表示。坐标网又根据不同取法分为 Wolff 网和 Lambert 网。将一个晶体的各个晶面对应的极点在坐标网上画出，并标出晶面相应的密勒指数（Miller Indices），最终便可确定晶体的对称性关系[57]。

4.3.1 X 射线实验技术

现代晶体学研究主要通过分析晶体对各种电磁波束或粒子束的衍射图像来进行。辐射源除了最常用的 X 射线外，还包括电子束和中子束。这些基本粒子都具有波动性，可以表现出和光波类似的性质。晶体学家直接用辐射源的名字命名各种标定方法，如 X 射线衍射（缩写 XRD）、电子衍射（缩写 EED）和中子衍射（缩写 ND）[58]。

以上三种辐射源对晶体学试样的探测方式有很大区别：X 射线主要被原子（或离子）的最外层价电子所散射；电子由于带负电，会与包括原子核和核外电子在内的整个空间电荷分布场发生相互作用；中子不带电且质量较大，主要在与原子核发生碰撞时受到来自原子核的作用力，它还会与原子（或离子）磁场相互作用。这三种不同的作用方式适应晶体学中不同方面的研究。其中 X 射线衍射在晶体结构研究中应用最为广泛[59]。

X 射线是 1895 年由德国学者 W. C. Rontgen 在研究阴极射线时发现的，它具有这样一些性质：不可见，穿透力强，在电磁场中不偏转，普通光栅不能使之衍射等。1912 年德国物理学家 Laue 用 X 射线通过 ZnS 单晶，结果发现了 X 射线在晶体中的衍射现象，确立了点阵理论在晶体结构中的地位，从而证实了晶体中化学微粒（原子、分子或离子）周而复始的排列规律——周期性。

X 射线在晶体中的衍射来源于 X 射线与晶体间的相干散射效应。当 X 射线射入晶体时，晶体中的原子受迫振动，振动的电子就成为发射 X 射线的新波源，由新波源产生的 X 射线称为散射波。若在空间某个方向上，相干波的光程差为波长的整数倍 $\Delta = n\lambda$，次生 X 射线得到了最大程度的加强，这称为衍射现象。将此方向称为衍射方向，在此方向前进的波称为衍射波。衍射波的方向和强度都可以用相应的实验手段测得，分析衍射波的方向和强度可获得晶体结构信息。

4.3.2 X 射线测试晶体结构的方法

衍射现象只有满足布拉格方程 $\lambda = 2d\sin\theta$ 才有发生的可能。不论对于何种晶体的衍射，λ 与 θ 的依赖关系是很严格的。我们必须考虑使布拉格方程得到满足的实验方法，这

就是要么连续改变 λ；要么连续改变 θ，据此，可以派生出三种主要的衍射方法，如表 4－6 所示[60]。

表 4－6　X 射线衍射分析方法类别

方　法	晶　体	λ	θ
劳艾照相法（Laue）	单晶体	变化	不变化
单晶晶体法	单晶体	不变化	变化（部分）
粉末法/多晶衍射法	多晶体	不变化	变化

（1）劳艾照相法（Laue）。劳艾法所采用的是白色 X 射线，分析的样品为单晶体，在摄谱时样品保持固定，晶体中与 X 射线平行的对称性可显示在谱图上（即谱图中），衍射点的分布反映了晶体在某个方向的对称性。用 Laue 法可以确定晶体所属晶系，特别是当晶体外形不完整、不能从晶体外形确定其所属晶系时，Laue 法显得更为重要。

（2）单晶回转法。用以样品转动轴为轴线的圆柱形底片记录产生的衍射线，在底片上形成分立的衍射斑。这样的衍射花样容易准确测定晶体的衍射方向和衍射强度，适用于未知晶体的结构分析。回转晶体法主要用于分析对称性较低的晶体（如正交、单斜、三斜等晶系晶体）结构。

（3）多晶衍射法。多晶衍射法分为照相法和衍射仪法，其区别是前者用胶片收集衍射线，而后者是用记数管和一套记数放大测量系统来收集衍射信号。

1）多晶衍射法的实验原理（照相法）。样品固定在圆筒形相机中心可以绕中心轴旋转的样品夹上，单色 X 射线由与中心轴垂直的方向射入样品，产生的衍射线为一对对的衍射弧线。当入射 X 射线与样品中某晶粒（*hkl*）晶面的夹角满足 Bragg 方程时，此（*hkl*）面即为 X 射线的反射面，则在衍射角 2θ 处产生衍射，可使胶片感光出一个衍射点。得到的衍射谱线为一对对的弧线，每对弧线对应着一个 *hkl* 衍射。

2）衍射仪法。X 射线衍射仪以布拉格实验装置为原型，融合了机械与电子技术等多方面的成果。衍射仪由 X 射线发生器、X 射线测角仪、辐射探测器和辐射探测电路 4 个基本部分组成，还配有控制操作和运行软件的计算机系统，如图 4－28 所示。衍射仪法以其方便、快捷、准确和可以自动进行数据处理等特点在许多领域中取代了照相法，现在已成为晶体结构分析等工作的主要方法。从晶体的衍射花样推测晶体结构的过程称为衍射花样的标定，涉及较繁琐的数学计算，常常要根据和衍射结果的比较对模型进行反复的修改和标定。

图 4－28　XRD5000 型 X 射线衍射仪

除上述针对晶体的衍射分析方法外，纤维和粉末也可以进行衍射分析。这类试样虽然没有单晶那样的高度周期性，但仍表现出一定的有序度，可利用衍射分析得到其内部分子的许多信息。譬如，DNA 分子的双螺旋结构就是基于对纤维试样的 X 射线衍射结果的分析而提出，最终得到验证。

4.3.3 晶体结构的符号表示方法

4.3.3.1 晶体的对称性

我们知道，晶体外形的宏观对称性是其内部结构的微观对称性的表现。晶体的某些物理参数如热膨胀性、弹性模量和光学常数也与晶体的对称性密切相关，因此有必要探讨晶体的对称性。人们定义，当操作使各原子的位置发生变换，若变换后的晶体状态与变换前的状态相同，则称这个操作为对称操作；对称操作所依赖的几何要素叫对称元素；一种对称操作必有一对称元素与其相对应。对称元素有对称轴（用1、2、3、4、6来表示）、对称面（m）、对称中心（i）、回转反演轴（$\bar{3}$、$\bar{4}$、$\bar{6}$）、滑动面（a、b、c、n）、螺旋轴（2_1、3_1、3_2、4_1、4_2、4_3、6_1、6_2、6_3、6_4、6_5）。根据六个点阵参数的相互关系，可将晶体分为7个晶系，每个晶系有它自己的特征对称元素，如表4－7所示[61]。

表4－7 晶体中的7个晶系及特征对称元素

晶　体	特征对称元素
立方晶系	四个按立方体的对角线取向的3重轴
六方晶系	唯一的6重轴
四方晶系	唯一的4重轴
三方晶系	唯一的3重轴
正交晶系	三个互相垂直的2重轴或两个互相垂直的对称面
单斜晶系	一个2重轴或对称面
三斜晶系	无

晶体中所含的对称元素有限，这些对称元素按一定的组合规则组合后只能产生32个对称类型，每个对称类型所具有的对称元素所对应的对称操作就构成一个群。由于晶体的宏观外形为有限图形，故各种对称元素至少要相交于一点，故称为32个晶体点群。由点阵结构所反映出的对称性是晶体外形结构最根本的对称性。根据这一同形原理，在32个晶体点群的基础上，按一定的原则和方法，便可以推引出与32个晶体点群同形的230个空间群。它是通过宏观和微观对称元素在三维空间的组合而得出的。

4.3.3.2 晶体结构和空间群符号

A 结构符号

常见的金属或无机非金属晶体很多都是对称性比较高的晶体，在科学研究中经常遇到这些结构，为了研究方便，根据各种晶体所具有的空间对称性及单胞内原子的配置，人们对晶体又做了进一步分类，并对每一类晶体都给出了一个代表符号，因而逐渐形成了一个描述晶体结构符号的体系。这类符号一般由大写英文字母加上1个数字构成。符号中第1个大写字母表示结构的类型，后面的数字为顺序号，不同的顺序号表示不同的结构，例如$A1$是铜型结构，$B2$是CsCl型结构，$C11_b$是$MoSi_2$型结构，$C54$是$TiSi_2$型结构。表4－8列出了常用的晶体结构符号[62]。

表 4-8　常用晶体结构符号

符　号	代　表	实　例
A	单质晶体	*A*1(Cu), *A*2(W), *A*3(Mg)
B	AX 型化合物	*B*1(NaCl), *B*2(βCuZn)
C	AX_2 型化合物	*C*1(CaF_2),
D	A_nX_m 型化合物	$D7_1$(Al_4C_3), $D5_f$(As_2S_3)
DO	AX_3 型化合物	DO_{11}(Fe_3C), DO_3(BiF_3)
E	两种元素以上没有原子基团的化合物	$E1_a$($MgCuAl_2$), $E9_3$(Fe_2W_3C)
F	带有 BX 和 BX_2 原子基团的化合物	$F5_1$(NiSbS), $F5_a$($KFeS_2$)
G	带有 BX_3 原子基团的化合物	
H	带有 BX_4 基团的化合物	*H*11(spinel[Al_2MgO_4])
L	合金	$L1_0$(CuAu), $L1_2$(Cu_3Au)

B　空间群符号

晶体所属的空间群也有其国际符号，它分两部分[63]：

第一部分是一个大写的英文字母，它表示该空间群的平移群，即布拉菲格子的符号。具体说，如果该空间群的单位格子中除了周期平移群外没有附加的非初基平移，那么它的平移群符号就是初基的布拉菲格子，以英文大写字母 P（简单点阵）表示。如果该空间群的单位格子中除了周期平移外还存在着附加的非初基平移，那么按其不同性质的非初基平移，平移群的符号就分别以非初基的侧面心格子 A，B，C 或体心格子 I 或面心格子 F 的英文大写字母表示。显然，平移群符号是表达此空间群的单位格子的平移性质，表达格子中所包含的周期平移矢量和非初基平移矢量。

第二部分是该空间群所具有初始的，也是最基本的对称元素（1，2，3，4，6，21，31，32，41，42，43，61，62，63，64，65，*m*，*a*，*b*，*c*，*d*）。它就像宏观对称组合类型——点群的国际符号那样，用 1 个、2 个或 3 个对称元素的符号表示该点群中最基本的对称元素，而点群中其他派生的对称元素均可通过这些最基本的初始对称元素之间的组合推导出来。

例如 Fe_3Si、Mg_2Si 的空间群为 $Fm\bar{3}m$，其中 *F* 代表平移群，它属于正交面心点群，第一个 *m* 表示垂直于 *a* 有一对称面 *m*（通过中心原子的最简单的面），3 表示沿 $a+b+c$ 方向有一个 3 次轴［111］，第二个 *m* 表示垂直（$a+b$）方向有一对称面。

如空间群 *I*4/*mmm*，*I* 代表平移群，它属于四方体心点阵，4/*m* 表示在点阵平行 *c* 轴有 4 次旋转轴（4）和垂直 *b* 轴的对称面，第二个 *m* 表示在 *a* 轴方向上有对称面的晶面法线，第三个 *m* 则表示在（$a+b$）方向（即［110］）上有对称面的晶面法线，其相应的点群为 4/*mmm*。

4.4　硅化物典型晶体结构

硅元素可与多种金属形成 M_2Si、MSi、MSi_2、M_5Si_3 等多种化学式表示的相，其空间晶体结构也多种多样，主要有立方结构（*C*1、$L1_2$、DO_3 和 *B*2）、六方结构、四方结构、复杂结构等。表 4-9 列举了一些典型硅化物的晶体结构[64]，下面将按结构类型分节来介绍。

表 4-9 典型金属硅化物的晶体结构

合金体系	相 图	相	结构类型	T_m/K	ρ/g · cm^{-3}
B-Si	线型	SiB_6	SiB_6	2123	2.3
	固溶型	SiB_n	B	2293	—
Ca-Si	线型	$CaSi_2$	—	—	—
C-Si	线型	SiC	$B3$	2818	3.2
Cr-Si	固溶型	Cr_3Si	$A15$	2043	6.5
Co-Si	线型	$CoSi_2$	$C1$	1599	4.95
Hf-Si	线型	Hf_2Si	$C16$	2356	—
	线型	Hf_3S_2	$D5_d$	2573	—
	线型	Hf_5Si_4	Zr_5Si_4	2593	—
	线型	HfSi	$B27$	2415	—
Mo-Si	线型	Mo_3Si	$A15$	2293	8.4
	固溶型	Mo_5Si_3	$D8_m$	2453	8.2
	线型	$\alpha MoSi_2$	$C11_b$	2293	6.3
Nb-Si	固溶型	βNb_5Si_3	$D8_b$	2193	7.2
	固溶型（?）	αNb_5Si_3	$D8_b$	2213	7.2
	线型	$NbSi_2$	$C40$	2213	5.7
Re-Si	线型	Re_2Si	—	2083	—
	线型	$ReSi_{1.8}$	$C11_b$	2213	10.7
Ru-Si	线型	$\beta RuSi$	$B2$	2123	8.5
	线型	$\alpha RuSi$	$B2$	1963	8.5
Ta-Si	线型	$TaSi_2$	$C40$	2313	9.1
	线型	βTa_5Si_3	$D8_m$	2823	13.1
	线型	αTa_5Si_3	$D8_1$	2433	13.1
	线型	Ta_2Si	$C16$	2713	13.5
	线型	Ta_3Si	PTi_3	2613	—
Ti-Si	固溶型	Ti_5Si_3	$D8_8$	2403	4.4
	线型	Ti_5Si_4	Zr_5Si_4	2193	—
V-Si	固溶型	V_3Si	$A15$	2198	5.7
	线型	V_5Si_3	$D8_m$	2283	5.3
W-Si	线型	WSi_2	$C11_b$	2433	9.9
	线型（?）	W_5Si_3	$D8_m$	2593	—
Y-Si	固溶型	Y_5Si_3	$D8_8$	2123	4.5
	线型	Y_5Si_4	Ge_4Sm_5	2113	—
	线型（?）	YSi	Bf	2108	4.5
Zr-Si	线型	$\beta ZrSi$	Bf	2483	5.1
	线型	βZr_5Si_4	—	2523	5.4
	线型	Zr_3Si_2	$D5_a$	2488	—
	线型	Zr_2Si	$C16$	2198	6

4.4.1　立方结构硅化物

4.4.1.1　*C*1 结构型

属于 *C*1 型（萤石 CaF_2）结构的金属硅化物有 $CoSi_2$、$NiSi_2$、Mg_2Si 等。这类材料为面心立方晶体，其相应的空间群是 $Fm\bar{3}m$。$CoSi_2$ 的结构见图 4－29[65]，Co 原子分别占据面心和顶角位置，Si 原子坐标为 a0（±0.25，±0.25，±0.25），八个硅原子分别位于体对角线 1/3 和 2/3 处，晶格常数 a＝5.365Å。$CoSi_2$ 中钴硅原子周围近邻原子分布如图 4－30[28] 所示。

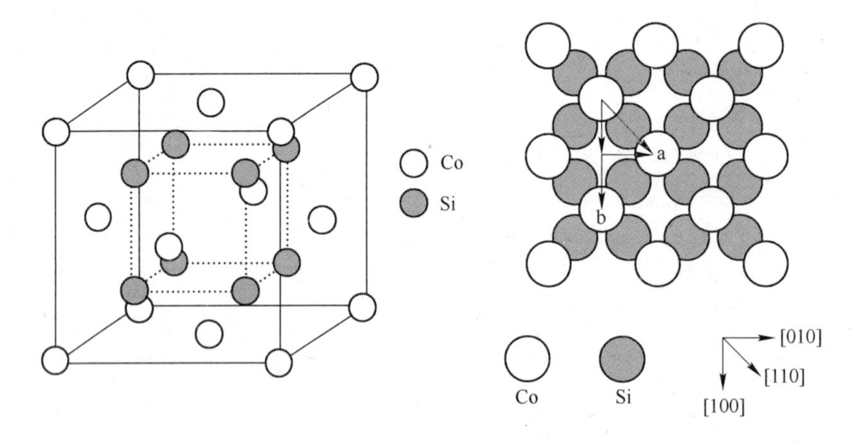

图 4－29　*C*1 结构的 $CoSi_2$[66]

a—示意图；b—投影图

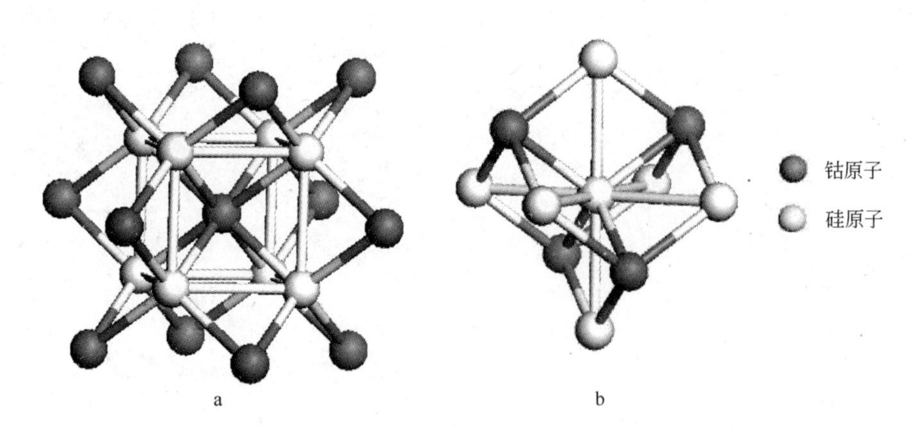

图 4－30　$CoSi_2$ 中钴硅原子周围近邻原子分布[28]

a—钴原子为中心；b—硅原子为中心

$CoSi_2$ 是过渡族金属间化合物，其具有低的电阻率和化学稳定性，常用于大型集成电路中的欧姆接触和栅极材料，还可作高温结构材料。尽管 $CoSi_2$ 的熔点不高（T_m＝1599K），但它具有低密度（ρ＝4.95g/cm^3）和出色的抗氧化性能[66]。

$CoSi_2$ 的萤石结构空间群为 $Fm\bar{3}m$，与单晶硅的金刚石结构空间群（$Fd3m$）同属一族，而且硅的晶格常数 $a=5.431\text{Å}$，$CoSi_2$ 的晶格常数 $a=5.364\text{Å}$，二者比较接近，这预示着两者界面的匹配性比较好。$CoSi_2$ 晶胞中的钴原子也是按面心方式排列，如图 4-31 所示。Si(100)//$CoSi_2$(100) 界面结构可以降低两相的界面能，因此，在（100）硅衬底上容易实现（100）$CoSi_2$ 的择优生长[67]。

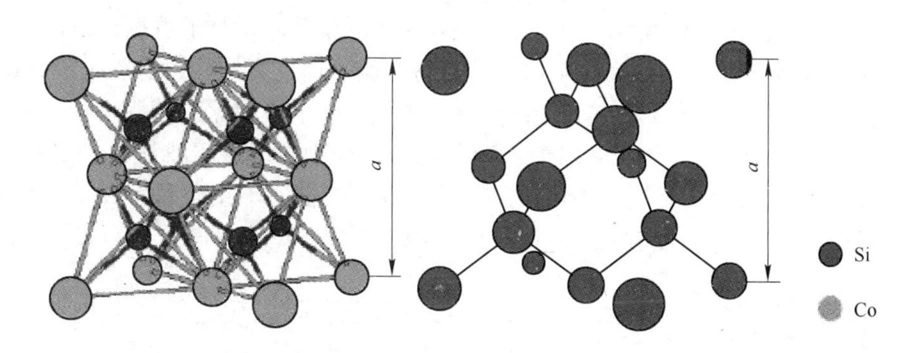

图 4-31　$CoSi_2$（左边）和单晶硅（右边）的晶体结构比较[66]

硅化物 $NiSi_2$ 具有一些金属性质，它也具有 *C*1 结构，它们与单晶硅也有很接近的晶格常数（$NiSi_2$：$a=5.406\text{Å}$，晶体硅 $a=5.431\text{Å}$），两者的失配率为 0.4。$NiSi_2$ 可以用外延生长方法制备，产物 $NiSi_2$/Si 界面具有很好的结构完整性，没有外来杂质，又是非常洁净的界面，因而 $NiSi_2$/Si(111) 界面是一个相当理想的金属/半导体体系[68]。

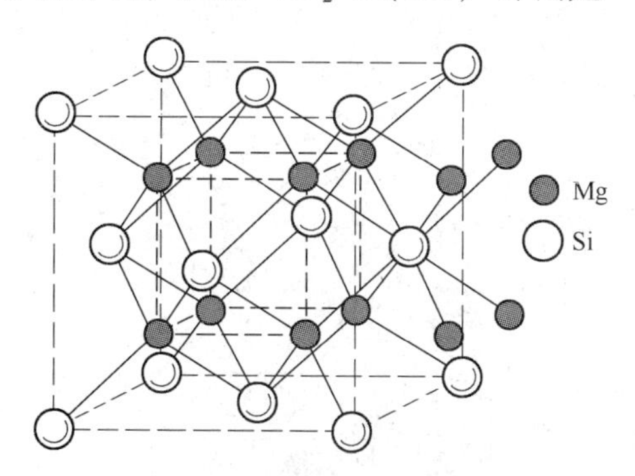

图 4-32　Mg_2Si 的晶体结构示意图[70]

Mg_2Si 的晶体结构如图 4-32[69] 所示，它的结构与 $CoSi_2$ 相同，但其金属原子 Mg 处于 8 个小立方体的中心，而 Si 处于晶胞的顶角和面心。一个晶胞中含 4 个 Si 原子，8 个 Mg 原子，每个晶胞内有 12 个原子，符合 Mg_2Si 的化学计量比 Mg/Si = 2 : 1。它的密度较低（1.88g/cm^3），有较高的强度，低的热膨胀系数[70]，然而它的延脆性转变温度为 450℃。它的脆性使其很难作为结构件应用，目前，Mg_2Si 被希望用做汽车发动机的活塞。[71]

此外，Mg_2Si 还是一种半导体，它具有高的热电势，低的导热性，这对热电发电是有利的。在 450 ~ 800K 范围内，它是一种优良的半导体热电材料，用途广泛，环境协调性好。研究表明[72]：在 Mg_2Si 中加入 Ag 和 Sb 能分别得到 p 型和 n 型半导体 Mg_2(Si, Ge)，这两者组合得到一种具有高效热电能转换的热偶。

4.4.1.2　$L1_2$ 结构

$L1_2$ 结构为简单立方晶体，也可看成 fcc 的衍生结构，晶体结构如图 4-33[33] 所示，其相应的空间群是 $Pm\bar{3}m$。属于这种结构的金属硅化物有 Ni_3Si，Ni 原子占据 1a 位置，Si 原子占据 3c 位置。Ni_3Si 具有优良的中温强度，良好的抗腐蚀和抗氧化性能以

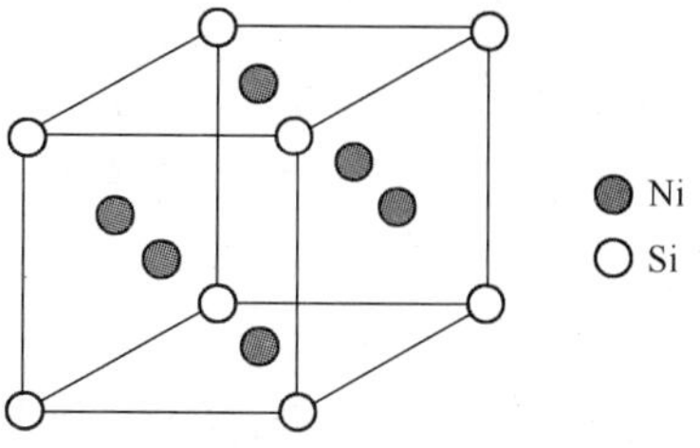

图 4-33　Ni_3Si($L1_2$) 结构型硅化物[33]

及高的比强度等优点，作为一种高温结构材料应用前景广阔，但脆性成为其应用的重大阻碍[73]。

4.4.1.3 *B*2 结构

*B*2 结构与体心立方结构相似，其相应的空间群是 $Pm\bar{3}m$，OsSi、RuSi 属于这种结构[74]，OsSi 结构如图 4－34 所示，Os 原子占据顶角的位置，Si 原子占据体心的位置，点阵常数 a＝4.72415Å[74]。但实际上 A 和 B 原子各自组成简立方结构，也就是说，*B*2 结构属于复式结构，是由两个简单立方套构组成，而不是体心立方晶格。值得一提的是，锇硅化合物包含有 OsSi、$OsSi_2$、Os_2Si_3 三个结构不同的化合物，能带间隙从 0.34eV 到 2.3eV 变化。$OsSi_2$ 与 $\beta FeSi_2$ 结构相同，同属正交晶系。Os_2Si_3 也属于正交晶系，是一种低能带间隙的半导体，预测其能带间隙可低至 0.06eV[75]。

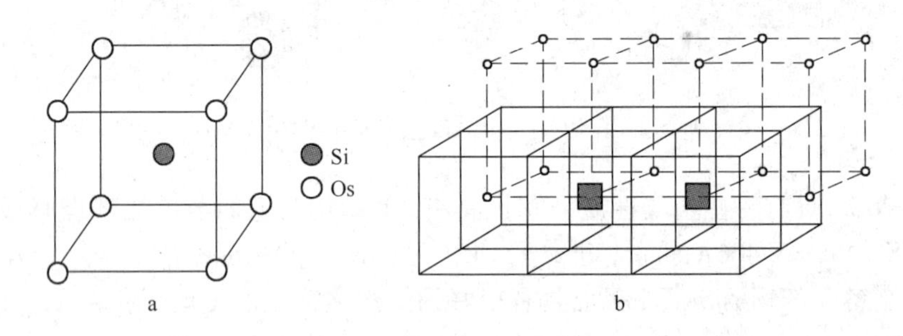

图 4－34 OsSi(*B*2) 结构示意图[75]
a—单胞示意图；b—多个晶胞

4.4.1.4 DO_3 结构

DO_3 结构如图 4－35 所示，也可看做面心立方晶体，Fe_3Si 为有序的 DO_3 结构，晶格常数 a＝5.670Å，其相应的空间群是 $Fm\bar{3}m$，Fe 原子占据 4b 和 8c 位置，Si 原子占据 4a 位置[76]。

目前，Fe_3Si 的研究主要集中在磁学方面，被作为软磁材料制成音频或视频磁头、卡片阅读器磁头，且大有希望代替普通硅钢片，特别是在高频信息领域方面体现得尤为突出[78]。

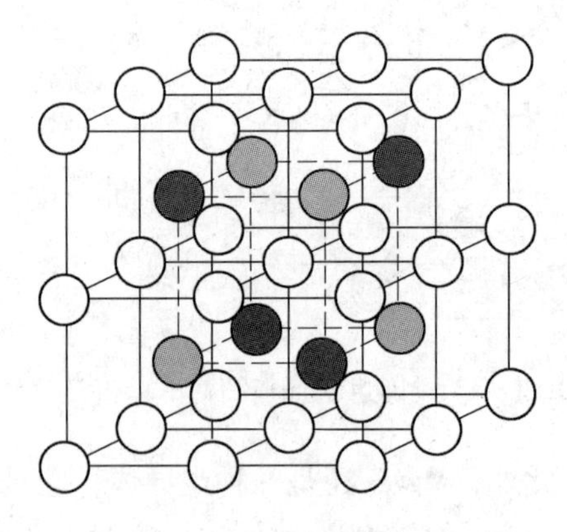

图 4－35 $Fe_3Si(DO_3)$ 晶体结构[77]
Fe—黑色和灰色的圆球；Si—空的圆球

4.4.2 六方结构

4.4.2.1 *C*40 结构

*C*40 型晶体为密排六方晶体，其相应的空间群是 $P6_222$（或 $P6_422$），$CrSi_2$ 属于这种结构[78,79]，晶格常数为 $a=b=0.4428$Å，$c=0.6369$Å，如图 4－36 所示，Cr 原子占据底面中心（3c）和边中心位置，Si 原子占据顶角（6i）位置。属于这种晶体结构中的硅化物还有：VSi_2、$NbSi_2$ 和 $TaSi_2$ 等。有报道指出，在 1900℃ 以上，$MoSi_2$ 也属于 *C*40 结构。

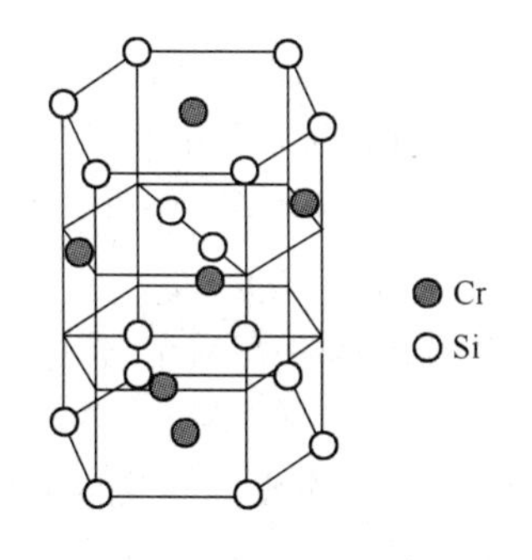

图 4-36 $C40(CrSi_2)$ 结构示意图[33]

$CrSi_2$ 同其他的过渡金属半导体硅化物（如 $\beta FeSi_2$、$MnSi_2$）一样，具有良好的热稳定性、电导率高及抗氧化性能好等优点。近年来在微电子及光电子领域中正逐渐成为研究热点。此外，$CrSi_2$ 与硅衬底之间具有较小的晶格错配度（在 $CrSi_2(0001)//Si(111)$ 方向，小于 0.3%），这一特性非常有利于 $CrSi_2$ 薄膜在硅基上的外延生长，可用于一些常用电子元件（如异质结双极型晶体管、肖特基势垒二极管等）的制作。而且，它的温差电势大，可用做热电材料，如用于热电发电器的 $CrSi_2$ - CoSi 温差电池。C40 结构的 $TaSi_2$ 则成功应用于微信息处理机和其他的微电子器件中[80,81]。

4.4.2.2 AlB_2 结构

AlB_2 型结构也为六方晶系，如图 4-37 所示，属于这种结构的硅化物有 $ErSi_2$，它属 $P6/mmm$ 空间群，点阵常数 $a_{hex}=3.79Å$，$c_{hex}=4.085Å$。Er 原子按照简单六方的方式排列，Si 原子位于由 Er 原子构成的四面体中心[82]。这种稀土硅化物能够形成六方的 AlB_2 型结构，其（0001）晶面上的点阵常数与 Si(111) 晶面匹配度非常好，因此，通过在 Si(111) 上的外延生长可以获得很高品质的 $ErSi_2$[83]。

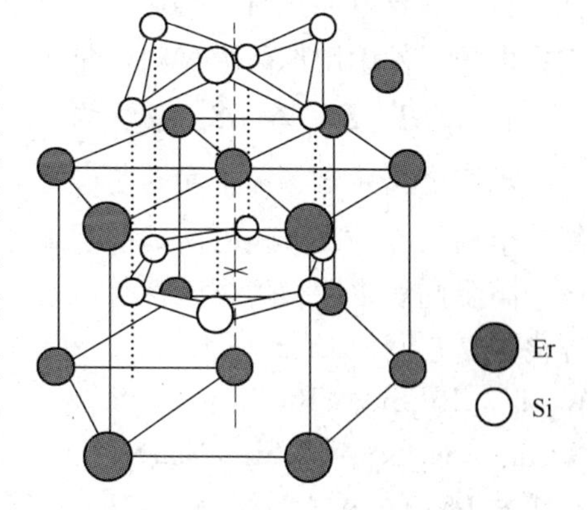

图 4-37 $ErSi_2(AlB_2)$ 晶体结构示意图[78]

4.4.3 四方结构

4.4.3.1 $C11_b$ 型结构

$C11_b$ 结构为体心四方晶体，属于该结构的硅化物有 $MoSi_2$、WSi_2 等。$MoSi_2$ 晶体的晶格常数 $a=0.320Å$，$c=0.786Å$[84]，其对应的空间群为 $I4/mmm$。图 4-38a 展示的 $C11_b$

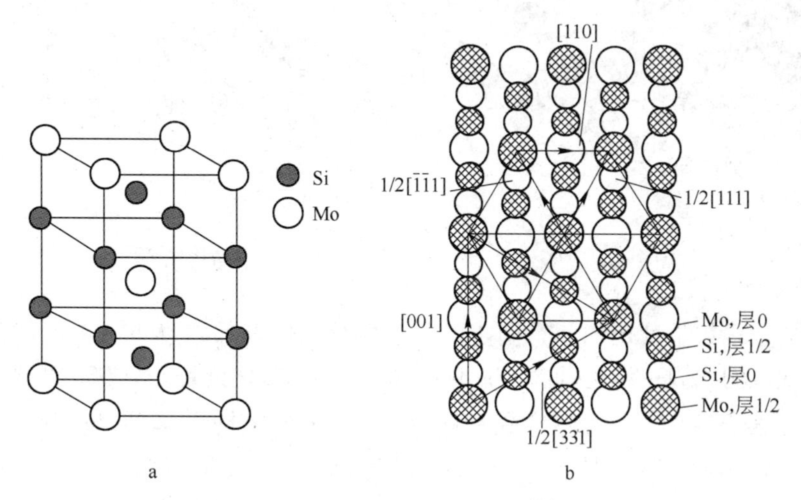

图 4-38 $C11_b$ 结构示意图[86]

a—$C11_b$ 结构的 $MoSi_2$；b—$MoSi_2$ 晶胞在（110）面上的投影

($MoSi_2$) 空间结构示意图[85]，图 4－38b 是该晶体结构在（110）面上的投影图，显示出一种伪六方结构。实际上，与理想六方结构的偏差只有 0.05°，理想六方结构的轴比 $c/a=2.449$，实际 $MoSi_2$ 的 $c/a=2.452$。其（$1\bar{1}0$）面的堆垛顺序为 ABABAB…，相邻层原子的剪切位移为 1/2[110]。每个 Mo 原子周围有 10 个 Si 原子，在（$1\bar{1}0$）面上的六个 Si 原子呈六边形，在（110）面上的 Si 原子呈另一个连锁的六边形，其中有两个 Si 原子是共用的。

WSi_2 具有与 $MoSi_2$ 相同的晶体结构，其熔点（$T=2160$℃）比 $MoSi_2$ 熔点（$T=2030$℃）更高，可与 $MoSi_2$ 形成固溶体（Mo，W)Si_2，其蠕变速率低于 $MoSi_2$，1500℃的屈服应力为纯 $MoSi_2$ 的 8～10 倍[86]。并且，它和 $MoSi_2$ 一样，在高温下能生成一层玻璃状的、致密的、黏附力强的 SiO_2 氧化膜，因而具有高的抗氧化性能[87]。此外，还具有耐蚀性、良好的导电导热性。但在中温时易发生灾害性氧化。WSi_2 除了可能应用于高温外，它在电子器件中用作薄膜材料也是令人感兴趣的[87]。

4.4.3.2 $D8_8$ 和 $D8_m$ 型结构

难熔金属元素、稀土元素与硅之间易形成 M_5Si_3 型硅化物，这类型的相有各种各样的复杂结构[88]，M_5Si_3 硅化物具备了高温材料所需要具备的一些特性，如高熔点、高弹性模量、高温抗氧化性和耐腐蚀性等。目前已经知道的有 31 个元素能与硅反应生产 M_5Si_3 型硅化物，它们是 Cr_5Si_3、Fe_5Si_3、Mn_5Si_3、Sc_5Si_3、Ti_5Si_3、V_5Si_3、Zr_5Si_3、Nb_5Si_3、Mo_5Si_3、W_5Si_3、Ru_5Si_3、Rh_5Si_3、La_5Si_3、Er_5Si_3、Pu_5Si_3、Dy_5Si_3、Gd_5Si_3、Lu_5Si_3、Ho_5Si_3、Nd_5Si_3、Sm_5Si_3、Tb_5Si_3、Tm_5Si_3、U_5Si_3、Y_5Si_3、Yb_5Si_3 等。绝大多数 M_5Si_3 型硅化物具有四方 $D8_m$ 结构（例如 M 代表 V、Cr、Mo、Ta、Re、W 时）或者六方 $D8_8$ 结构（如 M 代表 Mn、Hf、Fe、Zr 和 Ti 时），它们对应的空间群分别为 $I4/mcm$ 和 $P6_3/mcm$，晶体结构如图 4－39 所示。

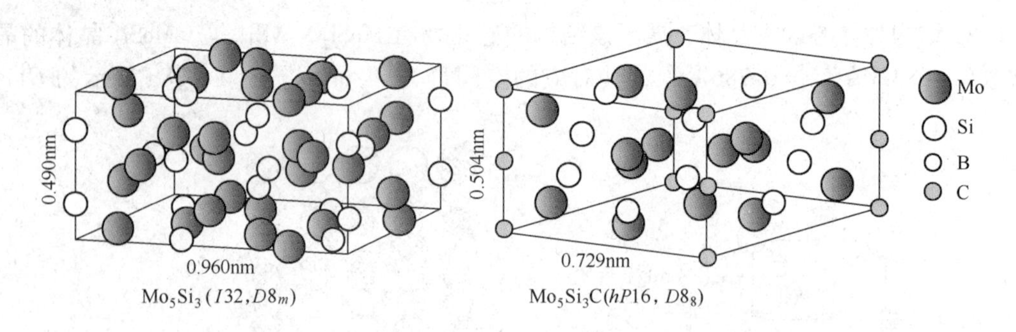

图 4－39 $D8_m$(Mo_5Si_3) 和 $D8_8$(Mo_5Si_3C) 结构图[89]

这些相的大多数是稳定的，有固定的化学成分，熔点都超过 2000℃。然而少数相结构会发生转变，例如 $D8_8$ 结构的 Fe_5Si_3 只在 825～1060℃之间稳定，$D8_m$ 结构的 Cr_5Si_3 仅在 1505℃以下是稳定的，高于这个温度就转变成了 $D8_8$ 结构[89]。Nb_5Si_3 和 Ta_5Si_3 在低温下是 $D8_m$ 结构，在高温下是 $D8_1$ 结构[90]。另外，在 Cr_5Si_3、Mo_5Si_3、Nb_5Si_3、Ta_5Si_3、V_5Si_3 和 W_5Si_3 中加入 C、B、N 或 O 后，其晶体结构就会由四方转变成六方，如图 4－40 所示。在一些四方 M_5Si_3 相（如 M 代表 V、Nb、Ta、Cr、Mo、W、Hf）中添加少量间隙

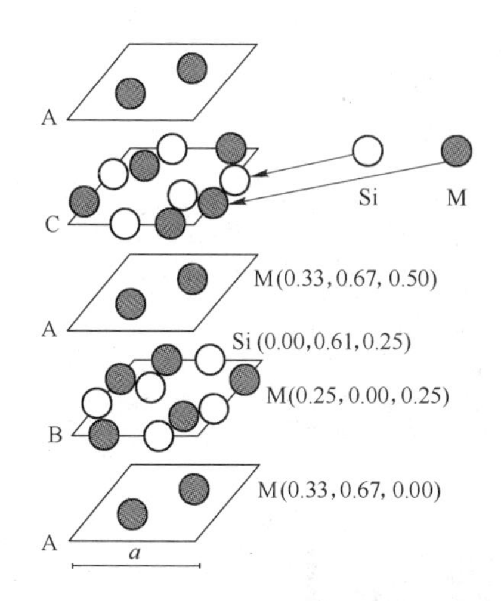

图 4-40 M_5Si_3 型硅化物中的 H16 结构[94]

杂质（如碳），可将非 $D8_8$ 结构的 M_5Si_3 型硅化物中稳定成 $D8_8$ 结构，这一类化合物通常被称为 Nowotny 相[91,92]。

Zr_5Si_3 也是典型的 $D8_8$ 结构，图 4-40 为其结构示意图[93]，其晶格常数 a = 0.7886Å，c = 0.5558Å，点群符号为 $P6_3/mcm$，Zr_5Si_3 及 $Zr_3Ti_2Si_3$ 也具有 $D8_8$ 结构。该结构中 3 个基本原子面按 ABACA 的顺序沿 c 轴方向堆垛，原子面 A 仅含金属原子，而原子面 B 与 C 含有金属原子与硅原子。B 与 C 两个原子面的原子排列相当于绕中心轴旋转了 180°。硅原子在原子面 B 与 C 上占据 6g 位置，原子面 A 上的金属原子占据 4d 位置。对于 Zr_5Si_3 晶体，若将原子面 A 上处于 4d 位置的 Zr 原子替换为 Ti 原子，就形成了 $Zr_3Ti_2Si_3$。在原胞中，4d 位置的金属原子坐标为（1/3，2/3，0）及其等效位置，6g 位置的金属原子与硅原子坐标分别为（xM，0，1/4）与（xSi，0，1/4）及其等效位置。由于原胞中含有 16 个原子，这类硅化物称为 16H 金属硅化物。

16H 结构的硅化物晶体结构参数如表 4-10 所示。由于它含有较多的共价键，使其具有较高的熔点（T=2600K）和低的密度（ρ=5.998g/cm^3），有望充当高温发动机中的结构材料。因其共价键较多，金属键较少，导致其塑性较低。一般通过合金化来提高其塑性[94]。

表 4-10 具有 16H 结构的金属硅化物及其晶体结构参数

化合物		Zr_5Si_3	W_5Si_3	Ta_5Si_3	Ti_5Si_3	Y_5Si_3
金属原子半径 d/nm		0.219	0.268	0.291	0.293	0.359
晶体学参数	a/nm	0.789	0.719	0.747	0.745	0.840
	c/nm	0.556	0.458	0.523	0.512	0.630

4.4.3.3 $D8_l$ 结构

Mo-Si-B 三元硅化物体系中的 Mo_5SiB_2（T_2）相具有典型的 $D8_l$ 结构，其也是四方结构，即体心四方晶胞，空间群为 $I4/mcm$。其晶体结构如图 4-41 所示，三维原子堆垛如图 4-42 所示。每个晶胞中有 32 个原子（20Mo，4Si，8B），分别位于沿 c 轴方向的 A、B、C 三层上。其中 A 层是 Mo 原子，B 层有 Mo、B 两种原子，C 层是 Si 原子[95~97]。

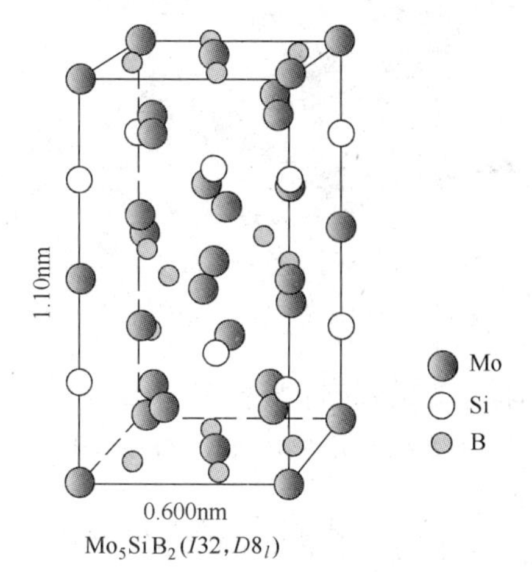

图 4-41 Mo_5SiB_2（T_2）相的晶体结构图[89]

4.4.4 A15 结构

A15 结构如图 4-43 所示。它是立方晶体，其

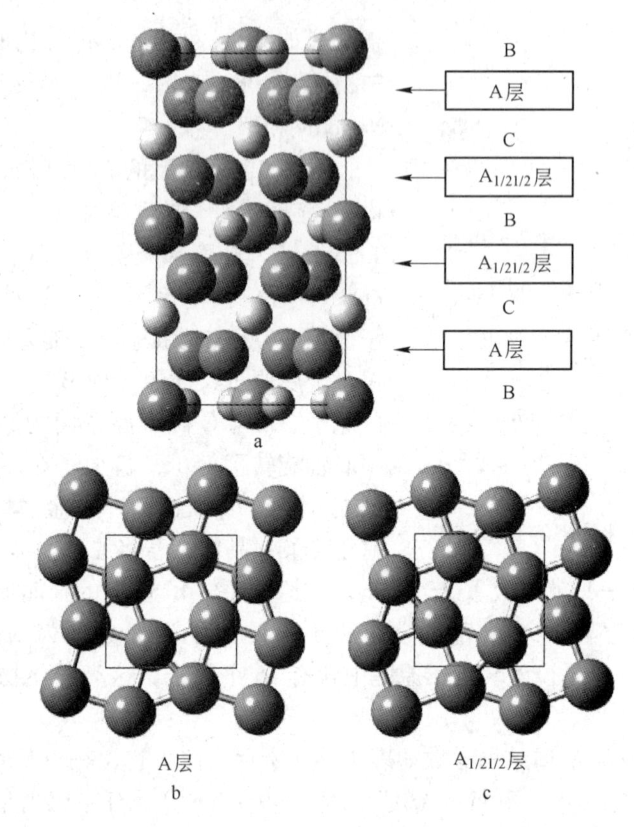

图 4-42　Mo_5SiB_2 晶体结构示意图[98]

a—三维结构图；b—A 层（Mo）原子排列图；c—$A_{1/21/2}$层原子排列图

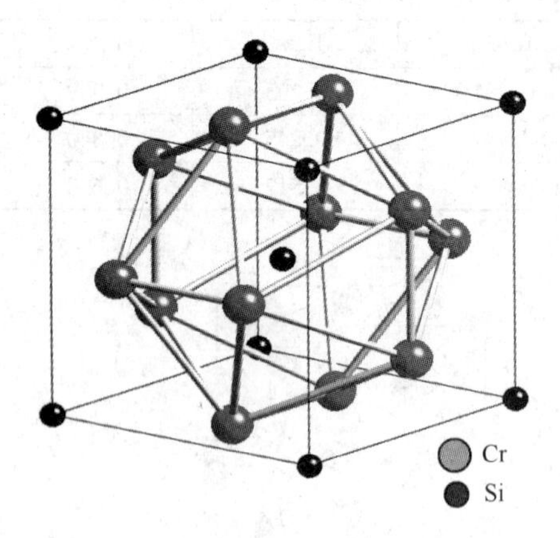

图 4-43　Cr_3Si（*A*15）结构示意图

对应的空间群为 $Pm\bar{3}n$，Cr_3Si、V_3Si、Nb_3Si 等具有这种结构，金属原子占据 6c 位置，Si 原子占据 2a 位置。在 *A*15 结构中，难熔金属原子组成三条正交的链，与体心立方排列形成十字形交叉。这种结构被认为是最简单的拓扑密堆（tcp）结构，这种结构中没有八面体间隙。

*A*15 晶体结构是从 bcc 晶格（*A*2）衍生出来的复杂立方结构，它是拓扑密排结构的一个典型例子，这种结构是不同尺寸的原子组成的不同形状的多面体堆积而成。与几何密排的 fcc（*A*1）和 hcp（*A*3）结构相比，这些 tcp 结构可以用不同尺寸的原子达到更加紧密的堆积。也可以把 *A*15 结构看做 tcp 结构系列的基础。特别是 Laves 相结构 *C*14、*C*15 和 *C*36 都可以通过各种不同的晶体学操作由 *A*15 结构衍生出来，tcp 结构的金属间化合物就是已知的四面体密堆相（Frank - Kaspar）。

V_3Si 是人们发现的第一个具有超导性 *A*15 相[98,99]，临界转变温度为 17K，化学计量成分的 V_3Si 在 1925℃熔化，它在中低温下都是稳定的，在稍高于临界转变温度，V_3Si 发生马氏体转变，成为弱四方结构。在高温下，甚至在高于马氏体形成温度下，预先进行大的应变塑性变形可以稳定四方马氏体，这种马氏体转变具有超塑性和形状记忆效应。

Cr_3Si 也是 *A*15 相[100,101]，Cr_3Si 的晶格常数：$a=b=c=4.555\text{Å}$，空间群也为 $Pm\bar{3}n$。Cr_3Si 不具有超导性，它具有较高的蠕变强度和良好的抗氧化性能，其脆性－延性转变温度为1200K。属于这种结构的还有 W_3Si。综上所述，一些 M_3Si 型硅化物的晶体结构和性能总结列于表4－11中。

表4－11 M_3Si 型硅化物的晶体结构和性能[101]

硅化物	结构	热生成焓 $-\Delta H$ /kJ·mol^{-1}	熔点/℃	密度/g·cm^{-3}	维氏硬度/Pa
Cr_3Si	*A*15	138.1	1710	6.53	1005
V_3Si	*A*15	104.6	1730	5.74	1430～1560
Mo_3Si	*A*15	101.7	2025	8.97	1310
Mn_3Si	*A*15 或 *A*2	123.8	1120	6.72（6.60①）	—
Fe_3Si	DO_3	75.3	1300	7.24	—
Ni_3Si	LI_2	148.5	1250	7.91	400

① β－Mn_3Si 高温形成。

4.4.5 复杂结构

4.4.5.1 *C*54 和 *C*49 结构

*C*54 型结构的典型硅化物为 $TiSi_2$[102]，如图4－44a所示，它是复杂的斜方晶体结构，其相应的空间群是 *Fddd*，其中的Ti原子占据8a位置，Si原子占据16e位置。在这个结构中，从单个原子层来看，Si原子形成六边形的网格，钛原子位于六边形的中心，这样排列的原子层，再按密排六方结构的方式堆垛起来，就形成了 $TiSi_2$ 的 *C*54 结构。在每一层

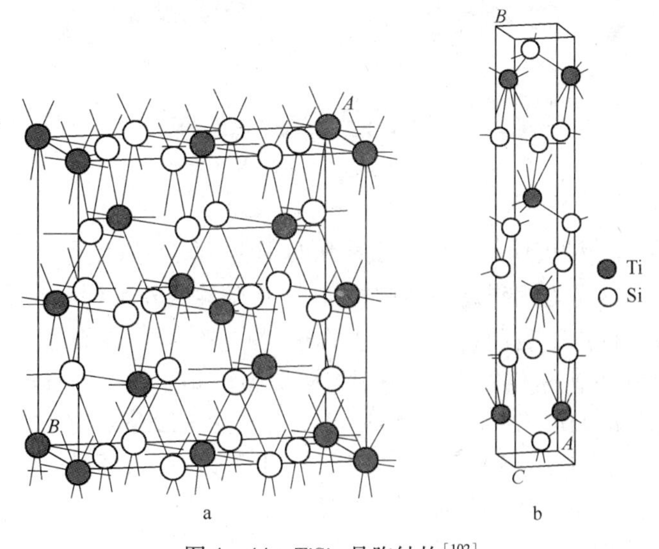

图4－44 $TiSi_2$ 晶胞结构[102]

a—*C*54 相 $TiSi_2$ 晶胞结构；b—*C*49 相 $TiSi_2$ 晶胞结构

中，原子之间的距离是：Si－Si，2.75Å；Ti－Si，2.75Å；而在层与层之间，则是Si－Si，2.54Å；Ti－Ti，3.19Å；Ti－Si，2.54Å。对于C54结构来说，所有的等效位置都被占据，Si－Si被难熔金属原子打断，使沿Si－Si链的扩散通道受到扰动；另一方面，Si－Si链被打断又使金属性增强。

$TiSi_2$还存在C49结构，其中C49相电阻较高，而C54相电阻较低，在实际工艺中采用两步退火可以将C49结构转为C54结构。具有C49结构的还有$ZrSi_2$、$HfSi_2$等。C49相和C54相$TiSi_2$中的钛和硅原子的原子排列分别如图4－45和图4－46[28]所示。通过对比图4－45a和图4－46a，发现C49相中近邻原子不像在C54相中那样紧凑规整地排列，也不能在（001）面上形成准六边形结构。最邻近原子键角分布的不同在一定程度上削弱了C49相中共价键。其次在C49相中还存在两种硅原子SiⅠ和SiⅡ，分布如图4－46中的b和c所示。在这两种硅原子周围最近邻的原子都是八个，但仍有差异。四个钛原子和四个硅原子在SiⅠ周围，而SiⅡ原子周围却是六个钛原子和两个硅原子，而且两种硅原子的次近邻原子分布也不相同。SiⅠ的次近邻有八个原子，而SiⅡ次近邻原子有六个，可见C49相结构的对称性和稳定性都不如C54相。实验证明：在C49相$TiSi_2$中容易形成高密度的堆垛层错，特别是在沿b轴方向上，这可能导致它比C54结构具有更高的电阻率。同时也证明C49相结构比C54相稳定性较差[103]。

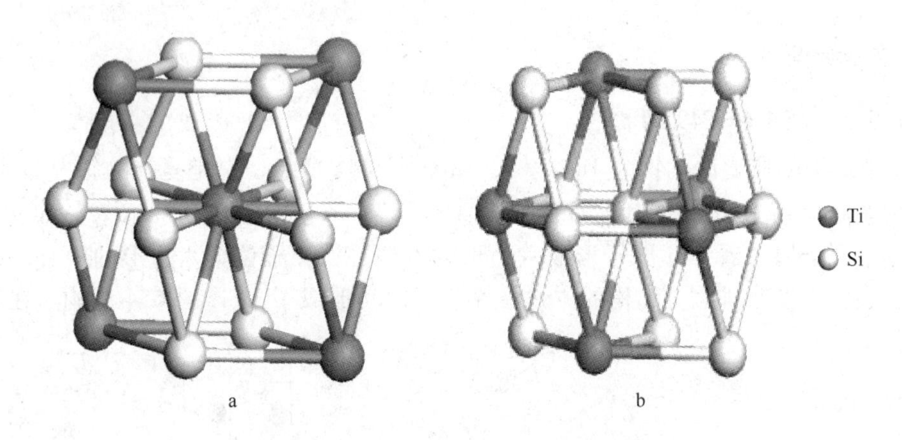

图4－45 C54相$TiSi_2$原子堆垛模型[28]

a—钛原子为中心；b—硅原子为中心

$TiSi_2$表面可生成一种玻璃状的、黏附性强的TiO_2-SiO_2氧化膜[104]，使其具有抗氧化性，且密度低，也曾被考虑用作高温结构材料[105]。除此之外，$TiSi_2$薄膜材料具有电阻率低，热稳定性较好的优点，目前在电子工业的硅化工艺中应用较普遍[106]。

$ZrSi_2$和$HfSi_2$为典型的C49结构，其晶体结构图如图4－47所示[107]，其空间群为$Cmcm$，$a=3.725$Å，$b=14.774$Å，$c=3.664$Å，熔点$T=2236$K，C49结构与C54、C40、$C11_b$等结构的对比如图4－48所示。从图4－48中可以看出，同样为六个硅原子环绕每层平面上的金属原子，但晶体结构不同，其矩形单元的轴比不同。$ZrSi_2$的轴比度$b/a=3.95$，远远高于其他拥有类似晶格结构的化合物。如$MoSi_2$的$c/(2^{1/2}a)=1.73$，$NbSi_2$的$(3^{1/2}a)/a=1.73$，$TiSi_2$的$a/b=1.72$。这是因为锆的原子半径比较大，而且C49型中

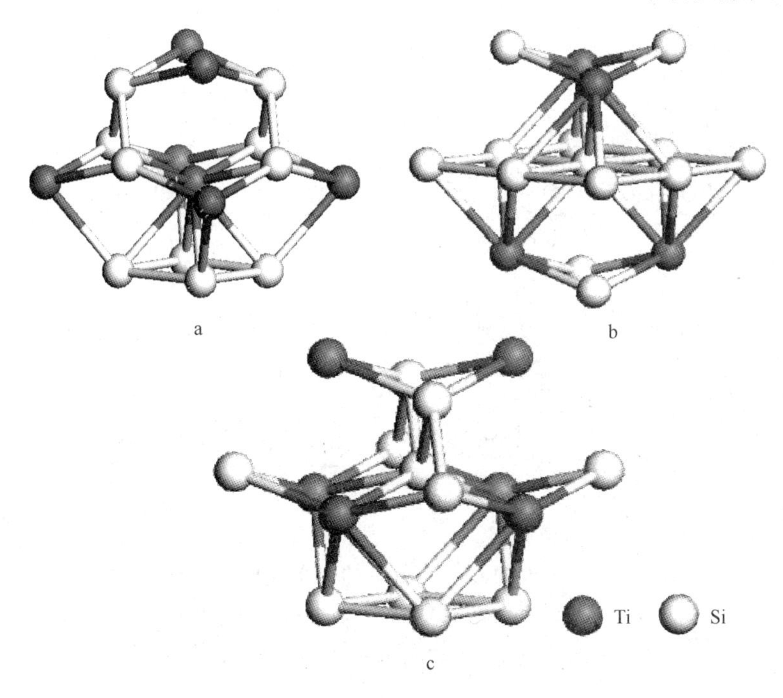

图 4-46 *C*49 相 $TiSi_2$ 中 Ti、Si Ⅰ 和 Si Ⅱ 原子周围近邻原子分布[28]

a—Ti 原子周围近邻原子分布；b—Si Ⅰ 原子周围近邻原子分布；c—Si Ⅱ 原子周围近邻原子分布

的金属原子的位置与 $C11_b$，*C*40 和 *C*54 的结构类型不同，后三者结构类似于最紧密排列的原子面，而 $ZrSi_2$(001) 平面也不是那么紧密[108]。

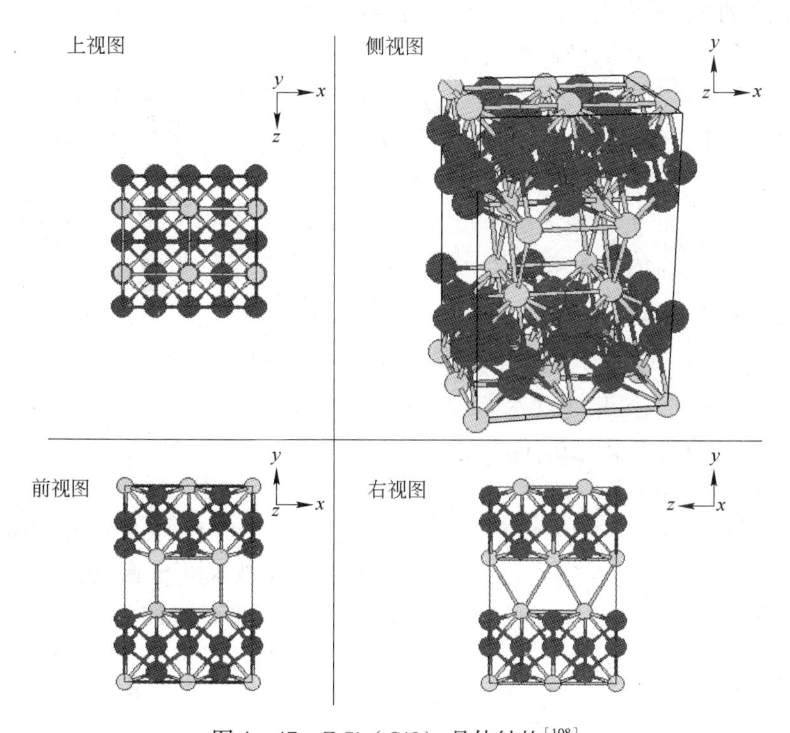

图 4-47 $ZrSi_2$(*C*49) 晶体结构[108]

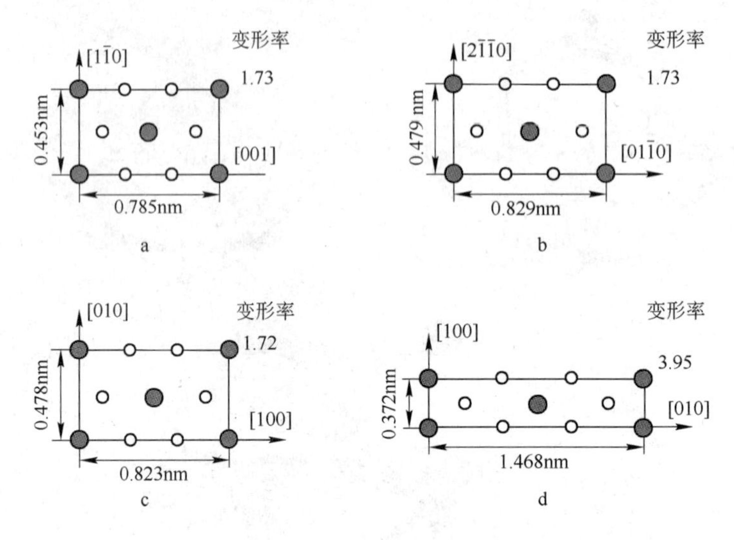

图 4－48　*C*49 与 *C*54、*C*40、$C11_b$ 等结构对比图[109]

a—$C11_b$ 结构 $MoSi_2$(110)；b—*C*40 结构 $NbSi_2$(0001)；

c—*C*54 结构 $TiSi_2$(001)；d—*C*49 结构 $ZrSi_2$(001)

4.4.5.2　α－$ThSi_2$ 结构

许多具有 4f 外层电子的稀土元素能与硅形成二硅化物，它们大多具有相同的四方结构，即 α－$ThSi_2$ 结构。这一结构属于 $I4_1/amd$ 空间群，每个晶胞中的原子数为 9 个原子。具有这种结构的硅化物有 $CeSi_2$、$LaSi_2$、$NdSi_2$、$NpSi_2$、$PrSi_2$、$PuSi_2$、α$ThSi_2$、αUSi、LaAlSi。α$ThSi_2$ 为黑色四方晶体，密度 7.96g/cm^3，其结构与普通的四方结构不同，其原子呈链式网状连接，如图 4－49 所示。另外，β$ThSi_2$ 和 βUSi_2 的结构则又有不同，这两者为六方的 AlB_2 结构，属于 *P*6/*mmm*－*D*16*h* 空间群，较大的金属原子位于两个六方排列的 Si 原子面之间，如图 4－50 所示[109]。

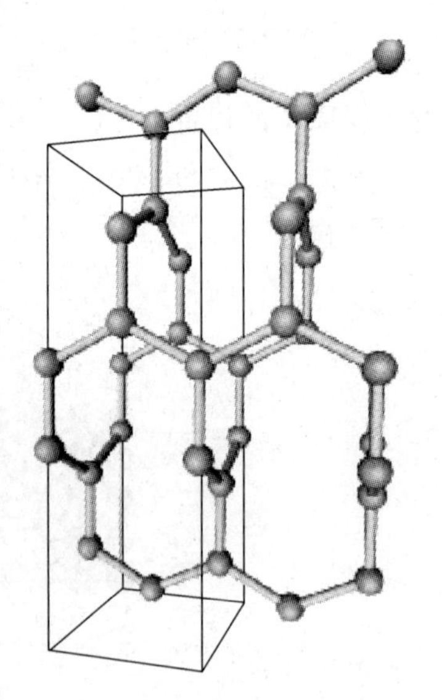

图 4－49　$ThSi_2$ 结构示意图

4.4.5.3　$CaSi_2$ 型

$CaSi_2$ 有三种晶体结构，其中两种结构都是由 Si 双原子层和呈三角形的 Ca 原子层相间堆垛而成，不同的只是它们的堆垛顺序。第一种典型结构的 $CaSi_2$ 晶体属于三方晶系，空间群为 $R\bar{3}m$，如图 4－51a 所示，在这种结构（tr6）中，三角形的 Ca 层按照 AABBCC 的顺序堆垛，层与层之间被双层 Si 断开。整个结构是由周期性的六个原子层组成的。每个 Ca 原子都紧邻六个 Ca 原子和 7 个 Si 原子。第二种结构（tr3）属于三方晶系，空间群为 $R\bar{3}m$，晶体由三个原子层周期性堆垛而成，Ca 原子层和 Si 双原子层按

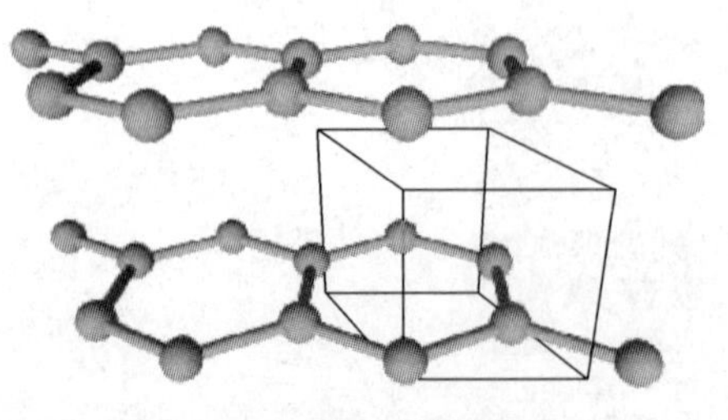

图 4－50　β$ThSi_2$ 结构示意图

照 ABC 的顺序堆垛而成，如图 4－51b 所示。在这种结构中，每个 Ca 原子都紧邻着 6 个 Ca 原子和 8 个 Si 原子。最后一种晶体结构（h1）更为复杂，属于正方晶系，空间群为 $P\bar{3}m1$，它是 Ca 原子层和 Si 双层按照 AA 的顺序简单堆垛而成。这种结构不常出现在 $CaSi_2$ 这种物质中。[110]

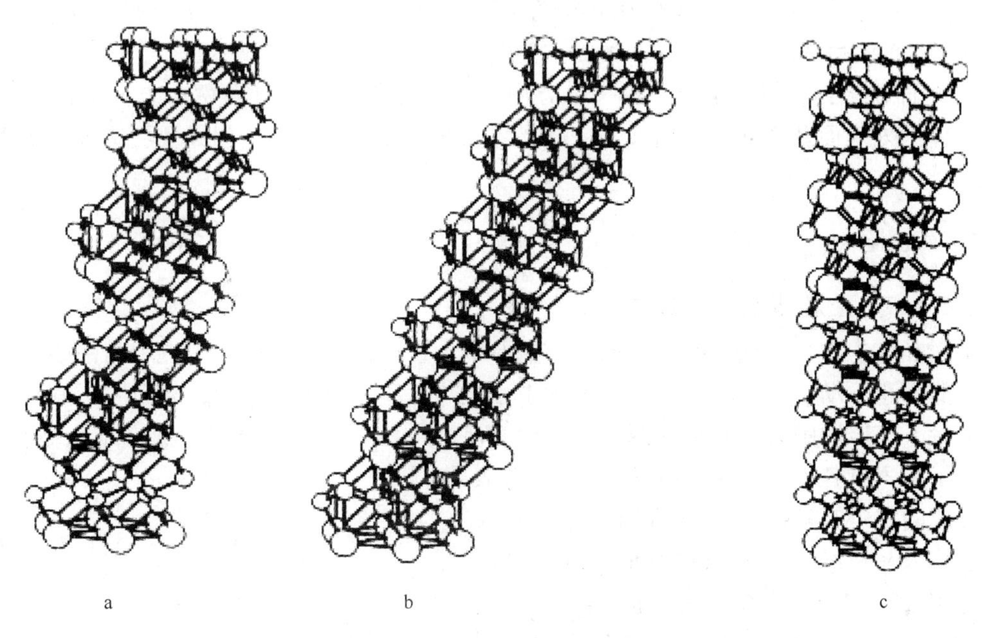

图 4－51　$CaSi_2$ 结构示意图
a—tr6 堆垛；b—tr3 堆垛；c—h1 堆垛

$CaSi_2$ 与 Si(111) 的点阵结构错配度仅为 0.4%，实验证明，在 Si 基体上外延生长 150Å 厚度的 $CaSi_2$ 薄膜中只含有特别少量的缺陷，十分理想。因此，Si 对 $CaSi_2$ 来说是一种十分理想的衬底材料。具有相转变特性的 $CaSi_2$ 在一定压力下晶体结构可从三方晶系转变成六方晶系，具有一定超导能力，其超导转变温度高达 14K[111]。

4.5　金属硅化物中的结构缺陷

通常把晶体中排列不完整的区域称为晶体缺陷。缺陷的产生是与晶体的生成条件、原子的热运动、塑性变形以及其他因素的作用有关。它是晶体中局部的破坏，通常只占很小的量。晶体中缺陷并不是静止地、稳定不变地存在着，而是随着各种条件的改变而不断变动的。它们可以产生、发展、运动和交互作用，而且能合并消失。晶体缺陷对金属硅化物的许多物理和力学性能都有很大的影响，如改变导电性、降低热导率和超导临界转变温度等。

20 世纪初，X 射线衍射方法的应用为金属研究开辟了新天地，使我们的认识深入到原子的水平；到 30 年代中期，泰勒与伯格斯等奠定了晶体位错理论的基础；50 年代以后，电子显微镜的使用将显微组织和晶体结构之间的空白区域填补了起来，成为研究晶体缺陷和探明金属实际结构的主要手段，位错得到有力的实验观测证实；随即开展了大量的研究工作，澄清了金属塑性形变的微观机制和强化效应的物理本质。按照晶体缺陷的几何形态以及相对于晶体的尺寸，或其影响范围的大小，可将其分为以下几类：

（1）点缺陷：其特征是三个方向的尺寸都很小，不超过几个原子间距。如：空位、间隙原子和置换原子，还有这几类缺陷的复合体等均属于这一类。

（2）线缺陷：其特征是缺陷在两个方向上尺寸很小，而第三方向上的尺寸却很大，甚至可以贯穿整个晶体，属于这一类的主要是位错。

（3）面缺陷：其特征是缺陷在一个方向上的尺寸很小，而其余两个方向上的尺寸很大。晶体的外表面及各种内界面如：一般晶界、孪晶界、亚晶界、相界及层错等均属于这一类。

4.5.1 点缺陷

4.5.1.1 金属晶体中的缺陷

金属晶体中常见的点缺陷有空位、间隙原子、置换原子等。晶体中位于晶格结点上的原子并非静止不动，而是以其平衡位置为中心做热运动。当某一瞬间，某个原子具有足够大的能量，克服周围原子对它的制约，跳出其所在的位置，使晶格中形成空结点称空位。脱位原子进入其他空位或迁移至晶界或晶体表面所形成的空位叫肖特基（Schottky）空位；脱位原子挤入晶格结点的间隙中所形成的空位叫弗兰克尔（Frenkel）空位，挤入间隙的原子叫间隙原子；占据在原来晶格结点的异类原子叫置换原子。

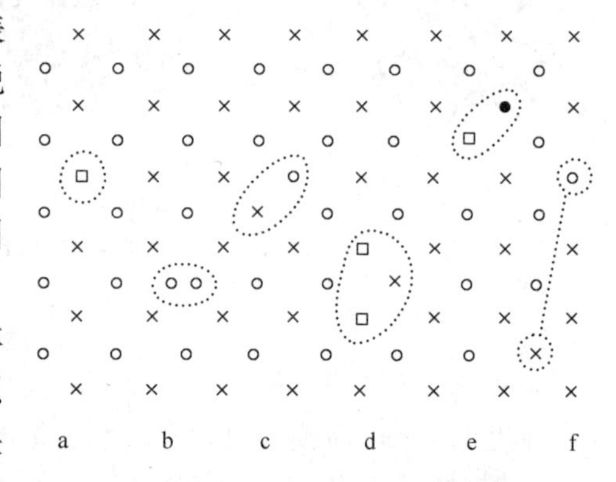

图 4 – 52 在晶格中的典型点缺陷[28]

a—空位；b—填隙原子对；c—相邻反位缺陷对；d—两个空位和一个反位原子组成的三重缺陷；e—相邻空位杂质原子对；f—不相邻的反位缺陷对

金属硅化物是有序金属化合物，在其晶体结构中同样存在各种类型的点缺陷，既有类似于纯金属晶体中的空位、间隙原子等单一点缺陷；同时由于其长程有序的结构特点，又存在不同于金属晶体中常规点缺陷的组合点缺陷。硅化物晶体结构中的典型点缺陷类型如图 4 – 52 所示。

4.5.1.2 硅化物中的点缺陷

硅化物中的空位和间隙原子，主要影响材料的扩散动力学，进而影响其金属硅化物界面生长状态和结构，这对金属硅化物，特别是电子工业硅化物薄膜材料有重要意义。因此国内外对金属硅化物的空位形成能、间隙原子等点缺陷进行了深入研究。但由于硅化物电子结构的复杂性，使得其点缺陷的作用尚未揭示明晰。

T. Wang[112] 等人使用第一性原理赝势平面波方法计算了 $TiSi_2$ 晶体（*C*54 结构）中空位的形成能。计算结果表明，$TiSi_2$ 晶体中的空位形成很大程度上依赖于 Ti 和 Si 原子的化学势。在富 Si 处 Si 和 Ti 的空位形成能分别为 2.3eV 和 2.4eV，而在富 Ti 处，两者的空位形成能则为 1.53eV 和 4.07eV。他们还对晶体的态密度进行了计算，结果表明，形成的 Si 空位和 Ti 空位仅会稍微改变总的态密度大小，如图 4 – 53 所示。但对电荷输运的影响不大，如表 4 – 12 所示。

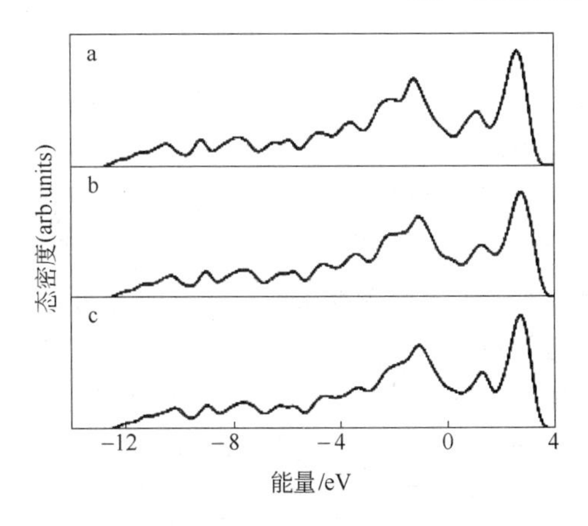

图 4-53 理想晶体和不完整 $TiSi_2$ 晶体的态密度计算结果[112]

a—理想晶体；b—生成一个 Ti 空位的不完整晶体；c—形成一个 Si 空位的不完整晶体

表 4-12 利用 Mulliken 布居分析法计算得到的完整晶体和不完整晶体中原子的电荷数

分 子 式	Ti	Si
$Ti_{16}Si_{32}$	+0.090	-0.048
$Ti_{15}Si_{32}$（Ti 空位存在的不完整晶体）	+0.1	-0.047
$Ti_{16}Si_{31}$（Si 空位存在的不完整晶体）	0.109	-0.056

Miglio[113]等人采用紧束缚分子动力学计算出 $TiSi_2$ 中硅空位形成能是 1.41eV，钛的空位形成能的范围在 2.40~4.07eV 之内。硅的空位形成能要小于钛的空位形成能，这说明在 $TiSi_2$ 中容易形成硅空位。实验研究 Si/$TiSi_2$/Ti 体系时也发现硅在 $TiSi_2$ 中是主要扩散物质，其迁移能力较强[114]。

在扩散中，除空位外，间隙原子一般也参与扩散，在 $CoSi_2$ 中最易形成间隙原子的位置是八个硅原子形成的正六面体中心位置，如图 4-54 所示。深色球代表 Co 原子，浅色球代表 Si 原子，体心处的灰色球可以是 Co 原子，也可以是 Si 原子。研究发现[115]：在 Si/$CoSi_2$/Co 体系中，硅原子在 $CoSi_2$ 中是主要扩散物质，具有较大的迁移性，但也有学者认为在 $CoSi_2$ 中更易于形成钴空位和钴间隙原子，这有利于钴的扩散[116]。

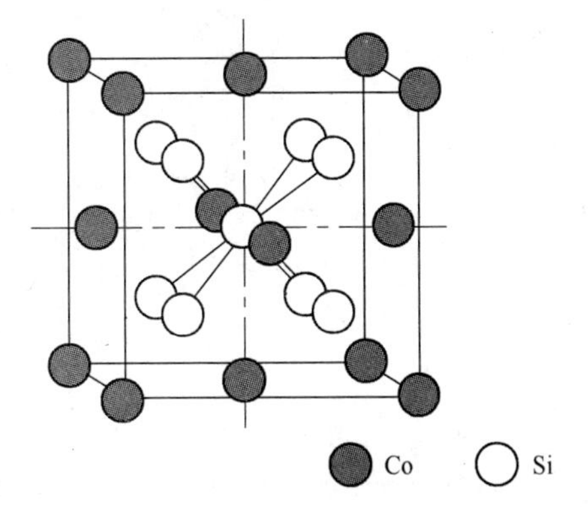

图 4-54 $CoSi_2$ 中的间隙原子[28]

4.5.2 硅化物中的线缺陷

在有长程序的固溶体中，位错倾向于两两相随地通过晶体。第一个位错通过时，使有序结构中跨越滑移面的不同类原子对 A-B 改变为同类原子对 A-A 和 B-B，引起能量升高；当随后的一个位错经过时，A-A 和 B-B 原子对又恢复为 A-B 对，能量又降下来。在前后相随的两个位错之间的这段距离上，A-A 和 B-B 原子对尚未恢复，形成所谓反相畴界（antiphase boundary）。两个位错间有一个平衡距离，它与两个不全位错间存在的层错很相似。在塑性变形过程中，有序合金的反相畴界的面积不断增加，从而提高了体系的能量，表现为长程序引起的强化作用。

硅化物的物理、力学性能与晶体结构、原子键合性质、晶体缺陷的组态与能量密切相关。硅化物中的线缺陷（位错）在塑性变形过程中担当重要角色，其萌生、滑移和攀移、相互反应等都直接影响合金的室温及高温塑性[117,118]。因此有必要深入了解位错组态、变形机制及硅化物性质之间的关系，分析位错对合金塑性变形的作用机理，这对改善硅化物的脆性，扩大其应用领域有重要意义。由于不同硅化物的结构存在较大差别，其位错形态和形成机理各不相同，本节将分别介绍典型硅化物中的位错。

4.5.2.1　$MoSi_2$ 中的位错

不少学者对其典型硅化物如 $MoSi_2$ 中的位错进行了研究[28]。Ito 等人最早开始单晶 $MoSi_2$ 的滑移系研究[119]，他们认为该合金单晶在 900℃ 以上可能存在五个滑移系统，即 (110)＜[111]，(011)＜[100]，(010)＜[100]，(023)＜[100] 和 (013)＜[331]，图 4－55 展示 5 个滑移系的示意图。

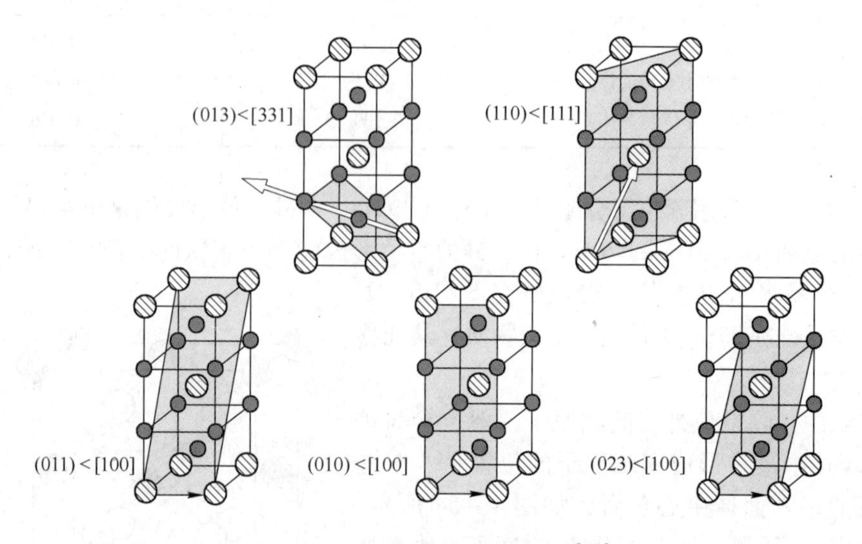

图 4－55　$MoSi_2$ 单晶中的滑移面[121]

$MoSi_2$ 单晶的研究表明：900～1200℃ 温度范围内变形的样品，沿〈331〉晶向产生滑移，观察到的滑移面取决于晶体取向，属于 {110} 和 {013} 类型。但是，{013} 滑移仅局限于样品取向接近 [001] 的时候，因为 $\{013\}\langle 3\bar{3}1\rangle$ 滑移系的临界分切应力远高于 $\{1\bar{1}0\}\langle 3\bar{3}1\rangle$ 系[120,121]。通过显微压痕方法研究了 $MoSi_2$ 单晶的室温变形，发现主要的滑移系是〈001〉{100}[122]。主滑移系的变化反映了实验温度及应力状态对变形与断裂机制的影响。

相反，多晶 $MoSi_2$ 高温下（1200℃及以上）变形行为的研究表明：柏氏矢量 $\boldsymbol{b}$ 平行于〈100〉、〈110〉和〈111〉的位错可在许多晶体学平面上滑移，但没有观察到位错的分解。因为在（110）和（013）面之间 $MoSi_2$ 的反相畴界能（APBE）具有各向异性，一些位错可产生交滑移；另外，$MoSi_2$ 不存在任何密排面，即使在通常的滑移面（110）上，原子的配位数也仅为10，故潜在滑移面的数目很多，根据晶面和晶向密排程度的分析，推测出 $MoSi_2$ 可能的滑移面和滑移系，分别列于表4－13和表4－14[123]。

表4－13 $MoSi_2$ 中的可能滑移面及 a^2 面积内的原子数目

滑 移 面	Mo和Si原子数	Mo原子数	滑移面	Mo和Si原子数	Mo原子数
{110}	1.73	0.58	{001}	1.00	1.00
{013}	1.55	0.52	{101}	0.75	0.75
{100}	1.22	0.41			

表4－14 $MoSi_2$ 晶体中可能激活的滑移系

柏氏矢量	滑移面	滑移系	TEM观察与否
〈100〉	{013}	4	是
〈100〉	{010}	2	是
〈100〉	{001}	2	不是
〈100〉	{011}	4	是
〈110〉	{001}	2	不是
〈110〉	{110}	2	不是
〈110〉	{111}	12	是
1/2〈111〉	{101}	8	是
1/2〈111〉	{110}	4	是
[001]	{100}	2	不是
[001]	{100}	2	不是

图4－56展示了1300～1400K变形后 $MoSi_2$ 单晶的组织形貌，通过滑移迹线分析可得知：几乎所有位错的柏氏矢量都为〈331〉型。因为呈超点阵位错；且能分解成三个不全位错，故观察到的位错图像相当宽，或者是呈分离状。一些不全位错产生交滑移，并形成

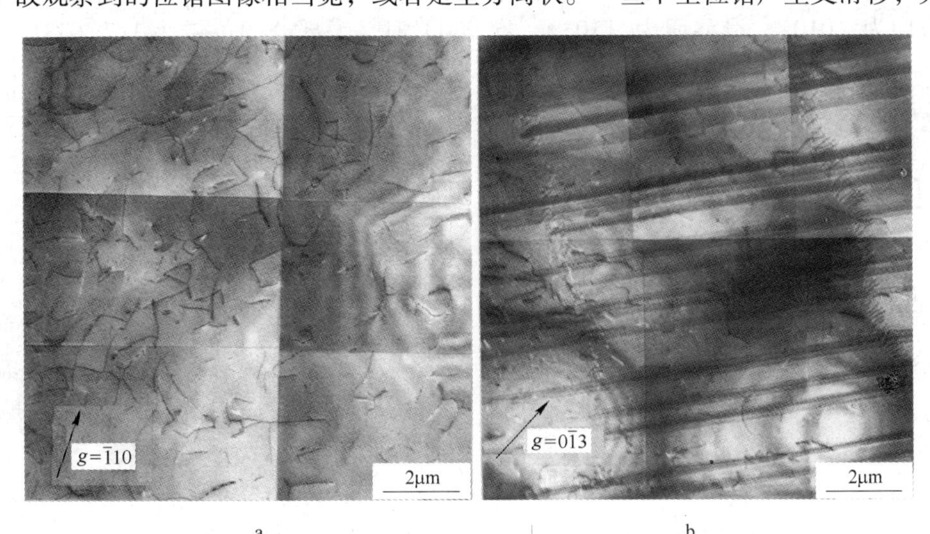

图4－56 单晶 $MoSi_2$ 的［100］方向TEM形貌

a—$\delta=0.4\%$，$T=1300$K，$\dot{\varepsilon}=5\times10^{-4}$s；b—$\delta=1.6\%$，$T=1400$K，$\dot{\varepsilon}=5\times10^{-4}$s

堆垛层错，还能观察到位错偶极子和大量的位错环，它们是通过交滑移及位错湮灭或互相合并而形成的[124,125]。

研究发现[126,127]：在未变形的多晶硅化物样品中，位错密度很低，但在变形样品中观察到位错数量和分布不均。在变形区域，某些晶粒位错密度高，而相同区域的其他晶粒根本不含位错，这表明多晶中单个晶体的有利取向对位错运动是非常重要的。$MoSi_2$ 结构中中全位错的柏氏矢量列于表 4－15[125]。在可能的滑移方向〈100〉，〈110〉，1/2〈111〉和 1/2〈331〉上，柏氏矢量的大小分别为 1.0a，1.414a，1.415a，2.450a 和 2.453a（a 为点阵常数）。

表 4－15　$MoSi_2$ 结构中全位错的柏氏矢量[125]

b	$\|b\|$/Å	b^2/a^2	b	$\|b\|$/Å	b^2/a^2
〈100〉	3.205	1	1/2〈331〉	7.849	6
〈110〉	4.533	2	〈001〉	7.845	6
1/2〈111〉	4.530	2			

在多晶 $MoSi_2$ 变形样品中，也能观察到位错偶极子和位错环[128]。在平行的滑移面上，异号刃型位错相互吸引而平行排列起来，形成位错偶极子，通过管扩散和攀移，沿位错偶极子的长度方向断开形成位错环。另外，在弯曲变形和通过压痕变形的多晶 $MoSi_2$ 中，观察不到〈001〉或 1/2〈331〉位错，其原因还不完全清楚。与单晶体的压缩变形不同，多晶 $MoSi_2$ 弯曲变形和压痕变形时难以产生这两种位错，即使产生 1/2〈331〉位错也不稳定。从理论上，1/2〈331〉位错通过下列反应发生分解是可能的。

$$1/2\langle 331\rangle = 1/2\langle 111\rangle + \langle 110\rangle \tag{4-4}$$

$$1/2\langle 331\rangle = 1/6\langle 331\rangle + 1/6\langle 331\rangle + 1/6\langle 331\rangle \tag{4-5}$$

塑性变形过程中位错也可以通过某种途径进行反应或分解。文献［129］观察到了在 900℃、1100℃时单晶 $MoSi_2$ 塑性变形时的位错分解行为，如图 4－57 所示。图中 A 位错滑移方向为〈010〉，滑移面为｛$\bar{1}$03｝。在 900℃时，大部分的位错为 1/2〈331〉（A）；

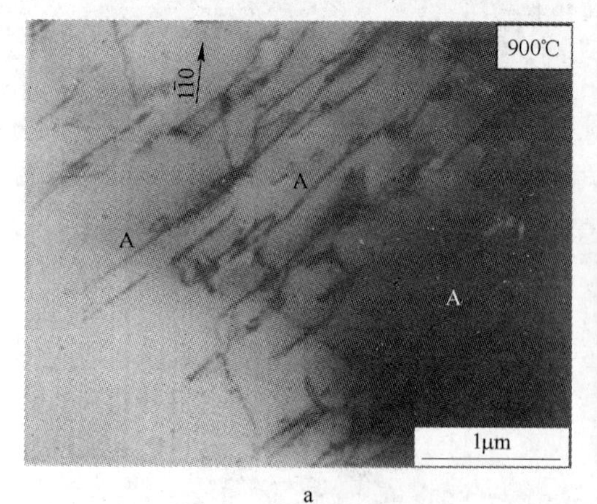

a

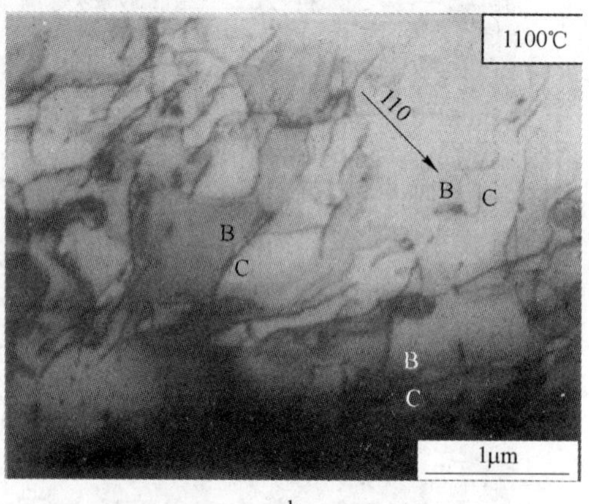

b

图 4－57　$MoSi_2$ 单晶在 900℃、1100℃变形后的位错形态［001］[131]

a—900℃；b—1100℃

（A＝1/2〈331〉；B＝1/2〈111〉；C＝1/2〈110〉）

但当温度在1100℃时，大部分位错转化为1/2〈111〉（B）和1/2〈110〉（C），很少再看到1/2〈331〉位错。

研究表明[130]：硅化物中的位错类型强烈依赖于温度，大约在600℃发生位错类型的转变。低于此温度，主要观察到〈100〉位错；高于此温度，主要观察到1/2〈111〉位错。另外，在多晶 $MoSi_2$ 中还观察到位错偶极子和位错环[131]，如图4－58所示。分析表明位错环所在的平面接近于（113）。位错环长的那一段由纯刃型位错构成，与［0 $\bar{3}$1］方向平行，其滑移面为（013）；也有可能在平行的（013）滑移面上存在由两个异号［100］位错所形成的刃型偶极子，它沿长度方向断开构成位错环。

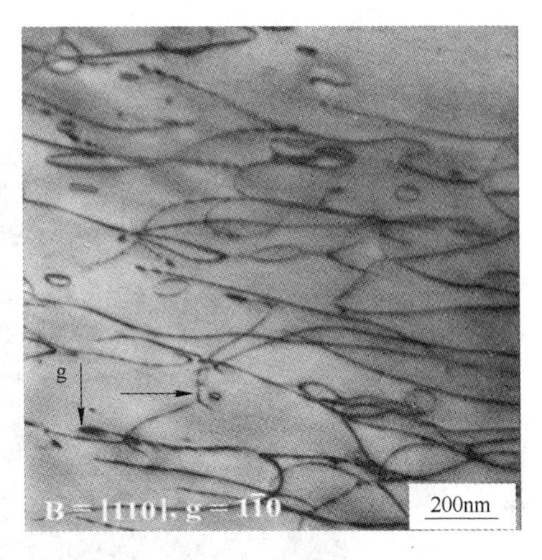

图4－58 $MoSi_2$－1Nb（原子分数）合金中的位错偶极子和位错环[132]

文献［132］采用原子电位分析法计算出 $MoSi_2$ 内部结构和位错源，图4－59为 $MoSi_2$ 位错原子结构示意图。由静态原子分析方法计算了10K时合金平衡态组织中产生的一个很窄的位错源。温度从10K升至1000K时，原位错源在滑移面上解理出三个位错，两个1/4［$\bar{1}$11］的分位错，和一个连接这两个位错的［$\bar{1}$10］。剪切应力增大时，原位错分解为七个不全位错，这说明应力和温度对位错源产生着重要影响。

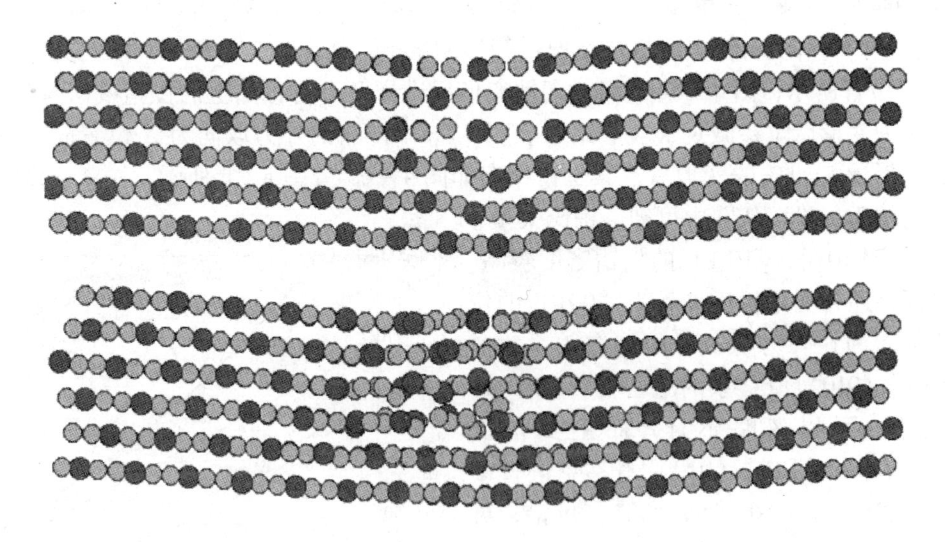

图4－59 位错源附近的原子排布示意图[134]

黑色圆—Mo原子；灰色圆—Si原子

4.5.2.2 $MoSi_2$－TiC复合材料中的位错

通过对 $MoSi_2$－TiC复合材料显微组织的透视显微观察发现，位错起源于 $MoSi_2$ 和TiC

的交界面并伸入基体中。而在 $MoSi_2$ 中，不存在这种由于 TiC 的存在而向 $MoSi_2$ 基体中引入位错的机制，在其他 $MoSi_2$ 基复合材料中也观察到了类似的现象。图 4 - 60 为热压 $MoSi_2$ - ZrO_2 复合材料中的位错网络[133]。这种额外的高密度位错可能是复合材料力学性能产生变化的关键因素之一[134]。

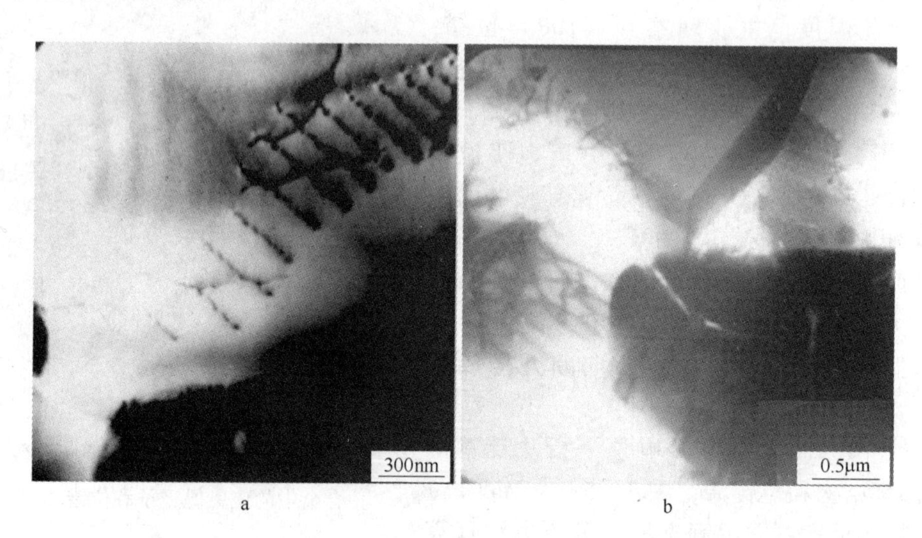

图 4 - 60　$MoSi_2$ - ZrO_2 复合材料的 TEM 显微组织[133]

a—$MoSi_2$ 基体中的位错形貌；b—$MoSi_2$ 基体与 ZrO_2 界面处的位错网络

4.5.2.3　$ZrSi_2$ 中的位错

T. Nakano[135] 等人对单晶 $ZrSi_2$（C49 结构）的塑性变形行为和有效滑移系进行了详细的研究，他们将外力分为三种取向情况进行压缩试验，如图 4 - 61 所示，取向关系分别为 A，B，C 位置所示；图 4 - 62 为经过塑性变形后试样两个滑移面上的位错线滑移过程图；图 4 - 63 为变形后位错微观形貌。结果表明：$ZrSi_2$ 样品的外力取向为 A 位置时，1000℃下经过变形量 $\delta = 1\%$ 的变形后，其位错组态如图 4 - 63 分图 a，b 所示，图 4 - 63 分图 c 为位错的柏氏矢量。从图中可知，柏氏矢量 ***b*** 为 [100]、[101]、[10$\bar{1}$] 的位错密度较高。除此之外，还有少量柏氏矢量为 [001] 的位错。这是因为在外力与试样的取向关系为 A 时，[001]（010）滑移系的施密特（Schmid）因子很小，可以忽略不计，而主要依靠 [100]（010），[101]（010）滑移系进行塑性变形。试样中出现少量的 [001] 位错，可能是由 [101] 和 [100] 发生位错反应生成的。此外，还能观察到很多不同位错交叉反应得到的节点。

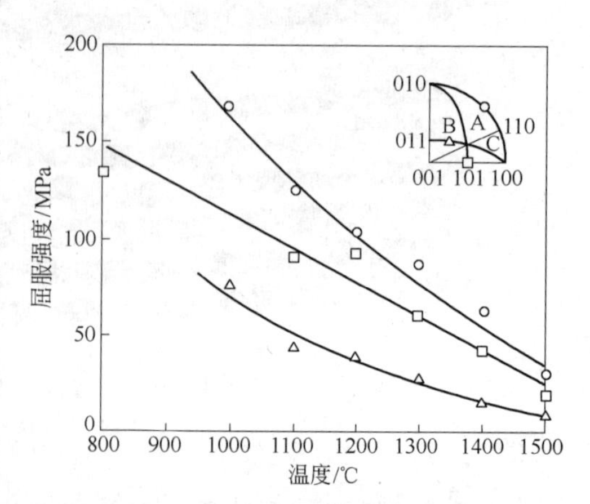

图 4 - 61　$ZrSi_2$ 单晶体在不同温度下的塑性变形（A，B，C 面）[135]

当外力的取向关系变为 B 位置时，位错的种类与 A 情况下相同，但是不同的位错其密度却有较大的变化，尤其是［001］型位错对密度较高。这是因为［001］（010）滑移系在施加较小的剪切应力后就可以被激活，从而成为引起塑性变形的主要滑移系。从图4－62d中可看出，有一条位错从主基面（010）滑移面滑到（001）上，这可能是发生交滑移造成的。在C位置经过塑性变形的试样还可以发现有柏氏矢量为［001］的位错环和位错段。这些位错段大致在（100）上沿（010）方向排成一列，这表明，导致塑性变形的主要有效滑移系为［001］（100）。由上分析可知，在外力的作用下，$ZrSi_2$单晶体主要有四个有效滑移系：［100］（010），［001］（010），［101］（010）和［001］（100）。

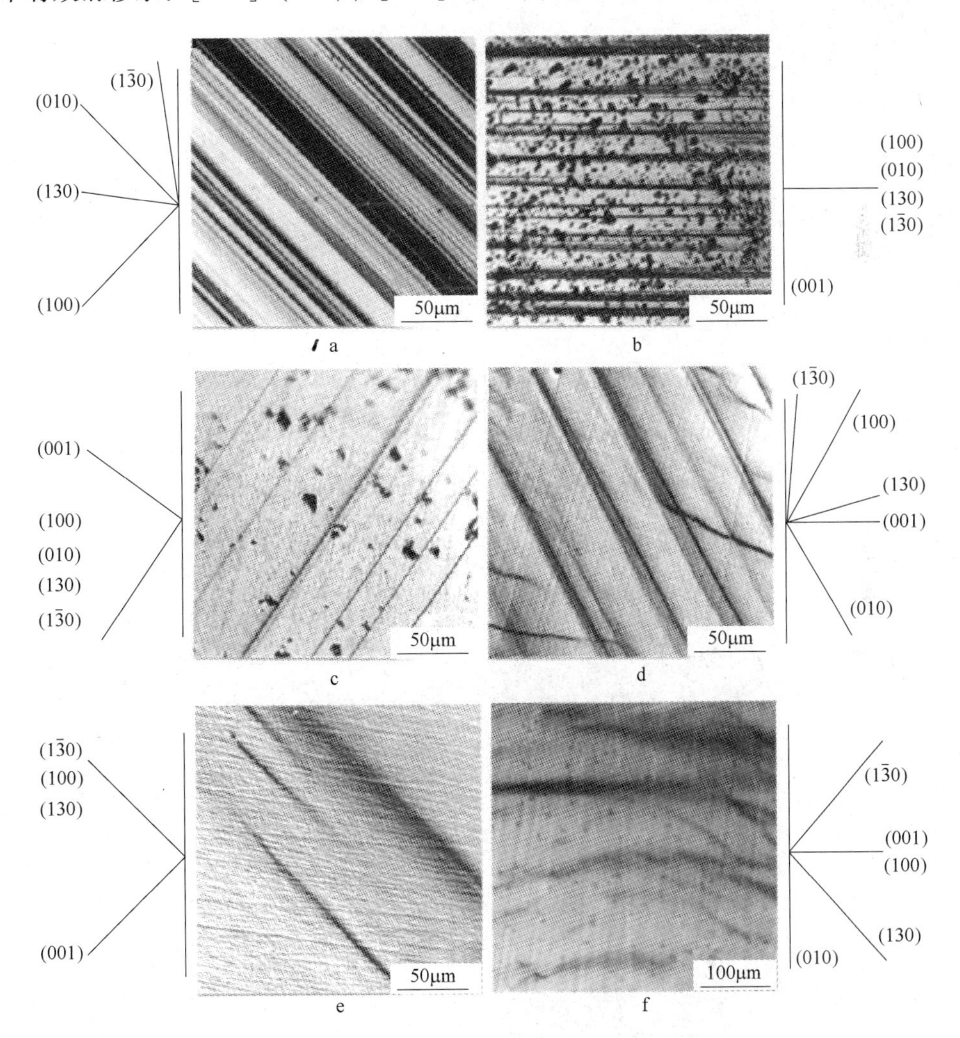

图4－62 $ZrSi_2$单晶体变形后两个面上的滑移形貌[135]

（变形条件 $\delta=1\%$，$T=1000℃$）

a，b—A面；c，d—B面；e，f—C面

4.5.2.4 $TiSi_2$中的位错

H. Inui等人研究了在不同温度（室温到1400℃）和不同外力取向条件下变形后$TiSi_2$单晶中位错组态和能量的变化[136]，其外力取向如图4－64所示，分别为：［101］，［021］，［001］，［010］，［100］，［010］。结果表明：$TiSi_2$（*C*54结构）的塑性变形时有

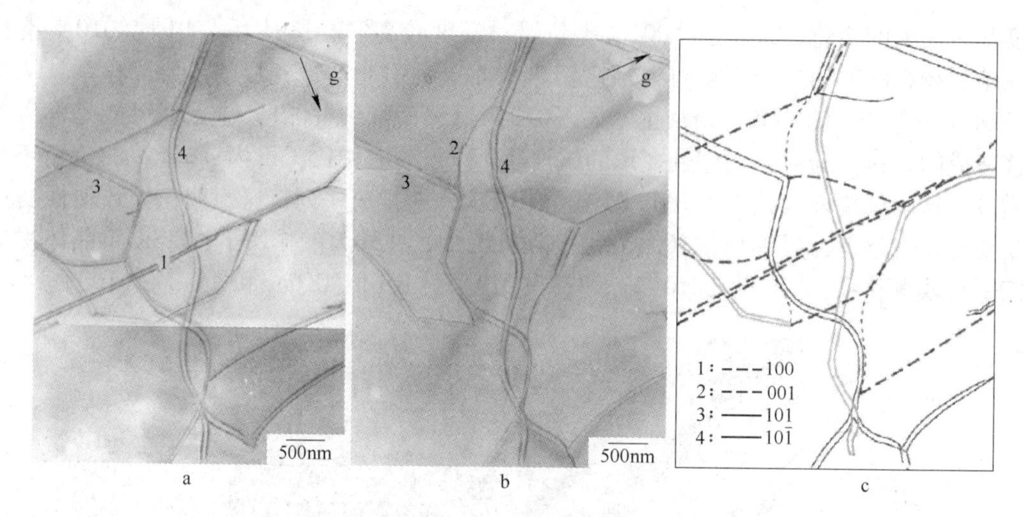

图 4-63 $ZrSi_2$ 单晶体变形后位错组态[135]

（电子束方向平行于［0$\bar{1}$0］，倒易矢量为 200 和 00$\bar{2}$）

a，b—位错结构；c—位错柏氏矢量示意图

效的滑移系为（001）〈110〉；1/2［110］位错在（001）滑移面上运动时分解为两个不全位错和一个夹在不全位错之间的堆垛层错，相应的位错反应如下：

$$1/2\langle 110\rangle \longrightarrow 1/4\langle 110\rangle + \text{SF(堆垛层错)} + 1/4\langle 110\rangle \tag{4-6}$$

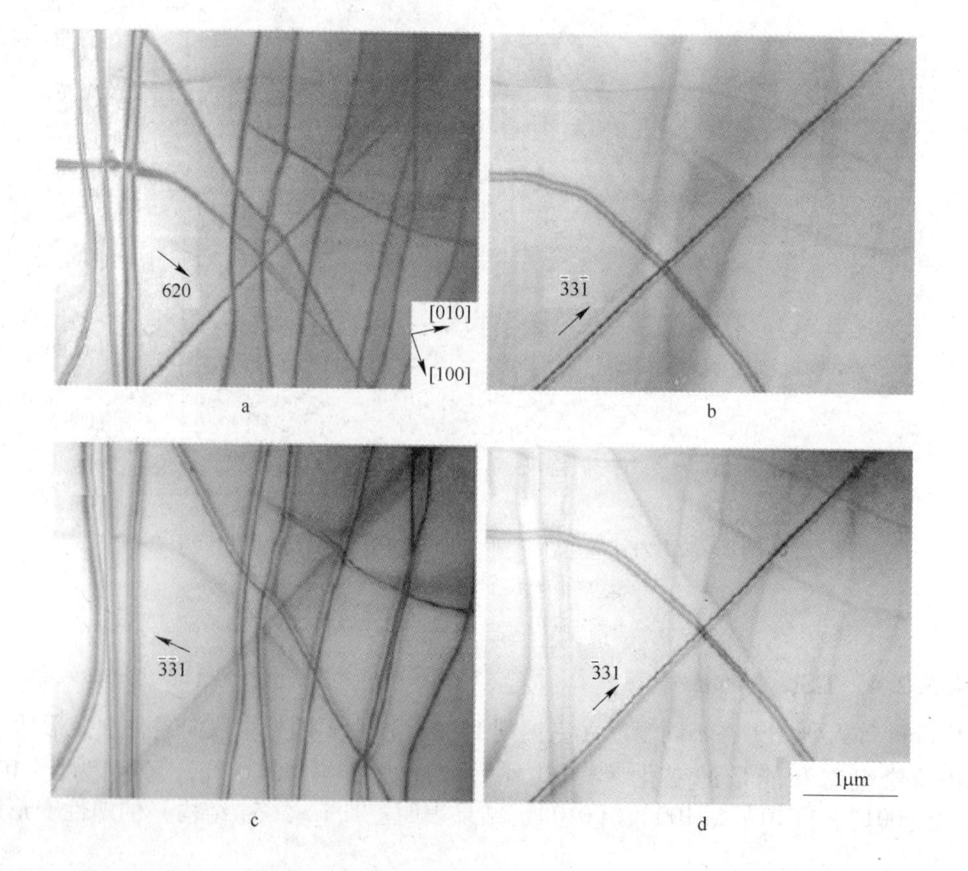

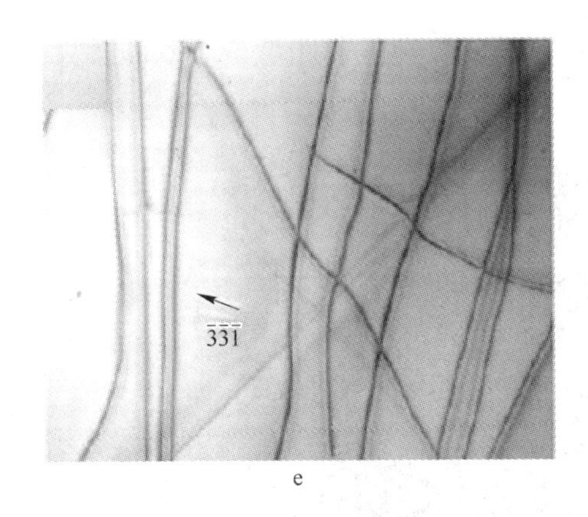

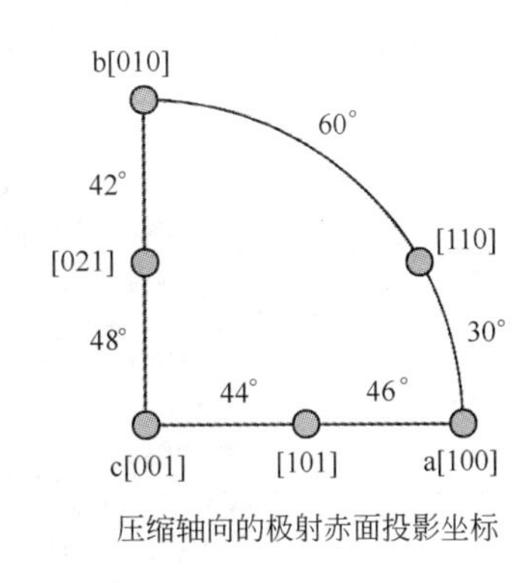

图 4-64　$TiSi_2$ 单晶在六种不同外力取向条件下塑性变形后的位错组态（$T=500$℃）[137]

通过计算得出 $TiSi_2$ 单晶中螺型位错 1/2〈110〉的平均扩展宽度为 5.9nm，其层错能的大小约为 164mJ/m^2。这与 $MoSi_2$($C11_b$) 和 $NbSi_2$、VSi_2、$TaSi_2$（$C40$）的层错能（250～400mJ/m^2）相比要小得多。

研究还发现，当外力的取向为［101］方向时，在 800～1100℃ 温度范围内的应力应变曲线呈现锯齿状的塑性失稳——PLC（Plrtevin - Le Chatelier）现象（图 4-65），这是由于位错与点缺陷（固溶原子或/和空位）的相互作用造成的。这种 PLC 现象在很多的具有 $C11_b$ 和 $C40$ 晶体结构的过渡金属硅化物中都会出现。

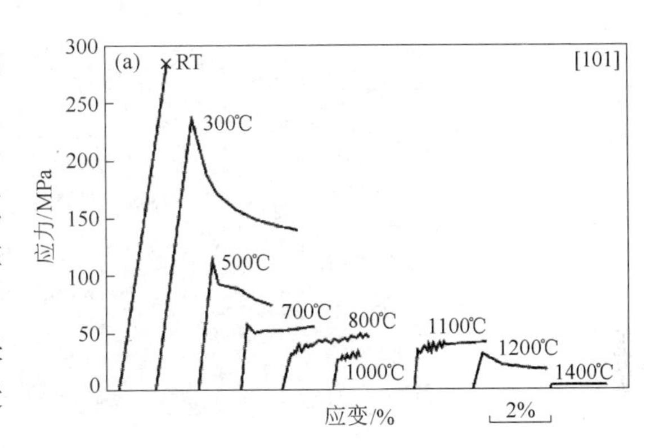

图 4-65　不同温度下外力取向为［101］时单晶 $TiSi_2$ 塑性变形的应力-应变曲线[138]

4.5.2.5　$CoSi_2$ 中的位错

文献［138］研究了 $CoSi_2$ 中 Co - Si 共价键在滑移过程中的畸变，讨论了在 {001}〈110〉，{110}〈110〉 和 {110}〈111〉 体系中的基面滑移，认为 {001}〈110〉 是 $CoSi_2$ 基面滑移系。原因是：在这个滑移方向上，Co - Si 共价键的畸变度最小，并且存在如下位错反应式（4-7），这个反应虽然没有改变原位错自身的能量，但由于层错的产生使总的位错能增加。

$$1/2[110] \longrightarrow 1/2[100] + \text{SF(堆垛层错)} + 1/2[010] \qquad (4-7)$$

如果在 {001}〈110〉 是基面滑移系发生沿［100］方向的位错滑移，可降低 Co - Si 共价键的畸变度，也会发生如式（4-8）的反应，该反应虽然同样产生层错能，但因为分解后的两个不全位错能量只是全位错能量的一半，所以不会使总的位错能量增加。

$$[100] \longrightarrow 1/2[100] + \text{SF(堆垛层错)} + 1/2[100] \qquad (4-8)$$

图 4-66 展示了一个典型单晶 $CoSi_2$ 中的 {001}〈100〉 系的位错滑移[138]，这个单晶是沿［011］压缩变形，其基面滑移发生在（001）面［010］方向。那些长条状、直线状的位错位于（001）方向，它们的柏氏矢量方向为［010］。图 4-67 展示了弱束成像条件

下 $CoSi_2$ 单晶中［100］方向的位错分解图，这两个位错相距宽度为 6nm，分解出的层错能量为 $170mJ/m^2$。

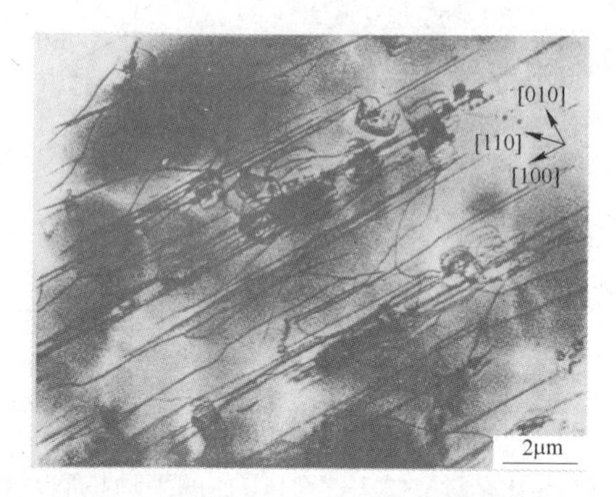

图 4－66 $CoSi_2$ 单晶中的位错形态（变形方向［011］，$T=673K$）[138]

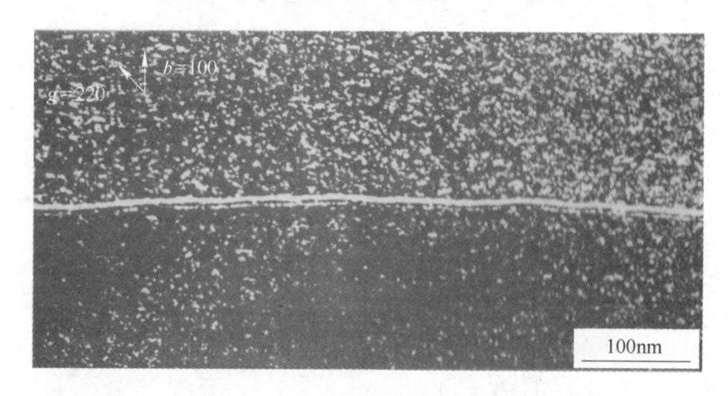

图 4－67 弱束成像条件下的［100］位错分解成为两个 1/2［100］不全位错[138]

4.5.2.6 Mo－Si－B 中的位错

文献［139］对 Mo－10Si－20B 和 Mo－13Si－28B 的 T2(Mo_5SiB_2) 相中的位错网络进行了研究，结果发现：该位错网络主要由刃型位错组成，如图 4－68 所示，Mo－10Si－20B 合金中位错的柏氏矢量分别为〈110〉、〈100〉，而 Mo－13Si－28B 合金中位错的柏氏矢量为〈100〉、1/2〈111〉。图中位错环密度与空位含量基本上是一致的，表明了过剩空位聚合成许多位错环，这种位错环在变形行为中起着重要的作用。

图 4－69 为 Mo－10Si－20B 合金中富 Mo 的 T2 相 TEM 图片。铸态富 Mo 的 T2 相中有

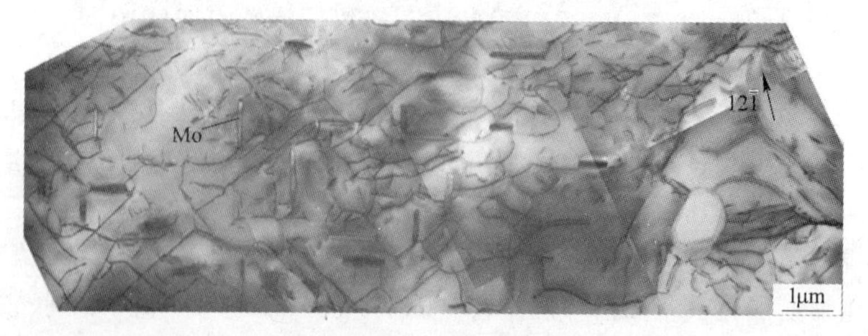

图 4－68 Mo－10Si－20B 合金（1550℃）中的［113］方向的位错网（明场像）[139]

很少的位错和沉淀相；经1550℃退火2h后，在初晶相和Mo/T2共晶产物的相界处产生一些位错；经1550℃退火5h后，在富Mo的T2相的内部产生位错和Mo沉淀相。

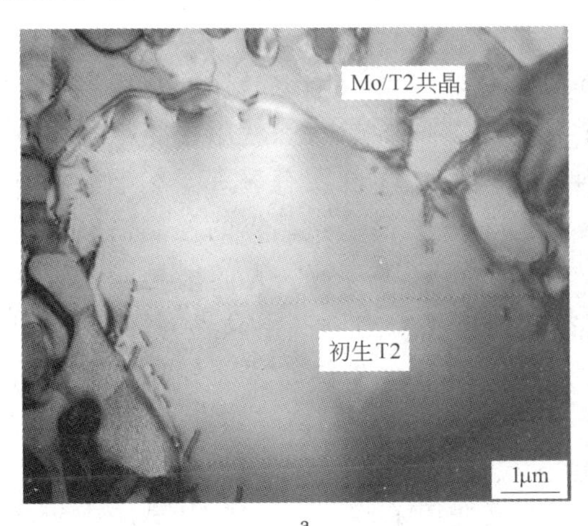

a

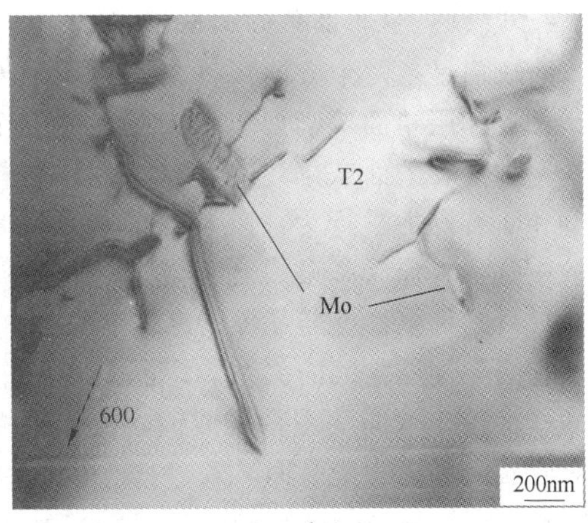

b

图4-69 Mo-10Si-20B合金的明场相[139]

a—1550℃退火2h；b—1550℃退火5h

研究发现：Mo的沉淀相易于在位错线上形成。经1400℃退火后，Mo-10Si-20B合金中富Mo的T2相中除了形成位错，还生成一些层错，如图4-70所示，这些层错位于{100}和{110}基面上。

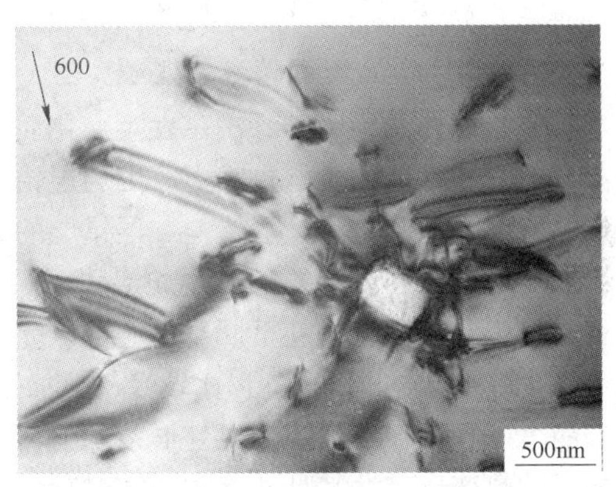

图4-70 1550℃退火2h的Mo-10Si-20B合金的明场相[139]

尽管Mo-13Si-28B合金经1400℃退火20h后，贫Mo的T2相中不生成任何沉淀相，也有一些位错产生，但这些位错只存在于贫Mo的T2相内部，见图4-71，位错密度远远小于富Mo的T2相中位错密度。

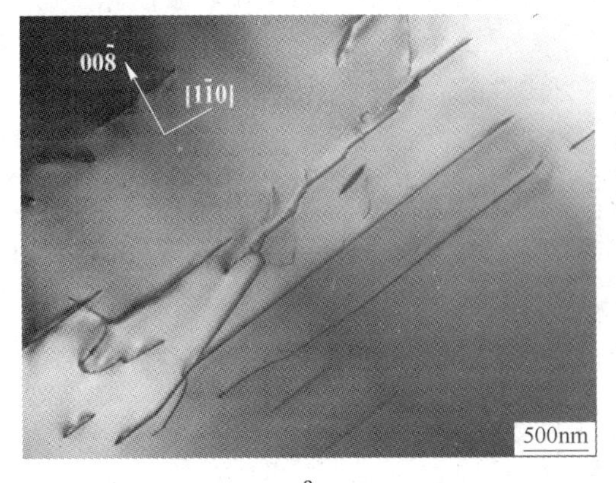

a

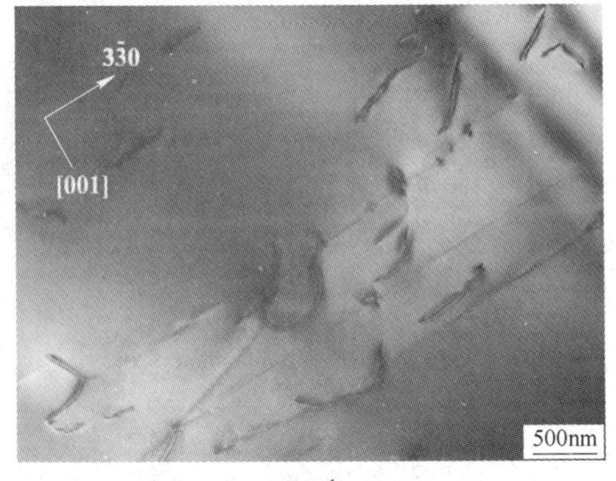

b

图4-71 1400℃退火20h的Mo-13Si-28B合金中贫Mo相的明场相[139]

a—$g=00\bar{8}$；b—$g=3\bar{3}0$

4.5.3　硅化物中的面缺陷

4.5.3.1　金属晶体的面缺陷

面缺陷是指两个方向尺寸较大，一个方向尺寸较小的缺陷，晶体的自由表面、晶界、相界和层错面等都属于面缺陷。一般金属材料多以多晶状态使用，晶界是多晶体中的一种重要的面缺陷。晶界对多晶体材料的物理和化学性质有着重要影响。材料的强度和断裂等力学行为，以及几乎所有重要的力学现象都受到晶界的控制，例如晶界扩散、偏聚、作为高温蠕变和烧结过程中点缺陷的源和阱等等。人们很早就认识到了多晶材料的许多性能与晶界的结构有关，并不断地作出努力以搞清晶界的结构和性质，以及它们与性能之间的关系。孪晶是指两个晶体（或一个晶体的两部分）沿一个公共晶面（即特定取向关系）构成镜面对称的位相关系，这两个晶体称为孪晶，又称双晶，其对应晶面称之为孪晶面。

硅化物作为一种很有前途的高温结构材料，要求其有良好的高温力学性能和抗氧化、抗蠕变性能，而高温下晶界的强化和扩通道效应更加明显；同时部分硅化物需添加增韧相，相界面的匹配关系也影响两相的结合力，因此有必要了解晶体内的面缺陷，诸如堆垛层错、晶界等与组织性能的关系。

4.5.3.2　硅化物中的堆垛层错

层错是晶体结构中堆垛次序发生变化而引发的一种缺陷，在单晶材料中是一种重要的缺陷，对材料性能的影响也很大。因为层错使晶面产生错排，所以会使能量增加，单位面积层错所增加的能量称为层错能。层错能的大小对材料在热变形过程中位错的运动有较大的影响：对于高层错能的材料（如铝），位错的交滑移和攀移过程容易进行，因而热加工时容易发生动态回复，甚至回复过程可以完全和应变硬化平衡。而具有低或中等层错能的金属（如镁），它的回复过程比较慢，热加工过程中，动态回复未能同步抵消加工过程中位错的增殖积累，在某一临界变形条件下，会发生动态再结晶。因此，研究层错能的大小对材料的热变形，尤其是硅化物的高温塑性变形的变形机制有重要的意义。

在高温（900～1500℃）变形的单晶 $MoSi_2$ 中可观察到堆垛层错如图 4－72[140,141] 所示，三元 Mo－10Si－20B 合金中 T2 相（Mo_5SiB_2）中的层错形貌如图 4－73 所示。

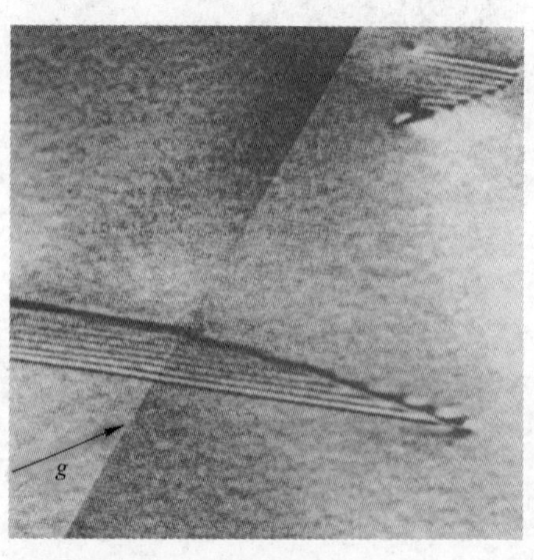

a

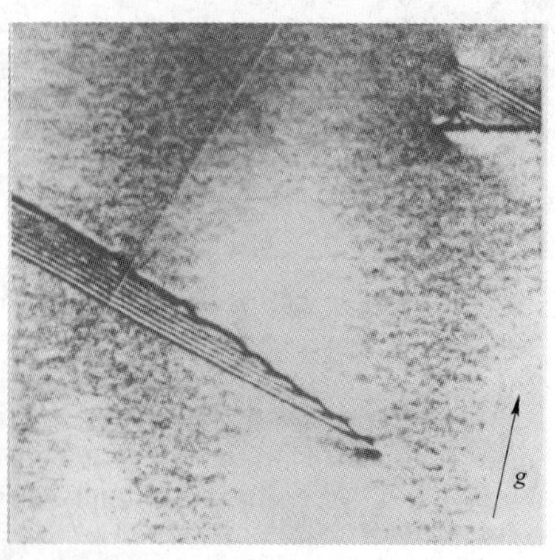

b

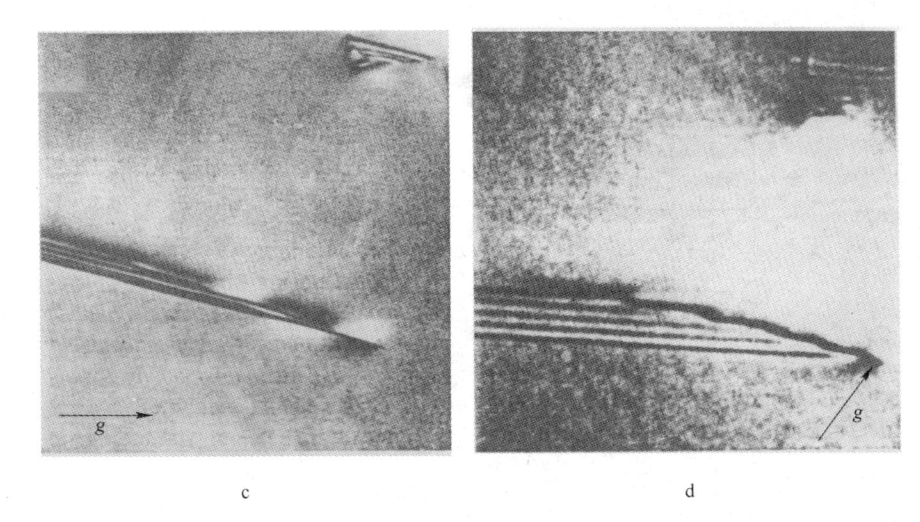

图 4－72 $MoSi_2$ 单晶在 900℃塑性变形后的堆垛层错形貌[140]

（$\boldsymbol{g}$ 的矢量方向为：a—$\bar{1}03$；b—$0\bar{1}3$；c—$\bar{2}11$；d—$\bar{2}\bar{1}3$）

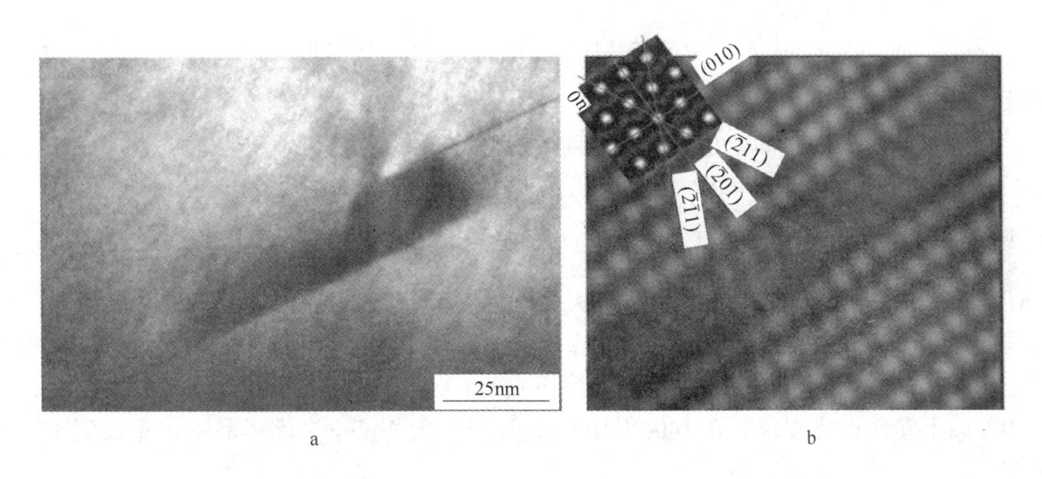

图 4－73 Mo－10Si－20B 合金中的 T2 相中的层错[141]

a—层错的 TEM 明场相；b—沿（010）方向层错的高分辨 TEM 像

由于 $C11_b$ 结构在｛110｝面上的原子排列与 $C40$ 结构（0001）面上的原子排列相似，故堆垛层错在｛110｝面上形成，如图 4－74 所示[142]。$C11_b$ 结构和 $C40$ 结构的差别仅仅在于堆垛顺序：$C11_b$ 结构为 ABABAB，而 $C40$ 结构为 ABCABCABC。通过 1/4〈111〉部分位错在｛110｝面上的运动，$C11_b$ 结构很容易转变成 $C40$ 结构的堆垛顺序。当堆垛顺序为 ABABAB 的（110）面上的原子层沿［111］方向滑移，则堆垛顺序变为 ABCABC，产生了堆垛层错，这种堆垛顺序相当于建立了一个 $C40$ 结构的（0001）层，所以堆垛层错的形成与 $C11_b$ 和 $C40$ 有序结构的相转变有关。

另一方面，堆垛层错也可通过全位错分解得到。在等离子喷射沉积制得的 $MoSi_2$ 中观察到了［001］和 1/2［$33\bar{1}$］位错的分解[143]，1/2［$33\bar{1}$］在（$1\bar{1}0$）面上发生分解，反应式可写为：

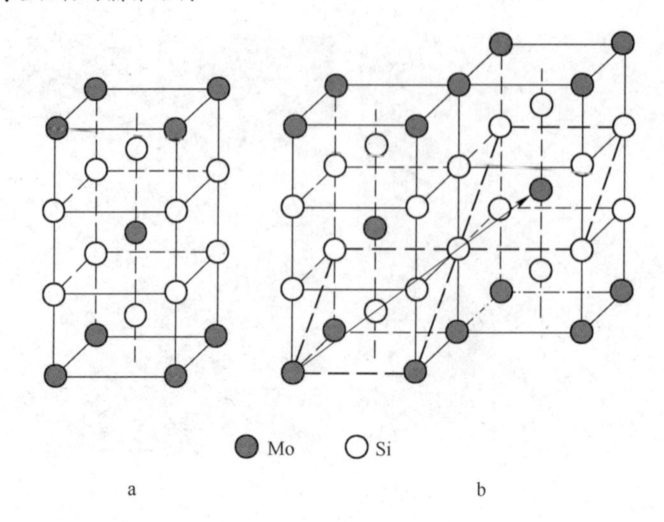

图4-74 $MoSi_2$ 的 *C*40 和 $C11_b$ 结构转换[143]

a—$C11_b$ 结构；b—(013) 晶面滑移和柏氏矢量 [331]

$$1/2[33\bar{1}] \longrightarrow 1/4[33\bar{1}] + SISF + 1/4[33\bar{1}] \tag{4-9}$$

式中，SISF 为超点阵内禀堆垛层错。

[001] 在 $(1\bar{1}0)$ 面上也可分解为两个对称分量，反应式可写为：

$$[001] = 1/2[001] + 1/2[001] \tag{4-10}$$

在堆垛层错中，不存在最近邻和次近邻键的影响，故层错能远低于其他面缺陷（APB 和 CSF）。1900℃以上，$MoSi_2$ 从 $C11_b$ 结构转变为 *C*40 结构，发生转变时，堆垛层错能降低为零，故很容易形成堆垛层错。随变形温度提高，$MoSi_2$ 中 $C11_b$ 结构相对于 *C*40 结构的不稳定性增加，激发 1/4 〈111〉 部分位错运动，形成堆垛层错，故 1200℃以上塑性迅速改善。在 1400℃压缩变形 25% 的 $MoSi_2$ 多晶样品中，观察到了下列分解：

$$1/2\langle 111\rangle \longrightarrow 1/4\langle 111\rangle + SISF + 1/4\langle 111\rangle \tag{4-11}$$

SISF 代表超点阵内禀堆垛层错。据计算，SISF 的能量约为 $225mJ/m^2$[144]。

4.5.3.3 硅化物中的孪晶

在喷射沉积和热压金属硅化物中会产生的另一类晶体缺陷——孪晶。以热压 $MoSi_2$ 样品为例，通过选区衍射（SAD）和会聚束电子衍射（CBED）分析表明：$MoSi_2$ 孪生面是 {112}，孪生方向为 $\langle 11\bar{1}\rangle$。通常观察到的孪生惯习面为{110}，即对应于孪晶界，旋转角度正好为 60°，这说明孪晶可能是六方相到四方相的高温转变产物。

文献 [145] 用透射电镜检测等离子喷涂制备的四方晶系 $MoSi_2$，可以观察到孪晶的微观形貌如图 4-75 所示，由图可见：$MoSi_2$ 晶粒大小为 0.5 ~ 2μm。比较大的晶粒内存在一个突出的孪晶。$MoSi_2$ 晶粒内部存在高密度的孪晶界，从[001] 方向观察，孪晶几乎都在晶粒的边缘。如果调节到合适的衍射条件，可以发现大部分晶粒内部存在着孪晶组织。通过电子衍射花样可以标定出孪晶面为 {112}，孪晶向为〈111〉。

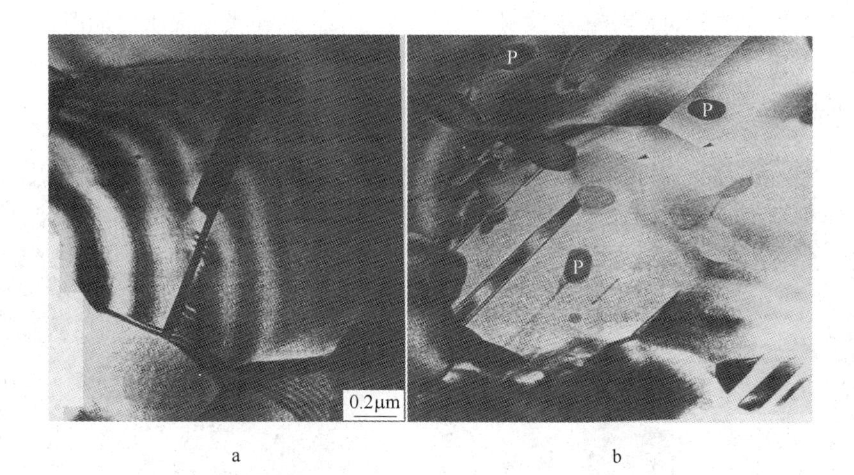

图 4-75 含有孪晶的 $MoSi_2$ 晶粒的明场相[145]

a—孪晶形貌；b—边缘区域的孪晶界组织

图 4-76 为 $MoSi_2$ 晶粒中孪晶界的形貌像，在基体和孪晶之间有两类重合位置。在热压 $MoSi_2$ 中偶然也观察到孪晶，目前还不太清楚孪晶在原始粉末中就存在，还是由于热压过程中的退火而形成的。

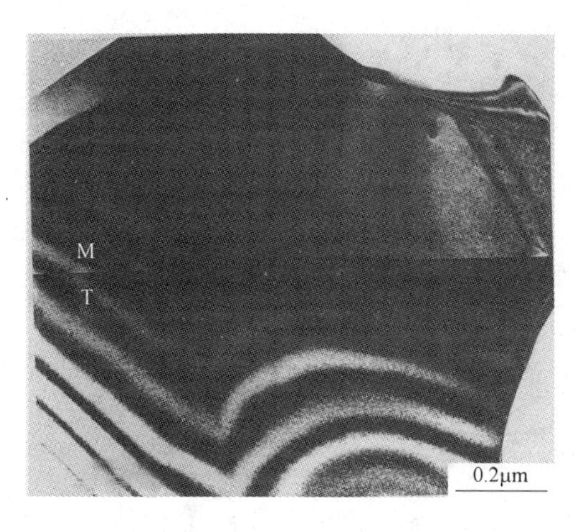

M—基体相

T—孪晶相

图 4-76 含有孪晶界的晶粒的 TEM 明场相[145]

微孪晶缺陷和空位也常出现在电子器件用硅化物薄膜中，例如在 $YbSi_{2-x}$/Si(111) 体系，可通过 TEM 观察到规则的微孪晶分布（如图 4-77 所示）[146]。在 550℃退火处理的共溅射 $CoSi_2$ 非晶结构薄膜也发生晶化转变[147]，其晶化产物中也会出现孪晶，如图 4-78 所示。$CoSi_2$ 薄膜与 Si 基体发生反应扩散，生成向 Si 基体方向生长、形状规则的 $CoSi_2$ 界面反应物，这些 $CoSi_2$ 化合物与 Si 基体保持完全相同的孪晶位向关系。

在电接触 M/Si 外延生长过程中，这些孪晶界经常影响界面的一致性，例如：$\beta FeSi_2$ 具有伪四方结构和 Si 具有的面心立方结构，这使得其薄膜中常存在大量的孪晶。复杂的取向关系加孪晶使得制备 $\beta FeSi_2$ 单晶薄膜存在本质困难[148]。随着超大规模集成电路的临界线宽向纳米尺度发展，对用作电接触的金属硅化物性能和质量提出更加严格的要求。因此，增加对孪晶、空位等缺陷的认识，改善半导体金属硅化物微观结构的完整性、一致性，提高其质量与稳定性，显得越来越重要[149]。

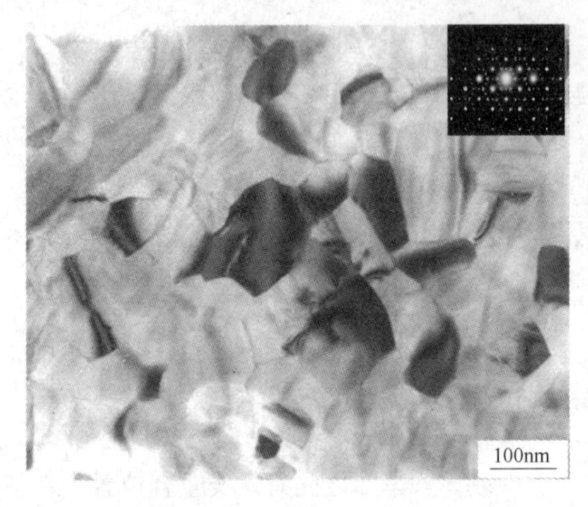

图 4－77　αSi/Yb/(001)Si 样品孪晶微观形貌和选区电子衍射图（600℃/60s）[148]

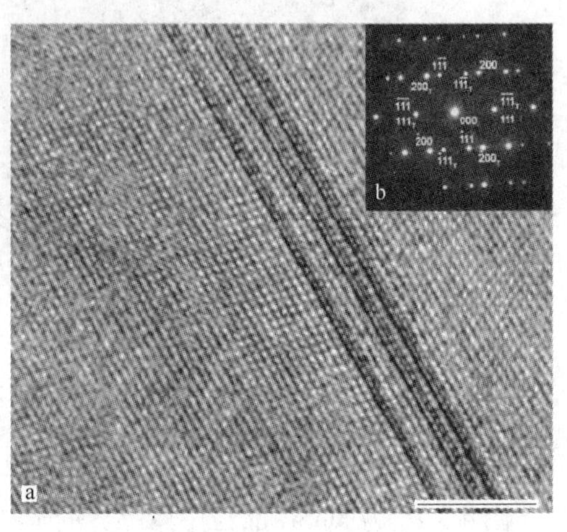

图 4－78　$CoSi_2$ 化合物中存在的孪晶界的高分辨电子显微像[149]
（Bar＝5nm）

4.5.3.4　晶界对硅化物性能的影响

晶界对金属硅化物的室温脆性和高温蠕变性能等有重要影响，是合金中一种重要结构缺陷。晶界对硅化物的影响主要体现在以下几个方面。

A　影响室温脆性

金属硅化物化学键多为混合键结合，其中共价键的方向性特点会带来其室温晶界结构的弱化。Ni_3Si 是典型的 $L1_2$ 型金属间化合物，通常断裂以沿晶方式进行，本质的原因则是晶界自身的结构和化学键合[150]。

图 4－79 给出了具有 $L1_2$ 超点阵结构的 A_3B 型化合物可能的晶界示意图[151]。在

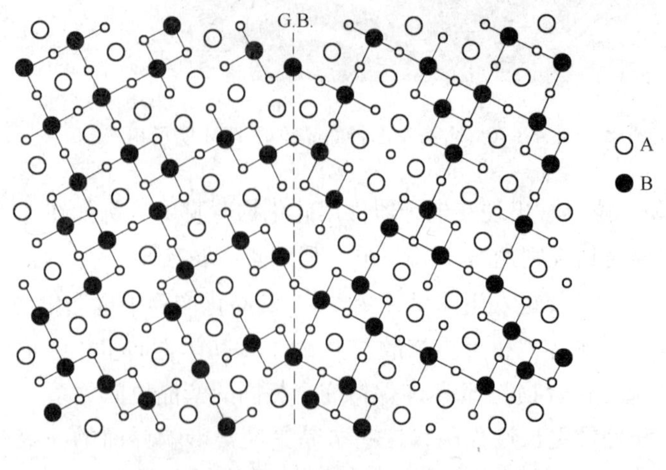

图 4－79　$L1_2$ 超点阵晶界结构示意图[151]

晶界处原子大多数是 A－A 原子键合和少量的处于第一近邻的 A－B 原子键合，很少有 B－B 原子键合。由于随 A_3B 型化合物中 A－B 原子键合中共价键性质的增加，在近邻原子的作用影响下使其 A－B 原子键合显较强的方向性。在晶界处 A－B 原子共价键合只允许在一定角度发生，晶界的结合强度减弱。在晶界处的 B 原子将吸引 A－A 原子键合中的电荷，从而形成异极键合。在晶界处原子键合的不均匀分布和多样化使电荷极化和方向性效应更加明显。A－B 键合的电荷密度的强异极化和 A－A 键合的放电将导致晶界处 A－A 原子间空洞的形成。因此，A_3B 型金属间化合物塑性较差。

B 杂质、第二相和空洞等在晶界的偏聚会影响硅化物的晶界强度

Sehulson[152] 等人对 Ni_3Si 有序合金添加微合金化元素 B。研究发现：B 偏聚到合金的晶界上，进而使 Ni_3Si 合金的室温伸长率由 0 上升到 2%～5% 左右。但是 Takasugi[153] 等人对 Ni_3Si+B 合金的超塑性变形研究发现，在高温时，B 并没有使（Ni，Ti）$_3$Si 合金的伸长率得到提高，而是随着 B 含量的上升，该合金在高温时的伸长率反而有所下降，其原因在于：（1）B 的加入阻碍了该合金的晶界滑移；（2）B 的加入延缓了该合金在高温时的再结晶过程。

热压 $MoSi_2$ 的晶界和三叉交点处常常观察到 SiO_2 颗粒，如图 4－80 和图 4－81 所示。在 1200～1500℃ 温度范围内变形的 $MoSi_2$，大多数晶粒不含位错，这表明大部分变形由晶界滑移产生，或者迅速发生回复，导致位错湮灭[154]。

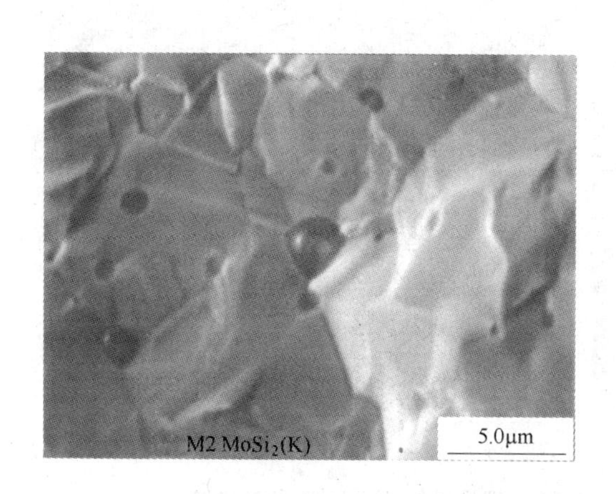

图 4－80 $MoSi_2/ZrO_2$ 复合材料的断裂面[154]

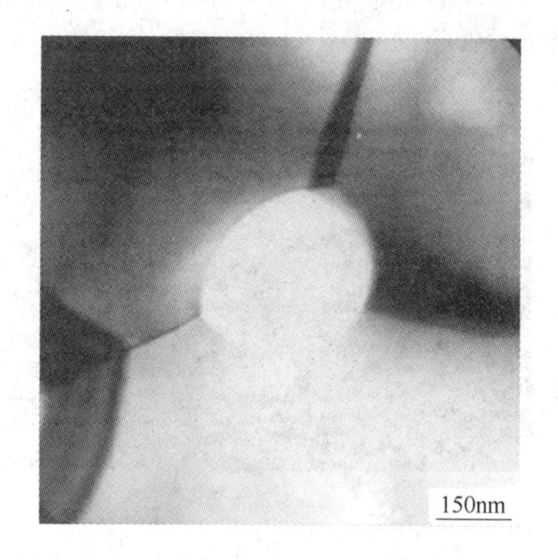

图 4－81 $MoSi_2/ZrO_2$ 复合材料中位于三叉晶界处的 SiO_2 粒子的 TEM 明场像[154]

文献［155］研究了二元（Ni_2Si，Ni_3Si，Ni_3Si_2（Ni_5Si_2），Ni_3Si_2）Ni－Si 系列的断裂行为，发现：随着小晶粒（Ni（Si）＋Ni_3Si）体积分数的增加和 Ni_3Si 晶粒尺寸的减少，Ni_3Si 断裂韧性增加。其断裂模式为解理断裂即沿着晶面扩展，如图 4－82 所示。在单相 Ni_3Si 的沿晶或穿晶断裂面上观察到一种微细沉淀物，沉淀物出现的可能性随着断裂韧性的增大而增大。

文献［156］分析了 $TiSi_2$/p－Si 半导体元件中的空洞等缺陷，发现空洞多出现于

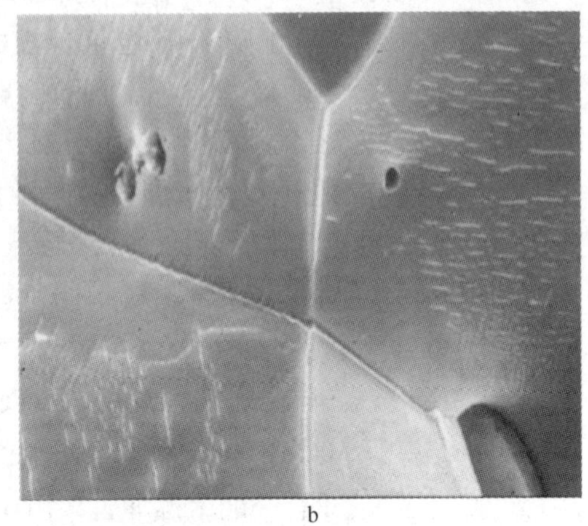

图4-82 Ni(Si)+Ni_3Si合金的断裂韧性试样断口SEM图像[155]

a—解理断裂；b—晶界附件沉淀物

$TiSi_2$/p-Si界面出，图4-83为$TiSi_2$/p-Si分界面处的高分辨TEM图片，在分界面处有空洞出现，沉积相生成，在沉积相附近还存在一些其他缺陷，在此高分辨图片下，$TiSi_2$相中可以清晰观察到一明显的晶界区。

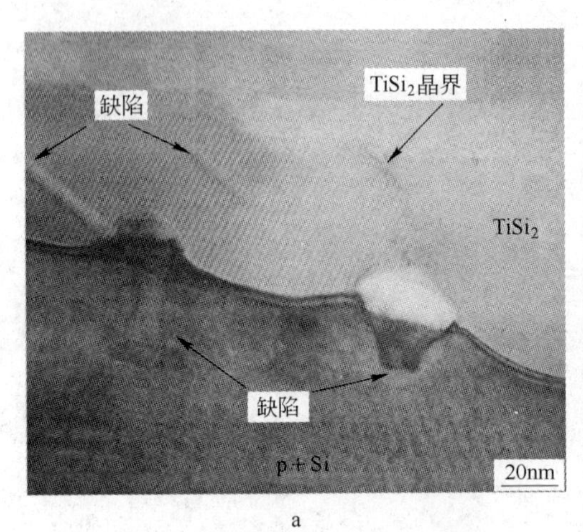

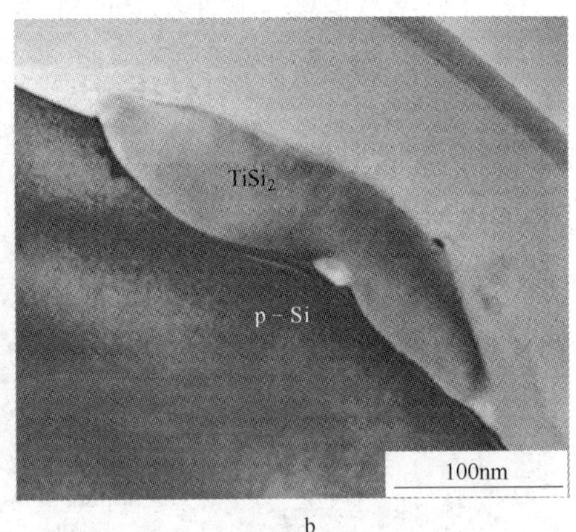

图4-83 $TiSi_2$与基体Si分界面和一个$TiSi_2$相晶界处的高分辨TEM图片[156]

a—在$TiSi_2$界面处的缺陷；b—单一空洞缺陷

C 晶界可以成为位错等缺陷或杂质的扩散通道

一些薄膜硅化物（如Ni_2Si、Co_2Si）其生长动力学受晶界反应扩散的控制。文献[157]介绍了Ni_2Si薄膜在Si001基底上反应扩散的过程（250~300℃），发现晶界在镍-硅固相反应过程中占主导地位，小角度的晶界（<15°）比大角度晶界（>15°）的扩散系数小。图4-84显示了Ni_2Si晶界由大量的位错组成，位错的距离大约为2~5nm，反应产物呈网格状。

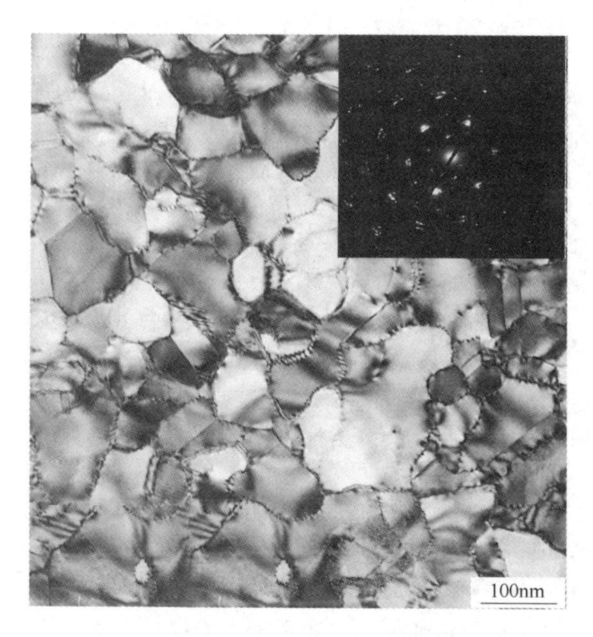

图 4-84 Ni_2Si 薄膜的 TEM 照片（Si(111)面生长）[157]

参 考 文 献

[1] 冯端．材料科学导论［M］．北京：化学工业出版社，2002.

[2] C Charles Kittel，项金钟译．固体物理导论［M］．北京：化学工业出版社，2009.

[3] H J Goldschmidt. Interstit Alloys［M］. London：Butterworths，1967.

[4] 黄昆，韩汝琦．固体物理学［M］．北京：高等教育出版社，1988.

[5] 张思远．复杂晶体化学键的介电理论及其应用［M］．北京：科学出版社，2005.

[6] D R Askeland，P P Phule. The Science and Engineering of Materials（4th ed）［M］. USA：Thomson Learning Inc.，2003.

[7] Volkmar Gerold，王佩璇译．固体结构［M］．北京：科学出版社，1998.

[8] 周公度，段连云．结构化学基础［M］．北京：北京大学出版社，2008.

[9] 北京师范大学教研室等．无机化学（上册）［M］．北京：高等教育出版社，2002.

[10] 周公度．碳和硅结构化学的比较［J］．大学化学，2005，20（5）：1~8.

[11] M D Diener，R D Bolskar，J M Alford. Redox Properties and Purification of Endohedral Metallofullerenes in Endofullerenes：A New Family of Carbor Clusters［M］. Dordrecht：T. Akasaka，S. Nagase（Eds），Kluwer Academic Publishers，2002.

[12] 马剑平．B 碳化硅晶体生长技术的若干基本问题［D］．西安理工大学，2002.

[13] Charles Kittel. Introduction to Solid State Physics［M］. New York：John Wiley，Inc.，1979.

[14] 周公度．无机结构化学［M］．北京：科学出版社，1982.

[15] Pauling，卢嘉锡译．化学键的本质［M］．上海：科学技术出版社，1966.

[16] 弗格森，刘兴正译．无机立体化学与化学键［M］．北京：高等教育出版社，1983.

[17] 唐有祺．化学中共振的本质和键型变异原理［J］．科学通报，1980，25（17）：783~785.

[18] 孙德成．化合物中键型变异现象与其性质变化的探讨［J］．连云港师范高等专科学校学报，2007，3（1）：81~85.

[19] Liebau F. Structural Chemistry of Silicates: Structure, Bonding, and Classification [M]. New York: Springer, 1985.

[20] M C Cheynet, R Pantel. Dielectric and Optical Properties of Nanometric Nickel Silicides Fromvalence Electrons Energy - Loss Spectroscopy Experiments [J]. Micron, 2006 (37): 377 ~ 384.

[21] Neil W Ashcroft, N David Mermin. Solid State Physics [M]. Holt - Saunders International Editions, 1987.

[22] 王昆林. 材料工程基础 [M]. 北京: 清华大学出版社, 2006.

[23] James L Dye, Kevin D Cram, Stephanie A, et al. Hydrogen Production from Sodium Silicide Powder; Prospects for on - Board Generation [J]. Chem. Soc., 2005, 127 (26): 9338 ~ 9339.

[24] P Cannon, E Conlin T. Magnesium Silicide (Mg_2Si) Crystal Structure, Chemical Bond [J]. Science, 1964, 145: 487.

[25] 姜洪义, 刘琼珍, 张联盟. Mg - Si 基热电材料量子化学计算 [J]. 计算物理, 2004, 21 (5): 439 ~ 445.

[26] O Bisi, L Braicovich, C Carbone, et al. Chemical Bond and Electronic States in Calcium Silicides: Theory and Comparison with Synchrotron - Radiation Photoemission [J]. Physical Review B (Condensed Matter), 1989, 40 (15): 10194 ~ 10209.

[27] Naohiko Kawasakia, Naoyuki Sugiyamaa, Yu Ji Otsukaa, et al. Energy - Loss Near - Edge Structure (ELNES) and First - Principles Calculation of Electronic Structure of Nickel Silicide Systems [J]. Ultramicroscopy, 2008, 108: 399 ~ 406.

[28] 汪涛. VLSI 中常用金属硅化物的研究 [D]. 上海交通大学博士论文, 2004.

[29] K Tanaka, H Inui, M Yamaguchi, et al. Directional Atomic Bonds in $MoSi_2$ and other Transition - Meta Disilicides with the $C11_b$, $C40$ and $C54$ Structures [J]. Materials Science and Engineering A, 1999, 261: 158 ~ 164.

[30] Andersen O K, Jepsen O, Antonov V1 N, et al. Fermi Surface, Bonding, and Pseudogap in $MoSi_2$ [J]. Physica B, 1995, 204 (1 ~ 4): 65 ~ 82.

[31] C N R Rao, K J Rao. Phase Transition in Solids [M]. New York: McGraw - Hill, 1978.

[32] Dan Qing Yi. Structural Silicides - Processing Microstructure and Toughening [D]. Chalmers University, 1997.

[33] H Mehrer, A M Eggersmann. A Gude Diffusion in Intermetallic Phases of the Fe - Al and Fe - Si Systems [J]. Materials Science and Engineering A, 1997, 239 ~ 240: 889 ~ 898.

[34] Tanya Ros - Yanez A, Daniel Ruiz A, Jos'E Barros A. Study of Deformation and Aging Behaviour of Iron - Silicon Alloys [J]. Materials Science and Engineering A, 2007, 447: 27 ~ 34.

[35] E Kentzinger, M Zemirli, V Pierron - Bohnes. Ordering Kinetics in DO_3 and B_2 Intermetallic Compounds: Comparison Between Monte Carlo Simulations and Experiments [J]. Materials Science and Engineering A, 1997, 239 ~ 240: 784 ~ 789.

[36] 钟太彬, 林均品, 陈国良. Fe_3Si 基合金的制备及应用研究进展 [J]. 功能材料. 1999, 30 (4): 337.

[37] Keisuke Yamamoto, Yoshisato Kimura, Yoshinao Mishima. Phase Constitution and Microstructure of the Fe - Si - Cr Ternary Ferritic Alloys [J]. Scripta Materialia, 2004, 50: 977 ~ 981.

[38] Hiroshi Usuba, Keisuke Yamamoto, Yoshinao Mishima, et al. Phase Equilibria and Microstructures in the Fe - Si - Cr - Ti System [J]. Intermetallics, 2006, 14: 505 ~ 507.

[39] T Takasugi, S Watanabe, O Izumi. Plastic Flow of Ni_3 (Si, Ti) Single Crystals [J]. Acta Metal. 1989, 37 (I2): 3425.

[40] Cahn R W, Haasen P, Massalski T B, et al. Structure of Solid Solutions, Physical Metallurgy, 3rd ed [M]. Armsterdam: North - Holland Physics Publishing, 1983.

[41] J Mass, G Bastin, F Van Loo, et al. Appraisal of other Silicides as Structural Materials [J]. Z. Metallkde, 1984, 75: 140.

[42] Y Umakoshi, T Hirano, T Sakagami, et al. In High Temperature Aluminides and Intermetallics [J]. The Minnerals, Metals and Materials Society, Warrendale, PA, 1990: 111.

[43] K Kimura, M Nakanura, T Hirano. High Temperature Deformation Behaviour of $MoSi_2$ and WSi_2 Single Crystals [J]. Journal of Materials Sciernce, 1990, 25: 2487 ~ 2492.

[44] Y Umakoshi, T Sakagami, T Yamane, et al. Planar Faults in $MoSi_2$ Single Crystals Deformed at High Temperatures [J]. Pilosophical Magazine Letters, 1989, 59 (4): 159 ~ 164.

[45] F Yukinori Ikarashi, Tamotsu Nagai, Kozo Ishizaki. Fabrication of Zirconium Silicide Intermetallic Compounds with 16H - Type Crystal Structure [J]. Materials Science and Engineering A, 1999, 261: 38 ~ 43.

[46] Tai Geng A, Chang Rong Li A, Xin Qing Zhao. Experimental Study on The As - Cast Solidification of the Si - Rich Alloys of the Nb - Si - Mo Ternary System [J]. Intermetallics, 2010, 18: 1007 ~ 1015.

[47] N L Brewer. The Rmodynamic Stability and Bond Character in Relation to Electronic Structure and Crystal Structure [J]. Electronic Structure and Alloy Chemistry of Transition Elements, 1963: 221 ~ 235.

[48] Brown I D. The Chemical Bond in Inorganic Chemistry: The Valence Bond Model [M]. New York: Oxford University Press, 2002: 16 ~ 45.

[49] 马荣骏. 金属材料价键理论的发展与应用 [J]. 有色金属, 2009, 61 (4): 21.

[50] H Nowotny, B Lux, H Kudielka. Das Verhalten Metallreicher, Hochschmelzender Silizide GegenÜBer Bor, Kohlenstoff, Stickstoff Und Sauerstoff [J]. Monatshefte Für Chemie/Chemical Monthly, 1956, 87 (3): 447 ~ 470.

[51] H Nowotny, R Kieffer, F Benesovsky, et al. Carbides, Silicides and Borides of High Melting Point [J]. 1959, 18: 35.

[52] H Nowotny, R Kieffer, F Benesovsky. Planseeber, Pulvermet, 1956, 5: 86.

[53] L Brewer, O Krikorian, J Electrochem. Reactions of Refractory Silicides with Carbon and Nitrogen [J]. Soc., 1956, 103: 701 ~ 703.

[54] J J Huebsch, M J Kramerh, L Zhao, et al. Solubility of Boron in $Mo_5 + YSi_3 - Y$ [M]. Intermetallics, 2000.

[55] R Wehrmann. High - Temperature Materials and Technology, Edal. I. E. Campbell and E. M. Sherwood [J]. John Wiley & Sons Inc., 1967: 399 ~ 430.

[56] D L Anton, D M Shah. In - Situ Synthesis of Intermetallic Matrix Composites [M]. Intermetallic Matrix Composites Ⅱ, 1992, 273: 385 ~ 397.

[57] 李树棠. 晶体 X 射线衍射学基础 [M]. 北京: 冶金工业出版社, 1990.

[58] 秦善. 晶体学基础 [M]. 北京: 北京大学出版社, 2006.

[59] 晋勇. X 射线衍射分析技术 [M]. 北京: 国防工业出版社, 2008.

[60] 周玉, 武高辉. 材料分析测试技术 [M]. 哈尔滨: 哈尔滨工业大学出版社, 2006.

[61] 伊尔莫夫. Phase Transition and Crystals Symmetry [M]. 北京: 科学出版社, 2009.

[62] Richard J D. Tilley Crystals and Crystal Structurs [M]. Chichester: John Wiley & Sons Ltd., 2006.

[63] 格莱泽, 俞文海, 周贵恩译. 固体科学中的空间群 [M]. 北京: 高等教育出版社, 1981.

[64] Greenwood N N, Earnshaw A. Chemistry of the Elements (2nd Edition) [M]. Oxford: Butterworth - Heinemann, 1997.

［65］Peerson W B. Hand book of Lattice Spacing and Structures of Metals and Alloys［M］. New York：Pergamon，1958.

［66］M Yamaguchi，Y Shirai，H Inui Lattice Deefcts and Plastic Deformation of $CoSi_2$. In：Ian Baker，High－temperature Ordered Intermetallic Alloys I［C］. Boston，Massachusetts，Materials Research Society Symposium Proceedings，1992：131～140. Sym. Proc. 1993：288.

［67］姚振钰，张国柄，秦复光，等. $CoSi_2$ 超薄外延膜的生长研究［J］. 半导体学报，2003，24（1）：63～67.

［68］Lee W，Bylander D W，K Leinman L. Comparison of Adamaintine and Fluorite $NiSi_2$［J］. Phys. Rev. B.，1985，32（10）：6899～6901.

［69］Jiang Hong Yi，Zhang Lian Meng. Soild State Reaction Synthesis and Thermoelectric Properties of Mg_2Si Doped with Sb and te［J］. Journal Wuhan University of Technology，2002，17（2）：36～39.

［70］G Sauthoff. Intermetallics［M］. New York：VCH Publishers，1995.

［71］G H Li，H S Gill，R A Varin. Magnesium Silicide Intermetallic Alloys［J］. Metallurgical and Materials Transactions A，1993，24（11）：2383～2391.

［72］Kajikawa T，Shida K，Sugihara S，et al. Thermoelectric Properties of Magnesium Silicide Processed By Powered Elements Plasma Activated Sintering Method［J］. Proceedings of the 16th International Conference on Thermoelectric Energy Conversion. Dresden：IEEE，1997：275.

［73］C T Liu，E P George，W C Oliver. Grain－Boundary Fracture and Boron Effect in Ni，Si Alloys［J］. Intermetallics，1996，4：83.

［74］Amira F Z，Cottiera R J，Golding T D，et al. X－Ray Diffraction Analysis of an Osmium Silicide Epilayer Grown on Si（100）by Molecular Beam Epitaxy［J］. Journal of Crystal Growth，2006，294：174～178.

［75］J Van Ek，P E A Turchi，P A Sterne. Fe，Ru，and Os Disilicides：Electronic Structure of Ordered Compounds［J］. Phys. Rev. B，1996，54（11）：7897.

［76］Daniel Kmiec，Bogdan Sepiol，Marcel Sladecek. Depth Dependence of Iron Diffusion in Fe_3Si Studied with Nuclear Resonant Scattering［J］. Phys. Rev. B，2007，75：5.

［77］C T Liu，J O Stiegler，F H Froes. ASM International，Metals Handbook，Vol. 2，Properties and Selection：Nonferrous Alloys and Special－Purpose Materials［M］. Tenth Edition，1990.

［78］L Lou，T Zhang，Y Zhu. In High－Temperature Ordered Intermetallic Alloys［J］. MRS，Pittsburgh，PA，1991，213：833～838.

［79］周士芸，谢泉，闫万珺. 应力作用下 $CrSi_2$ 电子结构的第一性原理计算［J］. 中国科学 G 辑，2009，39（4）：587～591.

［80］Borisenko V E. Semiconducting Silicides［M］. Berlin：Springer，2000：85～87.

［81］Galkin N G，Velichko T A，Skripka S V，et al. Semiconducting and Structural Properties of $CrSi_2$ A－Type Epitaxial Films on Si(111)［J］. Thin Solid Films，1996，280（1～2）：211～220.

［82］N Frangis，G Van，Tendeloo T. Electron Microscopy Characterisation of Erbium Silicide－Thin Films Grown on A Si(111) Substrate［J］. J Applied Surface Science，1996，102：163～168.

［83］P Louis，T Angot. Pairing Mechanism in Interaction of Atomic Hydrogen with Epitaxial Erbium Silicide［J］. Surface Science，1999，422：65～76.

［84］T E Mitchell，R G Castro，M M Chadwick. {112}⟨111⟩ Twins in Tetragonal $MoSi_2$［J］. Philosophical Magazine A，1992，65（6）：1339～1351.

［85］Y Umakoshi，T Sakagami，T Yamane，et al. Planar Faults in $MoSi_2$ Single Crystals Deformed at High Temperatures［J］. Philosophical Magazine Letters，1989，59（4）：159～164.

[86] Petrovic J J, Honnell R E. Ceram Eng Sci Proc [J] . 1990, 11 (7 ~ 8): 734.

[87] R Kieffer, F Benesovsky. Silicides of the Transition Metals of the 4th, 5th, and 6th Groups of the Periodic Table [J] . The Iron and Steel Institute, 1956, 58: 292 ~ 301.

[88] 贵永亮. 钼基固溶体增韧 Mo_2Ni_3Si 金属硅化物合金组织与耐磨性 [D] . 北京航空航天大学, 2006.

[89] Massalski T B, Baker Hugh, Bennett L H. Binary Alloy Phase Diagrams, Vol. 2: Fe – Ru to Zn – Zr Metals Park [M] . OH: American Society of Metals, 1986.

[90] E Parthé, B Lux, H Nowotny. Der Aufbau der Silizide M_5Si_3 [J] . Monatshefte für Chemie /Chemical Monthly, 1955, 86 (5): 859 ~ 867.

[91] K Ito, T Hayashi, H Nakamura. Electrical and Thermal Properties of Single Crystalline Mo_5X_3 (X = Si, B, C) and Related Transition Metal 5 – 3 Silicides [J] . Intermetallics, 2004, 12: 443 ~ 450.

[92] G V Samsonov. Plenum Press Handbooks of High – Temperature Materials, No. 2 – Properties Index [M]. New York: Plenum Press, 1964.

[93] Yukinorj Ikarashi, Kozo Ishizaki. Design and Synthesize of New Ternary Zirconium Silicide Intermetallic Compounds With 1—6H Crystal Structure [J] . Mat. Res. Soc. Symp. Proc, 1994: 322.

[94] P B Celis, K Ishizaki. Design and Production of the Intermetallic Compound [J] . J. Mater. Sci. , 1991, 26: 3497.

[95] Nowotny H, Dimakopoulou E, Kudielka H. Untersuchungen in Den Dreistoffsystemen: Molybdän – Silizium – Bor, Wolfram – Silizium – Bor Und in Dem System: VSi_2 – $TaSi_2$ [J] . Monatshefte für Chemie / Chemical Monthly, 1999, 88 (2): 180 ~ 192.

[96] B Aronsson. The Crystal Structure of Mo_5SiB_2 [J] . Acta Chem Scand, 1958, 12: 31 ~ 37.

[97] Nowotny H, Kieer R, Benesovsky F. About the Production of Uranium Monocarbide and its Behavior Compared with Other High Melting Carbide [J] . Planseeber. Pulvermet, 1957, 5: 86.

[98] K S Kumar, Practic J H, Westbrook R L. Fleischer. Intermetallic Compounds: Vol. 2 [M] . John Wiley & Sons Ltd. , 1994.

[99] R N Wright. The Deformation of A15 Compounds [J] . Metallurgical and Materials Transactions A, 1977, 8 (12): 2024 ~ 2025.

[100] G Sauthoff. Intermetallics: VCH Verlagsgesllschaft, Mbh, Weinheim [M] . New York: Federal Republic of Germany, and VCH Publishers, 1995.

[101] D M Shah, D L Anton, L A Johnson, et al. High – Temperature Ordered Intermetallic Alloys IV [M]. PA: MRS, Pittsburgh, 1991.

[102] T Wanga, Y B. Daib, S K Ouyang, et al. Investigation of Vacancy in *C*54 $TiSi_2$ Using Ab Initio Method [J] . Materials Letters, 2005, 59: 885 ~ 888.

[103] Robert Beyers, Robert Sinclair. Metastable Phase Formation in Titanium – Silicon Thin Films [J] . Journal of Applied Physics, 1985, 57: 5240.

[104] A Rahmel, P J Spencer. Thermodynamic Aspects of TiAl and $TiSi_2$ Oxidation: The Al – Ti – O and Si – Ti – O Phase Diagrams [J] . Oxidation of Metals, 1991, 35 (1 ~ 2): 53 ~ 68.

[105] R Rosenkranz, G Frommeyer, W Smarsly. Microstructures and Properties of High Melting Point Intermetallic Ti_5Si_3 and $TiSi_2$ Compounds [J] . Materials Science and Engineering A, 1992, 152 (1 ~ 2): 288 ~ 294.

[106] Jongste, J F Loopstra, O B Janssen, et al. Elastic Constants and Thermal Expansion Coefficient of Metastable *C*49 $TiSi_2$ [J] . Journal of Applied Physics, 1993, 73 (6): 2816 ~ 2820.

[107] H Baker. ASM Handbook, vol. 3, Alloy Phase Diagrams [M]. ASM International: The Materials Information Society, 1992.

[108] S Kroll, H Mehrer, N Stolwijk, Chr. Herzi, R. Rosenkranz, G. Frommeyer, Z. Metallkd. 1992, 83: 591.

[109] Stefano Leoni A, Reinhard Nesper. Elucidation of Simple Pathways for Reconstructive Phase Transitions Using Periodic Equi - Surfaces (PES) Descriptors [J]. Solid State Sciences, 2003, 5: 95 ~ 107.

[110] S Fahy, D R Hamann. Electronic and Structural Properties of $CaSi_2$ [J]. Phsical Review, 1989, 41: 7587 ~ 7592.

[111] M Affronte, S Sanffilippo. New Superconducting $CaSi_2$ Phase with Tc Up to 14K Under Pressure [J]. Phsica Review, 2000, 284 ~ 288: 1117 ~ 1118.

[112] T Wang, Y B Dai, S K Ouyang. Investigation of Vacancy in C54 $TiSi_2$ Using ab Initio Method [J]. Materials Letters, 2005, 59: 885 ~ 888.

[113] M Iannuzzil, P Raiteri, M Celino, et al. Point Defects and Stacking Faults in $TiSi_2$ Phases by Tight Binding Molecular Dynamics [J]. J. Phys. Condens. Matter, 2002, 14: 9535.

[114] C L Fu. Electronic Elastic and Fracture Properties of Trialuminide Alloys: Al_3Sc and Al_3Ti [J]. Journal of Materials Research, 1990, 5: 971 ~ 979.

[115] Thomas O, Gas P, Charai A, et al. The Diffusion of Elements Implanted in Films of Cobalt Disilicide [J]. Journal of Applied Physics, 1988, 64 (6): 2973 ~ 2980.

[116] T Wang, Y B Dai, S K Ouyang, et al. Preparation of $CoSi_2$ Using Microwave Hydrogen Plasma Annealing [J]. 5th International Conference on Thin Film Physics and Application, 2004: 5774.

[117] A K Vasudevan, J J Petrovic. A comparative Overview of Molybdenum Disilicide Composites [J]. Materials Science and Engineering A, 1992, 155 (1 ~ 2): 1 ~ 17.

[118] J J Petrovic. $MoSi_2$ - BASED High - Temperature Structural Silicons [J]. MRS Bulletin, 1993, 18 (7): 35 ~ 40.

[119] Kazuhiro Ito, Masaya Moriwaki, Takayuki Nakamoto. Plastic Deformation of Single Crystals of Transition Metal Disilicides [J]. Materials Science and Engineering A, 1997, 233: 33 ~ 43.

[120] Y Umakoshi, T Sakagami, T Yamane, et al. Planar Faults in $MoSi_2$ Single Crystals Deformed at High Temperatures [J]. Philosophical Magazine Letters, 1989, 59 (4): 159 ~ 164.

[121] Y Umakoshi, T Hirano, T Sakagami, et al. Slip Systems and Hardness in $MoSi_2$ Single Crystals [J]. Scripta Metallurgica, 1989, 23: 87 ~ 90.

[122] F W Vahodiek, S S Mersol. J. Lesscommon Met., 1968, 15: 165.

[123] O Unal, J J Petrovic, D H Carter, et al. Dislocations and Plastic Deformation in Molybdenum Disilicide [J]. Journal of the American Ceramic Society, 1990, 73 (6): 1752 ~ 1757.

[124] Y Umakoshi, T Hirano, T Sakagami, et al. Slip Systems and Hardness in $MoSi_2$ Single Crystals [J]. Scripta Metallurgica, 1989, 23: 87 ~ 90.

[125] K Kimura, M Nakamura, T Hirano. High Temperature Deformation Behaviour of $MoSi_2$ and WSi_2 Single Crystals [J]. Journal of Materials Science, 1990, 25: 2487 ~ 2492.

[126] P H Boldt, J D Embury, G C Weatherly. Room Temperature Microindentation of Single - Crystal $MoSi_2$ [J]. Materials Science and Engineering A, 1992, 155: 251 ~ 258.

[127] T Hirano, M Nakamura, K Kimura, et al. Chapter 1. Single Crystal Growth and Mechanical Properties of $MoSi_2$ and WSi_2 [J]. Ceram. Eng. Sci. Proc., 1991, 12 (910): 1619 ~ 1632.

[128] T E Mitchell, R G Castro, J J Petrovic, et al. Dislocations, Twins, Grain Boundaries and Precipitates in

$MoSi_2$ [J] . Materials Science and Engineering A, 1992, 155: 241 ~ 249.

[129] S A Maloy, T E Mitchell, A H Heuer. High Temperature Plastic Anisotropy in $MoSi_2$ Single Crystals [J]. Acta Metal Material, 1995, 43 (2): 657 ~ 668.

[130] Y Umakoshi, T Sakagami, T Hirano, et al. High Temperature Deformation of $MoSi_2$ Single Crystals with the $C11_b$ Structure [J] . Acta Metall. Mater. , 1990, 38 (6): 909 ~ 915.

[131] Sharif A A A, Misra A, Mitchell T E. Deformation Mechanisms of Polycrystalline $MoSi_2$ Alloyed with 1 at. % Nb [J] . Materials Science and Engineering A, 2003, 358: 279 ~ 287.

[132] M I Baskes, R G Hoagland. Dislocation Core Structures and Mobilities in $MoSi_2$ [J] . Acta Mater. , 2001, 49: 2357 ~ 2364.

[133] D Q Yi, C H Li. Materials Science and Engineering A, 1999, 261: 89 ~ 98.

[134] H Chang, R Gibala. Characterization of the Plasticity Enhancement of $MoSi_2$ Obtained at Elevated Temperatures by the Addition of TiC [J] . Mat. Res. Soc. Symp. Proc. , 1993, 288: 1148.

[135] T Nakano, Y Omomoto, K Hagihara, et al. Plastic Deformationg Behavior and Operative Slip Systems of $ZrSi_2$ Single Crystals with *C*49 Type of Structure [J] . Scripta Materialia, 2003, 48 (9): 1307 ~ 1312.

[136] H Inui, M Moriwaki, N Okamoto. Plastic Deformation of Single Crystals of $TiSi_2$ with the C54 Structure [J] . Acta Materialia, 2003, 51: 1409 ~ 1420.

[137] K Ito, H Inui, T Hirano. Room Temperature Deformation of $CoSi_2$ Single Crystals [J] . Materials Science and Engineering A, 1992, 152: 153.

[138] M Yamaguchi, Y Shirai, H Inui. Lattice Deeffcts and Plastic Deformation of $CoSi_2$ [J]. Mat. Res. Soc. Symp. Proc. , 1993: 288.

[139] R Sakidja, J H Perepezko, S Kim, et al. Phase Stability and Structural Defects in High - Temperature Mo - Si - B Alloys [J] . Acta Materialia, 2008, 56: 5223 ~ 5244.

[140] B K Kad, K S Vecchio, R J Asaro. Defect Structures and Planar Faults in Plasma Spray Deposited $MoSi_2$ [J] . Mat. Res. Soc. Symp. Proc. , 1993, 288: 1123 ~ 1128.

[141] D J Evans, S A Court, P M Hazzledine, et al. Deformation Mechanisms in the Intermetallic Compound $MoSi_2$ [J] . Mat. Res. Soc. Symp. Proc. , 1993, 288: 567 ~ 572.

[142] U V Waghmare, Efthimios Kaxiras, V V Bulatov. Effects of Alloying on the Ductility of $MoSi_2$ Single Crystalsfrom First - Principles Calculations [J] . Modelling Simul. Mater. Sci. Eng. , 1998, 6: 493 ~ 506.

[143] B K Kad, K S Vecchio, R J Asaro. Defect Structures and Planar Faults in Plasma Spray Deposited $MoSi_2$ [J] . Mat. Res. Soc. Symp. Proc. , 1993, 288: 1123 ~ 1128.

[144] D J Evans, S A Court, P M Hazzledine, H. L. Fraser. Mat. Res. Soc. Symp. Proc. , 1993, 288: 567 ~ 572.

[145] T E Mitchell, R G Castro, M M Chadwick. {112} 〈111〉 Twins in Tetragonal $MoSi_2$ [J]. Philosophical Magazine A, 1992, 65 (6): 1339 ~ 1351.

[146] K S Chi, L J Chen. Formation of Ytterbium Silicide on (111) and (001) Si by Solid - State Reactions [J] . Materials Science in Semiconductor Processing 4, 2001: 269 ~ 272.

[147] 邢辉，周鸥，孙坚 . $CoSi_2$ 薄膜与 Si (001) 界面的高分辨电子显微镜观察 [J] . 电子显微学报，2008, 27 (1): 2.

[148] X N Li, D Nie, Z M Liu, et al. Influence of Carbon Doping over the Structure and Optical Absorption of $\beta - FeSi_2$ Thin Films Synthesized by Ion Implantation [J] . Journal of the Korean Vacuum Society S1, 2000, 9: 146.

[149] 屠海令，王磊，杜军 . 半导体集成电路用金属硅化物的制备与检测评价 [J] . 稀有金属，2009: 8.

[150] 郭鑫. Ni_3Si 基高温有序合金的结构与性能研究 [D]. 兰州理工大学, 2007.

[151] Han Ryong Pak, O T Inal. Ductile/Brittle Grain – Boundary Fracture Behaviour of $L1_2$ – Type Intermetallic Compounds [J]. Journal of Materials Science, 1989, 122, 6: 1945 ~ 1948.

[152] E M Sehulson, L J Briggs. The Strength and Ductility of Ni_3Si [J]. Actame Mater, 1990, 38 (2): 207.

[153] T Takasugi, S Rikukana, S Hanada. The Boron Effeet on the Superlastie Deformation of Ni_3 (Si, Ti) [J]. Scrapta Metal. Mater, 1991, 25: 889.

[154] D Q Yi, C H Li. Materials Science and Engineering A, 1999, 261: 89 ~ 98.

[155] R A Varin, Y K Song. Effects of Environment on Fracture Toughness of Binary and Ternary Nickel Silicide – Based Intermetallics [J]. Intermetallics, 2001, 9: 647 ~ 660.

[156] K L Pey, R Sundaresan, H Wong, et al. Void Formation in Titanium Desilicide/P – Silicon Interface: Impact on Junction Leakage and Silicide Sheet Resistance [J]. Materials Science and Engineering B, 2000, 74: 289 ~ 295.

[157] P M Jardim, W Acchar, W Losch. Grain Boundary Reactive Diffusion During Ni Si Formation in Thin Films and Its Dependence on the Grain Boundary Angle [J]. Applied Surface Science, 1999, 137: 163 ~ 169.

5 金属硅化物的合成与制备

金属硅化物是人工合成的产物，在地壳中发现的硅化合物中，尚未发现天然金属硅化物。19 世纪初，瑞典科学家 Berzelius 在制备纯硅时意外地获得了铁硅化合物，由于金属硅化物的制备需要很高温度，一直到 19 世纪末，Moisson 电炉的发明才为金属硅化物的制备提供了足够的温度。Moisson 等人采用电炉熔炼纯金属和硅的方法制备出了金属硅化物材料，并研究了它们的性能。

20 世纪 50 年代初，人们对新的难熔材料的需求使硅化物的研究和应用出现第一个热潮，此后金属硅化物制备技术得到了快速发展。70 年代，Merzhanov 等人发明了自蔓延高温合成技术（Self - propagating High - temperature Synthesis，SHS）并成功应用于金属硅化物材料的制备。70 年代末，SHS 技术在 $MoSi_2$ 加热元件的生产工艺中得到应用。80 年代，随着工业技术的飞速发展，新的材料制备技术，如机械合金化、热压/热等静压、等离子烧结、固态置换反应、激光熔融技术等陆续问世并被应用于金属硅化物的制备。

此外，由于薄膜材料的发展，硅化物薄膜因具有良好的物理电学性能在大规模集成电路中得到广泛应用。采用物理气相沉积、化学气相沉积、分子束外延等技术制备金属硅化物薄膜材料成为研究热点。此后，金属硅化物单晶、纳米晶材料的制备成功，开辟了金属硅化物制备技术的新领域。本章对电弧熔炼、机械合金化、自蔓延高温合成、粉末冶金法等几种主要制备方法的原理、工艺特点及发展现状和趋势进行了分析，并列举了几种金属硅化物薄膜、单晶制备技术的特点。

5.1 电弧熔炼技术

5.1.1 原理

所谓电弧熔炼，即借助电弧供热重熔金属或合金的工艺，电弧熔炼过程一般在真空（0.01 ~ 0.1Pa）条件下进行，因此也称为真空电弧熔炼技术（Vacuum Arc Remelting Process，VAR）。电弧熔炼炉是电弧熔炼工艺的关键设备；其主要结构包括炉体、主电源、真空系统、水冷系统、自动控制系统等。熔炼过程中，根据炉料本身是否作为电极边熔炼边消耗，可将电弧熔炼分为自耗炉和非自耗炉两种。自耗炉是以炉料本身作为电极在熔炼过程中不断熔化、消耗，炉料必须预先压制成型，作为电极使用；而非自耗炉则是通过钨电极在惰性气体气氛中产生的高温电弧将炉料熔化。电弧熔炼炉装置示意图如图 5 - 1 所示。非自耗电极炉的特点是能用碎屑料，可省去压制电极及压力机等设备，电极与坩埚间的空隙较大，熔体在真空下停留时间长，有利于去气和挥发杂质等精炼操作。金属硅化物制备一般采用非自耗真空电弧炉，采用纯金属或母合金作为原料，无需事先制备自耗电极。

电弧熔炼技术与传统的熔炼技术相比具有如下优点：

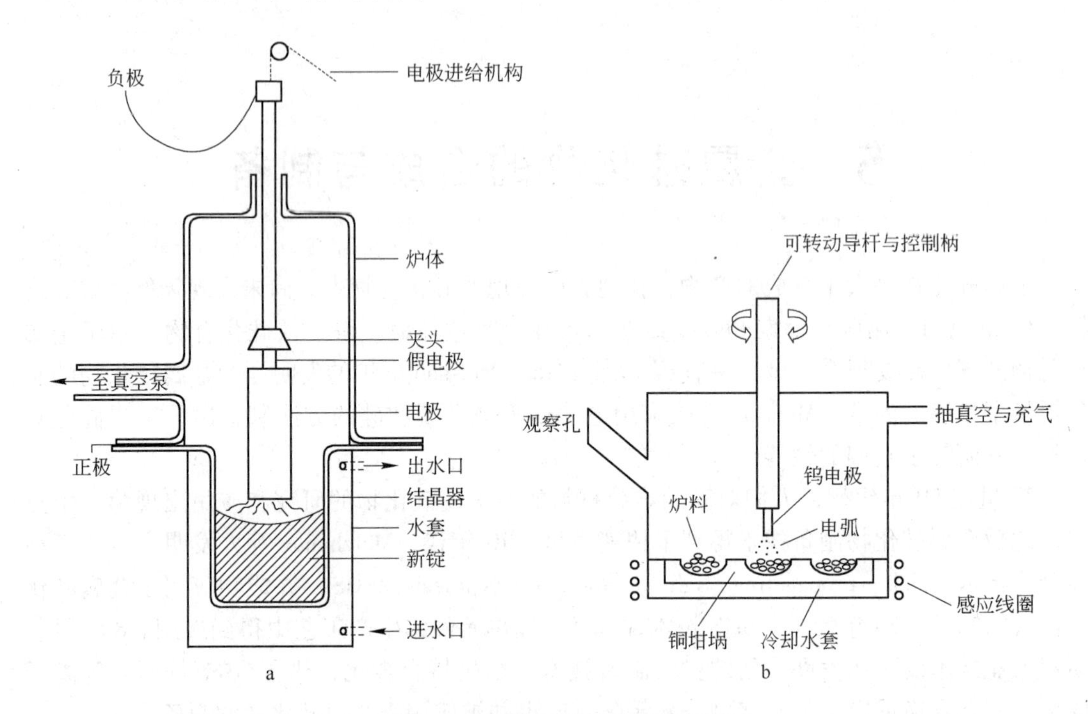

图 5－1　电弧熔炼炉装置示意图

a—真空自耗炉；b—真空非自耗炉

（1）重熔合金纯净度高，在 5000K 的电弧加热条件下反复重熔，精炼效果好；

（2）气体和金属杂质在真空下去除，不会引入杂质；

（3）在高真空条件或保护气氛下进行熔炼过程，易氧化元素不易烧损；

（4）铸锭组织的一致性和均匀性较好；

（5）电弧熔炼温度高，可用于熔铸难熔金属和使用要求较严格的高温合金及特殊钢。

电弧熔炼技术不足之处在于：采用该方法制备金属硅化物材料时，成分偏析较严重，往往需要进行多次反复熔炼才能获得成分均匀的合金，而且该技术生产效率较低，能耗高，对设备要求苛刻。

5.1.2　电弧熔炼制备金属硅化物的应用

金属硅化物通常具有高熔点、高弹性模量、高温强度和抗氧化性能良好等优点，但是金属硅化物的高熔点特征也给硅化物材料的制备带来了难题，传统的熔炼技术无法应用于金属硅化物材料的制备。电弧熔炼技术的出现给金属硅化物制备提供了有利手段，特别是针对具有高熔点的金属硅化物（表 5－1 列出了部分金属硅化物熔点），电弧熔炼技术具有十分突出的优势，目前采用电弧熔炼技术制备的金属硅化物体系有 Mo－Si[1]、Fe－Si[2,3]、Nb－Si[4,5]、Ti－Si[6]、Co－Si[7]、Dy－Si[8]、Cr－Si[9]、Ho－Si[10] 等多种金属硅化物。

金属硅化物的室温脆性是其作为结构材料应用的最大障碍。大量研究表明，通过微合金化手段可以有效提高金属硅化物材料的室温韧性和高温强度，微量合金元素通过改变晶格参数或键合状况来调整晶体结构达到提高性能的目的。电弧熔炼技术是制备多元体系金

表 5-1 部分金属硅化物熔点数据

硅化物	熔点/℃	硅化物	熔点/℃
$MoSi_2$	2030	$TiSi_2$	1540
Mo_5Si_3	2190	Ti_5Si_3	2130
$NbSi_2$	1950	V_5Si_3	2010
Nb_5Si_3	2480	Hf_5Si_3	2870
$FeSi_2$	1220	Zr_5Si_3	2210
$TaSi_2$	2200	WSi_2	2160

属硅化物材料的主要方法之一。文献［11，12］以纯金属为原料，采用电弧熔炼技术制备了系列 Mo-Si-M_t（M_t：过渡族金属，如 Fe，Cr，Ni，Co，V，Ti，Nb 等）三元合金并研究了合金元素对 $MoSi_2$ 合金的晶体结构的影响。图 5-2 为电弧熔炼 Mo-Si（Cr，Fe，V，Ni）体系材料的显微组织，图中尺寸较大的白色相为 $MoSi_2$，并在相界处分布有添加元素与 Si 形成的金属硅化物第二相组织。表 5-2 为添加合金元素对电弧熔炼 Mo-Si 体系材料析出相种类和晶体结构类型的影响。

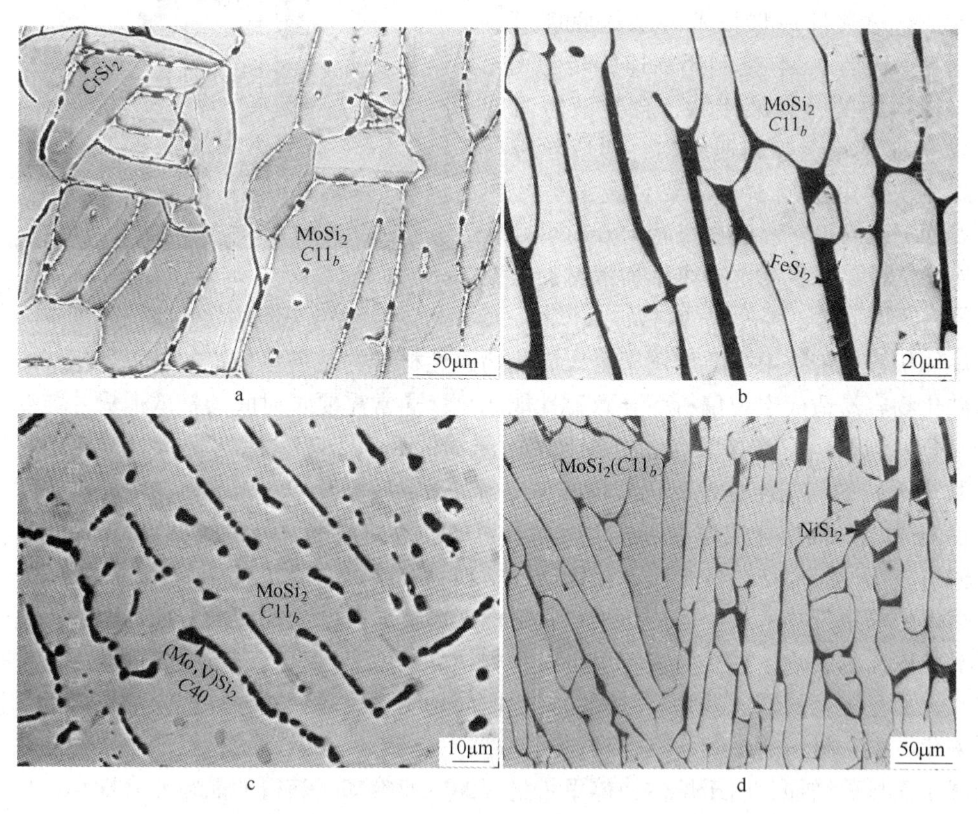

图 5-2 电弧熔炼 Mo-Si-(Cr，Fe，V，Ni) 体系材料的显微组织[11]

a—Mo-66Si-3Cr；b—Mo-66Si-5Fe；c—Mo-66Si-3V；d—Mo-66Si-5Ni

表 5-2 合金元素对铸态 Mo-Si 体系材料析出相种类和晶体结构的影响

合金成分	析出相种类和晶体结构
$Mo_{31}Si_{66}Cr_3$	$MoSi_2$($C11_b$)，(Cr,Mo)Si_2($C40$)
$Mo_{28}Si_{66}Cr_6$	$MoSi_2$($C11_b$)，(Cr,Mo)Si_2($C40$)

续表 5 - 2

合金成分	析出相种类和晶体结构
$Mo_{29}Si_{66}Fe_5$	$MoSi_2$ ($C11_b$), $FeSi_2$ (tetra)
$Mo_{29}Si_{66}Co_5$	$MoSi_2$ ($C11_b$), CoSi ($B20$)
$Mo_{29}Si_{66}Ni_5$	$MoSi_2$ ($C11_b$), $NiSi_2$ ($C1$)
$Mo_{31}Si_{66}V_3$	$MoSi_2$ ($C11_b$), (Mo, V) Si_2 ($C40$), $(Mo, V)_5Si_3$ (tetra)
$Mo_{26}Si_{66}Ti_8$	$MoSi_2$ ($C11_b$), (Mo, Ti) Si_2 ($C40$), $TiSi_2$ ($C54$)
$Mo_{31}Si_{66}Nb_3$	$MoSi_2$ ($C11_b$), (Mo, Nb) Si_2 ($C40$), $(Mo, Nb)_5Si$

近年来，在传统电弧熔炼技术基础上发展了一系列新技术，其中应用较广的是熔体激冷技术，采用这一技术可以显著减少熔体凝固过程造成的成分偏析，其关键是获得尽可能大的冷却速率（冷却速度可达 $10^4 \sim 10^7$K/s）。

在金属硅化物材料的制备应用中，熔体快淬甩带技术是其中一种较为典型的熔体激冷技术。熔体快淬甩带技术的基本原理示意图如图 5 - 3 所示，它是利用高速旋转的飞轮直接与坩埚中的合金液接触，合金液短时间内“黏”在飞轮上被高速抛出，形成丝带材料，熔体快淬甩带技术不需要合金液流导出口，熔炼工艺简单，通过在飞轮上开口可以获得非连续材料，调节飞轮的速度和带材的长宽比，可以获得带材、碎片、线材及短纤维。

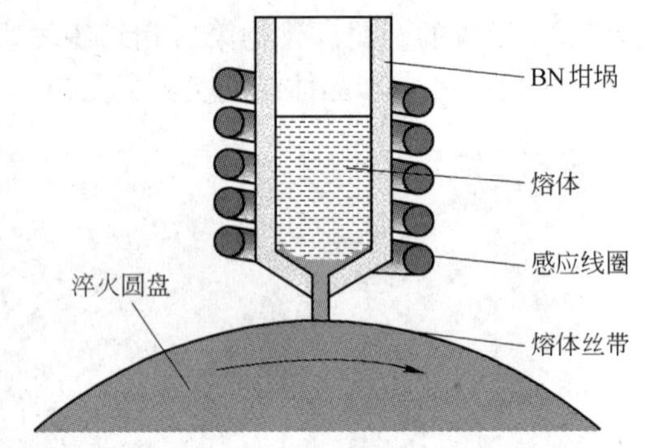

图 5 - 3 熔体快淬甩带技术基本原理示意图

熔体快淬甩带技术主要应用于金属硅化物磁性材料的制备。传统的电弧熔炼技术制备金属硅化物容易造成宏观偏析而导致磁性能恶化，通常需要长时间的扩散退火才能获得均匀的组分。例如，采用电弧熔炼制备 $NaZn_{13}$ 结构的 $LaFe_{11.5}Si_{1.5}$ 磁性材料时，样品经长时间（数十天）的均匀化处理后仍残留有一定量的 α - Fe，α - Fe 相的存在明显降低了材料的磁性能[13,14]。而熔体快淬甩带技术可以获得较大冷却速度，获得的材料组织非常均匀，成分偏析较小，因此在制备金属硅化物磁性材料具有明显的优势。

熔体快淬甩带技术对金属硅化物材料磁性能影响显著，主要有两方面原因：一是磁导率受晶粒取向的影响，在熔体快淬甩带过程中，晶粒主要以垂直于带材表面的方向进行择优生长，而且飞轮的转速越大，晶粒的择优取向越明显，晶粒的择优取向如果接近于材料的易磁化方向，材料的磁导率将得到显著提高；另一个原因是软磁材料的矫顽力随晶粒尺寸的减小而显著增加，由于熔体快淬甩带过程的急速冷却，获得的晶粒非常细小，材料的矫顽力也较高。因此生产过程中需要控制合理的工艺参数（如飞轮转速）才能保证材料具有较大的磁导率和较小的矫顽力。例如，N. Wang 等人[15]研究了晶粒取向和晶粒尺寸对 Fe - Si 合金磁导率的影响，结果表明，在 10m/s 的条件下，获得厚度为 50 ~ 100μm，宽度为 2 ~ 4mm 的 Fe - Si 合金丝带。晶粒主要以柱状晶形式垂直于带材表面生长，生长方向沿〈001〉方向，且随 Si 含量增加，择优生长现象更加明显，如图 5 - 4 所示。研究还发现：晶粒尺寸随飞轮速度增加而减小，但是材料的磁性能没有明显变化，图 5 - 5 所示为不同甩带速度条件下，Fe－Si 材料晶粒尺寸随 Si 含量变化的关系曲线，图 5－6 所示为磁饱和度与矫顽力性能随 Si 含量变化关系图。除此之外，采用熔体快淬甩带技术制备的金属硅化物磁性材料还有 Gd_3NiSi_2[16]、$LaFe_{11.5}Si_{1.5}$[17,18]、$Gd_5Si_2Ge_2$[19]、Fe－Si 合金，非晶材料如 Fe－Si－B－Cu[20] 等。

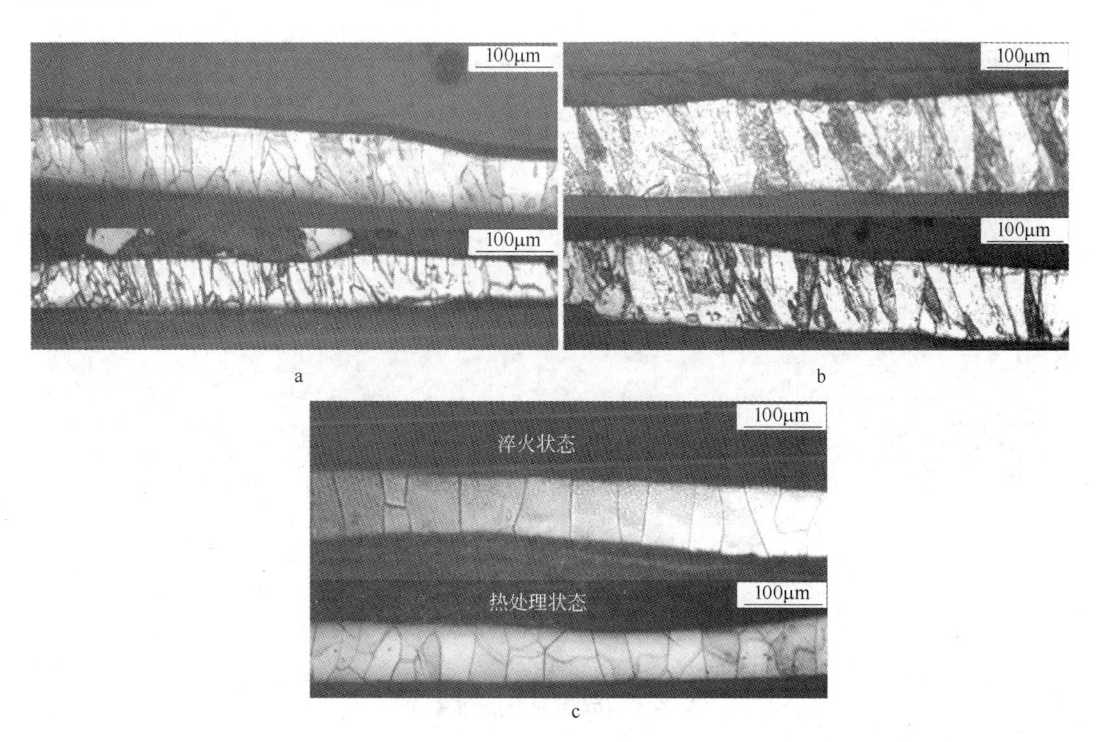

图 5－4 晶粒形貌

a—Fe－2Si；b—Fe－4Si；c—Fe－6.5Si

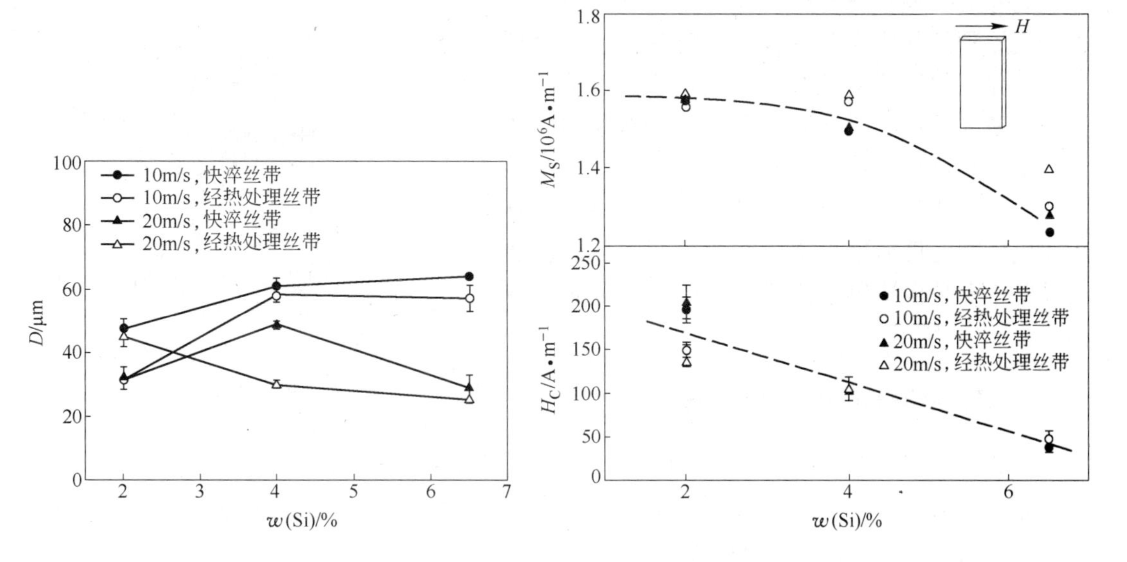

图 5－5 Fe－Si 合金晶粒尺寸随 Si 含量的变化

图 5－6 Fe－Si 合金的磁饱和及矫顽力性能随 Si 含量的变化

同样，熔体快淬甩带技术也可用于金属硅化物粉末的制备。易丹青等采用非自耗钨电极真空电弧熔炼后经熔体快淬甩带制得 Mo－63Si－3Nb－2Hf－4B（摩尔分数）合金，然后采用机械球磨将合金带材磨至粉末，最后在 1673K 下热压 4h 得到高致密化的合金，组织均匀弥散分布，其显微组织如图 5－7 所示。

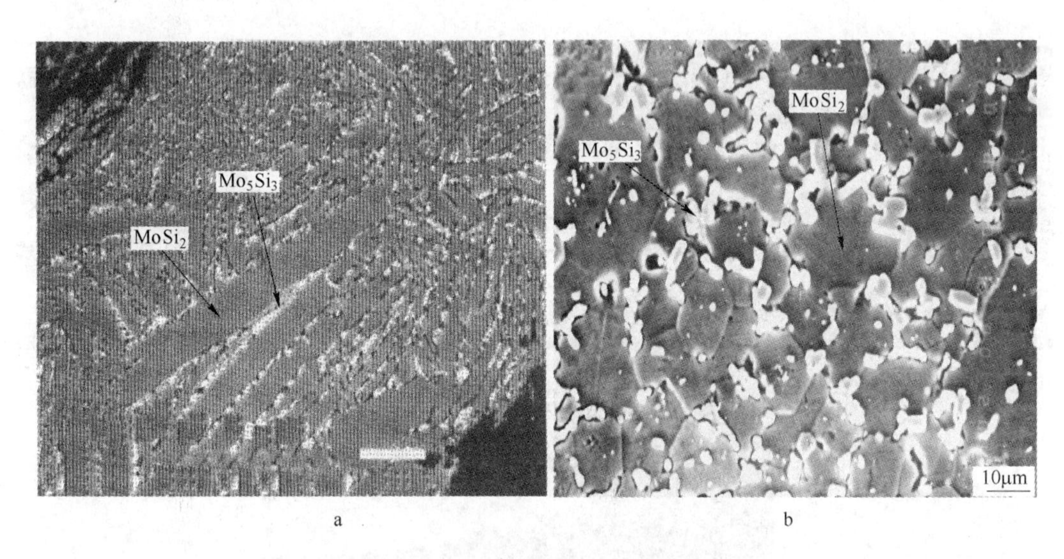

a　　　　　　　　　　b

图 5－7　Mo－Si－Nb－Hf－B 合金显微组织

a—熔体快淬后组织；b—热压后组织

5.2　激光熔融技术

5.2.1　原理

激光熔融技术是一种新型金属硅化物制备技术，其原理是利用高能激光束照射工件，使金属迅速熔化。这种技术具有能量利用率高，能迅速达到所要求的温度，熔体杂质含量少等优点，被认为是高熔点材料熔炼的有效手段之一，但是该技术一般只适合于小尺寸样品的制备，难以实现工业化生产。目前用于金属硅化物制备的激光熔融设备主要是水冷铜模激光熔炼炉，其装置示意图如图 5－8 所示[21]。

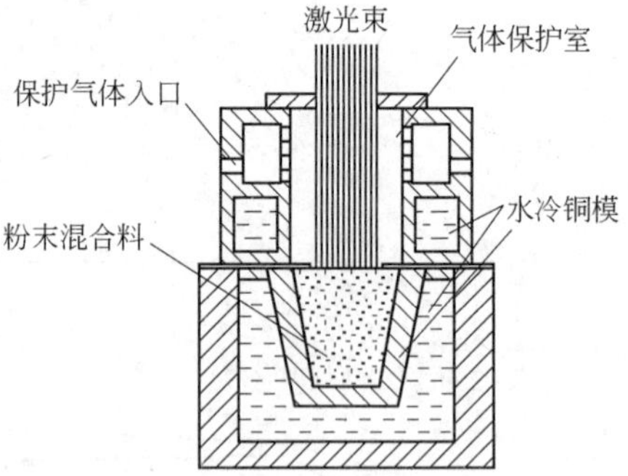

激光束
气体保护室
保护气体入口
水冷铜模
粉末混合料

图 5－8　水冷铜模激光熔炼炉装置示意图

5.2.2　激光熔融制备金属硅化物的应用

目前，采用激光熔融技术制备的金属硅化物体系有：Ti－Si 系[22]、Cr－Si 系[23,24]、Ni－Si 系、W－Ni－Si 系[25]、Mo－Ni－Si 系[26]等。该技术制备的金属硅化物材料具有组织致密均匀、无气孔和裂纹等优点。

薛轶等人[22]利用激光熔炼技术制备出 Ti_5Si_3－TiCo－Ti_2Co 多相金属间化合物新型耐

磨合金并研究了合金的室温干滑动磨损性能。图 5 - 9 所示为采用激光熔炼技术制备出 Ti_5Si_3 - TiCo - Ti_2Co 多相金属间化合物复合材料显微组织照片，其中灰黑色规则块状初生相为 Ti_5Si_3，依附于初生相 Ti_5Si_3 生长的双相共晶组织中，灰白色组织为 TiCo，灰白色组织内部弥散分布的细长条状或颗粒状组织为 Ti_5Si_3。Ti_5Si_3/TiCo 共晶组织交界区域分布着少量三相共晶，其中凸起的灰白色组织为 TiCo，非凸起的灰白色组织为 Ti_2Co。图 5 - 10 为 GCr15 工具钢与 Ti_5Si_3 - TiCo - Ti_2Co 多相复合材料耐磨性能对比结果。结果表明：利用激光熔炼技术制备的 Ti_5Si_3 - TiCo - Ti_2Co 多相耐磨合金组织均匀、致密，在室温干滑动磨损条件下具有优异的耐磨性能。Ti_5Si_3 - TiCo - Ti_2Co 多相耐磨合金的磨损量随磨损时间的延长缓慢增加，磨损率先增加后降低；难熔金属硅化物 Ti_5Si_3 的高硬度，金属间化合物的反常屈服强度 - 温度关系，磨损过程中表面黏附转移保护层的形成，都是 Ti_5Si_3 - TiCo - Ti_2Co 多相耐磨合金具有较好耐磨性能的原因。

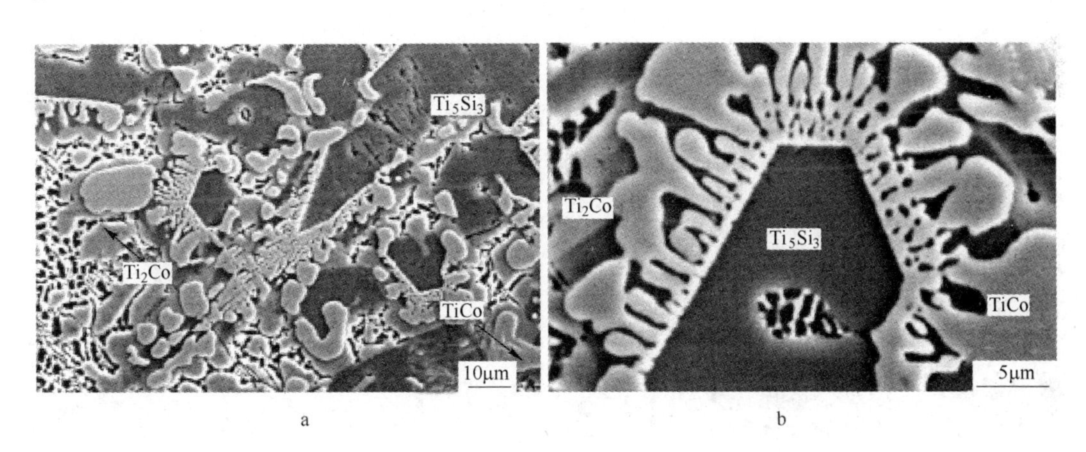

图 5 - 9　Ti_5Si_3 - TiCo - Ti_2Co 多相合金扫描电镜形貌[22]

a—低倍组织；b—高倍组织

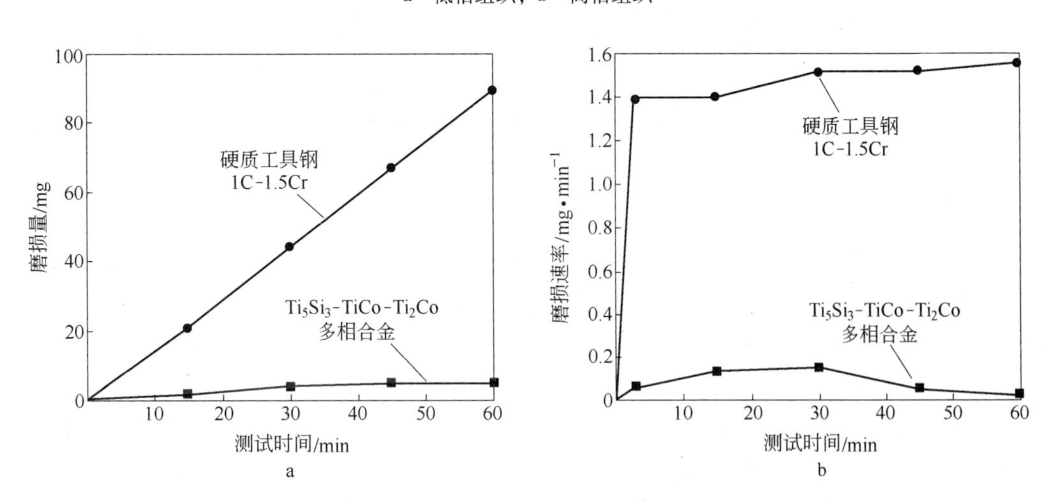

图 5 - 10　GCr15 工具钢与 Ti_5Si_3 - TiCo - Ti_2Co 多相金属间化合物耐磨合金磨损失重量

a—磨损失重率；b—磨损时间

Y. X. Yin 等人[24]采用激光熔融技术制备出 Cu 固溶体增韧 Cr_5Si_3 - CrSi 合金（Cu_{ss}/

Cr_5Si_3-CrSi），并研究了其高温耐磨性能。结果表明：Cu_{ss}/Cr_5Si_3-CrSi 合金具有非常良好的高温耐磨性能，其质量损失明显低于 AISI321 不锈钢，且 Cu_{ss}/Cr_5Si_3-CrSi 合金的高温耐磨性能比低温耐磨性能更优，图 5－11 为 Cu_{ss}/Cr_5Si_3-CrSi 合金与 AISI321 不锈钢的高温耐磨性能对比。图 5－12 为磨损后 Cu_{ss}/Cr_5Si_3-CrSi 合金与 AISI321 不锈钢的显微组织，Cu_{ss}/Cr_5Si_3-CrSi 合金表面经磨损后仍非常平整，没有明显的磨损和粘连特征，而 AISI321 不锈钢则非常粗糙，并有较深的划痕和典型的变形组织存在。

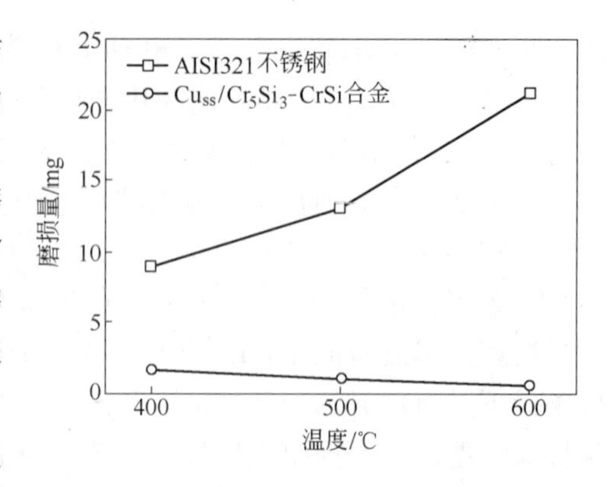

图 5－11 Cu_{ss}/Cr_5Si_3-CrSi 合金与 AISI321 不锈钢的高温耐磨性能对比

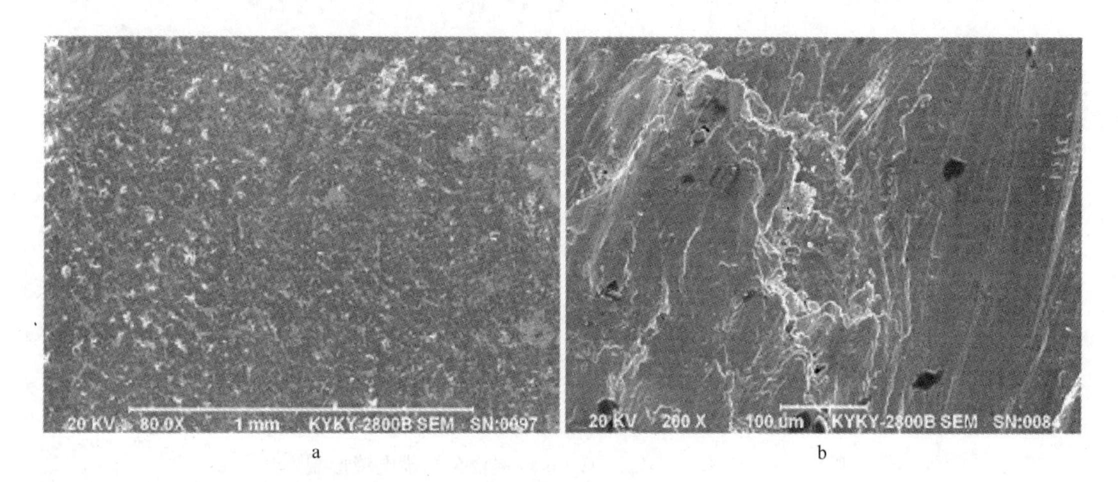

a b

图 5－12 激光熔融法制备 Cu_{ss}/Cr_5Si_3-CrSi 合金

a—AISI321 不锈钢；b—400℃磨损实验后显微组织

5.3 机械合金化技术

5.3.1 原理

机械合金化（Mechanical Alloying，MA）是一种制备合金材料的独特技术。其原理是利用高能球磨过程中，不同材料的粉末经频繁的碰撞、挤压，而反复地发生变形、断裂和焊合，不同粉末在多种作用力下发生互扩散或进行固态反应形成合金粉末，达到合金化的效果。20 世纪 60 年代，国际镍公司的 Benjamin[27] 首次采用机械合金化技术制备氧化物弥散强化镍基高温合金，并实现了工业化生产。迄今为止，MA 技术已经用来制备氧化物弥散强化（ODS）合金、磁性材料、储氢材料、超塑性材料、超导材料、形状记忆合金、金属间化合物、热电材料等新型材料，另外，MA 技术已经成为过饱和固溶体、非晶、纳米晶和准晶等多种非平衡材料的重要制备技术[28]。作为一种较新的工艺方法，与传统的熔炼合金化相比，机械合金化技术具有以下优点：

（1）不受物质蒸汽压、熔点等因素的制约，使过去用传统熔炼工艺难以实现的合金化和远离热力学平衡的准稳态、非平衡态以及新物质的合成都成为可能（如非晶材料、亚稳材料等）；

（2）工艺条件要求低，制备过程容易实现，成本较低；

（3）合金成分容易控制且连续可调。

机械合金化技术虽有许多优点，但制备过程中容易引入杂质，粉末材料污染较大。此外，采用机械合金化技术制备的亚稳合金粉末的成型也是当前面临的一大工艺难题。

金属硅化物熔点高，利用熔炼方法制备比较困难，而且容易产生偏析，机械合金化能够使难熔金属实现原子水平的合金化，并利用机械合金化过程中诱发常温固态反应，生成金属硅化物粉末。同时，机械合金化工艺可使材料成分非常均匀且晶粒尺寸细小，工艺简单，经济，批量大，是制备金属硅化物等高熔点金属间化合物的有效方法之一。

金属粉末和硅粉混合粉末的机械合金化过程属于典型的延性－脆性体系机械合金化。在机械合金化过程中，第一阶段为破碎过程，延性金属粉末变平，成为片状，脆性 Si 粉末则发生破碎；第二阶段片状延性金属粉末与脆性 Si 粉末形成层状复合组织，碎块集中在延性粉末之间的交界处，继续研磨，复合组织通过反复焊合、破碎实现最终混合。图 5－13 为延性－脆性粉末球磨体系示意图。

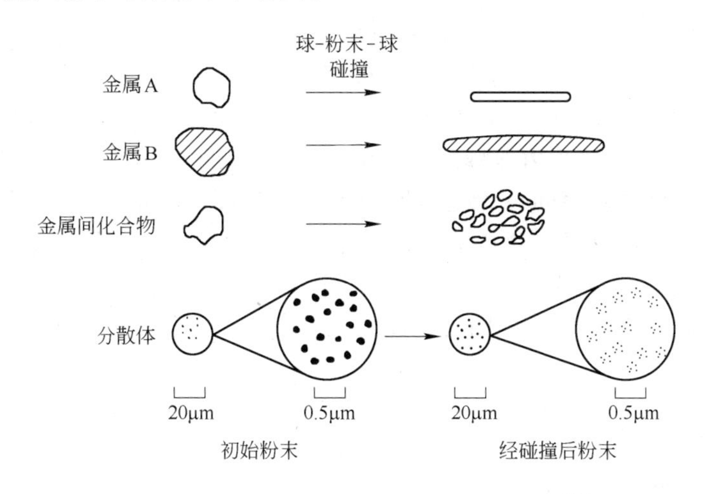

图 5－13 延性－脆性粉末球磨体系示意图[29]

机械合金化制备金属硅化物过程是通过混合粉末间强烈的机械碰撞作用促进金属与 Si 发生固态反应，形成金属硅化物。机械合金化过程中形成金属硅化物的作用机理主要有两种：一是通过机械合金化作用，平衡时固溶度很小或互不相溶的元素可以形成过饱和固溶体；另一种是机械合金化使体系储能越来越高，系统内各组元处于一个激活状态，由此引发原来在高温才能出现的化学反应——合成金属硅化物。影响机械合金化过程的因素有球磨时间，球料比，球磨方式，球磨介质，球磨转速，混合粉末成分组成等。

球磨时间是影响机械合金化过程的最重要因素之一，如图 5－14 所示为 W－Si 混合粉末的 XRD 分析结果，当机械球磨 20h 后，出现 WSi_2 形成，经过 40h 机械球磨后，混合粉末全部反应生成 WSi_2 化合物。

机械合金化制备金属硅化物是通过外界机械作用提供能量促进金属硅化物的固相反应，因此机械合金化过程中的能量输出对反应过程具有重要影响，而机械合金化过程的能量输出主要受球磨条件（如球磨转速、球料比等）的影响。根据 Magini 模型，行星球磨过程中，每次碰撞形成的能量输入（ΔE）之间可以由式（5 – 1）表示[31,32]：

$$\Delta E = 4.31 \times 10^{-2} R_{\mathrm{p}}^{1.2} \rho^{0.6} d_{\mathrm{b}} \frac{\omega_{\mathrm{p}}^{1.2}}{\sigma} \left(\frac{1}{E_1} + \frac{1}{E_2} \right)^{0.4} \tag{5-1}$$

式中，R_p 为球磨罐半径，ρ 为磨球密度，d 为磨球直径，ω_p 为转速，σ 为黏性粉末的表面密度（根据黏着在磨球表面的粉末质量计算），E_1，E_2 分别为磨球和球罐的弹性模量。

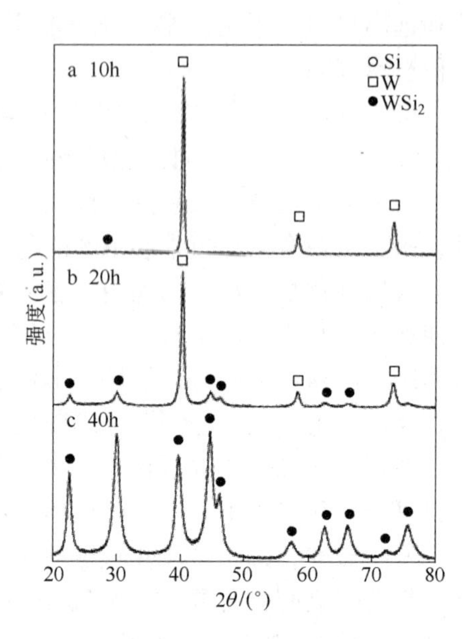

图 5 – 14　W – Si 混合粉末机械合金化过程的 XRD 分析[30]

机械合金化过程的能量输入不仅影响金属硅化物的合成反应效率，对产物组成也有显著影响。图 5 – 15 为不同磨球尺寸和转速条件下，$Mo_{33}Si_{67}$ 混合粉末经行星球磨 60h 后的 XRD 分析[33]。结果表明：在较低的能量输入情况下（条件 A：磨球尺寸为 3mm，转速 150r/min），Mo，Si 之间没有反应发生；在 B 条件下（磨球尺寸为 3mm，转速 280r/min），Mo，Si 之间发生固态反应生成了少量的 $\alpha MoSi_2$ 与 $\beta MoSi_2$，因此其衍射峰强度较弱，随着能量输入的增加，反应进行越充分，在 E 条件下（磨球尺寸为 15mm，转速 320r/min），$\alpha MoSi_2$ 与 $\beta MoSi_2$ 的衍射峰已经非常明显。图 5 – 16 为 $\alpha MoSi_2$ 在总产物中的含量与能量输入的关系，结果表明：随着能量输入的增加，$\alpha MoSi_2$ 的含量明显高于 $\beta MoSi_2$。在低能球磨条件下，Mo/Si 反应产物主要是 $\beta MoSi_2$，而在高能球磨条件下，则主要是 $\alpha MoSi_2$。

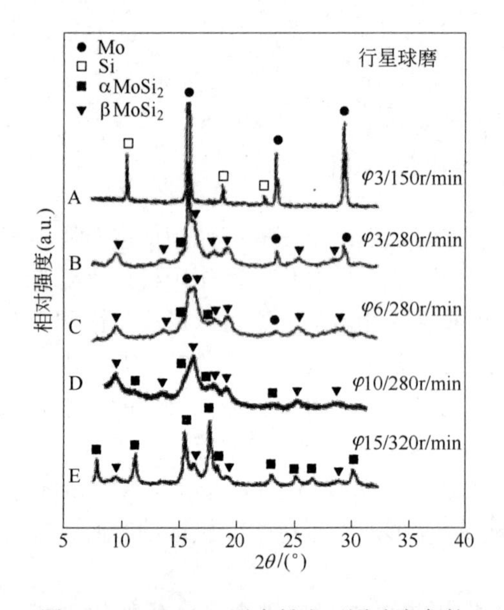

图 5 – 15　$Mo_{33}Si_{67}$ 混合粉末不同球磨条件下行星球磨 60h 后的 XRD 分析[33]

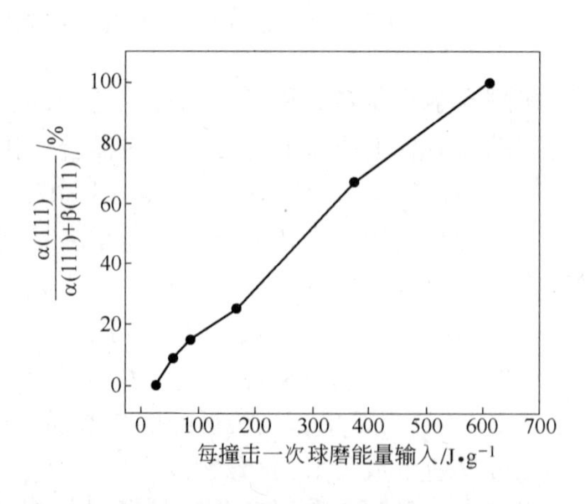

图 5 – 16　机械合金化产物中 $\alpha MoSi_2$ 的百分比与球磨能量输入关系

除了以上两个影响因素外，合金成分也对金属硅化物机械合金化过程有重要影响。图5-17为球磨50h后第三组元Al、Mg、Ti或Zr含量对产物中t-$MoSi_2$含量的影响关系曲线[34]。从图中可以看出，随着第三组元含量的增加，Al、Mg和Ti加快t-$MoSi_2$向h-$MoSi_2$的转变，而Zr则起到稳定t-$MoSi_2$的作用。

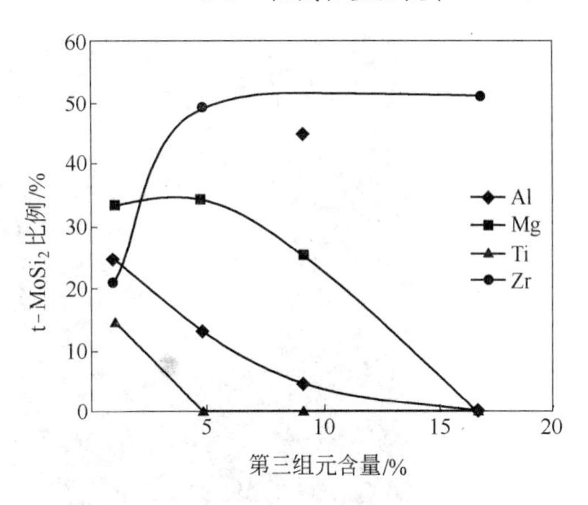

图5-17 第三组元含量对机械合金化产物中t-$MoSi_2$含量的影响

5.3.2 机械合金化制备金属硅化物应用

由于机械合金化技术不受物质蒸汽压、熔点等物理性因素的制约，使过去用传统熔炼工艺难以实现的高熔点难熔金属硅化物材料的合成成为可能，并可应用于金属硅化物非晶、纳米晶等非平衡材料的制备。近年来研究者们对Fe-Si[35~37]、Mo-Si[38]、Nb-Si[39,40]、Ta-Si、Cr-Si、Ti-Si[41]、Ge-Si[42]等多种金属-硅体系的机械合金化行为进行了大量研究[43~46]。

曹昱等人针对Mo-Si-(Co，Fe)体系机械合金化行为进行了研究。结果表明，机械合金化制备金属硅化物过程首先是形成过饱和固溶体，在后续的热处理过程中过饱和固溶体再转变为金属硅化物，图5-18为Mo-Si-Fe混合粉末在不同球磨时间下的XRD分析结果，在球磨30h后，Si和Fe的衍射峰均消失，表明Si和Fe均溶入Mo基体中，形过饱和固溶体；随着球磨时间延长，Mo晶粒尺寸明显减小，形成纳米晶。其晶粒尺寸随球磨时间的变化如图5-19所示，球磨40h后，Mo晶粒尺寸约为8nm左右。球磨时间进一步延长至195h，Mo衍射峰转变成馒头峰，表明过饱和固溶体转变成非晶。图5-20为Mo_4FeSi_3球磨195h的电子衍射花样，其中没有表征晶体结构的任何斑点或条纹，只有一个弥散的晕环，证实了非晶的存在。

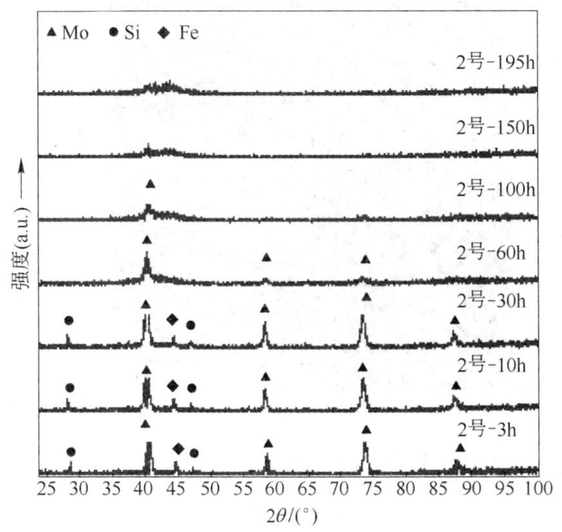

图5-18 Mo-Si-Fe体系混合粉末不同球磨时间的射线衍射图谱

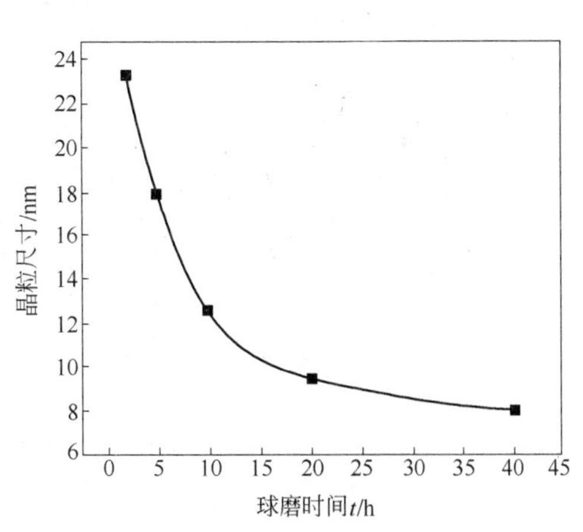

图5-19 球磨过程中Mo晶粒大小的变化

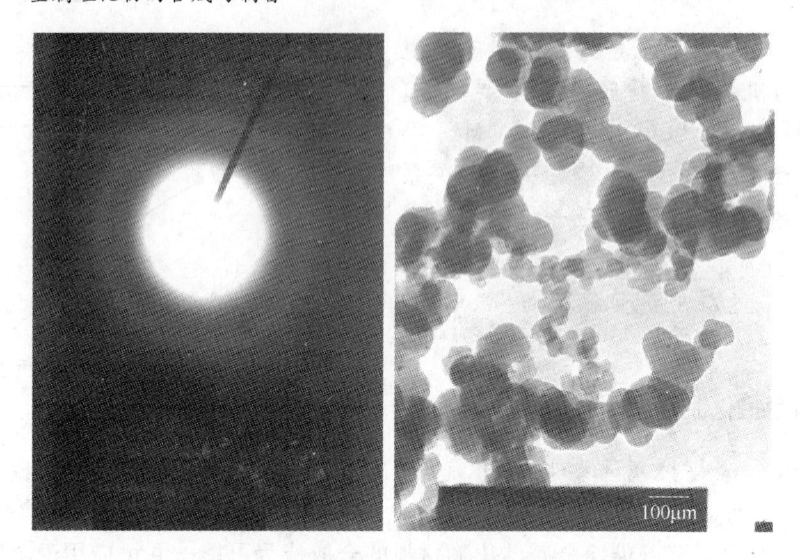

图 5-20　Mo_4FeSi_3 球磨 195h 的电子衍射花样

机械合金化技术是制备金属硅化物纳米晶的重要方法之一。金属硅化物纳米晶材料因具有特殊的电、磁、热等物理性能而受到广泛关注，例如 Fe-Si 系纳米晶材料中，因为纳米晶具有 α-Fe 结构，粒径为十几到几十纳米，且晶格存在严重畸变，其饱和磁化强度 M 与 Si 含量近似呈线性关系，稍小于相应的单晶或多晶 Fe-Si 合金，但材料的矫顽力 H_c 和有效各向异性常数 K_{eff} 远大于相应的单晶或多晶 Fe-Si 合金[47~50]。图 5-21a 所示为三种不同成分的 Fe-Si 混合粉末在球磨过程中，晶粒尺寸随球磨时间的变化规律，在球磨的初始阶段，晶粒尺寸显著减小，随着时间延长，逐渐趋于稳定，在球磨 100h 左右，获得的晶粒尺寸约为十几纳米。图 5-21b 所示为 $Fe_{75}Si_{25}$ 粉末球磨 100h 后的 TEM 明场像及对应的衍射图谱，证实了机械合金化获得了纳米晶。

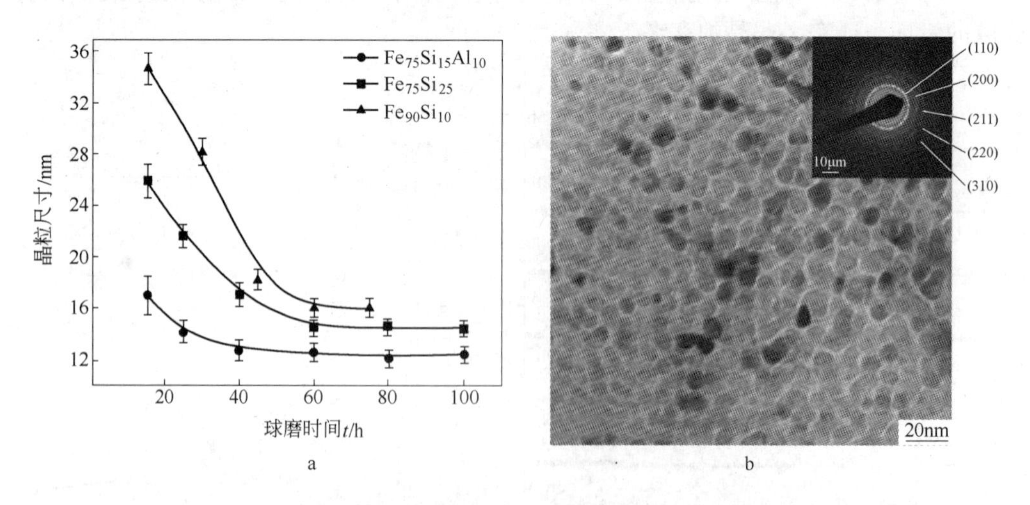

图 5-21　球磨时间对 Fe-Si 粉末晶粒尺寸的影响

a—晶粒尺寸随球磨时间的变化规律；b—$Fe_{75}Si_{25}$ 粉末球磨 100h 后的 TEM 明场像及衍射图谱

采用机械合金化制备的纳米晶 Fe-Si-Ni 软磁合金材料性能比常规方法制备的材料

更优异。H. R. M. Hosseini 等人[51]采用机械合金化 70h 制备出的纳米晶 $Fe_{87}Si_{10}Ni_5$ 软磁材料具有最小矫顽力和最大磁饱和度。图 5-22 所示为 Fe-Si 合金平均晶粒尺寸及矫顽力随球磨时间的变化规律[52]。

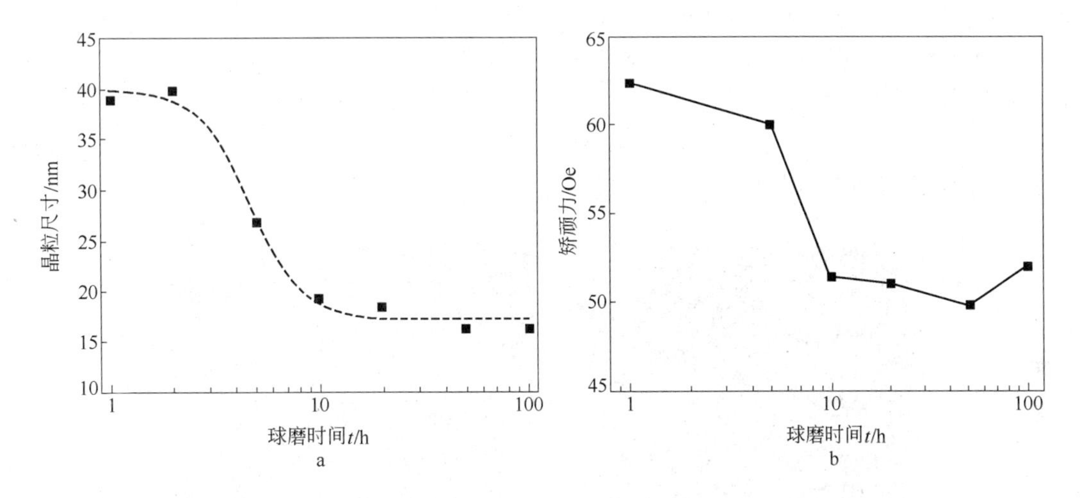

图 5-22 Fe-33Si（原子分数）合金平均晶粒尺寸(a)和矫顽力(b)随球磨时间的变化

通常情况下，金属硅化物非晶相的生成焓明显高于亚稳态固溶体和金属间化合物，如图 5-23 所示为 Fe-Si 系的亚稳自由焓成分曲线。采用传统的制备方法难以获得金属硅化物非晶。机械合金化技术是制备金属硅化物非晶的有效方法，如在 Mo-Si 系[53]、Pd-Si 系、Fe-Si 系[54~56]、V-Si 系[57]的机械合金化过程中均发现金属硅化物非晶的存在。金属硅化物非晶的形成机理是：粉末球磨过程中，一方面，晶粒尺寸不断减小，形成纳米晶，大体积分数的晶界使体系具有过剩的吉布斯自由能；另一方面，溶质不断溶入溶剂中，形成过饱和固溶体，由于不同组元间原子尺寸的差异及粉末的变形，产生严重点阵畸变，内应力不断增加。上述因素使纳米晶过饱和固溶体的自由能提高到相应的非晶相的自由能之上，基体的晶格稳定性不断降低，逐渐形成非晶态。

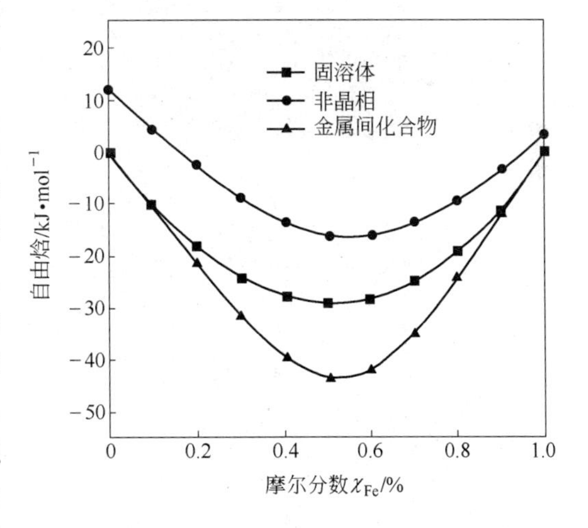

图 5-23 Fe-Si 系的亚稳自由焓成分曲线

在 Fe-Si 合金机械合金化过程中，非晶相的生成可分为两个阶段：第一个阶段（球磨 0~50h）为 Si 原子扩散阶段，在此时间范围内，随着球磨时间的增加，晶粒尺寸持续减小，Si 原子逐渐向 Fe 的晶格中扩散，Si 原子在 Fe 晶格中的分布并没有规律性；第二个阶段（50~168h）为非晶化阶段，随着球磨时间继续增加，晶粒尺寸继续细化，粉末逐渐非晶化，非晶相的数量随时间的延长而增加。E. Gaffet 等[58]采用 XRD 和 DSC 等研究手段证实了 Fe－Si(w(Si)≤17%）体系机械合金化过程非晶相的生成。Filho 等人则通过透射电子显微分析观察到了 Fe－Si 化合物非晶的存在，图 5－24 为 Fe－6Si 粉末球磨 75h 后的 TEM 分析结果[59]。而 Hidenori Ogawa 等人[60]研究了 $Fe_x(C, Si)_{100-x}$体系机械合金化行为，发现 C、Si 成分对非晶形成区域具有显著影响。图 5－25 所示为 $Fe_x(C, Si)_{100-x}$体系球磨 720ks 时，非晶形成区域与 C、Si 成分之间的关系图，研究表明，当 x＝70%～75%时，机械合金化过程中更容易出现非晶相。图5－26 表明，延长机械合金化时间（1080～1440ks），$Fe_x(C, Si)_{100-x}$体系非晶形成区域明显增大，且非晶形成区域向非金属总量减小和 Fe 含量增加的方向扩展。

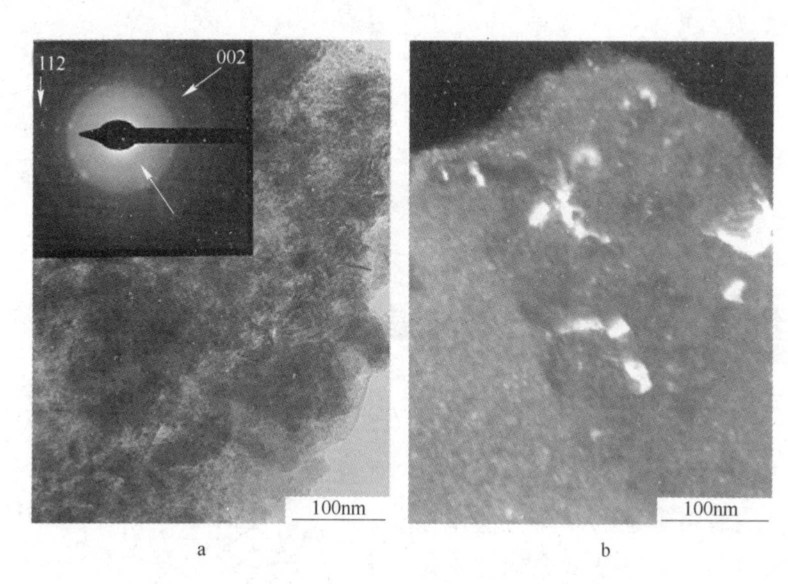

图 5－24　Fe－6Si 粉末球磨 75h 后的 TEM 形貌[59]

a—非晶相的明场像及对应衍射花样；b—非晶漫射环对应区域的暗场像

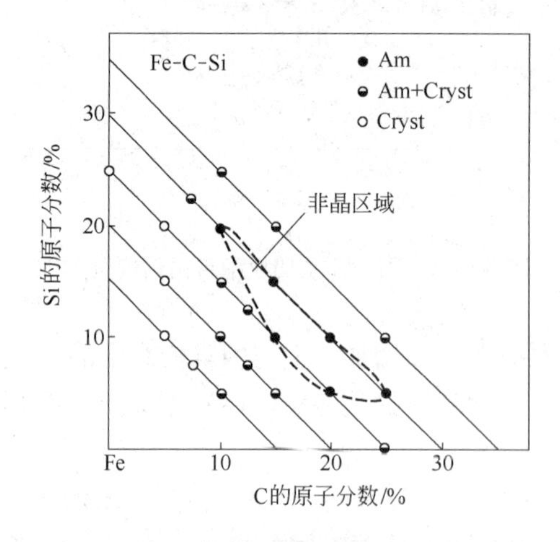

图 5－25　非晶形成区域与 C、Si 成分之间的关系图[60]

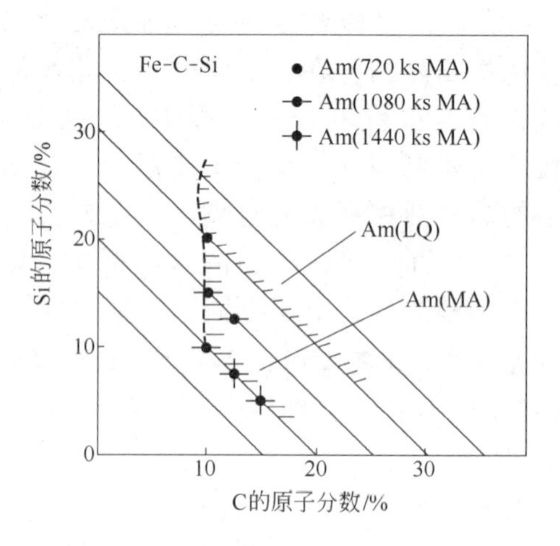

图 5－26　不同球磨时间对 Fe－C－Si 体系非晶形成的影响[60]

(Am(MA)—机械合金化形成非晶；Am(LQ)—液体快淬形成非晶)

同样，Zhang D. L. 等人[61]在研究 Pd－Si 体系的机械合金化行为时发现了非晶的形成。研究表明：Pd－19Si（原子分数）混合粉末通过机械球磨直接发生固态反应形成 Pd－Si 非晶相，图 5－27 为 Pd－19Si（原子分数）混合粉末球磨不同时间的 XRD 分析结果。但是当 x(Si) 含量增加至 33% 时，Pd 与 Si 固态反应产物为 Pd_2Si 化合物而不是 Pd－Si 非晶相，图 5－28 为 Pd－33Si（原子分数）粉末球磨不同时间的 XRD 结果。

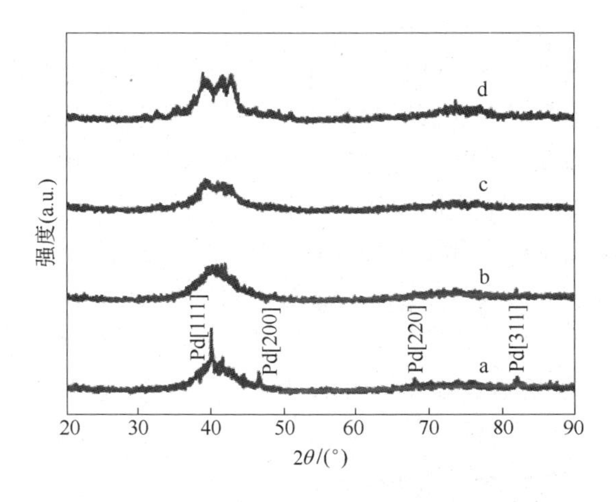

图 5－27　Pd－19Si（原子分数）混合粉末球磨不同时间的 XRD 分析结果[61]
a—4h；b—8h；c—16h；d—26h

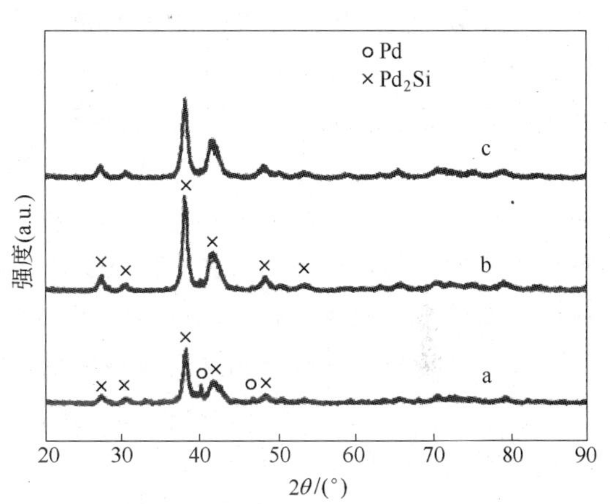

图 5－28　Pd－33Si（原子分数）粉末球磨不同时间的 XRD 结果[61]
a—2h；b—4h；c—16h

5.4　自蔓延高温合成技术

5.4.1　原理

1967 年，苏联学者 Merzhanov、Brovinkaya 等发现钛－硼混合物的自蔓延合成现象，称之为“固体火焰”，并首次提出了自蔓延高温合成技术（Self－propagating High－temperature Synthesis，SHS）[62]。它本质是一种高温放热化学反应，基本反应过程是：利用外部提供必要的能量（点火），诱发体系局部发生化学反应（点燃），形成化学反应前沿（燃烧波），此后化学反应在自身放出热量的支持下继续进行，表现为燃烧波蔓延至整个反应体系，最后合成所需材料（粉体或固结体）。自蔓延高温合成示意图如图 5－29 所示。

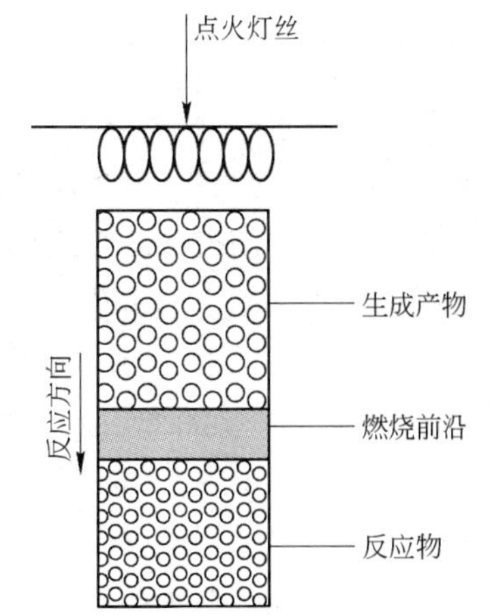

图 5－29　自蔓延高温合成示意图[63]

自蔓延高温合成技术之所以受到如此重视，主要是由于它具有很多传统制备技术所不具有的特殊性，其主要优点如下[64~66]：

（1）工艺过程简单，反应在点火后可以自持续进行，节约能源，生产效率高；

（2）反应过程的高温（瞬间局部温度达到 3000～4000K 以上），使杂质挥发，产品无污染，纯度高，为一些特殊高温材料的制备提供了有效方法。

（3）由于材料在燃烧过程中经历了很大的温度梯度和非常高的冷却速度，产品中极有可能出现非平衡或亚稳相，因而产品活性高，易于烧结。

自蔓延高温合成技术的实现需要考虑热力学（自蔓延反应能否发生）和动力学（自蔓延反应速率控制）两方面因素。

5.4.1.1 自蔓延高温合成反应热力学

燃烧体系热力学分析是研究自蔓延高温合成（SHS）过程的基础，通过热力学分析可判断自蔓延高温合成反应过程能否进行。自蔓延高温合成反应过程中，在忽略热散失的条件下，反应放出的热量全部用来使反应产物的温度升高，所达到的最高温度称为绝热燃烧温度（adiabatic temperature，T_{ad}）。绝热温度 T_{ad} 是描述SHS反应特征的最重要的热力学参量，其物理意义是指在绝热体系的前提下，反应放热全部用来使体系升温所能达到的最高温度。根据绝热温度 T_{ad}、反应热 ΔH 以及反应产物熔点（T_m）的高低可以判断反应的基本特征，SHS合成反应可归纳为3种情况[67]：

（1）$T_{ad} < T_m$，化合物固相生成，此时有可能反应缓慢进行或难于进行，需要预热才能发生燃烧的自蔓延反应模式；

（2）$T_{ad} = T_m$，可以不预热直接点火而发生自蔓延模式的燃烧反应，反应过程也会有液相产生，该液相有利于原子的扩散，使自燃容易进行；

（3）$T_{ad} > T_m$，反应过程中将有液相产生，燃烧反应时会发生组元的蒸发、汽化，产生的液相与未反应的粉末融在一起，阻碍反应的进行。

绝热温度只是一个理论指导值，实际中存在热损失，反应温度一般小于该值，只能作为判断某种材料能否采用自蔓延高温合成反应制备的参考依据。表5－3列出了部分金属硅化物自蔓延合成的绝热温度 T_{ad} 值。

表5－3 部分金属硅化物自蔓延高温合成反应绝热温度

硅化物	T_{ad}/K	硅化物	T_{ad}/K
$MoSi_2$	1900	Ti_5Si_3	2500
$NbSi_2$	1900	Zr_5Si_3	2800
Mg_2Si	1373		

绝热温度 T_{ad} 是判断自蔓延高温合成反应能否进行的重要依据，自蔓延反应过程中的反应温度受燃烧气氛、反应物颗粒尺寸、素坯密度、反应物化学计量比以及稀释剂等多种因素的影响。下面以Mg－Si体系的自蔓延高温合成反应为例[68]，分析不同因素对金属硅化物的自蔓延高温合成过程的影响，其自蔓延反应方程式如式（5－2）：

$$2Mg + Si + xMg = Mg_2Si + xMg \tag{5-2}$$

式中，x 为加入Mg的摩尔数，将反应体系视为绝热体系且反应在恒定的压力下进行。

图5－30所示为 $x=0$（即Mg、Si严格按照2∶1原子配比，未多添加Mg的情况下，预热温度与理论绝热温度的变化关系）。从图中可看出：当预热温度在300～500K时，绝热温度随预热温度的升高而升高；当预热温度在500～1000K时，绝热温度不随预热温度变化而出现一平台，绝热温度值为1373K，该温度正好是 Mg_2Si 的熔点。

图5－31为稀释剂对反应产物绝热温度的影响。实验中过量的Mg不参与反应，充当稀释剂的角色。由图可见，随着稀释剂添加量的增加，反应的绝热温度逐渐减小。对相同量的稀释剂，预热温度越高对应的绝热温度也就越高。当 $x<1\text{mol}$ 时，在1373K的绝热温度处均出现了一平台，而且随着稀释剂添加量的增加，绝热温度平台逐渐变窄，即出现平台的预热温度升高。这主要是因为在这一过程中，绝热温度已超过Mg的熔点使其熔化吸收了一部分热量，而且Mg含量越大，吸收的热量也就越大，产物所能达到的最高温度也就越低，即绝热温度越低。

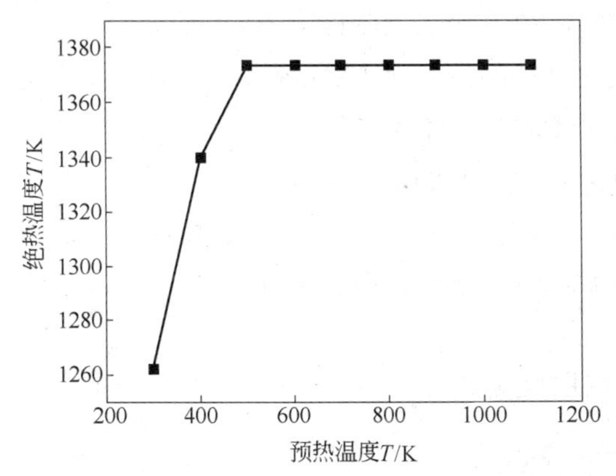

图5－30　预热温度与绝热温度的变化关系图

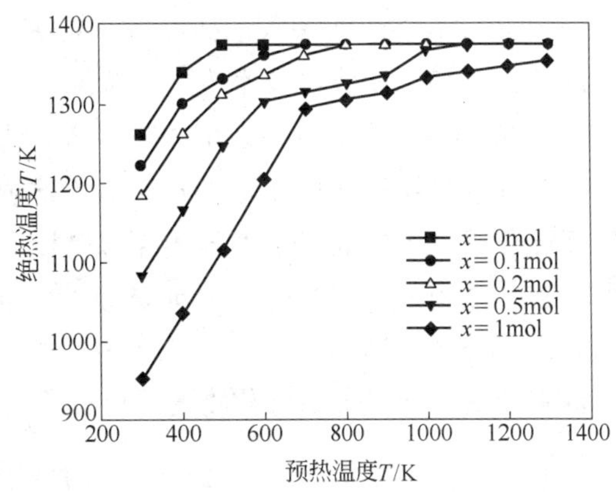

图5－31　稀释剂对反应产物绝热温度的影响

5.4.1.2　自蔓延高温合成反应动力学

自蔓延高温合成反应动力学（SHS combustion kinetic）主要是研究自蔓延反应过程中的化学转变以及速率变化规律，分析反应速率和反应时间。自蔓延高温合成过程中，燃烧波速受原料的化学计量比、反应物颗粒尺寸、燃烧温度、加热和冷却速度以及反应物的物理状态（固态、液态、气态）等多种因素的影响。其中绝大部分反应参数又是相互联系的，并对最终燃烧产物的形貌和性质具有重要影响。例如，在Ta－Si体系自蔓延高温合成反应中[69]，当预热温度为300℃时，初始样品密度和化学计量比对高温合成反应速率的影响规律如图5－32和图5－33所示，自蔓延合成反应速率随初始样品密度增加而增加。当Ta：Si等

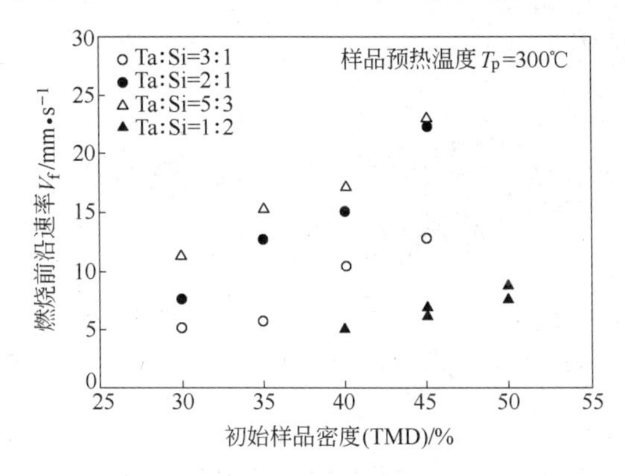

图5－32　初始样品密度和化学计量比对Ta－Si粉末压块自蔓延燃烧波速的影响（预热温度300℃）

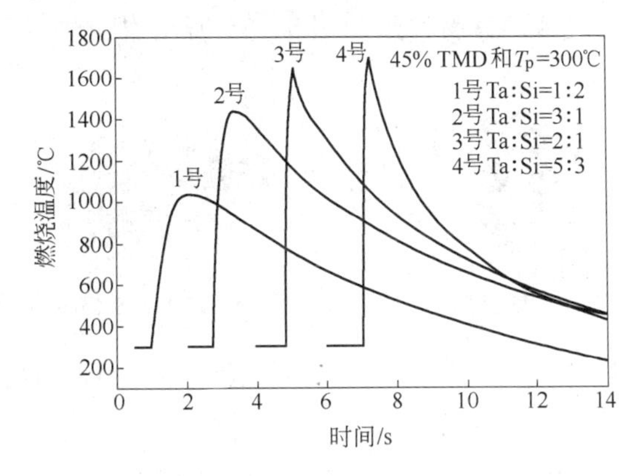

图5－33　初始化学计量比对Ta－Si粉末压块燃烧温度的影响（相对密度45%，预热温度300℃）

于 5 : 3 时，其反应速率最大。而初始化学计量比对 Ta - Si 粉末压块的燃烧温度的影响如图 5 - 33 所示，当 Ta : Si 等于 5 : 3 时，自蔓延合成反应温度明显提高。

5.4.2 自蔓延高温合成技术制备金属硅化物

自蔓延高温合成技术因其在材料制备方面的独特性，一提出就引起了广泛关注。特别是针对难熔金属硅化物材料，自蔓延高温合成技术是一种有效的方法，具有低成本、反应速度快和转化效率高等许多优点。世界各国的学者对 SHS 制备 $MoSi_2$ 基材料的反应机理及影响因素进行了广泛而深入的研究。早在 20 世纪 70 年代，Merzhanov 等人发明自蔓延高温合成技术之初，便将该技术应用于金属硅化物材料的制备（如 $MoSi_2$）。70 年代末，通过 SHS 合成 $MoSi_2$ 粉末，并采用粉末冶金方法制备加热元件的工艺已实现工业化生产[70]。我国在 20 世纪 70 年代也开始研究利用 SHS 技术制备金属硅化物粉末[71]，目前，采用自蔓延高温合成技术制备的金属硅化物材料二元体系有：Mo - Si 系[72~74]、Nb - Si 系[75]、Ta - Si 系[76]、Zr - Si 系[77]、Ti - Si 系等[78]；金属硅化物复合材料有：$MoSi_2$ - SiC、$MoSi_2$ - WSi_2、Ti_3SiC_2[79,80] 等。

自蔓延高温合成金属硅化物的反应过程可以用反应式（5 - 3）来表示：

$$2Si(l) + M(s) = MSi_2(s) \tag{5-3}$$

下面以 $MoSi_2$ 为例说明自蔓延高温合成金属硅化物的反应机理。Mo 和 Si 反应生成 $MoSi_2$ 的过程遵循“溶解—析晶”机制。在点火热源或已反应区热量快速传导作用下，燃烧波前沿处温度迅速超过硅的熔点，硅被加热熔化，液态硅在毛细张力作用下很快向周围铺张，大大增加了 Mo - Si 间接触面积，触发合成反应快速进行。Mo - Si 原子间直接固溶反应并放出大量热，导致在钼颗粒表面薄层范围内形成一高温区，促使薄层内 Mo - Si 原子快速互溶，薄层外侧富硅成分处熔点相对较低，而熔化成富硅液相。随着反应过渡薄层向钼颗粒心部快速推移，富硅液相将逐渐偏离放热反应高温区的影响范围，随着温度降低，不断析出 $MoSi_2$。随着反应热量的传递，新的液态硅出现，继续溶解 - 析晶过程，直至原料硅和钼消耗完毕，$MoSi_2$ 自蔓延合成反应机理如图 5 - 34 所示，反应过程中不同反应区域的显微组织如图 5 - 35 所示[74]。

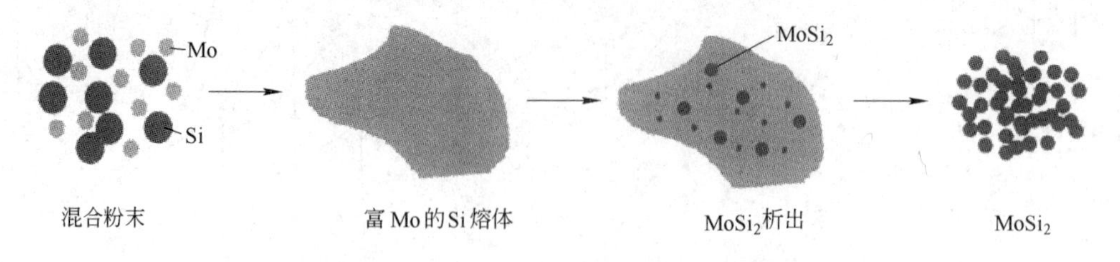

图 5 - 34 $MoSi_2$ 自蔓延合成反应机理图

$MoSi_2$ 的自蔓延合成过程受原料粉末状态，反应条件等多种因素的影响。当 Mo 颗粒尺寸较大时，由于 Mo 不能完全溶解，残留有被 Mo_5Si_3 和 Mo_3Si 包裹的未反应区（如图 5 - 36 所示）；当 Mo 和 Si 的混合物加热速率超过 100℃/min 时，液态的硅就会和固态

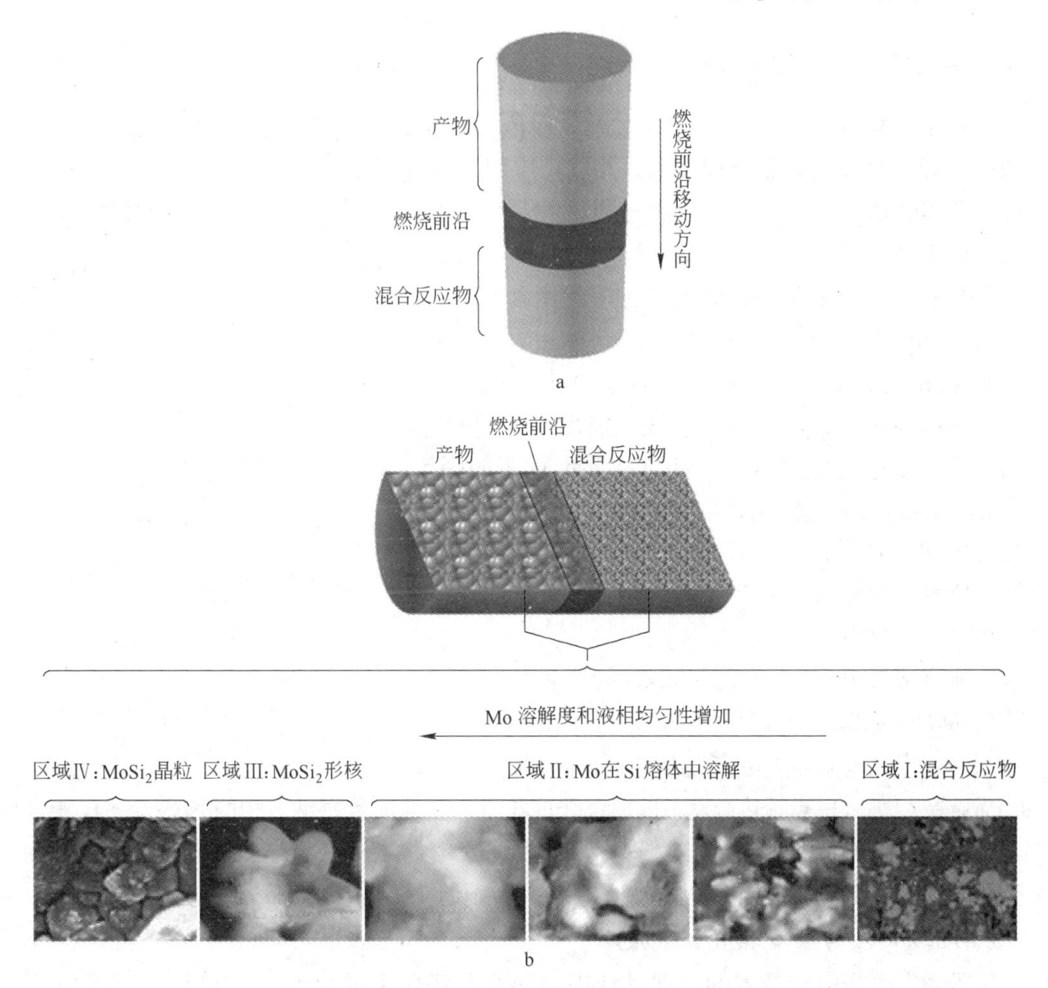

图 5－35　SHS 合成 $MoSi_2$ 反应过程不同区域显微组织示意图

的钼直接反应一步生成 $MoSi_2$。此外，由于反应过程中 Si 的挥发，残留的 Mo 与 $MoSi_2$ 发生扩散反应，生成 Mo_5Si_3，因此最终产物中出现了 Mo_5Si_3[81]。

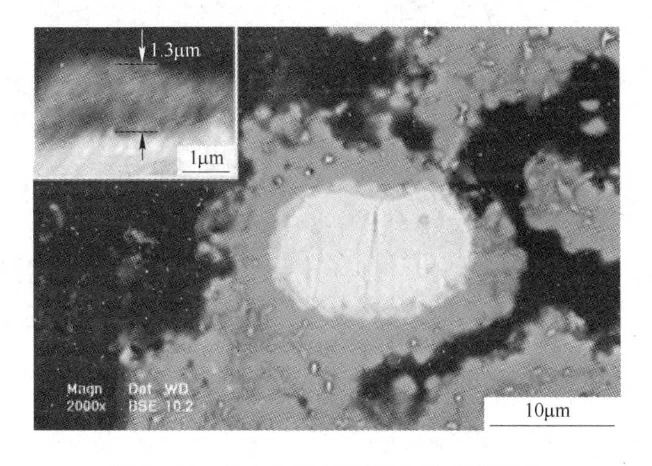

图 5－36　含有未反应区的 $MoSi_2$ 组织照片

5.4.3　新型自蔓延高温合成技术

近年来，随着 SHS 技术研究的深入，在传统自蔓延高温合成技术的基础上发展了一系列非常规的自蔓延高温合成技术，并成功应用于金属硅化物的合成制备。这些新技术不仅可以获得性能更好的金属硅化物材料，并且大大拓展了 SHS 技术的应用范围，新技术主要有以下几种。

5.4.3.1　高频热激发辅助燃烧合成技术

高频热激发辅助燃烧合成技术（High - Frequency Induction Heated Combustion Synthesis，HFI - HCS），其原理是利用高频感应加热诱导燃烧合成反应，同时施加机械压力，促进反应进行，其反应装置示意图如图 5 - 37 所示。高频热激发辅助燃烧合成技术与传统自蔓延合成技术相比，具有反应效率高，产品致密度高等优点，而且该技术大大缩短了制备流程，可以一步合成致密金属硅化物复合材料。

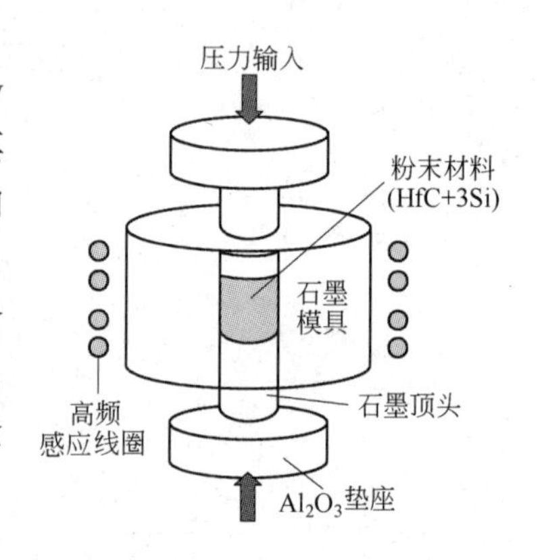

图 5 - 37　高频感应加热燃烧合成装置示意图

高频感应加热诱导燃烧合成技术已应用于 $HfSi_2$ - SiC[82]、$MoSi_2$ - SiC[83]、$NbSi_2$ - Si_3N_4[84]、$NbSi_2$ - SiC[85]、$ZrSi_2$ - Si_3N_4[86] 等金属硅化物及其复合材料的制备。Hyun - Kuk Park 等人[85] 采用高频热激发辅助燃烧合成技术一步合成致密纳米相的 $NbSi_2$ - SiC 复合材料，其反应合成时间仅为 2min，图 5 - 38 所示为 $NbSi_2$ 相对密度和晶粒尺寸随加热温度的变化关系曲线，其相对密度高达 99.8%，平均硬度和断裂韧性分别为 1300kg/mm^2 和 3.1MPa/m$^{1/2}$。

5.4.3.2　外场激发燃烧合成技术

外场激发燃烧合成技术的原理是利用电场和磁场作用强化 SHS 的过程，并能使一些反应放热值较低的体系进行自蔓延反应，其设备示意图见图 5 - 39。通过外场能量输入可

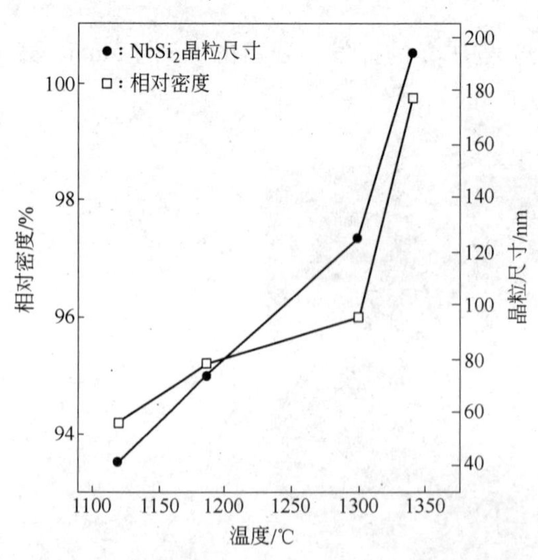

图 5 - 38　在 60MPa 条件下，$NbSi_2$ 相对密度和晶粒尺寸随加热温度的变化关系曲线

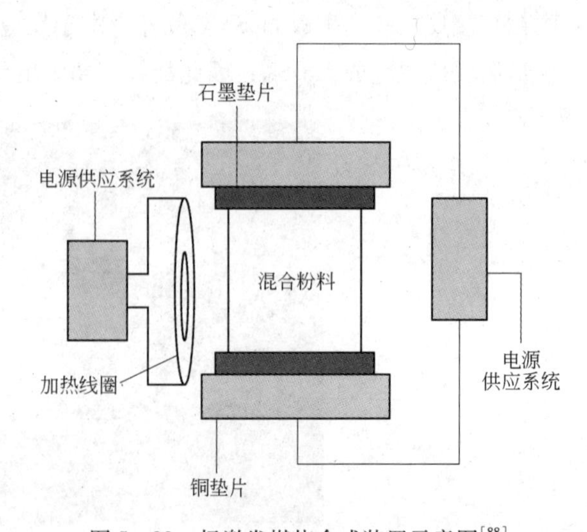

图 5 - 39　场激发燃烧合成装置示意图[88]

以显著改变自蔓延反应的动力学过程（燃烧波的模式、速度、温度和相变过程），而且，外加场还会改变燃烧产物的微观结构与性能[87]。

场激发燃烧合成技术已成功应用于 WSi_2、W_3Si_5、V－Si[89]、Nb－Si[90]等金属硅化物以及 $NbSi_2$－SiC－Si_3N_4[91]、$MoSi_2$－SiC 等金属硅化物基复合材料的制备[92]。外场能量输入大小是影响自蔓延燃烧合成反应的重要因素，图 5－40 所示为电场和 ZrO_2 含量对燃烧合成 WSi 基复合材料反应速率的影响规律曲线。结果表明，随电场强度增加，燃烧波速率明显提高；而在相同电场条件下，反应速度随第二相含量的增加而降低。在制备金属硅化物基复合材料时，第二相含量的增加使反应混合物的导电效率降低从而降低反应速率。此外，I. J. Shon 等人[93]开发了压力辅助场激发燃烧合成技术，并研究了外加压力对 WSi 材料的致密度的关系，结果如图 5－41 所示。WSi_2 和 WSi_2－20ZrO_2（体积分数）体系复合材料相对密度随外加压力的增加均得到显著提高。

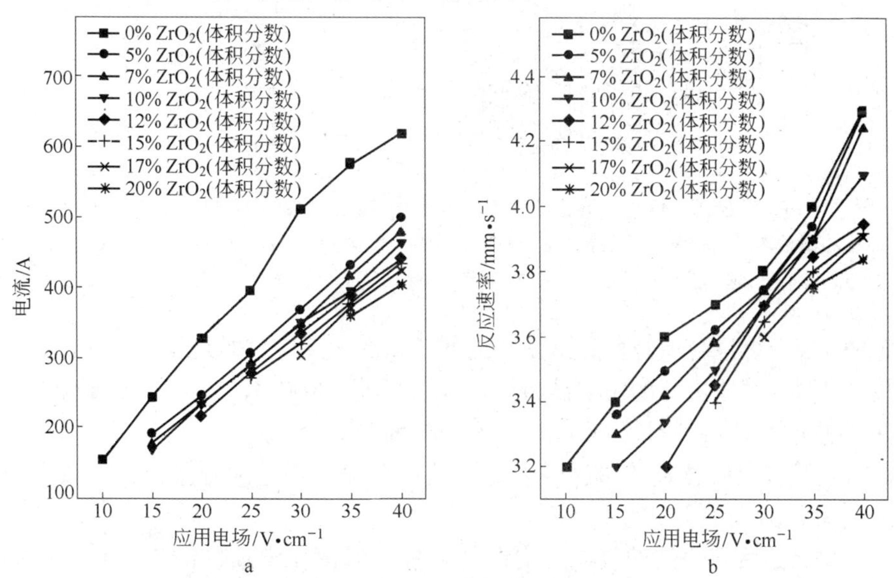

图 5－40　W－Si－ZrO_2 体系燃烧反应动力学分析

a—W－Si－y% ZrO_2（体积分数）反应过程中最大电流值与应用电场的关系；b—反应速率与应用电场的关系

5.4.3.3　微波激活自蔓延高温合成技术

微波激活自蔓延高温合成技术（Microwave Activated Combustion Synthesis，MACS）与外场激发 SHS 技术相似，均是采用钨灯丝激发燃烧合成反应，不同之处在于，外场激发 SHS 技术是利用体系的电阻产生的焦耳热提供反应持续的能量，而微波激活自蔓延高温合成技术是利用微波具有介电选择性加热的特性为燃烧合成体系提供能量。微波具有内部快速加热、选择性介电加热的特性，其点火过程在原料的内部，燃烧波由内向外扩展，从而形成了独特的自蔓延高温合成方式，微波激活自蔓延高温合成反

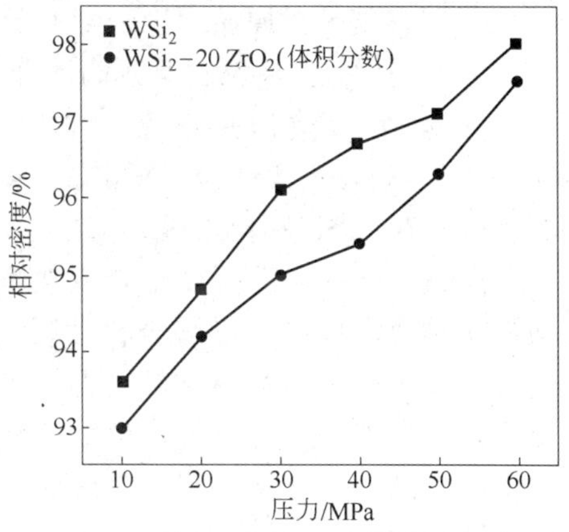

图 5－41　外加压力对燃烧合成制备 WSi_2 和 WSi_2－20ZrO_2（体积分数）体系复合材料相对密度的影响

应系统示意图如图 5 - 42 所示。1990 年，美国佛罗里达大学的 Dalton 等率先提出微波加热在自蔓延高温合成中的应用[94]，并采用微波激活自蔓延高温合成技术合成了 $MoSi_2$、Ti_5Si_3 等金属硅化物材料。

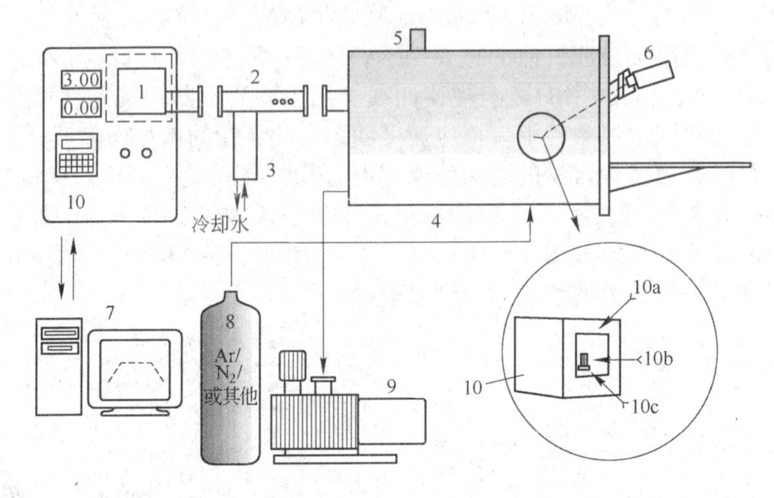

图 5 - 42　微波激活自蔓延高温合成反应系统示意图[95]

1—Magnatron 微波源；2—微波传导装置；3—虚拟载荷；4—微波室；5—模式控制器；6—双色光学温度计；7—外部计算机；8—工业气体；9—真空泵；10—内部控制器；10a—绝缘样品容器；10b—样品；10c—感应器

传统的自蔓延燃烧合成技术通常是从外部开始激发反应，燃烧波自外向内扩展，反应过程是以热扩散的模式进行的。微波激活自蔓延高温合成技术与传统的自蔓延合成技术相比较，微波点火方式的优越性体现在以下 4 个方面：

(1) 由于微波点火方式从原料的内部开始，点火后热量没有散失，热量损失比其他方式的少，热效率高；

(2) 微波点火后燃烧波的方向由内向外扩展，促使化学反应的气体和一些添加剂的挥发，获得的产品纯度较高；

(3) 采用微波加热容易控制燃烧波的传播，进而控制反应过程；

(4) 微波能够对原始理论密度大于 80% 的物质进行点火，从而可获得高密度的产品。

此外，采用微波激活自蔓延高温合成的材料具有组织均匀、产品纯度高等优点，如图 5 - 43 所示为微波协助自蔓延高温合成 Co - Si 块体材料 SEM 形貌，析出相 $CoSi_2$ 均匀弥散分布在 CoSi 基体中。

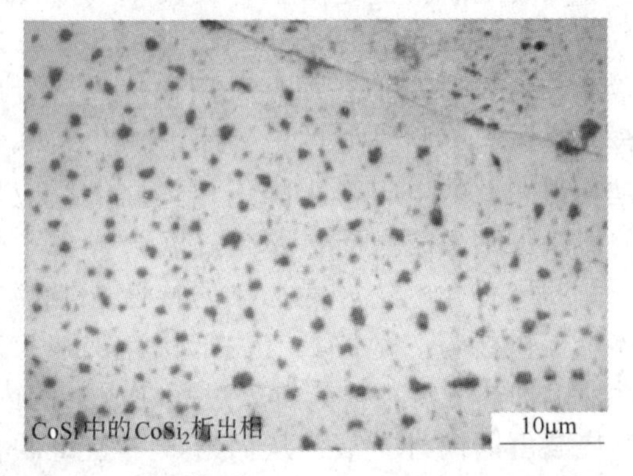

图 5 - 43　MACS 制备 CoSi 材料的 SEM 形貌[95]

采用微波协助自蔓延高温合成技术制备金属硅化物要求反应物能够吸收微波能，从而能够在较短时间内加热到较高温度，以产生点火发生自蔓延高温反应。根据微波与物质之间的物理化学特性，在不考虑微波对弱吸收微波物质的辅助性加热情况下，彭金辉等人[96]的研究给出了适合和可能适合于微波自蔓延高温合成的金属硅化物材料种类，如

表 5 - 4 所示。

表 5 - 4 适合于微波自蔓延高温合成技术合成的金属硅化物材料[96]

微波加热反应物温度/℃	合成材料	微波加热反应物温度/℃	合成材料
Mo(650)Si(1000)	MoSi, $MoSi_2$, Mo_5Si_3	V(557)Si(1000)	V_3Si, V_5Si
Fe(768)Si(1000)	FeSi	W(690)Si(1000)	WSi, W_5Si_3
Nb(700)Si(1000)	$NbSi_2$	Zr(710)Si(1000)	$ZrSi_2$, Zr_5Si_3
Ta(700)Si(1000)	$TaSi_2$	Ni(500)Si(1000)	Ni_3Si
Ti(1150)Si(1000)	TiSi, $TiSi_2$, Ti_5Si_2		

自蔓延高温合成技术经过 30 多年的发展，在金属硅化物制备方面的应用也越来越广泛，但目前仍存在一些关键问题需要解决：如何获得高致密度产品；怎样严格控制燃烧反应过程，获得所需性能的产品，这仍需要我们深入全面地开展 SHS 过程的反应动力学、热力学、物质和能量交换以及各种反应参数对产物性能的影响等方面的研究。

5.5 粉末冶金技术

金属硅化物的制备无论是采用机械合金化还是自蔓延高温合成获得的都是金属硅化物复合粉体。要获得可以实际应用的致密材料，还需要采用粉末冶金技术进行成型、烧结处理。制备金属硅化物块体材料的主要成型烧结工艺有无压烧结、放电等离子烧结、微波烧结和热压/热等静压等方法。

5.5.1 无压烧结

无压烧结是最简单最传统的烧结工艺。其原理是：在无外界压力条件下，将具有一定形状的坯体放在一定温度和气氛条件下经过物理化学过程变成致密、体积稳定、具有一定性能的固结致密块体的过程。无压烧结是通过粉末颗粒间的黏结完成致密化过程，其驱动力主要是孔隙表面自由能的降低。

无压烧结是在没有外加驱动力的情况下进行的，技术要求较低，工艺简单，成本低廉，能够直接制备复杂形状材料等特点。但得到的材料往往存在致密度不高的缺点。在没有外力作用下，烧结时材料的线收缩率可由式(5 - 4)表示：

$$\varepsilon_p \approx \beta f(T) \tag{5-4}$$

式中 ε_p——线收缩率，是温度和时间的函数；

β——升温速率；

$f(T)$——温度函数。

选择合理的烧结工艺参数，对材料的致密度具有很重要的影响。图 5 - 44 为 $MoSi_2$ 坯块不同烧结条件下的密度变化曲线[97]。结果表明：无压烧结材料的致密化在很大程度上依赖于烧结温度，此外，烧结活化剂和坯体的填充密度对材料的致密度也会产生一定的影响。

采用活化烧结是提高材料致密度的有效方法之一。在烧结过程采用化学或物理的措施，使烧结温度降低、烧结过程加快，或使烧结体的密度和其他性能得到提高的方法称为活化烧结。活化烧结可以分为两种：

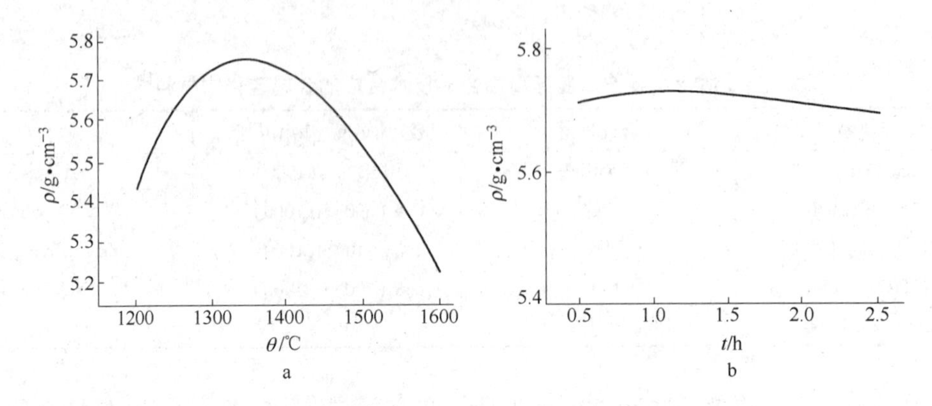

图 5－44 烧结 $MoSi_2$ 坯块密度变化曲线

a—不同温度烧结 1h；b—1400℃烧结不同时间

（1）依靠外界因素活化烧结，如在气氛中添加活化剂，使烧结过程中循环地发生氧化－还原或其他反应，往往在烧结填料中添加强还原剂（如氢化物），循环改变烧结温度，施加外力或外场作用（如后面介绍的热压烧结、等离子烧结、微波烧结）等；

（2）提高粉末的活性，使烧结过程活化，例如粉末机械激活，使粉末颗粒产生较多的晶体缺陷或不稳定结构，添加活化元素以及使烧结坯形成少量液相（液相烧结）等。图 5－45 为不同粉末状态的 $MoSi_2$ 冷压致密度与无压烧结致密度随不同状态粉末的变化关系曲线[98]，结果表明，经机械激活的 Mo、Si 混合粉末冷压、烧结后致密度明显高于未经机械激活的混合粉末。

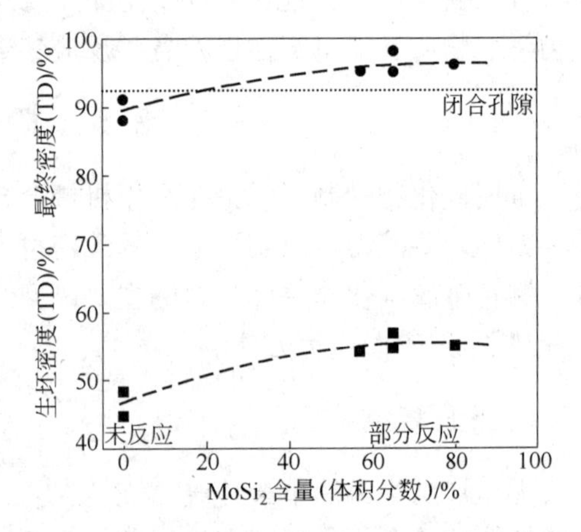

图 5－45 不同含量的机械激活 Mo－Si 混合粉末冷压致密度（500MPa 冷压）和烧结致密度（1600℃/1h）的变化曲线

5.5.2 热压烧结法

热压烧结（hot－pressing）是一种加压烧结的方法，将粉末装在模腔内，在加压的同时使粉末加热到正常烧结温度或更低一些（一般为 $0.5 \sim 0.8T_{熔点}$），经过较短时间烧结成致密而均匀的制品。由于从外部施加压力而补充驱动力，因此实际致密化驱动力（P_T）可由式（5－5）表示：

$$P_T = P_e + \frac{2\gamma}{r_p} - P_i \tag{5-5}$$

式中 P_e——额外作用力下内部气孔压力；

γ——表面能；

r_p——气孔半径；

P_i——内部气孔压力。

热压是一种强化烧结，与无压烧结相比除表面能外还有额外的压力，热压烧结时施加的压力大小与压制粉末中存在的晶体结构缺陷的情况有关。塑性变形、扩散蠕变等过程会影响制品的密度，热压烧结示意图如图5－46所示。热压的加热方式可分为：电阻直热式、电阻间热式和感应加热式三种。

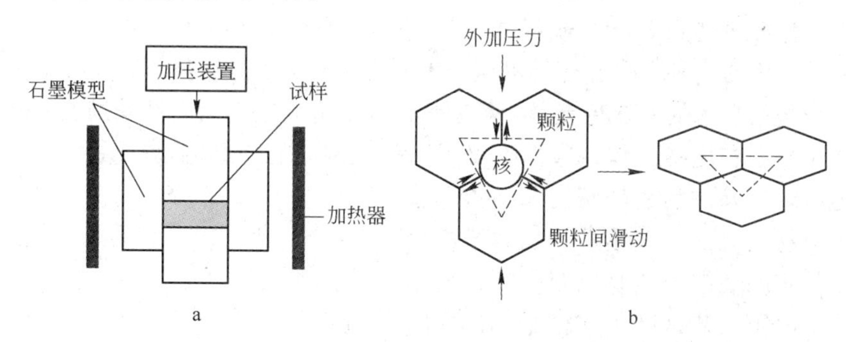

图5－46 热压烧结示意图

a—热压烧结原理图；b—热压作用示意图

热压烧结的最大优点是可以大大降低成型压力和缩短烧结时间，热压压力仅为冷压成型的1/10，可以压制大型制件。采用热压烧结制备的材料致密度高，晶粒非常细小。尽管热压烧结具有许多优点，但是，热压工艺对模具材料要求较高且容易消耗，模具材料的选择需要考虑使用温度、热压时的气氛和价格，模具材料的热膨胀系数要低于热压材料的热膨胀系数（这样使冷却后制品容易脱模）；热压工艺的效率低，能耗大，其制品表面粗糙，精度低，一般适合形状简单的制品。

原则上，凡是用一般方法能制备的粉末零件，都适合于用热压方法制造，尤其适于制造全致密难熔金属及其化合物等材料。因此，一般情况下，所有的金属硅化物材料均可采用热压法制备，如Cr－Si[99]，Mo－Si[100]，Fe－Si，Cr－Mo－Si[101]以及金属硅化物基复合材料[102~104]等。图5－47为1400℃热压法制备的（Cr，Mo）$_3$Si合金显微组织以及Pt－6Rh纤维增强（Cr，Mo）$_3$Si合金显微组织[105]。

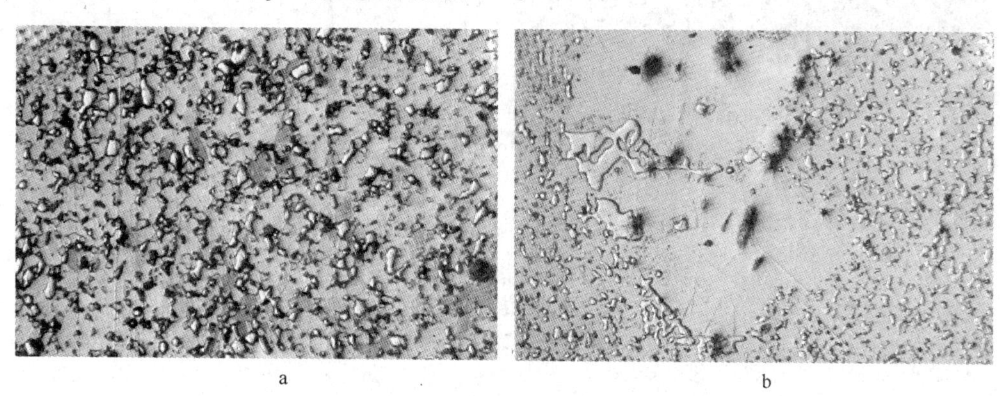

图5－47 热压烧结（Cr，Mo）$_3$Si合金显微组织

a—（Cr，Mo）$_3$Si合金；b—Pt－6Rh纤维增强（Cr，Mo）$_3$Si合金

5.5.3 热等静压烧结法

热等静压（Hot Isostatic Pressing，HIP）的原理是将粉末压坯或装入特制容器的粉末

体置于热等静压机高压容器中，同时施以高温和均向气体高压使粉末体同步压制和烧结成致密的零件或材料。热等静压不需要刚性模具来传递压力，从而不受模具强度的限制，可以选择更高的外加压力。随着设备的发热元件、热绝缘层和测温技术的进步，目前的热等静压设备工作温度可达到2000℃或更高，气体压力可达300～1000MPa。HIP产生高致密度产品的方法主要有两种：包套热等静压技术和无包套热等静压技术。

热等静压烧结技术的主要特点是：粉末坯体在等静高压容器内经受高温和高压的联合作用，强化了压制和烧结过程，这样不仅可以降低制品的烧结温度、改善制品的晶粒结构，而且能有效消除制品的残留孔隙，得到接近完全致密的材料制品。金属硅化物属于高熔点化合物，传统的烧结工艺难以获得致密化制品，因此热等静压工艺是制备致密金属硅化物制品的有效方法之一。

目前，采用热等静压技术制备的金属硅化物材料有：Mo－Si[106]、W－Si[107]、Ni－Si[108,109]、Ti－Si以及金属硅化物基复合材料等。R. Suryanarayanan 等人将 $MoSi_2$ 粉末在207MPa的压力下，1400℃烧结4h，材料相对密度可达99%[110]。图5－48和图5－49为热等静压制备Ti－Si金属硅化物的工艺路线及显微组织形貌[111]。

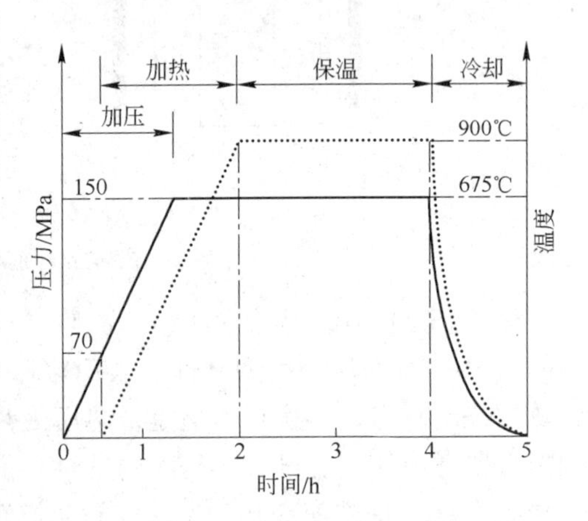

图5－48　Ti－Si金属硅化物热等静压工艺路线图

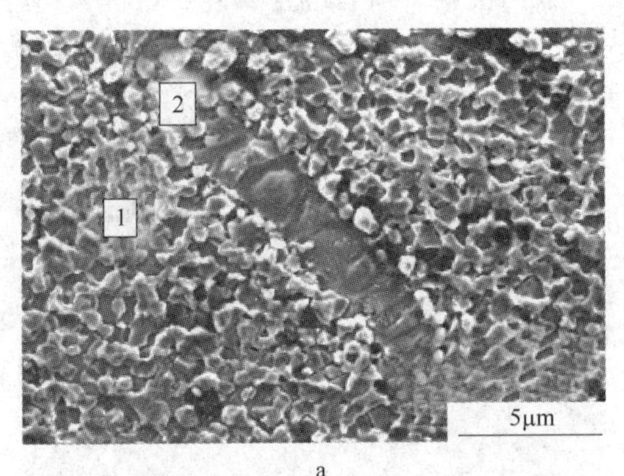

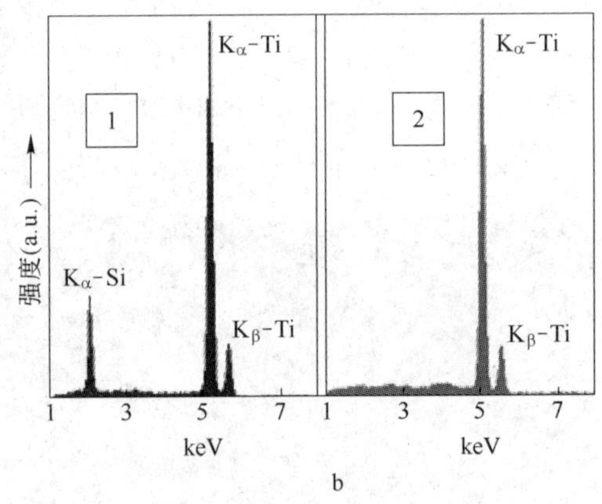

a　　　　b

图5－49　热等静压制品显微组织

a—$Ti_{85}Si_{15}$晶粒与Ti的界面二次电子像；b—对应能谱分析

5.5.4　放电等离子烧结

放电等离子烧结（Spark Plasma Sintering，SPS）又称为电火花烧结，其过程是将金属等粉末装入由石墨等材料制成的模具内，对烧结粉末施加特定的烧结电源和压力，经过放电活化、热塑变形和冷却阶段获得高性能材料或制件，其装置示意图如图5－50所示。它是一种将电能、机械能同时作用于烧结粉末的一种新工艺，具有充分放电、活化强化、高效能和快速烧结等特点。

放电等离子烧结除了具有热压的特点外，其主要特点是通过瞬时产生的放电等离子使得被烧结体内部每个颗粒均匀地自身发热和表面活化。热压烧结主要在焦耳热和加压造成的塑性变形作用下完成烧结过程。而SPS过程除了上述作用外，在粉末压坯上施加了特殊的脉冲电压，并利用粉末颗粒间的放电产生自发热作用。与热压相比，放电等离子烧结具有如下优点：

（1）粉末原料来源广。放电等离子烧结技术可以用于烧结热压技术不能制备的粉末，而且制品的综合性能优于热压制品；

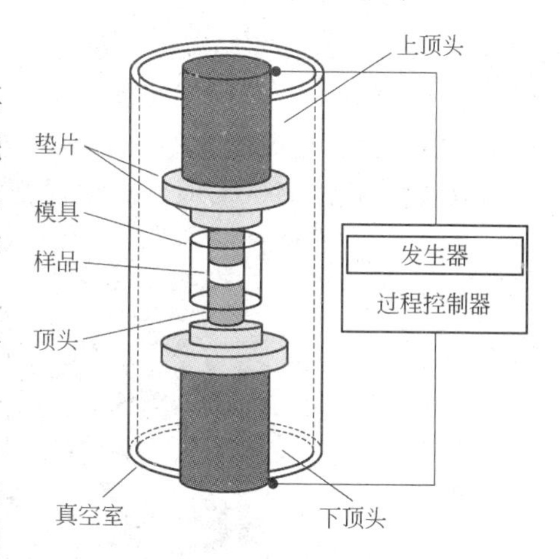

图5-50 放电等离子烧结设备示意图

（2）快速升温和冷却。可以快速地获得2000℃以上的高温，实现粉末的快速致密化，高效节能；

（3）均匀加热。通过向样品施加脉冲电源，使得颗粒接触点产生放电等离子，从而实现坯体内部每个颗粒均匀地自身发热，具有很高的热效率，样品内的传热过程可在瞬间完成；

（4）可以获得纯度高、细晶结构、高性能的材料；

（5）可以实现连续烧结和复杂形状部件的制备。

放电等离子烧结的主要问题是所用电源复杂，设备投资大。

目前，利用SPS工艺制备的金属硅化物主要有$MoSi_2$[112]、Nb_5Si_3[113]、$ReSi_{1.75}$[114]、Fe-Si[115]、Ti-Si[116]、Ti_3SiC_2[117]等金属硅化物及其复合材料。放电等离子烧结工艺制备金属硅化物材料，主要是利用脉冲能、放电脉冲压力和焦耳热产生的瞬时高温场促进粉末颗粒之间的反应形成硅化物。图5-51为放电等离子烧结过程中，Mo粉与Si粉之间形成$MoSi_2$的典型组织形貌，可以发现$MoSi_2$组织均匀致密，并且在Mo层与$MoSi_2$之间形成了Mo_5Si_3。

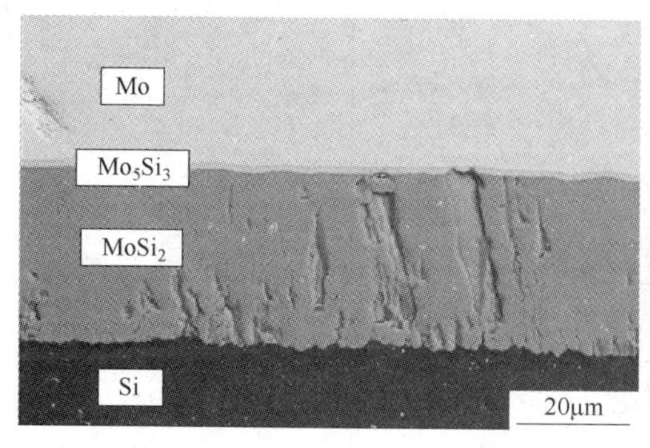

a

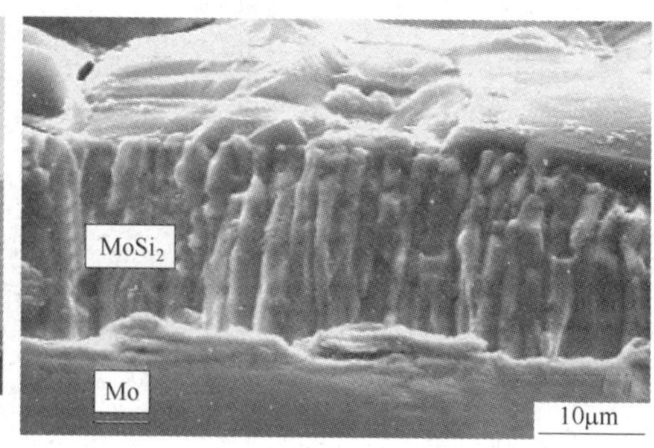

b

图5-51 Mo-Si层SPS反应产物组织形貌[118]

a—Mo-Si层界面形貌；b—断裂面柱状生长的$MoSi_2$形貌

SPS技术制备金属硅化物材料过程中，材料致密度受烧结温度、烧结时间、外场压力等因素的影响，通常情况下，材料致密度随烧结温度、时间、压力的增加而增加。

图 5 - 52 为 SPS 过程烧结温度和烧结时间对 Ti - Si 材料微观组织的影响，随着烧结温度和烧结时间的增加，组织明显均匀致密，孔隙率大幅降低。图 5 - 53 为 SPS 制备 $MoSi_2$/SiC 复合材料过程中反应物的收缩程度与温度的关系，在 1000℃以下时，样品致密度几乎不发生变化，超过 1000℃时，收缩程度大幅增加，说明样品发生显著的致密化。

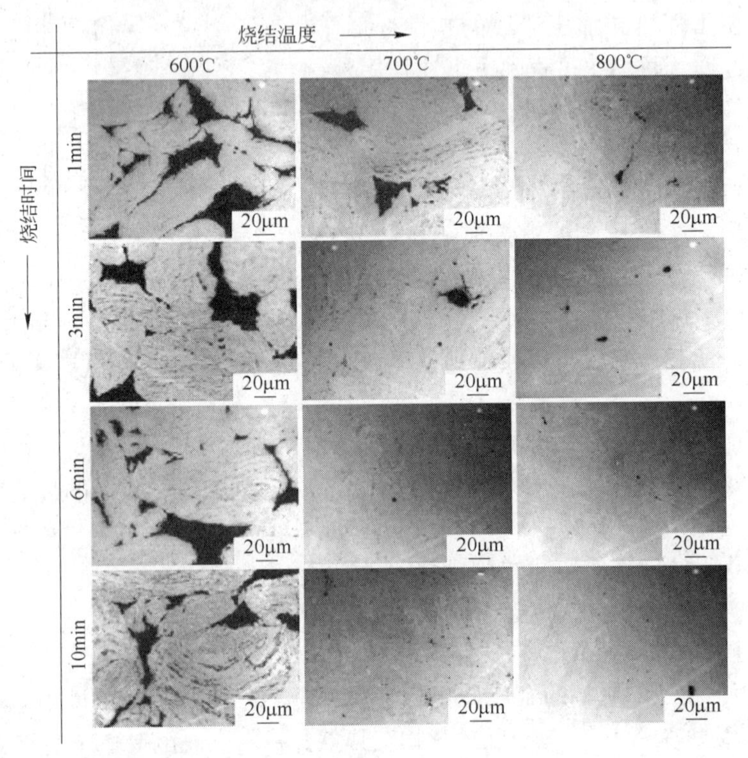

图 5 - 52　SPS 过程烧结温度和烧结时间对 Ti - Si 材料微观组织的影响[119]

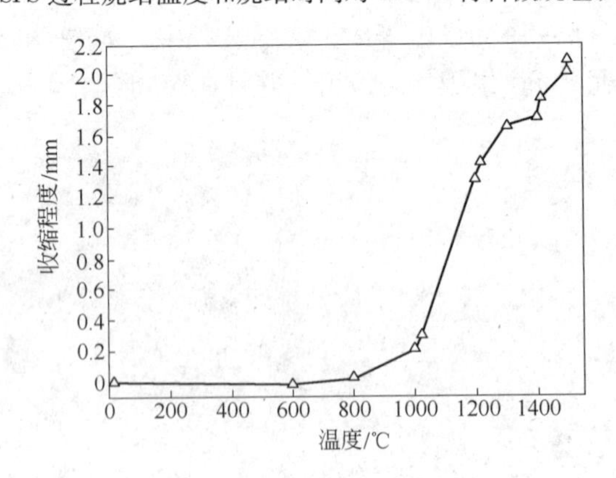

图 5 - 53　SPS 制备 $MoSi_2$/SiC 复合材料过程中反应物的收缩程度与温度的关系[120]

5.6　固态置换反应

5.6.1　原理

固态置换反应（Solid - state displacement reaction）是两种或两种以上元素及化合物在

热压条件下发生置换反应，生成热力学稳定的新化合物的过程，也可以说是凭借两个或更多的元素的扩散转变（或者是混合成分的反应）来形成热力学上比反应物更稳定的新相。由于固相反应体系的反应熵较大，放热很小（甚至吸热），一般不能产生自蔓延燃烧反应，所以又把该工艺称为“反应烧结”（Reactive Sintering）。

固态置换原位反应合成技术是将固态置换反应和原位反应技术相结合所形成的一种新技术。该技术被认为是合成金属间化合物/陶瓷基复合材料的一种新技术，该方法的优点是：

（1）强化相（一般具有高硬度、高弹性模量和高温强度）原位形成，表面无污染，强化相与基体的结合良好；

（2）增强体大小和分布较容易控制，且数量可在较大范围内调整，容易获得理想的显微结构；

（3）工艺简单，成本低廉，可获得形状复杂、尺寸大的构件。

固态置换原位反应合成技术主要有：SHS 技术[121]（高温自蔓延合成技术）、XD^{TM}技术[122]（XD^{TM}技术是美国 Martin Marietta 公司发明的一项制备金属基复合材料的技术，其特点是在熔融的金属体内发生反应合成陶瓷以形成陶瓷颗粒增强的金属基复合材料）、Lanxide 技术[123]（利用化学反应自身生长进而实现复合或合成的技术）、RMA[124]（反应机械合金化技术是利用机械合金化过程中的热、力作用促进纯组元间的化学物理反应获得复合粉末的技术）、热压烧结技术。

5.6.2 固态置换反应制备金属硅化物材料

固态置换反应技术在金属硅化物材料的应用主要是针对金属硅化物基复合材料的制备，如 $MoSi_2-SiC$[125~130]、$ZrSi_2-Si_3N_4$[131]、$(Mo-W)Si_2/SiC$、$(Nb-Ta)Si_2/SiC$[132]、Ti_3SiC_2[133]等。

固态置换反应制备金属硅化物及其复合材料取决于固态反应过程的热力学及动力学平衡情况。以 Ti_3SiC_2/SiC 复合材料为例[134]，通过固态置换反应合成 Ti_3SiC_2/SiC 的复合材料，必须选择适当的起始反应物。Ti－Si－C 三元平衡相图是选择的主要依据之一，图 5－54 为 Si－Ti－C 三元相图 1200℃等温截面，在 Ti－Si－C 三元系中，所有三元化合物都假设为具有固定成分的稳定化合物，因此，从相图中可以看出，要合成 Ti_3SiC_2-SiC 复合材料，起始反应物很自然的选择是 TiC 和 Si，其反应过程如式（5－6）所示：

$$2Si+3TiC \longrightarrow Ti_3SiC_2+SiC \quad (5-6)$$

TiC 和 Si 两相在此温度下，没有热力学平衡状态，因此，在足够高温度下，如果这两相接触，将会发生固态置换反应，图 5－55 为 Ti_3SiC_2 基复合材料的 TEM 形貌组织。

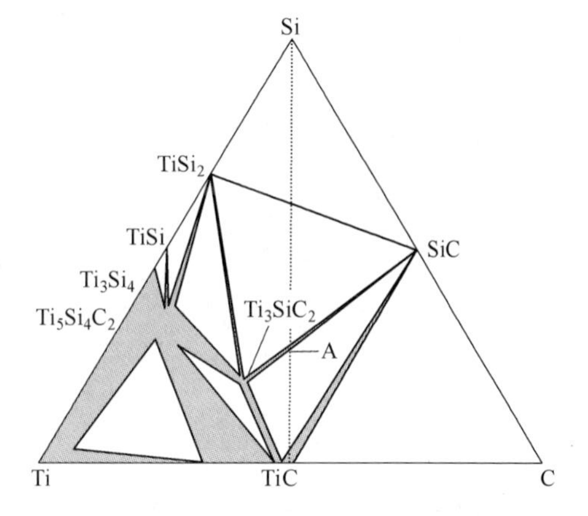

图 5－54 Si－Ti－C 三元相图 1200℃等温截面

除了上述传统的固态置换反应制备金属硅化物外，A. M. Nartowski 等人[135]发展了另一种新型固体置换反应工艺——固态转换合

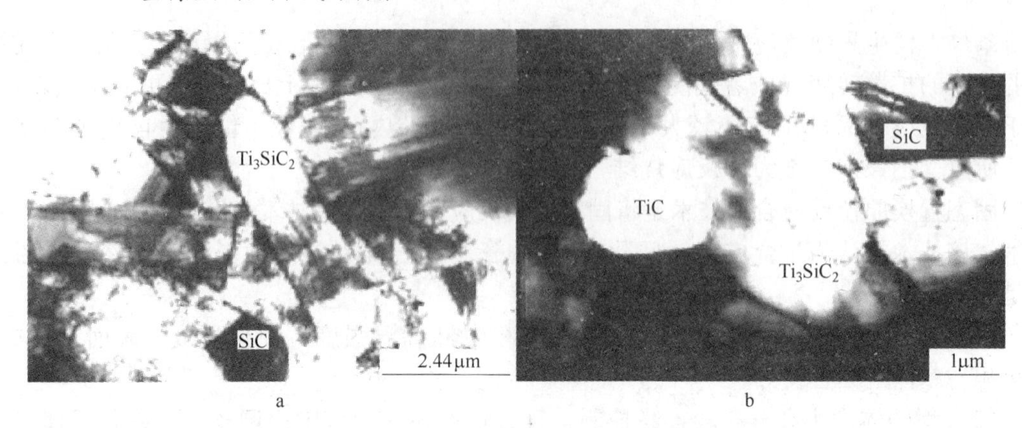

图 5－55　Ti_3SiC_2 基复合材料的 TEM 形貌组织

a—Ti_3SiC_2 和 SiC 颗粒；b—TiC 颗粒嵌入较大 Ti_3SiC_2 颗粒中

成（Solid－State Metathesis，SSM）。其原理是利用过渡族金属氧化物与碱金属或碱土金属的硅化物（如 Li_2Si、$CaSi_2$、Mg_2Si 等）之间的化学反应合成难熔金属硅化物。反应过程在真空密封石英管中进行，产物为难熔金属硅化物和碱金属氧化物，通过水洗或酸洗可以将两者分离，获得的难熔金属硅化物一般为多相产物，难以得到高纯度的单相产物。固态转换合成反应可以根据以下方式进行：

（1）金属氧化物——镁、钙硅化物反应合成如式（5－7）所示：

$$M_2O_5 + 2Mg_2Si + CaSi_2 \longrightarrow 2MSi_2 + 4MgO + CaO \quad (M = V, Nb, Ta) \tag{5-7}$$

（2）金属氧化物——硅化锂反应合成如式（5－8）所示：

$$Nb_2O_5 + 4Li_2Si \longrightarrow 2NbSi_2 + 4Li_2O + \frac{1}{2}O_2 \tag{5-8}$$

（3）锂盐类——镁、钙硅化物反应合成如式（5－9）所示：

$$2LiNbO_3 + 2Mg_2Si + CaSi_2 \longrightarrow 2NbSi_2 + Li_2O + 4MgO + CaO \tag{5-9}$$

部分金属硅化物的 SSM 合成反应过程及产物组成如表 5－5 所示。

表 5－5　部分金属硅化物的 SSM 合成反应过程及产物组成

反应过程	生成产物
$V_2O_3 + Mg_2Si/CaSi_2$	$VSi_2[V_5Si_3]$
$V_2O_5 + Mg_2Si/CaSi_2$	VSi_2
$Nb_2O_5 + Mg_2Si/CaSi_2$	$NbSi_2[Nb_5Si_3]$
$Nb_2O_5 + Li_2Si$	$Nb_5Si_3[NbSi_2]$
$LiNbO_3 + Li_2Si$	$NbSi_2$
$LiNbO_3 + Mg_2Si/CaSi_2$	$NbSi_2[Nb_5Si_3]$
$Ta_2O_5 + Mg_2Si/CaSi_2$	$TaSi_2$
$LiTaO_3 + Li_2Si$	$TaSi_2$
$MoO_3 + Li_2Si$	$Mo, Mo_5Si_2[MoSi_2]$
$Li_2MoO_4 + Mg_2Si/CaSi$	$MoSi_2[Mo_5Si_3, Mo]$
$Li_2MoO_4 + Li_2Si$	$MoSi_2[Mo_5Si_3]$

注：[ ] 中物质为生成产物的副产物。

根据固态置换反应原理，也可用气体作为反应原料进行置换反应，最近 J. R. Szczech 等人[136]发展了一种新型固－气体置换反应技术制备硅化镁（Mg_2Si）材料。其反应原理是以硅藻为原料在镁蒸气中进行固－气体置换反应，并成功合成出纳米尺寸的 Mg_2Si 复合材料，固－气置换反应过程如式（5－10）所示，图 5－56 为纳米结构的 $Mg_2Si-MgO$ 复合材料 TEM 明场像和选区衍射花样。

$$2Mg(g) + SiO_2(s) \longrightarrow Mg_2Si(s) + 2MgO(s) \qquad (5-10)$$

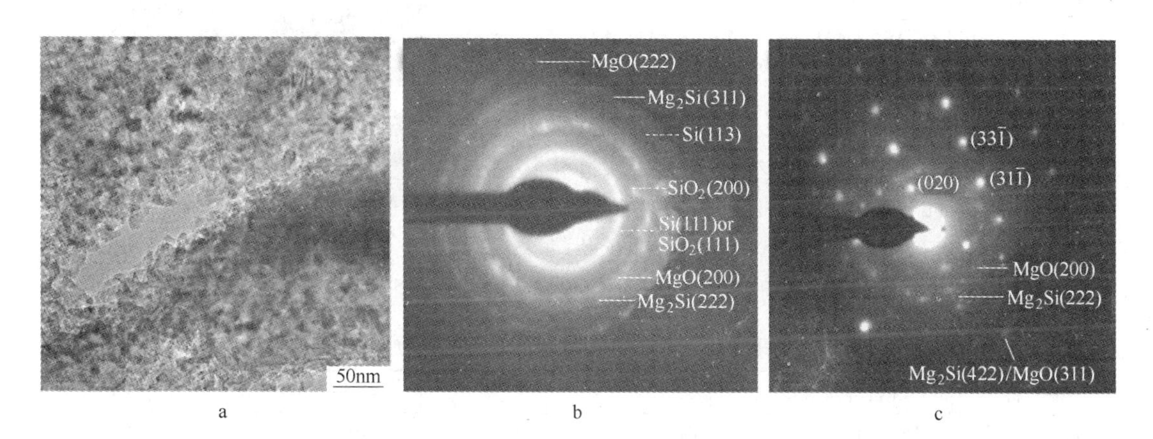

图 5－56 纳米结构的 $Mg_2Si-MgO$ 复合材料 TEM 明场像和选区衍射花样

a—615℃合成产物的 TEM 明场像；b—a 对应的衍射斑；c—630℃合成产物选区衍射花样

5.7 熔盐反应技术

5.7.1 原理

熔盐反应技术是最近发展起来的一种新型金属硅化物纳米材料制备技术。其原理是利用熔盐作为无机溶剂，以金属 Na 或 Mg 作为还原剂，通过还原硅化物制备出金属硅化物纳米材料[137]。

一般来说，溶剂可以分为三大类：以水为代表的质子溶剂；以有机溶剂（如苯、四氯化碳）等为代表的惰性溶剂和以熔盐为代表的无机溶剂。利用熔盐作为无机溶剂具有以下优点：

（1）提供液态的介质环境，溶剂对其他物质具有很好的溶解能力；

（2）化学反应过程中传质传热传能速率快效率高；

（3）反应温度低，产品纯度高，粒度小且分布均匀，溶剂容易清洗，可以达到的温度范围很广（小于 100～1000℃）等。

因此，利用无机溶剂热合成纳米材料是对水热法和有机溶剂法合成纳米材料的延伸和补充，弥补了其他两种合成法温度范围的不足，具有很好的发展前景。

5.7.2 熔盐反应技术制备金属硅化物材料

根据熔盐反应制备金属硅化物过程中硅源的不同可以分为以下 3 种。

5.7.2.1 以硅粉作为硅源的工艺

以硅粉和 VCl_4 为原料，以金属钠为还原剂，在650℃的氯化镁和氯化钠混合熔盐中，在高压釜中通过还原硅化物可以合成具有六方相结构的、颗粒平均直径约为35nm的 VSi_2 纳米材料[138]，如图5－57所示为 VSi_2 纳米颗粒TEM形貌，其化学反应过程如式（5－11）所示：

$$VCl_4 + 2Si + 4Na \longrightarrow VSi_2 + 4NaCl \quad (5-11)$$

在熔盐反应过程中，熔盐作为无机溶剂在金属硅化物纳米晶成核和生长方面是很好的控制介质。此外，马剑华等[139]人采用熔盐反应技术制备了金属硅化物材料纳米材料，如 $NbSi_2$，$CrSi_2$，$MoSi_2$，WSi_2，FeSi，CoSi/$CoSi_2$，$NdSi_2$，YSi_2 等，制备金属硅化物纳米材料的试验条件及结果如表5－6所示。

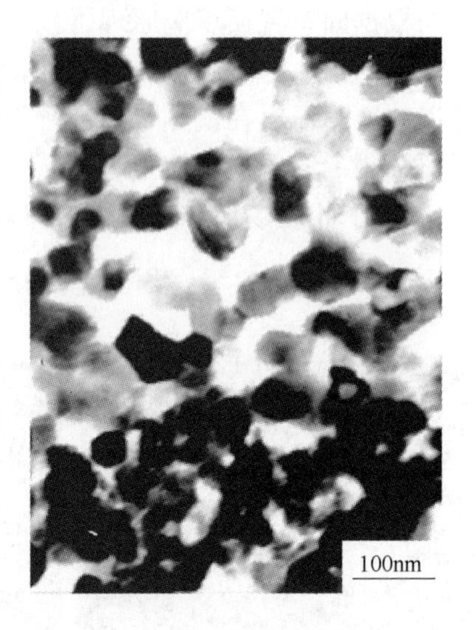

图5－57 VSi_2 纳米颗粒TEM形貌

表5－6 采用硅粉作为硅源制备的金属硅化物纳米材料

原 料	无机溶剂	温度/℃	产 物	结构/形状	尺寸/nm
$NbCl_5$，Si，Na	$MgCl_2$ + NaCl	650	$NbSi_2$	六边形/颗粒	40～50
$CrCl_3$，Si，Na	$MgCl_2$ + NaCl	500	$CrSi_2$	六边形/颗粒	40～60
$MoCl_5$，Si，Na	$AlCl_3$	500	$MoSi_2$	六边形/颗粒	30～60
WCl_6，Si，Na	$MgCl_2$ + NaCl	650	WSi_2	四边形/颗粒	20～40
$FeCl_3$，Si，Na	$MgCl_2$ + NaCl	450	FeSi	立方/针状	10×(50～100)
$CoCl_2$，Si，Na	$MgCl_2$ + NaCl	550	CoSi/$CoSi_2$	立方/针状	15×(50～100)
$NdCl_3$，Si，Na	$MgCl_2$ + NaCl	650	$NdSi_2$	四边形/颗粒	约40
YCl_3，Si，Na	$MgCl_2$ + NaCl	650	YSi_2	六边形/颗粒	约60

5.7.2.2 以四氯化硅作为硅源的工艺

该工艺以四氯化硅和金属氯化物为原料，以活性金属粉作为还原剂，在高温熔盐中通过共还原反应合成金属硅化物纳米材料。反应过程中，四氯化硅既是原料又作为反应的溶剂，其在高温下产生的压力有利于产物形成纳米尺寸。

在熔盐反应过程中，采用不同反应活性的金属粉末作为还原剂可以获得不同结构的金属硅化物纳米材料。以制备Ti－Si纳米材料为例[139]，采用四氯化硅和四氯化钛为原料，反应温度为650℃时，以金属钠作为还原剂，获得的产物为具有正交结构的 *C*54 型 $TiSi_2$ 纳米颗粒，平均直径约为60nm；而以金属镁、锌和铝作为还原剂时得到的是六方结构的 Ti_5Si_3 纳米颗粒，平均直径分别为40nm、30nm、25nm，其化学反应过程可如方程式（5－12）～式（5－15）表示：

$$2SiCl_4 + TiCl_4 + 12Na \longrightarrow TiSi_2 + 12NaCl \quad (5-12)$$

$$3SiCl_4 + 5TiCl_4 + 16Mg \longrightarrow Ti_5Si_3 + 16MgCl_2 \quad (5-13)$$

$$3SiCl_4 + 5TiCl_4 + 16Zn \longrightarrow Ti_5Si_3 + 16ZnCl_2 \quad (5-14)$$

$$9SiCl_4 + 15TiCl_4 + 32Al \longrightarrow 3Ti_5Si_3 + 32AlCl_3 \quad (5-15)$$

5.7.2.3 以氟硅酸钠作为硅源的工艺

该工艺以氟硅酸钠和金属氯化物作为原料，以金属钾作为还原剂，在650℃条件下，利用共还原反应合成金属硅化物纳米材料[139]。

以合成 $CrSi_2$ 纳米材料为例，根据反应吉布斯自由能计算，氯化铬被金属钾还原的反应过程是自发放热过程。一旦反应开始，产生的热量不仅能驱使反应的继续进行，而且也可熔化副产品（氟化钠、氟化钾和氯化钾）。因此，被还原的初生态金属铬原子和硅原子结合生成硅化铬，熔化的熔盐及高压釜内气体压力有助于硅化铬纳米晶的生成。整个合成过程可分三个步骤：氟硅酸钠的分解（式5－16）；四氟化硅和氯化铬被金属钾共还原（式（5－17）和式（5－18））；熔盐体系中硅化铬纳米晶的形成（式5－19）。

$$Na_2SiF_6 \longrightarrow 2NaF + SiF_4 \tag{5-16}$$

$$SiF_4 + 4K \longrightarrow Si + 4KF \tag{5-17}$$

$$CrCl_3 + 3K \longrightarrow Cr + 3KCl \tag{5-18}$$

$$Cr + 2Si \longrightarrow CrSi_2 \tag{5-19}$$

采用该工艺合成的其他金属硅化物纳米晶材料如表5－7所示。

表5－7 采用氟硅酸钠作为硅源合成的金属硅化物纳米材料[139]

原　料	温度/℃	产　物	结构/形状	尺寸/nm
Na_2SiF_6，$FeCl_3$，K	650	FeSi	立方/颗粒	20～50
Na_2SiF_6，$MnCl_2$，K	650	MnSi	立方/颗粒	40～80
Na_2SiF_6，$ZrCl_4$，K	650	ZrSi	斜方/颗粒	20～60
Na_2SiF_6，$TiCl_4$，K	650	$TiSi_2$	斜方/颗粒	30～40
Na_2SiF_6，WCl_6，K	650	WSi_2	四边形/颗粒	40～60
Na_2SiF_6，VCl_4，K	650	VSi_2	六边形/颗粒	30～60
Na_2SiF_6，$NdCl_3$，K	650	$NdSi_2$	四边形/颗粒	约25
Na_2SiF_6，YCl_3，K	650	YSi_2	六边形/颗粒	约60
Na_2SiF_6，$CeCl_3$，K	650	$CeSi_2$	四边形/颗粒	约30

5.8 金属硅化物薄膜制备技术

金属硅化物薄膜具有低电阻率、良好的接触性能，良好的热稳定性和化学稳定性以及与现代硅工艺的兼容性，在亚微米、深亚微米超大或甚大规模集成电路（VLSI/ULSI）器件技术中起着非常重要的作用，被广泛应用于源漏极和硅栅极与金属之间的接触互连，如 WSi_2、$TiSi_2$、NiSi 和 $CoSi_2$ 等。表5－8给出了部分金属硅化物薄膜材料的性能数据。

表5－8 部分金属硅化物薄膜材料的性能数据

金属硅化物	膜电阻 /μΩ·cm	烧结温度 /℃	在Si基体稳定温度 /℃	与Al反应温度 /℃	Si消耗量 /1nm金属	金属硅化物量 /1nm金属	与N－Si间势垒高度 /eV
PtSi	28～35	250～400	约750	250	1.12	1.97	0.84
$TiSi_2$（C54）	13～16	700～900	约900	450	2.27	2.51	0.58
$TiSi_2$（C49）	60～70	500～700			2.27	2.51	

续表 5 – 8

金属硅化物	膜电阻 /μΩ · cm	烧结温度 /℃	在 Si 基体稳定温度 /℃	与 Al 反应温度 /℃	Si 消耗量 /1nm 金属	金属硅化物量 /1nm 金属	与 N – Si 间势垒高度 /eV
Co_2Si	约 70	300 ~ 500			0.91	1.47	
CoSi	100 ~ 150	400 ~ 600			1.82	2.02	
$CoSi_2$	14 ~ 20	600 ~ 800	约 950	400	3.64	3.52	0.65
NiSi	14 ~ 20	400 ~ 600	约 650		1.83	2.34	
$NiSi_2$	40 ~ 50	600 ~ 800			3.65	3.63	0.66
WSi_2	30 ~ 70	1000	约 1000	500	2.53	2.58	0.67
$MoSi_2$	40 ~ 100	800 ~ 1000	约 1000	500	2.56	2.59	0.64
$TaSi_2$	35 ~ 55	800 ~ 1000	约 1000	500	2.21	2.41	0.59

薄膜制备工艺是影响异质界面性能的关键因素。金属硅化物薄膜的制备原理如图 5 – 58 所示，通常是在单晶或多晶硅基体上进行金属沉积，通过能量输入（如加热、离子束等），沉积金属与硅基体之间进行扩散反应形成金属硅化物薄膜层。为了获得性能优良的金属硅化物薄膜材料，必须解决好以下几个问题：

（1）保证硅表面原子级清洁的生长面，防止引入不希望的缺陷；

（2）实现金属硅化物在硅基体上的二维共格生长，防止应变弛豫和三维岛状生长，提高晶格完整性；

（3）控制界面互扩散以获得陡峭的杂质分布。

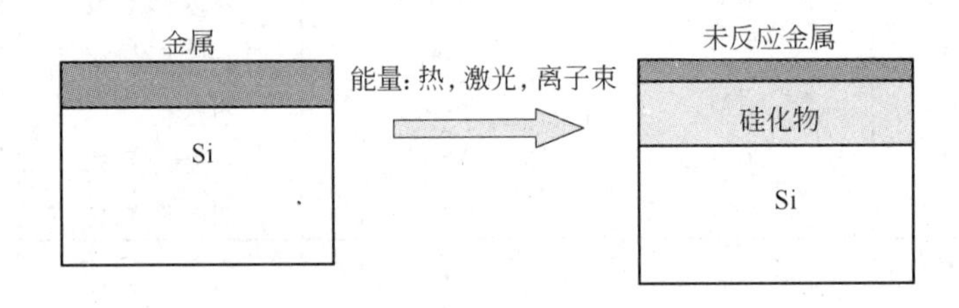

图 5 – 58　金属硅化物薄膜的合成示意图

根据沉积方式的不同，金属硅化物薄膜的制备方法可分为很多种，主要有物理气相沉积技术、化学气相沉积技术、外延技术等。下面简要介绍几种常用的金属硅化物薄膜制备方法的原理及应用。

5.8.1　物理气相沉积

物理气相沉积（Physical Vapor Deposition，PVD）是将固态或液态物质汽化，以气态形式通过真空或低压气相（等离子体）环境传输到基底并凝聚下来形成薄膜。主要包括三个过程：气态物质的形成（一般采用电子束、电阻蒸发、电弧蒸发、离子溅射膜料的方法获得气态物质）；传输过程（即气态物质向基底的输运）；基底表面形成固体的过程。薄膜的许多物理、力学性能主要取决于粒子在表面的凝结过程，这是薄膜沉积过程中最为重要的环节。原则上，只要是固体材料都可以利用物理气相沉积的方法进行薄膜沉积，

PVD过程沉积速率一般为1～100nm/s，厚度从几纳米到几十微米，沉积温度从室温到500℃，沉积真空度一般为10^{-2}～10^{-5}Pa。用于制备金属硅化物薄膜材料的物理气相沉积技术主要有真空蒸发镀膜技术和溅射沉积薄膜技术。

5.8.1.1 真空蒸发镀膜技术

真空蒸发（vacuum evaporation）镀膜的基本原理是在一定的真空条件下加热被蒸镀材料，使其熔化（或升华）并形成由原子、分子或原子团组成的蒸气，凝结在基底表面形成薄膜。与其他薄膜制备方法相比，单纯的蒸发镀膜技术有其固有的缺点，即到达基底表面的粒子能量低，平均动能一般小于1eV，因此粒子在表面的迁移率低，形成的薄膜密度低，与基底的附着强度较差，且需要较高的背底真空条件进行薄膜沉积。图5－59为真空热蒸发薄膜沉积设备结构示意图。为了改善薄膜的显微结构和与基底的附着强度，发展了辅助蒸发镀膜技术，主要有离子束辅助和等离子体辅助等。根据蒸发镀膜中加热方式的不同又可分为热蒸发、电子束蒸发、电弧和激光蒸发等。

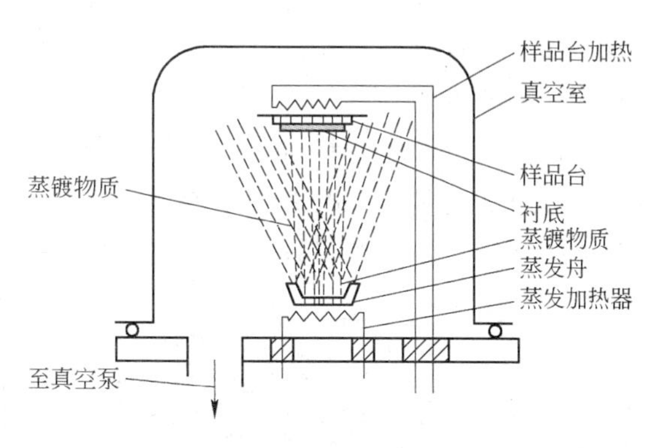

图5－59 真空蒸发装置示意图

（1）热蒸发，可以分为电阻加热蒸发和高频感应加热蒸发，常用的电阻加热材料为熔点高、蒸气压低的难熔金属钨、钼、钽、铂、镍等。高频感应加热是通过高频电磁场产生强大的涡流损失和磁滞损失使蒸发材料升温，直至汽化蒸发。

（2）电子束蒸发（e－beam evaporation）是采用电子束加热水冷铜坩埚中的蒸发材料使其熔融或汽化并凝结在基底表面成膜。电子束加热的优点是：蒸发材料基本不受限制，因为电子束功率密度高，蒸发速率调节范围宽；利用水冷坩埚或蒸发材料局部熔化蒸发，可避免容器材料的蒸发和容器材料与蒸镀材料之间的反应，得到高纯度薄膜。

（3）电弧蒸发（arc evaporation）其原理是将蒸发材料作为电极棒安装在与真空室绝缘的两根电极支撑座上，真空度达10^{-3}～10^{-5}Pa，通过电极间产生的电弧放电，电极材料被蒸发并在与蒸发源距离适当的基底上成膜。电弧蒸镀的特点是：电离率高，沉积速率快，避免了蒸发镀膜中加热丝、坩埚污染蒸镀物质的问题，该方法几乎可以蒸发所有高熔点金属。

（4）激光蒸发（laser evaporation）是利用大功率激光的热效应使材料蒸发成膜。脉冲激光沉积成膜的显著特点是：可以准确到0.1nm量级的膜厚控制；可以沉积纳米薄膜；可以制备外延单晶膜，激光分子束外延就是其典型应用。激光沉积薄膜的主要缺点是沉积面积小，薄膜厚度和组分均匀性差。

利用真空蒸发技术制备金属硅化物薄膜的机理是：将加热形成的金属蒸气凝结在高纯Si基底上，在后续退火处理中，金属与Si界面进行扩散反应形成金属硅化物薄膜。真空热蒸发技术是一种较为成熟的金属硅化物薄膜制备技术，已广泛应用于Ti－Si[140]、Co－Si[141]、Mo－Si[142]、Ni－Si[143]、Er－Si[144]、Gd－Si[145]、Fe－Si[146]、La－Si[147]等多种体系的金属硅化物薄膜制备。下面以Ni－Si体系为例介绍真空热蒸发技术制备金属硅化物薄膜材料的应用。

NiSi 是一种非常重要的金属硅化物薄膜材料，在互补金属氧化物半导体（CMOS）和微系统器件中广泛应用。因为 NiSi 薄膜具有低的接触电阻，与 N 型金属氧化物半导体（MOS）和 P 型 MOS 器件具有良好兼容性，主要用于 CMOS 器件中的欧姆接触。目前，制备 NiSi 薄膜广泛采用的是电子束热蒸发技术，其原理是：通过电子束加热蒸发高纯 Ni，使其熔化或汽化并凝结在硅基体表面成膜。图 5－60 所示为 NiSi 薄膜的形成过程示意图，大约 50nm 的 Ni 沉积在（100）N 型硅基体上，经 Ni 包覆的硅基体在快速退火处理过程中发生扩散反应形成 NiSi 薄膜。电子束热蒸发技术制备的 NiSi 薄膜界面微观组织形貌如图 5－61 所示，薄膜的俄歇电子能谱分析表明，生成的 NiSi 化合物化学计量比为 1∶1，薄膜厚度均匀，且在薄膜表面以及薄膜/硅基体界面均没有杂质氧化物存在。

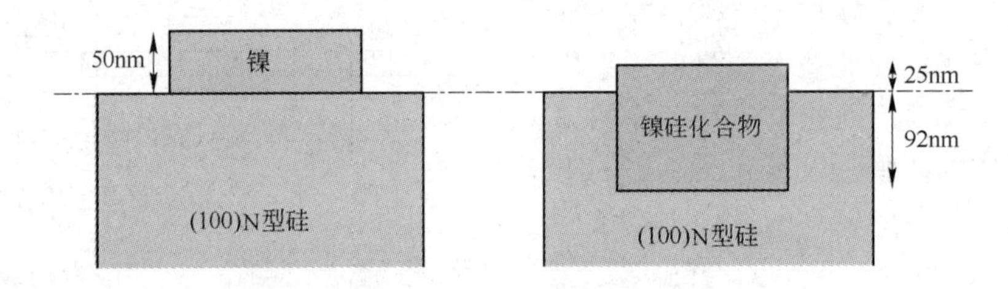

图 5－60 电子束蒸发 NiSi 薄膜形成示意图

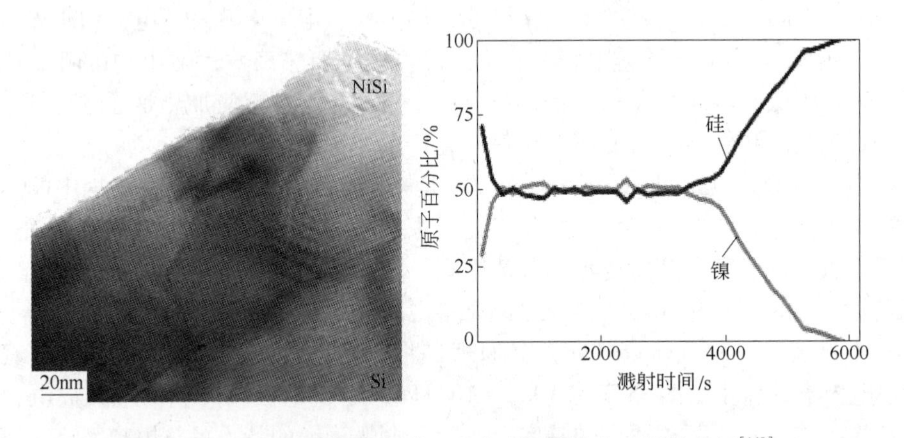

图 5－61 NiSi 薄膜 TEM 形貌以及薄膜的俄歇电子能谱分析[148]

除了以上介绍的纯金属蒸发沉积合成金属硅化物薄膜材料外，近年来，又发展了金属/硅共蒸发技术合成金属硅化物薄膜材料，其合成示意图如图 5－62 所示。该技术已成功应用于 Gd_5Si_3[149]、$\beta FeSi_2$[150]、TiSi[151] 等金属硅化物薄膜材料的制备。

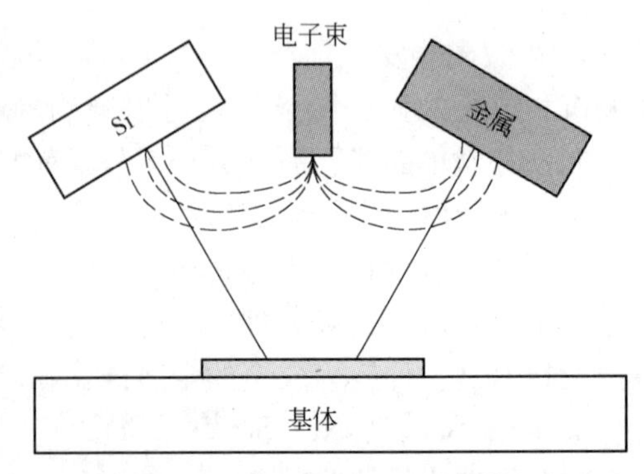

图 5－62 金属/硅共蒸发镀膜技术合成金属硅化物薄膜示意图

5.8.1.2 溅射沉积薄膜技术

溅射沉积（sputtering deposition）薄膜技术是利用高能粒子轰击靶材，使靶材中的原子溅射出来，沉积在基底表面形成薄膜。溅射原子比蒸发原子的动能大，平均能量 5～10eV，根据电极结构，溅射沉积可分为二极溅射、磁控溅射、离子束溅射、反应溅射等几种方法。

（1）二极溅射又称为阴极溅射。真空室中只有阴极和阳极，阴极装有被溅射材料，接负高压或电容电感耦合端，图 5－63 所示为二极溅射装置示意图。二极溅射沉积速率较低，由于高能二次电子轰击基底，基底温度较高。

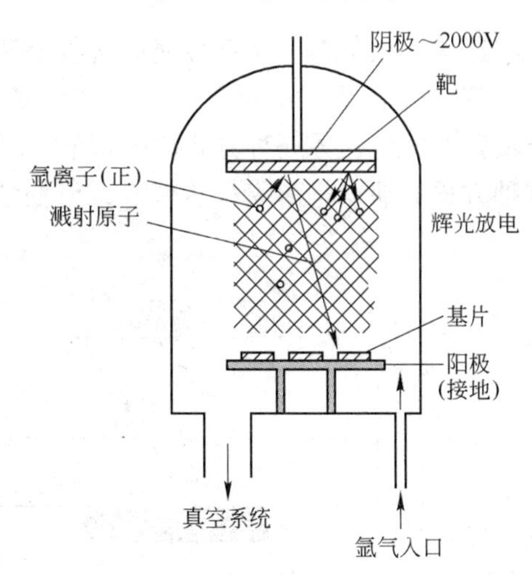

图 5－63　二极溅射装置示意图

（2）磁控溅射（magnetron sputtering）是在二极溅射中增加一个平行于靶表面的封闭磁场。在溅射过程中正交的电磁场形成一个平行于靶面的束缚区，来自靶表面的二次电子落入束缚区内，电子进行螺旋轨道运动并频繁碰撞气体原子，产生大量离子，离子加速轰击阴极，实现高速率溅射。其特点是：溅射原子的离化率比较高，靶的功率密度大，沉积速率高，比二极溅射高一个数量级以上；由于磁控溅射靶施加的电压相对二极溅射低，等离子体被束缚在阴极附件空间中，从而抑制了高能带电粒子轰击基底，因此对基底造成损伤小，避免基底温度过高。

（3）反应溅射（reactive sputtering），溅射镀膜中通入反应气体可实现反应溅射。如果靶是化合物，溅射时由于离子轰击使靶材化合物分解，形成的薄膜化学配比发生变化，需要再加入一定量的反应气体才能保证薄膜组分化学配比不变；如果靶材本身是纯金属或合金，通入溅射气体和反应气体，通过溅射合成可得到所需的化合物薄膜。

（4）离子束溅射（ion beam sputtering），其原理是利用离子源产生一定能量的离子束轰击置于高真空的靶材，使其在基底成膜。图 5－64 所示为离子束溅射沉积系统原理图。离子束溅射具有如下优点：真空度高，能形成高纯度薄膜，靶与基底都不受等离子体的影响，工作参数可以独立控制；靶和基底可以保持等电位，靶上释放的电子或负离子不会对基底产生轰击作用，因此基底可以保持较低温度；膜的组分不会偏离靶的组分。

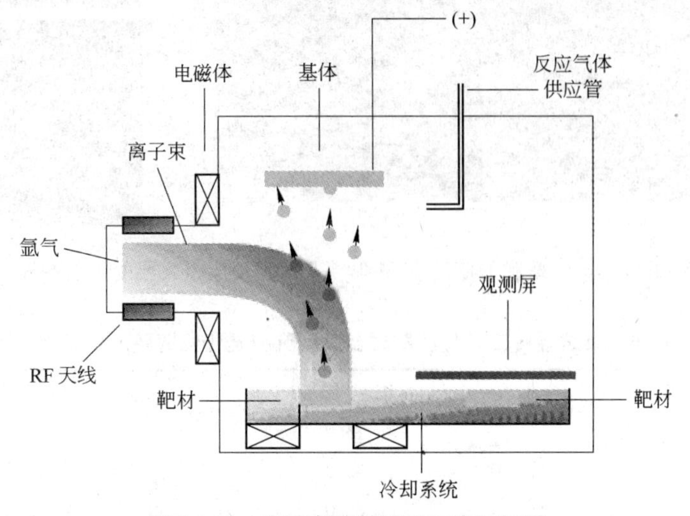

图 5－64　离子束溅射沉积系统原理图

通常，溅射沉积制备金属硅化物薄膜有两种方式：一种是以金属硅化物作为靶材，直接在 Si 基底上溅射沉积薄膜，如图 5-65a 所示，这种方式的缺点是污染物含量高，且薄膜覆盖率较低；另一种方式以金属和 Si 作为靶材，共溅射沉积薄膜，如图 5-65b 所示，这种方式的缺点是薄膜覆盖率低，可控性差，只适合研究，不适合生产。

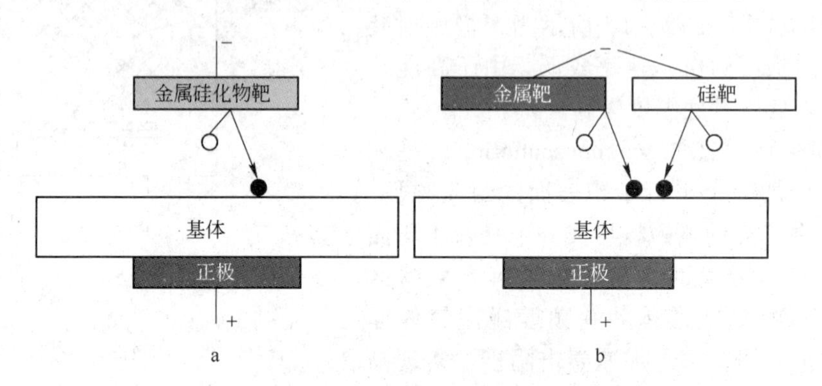

图 5-65 溅射沉积示意图

a—金属硅化物溅射沉积；b—金属/硅共溅射沉积

目前采用溅射沉积技术制备的金属硅化物薄膜材料有：Fe-Si[152]，Ta-Si[153,154]，Mo-Si[155]，Ni-Si[156]，Co-Si[157]，Ti-Si[158]，Co-Ni-Si[159]等体系薄膜材料。图 5-66 为采用 Mg/Si 共溅射沉积形成的 Mg_2Si 薄膜材料的截面微观组织照片及薄膜顶层和底层的衍射花样。表 5-9 给出了不同铸态二硅化物靶材电阻率以及采用该靶材溅射沉积的硅化物薄膜电阻率数据。

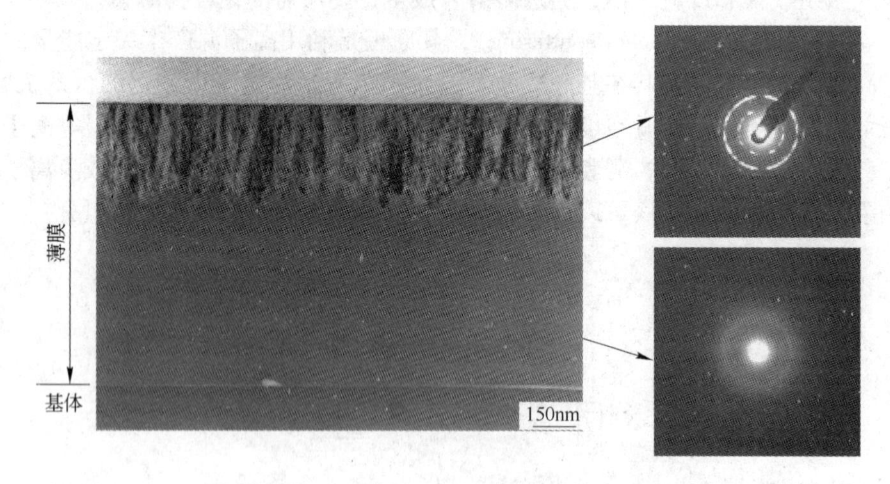

图 5-66 Mg/Si 薄膜的截面 TEM 形貌及薄膜顶层、底层的衍射花样[160]

表 5-9 难熔金属二硅化物靶材及溅射沉积硅化物薄膜的电阻率[161] (μΩ·cm)

硅 化 物	块状样品	薄 膜
$TiSi_2$	16.9	13~17
$ZrSi_2$	75.8	40~43
$HfSi_2$	62.0	150~260

续表 5-9

硅 化 物	块状样品	薄 膜
VSi_2	66.5	67~80
$NbSi_2$	50.4	55~63
$TaSi_2$	46.1	60
$MoSi_2$	46.1	67~80
WSi_2	80.0	50~70

5.8.2 化学气相沉积

化学气相沉积（Chemical Vapor Deposition，CVD）是近几十年发展起来的材料表面改性技术，其原理是通过一定的能量（热、等离子体、光、激光、超声等）激发使得含有构成薄膜元素的先驱体（一种或多种化合物以及单质）气体在沉积室发生化学反应并在基底上形成薄膜的技术。要实现化学气相沉积，一般要求：在沉积温度下，反应物要有足够高的蒸汽压；所需的沉积物应为固态，且蒸汽压足够低。

化学气相沉积技术的优点是：所得的薄膜纯度高，致密，易于形成结晶定向好的薄膜，在电子工业中广泛用于高纯材料和单晶材料的制备；能在较低的温度下制备难熔材料薄膜；能方便地控制薄膜成分和特性；设备相对简单。但其缺点是：难于进行局部沉积；先驱物气体和反应后的气体产物都有一定的毒性。

化学气相沉积技术按化学反应中能量的获得方式可以分为热 CVD、等离子增强 CVD、激光增强 CVD 等，但其主要反应过程差别不大。图 5-67 所示为化学气相沉积装置示意图及反应过程原理图。

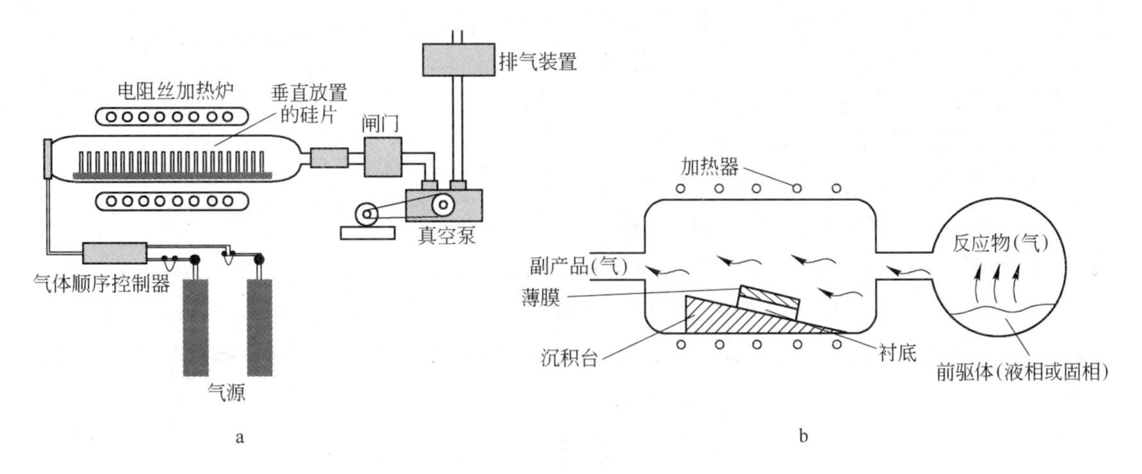

图 5-67 化学气相沉积装置示意图

a—化学气相沉积装置图；b—反应过程原理图

化学气相沉积技术几乎可以用来制备所有的金属硅化物薄膜材料，如 W-Si[162]、Ni-Si[163]、Pt-Si[164]、Mo-Si[165]、Fe-Si[166,167]、Ge-Si[168]、Ti-Si[169]、Cr-Si[170]等金属硅化物薄膜材料。常见的硅化物 CVD 反应过程及应用情况如表 5-10 所示。

表 5-10 常见硅化物薄膜 CVD 反应过程及应用情况

硅 化 物	CVD 反应	应 用
$MoSi_2$	$MoF_6 + 2SiH_4 \longrightarrow MoSi_2 + 6HF + H_2$	半导体器件导电层； 抗氧化涂层； 氧化气氛使用的高温加热元件； 超大规模集成电路技术； 集成电路中的肖特基势垒及欧姆接触； 在 MOS 器件中代替掺杂硅； 一般金属化层； 在 MOS 器件中替代多晶硅 Polycide 结构； 非选择性 W 层的结合层
	$MoCl_5 + 2SiH_4 \longrightarrow MoSi_2 + 5HCl + 3/2H_2$	
	MOCVD	
$TaSi_2$	$TaCl_5 + 2SiH_4 \longrightarrow TaSi_2 + 5HCl + 3/2H_2$	
$TiSi_2$	$TaCl_4 + 2SiH_4 \longrightarrow TiSi_2 + 4HCl + 2H_2$	
	$TaCl_4 + 2SiH_4Cl_2 + 2H_2 \longrightarrow TiSi_2 + 8HCl$	
	$TaCl_4 + Si \longrightarrow TiSi_2 + SiCl_4$	
WSi_2	$WF_6 + 2SiH_4 \longrightarrow WSi_2 + 6HF + H_2$	
	$WF_6 + 2SiH_4Cl_2 + 3H_2 \longrightarrow WSi_2 + 4HCl + 6HF$	
	$WF_6 + Si_2H_6 \longrightarrow WSi_2 + 6HF$	

金属硅化物的 CVD 过程可分为三个阶段：先驱体卤化物制备、金属卤化物、卤化物与硅反应沉积获得硅化物薄膜。例如，在 $TiSi_2$ 的 CVD 工艺中，通常使用的先驱体系为 $TiCl_4$ 和 SiH_4 的混合物，沉积产物成分由 $TiCl_4$ 和 SiH_4 的比率决定，图 5-68 给出了不同 $SiH_4/TiCl_4$ 摩尔比制备的薄膜样品的 XRD 图谱（沉积条件：700℃，沉积时间 120s，总气体流量为 1200mL/min（标态），混合气体中（$TiCl_4 + SiH_4$）总量为 26.6mL/min）。当 $SiH_4/TiCl_4$ 摩尔比为 1 时，产物为 Ti_5Si_3；而当 $SiH_4/TiCl_4$ 摩尔比在 2～4 时，产物为 $TiSi_2$；当 $SiH_4/TiCl_4$ 摩尔比增加到 5 时，薄膜上生长的晶相是 Si。

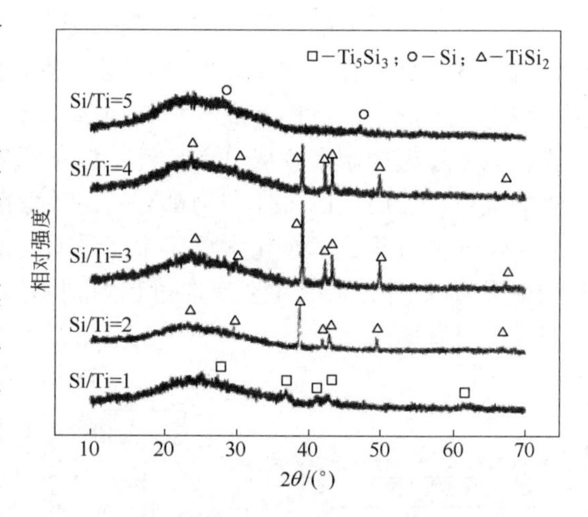

图 5-68 700℃不同 $SiH_4/TiCl_4$ 摩尔比对应产物的 XRD 分析[171]

CVD 沉积金属硅化物薄膜膜层厚度受沉积时间、温度等因素影响。Jin-Kook Yoon 等人[172]研究了 Si 在 Mo 基底上的化学气相沉积过程中三种不同 Mo-Si 化合物（$MoSi_2$，Mo_5Si_3，Mo_3Si）的生长动力学。结果表明，三种不同的 Mo-Si 化合物薄膜膜层厚度与沉积时间均呈抛物线关系（图 5-69），满足以下关系式（5-20）：

$$x^2 = 2k(t - t_0) \tag{5-20}$$

式中，x 为膜层厚度；k 为膜层抛物线增长速率常数；t 为生长时间。

薄膜厚度增长速率常数 k 值与沉积温度之间满足阿累尼乌斯曲线关系，如图 5-70 所示，三种不同 Mo-Si 化合物薄膜生长激活能分别为 130kJ/mol（$MoSi_2$），350kJ/mol（Mo_5Si_3），223kJ/mol（Mo_3Si）。Mo 基底上化学气相沉积 Si 的薄膜界面微观组织形貌如图 5-71 所示。

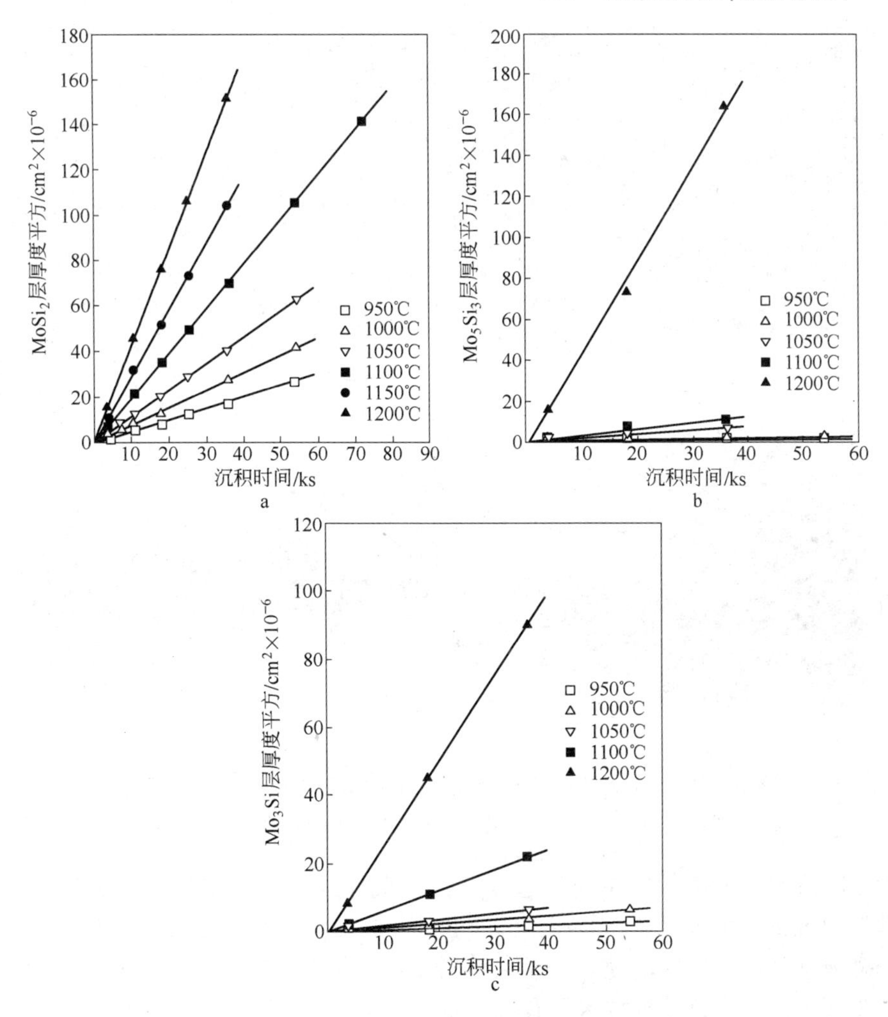

图 5－69 950～1200℃ CVD 沉积 MoSi 薄膜膜层厚度平方与沉积时间的关系

a—$MoSi_2$ 层；b—Mo_5Si_3 层；c—Mo_3Si 层

5.8.3 分子束外延生长技术

外延生长技术是制备半导体器件的一种重要方法，主要有气相外延生长技术、液相外延生长技术、分子束外延生长技术几种。这里主要介绍分子束外延技术。分子束外延技术（Molecule Beam Epitaxy，MBE）是近 30 年发展起来的外延生长技术，最早在贝尔实验室研制成功。分子束外延技术允许人们用高度可控的方式构建晶体薄膜。其本质是一种真空蒸发技术，但与普通真空蒸发技术相比，MBE 是将超高真空技术、源控制技术、先进的基底净化技术引入到普通的真空蒸发技术中发展起来的一种新型外延生长技术，

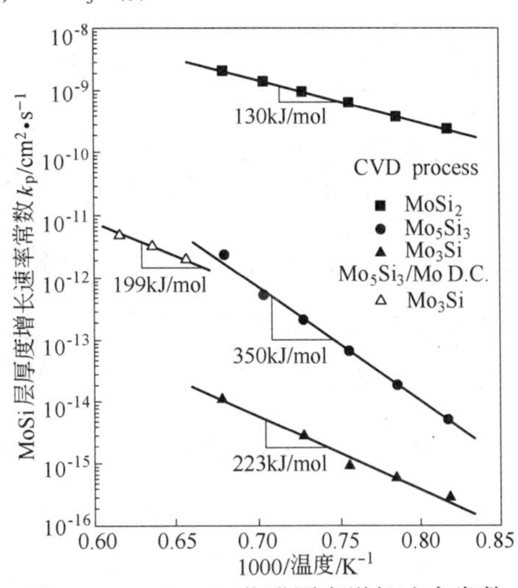

图 5－70 Mo－Si 薄膜厚度增长速率常数 k_p 值与沉积温度之间关系

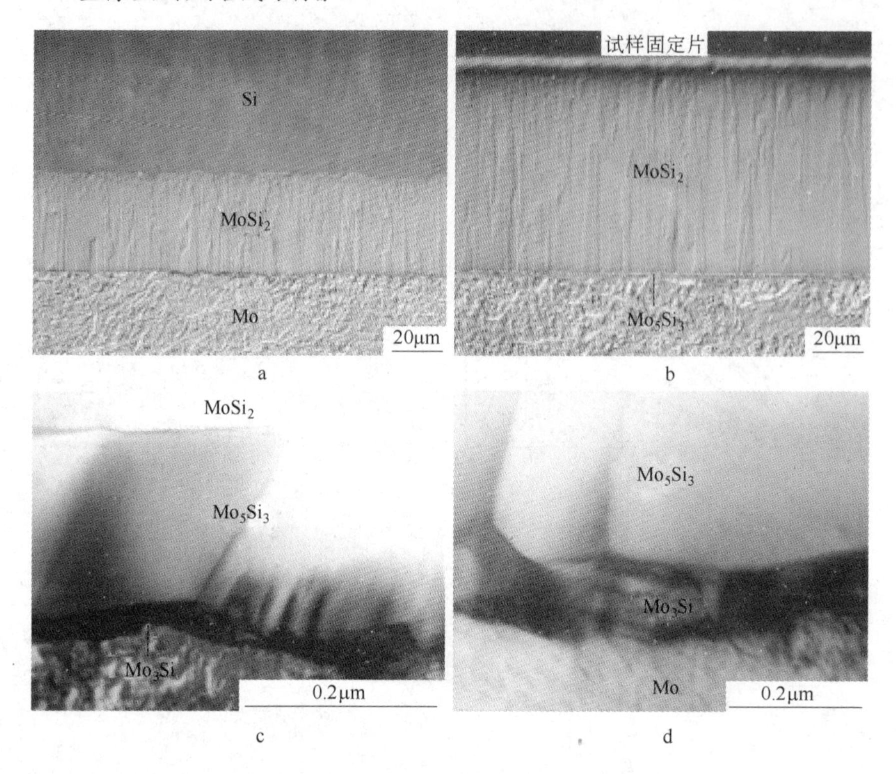

图 5－71　Mo 基底上化学气相沉积 Si 的薄膜界面微观组织形貌

a—950℃/10h；b—1100℃/10h；c，d—分别为 a，b 对应的界面组织

图 5－72 为固体源分子束外延系统示意图。分子束外延技术与化学气相沉积技术的区别是：化学气相沉积过程主要通过气源引入沉积原子，而分子束外延技术则是通过热蒸发获得的原子碰撞基底沉积形成薄膜。分子束外延技术与化学气相沉积技术的原理对比示意图如图 5－73 所示，分子束外延技术具有以下特点：

（1）生长温度低，可以减少系统发热组件蒸发所致的杂质污染；

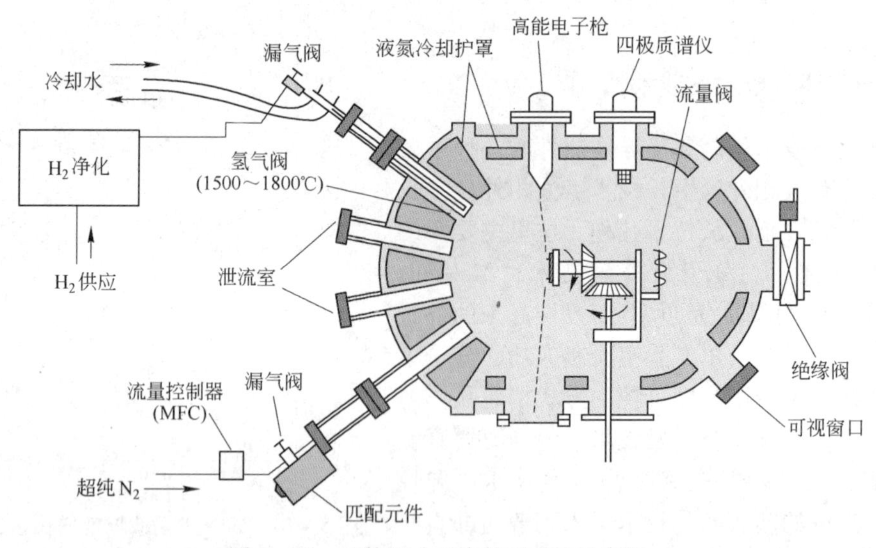

图 5－72　固体源分子束外延系统示意图

（2）生长速率低，大约1μm/h，给碰撞原子提供了足够的时间，以便沿基底表面扩散，并进入其适当的晶格点位，减少缺陷的产生；

（3）沉积室内具有超高真空系统环境；

（4）MBE中各组分的束射强度分别控制，可以保证大面积的均匀外延生长，其厚度、化学组分、掺杂浓度可严格控制。

（5）采用机械快门，有效控制蒸发源束流的通断。

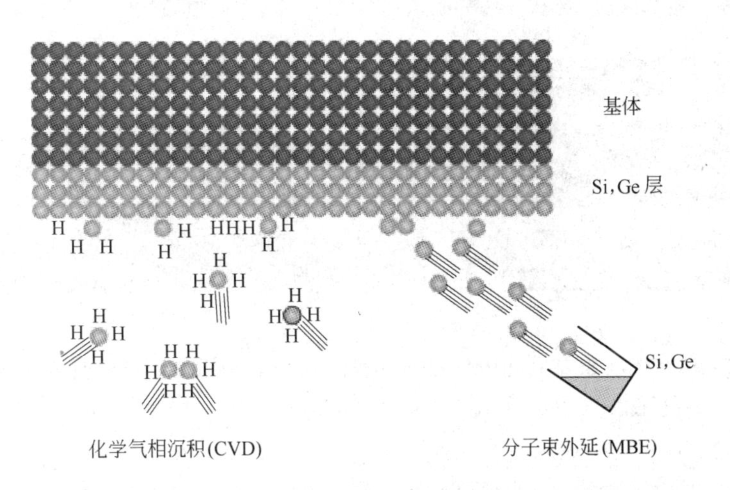

图5-73 分子束外延技术与化学气相沉积技术的对比示意图[173]

尽管具有上述优点，分子束外延技术也存在如下局限性：

（1）生产设备复杂，价格昂贵；

（2）生产效率较低，不利于批量生产；

（3）难于控制两种以上的V族元素；

（4）易于出现表面形态的卵形缺陷，长须状缺陷以及多晶生长。

由于分子束外延具有上述优点而被广泛应用于各种薄膜材料的制备。分子束外延技术不但可以生长半导体异质结构，也可以生长半导体和非半导体相结合的材料。采用分子束外延技术制备的金属硅化物薄膜有Ge/Si[174,175]，Al/Si[176]，Er/Si[177]，Co/Si，Pt/Si等金属硅化物薄膜材料。如图5-74所示为采用分子束外延技术在Si基底（100）方向上生长的Ru_2Si_3薄膜（生长温度750℃）以及经不同退火处理后的薄膜剖面透射电镜形貌，薄膜层厚度约为100nm，生长薄膜由许多细小的柱状晶粒组成，平均晶粒尺寸为30nm，晶粒被垂直于基底的晶界分开。在退火过程中，晶粒发生了明显长大。

MBE能对半导体异质结构进行选择掺杂，大大扩展了掺杂半导体所能达到的性能和对象的范围，例如，通过Ge^+注入形成SiGe/Si半导体异质结构，由于具有良好的硅处理兼容性和Ge成分的可控性，因此在SiGe基底上生长的$ErSi_{2-x}$薄膜因减少晶格错配而表现出非常良好的结晶质量[179~181]。A. Travlos等人先在Si基底上进行Ge^+注入形成Ge-Si基底，再进行$ErSi_{2-x}$薄膜的外延生长，获得高质量的$ErSi_{2-x}$薄膜。外延生长分别以以下两种方式进行：

（1）单层模板技术（"Single layer" method）：在500℃条件下，先在SiGe基底上沉

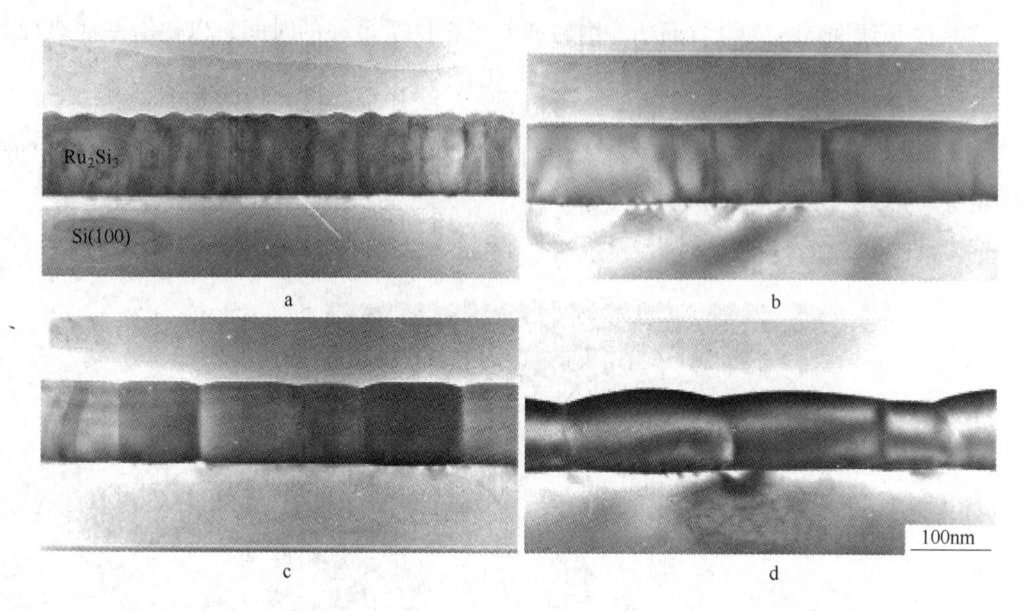

图 5－74 750℃ Si 基底（100）方向生长的 Ru_2Si_3 薄膜的剖面透射电镜形貌[178]

a—生长态；b—1000℃退火 300s；c—1100℃退火 300s；d—1200℃退火 100s

积厚度为 2nm 的 Si，再沉积一层厚度为 1.5nm 的 Er，经 750℃，10min 后续退火处理，Er 与 Si 发生固相反应形成 $ErSi_{2-x}$模板，然后在 500℃条件下，沉积厚度约为 20nm 的金属 Er，经 750℃，30min 退火处理，Er、Si 和基底中的 Ge 发生扩散反应获得硅化物薄膜。

（2）共蒸发技术（"Co－evaporation" method）：在 500℃条件下，Si/Er 以 2：1 共蒸发在 SiGe 基底上，经 750℃，30min 退火处理形成 $ErSi_{2-x}$薄膜，整个过程中，基底中的 Si 和 Ge 不参与反应。

采用两种不同方式制备的 $ErSi_{2-x}$薄膜显微组织如图 5－75 所示[182]。形成的硅化物为四角 $ThSi_2$ 结构，且与 SiGe 层存在如下位相关系：

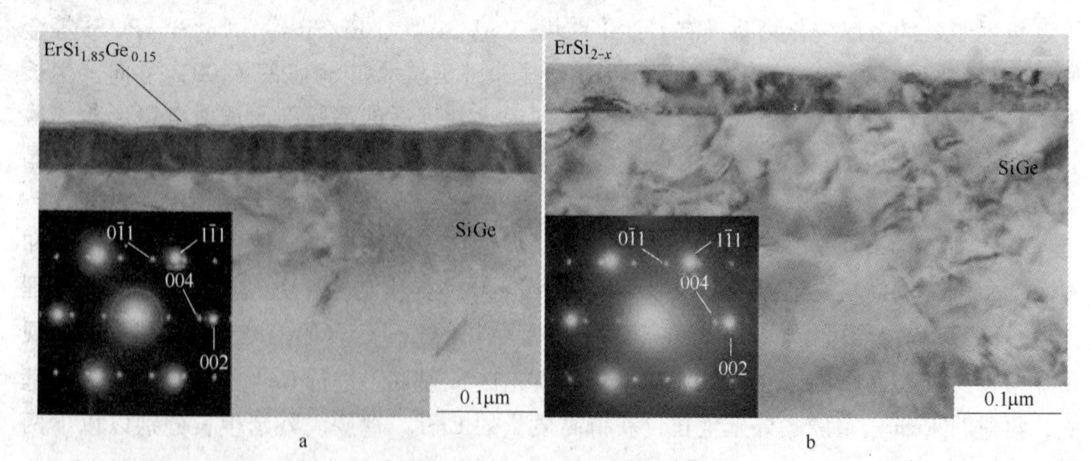

图 5－75 采用不同工艺在 SiGe（001）方向生长的 ErSi 层形貌

a—单层模板技术；b—共蒸发技术

$$(001)ErSi_{2-x}//(001)SiGe$$
$$[100]ErSi_{2-x}//[110]SiGe$$
$$[010]ErSi_{2-x}//[-110]SiGe$$

MBE 技术自 1986 年问世以来得到了较大的发展，出现了气源分子束外延（gas molecular beam epitaxy），金属有机物分子束外延（metal - organic molecular beam epitaxy），激光分子束外延（laser molecular beam epitaxy）等改进技术，尽管如此，分子束外延技术仍存在一些关键问题有待解决：如何实现全真空工艺；无毒气体的气源分子束外延技术以及用于批量生产的分子束外延系统等。

除了上述的金属硅化物薄膜制备技术外，还有离子注入法、固相外延法、化学束外延技术等，各种金属硅化物薄膜制备技术其基本原理均是通过沉积的方式在基底上形成薄膜，只是沉积原子的来源和沉积方式不同而已，在此不再详细介绍。

5.9 金属硅化物单晶的合成与制备

作为高温结构材料，高熔点金属硅化物如 $NbSi_2$ 和 $MoSi_2$ 均存在氧化粉化（pesting）现象，有关 pesting 现象的起源目前还存在争议。大量研究表明：无论是含有裂纹还是致密的金属硅化物多晶样品均发生了严重的粉化，而单晶样品循环氧化后形成粉末状的小晶体。关于 pesting 现象，目前普遍认为晶界处氧化是造成 pesting 现象的主要原因。有研究表明采用金属硅化物单晶能显著提高材料的抗氧化性能。此外，作为重要的功能性材料，单晶硅化物具有高取向度，比常规的多晶材料具有更良好的互联效果，因此研究金属硅化物单晶的制备技术具有重要意义。

单晶生长技术的基础是定向凝固，其核心则是如何获得单一晶粒。金属硅化物单晶材料主要有体单晶和薄膜单晶两大类，薄膜单晶金属硅化物材料在前面金属硅化物薄膜制备一节中已有介绍，所以本节主要介绍金属硅化物体单晶的制备与合成。传统的体单晶制备方法主要有直拉法（czochralski method）和悬浮区熔法（float zone method）两种。近年来，随着技术的进步，这两种技术得到了很大发展，并形成了许多新型单晶制备工艺，如磁场直拉法、液封直拉法、水平生长法、垂直梯度凝固法等。此外，要特别提到另一种新型单晶生长技术——化学气相输运法（Chemical Vapor Transport，CVT）。

5.9.1 悬浮区熔法

悬浮区熔法（Float Zone Method，FZ）其原理是使材料处于悬浮状态，进行区域熔炼生长单晶的方法。该方法是 20 世纪 50 年代初由 Theurer 等人提出的，并很快应用于硅单晶生长技术中，并于 1953 年获得第一根 FZ 单晶。由于材料不与坩埚接触，拉制出的单晶具有很高的纯度。因为硅熔体具有密度小（$2.33g/cm^3$），和表面张力大（0.72N/m）的特点，易于使熔区保持稳定，有利于实现单晶生长并可制备大尺寸单晶。

悬浮区熔法制备单晶硅化物的过程通常是在流动纯氢气保护气氛中进行，通过对试样进行局部加热产生高温使之熔化，熔融的区域以一定速度自下而上通过整个试样，依次经过熔化、结晶过程。由于液 - 固界面处存在较大温度梯度，有利于经区熔后形成单晶体。根据加热的方式，悬浮区熔法可分为：线圈感应加热区域法和光加热区域熔融法。图 5 - 76 所示为光加热悬浮区熔法制备单晶示意图。

获得大直径区熔单晶一直是人们不断努力的方向，其技术难点主要是如何稳定地控制熔区。稳定熔区主要靠熔体的表面张力 F_1 和加热线圈提供的磁托浮力 F_2。使熔区不稳定的因素主要是熔体重力 F_3 和旋转产生的离心力 F_4，其表达式如下：

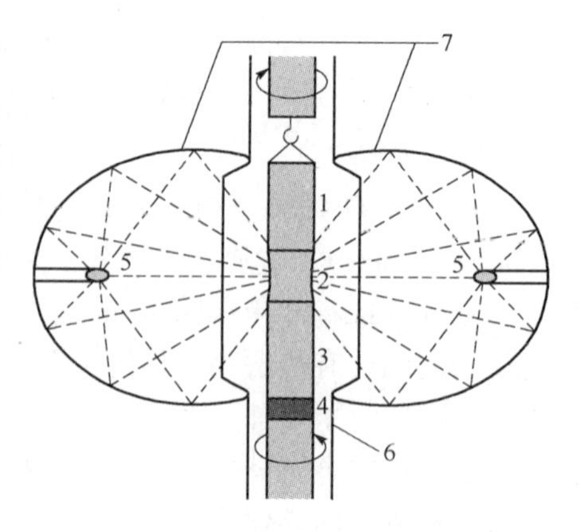

图 5－76　光加热悬浮区熔法制备单晶示意图

1—母晶；2—熔化区；3—生长晶体；4—籽晶；5—光源；6—石英管；7—反射镜

$$F_1 = \frac{2a}{R} \qquad (5-21)$$

$$F_2 = 2\pi R \frac{\mu I_1 I_2}{d} \qquad (5-22)$$

$$F_3 = \rho h g \qquad (5-23)$$

$$F_4 = \frac{mv^2}{R} \qquad (5-24)$$

式中　a——熔体表面张力系数；

R——熔区半径；

μ——物料的磁导系数；

I_1——加热线圈的磁感电流；

I_2——熔区的感生电流；

d——线圈与熔区的耦合距离；

ρ——熔体密度；

h——熔区长度；

g——重力加速度；

m——熔区质量；

v——熔区旋转速度。

欲获得稳定的熔区，必须满足：$F_1 + F_2 > F_3 + F_4$，即：

$$\frac{2a}{R} + 2\pi R \frac{\mu I_1 I_2}{d} > \rho h g + \frac{mv^2}{R} \qquad (5-25)$$

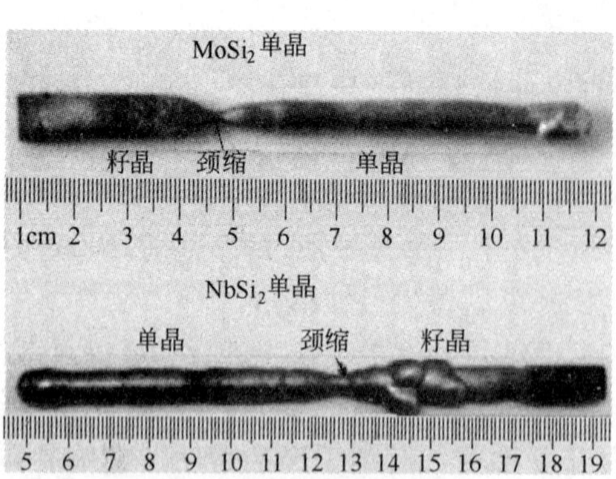

目前已成功制备的金属硅化物单晶材料有：Ni－Si[183]、Mo－Si[184,185]、Ge－Si[186]、Pd－Si[187]、$TiSi_2$[188]、Mo_5SiB_2[189]、$Er_5Ir_4Si_{10}$[190]、$Dy_3Fe_2Si_3$[191]等金属硅化物单晶。图 5－77 所示为制备的 $MoSi_2$ 和 $NbSi_2$ 单晶体形貌。图 5－78 所示为悬浮区熔技术制备的单晶金属硅化物（Nb－Si，Fe－Si 体系）固－液界面显微组织。很显然，在悬浮区熔法制备单晶过程中，金属硅化物经历了由多晶向单晶转变的过程，并随着熔区的移动，单晶不断长大，形成最终的大块单晶材料。

图 5－77　光加热悬浮区熔制备的 $MoSi_2$ 和 $NbSi_2$ 单晶体[192]

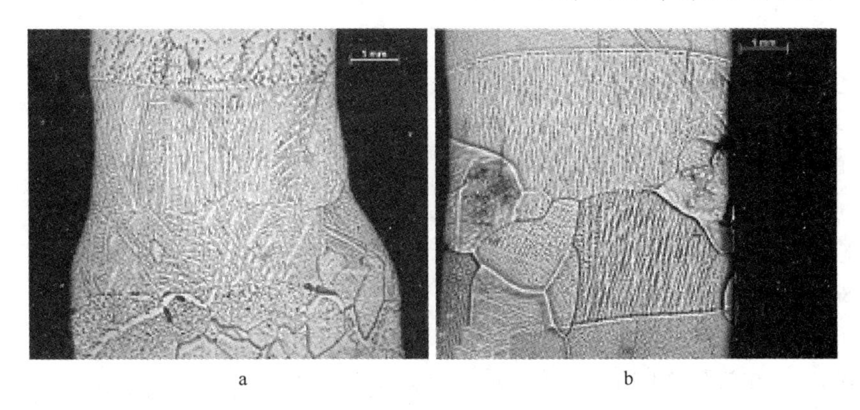

图 5－78 悬浮区熔技术制备的单晶金属硅化物固－液界面组织[193]

a—$Ni_{95}Si_5$；b—$Fe_{87.5}Si_{12.5}$

5.9.2 化学气相输运法

化学气相输运法（Chemical Vapor Transport，CVT）和化学气相沉积并没有严格的区别，只是应用的场合和反应装置有所不同。一般来说，化学气相沉积主要指薄膜的制备，而化学气相输运则常用于单晶生长、新化合物的合成和物质的提纯等场合。采用化学气相输运法制备的金属硅化物材料主要有：$\beta FeSi_2$[194]、$TiSi_2$[195]、$MoSi_2$、$Mn_{15}Si_{26}$[196]等。

$\beta FeSi_2$ 单晶是采用化学气相输运法制备的一种非常重要的金属硅化物，因为 $\beta FeSi_2$ 在较低温度下稳定存在，而采用传统的熔体生长单晶时，无法避免高温相 $\alpha FeSi_2$ 产生，纯净的 $\beta FeSi_2$ 则无法通过传统的单晶制备方法制备。20 世纪 90 年代中期，德国 Konstanz 大学 Bucher 领导的研究小组首次利用化学气相输运法生长出针状的 $\beta FeSi_2$ 单晶[197]。CVT 制备 $\beta FeSi_2$ 单晶的装置反应示意图如图 5－79 所示，其反应过程可由式（5－26）表示：

$$FeI_2(g) + 2SiI_2(g) \xlongequal{\quad} FeSi_2(s) + 3I_2(g) \tag{5-26}$$

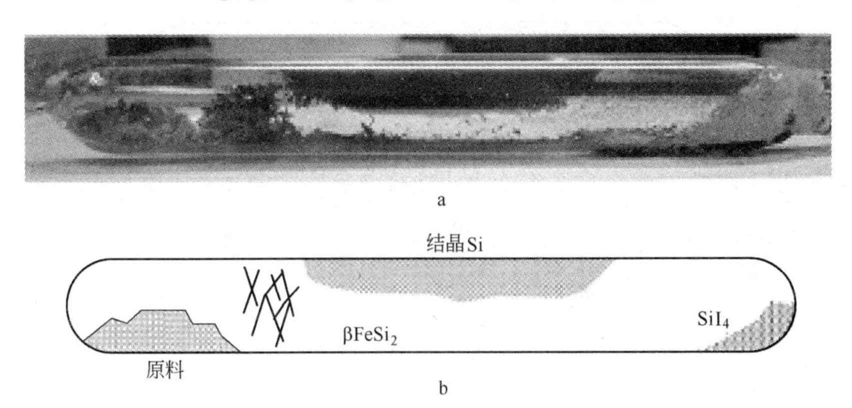

图 5－79 CVT 制备 $\beta FeSi_2$ 单晶装置[198]

a—实物图；b—示意图

研究表明，化学气相输运法是一种生长高质量 $\beta FeSi_2$ 单晶的理想方法，通过参数优化，可以获得纯度高达 99.996% 的高纯 $\beta FeSi_2$ 单晶，杂质含量低于 20×10^{-6}，且单晶表面非常光洁，图 5－80 所示为 CVT 法制备的高纯 $\beta FeSi_2$ 单晶宏观形貌。

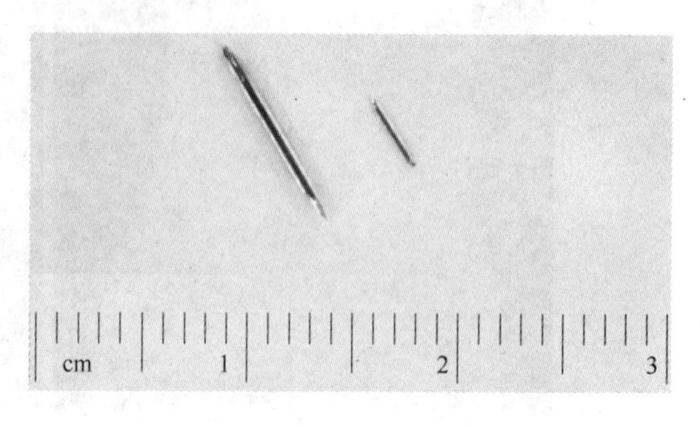

图 5－80　CVT 法制备的高纯 $\beta FeSi_2$ 单晶[198]

化学气相输运法制备单晶过程中，影响 $\beta FeSi_2$ 单晶生长的工艺参数主要有生长温度、成分配比等因素。J. F. Wang 等人[199]研究了生长温度对化学气相输运法制备 $\beta FeSi_2$ 单晶过程产物组成的影响，并建立了 CVT 过程中产物的相组成与温度的关系图谱，如图 5－81 所示。Y. Hara 等人则研究了 CVT 过程中，$\beta FeSi_2$ 单晶尺寸与生长时间的关系，并对 $\beta FeSi_2$ 单晶生长过程进行了原位观察，如图5－82 所示。

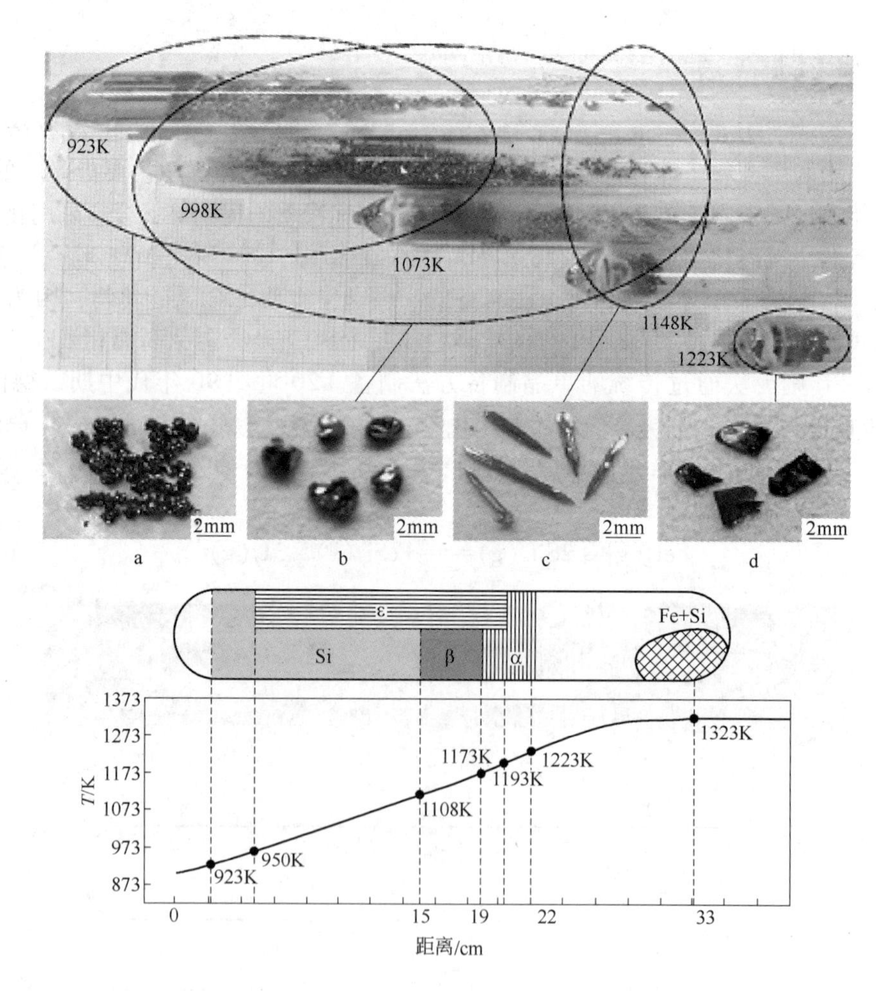

图 5－81　CVT 制备 $\beta FeSi_2$ 单晶过程产物组成与温度的关系[199]

a—Si；b—εFeSi；c—$\beta FeSi_2$；d—$\alpha FeSi_2$

Kloc 等[197]对化学气相输运法生长的单晶进行物理性质分析，结果表明，在低温（32K）下重电子迁移率为 $48cm^2/Vs$，是以前报道的 10 倍，而空穴在低温（67K）的迁移

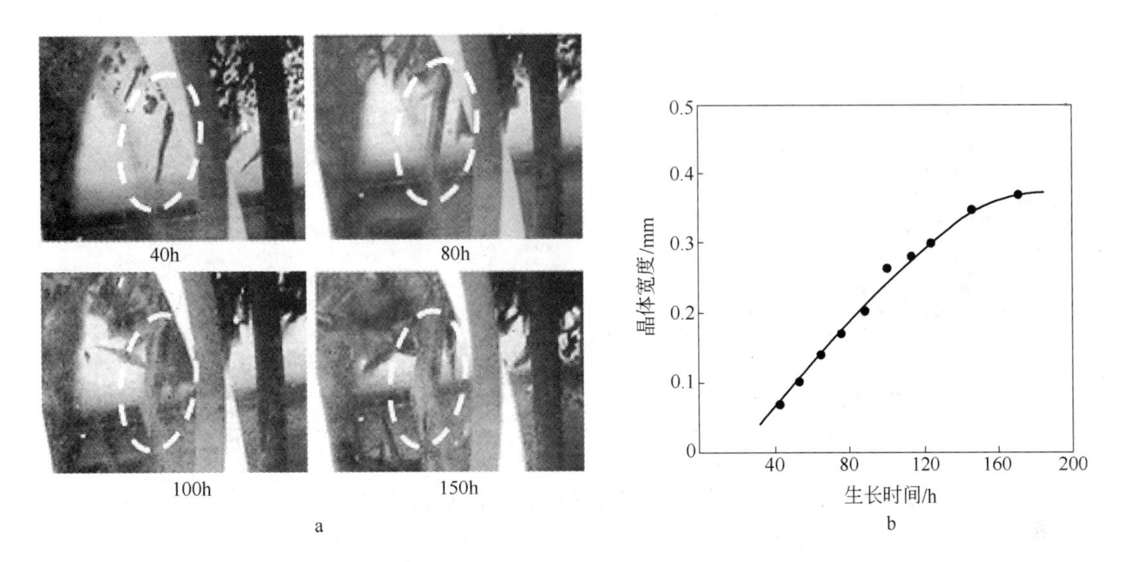

图 5-82 化学气相输运法制备 $\beta FeSi_2$ 单晶[198]

a—$\beta FeSi_2$ 单晶生长原位观察；b—单晶宽度与时间关系

率可达 $1200cm^2/Vs$，是先前报道最大值的 25～50 倍。此外，J. F. Wang 等人[201]研究了化学气相输运法制备 $\beta FeSi_2$ 单晶的光学性能和电性能。结果表明，$\beta FeSi_2$ 单晶具有很强的 A_g 型峰和较宽的冷光发射光谱带范围，在室温条件下为 1400～1700nm，在 77K 时可获得非常明显的峰值，如图 5-83 所示为化学气相输运法制备 $\beta FeSi_2$ 单晶的拉曼光谱及冷光发射光谱分析结果。图 5-84 所示为退火工艺对 $\beta FeSi_2$ 单晶电性能的影响。结果表明：在测试温度范围内，所有样品均为 N 型半导体，且电子浓度随测试温度的升高而增加。而电子迁移率在室温～100K 范围内，随测试温度降低而增加，在 100K 以下则随测试温度降低而降低。在 90～100K 时，电子迁移率达到最大值。研究结果还发现退火处理可以明显提高 $\beta FeSi_2$ 单晶电子迁移率。

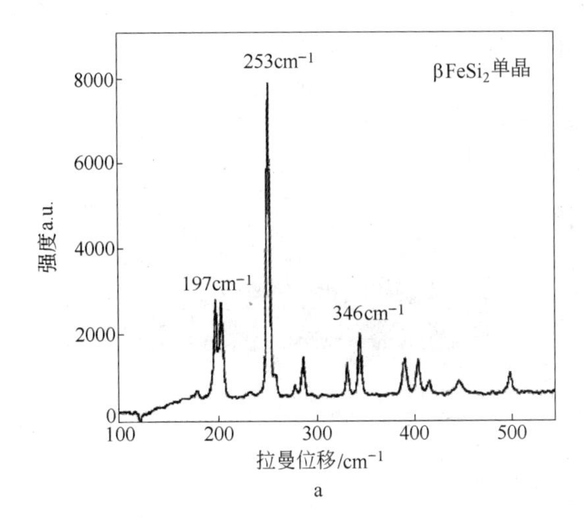

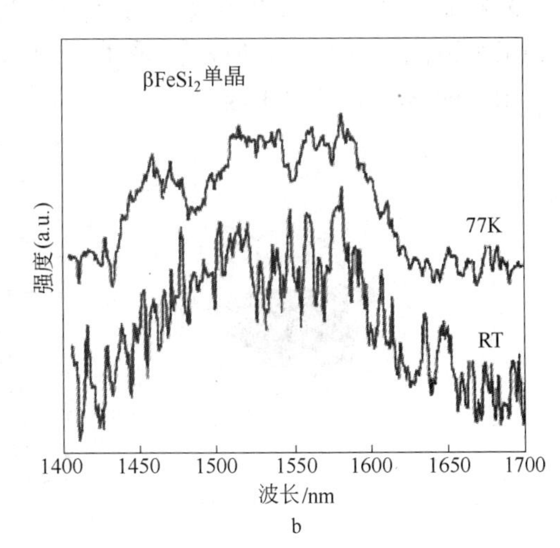

图 5-83 $\beta FeSi_2$ 单晶性能分析

a—拉曼光谱分析结果；b—冷光发射光谱分析结果

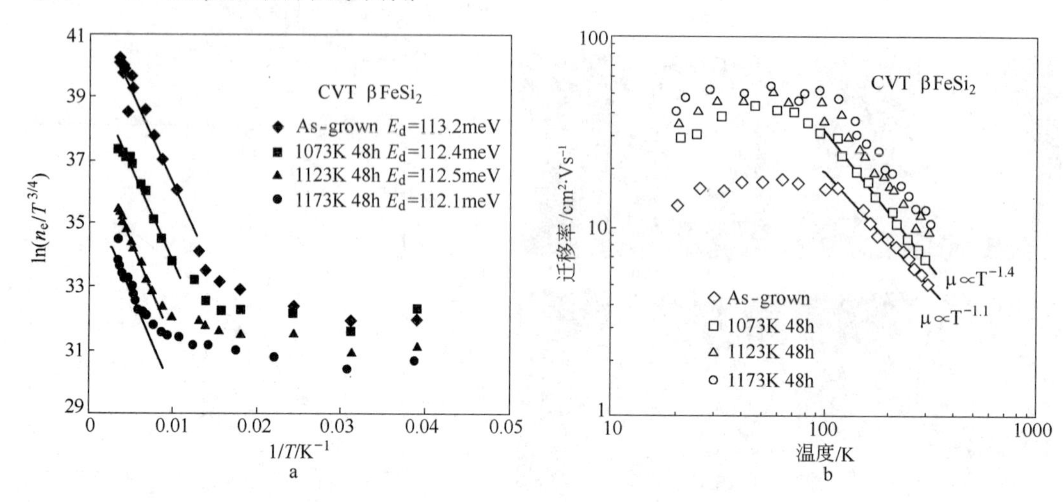

图 5 – 84　不同处理状态下 $\beta FeSi_2$ 单晶电性能分析

a—电子浓度与温度关系；b—电子迁移率与温度关系

由于 CVT 制备的 $\beta FeSi_2$ 单晶通常是针状的，无法获得宽而平整的表面积，且容易出现孪晶体[202~204]，为了获得尺寸、表面积更大的 $\beta FeSi_2$ 块体单晶，近年来，Udono 和 Kikuma 等[205]发展了另一种新型 $\beta FeSi_2$ 单晶制备技术——熔剂法（solution growth methods）。熔剂法制备 $\beta FeSi_2$ 的原理图如图 5 – 85 所示，熔质为 $FeSi_2$ 铸锭，熔剂为低熔点金属（Sn、Sb、Zn、Ga 等），整个过程在高真空（$<5\times10^{-6}$Torr，1Torr = 133.322Pa）的石英安瓿中进行，熔剂处于熔融状态并保持一定的温度梯度，温度控制在 850 ~ 900℃范围内，经过一定时间的生长获得单晶样品，样品在水中淬火，残余的熔剂采用盐酸和王水清洗。图 5 – 86 所示为采用 Ga 熔剂和 Zn 熔剂制备的 $\beta FeSi_2$ 单晶形貌。

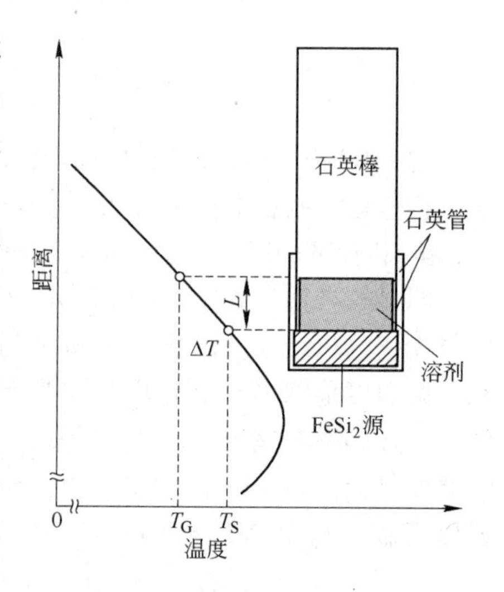

图 5 – 85　熔剂法制备 $\beta FeSi_2$ 单晶示意图

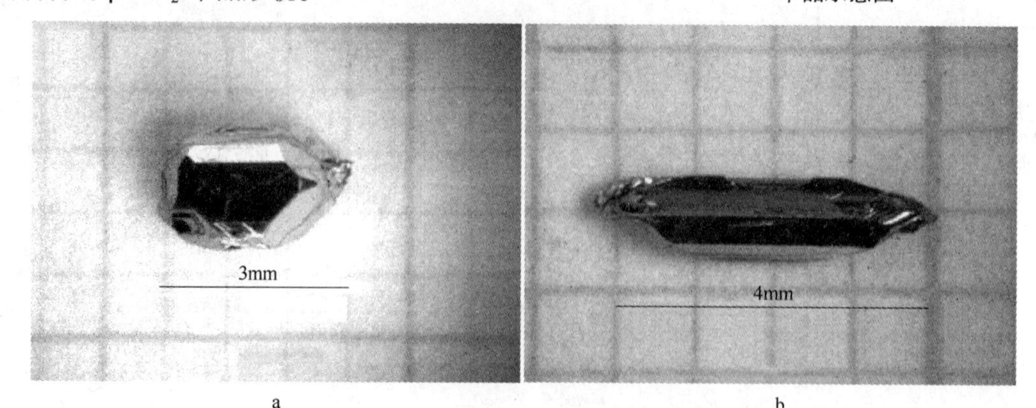

图 5 – 86　不同熔剂制备的 $\beta FeSi_2$ 单晶形貌[205]

a—Ga 熔剂；b—Zn 熔剂

作为重要的热电器件材料，采用熔剂法制备的 βFeSi$_2$ 单晶材料的温差电动势因子 P（$=\alpha^2/\rho$，α 为塞贝克系数，ρ 为电阻率）约为 3×10^{-4}W/mK^2，其值比烧结而成的 Mn 掺杂多晶 FeSi$_2$ 高 1 ~2 个数量级，且比 CVT 法制备的 βFeSi$_2$ 单晶材料高 3 倍[206]。熔剂的选择对 βFeSi$_2$ 单晶的传导类型具有显著影响。室温条件下，采用 Ga 熔剂生长的单晶空穴浓度为（1×10^{19} ~2×10^{19}cm^{-3}），而采用 Zn 熔剂生长的 βFeSi$_2$ 单晶空穴浓度只有（2×10^{17} ~4×10^{17}cm^{-3}）。通常情况下，采用 Ga、Zn 熔剂生长的 βFeSi$_2$ 单晶为 P 型半导体，而采用 Sb、Sn 熔剂生长的 βFeSi$_2$ 单晶则为 N 型半导体[207]，但是电阻率较高。Kannou 和 Udono 等人[208]研究发现可以采用 Sb、Sn 熔剂生长 N 型 βFeSi$_2$ 单晶，但其电阻率比 Ga 熔剂生长的高 10 倍。通过掺杂的方式可以显著降低 βFeSi$_2$ 单晶电阻率，Udono 等人[206]通过掺杂方式合成出低电阻率的 βFeSi$_2$ 单晶，其室温电阻率约为 0.2 ~0.5Ω · cm，与未掺杂的 βFeSi$_2$ 单晶相比，电阻率显著降低，如图 5 -87 所示为不同 Ni 掺杂量的 βFeSi$_2$ 单晶电阻率与温度的关系。

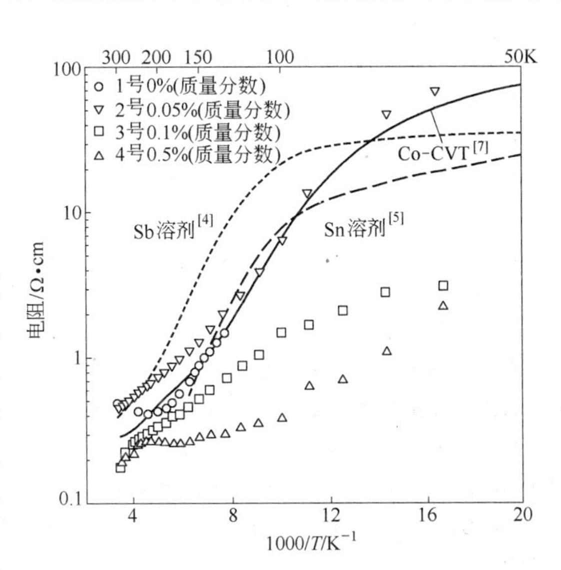

图 5 -87 不同 Ni 掺杂量的 βFeSi$_2$ 单晶电阻率与温度的关系[206]

熔剂法制备 βFeSi$_2$ 单晶，其单晶生长源是事先经熔炼或粉末冶金技术合成的 FeSi$_2$ 锭坯。同样也可以采用高温金属熔剂技术直接在熔剂中反应合成金属硅化物单晶，典型的应用主要是 $AAl_{2-x}Si_x$（A 代表 Ca，Sr）体系，Al 既作为熔剂，也作为原料参与反应，如 S. M. Kauzlarich 等人采用该技术制备出 SrAl$_2$Si$_2$ 单晶[209]。Shigeru Okada 等人[210]同样采用熔剂法从 Pb 熔剂中生长出 ReMn$_2$Si$_2$（Re 代表 Y，Er）单晶，最大单晶尺寸可达 $2\times2\times0.02$mm^3，图 5 -88 所示为熔剂法制备出的 ReMn$_2$Si$_2$（Re 代表 Y，Er）单晶形貌。

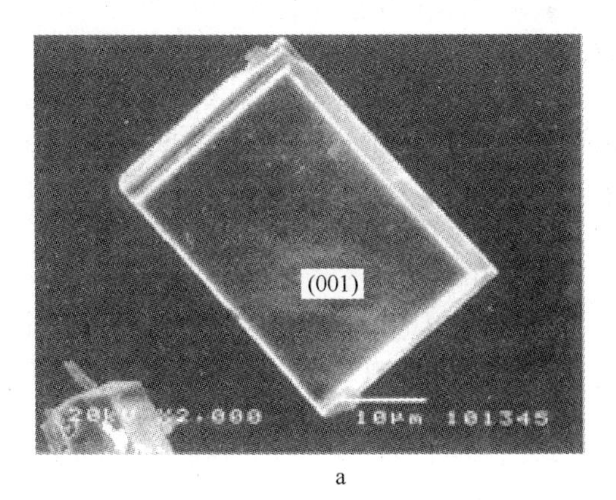

a

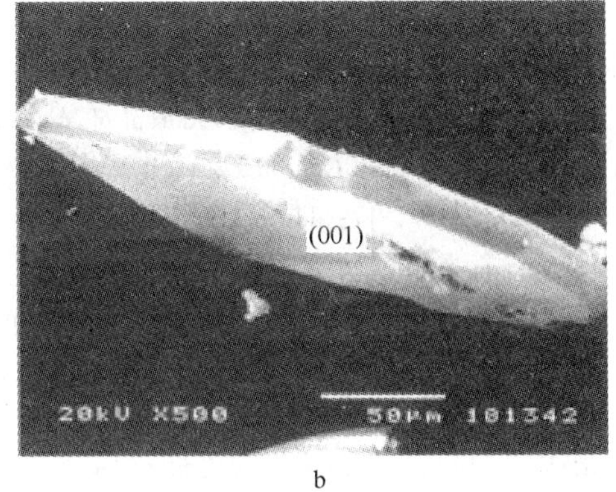

b

图 5 -88 熔剂法制备出的 ReMn$_2$Si$_2$ 单晶形貌[210]

a—YMn$_2$Si$_2$；b—ErMn$_2$Si$_2$

参考文献

[1] Patrick D K, David C, Aken V. Physical and Mechanical Properties of $MoSi_2-Er_2Mo_3Si_4$ Composites [J]. Materials Research Society, 1993, 288: 1135 ~ 1141.

[2] Xie G, Yuan L, Wang P. GHz Microwave Properties of Melt Spun Fe - Si Alloys [J]. Journal of Non - Crystalline Solids, 2010, 356: 83 ~ 86.

[3] Szymafiski K, Baas J, Dobrzyfiski L, et al. Magnetic and Mössbauer Investigation of $FeSi_{2-x}Al_x$ [J]. Physica B, 1996, 225: 111 ~ 120.

[4] Chattopadhyay K, Sinha R, Mitra R, et al. Effect of Mo and Si on Morphology and Volume Fraction of Eutectic in Nb - Si - Mo Alloys [J]. Materials Science and Engineering A, 2007, 456: 358 ~ 363.

[5] Chattopadhyay K, Balachandran G, Mitra R, et al. Effect of Mo on Microstructure and Mechanical Behaviour of As - Cast $Nb_{ss}-Nb_5Si_3$ in Situ Composites [J]. Intermetallics, 2006, 14: 1452 ~ 1460.

[6] Ramos A S, Nunes C A, Coelho G C. On the Peritectoid Ti_3Si Formation in Ti - Si Alloys [J]. Materials Characterization, 2006, 56: 107 ~ 111.

[7] Faria M I S T, Coelho G C, Nunes C A, et al. Microstructural Characterization of As - Cast Co - Si Alloys [J]. Materials Characterization, 2006, 56: 66 ~ 72.

[8] Roger J, Guizouarna T, Hiebl K, et al. Structural Chemistry and Physical Properties of the Rare Earth Silicide Dy_3Si_4 [J]. Journal of Alloys and Compounds, 2005, 394: 28 ~ 34.

[9] Chad V M, Faria M I S T, Coelho G C, et al. Microstructural Characterization of As - Cast Cr - Si Alloys [J]. Materials Characterization, 2008, 59: 74 ~ 78.

[10] Roger J, Babizhetskyy V, Hiebl K, et al. Structural Chemistry, Magnetism and Electrical Properties of Binary Gd Silicides and Ho_3Si_4 [J]. Journal of Alloys and Compounds, 2006, 407: 25 ~ 35.

[11] Yi D Q, Lai Z H, Li C H, et al. Ternary Alloying Study of $MoSi_2$ [J]. Metallurgical and Materials Transactions A, 1998, 29A: 119 ~ 129.

[12] Cao Y, Yi D Q, Lu B, et al. Ternary Alloying of Mo_5Si_3 with Zr, Ti, Co and V [J]. Trans. Nonferrous Met. Soc. China. 2001, 11 (5): 691 ~ 695.

[13] Xie K, Song X, Zhu Y, et al. Large Magnetic Entropy Change in Melt - Spun $LaFe_{11.5}Si_{1.5}$ Ribbons [J]. Journal of Physics D, 2004, 37 (22): 3063 ~ 3066.

[14] Zou J D, Shen B G, Sun J R. Role of Lattice Contraction in the Magnetocaloric Effect in $LaFe_{11.5}Si_{1.5}$ [J]. Journal of Physics: Condensed Matter, 2007, 19 (19): 11 ~ 16.

[15] Wang N, Li G, Yao W J, Wen X X. Interactive Contribution of Grain Size and Grain Orientation to Coercivity of Melt Spun Ribbons [J]. Journal of Magnetism and Magnetic Materials, 2010, 322: 362 ~ 365.

[16] Tence S, Gorsse S, Gaudin E, et al. Magnetocaloric Effect in the Ternary Silicide Gd_3NiSi_2 [J]. Intermetallics, 2009, 17: 115 ~ 119.

[17] Lyubina J, Gutfleisch O, Michael D, et al. La(Fe, Si)$_{13}$ - Based Magnetic Refrigerants Obtained by Novel Processing Routes [J]. Journal of Magnetism and Magnetic Materials, 2008, 320: 2252 ~ 2258.

[18] 谢鲲，宋晓平，吕伟鹏，等．熔体快淬 $LaFe_{11.5}Si_{1.5}$ 的巨大磁熵变 [J]．稀有金属材料与工程，2005, 34 (12): 1909 ~ 1912.

[19] 张铁邦，付浩，陈云贵．快淬低纯 $Gd_5Si_2Ge_2$ 合金的结构和磁熵变 [J]．功能材料，2005, 36 (4): 513 ~ 515.

[20] 赵仲恺，周海涛，周啸．熔体快淬非晶 Fe - Si - B - Cu 合金的晶化行为 [J]．中国有色金属学报，2008, 18 (10): 1872 ~ 1878.

[21] Wang H M, Luan D Y, Zhang L Y. Microstructure and Wear Resistance of Laser Melted W/W_2Ni_3Si Metal Silicides Matrix in Situ Composites [J]. Scripta Materialia, 2003, 48 (8): 1179~1184.

[22] 薛轶，王华明. 激光熔炼 $Ti_5Si_3-TiCo-Ti_2Co$ 多相金属间化合物合金的组织与耐磨性 [J]. 稀有金属材料与工程, 2007, 36 (9): 1623~1627.

[23] 段刚，赵海云，王华明. 激光熔炼/快速凝固 γ/Cr_3Si 金属硅化物"原位"复合材料研究 [J]. 稀有金属材料科学与工程, 2003, 32 (2): 121~125.

[24] Yin Y X, Wang H M. High-Temperature Wear Behaviors of a Laser Melted Cuss/ (Cr_5Si_3-CrSi) Metal Silicide Alloy [J]. Materials Science and Engineering: A, 2007, 452~453: 746~750.

[25] Wang H M, Luan D Y, Cai L X. Microstructure and Sliding-Wear Behavior of Tungsten-Reinforced W-Ni-Si Metal-Silicide In-Situ Composites [J]. Metallurgical and Materials Transactions A, 2003, 34: 2005~2015.

[26] Xu Y W, Wang H M. Microstructure and Wear Properties of Laser Melted $\gamma-Ni/Mo_2Ni_3Si$ Metal Silicide "in Situ" Composite [J]. Materials Letters, 2007, 61 (2): 412~416.

[27] Benjamin J S. Dispersion Strengthened Superalloys by Mechanical Alloying [J]. Metallurgical Transactions A (Physical Metallurgy and Materials Science), 1970, 1 (10): 2943~2951.

[28] Koch C C. Intermetallic Matrix Composites Prepared by Mechanical Alloying—A Review [J]. Materials Science and Engineering A, 1998, 244: 39~48.

[29] Arais A. Oxidation Dispersion Strengthened Nickel Produced by Nonreactive Milling [J]. Powder Metallurgy, 1976, 19 (3): 153~161.

[30] Yen B K, Aizawa T, Kihara J, et al. Reaction Synthesis of Refractory Disilicides by Mechanical Alloying and Shock Reactive Synthesis Techniques [J]. Materials Science and Engineering A, 1997, 239~240: 515~521.

[31] Magini M, Burgio N, Iasonna A, et al. Analysis of Energy Transfer in the Mechanical Alloying Process in the Collision Regime [J]. Journal of Materials Synthesis and Processing, 1993, 1 (3): 135~140.

[32] Magini M, Iasonna A. Experimental Supports to the Energy Transfer Collision Model in the Mechanical Alloying Process [J]. Materials Science Forum, 1996, 225~227: 229~236.

[33] Liu L, Cui K. Mechanical Alloying of Refractory Metal-Silicon Systems [J]. Journal of Materials Processing Technology, 2003, 138: 394~398.

[34] Dong H, Feng R X, Ai X P, et al. Structural and Electrochemical Characterization of Fe-Si/C Composite Anodes for Li-Ion Batteries Synthesized by Mechanicalalloying [J]. Electrochimica Acta, 2004, 49: 5217~5222.

[35] Li T, Li Y Z, Zhang Y H. Phases in Ball-Milled $Fe_{0.6}Si_{0.4}$ [J]. Journal of Physics: Condensed Matter, 1997, 9 (6): 1381~1388.

[36] Abdellaoui M. Microstructural and Thermal Investigations of Iron-Silicon Nanocomposite Materials Synthesised by Rod Milling [J]. Journal of Alloys and Compounds, 1998, 264 (1/2): 285~292.

[37] Abdellaoui M, Barradi T, Gaffet E. Mechanism of Mechanical Alloying Phase Formation and Related Magnetic and Mechanical Properties in the Fe-Si System [J]. Journal of Alloys and Compounds, 1993, 198 (1/2): 155~164.

[38] Heron A J, Schaffer G B. Mechanical Alloying of $MoSi_2$ with Ternary Alloying Elements. Part 1: Experimental [J]. Materials Science and Engineering A, 2003, 352: 105~111.

[39] 李丹，易丹青，张霞，等. Nb-38Ti-11Si-3Al 新型高温合金的氧化行为 [J]. 粉末冶金材料科学与工程, 2006, 11 (3): 149~153.

[40] Kumar K S, Mannan S K. Mechanical Alloying Behavior in the Nb-Si, Ta-Si and Nb-Ta-Si Systems

[J] . High Temperture Ordered Intermetallic Alloys Ⅲ, Symposium, 1989: 415 ~ 420.

[41] Lee J H. Synthesis of Titanium Silicides by Mechanical Alloying [J] . J. Korea Inst. Metals, 1999, L37 (5): 562 ~ 569.

[42] Davis R M, Mcdermott B T, Koch C C. Mechanical Alloying of Brittle Materials [J] . Metallurgical Transactions, 1988, A19 (12): 2867 ~ 2874.

[43] Jeng Y L, Lavernia E J. Processing of Molybdenum Disilicide [J] . Journal of Materials Science, 1994, 29 (10): 2557 ~ 2571.

[44] Malaman B, Venturini G, Caer L G, et al. Magnetic Structures of $PrFeSi_2$ and $NdFeSi_2$ From Neutron and Mossbauer Studies [J] . Physical Review B (Condensed Matter), 1990, 41 (7): 4700 ~ 4712.

[45] Viswanadham R K, Mannan S K, Kumar K S. Mechanical Alloying Behavior in Group V Transition Metal/Silicon Systems [J] . Scripta Metallurgica, 1988, 22 (7): 1011 ~ 1014.

[46] Oehring M, Bormann R. Nanocrystalline Alloys Prepared by Mechanical Alloying and Ball Milling [J]. Materials Science and Engineering A, 1991, (A134): 1330 ~ 1333.

[47] Zuo B, Saraswati N, Sritharan T. Production and Annealing of Nanocrystalline Fe – Si and Fe – Si – Al Alloy Powders [J] . Materials Science and Engineering A, 2004, 371 (1 ~ 2): 210 ~ 216.

[48] 周铁军，王敦辉，章建荣，等．机械合金化 Fe – Si 合金的微结构与磁性 [J] ．物理学报，1997，46 (11): 2250 ~ 2257.

[49] Zou B, Sritharan T. Ordering and Grain Growth in Nanocrystalline $Fe_{75}Si_{25}$ Alloy [J] . Acta Materilia, 2005, 53 (4): 1233 ~ 1239.

[50] Ding J, Li Y, Chen F, et al. Microstructure and Soft Magnetic Properties of Nanocrystalline Fe – Si Powders [J] . Journal of Alloys and Compounds, 2001, 314 (1/2): 262 ~ 267.

[51] Hosseini H R M, Bahrami A. Preparation of Nanocrystalline Fe – Si – Ni Soft Magnetic Powders by Mechanical Alloying [J] . Materials Science and Engineering B, 2005, 123: 74 ~ 79.

[52] Kim S H, Lee Y J, Lee B H, et al. Characteristics of Nanostructured Fe – 33 at. % Si Alloy Powders Produced by High – Energy Ball Milling [J] . Journal of Alloys and Compounds, 2006, 424: 204 ~ 208.

[53] Cao Y, Yi D Q, Zhang S. Mechanical Alloying of Mo – Si – Fe Powder [J] . Transactions of the Nonferrous Metals Society of China, 2002, 12 (4): 681 ~ 685.

[54] Yelsukov E P, Dorofeev G A. Mechanical Alloying in Binary Fe – M (M = C, B, Al, Si, Ge, Sn) Systems [J] . Journal of Materials Science, 2004, 39: 5071 ~ 5079.

[55] Dinga J, Lia Y, Chenb L F, et al. Microstructure and Soft Magnetic Properties of Nanocrystalline Fe – Si Powders [J] . Journal of Alloys and Compounds, 2001, 314: 262 ~ 267.

[56] Koch C C. Amorphization Reactions During Mechanical Alloying/Milling of Metallic Powders [J]. Reactivity of Solids, 1990, 8 (3/4): 283 ~ 297.

[57] Liu L, Lu L, Lai M O, et al. Different Pathways of Phase Transition in a V – Si System Driven by Mechanical Alloying [J] . Materials Research Bulletin, 1998, 33 (4): 539 ~ 545.

[58] Gaffet E, Malhouroux N, Abdellaoui M. Far From Equilibrium Phase Transition Induced by Solid – State Reaction in the Fe – Si System [J] . Journal of Alloys and Compounds, 1993, 194 (2): 339 ~ 360.

[59] Filho A F, Bolfarini C, Xu Y, et al. Amorphous Phase Formation in Fe – 6. 0% Si Alloy by Mechanical Alloying [J] . Scripta Mater. 2000, 42: 213 ~ 217.

[60] Ogawa H, Miura H. Compositional Dependence of Amorphization of M – C – Si (M = Fe, Co or Ni) Materials by Mechanical Alloying [J] . Journal of Materials Processing Technology, 2003, 143 ~ 144: 256 ~ 260.

[61] Zhang D L, Massalski T B. Solid State Reactions Between Pd and Si Induced by High Energy Ball Milling

[J]. Journal of Materials Research, 1994, 9: 53 ~ 60.

[62] Merzhanov A G. Theory and Practice of SHS: Worldwide State of the Art and the Newest Results [J]. International Journal of Self - Propagating High - Temperature Synthesis, 1993, 2 (2): 113 ~ 158.

[63] Radhakrishnan R, Bhaduri S, Henager C H. Reactive Processing of Silicides [J]. Journal of the Minerals, 1997, 49 (1): 41 ~ 45.

[64] Ouabdesselam M, Munir Z A. The Sintering of Combustion - Synthesized Titanium Diboride [J]. Journal of Materials Science, 1987, 22: 1799 ~ 1807.

[65] Munir Z A. Synthesis of High Temperature Materials by Self - Propagating Combustion Methods [J]. American Ceramic Society Bulletin, 1988, 67 (2): 342 ~ 349.

[66] 王志伟. 自蔓延高温合成技术研究与应用的新进展 [J]. 化工进展, 2001, 21 (3): 175 ~ 178.

[67] Munir Z A. Combustion and Plasma Synthesis of High Temperature Materials [J]. Army Research Office, Research Triangle Park, 1989: 773.

[68] 刘建军. 燃烧合成制备 Mg/Mg_2Si 复合材料及其表征 [M]. 兰州理工大学硕士学位论文, 2007.

[69] Yeh C L, Wang H J. A Comparative Study on Combustion Synthesis of Ta_2Si Compounds [J]. Intermetallics, 2007, 15: 1277 ~ 1284.

[70] Holt J B, Munir Z A, Combustion and Plasma Synthesis of High - Temperature Materials [J]. Army Research Office, Research Triangle Park, 1989: 773.

[71] 罗传红, 胡田, 毛艳, 等. 自蔓延高温合成技术及应用 [J]. 材料科学, 2012, 2: 12 ~ 17.

[72] Jo S W, Lee G W, Moon J T. On the Formation of $MoSi_2$ by Self - Propagating High - Temperature Synthesis [J]. Acta Mater, 1996, 44 (11): 4317 ~ 4326.

[73] Yeh C L, Chen W H. Combustion Synthesis of $MoSi_2$ and $MoSi_2 - Mo_5Si_3$ Composites [J]. Journal of Alloys and Compounds, 2007, 438: 165 ~ 170.

[74] Khoshkhoo M S, Shamanian M, Saidi A, et al. The Effect of Mo Particle Size on SHS Synthesis Mechanism of $MoSi_2$ [J]. Journal of Alloys and Compounds, 2009, 475: 529 ~ 534.

[75] Yeh C L, Chen W H. A Comparative Study on Combustionsynthesis of Nb - Si Compounds [J]. Journal of Alloys and Compounds, 2006, 425: 216 ~ 222.

[76] Magliaa F, Anselmi T U, Bertolinoal N, et al. Field - Activated Combustion Synthesis of Ta - Si Intermetallic Compounds [J]. Journal of Materials Research, 2001, 16: 534 ~ 544.

[77] Bertolino N, Tamburini U A, Maglia F, et al. Combustion Synthesis of Zr - Si Intermetallic Compounds [J]. Journal of Alloys and Compounds, 1999, 288: 238 ~ 248.

[78] Yeh C L, Hsu C C. An Experimental Study on Ti_5Si_3 Formation by Combustion Synthesis in Self - Propagating Mode [J]. Journal of Alloys and Compounds, 2005, 395: 53 ~ 58.

[79] Pampuch R, Lis J, Stobierski L, et al. Solid Combustion Synthesis of Ti_3SiC_2 [J]. Journal of the European Ceramic Society, 1989, 5: 283 ~ 287.

[80] Lis J, Pampuch R, Rudnik T, et al. Reaction Sintering Phenomena of Self - Propagating High - Temperature Sythesis - Derived Ceramic Powders in the Ti - Si - C System [J]. Journal of Solid State Ionics, 1997, 59: 101 ~ 103.

[81] Deevi S C. Self - Propagating High - Temperature Synthesis of Molybdenum Disilicide [J]. Journal of Materials Science, 1991, 26: 3343 ~ 3353.

[82] Park J H, Yoon J K, Doh J M, et al. Simultaneous High - Frequency Induction Heated Combustion Synthesis and Consolidation of Nanostructured $HfSi_2 - SiC$ Composite [J]. Ceramics International, 2009, 35: 1677 ~ 1681.

[83] Oh D Y, Kim H C, et al. One Step Synthesis of Dense $MoSi_2 - SiC$ Composite by High - Frequency Induc-

tion Heated Combustion and its Mechanical Properties [J]. Journal of Alloys and Compounds, 2005, 395 (1~2): 174~180.

[84] Park H K, Shon I J, Yoon J K, et al. Simultaneous Synthesis and Consolidation of Nanostructured $NbSi_2$ - Si_3N_4 Composite from Mechanically Activated Powders by High - Frequency Induction - Heated Combustion [J]. Journal of Alloys and Compounds, 2008, 461 (1~2): 560~564.

[85] Park H K, Shon I J, Yoon J K, et al. Consolidation of Nanostructured $NbSi_2$ - SiC Composite Synthesized by High - Frequency Induction Heated Combustion [J]. Journal of Alloys and Compounds, 2006, 426 (1~2): 322~326.

[86] Munir Z A, Umberto A T. Self - Propagating Exothermic Reactions: The Synthesis of High - Temperature Materials by Combustion [J]. Materials Science Reports, 1989, 3: 277~365.

[87] Munir Z A. Investigation of Field - Activation in Combustion Synthesis the Use of Field as a Processing Parameter [J]. NSF: 9616708.

[88] Maglia F, Tamburini A U, Milanese C, et al. Field Activated Combustion Synthesis of the Silicides of Vanadium [J]. Journal of Alloys and Compounds, 2001, 319 (1~2): 108~118.

[89] Gedevanishvili S, Munir Z A. Field - Activated Combustion Synthesis in the Nb - Si System [J]. Materials Science and Engineering A, 1996, 211 (1~2): 1~9.

[90] Bae S K, Shon I J, Doh J M, et al. Properties and Consolidation of Nanocrystalline $NbSi_2$ - SiC - Si_3N_4 Composite by Pulsed Current Activated Combustion [J]. Scripta Materialia, 2008, 58: 425~428.

[91] Gedevanishvili S, Munir Z A. Field - Assisted Combustion Synthesis of $MoSi_2$ - SiC Composites [J]. Scripta Metallurgica et Materialia, 1994, 31 (6): 741~743.

[92] Shon I J, Rho D H, Kim H C, et al. Dense WSi_2 and WSi_2 - 20 vol. % ZrO_2 Composite Synthesized by Pressure - Assisted Field - Activated Combustion [J]. Journal of Alloys and Compounds, 2001, 322 (1~2): 120~126.

[93] Shon I J, Rho D H, Kim H C, et al. Synthesis of WSi_2 - ZrO_2 and WSi_2 - Nb Composites by Field - Activated Combustion [J]. Journal of Alloys and Compounds, 2001, 327 (1~2): 66~72.

[94] Clark D E, Ahmad I, Dalton R C. Microwave Ignition and Combustion Synthesis of Composites [J]. Materials Science and Engineering: A, 1991, 144 (1~2): 91~97.

[95] Jokisaari J R, Bhaduri S, Bhaduri S B. Microwave Activated Combustion Synthesis of Bulk Cobalt Silicides [J]. Journal of Alloys and Compounds, 2005, 394 (1~2): 160~167

[96] 彭金辉，张立波，等. 微波协助自蔓延高温合成技术新进展 [J]. 稀有金属，2001，25 (3): 222~225.

[97] 张厚安，唐果宁，李颂文. $MoSi_2$ 烧结工艺研究 [J]. 稀有金属与硬质合金，1999，3: 11~13.

[98] Schubert T, Böhma A, Kiebacka B, et al. Effects of High Energy Milling on Densification Behaviour of Mo-Si Powder Mixtures During Pressureless Sintering [J]. Intermetallics, 2002, 10: 873~878.

[99] Augustin S, Broglio M, Lipetzky P, et al. Improved Properties of Silicide Matrix Composites [J]. Ceramic Engineering and Science Proceedings, 1997, 18 (4B): 339~346.

[100] Schneibel J H, Liu C T, Heatherly L, et al. Assessment of Processing Routes and Strength of A 3 - Phase Molybdenum Boron Silicide (Mo_5Si_3 - Mo_5SiB_2 - Mo_3Si) [J]. Scripta Materialia, 1998, 38 (7): 1169~1176.

[101] Raj S V. A preliminary Assessment of the Properties of a Chromium Silicide Alloy for Aerospace Applications [J]. Materials Science & Engineering A, 1995, A192~A193: 583~589.

[102] Pan J, Surappa M K, Saravanan R A, et al. Fabrication and Characterization of SiC/$MoSi_2$ Composites [J]. Materials Science and Engineering A, 1998, 244 (2): 191~198.

[103] Shah D M, Berczik D, Anton D L, et al. Appraisal of other Silicides as Structural Materials [J]. Materials Science and Engineering A, 1992, A155 (1~2): 45~57.

[104] Suzuki Y, Sekino T, Niihara K. Effects of ZrO_2 Addition on Microstructure and Mechanical Properties of $MoSi_2$ [J]. Scripta Metallurgica & Materialia, 1995, 33 (1): 69~74.

[105] Zhao H L, Kramer M J, Akinc M. Thermal Expansion Behavior of Intermetallic Compounds in the Mo - Si - B System [J]. Intermetallics, 2004, 12 (5): 493~498.

[106] Krügera M, Franza S, Saagea H, et al. Mechanically Alloyed Mo - Si - B Alloys with a Continuous A - Mo Matrix and Improved Mechanical Properties [J]. Intermetallics, 2008, 16: 933~941.

[107] Draper D. Hot Isostatic Pressing of Pre - Hot - Pressed Tungsten Silicide [J]. Metal Powder Report, 2001, 56 (6): 39.

[108] Dyck S V, Delaey L, Froyen L, et al. Microstructural Evolution and its Influence on the Mechanical Properties of A Nickel Silicide Based Intermetallic Alloy [J]. Intermetallics, 1997, 5 (2): 137~145.

[109] Dyck S V, Delaey L, Froyen L, et al. Microstructural Evolution During Powder Metallurgical Processing of a Ni_3Si - Based Intermetallic Alloy [J]. Materials Characterization, 1997, 38 (1): 1~12.

[110] Suryanarayanan R, Sastry S M L, Jerina K L. Mechanical Properties of Molybdenum Disilicide Based Materials Consolidated by Hot Isostatic Pressing (HIP) [J]. Acta Metallurgica & Materialia, 1994, 42 (11): 3751~3757.

[111] Simões F, Trindade B. Structural and Mechanical - Properties of Hot - Pressed Surface Modified Ti_xSi_{100-x} (x = 62.5 and 85 at. %) Powders Synthesized by Mechanical Alloying [J]. Materials Science and Engineering A, 2005, 397 (1~2): 257~263.

[112] Shimizu H, Yoshinaka M, Hirota K, et al. Fabrication and Mechanical Properties of Monolithic $MoSi_2$ by Spark Plasma Sintering [J]. Materials Research Bulletin, 2002, 37: 1557~1563.

[113] Xiong B W, Long W Y, Chen Z, et al. Effects of Element Proportions on Microstructures of Nb/Nb_5Si_3 in Situ Composites by Spark Plasma Sintering [J]. Journal of Alloys and Compounds, 2009, 471 (1~2): 404~407.

[114] Kurokawa K, Hara H, Takahashi H, et al. Microstructure and Oxidation Behavior of $ReSi_{1.75}$ Synthesized by Spark Plasma Sintering [J]. Vacuum, 2002, 65 (3~4): 497~502.

[115] Naka M. Preparation of Iron Silicide by Mechanical Alloying and Spark Plasma Sintering [J]. Metal Powder Report, 2001, 56 (9): 32.

[116] Gao N F, Li J T, Zhang D, et al. Rapid Synthesis of Dense Ti_3SiC_2 by Spark Plasma Sintering [J]. Journal of the European Ceramic Society, 2002, 22: 2365~2370.

[117] Zhou W B, Mei B C, Zhu J Q, et al. Fabrication of High - Purity Ternary Carbide Ti_3SiC_2 by Spark Plasma Sintering Technique [J]. Materials Letters, 2005, 59 (12): 1547~1551.

[118] Tamburini U A, Garay J E, Munir Z A. Fundamental Investigations on the Spark Plasma Sintering/Synthesis Process: Ⅲ. Current Effect on Reactivity [J]. Materials Science and Engineering: A, 2005, 407 (1~2): 24~30.

[119] Handtrack D, Despang F, Sauer C, et al. Fabrication of Ultra - Fine Grained and Dispersion - Strengthened Titanium Materials by Spark Plasma Sintering [J]. Materials Science and Engineering: A, 2006, 437 (2): 423~429.

[120] Xu J G, Jiang G J, Li W L. In - Situ Synthesis of $SiC/MoSi_2$ Composite Through SPS Process [J]. Journal of Alloys and Compounds, 2008, 462: 170~174.

[121] Merzhanov A G, Shiro V M. Method for Synthesizing Refactory Inorganic Compounds, Authors Certificate Application, 1967, No. 255221.

[122] Rapp R A. Surface Coatings for High – Temperature Alloys [J]. Encyclopedia of Materials: Science and Technology, 2008: 9013 ~ 9018.

[123] Urquhart A W. Novel Reinforced Ceramics and Metals: a Review of Lanxide's Composite Technologies [J]. Materials Science and Engineering: A, 1991, 144 (1 ~ 2): 75 ~ 82.

[124] Hanabe M, Aswath P B. Synthesis of In – Situ Reinforced Al Composites From Al – Si – Mg – O Precursors [J]. Acta Materialia, 1997, 45 (10): 4067 ~ 4076.

[125] Henager C H, Brimhall J L, Hirth J P. Synthesis of a $MoSi_2$ – SiC Composite in Situ Using a Solid State Displacement Reaction [J]. Materials Science and Engineering: A, 1992, 155 (1 ~ 2): 109 ~ 114.

[126] Henager C H J, Brimhall J L, Hirth J P. Synthesis of a $MoSi_2$ – SiC Composite in Situ Using a Solid State Displacement Reaction Between Mo_2C and Si [J]. Scripta Metallurgica & Materialia, 1992, 26 (4): 585 ~ 589.

[127] Henager C H J, Brimhall J L, Brush L N. Tailoring Structure and Properties of Composites Synthesized in Situ Using Displacement Reactions [J]. Materials Science and Engineering A, 1995, 195: 65 ~ 74.

[128] Patel M, Subramanyuam J, Prasad V V B. Synthesis and Mechanical Properties of Nanocrystalline $MoSi_2$ – SiC Composite [J]. Intermetallics, 2008, 16: 933 ~ 941.

[129] Henager C H, Brimhall J L, Hirth J P. Synthesis of a $MoSi_2$ – SiC Composite in Situ Using a Solid State Displacement Reaction [J]. Materials Science and Engineering: A, 1992, 155 (1 ~ 2): 109 ~ 114.

[130] Alman D E, Stoloff N S. Preparation of $MoSi_2$ – SiC Composites from Elemental Powders by Reactive Co – Synthesis [J]. Scripta Metallurgica et Materialia, 1993, 28 (12): 1525 ~ 1530.

[131] Shon I J, Park J H, Yoon J K. Consolidation of Nanostructured $ZrSi_2$ – Si_3N_4 Synthesized from Mechanically Activated (4ZrN + 11Si) Powders by High Frequency Induction Heated Combustion Synthesis [J]. Materials Research Bulletin, 2009, 44: 1462 ~ 1467.

[132] Arpón R, Narciso J, Rodríguez – Reinoso F, et al. Synthesis of Mixed Disilicides/SiC Composites by Displacement Reaction Between Metal Carbides and Silicon [J]. Materials Science and Engineering A, 2004, 380 (1 ~ 2): 62 ~ 66.

[133] Radhakrishnan R, Henager C H J, Brimhall J L, et al. Synthesis of Ti_3SiC_2/SiC and $TiSi_2$/SiC Composites Using Displacement Reactions in the Ti – Si – C System [J]. Scripta Materialia, 1996, 34 (12): 1809 ~ 1814.

[134] Li S B, Xie J X, Zhang L T, et al. In Situ Synthesis of Ti_3SiC_2/SiC Composite by Displacement Reaction of Si and TiC [J]. Materials Science and Engineering A, 2004, 381 (1 ~ 2): 51 ~ 56.

[135] Nartowski A M, Parkin I P. Solid State Metathesis Synthesis of Metal Silicides; Reactions of Calcium and Magnesium Silicide with Metal Oxides [J]. Polyhedron, 2002, 21: 187 ~ 191.

[136] Szczech J R, Jin S. Mg_2Si Nanocomposite Converted from Diatomaceous Earth as a Potential Thermoelectric Nanomaterial [J]. Journal of Solid State Chemistry, 2008, 181: 1565 ~ 1570.

[137] 马剑华，谷云乐，钱逸泰. 金属硅化物纳米材料的化学合成 [J]. 无机化学学报，2004，20 (9): 1009 ~ 1012.

[138] Ma J, Gu Y, Shi L, et al. Synthesis and Thermal Stability of Nano – Crystalline Vanadium Disilicide [J]. Journal of Alloys and Compounds, 2004, 370 (1 ~ 2): 281 ~ 284.

[139] 马剑华. 金属硅化物纳米材料的制备与性能 [D]. 中国科学技术大学博士论文，2004.

[140] Ahmad S, Pachauri J P, Akhtar J. A Simple Method of Depositing Oxygen – Free Titanium Silicide Films Using Vacuum Evaporation [J]. Thin Solid Films, 1986, 143 (2): 155 ~ 162.

[141] Aloupojannis P, Travlos A, Papastaikoudis C, et al. Stress Measurements on Vacuum Evaporated Cobalt Silicide Films on Silicon Substrates [J]. Vacuum, 1992, 43 (8): 807 ~ 809.

[142] Torres J, Perio A, Pantel R, et al. Growth of Thin Films of Refractory Silicides on Si (100) in Ultrahigh Vacuum [J]. Thin Solid Films, 1985, 126 (3~4): 233~239.

[143] Qin M, Poon M C, Yuen C Y. A Study of Nickel Silicide Film as a Mechanical Material [J]. Sensors and Actuators A: Physical, 2000, 87 (1~2): 90~95.

[144] Kaltsas G, Travlos A, Nassiopoulos A G, et al. High Crystalline Quality Erbium Silicide Films on (100) Silicon, Grown in High Vacuum [J]. Applied Surface Science, 1996, 102: 151~155.

[145] Tarsa E J, Mccormick K L, Speck J S. Common Themes in Their Epitaxial Growth of Oxides on Semiconductors [C]. MRS Spring Meeting, 1994, 341: 73~86.

[146] Datta A, Kal S, Basu S. Characterization of Semiconducting Iron Silicide Films Produced by Furnace Annealing [J]. Materials Letters, 1999, 41 (2): 89~95.

[147] Hsu C C, Ho J, Qian J J, et al. Lanthanum Silicide Formation in Thin La - Si Multilayer Films [J]. Vacuum, 1990, 41 (4~6): 1425~1427.

[148] Bhaskaran M, Sriram S, Mitchell D R G, et al. Microstructural Investigation of Nickel Silicide Thin Films and the Silicide - Silicon Interface Using Transmission Electron Microscopy [J]. Micron, 2009, 40 (1): 11~14.

[149] Pescher C, Ermolieff A, Veuillen J Y, et al. Structure of Epitaxial Gadolinium Silicide Thin Films Obtained by Gd Evaporation and by Gd and Si Coevaporation on Si(111) [J]. Solid State Communications, 1995, 94 (10): 837~841.

[150] Fenske F, Lange H, Oertel G, et al. Characterization of Semiconducting Silicide Films by Infrared Vibrational Spectroscopy [J]. Materials Chemistry and Physics, 1996, 43: 238~242.

[151] Nam H G, Chung I, Bene R W. Dependences of Titanium Silicide Properties on the Ratio of Silicon to Titanium Used for Electron - Beam Coevaporation onto Heated Substrates [J]. Thin Solid Films, 1993, 227 (2): 153~166.

[152] Nikolaeva M, Vassilev M S, Malinovska D D, et al. Iron Silicide Formed In A - Si: Fe Thin Films by Magnetron Co - Sputtering and Ion Implantation [J]. Vacuum, 2002, 69 (1~3): 221~225.

[153] Ivanov E. Evaluation of Tantalum Silicide Sputtering Target Materials for Amorphous Ta - Si - N Diffusion Barrier for Cu Metallization [J]. Thin Solid Films, 1998, 332 (1~2): 325~328.

[154] Gant H, Boetticher H, Kornetke B, et al. Characterization of $TaSi_2$ - Films Prepared by Sputtering from Compound Targets [J]. Physica B + C, 1985, 129 (1~3): 197~200.

[155] Kobayashi S, Sakata M, Abe K, et al. High Rate Deposition of $MoSi_2$ Films by Selective Co - Sputtering [J]. Thin Solid Films, 1984, 118 (2): 129~138.

[156] Tam P L, Nyborg L. Sputter Deposition and XPS Analysis of Nickel Silicide Thin Films [J]. Surface and Coatings Technology, 2009, 203 (19): 2886~2890.

[157] Joensson C T, Maximov I A, Whitlow H J, et al. Synthesis and Characterization of Cobalt Silicide Films on Silicon [J]. Nuclear Instruments and Methods in Physics Research Section B: Beam Interactions with Materials and Atoms, 2006, 249 (1~2): 532~535.

[158] 刘允，陈海峰. 亚微米自对准硅化物工艺开发 [J]. 电子与封装，2006, 6 (3): 37~39.

[159] Panda D, Dhar A, Ray S K. Characteristics of DC Magnetron Sputtered Ternary Cobalt - Nickel Silicide Thin Films for Ultra Shallow Junction Devices [J]. Microelectronic Engineering, 2008, 85 (3): 559~565.

[160] Serikawa T, Henmi M, Yamaguchi T, et al. Depositions and Microstructures of Mg - Si Thin Film by Ion Beam Sputtering [J]. Surface and Coatings Technology, 2006, 200 (14~15): 4233~4239.

[161] Glebovsky V G, Ermolov S N, Motuzenko V N, et al. Thin Silicide Films Deposited from Cast Silicide

Targets [J]. Materials Letters, 1998, 37 (1~2): 44~50.

[162] Saito T, Oshima K, Shimogaki Y, et al. Kinetic Modeling of Tungsten Silicide Chemical Vapor Deposition from WF_6 and Si_2H_6: Determination of the Reaction Scheme and the Gas-Phase Reaction Rates [J]. Chemical Engineering Science, 2007, 62 (22): 6403~6411.

[163] Yoon J K, Byun J Y, Kim G H, et al. Formation Process and Microstructural Evolution of Ni-Silicide Layers Grown by Chemical Vapor Deposition of Si on Ni Substrates [J]. Surface and Coatings Technology, 2003, 168 (2~3): 241~248.

[164] Hsu D S Y, Troilo L M, Turner N H, et al. Selective Area Platinum Silicide Film Deposition Using a Molecular Precursor Chemical Beam Source [J]. Thin Solid Films, 1995, 269 (1~2): 21~28.

[165] Hwang N M, Cheong W S, Yoon D Y, et al. Growth of Silicon Nanowires by Chemicalvapordeposition: Approach by Charged Cluster Model [J]. Journal of Crystal Growth, 2000, 218: 33~39.

[166] Rebhan M, Meier R, Plagge A, et al. High Temperature Chemical Vapor Deposition of Silicon on Fe (100) [J]. Applied Surface Science, 2001, 178 (1~4): 194~200.

[167] Rebhan M, Rohwerder M, Stratmann M. CVD of Silicon and Silicides on Iron [J]. Applied Surface Science, 1999, 140: 99~105.

[168] Shin D O, Ahn Y S, Ban S H, et al. Structural and Electrical Properties of MOCVD-Cobalt Silicide on P-$Si_{0.83}Ge_{0.17}$/Si (001) [J]. Materials Science and Engineering B, 2002, 89 (1~3): 279~283.

[169] Maury D, Gayet P, Regolini J L. Further Study on Selective $TiSi_2$ Deposition by CVD [J]. Microelectronic Engineering, 1997, 37~38: 435~440.

[170] Bertóti I, Mohai M, Kereszturi K, et al. Carbon Based Si- and Cr-Containing Thin Films: Chemical and Nanomechanical Properties [J]. Solid State Sciences, 2009, 11 (10): 1788~1792.

[171] 杜军. APCVD法硅化钛薄膜和硅化钛纳米线的研究 [D]. 浙江大学博士学位论文, 2007.

[172] Yoon J K, Byun J Y, Gyeung-Ho Kim, et al. Growth Kinetics of Three Mo-Silicide Layers Formed by Chemical Vapor Deposition of Si on Mo Substrate [J]. Surface and Coatings Technology, 2002, 155: 85~95.

[173] Voigtländer B. Fundamental Processes in Si/Si and Ge/Si Epitaxy Studied by Scanning Tunneling Microscopy During Growth [J]. Surface Science Reports, 2001, 43 (5~8): 127~254.

[174] Zakharov N D, Werner P, Gerth G, et al. Growth Phenomena of Si and Si/Ge Nanowires on Si (111) by Molecular Beam Epitaxy [J]. Journal of Crystal Growth, 2006, 290 (1): 6~10.

[175] Liu X, Tang Q, Harris J S. Arsenic Surface Segregation During in Situ Doped Silicon and $Si_{1-x}Ge_x$ Molecular Beam Epitaxy [J]. Journal of Crystal Growth, 2005, 281 (2~4): 334~343.

[176] Joshi N, Debnath A K, Aswal D K, et al. Morphology and Resistivity of Al Thin Films Grown on Si (111) by Molecular Beam Epitaxy [J]. Vacuum, 2005, 79 (3~4): 178~185.

[177] Frangis N, Landuyt J V, Kaltsas G, et al. Growth of Erbium-Silicide Films on (100) Silicon as Characterised by Electron Microscopy and Diffraction [J]. Journal of Crystal Growth, 1997, 172 (1~2): 175~182.

[178] Lenssen D, Lenk U S, Bay H L, et al. Molecular Beam Epitaxy of Ru-Si on Silicon [J]. Thin Solid Films, 2000, 371: 66~71.

[179] Travlos A, Apostolopoulos G, Boukos N, et al. Epitaxial $ErSi_{2-x}$ on Strained and Relaxed $Si_{1-x}Ge_x$ [J]. Materials Science and Engineering B: Solid-State Materials for Advanced Technology, 2002, 89 (1~3): 382~385.

[180] Hemment P L F, Cristiano F, Nejim A, et al. Ge^+ Ion Implantation - A Competing Technology [J]. Journal of Crystal Growth, 1995, 157 (1~4): 147~160.

[181] Mantl S, Hollander B, Jager W, et al. Ion Implantation in $Si/Si_{1-x}Ge_x$ Epitaxial Layers and Superlattices [J]. Nuclear Instruments & Methods in Physics Research, Section B, 1989, B39 (1~4): 405~408.

[182] Travlos A, Boukos N, Apostolopoulos G, et al. Epitaxial Erbium Silicide on Ge^+ Implanted Silicon [J]. Nuclear Instruments and Methods in Physics Research B, 2002, 196: 174~179.

[183] Hermann R, Behr G, Gerbeth G, et al. Magnetic Field Controlled FZ Single Crystal Growth of Intermetallic Compounds [J]. Journal of Crystal Growth, 2005, 275: E1533~E1538.

[184] Chu F, Thoma D J, McClellan K J, et al. Mo_5Si_3 Single Crystals: Physical Properties and Mechanical Behavior [J]. Materials Science and Engineering A, 1999, 261: 44~52.

[185] Matsuda K, Shirai Y, Yamaguchi M. Vacancies and Their Clusters in $MoSi_2$ Studied by Positron Lifetime Spectrometry [J]. Intermetallics, 1998, 6 (5): 395~401.

[186] Abrosimov N V, Rossolenko S, Alex V. Single Crystal Growth of $Si_{1-x}Ge_x$ by the Czochralski Technique [J]. Journal of Crystal Growth, 1996, 166: 657~662.

[187] Kampshoff E, Wälchli N, Kern K. Silicide Formation at Palladium Surfaces. Part Ⅰ: Crystalline and Amorphous Silicide Growth at the Pd (110) Surface [J]. Surface Science, 1998, 406: 103~116.

[188] Thomas O, Madar R, Senateur J P, et al. Crystal Growth, Characterization and Resistivity Measurements of $TiSi_2$ Single Crystals [J]. Journal of the Less Common Metals, 1987, 136 (1): 175~182.

[189] Ihara K, Ito K, Tanaka K, et al. Mechanical Properties of Mo_5SiB_2 Single Crystals [J]. Materials Science and Engineering A, 2002, 329~331: 222~227.

[190] Tsutsumi K, Nimori S, Kido G. Antiferromagnetic Transition in Ternary Rare - Earth Metal Silicide $Er_5Ir_4Si_{10}$ Single Crystal [J]. Journal of Alloys and Compounds, 2009, 470: 1~4.

[191] Welter R, Ijjalli I, Venturini G, et al. Crystal Structure of the New Silicide $Dy_3Fe_2Si_3$ [J]. Journal of Alloys and Compounds, 1997, 257: 196~200.

[192] 张芳. 过渡族金属二硅化物单晶和多晶的氧化 [D]. 博士学位论文, 2004.

[193] Hermann R, Behr G, Gerbeth G, et al. Magnetic Field Controlled FZ Single Crystal Growth of Intermetallic Compounds [J]. Journal of Crystal Growth, 2005, 275 (1~2): E1533~E1538.

[194] Alam S, Nagai T, Matsui Y. Heat Capacity Study of $\beta - FeSi_2$ Single Crystals [J]. Physics Letters A, 2006, 353: 516~518.

[195] Peshev P, Khristov M. Preparation of Titanium Disilicide Single Crystals by Chemical Vapour Transport with Halogens [J]. Journal of the Less Common Metals, 1986, 117 (1~2): 361~368.

[196] Kojima T, Nishida I, Sakata T. Crystal Growth of $Mn_{15}Si_{26}$ [J]. Journal of Crystal Growth, 1979, 47 (4): 589~592.

[197] Kloc C, Arushanov E, Wendl M, et al. Preparation and Properties of FeSi, $\alpha - FeSi_2$ and $\beta - FeSi_2$ Single Crystals [J]. Journal of Alloys and Compounds, 1995, 219: 93~96.

[198] Hara Y, Tobita M, Ohuchi S, et al. Growth of Plate - Type $\beta - FeSi_2$ Single Crystals by Optimization of Composition Ratio of Source Materials [J]. Thin Solid Films, 2007, 515: 8259~8262.

[199] Behr G, Ivanenko L, Vinzelberga H, et al. Single Crystal Growth of Non - Stoichiometric $\beta - FeSi_2$ by Chemical Transport Reaction [J]. Thin Solid Films, 2001, 381: 276~281.

[200] Wang J F, Saitou S, Ji S Y, et al. Growth Conditions of $\beta - FeSi_2$ Single Crystals by Chemical Vapor Transport [J]. Journal of Crystal Growth, 2006, 295: 129~132.

[201] Wang J F, Saitou S, Ji S Y, et al. Optical and Electrical Properties of $\beta - FeSi_2$ Single Crystals [J]. Journal of Crystal Growth, 2007, 304: 53~56.

[202] Bagraev N T, Gehlhoff W, Bouravleuv A D, et al. Electron - Dipole Resonance of Impurity Centres Embedded in Silicon Microcavities [J]. Physica B: Condensed Matter, 2003, 340~342: 1078~1081.

[203] Mazilu I, Teresiak A, Werner J, et al. Phase Diagram Studies on Er_2PdSi_3 and $ErPd_2Si_2$ Intermetallic Compounds [J]. Journal of Alloys and Compounds, 2008, 454 (1 ~ 2): 221 ~ 227.

[204] Tomm Y, Ivaneko L, Irmsher K, et al. Effects of Doping on the Electronic Properties of Semiconducting Iron Disilicide [J]. Materials Science and Engineering B, 1996, 37 (1 ~ 3): 215 ~ 218.

[205] Udono H, Kikuma I. Electrical Properties of P – Type β – $FeSi_2$ Single Crystals Grown from Ga and Zn Solvents [J]. Thin Solid Films, 2004, 461 (1): 188 ~ 192.

[206] Udono H, Aoki Y, Suzuki H, et al. Solution Growth of N – Type β – $FeSi_2$ Single Crystals Using Ni – Doped Zn Solvent [J]. Journal of Crystal Growth, 2006, 292: 290 ~ 293.

[207] Udono H, Matsumura K, Osugi I J, et al. Solution Growth of N – Type β – $FeSi_2$ Single Crystals Using Sn Solvent [J]. Journal of Crystal Growth, 2005, 275: E1967 ~ E1974.

[208] Kannou H, Saito Y, Kuramoto M, et al. Structural and Electrical Properties of N – $FeSi_2$ Single Crystals Grown Using Sb Solvent [J]. Thin Solid Films, 2004, 461: 110 ~ 115.

[209] Kauzlarich S M, Condron C L, Wassei J K, et al. Structure and High – Temperature Thermoelectric Properties of $SrAl_2Si_2$ [J]. Journal of Solid State Chemistry, 2009, 182 (2): 240 ~ 245.

[210] Okada S, Ogawa M, Shishido T, et al. Crystal Growth of $ReMn_2Si_2$ (Re = Y, Er) by a Pb flux Method [J]. Journal of Crystal Growth, 2002, 236: 617 ~ 620.

6　金属硅化物的力学性能

研究金属硅化物的变形行为，深刻认识其变形机理，测定它们在不同温度和环境条件下的力学性能，对于硅化物结构材料的发展及其应用具有重要的理论与实际意义。金属硅化物的变形与金属和合金有很多相似之处，金属变形的理论可以用来研究金属硅化物的变形；但是由于金属硅化物为长程有序结构，原子间的化学键并非完全是金属键，因此，金属硅化物的变形行为与变形机制具有其自身的特点。

本章从结构应用的角度，讨论单晶硅化物和多晶硅化物的塑性变形行为和变形机制，描述硅化物及其复合材料的常温和高温力学性能特点，进而讨论了硅化物的蠕变和断裂等重要问题，最后，以一定的篇幅论述了硅化物的强韧化原理与方法。

6.1　硅化物的塑性变形行为

单晶硅化物的变形行为与机制主要决定于它们的晶体结构和化学键；对于多晶硅化物，除了上述因素之外，显微组织对其力学性能有很大影响，对于硅化物基复合材料，增强相的性质，增强相的形态、尺寸和分布，增强相与基体的界面、结构与能量对变形行为和力学性能有重大影响。

跟金属和合金的性质相类似，不同晶体结构的金属硅化物具有不同数目的独立滑移系。在一定条件下，滑移是金属硅化物塑性变形的主要机制。但是，由于金属硅化物的长程有序结构，对称性较低，还由于硅化物中原子间化学键具有较强的方向性，于是硅化物位错的柏氏矢量较大，滑移系数目较少，启动较困难。因此，大多数金属硅化物难以在室温条件下发生塑性变形，表现出脆性材料的特点。此外，金属硅化物还以孪生的方式变形。

6.1.1　滑移

塑性变形是指材料加载产生变形，当全部卸载后仍然残留的永久变形。塑性变形最主要的方式就是滑移。滑移是指在外力作用下一部分晶体沿特定的晶面和晶向相对另一部分晶体发生滑动的形变方式。滑移的特定晶面称为滑移面，特定晶向称为滑移方向。滑移面和滑移方向合称为滑移要素。对于一定的晶体结构，不论载荷大小或载荷的取向如何，滑移要素的类型一般都是确定的。在一般情况下，滑移面和滑移方向是晶体的密排面和较密排面及密排方向。面心立方晶体的滑移面是 {111}，滑移方向是〈110〉。立方晶体的滑移面经常是 {110}，还有可能是 {112} 和 {123}，而滑移方向都是〈111〉。密排六方晶体的滑移面一般是基面 {0001}，还可能是柱面 {1010}，取决于 c/a 轴比。当 c/a 大于或接近理想堆垛时的值（1.633）时，滑移面是基面，滑移方向是〈1120〉；而当 $c/a <$ 1.633 时，滑移面是柱面 {1010} 或是锥面 {1122}，滑移方向是〈1122〉，也可能是〈1123〉。

具有不同晶体结构的单晶硅化物存在不同的滑移系。以常见的 $MoSi_2$ 为例，存在两种不同的晶体结构，1900℃以上到熔点（2030℃）为 $C40$ 型六方晶体结构，空间群为 $P6_222$，而在1900℃以下转变为稳定的 $C11_b$ 型四方晶体结构，空间群为 $I4/mmm$，点阵常数 $a=0.3204$nm，$c=0.7848$nm，$c/a=2.45$。图6－1为 $C11_b$ 型 $MoSi_2$ 单胞结构，属于长程有序的晶体结构，其结构可以看作是通过三个bcc点阵沿 c 轴压缩后堆垛而成。Mo原子占据0，0，0和1/2，1/2，1/2位置，Si原子占据0，0，1/3；0，0，2/3；1/2，1/2，1/6和1/2，1/2，5/6位置。

根据传统的位错理论，$MoSi_2$ 中最可能出现的位错应具有最短点阵平移的柏氏矢量并且沿密排面滑移。因此，可推测有〈100〉、1/2〈111〉和1/2〈110〉位错，它们的柏氏矢量长度分别为 $b=0.3204$nm、0.4531nm、0.4531nm（〈111〉和〈110〉位错具有相同的柏氏矢量，因为｛110｝面具有近六方对称性）。具有这些柏氏矢量的位错是没有反相畴界（APB）的一般位错。还有两个具有较长 b 的位错，即1/2〈331〉和1/2〈001〉，其 b 都为0.7848nm（同样因为｛110｝面具有近六方对称性），具有这些 b 的位错与APB相连，成为超点阵位错。由于位错能量与 b^2 成正比，并且一般位错的 b 值较小，所以一般位错与超点阵位错相比较其位错能量较低。然而，1/2〈331〉超点阵位错可以分解为3个相等的1/6〈331〉偏位错和两个APB而降低能量。其中最密排面为｛110｝和｛013｝（见图6－2）。

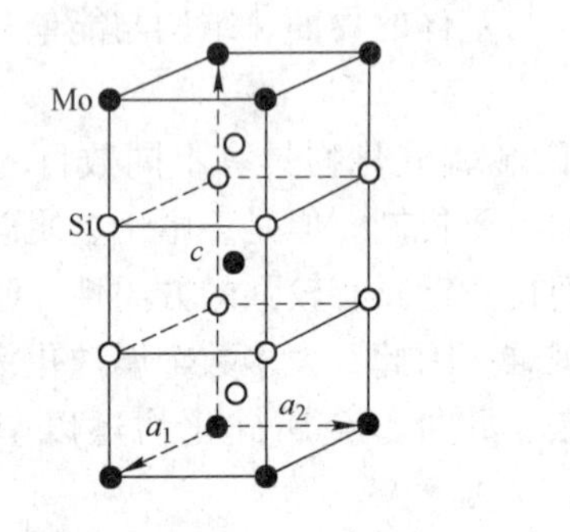

图6－1　$MoSi_2$ 单胞结构

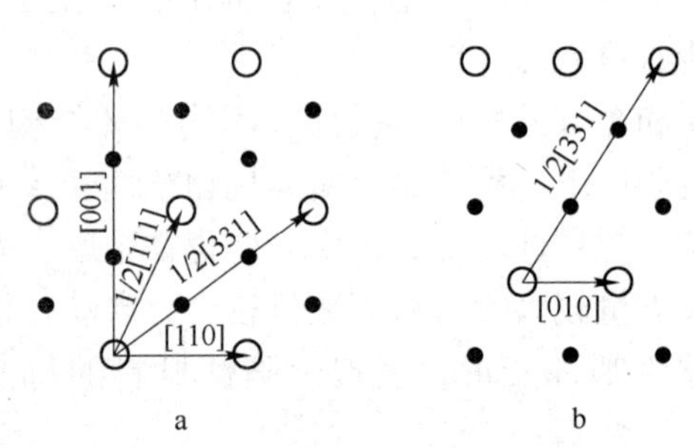

图6－2　$MoSi_2$ 单晶的最密排面
a—(110)面；b—(103)面

因此，根据位错理论，最可能的滑移系应是｛013｝〈100〉、｛110｝〈110〉和｛110｝1/2〈111〉。但实际上，其真正的滑移系要复杂得多。Ito[1~4]、Wahldiek[5]、Berkowitz－Mattuck[6]、Umakoshi[7]和Unal[8]等研究了 $MoSi_2$ 中的五种滑移系｛011｝〈100〉、｛110｝〈111〉、｛010｝〈100〉、｛023｝〈100〉和｛013｝〈331〉。研究表明滑移系随着测试温度和应力状态的不同而改变，｛011｝〈100〉和｛013｝〈331〉出现在室温；高于300℃出现｛110｝〈110〉；｛010｝〈100〉产生在600～900℃温度范围内；｛023｝〈100〉滑移系在高于800℃启动：高于900℃沿〈100〉方向发生滑移。

这些滑移系的变化揭示了 $MoSi_2$ 材料室温时因滑移系少易产生位错塞积，引起应力集中而呈现硬度高、脆性大的特点，高于1000℃时因剪切应力强烈依赖于〈100〉方向的滑移而引起强度降低。表6－1给出了 $MoSi_2$ 中可能的滑移系[9]。

表 6-1 $MoSi_2$ 中可能的滑移系

滑移系	滑移面间距 d/nm	柏氏矢量 b/nm	d/b
{013}〈100〉	0.202	0.3204	0.630
{010}〈100〉	0.160	0.2304	0.499
{110}〈110〉	0.226	0.4531	0.499
{110}1/2〈110〉	0.226	0.4531	0.499
{001}〈100〉	0.131	0.3204	0.409
{011}〈100〉	0.0989	0.3204	0.309
{110}1/2〈331〉	0.226	0.7848	0.288
{013}1/2〈331〉	0.202	0.7848	0.257
{011}1/2〈111〉	0.0989	0.4531	0.218

Umakoshi[10] 在 900℃下对单晶 $MoSi_2$ 进行变形，得到滑移面的晶体取向图，如图 6-3 所示，可看出 {110} 与 {013} 相比具有更多的可动滑移方向，故可以认为 {110} 晶面族在滑移当中是主要的滑移面，其中的差异在于 {110} 晶面族比 {013} 晶面族的晶面致密度要大 1.12 倍，原子排布相对紧密一些，更利于滑移变形。

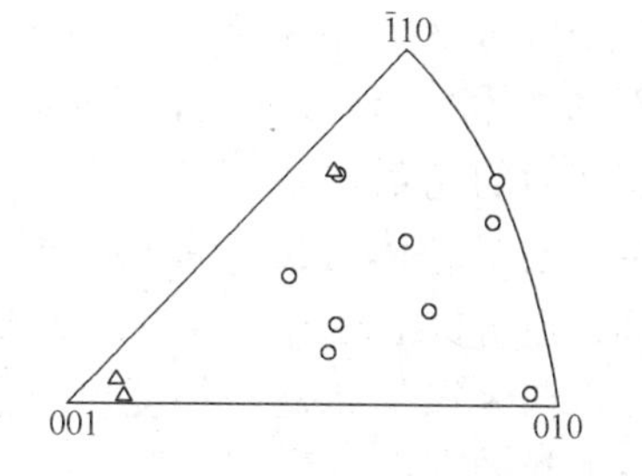

图 6-3 单晶体 $MoSi_2$ 在 900℃下进行变形时的晶体取向图（空心圆和空心三角形分别代表{110}和{013}滑移面）

Maloy[11] 等研究了 [001]、[021] 和 [771] 取向 $MoSi_2$ 单晶在 900~1600℃范围屈服应力与温度的关系。证实存在四种易开动的滑移系：{013}〈100〉、{110} 1/2〈111〉、{011}〈100〉、{013}1/2〈331〉。这些滑移系的临界分切应力（CRSS）彼此之间相差很大，这造成 $MoSi_2$ 单晶强烈的塑性各向异性。[001] 取向单晶的屈服应力远远高于 [021] 和 [771] 取向单晶的屈服应力，这是由于 1/2〈331〉位错分解迫使滑移沿第五个滑移系进行，即 {123}1/2〈111〉或 {011}1/2〈111〉。[021] 和 [771] 取向单晶 1000~1400℃的屈服应力随温度升高而降低，对应变速率不敏感。[001] 取向单晶 900~1300℃范围未发现明显的屈服现象，1300~1600℃范围屈服应力随温度和应变速率变化。Maloy 总结了部分滑移系沿 [001]、[021] 和 [771] 的 Schmid 因子，如表 6-2 所示。

表 6-2 $MoSi_2$ 单晶部分滑移系沿 [001]、[021] 和 [771] 的 Schmid 因子[11]

滑移系	[001]	[021]	[771]
{013}〈100〉	0	0.38	0.42
{010}〈100〉	0	0	0.46
{110}〈110〉	0	0.20	0
{110}1/2〈110〉	0	0.40	0.20
{001}〈100〉	0	0.48	0.17
{011}〈100〉	0	0.17	0.50

续表 6 - 2

滑移系	[001]	[021]	[771]
{110}1/2⟨331⟩	0.42	0.39	0.47
{013}1/2⟨331⟩	0.39	0.46	0.45
{011}1/2⟨111⟩	0.33	0.40	0.38

6.1.2　孪生

孪生是金属硅化物另一种塑性变形方式。很多学者对硅化物的孪生变形进行过研究。对硅化物的孪晶形态如孪生面、孪生方向和孪生变形条件作了定性或者定量的描述。

Mitchell T. E. 等人[12]利用选区衍射（SAD）和会聚束电子衍射（CBED）对等离子喷涂 - 热压 $MoSi_2$ 中的孪晶进行了研究。图 6 - 4 是 $MoSi_2$ 的基体与孪晶的明场相照片，可以很清楚地看到基体与孪晶之间的孪晶界。根据会聚束电子衍射的衍射斑点得到的极图，如图 6 - 5 所示，由于基体可以沿晶面（112）映射得到孪晶，也可以沿晶向 $[11\bar{1}]$ 旋转 180°得到孪晶，可以认为该孪晶是一种复合孪晶类型，其晶体学参数如下：

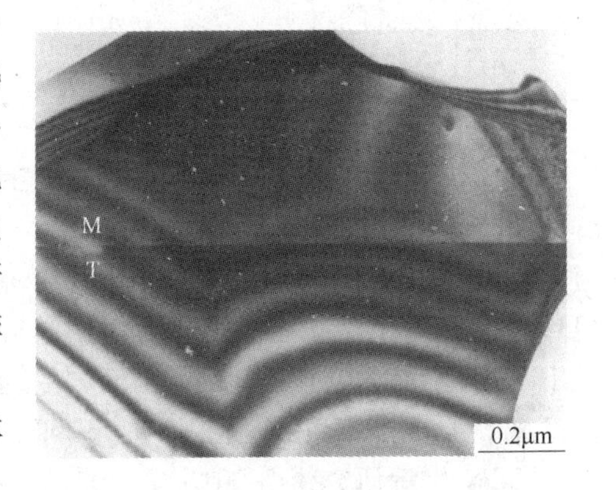

图 6 - 4　$MoSi_2$ 基体和孪晶的明场像照片
（M 代表基体，T 代表孪晶）

无畸变面 $K_1 = (112)$，$K_2 = (110)$

点阵不变方向 $\eta_1 = [11\bar{1}]$，$\eta_2 = [001]$

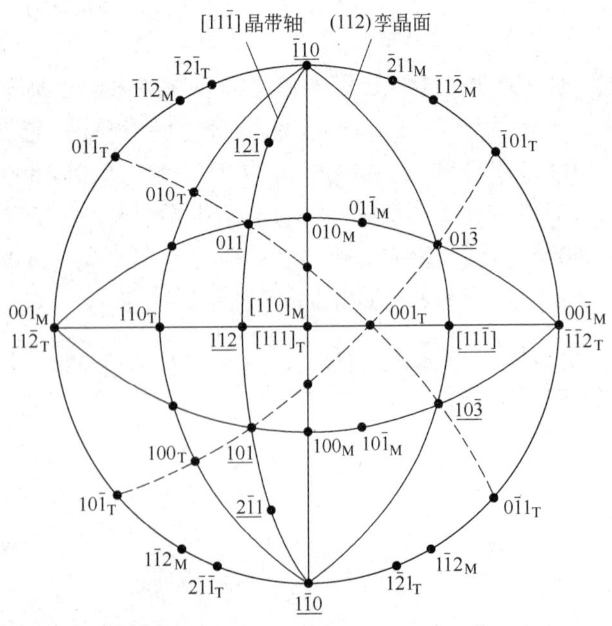

图 6 - 5　$MoSi_2$ 基体沿 [110] 和孪晶沿 [111] 的极图
（带下划线的指数表示基体和孪晶重合，没有带方框的表示晶面指数）

图6－6用原子模型表示了孪晶的形成方式，即Mo和Si原子在（112）晶面上朝晶向［11$\bar{1}$］移动四分之一个单位。由于$MoSi_2$是一种伪六方结构，沿晶面（112）映射得到的孪晶与基体形成了$\Sigma=2$的点阵重合关系，所以在原子堆垛A层的Mo和Si原子保持不动（图中空心原子）。其形成的原因是在很高的温度区间1500～1900℃中变形时，由于Mo和Si原子的扩散移动，从四方结构转变到六方结构而形成孪晶。然而，也有学者[13]认为孪晶的形成是在等离子喷涂的高温下完成的，因为热压的温度区间并不能足以使原子移动而导致孪晶，硅化物中孪晶的形成机制还有待进一步研究。

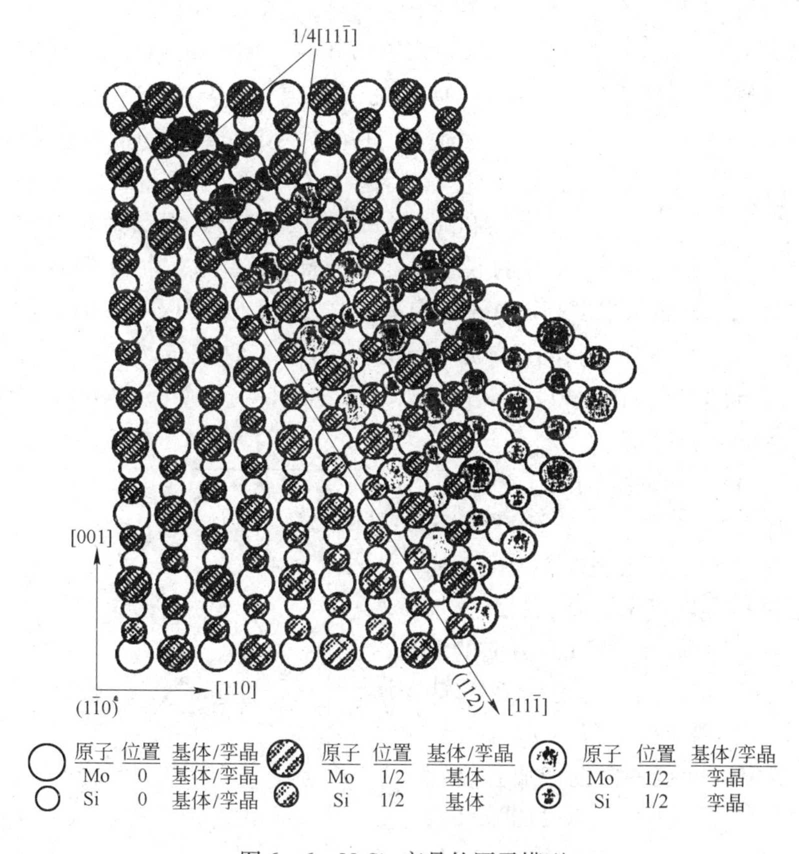

图6－6 $MoSi_2$孪晶的原子模型

6.1.3 单晶硅化物的塑性变形行为

6.1.3.1 $MeSi_2$型

A $MoSi_2$

图6－7为$MoSi_2$晶格在（1$\bar{1}$0）面上的投影图。可以看到，单独的（1$\bar{1}$0）面具有伪六方结构，角度的偏差只有0.5°，其c/a为2.452，与标准六方结构的$c/a=6^{1/2}$非常接近。Umakoshi[10]等研究了$MoSi_2$单晶的高温强度与温度和晶体学取向的关系。研究结果显示，$MoSi_2$单晶在高温下（1000～1500℃）仍然具有极高的强度，特别是［001］取向晶体的屈服强度比其他晶体取向的屈服强度高得多。Boldt等[14]研究了$MoSi_2$单晶的室温

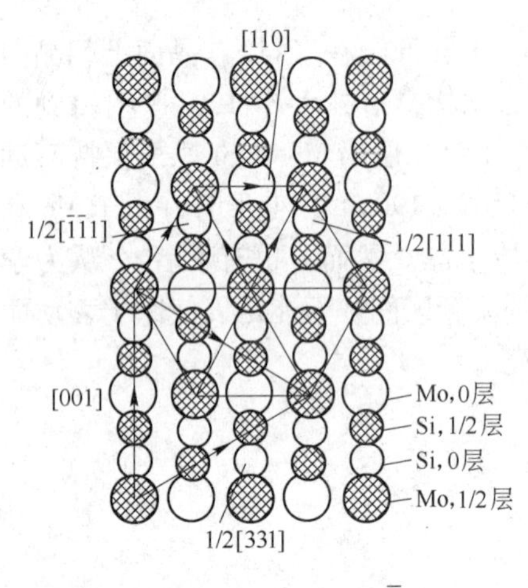

图 6－7　$MoSi_2$ 在（1 $\bar{1}$0）面上的投影图

力学性能和位错结构，在低生长速率的晶体中发现〈331〉型位错，在高生长速率的晶体中发现〈100〉位错网格结构。

此外，合金化也可对单晶 $MoSi_2$ 的变形行为产生影响。例如，Al 原子可在 $MoSi_2$ 中置换 Si 原子，Cr 和 Nb 原子可置换 Mo 原子。Al 降低了｛110｝1/2〈111〉滑移系的临界分切应力（CRSS），使其在室温下比其他滑移系如｛013｝1/2〈331〉或｛011｝〈100〉更易开动。$Mo(Si，Al)_2$ 的室温硬度明显低于纯 $MoSi_2$ 单晶，断裂韧性稍高于纯 $MoSi_2$ 单晶。$MoSi_2$ 和 $Mo(Si，Al)_2$ 单晶的优先解理面为（001）面，然后是｛100｝面，而｛110｝不易解理。对于 $MoSi_2$，｛110｝1/2〈111〉滑移系在 500℃以上开动。低温 800℃以下，合金化 $MoSi_2$ 单晶的屈服强度低于 $MoSi_2$ 单晶，中温（800～1200℃）变形时，$(Mo，Cr)Si_2$ 的屈服强度高于 $MoSi_2$ 单晶；高温（1200℃以上）时，$(Mo，Cr)Si_2$ 和 $(Mo，Nb)Si_2$ 的屈服强度较高。添加 Cr 和 Nb 可以有效提高 $MoSi_2$ 的高温屈服强度。添加大量 Al（超过 10%）的 *C*40 型 $Mo(Si，Al)_2$ 单晶，与纯 $MoSi_2$ 单晶相比其塑性和断裂韧性都明显降低。

图 6－8 给出了不同取向 $MoSi_2$ 单晶的屈服应力与温度的关系[10]。在 1000℃至 1100℃的范围内，所有位向表现出一个不明显的峰，之后屈服强度逐渐下降，另外，当温度超过 1300℃时，除近〈001〉方向的取向其强度值均趋于同一个值。此外，可以明显地看出，当位向接近于〈001〉方向的 $MoSi_2$ 单晶在研究温度范围内的屈服强度都比其他取向的要高出很多。在 1100℃时，其强度超过 700MPa，并且高于 1500℃时，屈服强度在 250MPa 左右。Umakoshi 的研究表明 $MoSi_2$ 单晶的屈服强度是依赖于位向的。

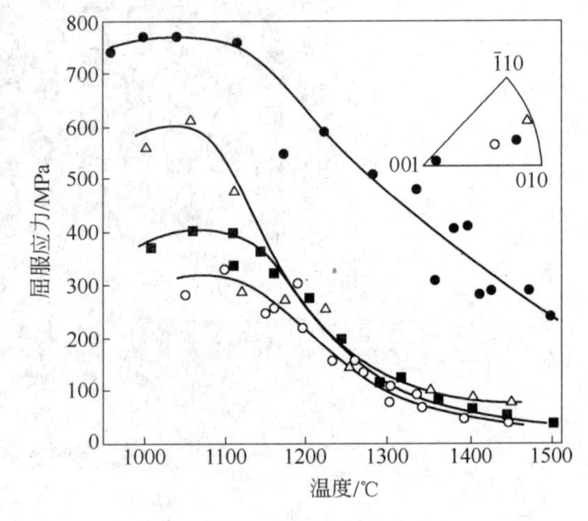

图 6－8　不同取向的 $MoSi_2$ 单晶屈服强度与温度的关系

B　WSi_2

WSi_2 的晶体结构与 $MoSi_2$ 一样，都是 $C11_b$ 结构。在温度区间为 1300～1500℃下，T. Hirano 等人以应变速率为 $5e^{-4}/s$ 对 WSi_2 单晶进行压缩测试，其压缩应力应变曲线如图 6－9 所示，根据滑移线确定滑移系为｛110｝〈331〉、｛013｝〈331〉。从图 6－9 中可看出方向［100］下的屈服应力比［001］的要大。并且随着温度的升高，［001］方向下的屈服应力 $\sigma_{0.2}$ 降低明显，而［100］方向下的强度下降则不明显。然而这样的现象与 $MoSi_2$ 的强度同晶体学取向的关系不同。

根据进一步的实验结果，得到了不同温度下｛013｝〈331〉和｛110｝〈331〉滑移系的临界切分应力，如图6－10所示。结果发现｛110｝〈331〉滑移系的临界切分力要较明显的大于｛013｝〈331〉系的临界切分力，这样在｛110｝面的临界切分力与WSi_2中｛110｝面具有大量的层错有关。因此导致了WSi_2的强度与晶体学方向之间的关系与$MoSi_2$相反。

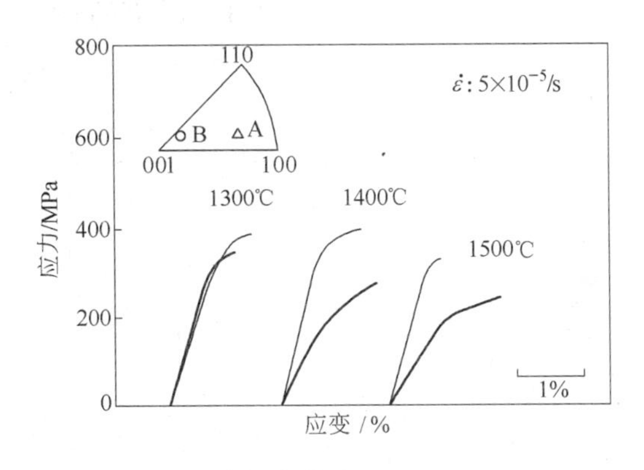

图6－9 不同温度下WSi_2单晶的压缩应力应变曲线

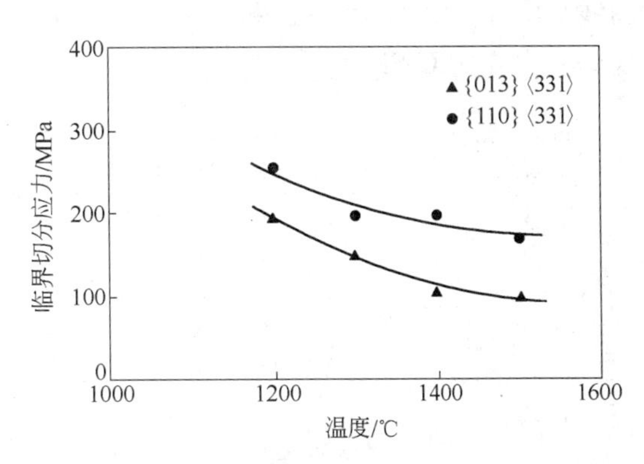

图6－10 WSi_2单晶的临界切分应力与温度的关系

C $CoSi_2$

$CoSi_2$是一种具有$C1$晶体结构的硅化物，具有低密度、较高抗氧化能力的特点。Ito[15]等人分析了［001］、［021］、［$\bar{1}$11］、［$\bar{1}$23］和［$\bar{1}$35］五种不同晶体学方向的Schmid因子，如表6－3所示。可以看出｛111｝〈110〉滑移体系具有最大的Schmid因子，｛001｝〈100〉具有较低的Schmid因子，Ito等人确定了｛001｝〈100〉滑移系是$CoSi_2$中的主要滑移系。

表6－3 ［001］、［021］、［$\bar{1}$11］、［$\bar{1}$23］和［$\bar{1}$35］方向$CoSi_2$单晶部分滑移系的Schmid因子

滑移系	压缩轴				
	［001］	［021］	［$\bar{1}$11］	［$\bar{1}$23］	［$\bar{1}$35］
(111)［$\bar{1}$10］	0	0.408	0.272	0.350	0.327
［$\bar{1}$01］	0.408	0	0	0.467	0.490
［$\bar{1}$11］	0.408	0	0	0.117	0.163
(001)［100］	0	0	0.333	0.214	0.143
(001)［010］	0	0.5	0.333	0.429	0.429
(010)［100］	0	0	0.333	0.143	0.086
(110)［$\bar{1}$10］	0	0.354	0	0.107	0.114
(011)［$\bar{1}$10］	0.5	0	0	0.179	0.229
(101)［$\bar{1}$01］	0.5	0.354	0	0.286	0.343

Ito等人进一步进行了$CoSi_2$单晶的压缩实验，结果如图6－11所示，温度低于600℃时，滑移系｛001｝〈100〉具有最低的临界切分应力，另外两个滑移系均因为分切应力过大无法进行滑移，导致$CoSi_2$在低温下的变形能力很差。随着温度的升高（超过600℃

时），{110}〈110〉和 {111}〈110〉滑移系的临界切分应力显著降低，因此这两个滑移系被激活，可以启动。从而使得 $CoSi_2$ 在高温条件下可激活 {001}〈100〉、{110}〈110〉和 {111}〈110〉三个滑移系，变形能力得到提高。

Y. Umakoshi 等人发现添加 Ni 到 $CoSi_2$ 中，改变了其晶体结构，其共价键的量减少，金属键的比例提高，使得单晶的塑性提高，$CoSi_2$ 和（$Co_{0.9}Ni_{0.1}$）Si_2 单晶的临界切分应力曲线如图 6－12 所示，很明显的（$Co_{0.9}Ni_{0.1}$）Si_2 单晶在 {001}〈100〉滑移系上的临界切分应力要比 $CoSi_2$ 的低一些。

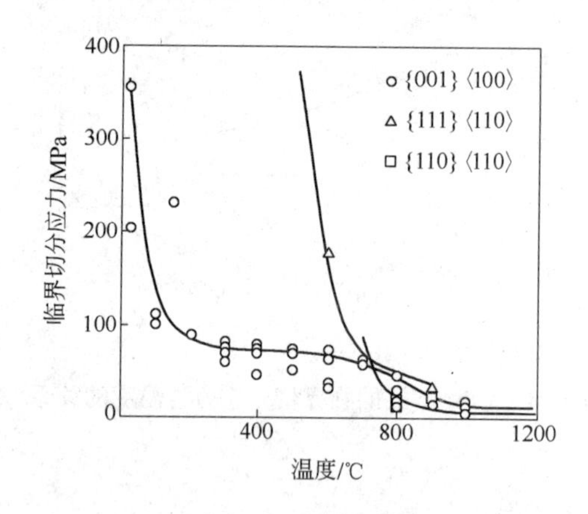

图 6－11　$CoSi_2$ 单晶部分滑移系的临界切分应力与温度的关系

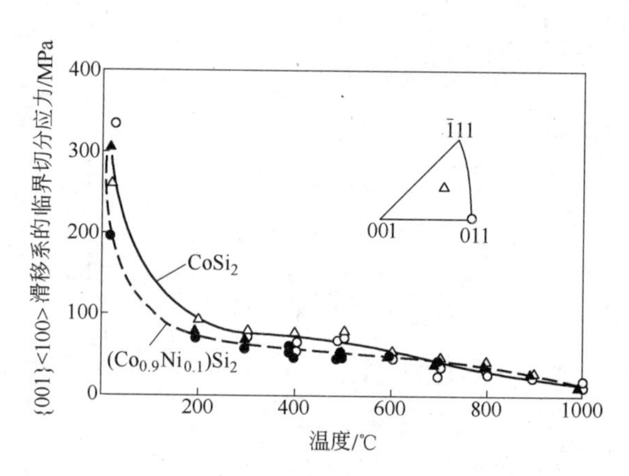

图 6－12　$CoSi_2$ 和（$Co_{0.9}Ni_{0.1}$）Si_2 单晶的临界切分应力与温度的关系

D　$NbSi_2$

在 $NbSi_2$ 单晶高温力学性能的研究中，异常强化峰的出现受到人们的关注。Umakoshi 等人[16]首先发现 $NbSi_2$ 单晶在 1300℃ 变形时，出现异常强化峰（anomalous strengthening peak），如图 6－13 所示。Yamaguchi 实验室随后就应变速率对异常强化峰的影响进行了深入的研究。Nakano 等分析了 *C*40 结构晶体中异常强化峰的形成机制[17]。

由图 6－13 可以看出，$NbSi_2$ 单晶在 900℃ 以下变形时，屈服应力随变形温度上升而下降。在 900℃ 变形时，应力应变曲线呈现锯齿状，屈服应力增加。在 1300℃ 左右出现了更为明显的应力增加。

对于异常强化现象，一般来说有两种解释：

（1）交滑移机制[18]，基于在滑移面和交滑移面上的位错运动，以及反相畴界的各向异性，一部分位错在滑移面上滑移时由于位错交截等原因受阻而发生交滑移，结果造成整根位错的运动受阻，晶体的临界分切应力取决于位向关系。

（2）$FeAl_3$ 的强化机制[19]。晶体有序化程度的变化引起单位位错的滑移转变成位错的滑移。

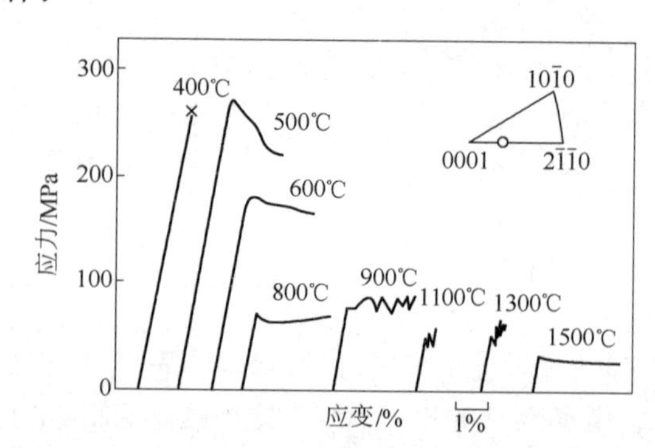

图 6－13　$NbSi_2$ 单晶在不同温度下的应力应变曲线

但是在 $NbSi_2$ 的单晶中没有有序化程度的变化，而且 $NbSi_2$ 单晶的临界分切应力与位向的关系并不明显，因此这两种机制都不能解释 $NbSi_2$ 单晶的异常强化峰。Umakoshi[18] 认为拖曳原子气团对位错的作用引起了 $NbSi_2$ 单晶的异常强化现象。在 $NbSi_2$ 单晶中会含有少量的 O 等杂质，这些异质原子在位错周围形成柯垂尔气团阻碍位错运动而造成异常强化峰的出现。影响异常强化峰峰值强度和峰值温度的因素包括合金元素和应变速率。强度上升的现象是由于位错和异质原子发生交互作用而产生的，因此在单晶中加入 Mo 和 W 等异质原子，可以明显强化 $NbSi_2$ 单晶的异常强化峰。但是 Ti 和 Al 的加入对异常强化峰没有明显影响，如表 6－4 所示[16,17,20]。

表 6－4 部分难熔金属硅化物异常强化峰强度和温度

合金成分	异常强化峰	
	峰值强度/MPa（在(0001)[2$\bar{1}\bar{1}$0]滑移面的 CRSS）	峰值温度/℃
$NbSi_2$	60～62	1300
$MoSi_2$	150～157	1150
$TiSi_2$	15～20	1000
$TaSi_2$	63～65	1300
VSi_2	68～73	1100
$(Nb_{0.9}Mo_{0.1})Si_2$	155	1600
$(Nb_{0.9}W_{0.1})Si_2$	115～120	1600
$(Nb_{0.9}Ti_{0.1})Si_2$	30～35	1300
$Nb(Si_{0.97}Al_{0.03})_2$	35～37	1300～1400

根据对 $NbSi_2$ 晶体结构的分析，超晶格内禀层错的形成会导致 *C*40 晶体（0001）面上的错排，因而形成类似于 $C11_b$ 的结构。由于 $MoSi_2$ 和 WSi_2 都具有 $C11_b$ 结构，因此 Mo 和 W 易于偏聚在层错周围而进一步稳定 $C11_b$ 结构同时形成柯垂尔气团阻碍位错运动。相反，Ti 和 Al 易于使 *C*54 结构稳定，因此缺乏使其偏聚于层错周围的驱动力，难以形成柯垂尔气团[21]。

E $TiSi_2$

$TiSi_2$ 的晶体结构是 *C*54，$TiSi_2$ 晶体的晶格参数较大，但原子结构相对简单，该结构由四层平行于 C 面的近乎规则的三角形晶面堆垛而成。每个三角形的点阵面，其三角形的一条边，有一个 1/2 的位移量。这个点阵是一个类似于 bcc 的密排结构，由于晶格参数 *a* 与 *c* 很接近，这个点阵被认为是一种准四方结构。这种结构的密排性和对称性可以产生一定的塑性。

Takeuchi 等日本学者[22] 通过一系列的高温压缩实验，研究了 $TiSi_2$ 单晶的塑性变形行为。五个压缩轴中的三个分别为［100］、［010］和［001］方向。另外两个轴是［100］与［001］方向、［010］与［001］方向的平分线。图 6－14 则是 5 个压缩轴方向的极图表示。

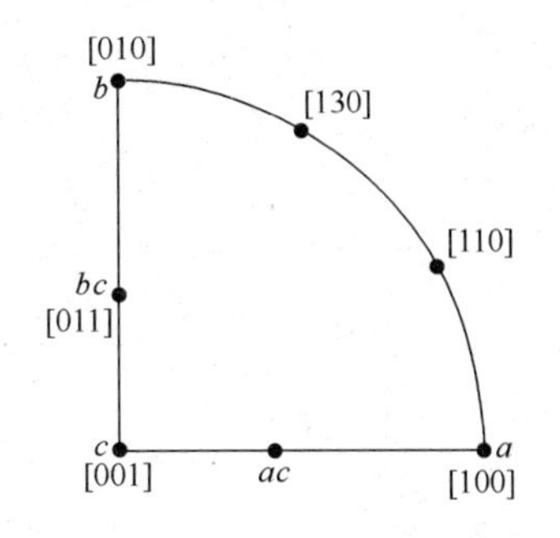

图 6－14 $TiSi_2$ 单晶的五个压缩轴方向的极图表示

图 6－15a～e 是不同取向 $TiSi_2$ 单晶的压缩曲线，可以从图中看到每一种位向的试样在高温下的流变应力都相对低温要小一些。a 取向的结果说明其在高温下具有很明显的屈服强度下降现象，随着温度下降，应力松弛现象较明显。b 取向和 c 取向的实验现象与 a 取向的相似。而 ac 取向可以在室温条件下进行塑性变形，从室温到 500K 的温度区间下屈服应力值快速下降，然后从温度 500K 到 800K 的区间范围内屈服应力一直保持在 20～30MN/m^2（MPa）的水平上。

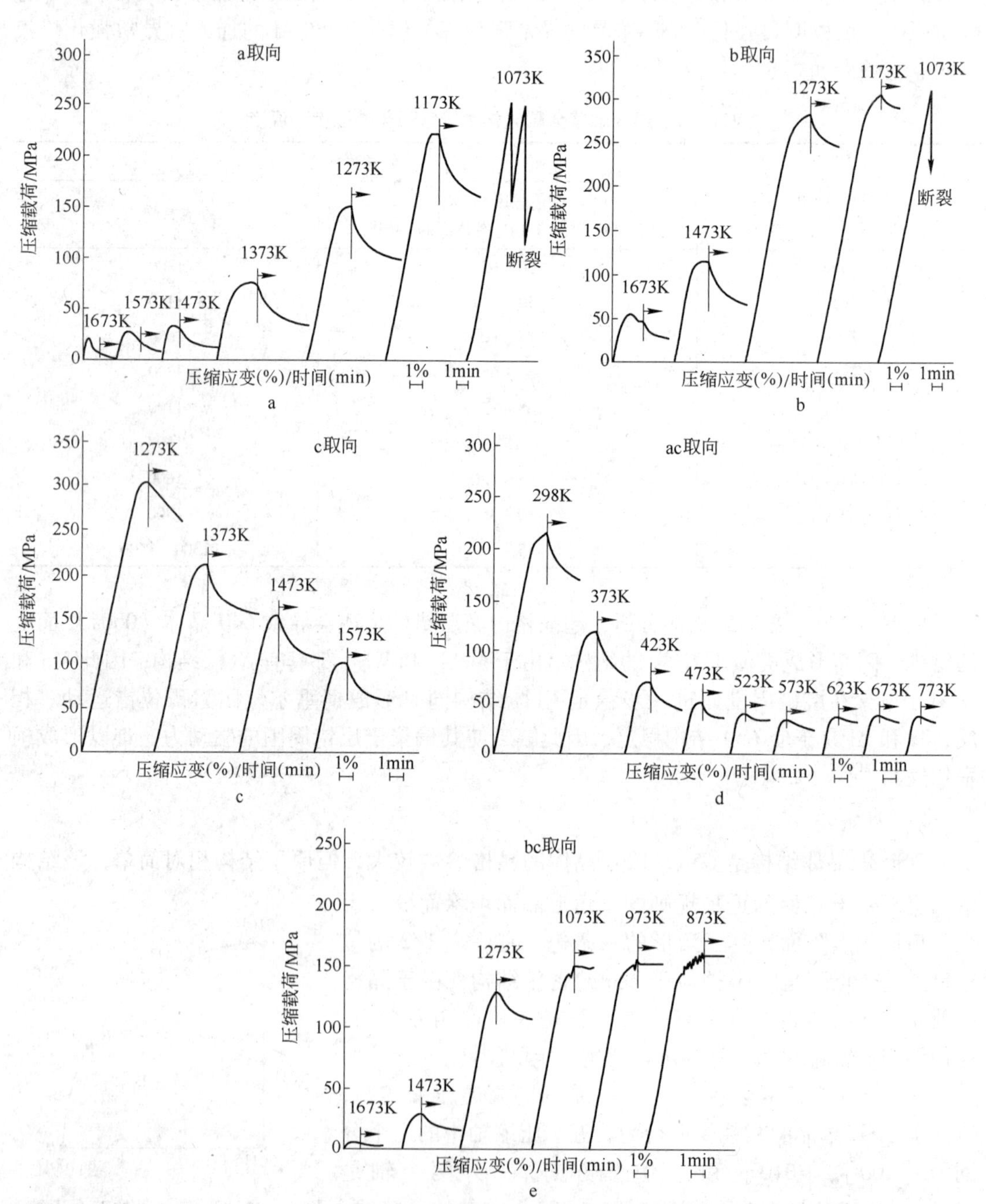

图 6－15　a、b、c、ac 和 bc 取向的 $TiSi_2$ 单晶在不同温度下的压缩测试曲线

根据滑移体系的实验结果，计算得到了 $TiSi_2$ 单晶在不同滑移体系下的临界分切应力与温度的关系，如图 6－16 所示。说明（001）［110］滑移系可以在较低的温度下开动，而 $(\bar{3}10)$［130］和 $(0\bar{1}1)$［130］这两个滑移系需要很高的温度下才可以启动（图中的滑移系 $(\bar{3}10)$［130］和 $(\bar{3}10)$ $[\bar{1}\bar{3}0]$ 事实上是同一个滑移系，然而为了符合 Schmid 定律，分别在 a 取向和 b 取向标识为 $(\bar{3}10)$［130］和 $(\bar{3}10)$ $[\bar{1}\bar{3}0]$）。

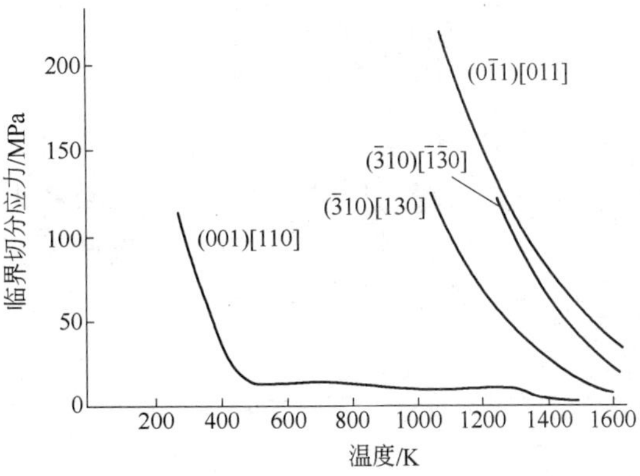

图 6－16　$TiSi_2$ 单晶的临界分切应力与温度的变化曲线

F　$CrSi_2$

$CrSi_2$ 具有 *C*40 的六方结构，Kumar[23] 给出了不同取向的 $CrSi_2$ 单晶的压缩实验，其不同取向的屈服应力与温度关系曲线如图 6－17 所示，说明在较低的温度区间内，屈服应力与取向呈现了强烈的相关性。根据显微组织观察，发现了三种类型的 1/8〈112〉位错，并且由于 1/8〈112〉位错移动而产生的层错也被观察到。

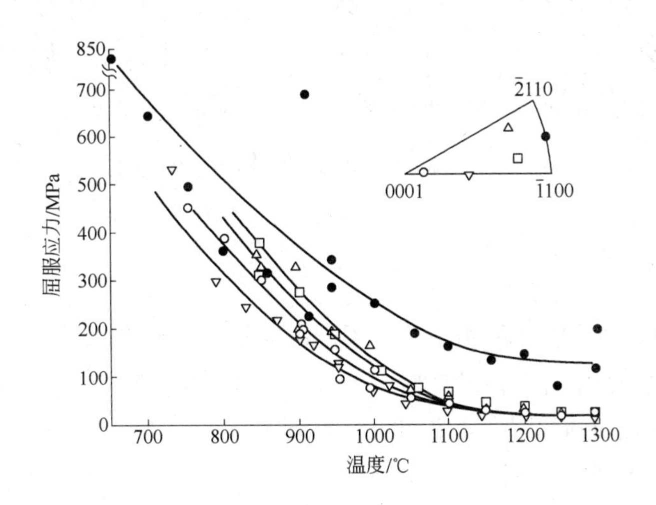

图 6－17　$CrSi_2$ 单晶屈服应力与温度的关系曲线

6.1.3.2　Me_5Si_3 型

A　Mo_5Si_3

K. Yoshimi 等人[24] 研究了 Mo_5Si_3 单晶的屈服和变形行为，发现 Mo_5Si_3 的变形行为与晶体取向有密切的关系。图 6－18 是 Mo_5Si_3 沿 a.［001］、b.［100］、c.［110］方向的原子排列。1999 年 Chu 等人[25] 从理论和试验两方面研究了 Mo_5Si_3 单晶的物理性能和力学性能。图 6－19 是 Mo_5Si_3 单晶不同取向的室温维氏硬度和断裂韧性，而这种各种取向上仅存在较小的性能差异，其可能的原因是 Mo_5Si_3 的化学键结构使得各向异性的差异不明显。

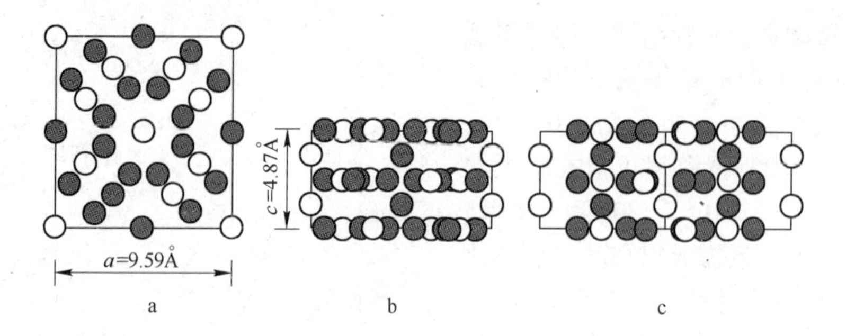

图 6－18 沿不同方向（a.［001］、b.［100］、c.［110］）Mo_5Si_3 单晶的原子排列

a—［001］；b—［100］；c—［110］

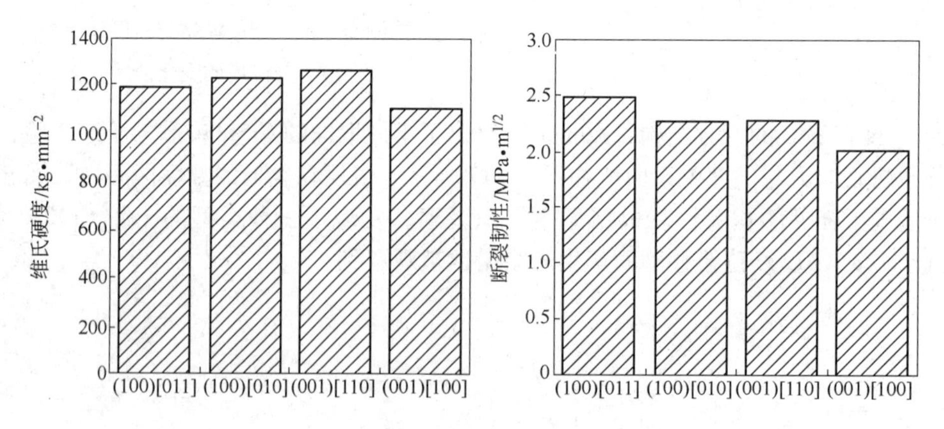

图 6－19 Mo_5Si_3 单晶不同取向的力学性能

a—室温维氏硬度；b—断裂韧性

B Ti_5Si_3

Shah[26]等人在 1200℃ 的温度下进行了压缩实验。发现 Ti_5Si_3 的滑移面是（1101），（2311）。图 6－20 是 Ti_5Si_3 单晶的屈服应力与温度的关系。可以看出其屈服应力具有明显的位向效应，不同位向的屈服应力之间相差很大。

6.1.3.3 Mo_xSi 型

A Mo_3Si

具有 *A*15 结构的 Mo_3Si 出现在含硼的硅化钼体系（Mo－Mo_3Si－Mo_5SiB_2 和 Mo_3Si－Mo_5SiB_2）中。Swadener 等人[27]制备了 Mo_3Si 单晶，采取纳米压痕仪在室温条件下测试了 Mo_3Si 单晶在〈100〉，〈110〉和〈111〉等晶体学取向下的硬度，发现 Mo_3Si 单晶的滑移系接近于｛001｝〈100〉滑移系。随后，Rosales 等人[28]进一步在 1325℃ 下进行 Mo_3Si 单晶的压缩实验，得到的实验结果如图 6－21 所示，〈111〉方向压缩后的样品在平行于压缩轴方向的表面出现裂纹，〈110〉方向的样品则在 4% 变形之后出现断裂，Rosale 认为由于〈110〉和〈111〉方向缺乏可动位错，导致变形能力差。另外，根据滑移痕迹的分析发现，在 1325℃ 下活动滑移面为｛100｝、｛012｝。所以在高温下 Mo_3Si 单晶的滑移系为｛100｝〈100〉和｛012｝〈100〉。

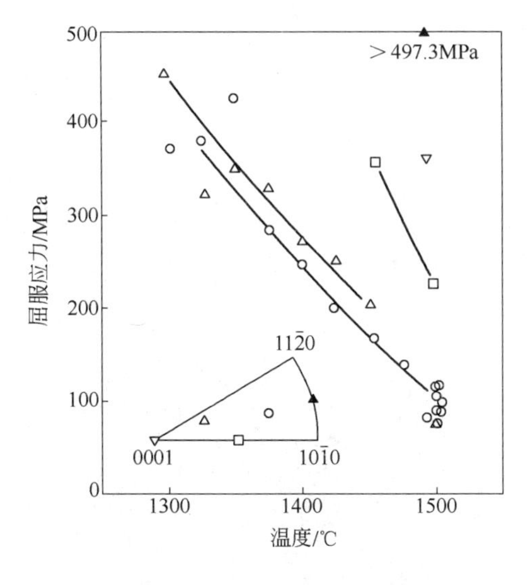

图 6-20 不同位向 Ti_5Si_3 单晶的屈服应力与温度的关系

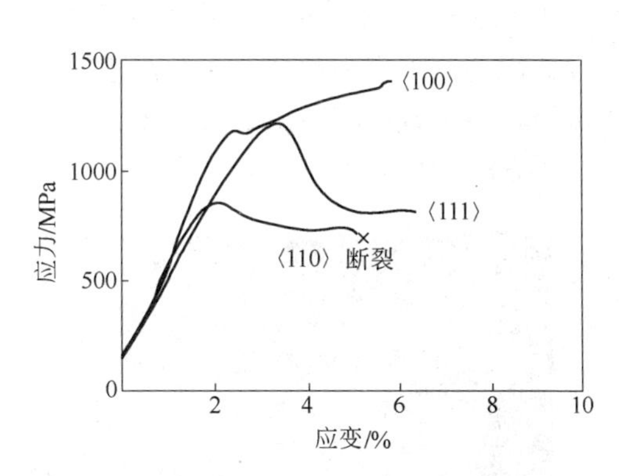

图 6-21 1325℃下 Mo_3Si 单晶不同取向的压缩应力-应变曲线

B Mg_2Si

Takeuchi 等人[29]采用电子束熔炼的方法得到了晶粒尺寸约 1mm 的 Mg_2Si，图 6-22 是粗晶 Mg_2Si 的压缩应力-应变曲线，可以看出屈服应力随温度升高而降低，当温度超过 900K 时，屈服应力剧烈下降到 $10MN/m^2$(MPa)。进一步根据实验结果和变形理论得到了应力与激活能之间的关系，如图 6-23 所示，可认为 Mg_2Si 在高温下的变形受 Peierls 热激活机制控制，且其最可能开动的滑移系是〈110〉{110}。

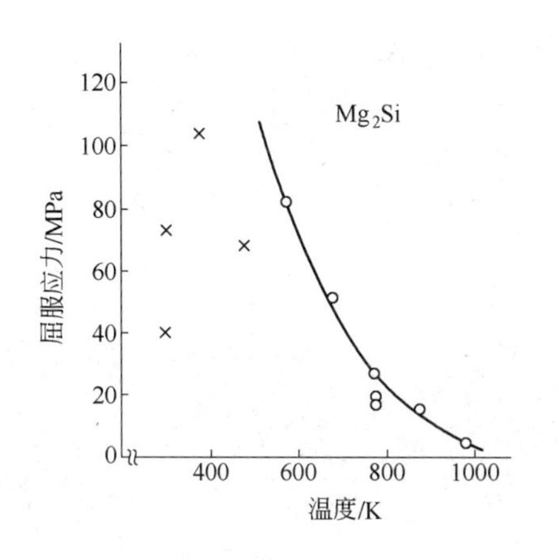

图 6-22 Mg_2Si 压缩实验的应力-应变曲线

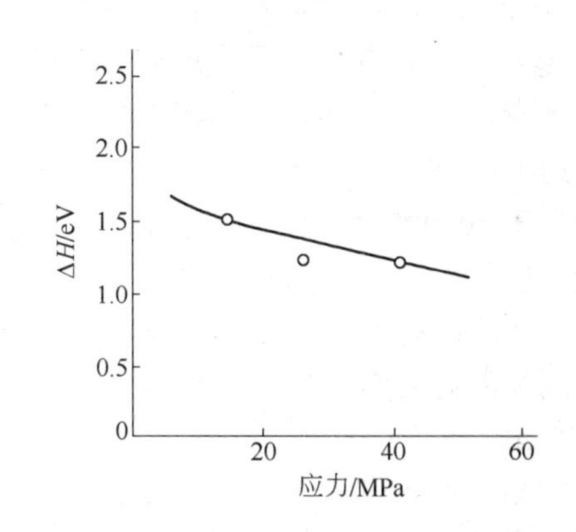

图 6-23 Mg_2Si 应力与激活能之间的关系曲线

6.1.4 多晶硅化物的塑性变形行为

多晶硅化物的强度通常取决于材料的晶粒尺寸，小尺寸晶粒往往使晶界滑移成为主导变形机制，在低于位错塑性应力水平下即可开动。由于包括硅化物在内的金属间化合物均存在韧脆转变现象，低温下金属硅化物可开动的滑移系较少，变形困难，当变形温度高于韧脆转变温度（DBTT）时，有更多的滑移系可以开动，并参与滑移变形，从而改善了硅化物的塑性，使得变形更加容易。

对于多晶 $MoSi_2$，Junker 等人[30]研究发现，不同的变形温度下，其机制也不同。当温度低于 1050℃时，滑移是变形的主导机制，如图 6－24 所示，在 900～1000℃时，几乎每个晶粒表面均产生了滑移线，并伴随着交滑移出现，当温度降至 495℃左右时，晶粒表面依然有滑移线出现，但数量明显减少，利用 EBSD 等方法确定了多晶 $MoSi_2$ 中的滑移系为 {011}〈100〉和 {110}〈111〉。

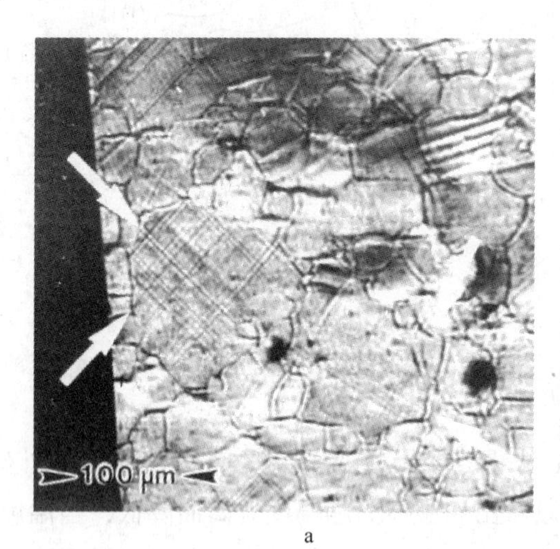

a

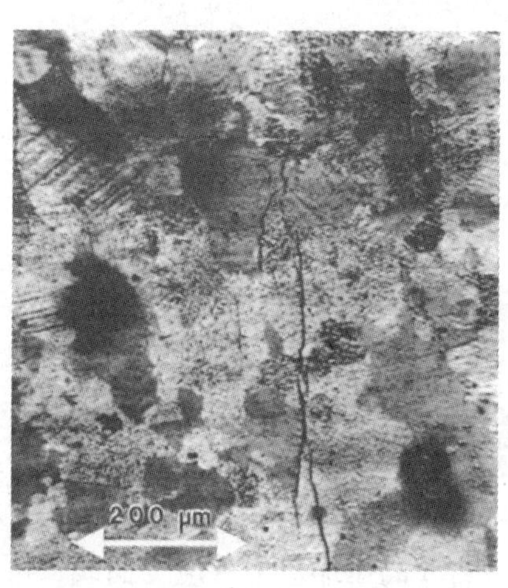

b

图 6－24　$MoSi_2$ 试样变形后的金相照片

a—$MoSi_2$ 在 1000，980，960℃下变形；b—$MoSi_2$ 在 495℃下变形

此外，Junker 还发现多晶 $MoSi_2$ 的晶界处分布着大量的 Fe 元素，随着温度的升高，Fe 元素将发生扩散，晶界处形成非晶相。低于 950℃时，晶界处的非晶相的黏度较高，不易协同变形，形变过程中容易造成应力集中，进而导致相邻晶粒滑移系的开动。Junker 使用透射电镜在原位变形下观察到在晶间生成白色衬度的非晶相，如图 6－25 所示。当变形温度高于 1000℃时，该非晶态相黏度下降，随形变的进行，变形抗力增加，当增至一定程度，但还不足以开动相邻晶粒滑移系时便使得该非晶态相发生了协同变形。此时，变形机制为晶粒内的滑移与晶界处非晶相协同变形为主。

L. Xiao 等人[31]得到多晶 $MoSi_2$ 屈服强度与温度的变化关系，如图 6－26 所示。在 25℃到 1250～1300℃的温度范围内，其屈服应力为 300MPa，且不随温度变化。但高于 1300℃时，屈服强度快速下降。多晶 $MoSi_2$ 的屈服强度随温度变化存在三个区域：低于约 925℃时，$MoSi_2$ 具有一定强度，但是很脆；在约 925℃至约 1250℃时，$MoSi_2$ 具有

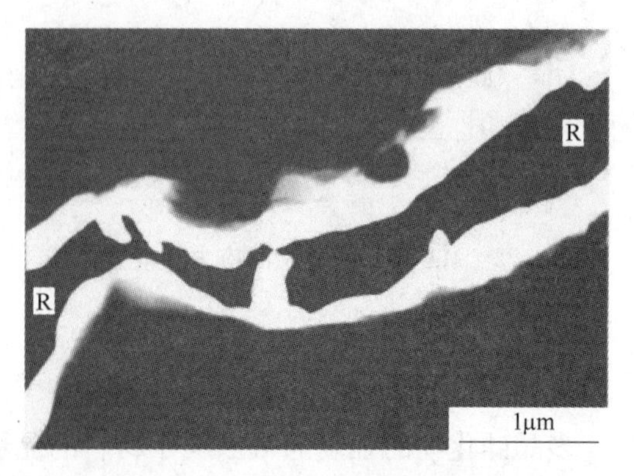

图 6－25　透射电镜原位观察多晶 $MoSi_2$ 变形时在晶界生成的白色衬度非晶相

一定强度，也有一定韧性；高于1250℃时，很软且有韧性。

Gibala[32]等人发现将多晶 $MoSi_2$ 置于1300℃下进行预应变后，在随后的压缩实验中脆性－韧性转变温度降低至750℃。1300℃下预应变对于低温下的力学行为有两个主要的影响：一是在900℃和未预应变条件下观察到的屈服点由于预应变而消失（图6－27a），二是由于在高温下预应变后，材料在低于900℃下的塑性变形能力得到了很大的提高（图6－27b）。图6－27a中未预应变和预应变后的材料在同样的流变应力下变形，出现典型的位错钉扎。把这两类材料均施加1%的塑性应变量后用透射电镜观察到达 $10^{14}/m^3$ 的位错密度，说明了在变形过程中起主要作用的是位错位移塑性，$MoSi_2$ 最主要的滑移系统是〈100〉{011}和〈100〉{013}。图6－27b表现出在800℃下变形时，未预应变的材料没有表现出塑性，而1300℃下预应变后表现显著的塑性。在750℃下压缩变形有接近于2%的塑性，尽管其过程中伴随着宏观裂纹的生成。脆性－韧性转变温度降低是由于高温预应变引入了可动位错，使得在低温下塑性变形比较容易进行。

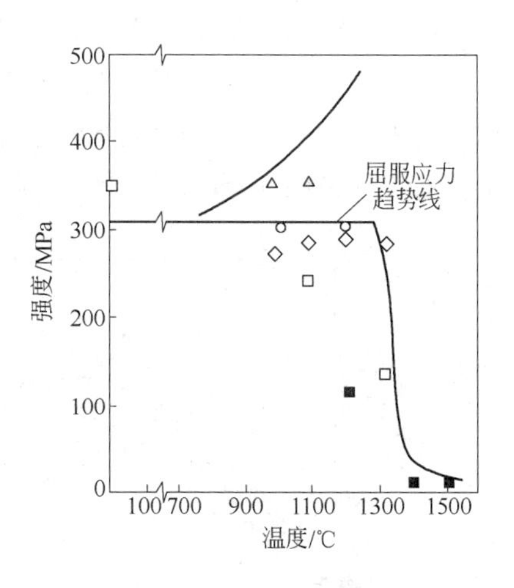

图6－26 多晶 $MoSi_2$ 屈服应力随温度的变化曲线

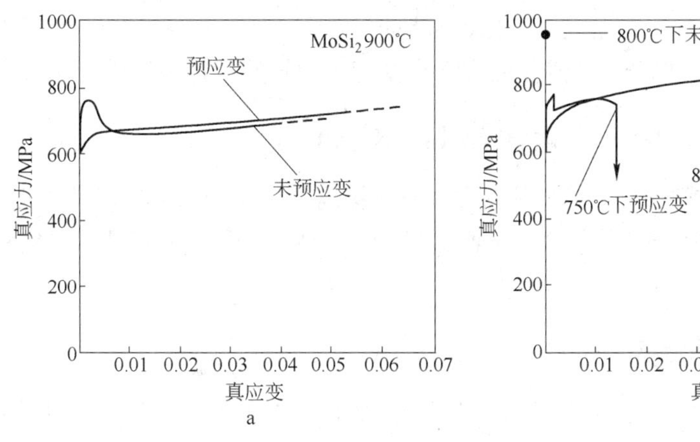

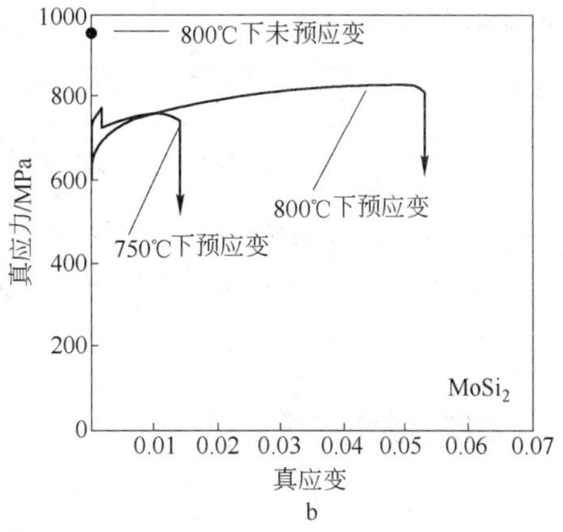

图6－27 多晶 $MoSi_2$ 的压缩真应力－真应变曲线

a—1300℃预应变后在900℃表现出屈服点的消失；

b—1300℃预应变后在750℃和800℃表现出增强的塑性变形

除此之外，大晶粒的 $MoSi_2$ 多晶材料在压缩变形过程中，当温度低至900℃，$MoSi_2$ 便出现明显的塑性变形。多晶 $MoSi_2$ 的室温断裂模式以晶界间断裂为主导，断裂行为主要受 $MoSi_2$ 晶体结构的各向异性和解理能控制。断裂韧性和硬度随温度升高而稍有降低，1600℃高温退火处理的 $MoSi_2$ 多晶具有较高的断裂韧性和硬度，这是由于形变过程中产生的裂纹网格的作用，SiO_2 的形成使 $MoSi_2$ 多晶的晶粒尺寸迅速增大，从而导致晶间断裂增加，韧性和硬度减低。SiO_2 的出现会降低 $MoSi_2$ 多晶的力学性能。

Misra 等人[33]研究了 Mo_3Si – Mo_5Si_3 复合材料的微观结构和力学性能，并指出在 Mo_3Si – Mo_5Si_3 两相合金中可能会找到高温强度与室温韧性更好的结合。Rosales 等人[34]研究了 Nb 合金化对 Mo_3Si 力学性能的影响，发现 Nb 的加入能合金化 Mo_3Si，图 6 – 28 是 Nb 合金化前后 Mo – 10Si 高温压缩的应力 – 应变曲线。

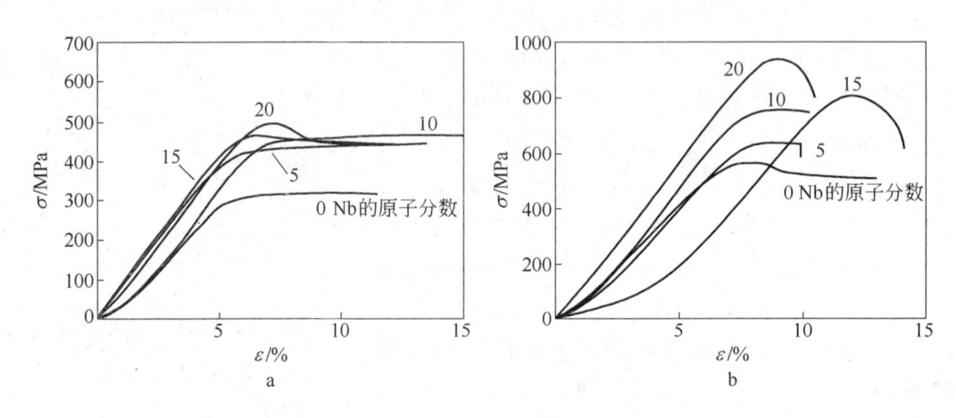

图 6 – 28　不同 Nb 添加量对 Mo – 10Si 合金高温压缩应力 – 应变曲线的影响

a—1400℃/1 × 10^{-5}/s^{-1}；b—1300℃/1 × 10^{-5}/s^{-1}

随 Nb 含量增加，Mo_3Si 的峰值应力增加，添加 15% 和 20% Nb 后呈现出动态再结晶特征。在变形的初始阶段合金表现出明显的强化特征。当达到应力峰值（250MPa）后，合金出现屈服现象，但应力并未出现下降趋势而是几乎保持峰值应力。这在一定程度上说明 Mo – 10Si 合金在高温 1300℃时有潜在的塑性形变能力及较好的抗蠕变性能。

6.2　硅化物的蠕变行为

研究金属硅化物的蠕变行为，揭示其物理本质，提高其抗蠕变的能力对其工程应用具有十分重要的意义。很多学者对金属硅化物的蠕变行为做过研究，积累了丰富的实验资料。

6.2.1　硅化物蠕变的研究方法

“蠕变”是指材料在高温和低于材料宏观屈服极限的应力下发生的缓慢塑性变形。$MoSi_2$ 和 $MoSi_2$ 基复合材料的高温蠕变行为已有许多学者进行过研究[35,39]。而材料的蠕变应变实验测定按照式（6 – 1）进行：

$$\varepsilon = 3D \cdot \Delta d / [(L_1 - L_2)^2 + 3L_2(L_1 - L_2)] \tag{6-1}$$

式中，D 为试样直径；Δd 是压头的中心位移；L_1，L_2 分别为测试的内外跨距。这样可以得出材料的蠕变应变曲线。

将试样加热到一定温度后加载，在该温度和恒定应力下记录试样应变 ε 随加载时间 t 的变化，可得到如图 6 – 29[36]所示的应变 – 时间关系曲线，即蠕变曲线。根据蠕变曲线的形状可分为三个阶段。第一阶段蠕变速率随时间不断降低，称为初始蠕变阶段。第二阶段的蠕变曲线为直线，蠕变速率保持不变，称为稳态蠕变阶段。第三阶段蠕变速率随时间加快直至断裂，称为加速蠕变阶段。

如果以恒定的应变速率加载，记录流变应力随试样应变的变化，则得到另一种高温变形曲线，如图6-30所示。这个曲线也可分为三个阶段。第一阶段随变形量的增加流变应力增加。第二阶段流变应力保持恒定，第三阶段随变形量的增加流变应力下降。

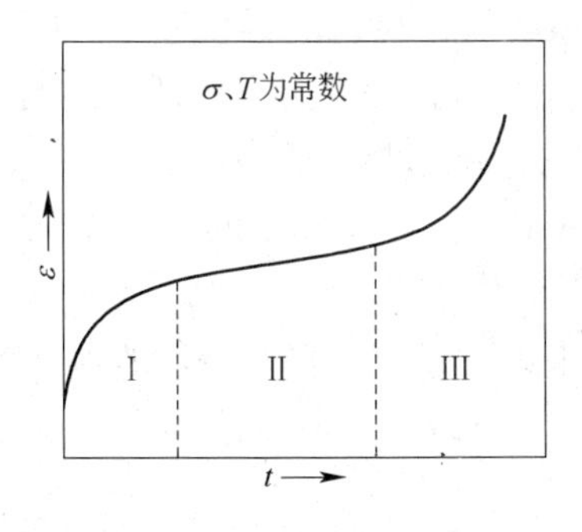

图6-29 恒应力蠕变曲线

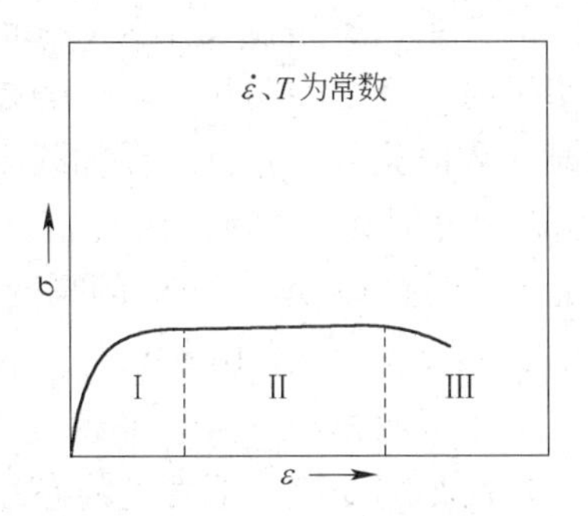

图6-30 恒应变速率变形曲线

这两种曲线的形状反映了伴随高温变形的加工硬化和回复软化过程。在蠕变初期变形速率很快（或流变应力很小），说明材料的变形抗力小。随后由于变形引起加工硬化，蠕变速率逐渐降低（或流变应力逐渐增加）。随着加工硬化程度的增加动态回复速率也逐渐增加，最终加工硬化与回复软化过程达到动态平衡，蠕变速率保持恒定（或流变应力保持恒定），进入变形的第二阶段，即达到稳态蠕变。第三阶段蠕变速率上升（或流变应力下降）与试样内部产生蠕变孔洞导致应力集中，试样截面积减小和发生颈缩导致实际应力升高，以及材料组织结构变化等因素有关。

这两种高温变形方式都可以称为蠕变。若在恒定应力 σ_1 下蠕变达到稳态时得到该应力相应的稳态蠕变速率 $\dot{\varepsilon}_1$，那么以恒定应变速率 $\dot{\varepsilon}_1$ 变形达到稳态时其相应的稳态流变应力是恒定应力 σ_1。

一般而言，相应的稳态蠕变速率 $\dot{\varepsilon}_1$ 可以用含激活能的方程来表示[36]：

$$\dot{\varepsilon}_{sc}=\frac{A_2\sigma^n}{d^qT}\exp\left(-\frac{Q}{RT}\right) \tag{6-2}$$

式中，d 表示平均晶粒尺寸；T 是绝对温度；R 是普适气体常数；系数 A_2、n 是应力指数；Q 是激活能，这些数值均与材料和其相应的蠕变机制有关。对于不同类型的蠕变机制，应力指数 n 和 q 的相关数据如表6-5所示。

表6-5 对于各种物理机制的蠕变指数[37]

蠕变机制名称	指数 n	指数 q	描 述
扩散蠕变（nabarro-herring creep）	1	2	主要通过晶格的空穴扩散造成
扩散蠕变（coble creep）	1	3	主要由通过晶界的空穴扩散造成
晶界滑移（grain boundary sliding）	2	2或3	通过晶格（$q=2$）或晶界（$q=3$）的空穴扩散引起的滑移
位错蠕变（power law creep）	3~8	0	位错运动（包括越过障碍物的攀移）

6.2.2 硅化物的蠕变行为

多晶 $MoSi_2$ 的高温蠕变行为对晶粒尺寸很敏感，高温蠕变主要有位错滑移、攀移过程和伴随位错塑性的晶界滑动。

Sadananda 等人[38]针对 $MoSi_2$ 这种应用广泛的金属硅化物，研究了晶粒尺寸、复合第二相及强化相形状对其蠕变行为的影响。图 6-31 给出了 $MoSi_2$ 材料在 1200℃时蠕变速率与晶粒尺寸的关系，当晶粒尺寸从 14μm 增加至 25μm 时，材料的蠕变速率大幅下降，且在低应力水平时下降更为明显。虽然随晶粒尺寸增大，材料蠕变速率降低，但两者之间并未存在明显的数值关系。并且，在加载的应力范围内，稳态蠕变速率中的应力-应变指数 n 在较小晶粒尺寸时为 2 和 5，在大晶粒尺寸时为 4 和 9，这些都说明在给定的应力水平下，随着晶粒尺寸的改变，$MoSi_2$ 的蠕变行为发生了变化。

Y. Umakoshi 等人[18]在 1400℃下、不同的应力水平下进行单晶 $MoSi_2$ 的蠕变实验，其结果如图 6-32 所示，当应力水平超过 49.6MPa 后，初始阶段流变应力的增加变得相对明显，之后在最小蠕变速率下发生稳态蠕变。

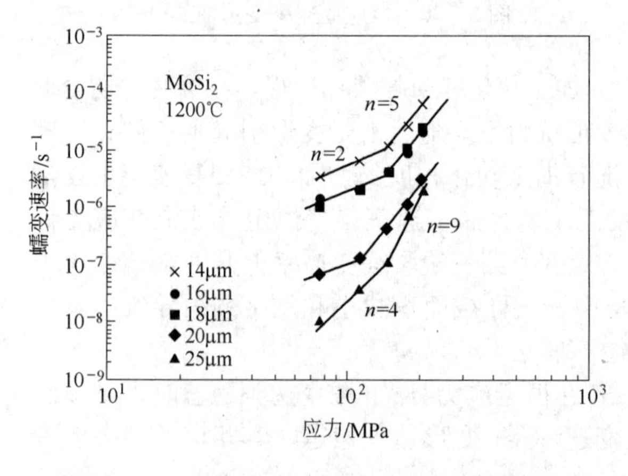

图 6-31 晶粒尺寸对 $MoSi_2$ 蠕变行为的影响

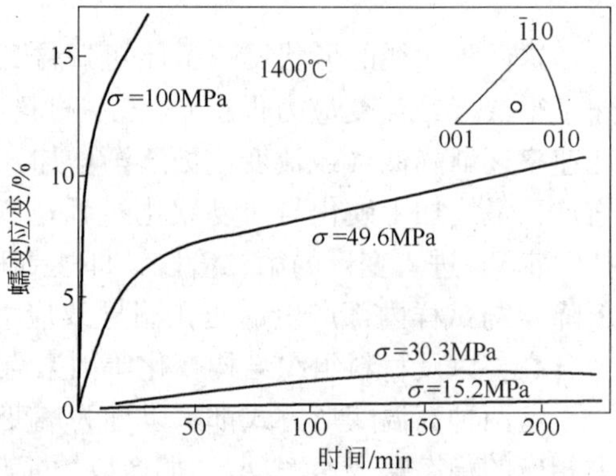

图 6-32 1400℃时 $MoSi_2$ 单晶蠕变曲线

Y. Umakoshi 得到了在 1400℃下应力水平与蠕变速率的关系，如图 6-33 所示[18]，可计算出蠕变曲线的斜率，对应的应力指数是 3，也就是说 $MoSi_2$ 在这样的条件下受位错黏性移动机制控制，位错的攀移可以实现。

Y. Umakoshi 在 50MPa 应力水平下，对稳态蠕变速率取对数，并以温度的倒数作图，如图 6-34 所示[18]，得到表观激活能为 520kJ/mol，此数值大于之前报道的多晶 $MoSi_2$ 的表观激活能 433kJ/mol，这是由于可动位错的取向关系导致了这样的差异。

图 6-35 给出了不同硅化物及其合金最小蠕变速率的比较。镍基超合金在 1000℃下的最小蠕变速率也放置于图中作为比较，可以看出在 1000℃下 Ti_5Si_3 和 Mo_5Si_3 的抗蠕变能力可以比拟于镍基超合金的抗蠕变能力。但是以 $CoSi_2$ 为代表

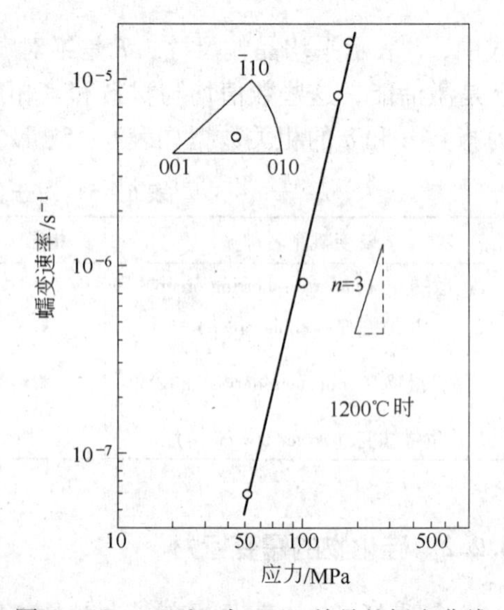

图 6-33 1400℃时 $MoSi_2$ 单晶的蠕变曲线

的低熔点硅化物的抗蠕变性能低于镍基超合金抗蠕变性能数倍。Mo 合金化 Cr_3Si 的体系 Cr－39Mo－23Si（原子分数）在 1200℃、压缩应力为 172MPa 蠕变条件下的最小蠕变速率接近于镍基超合金在 1000℃下的蠕变速率，极大提高了 Cr_3Si 的抗蠕变能力。由此可见 $MoSi_2$ 可作为对抗蠕变性能有一定要求的高温结构材料。

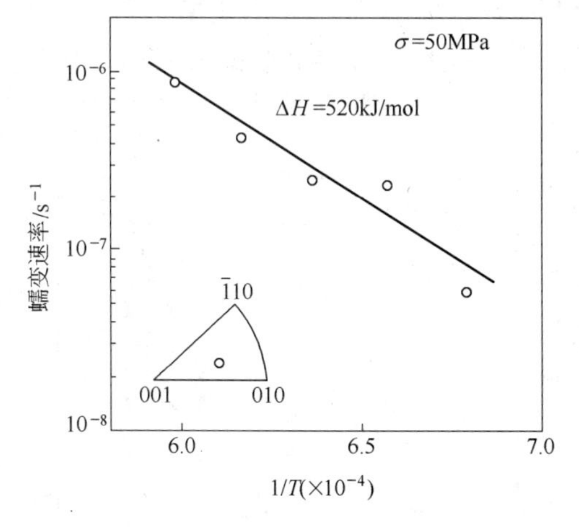

图 6－34 50MPa 下 $MoSi_2$ 单晶蠕变速率与温度倒数的曲线

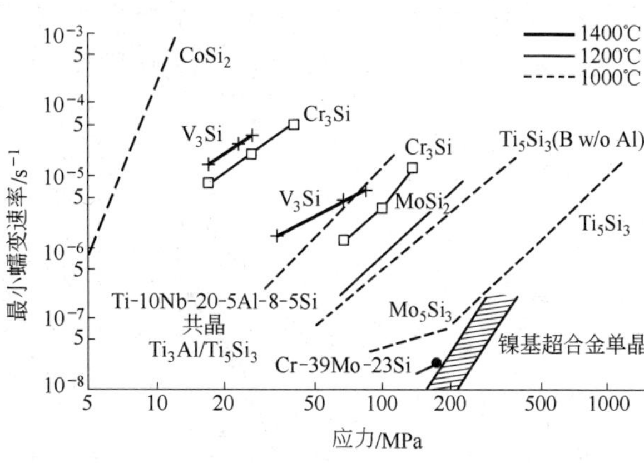

图 6－35 不同硅化物及其合金最小蠕变速率的比较

图 6－36～图 6－39 给出了不同 SiC 添加量对 $MoSi_2$ 材料在不同温度下蠕变行为的影响[38]。图 6－36 给出了 SiC 颗粒体积分数分别为 5% 和 10% 时，在 1100℃和 1200℃下 $MoSi_2$ 材料的蠕变数据，两种 SiC 添加量的 $MoSi_2$ 在两个温度下的蠕变指数都约为 1，材料的蠕变速率随 SiC 添加量的增加及温度的增加而增大。

图 6－37 给出了添加 20% SiC 颗粒增强 $MoSi_2$ 材料在不同温度下的蠕变行为，材料的蠕变速率随温度的增加而加快，在高应力水平时，其应变指数 n 与低 SiC 含量的 $MoSi_2$ 相似，都为 1；实验温度在 1000℃和 1100℃时，当应力水平较低，应力－应变指数则为 4。说明在低应力条件时，应力－应变指数 n 的增加一般是临界行为。而这样的应力－应变指

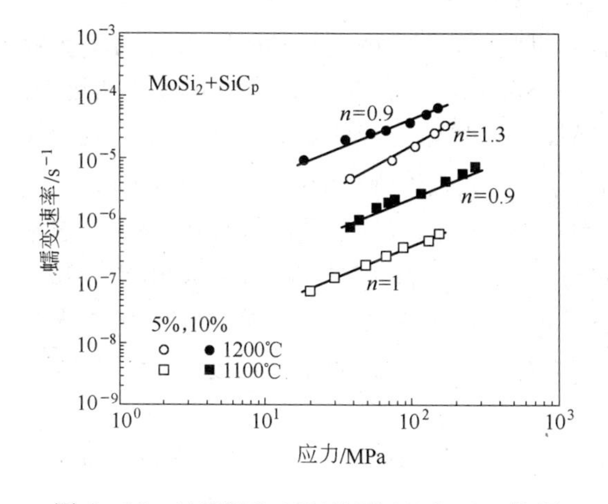

图 6－36 1100℃和 1200℃下 5% 和 10% 体积分数 SiC_p 对 $MoSi_2$ 蠕变行为的影响

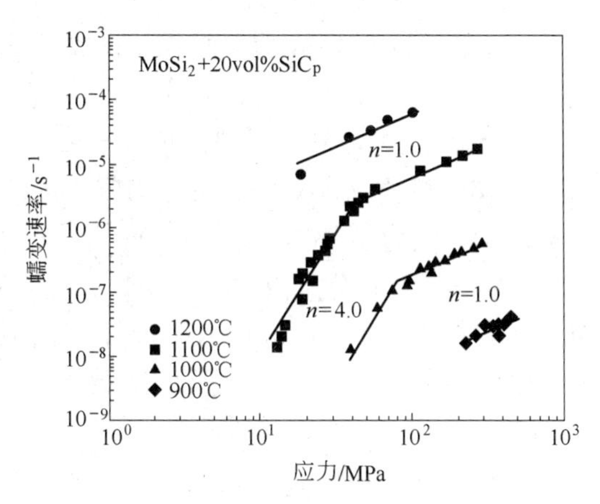

图 6－37 20% 体积分数 SiC_p 的 $MoSi_2$ 在不同温度下的蠕变行为

数变化的根本原因在于蠕变机理的改变，由高应力水平下的晶界扩散蠕变机理变为低应力水平下的晶格自扩散引起的位错高温攀移控制的蠕变机理。

图 6－38 和图 6－39 给出了不同温度下含 30% 和 40% 体积分数 SiC_p 的 $MoSi_2$ 材料的蠕变行为，溶质气团拖曳位错的行为（$n=1$）完全消失，在 1100℃，低应力水平下仍旧存在明显的应力－应变指数 n 值突变的现象。当 SiC 含量为 30% 时 n 从 3 增至 5.7，当 SiC 为 40% 时，应力－应变指数 n 增加至 5，这就说明，随着 SiC_p 体积分数的增加，蠕变行为逐渐从牛顿黏性流体运动变成了位错蠕变机制，并且最终可能为幂律失效区域。

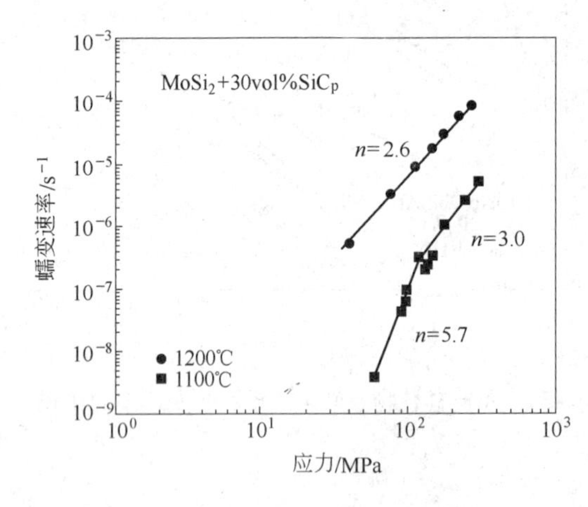

图 6－38　温度对含 30% 体积分数 SiC_p 的 $MoSi_2$ 材料蠕变行为的影响

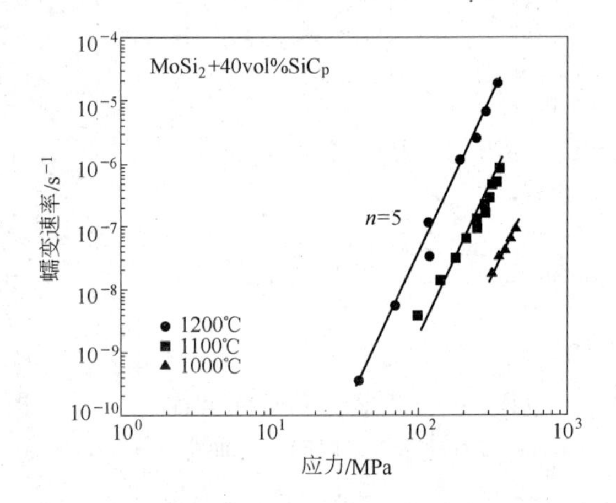

图 6－39　温度对含 40% 体积分数 SiC_p 的 $MoSi_2$ 材料蠕变行为的影响

Sadananda 等人[38]还发现，SiC 强化 $MoSi_2$ 材料的蠕变性能还与 SiC 强化相的形貌参数如尺寸、形状、长径比等存在一定关系。纤维增强相的强化效果要优于颗粒强化相，随着长径比的增加，材料的抗蠕变性能提高。

匀质材料中基于扩散机制的蠕变方程如式（6－3）所示：

$$\varepsilon = A(1/d)^{P}\sigma^{n}\exp\left(\frac{-Q}{RT}\right) \tag{6-3}$$

式中，d 是晶粒尺寸；p 是晶粒尺寸指数，当 $p=2$ 时对应 Nabarro－Herring Creep 关系，$p=3$ 时对应 Coble creep 关系。该处应力指数 $n=1$，A 为常数，方程描述了 Arrhenius 激活过程。

$MoSi_2$ 和 Si_3N_4 两种材料都具有高熔点、优异的抗氧化性和热稳定性等特点。美国海军研究实验机构（Naval Research Laboratory）的研究人员[39]研制出 2～5 层 $MoSi_2/Si_3N_4$ 复合材料，其每层的 $MoSi_2$ 和 Si_3N_4 百分比含量都不尽相同，且每层的厚度为 2mm。这种 5 层功能梯度材料分别由 100% $MoSi_2$，80% $MoSi_2$/20% Si_3N_4，60% $MoSi_2$/40% Si_3N_4，40% $MoSi_2$/60% Si_3N_4 和 20% $MoSi_2$/80% Si_3N_4 构成，每层中的两种成分都分布均匀。研究人员在 1200℃温度下对单层以及整个五层梯度材料进行了多次恒载荷压缩蠕变试验。实验结果如图 6－40 和图 6－41 所示。

根据图 6－40 的实验结果，可以说明随着 Si_3N_4 含量的增加，单层材料的蠕变速率出现了下降的趋势。而对整个梯度材料蠕变实验结果如图 6－41 所示，当施加应力平行于界面时，由于每层会受到同样大小的应力，强度最弱的梯度层会发生大部分的变形，于是在

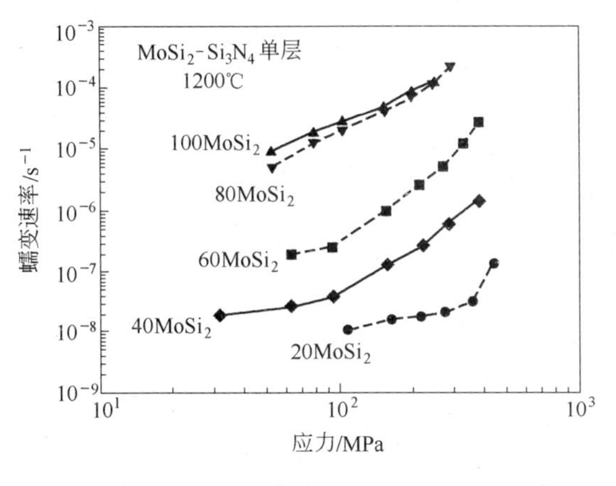

图 6-40 功能梯度材料 MoSi$_2$-Si$_3$N$_4$ 中的单层蠕变行为

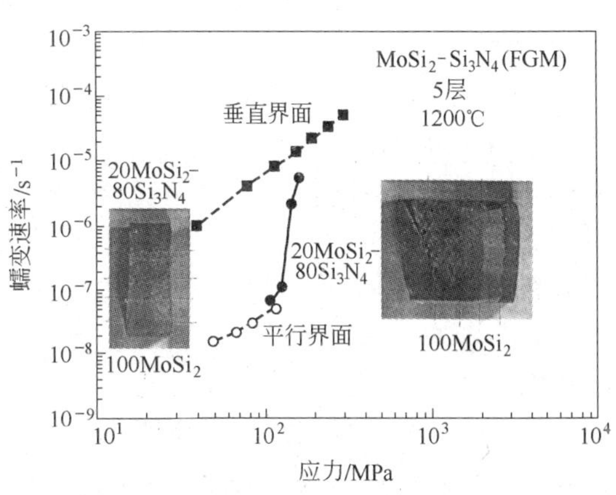

图 6-41 五层功能梯度 MoSi$_2$-Si$_3$N$_4$ 材料的蠕变实验

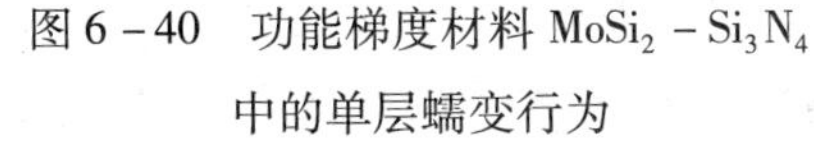

纯 MoSi$_2$ 层与 80% MoSi$_2$/20% Si$_3$N$_4$ 层出现了非常显著的变形。但是从 80% MoSi$_2$/20% Si$_3$N$_4$ 到 60% MoSi$_2$/40% Si$_3$N$_4$ 界面的变形量呈逐渐变化。而施加应力垂直于界面时，每层的应变一致，从图 6-41 可以看出，含有较多的 Si$_3$N$_4$ 层出现了一定的脆性断裂倾向。通过高温蠕变实验，可以说明这种梯度 MoSi$_2$-Si$_3$N$_4$ 材料具有相当的力学匹配性能。研究人员假设了一种自由滑移界面，通过排序和平行界面，利用各层的蠕变速率测算出该复合材料的蠕变速率。除了产生裂化以外，这些预测值都与原始数据十分接近。

王刚[40]等人根据实验，分析了 Na$_2$O 对氧化物增强 MoSi$_2$ 基发热元件材料的高温蠕变特性的影响，图 6-42 和图 6-43 分别为 1273K 以及 100MPa 下的应变曲线。从图 6-42 和图 6-43 可以看出，脱 Na 处理后 MoSi$_2$/Oxide 复合材料的抗蠕变性能得到明显改善；高 Na 含量 MoSi$_2$/Oxide 复合材料对温度更敏感，其蠕变速率从 1243K 的 5.5×10^{-8} 增加到 1303K 的 19.2×10^{-8}，而低 Na 含量 MoSi$_2$/Oxide 复合材料只从 2.0×10^{-8} 增加到 5.4×10^{-8}。由此可见，在 1273K 和 1303K 时脱 Na 处理后材料的蠕变速率分别是未脱 Na 材料的 2/5 和 1/3 以下。根据公式（6-1）以及图 6-42 和图 6-43 计算得到应力指数 n，结果如图 6-44 所示。

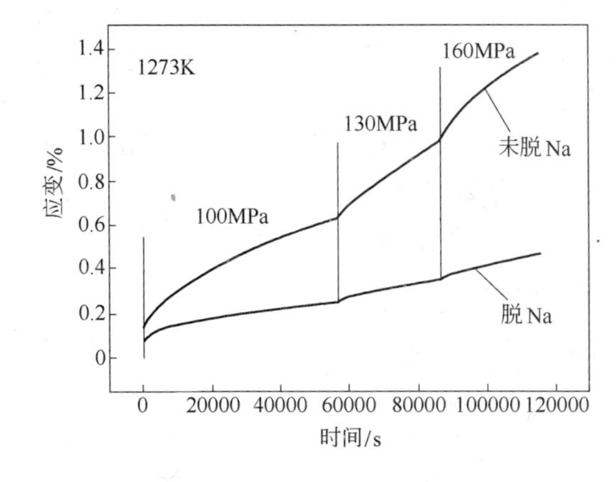

图 6-42 1000℃时脱 Na 前后 MoSi$_2$/Oxide 复合材料的蠕变特性

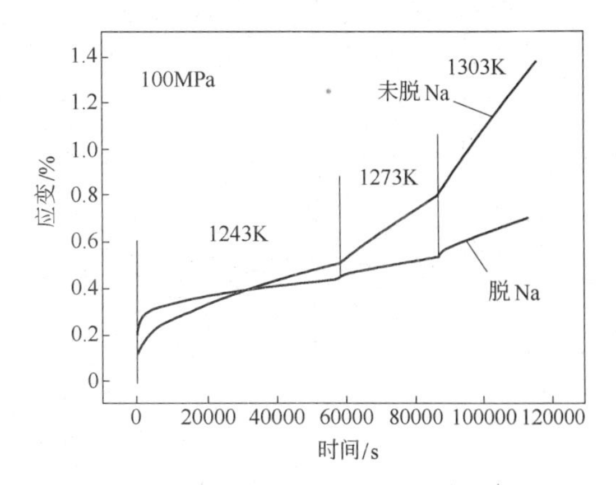

图 6-43 100MPa 时脱 Na 前后 MoSi$_2$/Oxide 复合材料的蠕变特性

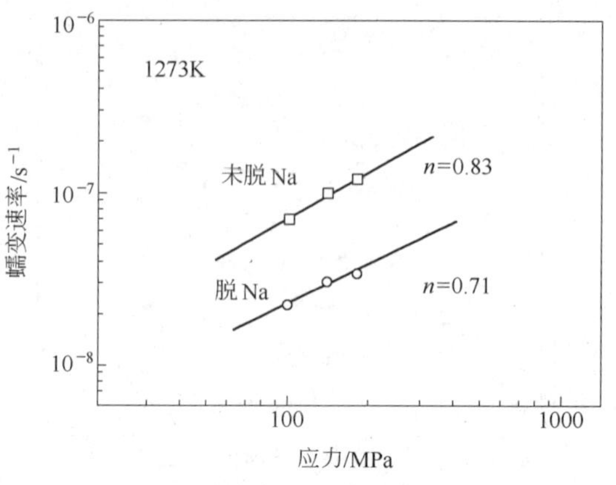

图 6－44 稳态蠕变速率与应力的关系

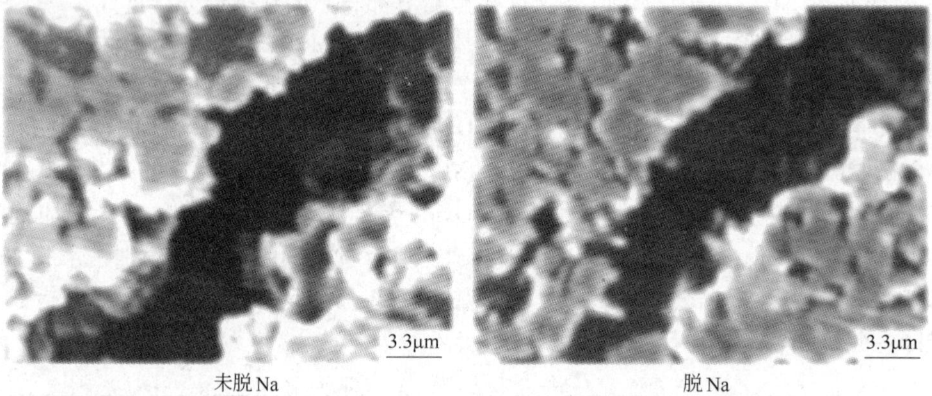

脱 Na 前后复合材料的应力指数分别为 0.83 和 0.71。当应力指数接近 1 时，其蠕变行为可以用晶界蠕变理论（晶界扩散或滑移）来解释[41]。对于单相材料，其应力指数接近 1 时，晶界扩散是主要的蠕变机制，但多相复合材料的蠕变机制就变得较为复杂。据 Jiang[42] 的研究，复合相铝硅酸盐以玻璃相的形式主要分布于材料一维晶界处和三叉晶界处。在高温时玻璃相的软化和塑性流动可能是此时蠕变的主要机制。虽然以往的研究[35]表明，$MoSi_2$ 晶粒在大约 1273K 时可以发生变形，但是在此材料中玻璃相的软化和塑性流动没有晶界滑移容易发生，所以它不可能是此材料蠕变的主要机制。正因为如此，脱 Na 处理前的材料中含量较高的 Na 降低了玻璃相的软化点，王刚等[40]实验发现，图 6－45 所示，在 1273K 时未脱 Na 试样断口不锐利，玻璃相有软化迹象，附在 $MoSi_2$ 晶粒上，呈光滑的球面，钝化了断口表面。在同样的温度下未脱 Na 材料中玻璃相的黏度必然较低。而高温下晶界玻璃相黏度的高低是控制材料蠕变速率的关键因素，晶界黏度越低蠕变速率越快，因此未脱 Na 试样的蠕变速率明显高于脱 Na 试样。

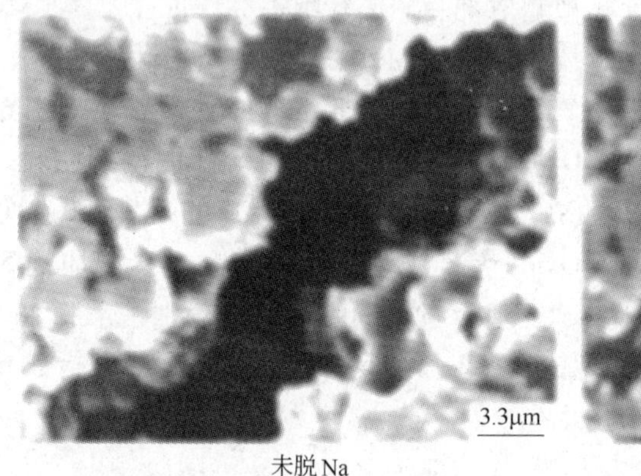

未脱 Na

3.3μm

脱 Na

图 6－45 在 1273K 条件下氧化物/$MoSi_2$ 基复合材料脱 Na 前后的裂纹扫描电镜照片

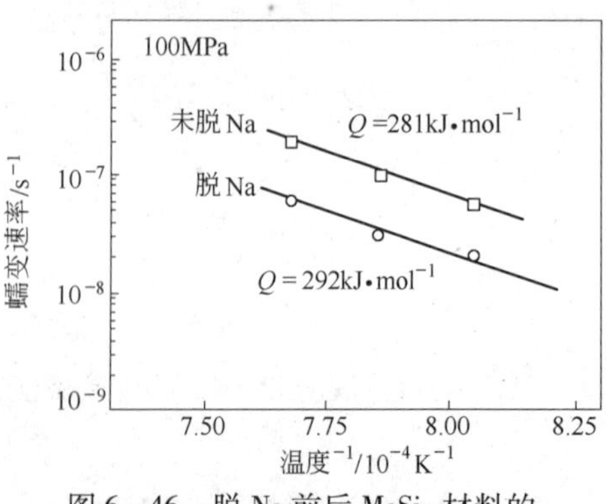

100MPa

未脱 Na　Q=281kJ·mol^{-1}

脱 Na　Q=292kJ·mol^{-1}

蠕变速率/s^{-1}　温度$^{-1}$/10^{-4}K^{-1}

图 6－46 脱 Na 前后 $MoSi_2$ 材料的稳态蠕变速率与温度的关系

由图 6－44 可得到两种材料的蠕变活化能分别为 281kJ/mol、292kJ/mol，如图 6－46 所示，这比 $MoSi_2$ 单晶的蠕变活化能（327～372kJ/mol）[35]和 $MoSi_2$ 单相材料的蠕变活化能（430kJ/mol）[39]低得多，而后两种材料主要的蠕变机制分别为晶格蠕变和晶界扩散机制。可见，材料中的晶内滑移和晶界扩散不是此类材料主要的蠕变机制，而主要是晶界滑移机制。

6.3 硅化物的断裂行为

6.3.1 硅化物断裂的研究方法

材料的断裂（fracture）是材料整体性出现分离的现象与过程。广义地说，材料断裂是指从微裂纹产生，直至构件破断分离成若干部分的过程。断裂是材料的一种最危险的失效形式。

如图6－47所示，假设有一无限大板，其中有$2a$长的Ⅰ型裂纹，在无限远处作用有均匀拉应力σ，应用弹性力学可以分析裂纹尖端附近的应力场、位移场。如用极坐标表示，则各点（r，θ）的应力分量可以近似表达为：

$$\sigma_x = \frac{K_{\mathrm{I}}}{\sqrt{2\pi r}}\cos\frac{\theta}{2}\left(1-\sin\frac{\theta}{2}\sin\frac{3\theta}{2}\right) \quad (6-4)$$

$$\sigma_y = \frac{K_{\mathrm{I}}}{\sqrt{2\pi r}}\cos\frac{\theta}{2}\left(1+\sin\frac{\theta}{2}\sin\frac{3\theta}{2}\right) \quad (6-5)$$

$$\sigma_z = v(\sigma_x+\sigma_y)\text{(平面应变)},\sigma_z=0\text{(平面应力)} \quad (6-6)$$

$$\tau_{xy} = \frac{K_{\mathrm{I}}}{\sqrt{2\pi r}}\sin\frac{\theta}{2}\cos\frac{\theta}{2}\cos\frac{3\theta}{2} \quad (6-7)$$

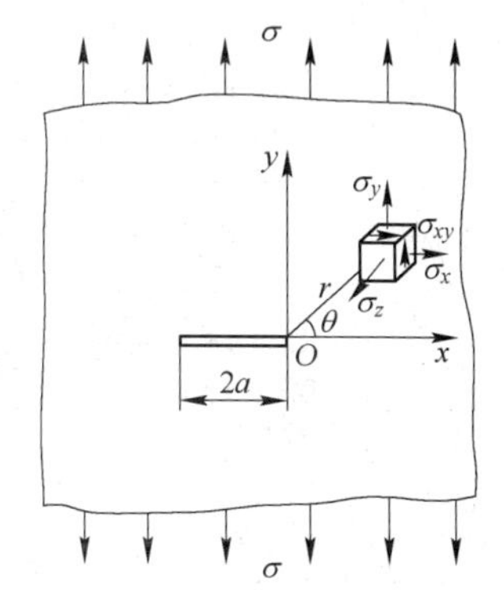

图6－47 具有Ⅰ型穿透裂纹无限大板的应力分析

式（6－7）表明，裂纹尖端区域各点的应力分量除了决定其位置（r，θ）外，尚与强度因子K_{I}有关。对于某一确定的点，其应力分量就由K_{I}决定。因此，K_{I}的大小直接影响应力场的大小：K_{I}越大，则应力场各应力分量也越大。这样K_{I}就可以表示应力场的强弱程度，故称为应力场强度因子。下脚标注“Ⅰ”表示Ⅰ型裂纹。同理，K_{II}、K_{III}分别表示Ⅱ型和Ⅲ型裂纹的应力场强度因子。

Ⅰ型裂纹应力场强度因子的一般表达式为：

$$K_{\mathrm{I}} = Y\sigma\sqrt{a} \quad (6-8)$$

式中，Y为裂纹形状系数，一般为$Y=1\sim2$。

既然K_{I}是决定应力场强弱的一个复合力学参量，就可将它看作是推动裂纹扩展的动力，以建立裂纹失稳扩展的力学判据和断裂韧性。

当σ和α单独或共同增大时，K_{I}和裂纹尖端各应力分量也随之增大。当K_{I}增大到临界值时，也就是在裂纹尖端足够大的范围内应力达到了材料的断裂强度，裂纹便失稳扩展导致材料断裂。这个临界或失稳状态的K_{I}值记作K_{IC}或K_{C}，称为断裂韧性。K_{IC}为平面应变下的断裂韧性，表示在平面应变条件下材料抵抗裂纹失稳扩展的能力。K_{C}为平面应力断裂韧性，表示在平面应力条件下材料抵抗裂纹失稳扩展的能力。它们都是Ⅰ型裂纹的材料断裂韧性指标，K_{C}与试样厚度有关。当试样厚度增加，使裂纹尖端达到平面应变状态时，断裂韧性趋于一稳定的最低值，即为K_{IC}，它与试样厚度无关，而是真正的材料断裂韧性指标。在临界状态下所对应的平均应力，称为断裂应力或裂纹体断裂强度，记作σ_c；对应的裂纹尺寸称为临界裂纹尺寸，记作α_c。三者的关系如式（6－9）所示：

$$K_{\mathrm{IC}} = Y\sigma_c\sqrt{\alpha_c} \quad (6-9)$$

可见，材料的K_{IC}越高，则裂纹体的断裂应力或临界裂纹尺寸就越大，表明难以断裂。因此，K_{IC}表示材料抵抗断裂的能力。

K_{C} 或 K_{IC}的常用单位为 $\mathrm{MPa}\cdot\sqrt{\mathrm{m}}$或 $\mathrm{MN}\cdot\mathrm{m}^{-3/2}$。

由于平面应变断裂韧性 K_{IC}是材料常数，因此在一定条件下，它和加载方式、试样类型无关。故从原则上说，用不同类型的试样获得的 K_{IC}应当是一致的[43]。国家标准中规定了四种试样：标准三点弯曲试样、紧凑拉伸试样、C 形拉伸试样和圆形紧凑拉伸试样。常用的三点弯曲和紧凑拉伸两种试样如图 6－48 所示。

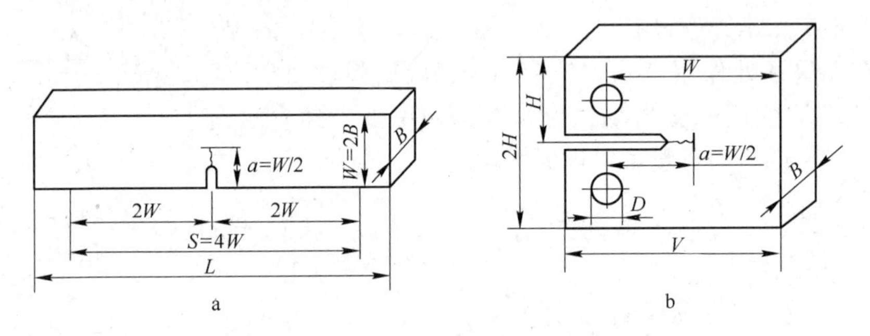

图 6－48　两种典型的断裂韧度试样

a—三点弯曲试样；b—紧凑拉伸试样

由于 K_{IC}是材料在平面应变和小范围屈服条件下的 K_{I} 临界值，因此，测定 K_{IC}时用的试样尺寸，必须保证裂纹尖端附近处于平面应变和小范围屈服状态。标准中规定试样厚度 B、裂纹长度 a 及韧带宽度（$W-a$）尺寸如下：

$$\begin{cases} B \geqslant 2.5\left(\dfrac{K_{\mathrm{IC}}}{\sigma_y}\right)^2 \\ a \geqslant 2.5\left(\dfrac{K_{\mathrm{IC}}}{\sigma_y}\right)^2 \\ (W-a) \geqslant 2.5\left(\dfrac{K_{\mathrm{IC}}}{\sigma_y}\right)^2 \end{cases} \tag{6-10}$$

式(6－10) 中 σ_y 为有效屈服强度，用 σ_s 或 $\sigma_{0.2}$代之。

K_{IC}的测定步骤如下：

（1）按工况需要选定取样部位；

（2）按国家标准要求加工试样，缺口（宽约 0.1 ~0.12mm）需用线切割加工而成；

（3）在疲劳试验机上预制微裂纹，使疲劳裂纹产生并扩展 3 ~5mm；

（4）然后在常规拉伸试验机上进行加载，并记录载荷—裂纹嘴张开位移（$F-V$）曲线；

（5）试验数据的读取与处理。

Chen 和 Ardell[44] 提出 MDBT（Miniaturised Disk Bend Test），用于检测小样品的 K_{IC} 值，此方法被用于碳化硅和氮化硅陶瓷以及其他材料。Haubensak[45] 提出裂纹顶端张开位移 COD（Crack Opening Displacement），检测多孔反应烧结氮化硅陶瓷的断裂韧性。然而，6061Al－SiC 金属基复合材料（MMC）采用单边切口悬臂梁法（SENB）[46]，此法已用于三点负荷情况。

SENB 法是一种比较成熟的方法，通常认为可以比较准确地测量材料的断裂韧性，而且广泛应用于各种材料断裂韧性的测量中[47~49]。但对于脆性很大的陶瓷、金属间化合物来说，测试试样的制备比较困难。而压痕法测断裂韧性是专门针对脆性材料而发展起来的一种方法[50~53]，对试样尺寸要求不严格，试验周期短并且试验装置简单。压痕法的种类很多，按压头形状分为球形 Rockwell 硬度压头、正棱锥形 Vickers 硬度压头及棱锥形 Knoop 压头。目前 Vickers 压痕裂纹法作为一类典型的测量压痕裂纹的方法已经得到了广泛的研究和应用。

杨海波[54]等分别采用单边切口悬臂梁法（SENB）和压痕法对 Mo－10Si 及 $Mo_3Si-Mo_5Si_3$ 合金的室温断裂韧性进行研究。Mo－10Si 合金的室温断裂韧性采用单边切口悬臂梁法（SENB）测试，试样尺寸为 3mm × 6mm × 30mm，跨距 24mm，切口深度 1.5mm，其外形示意图见图 6－49。

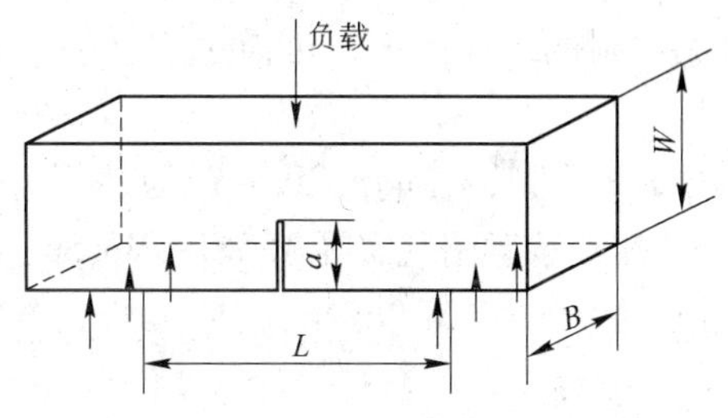

图 6－49 SENB 试样外形示意图

其中 $a/W=1/2$、$W/L=1/4$、$B/W=1/2$。压头下压速率为 1mm/min，在三点弯曲受力下，试样断裂韧性 K_{IC} 由式（6－11）和式（6－12）计算[55]，试验样本数为 2~3。

$$K_{IC}=\left(\frac{P_Q}{B}\right)\left(\frac{L}{W^{\frac{3}{2}}}\right)f\left(\frac{a}{W}\right) \tag{6-11}$$

其中：

$$f\left(\frac{a}{W}\right)=2.9\left(\frac{a}{W}\right)^{\frac{1}{2}}-4.6\left(\frac{a}{W}\right)^{\frac{3}{2}}+21.8\left(\frac{a}{W}\right)^{\frac{5}{2}}-37.6\left(\frac{a}{W}\right)^{\frac{7}{2}}+38.7\left(\frac{a}{W}\right)^{\frac{9}{2}} \tag{6-12}$$

式中，P_Q 为破坏载荷，N；a 为切口深度，mm；B 为试样宽度，mm；W 为试样高度，mm；L 为跨距，mm。

根据式（6－11）和式（6－12）计算后得到 Mo－10Si 的室温断裂韧性 K_{IC} 列于表 6－6 中。

可以看出，经 1400℃/24h 退火处理后，由于合金中析出了细小 Mo_3Si 相，其断裂韧性值也最高。而经 1200℃/48h 退火处理后，合金中析出尺寸较大的 Mo_3Si 相，而 Mo_3Si 相在 $Mo-Mo_3Si$ 体系中属于硬质相或脆性相，任英磊[56]等人系统地研究了金属硅化物中的析出相，认为析出脆性化合物会使合金变脆，但可以通过组织控制得到强度和塑性兼备的材料。表 6－6 的结果显示金属硅化物中析出脆性相后会对合金的韧性造成不利影响，但当析出相的尺寸小到一定程度后可以起到合金增韧的作用。

表 6－6 单边切口法测量 Mo－10Si 合金的室温断裂韧性（K_{IC}）结果

Mo－10Si	$K_{IC}/MPa\cdot m^{1/2}$
铸态	7.3
1400℃退火 24h	9.5
1200℃退火 48h	6.0

$Mo_3Si-Mo_5Si_3$ 合金的断裂韧性可以通过压痕法进行测试。在 Vickers 硬度仪上，用维氏压头在抛光面上压出压痕，所用载荷为 196N，加载时间 15s。每种材料压 20～50 个压痕，舍掉不规则压痕和在非压痕角出现裂纹的压痕，至少保证 10 个较理想的压痕，测量压痕对角线半长 a(mm) 和裂纹半长 c(mm)，求算术平均值，则压痕断裂韧性 K_C 可通过下式[57]计算：

$$K_C=\zeta\left(\frac{E}{H}\right)^{\frac{1}{2}}\left(\frac{P}{c^{\frac{3}{2}}}\right) \tag{6-13}$$

H 为材料的维氏硬度，可通过式（6－14）计算：

$$H=1.854P(2a)^{-2} \tag{6-14}$$

式中，E 为弹性模量，GPa；P 为载荷，N；c 为压痕裂纹半长，mm；a 为压痕对角线半长，mm。压痕示意图及实际 $Mo_3Si-Mo_5Si_3$ 合金中所观察到的压痕如图 6－50a，b 所示[58]。

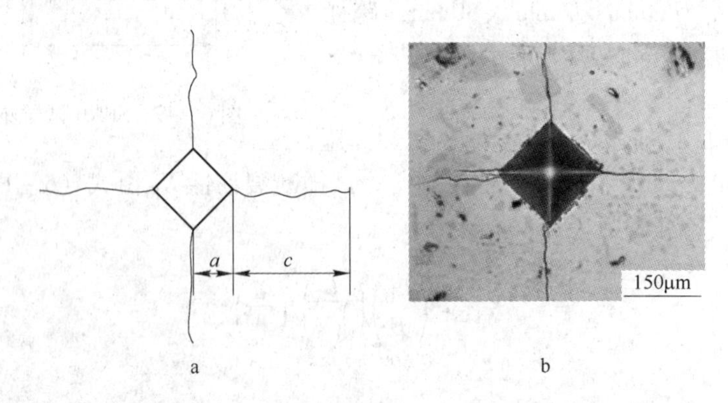

图 6－50 压痕示意图（a）和实际 $Mo_3Si-Mo_5Si_3$ 合金所观察到的压痕（b）

采用压痕法并根据式（6－13）计算后得到不同状态 $Mo_3Si-Mo_5Si_3$ 合金的室温断裂韧性 K_{IC}，见表 6－7。

表 6－7 压痕法测量 $Mo_3Si-Mo_5Si_3$ 合金室温断裂韧性（K_{IC}）结果

$Mo_3Si-Mo_5Si_3$	K_{IC}/MPa·$m^{1/2}$
铸态	1.3
1400℃退火 24h	1.0
悬浮区域熔炼法[59]	1.1

6.3.2 硅化物的断裂行为及其机理

6.3.2.1 室温断裂

图 6－51[60]为 Nb－Si 系多元合金（Nb－Ti－Si－Cr－Al－Hf 多元合金）室温断裂后的断口形貌图。图 6－51a 中观察到长条状的光滑平面，呈现明显的脆性断裂，能谱分析表明其为 Nb_3Si 相。图 6－51b 是断口形貌高倍放大图，可以看出（Nb）固溶体相 Nb_{ss}的断口形貌出现少量韧窝，呈现韧性断裂特征。

Nb－Si 系多元合金的室温断裂韧性较低、裂纹扩展速率很快。硅化物相呈现典型

a b

图 6－51 Nb－Ti－Si－Cr－Al－Hf 合金三点弯曲室温断口形貌图
a—低倍；b—高倍

的脆性断裂，形成了长条状的平面脆性断口，而（Nb）固溶体具有一定的韧性。因此，为提高合金的室温断裂韧性和损伤容限性，一方面需通过合金化来改善硅化物的脆性，另一方面必须改善合金的组织，减小合金中脆性相的尺寸，使得脆性裂纹终止于韧性相或者使其出现偏转、桥接等，从而缓解裂纹尖端的应力集中，提高断裂韧性和损伤容限性。

图 6－52[61] 分别为亚共晶、共晶和过共晶三种类型的铸态 Ti－Si 系合金的室温压缩断口形貌。观察发现，亚共晶合金的断口（图 6－52a）主要由类解理的小平面组成。与共晶合金断口相比，断口上出现了较多小而浅的韧窝花样，它是 Ti_5Si_3 相与 Ti 基体发生相界面解理，从中拔出的结果。这种混合断口的形貌，反映了材料相对较好的塑性。共晶合金的断口（图 6－52b）上有微小变形带和撕裂棱，以及大量的解理面。进一步放大后可见，断口上出现有极细小的微滑移带台阶（图 6－54），这与该合金的压缩塑性只有 2.4%很好地吻合。合金的解理断口表面上都可以看到与主裂纹垂直的小裂纹，即二次裂纹（如图 6－53 箭头所示），属于穿晶脆性断裂。过共晶合金断口（图 6－52c）以大面积的解理断面为主要特征，无类韧窝和微滑移带台阶，断口上的粗大解理面为初生 Ti_5Si_3 相的解理断面。

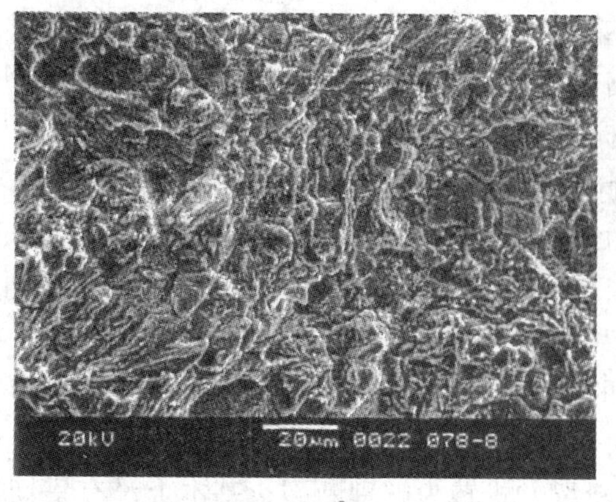

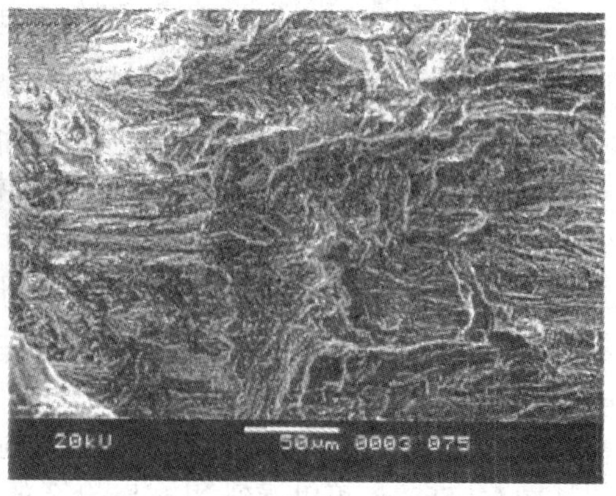

a b

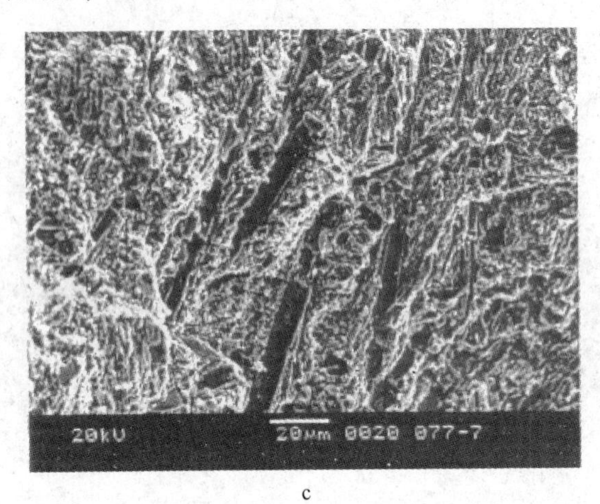

c

图 6－52　典型 Ti－Si 共晶系合金的断口形貌（质量分数）
a—7% 亚共晶；b—8.5% 共晶；c—11% 过共晶

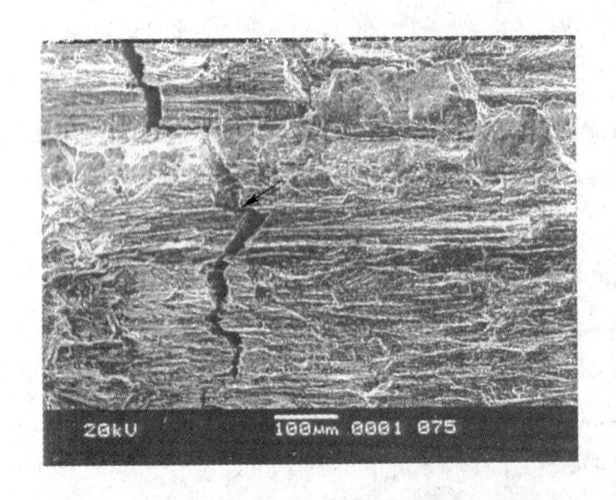

图 6－53　Ti－Si 共晶合金断口上的二次裂纹

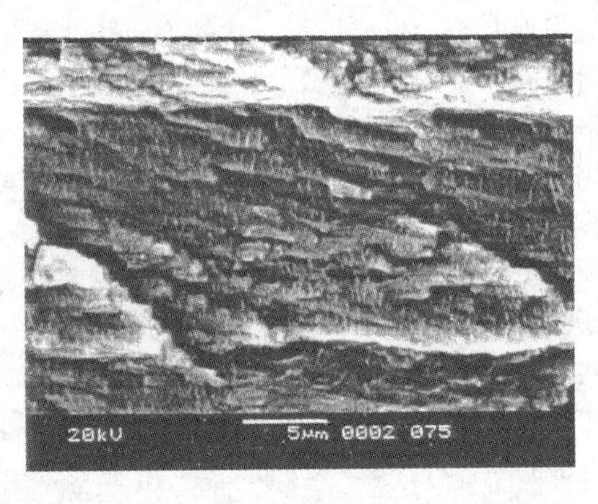

图 6－54　Ti－Si 共晶合金压缩断口上的微滑移带

$MoSi_2$ 多晶材料的室温断裂模式以晶界间断裂为主，断裂行为主要受四方 $MoSi_2$ 晶体结构的各向异性和解理能控制。断裂韧性和硬度随温度升高而稍有降低，1600℃高温退火处理的 $MoSi_2$ 多晶具有较高的断裂韧性和硬度，这是由于形变过程中产生裂纹网络的作用，SiO_2 的形成使 $MoSi_2$ 多晶的晶粒尺寸迅速增大，从而导致晶间断裂增加，韧性和硬度降低。SiO_2 的出现对 $MoSi_2$ 多晶力学性能影响非常不利。Maloy 等[24]制备了无 SiO_2 的 $MoSi_2$ 多晶，其室温硬度和高温断裂韧性均大大提高。

Kobayashi[62]研究了 Nb/Nb_5Si_3 原位复合材料添加 Mo 后的断裂行为，图 6－55 为退火态 Nb－18Si－xMo（x＝0，5，15）合金的断口形貌。Nb－18Si 合金的断裂（图 6－55a）主要是解理断裂，在断口中可以看到较为平滑的解理面，这是由于 Nbss 的晶粒尺寸较小，在脆性相的约束下丧失了塑性变形的能力而呈现解理断裂。加入 5% 的 Mo 以后，延性相 Nbss 的晶粒尺寸增大，解理面上出现了大量的撕裂棱和解理台阶（图 6－55b），这增大了裂纹的扩展阻力，从而使材料的韧性增加。随着 Mo 含量（原子分数）继续上升到 15%（图 6－55c），可以看到 Nb－Si 合金的断裂方式转为解理断裂，基本上没有呈韧性断裂的区域。与具有平滑解理面的 Nb - 18Si 合金相比，Nb - 18Si - 15Mo 合金解理面上的河流状花纹比较细密。

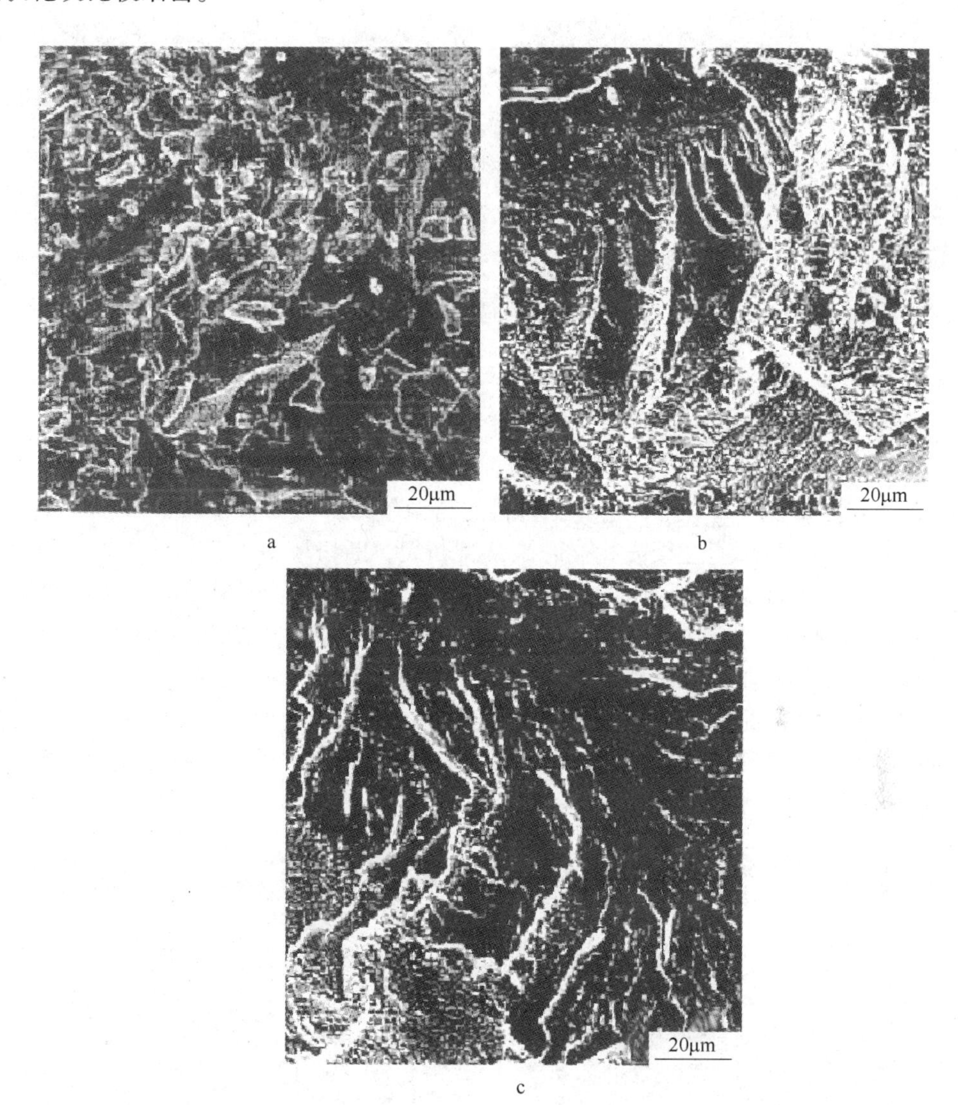

a b c

图 6 - 55 添加 Mo 对 Nb - 18Si 合金断口形貌的影响（1200℃ ×100h 退火）（SEM）
a—Nb - 18Si；b—Nb - 18Si - 5Mo；c—Nb - 18Si - 15Mo

6.3.2.2 高温断裂

图 6 - 56 给出了 AlN 增强 $MoSi_2$ 复合材料高温断口的 SEM 照片[63]。由于实验在空气中进行，于是断口上有 SiO_2 生成。当 AlN 添加量为 2% 时，不足以全部消除晶界 SiO_2，尚有较多玻璃态 SiO_2，裂纹容易通过较多的晶界相，表现为沿晶断裂（图 6 - 56a）。如果 AlN 的添加量足以消除晶界全部或大部分的 SiO_2，当裂纹扩展时，晶界相使沿晶扩展阻力增大，故出现穿晶断裂（图 6 - 56b）。作为对比，图 6 - 56c 给出室温下的断口照片，从图中可看到，室温断裂表现为沿晶与穿晶的混合断裂，以穿晶断裂为主。这也从另一方面说明，对于 $MoSi_2$ 材料，强的界面结合更容易出现穿晶断裂。

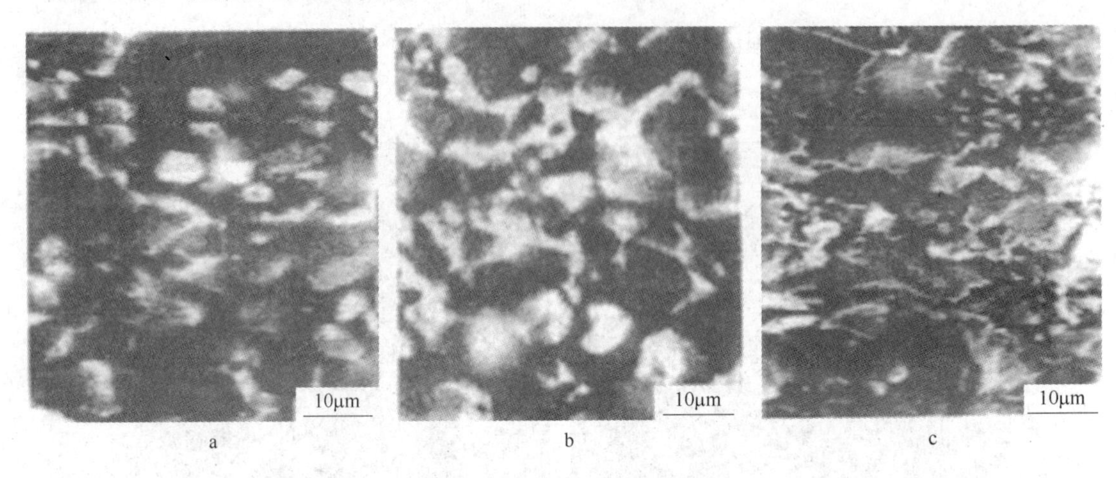

图 6－56　断口的 SEM 照片

a—2% AlN/$MoSi_2$（高温）；b—8% AlN/$MoSi_2$（高温）；c—2% AlN/$MoSi_2$（室温）

图 6－57 为 Nb－Si 基共晶自生复合材料的高温（1250℃）拉伸断口形貌[64]，图 6－57b 为高倍断口形貌，试样主要发生微孔聚集型断裂，断口较平坦，起伏较小，断口上的孔洞较小、较密。当试样变形到一定程度时，由于初生 Nbss 与 Nb_5Si_3 的塑性变形不协调，而在两者的界面处出现应力集中，从而导致界面分离，出现微孔。随着微孔的长大，几个相邻微孔之间基体的横截面积不断减小，当减小到零时，这些微孔便连成为微裂纹。裂纹多起始于孔洞并向孔洞四周发散。随后，当在裂纹尖端附近存在三向拉应力区和集中塑性变形区时，又会形成新的微孔，新的微孔借内颈缩与裂纹连通，使裂纹向前推进，如此不断进行下去，直至试样发生断裂。

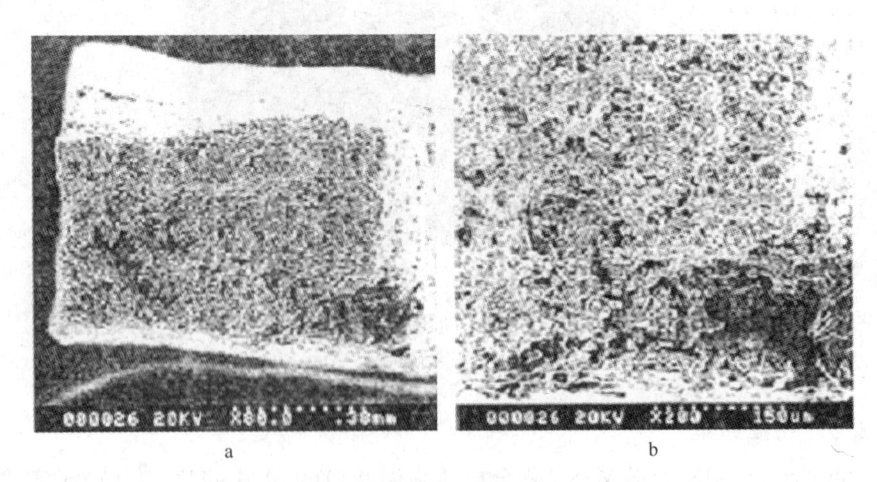

图 6－57　Nb/Nb_5Si_3 共晶自生复合材料的高温（1250℃）拉伸断口形貌

a—低倍 SEM 照片；b—高倍 SEM 照片

6.3.2.3　硅化物的典型断裂组织

纯 $MoSi_2$ 材料的主要断裂方式为穿晶断裂，局部区域为沿晶断裂，这两种典型的断裂方式必然导致 $MoSi_2$ 低的断裂韧性。低能量的解理面和冷却过程中因弹性模量及线膨胀系数的各向异性所引起的残余应力也是造成脆性断裂的主要原因。如图 6－58 所示[65]，$MoSi_2$ 断口颗粒形状不规整，但大小基本均匀，个别颗粒有长大现象。部分晶粒内有少量气孔存在，较大孔洞是材料断裂时颗粒从材料中拔出所致。

图 6－58 $MoSi_2$ 断口的 SEM 形貌

宁阳等人用维氏压痕断裂技术研究多晶 $MoSi_2$ 常温断裂行为，发现其主要是穿晶断裂（表 6－8[66]）。穿晶断裂模式与 $MoSi_2$ 的晶格各向异性和层状结构有关。四方 $MoSi_2$ 相的晶格常数 $a=0.302\text{nm}$、$c=0.785\text{nm}$、$c/a=2.45$。大的 c/a 比使单个晶粒在固化和冷却时产生各向异性应力，从而容易发生穿晶断裂。多晶 $MoSi_2$ 在室温下的残余应力约为 84MPa。另外，$MoSi_2$ 是层状结构，在两层交叉堆积的组织中，有一层 Mo 处于四方晶格的中间位置。冷却过程中由各向异性引起的内应力以及低断裂能分解层是室温下 $MoSi_2$ 发生穿晶断裂的原因。裂纹观察表明，其为不连续放射状裂纹，裂纹在晶粒内部几乎是沿平面扩展，这种穿晶断裂不能形成裂纹桥接。$MoSi_2$ 的裂纹特征在表观上与细晶 Al_2O_3 相似，其裂纹滑移与在脆性材料中形成的锯齿状裂纹相似。另外，研究发现 $MoSi_2$ 材料的硬度和韧性是与压痕载荷无关的常数，结果见表 6－9[66]。对于发展良好的压痕和裂纹长度，随着载荷的提高，裂纹长度也增加。9.8N 下韧性低而硬度高可能与压痕尺寸，裂纹长度及 $MoSi_2$ 晶粒尺寸有关。在所有高负载下，强度和硬度都很均匀，所以高负载才能说明 $MoSi_2$ 的断裂行为。

表 6－8 $MoSi_2$ 穿晶断裂与沿晶断裂发生的模式

断裂模式	断裂长度/μm	断裂长度比例	裂纹终止比例
沿晶断裂	31.9	23.3	28.1
穿晶断裂	135.5	76.7	71.9
总断裂长度	167.4	100	100

表 6－9 $MoSi_2$ 在不同载荷下的断裂性质

载荷 p/N(kgf)	c/a	断裂韧性 K_{IC}/MPa·m$^{1/2}$	维氏硬度（HV）
9.8（1）	2.6	2.4	9.4
49（5）	2.9	2.9	8.8
98（10）	3.4	2.8	9.2
196（20）	3.5	3.1	8.8
294（30）	3.8	3.0	8.4
490（50）	4.0	3.2 3.0	8.2 8.7
平均值		3.0	8.7

众所周知，材料的断裂方式和其力学性能有着直接的关系。由于 $MoSi_2$ 的结晶各向异性和层状结构，脆性穿晶断裂是 $MoSi_2$ 的主要断裂特征。将碳纳米管（CNTs）加入到 $MoSi_2$ 材料中，在一定程度上影响了 $MoSi_2$ 的某些本征特性，使单晶 $MoSi_2$ 的低指数解理面发生变化，同时晶界上原子排列错乱，存在一定量的 CNTs 及显微气孔，破坏了晶界的连续性，致使沿晶断裂的比例有所增加。

图 6 - 59 和图 6 - 60 给出了不同 CNTs 含量 CNTs/$MoSi_2$ 复合材料的 SEM 断口形

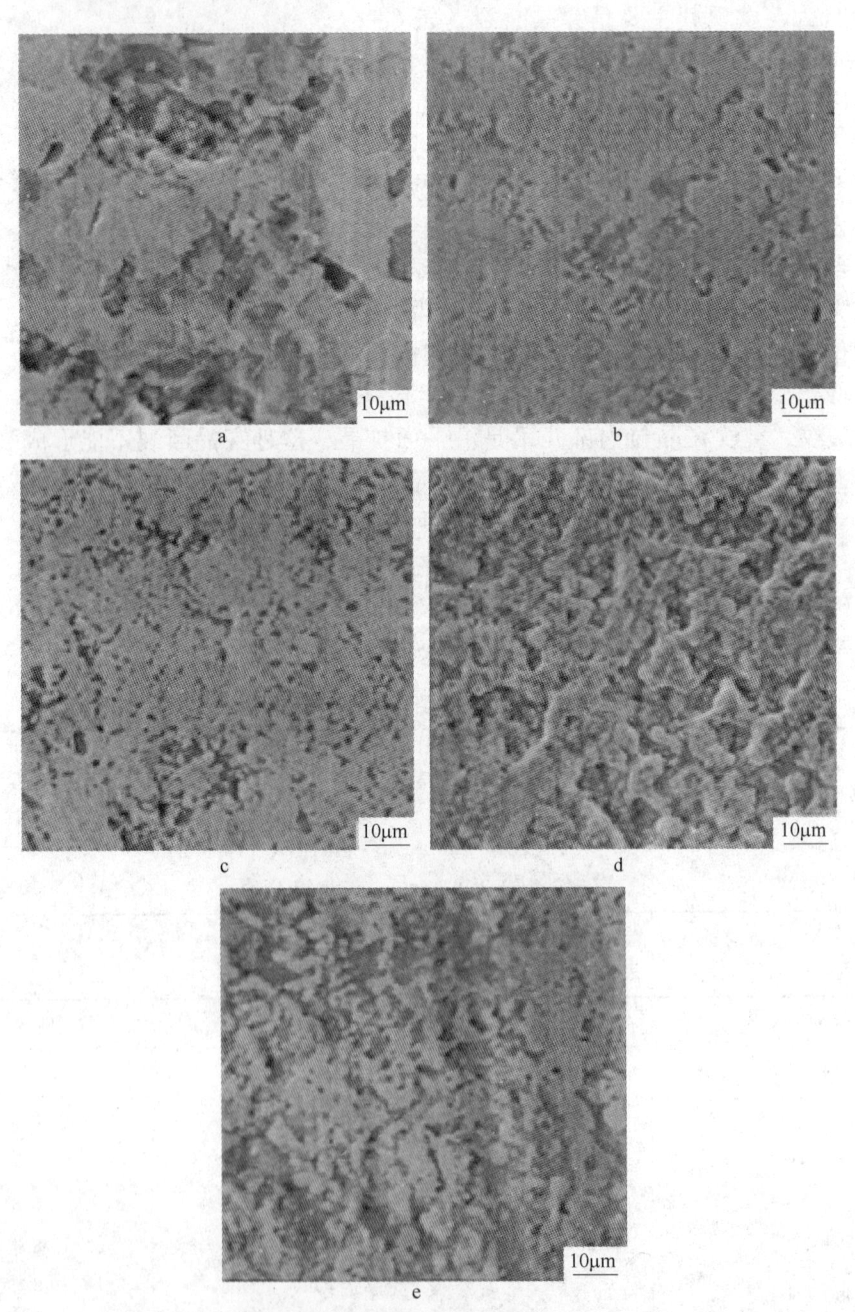

图 6 - 59　Mo，Si 粉末原位合成的 CNTs/$MoSi_2$ 的 SEM 断口

a—Mo，Si；b—Mo，Si + 1% CNTs；c—Mo，Si + 3% CNTs；d—Mo，Si + 5% CNTs；e—Mo，Si + 7% CNTs

貌[67]。可以发现随 CNTs 含量的增加，两个体系复合材料的晶粒有明显的细化趋势。另外，从图中可以看到，气孔的数量和尺寸也明显减少。从断裂模式上看，单一的 $MoSi_2$ 呈沿晶断裂，断口平齐，视场灰暗，有部分气孔分布于浅色 $MoSi_2$ 相的晶界上，这将严重影响材料的力学性能，特别是高温力学性能。CNTs/$MoSi_2$ 复合材料尽管也呈脆性断裂，但断口起伏大，存在着晶粒的拔出现象，并有一定程度的亮纹线存在，呈现出穿晶和沿晶混合断裂模式，因而复合材料的韧性有所提高。

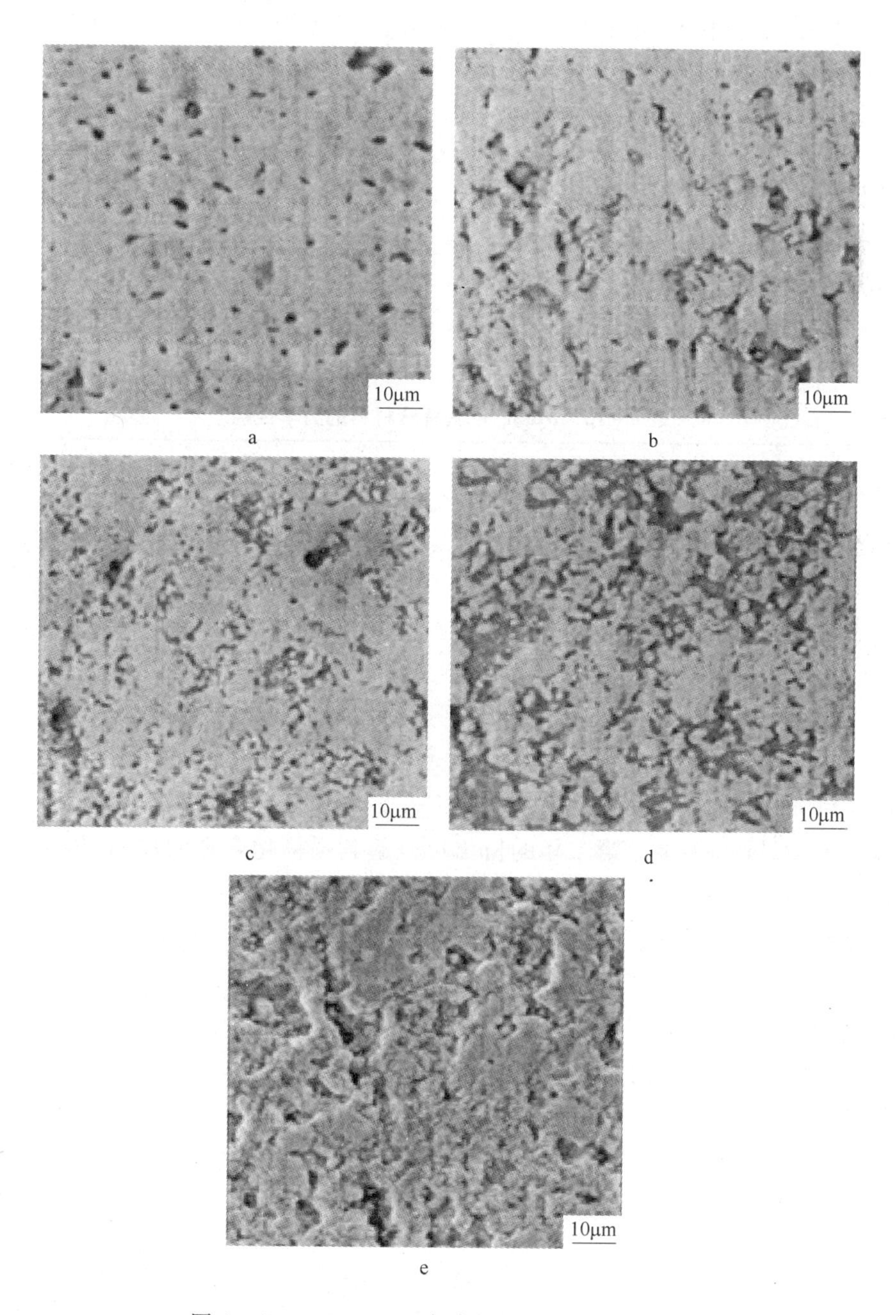

图 6-60 CNTs/$MoSi_2$ 复合材料的 SEM 断口形貌

a—$MoSi_2$；b—$MoSi_2$ +1% CNTs；c—$MoSi_2$ +3% CNTs；d—$MoSi_2$ +5% CNTs；e—$MoSi_2$ +7% CNTs

Li 等人[68]以 $MoSi_2$、Ti 和 B_4C 粉为原料，采用高温热压技术原位合成不同体积百分数 TiC - TiB_2 增强 $MoSi_2$ 基复合材料，研究了 TiC - TiB_2 颗粒对 $MoSi_2$ 基体材料显微组织和力学性能的影响。结果如图 6 - 61 所示，可以看出 30% TiC - TiB_2/$MoSi_2$ 复合材料的抗弯强度和断裂韧性分别为 480MPa 和 5.2MPa · $m^{1/2}$，与纯 $MoSi_2$ 比较，分别增加了 200% 和 106%。

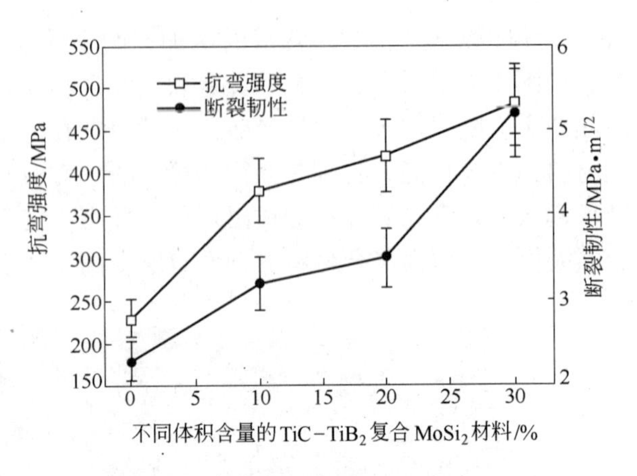

图 6 - 61 不同体积含量的 TiC - TiB_2 增强 $MoSi_2$ 复合材料的性能比较

艾云龙等[69]利用 SiC 和 ZrO_2 的协同效应强韧化 $MoSi_2$ 材料，结果表明材料的晶粒比基体的细小，裂纹扩展曲折，断口呈沿晶和穿晶混合断裂特征，显著提高了 $MoSi_2$ 基复合材料的强度和韧度，如表 6 - 10 所示。

表 6 - 10 $MoSi_2$ 及其复合材料的力学性能

材 料	弯曲强度/MPa	显微硬度（HV）	断裂韧性/MPa · $m^{1/2}$
$MoSi_2$	160	1341	2.52
10% ZrO_2 - $MoSi_2$	380	1499	5.81
20% SiC - $MoSi_2$	215	1912	3.84
（20% ZrO_2 + 10% SiC）- $MoSi_2$	470	1975	7.65

6.3.3 硅化物断裂韧性的影响因素

6.3.3.1 晶粒尺寸

金属间化合物中细小弥散第二相的析出可以起到强韧化合金的作用[70]。Mo_3Si 相在 Mo - Mo_3Si 系统中属于硬质相或脆性相，当析出相的尺寸小到一定程度，可以阻碍晶粒长大，使得有更多的晶粒发生塑性变形，从而可以起到增韧合金的作用。

6.3.3.2 韧性第二相

根据文献[58]可以知道 Mo_3Si - Mo_5Si_3 合金在室温情况下的断裂韧性非常低，只有 1MPa · $m^{1/2}$。从图 6 - 62 可以看出，压痕裂纹遇到 Mo_5Si_3 相时发生了偏转或停止在 Mo_5Si_3 相处。这在一定程度上说明 Mo_5Si_3 相有助于改善 Mo_3Si - Mo_5Si_3 合金的室温断裂韧性。但是，由于 Mo_3Si 和 Mo_5Si_3 本身脆性的原因，还无法通过 Mo_5Si_3 增韧的方法显著提高合金的断裂韧性。若要进一步提高合金的断裂韧性，必须通过合金化引入韧性相。

另外，杨海波[54]的研究表明，将 B 加入到（$Mo_{0.80}$，$Nb_{0.20}$）Si_2 合金中可形成细小硼化物的同时也可以细化 $C11_b$ 和 $C40$ 结构第二相的晶粒尺寸，也能在一定程度上改善（$Mo_{0.80}$，$Nb_{0.20}$）Si_2 合金的室温断裂韧性。图 6 - 63 为（$Mo_{0.80}$，$Nb_{0.20}$）Si_2 - xB 合金室

温三点弯曲应力-位移曲线，加载速度为0.5mm/min。各合金在断裂前都发生了一定程度的屈服，这说明裂纹在扩展过程中受到了阻碍。其中（$Mo_{0.80}$，$Nb_{0.20}$）Si_2 -1.0B 合金的最大断裂应力值最大，各合金的最大断裂应力列于表6-11中。另外，计算出三种合金的断裂韧性（K_{IC}）分别为7.1，8.1和6.7MPa·$m^{1/2}$。表6-11中同时列出了Umakoshi研究组所得到的（$Mo_{0.85}$，$Nb_{0.25}$）Si_2 单相单晶和（$Mo_{0.85}$，$Nb_{0.25}$）Si_2 双相合金的断裂韧性[71]。可以看出，B的加入明显提高了合金的室温断裂韧性。

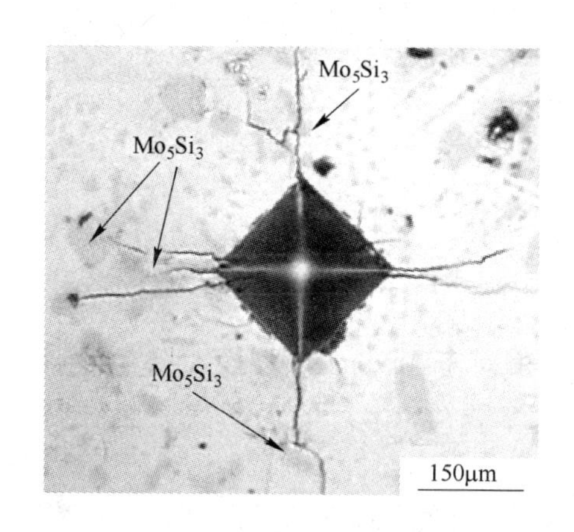

图6-62 Mo_5Si_3 相对 $Mo_3Si-Mo_5Si_3$ 合金断裂韧性的影响

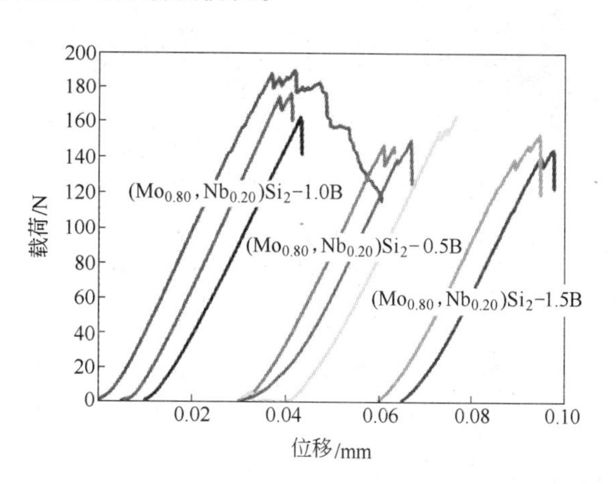

图6-63 （$Mo_{0.80}$，$Nb_{0.20}$）Si_2 -xB 合金室温三点弯曲应力-位移曲线

表6-11 （$Mo_{0.80}$，$Nb_{0.20}$）Si_2 -xB 合金室温断裂韧性

合　金	断裂载荷/N	断裂韧性/MPa·$m^{1/2}$	断裂韧性平均值
（$Mo_{0.80}$，$Nb_{0.20}$）Si_2 -0.5B	162.55	7.5	7.1
	152.88	7.0	
	149.64	6.9	
（$Mo_{0.80}$，$Nb_{0.20}$）Si_2 -1.0B	189.32	8.7	8.1
	175.79	8.1	
	163.25	7.5	
（$Mo_{0.80}$，$Nb_{0.20}$）Si_2 -1.5B	146.51	6.7	6.7
	144.08	6.6	
（$Mo_{0.85}$，$Nb_{0.15}$）Si_2 单相合金			1.0~1.4
（$Mo_{0.85}$，$Nb_{0.15}$）Si_2 双相合金			3.7

图6-64为三点弯曲试验后在（$Mo_{0.80}$，$Nb_{0.20}$）Si_2 -1.0B 合金中形成的裂纹。裂纹在合金中扩展遇到 NbB_2 相后发生偏转和桥连，穿过较大尺寸的 $C11_b$ 相而绕过尺寸较小的 $C11_b$ 相。

为了进一步评价B对（$Mo_{0.80}$，$Nb_{0.20}$）Si_2 合金断裂韧性的影响，采用压痕法进行测试，发现在压痕周围得到的裂纹的长度 c 与载荷 P 呈2/3次方的关系，图6-65给出了（$Mo_{0.80}$，$Nb_{0.20}$）Si_2 -xB（x=1.0，1.5）合金的裂纹长度与载荷的关系 $c-P^{2/3}$ 曲线。

Hagihara[71]认为 $C11_b$/$C40$ 双相合金中的压痕裂纹属于Median型裂纹。有关文献已

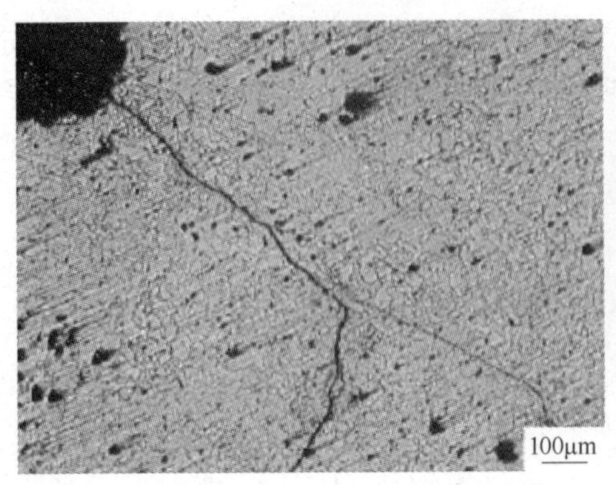

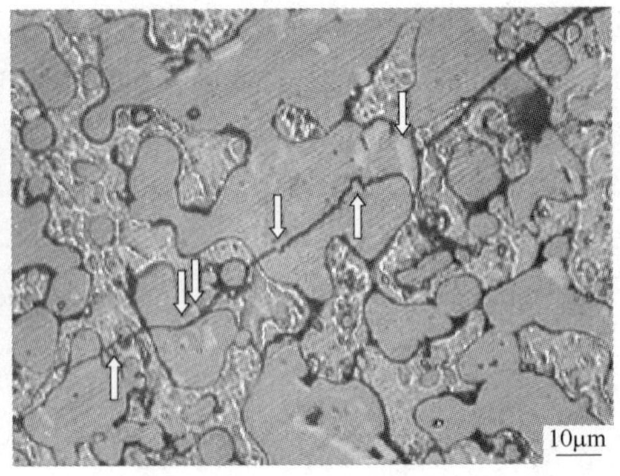

图 6 - 64　三点弯试验后在合金（$Mo_{0.80}$，$Nb_{0.20}$）Si_2 - 1.0B（1600℃退火 24h）中产生的裂纹，箭头所指相为 NbB_2

a—裂纹前端；b—裂纹后端

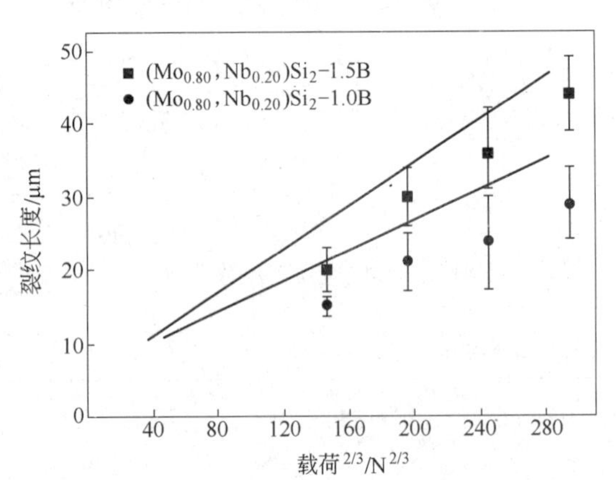

图 6 - 65　（$Mo_{0.80}$，$Nb_{0.20}$）Si_2 - 1.0B 和（$Mo_{0.80}$，$Nb_{0.20}$）Si_2 - 1.5B 合金的 $c-P^{2/3}$ 关系曲线

经报道对于 Median 型裂纹，其裂纹长度（c）与载荷（P）的 2/3 次方呈线性关系[72,73]。（$Mo_{0.80}$，$Nb_{0.20}$）Si_2-xB 合金的 $c-P^{2/3}$ 关系曲线为一直线，即 c 与 $P^{2/3}$ 为线性关系，但两种合金的 $c-P^{2/3}$ 线的斜率略有差别，其中（$Mo_{0.80}$，$Nb_{0.20}$）Si_2 - 1.0B 合金的 $c-P^{2/3}$ 线斜率小于（$Mo_{0.80}$，$Nb_{0.20}$）Si_2 - 1.5B 合金。$c-P^{2/3}$ 线斜率小代表合金的断裂韧性相对较高。

6.3.3.3　延性基体相

Choe 等人[74]对三相合金（Mo + T_2 + Mo_3Si）Mo - 12S - 8.5B 的研究表明，Mo 相可吸收裂纹，对提高合金断裂韧性起了重要作用。因此，获得一种 Mo 相均匀连续分布在 Mo_5SiB_2（T_2）母相上的显微组织有助于提高合金的断裂韧性。

为更清楚地了解合金元素含量及合金相组成不同对 Mo - Si - B 合金断裂韧性的影响，图 6 - 66 列出了近年来部分研究结果[75~79]，可以看到，作为 Mo - Si - B 合金组成相的 Mo_5SiB_2（T_2）、Mo_5Si_3（T_1）和 Mo_3Si 相的室温断裂韧性都很低，一般为 2 ~ 3MPa · $m^{1/2}$。即使是三种合金相共同组成的组织，如 T_1 + Mo_3Si + Mo_5SiB_2（T_2），其断裂韧性也没有明显改善，只有 3MPa · $m^{1/2}$ 左右。但是，通过

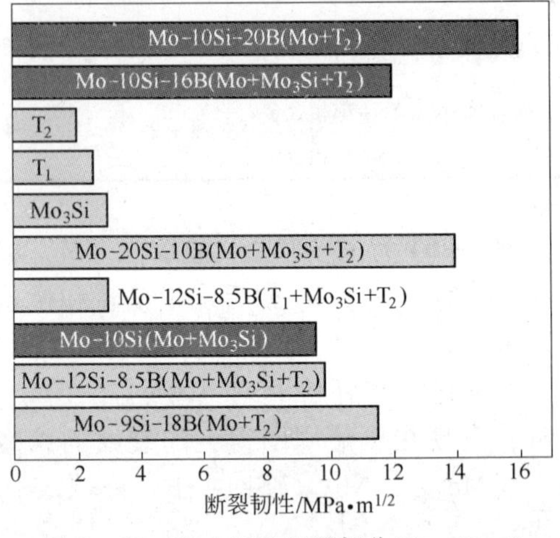

图 6 - 66　Mo - 10Si 以及部分 Mo - Si - B 合金的室温断裂韧性比较

与 Mo 相结合可以显著提高合金的断裂韧性，如 Mo－Mo_3Si 和 Mo－Mo_5SiB_2(T_2) 合金系统的断裂韧性可以分别达到 9MPa·$m^{1/2}$和 16MPa·$m^{1/2}$。因此 Mo 相的存在是改善合金断裂韧性的关键。

即使是相组成完全相同的合金，如 Mo－Mo_3Si－Mo_5SiB_2(T_2)，由于组成相的相对含量不同也会造成断裂韧性的差别。Mo－10Si－16B 和 Mo－12Si－8.5B 合金均由 Mo－Mo_3Si－Mo_5SiB_2(T_2) 组成，但其断裂韧性分别为 9MPa·$m^{1/2}$和 11MPa·$m^{1/2}$。从 Mo－Si－B 相图上可以看出 Mo－10Si－16B 合金比 Mo－12Si－8.5B 合金含有更多的 Mo 相，此时 Mo 相的含量对合金断裂韧性有着重要影响。然而 Mo－20Si－10B 却表现出了很高的断裂韧性，大约为 13.5MPa·$m^{1/2}$，这是因为，Schneibel 等人[77]在合金中获得了 Mo_3Si 相和 T_2 相被连续 Mo 母相相连的显微组织，虽然 Mo－20Si－10B 比 Mo－12Si－8.5B 合金中 Mo 相的相对含量低，但由于 Mo－20Si－10B 合金中的 Mo 相是均匀分布于合金中并且相互联结，其对合金的增韧效果更加明显。

这样的增韧机理是因为 α－Mo 基体可阻断裂纹的发展，产生的裂纹桥联和颗粒的塑性变形使得材料的韧性提高。裂纹的桥联机制如图 6－67 所示。

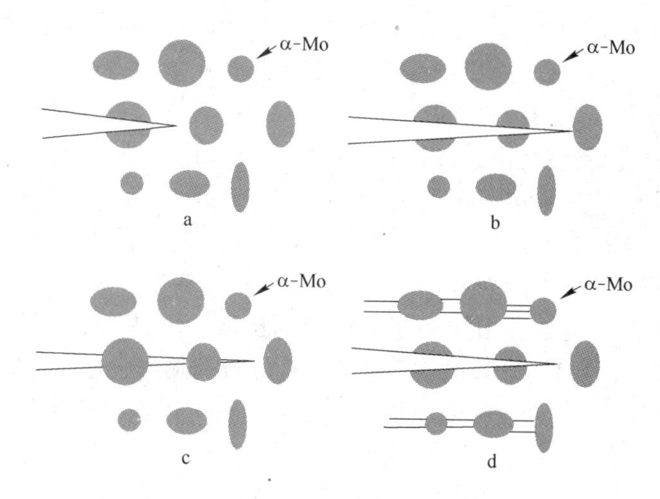

图 6－67 增韧机理示意图

a—疲劳预开裂；b—裂纹捕捉；c—裂纹桥联；d—微裂纹

这样的两相结构可改变裂纹桥连增韧机制、裂纹偏转增韧机制和两相残余应力区混合增韧的机制。

裂纹偏转机理：裂纹偏转机理通常在 WC 硬质合金中更为普遍，它是靠增加断裂面的面积来提高韧性。例如 WC 晶粒对裂纹的强烈偏转作用是由 WC 晶体本身的特性所决定的，WC 晶体属密排六方晶系，每个晶胞中只有一个滑移面[80]，即 {1010} 面；滑移方向[81~84]为〈1123〉，而且在整个 {1010}〈1123〉 滑移族内只有 4 个独立的滑移系[85]。当一条穿晶裂纹扩展至相邻 WC 颗粒时，如果取向有利，裂纹继续穿晶扩展；如取向不利，裂纹沿晶扩展，绕过取向不利的 WC 晶粒。因为 WC 滑移系少，裂纹沿晶扩展的比例可达 50% 或更高[86]。同样由于滑移系少，滑移面和滑移方向与裂纹和裂纹扩展方向一致或基本一致的概率很少。因此，对于晶粒较粗的 WC，不论裂纹是沿晶扩展还是穿晶扩展，均有很强的偏转作用。

对于 $MoSi_2$（$C11_b$）/$NbSi_2$（$C40$）双相合金，虽然 $C11_b$ 相不是硬质相，但 $C11_b$ 相与 $C40$ 相两相的断裂行为都与晶体取向密切相关，它们的最优断裂面和断裂方向在几何关系上是不相容的[87]。这样在 $C40$ 相中形成的裂纹遇到 $C11_b$ 相时通常会发生偏转。这些偏转将消耗大量的能量，削弱裂纹继续扩展的动力，从而提高合金的断裂韧性[71]。如图 6－68 为（$Mo_{0.80}$，$Nb_{0.20}$）Si_2－1.0B 合金中裂纹末端金相照片[54]，可以看到，裂纹遇到 $C11_b$ 向后偏转一定角度后继续向前扩展或者绕过 $C11_b$ 相。

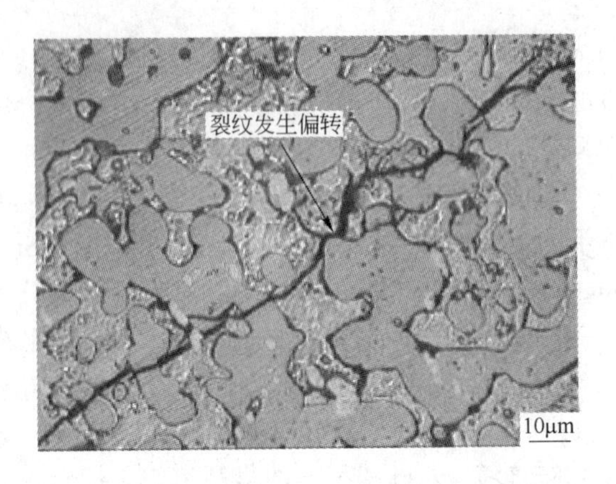

图 6－68　（$Mo_{0.80}$，$Nb_{0.20}$）Si_2－1.0B 合金中裂纹末端金相照片

研究者们对一系列 Mo－Si－B 合金的断裂韧性进行了研究，通过原位易延展相增韧[74]提高合金的延展性和断裂韧性，合金中生成的 αMo 主相可阻止裂纹扩展，通过在裂纹尾迹形成完整易延展颗粒，从而避免合金灾难性的断裂。αMo 相在含 αMo、Mo_3Si 和 Mo_5SiB_2 相合金的断裂性能中起到关键作用[88]。

在室温，αMo 相和主裂纹在裂纹扩展过程中相互作用，于是捕捉到的裂纹前端优先选择更延展的 αMo 相[89]，所以 αMo 相中早期裂纹发展的推动力相对于 Mo_3Si 和 T_2 相更高。而当主裂纹被 αMo 相捕捉后，微裂纹会围在主裂纹尖端形成；当裂纹在颗粒远处再成核时，进一步的微裂纹就会形成。高温下，延性相和微裂纹是主要的增韧来源，αMo 相延展性[77]的增大在一定程度上推动了延性相的桥联。另外，微裂纹停滞在 αMo 颗粒间，平行于主裂纹。由于 Mo_5SiB_2 的四方晶体结构导致的热膨胀各向异性，大部分的微裂纹是在 Mo_5SiB_2 相中形成。裂纹尖端周围形成的微裂纹可以通过位错的滑移来消耗能量，位错参与了微裂纹的形成，产生了新的表面。

断裂韧性不仅取决于 αMo 相的体积分数[58]，受 αMo 相的晶粒尺寸影响。断裂韧性值随增韧相体积分数的增大、尺寸的下降而增大。连续分布的 αMo 相对断裂韧性的影响也很显著，传播中的裂纹将必须通过 αMo 相。而抗断裂和疲劳性能的改善是通过连续分布的 αMo 相基体实现的[90]。这些都说明有效地利用延展性相对较好的 αMo 相，可以提高 $MoSi_2$ 材料的抗断裂能力。

6.3.3.4　残余应力

利用压痕法测试硅化物材料的断裂韧性时，Shett 等人[91]认为起始载荷 P_0 值与材料表面的残余应力有关，但 Lawn 等人认为起始载荷 P_0 值的出现不仅仅与表面处理有关，而是有另外的原因。他们研究了压痕周围裂纹扩展的行为，发现随着压头卸载后主要产生横向裂纹，因此认为横向裂纹扩展的驱动力来源于残余应力区，而残余应力区是由于压痕在材料表面形成了不可逆变形而引入。以 $C11_b$/$C40$ 复合 $MoSi_2$ 材料为例，假设压头载荷垂直于 $C11_b$/$C40$ 相界，当施加载荷后，$C11_b$ 相发生塑性变形，即使在室温情况下 $C11_b$ 相中的 {011}〈100〉和 {013}〈331〉滑移系仍然可以开动，并且在 $C11_b$ 相中观察到了滑移线（slip traces），而在 $C40$ 相中没有发现滑移线（slip traces），$C40$ 相的变形主要为弹性变形。这样当外加载荷撤除后，由于两相变形行为不同，在相界处就会产生残余应力区，如图 6－69 所示。在这种情况下，当裂纹遇到或进入 $C11_b$ 相时由于残余压应力的作用而受到阻碍。因此，残余应力区增韧机理可以理解为：由于 $C11_b/C40$ 两相变形行为的不同，当外加载荷后，两相相界处会形成残余应力区，残余应力区对裂纹施加压应力，从而阻止裂纹进一步扩展，提高合金的断裂韧性。

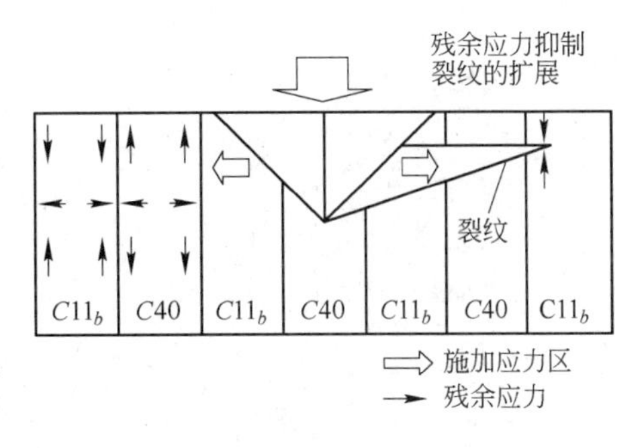

图 6－69 压痕引入残余应力增韧机理

6.4 硅化物的强韧化

6.4.1 硅化物的强韧化机制

硅化物的强化和韧化机制较为复杂，强化相的种类、形态、体积分数和尺寸均会影响其强韧化机制，即使在同一材料中，也可能有多个强韧化机制同时起作用。在陶瓷基复合材料中，裂纹反射是一个重要的韧化机制。与陶瓷基复合材料中的情况相类似，陶瓷相颗粒引入硅化物基体后，扩展的裂纹与第二相粒子相遇后，如果裂纹尖端的应力场不足以使第二相粒子开裂，则裂纹只能沿粒子表面绕行，即裂纹被第二相粒子所反射，见图 6－70～图 6－72[92～94]。

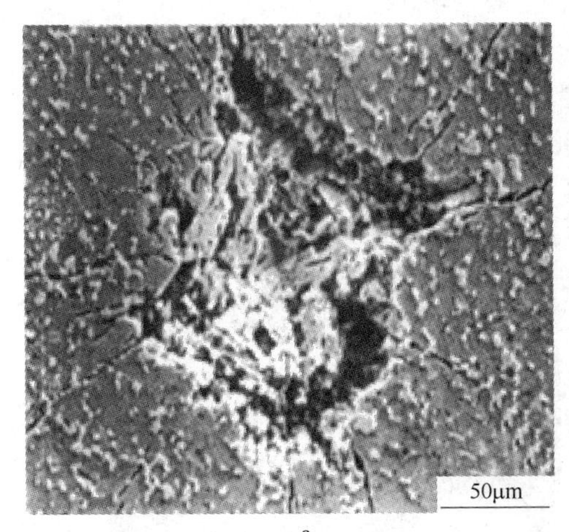

a

b

图 6－70 $MoSi_2$ 及其复合材料的维氏压痕显微照片及裂纹

a—$MoSi_2$；b—$MoSi_2$－SiC 复合材料

由于扩展距离增大，裂纹尖端应力强度降低，材料的韧性增加。此外，由于陶瓷相的硬度和强度都很高，即使在较高的温度下，也不发生塑性变形，因而对高温强度和蠕变性能的贡献较大。裂纹反射现象在 $MoSi_2$－SiC，$MoSi_2$－TiC，$MoSi_2$－TiB_2，$MoSi_2$－HfC

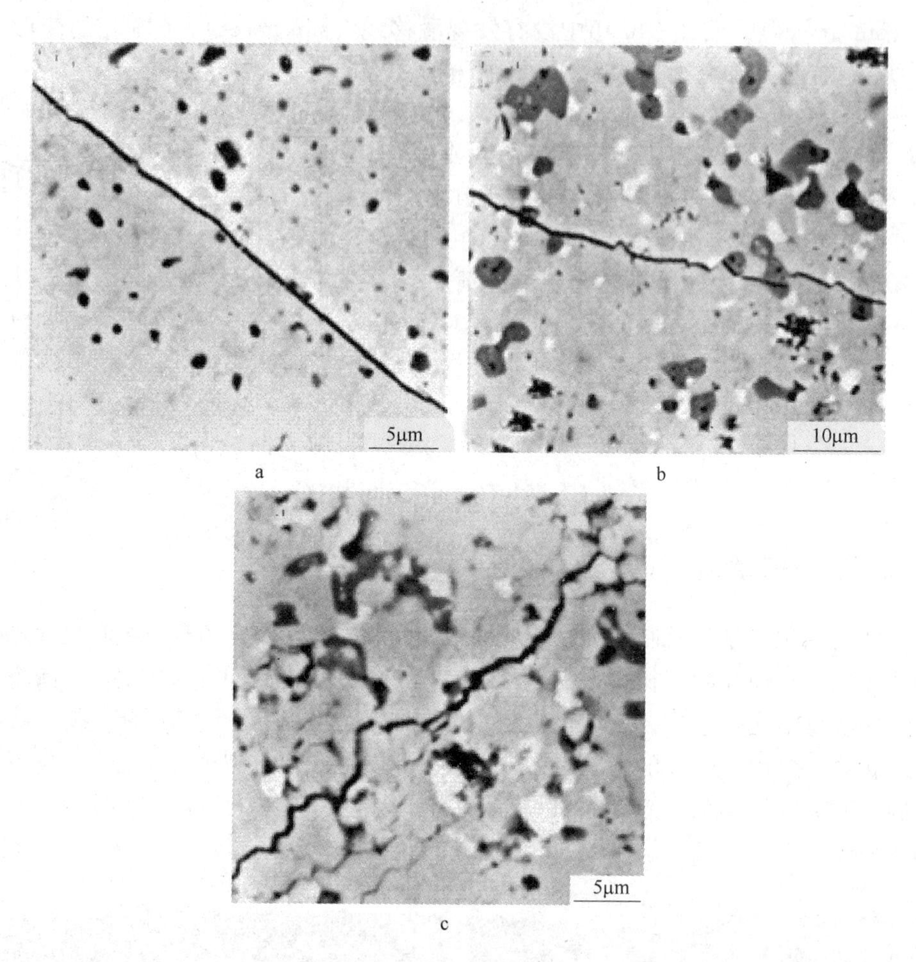

图 6 – 71　$MoSi_2$ 材料中裂纹扩展的 SEM 形貌

a—$MoSi_2$；b—$MoSi_2$ – ZrO_2（稳定化）；c—$MoSi_2$ – ZrO_2（未稳定化）

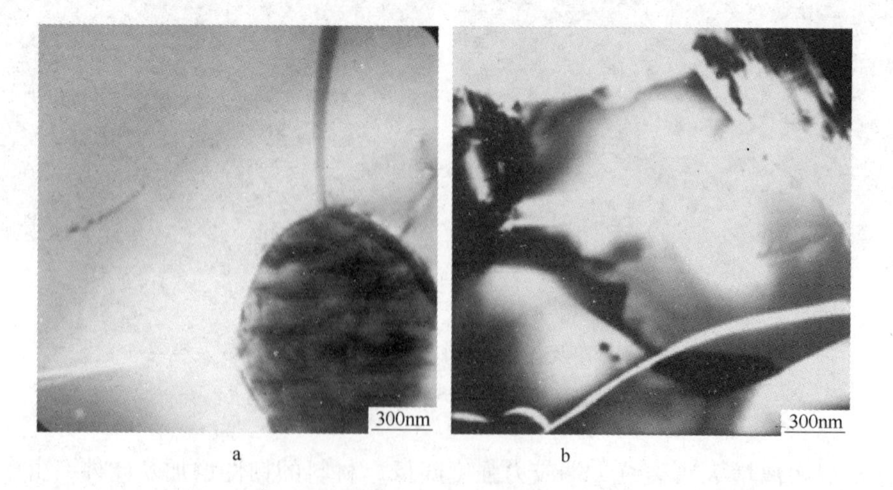

图 6 – 72　$MoSi_2$ – ZrO_2 复合材料中裂纹的 TEM 形貌

a—m – ZrO_2 颗粒附近的微裂纹；b—穿过 Mo_5Si_3 颗粒的微裂纹

等复合材料中已经被观察到。对于陶瓷晶须或者纤维增强复合材料，界面的结合强度对复合材料的强度和韧性的影响很大。如果界面强度高，在外力场作用下，纤维与基体不发生分离现象，材料的强度会很高，但韧化效果不显著。如果界面强度不太高，在外力场作用下，纤维与基体可能发生分离，即从基体中被拉拔出来（pull - out），在这种情况下，材料的韧性会有明显提高。ZrO_2 对强度和韧性的贡献比较特殊，材料中的裂纹会扩展，裂纹尖端附近会出现强烈的应力集中，这种应力集中可以引起 ZrO_2 的结构由四方转变成单斜，这一相变伴随着4%左右的体积膨胀，体积的变化会产生一个压应力，将裂纹尖端屏蔽起来，使裂纹扩展更困难，材料的韧性得到大幅提高。这种韧化机制被称为相变韧化。例如，与 $MoSi_2$ 单相相比，$MoSi_2 - ZrO_2$ 复合材料的韧性提高了2~3倍。对于延性相增强的复合材料，其强韧化机制有所不同。例如，在 $MoSi_2$/Nb 复合材料中，金属铌的塑性相当好，在外力场作用下，可以吸收大量的变形能，使复合材料的韧性得到大幅提高。

6.4.2 硅化物的合金强韧化

合金化在一定程度上可以改善金属硅化物的力学性能。合金化可以分为宏合金化和微合金化。宏合金化是将一种或几种合金元素加入硅化物基体，且加入基体的合金元素的量较多，可达百分之几至百分之几十。微合金化是指将少量的合金元素加入到基体，合金元素（如硼）偏聚到晶界使晶界的结构和性能发生变化，或者使晶体缺陷的组态和能量发生变化，进而使性能得到改善[95]。合金化元素的加入量达到百分之几到百分之几十时，可以引起多方面的效应：

（1）可能导致晶体结构的变化，金属硅化物的脆性与晶体结构对称性低和独立滑移系数目少有关，并且与共价键强烈的方向性也有关系，如果宏合金化能够使金属硅化物的晶体结构发生变化，提高晶体的对称性，增加独立滑移系的数目，削弱化学键的方向性，则塑性可以得到改善；

（2）合金化可能使晶体中的缺陷组态和能量发生变化，例如晶体中可滑移位错数量增加或层错能降低，也可以改善塑性；

（3）金属硅化物中的化学键兼具共价键和金属键的性质，如果宏合金化削弱化学键的共价性而增强其金属性，其力学性能也会有相应的改善；

（4）若有第二相析出，则第二相的体积分数、形态、尺寸、分布以及相界面的特征都会对金属硅化物的性能产生较大的影响。

6.4.2.1 合金化强韧化 $MoSi_2$

$MoSi_2$ 存在两种晶体结构，1900℃以下为 $C11_b$ 结构。有学者认为在1900℃至熔点温度范围内可稳定保持 $C40$ 结构，通过合金化改性可以使 $C40$ 结构转变为 $C11_b$ 结构。这意味着合金化将影响到 $C11_b$ 结构的稳定性，也可以通过合金化使 $C11_b$ 结构转变为 $C40$ 结构。用第一性原理计算方法的结果表明，在 $C11_b$ 结构的 $MoSi_2$ 中，加入Al、Mg、V、Nb或Tc可增加其塑性，而加入Ge或P则效果相反。各种合金元素在 $MoSi_2$ 中的固溶度如表6-12所示。

表 6-12　合金元素在 $MoSi_2$ 中的固溶度

合金元素	固溶度（原子分数）/%	合金元素	固溶度（原子分数）/%
Cr	1.4±0.7①	Nb	0.8±0.4①
	1.0①		1.3
	3	Ta	1.0
Fe	0①		5
Co	0①	Zr	1.1
Ni	0①	Hf	0
Ti	0.4±0.1①	W	完全互溶
	1.5±0.5①	Re	完全互溶
V	1.4±0.4①	Al	3.0
Ru	0	Ge	完全互溶

① 数据源于铸造合金。

由于 $MoSi_2$ 是一个线型化合物，多数元素在其中的固溶度十分有限。WSi_2 和 $MoSi_2$ 具有相同的晶体结构和相近的点阵常数，二者相匹配并能以任意比例混合，合金化效果较好，W 能置换出 $MoSi_2$ 的 Mo 原子，并形成金属间化合物（Mo，W)Si_2，可提高材料的高温强度。但是 WSi_2 合金化使 $MoSi_2$ 的密度明显增加，丧失了其密度小的优势，使其应用受到了一定的限制。$ReSi_2$ 的结构与 $MoSi_2$ 相同，也能与 $MoSi_2$ 形成连续固溶体，而 Al、Cr、Nb、Ti 等元素在 $MoSi_2$ 中有一定的固溶度，不同程度起到改变 $MoSi_2$ 的晶体结构、改善韧性、提高强度等作用。

A　Al 合金化

近年来，人们对 Al 在 $MoSi_2$ 中的合金化效应进行了研究[96]。在 $MoSi_2$ 中，Mo-Mo 原子之间是较弱的金属键，而 Mo-Si 原子之间是很强的共价键，正是这个强共价键使材料产生脆性；加入 Al 后，Al 可以替代 Si 原子，使 $MoSi_2$ 共价键减少，金属键增加，从而增加了金属性质。作者的研究结果表明[97]，Al 在 $MoSi_2$ 的反应过程中，提高了过渡液相的形成能力，在 Al-Si 二元合金的共晶点 579℃时，可能形成液相的 Al-Si 共晶产物，在 660℃时 Al 开始熔化，这有助于 Si-Mo 原子之间的扩散，使反应温度下降，致密度提高，高致密度的材料可减轻或消除 pesting 现象。

另外，Al 可以与原料中的氧结合而原位形成 Al_2O_3，可钉扎裂纹并减少晶界处的脆性 SiO_2 相，使材料的硬度、弯曲强度和断裂韧性等力学性能都得到提高。添加 $x(Al)=2\%$ 能使 $MoSi_2$ 的室温硬度由 899 降到 743HV，而且能使其 DBTT 降至室温或室温以下，同时可将其在 1600℃的强度由 14MPa 增加到 55MPa[98]。

Al 合金化不仅可提高 $MoSi_2$ 的力学性能，还可改变其抗氧化性能。由前述可知，Al 在 $MoSi_2$ 中的固溶度约为 3%（原子分数），加入 3% 的 Al（原子分数），晶体结构就由 $C11_b$ 变为 $C40$ 结构[99]。Maruyama[100] 等研究了 $C40$ 结构 Mo(Si，Al)$_2$ 合金的高温氧化行为，在 $SiO_2-3Al_2O_3\cdot2SiO_2$ 体系的共晶点（1868K）以下，形成 Al_2O_3 保护层，在共晶点以上，形成 $SiO_2-Al_2O_3$ 液相。由于 Al_2O_3 的溶解增加了液态 SiO_2 网状结构中的微孔，使氧进一步扩散，导致 Mo(Si，Al)$_2$ 的氧化速率高于 $MoSi_2$。R. Mitra[101] 研究了加入

2.8%、5.5%和9%的Al对$MoSi_2$的影响，结果表明，加Al后，$MoSi_2$的抗氧化性降低，氧化动力学遵循抛物线规律，氧化速率提高一个数量级。但Al_2O_3的溶解使冷却后的伪共晶氧化物抑制了β-方英石的形成，而形成一种非晶态的Mo-Si-Al-O相，它比非晶态的Mo-Si-O相具有更好的塑性，且与金属间化合物有极好的黏着性，从而显著地减少了pesting现象的发生。

B Re合金化

在$MoSi_2$中加入Re可形成（Mo，Re)Si_2合金，Re在$C11_b$型$MoSi_2$中有很好的固溶强化作用，这种强化作用的温度范围从室温一直到1300℃。Re起到的硬化作用远比原子尺寸错配所产生的硬化作用大，这是Re对Mo的置换与Si产生的空位共同作用的结果。添加2.5%Re（原子分数）可使$MoSi_2$的室温硬度提高到1039HV[102]，使其在室温下的屈服强度提高到670MPa，1600℃的屈服强度提高到170MPa。D. L. Davidson的研究[103]表明，加入小于2.5%的Re（原子分数）可以显著提高$MoSi_2$的硬度和抗氧化能力，添加过多的Re将导致抗氧化能力变差。另外，Re合金化对$MoSi_2$室温断裂韧性的影响不明显。

C Co合金化

微量Co可以明显改善$MoSi_2$的室温断裂韧性和抗弯强度，当Co含量为1.0%时，断裂韧性达到9.27MPa·$m^{1/2}$，抗弯强度可达到588MPa。黎文献等[104]研究了Co对$MoSi_2$组织和性能的影响，利用机械合金化方法，在$MoSi_2$中加入1.5%、3%和5%的Co，合金中出现六方结构的Co-MoSi相，随Co含量的增加，材料硬度下降，断裂韧性提高，添加5%Co的材料断裂韧性可达到10.03MPa·$m^{1/2}$。

D 其他元素合金化[96]

除了上述合金元素对$MoSi_2$的力学性能会产生较好的强韧化效果外，V、Nb、Mg和Tc也会对$MoSi_2$的力学性能产生影响。添加1%Nb（原子分数）能产生添加Al和Re的综合效果，对$MoSi_2$在室温下硬度的影响与2%Al（原子分数）相同，使其DBTT降至室温或室温以下，并且使其在1600℃的强度提高到143MPa。

6.4.2.2 合金化强韧化Nb_3Si

图6-73给出了部分Nb-Si系合金的断裂韧性值[105]。相对于单相Nb_5Si_3极低的室温断裂韧性（<3MPa·$m^{1/2}$），Nb/Nb_5Si_3复合材料的断裂韧性有明显提高（13~21MPa·$m^{1/2}$），添加Ti和Al对其断裂韧性有显著提高[106]。室温下Nb-Si系合金以类解理模式断

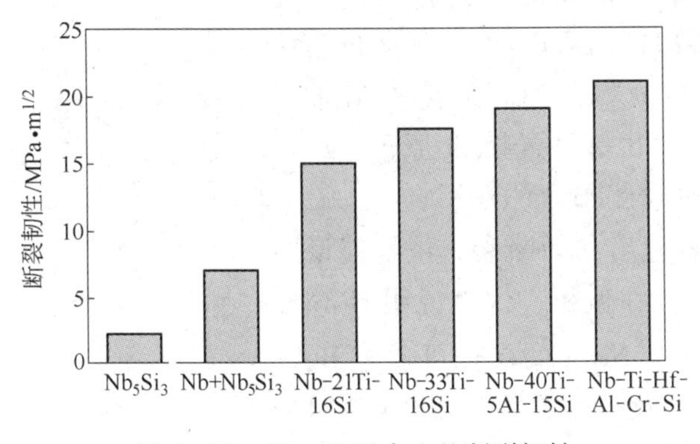

图6-73 Nb-Si系合金的断裂韧性

裂，但在裂纹尖具有一定的延性，Nb 造成裂纹钝化，在 Nb 中发现稳定的解理微裂纹。

Menduratta 等[107]发现与铸态 + 热处理条件相比，在挤压 - 热处理条件下 Nb - 10Si（原子分数,%）合金具有较低的韧脆转变温度（1200℃），断裂韧性显著提高，Nb 粒子相对软化，表现出高度的延性相增韧效果，断裂模式上也有明显变化，尽管主要为脆性解理，仍有大量 Nb 粒子在延性伸展和界面解键后断裂。相对于单相 Nb_5Si_3，Nb/Nb_5Si_3 复合材料由于二次 Nb 粒子在裂纹尖端的桥接行为和变形而表现出较高的抗断裂性能。在室温和较低的外加载荷速率情况下，断裂过程主要通过 Nb_5Si_3 产生微裂纹和一次与二次 Nb 粒子的塑性变形来进行；在较高的加载速率或较低的测试温度下，表现出大量的解理断裂，而二次 Nb 粒子一直保持延性。断裂韧性主要受 Nb 相的控制，即使当断裂模式发生转变时，Nb 相仍具有增韧复合材料的作用。Nb 的解理断裂只受晶粒尺寸的影响，不受温度和溶解度的影响，挤压态 Nb - 10Si（原子分数,%）合金生成许多类纤维状的 Nb_5Si_3 相[108]，其裂纹生长速率高于合金化的 Nb，与金属间化合物的体积分数成正比。金属间化合物粒子尺寸造成断裂裂纹弯折，减小粒子尺寸会减弱裂纹尖端在高应力场下裂纹化的倾向，裂纹尖端的应变分布主要取决于裂纹尖端附近金属间化合物的尺寸和位置。

在铸态和热挤压处理的 Nb - 18.7Si（原子分数,%）合金中[109]，Si 含量的增加降低了一次 Nb 粒子的体积分数，提高了 Nb_5Si_3 的体积分数。该合金即使在室温下也未表现出韧性但断裂强度仍非常高，在 1200℃以上才迅速降低。Nb_5Si_3 表现为类解理断裂，一次 Nb 粒子在室温下为类解理断裂，在 1200℃以上以延性方式断裂，二次 Nb 粒子则完全为延性断裂。在加载情况下，微裂纹首先在脆性 Nb_5Si_3 相中形核，但由于 Nb 相粒子的裂纹桥接而阻止了裂纹的快速扩展。一次 Nb 粒子由于尺寸较大，产生高束缚性变形和极高的张应力，因而出现类解理断裂。

6.4.2.3　合金化强韧化 Ni_3Si

Ni_3Si 在某种程度上可通过合金化得到较好的塑性。宏合金化及微合金化均可用于 Ni_3Si 的强韧化。例如 Ni - 22.5Si 的室温塑性仅为3%，但通过添加 Ti 和 B，Ni - 18.9Si - 3.2Ti - 0.1% B 合金的室温塑性可以达到 30%。此外，合金化后的 Ni_3Si 的强度可与 INCOL - 718 合金相媲美。由于其在室温及中温下良好的强度及塑性，使其具有成为结构材料和石油化工等领域候选材料的潜力。

目前，至少已知 15 种合金元素在 Ni_3Si 中 900℃时的溶解度[110]，其中过渡族金属 Ti、Co、Mn、Fe、V 等都具有较高的溶解度，约 6% ~17%（原子分数），而 Cu、Nb、Cr 等的溶解度则较低。在 Ni_3Si 中，Co、Cu 可置换 Ni 原子，Ti、Mn、V、Nb、Hf 等可置换 Si 原子，Fe 和 Cr 可同时置换 Ni 原子和 Si 原子。

Ni_3Si 在室温下表现出晶间断裂，俄歇能谱分析发现晶界处并未存在偏析，这就说明 Ni_3Si 本身存在晶界脆性[111]。Ni_3Si 的塑性可通过 B、C、Be 等元素的微合金化得以提高，如图 6 - 74 所示。其塑性得以改善的主要原因是由于微合金

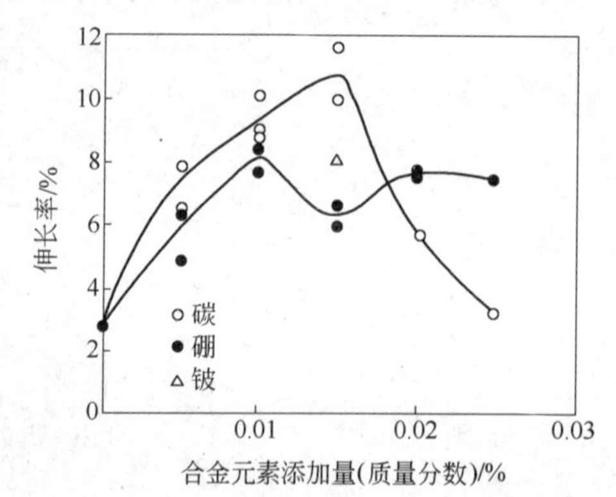

图 6 - 74　微合金化强韧化 Ni_3Si 的结果比较

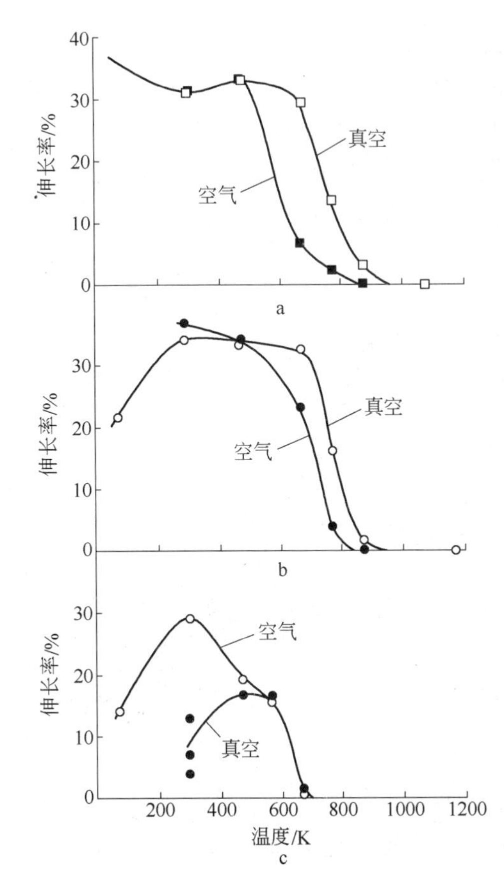

图 6-75 添加 B、C 后 Ni_3(Si, Ti) 合金不同环境下的塑性变化曲线

a—0.06% C 掺杂 Ni_3 (Si, Ti) 合金；b—0.005% B 掺杂 Ni_3 (Si, Ti) 合金；c—未掺杂

化后材料的断裂机制由脆性晶界引起的晶间断裂转变为塑性的韧窝型断裂。俄歇能谱分析显示，由于 B 等元素在晶界处的强烈偏聚抑制了晶间断裂，从而达到韧化效果[110]。

B、C、Be 等元素的微合金化也可用于三元 Ni_3(Si, Ti) 合金。添加少量 B 可在很大的温度范围内提高 Ni_3(Si, Ti) 的塑性，掺杂少量 C 可同时增加其塑性及强度，但是掺杂 Be 在 77 ~ 1073K 的温度范围内将导致其塑性降低。此外，少量 B、C 的添加可以消除 Ni_3Si 的环境致脆影响。图 6-75 给出了不同实验环境下添加 B、C 后 Ni_3(Si, Ti) 合金在不同实验温度下的塑性变化规律[112]。在室温下，添加 B、C 后 Ni_3(Si, Ti) 的塑性并未受到环境的影响，未添加合金元素的 Ni_3(Si, Ti) 合金在常温下表现出较低的塑性。但在高温条件下，添加 B、C 后，Ni_3(Si, Ti) 合金在空气中的塑性明显低于真空下合金的塑性，这主要是由于高温环境下自由的氧原子扩散至晶界处，导致了氧脆效应[112]。

Ni_3Si 中最为重要的合金化元素是 Ti，Ti 可通过置换 Ni_3Si 中的 Si 从而在 Ni_3Si 中达到 11% 以上的溶解度[113]。Ti 的合金化可以给 Ni_3Si 合金带来两方面的有利影响：

（1）强度和塑性明显提高；

（2）消除 Ni_3Si 中的多晶型结构，进而得到等成分的 *L*1 相。

添加 Ti 的强韧化效果很大程度上取决于合金的化学计量比。

图 6-76 给出了不同 Ni 含量的 Ni-Si-Ti 合金（Ti 含量为 9.0%，原子分数）的三元单相合金压缩屈服强度随 Ni 含量及温度变化的结果，可以看出，随着 Ni 含量的增加，合金的强度出现了一定程度的下降。添加 Ti 元素也会造成一定的不利影响，例如降低 Ni_3(Si, Ti) 合金的热加工性能。Ti，Nb，V 同时添加也可大幅提高合金的室温塑性[114]。另外，添加 Hf 还可进一步提高 Ni_3(Si, Ti) 的屈服强度。这些合金均呈现出随温度升高屈服强度先增加后降低的特点，这是由于有序合金的高温

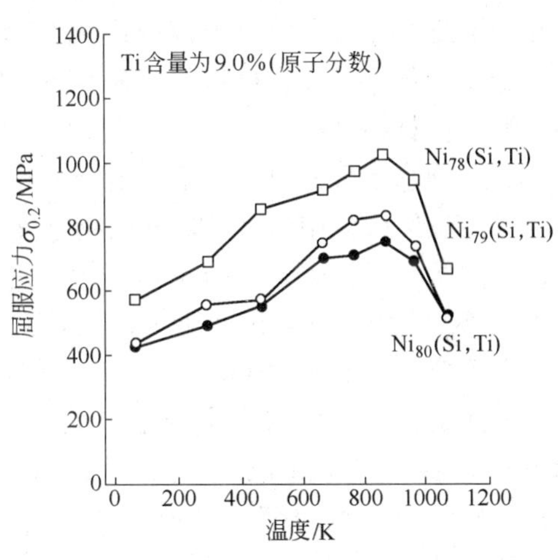

图 6-76 不同 Ni 含量 Ni_3(Si, Ti) 合金的压缩屈服强度随温度变化曲线

屈服强度高于室温屈服强度，因此适合于作为高温结构材料。

添加 Mo、Fe、Cr 等元素能有效改善 Ni_3Si 的热加工性能，一些添加 Mo、Fe、Cr 的 Ni_3Si 合金在 1020～1100℃空气环境下可实现超塑性（塑性可达 500%～600%）[115]。由于空气中氧原子的扩散，Ni_3Si 在空气环境下的塑性在中温范围内将大幅降低，但添加一定量的 Cr(4%～6%）可有效减少该影响，另一方面却会降低 Ni_3Si 的室温塑性。

6.4.2.4 其他硅化物合金化

对于 Ti_5Si_3 而言，添加 Cr，Zr，V，Nb 等过渡族元素可提高其抗氧化能力，但对其力学性能并没有很大影响。添加 C 元素可使得非 $D8_8$ 型硅化物转变为稳定的 $D8_8$ 型结构，称为 Nowotny 相。例如，当合金中添加 C，B，N，O 等元素时，四方结构的 $D8_m$ 型 Mo_5Si_3、V_5Si_3、Nb_5Si_3 将会转变为六方 $D8_8$ 型结构。作者在研究 $MoSi_2$ 合金时发现[93]了化学成分为 Mo_9FeSi_6 的 Mo_5Si_3 型的析出相，该相具有 $D8_8$ 型结构。

Takeuchi 等人向 $CoSi_2$ 中加入 Ni 元素，并得到了压缩实验下的屈服应力与温度的关系曲线，如图 6－77 所示。由于固溶强化的作用，屈服应力提高，但是随着温度的提高，固溶强化作用则会大大减弱，屈服应力下降比较明显。

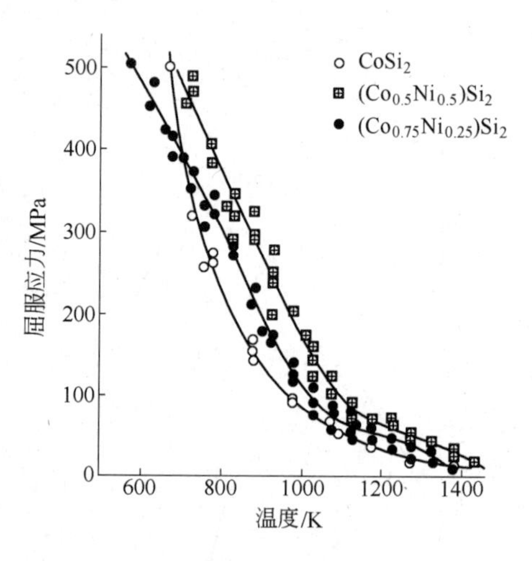

图 6－77 单晶 $CoSi_2$ 和 $(Co_{1-x}Ni_x)Si_2$ 的压缩屈服应力与温度的关系曲线

6.4.3 硅化物的复合强韧化

金属硅化物基复合材料（SMC）是以金属硅化物为基体，以氧化物、碳化物、硼化物、氮化物等陶瓷相、纤维以及难熔金属 Nb 和 Ta 为增强相的新型复合材料。高温合金的使用温度一般低于 1000℃。硅基陶瓷如 SiC，Si_3N_4 及其复合材料虽然具有强度高、熔点高和抗氧化性能好等优点，可以在更高的温度下使用，但它们不具有合金化的能力，加工比较困难，而且在整个温度范围内都呈现出脆性，作为结构材料应用仍具有很大的风险。金属硅化物基复合材料的比强度高，密度低，抗氧化性能好，熔点高，导热性好，作为高温结构材料具有很大优势。硅化物的高导热率对增大发动机部件的冷却效果大有好处。硅化物基复合材料填补了高温合金和高温结构陶瓷使用温度之间的空白。

以高温结构应用为目的的硅化物基复合材料的历史可以追溯到 20 世纪 50 年代初。当时，美国航空顾问委员会的 Maxwell[116] 提出了将 $MoSi_2$ 作为结构材料使用的建议。他注意到了 $MoSi_2$ 优异的抗氧化性能，并且测定了它的某些高温力学性能，如强度、蠕变抗力和热冲击性能等。他还对 $MoSi_2-Al_2O_3$ 复合材料做了一些开创性的研究工作，发现 $MoSi_2$ 的低温脆性是妨碍它结构应用的主要缺点。70 年代初，德国的 Fitzer 将 Al_2O_3 和 SiC 加入 $MoSi_2$，改善了它的高温强度。除此之外，他还用铌丝增强 $MoSi_2$，制备了 $MoSi_2$/Nb 复合材料。与单相 $MoSi_2$ 比较，$MoSi_2$/Nb 复合材料具有更好的力学性能。80 年代以来，硅化物基复合材料的研究在广度和深度上都有新的发展。在基体相方面，有关 $MoSi_2$ 作为基体的研究大幅度增长，Ti_5Si_3，Nb_5Si_3，V_3Si，Cr_3Si 等硅化物作为复合材料基体的研究也有一些报道。在强化相方面，已研究过的增强相不仅有 SiC 和 Al_2O_3，还包括 ZrO_2，Si_3N_4，C，TiC，TiB_2，HfB_2，WSi_2，Mo_5Si_3 以及 Ta 和 Nb 等金属相。

6.4.3.1 强化相的选择

设计硅化物基复合材料碰到的第一个问题是强化相的选择。在选择强化相时，必须考虑以下几个重要因素。

第一，基体与强化相之间要有很好的化学相容性，也就是说基体 - 增强相系统应当是一个热力学上稳定的系统，在一定的温度范围内，不发生化学反应，否则，必须对强化相进行必要的表面处理。$MoSi_2$ 一个突出的优点就是它与许多陶瓷强化相在热力学上是稳定的。表 6 - 13 给出了某些硅化物与强化相的相容性数据[117]。

表 6 - 13 强化相与金属硅化物的相容性

基体	与下列强化相的相容性							
	SiC	Si_3N_4	Al_2O_3	TiC	TiB_2	ZrB_2	Y_2O_3	Nb
$MoSi_2$	C	C	C	C	C	C	C	R
$CoSi_2$	C	C	C	C	C	C	C/WR	R
Cr_3Si	C	C	C	C	C	C	C	R
Ti_5Si_3	R	R*	C	C	C	C	C	C

注：C—化学相容，无界面反应；

C/WR—化学相容，有界面反应；

R—化学不稳定，形成一个或多个界面反应产物，或者一个或多个组元扩散进入基体；

R*—估计化学相容。

第二，基体与强化相的热膨胀系数的匹配很重要。热膨胀系数失配产生大的热应力，进而导致界面裂纹的形成。良好的匹配可大幅降低界面裂纹对力学性能的影响。Al_2O_3 的热膨胀系数与 $MoSi_2$ 匹配得非常好，而 SiC 的热膨胀系数比 $MoSi_2$ 的低得多。在这种情况下，如要避免界面裂纹，SiC 颗粒的尺寸要足够小，实验表明，当 SiC 颗粒的尺寸小于 20μm 时，$MoSi_2$ - SiC 复合材料中未观察到界面裂纹。

第三，强化相本身的物理化学性质。

第四，可能的强化和韧化作用。大量的试验数据表明，氧化物、碳化物、硼化物、氮化物等陶瓷颗粒、晶须或纤维以及难熔金属 Nb 和 Ta 的颗粒和丝均可用作硅化物基复合材料的强化相，起到不同程度的强化和韧化作用。表 6 - 14 列举了部分 $MoSi_2$ 基复合材料基体和增强相的物理性质[118]。

表 6 - 14 部分 $MoSi_2$ 基复合材料基体和增强相的物理性质

物质名称	熔点/℃	热膨胀系数 $/10^{-6}K^{-1}$	密度/$g \cdot cm^{-3}$	杨氏模量/GPa	增强相形貌
$MoSi_2$	2030	8.6	6.24	380	—
SiC	2500	4.90	3.18	440	纤维、晶须、颗粒
TiC	3250	7.7	4.20	450	颗粒
ZrO_2	2700	7.0($\alpha - ZrO_2$) 13.0($\beta - ZrO_2$)	5.75	240	颗粒

续表 6-14

物质名称	熔点/℃	热膨胀系数 $/10^{-6}K^{-1}$	密度/$g \cdot cm^{-3}$	杨氏模量/GPa	增强相形貌
Al_2O_3	2100	9.01	3.70	390	纤维、晶须、颗粒
TiB_2	2980	8.64	4.50	570	颗粒
ZrB_2	3060	5.5	6.1	—	颗粒
HfB_2	3890	5.5	约4.90	—	颗粒
Mo_5Si_3	2180	6.7	8.24	—	颗粒
Nb	2469	7.50	8.57	103	丝、颗粒
Si_3N_4	1900	3.7	3.2	300	颗粒、晶须

本节将就颗粒增强强韧化、纤维增强强韧化、相变增强强韧化等硅化物常见的强韧化手段进行讨论。

6.4.3.2 颗粒增强强韧化

颗粒增强复合材料是指将第二相颗粒引入到基体中，使其呈均匀弥散分布并起增强基体作用的一类复合材料。颗粒增强金属硅化物是借鉴了金属材料弥散强化原理而发展起来的，可明显改善基体的强度、韧性和高温性能。制备颗粒弥散强化硅化物复合材料常采用机械混合或化学混合的方法得到均匀的混合料，再经成型后通过热压、无压烧结或热等静压烧结得到致密材料。基体材料和第二相颗粒界面的物理相容（弹性模量、热膨胀系数等是否匹配）、化学相容（是否发生化学键合作用）、第二相颗粒本身的粒度和强度、在基体中的均匀分散程度、在基体中的分布方式（处于晶界或晶粒内）均对强化效果有重要影响。颗粒增强金属硅化物材料的增韧机理主要有裂纹偏转增韧、微裂纹增韧及钉扎效应等。颗粒复合增韧的复合原则如下：

（1）基体与第二相颗粒物理性能的匹配。硅化物基体与颗粒复合相的弹性模量和线膨胀系数必须匹配。这两个性能指标的差异决定着复合材料体系中基体与颗粒界面处应力的分布状况和大小，这直接决定着裂纹扩展到颗粒、裂纹与颗粒相互作用的方式和程度，因而直接决定着硅化物基复合材料的增韧效果。

（2）基体和第二相颗粒化学性能的匹配。硅化物复合材料体系中，要求基体和第二相间无强烈的化学反应，因而要求两者化学性能相近或不发生化学反应。此外，基体和第二相颗粒间还具有界面。

（3）基体和第二相颗粒粒径大小的匹配。颗粒增强硅化物复合材料的性能和材料原始粉末的粒度、体积分数及基体与增强相之间粒径的相对大小有关。

颗粒弥散强化是一种有效的增韧途径，可使材料的断裂韧性大幅提高，这些增韧机理受到刚性颗粒、陶瓷基体的自身特性（弹性模量、热膨胀系数等）以及二者界面结合状态的影响。

刚性颗粒弥散强化的增韧机理主要有裂纹分支、裂纹偏转和钉扎机理等。当加入的刚性颗粒热膨胀系数小于基体热膨胀系数时，材料在冷却时收缩不一致使基体受到拉应力作用，应力较大时会在基体中产生微裂纹。当主裂纹扩展到这些微裂纹区时，许多裂纹会同时扩展，这样通过裂纹分支分散了断裂能量，不使某一裂纹达到临界尺寸，从而增加了材料的断裂韧性。裂纹偏转机理是裂纹扩展到刚性颗粒时，会沿着颗粒与基体材料的界面扩展，使其改变方向，增加了裂纹扩展的路径，使裂纹达到临界尺寸，从而增加材料的韧性。当刚性颗粒的热膨胀系数大于基体热膨胀系数时，材料的增韧机理主要以裂纹偏转为主。裂纹的钉扎作用是裂纹扩展遇到较大的刚性颗粒时，颗粒起到一个桥接的作用，在裂纹尖端形成一个闭合应力，达到增韧的目的。

延性颗粒增韧作用源自其塑性。增韧机理有裂纹桥接机制、延性颗粒塑性变形区域屏蔽机制、金属颗粒拔出、裂纹偏转及裂纹陷入机理等。金属颗粒拔出、裂纹偏转及裂纹陷入等增韧机理由于未发挥延性颗粒的塑性变形吸收能量的作用，因而增韧效果不大。桥接机制是延性颗粒增韧的主要机制，增韧比值可达2～10。延性颗粒桥接是通过对扩展裂纹表面的作用而起到增韧作用的，即当裂纹前缘扩展遇到延性颗粒时，由于颗粒具有较大延性，将不发生破坏而产生塑性变形，因此扩展裂纹的上下表面在裂纹后方一定距离内被未损伤的金属颗粒钉扎（桥接）住，由于钉扎或桥接金属颗粒阻止了裂纹的进一步张开而减小了裂纹尖端的应力强度因子，从而达到增韧效果。桥接增韧值主要与延性颗粒体积分数、延性颗粒对裂纹表面的作用力和裂纹张开位移有关。塑性变形区域屏蔽机制是指延性颗粒的塑性形变对宏观裂纹尖端的外加应力场形成屏蔽，从而使复合材料的韧性得以提高，在这种机制下，延性颗粒的尺寸及延性相的屈服强度值等因素对增韧效果有显著的影响。

1991年，Maloy等人[119]向$MoSi_2$中加入2%的碳，由于C可以作为还原剂，在高温下可以把SiO_2转换到SiC，而这样的相可以让SiO_2的大晶界变成曲折的晶界，从而提高了断裂韧性，其结果如图6－78所示。这样的强韧化方式为$MoSi_2$的强韧化提供了一条崭新的思路。

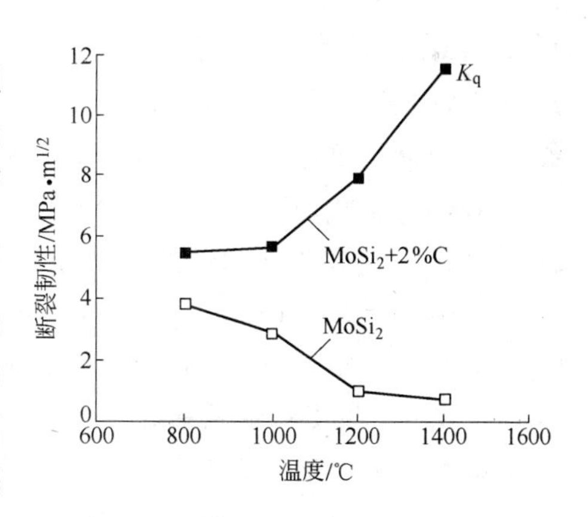

图6－78 添加C的多晶$MoSi_2$断裂韧性与温度的关系曲线

对于$MoSi_2$基复合材料来说，SiC颗粒常作为颗粒增强相。SiC熔点（2800℃）较高，在高温热压烧结过程中SiC颗粒不会与$MoSi_2$颗粒同步长大。但当聚集长大后的条状SiC相存在于基体中阻碍$MoSi_2$晶粒长大，从而使晶粒细化。另外，与SiC颗粒相近的裂纹要穿越这些硬的第二相比较困难，使得基体得到强化。随SiC体积分数的增加，基体$MoSi_2$晶粒变细，断裂面起伏加大，同时还会有一定量的SiC颗粒被拔出，断裂方式从$MoSi_2$单一的解理断裂变为$MoSi_2$－SiC复合材料的解理和沿晶混合断裂，断裂韧性增加，裂纹扩展过程中会发生偏转和分支。

原位复合技术是制备组织可控的SiC增强$MoSi_2$复合材料的有效方法。张来启等人[120]的研究认为，原位分布于晶界的SiC在热压过程中对基体晶粒的长大有明显的阻碍作用，有利于消耗裂纹扩展所产生的能量。如图6－79所示，当裂纹扩展遇到SiC颗粒时，裂纹有可能绕过SiC颗粒沿晶界面扩展（裂纹偏转）并形成摩擦桥（图6－79中第2个颗粒），裂纹也有可能在SiC颗粒处形成弹性桥（图6－79中第3和第4个颗粒），SiC

颗粒还有可能从裂纹面开裂（图6－79中第1个颗粒），裂纹也可能在基体内部裂纹面发生弹性微桥接，并且复合材料的界面结合为原子结合，结合力高，这都有利于材料断裂韧性的提高，也是大多数颗粒或晶须强韧化的机理。他们所制备的45% $SiC/MoSi_2$ 复合材料的断裂韧性达到了5.71MPa·$m^{1/2}$。Lawry－Nowicz等[9]通过低压等离子沉积的方法制备了 $SiC/MoSi_2$ 复合材料，通过退火使复合材料中SiC的含量达到8%，室温断裂韧性达到10MPa·$m^{1/2}$。

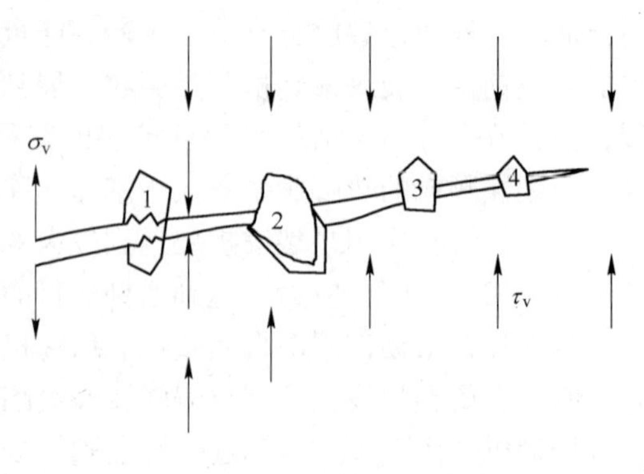

图6－79 裂纹桥联示意图

刘伯威等人[121]的研究表明，在 $MoSi_2$ 中加入20% SiC（体积分数），测得室温抗弯强度为529MPa，比纯 $MoSi_2$ 提高了30.6%；室温断裂韧度为6.35MPa·$m^{1/2}$，比纯 $MoSi_2$ 提高了53%。Lan Sun 等人[122]的研究发现，在纯 $MoSi_2$ 中加入20% SiC（体积分数），1200℃时的高温弯曲强度可由250MPa提高至310MPa。

ZrO_2 也是 $MoSi_2$ 基复合材料中常见的增强相。在 $ZrO_2/MoSi_2$ 复合材料的高温热压烧结过程中，ZrO_2 颗粒不会与 $MoSi_2$ 颗粒同步长大，而聚集长大的 ZrO_2 相存在于晶界阻碍了 $MoSi_2$ 相的再结晶长大，使基体晶粒细化，强度和韧性得到提高。同时弥散分布于基体的 ZrO_2 相使位错穿越更加困难，基体得以强化[123]。

Petrovic 等人[117]研究发现，ZrO_2 颗粒周围的位错和显微裂纹是在制备过程中产生的，当样品中显微裂纹比位错的形成和增加显著时，断裂韧性提高较多。综合不同增强体的特点，通过两种或两种以上增强体的协同作用改变 $MoSi_2$ 材料的性能已成为研究热点。研究发现[94]在 $MoSi_2$ 中加入未经稳定化的20% ZrO_2（体积分数）时，材料的断裂韧性提高了240%，达到6.75MPa·$m^{1/2}$。制备过程中在 ZrO_2 颗粒周围产生的显微裂纹是其主要的增韧方式，这些显微裂纹不仅使主裂纹前端的应力得到释放，而且使裂纹发生偏转。

6.4.3.3 相变增强强韧化

在脆性材料中加入亚稳 ZrO_2，在外力诱导下发生马氏体相变，并在裂纹周围产生一应力场，从而减弱了裂纹尖端附近的应力场强度，增加裂纹扩展所需的应力，从而达到增韧的效果。用 ZrO_2 增韧 $MoSi_2$ 基体的微观力学模式主要包括以下三个方面：

（1）裂纹扩展，第二相颗粒、晶界及其他非化学配比物经常引起裂纹翘起或弯曲。

（2）相变增韧，当裂纹尖端应力水平超过临界应力值时就产生相变。裂纹尖端屏蔽水平与相变区尺寸有关[124]。

Budiansky 等人[125]给出了相变区尺寸的计算公式：

$$H=3^{1/2}(1+\nu)^2/12(K/\sigma_\tau)^2 \tag{6-15}$$

式中，H 为相变尾迹半高；K 为远范围应力强度因子；ν 为泊松比。

由于相变而引起的韧性变化为：

$$\Delta K_t=0.22E_C f\varepsilon_T h^{1/2}/(1-\nu) \tag{6-16}$$

式中，E_C 为化合物弹性模量；f 为相变颗粒体积分数；ε_T 为相变体积增大率。

ZrO_2 结构从四方变化到单斜其体积增大率大约为 0.04。相变所需的临界相变应力可以表示为四方相到单斜相转变的 Gibbs 自由能的函数：

$$\sigma_c = \Delta G/\varepsilon_T \tag{6-17}$$

式中，σ_c 为临界应力；ΔG 为相变 Gibbs 自由能。

在上述假设中，PSZ（部分稳定氧化锆）和 $MoSi_2$ 的热膨胀不匹配而引起的应力没有考虑。

（3）增韧机理的叠加，用 PSZ 增强的脆性基体，其综合的增韧效果可以用各种增韧效果的线性叠加来定性表示。

Petrovic 等[126]研究了 ZrO_2 的三种形式，即 ZrO_2、FSZ（全稳定氧化锆）及 PSZ 在 $MoSi_2$ 基体中的增韧效果。研究发现，PSZ 作为 $MoSi_2$ 的增韧相不仅可以通过相变增韧提高断裂韧性，同时可潜在提高 $MoSi_2$ 基体的高温强度和蠕变抗力。在 PSZ 中，四方相向单斜相的转变为马氏体相变，这个相变发生在裂纹尖端而不在块体，体积的变化与降低裂纹尖端的应力变化一致。但在升温过程中，位错的生成消耗了这种增韧效果，这同 SiC 晶须增韧和颗粒增强 $MoSi_2$ 的增韧机理中观察到的高温增强效果相似。用 FSZ 增强 $MoSi_2$ 的增韧机理不是相变增韧，而是裂纹偏转增韧。所有的相变增韧在 900℃以上将失去效果，而 $MoSi_2$ 在 900～1000℃以上将表现为塑性形变，可通过塑性形变来吸收能量。

这种复相材料有三点值得注意：

（1）$MoSi_2$ 和 ZrO_2 都是热力学稳定的，在制备及使用过程中不会发生反应，但是在 1700℃左右会有热力学稳定的 $ZrSiO_4$ 生成。

（2）$MoSi_2/ZrO_2$ 在高温阶段的抗氧化性与纯 $MoSi_2$ 相比仍然很好，只是在 SiO_2 膜中发生部分反应。

（3）$MoSi_2$ 的线膨胀系数与 ZrO_2 相近，这意味着材料组成中热膨胀应力不匹配会很小，即主要表现为相变增韧。

6.4.3.4 纤维增强强韧化

纤维增强复合材料是以纤维作为增强体，与基体通过一定的复合工艺结合在一起的强韧化材料。与其他增韧方式相比，连续纤维增强复合材料具有较高的韧性，当受外力冲击时，能够产生非失效性破坏形式，可靠性高，是提高陶瓷材料性能非常有效的方法之一。目前用于增强增韧的连续纤维主要有碳化硅纤维、碳纤维、硼纤维及氧化物纤维等。表 6-15 列出了常用纤维的性能。

表 6-15 常用纤维的性能

纤维		ρ/g·cm^{-3}	σ/GPa	E/GPa	直径/μm	最高使用温度/℃
Al_2O_3	Fibre FP	3.9	1.38	380	21	1315
	PRD 166	4.2	2.07	380	21	1400
	Sumitomo	3.9	1.45	190	17	1250
莫来石	Nextel 440	3.1	2.7	186	12	1427
	Nextel 312	2.7	1.55	150	12	1205
B-SiC	Nicalon	2.55	2.62	193	10	1205
SiTiCo	Tyranno	2.5	2.76	193	10	1300

续表 6－15

纤维		ρ/g·cm^{-3}	σ/GPa	E/GPa	直径/μm	最高使用温度/℃
Si_3N_4	TNSN	2.5	3.3	296	10	1205
SiC 单丝	SCS－6	3.05	3.45	410	140	1300
	Sigma	3.4	3.45	410	100	1260
纯石英玻璃	Astroquartz	2.2	3.45	69	9	980
石墨	T300	1.8	2.76	276	10	>1650
	T40R	1.8	3.45	276	10	>1650

纤维增强复合材料在断裂破坏过程中以一定的微观方式和途径吸收更多外部能量，达到阻止材料破坏，提高断裂韧性的效果。一般硅化物材料在断裂过程中只靠增加新表面来吸收能量，韧性较低。纤维增强复合材料可以通过纤维与基体的脱粘和纤维从基体中拔出等途径进一步增加韧性。纤维与基体的脱粘是靠裂纹尖端钝化及形成新表面增加能量的吸收。纤维与基体解离后，裂纹的进一步扩展还会使纤维从基体中拔出，纤维拔出时要克服摩擦力做功从而使复合材料断裂韧性提高。纤维增强是较大幅度地提高金属硅化物韧性的一种方法，它使得硅化物材料的应力－应变曲线由线性转变为非线性。纤维增强硅化物的增韧机理与纤维和基体的界面结合状态有关，基体与纤维间的界面结合状态对复合材料的力学性能有至关重要的作用[127]。一定的界面结合有利于基体将外界载荷有效地传递给增强纤维，使复合材料获得较高的强度和韧性。而过强和过弱的界面结合都不利于复合材料断裂韧性的增加。

Maloney 和 Hecht[128] 等人研究了使用纤维来改善 $MoSi_2$ 材料的室温断裂韧性和高温抗蠕变性能，并且可以将 SiC、单晶 Al_2O_3 以及塑性 Mo、W 等金属纤维作为候选纤维。

冉丽萍等[129] 在使用 SiC_f 纤维的基础上，加入了 C_f 纤维。结果发现，在纤维表面有炭涂层和没有炭涂层的情况下，C_f 的增强作用都明显优于 SiC_f。其原因之一是 C_f 具有较高的原位强度；原因之二是在纤维体积分数相同的情况下，直径较大的 SiC_f 短纤维的数量少、分布的弥散程度不如 C_f 大，造成其强化效果相应地减小。其不同纤维增强复合材料的抗弯强度结果如表 6－16 所示。

表 6－16 不同纤维增强 $MoSi_2$ 材料的抗弯强度

复合材料性能	增强纤维种类				
	无强化	5% SiC_f	5% SiC_f/C	5% C_f	5% C_f/C
σ_{bb}/MPa	278.4	303.6	322.5	341.8	364.7

当纤维类型相同时，表面炭涂层改性纤维有利于提高复合材料的强度。5% C_f/C－$MoSi_2$ 复合材料的强度较高，达到 364.7MPa，高于 5% C_f－$MoSi_2$ 复合材料的强度，比纯 $MoSi_2$ 的强度高 30.9%。同样 5% C_f/C 增强复合材料的强度也高于 5% SiC_f 增强复合材料。其原因是由于纤维表面被沉积一层炭后，不但会保护纤维与基体不发生反应，而且改变了纤维与基体的界面结合状况。

比较图 6－80～图 6－82 所示复合材料的弯曲断裂试样的断口形貌可以看出，不同类型的纤维及表面炭涂层的存在改变了纤维与基体界面的结合状况。从图 6－80 中看到在无

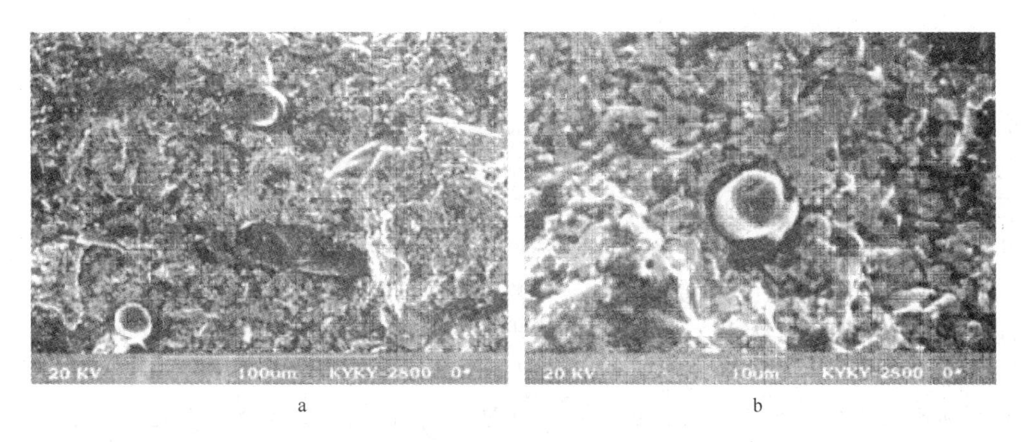

a　　b

图 6 - 80　$MoSi_2$/5% SiC_f 试样的 SEM 断口形貌

a— ×500；b— ×1000

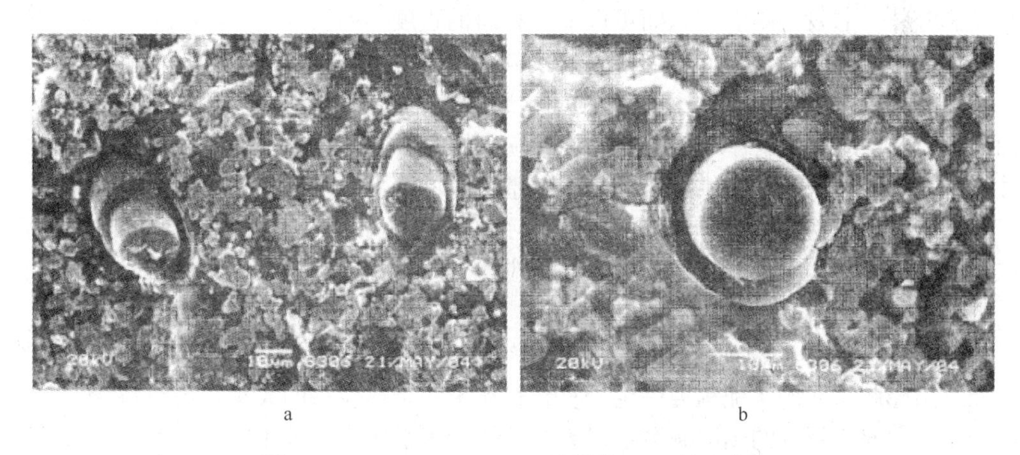

a　　b

图 6 - 81　$MoSi_2$/5% SiC_f/C 试样的 SEM 断口形貌

a— ×1000；b— ×2000

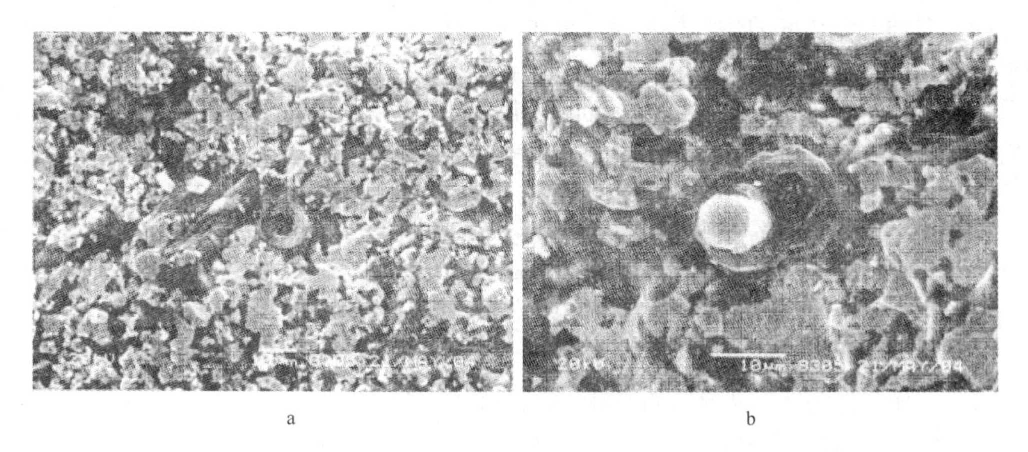

a　　b

图 6 - 82　$MoSi_2$/5% C_f/C 增强复合材料试样的 SEM 断口形貌

a— ×1000；b— ×2000

炭涂层的 SiC_f 与 $MoSi_2$ 基体间存在着明显的裂缝，其界面结合很弱，这是由于 SiC_f 与基

体 $MoSi_2$ 间的热膨胀系数相差太大造成的。基体 $MoSi_2$ 的热膨胀系数大（约 $6.3\times10^{-6}/K$），SiC_f 的热膨胀系数较小（$4.5\times10^{-6}/K$），在热压过程中基体与纤维之间产生一种应力而产生裂缝，导致纤维的增强作用不显著。而表面有炭涂层的 SiC_f 与基体之间则无明显的裂缝，虽然 SiC_f 及炭涂层的热膨胀系数都较小，但炭涂层易与基体 $MoSi_2$ 发生反应，从而改变了纤维与基体间的热应力状态，界面结合增强，复合材料断裂时纤维同时具有拔出和从炭涂层中脱黏两种特征，纤维的增强增韧作用增大。

值得注意的是，在有炭涂层的5% C_f/C 复合材料的断口上明显观察到断裂后残留下来的碳纤维和炭涂层，以及纤维从炭涂层中拔出所留下来的孔洞（如图6－80所示）。图中直径约为7μm 的 C_f 及纤维从涂层中拔出后留下的4～5μm 厚的炭涂层说明化学气相渗透（CVI）炭涂层与 C_f 之间的结合相对较弱而与 $MoSi_2$ 基体结合更紧密。因此，炭涂层一方面起到保护纤维的作用，另一方面加强了其与基体的界面结合而相对削弱了涂层与纤维的结合，在外力作用下导致纤维从炭涂层中脱黏后再被拔出，充分发挥纤维的原位强度，而不至于和基体一起发生断裂，从而可以提高材料的强度。

影响纤维增强复合材料性能的因素包括以下几个方面：

（1）纤维尺寸。纤维直径是一个很重要的参数，因为化学反应速率通常随直径的减小而增大，当纤维的直径小于10μm 时，反应尤其激烈。纤维直径越大，基体中最终裂纹尺寸也越大。一般来说，纤维的直径要小于基体内典型裂纹的尺寸。

（2）纤维的排列方向。对于定向纤维增强硅化物材料，为从增强纤维的高拉伸强度获取最大的效果，必须使纤维的排列方向与应力方向相平行。如果构件仅承受单向拉伸载荷，则纤维应平行于单一载荷方向。

（3）纤维和基体的物理相容性。物理相容性主要是指纤维与基体两者间热膨胀性能的匹配，热膨胀系数的匹配程度决定着复合材料中残余热应力的大小，最终将影响复合材料的强度。因此，纤维的热膨胀系数与基体的热膨胀系数越接近越好，但通常是 $\alpha_f>\alpha_m$。

若单向排列纤维的基体残余热应变 ε'_m是正的，则基体受张应力；当 ε'_m大于基体的应变 ε_m 时，就会产生微裂纹；若 ε'_m是负的，则基体受压应力。

（4）纤维与基体间的化学相容性。纤维与基体间的化学相容性主要是指在材料的服役温度下，纤维与基体不发生化学反应，也包括纤维本身在服役温度下不发生性能退化。如果纤维与基体是化学相容的，则可阻止纤维性能退化以及纤维与基体的黏结，这样复合材料才会有好的韧性，否则纤维不仅失去了增韧的作用，而且会给材料带来缺陷，使强度下降。

（5）界面性质。界面层介于纤维与基体之间，是连接两者的桥梁，对传递应力、裂纹扩展与能量吸收或分散起重要作用，直接影响着复合材料的各项性能。界面层的性质可以用纤维与基体之间结合力的大小来衡量。只有当纤维与基体之间保持着适中的结合强度，其中的纤维既可承担大部分外加应力，又能在断裂过程中以“拔出功”的形式消耗能量时，才能获得既增强又增韧的纤维复合材料。

6.4.3.5　晶须强韧化

晶须增强金属硅化物复合材料是以金属硅化物为基体，以晶须为增强体，通过复合工艺制得的复合材料。它既保留了基体的主要特点，又通过晶须的增强增韧作用而改善基体的力学性能，特别是能显著提高基体材料的断裂韧性。晶须是在受控条件下培植生长的高纯度细长的单晶体，其晶体结构近乎完整，不含有晶界、亚晶界、位错、空位等晶体结构缺陷，是接近晶体理论强度的材料，具有强度高、弹性模量大的特点。晶须直径为0.1μm至几十微米，长度一般为数十至数千微米。表6－17给出了一些晶须的物理性能。

表6－17 一些常用晶须的物理性能

晶须名称	密度/$g \cdot cm^{-3}$	熔点/℃	拉伸强度/GPa	弹性模量/GPa
氧化铝	3.9	2082	14～28	550
碳化硅	3.15	2316	7～35	620
氮化硅	3.2	1899（分解）	3～11	380
氮化铝	3.3	2198	14～21	335
氧化镁	3.6	2799	7～14	310
石墨	2.25	3593	21	980
氧化硼	2.5	2449	7	450
氧化铍	8	2549	14～21	700

晶须增强复合材料的断裂过程较为复杂，出现了不同裂纹与增强晶须之间相互作用的过程。此外，由于晶须的熔点很高，可以在加热过程中阻碍基体组织的长大，使得组织具有较细小的结构，同时晶界增多，变形时滑移系增多，于是改善了材料的韧性。晶须复合材料的增韧机制主要包括裂纹偏转和晶须拔出与桥接这两种。

（1）裂纹偏转增韧机制。由于晶须是单晶体，强度高，弹性模量大，不易发生破坏。当复合材料中的扩展裂纹遇到晶须时，其扩展方向将发生偏转，以避开晶须而沿着相对较薄弱的基体与晶须的界面前进，从而使裂纹扩展路径曲折复杂，断裂过程中的表面形成能增加，裂纹扩展阻力增大，材料的韧性得以提高。晶须的增韧作用依赖于裂纹面和裂纹扩展方向，即具有方向性。这是因为晶须增强复合材料通常采用热压烧结，烧结过程中的单向压力使得晶须的轴向大都与压力轴垂直，因而裂纹扩展路径的曲折程度随方向发生变化。

（2）晶须拔出与桥接增韧机制。当裂纹扩展面与晶须轴向之间具有较大的交角时，裂纹通常不发生偏转。由于晶须与基体间的界面结合力较弱，裂尖附近区域的应力集中使得界面脱开，随着裂纹向前扩展，裂纹面张开，同时晶须从基体中拔出，并桥接在裂纹尖端后的裂纹面上。晶须的拔出与桥接吸收了裂纹扩展能，并对裂尖产生附加压应力，从而阻碍了裂纹的扩展，提高了材料的断裂韧性。

研究表明，晶须拔出的长度一般为其直径的2～4倍左右，当晶须的一端到裂纹面的距离较小时，晶须的这一端将被拔出，而当晶须的两端距裂纹面都较远时，晶须通常是在断裂后拔出。

J. J. Petrovic 等人[130]用 SiC 晶须增强 $MoSi_2$ 材料，可以增加其高温强度和室温断裂韧性，其室温 K_{IC} 达到 $6.82MPa \cdot m^{1/2}$。R. J. Hecht 等人[131]应用高熔点贵金属（W，Mo，Nb，Ta 及其合金）纤维复合颗粒（SiC，Si_3N_4，BN，SiO_2 中的一种）弥散增强 $MoSi_2$ 基体，材料的性能有很大的提高，其 K_{IC} 能达到 $16MPa \cdot m^{1/2}$。而 $MoSi_2-Si_3N_4-SiC$ 纤维复合材料具有较好的室温韧性，Si_3N_4 的加入可以使得低温氧化导致的粉化（pesting）失效彻底消除，另外可以调节热膨胀系数。该复合材料的 K_{IC} 可以高达 $35MPa \cdot m^{1/2}$。

当 SiC 以晶须的形式加入且同时配以 WSi_2 进行合金化制成（Mo，W）Si_2 +30% SiC_w（体积分数）复合材料，其高温蠕变抗力同 Si_3N_4 +30% SiC_w（体积分数）复合材料[117]相当（图 6 – 83），说明随着 SiC_w 添加量的增加，在组织内均匀分布的 SiC_w 晶须在蠕变过程中阻碍了 $MoSi_2$ 变形，从而使得 $MoSi_2$ 抗蠕变能力大大提高，因此较高 SiC_w 含量的 $MoSi_2$ 基复合材料具有较好的高温力学性能。另外如图 6 – 84 所示，SiC_w + $MoSi_2$ 复合材料中的 SiC_w 晶须由于裂纹桥联以及裂纹偏转增韧机理，使得其疲劳裂纹扩展速率低于 Si_3N_4 基复合材料[132]。

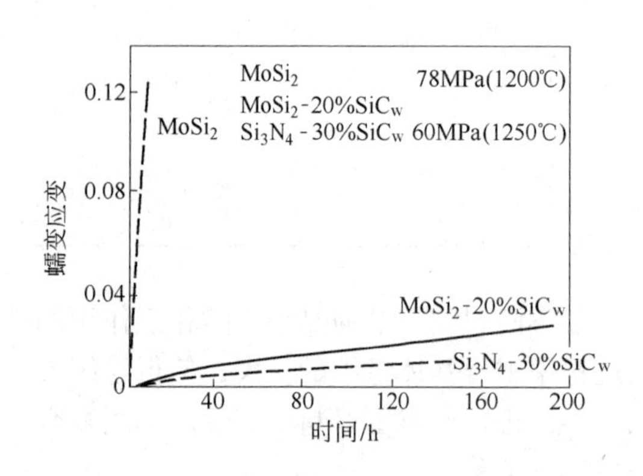

图 6 – 83 $MoSi_2$ 及 $MoSi_2$ 基复合材料与 Si_3N_4 基复合材料蠕变变形的比较

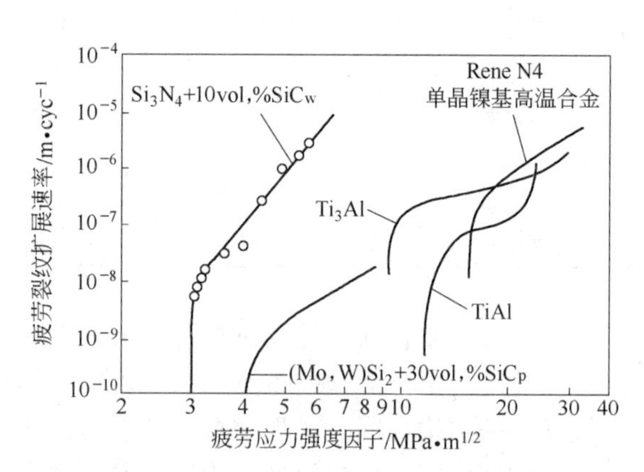

图 6 – 84 $MoSi_2$ 基复合材料与 Si_3N_4 基复合材料裂纹扩展速率的比较

艾云龙等人[69]比较了添加 10% 和 20% 的 SiC_w 晶须对 $MoSi_2$ 的组织形貌以及断裂韧性的影响，如图 6 – 85 所示，发生当添加量比较多时，SiC_w 分布不均匀，在某些区域发生聚集现象。

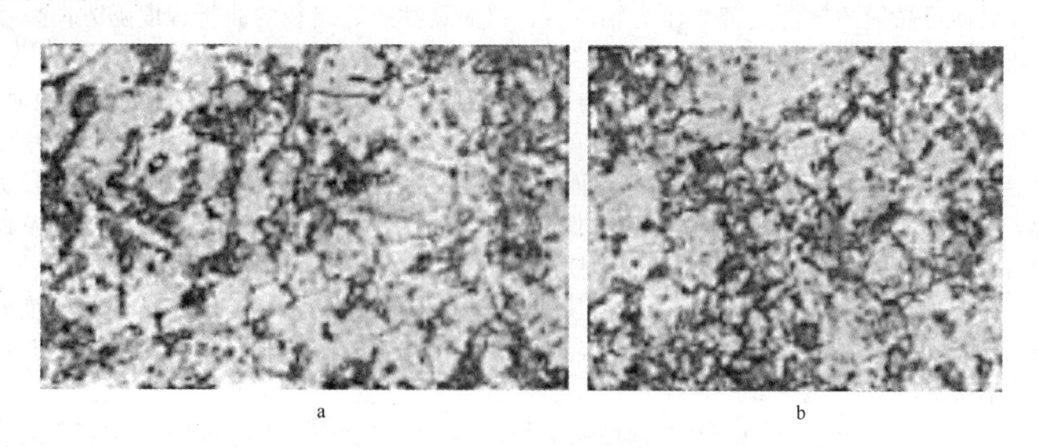

图 6 – 85 不同 SiC_w 添加量对 $MoSi_2$ 基体组织形貌的影响

a—10% SiC_w +90% $MoSi_2$；b—20% SiC_w +80% $MoSi_2$

表 6 – 18 给出了添加 10% 和 20% SiC_w 晶须的 $MoSi_2$ 基复合材料的断裂韧性，20% SiC_w + 80% $MoSi_2$（体积分数）试样的增韧效果不如 10% SiC_w +90% $MoSi_2$（体积分数），主要原因是其 SiC 晶须分布不均匀，使部分晶粒异常的粗大，削弱了弥散强化、细晶强化的作

用，导致了它的断裂韧度下降。

表 6-18 两种 SiC_w 不同添加量对 $MoSi_2$ 断裂韧性的结果

试 样	显微硬度（HV）	断裂韧性/$MPa \cdot m^{1/2}$
$10\% SiC_w + 90\% MoSi_2$	975.2	4.02
$20\% SiC_w + 80\% MoSi_2$	1224.7	3.87

晶须增强增韧效果受到多方面因素的影响：

（1）晶须含量的影响。从理论上讲，晶须增强复合材料的韧性随晶须含量的增加而升高，实际上，由于晶须在基体中的分布并非像理论分析所假设的那样均匀，当晶须含量过高时，晶须易出现团聚并导致材料中的缺陷增多，减弱了晶须增强的效果，使复合材料的性能下降。当晶须含量较低时，材料的韧性和强度随晶须含量的增加提高幅度较大，而当晶须含量较高后，则含量的继续增加对材料韧性和强度的提高幅度逐渐减小。目前，对于可以使材料韧性增加的晶须含量的上限值为多少还没有确切的结论，晶须含量一般为30%～35%（体积分数）左右出现材料强度的峰值。

（2）晶须与基体间界面结合力的影响。晶须拔出与桥接增韧的效果与晶须和基体间界面结合力的大小关系密切。若结合力过小，则晶须较易拔出，拔出时消耗的能量小，降低了晶须的韧化作用；则若结合力过大，则晶须不能被拔出而直接断裂，同样增韧效果不好。

对晶须与基体界面的高分辨电镜研究结果表明，一般情况下，晶须和基体的大部分界面结合紧密，存在约几纳米的界面过渡层。为保证界面具有适当的结合力，在复合材料制备过程中应注意以下两点：基体的热膨胀率应大于晶须的热膨胀率，以使界面紧密结合；在烧结温度下，晶须与基体不能发生化学反应。此外，为避免 SiC 晶须在烧结及高温条件下使用时发生氧化而降低材料性能，烧结前可在晶须表面制备一层氧化物薄膜。

（3）晶须尺寸的影响。晶须的直径和长度对晶须增强的效果都有影响。当晶须的长度增加时，其纵横比相应增大，裂纹偏转过程中裂尖的扭曲程度增加，裂纹扩展将消耗更多的能量，因而晶须增强效果得以加强。另外，晶须长度的增加还会导致断裂时晶须拔出长度的增加，这也提高了晶须的增强效果。不过，这种影响只是在晶须较短时起作用，当晶须长度大于 20μm 时，就不再产生影响。

晶须直径对增强效果的影响主要体现在界面结合力上。由于晶须与基体热膨胀的差异，界面上基体一侧将产生内部张应力。若这种张应力过大，则会在基体中诱发出微裂纹，使晶须与基体的界面脱开，从而影响增韧的效果。这一张应力的大小随晶须直径的增加而增加，因而晶须存在一个能产生微裂纹的临界尺寸，由式（6-18）给出：

$$R_c = \frac{\beta K_{IC}^2}{\left(\frac{E\Delta\alpha\Delta T}{1+\nu}\right)^2} \tag{6-18}$$

式中，R_c 为临界半径；K_{IC}为基体的断裂韧性；β 为常数，取值在 2～4 之间；E，ν 分别为基体的弹性模量和泊松比；$\Delta\alpha$ 为基体与晶须热膨胀系数之差；ΔT 为烧结温度与室温之差。晶须的直径的最佳值是略小于其临界尺寸，这样就可以较好地发挥晶须拔出增强机制的效果。

（4）晶须分散程度的影响。晶须在基体中分散的均匀与否对复合材料的性能影响很大。若晶须分散不均匀，在材料中形成团聚，则会阻止基体粉料进入团聚体内部，使材料不能致密烧结而留下气孔等缺陷，造成材料性能的下降。根据断裂力学理论，当材料中含有缺陷时，其断裂强度的表达式为：

$$\sigma_f = \frac{K_{IC}}{Y\sqrt{\alpha}} \tag{6-19}$$

式中，Y 为裂纹形状因子；α 为缺陷尺寸。因此材料的强度受材料中的缺陷所控制。晶须分散不均匀所形成的缠结团聚，使材料中的缺陷尺寸增大，从而降低了材料的强度。

6.4.3.6　复合强韧化中的界面问题

金属硅化物基复合材料中存在着大量的相界和晶界，因此界面问题非常突出，也非常重要。在这类复合材料的制备和使用过程中，不可避免地涉及高温或高压。在这样的条件下，强化相与基体之间是否会发生化学反应，是否存在界面氧化物，强化相和基体相的热膨胀系数是否匹配，界面的结构和形貌，界面的结合强度都是值得高度重视的问题。理想的强化相与硅化物基体的界面应当在热力学上稳定，也就是说，在材料的制备和使用过程中不发生化学反应，不出现强烈的互扩散。

原材料的纯度对界面的结构和形貌有很大的影响。例如，在制备 $MoSi_2$ - SiC（晶须）复合材料的过程中，$MoSi_2$ 原料粉末的 Fe 和 Al 等杂质，会与 SiC 晶须发生反应，使其表面受到侵蚀，导致不规则的表面形貌和空洞。热力学计算表明，在 1600 ~ 1700℃，SiC 与 $MoSi_2$ 不发生反应。但在 SiC 纤维增强的 $MoSi_2$ 中，如果 SiC 纤维未经过表面涂层处理，就会与 $MoSi_2$ 反应形成几个微米的反应层。目前，对导致反应区存在的确切原因和机制还不完全清楚。

界面的形成和作用机理十分复杂，总体来讲，影响界面的形成、结构及其稳定性的因素大致可分成物理因素和化学因素两类。物理因素包括吸附、扩散、机械等作用，而化学因素与形成界面的组分材料及其工艺条件有关。工艺、界面以及材料宏观性能三者之间有着密切的关系。由于界面两侧材料的失配使连接界面产生应力应变集中，且界面形成过程中会不同程度地留有连接的工艺性缺陷，使得界面往往成为发生断裂的源泉，多相材料的大多数断裂现象源于硬软相的界面，复合材料中常见的分层和纤维拔出也是典型的界面断裂。

针对材料界面增韧主要从以下两个方面考虑：一是提高界面断裂韧性，二是实现最佳断裂路径。材料界面的微观结构参数与宏观断裂韧性之间存在相应的关系，通过控制材料界面的微观结构参数来改变界面断裂能就显得十分必要。界面断裂能实际上反映了界面的黏和功与偏折效应，可以通过工艺过程改进界面的黏结状况来控制断裂能，例如改变组分材料的组合，在组分材料表面制备涂层，控制界面形成时的工艺参数等。此外，界面的断裂能还与外载密切相关，也可使界面的受力状态与外载相匹配来提高材料界面的韧性。

界面层结构设计是通过对材料界面过渡层的结构特征设计（如界面层厚度和界面层材料过渡函数）来达到更高的裂尖混合度，以实现界面的强韧化。根据材料界面增韧的力学机理，即可进行界面强韧化设计，对确定的外载状态，主要从以下几个方面来考虑：

（1）界面层结构特征设计；

（2）界面断裂韧性曲线设计；

（3）最佳断裂路径设计。

参 考 文 献

[1] Ito K, Inui H, Shirai Y, et al. Plastic Deformation of $MoSi_2$ Single Crystals [J] . Philosophical Magazine A, 1995, 72 (4): 1075 ~ 1097.

[2] Ito K, Moriwaki M, Nakamoto T, et al. Plastic Deformation of Single Crystals of Transition Metal Disilicides [J] . Materials Science & Engineering A, 1997, 233 (1 ~ 2): 33 ~ 43.

[3] Ito K, Yano T, Nakamoto T. Plastic Deformation of $MoSi_2$ and WSi_2 Single Crystals and Directionally Solidified $MoSi_2$ - Based Alloys [J] . Intermetallics, 1996, 4 (1): S119 ~ 131.

[4] Ito K, Matsuda K, Shirai Y, et al. Brittle - Ductile Behavior of Single Crystals of $MoSi_2$ [J] . Materials Science & Engineering A, 1999, 261 (1 ~ 2): 99 ~ 105.

[5] F W Vahldiek, S A Mersol. Phase Relations and Substructure in Single - Crystal $MoSi_2$ [J] . Journal of the Less Common Metals, 1968, 15 (2): 165 ~ 176.

[6] Berkowitz - Mattuck J, Rossetti M. Basic Factors Controlling Pest in High Temperature Systems [R]. Massachusetts: Cambridge, 1971: 1 ~ 32.

[7] Umakoshi Y, Yamane T, Hirano T, et al. Planar Faults in $MoSi_2$ Single Crystals Deformed at High Temperatures [J] . Philosophical Magazine Letters, 1989, 59 (4): 159 ~ 164.

[8] Unal Ozer, Petrovic John J, Carter David H. Dislocations and Plastic Deformation in Molybdenum Disilicide [J] . Journal of the American Ceramic Society, 1990, 73 (6): 1752 ~ 1757.

[9] J J Petrovica, A K Vasudevan. Key Developments in High Temperature Structural Silicides [J] . Materials Science and Engineering A, 1999, 261 (1 ~ 2): 1 ~ 5.

[10] Y Umakoshi, T Sakagami, T Hirano. High Temperature Deformation of $MoSi_2$ Single Crystals with the $C11_b$ Structure [J] . Acta Metallurgica et Materialia, 1990, 38 (6): 909 ~ 915.

[11] S A Maloy, T E Mitchell, A H Heuer. High Temperature Plastic Anisotropy in $MoSi_2$ Single Crystals [J]. Acta Metallurgica et Materialia, 1995, 43 (2): 657 ~ 668.

[12] T E Mitchell, R G Castro, M M Chadwick. {112} 〈111〉 Twins in Tetragonal $MoSi_2$ [J]. Philosophical Magazine A, 1992, 65 (6): 1339 ~ 1351.

[13] T E Mitchell, R G Castro, J J Petrovic, et al. Dislocations, Twins, Grain Boundaries and Precipitates in $MoSi_2$ [J] . Material Science and Engineering A, 1992, 155 (1 ~ 2): 241 ~ 249.

[14] P H Boldt, J D Embury, G C Weatherly. Room Temperature Microindentation of Single - Crystal $MoSi_2$ [J]. Materials Science and Engineering A, 1992, 155 (1 ~ 2): 251 ~ 258.

[15] D P Mason, D C Van Aken. On the Creep of Directionally Solidified $MoSi_2$ - Mo_5Si_3 Eutectics [J] . Acta Metallurgica et Materialia, 1995, 43 (3): 1201 ~ 1210.

[16] D L Anton, E Hartford CT, D M Shah, et al. High Temperature Properties of Refractory Intermetallics. In: L. A. Johnson, D. P. Pope, J. O. Stiegler, High - Temperature Ordered Intermetallic Alloys IV [C]. Pittsburgh, PA, Materials Research Society Symposium Proceedings, 1991: 733 ~ 738.

[17] D M Shah, D Berczik, D L Anton, et al. Appraisal of other Silicides as Structural Materials [J]. Materials Science and Engineering A, 1992, 155 (1 ~ 2): 45 ~ 57.

[18] K Ito, H Inui, T Hirano, et al. Plastic Deformation of Single and Polycrystalline $CoSi_2$ [J] . Acta Metallurgica et Materialia, 1994, 42 (4): 1261 ~ 1271.

[19] J G Swadener, Isai Rosales, Joachim H. Schneibel. Elastic and Plastic Properties of Mo_3Si Measured by Nanoindentation, in S. Hanada, J. H. Schneibel, K. J. Hemker, et al. High - Temperature Ordered Intermetallic Alloys IX [C], Pittsburgh, PA, Materials Research Society Symposium Proceedings, 2001,

646: 4. 2. 1 ~4. 2. 6.

[20] Rosales, J H Schneibel, L Heatherly, et al. High Temperature Deformation of A15 Mo_3Si Single Crystals [J] . Scripta Materialia, 2003, 48: 185 ~190.

[21] Y Umakoshi, T Nakano, E Yanagisawa, et al. Effect of Alloying Elements on Anomalous Strengthening of $NbSi_2$ – Based Silicides with C40 Structure [J] . Materials Science and Engineering: A, 1997, 239 ~ 240: 102 ~108.

[22] T Nakano, M Kishimoto, D Furuta, et al. Effect of Substitutational Elements on Plastic Deformation Behaviour of $NbSi_2$ – Based Silicide Single Crystals with C40 Structure [J] . Acta Materialia, 2000, 48 (13): 3465 ~3475.

[23] Umakoshi Y, Nakashima T, Nakano T. Plastic Behavior and Deformation Structure of Silicide Single Crystals with Transition Metals at High Temperatures [J] . High Temperature Silicides and Refractory Alloys, 1994, 29: 9 ~20.

[24] S Takeuchi, E Kuramoto. Temperature and Orientation Dependence of the Yield Stress in N_3Ga Single Crystals [J] . Acta Metallurgica, 1973, 21 (4): 415 ~427.

[25] M Moriwaki, K Ito, H. Inuia. Plastic Deformation of Single Crystals of $NbSi_2$ with the C40 Structure [J]. Materials Science and Engineering A, 1997, 239 ~240: 69 ~74.

[26] Song, Jin – Hwa, Ha, Tae K, et al. Anomalous Temperature Dependence of Flow Stress in a Fe_3Al Alloy [J] . Scripta Materialia, 2000, 42 (3): 271 ~276.

[27] S Takeuchi, T Hashimoto, K Suzuki. Plastic Deformation of Mg_2Si with the C1 Structure [J]. Intermetallics, 1996, 4: 147 ~150.

[28] S Takeuchi, T Hashimoto, K Suzuki. Plastic Deformation of Single Crystal of $TiSi_2$ [J] . Intermetallics, 1994, 2: 289 ~296.

[29] S Takeuchi, T Hashimoto, K Suzuki. Plastic Deformation of Single Crystal of $TiSi_2$ [J] . Intermetallics, 1994, 2: 289 ~296.

[30] L Junker, M Bartsch, U Messerschmidt. Dislocation Glide and Grain Boundary Decohesion in Polycrystalline Molybdenum Disilicide During Plastic Deformation [J] . Materials Science and Engineering A, 2002, 328 (1 –2): 181 ~189.

[31] Changhai Li, Richard Warren, Ingemar Olefjord, et al. Silicide as Potential Structural Materials for High Temperature Application [M] . Gothenburg, Sweden: Institutions for Metalliska Construction Materials, Chalmers Tekniska Högskola, 1992.

[32] R Gibala, H Chang, CM Czarnik. Plasticity Enhancement Processes in $MoSi_2$ – Base Materials [J]. Materials Research Society Symposium Proceedings, 1994, 322: 175 ~183.

[33] Misra A, Petrovic J J, Mitchell T E. Microstructures and Mechanical Properties of a Mo_3Si – Mo_5Si_3 Composite [J] . Scripta. Materialia, 1998, 40 (2): 191 ~196.

[34] I Rosales, H Martinez. High Temperature Solid Solution Strengthening by Nb Additions on Mo_3Si Matrix [J] . Materials Science and Engineering A, 2004, 379 (1 ~2): 245 ~250.

[35] H Inui, K Ishikawa, M Yamaguchi. Creep Deformation of Single Crystals of Binary and Some Ternary $MoSi_2$ with the $C11_b$ Structure [J] . Intermetallics, 2000, 8 (9 ~11): 1159 ~1168.

[36] Zhang J S. High Temperature Deformation and Fracture of Materials [M] . Beijing: Science Press, 2007.

[37] Dowling N E. Mechanical Behavior of Materials: Engineering Methods for Deformation, Fracture and Fatigue. 2rd Edition [M] . New Jersey: Prentice Hall, 1999.

[38] K Sadananda, C R Feng, H N Jones, et al. Creep of Intermetallic Composites: Effect of Grain Size Versus Reinforcements. In: R. Doralia et al. Proceedings of the First International Symposium on Structural Interme-

tallics [C], Warrendale, PA, The Minerals, Metals and Materials Society, 1993: 809 ~ 818.

[39] K Sadananda, C R Feng, R Mitra, S C Deevi. Creep and Fatigue Properties of High Temperature Silicides and Their Composites [J]. Materials Science and Engineering A, 1999, 261 (1 ~ 2): 223 ~ 238.

[40] 王刚，江莞，赵世柯. Na_2O 对 $MoSi_2$/Oxide 发热元件特性的影响 [J]. 硅酸盐学报，2002，30 (5): 620 ~ 622, 628.

[41] W Roger Cannon, Terence G. Langdon. Creep of Ceramics Part 2 an Examination of Flow Mechanisms [J]. Journal of Materials Science, 1988, Volume 23, Number 1: 1 ~ 20.

[42] Wan Jiang, Jing - feng Li, Akira Kawasaki. High Temperature Deformation and Fracture Behavior in Sintered Mo/PSZ Composites as Evaluated by Small Punch Test [J]. 1995, Volume 59, Number 10: 1055 ~ 1060.

[43] 褚武扬，等. 断裂韧性测试 [M]. 北京：科学出版社，1979.

[44] F C Chen, A J Ardell. Fracture Toughness of Ceramics and Semi - Brittle Alloys Using a Miniaturized Disk - bend Test [J]. Materials Research Innovations, 1999, 3 (5): 250 ~ 262.

[45] F Haubensak, A S Argon. A New Method of Fracture Toughness Determination in Brittle Ceramics by Open - crack Shape Analysis [J]. Journal of Materials Science, 1997, 32 (6): 1473 ~ 1477.

[46] Shouxin Li, Lizhi Sun, Huan Li, et al. Stress Carrying Capability and Interface Fracture Toughness in SiC/6061 Al Model Materials [J]. Journal of Materials Science Letters, 1997, 16 (10): 863 ~ 869.

[47] Mukhopadhyay A K, Datta S K, Chakraborty D. Fracture Toughness of Structural Ceramics [J]. Ceramics International, 1999, 25 (5): 447 ~ 452.

[48] Takahiro Inoue, Kazuo Ueno. Mechanical Properties and Fracture Behavior SiTiCO Fibre/SiAlON Composite [J]. Ceramics International, 1998, 24 (8): 565 ~ 571.

[49] Motarjemi A K, Kocak M, Ventzke V. Mechanical and Fracture Characterization of a Bi - material Steel Plate [J]. International Journal of Pressure Vessels and Piping, 2002, 79 (3): 181 ~ 187.

[50] Gong, Jianghong. Determining Indentation Toughness by Incorporating True Hardness into Fracture Mechanics Equations [J]. Journal of European Ceramic Socicty, 1999, 19 (8): 1585 ~ 1592.

[51] Anya C C, Roberts S G. Indentation Fracture Toughness and Surface Flaw Analysis of Sintered Alumina/SiC Nanocomposites [J]. Journal of European Ceramic Society, 1996, 16 (10): 1107 ~ 1114.

[52] Nogami S, Hasegawa A, Snead L L. Indentation Fracture Toughness of Neutron Irradiated Silicon Carbide [J]. Journal of Nuclear Materials, 2002, 307 ~ 311 (2): 1163 ~ 1169.

[53] Cottom B A, Mayo M J. Fracture Toughness of Nanocrystalline ZrO_2 - 3mol% Y_2O_3 Determined by Vickers Indentation [J]. Scripta Materialia, 1996, 34 (5): 809 ~ 817.

[54] 杨海波. Mo - Si 系金属硅化物组织与机械性能的研究 [D]. 上海交通大学，2005.

[55] Kim W Y, Tanaka H, Kasama A, Hanada S. Microstructure and Room Temperature Toughness of Nb_{ss}/Nb_5Si_3 in Situ Composites [J]. Intermetallics, 2001, 9 (9): 827 ~ 834.

[56] 任英磊，葛景岩. 金属间化合物中的析出 [J]. 沈阳工业大学学报，1998，5：42 ~ 45.

[57] Palmqvist S. A Method to Determine the Toughness of Brittle Materials, Especially Hard Metals [J]. Jernkontorets Ann., 1957, 141: 303 ~ 307 (in Swedish).

[58] Schneibel J, Kramer M, Easton D S. Mo - Si - B Intermetallic Alloy with a Continuous α - Mo Matrix [J]. Scripta Materialia, 2002, 46 (3): 217 ~ 221.

[59] Misra A, Petrovic J J, Mitchell T E. Microstructures and Mechanical Properties of a Mo_3Si - Mo_5Si_3 Composite [J]. Scripta Materialia, 1999, 40 (2): 191 ~ 197.

[60] 康永旺，曲士昱，宋尽霞. 电子束熔炼 Nb - Si 系多元合金的组织和性能 [J]. 材料工程，2009 (4): 1 ~ 5.

[61] 吴鹤．钛硅共晶合金基础研究［D］．北京航空材料研究院，2002.

[62] Wei Li，Hai Bo Yang，Ai Dang ShanS. Effect of Mo Addition on Microstructure and Properties of Nb/ Nb_5Si_3 In－Situ Composite. In：G. Kang，T. Kobayashi，Materials Science Forum：Designing，Processing and Properties of Advanced Engineering Materials［C］. Switzerland，Trans Tech Publications，2004：753～756.

[63] 张厚安．$MoSi_2$ 及其复合材料的制备与性能［M］．北京：国防工业出版社，2007.

[64] 高丽梅．Nb－Si 基共晶自生复合材料的定向凝固组织特征及性能［D］．西北工业大学，2005.

[65] 袁建辉．$MoSi_2$ 陶瓷基复合材料的强韧化及高温性能研究［D］．哈尔滨工业大学，2006.

[66] 宁阳，胡爱娣．二硅化钼的断裂方式［J］．中国钼业，1993，6：39～41.

[67] 王志刚．碳纳米管增强 $MoSi_2$ 基复合材料的制备及力学性能研究［D］．哈尔滨工程大学，2009.

[68] Li Jianlin，Bai Guangzhao，Jiang Dongliang，et al. Microstructure and Mechanical Properties of In－Situ Produced TiC/ TiB_2/$MoSi_2$ Composites［J］. Communications of the American Ceramic Society，2005，88（6）：1659～1661.

[69] 艾云龙，马勤，邓克明，等．ZrO_2＋SiC 颗粒强韧化 $MoSi_2$ 基复合材料的显微组织和性能［J］．金属热处理学报，2000，21（4）：20～22.

[70] A J Ardell，M J Hovan. Observations on the Precipitation－Hardening of a Cu_3Au－Co Alloy［J］. Materials Science and Engineering，1972，9：163～174.

[71] Hagihara K，Maeda S，Nakano T，et al. Indentation Fracture Behavior of（$Mo_{0.85}Nb_{0.15}$）Si_2 Crystals with *C*40 Single－Phase and $MoSi_2$（$C11_b$）/$NbSi_2$（*C*40）Duplex－Phase with Oriented Lamellae［J］. Science and Technology of Advanced Materials. 2004，5（1～2）：11～17.

[72] Song Y K，Varin R A. Indentation Microcracking and Toughness of Newly Discovered Ternary Intermetallic Phases in the Ni－Si－Mg System［J］. Intermetallics，1998，6（5）：379～393.

[73] Anstis G R，Chantikul P，Lawn B R，et al. Acritical Evaluation of Indentation Techniques for Measuring Fracture Toughness［J］. Journal of the American Ceramic Society，1981，64（9）：533～538.

[74] Choe H，Chen D，Schneibel J H. Ambient to High Temperature Fracture Toughness and Fatigue－Crack Propagation Behavior in a Mo－12Si－8.5B（at.%）［J］. Intermetallics，2001（9）：319～329.

[75] Ihara K，Ito K，Tanaka K. Yamaguchi M. Mechanical Properties of Mo_5SiB_2 Single Crystal［J］. Materials Science and Engieering A，2002，329～331：222～227.

[76] Thom A J，Summers E，Akinc M. Oxidation Behavior of Extruded $Mo_5Si_3B_x$－$MoSi_2$－MoB Intermetallics from 600℃～1600℃［J］. Intermetallics，2002，10（6）：555～570.

[77] Schneibel J H，Kramer M J，Unal O，et al. Processing and Mechanical Properties of a Molybdenum Silicide with the Composition Mo－12Si－8.5B（at.%）［J］. Intermetallics，2001，9（1）：25～31.

[78] Rosales I，Schneibel J H. Stoichiometry and Mechanical Properties of Mo_3Si［J］. Intermetallics，2000，8（8）：885～889.

[79] Ito K，Kumagai M，Hayashi T，et al. Room Temperature Fracture Toughness and High Temperature Strength of T2/Moss and（Mo，Nb）$_{ss}$/T1/T2 Eutectic Alloys in the Mo－Si－B System［J］. Scripta Materialia，2003，49（4）：285～290.

[80] David J Rowcliffe，Vickram Jayaram，Mary K Hibbs. Compressive Deformation and Fracture in WC Materials［J］. Material Science and Engineering A，1988，105～106，part2：299～303.

[81] M K Hibbs，R Sinclair. Room－Temperature Deformation Mechanisms and the Defect Structure of Tungsten Carbide［J］. Acta Metallurgica，1981，29（9）：1645～1649.

[82] M K Hibbs，R Sinclaira，D J Rowcliffeb. Defect Interactions in Deformed WC［J］. Acta Metallurgical，1984，32（6）：941～947.

[83] S B Luyckx. Slip System of Tungsten Carbide Crystals at Room Temperature [J]. Acta Metallurgica, 1970, 18 (2): 233~236.

[84] S Hagege, J Vicens, G Nouet, et al. Analysis of Structure Defects in Tungsten Carbide [J]. Physica Status Solidi (a), 1980, 61 (2): 675~687.

[85] V Jayaram, R Sinclair, D J Rowcliffe. Intergranular Cracking in WC-6% Co: An Application of the Von Mises Criterion [J]. Acta Metallurgica, 1983, 31 (3): 373~378.

[86] Lea C, Roebuck B. Fracture Topography of WC-Co Hardmetals [J]. Metal Science, 1981, 15 (6): 262~266.

[87] Peralta P, Maloy S A, Chu F, et al. Mechanical Properties of Monocrystalline $C11_b$ $MoSi_2$ with Small Aluminum Additions [J]. 1997, Scripta Materialia, 37 (10): 1599~1604.

[88] H Choe, J H Schneibel, R O Ritchie. On the Fracture and Fatigue Properties of Mo-Mo_3Si-Mo_5SiB_2 Refractory Intermetallic Alloys at Ambient to Elevated Temperatures (25℃ to 1300℃) [J]. Metallurgical and Materials Transactions A, 34 (2): 225~239.

[89] J J Kruzica, J H Schneibelc, R O Ritchie. Fracture and Fatigue Resistance of Mo-Si-B Alloys for Ultrahigh-Temperature Structural Applications [J]. Scripta Materialia, 2004, 50 (4): 459~464.

[90] R Sakidja, J H Perepezko. Phase Stability and Alloying Behavior in the Mo-Si-B System [J]. Metallurgical And Materials Transactions A, 2005, 36 (3): 507~514.

[91] Inui H, Ito K, Nakamoto T, et al. Stacking Faults on (001) and Their Influence on the Deformation and Fracture Behavior of Single Crystals of $MoSi_2$-WSi_2 Solidsolutions with the $C11_b$ Structure [J]. Materials Science and Engineering A, 2001, 314 (1~2): 31~38.

[92] D Q Yi. Doctoral Thesis for the Degree of Doctor of Philosophy, Department of Engineering Metals [D]. Göteborg Sweden: Chalmers University of Technology, 1997.

[93] Yi D Q, Lai Z H, Li C H, et al. Microstructure and Fracture Behavior of $MoSi_2$ and $MoSi_2$-SiC Composite. In: AIM, Proceedings of the 4th European Conference on Advanced Materials and Processes [C]. Padua/Venice, 1995: 445~448.

[94] Yi D Q, Li C H. $MoSi_2$-ZrO_2 Composites—Fabrication, Microstructures and Properties [J]. Materials Science and Engineering A, 1999, 261 (1~2): 89~98.

[95] Vellios N, Tsakiropoulos P. The Role of Fe and Ti Additions in the Microstructure of Nb-18Si-5Sn Silicide-Based Alloys [J]. Intermetallics, 2007, 15 (12): 1529~1537.

[96] 康鹏超，尹钟大，朱景川．$MoSi_2$ 基高温结构材料的研究进展 [J]．宇航材料工艺，2002，5：10~14.

[97] Yi Danqing, Li Changhai, Lai Zonghe, et al. Ternary Alloying Study of $MoSi_2$ [J]. Metallurgical and Materials Transactions A, 1998, 29 (1): 119~129.

[98] Guo Jun Zhang, Xue Mei Yue. Tadahiko Watanabe. Addition Effects of Aluminum and in Situ Formation of Alumina in $MoSi_2$ [J]. Journal of Materials Science, 34 (5): 997~1001.

[99] Y Harada, Y Murata, M Morinaga. Solid Solution Softening and Hardening in Alloyed $MoSi_2$ [J]. Intermetallics, 1998, 6 (6): 529~535.

[100] Toshio Maruyama, Katsuyuki Yanagihara. High Temperature Oxidation and Pesting of $Mo(Si, Al)_2$ [J]. Materials Science and Engineering A, 1997, s239~240: 828~841.

[101] Mitra R, Rama Rao V V. Effect of Minor Alloying with Al on Oxidation Behaviour of $MoSi_2$ at 1200℃ [J]. Materials Science and Engineering: A, 2002, 260 (1~2): 146~160.

[102] T E Mitchell, A Misra. Structure and Mechanical Properties of $(Mo, Re)Si_2$ Alloys [J]. Materials Science and Engineering A, 1999, 261 (1~2): 106~112.

[103] D L Davidson, A Bosa. Molybdenum – Rhenium Disilicide Alloys. In: Boston. L. Briant, High Temperature Silicides and Refractory Alloys [C]. Pittsburgh, PA, Materials Research Society Symposium Proceedings, 1994: 431 ~ 436.

[104] 黎文献，徐广卓，唐嵘．钴对 $MoSi_2$ 组织和性能的影响 [J]．稀有金属材料与工程，1998，27 (4): 222 ~ 225.

[105] Jackson M R, Bewlay B P, Rowe. High – Temperature Refractory Metal – Intermetallic Composites [J]. JOM, 1996, 48 (1): 39 ~ 44.

[106] Subramanian P R, Mendiratta M G, Dimiduk D M. Development of Nb – Based Advanced Intermetallic Alloys for Structural Applications [J]. JOM, 1996, 48 (1): 33 ~ 38.

[107] Mandiratta M G, Lewandowski J J, Dimiduk D M. Strength and Ductile – Phase Toughening in the Two – phase Nb/Nb_5Si_3 Alloys [J]. Metallurgical and Materials Transactions A, 1991, 22 (7): 1573 ~ 1583.

[108] Davidson D L. Fatigue Crack Growth Through Alloyed Niobium, Nb – Cr_2Nb, and Nb – Nb_5Si_3 in Situ Composites [J]. Metallurgical and Materials Transactions A, 1997, 28 (6): 1297 ~ 1314.

[109] Mendiratta M G, Dimiduk D M. Strength and Toughness of a Nb/Nb_5Si_3 Composite [J]. Metallurgical and Materials Transactions A, 1993, 22 (2): 501 ~ 504.

[110] Zhang Y Li, Z Zheng, Y Zhu, et al. Alloying Behavior of Ni_3Si and the 900℃ Isotherms of Several Ni – Si – X Systems at Ni – Rich Corner. In: L. A. Johnson, D. P. Pope, J. O. Stiegler, High – Temperature Ordered Intermetallic Alloys IV [C]. Pittsburgh, PA, Materials Research Society Symposium Proceedings, 1991: 137 ~ 142.

[111] T Takasugi, E P George, D P Pope. Intergranular Fracture and Grain Boundary Chemistry of Ni_3Al and Ni_3Si [J]. Scripta Metallurgica, 1985, 19 (4): 551 ~ 556.

[112] T Takasugi, M Yoshida. Mechanical Properties of the Ni_3 (Si, Ti) Alloys Doped with Carbon and Beryllium [J]. Journal of Material Science, 1991, 26 (11): 3032 ~ 3040.

[113] T Takasugi, M Nagashima, O Izumi. Strengthening and Ductilization of Ni_3Si by the Addition of Ti Elements [J]. Acta Metallurgica et Materialia, 1990, 38 (5): 747 ~ 755.

[114] W C Oliver, C L White, The Segregation of Boron and Its Effect on the Fracture of an Ni_3Si Based Alloy. In: N. S. Stoloff, C. C. Koch, C. T. Liu, O. Izumi, High – Temperature Ordered Intermetallic Alloys Ⅱ [C], Pittsburgh, PA, Materials Research Society Symposium Proceedings, 1987: 241 ~ 246.

[115] C T Liu, J O Stiegler. Metals Handbook Vol. 2, Properties and Selection: Nonferrous Alloys and Special-Purpose Materials [M]. University Drive Phoenix: ASM International, 1994: 913 ~ 942.

[116] Stanley R Levine, Stephen Duffy, Alex Vary, et al. Composites Research at NASA Lewis Research Center [J]. Composites Engineering, 1994, 4 (8): 787 ~ 810.

[117] Vasudevan A K, Petrovic J J, A Comparative Overview of Molybdenum Disilicide Composites [J]. Materials Science and Engineering A, 1992, 155 (1 ~ 2): 1 ~ 17.

[118] Treece R E, Gillan E G, Jacubinas R M, et al. From Ceramics to Superconductors: Rapid Materials Synthesis by Solid – State Metathesis Reactions. In: M. J., Klemperer, W. J., Brinker, C. J., Better Ceramics through Chemistry V [C]. Materials Research Society Symposium Proceedings Volume271, 1992: 169 ~ 174.

[119] Stuart Maloy, Arthur H Heuer, John Lewandowski, et al. Carbon Additions to Molybdenum Disilicide: Improved High – Temperature Mechanical Properties [J]. Journal of the American Ceramic Society, 1991, 74 (10): 2704 ~ 2706.

[120] 孙祖庆，张来启，杨王玥，等．原位合成 $MoSi_2$ – SiC 复合材料的室温增韧 [J]．金属学报，

2001, 37 (1): 104~108.

[121] 刘伯威，樊毅，张金生，等. 掺碳 SiC 颗粒对 $MoSi_2$ 复合材料性能的影响 [J]. 硅酸盐学报, 2001, 29 (3): 204~209.

[122] Lan Sun, Jinsheng Pan. Fabrication and Characterization of $TiC_w/MoSi_2$ and $SiC_w/MoSi_2$ Composites [J]. Materials Letters, 2002, 52 (3): 223~228.

[123] 艾云龙，程玉桂，邓克明. ZrO_2 强韧化 $MoSi_2$ 复合材料显微结构和性能 [J]. 江西冶金, 2001, 21 (2): 19~23.

[124] Budiansky B, Hutchinson J W. Continum Theory of Dilatent Trans Formation Toughing Materials [J]. Solid Struit, 1983, 19 (4): 337~355.

[125] David M Stump, Bernard Budiansky. Crack - Growth Resistance in Transformation - Toughened Ceramics [J]. International Journal of Solids and Structures, 1989, 25 (6): 635~646.

[126] Petrovic J J, Bhattacharya A K, Honnell R E, et al. ZrO_2 and ZrO_2—SiC Particle Reinforced $MoSi_2$ Matrix Composites [J]. Material Science and Engineering A, 1992, 155 (1~2): 259~266.

[127] 张玉峰，郭景坤，诸培南，等. 纤维涂层的复合材料力学性能的影响 [J]. 无机材料学报, 1995, 10 (2): 231~235.

[128] Wang Yuqing, Zhou Benlian. Effect of a Fiber Coating on the Fabrication of Fiber Reinforced Metal - Matrix Composites [J]. Journal of Materials Processing Technology, 1998, 73 (1~3): 78~81.

[129] 冉丽萍. 纤维类型和涂层对纤维增强 $MoSi_2$ 复合材料弯曲性能的影响 [J]. 粉末冶金材料科学与工程, 2005, 10 (6): 350~355.

[130] Petrovic J J. Molybdenum Disilicide Matrix Composite: United States 4927792 [P]. 1990-5-22.

[131] Hecht R J. Molybdenum Disilicide Matrix Composites Reinforced with Refractory Metal Fibers: United States 5281565 [P]. 1994-1-25.

[132] J J Petrovic. Mechanical Behavior of $MoSi_2$ and $MoSi_2$ Composites [J]. Materials Science and Engineering A, 1995, s192~193 part1: 31~37.

7 硅化物的氧化

7.1 概　　述

氧化是自然界中十分重要的化学反应之一。一般而言，一种材料在某一温度下发生了明显的氧化反应，那么这一温度对这种材料的氧化而言就属高温。金属的高温氧化过程是非常复杂的。首先发生氧在金属表面的吸附（包括氧的物理吸附、化学吸附以及分解），其后发生氧化物形核，晶核沿横向生长形成连续的或非连续的薄氧化物膜，氧化膜沿着垂直于表面方向生长使其厚度增加。其中，氧化物晶粒长大是由正、负离子持续不断通过已形成的氧化物的扩散提供保证的，影响这一过程的因素有很多，内在因素有：化学成分、微观结构、表面处理状态等；外在因素有：温度、气体成分、压力、流速等。高温氧化是研究材料在高温下与环境中的气相或凝聚相物质发生化学反应，导致材料变质或破坏过程的科学。它是腐蚀学科的重要组成部分之一，也是伴随航空、航天、能源、石化、冶金等工业的发展而建立起来的，涉及金属学与物理化学以及固体物理等多学科交叉的一门独立的分支学科。

现代科学技术的不断发展对机械装备的性能提出了更高的要求。以燃汽轮机为例，为提高效率，降低能耗，需要进一步提高其工作温度。因此要求材料具有优异的高温抗氧化性能。许多金属硅化物如 $MoSi_2$，Nb_5Si_3 和 Ti_5Si_3 等，由于其优越的高温抗氧化性能，作为高温结构材料或者作为难熔金属的保护涂层已经不同程度地在工程上得到了应用。因此，研究金属硅化物的高温氧化行为及其机理，探索进一步改善它们的抗氧化性能的途径具有重要的理论意义和实用价值。

氧化有广义和狭义之分。狭义上讲，硅化物的氧化是指硅化物与氧反应形成氧化产物的过程。广义上讲，硅化物的碳化、氮化、硫化等也属于氧化的范畴。这里将主要介绍硅化物的狭义氧化及其氧化机理。

7.2 氧化热力学

7.2.1 热力学基本原理

材料在高温气体环境中能否自发地进行化学反应，反应产物的稳定性如何，需要借助于热力学的基础知识来分析与判断。

在材料领域，氧化反应是否能发生通常用生成氧化物的吉布斯自由能来判断。在恒温恒压下，反应总是向着吉布斯自由能减少的方向进行。通过对反应吉布斯自由能 $\Delta G^{\ominus}$ 大小的比较可以确定各物相关系及其相对稳定性。

在一定温度下物质的标准吉布斯自由能式为[1]：

$$\Delta G_{T}^{\ominus}(\text{相}) = \Delta H_{298}^{\ominus} - TS_{298}^{\ominus} \tag{7-1}$$

式中，$\Delta H_{298}^{\ominus}$为标准摩尔生成热；$S_{298}^{\ominus}$为标准摩尔熵；T为温度。对于给定的反应系统：$aA+bB\rightarrow cC+dD$，标准自由能$\Delta G^{\ominus}$表达式为：

$$\Delta G_{反应,T}^{\ominus}=c\Delta G_{c,T}^{\ominus}+d\Delta G_{d,T}^{\ominus}-a\Delta G_{a,T}^{\ominus}-b\Delta G_{b,T}^{\ominus} \tag{7-2}$$

根据范特霍夫（Vanthoff）公式，可以建立氧分压（P_{O_2}）与系统标准吉布斯自由能之间的关系。

$$\Delta G=\Delta G^{\ominus}+RT\ln K \tag{7-3}$$

式中，K为反应的平衡常数，并有：

$$K=\frac{\alpha_c\alpha_d}{\alpha_a\alpha_b} \tag{7-4}$$

式中，$\Delta G^{\ominus}$为系统标准自由能变化值；R为气体常数；T为绝对温度；α为活度，对于固体纯物质，其活度均为1，而物质B为氧，则式（7-4）中$\alpha_b=\alpha_{O_2}$，而$\alpha_{O_2}=P_{O_2}$，P_{O_2}为氧分压，因此：

$$\Delta G=\Delta G^{\ominus}-RT\ln P_{O_2} \tag{7-5}$$

反应平衡时，$\Delta G=0$，由式（7-5）可得：

$$\Delta G^{\ominus}=RT\ln P_{O_2}^{*} \tag{7-6}$$

$P_{O_2}^{*}$为给定温度下反应平衡时的氧分压或者氧化物的分解压，将式(7-6)代入式（7-5）可得：

$$\Delta G=RT\ln\frac{P_{O_2}^{*}}{P_{O_2}}或\ \ln P_{O_2}^{*}=\frac{\Delta G}{RT}+\ln P_{O_2} \tag{7-7}$$

当$P_{O_2}>P_{O_2}^{*}$时，$\Delta G<0$反应能向右进行；

当$P_{O_2}=P_{O_2}^{*}$时，$\Delta G=0$反应平衡；

当$P_{O_2}<P_{O_2}^{*}$时，$\Delta G>0$反应向左进行。

由热力学数据，可以得到反应条件下对应的$\Delta G^{\ominus}$或$P_{O_2}^{*}$的数值，由式（7-5）计算出ΔG或通过实际气氛中的氧分压与该温度下氧化物的分解压对比即可判定氧化反应发生的可能性。

7.2.2 硅化物氧化反应的$\Delta G^{\ominus}-T$图

依据热力学原理，将各种硅化物及其氧化产物的相关热力学数据代入式（7-1）便可计算出硅化物发生氧化反应的标准自由能（$\Delta G^{\ominus}$）与温度（T）的关系式，并可绘制其$\Delta G^{\ominus}-T$图。表7-1是常用硅化物及其氧化物的热力学数据[1]。

表7-1 硅化物热力学数据

硅化物	$\Delta H_{298}^{\ominus}/J\cdot mol^{-1}$	$S_{298}^{\ominus}/J\cdot mol^{-1}$
$MoSi_2$	-131712	65.015
Mo_5Si_3	-309616	207.342
Mo_3Si	-116399	106.148
$CrSi_2$	-80082	58.409
Cr_5Si_3	-223007	181.669
Cr_3Si	-105437	87.697
$CrSi$	-54810	43.765

续表 7 - 1

硅化物	$\Delta H_{298}^{\ominus}$/J · mol^{-1}	$S_{298}^{\ominus}$/J · mol^{-1}
Ti_5Si_3	-579066	217.986
$TiSi_2$	-134306	61.086
TiSi	-129704	48.953
WSi_2	-92751	64.015
W_5Si_3	-134557	247.274
Ta_5Si_3	-334720	280.746
$TaSi_2$	-119102	56.358
Ta_2Si	-125520	105.437
Nb_5Si_3	451872	251.040
$NbSi_2$	-138072	69.873
V_5Si_3	-461914	208.782
V_3Si	-150624	101.462
VSi_2	-125520	80.262
FeSi	-78659	62.342

以 $MoSi_2$ 和 Mo_5Si_3 为例，计算其发生氧化反应的吉布斯自由能：

$$\frac{5}{7}MoSi_2 + O_2 \longrightarrow \frac{1}{7}Mo_5Si_3 + 7SiO_2 \tag{7-8}$$

$$\frac{2}{21}Mo_5Si_3 + O_2 \longrightarrow \frac{10}{21}MoO_3 + \frac{6}{21}SiO_2 \tag{7-9}$$

$$\frac{2}{7}MoSi_2 + O_2 \longrightarrow \frac{2}{7}MoO_3 + \frac{4}{7}SiO_2 \tag{7-10}$$

将上述反应的相关热力学数据代入式（7 - 1）便可计算出各氧化反应的吉布斯自由能与温度的关系表达式。图 7 - 1 是 $MoSi_2$ 和 Mo_5Si_3 氧化反应的 $\Delta G^{\ominus} - T$ 曲线。从图可以看出，在 500 ~ 1500K 温度范围内，三个反应都能发生。但是在相同的氧化条件下，优先发生反应（7 - 8），其次是反应（7 - 10），最后才发生反应（7 - 9）。

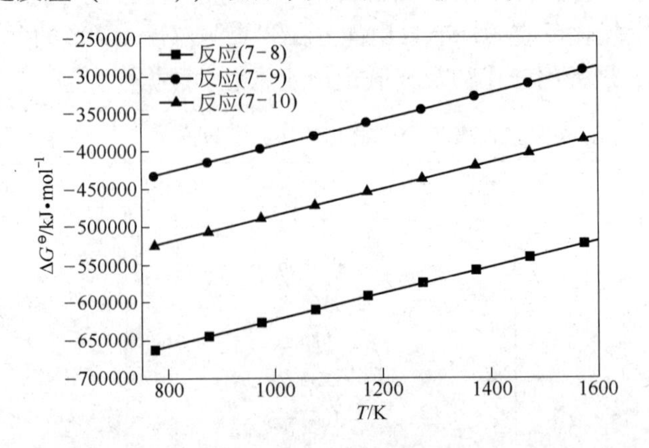

图 7 - 1 $MoSi_2$ 和 Mo_5Si_3 氧化反应 $\Delta G^{\ominus} - T$ 曲线

$MoSi_2$ 的氧化涉及 Si 和 Mo 两种元素同氧的反应。理论上，$MoSi_2$ 的氧化可通过两种途径发生。第一种是氧和 $MoSi_2$ 中的 Si 按式（7-8）优先反应生成 SiO_2，而低金属硅化物（$MoSi_2$）演变成高金属硅化物（Mo_5Si_3），然后 Mo_5Si_3 再按式（7-9）与氧反应生成 MoO_3。第二种途径是 $MoSi_2$ 中的 Si 和 Mo 按式（7-10）同时与氧反应生成 MoO_3 和 SiO_2。实际情况中，$MoSi_2$ 的氧化通过哪种途径进行不仅取决于热力学因素，还取决于动力学因素，如硅化物表面缺陷、氧和金属的扩散、氧化产物的性质和完整性等。

7.3 氧化动力学

7.3.1 氧化动力学测量方法

金属硅化物与氧反应生成金属或硅的氧化物的过程中，要消耗金属、硅和氧。氧化速度高时，单位时间内消耗的金属和氧的量就大，生成的氧化物也多。如果表面氧化膜完整且没挥发性、稳定，试样的质量就会增加。增加的这部分质量应为消耗的全部氧的质量。

因此，金属硅化物氧化的速度可选择下面几个参量来表征[2]：

（1）金属的消耗量。如果金属氧化物具有挥发性，通过测量不同时间氧化后样品的失重或者测量氧化后剩余的金属量，就可以知道氧化过程中金属的损耗速度。这种方法的缺点是：需要除去金属表面的氧化产物，从而破坏试样，并要终止反应。

（2）氧的消耗量。如果金属氧化物不具挥发性，通过测定试样增重或测定氧的实际消耗量，就可以确定消耗氧的速度。其优点是：不需要破坏试样，并能进行连续测量。目前的氧化实验主要采用这种方法。

（3）生成的氧化物的量。需要测定氧化物的质量或厚度，才能获知氧化物生成速度。缺点是：需要破坏试样，并要终止反应，而且直接测定氧化物质量或厚度是比较困难的。

动力学测量方法有质量法、容量法和压力法。接下来主要介绍一下简单常用的质量法。质量法是最直接、最方便的测定金属氧化速度的方法。为了获得试样质量随时间的变化曲线，有两种质量测定方法，即不连续称重法和连续称重法。

（1）不连续称重法。不连续称重法可在普通电阻炉内进行。实验之前，称量试样质量和尺寸，在高温氧化条件下暴露一定时间后取出，再称重。通过比较试样氧化前后的质量变化，就可以得到单位面积的增重。这种方法的优点是：所需设备非常简单。缺点是：

1）一个试样只能获得一个数据点，画一条完整的反应动力学曲线需要许多个样品；

2）由于实验条件差别，从每个试样上所获得的数据可能不是等效的；

3）各个点之间的过程无法观察。

（2）连续称重法。连续监测的最简单方法是使用弹簧热天平。试样被悬挂在一个灵敏的弹簧上，用一个读数显微镜来测量标记处弹簧的伸长。这样在整个氧化过程中，试样的增重可以实现半连续的监测。

能够连续自动记录试样质量变化的电子热天平的方法是目前普遍采用的方法。它可以将试样质量变化的毫克数作为时间或温度的函数连续记录下来。多数热天平同时可附加低压或充气系统，因而除了能在大气中实验外还可在不同氧分压下或腐蚀性不是特别强的混合气体中进行实验。电子热天平也叫热重分析仪（Thermal Gravimetric Analysis，TGA）。

7.3.2 氧化动力学规律

不同的金属或同一金属在不同的温度下，其遵循的氧化规律不同。金属硅化物的氧化规律与普通金属的氧化不同，其氧化动力学并非纯粹的抛物线规律，这是因为硅化物的氧化产物可能具有挥发性（如 Nb_2O_5 和 MoO_3）。因此，硅化物氧化动力学不能单纯地用瓦格纳理论来拟合。

氧化规律是将氧化增重或氧化膜厚度随时间的变化用数学式表达的一种形式。而氧化速度则是单位时间内氧化增重或氧化膜厚度的变化。下面介绍一下金属和合金中的几种氧化规律[3]。

7.3.2.1 直线规律

氧化增重（试样单位面积的质量变化 y 或 Δw）或氧化膜厚度（ξ）与时间成正比，即：

$$\xi = kt \tag{7-11}$$

式中，k 为氧化速度常数。将式（7-11）微分，得出：

$$\frac{d\xi}{dt} = k \tag{7-12}$$

因此，符合这种规律的金属和合金氧化时，其氧化速度恒定。符合直线规律的金属或合金不具备抗氧化性能。

7.3.2.2 抛物线规律

氧化增重或氧化膜厚度的平方与时间成正比，即：

$$\xi^2 = kt \tag{7-13}$$

式中，k 为抛物线速度常数。将式（7-13）微分后得出：

$$\frac{d\xi}{dt} = \frac{k}{\xi} \tag{7-14}$$

氧化速度与增重或厚度成反比，即随氧化时间延长，氧化膜厚度增加，氧化速度越来越小。当氧化膜足够厚时，氧化速度很小可忽略。因此，符合这种氧化规律的金属和合金是具有抗氧化性的。

抛物线速度常数是一个相对重要的参量。它与温度成指数关系，即：

$$k = k_0 \exp\left(-\frac{Q}{RT}\right) \tag{7-15}$$

式中，k_0 为常数；Q 为激活能，表征氧化时需越过的能垒高度，同时也说明氧化过程进行的难易程度。确定 k 值时，首先绘制 $(\Delta w/s)^2$ 或 ξ^2 与 t 的关系曲线，应为一直线。直线的斜率即为 k 值。当获得一种金属在不同温度下氧化的抛物线速度常数时，对 $\ln k - \frac{1}{T}$ 作图，也应为直线，从直线的斜率可确定 Q 的值。如果出现直线是分段的，预示着不同阶段或不同温度区间的氧化机制是不同的。

7.3.2.3 立方规律

氧化增重或氧化膜厚度的立方与时间成正比，即：

$$\xi^3 = kt \tag{7-16}$$

式中，k 为速度常数。式（7－16）微分后得出：

$$\frac{d\xi}{dt}=\frac{k}{\xi^2} \tag{7-17}$$

氧化速度与增重或膜厚的平方成反比。与抛物线规律相比，符合立方规律的金属氧化时氧化速度随膜厚增加以更快的速度降低。这类金属具有更好的抗氧化性。

7.3.2.4 对数规律

当金属在低温（一般低于300～400℃）氧化时或在氧化的最初始阶段，这时氧化膜很薄（小于5nm），氧化动力学有可能遵从对数规律。其表达式可以写成：

$$\xi=k\ln(t+c_1)+c_2 \tag{7-18}$$

速度的表达式为：

$$\frac{d\xi}{dt}=A\exp(-By) \tag{7-19}$$

式中，k、c_1、c_2、A、B 皆为常数。反应的初始速度很快，但随后就降至很低。

还存在其他类型的动力学规律，如反对数规律、四次方规律。但是上面几种是常见的。应当注意到，抛物线和立方规律不适用于反应的初始时刻，因为这将意味着在时间 $t=0$ 时反应速度无穷大。实际情况下金属的氧化规律往往是比较复杂的，随温度、时间和气氛不同，金属的氧化规律发生变化。因此，接下来将详细介绍影响合金氧化的因素。

7.3.3 氧化动力学影响因素

热力学计算只能给出反应发生的方向，一个反应能否实际上发生、反应的速率取决于反应的动力学条件[4]。对于金属硅化物而言，氧分压及温度、氧的扩散速度、材料的组成成分、缺陷如裂纹气孔等，以及合金化和氧化产物都被认为是影响硅化物抗氧化性能的重要因素。

7.3.3.1 温度的影响

从 $\Delta G^{\ominus}-T$ 图可以看出，大多数金属随温度升高，氧化热力学倾向减小。但事实上，温度升高，金属氧化速度会显著增大。也就是说，温度对氧化反应的动力学过程影响显著。这主要是通过对金属和非金属扩散系数的影响而起作用的[5]，即：

$$D=D^0\exp\left(-\frac{Q_D}{RT}\right) \tag{7-20}$$

式中，D 为扩散系数；D^0 为频率因子；Q_D 为扩散激活能，随合金的化学成分和结构的不同而变化，但与温度无关，在很多情况下可以看作常数。而扩散系数与温度呈指数关系，温度越高，扩散系数越大，扩散越容易进行，导致氧化速率增大。根据抛物线速度常数的表达式（7－16）可以看出，氧化速率常数也与温度呈指数关系。因此，温度升高，抛物线速度常数增大。

7.3.3.2 氧分压的影响

一定温度下，金属－硅－氧系统中，气体组元氧分压越高，氧在硅化物中的扩散驱动力就越大，氧化反应也就进行得越迅速，即氧化反应速度越大。另外，根据 Sievet 定律，氧在合金表面的溶解度与氧分压的平方根成正比。因此，氧分压越高，氧在合金中的溶解度越大，与金属发生氧化反应的氧就越多。同时，与合金内部氧的浓度差就越大，其氧扩散驱动力也越大。因此，提高介质氧分压，可以促进金属硅化物的氧化。

图 7－2 给出了 Mo－Si－O 系统所有可能的化合物在 900～1900℃的温度范围内及不同氧分压下的化学稳定性曲线[6]（这些曲线可以外延到有 Pesting 粉化现象的低温区域）。如图 7－2 所示，随着界面氧分压的升高，$MoSi_2$ 将分解成 SiO_2 和低硅化物直至钼单质，当氧分压进一步升高，分解的钼单质也会被氧化。要避免钼的氧化，基体反应界面的氧分压必须在图 7－2 中的阴影区域以下。

结合氧分压及温度、氧的扩散对硅化物氧化的影响，即可建立氧化特性与氧分压和温度的关系，如图 7－3 所示。

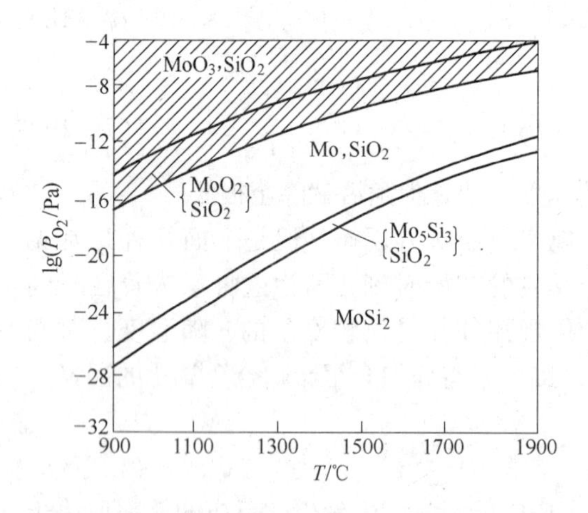

图 7－2　Mo－Si－O 系中可能化合物在不同温度和氧分压下的化学稳定性

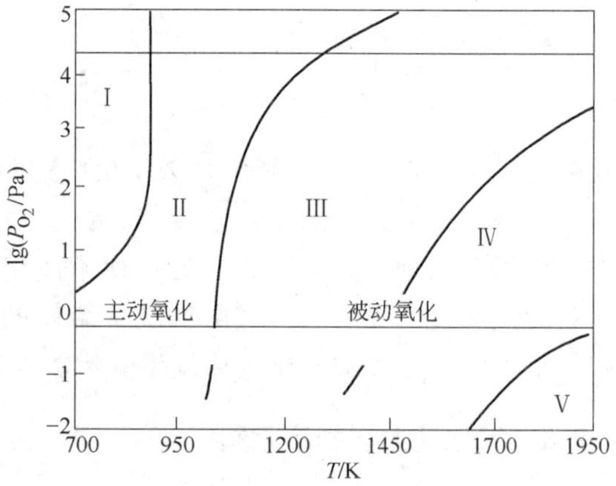

图 7－3　温度和氧分压对 $MoSi_2$ 氧化行为的影响

区域Ⅰ和Ⅱ是主动氧化区域，在此区域不会发生硅的选择性氧化，钼和硅被同时氧化。特别是在区域Ⅰ内，$MoSi_2$ 会发生 Pesting 粉化现象。在过渡区域Ⅱ内虽然不会发生 Pesting 粉化现象，但因为 MoO_3 的挥发很难形成致密的 SiO_2 氧化膜，氧化速率仍较大。区域Ⅲ和Ⅳ是被动氧化区域，由于硅发生选择性氧化从而形成了具有保护性的 SiO_2 膜，区域Ⅳ是向 SiO_2 和 MoO_3 同时挥发的Ⅴ区域的过渡区域。因此，$MoSi_2$ 的使用条件限制于区域Ⅲ内，即在常压或高的氧分压下 $MoSi_2$ 会显示出非常好的高温抗氧化性。

7.3.3.3　氧扩散的影响

对硅化物，$M_xSi_yO_2$ 的反应系统要考虑氧在固相及氧化产物中的扩散等因素，这些因素反过来影响反应的进行方式。如图 7－4 所示，当 Si 扩散到氧化界面的速度大于 Si 的氧化速度时，生成 SiO_2；当 Si 的扩散速度小于 Si 的氧化速度时，氧分压的提高，将导致金属 M 的氧化，而往往金属 M 的氧化产物不具有保护性能（如 MoO_3 具有挥发性），将导致材料抗氧化性能的恶化。

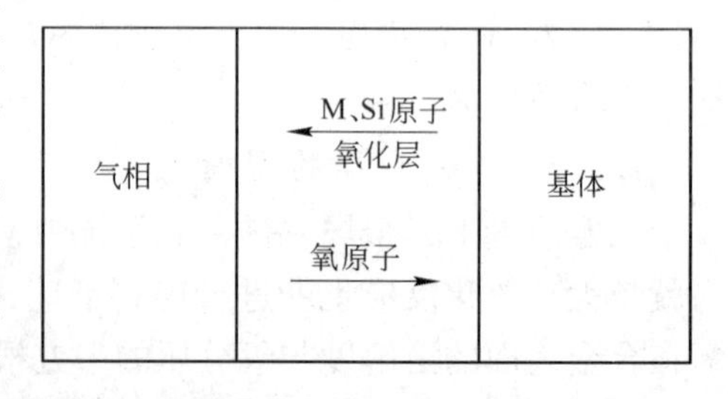

图 7－4　硅化物氧化过程中原子扩散途径

当硅氧化速率大于硅迁移速率时，界面上硅的供应不足，氧有多余，反应界面氧分压会升高，将导致硅和金属同时氧化；而当硅迁移速率大于硅氧化速率时，界面硅的浓度会升高，导致硅扩散的浓度梯度减小，使硅扩散速率下降，最终等于硅的氧化速率。只有满足硅迁移与硅氧化的平衡，$MoSi_2$ 才表现硅选择性氧化。硅的迁移涉及 $MoSi_2$ 的分解（即低硅相的生成）和硅在低硅相中的扩散两个过程，但硅的迁移速率由其在低硅相中的扩散控制，而硅氧化的速率由扩散到反应界面的氧的扩散控制。$MoSi_2$ 的氧化可以用图 7－5 来描述。

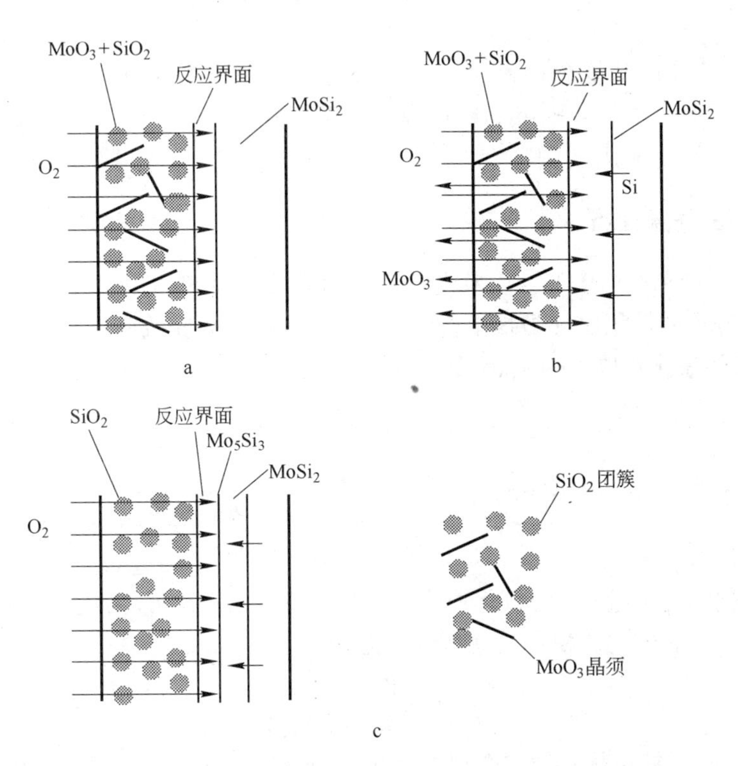

图 7－5　$MoSi_2$ 发生硅选择性氧化与硅、钼同时氧化示意图

图 7－5a 为低温 773K 时 $MoSi_2$ 的氧化示意图（为便于说明问题，图中将反应界面放大），此时硅迁移到反应界面的速率很小可忽略，氧很容易通过疏松的产物层扩散到反应界面，使界面氧分压积累到很高足以使基体氧化，表现为硅、钼同时氧化；温度升高到中温区域（1000K）时，氧化如图 7－5b 所示：MoO_3 挥发较快，SiO_2 覆盖大部分表面对氧向反应界面扩散的阻碍作用越来越大，而由于温度的升高硅迁移到反应界面的速率也越来越大，虽然钼、硅比较氧的扩散仍占优，但在反应界面氧分压依然很高，仍表现为硅、钼同时氧化；温度继续升高到了高温区域（1300K）时，氧化如图 7－5c 所示：MoO_3 完全挥发，SiO_2 覆盖了整个表面阻止了氧的扩散，氧扩散到反应界面的速率很小，而硅在高温下迁移到反应界面的速率相对较大，反应界面硅的浓度积累很高而氧分压低，表现为硅的选择性氧化，并且最终两者的扩散速率达到平衡。

7.3.3.4　材料组成的影响

材料的化学组成对材料的氧化性能有很大的影响。例如 $MoSi_2$、Mo_5Si_3、Mo_3Si，三种硅化物中抗氧化性能最强的是 $MoSi_2$。这是因为 Si 含量较高，易形成具有保护性的 SiO_2 膜，而 Mo 的含量较高时，氧化形成的富 Mo 相抗氧化能力较弱，降低了 $MoSi_2$ 的抗氧化能力。

7.3.3.5 缺陷的影响

表面缺陷对金属硅化物的氧化性能影响很大。在气孔和裂纹之类的缺陷处，具有较高的能量，氧容易扩散，是最容易发生氧化的地方；同时缺陷的存在，使 SiO_2 保护膜很难形成，尤其在低温条件下，SiO_2 的流动性较差，相对而言氧化更剧烈。

研究发现，$MoSi_2$ 基复合材料在低温氧化时，端部不平滑处首先发生氧化，并发生 Pesting 粉化现象，而其他平滑处则生成致密的 SiO_2 保护膜（图 7－6）。

图 7－6　$MoSi_2$ 基复合材料端部缺陷处优先氧化照片

7.3.4 氧化膜的完整性质

Pilling 与 Bedworth（1923 年）最先注意到氧化膜的完整性和致密性，并提出金属原子与其氧化物分子的体积比（习惯上称为 *PBR*），作为氧化膜致密性判据。1mol 金属的体积为 V_M，生成的氧化物体积为 V_{OX}，则：

$$V_M = \frac{A}{d_M} \tag{7-21}$$

式中，A 为金属原子量；d_M 为金属密度。

$$V_{OX} = \frac{M}{nd_{OX}} \tag{7-22}$$

式中，M 为氧化物分子量；n 为氧化物分子中金属原子数目；d_{OX} 为氧化物密度。

金属体积与其氧化物体积之比（*PBR*）为：

$$PBR = \frac{V_{OX}}{V_M} = \frac{Md_M}{nd_{OX}A} \tag{7-23}$$

当 $PBR<1$ 时，氧化物不能完全覆盖金属表面，称为开豁性金属，氧化膜不具有保护性；当 $PBR\approx1$ 可形成完整致密和具有保护性的氧化膜；当 $PBR>>1$ 时，由于体积比过大，氧化膜中内应力大。当应力超过了氧化膜的结合强度，氧化膜开裂与剥落，剥落处露出金属表面，因此，这类氧化膜不具有保护性，特别是在循环氧化条件下。表 7－2 列出了常用硅化物氧化后相关氧化物的 *PBR* 值[7]。

表 7－2　硅化物氧化后氧化物体积比（*PBR*）

氧化物	*PBR*	氧化物	*PBR*	氧化物	*PBR*
TiO	1.20	NbO_2	1.87	W_4O_{11}	3.03
Ti_2O_3	1.46	Ta_4O	1.05	$W_{20}O_{58}$	3.12
Ti_5O_9	1.7	Ta_2O_5	2.50	WO_3	3.35
VO	1.51	Cr_2O_3	2.07	FeO	1.78
V_2O_3	1.82	CrO_3	5.10	Fe_3O_4	2.10
VO_2	2.12	MoO_2	2.10	Fe_2O_3	2.14
$V_{12}O_{16}$	2.60	Mo_4O_{11}	3.57	Al_2O_3	1.28
V_2O_5	3.19	Mo_9O_{26}	3.5	SiO	1.88
NbO	1.37	MoO_3	3.3	SiO_2	1.72
Nb_2O_5	2.68	WO_2	2.08		

7.3.5 硅化物氧化现象及机理

7.3.5.1 Pesting 粉化现象

1955 年 Fitzer[8]发现在低温下（673 ~ 873K），$MoSi_2$ 有加速氧化的趋势，尤其在 773K 左右时，材料会因剧烈氧化而变成粉末状，这就是所谓的 Pesting 粉化现象[9]。这使得作为发热元件和高温结构材料用的 $MoSi_2$ 在这一温度范围内的使用受到限制，并且在频繁的升温和降温过程中，材料的寿命受到了很大的影响。$MoSi_2$ 的 Pesting 粉化现象示于图 7 – 7。

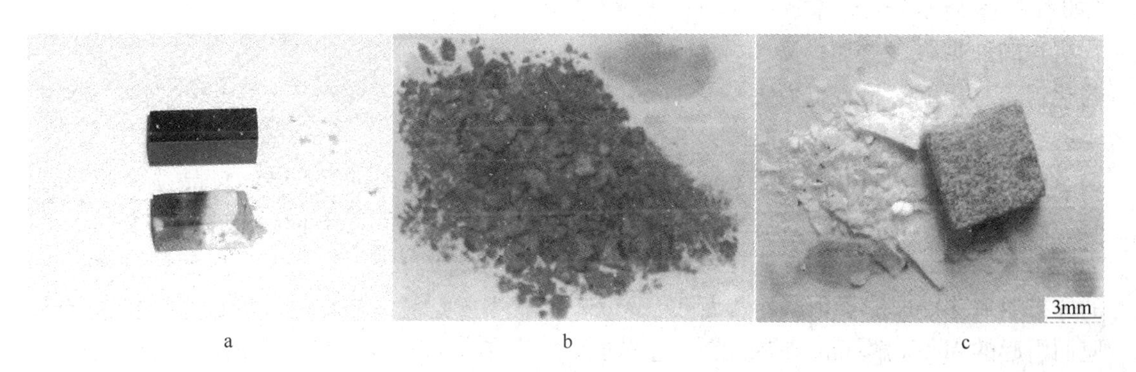

图 7 – 7 Pesting 粉化现象

a—氧化前与发生 Pesting 后的 $MoSi_2$ 基复合材料；b—单晶 $MoSi_2$；c—多晶 $MoSi_2$

7.3.5.2 Pesting 机理

关于发生 Pesting 粉化现象的原因，目前没有统一的解释。Westbrook 等人认为随着温度升高，氧在晶界的扩散富集发生 Hardening 反应，导致内应力过大发生 Pesting 粉化现象，而温度进一步升高使氧的体扩散与晶界扩散速率相当，晶界不发生氧的富集从而不发生 Pesting 粉化现象；Mckamey 等人研究发现[11,13]，含有裂纹等缺陷的 $MoSi_2$ 容易发生 Pesting 粉化现象，氧化时的体积效应导致裂纹的发展，从而发生 Pesting 粉化现象；Chou 认为 Pesting 粉化现象涉及两个动力学过程：氧的体扩散和氧的晶界扩散。对于研究较多的 $MoSi_2$ 材料，几种较有说服力的机理是：晶界扩散 Hardening 机理、预存在 Pore – and – Crack 优先氧化机理和晶界扩散氧化机理。

（1）晶界扩散 Hardening 机理。Westbook 等[10]认为发生 Pesting 粉化现象的原因是气体元素（最可能是氧气和氮气）优先在晶界扩散，同时伴有依赖温度的界面 Hardening 反应的发生。在较低温度下，氧的扩散速率很低，反应被限制在临近表面的区域，$MoSi_2$ 不会发生 Pesting 粉化现象。但随着温度的升高，氧沿晶界扩散的速率加快而氧的体扩散速率仍很低，此时，晶界因氧的富集而发生 Hardening 反应，这将使 $MoSi_2$ 材料的内应力升高，最终导致 $MoSi_2$ 发生 Pesting 粉化现象。随着温度进一步升高，氧的体扩散与沿晶界扩散的速率相当，晶界不会发生氧的富集因而不会发生晶界的 Hardening 反应，$MoSi_2$ 也就不会发生 Pesting 粉化现象。作为这种氧化机理的证据，Westbook 等人发现在 573K 时晶界处的硬度比晶内高 35%，但在 1173K 时，两者的硬度相当。然而，它不能很好地解释相对密度 >98% $MoSi_2$ 材料较难发生 Pesting 粉化现象。

(2) Pore - and - Crack 优先氧化机理。Mckamey 等[11~13]研究发现氧化优先发生在缺陷部位，$MoSi_2$ 氧化发生 Pesting 粉化现象正是由于缺陷处优先氧化并伴随大的体积效应在缺陷处产生钉楔作用的结果，这种钉楔作用导致裂纹尖端扩展产生小裂纹，这些小裂纹又优先氧化，由于钉楔作用诱发更多的裂纹，像链式反应一样，使 $MoSi_2$ 发生"Pesting 粉化现象"(如图 7-8 所示)。支持 Pore - and - Crack 氧化机理的证据很多，如：$MoSi_2$ 材料的 Pesting 粉化现象总是以穿晶断裂为主[14]；$MoSi_2$ 材料中裂纹密度随氧化时间延长而增多等[15]。

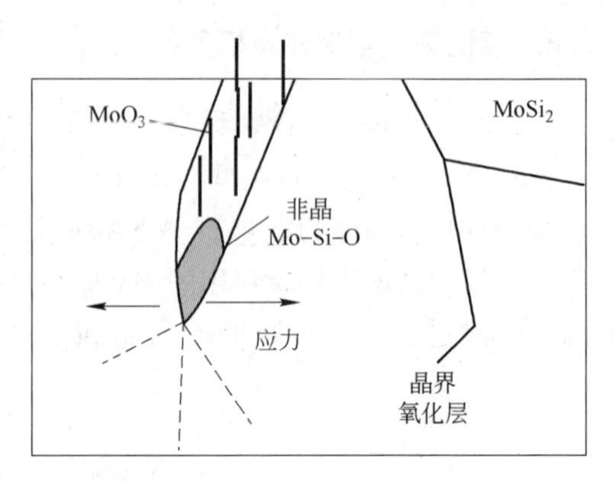

图 7-8 $MoSi_2$ 低温氧化的 Pore - and - Crack 机理示意图

(3) 晶界扩散氧化机理。Chou[16~18]基于 $MoSi_2$ 低温氧化产物（MoO_3 晶须、SiO_2 团簇、残余 $MoSi_2$ 晶粒）的形态特征，提出 $MoSi_2$ 低温氧化发生 Pesting 粉化现象涉及两个动力学过程：即氧的体扩散氧化和氧的晶界扩散氧化过程。MoO_3 晶须和 SiO_2 团簇主要是氧的体扩散氧化形成的氧化产物，而残余 $MoSi_2$ 晶粒主要是氧沿晶界扩散氧化并伴随体积效应而引起的 $MoSi_2$ 解聚的结果。前一过程主要发生在 $MoSi_2$ 单晶中，氧由单晶表面向里扩散，在单晶表面生成很薄一层 Mo - Si - O 氧化物，这层 Mo - Si - O 氧化物不稳定，随后分解为 MoO_3 晶须和 SiO_2 团簇，如图 7-9 所示，在这一过程中 MoO_3 可能挥发。

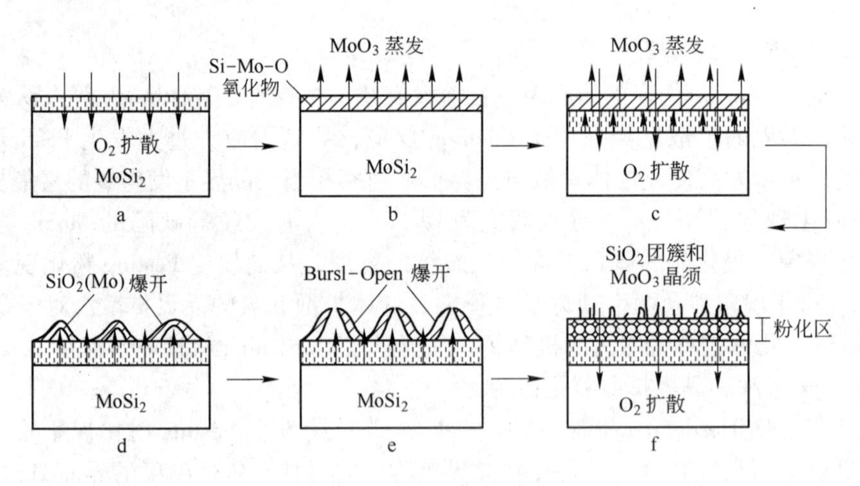

图 7-9 $MoSi_2$ 单晶低温氧化机理示意图

应该指出完整的 $MoSi_2$ 单晶不会发生 Pesting 粉化现象，因氧的体扩散只引起 $MoSi_2$ 表面的氧化，随着时间的推移氧化逐渐向里进行。但是含有裂纹、亚晶界等缺陷的单晶情况就不同，通过这些缺陷氧较容易扩散至 $MoSi_2$ 内部，使 $MoSi_2$ 内部发生氧化并伴有因体积效应而产生的钉楔作用，导致 $MoSi_2$ 发生 Pesting 粉化现象。

对于 $MoSi_2$ 多晶材料，情况就复杂多了，除了发生在表面的氧的体扩散引起的氧化外，还有氧沿晶界扩散导致的氧化，而且氧沿晶界的扩散氧化较氧的体扩散氧化过程快很多，以至这一过程在多晶 $MoSi_2$ 氧化过程中起主要作用。氧沿晶界迅速扩散，在晶界处氧化并伴有大的体积效应；这种大的体积效应在晶界产生很大的应力，以致使 $MoSi_2$ 晶粒解聚，发生 Pesting 粉化现象，如图 7－10[11] 所示。

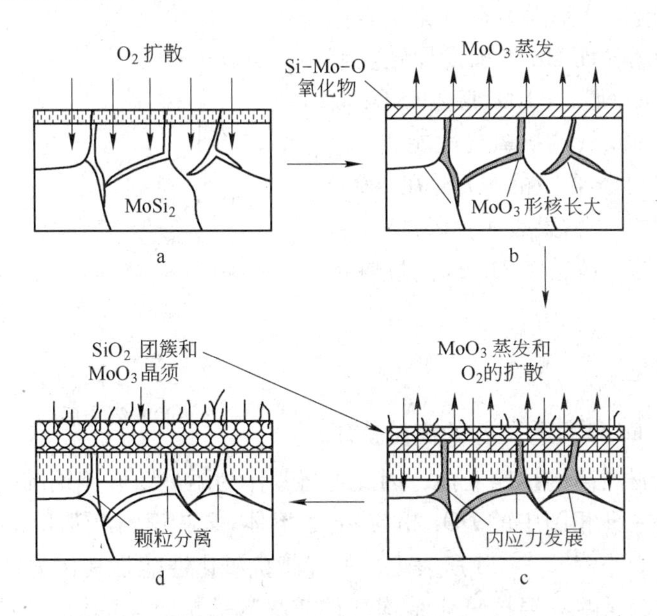

图 7－10 $MoSi_2$ 多晶材料晶界扩散氧化机理示意图

7.4 A_3B 型硅化物的氧化

7.4.1 Mo_3Si 的氧化

Mo_3Si 金属间化合物具有 *A*15 型晶体结构，是一个 Daltonide 化合物[19]。Mo_3Si 在室温下具有良好的韧性和高的熔点（2025℃），是一种较好的超高温结构材料，但是 Mo_3Si 会出现 Pesting 粉化现象，严重限制了其使用范围。为了提高 Mo_3Si 的抗氧化性能，常通过添加 Al 或 Cr 来改善其高温氧化行为。图 7－11 是不同 Al 含量的 Mo_3Si 在 1000℃ 氧化后

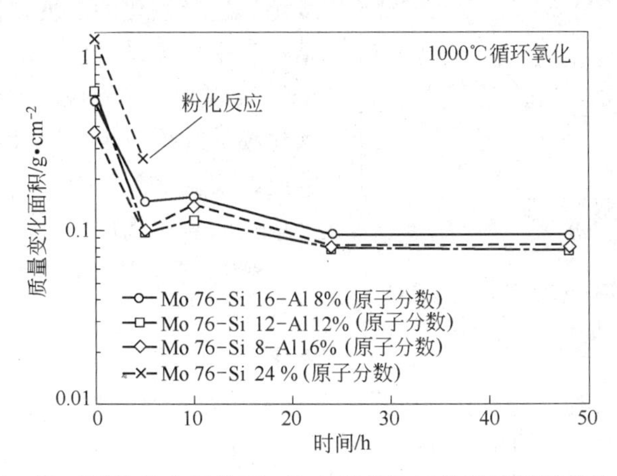

图 7－11 不同 Al 含量的 Mo_3Si 在 1000℃ 氧化后的质量变化曲线

的失重曲线[20]。从图可以看出，没有添加 Al 的 Mo_3Si 在很短的氧化时间内便出现了 Pesting 粉化现象，而添加 Al 后，提高了 Mo_3Si 的抗氧化性能。这是因为在氧化层表面形成了 Al_2O_3 保护膜，而 Mo 的挥发导致在氧化层中部形成了 SiO_2 膜，Al_2O_3 膜和 SiO_2 膜的形成大大改善了 Mo_3Si 的抗氧化性能。

图 7－12 是不同 Cr 含量的 Mo_3Si 在 900℃ 氧化后的失重曲线[21]。结果表明：添加 Cr 后形成了致密 Cr_2O_3 膜，改善了 Mo_3Si 的抗氧化性能。

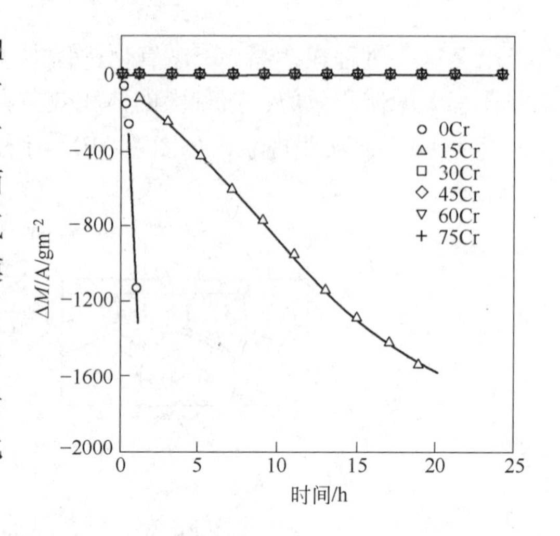

图 7－12　不同 Cr 含量的 Mo_3Si 在 900℃ 氧化后的失重曲线

7.4.2　Fe_3Si 的氧化

金属间化合物 Fe_3Si 具有良好的高温抗氧化性和比普通钢铁材料高的抗蠕变性，因此可将其作为耐热铁素体钢的高温强化相。从晶体学角度来看，Fe－Si 相图中的 DO_3 相与 Fe 固溶体 $A2$ 相有着相似的晶体结构，因此二者的点阵错配度非常小[22]。Fe_3Si 所表现出的优越抗氧化性能是其作为结构材料应用的一大优势，可将其作为某些高温抗氧化结构部件或材料的抗氧化涂层。钢铁材料表面 Si 化处理是提高材料自身抗氧化性能的有效方法，处理后的表面生成高 Si 含量的 Fe(Si) 固溶体[23]或 Fe－Si 金属间化合物[24]，提高了材料自身的高温抗氧化性能[25~27]。然而，迄今为止，关于 Fe_3Si 金属间化合物的高温氧化行为研究较少，赵红顺[28]研究了块体 Fe_3Si 在 800℃ 和 900℃ 空气环境中的氧化动力学行为，为 Fe_3Si 在高温有氧环境中的应用提供了有用的数据。

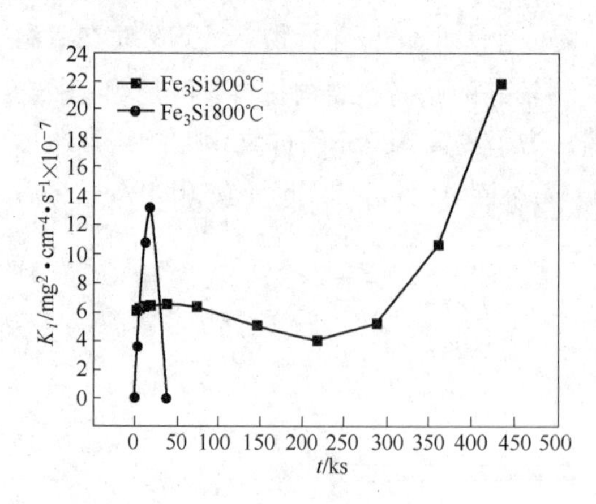

图 7－13　Fe_3Si 在不同温度下氧化速率 K_i 随氧化时间 t 的变化曲线[28]

图 7－13 为 Fe_3Si 在不同温度下，瞬时氧化速率常数 K_i 随氧化时间 t 变化曲线。可见，瞬时氧化速度常数随时间变化较为明显而非时间独立常数。同时 K_i 与 t 的曲线关系较为复杂，这与氧化的温度以及氧化产物的组成、结构有很大关系。Fe_3Si 材料的高温氧化是一个复杂现象，受到各种因素的影响，例如，氧化膜的结构、组成以及氧化的外部环境等。因此，实验得到的结果并不能很好地遵循某个单一的氧化规律。

800℃ 下，Fe_3Si 的氧化过程包括两个阶段（图 7－14a），在氧化初始阶段（10h 前）氧化动力学曲线为二次抛物线型，该阶段的氧化受原子扩散过程控制；而氧化 10h 后，氧化动力学曲线为线性关系，此阶段氧化过程受化学反应控制。900℃ 下（图 7－14b）利于生成晶态 SiO_2 并黏附于 Fe_3Si 表面形成保护膜，且在高温下 SiO_2 的自愈合能力增强，因此整个氧化动力学过程为二次抛物线型。

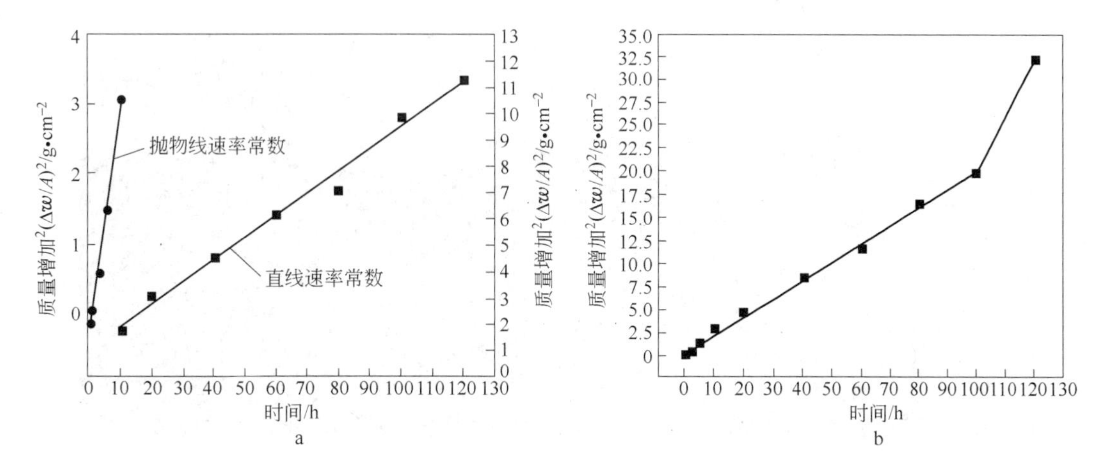

图 7 - 14 Fe_3Si 氧化过程中质量变化曲线[28]

a—Fe_3Si - 800℃；b—Fe_3Si - 900℃

图 7 - 15 是 Fe_3Si 在 800℃下氧化 120h 后的氧化产物形貌。Fe_3Si 表面不同取向的晶粒表现出不同的氧化膜断裂形貌，如图 7 - 15a 中所示的 a、b、c、d 四个区域。由于晶体不同晶面的原子排列存在差异，因此在相同的氧化条件下，参与氧化反应时表面氧化物的组成以及氧化层的结构必不同，以至于试样在冷却过程中氧化膜剥落而表现出不同的断裂

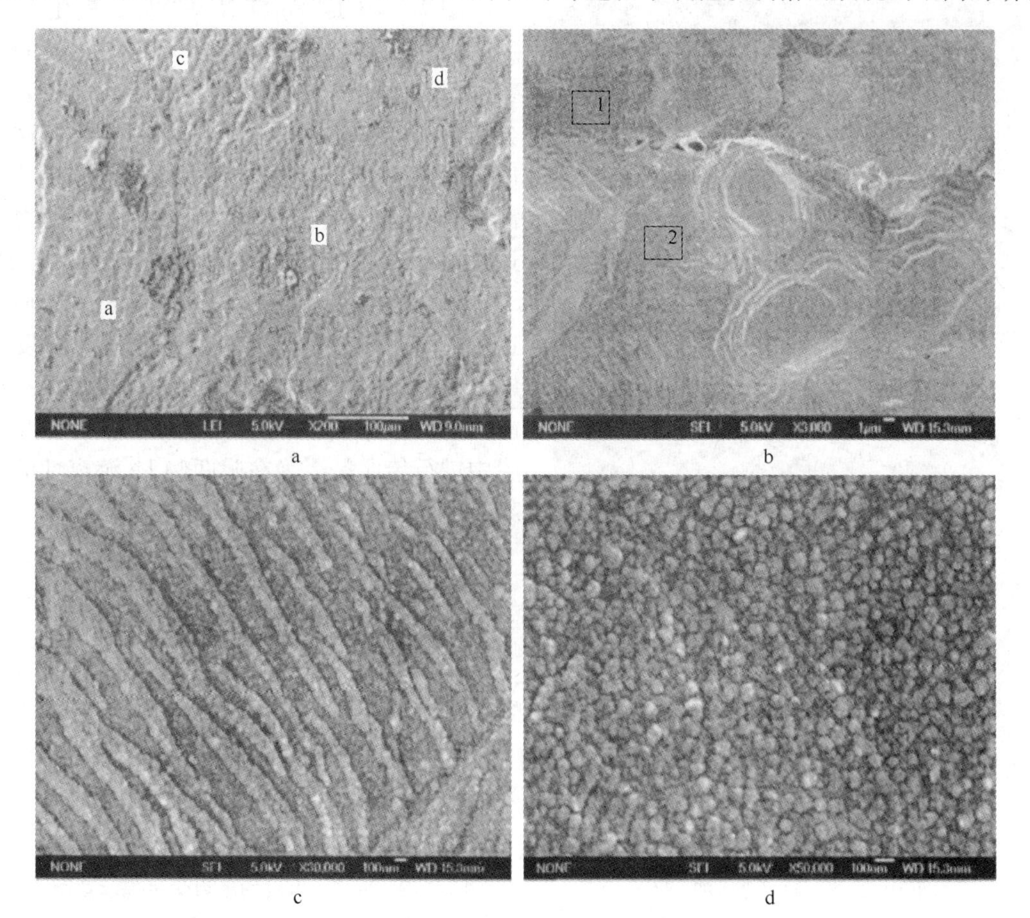

e

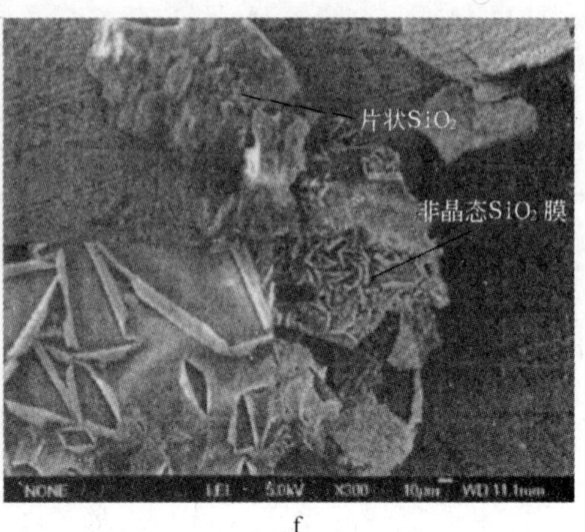

f

图 7－15　Fe_3Si 在 800℃下氧化 120h 后的氧化产物形貌[28]

形貌。图 7－15b 为晶化的氧化层形貌，图中区域 1 和区域 2 的放大图分别为图 7－15c 和 d。可见，晶化的 SiO_2 晶粒尺寸 <10nm 且有些表现出脊状的特征，另外则为细小的等轴晶。图 7－15e 和 f 为氧化后晶界处出现的裂纹，以 SiO_2 片和非晶 SiO_2 薄膜。

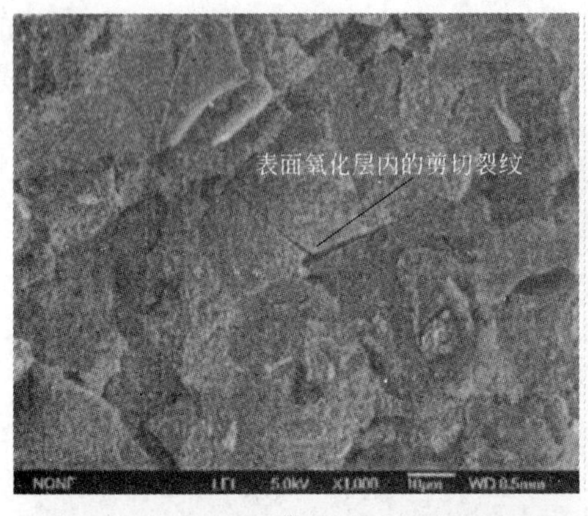

a

b

图 7－16　Fe_3Si 在 900℃下氧化 120h 后的氧化产物形貌[28]

图 7－16 是 Fe_3Si 在 900℃下氧化 120h 后的氧化产物形貌。对比 800℃氧化膜的形貌发现，900℃下在连续的 SiO_2 氧化膜表面分布许多小颗粒物，经检测为 Fe_2O_3，这是 Fe 透过晶态 SiO_2 向外扩散并氧化的结果。但需指出的是，氧化产物 Fe_2O_3 生成的动力学过程应该遵循如下过程，如图 7－17 所示。SiO_2 氧化膜对原子 Fe 有一定的渗透性，而且这种 Fe 应该是原子态的，因为在此温度下 Fe^{3+} 在非晶 SiO_2 中的扩散系数很低，而不可能生成大量颗粒状的 Fe_2O_3。Fe 能够在 SiO_2 膜中进行传质是因为在膜两侧 Fe 游离性的差异所致。

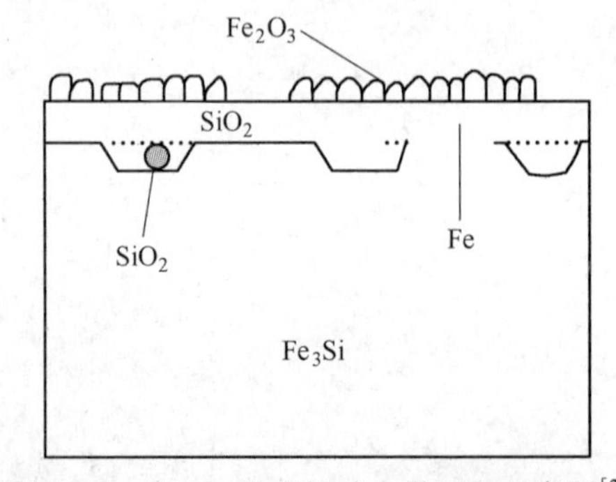

图 7－17　Fe_2O_3 生成的动力学过程示意图[28]

7.4.3 Cr_3Si 的氧化

金属间化合物材料具有优良的高温比强度和比刚度，是制造新一代先进航空航天器装置较理想的候选材料。在这些材料中，过渡金属硅化物 Cr_3Si 由于具有密度低、熔点高、高温硬度高、高温抗氧化和抗热腐蚀性能优异等突出特点，是航空航天、燃气轮机等领域中很有应用前景的新一代高温结构候选材料之一[29~32]。

近年来有关金属硅化物 Cr_3Si 氧化的研究逐渐引起人们的关注。孙爱民[33]研究了三种不同硅含量的 Cr_3Si 基合金（原子分数：Cr－25Si、Cr－23.1Si、Cr－20Si）在 850℃、1150℃和1400℃静态空气中的循环氧化行为。结果表明三种合金在850℃和1150℃下具有良好的抗氧化性，同时发生 CrO_3 的挥发现象（图7－18a 和 b）；在1400℃只有 Cr－25Si（原子分数）表现出好的抗氧化性，其他两种合金氧化比较严重（图7－18c）。图7－19和图7－20 为不同硅含量 Cr_3Si 基合金在850℃和1400℃氧化100h 的表面氧化形貌。从图可知，随着氧化温度的提高，氧化物的组织逐渐变得粗大。结合氧化后合金表面的 X 射线衍射（XRD）分析可知，在低温下氧化，三种合金生成以 Cr_2O_3 为主的氧化层（图7－19）；在高温下氧化生成 SiO_2 和 Cr_2O_3 混合体为主的氧化层（图7－20），其中 Cr－25Si（原子分数）合金的氧化层为 SiO_2 为主的 SiO_2和 Cr_2O_3 混合体，另外两种合金的氧化层以 Cr_2O_3 为主。以 Cr_2O_3 为主的氧化层，在1150℃下具有较好的抗氧化性，而在1400℃只有形成以 SiO_2 为主的氧化层才具有较好的抗氧化性。

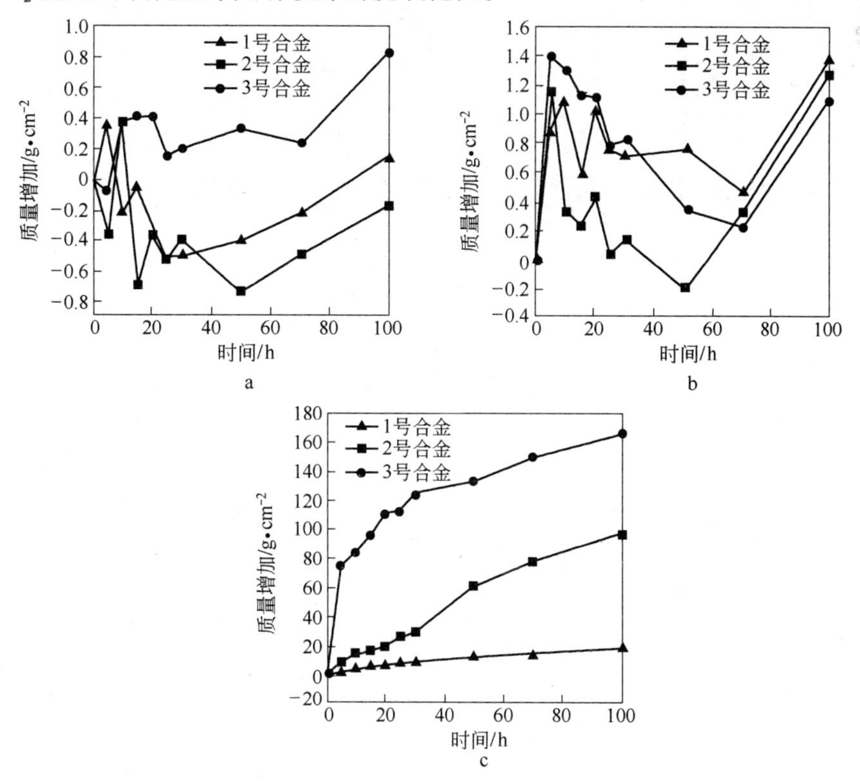

图7－18 不同硅含量 Cr_3Si 基合金100h 循环氧化增重动力学曲线

a—850℃；b—1150℃；c—1400℃

（1号合金：Cr－25Si，2号合金：Cr－23.1Si，3号合金：Cr－20Si）

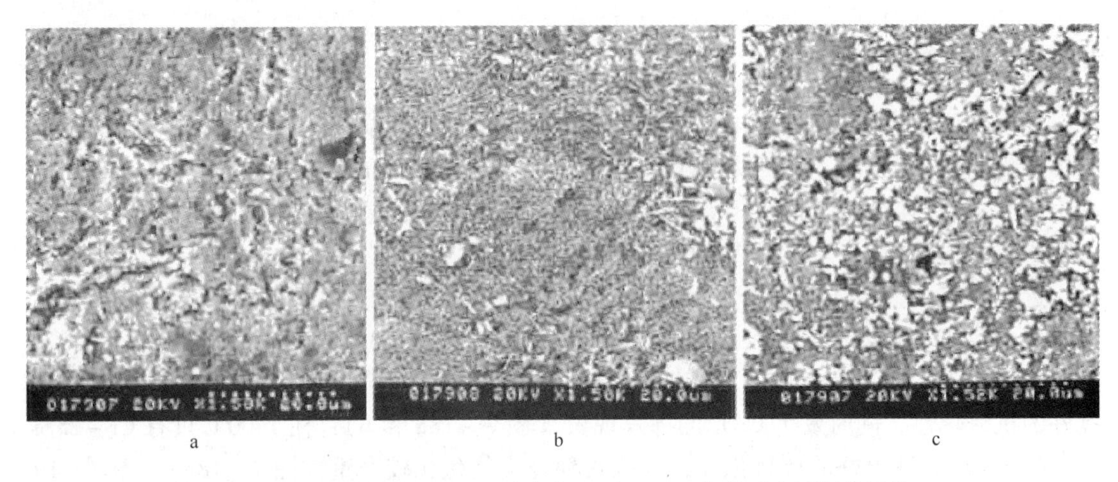

图 7 - 19　不同硅含量 Cr_3Si 基合金 850℃/100h 氧化后表面氧化形貌

a—Cr - 25Si；b—Cr - 23. 1Si；c—Cr - 20Si

图 7 - 20　不同硅含量 Cr_3Si 基合金 1400℃/100h 氧化后表面氧化形貌

a—Cr - 25Si；b—Cr - 23. 1Si；c—Cr - 20Si

7.5　AB_2 型硅化物的氧化

7.5.1　$MoSi_2$ 及其复合材料的低温氧化行为

$MoSi_2$ 作为一种有前途的高温结构材料，其抗氧化性能的研究具有重要意义[34]。如前所述，早在 1955 年，Fitzer[35] 首次发现 $MoSi_2$ 的 Pesting 粉化现象，即 $MoSi_2$ 在 400 ~ 600℃ 氧化时会由块状变为粉末，引起材料灾难性的毁坏，其原因归于氧化形成的 MoO_3 的挥发性使生成的 SiO_2 保护膜不连续和松散。Meschter[36] 则认为在 500℃ 氧化速率比低于或高于此温度时要快得多，且质量变化与氧化时间呈线性关系，Pesting 粉化现象并不是 $MoSi_2$ 的本质特征，坯块中的孔隙和裂纹可能导致了 Pesting 粉化现象的发生。张厚安[37] 研究了 $MoSi_2$ 的低温氧化行为，研究结果表明：$MoSi_2$ 坯块低温氧化 480h 未发生 Pesting 粉化现象。Pesting 粉化现象的发生与氧化层中相的组成有密切关系，避免 MoO_3 的直接生成，保证 SiO_2 保护膜的致密化是克服该现象的有效措施。

为了改善 $MoSi_2$ 的室温韧性和高温强度，Al_2O_3、SiC 和 Si_3N_4 等颗粒或晶须被用作增强体，通过各种工艺制备了 $MoSi_2$ 基复合材料。这些增强体的引入对 $MoSi_2$ 复合材料的氧化行为有什么样的影响，很多作者做过专门的研究。Si_3N_4 在氧化条件下可以生成 SiO_2（式（7－24））；当氧分压较低时，还可能生成 Si_2N_2O（式（7－25）），根据 Hebsur 等人的研究[37]，Si_2N_2O 可以对基体起到保护作用。

$$Si_3N_4 + 3O_2 \longrightarrow 3SiO_2 + 2N_2 \quad (7-24)$$

$$Si_3N_4 + 3/4O_2 \longrightarrow 2/3Si_2N_2O + 1/2N_2 \quad (7-25)$$

根据周秋生等人[38]的研究，SiC 在氧化条件下会生成 SiO_2 和 CO_2，在一定条件下可以生成 SiO_2 和 C，具体反应式如下：

$$SiC + 2O_2 \longrightarrow SiO_2 + CO_2 \quad (7-26)$$

$$SiC + O_2 \longrightarrow SiO_2 + C \quad (7-27)$$

因此，笔者研究了 Si_3N_4 颗粒和 SiC 晶须强韧化 $MoSi_2$ 复合材料在 500℃ 下的氧化行为。

图 7－21 为 Si_3N_4 颗粒和 SiC 晶须强韧化 $MoSi_2$ 复合材料在 500℃ 氧化后的宏观形貌。$MoSi_2$ 表面生成白色的氧化层，其棱边可看到裂纹（图 7－21a）；$MoSi_2$－20% Si_3N_4 的表面生成了淡黄色的氧化层，并有粉末脱落痕迹（图 7－21b）；$MoSi_2$－40% Si_3N_4、$MoSi_2$－20% SiC（纳米）、$MoSi_2$－40% SiC（纳米）、$MoSi_2$－20% SiC（微米）、$MoSi_2$－40% SiC（微米）和 $MoSi_2$－20% Si_3N_4/20% SiC（纳米）表面生成了黑色致密的氧化层（图 7－21c～h）；而 $MoSi_2$－20% Si_3N_4/20% SiC（微米）产生了大量的粉末状氧化产物，发生了严重的 Pesting 粉化现象（图 7－21i）。

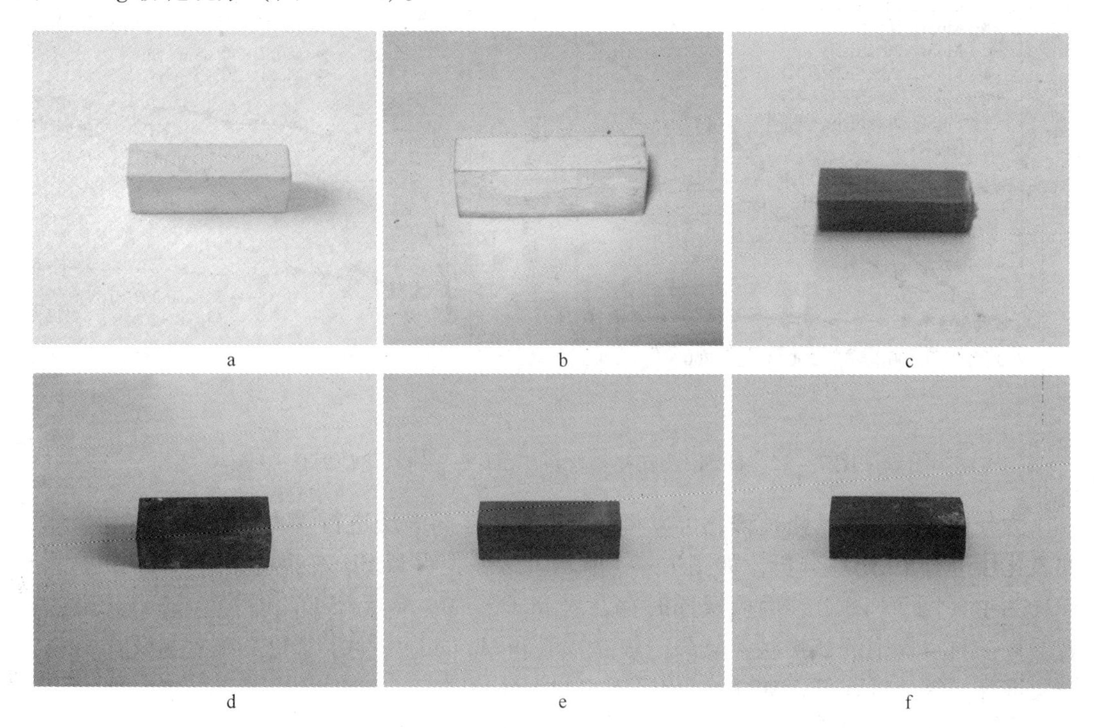

图 7 - 21　$MoSi_2$ 及其复合材料 500℃氧化后的宏观形貌

a—$MoSi_2$；b—$MoSi_2$ - 20% Si_3N_4；c—$MoSi_2$ - 40% Si_3N；d—$MoSi_2$ - 20% SiC（纳米）；
e—$MoSi_2$ - 40% SiC（纳米）；f—$MoSi_2$ - 20% SiC（微米）；g—$MoSi_2$ - 20% SiC（微米）；
h—$MoSi_2$ - 20% Si_3N_4/20% SiC（纳米）；i—$MoSi_2$ - 20% Si_3N_4/20% SiC（微米）

图 7 - 22 是 Si_3N_4 颗粒和 SiC 晶须强韧化 $MoSi_2$ 复合材料在 500℃的氧化动力学曲线。$MoSi_2$ 和 $MoSi_2$ - 20% Si_3N_4 的氧化增重非常明显，氧化遵循直线规律，而添加了纳米 SiC 晶须的 $MoSi_2$ - 20% SiC（纳米）、$MoSi_2$ - 40% SiC（纳米）和 $MoSi_2$ - 20% Si_3N_4/20% SiC（纳米）只是在氧化初始阶段出现微量增重后不再增重，表现出良好的抗氧化性（图 7 - 22a）。$MoSi_2$ - 20% SiC（微米）只在前 36h 有少量氧化增重；添加 40vol. % Si_3N_4 的 $MoSi_2$ - 40% Si_3N_4 和添加 40vol. % SiC 的 $MoSi_2$ - 40% SiC（纳米）的氧化遵循抛物线规律；而 $MoSi_2$ - 20% Si_3N_4/20% SiC（微米）在氧化初始阶段便开始迅速增重，到 120h 时，端部出现大量的粉末状氧化产物，即发生了剧烈的 Pesting 粉化现象（图 7 - 22b）。

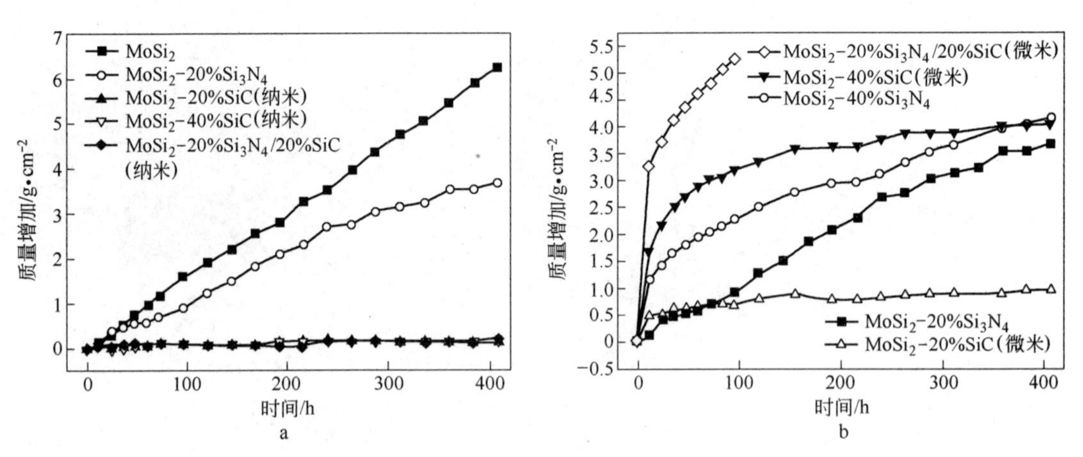

图 7 - 22　$MoSi_2$ 及其复合材料在 500℃下的氧化动力学曲线

为分析 $MoSi_2$ 的氧化过程，可以将 $MoSi_2$ 氧化层的表层进行剥离，并对表层和基体上的氧化层进行了 XRD 分析，如图 7 - 23 所示。结果表明 $MoSi_2$ 表面主要以 MoO_3 和非晶态 SiO_2 为主（图 7 - 23a），而内层同时存在着 MoO_3、Mo_5Si_3 和 SiO_2（图 7 - 23b）。原因是表层直接与空气中的氧接触，氧分压较高，Si 和 Mo 同时发生了氧化。随着氧化向材料的内层推进，氧分压降低，Mo 的氧化受到抑制，MoO_3 较少。

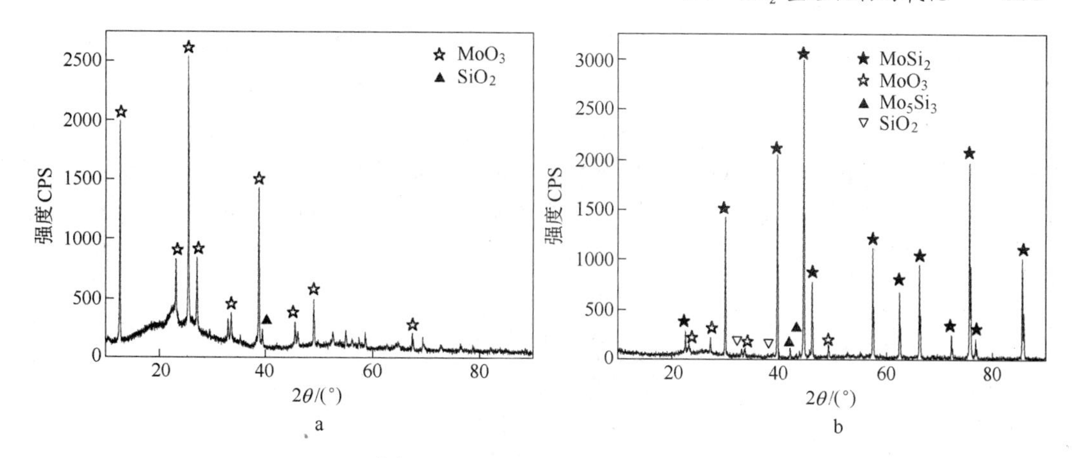

图 7-23 $MoSi_2$ 氧化层 XRD 谱

a—表层；b—内层

图 7-24 为 $MoSi_2$-20% SiC（纳米）和 $MoSi_2$-20% Si_3N_4/20% SiC（纳米）氧化层的 XRD 谱图。从图中可以看出 $MoSi_2$-20% SiC（纳米）、$MoSi_2$-20% Si_3N_4/20% SiC（纳米）表面均生成了 SiO_2 和 Na_2MoO_4。S. Singhal 等人[39]的研究表明，SiC 所含杂质在氧化过程中会不断向外扩散，最终富集在氧化层中，因此这里的 Na_2MoO_4 很可能是由纳米 SiC 晶须中的杂质 Na 元素向外扩散氧化并与 MoO_3 反应生成的。其生成过程为：

$$NaMgAlF_6 \xrightarrow{\text{分解}} \text{Na 元素} \xrightarrow{\text{向外扩散氧化}} Na_2O + MoO_3 \rightarrow Na_2MoO_4$$

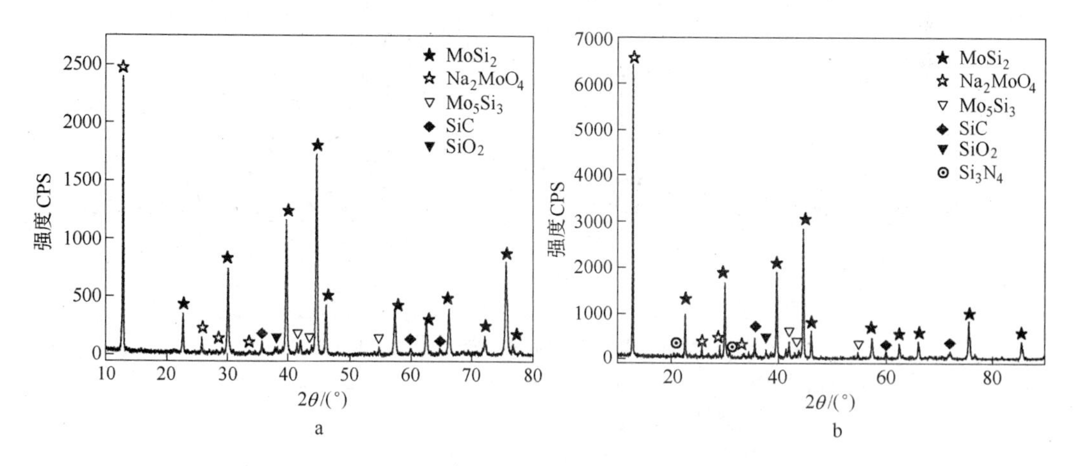

图 7-24 $MoSi_2$ 复合材料氧化层 XRD 谱

a—$MoSi_2$-20% SiC（纳米）；b—$MoSi_2$-20% Si_3N_4/20% SiC（纳米）

图 7-25 为 $MoSi_2$-20% Si_3N_4、$MoSi_2$-40% Si_3N_4、$MoSi_2$-20% SiC（微米）氧化层和 $MoSi_2$-20% Si_3N_4/20% SiC（微米）发生 Pesting 粉化现象后所得粉末的 XRD 图谱。$MoSi_2$-20% Si_3N_4 的主要氧化产物为 MoO_3 和少量的 Si_2N_2O（图 7-25a），而 $MoSi_2$-40% Si_3N_4 只有少量的 MoO_3 生成；另外生成了相对较多的 Si_2N_2O（图 7-25b）。结合氧化动力学曲线分析可知，添加 20% Si_3N_4（体积分数）所生成的 Si_2N_2O 不足以阻止 Pesting 粉化现象的发生，而 Si_3N_4 含量增加到 40%（体积分数）后氧化生成的 Si_2N_2O 对材料具有

良好的保护作用，这与 Hebsur[37] 的结论是一致的。$MoSi_2$ -20% SiC（微米）氧化层中主要为 SiO_2，并未发现 MoO_3（图 7-25c），这是因为 SiC 与氧发生反应生成的 SiO_2，阻碍了氧与 $MoSi_2$ 的氧化反应，这对基体起到了很好的保护作用。但是 SiC 含量的增加将导致材料致密度的下降，所以 $MoSi_2$ -40% SiC（微米）抗氧化性相对较弱。$MoSi_2$ -20% Si_3N_4/20% SiC（微米）氧化粉末中，除了大量的 MoO_3 和少量的 Si_2N_2O 外，还发现有 $MoSi_2$ 和 SiC（图 7-25d）。

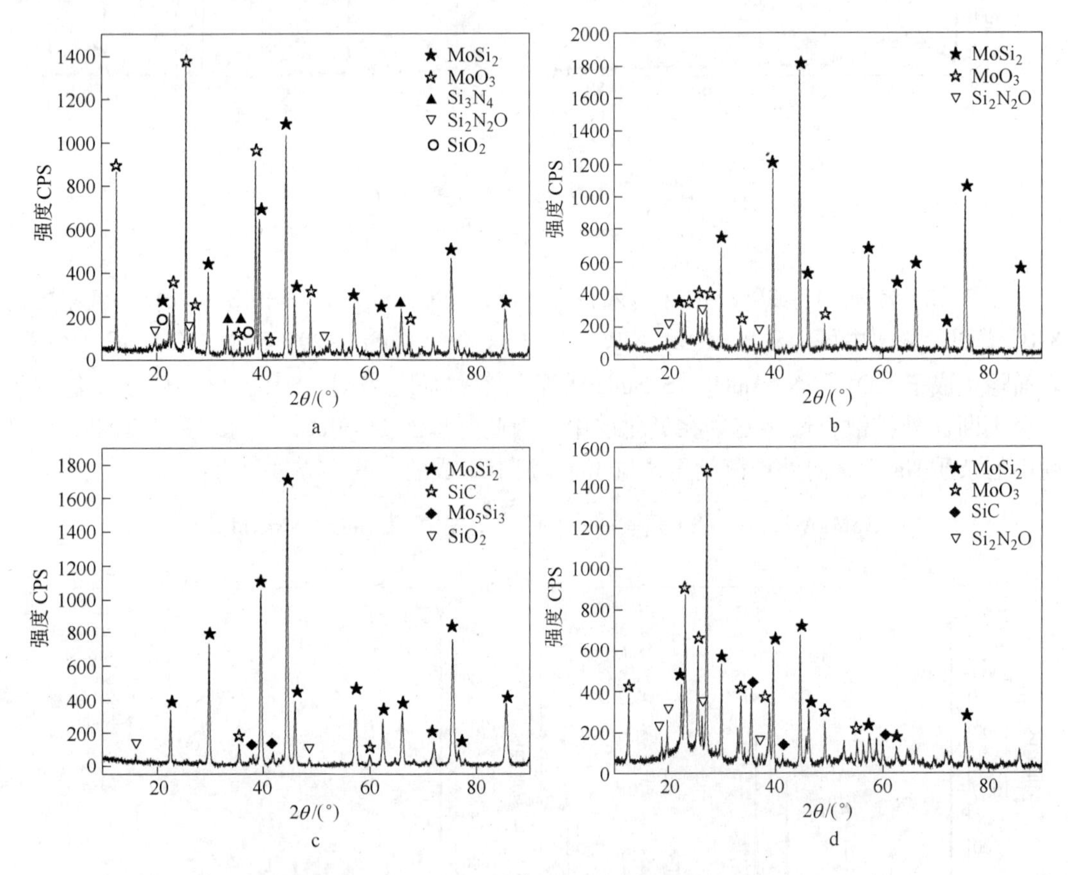

图 7-25 $MoSi_2$ 及其复合材料的氧化 XRD 谱

a—$MoSi_2$ -20% Si_3N_4；b—$MoSi_2$ -40% Si_3N_4；c—$MoSi_2$ -20% SiC（微米）；d—$MoSi_2$ -20% Si_3N_4/20% SiC（微米）氧化粉末

图 7-26 为 $MoSi_2$ 氧化表层和内层的形貌。$MoSi_2$ 氧化表层结构疏松，生成了大量的针状 MoO_3 及团簇状产物（图 7-26a），能谱分析发现 O、Si 和 Mo 的元素比约为 63：27：10，结合 XRD 分析结果，可以认为是大量 SiO_2 与少量 Mo_5Si_3 混合物。而氧化层的内层可以看到少量针状的 MoO_3（图 7-26b），EDS 和 XRD 结果表明其他区域为 Mo_5Si_3 和 SiO_2 混合物。结合热力学分析，可以认为 $MoSi_2$ 的氧化过程为：氧化层表层直接与空气中的氧气接触，Si 和 Mo 同时发生了氧化，产生大量的 MoO_3，随着氧化向材料的内层推进，产生 Mo_5Si_3 和 MoO_3，但是氧分压相对较低，Mo_5Si_3 的进一步氧化受到一定的抑制，因此 MoO_3 比表层要少。

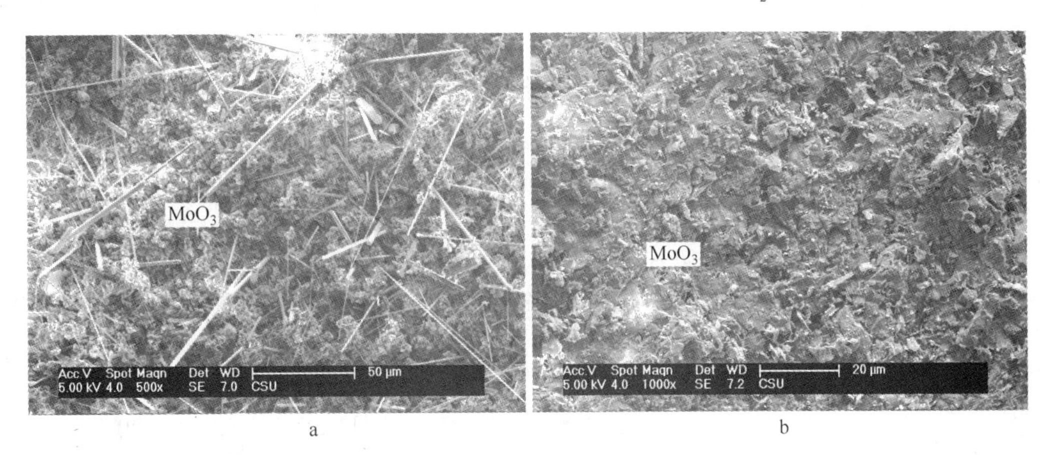

图 7-26 $MoSi_2$ 氧化层形貌

a—表层；b—内层

为揭示添加纳米 SiC 晶须后 $MoSi_2$ 复合材料抗氧化性能大幅提高的原因，对 $MoSi_2$ - 20% SiC（纳米）和 $MoSi_2$ - 20% Si_3N_4/20% SiC（纳米）氧化层进行了扫描分析，结果如图 7-27 所示。$MoSi_2$ - 20% SiC（纳米）和 $MoSi_2$ - 20% Si_3N_4/20% SiC（纳米）表面均生

图 7-27 $MoSi_2$ - 20% SiC（纳米）和 $MoSi_2$ - 20% Si_3N_4/20% SiC（纳米）氧化层形貌

a—$MoSi_2$ - 20% SiC（纳米）；b—$MoSi_2$ - 20% Si_3N_4/20% SiC（纳米）；

c—$MoSi_2$ - 20% Si_3N_4/20% SiC（纳米）氧化层截面

成了一层致密的平行四边形鳞片状结晶体，能谱发现 Na、Mo、O 和 Si 的元素组成比约为 23：14：60：3（图 7 - 28a），结合 XRD 分析，可以推断这种结晶体为 Na_2MoO_4 和少量 SiO_2。从 $MoSi_2$ - 20% Si_3N_4/20% SiC（纳米）的氧化层截面背散射图片（图 7 - 27c）可以看到致密的氧化层，其厚度约 8μm，氧化层与基体的结合紧密，中间存在包含 Mo_5Si_3 的过渡层，紧邻过渡层存在灰色区域。

能谱分析结果发现氧化层中存在 C、O、Si 以及少量的 Mo、Na、Mg、Al 元素（图 7 - 28b），结合 XRD 分析，可以认为该氧化层为 SiO_2、Na_2MoO_4 和 C 及少量杂质组成。而灰色区域为杂质元素的聚集区（图 7 - 28c）。

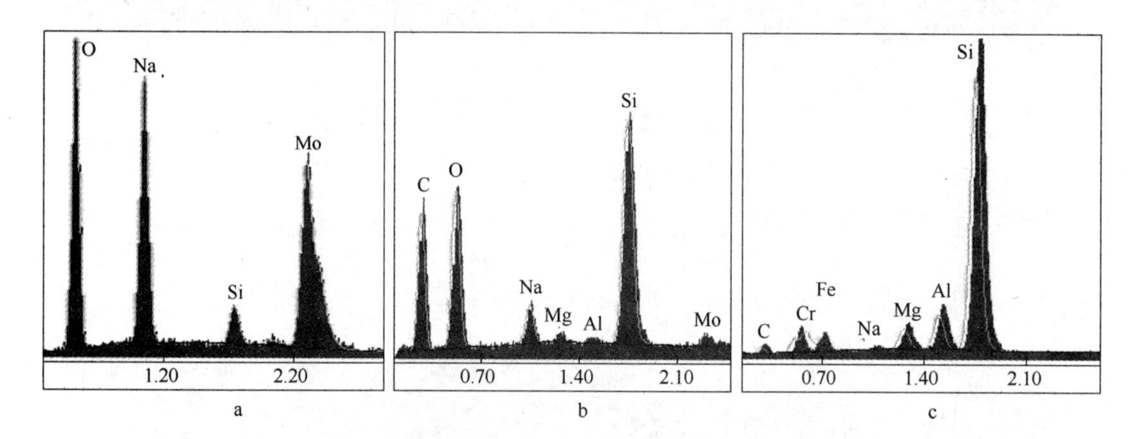

图 7 - 28　氧化截面能谱图

a—鳞片状结晶体；b—氧化层；c—灰色区域

从元素扩散的角度分析其氧化过程，杂质元素从基体向外层扩散，氧从空气中向基体层扩散。在试样表层氧与 $MoSi_2$、SiC 反应生成 Mo_5Si_3、MoO_3 和 SiO_2，其中 MoO_3 除少部分挥发以外，剩余的与扩散至表层的 Na 和 O_2 反应生成 Na_2MoO_4，形成紧密排列的结晶体覆盖在表层，增加了氧的扩散难度。随着氧继续扩散，Mo_5Si_3 被消耗，所生成的 MoO_3 继续与 Na、O_2 反应生成 Na_2MoO_4，而 $MoSi_2$ 被氧化维持 Mo_5Si_3 的存在，形成一个过渡层。氧化膜增加到一定厚度之后，氧分压过低，氧化反应停止，图 7 - 29 为此氧化过程的示意图。

未添加纳米 SiC 晶须的复合材料氧化层形貌如图 7 - 30 所示。$MoSi_2$ - 20% Si_3N_4 的氧化层表层由长条状的 MoO_3 组成，并黏附着少量的 SiO_2，结构疏松（图 7 - 30a），氧化层内层存在大量孔洞，氧化产物为针状 MoO_3 和 Mo_5Si_3，SiO_2 和微量 Si_2N_2O（图 7 - 30b），可见 $MoSi_2$ - 20% Si_3N_4 的抗氧化性能很差。

相比 $MoSi_2$ - 20% Si_3N_4 而言，$MoSi_2$ - 40% Si_3N_4 具有很好的抗氧化性能，这是因为表面生成了致密的保护膜，其氧化表面存在少量针状的 MoO_3 等产物（图 7 - 30c），可见，在氧化一段时间之后，产生的 Si_2N_2O 和 SiO_2 形成致密的膜，降低了氧气的扩散速率，这与 Hebsur 的研究结果一致。

在 $MoSi_2$ - 20% SiC（微米）氧化表面也生成了致密的氧化层（图 7 - 30d），可见纯净的微米 SiC 晶须也有利于 $MoSi_2$ 复合材料抗低温氧化性能的提高。这是因为 SiC 与 O_2 反应

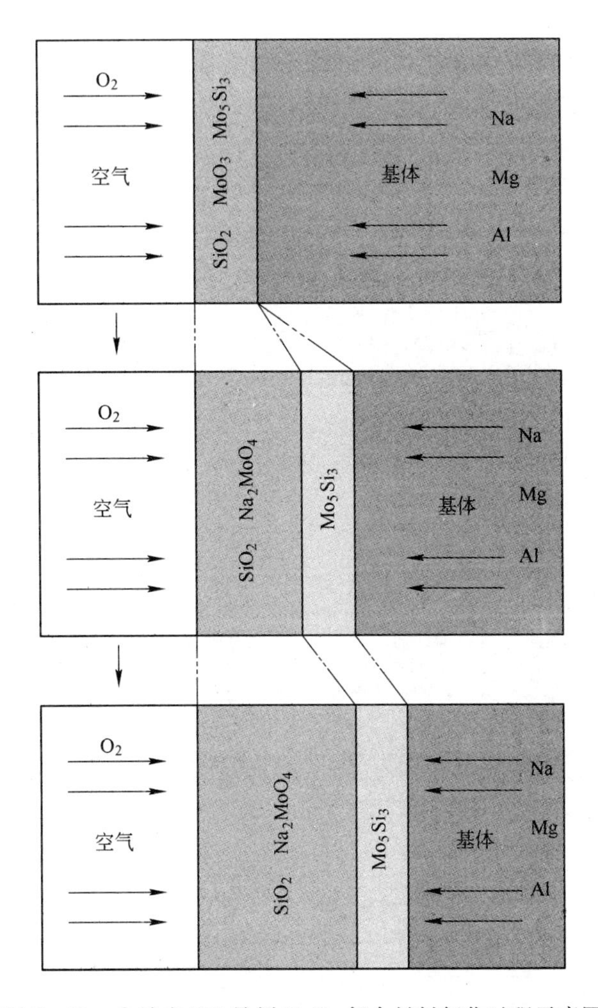

图 7-29 含纳米 SiC 晶须 $MoSi_2$ 复合材料氧化过程示意图

生成的 SiO_2 对基体具有很好保护作用所致。

而 $MoSi_2$ - 20% Si_3N_4/20% SiC（微米）氧化表面疏松，并且可以看到大量针状 MoO_3 以及团簇状产物（图 7-30e）。

研究结果表明 $MoSi_2$ - 20% Si_3N_4/20% SiC（纳米）具有良好的抗氧化性能，而 $MoSi_2$ - 20% Si_3N_4/20% SiC（微米）则发生了严重的 Pesting 粉化现象，其原因为：

（1）纯净的微米 SiC 晶须中不包含 Na 的杂质，无法形成对基体起到保护作用的 Na_2MoO_4 结晶体；

（2）$MoSi_2$ - 20% Si_3N_4/20% SiC（微米）中 Si_3N_4 含量不足以形成 Si_2N_2O - SiO_2 保护膜；

（3）氧化及称重过程类似于热循环，而 SiC、Si_3N_4 与 $MoSi_2$ 的线膨胀系数差距较大，因此强化相与基体之间存在较大的热应力，可能导致相界面开裂。氧化过程中，在表面无法形成保护膜的情况下，氧化沿相界面存在裂纹的方向推进，在氧化产物 MoO_3 体积效应和热应力的共同作用下产生了 Pesting 粉化现象。

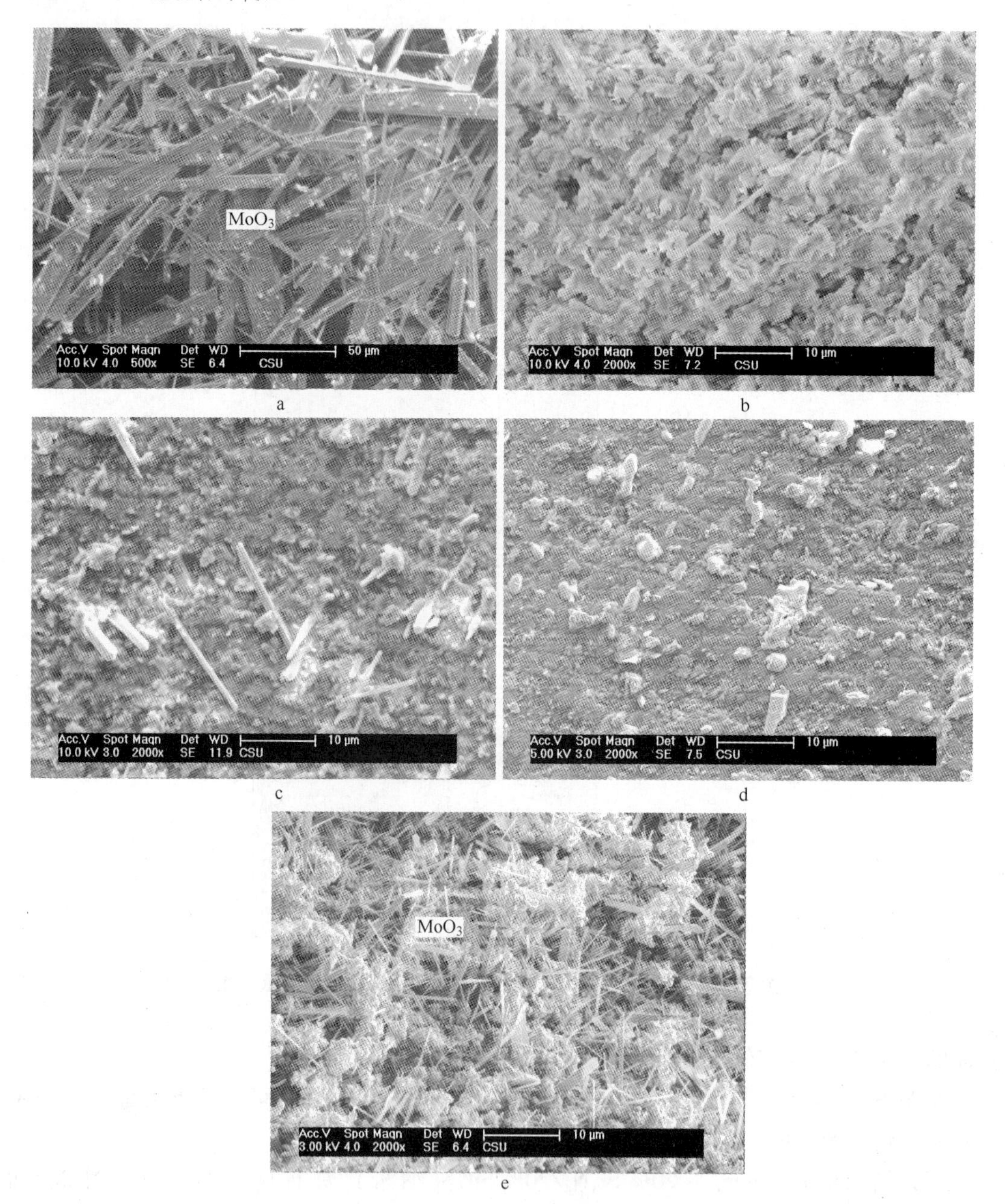

a　b　c　d　e

图 7－30　$MoSi_2$ 复合材料氧化表面形貌

a—$MoSi_2$－20% Si_3N_4 外层；b—$MoSi_2$－20% Si_3N_4 内层；c—$MoSi_2$－40% Si_3N_4；
d—$MoSi_2$－20% SiC（微米）；e—$MoSi_2$－20% Si_3N_4/20% SiC（微米）

7.5.2　$MoSi_2$ 及其复合材料的高温氧化行为

$MoSi_2$ 在高温下能形成自愈合的 SiO_2 玻璃膜，所以 $MoSi_2$ 在 1000℃以上具有很好的抗氧化性能。但在高温下，保护膜的次表面区域是否存在 Mo_5Si_3 存在争议，一种观点[40]认为：膜和 $MoSi_2$ 界面的氧分压低，阻止了 MoO_3 的进一步形成，发生的反应主要是：

$$5MoSi_2 + 7O_2 \longrightarrow Mo_5Si_3 + 7SiO_2 \quad (7-28)$$

作为高温结构材料使用的 $MoSi_2$ 复合材料预期的服役温度为 1200℃左右。在 1200℃或更高的温度，Si 在 Mo_5Si_3 中的扩散速率比氧在 SiO_2 中的扩散速率大几个数量级，所以维持 SiO_2 的稳定不需要分解 Mo_5Si_3，发生的反应为：

$$3Mo_5Si_3 + 4O_2 \longrightarrow 5Mo_3Si + 4SiO_2 \quad (7-29)$$

另一种观点认为富钼相中的钼可以通过 SiO_2 膜扩散，在 1200℃或更高温度时，次表面 Mo_5Si_3 会贫化，同时，鳞石英 SiO_2 转换为方石英 SiO_2，而 MoO_3 在方石英中的扩散比在鳞石英中快。Mo_5Si_3 的贫化表明 MoO_3 的生成和挥发比 SiO_2 的形成更快，基于这个原因，高于 1400℃时，次表面不会生成 Mo_5Si_3。

张厚安研究了 1200℃下 $MoSi_2-Mo_5Si_3$ 的氧化性能，发现复合材料 Mo_5Si_3 在高温下极易氧化生成挥发性的 MoO_3 和 SiO_2，使材料的高温抗氧化性能急剧下降。近年来，关于添加 SiC、Si_3N_4、TiB_2、ZrO_2 等陶瓷相的二硅化钼复合材料的高温氧化行为人们进行了不少研究。结果表明，复合材料在 800～1500℃形成了保护性的 SiO_2，因而具有很好的抗高温氧化性。其中 $MoSi_2-SiC$ 的高温抗氧化性更加优异，这是因为发生了如下反应：

$$SiC + O_2 \longrightarrow SiO_2 + CO\uparrow \quad (7-30)$$

但 $MoSi_2-SiC$ 的循环氧化性能较弱，这是因为 SiC 与 $MoSi_2$ 的线膨胀系数（CET）不匹配而导致微裂纹的发生。$MoSi_2-Si_3N_4$ 高温抗氧化性能卓越，有研究表明 Si_3N_4 在高温下氧化产生了 Si_2N_2O 膜，起到很好的保护作用。

作者对 Si_3N_4 颗粒和 SiC 晶须强韧化 $MoSi_2$ 复合材料在 1200℃下的氧化行为也进行了研究。

图 7－31 为 $MoSi_2$ 及其复合材料在 1200℃的氧化动力学曲线。在氧化初期，$MoSi_2$、$MoSi_2-20\%Si_3N_4$、$MoSi_2-20\%SiC$（微米）和 $MoSi_2-20\%Si_3N_4/20\%SiC$（微米）均表现为氧化增重，而 $MoSi_2-40\%Si_3N_4$ 和 $MoSi_2-40\%SiC$（微米）表现为氧化失重；氧化 2～6h 后，材料重量变化基本停止。

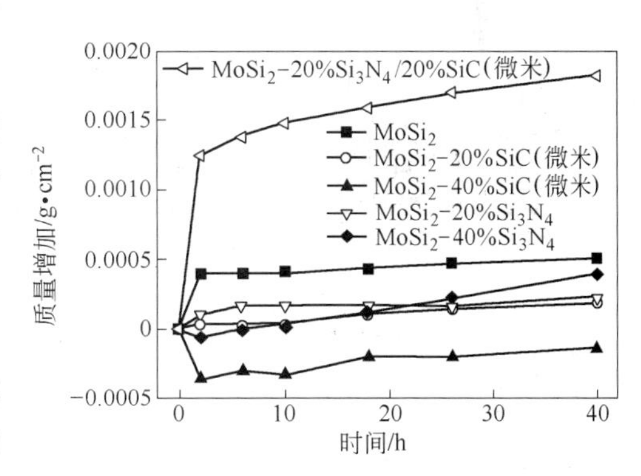

图 7－31 $MoSi_2$ 及其复合材料在 1200℃下的氧化动力学曲线

$MoSi_2$ 材料的增重与失重由高温下的生成物决定。在高温下 $MoSi_2$ 主要生成 Mo_5Si_3 和 MoO_3。前者不挥发而表现为增重，而 MoO_3 沸点为 1155℃，且易挥发，因此表现为失重。因此材料的失重或增重取决于两种反应的对比。对于 $MoSi_2$ 而言，在致密度较高的情况下，MoO_3 迅速挥发，氧化产生的 SiO_2 因高温下良好的流动性而迅速覆盖在表面上，MoO_3 的生成受到遏制，氧化产物主要为 Mo_5Si_3 和 SiO_2，因此在氧化初期表现为增重，氧化层达到一定厚度之后，氧化反应停止，重量不再变化。而其他复合材料的高温氧化行为，需通过其氧化产物及氧化层形貌进行解释。

图 7－32 为 $MoSi_2$ 及其复合材料在 1200℃氧化后氧化层的 XRD 图。结果表明，$MoSi_2$ 及其复合材料在 1200℃氧化后均生成了方石英，说明氧化层初始形成的部分非晶态 SiO_2 发生了析晶反应。从 $MoSi_2-20\%SiC$（微米）的 XRD 谱中还可以发现 $Mo_{4.8}Si_3C_{0.6}$

（图7－32b），根据 Petrovic 等人[41]的研究，有 C 存在的情况下，$MoSi_2$ 可氧化生成 $Mo_{4.8}Si_3C_{0.6}$，可见在氧化过程中，SiC 在氧分压较低的情况下生成了 C。而 $MoSi_2$－40% SiC（微米）的氧化层内并不存在 $Mo_{4.8}Si_3C_{0.6}$反而存在 MoO_2（图7－32c），可见添加40% SiC（体积分数）晶须后，氧化层阻隔氧的作用不如 $MoSi_2$－20% SiC（微米）。$MoSi_2$－20% Si_3N_4 和 $MoSi_2$－40% Si_3N_4 的氧化层中均存在 Si_2N_2O（图7－32d，e），在高温下良好的流动性可使 SiO_2 和 Si_2N_2O 迅速结合形成保护膜，使材料表现出良好的抗氧化性。但是 $MoSi_2$－

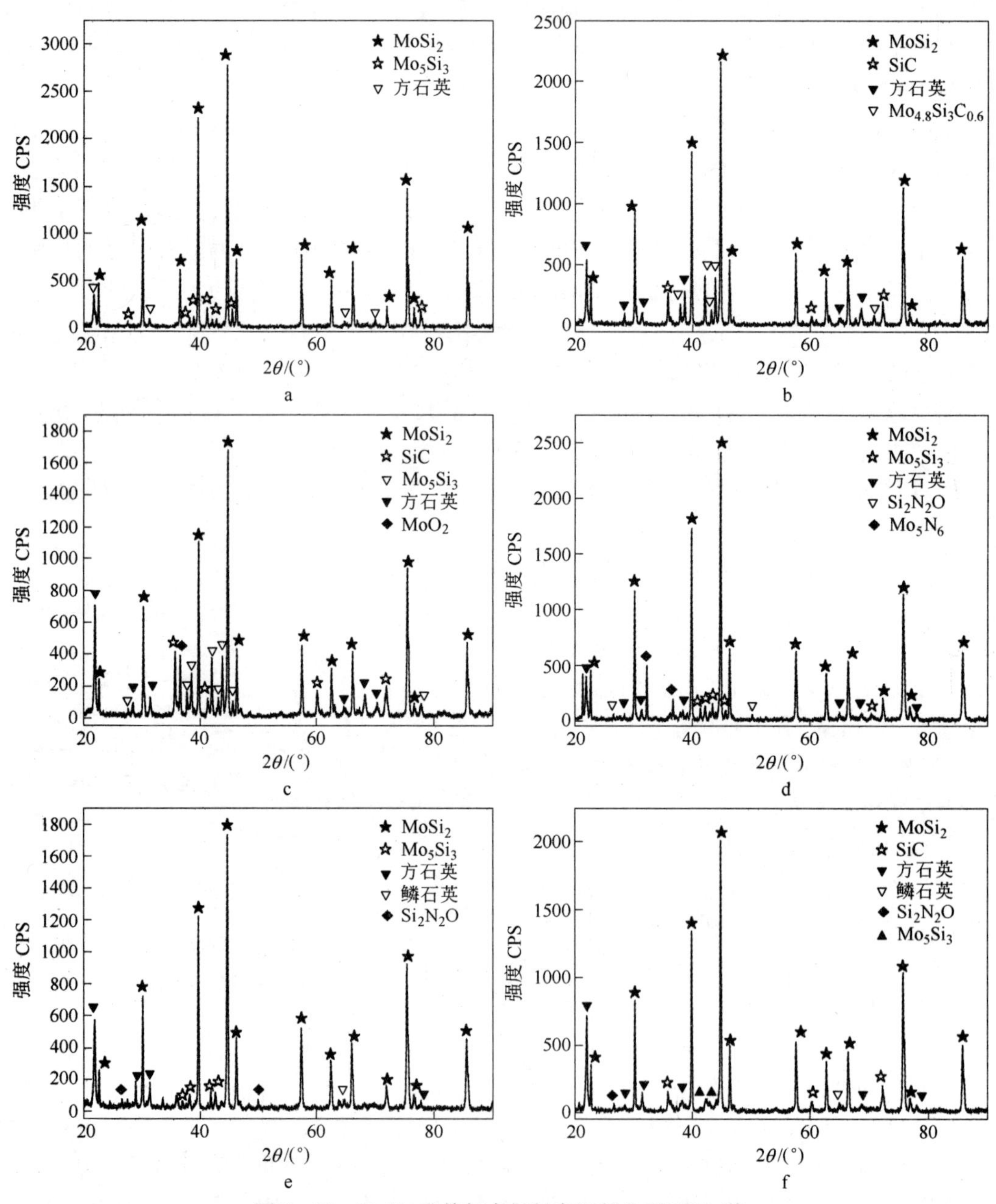

图7－32　$MoSi_2$ 及其复合材料高温氧化层 XRD 谱

a—$MoSi_2$；b—$MoSi_2$－20% SiC（微米）；c—$MoSi_2$－40% SiC（微米）；d—$MoSi_2$－20% Si_3N_4；e—$MoSi_2$－40% Si_3N_4；f—$MoSi_2$－20% Si_3N_4/20% SiC（微米）

20% Si_3N_4/20% SiC（微米）中虽然存在 Si_2N_2O，其氧化增重却是各材料中最高的。所有材料在经历高温氧化后，除 $MoSi_2$ - 20% Si_3N_4/20% SiC（微米）的表面为黑色外，其他复合材料颜色均无变化，且可观察到表面生成了一层透明的玻璃膜。可见，是其微观结构影响了其高温氧化行为。

图 7 - 33 为 $MoSi_2$ 氧化表面及截面的形貌。$MoSi_2$ 氧化表面光滑平整，并弥散分布着块状的方石英（图中黑色箭头所指），表面还存在裂纹，裂纹主要沿方石英晶界扩展，少数以穿晶方式扩展（图 7 - 33a）。从其截面来看（图 7 - 33b），氧化层致密且薄（约 1.3μm），与基体以及 Mo_5Si_3 结合紧密。从图中观察不到贯穿氧化层的裂纹，可见表面裂纹已处于愈合状态。

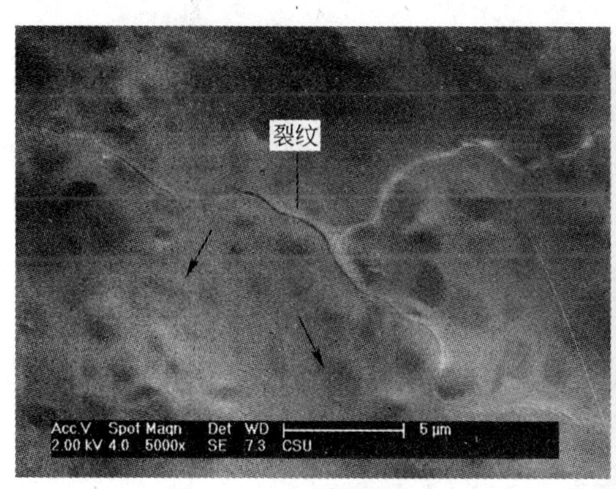

a

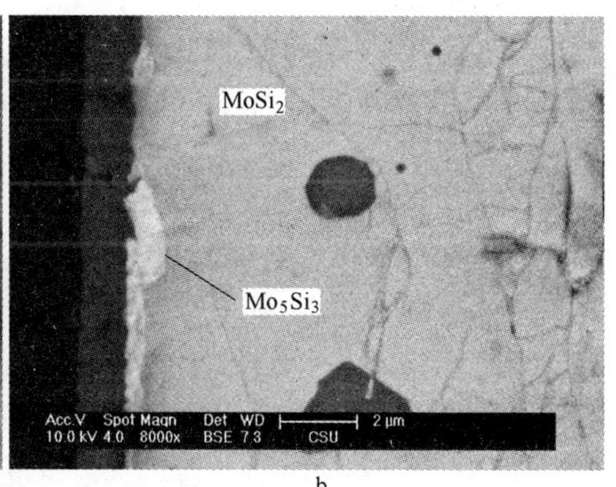

b

图 7 - 33 $MoSi_2$ 氧化表面及截面形貌

a—表面；b—截面

根据常春等人[42,43]的分析，$MoSi_2$ 高温氧化层产生裂纹的原因有两种：

（1）由于循环氧化冷却过程中基体与 SiO_2 收缩不一致而产生裂纹，当再次加热时，裂纹处暴露的基体进一步氧化生成的 SiO_2 使裂纹愈合；

（2）根据 Pilling - Bedworth 关于氧化膜的理论，氧化产物的体积与反应物体积不一致时，使氧化膜内产生内应力，导致氧化膜开裂。

常春等人根据反应：

$$MoSi_2 + 7/2O_2 \longrightarrow MoO_3 + 2SiO_2 \tag{7-31}$$

$$MoSi_2 + 7/5O_2 \longrightarrow 1/5Mo_5Si_3 + 7/5SiO_2 \tag{7-32}$$

计算得 $PB_{7-31} = 2.239 \sim 1.869$，$PB_{7-32} = 1.569 \sim 1.301$。可见生成 MoO_3 的反应比生成 Mo_5Si_3 的反应更容易导致氧化层的开裂。氧化初期反应以生成 MoO_3 为主，而后期随着氧分压的降低，氧化以生成 Mo_5Si_3 为主。

$MoSi_2$ 在第一次称重之后增重就已基本停止，可见在以后的氧化过程中并无大量新的 SiO_2 生成，因此推断导致 $MoSi_2$ 氧化层开裂的主要原因为 *PB* 值过大。此外析晶反应形成的方石英与非晶态 SiO_2 体积不匹配也是导致氧化层开裂的原因之一。裂纹形成后，在高温下 SiO_2 良好的流动性使裂纹愈合，因此氧化增重并不明显。

图 7 - 34 为 $MoSi_2$ - 20% SiC（微米）和 $MoSi_2$ - 40% SiC（微米）的氧化表面形貌及

其截面图。$MoSi_2$ - 20% SiC（微米）氧化层表面的裂纹发生了愈合（图 7 - 34a），愈合的裂纹阻止了氧的扩散，因此表现出良好的抗氧化性能。而 $MoSi_2$ - 40% SiC（微米）表面裂纹明显，且无愈合现象（图 7 - 34b）。并且在 $MoSi_2$ - 40% SiC（微米）的氧化截面上可观察到贯穿裂纹，其长度达 20μm，远远超过 $MoSi_2$ 氧化层的厚度（图 7 - 34c）。

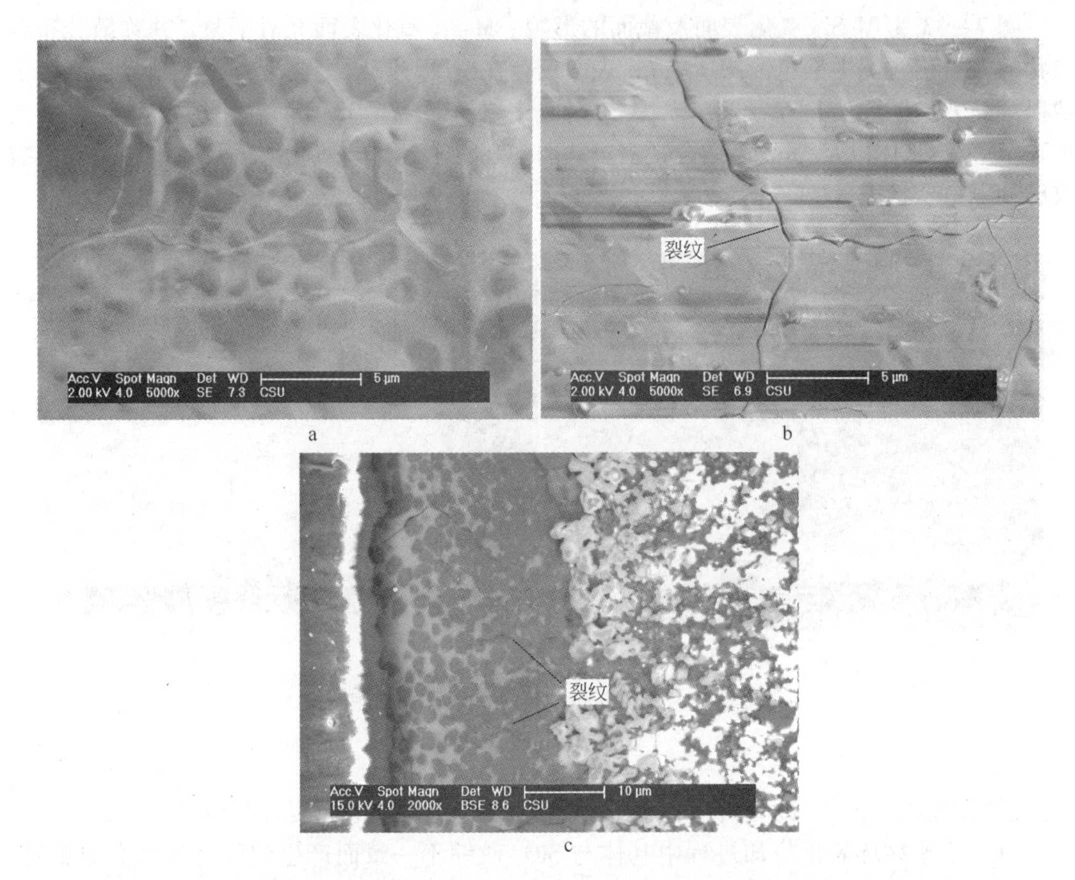

a　b　c

图 7 - 34　$MoSi_2$ 复合材料的高温氧化层形貌

a—$MoSi_2$ - 20% SiC（微米）表面；b—$MoSi_2$ - 40% SiC（微米）表面；c—$MoSi_2$ - 40% SiC（微米）截面

可以用 SiC 氧化的 PB 理论解释 $MoSi_2$ - 20% SiC（微米）和 $MoSi_2$ - 40% SiC（微米）裂纹成因和氧化现象：

根据反应（7 - 30）可知 1mol SiC 反应可得 1mol SiO_2，则：

$$PB = \frac{M_{SiO_2}/\rho_{SiO_2}}{M_{SiC}/\rho_{SiC}} = \frac{60/(2.20 \sim 2.26)}{40/3.18} = 2.17 \sim 1.8$$

可见 SiC 氧化的 *PB* 值大于 $MoSi_2$ 生成 Mo_5Si_3 反应的 *PB* 值。SiC 含量越大，则 SiC 增强 $MoSi_2$ 复合材料的 *PB* 值越大，氧化层开裂越严重。

结合 $MoSi_2$ - 40% SiC（微米）的氧化动力学曲线和 XRD，可以认为该材料在氧化初期，生成大量 MoO_3，导致失重，随着氧化的继续进行，氧化层增厚，氧分压降低，氧化主要生成 Mo_5Si_3，重量增加，但 *PB* 值过大，形成的裂纹为氧气扩散提供了通道，使氧化继续进行，产生少量 MoO_2，直到 18h 后，当氧化层厚度达到 20μm 左右时，氧分压过低导致氧化反应停止，重量不再变化。可见提高 SiC 晶须含量导致抗氧化性能的减弱。

图 7-35 为 $MoSi_2$-20% Si_3N_4、$MoSi_2$-40% Si_3N_4 的氧化层形貌和 $MoSi_2$-40% Si_3N_4 的氧化层截面。$MoSi_2$-20% Si_3N_4 和 $MoSi_2$-40% Si_3N_4 表面平整，且存在针状和管状的低温石英（图 7-35a，b）。$MoSi_2$-20% Si_3N_4 氧化层表面无明显裂纹，而 $MoSi_2$-40% Si_3N_4 氧化层表面存在细微的裂纹（图 7-35b）。$MoSi_2$-40% Si_3N_4 的氧化层与基体结合紧密，其厚度约为 3μm，略大于 $MoSi_2$ 氧化层厚度，但远小于 $MoSi_2$-40% SiC（纳米）的氧化层厚度（图 7-35c）。

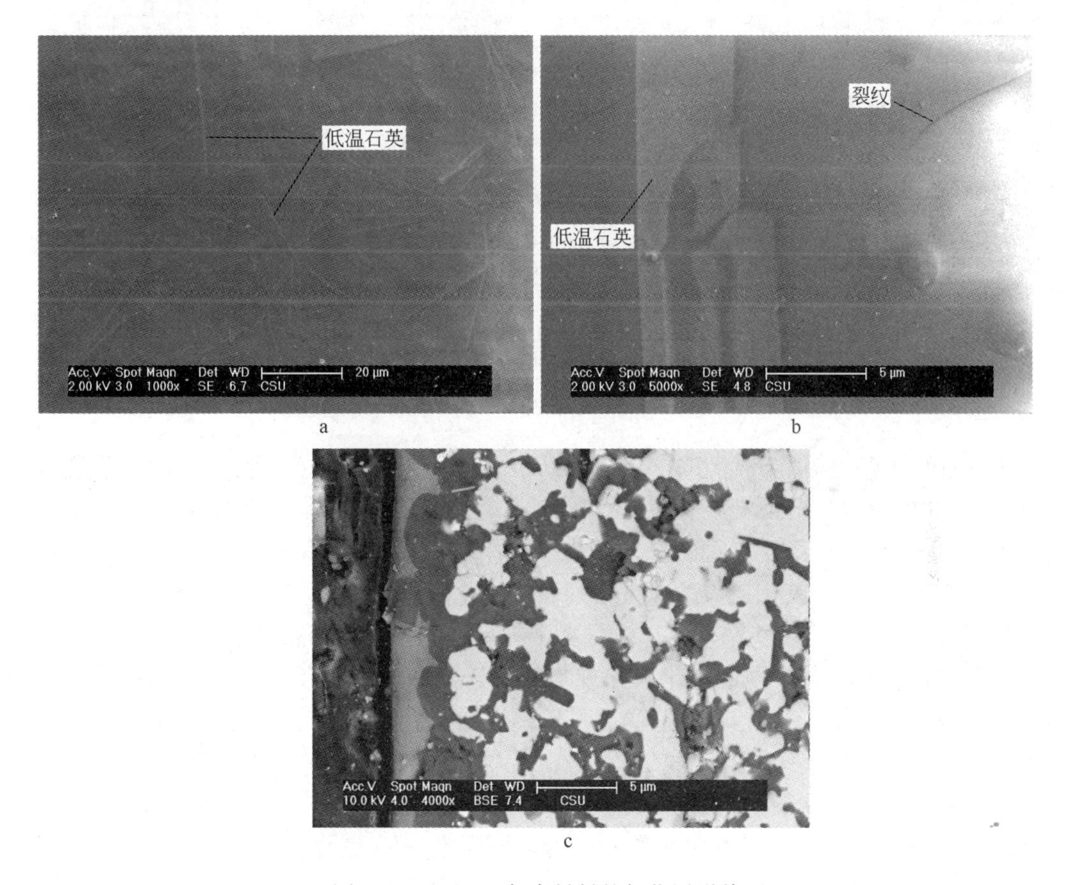

图 7-35 $MoSi_2$ 复合材料的氧化层形貌

a—$MoSi_2$-20% Si_3N_4 表面；b—$MoSi_2$-40% Si_3N_4 表面；c—$MoSi_2$-40% Si_3N_4 截面

根据式（7-24）可以算得 Si_3N_4 的 *PBR* 值：

$$PBR = \frac{3 \times M_{SiO_2}/\rho_{SiO_2}}{M_{SiC}/\rho_{SiC}} = \frac{3 \times 60/(2.20 \sim 2.26)}{140/3.18} = 1.87 \sim 1.55$$

可见 Si_3N_4 氧化的 *PBR* 略大于 $MoSi_2$ 的生成 Mo_5Si_3 反应的 *PBR* 值，而远小于 SiC 氧化的 *PBR* 值。

结合 $MoSi_2$-40% Si_3N_4 的氧化动力学曲线和 XRD 图可知，氧化初期 $MoSi_2$-40% Si_3N_4 因 MoO_3 的挥发而表现为失重，随着氧化层的增厚，氧分压降低，生成物以 Mo_5Si_3 和 SiO_2 及 Si_2N_2O 为主，氧化层中裂纹数量较少，即氧气的通道较少，因此在氧化膜达到约 3μm 时，氧化基本停止。

图 7－36 为 $MoSi_2$ －20% Si_3N_4/20% SiC（微米）的氧化层表面及截面图。$MoSi_2$ －20% Si_3N_4/20% SiC（微米）氧化层表面未见明显裂纹，但存在大量凸起（图 7－36a），其氧化层与基体结合紧密，其厚度约为 2μm 且氧化层中存在贯穿裂纹（如图 7－36b）。

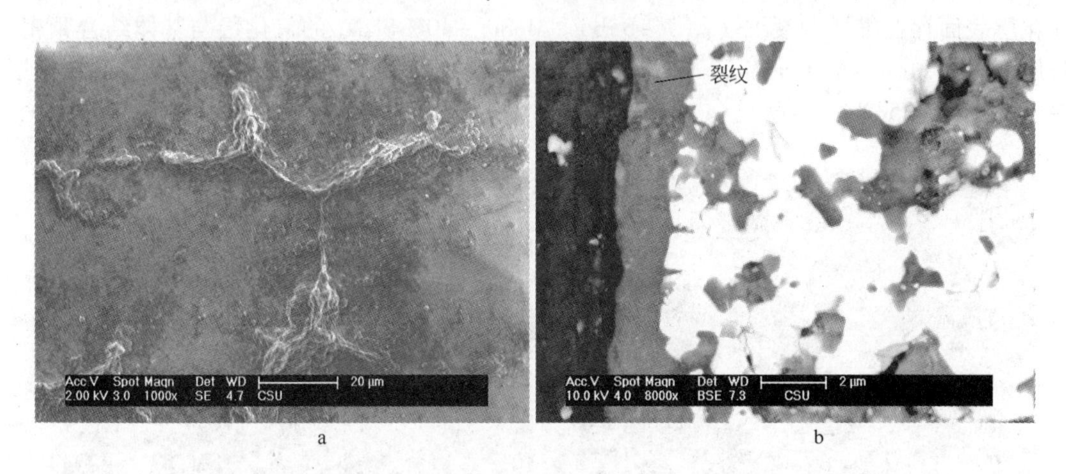

图 7－36 $MoSi_2$ －20% Si_3N_4/20% SiC（微米）氧化层表面及截面形貌

a—表面；b—截面

从前面的计算和实验研究可知，$MoSi_2$ －20% Si_3N_4/20% SiC（微米）的 *PBR* 值应该介于 $MoSi_2$ －40% Si_3N_4 和 $MoSi_2$ －40% SiC（微米）之间，而 $MoSi_2$ －40% Si_3N_4 和 $MoSi_2$ －40% SiC（微米）表面并不存在凸起，因此凸起的形成并非 *PBR* 值过大而形成，考虑到 $MoSi_2$、Si_3N_4 和 SiC 与氧化反应的速度不同，且氧化过程中相与相之间在微观上表现为氧化程度不同，导致氧化表面产生凸起。材料中三种不同相因线膨胀系数的不同，在氧化过程中存在较大的热应力，导致氧化膜出现裂纹，给氧的扩散提供了通道，因此在 2h 后，$MoSi_2$ －20% Si_3N_4/20% SiC（微米）的质量仍缓慢增加。

7.6 M_5Si_3 型硅化物的氧化

M_5Si_3 型硅化物主要在过渡族元素、难熔金属元素、稀土元素与硅之间形成。现已知道有 26 个元素能与硅反应生成 M_5Si_3 型硅化物。这些 M_5Si_3 型硅化物是 Cr_5Si_3，Fe_5Si_3，Mn_5Si_3，Sc_5Si_3，Ti_5Si_3，V_5Si_3，Zr_5Si_3，Nb_5Si_3，Mo_5Si_3，W_5Si_3，Ru_5Si_3，Rh_5Si_3，La_5Si_3，Er_5Si_3，Pu_5Si_3，Dy_5Si_3，Gd_5Si_3，Lu_5Si_3，Ho_5Si_3，Nd_5Si_3，Sm_5Si_3，Tb_5Si_3，Tm_5Si_3，U_5Si_3，Y_5Si_3，Yb_5Si_3。M_5Si_3 型硅化物具备了高温材料所必备的一些特性，例如：高熔点、高模量、高温抗氧化性和耐腐蚀性。关于 M_5Si_3 型硅化物在不同温度和氧分压下的氧化行为、氧化物的形态和氧化动力学的研究还很不够，合金化对它们的耐腐蚀性的影响也未见系统的研究和报道。

M_5Si_3 型硅化物的抗氧化性和耐腐蚀性差别很大。有一些 M_5Si_3 型硅化物的高温抗氧化性和耐腐蚀性非常好，而另一些则较差。表 7－3 列出了一些 M_5Si_3 型硅化物在空气中的氧化实验数据[44]。为便于比较，$MoSi_2$ 的数据也在表中列出。可以看出，在高温抗氧化性方面，所有的 M_5Si_3 型硅化物都不及 $MoSi_2$。但是，有几种 M_5Si_3 型硅化物的抗氧化能力还是相当不错的。例如，将 Ti_5Si_3 在 1000℃ 的高温下长时间暴露在空气，氧化增重极小；在更高的温度下，Cr_5Si_3，Mo_5Si_3 和 W_5Si_3 表现出很好的抗氧化性。M_5Si_3 型硅化物的抗氧化性能与它们的熔点、氧化膜的致密性、氧化膜的结构、氧分压，以及氧在氧化膜中的扩散速率等多个因素有关系。M_5Si_3 型硅化物的高熔点并不能保证优良的抗氧化性。例如 Nb_5Si_3 的熔点高达 2480℃，但是它的抗氧化性能很差。

表 7-3 某些 M_5Si_3 型硅化物在空气中的氧化实验数据

硅化物	工艺	温度/℃	氧化时间/h	质量变化
$MoSi_2$	HP	1500	4.5	+0.32
Cr_5Si_3	HP	1300	4	+3.2
Mo_5Si_3	HP	1500	4.5	-28.2
Ta_5Si_3	HP	1500	1	+125
Ti_5Si_3	CP+S	1000	1.7	+0.012
V_5Si_3	HP	1250	1	-7.7
		1400	1	-600
W_5Si_3	HP	1500	4	-28
Zr_5Si_3	HP	1100	4	+7.3

7.6.1 Mo_5Si_3 的氧化

Mo_5Si_3 是一种很好的高温抗蠕变材料，但是它的高温抗氧化性能很差，限制了它在氧化气氛中的使用。M. G. Mendiratta[45] 研究了 Mo_5Si_3 的抗氧化性后指出：总的来说，Mo_5Si_3 的抗氧化性较差，在 1650℃ 以下，其氧化特点是形成多孔的氧化膜和钼的氧化损失；但在更高的温度下，保护性的氧化膜形成，出现了被动氧化的特点。Bartlett[46]，Beyers[47]，Berkowitz-Mattuck[48] 和 Anton 等人[49] 研究了不同温度和氧分压条件下 Mo_5Si_3 的氧化行为与氧化产物。Meyer 等人[50] 研究了硼对 Mo_5Si_3 氧化行为的影响，发现未掺杂硼的 Mo_5Si_3 在 900℃ 的抗氧化性能最好，而在 800℃ 出现了灾难性氧化(图 7-37)；而掺杂硼（<2%，质量分数）消除了这种灾难性的氧化，使 Mo_5Si_3 的氧化速率降低了 5 个数量级（图 7-38）。图 7-39 是 Mo_5Si_3 从室温升到 1000℃ 氧化过程中的质量变化行为。升温初始阶段，由于氧化钼和 SiO_2 在硅化物面形成，使得质量快速增加。当温度超过 750℃ 时，由于氧化钼的挥发，使得质量快速降低。

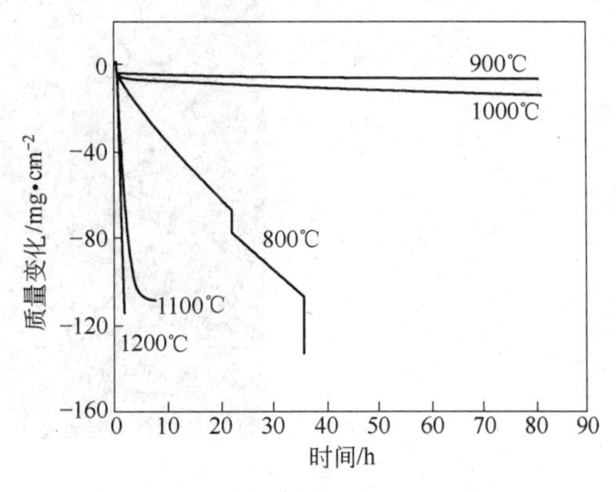

图 7-37 Mo_5Si_3 在 800~1200℃ 氧化时的质量变化曲线

Meyer 还指出在 Mo_5Si_3 的氧化过程中，可能发生下列反应：

$$2Mo_5Si_3 + 21O_2 \longrightarrow 10MoO_3(\text{挥发性}) + 6SiO_2 \quad (7-33)$$

$$3Mo_5Si_3 + 4O_2 \longrightarrow 5Mo_3Si + 4SiO_2 \quad (7-34)$$

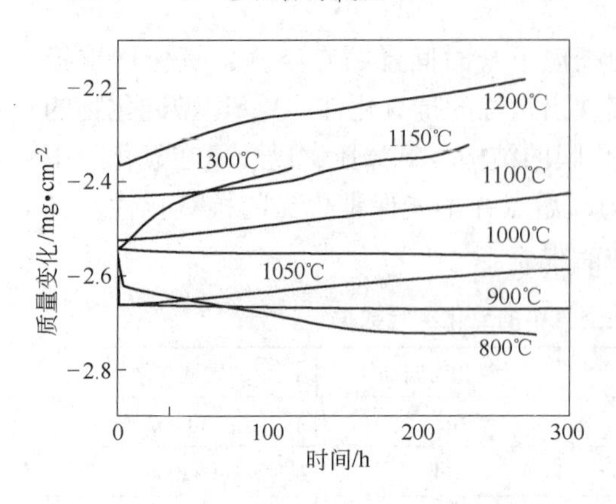

图 7 - 38　硼掺杂的 Mo_5Si_3 在 800 ~ 1300℃氧化时的质量变化曲线

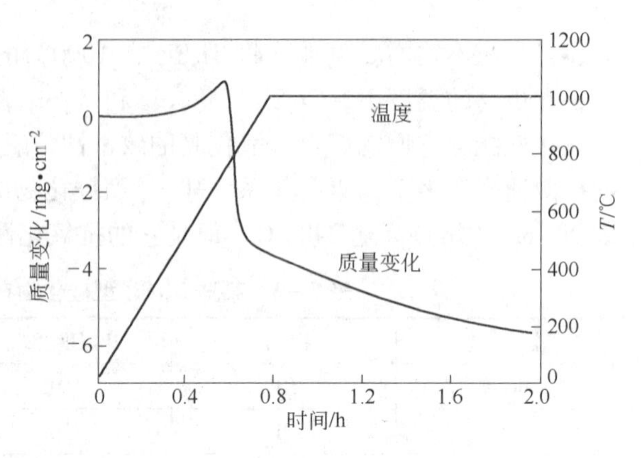

图 7 - 39　Mo_5Si_3 从室温升到 1000℃氧化过程中的质量变化曲线

$$Mo_5Si_3 + 3O_2 \longrightarrow 5Mo + 3SiO_2 \tag{7-35}$$

在硼掺杂的 Mo_5Si_3 上形成的氧化膜是玻璃状和致密的（图 7 - 41），而在未掺杂 Mo_5Si_3 上形成的氧化膜是多孔的（图 7 - 40）。因此，加硼改善抗氧化性的原因可以归结

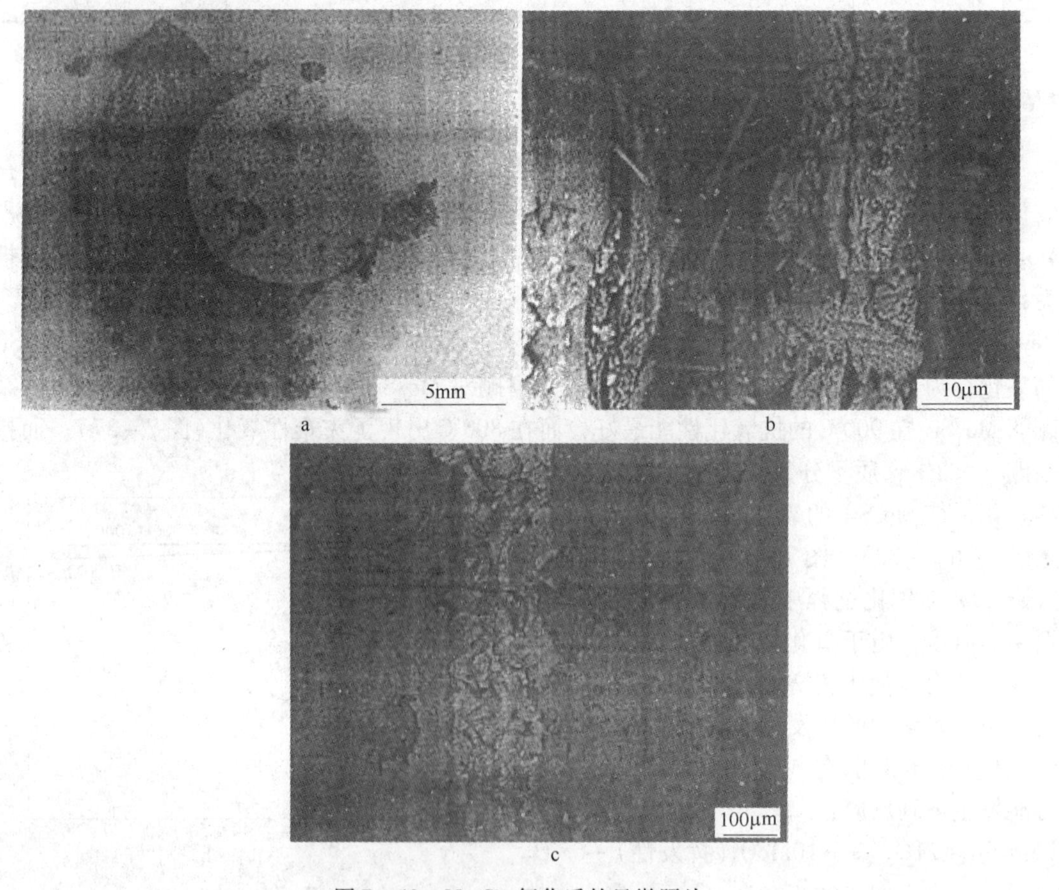

图 7 - 40　Mo_5Si_3 氧化后的显微照片

a—800℃/35h；b—1000℃/80h；c—1100℃/8h

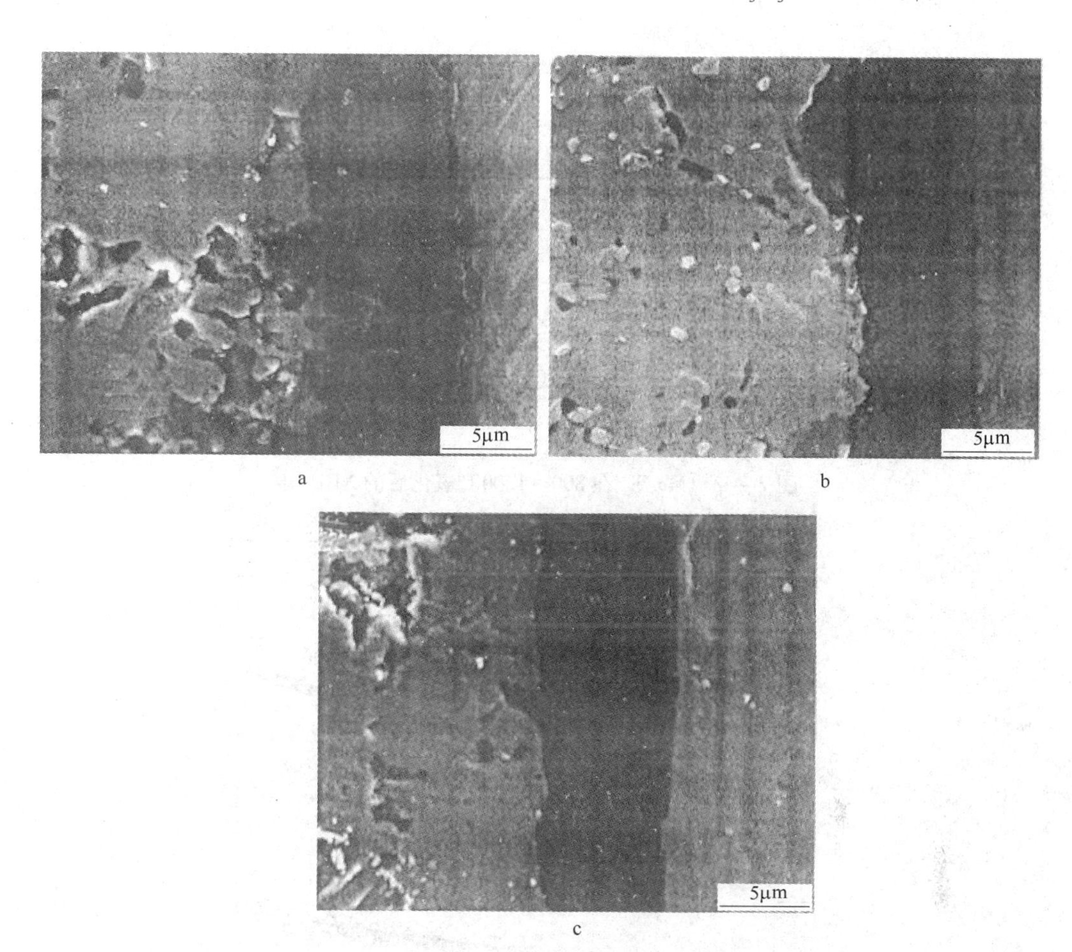

图 7-41 硼掺杂的 Mo_5Si_3 氧化后的显微照片

a—800℃/200h；b—1000℃/410h；c—1300℃/117h

为低黏度的硼硅玻璃膜的形成，这种玻璃物质的流动性好，易在硅化物表面形成附着力好的膜。这种氧化膜的黏性烧结还使氧化初期由于钼的氧化物的挥发所形成的孔隙得以闭合，从而使抗氧化性能大幅度改善。硼掺杂的 Mo_5Si_3 氧化后会在硅化物表明形成致密的 SiO_2 保护膜（图 7-42），从而改善其抗氧化性能；而未掺杂的 Mo_5Si_3 氧化后会在硅化物表面形成 MoO_3（图 7-43），MoO_3 的挥发导致材料发生 Pesting 粉化现象，从而降低了材料的抗氧化性能。硼掺杂的 Mo_5Si_3 在 1050～1300℃ 氧化动力学符合抛物线规律（图 7-44）。硼掺杂的 Mo_5Si_3 在 1050～1300℃ 氧化的氧化速率与温度呈指数关系（图 7-45）。

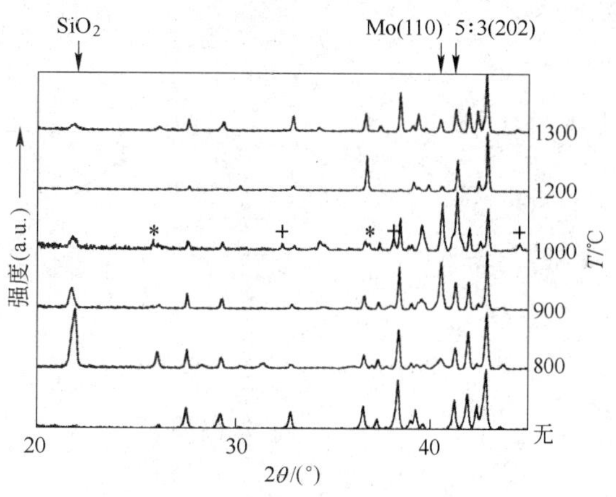

图 7-42 硼掺杂的 Mo_5Si_3 在 800～1300℃ 氧化后的 XRD 谱

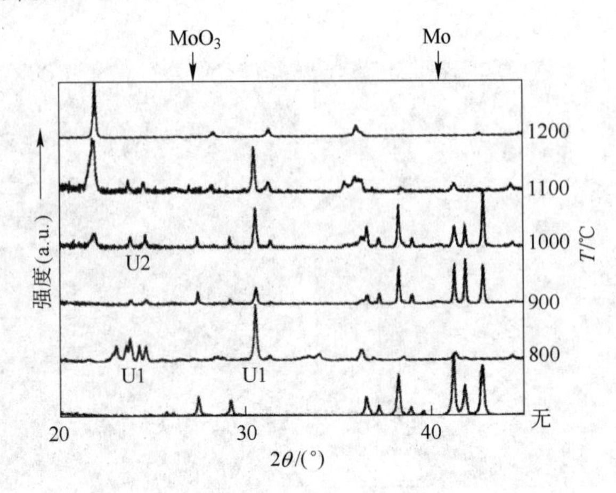

图 7-43 Mo_5Si_3 在 800~1200℃氧化后的 XRD 谱

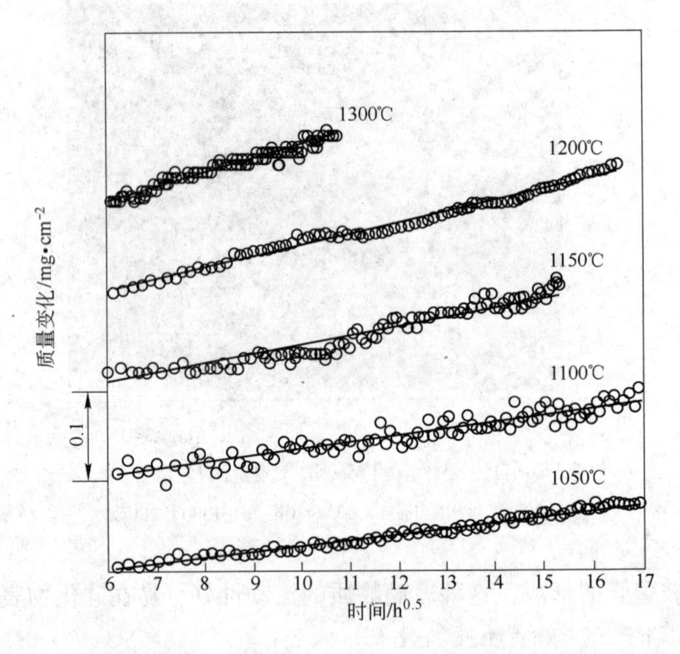

图 7-44 硼掺杂的 Mo_5Si_3 在 1050~1300℃氧化的抛物线规律

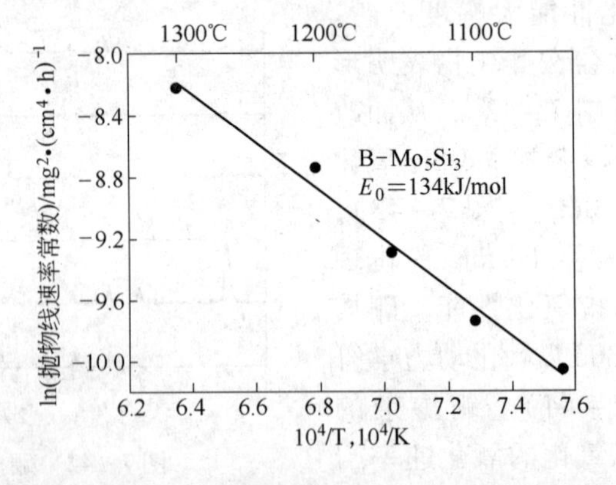

图 7-45 硼掺杂的 Mo_5Si_3 在 1050~1300℃氧化时氧化速率与温度的关系

7.6.2 V_5Si_3 的氧化

和钼一样，钒也可以生成挥发性氧化物 V_2O_5。J. G. Keller 等人[51]的研究结果表明含 $w(Al)=40\%$，Ti，Cr 的钒合金在温度高于 700℃时会生成 V_2O_5。低温下，V_2O_5 在这些合金中快速长大，这表明在 V_5Si_3 合金中也可生成 V_2O_5。但是，理想条件下，应该避免 V_2O_5 的生成。因此，常通过添加 C 来改善 V_5Si_3 的高温抗氧化性。和 Mo_5Si_3 不同，V_5Si_3 不会出现低温 Pesting 氧化现象[52]。在 600℃氧化 150h 后，V_5Si_3 和 $V_5Si_3C_{0.5}$ 会形成相似的氧化层，但是添加 C 后，大大改善了 V_5Si_3 的抗氧化性（图 7-46）。当温度高于 700℃时，V_5Si_3 的氧化行为发生了重大改变（图 7-47），由于初始生成的 V_2O_5 层发生熔化，氧通过熔化层快速扩散和样品底部的液滴导致在富 Si 界面形成方英石层。图 7-48 为 V_5Si_3 在 1200℃氧化的质量变化曲线。在多数情况下，添加剂对于改善 V_5Si_3 的抗氧化性作用较小。在 1000℃，添加剂 C 和 B 不会改善 V_5Si_3 的抗氧化性，随着氧化时间的延长，样品质量呈线性增加（图 7-49）。但在 1200℃添加 C 可以改善 V_5Si_3 的抗氧化性能（图 7-50）。而添加 B 的 V_5Si_3 在 1200℃氧化时，氧化层中的 V_2O_5 出现间歇性快速失重（图 7-51）。

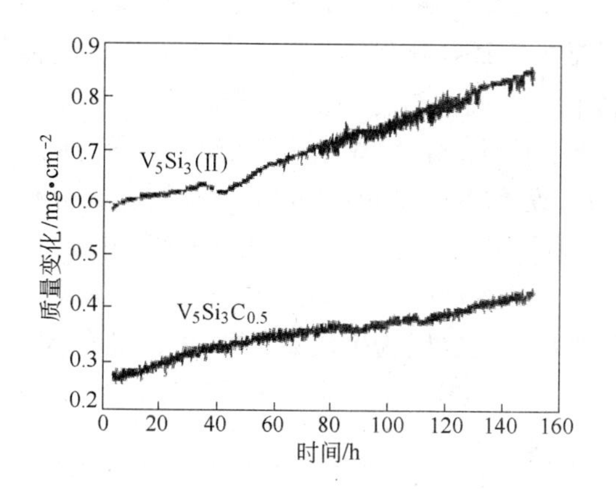

图 7-46 V_5Si_3 和 $V_5Si_3C_{0.5}$ 在 600℃氧化的质量变化曲线

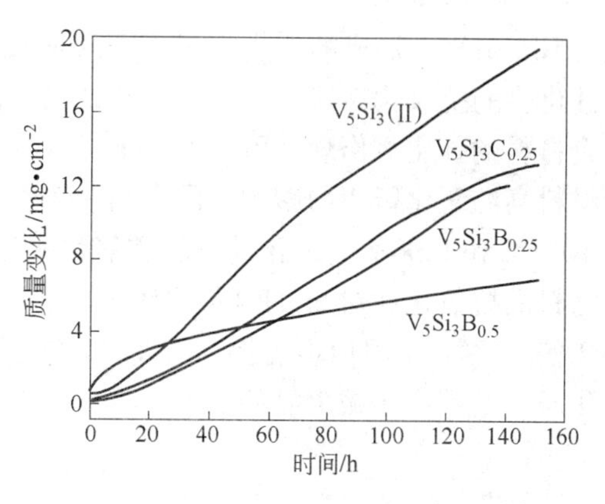

图 7-47 V_5Si_3，$V_5Si_3C_{0.5}$，$V_5Si_3B_{0.25}$ 和 $V_5Si_3B_{0.5}$ 在 800℃氧化的质量变化曲线

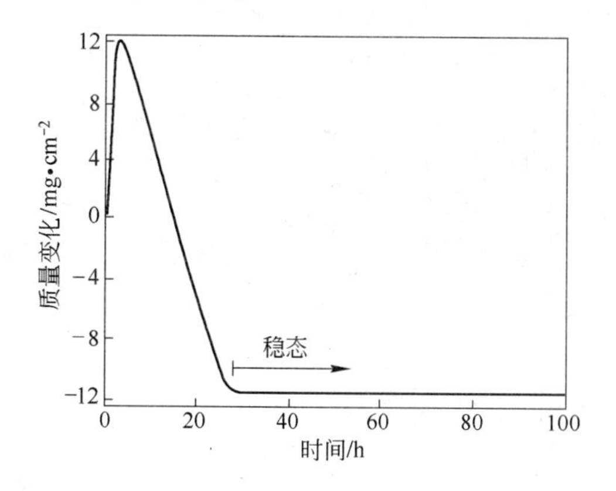

图 7-48 V_5Si_3 在 1200℃氧化的质量变化曲线

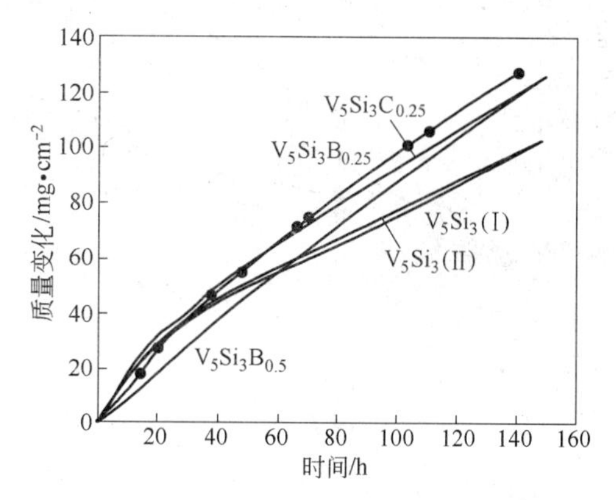

图 7-49 V_5Si_3，$V_5Si_3C_{0.25}$，$V_5Si_3B_{0.25}$ 和 $V_5Si_3B_{0.5}$ 在 1000℃氧化的质量变化曲线

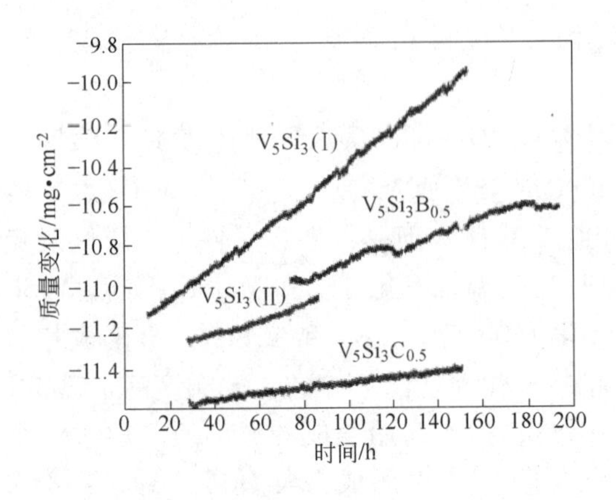

图 7－50　V_5Si_3，$V_5Si_3C_{0.5}$和$V_5Si_3B_{0.5}$在1200℃氧化的质量变化曲线

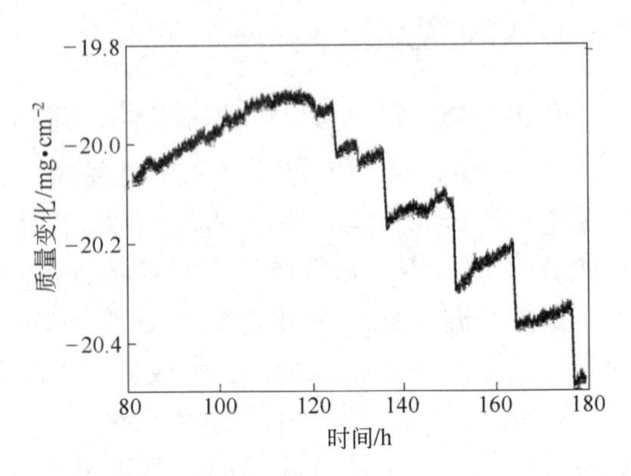

图 7－51　$V_5Si_3B_{0.5}$在1200℃氧化时的质量变化曲线

7.6.3　Nb_5Si_3的氧化

Nb_5Si_3的熔点高达2480℃，但是它的抗氧化性能很差，其原因是在高温氧化性的环境中Nb_5Si_3表面形成的氧化膜很疏松，对氧扩散的阻碍作用较小。不仅是Nb_5Si_3，其他铌的硅化物的抗氧化性能也很差。因此，它不能直接在高温氧化性的环境中使用，而是作为复合材料的强化相出现。B. W. Xiong 等人[53]研究了 Si、W 和 W－Mo 对 Nb/Nb_5Si_3原位复合材料高温氧化行为的影响。研究结果表明 Si、W 和 W－Mo 对 Nb/Nb_5Si_3原位复合材料在1000℃和1200℃的氧化动力学和氧化机制没有影响（图 7－52），而 Nb/Nb_5Si_3原位复合材料的抗氧化性对 Si 的含量比较敏感，Nb－10Si 合金的氧化速率是 Nb－20Si 氧化速率的2倍。添加 W 可以显著提高 Nb－20Si 的抗氧化性能，因为生成的WO_3可以焊合Nb_2O_5氧化层上的裂纹，减少氧的扩散。

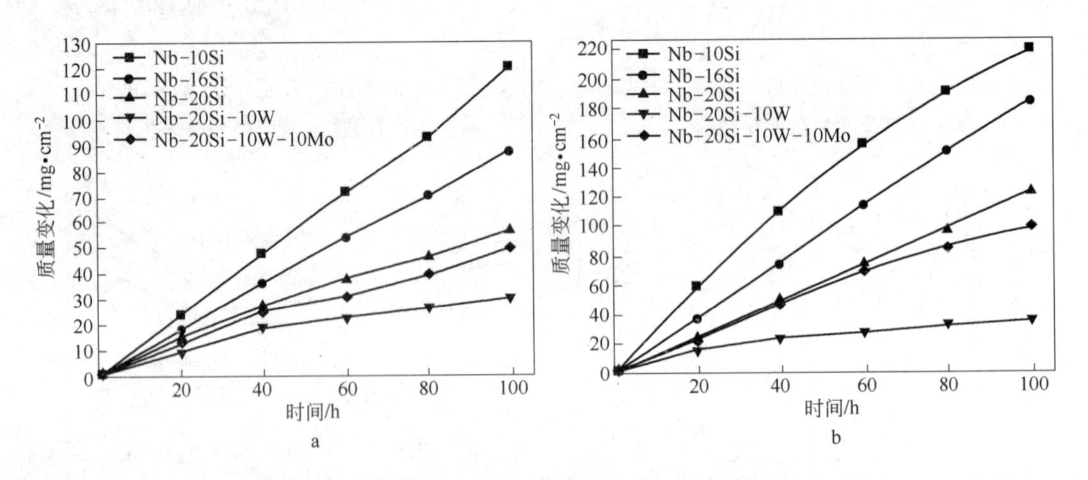

图 7－52　Nb/Nb_5Si_3原位复合材料氧化时的质量变化曲线

a—1000℃；b—1200℃

J. Geng 等人[54]研究了 Sn 对Nb_{ss}/Nb_5Si_3基原位复合材料氧化行为的影响。这里 Nb－

24Ti－18Si－5Al－5Cr－2Mo－5Hf－5Sn 合金被称为 JG6，24Ti－18Si－5Al－5Cr－2Mo－5Hf（原子分数）合金被称为 JG4，AC 是指铸态合金，HT 是指热处理态合金。图 7－53 的氧化动力学结果表明：JG4－AC，JG6－AC 和 JG6－HT 合金在 800℃氧化时，其质量变化遵循抛物线规律，而 JG4－HT 的质量变化则遵循直线氧化规律，JG4－AC，JG6－AC 和 JG6－HT 合金在 800℃氧化还会出现加速氧，其曲线呈台阶状，如图 7－53b。在 1200℃氧化时，JG4－AC 质量变化遵循直线规律，而 JG6－AC 在氧化初期遵循抛物线规律，后来变为直线规律。图 7－54 为 JG6－AC 在 800℃氧化后的截面组织。铸态 JG6 合金和热处理态 JG6 合金氧化后的扩散层不同（图 7－54a 和 b）。图 7－55 为 JG6－AC 在 1200℃氧化后的截面组织。

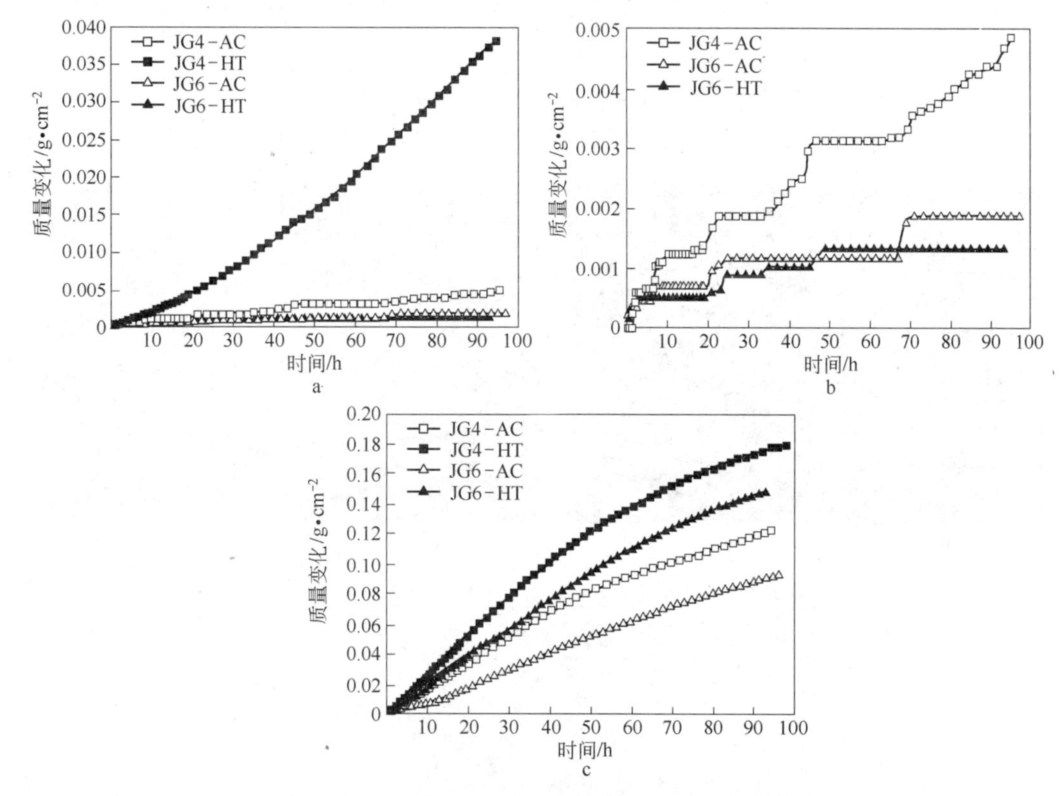

图 7－53 JG4 和 JG6 在 800℃和 1200℃氧化的质量变化曲线

a—800℃；b—800℃；c—1200℃

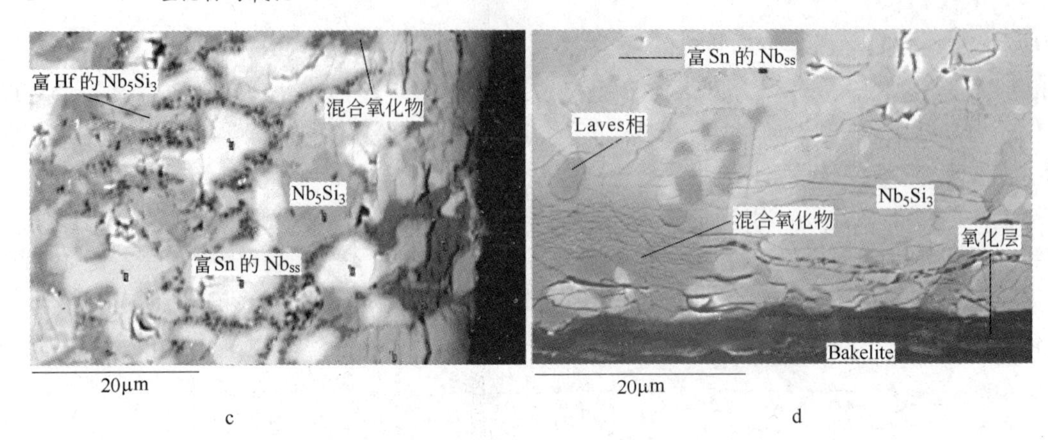

图7-54　JG6在800℃氧化后的截面组织

a，c—铸态；b，d—热处理状态

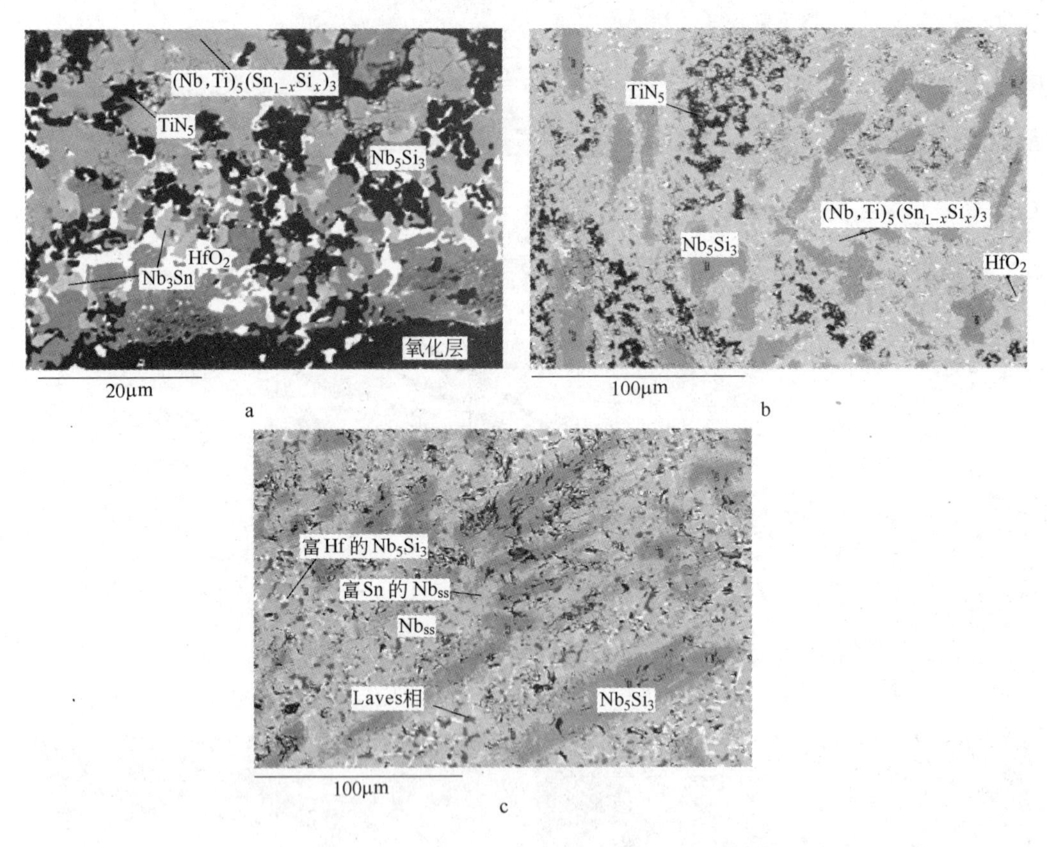

图7-55　JG6-AC在1200℃/96h氧化后的截面组织

a—氧化层和扩散区间的界面；b—扩散区；c—样品中心部分

7.7　提高硅化物抗氧化性能的途径

7.7.1　改进制备工艺

裂纹、缺陷对金属硅化物的氧化性能影响很大。通过改进制备工艺可以提高硅化物材料的抗氧化性能。因此，从粉体开始，就选用颗粒细小、纯度高、尺寸分布集中、分散性好的粉体，并采用热压烧结工艺，尽量减少硅化物气孔、裂纹等缺陷，减少氧进入材料内部的几率，从而提高材料的抗氧化性能。

7.7.2 合金化

众所周知，向金属/合金中添加 Al、Cr 和 Si 等元素，可以使其高温氧化时形成稳定的、具有保护性的且生长速度慢的 Al_2O_3、Cr_2O_3 和 SiO_2 氧化膜，从而提高材料抗高温氧化性能[55]。因此，通过合金化可以提高硅化物的抗氧化性。

在硅化物中添加与氧有强亲和力的合金元素（如：A1、Cr 等[56~58]），可以使硅化物在氧化时氧优先与添加元素结合，抑制了有大体积效应的硅化物的氧化，从而提高硅化物的抗氧化性。I. Rosales 等人[59]等通过添加合金元素 Al，提高了 Mo_3Si 的抗氧化性能。Y. Murata[60]等人通过添加合金元素 Cr、Zr、V、Nb，改善了 Ti_5Si_3 的抗氧化性。

一般来说，加入的第三种合金元素，随着与氧的亲和力的不同而使材料表现出不同的抗氧化性[61]。Ta 由于和氧的亲和力比 Si 低，所以在（Mo，Ta)Si_2 材料中几乎不氧化，而表面生成的是 SiO_2 保护膜。Zr 因和氧的亲和力较高，在（Mo，Zr)Si_2 中沿着 $ZrSi_2$ 相发生严重的内部氧化，生成 $ZrSiO_4$ 和 SiO_2，伴随有大的体积效应，产生内应力，Y 也表现出类似的状况。因此，（Mo，Zr)Si_2 和（Mo，Y)Si_2 的高温抗氧化性能都比较差。而 Mo（Si，Al)$_2$ 在不同温度下形成不同的保护膜，在温度低于 SiO_2 - 莫来石共晶温度（1550℃）时，形成的是 Al_2O_3 保护膜，在共晶温度以上形成的是包含有 Al_2O_3 的液态 SiO_2 保护膜，而在 SiO_2 - TiO_2 共晶温度以上形成的是 SiO_2 和 TiO_2 液态保护膜，保护膜黏度较高，表现出比较好的抗氧化性。

7.7.3 涂层的保护

涂层保护是一种很常用的提高材料抗氧化性能的途径。对于硅化物来说，一般是通过在高温下的氧化，使材料表面形成 SiO_2 保护膜，良好流动性能的保护膜能起到修补裂缝的作用并具有自愈合的功能，从而达到提高材料抗氧化性能的目的。

Y. N. Wu 等人[62]采用等离子喷涂技术制备了 Ni - Si 涂层。结果表明：Ni - Si 涂层由 $NiSi_2$，NiSi 和 Si 相组成。在氧化过程中，由于 Si 从硅化物中脱离出来，在 Si 与硅化物界面生成新的硅化物，从而发生 Ni_2Si，NiSi 和 $NiSi_2$ 的相转变。在 500 ~ 800℃ 氧化时，形成厚度为 120 ~ 520nm 的连续 SiO_2 层，在 700℃ 氧化时，氧化层厚度只有 800℃ 时的 1/3。高于 700℃ 时，在涂层与基体之间发生严重的脱碳现象，在基体晶界发生 Cr 的氧化，形成 CrO_2 阻挡层，有效抑制了基体的脱碳现象。

通过对 SiO_2 保护膜进行改性，降低其形成温度，改善其与硅化物基体的相容性，也可以改善和提高硅化物在低温下的抗氧化性。Schlichting 等人[63]通过添加 Ge 使材料表面形成 GeO_2/SiO_2 保护膜，GeO_2 的添加不但使 SiO_2 的热膨胀系数升高与硅化物基体匹配，而且降低了 SiO_2 的熔点，增加其抗热震的能力，在低温下有较好的保护作用。Hebsur 等人[64]通过添加约（30 ~ 50)% 的 Si_3N_4（体积分数）在 $MoSi_2$ 表面形成了一层 Si_2ON_2 的保护膜，这种膜形成温度较低且与基体相容性较好，因而也提高了 $MoSi_2$ 的低温抗氧化性能。J. Williams 等人[65]考察了碳和硼的加入对 V_5Si_3 在 600 ~ 1200℃的氧化行为的影响。在 800℃，$V_5Si_3B_{0.5}$形成惰性的、由低黏度的硼硅玻璃构成的氧化膜；而在 1200℃暴露 150h 后，钒的硅化物上的氧化膜主要是磷石英，冷却到室温后，这层氧化膜沿样品边缘开裂。在相同的条件下氧化，$V_5Si_3B_{0.5}$的表面不是形成磷石英，而是形成一层惰性的方石英，冷却至室温时，这层方石英具有较好的附着力。同样，在掺杂硼的 Mo_5Si_3 上形成的氧化膜是玻璃状和致密的，而在未掺杂硼的 Mo_5Si_3 上形成的氧化膜是多孔的。在 Ti_5Si_3 中加入碳，也获得了类似的效果。$Ti_5Si_3C_{0.25}$在 1200℃氧化后，表面形成一层方石英。

因此，在高温下，使材料表面形成具有良好流动性能的 SiO_2 保护膜，可以大大提高硅化物的抗氧化性能。

参考文献

[1] 叶大伦，胡建华．实用无机物热力学数据手册［M］．北京：冶金工业出版社，2002.

[2] 李美栓．金属的高温腐蚀［M］．北京：冶金工业出版社，2001.

[3] 李铁藩．金属高温氧化和热腐蚀［M］．北京：化学工业出版社，2003.

[4] 王刚，赵世柯，江莞．二硅化钼材料低温氧化的研究进展［J］．无机材料学报，2001，16（6）：1041 ~ 1048.

[5] 余永宁，金属学原理［M］．北京：冶金工业出版社，2007.

[6] 张厚安，庞佑霞，李颂文，等．关于 $MoSi_2$ 氧化相低温化学稳定性图的建立与分析［J］．稀有金属，2000，24（6）：424 ~ 427.

[7] O Kubaschewski，Dr Phil Habil，B E Hopkins. Oxidaiton of Metals and Alloys［M］. London：Butterworths，1962.

[8] E Fitzer. Molybdenum Disilicide as High – Temperature Material［M］. 1955.

[9] 张厚安．二硅化钼及其复合材料的制备与性能［M］．北京：国防工业出版社，2007.

[10] J H Westbook，D L Wood. “Pest” Degradation in Beryllides，Silicides，Aluminides and Related Compounds［J］. Nucl. Materials，1964，2（12）：208 ~ 215.

[11] C G Mckamey，P F Tortorelli，J Devan，et al. A Study of Pest Oxidation in $MoSi_2$［J］. Journal of Materials Research，1992，7（10）：2747 ~ 2755.

[12] P J Meschter. Low – Temperature Oxidation of Molybdenum Disilicide［J］. Metallurgical Transactions A，1992，23a：1763 ~ 1772.

[13] M Toshio，Y Katsuyuki. High Temperature Oxidation and Pesting of Mo（Si，Al）$_2$［J］. Mater. Sci. Eng A. 1997，239：828 ~ 841.

[14] K Kurokawa，I Houzumi，I Saeki，et al. Low Temperature Oxidation of Fully Dense and Porous $MoSi_2$［J］. Mater. Sci. Eng. 1999，A261：292 ~ 299.

[15] J B Mattuck，M Rossetti，D W Lee. Enhanced Oxidation of Molybdenum Disilicide Under Tensile Stress：Relation to Pest Mechanisms［J］. Metallurgical Transactions B，1970，1：479 ~ 483.

[16] T C Chou，T G Nieh. Mechanism of $MoSi_2$ Pest During Low – Temperature Oxidation［J］. J. Mater. Res.，1993，8（1）：214 ~ 226.

[17] T C Chou，T G Nieh. Pesting of the High – Temperature In Termetallic $MoSi_2$［J］. Jom，1993，12：15 ~ 21.

[18] T C Chou, T G Nieh. Phase Transformation and Mechanical Properties of Thin $MoSi_2$ Films Produced by Sputter Deposition [J] . Thin Solid Films, 1992, 214 (1): 48 ~57.

[19] I Rosales. Synthesis and Characterization of Mo_3Si Single Crystal [J] . Journal of Crystal Growth, 2008 (310): 3833 ~3836.

[20] I Rosales A, H Martinez B, D Bahena A, et al. Oxidation Performance of Mo_3Si with Al Additions, Corrosion Science, 2009 (51): 534 ~538.

[21] S Ochiai. Improvement of the Oxidation – Proof Property and the Scale Structure of Mo_3Si in Termetallic Alloy through the Addition of Chromium and Aluminum Elements [J] . in Termetallics, 2006 (14): 1351 ~1357.

[22] K Yamamoto. Fe – Si – Cr Ternary Ferritic Phase Constitution and Microstructure of the Alloys [J] . Scripts Materialia, 2004 (50): 977 ~981.

[23] 付广艳. 不同方法制备 Fe – Si 合金的高温氧化行为 [J] . 稀有金属材料科学与工程, 2007, 3 (3): 259 ~265.

[24] 贾建刚. Fe_3Si 基有序合金材料及其摩擦与抗高温氧化行为研究 [D] . 兰州理工大学, 2008.

[25] F J Prez, M P Hierto, M C Carpintero, et al. Siliconysilicon Oxide Coating on Aisi 304 Stainless Steel by Cvd in Fbr: Analysis of Silicides and Adherence of Coating [J] . Surface and Coatings Technology, 2002, 160: 87 ~93.

[26] F J Bolfvar, L Sanchez, S A Tsipas, et al. Silicon Coating on Ferritic Steels by Cvd – Fbr Technology [J]. Surface & Coatings Technology, 2006, 201: 3953 ~3961.

[27] M Rebhan, M Rohwerder, M Stratmann. Cvd of Silicon and Silicides on Iron [J] . Applied Surface Science, 1999, 140: 99 ~105.

[28] 赵红顺. Fe_3Si 基金属间化合物的制备与抗氧化性能研究 [D] . 兰州理工大学, 2008.

[29] S V Raj. An Evaluation of the Properties of Cr_3Si Alloyed with Mo [J] . Materials Science and Engineering A, 1995, 201: 229 ~241.

[30] S V Raj, et al. Elevated Temperature Deformation of Cr_3Si Alloyed with Mo [J] . in Termetallics, 1999, 7: 743 ~755.

[31] S V Raj, et al. Apreliminary Assessment of the Properties of Achromium Silicide Alloy for Aero Space Applications [J] . Materials Science and Engineering A, 1995, 193: 583 ~589.

[32] 孙爱民, 董显平. 不同硅含量 Cr_3Si 基合金的抗氧化性研究 [J] . 实验室研究与探索, 2003, 22 (3): 38 ~41.

[33] 郑灵仪. $MoSi_2$ 复合材料的进展 [J] . 宇航材料工艺, 1994 (2): 1 ~5.

[34] E Fitzer. Molybdenum Disilicide as High – Temperature Material [J] . Plansee Semin Springer Vienna, 1955 (2): 56 ~63.

[35] T C Chou, T G Nieh. Comparative Studies on the Pest Reactions of Single and Polycrystalline $MoSi_2$ [J]. Sci Metall Mater, 1992 (2): 19 ~25.

[36] 张厚安, 梁洁萍, 李颂文, 等. $MoSi_2$ 低温氧化行为的研究 [J] . 湘潭矿业学报, 1999, 14 (1): 69 ~71.

[37] R W Kowalik, M Cz Hebsur. Cyclic Oxidation Study of $MoSi_2$ – Si_3N_4 Base Composites [J] . Materials Science and Engineering A, 1999, 261 (1 ~2): 300 ~303.

[38] 周秋生, 熊翔. SiC 材料氧化行为研究进展 [J] . 材料科学与工程, 2000, 18 (3): 110 ~115.

[39] S Singhal. Thermodynamics and Kinetics of Oxidation of Hot – Pressed Silicon Nitride [J] . Journal of Ma-

terials Science, 1976, 11 (3): 500 ~ 509.

[40] 张厚安．第二相对 $MoSi_2$ 材料制备与性能的影响 [D]．中南大学，2002.

[41] K K Chawla, J J Petrovic, J Albajr, et al. Phase Identification in Reactively Sintered Molybdenum Disilicide Composites [J]. Materials Science and Engineeringa, 1999, 261 (1 ~ 2): 181 ~ 187.

[42] 常春，陈传忠．$MoSi_2$ 电热材料表面氧化层裂纹的形成机制 [J]．山东大学学报：工学版，2003，33 (1): 90 ~ 93.

[43] 常春，李木森．$MoSi_2$ 高温氧化层的微观结构 [J]．金属学报，2003，39 (2): 126 ~ 130.

[44] R Wehrmann. High - Temperature Materials and Technology [M]. Eds. I. E. Campbell and M. Sherwood, John Wiley & Sons in c., 1967

[45] M G Mendiratta. Oxidation Behavior of αMo - Mo_3Si - Mo_5SiB_2 (T_2) Three Phase System [J]. in Termatallics, 2002, 10 (3): 225 ~ 232.

[46] R W Bartlett, J W Mccamont, P R Gage. Structure and Chemistry of Oxide Films Thermally Grown on Molybdenum Silicides [J]. J. Am Ceram. Soc., 1965, 48: 551 ~ 557.

[47] R Beyers. Thermodynamic Considerations in Refractory Metal - Silicon - Oxygen Systems [J]. Journal of Applied Physics, 1984, 56: 47 ~ 52.

[48] J B Berkowitz - Mattuck, R R Dils. High - Temperature Oxidation Ii Molybdenum Silicides [J]. J. Electrochem Soc., 1965, 112: 583 ~ 590.

[49] D L Anton, D M Shah. Ternary Alloying of Refractory in Termetallics [J]. Mater. Res. Soc. Symp. Proc. 1991, 213: 733 ~ 737.

[50] M K Meyer, M Akinc. Oxidation Behavior of Boron - Modified Mo_5Si_3 at 800° ~ 1300℃ [J]. J. Am. Ceram. Soc. 1996, 79 (4): 938 ~ 944.

[51] J G Keller, D L Dougless. The High - Temperature Oxidation Behavior of Vanadium - Aluminum Alloys [J]. Oxidation of Metals, 1991, 36 (5/6): 439 ~ 464.

[52] J Williams, M Akinc. Oxidation Behavior of V_5Si_3 Based Materials [J]. in Termetallics, 1998 (6): 269 ~ 275.

[53] B W Xiong, C C Cai, et al. Effect of Si, W and W - Mo On Isothermal Oxidation Behavior of Nb/Nb_5Si_3 in - Situ Composite On High Temperature [J]. Journal of Alloy and Compounds, 2009, 486 (1 ~ 2): 330 ~ 334.

[54] J Geng, P Tsakiropoulos, G S Shao. A Thermo - Gravimetric and Microstructural Study of the Oxidation of Nb_{ss}/Nb_5Si_3 - Based in Situ Composites with Sn Addition [J]. in Termetallics, 2007 (15): 270 ~ 281.

[55] 李远士．几种金属材料的高温氧化、氯化腐蚀 [D]．大连理工大学，2001.

[56] M Toshio, Y Katsuyuki, Mater. High Temperature Oxidation and Pesting of Mo (Si, Al)$_2$ [J]. Material Science and Engineeringa, 1997 (239 ~ 240): 828 ~ 841.

[57] Y Katsuyuki, M Toshio, N Kazuhiro. Effect of Third Elements on the Pesting Suppression of Mo - Si - X in Termetallics (X = Al, Ta, Ti, Zr and Y) [J]. in Termetallics, 1996, 4: 133 ~ 139.

[58] A Stergiou, P Tsakiropoulos, A Brown. The in termediate and High - Temperature Oxidation Behaviour of Mo (Si1 - Xalx)$_2$ In termetallic Alloys [J]. in Termetallics, 1997, 5: 69 ~ 81.

[59] I Rosales, H Martinez B, D Bahena A, et al. Oxidation Performance of Mo_3Si with Al Additions [J]. Corrosion Science, 2009 (51): 534 ~ 538.

[60] Y Murata, et al. In Termetallic Compounds - Structure and Properties [J]. Japan in Stitute of Metals, 1992: 627 ~ 628.

[61] F H Stott, F I Wei. Comparison of the Effects of Small Additions of Silicon or Aluminum on the Oxidation of Iron – Chromium Alloys [J]. Oxidation of Metals, 1989, 31 (5 ~ 6): 369 ~ 391.

[62] N Ying, Y Kawaharab, K Kurokawa. Structure and Oxidation Resistance of Plasma Sprayed Ni – Si Coatings on Carbon Steel [J]. Vacuum, 2006 (80): 1256 ~ 1260.

[63] J Schlichting, S Neumann. GeO_2/SiO_2 Glassed From Gels to in crease the Oxidation Resistance of Porous Silicon Containing Ceramics [J]. Journal of No Crystalline, 1982, 48: 185 ~ 194.

[64] M G Hebsur. Cyclic Oxidation of $MoSi_2$ – Si_3N_4 Base Composite [J]. Materials Science and Engineering A, 1999, 261 (1 ~ 2): 300 ~ 303.

[65] J Williams, M Akinc. Oxidation Behavior of V_5Si_3 Based Materials [J]. in Termetallics, 1998, 6 (4): 269 ~ 275.

8 硅化物高温涂层

8.1 发 展 历 史

随着科学技术的发展，高温结构材料的服役条件变得越来越苛刻，这也促使人们对材料的性能提出了更严格的要求。目前航天飞机、火箭发动机以及核反应堆上的关键部件服役温度约为1600℃，短时可高达1800℃[1]，现有的高温结构材料已经很难满足这种要求。此外，恶劣的服役条件不单要求材料具有较高的耐热性能，并且对材料的耐蚀性也提出了新的要求。资料显示[2]，没有涂层的航空发动机涡轮叶片装在商业飞机发动机上可工作12000h之久，若该叶片装在反潜飞机的发动机上，由于受到热腐蚀的作用则使叶片寿命减少到1200h，如果用在东南亚飞行的直升机发动机上则仅能工作800h，而装在海上石油钻井平台上工作的直升机发动机其叶片仅300h就发生失效。

目前，航空航天发动机使用的高温结构材料主要包括镍基、钴基等高温合金，某些关键部位采用了铌基高温合金和碳/碳复合材料。长期以来，国内外的材料研究人员都致力于提高高温结构材料的工作温度，延长其使用寿命。对于金属材料而言，有效的技术途径主要包括两种：（1）合金化的方法；（2）表面涂层保护。所谓合金化的方法是指，在基体材料中添加某些合金元素，在高温下，这些合金元素向材料表面扩散形成抗氧化层，阻止合金基体的进一步氧化，从而提高其高温使用性能。例如，在铌合金中添加Al、Ti、Cr等元素，在钽合金和钼合金中加入Hf、C等元素都被证实能在一定程度上提高其高温使用性能。虽然合金化对改善合金的抗氧化性能有一定作用，但许多高温金属的可合金化程度有限，并且这种方法经常会降低合金其他方面的使用性能（如室温塑性、高温力学性能等）。因此，研究和开发高温结构材料的表面保护涂层技术具有极其重要的意义。

表面保护涂层技术是一种兼顾材料力学性能和抗高温氧化性及耐蚀性的切实有效的办法，并且已经在航空航天领域得到了广泛的应用。硅化物作为高温涂层材料已有100余年的历史，早在1907年$MoSi_2$就被用作稀有金属的高温涂层。硅化物涂层具有良好的热稳定性，使用温度可达1600℃，其表面形成的SiO_2能有效阻止氧向基体内部扩散；而且SiO_2在高温下呈玻璃态，具有流动性，从而使涂层拥有自愈能力，并能承受一定程度的变形。但是这种硅化物也有其本身的缺陷，如在压力较低和温度更高的条件下，SiO_2会分解挥发，因此硅化物涂层的极限使用温度一般不高于1800℃。同时，硅化物具有一定的脆性，也使其使用范围受到限制。

20世纪50年代以来，国外对硅化物涂层开展了大量研究工作，几种以$MoSi_2$为主要成分的改性涂层被用于镍基和钴基超合金的保护。这些涂层包括（$MoSi_2$ + Cr）、（$MoSi_2$ + Cr，B）、（$MoSi_2$ + Cr，Al，B）和（$MoSi_2$ + Sn - Al）等。改性元素加入涂层中，在一定程度上提高了材料的高温性能。主要采用固态扩散渗镀的方法来获得这些硅化物涂层。$MoSi_2$涂层之所以具有极好的抗氧化性是由于在高温氧化气氛中，Mo和Si被氧化后，生

成稳定的玻璃态 SiO_2 能够将挥发性的 Mo 的氧化物 MoO_3 覆盖，从而在涂层的表面形成致密的，具自愈性的 SiO_2 膜，环境中的氧通过 SiO_2 膜向内扩散和金属向外扩散都会受到阻滞，速度大大降低，这意味着基体合金得到很好的保护，抗氧化性能得到改善。

然而，在高温下，氧在硅化物中的沿晶扩散速度比穿晶扩散速度要快很多，因而容易产生选择性“晶界氧化”。这种选择性的“晶界氧化”会使合金产生较大的应力集中，从而导致合金崩落出现“Pesting”现象，对涂层的扩氧化性能带来极其不利的影响。为了克服硅化物的氧化“Pesting”现象，TRW 公司采用 Nb - Ti - Cr 合金作为底涂层和复杂硅化物作为防护性表面研制出了 Ti - Cr - Si 涂层[3]。A. Hidouci 和 J. M. Pelletier[4] 采用激光熔覆的工艺在钢基体上制备了 $MoSi_2$ 涂层，并分析了其显微结构。而 V. S. Terentieva 等人研制的 Mo - Si - Ti 合金涂层可以在 1775℃ 氧化气氛中暴露 2h 而无明显变化[5]，且该涂层在高温气流冲刷条件下表现出良好的抗冲刷和抗热震性能。

国内对于硅化物涂层进行了多方面的研究，积累了不少有价值的数据和资料，并且金属硅化物涂层在高温结构材料的防护中也得到了广泛应用。宝鸡有色金属研究所研究人员自 1982 年起就对 Ti - Cr - Si 涂层进行了研究，发现添加 Zr 能提高涂层的抗氧化性能，耐烧蚀温度可达 1650℃[6]。翟金坤等[7] 对 C - 103 铌合金上的 Ti - Cr - Si 料浆熔烧涂层进行了改性研究，发现在涂层料浆中添加活性元素 Zr，可促使 Si 和 Cr 向表面扩散，形成阻挡层；而加入的 Y_2O_3 呈弥散分布，可细化晶粒，改善涂层氧化性能和力学性能。徐子文以及吕旭东等[8,9] 采用激光熔覆法对 $MoSi_2$ 涂层的非平衡快速凝固过程和显微组织进行了研究，发现激光熔覆法制备的 $MoSi_2$ 涂层组织均匀致密，具有优异的高温抗氧化性能。成来飞、方海涛等[10,11] 分别对 Mo - Si 涂覆 C - C 复合材料进行了研究，研究表明硅化物复合涂层具有优良的高温性能。

20 世纪 90 年代，随着空间技术和超高音速飞行器的发展，对涂层性能提出了更高的要求，进一步促进了硅化物涂层的研究。我国“神舟”系列载人航天飞船的成功发射和顺利返回，也标志着我国在硅化物高温涂层方面的研究和应用走在了世界的前列。

8.2 高温涂层的分类

高温涂层按涂层元素主要分为几大体系：耐热合金涂层、贵金属涂层、铝化物涂层、硅化物涂层。

（1）耐热合金涂层。耐热合金又称高温合金，一般把能在 700℃ 以上高温环境中工作的金属材料通称为耐热合金，“耐热”是指合金在高温下能保持足够的强度和良好的抗氧化性。耐热合金主要包括铁、镍、钴基合金。耐热合金涂层体系的制备方法很多，包括：电镀、热浸、包渗沉积、喷涂、熔盐沉积及电泳等。目前，耐热合金涂层已在工程上得到了广泛的应用。但该涂层体系对于铌及其合金的高温防护效果不理想。1970 年，美国国家咨询委员会对耐热合金涂层体系在铌合金中的应用进行了总结性评价：这类涂层与铌基体的结合力较差，受高温冲刷容易剥落；涂层的多孔性为氧原子提供了大量扩散通道，升温至 900℃ 以上涂层即发生快速氧化，导致基体失效；此类涂层由于成分本身的缺陷，使用温度受到一定限制[1]。

（2）贵金属涂层。贵金属主要指金、银和铂族金属（钌、铑、钯、锇、铱、铂）等 8 种金属元素，这些金属不但有良好的抗腐蚀能力和延展性，而且还能适应基体弹塑性变形或高温蠕变造成的变形[12]。金属铂虽然可用作涂层材料，但其与合金基体会发生互扩散，导致涂层失效。铱具有较低的氧渗透率和扩散率，可作为理想的氧扩散阻挡层，但其氧化物的蒸汽压较高，不能直接暴露于高温大气中，需要在外层加其他成分的涂层[13]。很多贵金属自身熔点较低，作为主体涂层，使用温度太低，而且成本太高，实际应用中受到限制，所以常考虑将其作为其他涂层的改性元素。

（3）铝化物涂层。铝的活性很高，容易与氧结合在基体表面形成致密的 Al_2O_3 陶瓷层，阻挡氧的扩散，是重要的涂层材料。鉴于 Al_2O_3 涂层在蒸汽轮机、高温管道等方面的成功应用，研究者也尝试将其用于其他腐蚀环境下合金的保护涂层。E. Kobayashi 采用低氧分压下热处理工艺，研究了 TiAl 金属间化合物的抗氧化性能[14]，发现制得的试样在 1173K 静态空气中循环氧化时所表现出的抗氧化性能明显好于 713C 镍基超合金。Haasch[15]采用激光熔敷技术在铌基体上制备了 $NbAl_3$ 层，并对其在 800 ~ 1400℃空气中的静态氧化行为进行了研究。在该涂层中加入 V 微合金化后，氧化速率显著降低，这可能与 $(Nb,V)_2O_5$ 和 VO_2 的形成有关。如果用ⅣA，ⅤA 或ⅥA 族元素部分替代 $NbAl_3$ 中的 Nb，使 $NbAl_3$ 成为多相枝晶结构，则可改善其韧性。但应该严格控制合金元素的加入量，如：加入 V 超过 5%（原子分数）时，基体的抗氧化性能会显著下降。

铝化物涂层的弱点是高温力学性能较差，在热冲击情况下，涂层易形成缺陷，甚至剥落；受机械变形影响时，涂层失效更快。铝化物涂层工作温度低于 1400℃，保护时间有限，但制备容易，适用于静载等温氧化环境。

（4）硅化物涂层。相比以上三种高温涂层，硅化物涂层具有更高的热稳定性，使用温度可达 1600℃，其表面形成的 SiO_2 能有效阻止氧向基体内部扩散，且 SiO_2 在高温下的流动使涂层具有自愈能力。早在 1965 年，Priceman 和 Sama 就开发了牌号为 R512A 和 R512E 的商用硅化物涂层。经过几十年的发展，目前较为成熟的硅化物涂层主要包括 $MoSi_2$ 涂层体系和 Ti－Cr－Si 涂层体系。图 8－1 显示的是带硅化物涂层的发动机涡轮叶片。

$MoSi_2$ 涂层体系作为常见的难熔金属高温涂层已广泛应用于 Nb，Mo，Ta，C－C 复合材料等多种高温结构材料。$MoSi_2$ 的主要特点表现在：

（1）很高的熔点（2030℃）；

（2）极好的高温抗氧化性，几乎是所有难熔金属硅化物中最好的，其抗氧化温度可以达到 1600℃以上，与 SiC 等硅基陶瓷相当；

（3）适中的密度（$6.24g/cm^3$）；

（4）较高的热膨胀系数（$8.1\times10^{-6}/K$）；

（5）良好的电热传导性（电阻率为 $21.50\times10^{-6}\Omega\cdot cm$，热传导率为 $25W/(m\cdot K)$）；具有较高的脆性转变温度。

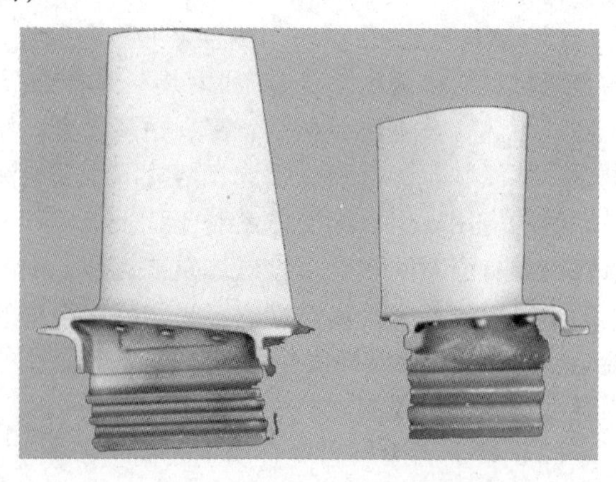

图 8－1　带硅化物涂层的发动机涡轮叶片[2]

虽然在高温下，$MoSi_2$ 表面氧化生成 SiO_2 可阻挡氧的扩散，对合金基体起到良好的保护作用，但在低温区（<900℃）$MoSi_2$ 会发生“Pesting”现象，直接影响 $MoSi_2$ 的高温抗氧化能力，并且在 1000℃

以下时抗蠕变性能较差，此外，室温下 $MoSi_2$ 的断裂韧性也较低（$3MPa\cdot m^{1/2}$），这些严重制约了 $MoSi_2$ 的应用。目前，研究人员通常在 $MoSi_2$ 涂层中添加 Cr、Al、B 等元素，形成多相涂层来提高涂层的抗氧化性能。其中，Mo－Si－B 体系涂层被证明具有良好的抗氧化性与高温力学性能。

Ti－Cr－Si 涂层是另一种常见的硅化物高温涂层，目前卫星姿态控制发动机的高温合金上采用的就是这种涂层体系。研究表明添加 Zr 和 Al 等改性元素能在一定程度上提高 Ti－Cr－Si 涂层的高温稳定性，而添加 Ge、Mo、W 等元素则容易使涂层在高温下发生破坏。

8.3 硅化物高温涂层的设计

实际上一般涂层材料的力学性能都比被保护耐热合金的低。例如在低温下涂层材料塑性小，高温强度低，在承载条件下，涂层的存在对基体材料的强度会产生不利影响。因此，如何将涂层对基体材料强度的不良影响降至最低，是涂层设计最为重要的要求之一。

理想的高温涂层，必须符合以下要求：

（1）涂层的熔点高，抗高温氧化性能好。涂层不至于在高温使用过程中因自身的熔融或抗氧化能力差而降低对金属基体的氧化防护能力。

（2）涂层结构均匀，外观致密完整，对缺陷有一定的自愈能力，使涂层具有更可靠的抗氧化性能。

（3）涂层的线膨胀系数及温度—热膨胀曲线应与基体金属接近，相互能很好地匹配。涂层必须具备良好的抗温度骤变的能力。

（4）涂层与基体金属的结合性能好。涂层具备一定的塑性和足够的硬度，能够抵抗机械冲击，震动疲劳，小颗粒的高速冲刷，并且在高温下能适应基体金属受应力而产生的蠕变，涂层不至于破裂。

（5）涂层的厚度较薄，表面应能经受适当的加工，涂层制备工艺过程基本上不影响基体的物理和力学性能。

（6）涂层在高温使用过程中性能稳定，与基体之间的元素互扩散速度低，涂覆涂层的部件，在使用期间有稳定的物理和力学性能。

要使涂层符合以上要求，在进行涂层设计时就应该考虑多方面的因素。涂层的设计主要包括涂层的成分设计、结构设计及工艺设计三个方面。

8.3.1 高温涂层的成分设计

硅化物高温涂层的成分设计是以含 Si 的相图为基础，根据涂层所需的结构和使用性能，选择合适的涂层成分。在选择高温合金的涂层体系时，首先必须考虑涂层的使用温度，即涂层组元必须保证有足够高的熔点，在使用过程中不发生熔化。其次，涂层与基体的线膨胀系数应该尽可能的接近，从而保证部件在升温和冷却过程中，基体和涂层的界面不会因承受过大应力而开裂。再次，基体和涂层应该拥有相似的弹性模量和泊松比，以避免小的变形导致涂层与基体界面发生破坏。最后，在进行涂层成分设计时，应尽量降低涂层的成本，以获得较大的经济效益。

表 8－1 和表 8－2 列出了一些常见的高温结构硅化物材料[16]和高温难熔金属的基本物理性质。

表 8-1 部分硅化物的性质[16]

硅化物	密度/g·cm^{-3}	熔点/℃	弹性模量 E/GPa	泊松比 ν	线膨胀系数 /10^{-6}℃$^{-1}$
$MoSi_2$	6.24	2030	440	0.15	8.1
WSi_2	9.86	2160	468	0.14	7.9
$CrSi_2$	5.00	1550	347	0.18	9.6
VSi_2	4.63	1677	331	0.167	11.2
$CoSi_2$	4.95	1327	116	—	14.4
Ti_5Si_3	4.32	2130	156	—	11.0
Nb_5Si_3	7.16	2480	—	—	6.1
$TaSi_2$	9.14	2200	—	—	9.5
Zr_5Si_3	5.99	2210	—	—	8.1

表 8-2 部分高温难熔金属的性质

耐热金属	密度/g·cm^{-3}	熔点/℃	弹性模量 E/GPa	泊松比 ν	线膨胀系数 /10^{-6}℃$^{-1}$
Mo	10.2	2625	324	0.31	5.2
Nb	8.6	2460	103	0.4	7.1
Ni	8.9	1453	200	0.31	13.4
Ti	4.5	1670	107	0.32	8.6
Ta	16.7	3014	186	0.34	6.3
W	19.3	3410	344	0.28	4.5
Cr	7.2	1871	279	0.21	6.2

8.3.2 高温涂层的结构设计

高温涂层的结构简单说来可以分为单层高温涂层、双层高温涂层和多层高温涂层。对于金属硅化物保护涂层，不仅要求其表面的化学稳定性好，而且为了防止由于开裂、剥落和元素互扩散等引起的性能退化，涂层的物理、化学和力学性能必须与基体的性能相匹配。在热循环过程中，硅化物的脆性及硅化物与基体的线膨胀系数差异可能会导致涂层开裂和剥落。在使用过程中，涂层与基体间的互扩散会产生合金化效应，从而改变涂层的固有性质，导致性能下降。这些问题在涂层的结构设计中都需要进行考虑，目前多数是通过加入扩散阻挡层形成多层涂层来解决。

8.3.2.1 单层的高温涂层体系

早期的高温涂层大多属于单层涂层体系，该涂层制备工艺较为简单，生产成本较低。A. Joshi 和 J. S. Lee 运用料浆法合成了 Si-Hf-C 单层涂层，其抗氧化温度可达 1600℃[17]。该涂层体系具体的制备过程是将高纯度的金属粉末（Cr，Hf）与 Si 粉按一定比例混合，加入适量有机漆类介质和丙酮，搅拌成料浆。然后，向制得的浆体中加入石墨粉，将 C/C 基体放入合成的料浆中浸渍，经真空高温处理，利用石墨颗粒与涂层中 Si 的原位反应，将 SiC 颗粒均匀弥散分布于 Si-Hf-C 涂层中，从而得到了完整的抗氧化涂层。研究表明，SiC 颗粒起到了细化晶粒和阻止裂纹扩展的作用，提高了涂层的抗氧化性能。

但单层结构的涂层抗氧化能力有限，而且难以同时满足线膨胀系数匹配、与基体结合良好以及有效阻止氧扩散等要求，并且涂层在热震过程中容易在与基体的结合处开裂，因此往往采用双层或多层涂层体系。这种涂层结构层与层之间性能的逐渐变化有可能使涂层与基体配合得更好，充分发挥各自优势，达到更好的防护效果。

8.3.2.2 双层的高温涂层体系

高温涂层既要求具有高的耐热性能，又要求其与基体有良好的结合强度，两者往往是互相矛盾的。要提高涂层与基体的结合强度，就要在形成涂层时强化扩散过程；然而，基体与涂层之间扩散的强化会导致涂层不稳定，而降低对基体的保护作用。为了兼顾这两方面的要求，可以在基体与涂层之间的扩散带内形成阻挡层，从而形成了双层涂层体系。此外，由于基体与涂层材料的化学成分一般相差较大，结构参数和理化性能也差别很大，在基体/涂层界面处，由于温度和相变会形成较大的残余应力，降低界面的结合强度，使涂层过早失效。采用复合多层涂层或梯度涂层，可以使涂层的化学成分由基体平缓地呈梯度过渡到涂层，减少基体与涂层的成分差异，致使涂层的组织和性能也呈连续的过渡，避免材料体系组织和性能的突变，缓解界面处的应力集中，改善涂层的界面结合，提高结合强度，大幅度改善涂层材料的性能[18]。

双层高温涂层体系一般以硅化物作为内涂层，称为阻挡层，用以阻止氧和合金元素的扩散；以高温玻璃涂层为外层，称为封填层，利用其良好的高温自愈性来封填涂层中的裂纹。厄特塞考·阿克希科等人[19]报道了一种 SiC 纤维复合涂层，制备时先将 SiC 毡覆盖在三维 C/C 基体材料上，然后浸渍一种由炭粉与硅粉均匀分散的料浆，再通过 CVD 法沉积 SiC，在复合材料上形成了致密的涂层。SiC 纤维毡复合涂层由双层结构组成，内层是多孔的 SiC/SiC 纤维层，外层为致密的 SiC 涂层，形成的 SiC 纤维复合涂层厚度约 300μm。由于 SiC/SiC 纤维层热膨胀系数介于 C/C 复合材料基体与 CVD－SiC 涂层之间，因此，SiC/SiC 中间层在复合材料中具有缓冲作用，从而将由于热膨胀系数不匹配产生的热应力致使涂层开裂的可能性降低到最低。

8.3.2.3 多层高温涂层体系

多层高温涂层的设计是指把功能不同的涂层结合起来，让它们发挥各自的作用，并且涂层层与层之间性能的逐渐变化有可能使涂层与基体配合得更好，充分发挥各自优势，达到更好的防护效果。但多层涂层体系制备工艺往往较为复杂，生产周期长且成本较高，因此选择涂层的结构体系应该根据需要酌情考虑。

一个合理的多层涂层系统一般由三层组成，它们分别是最外面的一层即第一阻挡层、作为涂层主体的第二阻挡层和在涂层主体与基体之间起连接作用的过渡层，如图 8－2 所示。

第一阻挡层：对于氧或其他腐蚀性气氛，只有氧化物能成功地作为第一阻挡层。玻璃态的 SiO_2 是难熔金属在温度低于 1370℃下长期应用时最有效的第一阻挡层。此外，SiO_2 的弹性模量较低，因而可以减轻小应变的效应，SiO_2 可以是玻璃态，并且少量的添加剂就能在温度低于 1370℃时使 SiO_2 玻璃化（特别是 V 和 B），同样这种添加剂和其他添加剂也将玻璃的软化温度降低到约 970℃。

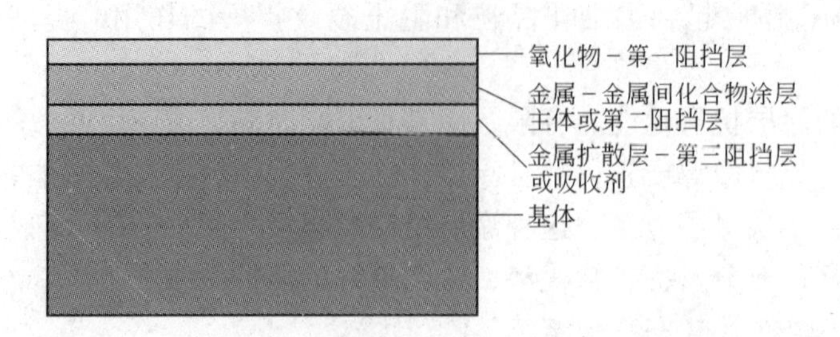

图 8－2 典型多层高温涂层的结构示意图

第二阻挡层或涂层主体：这一层需要有很低的氧化速率，以便能够在足够长的时间内防护基体或第三阻挡层，从而使带涂层的结构件能长期使用。然而，涂层主体又必须能快速地氧化，以弥合涂层表面诸如裂纹等缺陷，减轻氧对基体的侵蚀。因此，考虑到涂层主体的这两种互为矛盾的要求，抗氧化效果最好的材料，并不一定是在所有情况下均是最好的涂层主体材料。挑选涂层主体元素时，需要在高温性能和低温性能之间折中。通常，生成纯氧化物（如 SiO_2、Al_2O_3）的涂层主体在高温下具有较长的寿命。因此，硅化物和铝化物经常作为涂层的主体材料，其中硅化物包括 MSi_2 和 M_5Si_3 两类（M 代表金属组元）。MSi_2 中硅的活性很大，一般是涂层中最初形成的硅化物。当涂层氧化后，在空气和硅化物界面处生成 M_5Si_3。

第三阻挡层：该层主要是涂层主体与基体之间元素互扩散后形成的金属扩散区。该层能够使涂层主体与基体之间的结合性能得到改善，使涂层主体能牢固地黏附在基体上而不至于脱落。

F. Smeacetto 等人[20]用液相浸渍法和熔浆法制备了 SiC 梯度层/SABB（硼酸钡玻璃体）－B_4C/SABB－Y_2O_3 多层涂层体系，组成如表 8－3 所示。试样 B 在 1200℃氧化 100h，氧化失重可以忽略不计，试样 C 在 1300℃氧化 150h 氧化失重小于 1%。图 8－3 显示的是试样 B 的扫描电镜照片。

表 8－3 C/C 复合材料涂层的组成[20]

试样	表面改性层	内 涂 层	外 涂 层
A	SiC（5～10μm）	SABB/B_4C＝3：1（300～400μm）	—
B	SiC（5～10μm）	SABB/B_4C＝3：1（300～400μm）	SABB/Y_2O_3＝3：1（300～400μm）
C	SiC（5～10μm）	SABB/B_4C＝3：1（300～400μm）	SABB/Y_2O_3＝2：1（300～400μm）

这三层阻挡层的性能，通常决定了涂层体系的破坏时间。涂层主体或扩散区与基体的相互作用，强烈地影响基体的力学性能。涂层和基体元素迅速扩散，间隙原子从基体到涂层的选择扩散，由于热膨胀失配而引起涂层主体开裂，以及涂层主体的塑性，对材料体系的性能均有影响。而涂层主体和基体元素之间的互扩散及涂层主体的裂纹，对涂层的氧化性能有严重的影响。

G. Savage[21]提出了一种四层抗氧化涂层的设计思想，其结构由内而外依次为：

（1）过渡层，用以解决 C/C 复合材料基体与涂层之间热膨胀系数不匹配引起的矛盾；

（2）阻挡层，为氧气的扩散提供屏障，防止材料氧化；

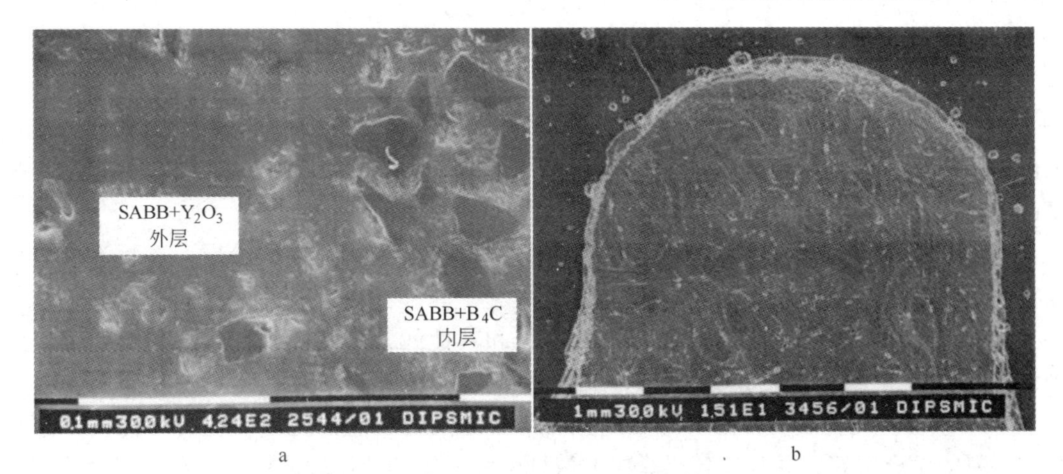

a　　　　　　　　b

图 8-3 试样 B 的扫描（SEM）照片[20]

a—内层和外层的外界特征；b—空气中 1300℃热循环 100h 后的截面

（3）密封层，提供高温玻璃态流动物质愈合阻挡层在高温下产生的裂纹；

（4）耐烧蚀层，阻止内层在高速气流中的冲刷损失、在高温下的蒸发损失以及在苛刻气氛中的腐蚀损失。这种四层结构的设计思想适用于要求在 1800℃以上具抗氧化防护的涂层。郭海明、Ruscher Wang 等人[22,23]利用此思想分别制备了结构为 TiC/SiC/ZrO_2 - $MoSi_2$ 涂层、Si/SiC/莫来石涂层[24]及 LaB_6 - Si/聚碳硅烷/SiO_2 复合涂层，但是其抗氧化效果均不太理想，没有达到预期效果，抗氧化温度停留在 1300℃左右。

8.3.3 高温涂层的工艺设计

理想的涂层制备工艺应该具有以下特点：

（1）使涂层与基体之间达到冶金结合，以保证高的结合强度；

（2）涂层内部缺陷（如微裂纹、孔隙和夹杂等）尽可能少；

（3）不损害基体原有的力学性能；

（4）工序简单，易操作，成本低。主要的工艺环节包括涂层原料的选择和制取、基体材料的表面预处理和涂层的生成制备等环节。

从已经发表的文献看，高温涂层的研究目前仍存在诸多问题，要使涂层在实际中更广泛地应用，还需进行更加深入的研究。高温下短期使用的涂层，由于工作时承受的机械负荷较小，使用时间较短，因此存在着较大的实际应用的可能性。进一步的工艺研究应该从以下几方面寻求突破：

（1）继续探索各种高熔点的化合物作为涂层的可能性，并发展相应的加涂涂层的工艺方法。

（2）研究闭口孔隙度为零的火焰喷涂氧化物涂层，使这类涂层既具有抗氧化性又具有绝热的作用。

（3）研究能生成具有抗氧化保护能力的耐熔氧化物表面致密的涂层，继续研究其他元素改性硅化物涂层的高温氧化产物的组成和结构，探索改善难熔金属硅化物涂层在高温低压空气流内由于氧化硅蒸发而抗氧化性能变差的原因。

（4）继续研究和发展多层复合涂层，利用各种涂层组成的特性，使涂层整体的使用性能得到改善。

（5）由于大多数涂层的使用性能均受到涂层组元和基体金属间的热扩散作用的影响，因此要研究各种元素在高温下的互扩散性能，从而寻找能够降低涂层与基体金属互扩散速度的方法。

（6）广泛研究用熔烧方法加涂金属粉末与硅粉混合物所组成的涂层，这类涂层有可能在动负荷的作用下保护高温合金基体。

（7）探索和研究在基体合金上建立由金属和其他元素的氧化物所组成的熔点高、致密无孔并与基体很好黏结的氧化物层，或在高温使用时能产生这种氧化物层的涂层。

（8）系统研究多层复合涂层的性能，层与层之间的性能的逐渐变化有可能使涂层与基体金属的配合更好，并利用各层涂层的特性使复合层的使用性能得到改善。复合涂层各层的功能不同，为了发挥各层的性能，达到涂层结构设计的目的，需要设计不同的工艺方法来制备它们。如底层为热扩散金属层，以保证与基体金属有良好的黏结；第二层采用熔烧混合涂层以保证有较可靠的抗氧化和抗冲刷性能；表层用玻璃质涂层以提高表面光洁度，具有这三层结构的涂层将会有较好的综合使用性能。

8.4　硅化物涂层制备方法

用来制备硅化物涂层的工艺方法有很多种，如热喷涂法、化学气相沉积法、粉末包渗法、料浆烧结法、熔盐法等，本节主要对以下几类方法进行简单介绍。

8.4.1　热喷涂法

热喷涂是以粉末和丝材为原料，通过等离子体、火焰、电弧等热源将其熔化，并获得一定速度，颗粒撞击基体材料后变形摊平，快速冷却并堆叠形成涂层，以提高构件耐蚀、耐磨和耐高温等性能的新型材料表面处理技术，其包括低压等离子喷涂、火焰喷涂和电弧喷涂等[25]。热喷涂技术的工作原理如图 8－4 所示。热喷涂涂层形成的过程有三步：

（1）喷涂粒子的产生。

（2）喷涂材料粒子与热源的相互作用。在热源作用下，喷涂材料被加热，熔化并加速。

（3）高温高速熔融粒子对基体（或已沉积形成的涂层）的作用。包括熔融粒子与基体的碰撞，同时伴随着熔融粒子横向流动扁平化以及急速冷却和凝固。

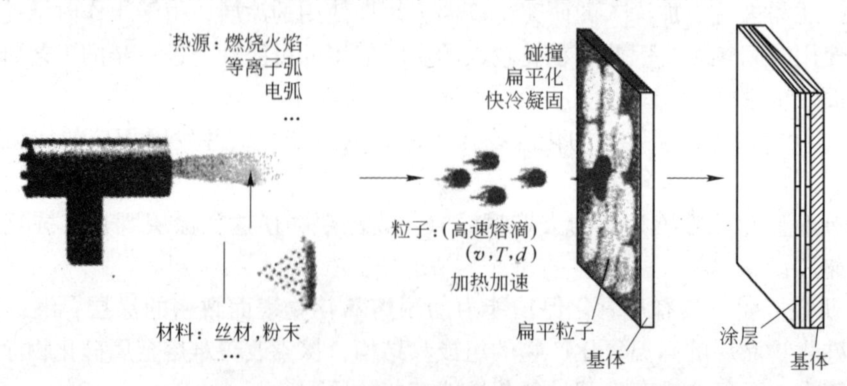

图 8－4　热喷涂原理示意图[25]

热喷涂技术最早于20世纪初叶出现在瑞士，随后在苏联、德国、日本和美国等国得到了快速的发展。各种热喷涂设备的研制、新的热喷涂材料的开发和新技术的应用使热喷涂涂层质量不断提高，应用领域不断拓展。特别是20世纪60年代等离子喷涂获得应用后，热喷涂技术又有了新的突破。等离子喷涂技术也常用于贵金属涂层的制备，如图8－5所示。

a

b

图8－5 等离子喷涂

a—设备及工艺；b—等离子喷涂的贵金属涂层部件[25]

在热喷涂过程中，对涂层材料的加热及使熔融材料气雾化后粒子的加速，是最关键的要素，对热源的应用和控制室的调节是其中最重要的环节。根据喷涂过程中所采用的热源不同，可将热喷涂分为：气体燃料火焰喷涂、电弧喷涂、等离子喷涂、激光喷涂、电热热源喷涂等，如图8－6所示。

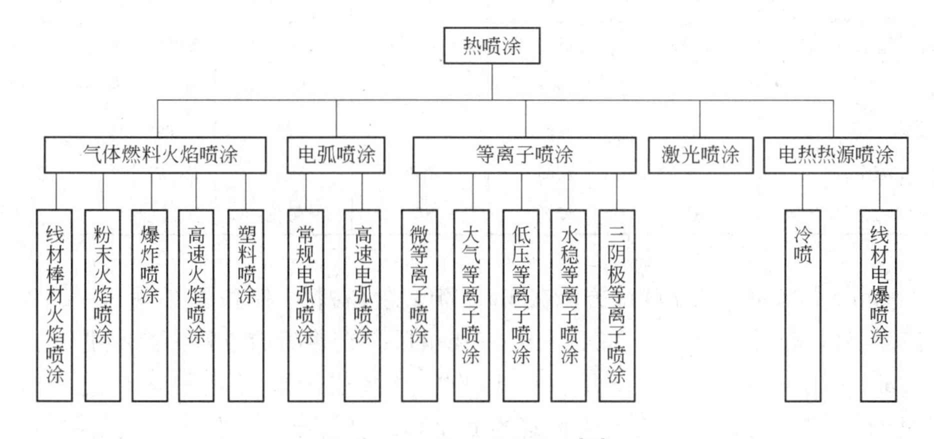

图8－6 热喷涂的分类[25]

孔隙率和氧化物夹杂是影响热喷涂涂层质量的主要因素，取决于热源、涂层材料及喷涂条件。采用等离子高温热源、超音速喷涂以及保护气氛等可减少涂层中的氧化物夹杂和气孔；涂层经过重熔后可消除其中的氧化夹杂物和气孔，并使层状结构变成均质结构，同时涂层与基材的结合状态也将发生变化。

涂层与基材表面之间的结合，以机械结合为主，同时，由于撞击基材表面的熔融态变形颗粒的冷凝收缩产生微观应力累积，形成残余应力，涂层与基体的结合力相对较弱，影响涂层的质量、限制了涂层的厚度。

热喷涂方法主要特点为：

（1）涂层材料的基体几乎不受限制。金属材料、无机材料和有机材料均可作为热喷涂涂层的基体。

（2）涂层的材料选择范围广泛。只要材料的熔点远低于沸点或拟熔融的材料均可用于热喷涂。

（3）涂层基体的形状和尺寸不受限制。既可以对材料表面进行整体喷涂，也可以对材料的局部进行喷涂。

（4）热喷涂的生产效率较高，喷涂参数复杂。对于大多数喷涂工艺方法，生产效率可以达到每小时数公斤，有的工艺可以高达50kg/h以上。热喷涂的工艺参数多达十几种，甚至几十种，而且这些参数之间都彼此影响。

（5）涂层厚度可在较大范围内变化。涂层最厚可达数毫米。

（6）可喷涂成形直接制造机械零件实体。该法是在先成型模的表面形成涂层，然后再用适当的方法去除成型模后成为成品。

（7）对喷涂小零件、小面积的涂层，经济性差。

（8）操作间需要通风换气。

表8－4列举了一些常用热喷涂工艺的特点。目前，热喷涂工艺已在航空航天工业领域得到广泛应用，其中飞机发动机上热喷涂工艺的应用如图8－7所示。

表8－4 常见的热喷涂工艺及特点[25]

工艺性能	粉末火焰喷涂	丝材火焰喷涂	大气等离子喷涂	低压等离子喷涂	高速火焰喷涂	爆炸喷涂
火焰温度/℃	3200	2800	4500～5500		2500～3100	3900
粒子速度/$m \cdot s^{-1}$	30	180	240	240～610	610～1060	910
黏结强度	低	较好	高	高	非常高	非常高
孔隙率	高	较高	较低	很低	非常致密	非常致密
氧化物含量	高	较低	低	最低	较低	低

N. Nomura[26]采用等离子喷涂方法在Mo－ZrC复合材料上制备了Mo－Si－B多相合金涂层，该涂层由Mo_5Si_3、Mo_3Si和Mo_5SiB_2三相组成。在热喷涂过程中涂层主要发生的反应有$Mo_5Si_3 + L \rightarrow Mo_3Si + Mo_5SiB_2$，在1400℃时涂层表面发生氧化反应：$Mo_5Si_3 + 3O_2 \rightarrow 5Mo + 3SiO_2$，在涂层表面形成致密的氧化膜，以及与氧化膜结合紧密的富Mo层，使涂层具有优异的抗高温氧化性能，如图8－8所示。

Sakakibara Noriyuki等人[27]利用等离子喷涂技术在C/C复合材料基体上制备了Y_2SiO_5复合涂层，该涂层系统由Y_2SiO_5外层和SiC内层组成，在1400℃具有良好的抗氧化性能。

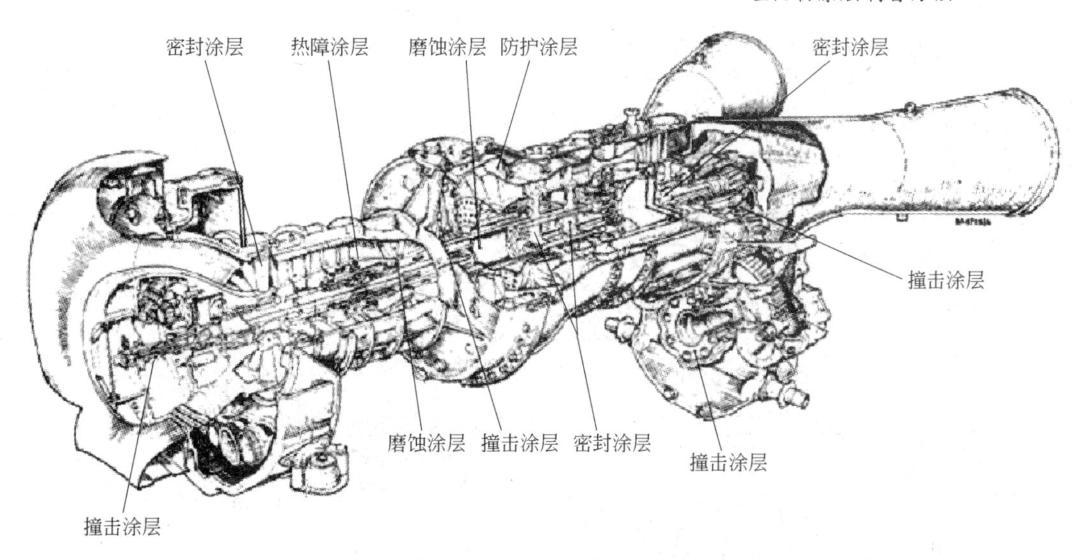

图 8－7 热喷涂涂层在飞机发动机上的应用示意图

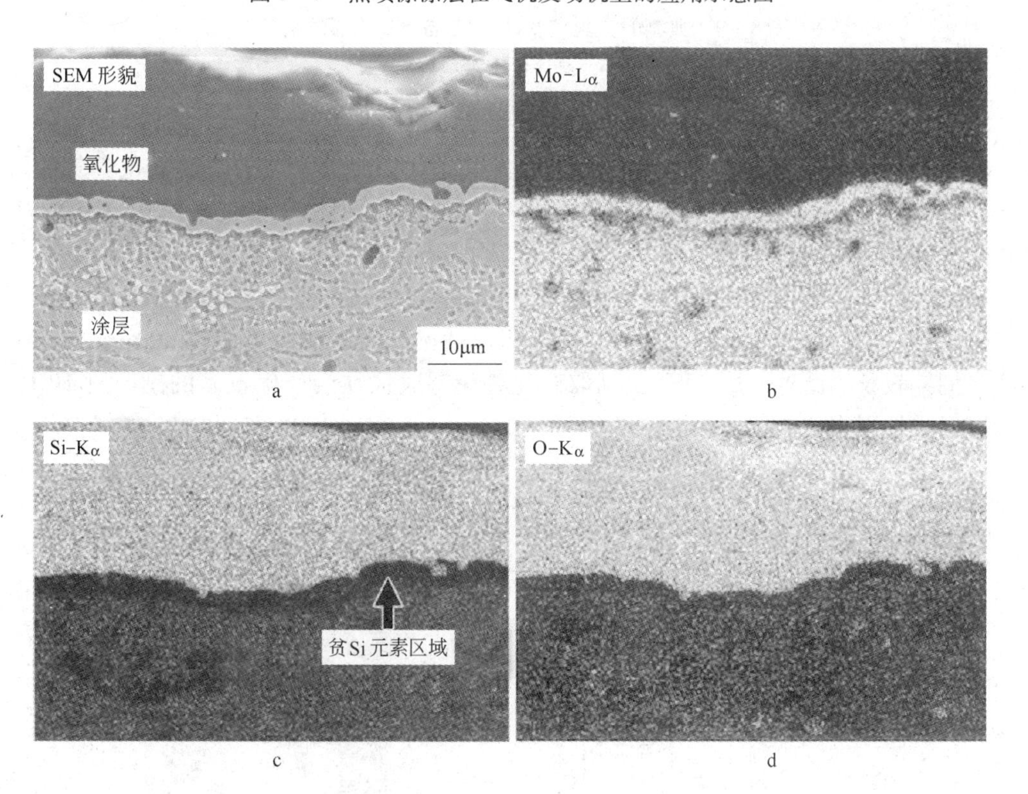

图 8－8 热喷涂制备的 Mo－Si－B 涂层形貌及元素分布

a—涂层横截面的 SEM 形貌；b—Mo 元素分布；c—Si 元素分布；d—O 元素分布

8.4.2 化学气相沉积法

化学气相沉积（CVD）制备工艺一般包括三个步骤：

（1）产生带有沉积物原子的气态化合物；

（2）将气态化合物输运到沉积室；

（3）气态化合物在热的基体表面发生化学反应，并生成固态沉积物。CVD 法制备 SiC 涂层的原理如图 8－9 所示[28]。

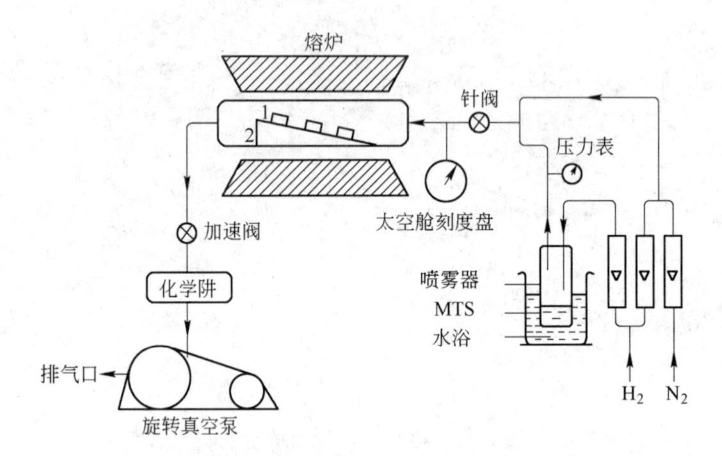

图 8－9　典型的实验室 CVD 法制备 SiC 涂层的简略图

1—基体；2—感应器

反应物质可以是气态、液态或固态，化学反应可以是热解反应、合成反应或输运反应。化学气相沉积法主要包括：热化学气相沉积（TCVD）、等离子体增强化学气相沉积（PECVD）、激光诱导化学气相沉积（LICVD）、金属－有机物化学气相沉积（MOCVD）、低压化学气相沉积（LPCVD）等。

Wessex. Inc. 公司采用 CVD 法在铌合金上制备了耐热涂层，工艺示意图及实物图如图 8－10 所示。该工艺及设备比较复杂，且沉积速度慢，要制取厚度超过 100μm 的涂层所需生产周期较长。此外，用 CVD 法制取硅化物涂层时往往会产生较多的副产物 HCl，在高温下腐蚀性很强，会造成较严重的污染。

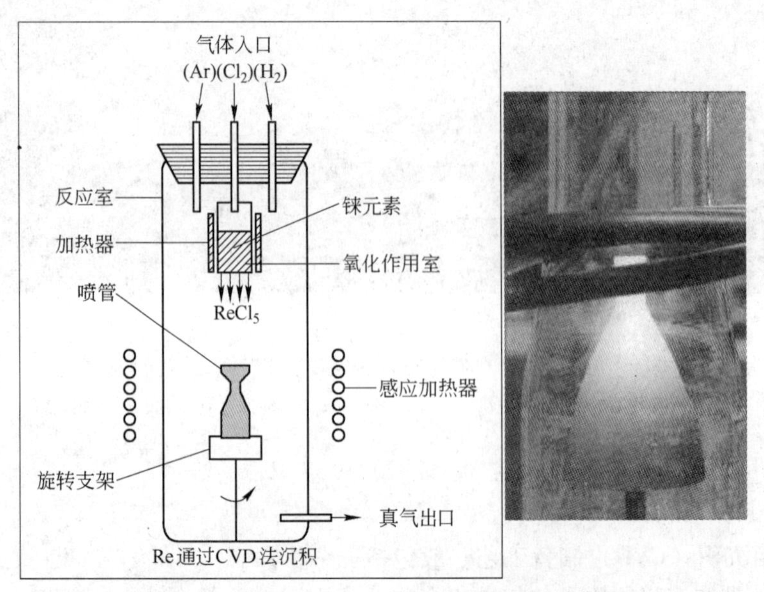

图 8－10　化学气相沉积工艺示意图及实物图[29]

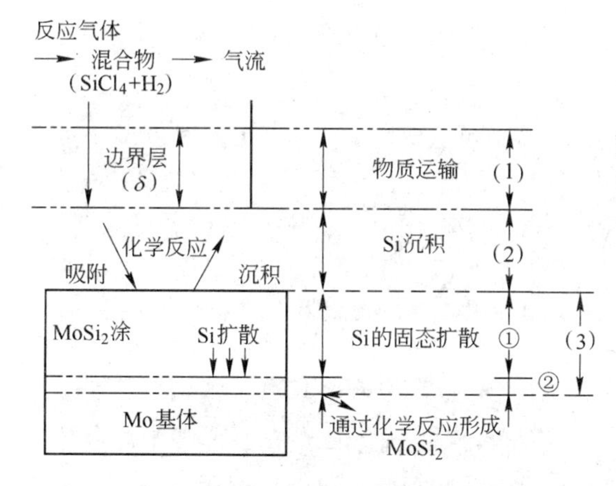

图 8-11 Mo 基体表面 LPCV 渗硅制备 $MoSi_2$ 涂层的过程示意图[29]

吴恒等[29]以 $SiCl_4$ 和 H_2 为原料，采用低压化学气相沉积（LPCVD）渗硅法在 Mo 基体表面原位反应制备了 $MoSi_2$ 涂层，研究了沉积温度对沉积速率、涂层微观形貌、物相组成、涂层的硬度及涂层与基体结合强度的影响，发现与普通 CVD 技术相比，由于 LPCVD 法可在负压下进行，能及时排除反应副产物，利于涂层纯度的提高，进而提高涂层的性能。该方法的原理是在 Mo 基体表面以 $SiCl_4$ 和 H_2 为先驱体沉积 Si，利用 Si 与 Mo 基体原位反应制备 $MoSi_2$ 涂层，其过程如图 8-11 所示，具体过程包括以下几个步骤：

（1）反应气体由主气流方向经过边界层向 Mo 基体表面扩散；

（2）反应气体经高温反应在基体表面沉积 Si（如式（8-1））；

（3）Si 与 Mo 基体反应生成 $MoSi_2$（如式（8-2））。

$$SiCl_4(g) + 2H_2 = Si(s) + 4HCl(g) \tag{8-1}$$

$$2Si(s) + Mo(s) = MoSi_2(s) \tag{8-2}$$

随着反应的进行，当 $MoSi_2$ 涂层覆盖 Mo 基体后，步骤（3）又分为两步：①Si 扩散通过 $MoSi_2$ 涂层；②$MoSi_2$/Mo 界面处 Si 与 Mo 反应生成 $MoSi_2$。由于 LPCVD 在负压下进行，气体的输送比较充分，步骤（2）、（3）是整个沉积过程的控制步骤。结果表明，在 1100～1200℃下制备的涂层结构致密，由单一 $MoSi_2$ 组成，沉积速率、涂层的硬度以及与基体的结合强度均呈现增加的趋势。

M. Kmetz 等人[30]采用 $Mo(CO)_6$ 热分解，在 SiC 纤维束上沉积金属 Mo，再以 $SiCl_4$、H_2 反应气源在金属 Mo 层上沉积反应生成 $MoSi_2$，原理如图 8-12 所示。

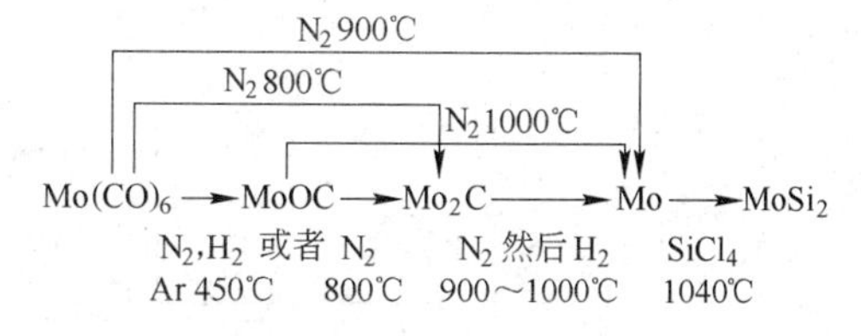

图 8-12 $Mo(CO)_6$ 热分解产物示意图[30]

E. K. Nyutu 等人[31]通过 CVD 法在 Mo 基体上制备了 $MoSi_2-SiO_2$ 涂层，这种涂层有均匀的厚度和良好的结合力，能很好阻止 Mo 基体的快速氧化。图 8-13 显示的是涂层的表面及截面形貌 SEM 照片。其中，没有涂层的基体表面比较光滑，$MoSi_2$ 的涂层表面出现了节点状相。635℃时的 $MoSi_2-SiO_2$ 涂层呈等轴晶状。由涂层截面图可以看出，620℃时涂层厚度大约为 7.5μm。

8.4.3 粉末包渗法

包渗法最初源于钢铁的渗碳和渗氮，后来逐渐发展成为一种涂层制备技术，并已广泛用于多种高温涂层的制备[32]。粉末包渗法是将待处理材料放在含有涂层元素和卤化物活化剂的金属渗箱中，在动态真空或有部分惰性气体保护的情况下进行热处理，通过蒸气迁移和反应扩散形成所需组分和结构的涂层。

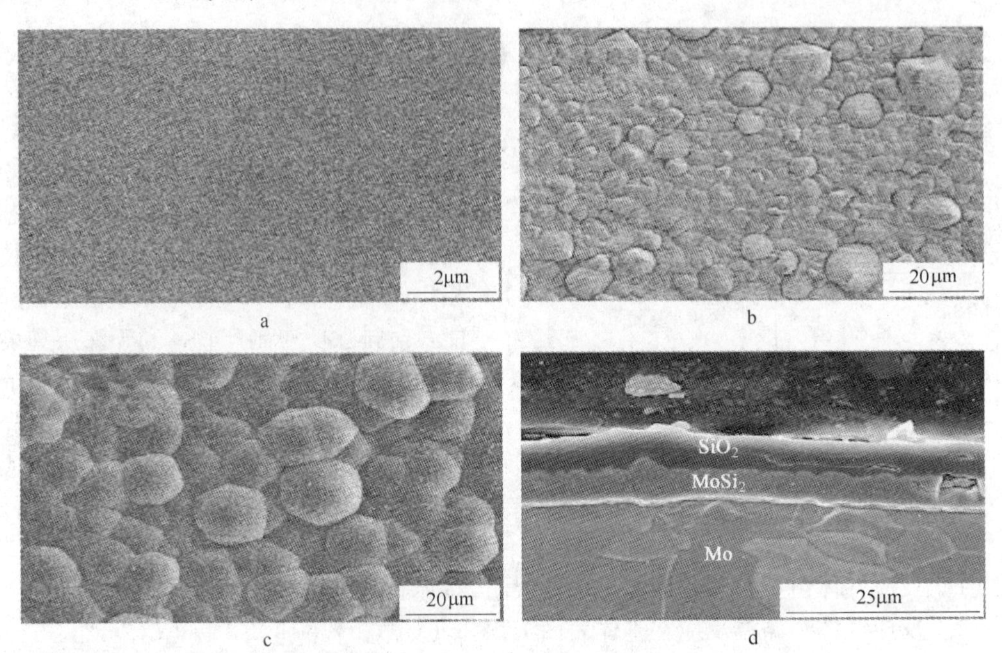

图 8－13　Mo 基合金涂层的扫描照片[31]

a—没有涂层的 Mo 基体；b—$MoSi_2$ 涂层；c—635℃时 $MoSi_2-SiO_2$ 涂层；d—620℃时 $MoSi_2-SiO_2$ 涂层截面

包渗法的工艺及设备简单，如图 8－14 所示，主要用于没有气孔和剥落等缺陷的涂层的制备。如果必须在外形复杂的零件上制取均匀涂层，则包渗法显得尤为重要。包渗法的主要缺点是扩散镀金属用的粉末混合物导热性差，在高温下冷却时难达到耐热合金零件的冷却速度，从而降低零件的强度。此外，用包渗法进行多元素共沉积时，由于不同元素沉积和扩散的速度不同，有时不能制取指定组成的多组分涂层。

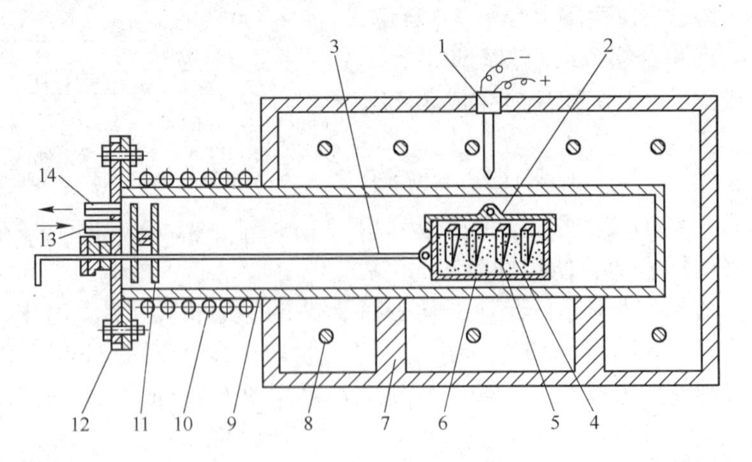

图 8－14　包渗法装置示意图[32]

1—热电偶；2—容器盖；3—拉杆；4—混合物；5—零件；6—容器；7—炉子；
8—加热元件；9—蒸馏罐；10—螺旋管；11—挡板；12—盖；13，14—管子

用于包渗法的涂层材料，对铁基、镍基和钴基合金来说主要是铝化物，而对于难熔金属则主要是硅化物。包渗介质主要由涂层原料、惰性填料以及活化剂（如卤化物盐类组

成）。其中，惰性填料如 Al_2O_3、ZrO_2 等用来降低沉积元素的活性并防止金属粉末在表面固态烧结。涂层制取时，通过与活化剂发生化学反应生成气态卤化物，金属原子被输运到工件表面进行沉积；沉积元素向基体内反应扩散生成涂层。

许谅亮等人[33]采用复合包渗法在铌合金表面制备了以 $MoSi_2$ 为主体的硅化物复合涂层。实物图见图 8－15，涂层呈灰色无光泽，整体致密，无明显缺陷。

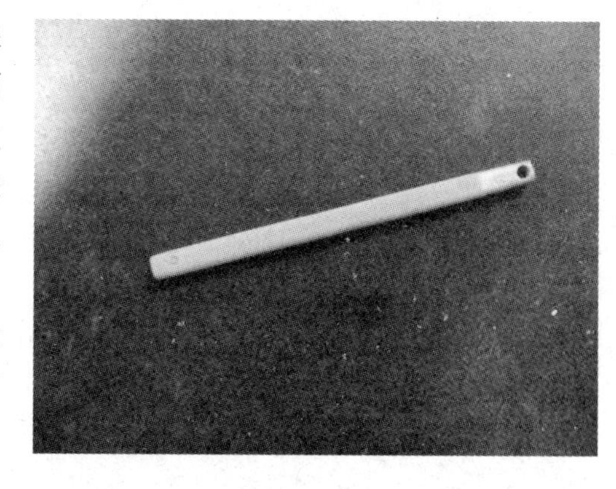

图 8－15　$MoSi_2$ 涂层试棒宏观形貌[33]

图 8－16 所示为涂层表面形貌。涂层表面较为粗糙，凹凸不平，大部分区域由灰色碎岛屿状组织连接而成，在岛屿边缘区域有少量白色颗粒存在。灰色区域为 $MoSi_2$，白色颗粒主要为 Al_2O_3。

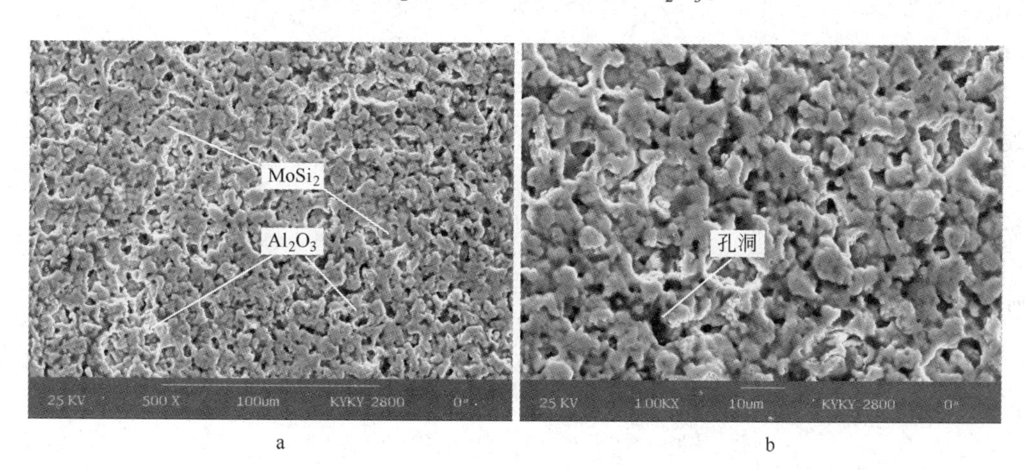

图 8－16　涂层硅化后表面 SEM 形貌[33]

a—涂层表面 $MoSi_2$ 和 Al_2O_3 分布；b—涂层表面微孔

包渗法制备 $MoSi_2$ 涂层包括两个独立工艺：一是在基体上浸涂或喷涂 Mo 粉料浆，然后真空烧结制备 Mo 层，这是一个简单的物理过程；二是包渗硅化，硅化的反应过程如下：

$$2NaF + Si \longrightarrow SiF_{2(g)} + 2Na \quad (8-3)$$

$$2SiF_2(g) \longrightarrow SiF_{4(g)} + Si \quad (8-4)$$

$$5Mo + 3Si \longrightarrow Mo_5Si_3 \quad (8-5)$$

$$Mo_5Si_3 + 7Si \longrightarrow 5MoSi_2 \quad (8-6)$$

8.4.4 料浆烧结法

料浆法是首先把涂层材料制备成粉末（一般为纳米级），加入适量的黏结剂和其他溶剂，制成料浆，然后将料浆涂覆在预处理过的基体上，干燥后在惰性气体或真空环境中以稍高于料浆的反应温度进行烧结，通过液－固相扩散形成合金涂层[34]。图 8－17 是料浆烧结法的反应过程示意图[35]。

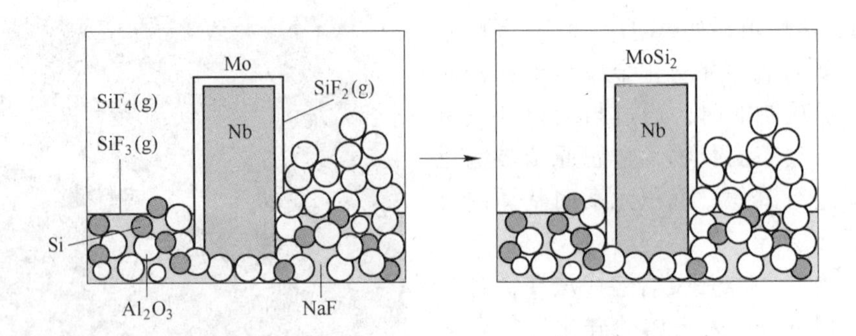

图 8－17　料浆烧结法的反应过程示意图

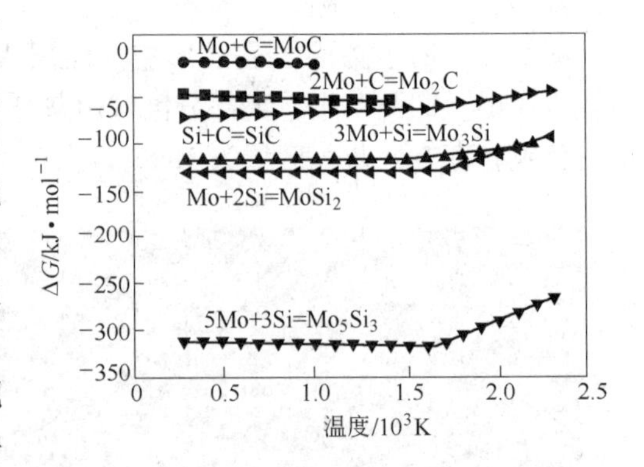

图 8－18　几种硅化物 ΔG 随温度的变化[39]

根据文献［36］提供的热力学数据，可计算 Mo－Si 反应生成 Mo_3Si、Mo_5Si_3 和 $MoSi_2$ 的 Gibbs 自由能（ΔG）随温度的变化，如图 8－18 所示。此外，图 8－18 还给出了生成 Mo_2C 和 SiC 的 ΔG。由图可知，所有产物的 ΔG 均小于 0，表明反应皆可自发进行，但反应速度依赖于动力学因素。

蔡志刚等人[37]采用料浆反应烧结法在铌合金基体上制备了较为致密的 $MoSi_2$ 涂层，并对涂层形貌及结构进行了分析。涂层生成过程如下[38,39]：

$$5Mo(s) + 3Si(s) \longrightarrow Mo_5Si_3(s) \tag{8-7}$$

$$Mo_5Si_3(s) + 7Si(s) \longrightarrow 5MoSi_2(s) \tag{8-8}$$

$$Mo(s) + 2Si(l) \longrightarrow MoSi_2(s) \tag{8-9}$$

在 Ar 气保护气氛中，当温度达到 1200℃时反应式（8－7）首先发生，但其很快受到抑制。随着反应温度的升高，反应式（8－8）开始发生，此时 Mo 和 Si 均为固相，$MoSi_2$ 相的生长受 Si 通过 Mo_5Si_3 的固相扩散控制，由于固相扩散速率很低，$MoSi_2$ 相的生成受到抑制（反应机理示意图如图 8－19 所示）。当温度升高超过 Si 的熔点（1410℃）时，反应式（8－9）发生，通过溶解－结晶机制，液相 Si 与 Mo 表面的 Mo_3Si 和 Mo_5Si_3 以及剩余的 Mo 迅速反应，生成 $MoSi_2$ 相。由涂层表面 XRD 图谱（图 8－20）可知，反应烧结后生成了 $MoSi_2$ 涂层，基本没有低硅化物相生成。

烧结后涂层表面形貌如图 8－21a 所示。氧化前涂层表面粗糙，凹凸不平，绝大部分由熔融的岛屿状颗粒相连接，涂层表面有大量孔洞存在，另有少量球状物。分析结果表明：球状颗粒含 Fe、Ni 等杂质元素，涂层表面岛屿状部分 Mo/Si 原子百分比约为 1∶2，结合 XRD 图谱可知涂层表面的岛屿状粒子为 $MoSi_2$ 相。涂层样品 1300℃氧化 1h 的表面 XRD 分析结果示于图 8－22，结果表明，高温氧化环境下，$MoSi_2$ 涂层发生氧化，在表面生成 SiO_2 和 Mo_5Si_3 相。

烧结后的涂层截面形貌如图 8－23a 所示。涂层总体厚度约为 35μm，在涂层与基体之间有一个约 10μm 的扩散层。该扩散层是低硅化物层，主要含 Nb 和 Si 两种元素，并有少

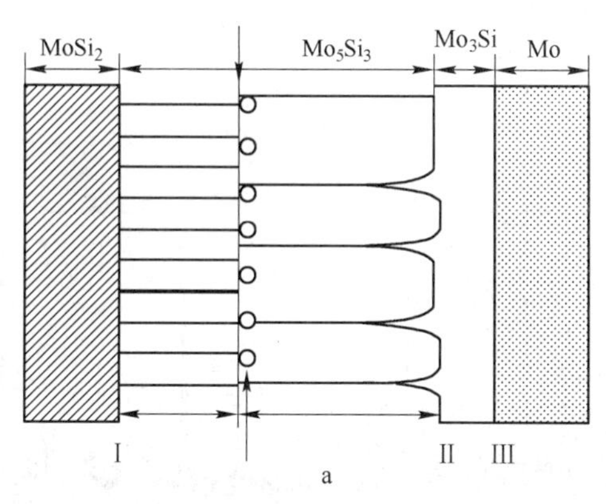

相	$MoSi_2$	Mo_5Si_3	Mo_3Si	Mo
界面化学反应	$5MoSi_2 \rightarrow Mo_5Si_3+7Si_{I}$			
		$(21/4)Mo_5Si_3 \leftarrow (35/4)Mo_3Si+7Si_{II}$		
		$3Mo_5Si_3 \rightarrow 5Mo_3Si+4Si_{II}$		
			$4Mo_3Si \leftarrow 12Mo+4Si_{III}$	

b

图 8－19　Mo 与 $MoSi_2$ 界面反应机理及示意图

a—示意图；b—反应化学方程式

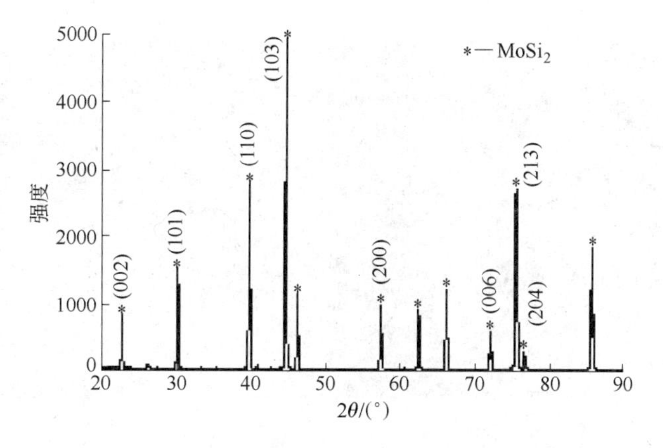

图 8－20　料浆反应烧结涂层表面 XRD 衍射图谱

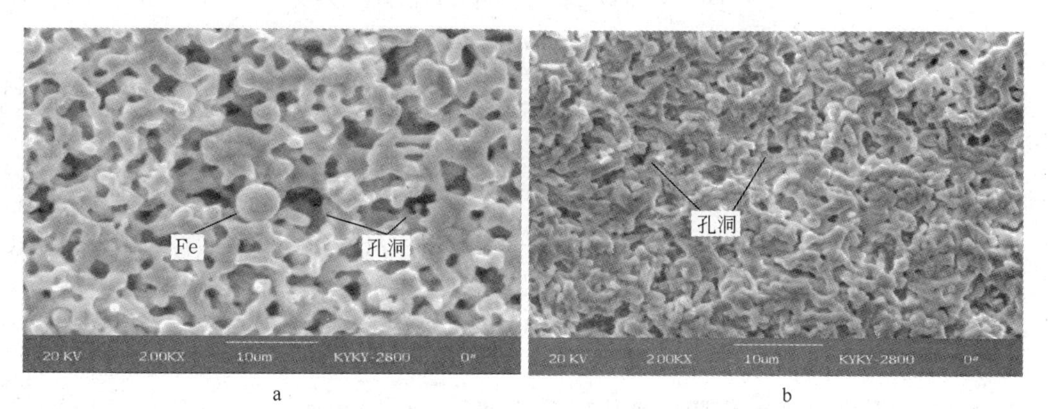

图 8－21　反应烧结 $MoSi_2$ 涂层的表面形貌

a—氧化前；b—1300℃氧化 1h

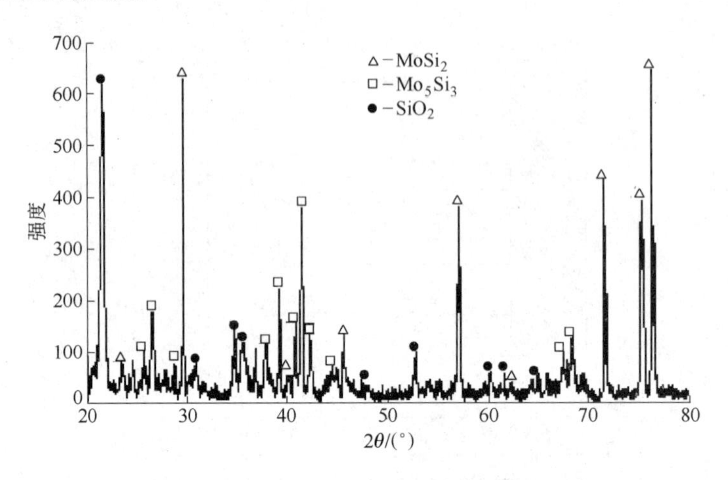

图 8 – 22　1300℃ $MoSi_2$ 氧化 1h 后涂层表面的 XRD 谱

量的 Mo 元素。涂层主体部分的组织比较疏松，以块状组织为主，中间夹以部分颗粒状组织，这是液相烧结时形成的骨架结构。

氧化后涂层截面形貌如图 8 – 23b 所示，从外至内分别为氧化膜、主体层和扩散层，主体层仍然保持骨架结构。

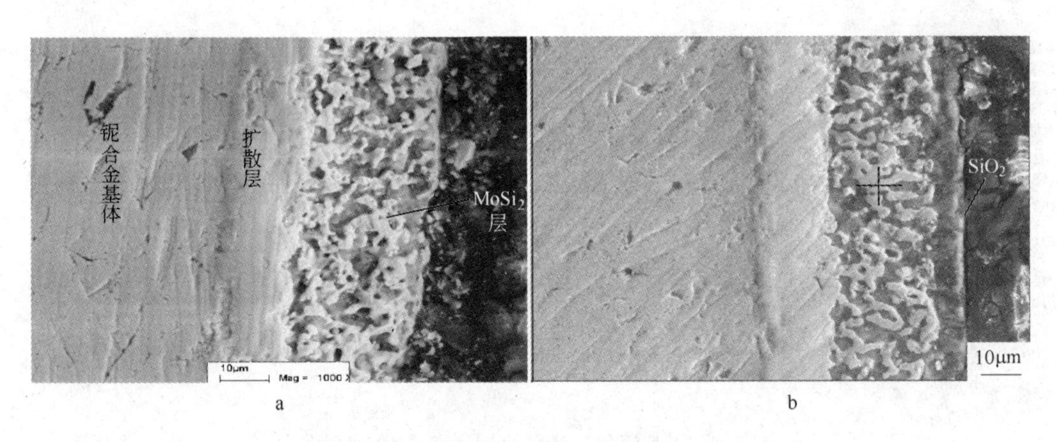

图 8 – 23　反应烧结 $MoSi_2$ 涂层的截面形貌

a—氧化前；b—氧化后

肖来荣等人[40]采用料浆烧结法在铌合金 C – 103 基体表面制备了抗氧化性能优越的 $Mo(Si_{0.6},Al_{0.4})_2$ 高温涂层。该涂层与基体之间达到冶金结合，并通过扩散形成中间结合层；在高温氧化环境下，$Mo(Si_{0.6},Al_{0.4})_2$ 涂层发生如下反应：

$$Mo(Si_{1-x},Al_x)_2 + O_2 \longrightarrow Mo_5Si_3 + Al_2O_3 + SiO_2 \tag{8-10}$$

此外，合金基体中的 Hf 元素会扩散到涂层中，并与氧发生如下反应：

$$Hf + O_2 \longrightarrow HfO_2 \tag{8-11}$$

涂层表面形成致密氧化膜。氧化膜分为两层：外层主要为 Al_2O_3，内层为 Al_2O_3、SiO_2、$3Al_2O_3 \cdot 2SiO_2$ 和 HfO_2 组成的扩散阻挡层。阻挡层能够有效阻止 Si 原子向基体内部扩散，减少主体层中Si元素的损失，延长涂层的寿命；同时，致密的阻挡层也能够减少氧向基体的扩散，提高了涂层的抗氧化性能。

胡娟[41]在Mo－Si－B涂层的基础上采用烧结法制备了含Sn元素的Mo－Si－B－Sn涂层。结果表明，在添加Sn元素后，表面除了形成B－SiO_2层外，还形成了SnO_2氧化层，对涂层抗氧化性能的改善起到了正面的作用。

王禹等人[42]用料浆熔烧工艺在Ta－10W合金表面制备了Si－Cr－Ti－W系硅化物涂层，涂层由二硅化物和硅基共熔体组成。在结构上由外表面保护膜、主体层及界面内层三部分组成。外表为保护膜在高温下阻止氧向基体的扩散，减少硅的氧化，使主体层保持较高的硅含量。界面内层利于涂层内应力的释放，提高界面结合。测试结果表明，1800℃高温抗氧化寿命超过215h，该温度至室温的热循环次数达80次。

料浆烧结法在工艺上有许多显著的优点，最重要的是：

（1）适合对大型钣金件和异型结构件进行大批量涂覆，而且也可以对零件局部涂敷（例如在修理时或在摩擦部件内），制备成本较低。

（2）可用较简单的方法制备复杂的多组分涂层。

（3）在具有扩展平面的大型零件上涂覆涂层时，料浆法的经济效益很高。

该工艺的主要缺点是：

（1）浆料涂敷的方法不完善，扩散层厚度难以均匀。

（2）不能在中空零件内表面上涂敷涂层，必须采用高分散性粉末来制取扩散面的涂层。

（3）涂层在干燥过程中容易产生缺陷，导致涂层不致密，抗破裂能力差。

（4）涂层的性能在很大程度上决定于操作人员技术熟练的程度。

（5）料浆法不适合熔点较高的涂层体系，因为在较高的温度烧结时基体的强度会受到损失，此外，涂层元素与基体发生强烈的互扩散，也会对基体和涂层造成不利的影响。

8.4.5　熔盐法

熔盐法是在700～900℃的温度下，将基材直接浸入欲渗金属的熔盐中，经过液－固相的扩散而形成合金涂层。熔盐法比粉末包埋渗法速度快，生产率较高，缺点是涂层厚度不均匀。图8－24[35]是熔盐法制备$NbSi_2$涂层的示意图。

R. O. Suzuki等人[35]在800℃的温度下，利用熔盐法在铌表面沉积了约10μm厚的$NbSi_2$，能在铌基体和$NbSi_2$之间形成Nb_5Si_3过渡层，显著提高了$NbSi_2$的抗氧化性能。由图8－25a可以看出，涂层比较平整，涂层与基体存在明显的界面，涂层主要为$NbSi_2$相。经1250℃氧化后，涂层变为3层结构，由外及里分别为：Nb_2O_5＋SiO_2，$NbSi_2$，Nb_5Si_3。

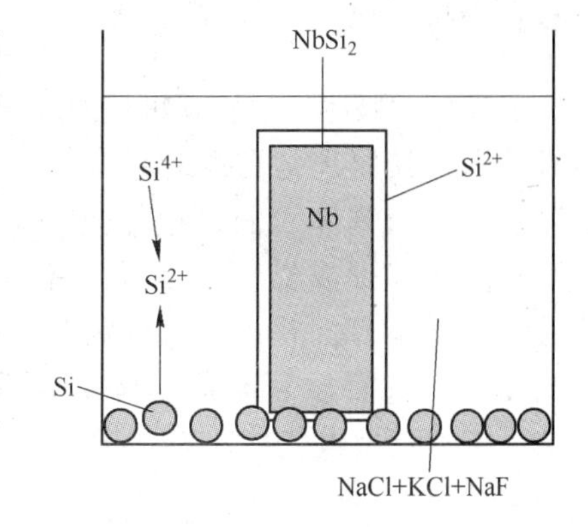

图8－24　熔盐法制备$NbSi_2$涂层示意图[35]

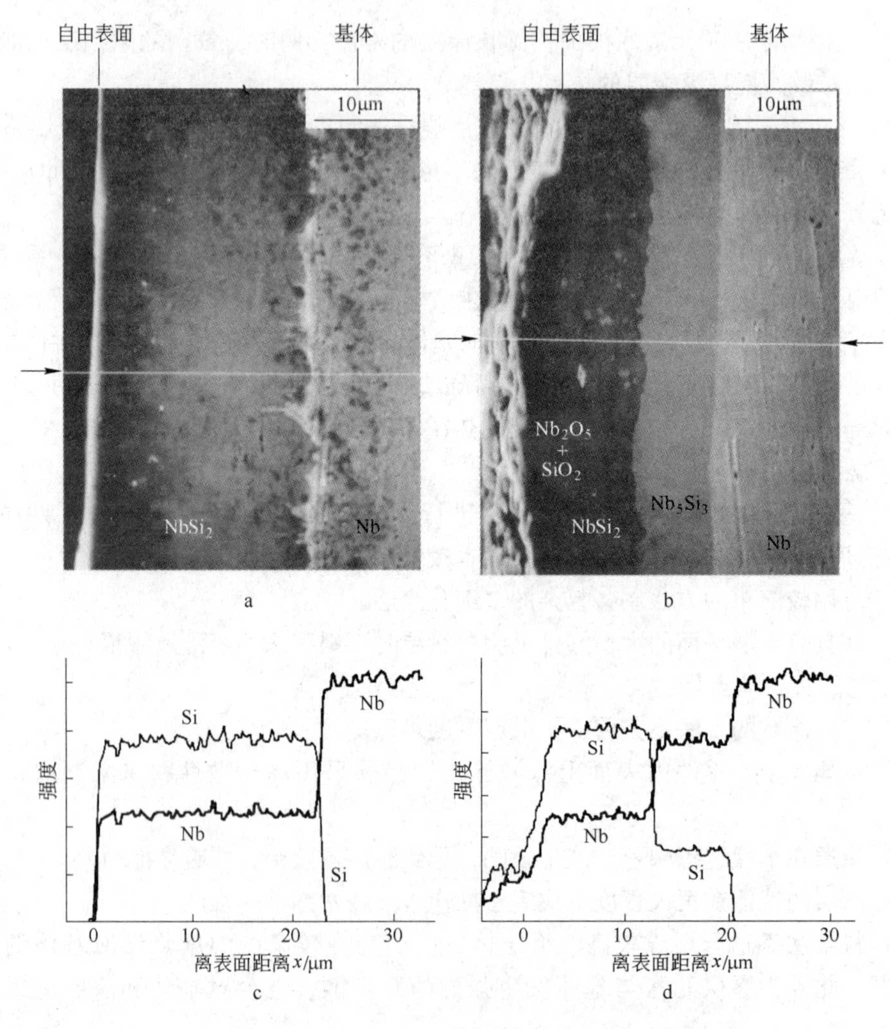

图 8-25　Nb 试样氧化前后截面扫描照片[35]

a—氧化前的截面形貌；b—1523K 氧化后的截面形貌；c—氧化前的 Nb 和 Si 浓度线扫描；d—1523K 氧化后的 Nb 和 Si 浓度线扫描

8.4.6　激光熔覆法

激光熔覆技术[43]是 20 世纪 70 年代随着大功率激光器的发展而兴起的一种新的表面改性技术，其原理是在激光束作用下将合金粉末或陶瓷粉末与基体表面迅速加热并熔化，光束移开后自激冷却形成稀释率极低，基本保持原有的成分及性质不变，并且与基体材料呈冶金结合的表面涂层，从而显著改善基体表面耐磨、耐蚀、耐热、抗氧化及电气特性等，其工作原理如图 8-26 所示[44]。

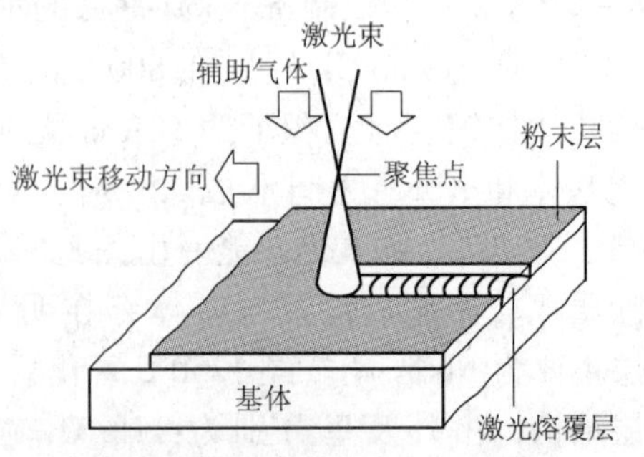

图 8-26　激光熔覆法的原理示意图[44]

激光熔覆具有以下特点：

（1）冷却速度快（高达 10^6K/s），属于快速凝固过程，容易得到细晶组织或产生平衡态所无法得到的新相，如亚稳相、非晶态相等。

（2）涂层稀释率低（一般小于5%），与基体呈牢固的冶金结合或界面扩散结合，通过对激光工艺参数的调整，可以获得低稀释率的良好涂层，并且涂层成分和稀释度可控。

（3）热输入和畸变较小，尤其是采用高功率密度快速熔覆时，变形可降低到零件的装配公差内。

（4）粉末选择几乎没有任何限制，特别是在低熔点金属表面熔敷高熔点合金。

（5）熔覆层的厚度范围大，单道送粉一次涂覆厚度在0.2～2.0mm。

（6）能进行选区熔敷，材料消耗少，具有卓越的性能价格比。

（7）光束瞄准可以使难以接近的区域熔敷。

（8）工艺过程易于实现自动化。

目前采用激光熔覆法制备的金属硅化物涂层体系有：Mo－Si 系、Fe－Si 系、Ni－Si 系、Ti－Si 系、Cr－Si 系、Nb－Si 系等等。

刘元富等人[45]采用激光熔敷技术在 BT9 钛合金表面制得以金属硅化物 Ti_5Si_3 为增强相、以金属间化合物 NiTi 为基体的快速凝固金属间化合物复合材料涂层。图8－27为BT9钛合金预涂 $Ti_{14}Si_6Ni_{80}$ 合金粉末激光熔敷处理后所获涂层的 XRD 结果。可以看出，激光熔敷处理后，在 BT9 钛合金表面上制备了主要由金属间化合物 Ti_5Si_3 及 NiTi 以及少量的镍基固溶体 γ 组成的复合材料涂层。图8－28为激光熔敷 Ti_5Si_3/NiTi 金属间化合物复合材料涂层典型组织的 SEM 照片。涂层中上部组织特征为灰黑色不规则块状初生相均匀分布于灰白色块状相上，同时，灰白色块状相之间分布着少量共晶组织。灰黑色不规则块状相为初生 Ti_5Si_3，灰白色块状相为 NiTi；共晶组织中灰色细长条状组织为 NiTi，而灰黑色细长条状组织为 γ 镍基固溶体。涂层中下部的组织是由粗大的灰色块状相、包围灰色块状相的白色相以及白色相之间的共晶组织组成，粗大灰色块状相为 NiTi，而包围 NiTi 相的白色相为 $NiTi_2$，共晶组织中白色细长条状组织与灰黑色细长条状组织分别为 NiTi 及 γ 镍基固溶体。图8－29为 BT9 钛合金表面激光熔敷 Ti_5Si_3/NiTi 金属间化合物复合材料涂层与基材结合区显微组织照片。

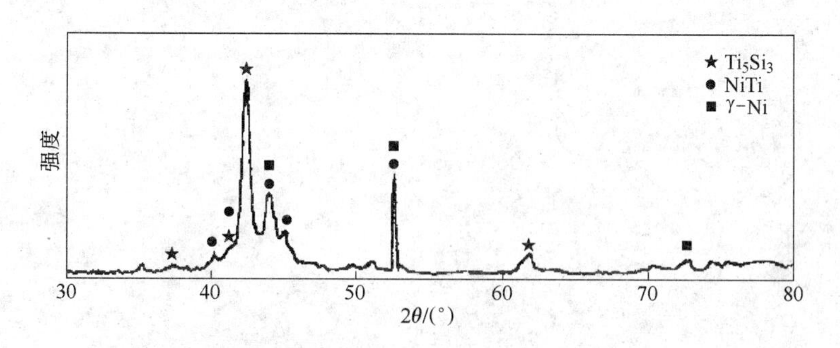

图8－27 BT9 钛合金表面激光熔敷 Ti_5Si_3/NiTi 金属间化合物复合材料涂层 XRD 谱图

8.4.7 等离子喷涂法

等离子喷涂技术是一种较好的材料表面强化工艺，可以方便地对绝大多数固态材料如高熔点、高热焓值材料进行喷涂。等离子喷涂基本原理如图8－30所示，典型设备见图8－5，

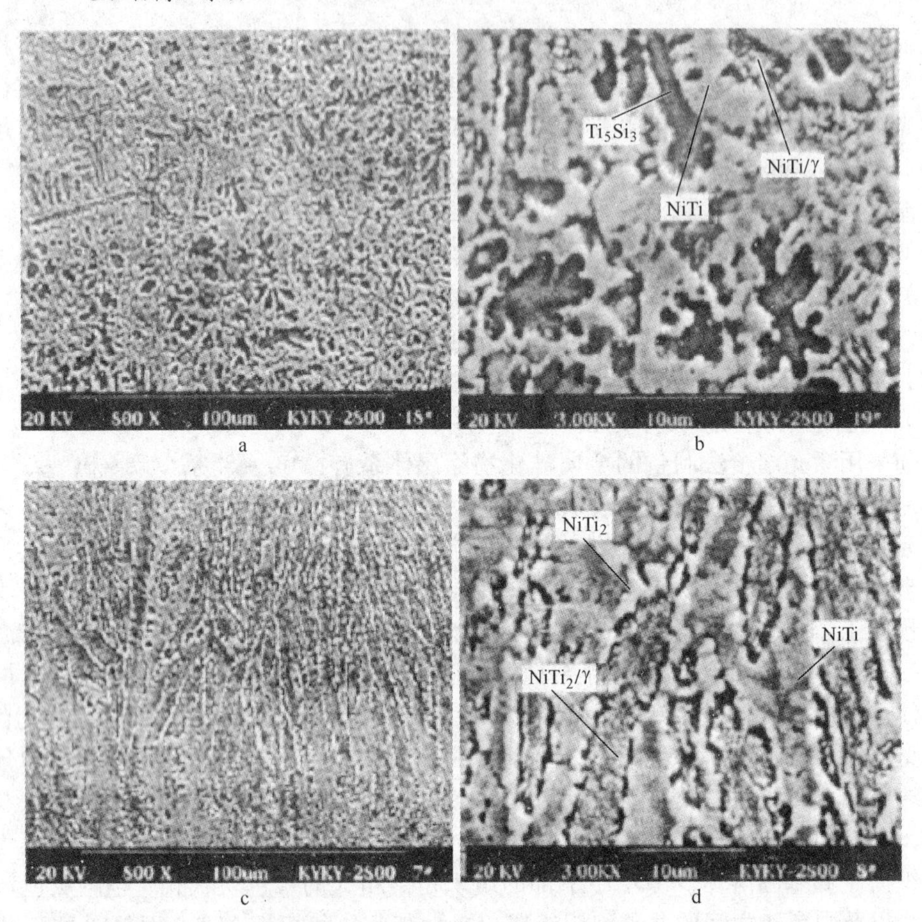

图 8-28 钛合金 BT9 表面激光熔敷 Ti_5Si_3/NiTi 金属间化合物复合材料涂层典型组织的 SEM

a，b—涂层上部组织；c，d—涂层下部组织

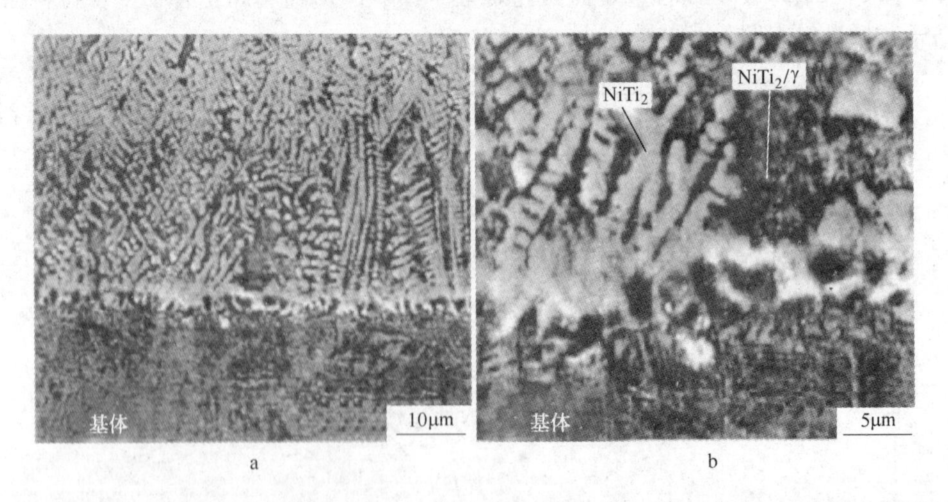

图 8-29 BT9 钛合金表面激光熔敷 Ti_5Si_3/NiTi 金属间化合物复合材料涂层与基材结合区显微组织

a—OM 照片；b—SEM 照片

它是将金属（非金属）粉末通过非转移型等离子弧焰流中加热到熔化或半熔化状态，并随同

高温抗氧化涂层的制备方法还有很多，但有各自的优缺点。随着空间技术的发展，要求火箭发动机和卫星轨道自控发动机推重比更大、工作效率更高，则发动机燃烧室和喷管工作温度越来越高，对高温结构材料和高温抗氧化涂层提出了更严格的要求，传统单一的方法难以同时满足多方面的需要。因此，选取合适的涂层体系，采用多种工艺相结合，制备复合结构涂层是目前高温抗氧化涂层制备技术的发展方向。

各种涂层制备工艺的比较，列于表8-5。

表8-5 各种涂层制备工艺的比较[1]

加工方法	步骤	气 氛	备 注
包渗法（包括卤气流法及料浆）（Al-Cr，Be，Al-Cr-X）	常是一步完成，但可包含两步（或多步）	一般开始时是惰性的；开始时也可使用真空	无需专用夹具，此法的缺点是加热或冷却时间长。在料浆包渗法中元件必须被夹持
料浆法（Al，Cr，Al-Cr）	多步	在加热期间惰性气体和真空都采用。为得到优良的涂层要求真空	此法避免了长时间的加热和冷却。需要专用夹具
热浸法（Al，Al-X）	一般是多步	助溶剂或惰性气体	反应时间短，此法基本限于Al或Al-X型涂层
化学沉积法（大多数是Cr和Al，但实际无法限制）	一般两步	真空或惰性气体	除卤化物载体由外部产生外，同包渗法相似，需要专用夹具
溶盐法（包括电解法和无电法）	可以一步或两步	惰性气体	方法不受涂层材料限制
玻璃或玻璃黏结难熔化合物法	通常是多步	真空或惰性气体	涂层脆，比较厚，使用温度范围较窄
物理气相沉积（Al，Cr，Si，各种合金）	一般两步	真空	分散能力差，工艺过程耗费大，不宜于修复
电泳法（富Al）	多步	有机介电溶剂	限于较小元件

8.5 硅化物涂层性能评价

涂层都必须在其工作环境下保持某些特定的性能，对于不同的涂层，其性能要求不同。一般来说高温涂层都必须与基体有较高的结合强度，优良的抗氧化性能和抗热腐蚀性能以及良好的组织稳定性等。涂层的性能评价对于人们了解其服役行为特点、指导涂层设计等具有重要意义。

8.5.1 涂层结合强度

在实际使用过程中，剥落是涂层最主要的一种失效方式，它主要由涂层与基体的界面开裂造成，除了导致涂层失效的外界因素（如载荷条件等）之外，影响涂层体系服役寿命的内因也有很多，包括涂层的完整性、致密性和均匀性，特别是涂层与基体间的界面特性，如界面结合力，它在很大程度上决定了涂层的服役寿命。

关于涂层结合力的测试，定量的方法有压痕法、拉伸法和剥离法。

8.5.1.1 压痕法

图 8 – 34 为压痕法原理图[49]。压痕法是通过维氏硬度计的金刚石压头将一定载荷作用在涂层与基体界面上使之开裂，根据界面处裂纹的长度来衡量界面结合强度的大小。长度越短，结合强度越高。该法测定裂纹长度是在卸载后进行的。由于存在裂纹闭合效应和裂纹长度测试准确性的问题，测得的裂纹长度不一定是在试验载荷下裂纹的真实长度。而且，对加载和卸载过程中的弹塑性变形行为，涂层的开裂和剥落等情况缺乏动态检测。最新进展是采用专用的涂层压入仪，利用其连续加、卸载功能，结合声发射动态监测压入过程和涂层开裂，用开裂时的临界载荷值表征涂层的结合强度。该法可配合一般的维氏硬度计进行，无须特别准备试样，是一种具有优势的方法。

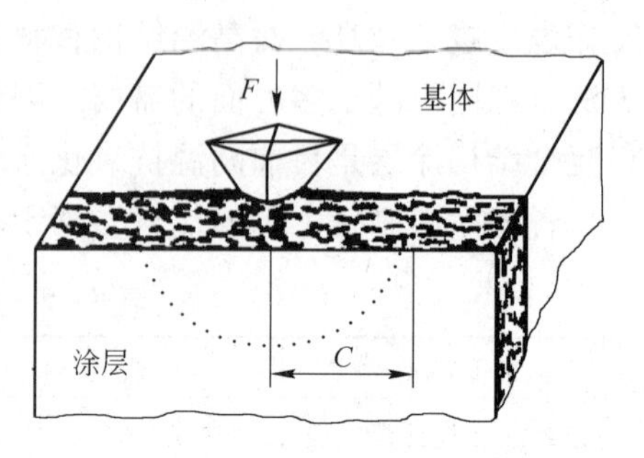

图 8 – 34 界面压入法原理示意图[49]

8.5.1.2 拉伸法

图 8 – 35 为拉伸法的示意图[50]。用这种方法测量结合强度，要求有较强的黏结剂，且拉力必须垂直涂层表面。当所加的力 f 达到涂层结合力 f_c 时，涂层产生剥离。假设涂层与基体分离时的系统能为 U，则

（Ⅰ）当涂层杨氏模量比基体大时，

$$U = -\pi R^2\gamma - \frac{(1-\nu^2)f_c^2}{4E_sR} \tag{8-12}$$

（Ⅱ）当涂层杨氏模量比基体小时，

$$U = -\pi R^2\gamma - \frac{tf_c^2}{4\pi E_f R^2} \tag{8-13}$$

式中，R 为变形部分的曲率半径；γ 为涂层和基体之间的界面能；E_s 和 ν 分别为基体的杨氏模量和泊松比；E_f 和 t 分别为涂层的杨氏模量和厚度。式(8 – 12) 和式（8 – 13）的第一项是与界面能有关的项；第二项是与弹性能相关的项。

涂层破裂的临界条件为 $\mathrm{d}U/\mathrm{d}R=0$，因此在第一种情况下，

$$f_c^2 = 8\pi E_s\gamma R^3/(1-\nu^2)$$

在第二种情况下，

$$f_c = \frac{2\pi^2 E_f\gamma R^4}{t}$$

实际情况往往处于两者之间，因而解析更加复杂。

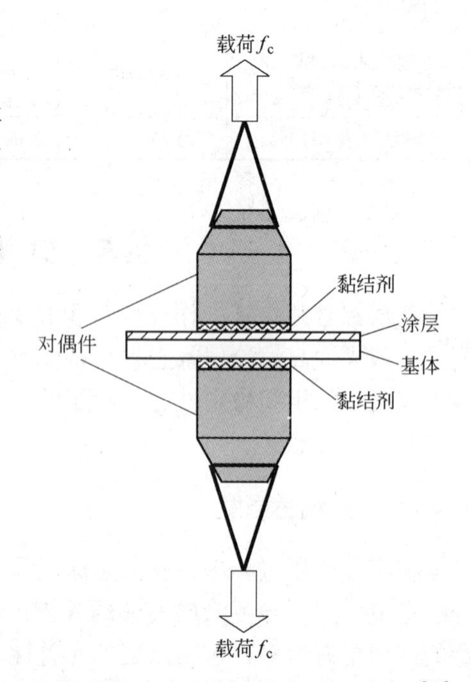

图 8 – 35 拉伸法测试结合力的示意图[50]

对于热喷涂涂层，因为结合力一般不是很高，中国国标 GB 8642—88 以及美国 ASTM 633—69 标

准中都规定采用拉伸法来测定涂层与基体间的结合强度。

8.5.1.3 其他测试方法

定量测试法在生产中不常用，用得更多的是定性测试方法，这些方法种类很多，诸如：

（1）弯曲试验法。对于薄型件、线材、弹簧等产品的镀层，可加外力使其弯曲到一定程度或反复弯曲，因镀层和基体的弹性模量不一样，层间产生分应力，考察其剥离情况，可判定结合强度的高低。

（2）锉磨试验法。对于不易弯曲的试件，可用锉刀或磨轮自基体向镀层方向进行锉磨，当锉磨力一定时，结合强度好的不脱落，结合强度差的则脱落，很差的可在很小的锉磨力下即脱落。

（3）冲击试验法。例如槌击表面，镀层和基体受冲击力会有不同程度的变形；结合强度的不同，承受槌击而剥落的能力也不一样。

（4）热冲击试验法。加热后骤冷，基体和镀层会有不同的胀缩，结合强度差的会经受较少的热冲击次数后剥落。

8.5.2 涂层的静态抗氧化性

在高温有氧的气氛中，硅化物的保护作用不是由于它们的化学惰性，正如第7章所述，而是在氧化环境中，它们表面能形成一层致密、连续和稳定的玻璃质氧化物。如果氧和硅反应生成以 SiO_2 为主的氧化物，则可起到氧扩散阻挡层的作用。

涂层静态抗氧化性能的测试通常是将试样加热至高温下保温，每隔一定的时间间隔，检查试样表面的氧化情况，其中试样重量的变化是最重要的测试项目，据此可以算出总的氧化量。由于局部氧化如晶界氧化、界面氧化等引起的破坏更大，因此也要对其进行检测。

图8－36显示的是用于检测静态抗氧化性能的设备，能测定涂层的静态抗氧化温度及有效抗氧化时间。具体测试步骤为：

（1）测定涂层抗高温氧化的有效温度。首先升温至某一温度，并保温一段时间，若涂层保持完整，则继续升温，并最终确定静态抗氧化温度。

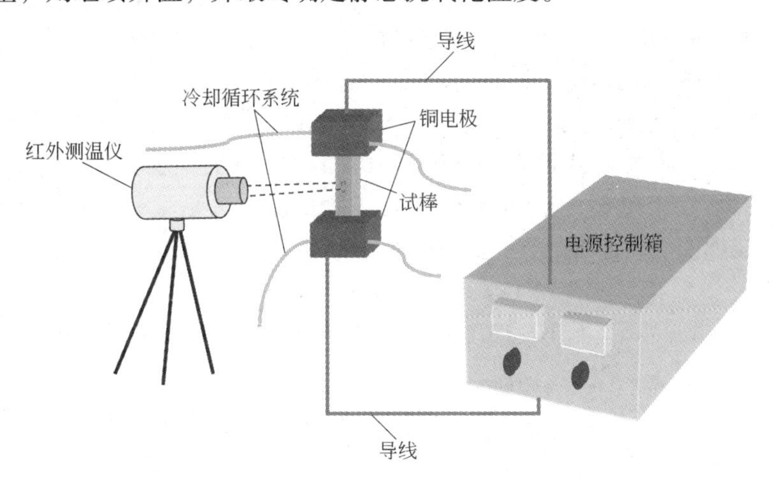

图8－36 涂层试棒高温氧化试验装置简图[51]

（2）由于氧化测试温度很高，升温过快会产生很大的热应力，可能导致涂层突然被破坏，故可采用分段式升温。加热至指定温度，保温直至涂层出现明显缺陷（如黑色点状突起等），判断涂层失效并记录涂层静态抗氧化时间。

（3）测定氧化增重曲线。根据总的氧化时间来分配测量增重的时间点，称出氧化增重值，计算出氧化区域的面积，可得单位面积氧化增重数值，拟合曲线。

（4）根据氧化增重曲线，选取曲线上变化明显的时间点，进行不同时间的静态氧化测试，以观察试样的组织结构变化。

肖来荣等人[51]采用内热法对铌合金上的 $MoSi_2$ 涂层进行了1700℃空气静态抗氧化性能的检测。图8-37为涂层1700℃静态氧化增重曲线。由图可见，涂层1700℃的静态氧化增重基本满足抛物线生长规律，氧化初期涂层不断增重，随后增重趋势减缓，氧化22h后，涂层开始出现失重，直至失效。

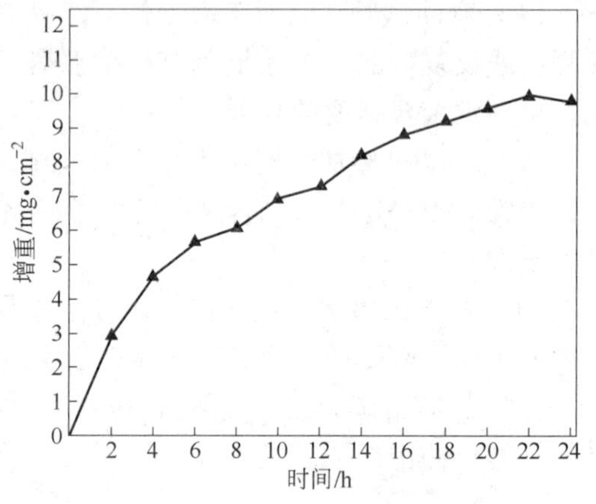

图8-37　涂层1700℃静态氧化增重曲线[51]

8.5.3　涂层的抗热震性

涂层在生产和使用过程中，承受温度骤变而不发生破坏的能力称之为抗热震性或热稳定性。热震实验过程中，涂层经受加热与冷却的周期性变化，涂层的内应力也呈周期性变化，即涂层经受循环应力的作用。在加热和冷却过程中，由于产生的应力不能完全释放，使涂层中形成一个平行表面的残余张应力场，同时在涂层与黏结层的界面处形成一个垂直表面的残余拉应力场。当残余应力场足够大时，将导致涂层表面、涂层与黏结层界面处分别产生表面裂纹和层间裂纹。

材料的热震破坏可分为两大类：一类是瞬时断裂，称为热冲击断裂；另一类是在热震作用下，材料先是出现开裂、剥落，然后碎裂或变质，直至整体损坏，称为热震损伤。热震过程产生的热应力皆有可能导致材料开裂、断裂和界面脱黏等几种形式的损伤。材料损伤后，会促使氧化的进行。这是由于冷却时材料与水或冷空气接触，在涂层破损后，水或冷空气会残留在材料表面及其裂缝处，并在高温保温时与材料发生氧化作用。另一方面，保温时空气中的氧也会沿着这些裂纹进入材料内部引起氧化。

在工程实践中，主要用两种方法来评价材料的抗热震性，第一种方法是测定在一定温差范围内涂层不发生龟裂的热震循环次数，第二种方法是通过对比热震前后材料的强度，测量其强度损失率。对于涂层材料而言，通常一般采取第一种方法来评价其抗热震性。

Schuster[52]指出，$MoSi_2$ 与 N_2（10^5Pa）在热震过程中会反应生成 Mo_5Si_3 和 Si_3N_4，其反应式如下：

$$15MoSi_2 + 14N_2 \xlongequal{\quad} 3Mo_5Si_3 + 7Si_3N_4 \tag{8-14}$$

袁磊[53]指出新生成的 Mo_5Si_3 无法与基体相匹配而产生粉化，使材料性能下降。同时，Si 蒸气的挥发会使材料中产生大量的气孔（反应机理如图 8 – 38 所示）。当原料中 Mo 粉量增加，$MoSi_2$ 的生成量越来越多时，其失去 Si 转化成 Mo_5Si_3 的量也越来越多。

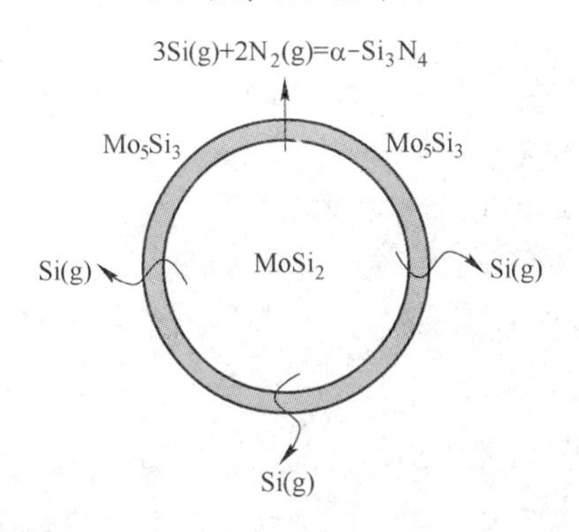

图 8 – 38 Mo_5Si_3 的形成示意图[53]

图 8 – 39 显示的是铌合金基体耐热涂层经 1650℃至室温热震不同次数后的表面形貌。与原始涂层相比，热震 100 次后的涂层整体更为平整，但孔洞等缺陷开始增多。热震 200 次后（见图 8 – 39b），涂层表面出现大量的微裂纹。热震 400 次后，涂层表面的微裂纹发生聚集并形成较宽的横向裂纹，部分裂纹沿涂层表面扩展，涂层出现龟裂现象。

a b

c

图 8 – 39 涂层热震不同次数后表面形貌[33]

a—热震 100 次；b—热震 200 次；c—热震 400 次

硅化物涂层经 1650℃至室温热震 100 次后的截面背散射照片及沿截面的元素分布如图 8 – 40 所示。

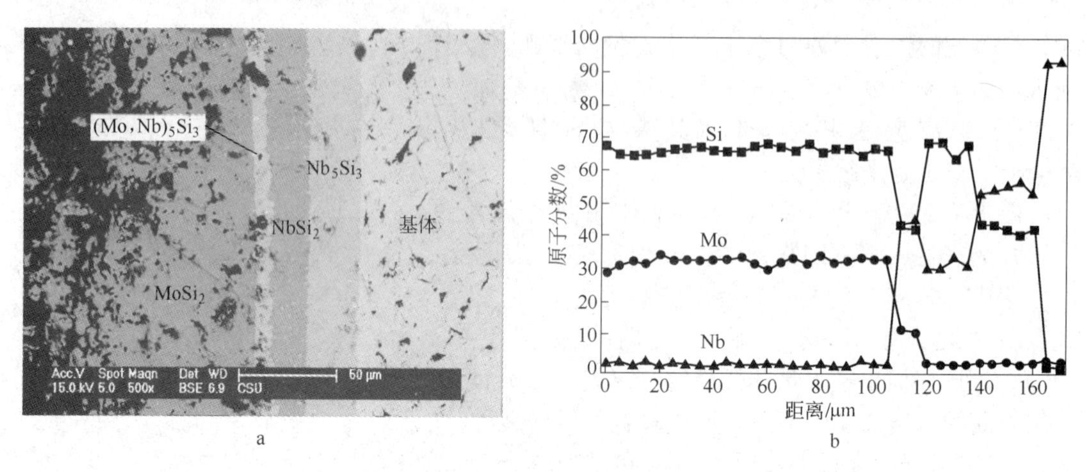

图 8－40　涂层热震 100 次截面形貌及 EPMA 成分分析[33]

a—热震 100 次截面形貌；b—EPMA 成分分析

热震后涂层呈现多相结构。电子探针微区分析（EPMA）结果表明从外向内各层依次为 $MoSi_2$、（Mo，Nb）$_5Si_3$、$NbSi_2$ 以及 Nb_5Si_3 层，其中外层的 $MoSi_2$ 主体层，比较疏松，部分区域由于孔洞聚集而出现大面积缺陷，这些缺陷能被高温下玻璃态的 SiO_2 所填充。$MoSi_2$ 和 $NbSi_2$ 层之间出现了（Mo，Nb）$_5Si_3$ 新相层。

图 8－41 为涂层经 1650℃至室温不同次数热震试验后的截面形貌图。

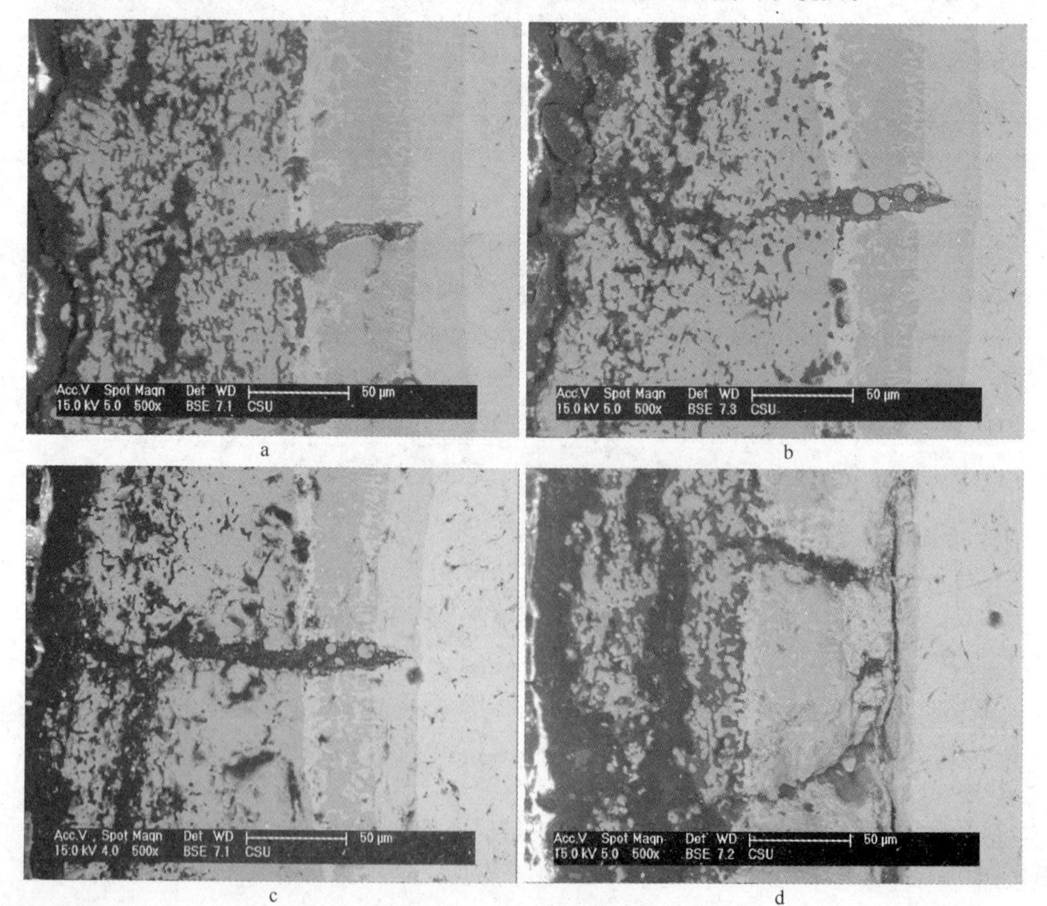

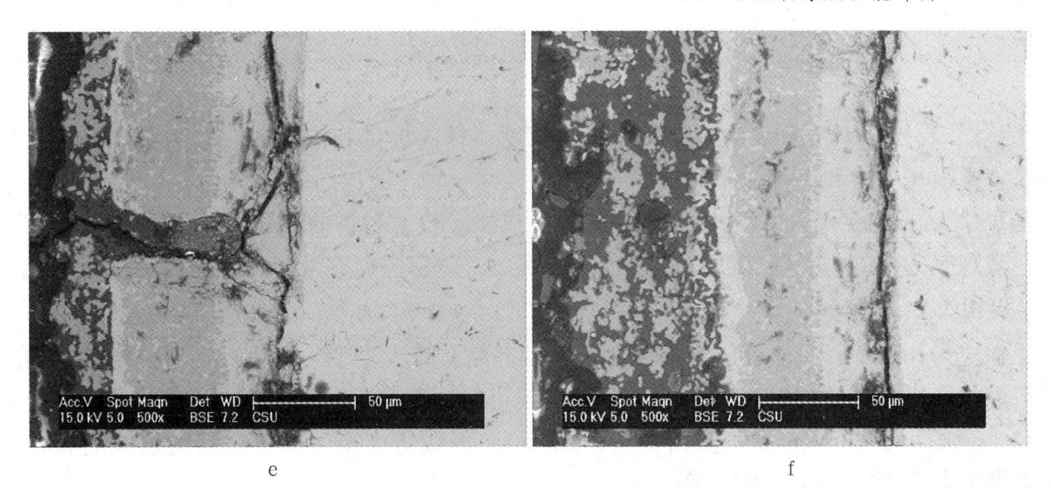

图 8-41 涂层热震不同次数后截面裂纹扩展[33]

a—热震 100 次；b—热震 200 次；c—热震 300 次；d—热震 400 次；e—热震 600 次；f—热震 600 次后涂层剥落

由图 8-41a 可见，热震 100 次后，残余热应力叠加超过了涂层断裂强度，在涂层强度最低处，即主体层中孔洞聚集处，开始有裂纹萌生。在热应力的持续叠加下，向基体方向生长的纵向裂纹继续扩展，中止于 Nb_5Si_3 层内部（图 8-41b）。如图 8-41c 所示，表面张力导致表面的玻璃膜在裂纹开口处断裂，从而使裂纹完全暴露在大气中。此时大量氧进入裂纹，空气中的氧直接接触裂纹尖端，在 $MoSi_2$ 内部生成大量的 SiO_2，涂层主体的消耗速度加快。同时，裂纹向基体方向扩展的速度也越来越快，裂纹尖端逐渐接近基体。如图 8-41d，热震超过 400 次后，裂纹为氧向内扩散提供了快速通道，主体层内部出现大量的内氧化现象。纵向裂纹已到达基体，并在扩散层/基体界面处沿裂纹尖端产生分叉，裂纹分叉后继续生长，导致了横向裂纹的产生，但此时的横向裂纹仍然是局域性的，未向相邻区域继续扩展。热震 600 次后（图 8-41e、f），部分区域的主体层已几乎完全损耗，而基体处产生的横向裂纹开始沿扩散层/基体界面扩展，并逐渐贯穿整个界面，涂层从基体上剥落，从而失去保护效果。

8.5.4 硅化物涂层的残余应力

涂层的残余应力主要包括界面剪应力和层内平行界面的拉（压）应力。残余应力与涂层和基体的热膨胀系数差成正比。当涂层的热膨胀系数大于基体时，将在涂层一侧形成拉应力，促使垂直界面裂纹的产生，对材料性能不利；当基体的热膨胀系数大于涂层时，会在涂层一侧形成残余压应力，有利于涂层力学性能的提高，但涂层和基体的热膨胀系数差值不宜过大，否则会造成界面开裂。涂层厚度对残余应力也有一定影响。

目前，涂层残余应力的测量主要有悬臂法、衍射法和电阻应变等方法。

8.5.4.1 悬臂法

图 8-42 是悬臂法测量残余应力的示意图。它是将待测试样的一端固定，另一端自由弯曲，形成悬臂，测出因涂层应力引起的自由端位移 δ，就可求出应力

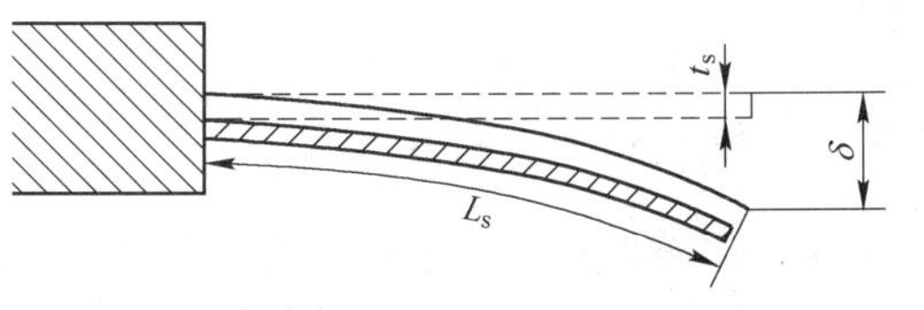

图 8-42 悬臂法测量残余应力示意图[54]

$$\sigma_r = \frac{E_s t_s^2 \delta}{3 d_f L_s^2 (1-\nu)} \quad (8-15)$$

式中，t_s，L_s，E_s 和 ν 分别为基体的厚度、长度、杨氏模量和泊松比；d_f 为涂层厚度。位移 δ 主要由光学法和电容法来测出。

T. C. Totemeier 等人[55]利用此方法测量了热喷涂技术制备的 Mo－Si－B 涂层的残余应力，发现其为拉应力，随着喷射粒子速度的增加，残余应力逐渐转变为压应力。

8.5.4.2　衍射法

在应力作用下，晶体会发生畸变，从而使晶格常数发生变化，因此通过晶格常数的测量可以计算出涂层的应力。图 8－43 是 X 射线衍射法测量涂层内应力的实验装置示意图。样品（膜厚大于 30nm）置于测角仪上，用 $CuK_{\alpha1}$ 射线得出衍射图，根据衍射峰的布拉格角 θ 即可求出涂层的原子面间距

$$2a\sin\theta = \lambda \quad (\lambda = 0.15406\text{nm}) \quad (8-16)$$

假设晶体未发生畸变时的原子面间距为 a_0，则涂层的内应力

$$\sigma_r' = \frac{E_f (a_0 - a)}{2\nu_f a_0} \quad (8-17)$$

因为 a_0 和 a 是用 X 射线或电子衍射法确定的，故称衍射法。由于衍射法不能测定膜内无定形区及微晶区的内应力，因此其测试结果小于悬臂法的测量值。

X. C. Zhang 等人[56]利用此方法测量了 Ni 基合金上等离子喷涂制备的 Ni－Cr－B－Si－C 涂层的残余应力，发现随着粉末喂给速度的增加，涂层表面残余应力先减小到一局部最小应力，随后增加。图 8－44 显示的是残余应力随粉末喂给速度的变化曲线图。

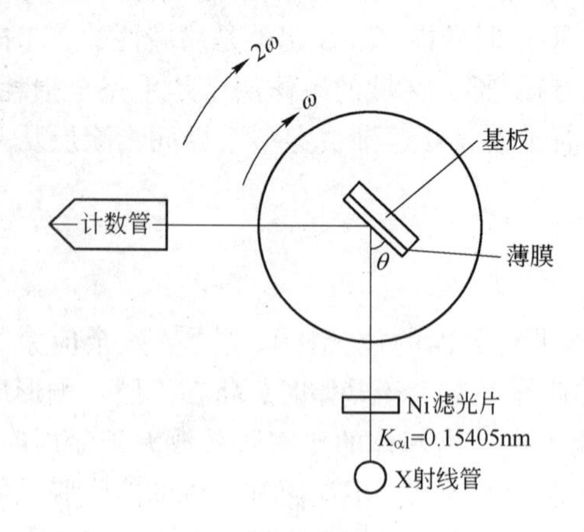

图 8－43　X 射线衍射法测量涂层内应力的试验装置示意图[54]

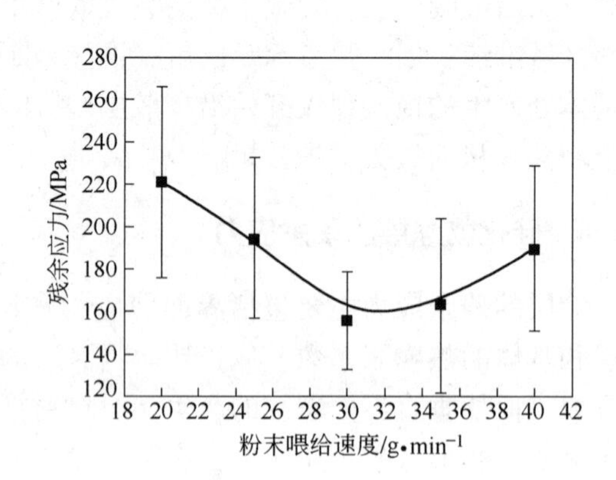

图 8－44　涂层表面残余应力变化图[56]

8.5.5　涂层表面粗糙度的检测

涂层表面粗糙度指涂层表面具有较小间距和微观峰谷不平度的微观几何特性。涂层表面几何形状误差的特性是凹凸不平。凸起处称为波峰，凹处称为波谷。两相邻波峰或波谷

的间距称为波距（L）。相邻波峰与波谷的水平差称为波幅（H），如图 8－45 所示[54]。

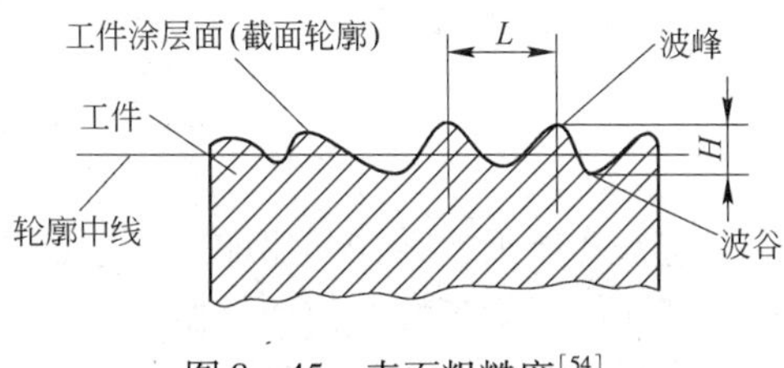

图 8－45 表面粗糙度[54]

根据涂层波幅与波距的比值（L/H）可将表层几何形状误差分为形状误差、波纹度和粗糙度三类[54]：

（1）$L/H>1000$ 时，称为表面形状误差；

（2）$50<L/H<1000$ 时，称为表面波纹度；

（3）$0<L/H<50$ 时，称为表面粗糙度。

涂层表面粗糙度测量属于微观长度测量。目前采用的主要有比较法（样板对照法）、针描法（接触量法）和光切法等几种。

样板对照法属于比较法中的目测法，即将待测涂层表面与标准样板进行比较。若受测涂层与某样板一致，则认为此样板的粗糙度等于此涂层的粗糙度。

轮廓仪测量法属于针描法，其类型可以有机械式、光电式和电动式几种。其中，电动式轮廓仪工作原理为：当传动器使测量传感器的金刚石针尖在被测涂层表面平稳移动一段距离，由金刚石针尖顺着涂层上波峰与波谷上下产生一定振动量，其振动量大小通过压电晶体转化为微弱电能，在仪表上直接突出被测涂层表面粗糙度相应的表征参数值。

8.5.6 其他性能评价

除了上述几种评价方法外，常见的涂层性能评价还包括涂层脆性、硬度和厚度的测试、涂层抗冲刷能力的测试、涂层致密度的测试等等。

涂层的脆性是重要的一个表面性能指标，工艺上的某些因素往往会对脆性有明显影响，在实际应用中脆性也是不可忽视的指标。涂层的脆性是表面变形时涂层抵抗开裂的能力。涂层脆性的测试不是采用冲击试验法，而是采用变形法，即加以外力使试样发生变形，直至试样表面涂层产生裂纹，测定产生裂纹时的变形程度或挠度值的大小即可以用来评定涂层的脆性程度。实际使用的涂层脆性测定方法有杯突法、静压挠曲法及芯轴弯曲法等。

涂层的硬度是涂层力学性能的重要指标，它关系到涂层的耐磨性、强度及寿命等性能。涂层的宏观硬度一般用布氏或洛氏硬度计测量，由涂层宏观压痕投影面积换算得到硬度值。用显微硬度计测定的硬度称为涂层的显微硬度。涂层的宏观硬度和显微硬度在本质上是不同的。前者反应涂层的平均硬度，后者考察的是涂层中颗粒的硬度，两者的数值一般不同。一般来说，若涂层较厚，可用宏观硬度来衡量涂层的硬度；若涂层较薄，为消除基体材料对涂层硬度的影响，可用显微硬度。

显微组织分析对于评价在原始状态和经过各种暴露后的涂层试样的物理特性也是有效的，但它是一种破坏性的方法。为了合理反映试样的性能及特点，样品的制备是极其重要的。这是一件缓慢而费力的工作，因为在磨制和切割过程中容易损坏涂层，可以采用保护环、软垫镶嵌和金属涂覆物来使这个问题减至最小。金相法可以用来测量涂层的厚度和涂层覆盖区的质量（例如出现的开裂，孔隙和厚度的参差不齐），可以表征涂层与基体之间的反应，还可以确定基体的尺寸和显微结构的变化（例如氧化程度）。采用电子探针微区分析可以鉴别形成的层状显微结构的复合涂层的组成，并对确定涂层体系的扩散动力学也是有效的。

8.6 硅化物高温涂层的工程应用

航空、航天、兵器和船舶等先进国防装备中，大量关键零部件在高温氧化性、腐蚀性和热腐蚀等恶劣环境中使用，由于同时承受强烈摩擦磨损作用，对材料的要求十分苛刻。硅化物高温涂层由于具有优异的高温耐磨性能、高温抗氧化与抗热腐蚀性能、低的摩擦系数、优良的高温自润滑性能、优异的高温摩擦学相容性及优异的高温长期组织稳定性，在实际工程领域得到了广泛的应用。根据其所附着基体种类的不同，可以分为如下几类。

8.6.1 钼基合金上的硅化物涂层

钼的高温性能好，热导率高，比热容低，并具有良好的抗热冲击、抗热疲劳能力，在难熔金属中性价比最高。加入 $w(La_2O_3)=1\%\sim2\%$ 后，钼合金的再结晶温度可达到1600℃。但是钼及其合金在高温氧化气氛中很容易被氧化，在400℃以上便开始形成氧化物，造成钼的迅速破坏。对于钼合金，$MoSi_2$ 涂层一度被认为是非常有前途的高温抗氧化涂层，Mo 的包渗硅化物涂层也是研究得最早和研究得最充分的涂层系统之一。但该涂层系统存在 $MoSi_2$ 与 Mo 合金基体线膨胀系数（CTE）不匹配，Si 容易向 Mo 合金基体扩展以及中低温下 $MoSi_2$ 塑性较差等问题。目前，研究人员一般在 Mo 基体上添加扩散阻挡层（$MoSi_2$ + XSiC）来缓解 Si 元素的扩散问题，在 $MoSi_2$ 涂层中加入 B 和 Ge 元素增加涂层的自愈性或将涂层制作成多层结构来解决线膨胀系数（CTE）不匹配的问题。

Jin - Kook Yoon 等人[57]发现在 Mo 基体上的 $MoSi_2$ 涂层存在线膨胀系数不匹配的问题，涂层内部和涂层/基体界面容易出现明显的裂纹，严重影响涂层的抗氧化性能，如图 8-46a 所示。为了解决这个问题，Jin - Kook Yoon 先用氨氮化法制备 Mo_2N 层，再用 CVD 和反应扩散法制备了 $MoSi_2/Si_3N_4$ 复合结构涂层[58]，如图 8-46b 所示。

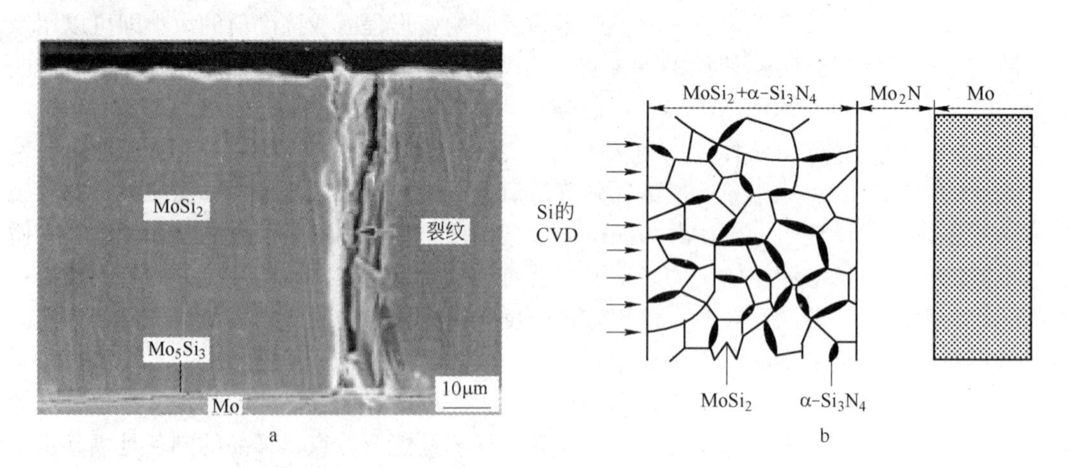

图 8-46 CVD 法在 Mo 基体上制备含 $MoSi_2$ 的涂层

a—涂层及基体的裂纹；b—$MoSi_2/Si_2N_4$ 复合涂层结构示意图

S. Govindarajan 等人[59]采用磁控溅射的方法在 Mo 基体上沉积了 Si，由后续热处理获得了以 $MoSi_2$ 为主的多层结构的涂层体系，如图 8-47 所示。

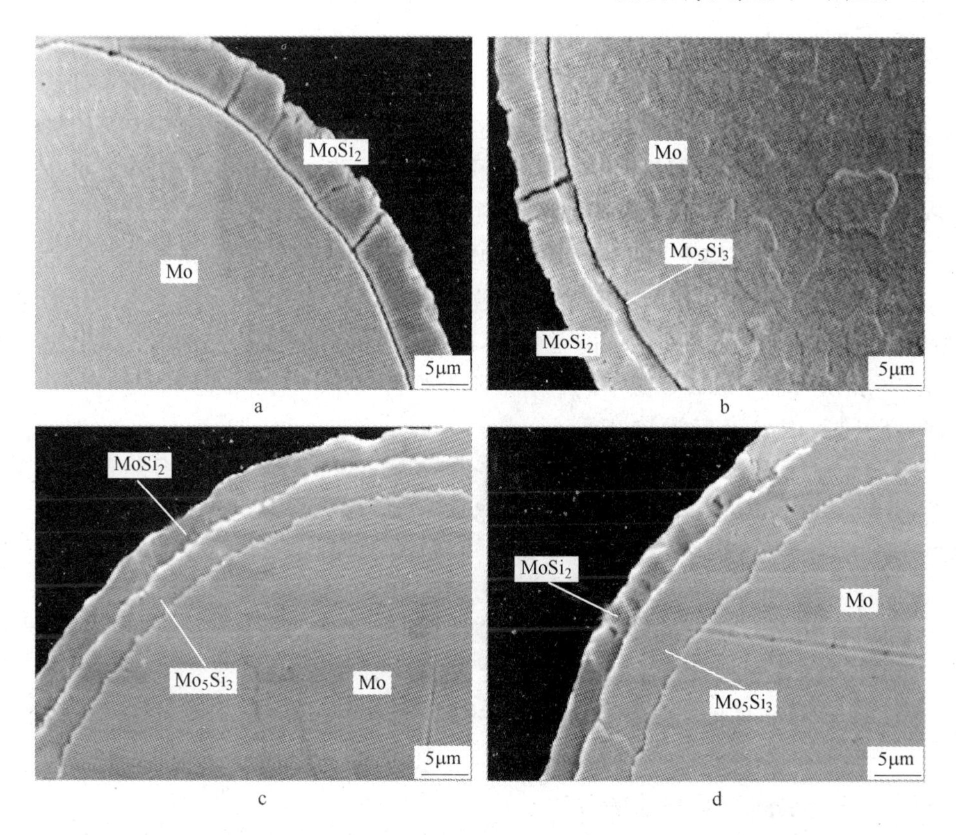

图 8－47　由于 Si 的扩散，$MoSi_2$ 在扩散过程中向 Mo_5Si_3 转变

a—样品的初始状态；b—反应 1s 后；c—反应 5s 后；d—反应 30s 后

8.6.2　铌基合金上的硅化物涂层

铌的熔点很高，强度可保持到 1649.9℃。铌基合金具有优越的力学性能，是最有希望的新一代航空航天器结构材料。然而，铌合金表面的氧化膜（Nb_2O_5）不致密，无法阻止合金基体的进一步氧化，在高温氧化性的环境中，铌基合金的性能会迅速下降，极大地限制了铌合金的应用。加入 Al、Cr、Si 等元素能在一定程度上提高铌合金的抗氧化能力，但伴随着力学性能明显下降。相比之下，在表面制备抗氧化涂层是更有效的防护方法。铌合金上各种类型涂层的抗循环氧化性能如图 8－48[40] 所示。

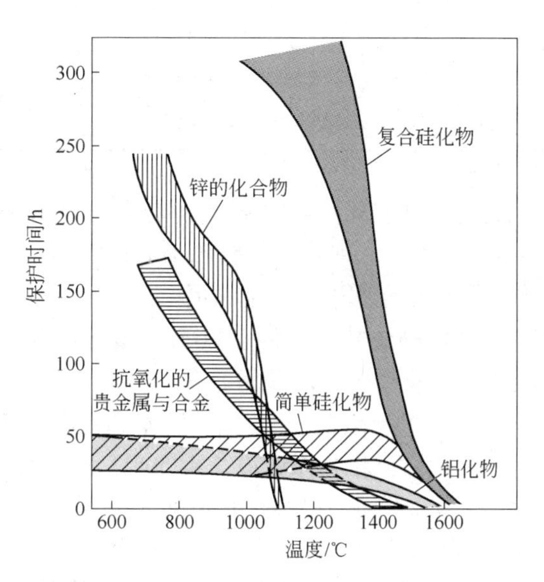

图 8－48　铌基合金上的各种表面涂层的循环氧化－保护特性[40]

硅化物涂层已经被证明是适合于铌合金保护的耐热、抗氧化涂层，并且许多研

究表明在硅化物中添加 Al、B、Ge、Fe、Cr、Ti 等元素制成的复合硅化物涂层能使合金的抗氧化性能进一步提高。

R. Tiwari 和 H. Herman[60]研究了等离子喷涂制备的 $MoSi_2$ 涂层的性能，指出 $MoSi_2$ 涂层的高温抗氧化效果很好，但缺乏韧性。为了改善其性能，Andrew 等在铌基体上先溅射沉积 Mo - W 成分的表层，再添加 Si 和 Ge 进行固相渗透，制得了（Mo，W)(Si，Ge$)_2$涂层[51]。Brian 等则在铌基体上用 PVD 沉积了 Mo，再通过扩散作用形成了 Ge 改性的 $MoSi_2$ 涂层[62,63]。添加 Ge 可增加 SiO_2 的线膨胀系数。

改善涂层抗循环氧化性能，并能在低温下提供更好的密封层，避免“pest”氧化现象；添加 W 能在两相区形成显微空洞，有效降低弹性模量，增加涂层的强度。

Alam 等人[64]用粉末包渗法在 C - 103 合金（Nb - 10Hf - 1Ti - 0.7Zr - 0.5Ta - 0.5W，质量分数）表面制备了硅化物涂层。该涂层分为内外两层，外层为 $NbSi_2$，内层为 Nb_5Si_3，中间为 $NbSi_2$ - Nb_5Si_3 两相过渡区（图 8 - 49）。在 1100 ~ 1300℃循环氧的环境下，该涂层对合金具有一定的短时（4h）防护作用。

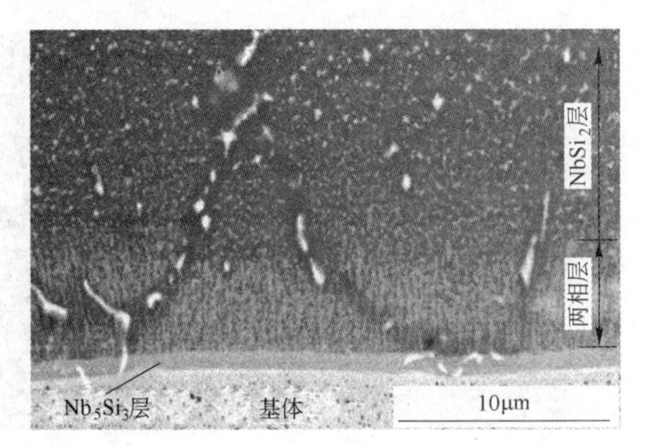

图 8 - 49 C - 103 合金表面的硅化物涂层形貌[64]

在铌合金上制备硅化物涂层的方法有很多，常用的方法包括热浸法、真空包渗法、浆料烧结法、化学沉积法、粉末包渗法等，常见的铌合金硅化物复合涂层体系及其制备方法如表 8 - 6 所示。

表 8 - 6 铌合金基体上常见的涂层体系及其制备工艺

体 系	制备工艺	体 系	制备工艺
Ti - Cr - Si	真空包渗	20Cr - 5Ti - Si	熔融硅化物
V - Ti - Cr - Si	包渗	10Cr - 2Si - Al	料浆法

目前，带有硅化物涂层的铌合金已被用在载人航天工程中。重返大气层的航天器（glide vehicles)、阿波罗飞船和 Transtage 尾喷管（exit cones)、超音速飞行器的热盾隔热材料、涡轮发动机的叶片和扇片（blade，vane）等都使用了带涂层的铌合金。在低压环境中，硅化物涂层中的 Si 会以 Si、SiO 或 SiO_2 蒸汽的形式损失掉，因此，硅化物涂层不宜在低压环境中长时间使用。

20 世纪 90 年代，随着空间技术和超高音速飞行器的发展，对涂层性能提出了更高的要求，促使对硅化物涂层进一步的研究。$MoSi_2$ 具有优良的抗高温氧化性能，是极有潜力的涂层体系，但其在室温下很脆，低温下（300 ~ 700℃）有“pest”氧化现象，高温（1250℃以上）强度低，应用一直受到限制。Willam 研究了 Mo - Nb - Si 系高温下的相组成及形成规律[65]。从图 8 - 50 的 800℃等温截面可以知道此体系在高温下由 bcc 相（Mo 和 Nb 的连续固溶体)、$MoSi_2$、$NbSi_2$、Mo_3Si 和 Nb_5Si_3 相组成。有研究者将 Nb - $MoSi_2$ 扩散偶在 1200℃ 和 1500℃ 处理后，出现了富 Nb 的 $(Nb, Mo)_5Si_3$ 和富 Mo 的 $(Mo, Nb)_5Si_3$ 化合物，发现反应的扩散通道是：$Nb \to Nb_5Si_3 \to Mo_5Si_3 \to MoSi_2$，图 8－50 直观地显示了将这一扩散通道迭加到 Mo－Nb－Si 系 800℃ 等温截面上的结果。

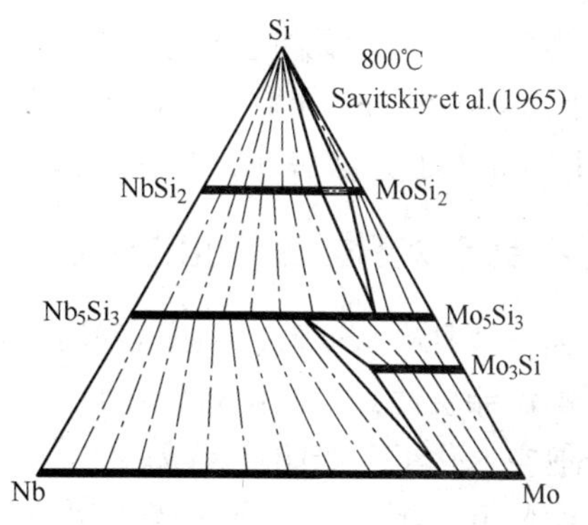

图 8－50 Mo－Nb－Si 三元相图中的 800℃ 等温截面在 1200℃ 和 1500℃ 获得的 Nb 和 $MoSi_2$ 之间反应被叠加在 800℃ 等温截面上的扩散通道[65]

8.6.3 镍基合金基体上的硅化物涂层

镍基合金拥有较高的强度，良好的塑性，在 750℃ 以下的大气中性能稳定，在真空环境下，服役温度甚至可以高于 $0.9T_m$（熔点）。但是，在 750℃ 以上有氧条件下容易发生腐蚀，其耐磨性和热疲劳性能也较差，硅化物涂层的使用则能很好地弥补这一缺陷，使其广泛用于电力工业、核工业、航空工业和船舶工业等方面。

Martin 等人[66]发现在 713L 镍合金表面添加 Al－Si 涂层能显著提高合金的高温疲劳寿命，如图 8－51 所示。

Y. F. Han 等人[67]在 Ni_3Al 高温合金（IC6）上制备了 Ni－Cr－Al－Y－Si 涂层，并对涂层的微观结构和抗氧化性能进行了研究，结果表明涂层与基体结合良好，并且在 1100℃ 下拥有较好的抗氧化性能。

樊丁等人[68]运用激光熔覆技术在 GH864 镍基合金表面制备了金属间化合物的复合涂层。结果表明，利用激光表面熔覆技术可以在镍基合金表面直接原位合成 TiC 颗粒增强的 Ni_3（Si，Ti）金属间化合物复合涂层，涂层与基体为冶金结合，涂层宏观质量好，无裂纹和气孔等缺陷。涂层由 γ－Ni、Ni_3（Si，Ti）、Ni_5Si_2 和 TiC 等相组成。涂层的显微硬度可达 HV780，是基材的 2.5 倍。

杨世伟等人[69]用料浆法在 DZ4 镍基高温合金表面制备了 Al－Si 涂层，并进行了高温抗氧化试验，发现经 1100℃/300h 氧化后，涂层的氧化产物主要是 αAl_2O_3，还包括 $NiAl_2O_4$ 尖晶石及 Cr_2O_3 和 NiO 相。如图 8－52 是涂层氧化后的 XRD 图谱。

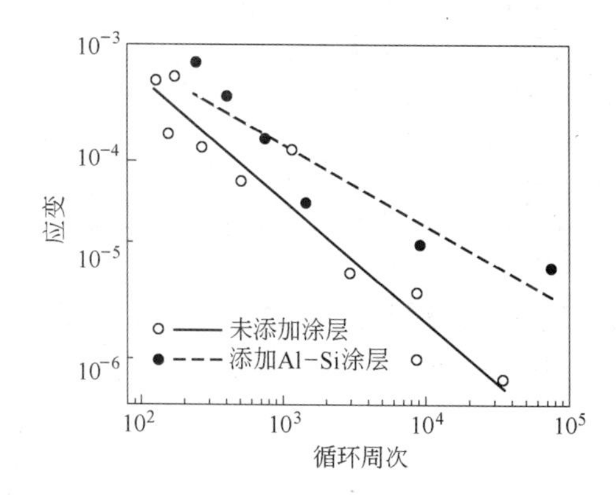

图 8－51 713L 镍合金的 800℃ 下的疲劳寿命曲线（$R=-1$）

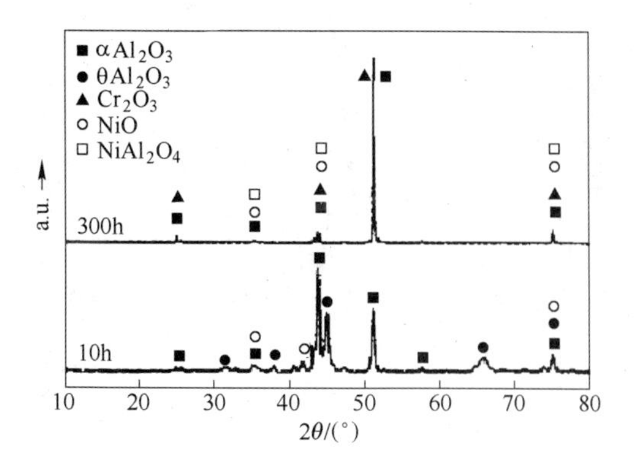

图 8－52 涂层氧化后的 XRD 图谱[69]

娄瑾等人[70]用无机盐料浆法在 K4104 镍基高温合金表面获得了 Al－Si 渗层。测试表明，涂层具有良好的抗高温氧化性；1000℃/200h 氧化过程中，涂层最表层生成了连续致密的 Al_2O_3 氧化膜，涂层外层由不稳定的 βNiAl 相（富 Al）向稳定的 βNiAl 相（富 Ni）转变。

8.6.4 钛合金基体上的硅化物涂层

钛合金具有密度低、强度高等特点，但是在高温环境下，它的强度下降、耐磨性很差，高温涂层尤其是硅化物涂层的使用，可以很好地弥补这一缺陷，使得钛合金广泛地应用于航空、化工、船舶等领域。

L. N. Jian 等人[71]利用激光熔覆技术在 BT9 钛合金表面制备了以 $Cr_{13}Ni_5Si_2$ 为基的硅化物涂层，并对其微观组织和耐磨性进行了研究。结果表明，涂层内含有大量的 $Cr_{13}Ni_5Si_2$ 初始相，能提高涂层在干摩擦环境中的耐磨性能。图 8－53 是其 XRD 图谱。

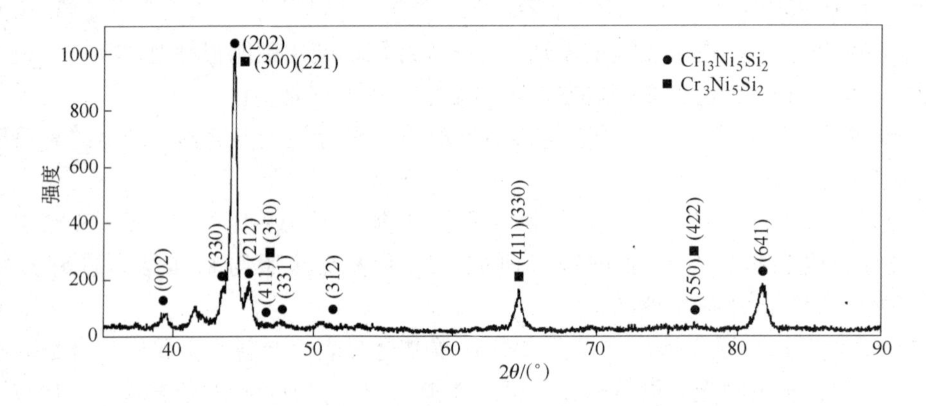

图 8－53 钛合金基体上的 Cr－Ni－Si 涂层的 XRD 图谱[71]

C. Z. Yu 等人[72]通过磁控溅射法在钛合金表面制备了 Ni－Si 涂层。此涂层在 600℃的温度下和混合有 NaCl 的 O_2/H_2O 气体中腐蚀 10h 后，原涂层中的 Ni_5Si_2 和 fccNi 相转变为 Ni_3Si 有序相，涂层表现出良好的耐蚀性。图 8－54 显示的是涂层氧化前后的相组成。

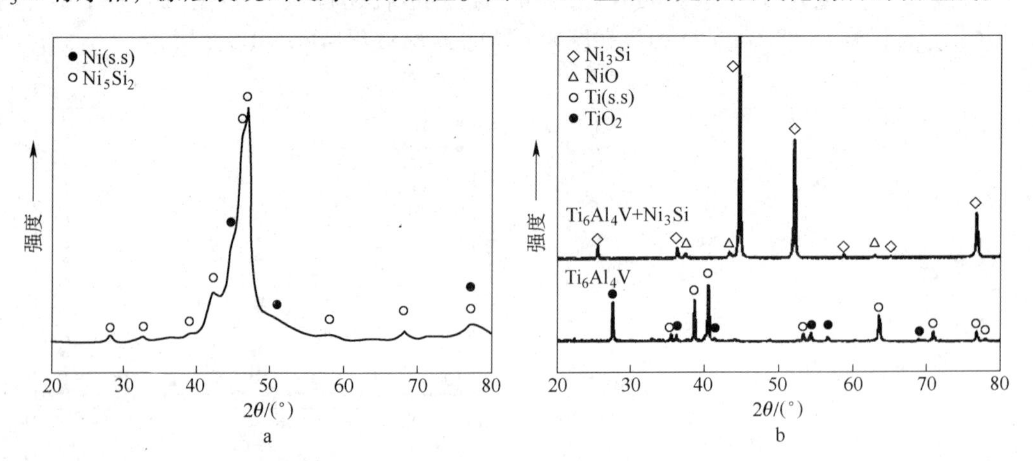

图 8－54 Ti－6Al－4V 合金涂层的 XRD 图谱[72]

a—氧化前；b—氧化后

张维平等人[73]在 Ti－5621 合金表面采用激光熔覆技术制备了 Ni－Cr－Si 复合涂层，分析了涂层的显微组织，测试了涂层的硬度和摩擦性能。结果表明，Ti_5Si_3 和 Cr_3Si 颗粒弥散分布于 βTi 和 γNi 两相固溶体中；涂层的硬度较基体有显著的提高；由于金属硅化物 Ti_5Si_3 和 Cr_3Si 的高硬度和原子之间很强的结合力，该复合涂层明显地改善了基体合金的摩擦磨损性能。

8.6.5 钽合金基体上的硅化物涂层

钽的密度较大，接近铌和钼的两倍，熔点达到 2996℃，较高的弹性模量（185GPa），具有优异的抗化学腐蚀性能（与玻璃相似）。按发展的次序排列，目前已工业化生产的钽合金有：Ta－10W，T－111（Ta－8W－2Hf），T－222（Ta－10W－2.5Hf－0.01C）和 FS－61（Ta－7.5W）。对于涂层在钽合金基体上的作用效果是比较难鉴别的，因为仅当使用温度大于 1370～1540℃时采用 Ta 才有意义。研究表明通过两步处理的改性包渗法在钽合金基体上制备硅化物涂层是可行的，硼、锰或钒的加入可以延长涂层的使用寿命，但这种结果并不稳定。最有效的包渗处理是用 90Ti－10W 填料包渗涂敷获得钛预镀层，随后进行包渗硅处理，但是这些研究成果都还未能在工业上广泛使用。

将铌合金中采用的真空包渗 Ti－Cr－Si 涂层也曾试用于钽合金，该涂层在低温下具有不错的使用寿命，但在高温下耐热性能较差。也曾报道过一种三步处理方法，该方法是在钽合金中先进行渗硅处理，然后沉淀钒，最后再经过渗硅处理。但是，这种涂层最高使用温度仍然有限，而且涂层的处理工艺过于复杂，被认为是不可行的[1]。

目前，已有一系列用于钽合金涡轮叶片的复合多元硅化物涂层（例如 W－Mo－Ti－V）出现。这些涂层用浆料法加真空烧结涂敷，以形成带一定孔隙的预涂层，然后再用传统的包渗法渗硅，在包渗期间大多数的孔隙被填满或封闭。这类复合硅化物的热膨胀性能与基体合金相当，而且残留的孔隙也起到了阻止开裂的作用，因此有较好的热疲劳抗力。研究证实这些涂层在 870℃和 1320℃两种温度下的使用寿命都超过了 600h。此外，使用 W－Mo－Ti－V 系改性剂也能提高涂层的工作寿命，具有优良性能的涂层还可通过表面浸渍硼硅酸钡玻璃浆方法制得。

用沉积 W 和 Si 的方法在 Ta 合金表面获得 WSi_2 涂层被证实是有意义的。具体的制备过程是先用化学气相法沉积 W，随后进行真空包渗 Si 处理。用该方法制备的涂层在 1650℃的使用寿命大于 16h，在 1820℃大于 4h，而在 1930℃大于 1h。目前，已经尝试用浆料喷涂或电泳加烧结的方法给 Ta 涂敷钨涂层，所获的涂层也具有较好的耐热性能，因此，WSi_2 涂层仍然具有一定的潜力。

此外，在钽合金的硅化物涂层中添加 Ti、Cr、W 等改性元素也被证实能提高涂层的抗热震性和抗氧化性，Si－20Ti－10Mo（RC512C）浆料涂层已经试用于 Ta－10W 合金和 T－222 钽合金，并证明在高温下具有较长的使用寿命。

8.6.6 钨合金基体上的硅化物涂层

钨的高熔点和优良的高温强度及导热性质使它在许多现代技术的发展中占有很重要的位置。相对于一些常用的难熔金属合金，当使用温度超过 1650℃以上时，钨的强度和密度比是最高的。有关钨用涂层的研究大多以使用温度超过 1650℃为目标，而且所研究的基体是未合金化的钨。几乎所有的研究都围绕包渗硅化物展开，设计陶瓷涂层的研究比较少，而所获得的研究成果在工程上的应用亦十分有限。与其他难熔合金基体上的硅化物扩散涂层不同，WSi_2 为解决钨 1650℃以上或达到 1930℃的防护问题提供了希望。然而，较低温度下（即 815℃到 1370℃）的“pest”氧化问题极大地限制了涂层的使用。

在一项“金属 - 连接金属 - 改性的氧化物涂层”的研究中，涂层是先通过真空包渗沉积并扩散处理一系列金属（包括 Ti、Zr、W、Si 以及 B），然后在潮湿氧气中使表面转化成氧化物的方法获得的。随后的氧化作用能形成致密的防护性氧化物。其中最有希望的涂层体系是同时沉积硅和钨，及相继沉积 Ti 和 Zr，最后沉积 W - Si 的改性处理层。大量实验证实，这类涂层的使用寿命在 1650℃为 75 ~ 100h 之间，在 1820℃约为 16h，在 1870℃约为 10h，而在 1930 ~ 1980℃约为 2 ~ 5h。

目前，钨的硅化物涂层已成功地用于点火用的火箭喷管衬套。一种经改性的涂层已用于发射火箭所用姿态控制推进器的钨制喷管衬套。

钨对于高超音速飞行器有一定的适用性，但钨元件在成形上的限制以及延 - 脆性转变温度高，这使得钨用涂层的研究和实际应用仍相当有限。

8.6.7 其他基体上的硅化物涂层

硅化物涂层除了可以应用在以上几种金属基体外，还可以用于不锈钢、C - C 复合材料（碳纤维增强碳基体复合材料）等基体的表面防护。其中，不锈钢高温耐磨涂层（Cr - Si），具有低密度、高熔点、优异的高温蠕变强度和高温抗氧化性好等特点[74]，但由于其韧性差（从室温到中高温），该材料应用于工程上仍然较困难。C/C 复合材料具有密度小、比强度大、线膨胀系数低、热导率高、抗热震性好、耐烧蚀和化学稳定性好的特点，是理想的超高温结构材料，已广泛应用于航天飞机鼻锥帽和机翼前缘的热防护系统、洲际导弹的端头帽、火箭发动机喷管和飞机刹车盘等，显示出了极大的性能优越性。然而，C/C 复合材料在有氧气氛中 400℃就开始氧化，高于 500℃便迅速氧化，从而限制了其作为高温材料的应用。为充分发挥 C/C 复合材料高温应用潜力，必须对其进行氧化防护。

杨鑫等人[75]采用化学气相反应和料浆刷涂反应复合工艺在 C/C 复合材料表面制备了 $MoSi_2$、Mo_5Si_3/Si 复合涂层，研究了涂层的微结构特征及形成机理，考察了涂层的抗高温氧化性能。

X. D. Lu 等人[76]利用激光熔覆法在 AISI321 不锈钢基体上制备了 Mo_2Ni_3Si/NiSi 耐磨涂层，并测试了涂层在 600℃的高温耐磨性，发现此涂层具有很好的高温稳定性；将涂层在 800℃进行 50h 的时效处理，发现除了 Mo_2Ni_3Si 共晶溶解和 Mo_2Ni_3Si 一次枝晶长大外没有其他相转变，也没有元素从涂层向基体扩散，且由于涂层中强烈的共价键结合和大量的 Mo_2Ni_3Si 相存在，时效前后的涂层都具有优异的高温耐磨性。图 8 - 55 显示的是涂层经不同时间时效后的微观组织扫描电镜照片。

L. X. Cai 等人[77,78]利用激光熔覆法在碳钢表面制备了 Cr 合金化的 Ni_2Si/NiSi 涂层，发现添加 1.5% 的 Cr 对涂层的微观结构影响不大。但当 Cr 添加至 5.6% 时，涂层中的 Ni_2Si 初始相显著增加，添加了 Cr 的两种涂层都具有较好的耐蚀性，如图 8 - 56 所示。

R. O. Suzuki 等人[35]用熔盐法在 Mo 合金上制备了 $MoSi_2$ 涂层，发现在 1073K 时涂层

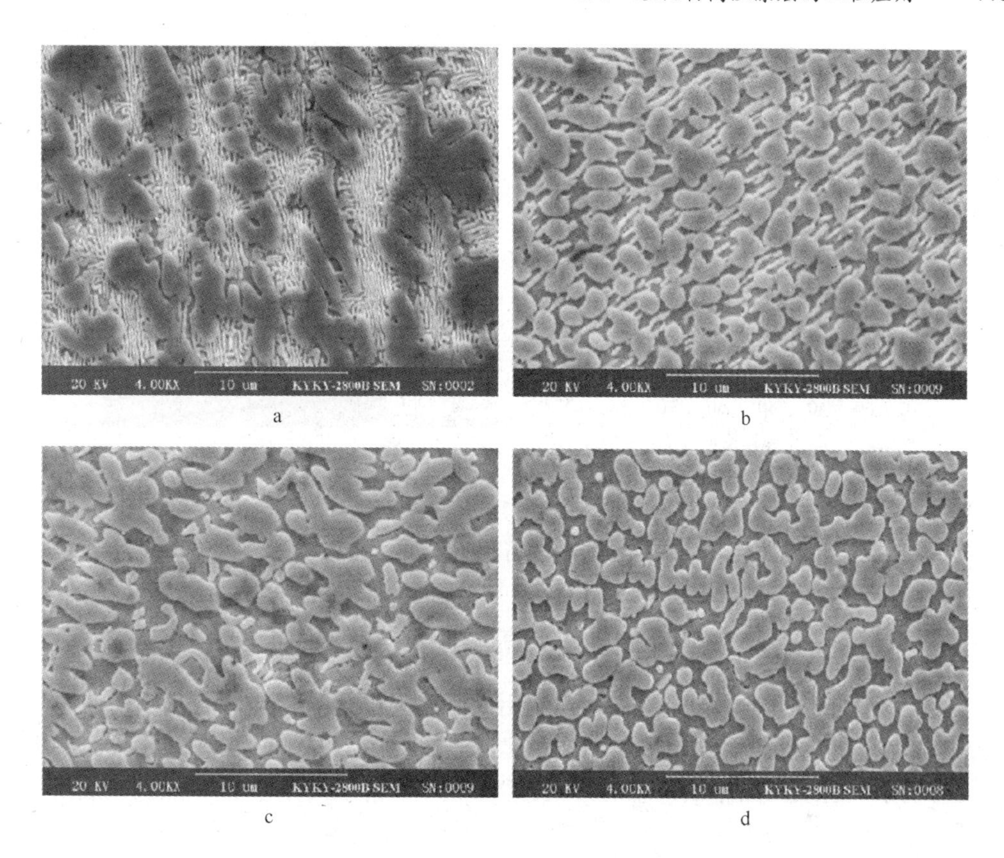

图 8-55 Mo_2Ni_3Si/NiSi 涂层 800℃经不同时间时效后的微观组织二次电子形貌[76]

a—1h；b—10h；c—30h；d—50h

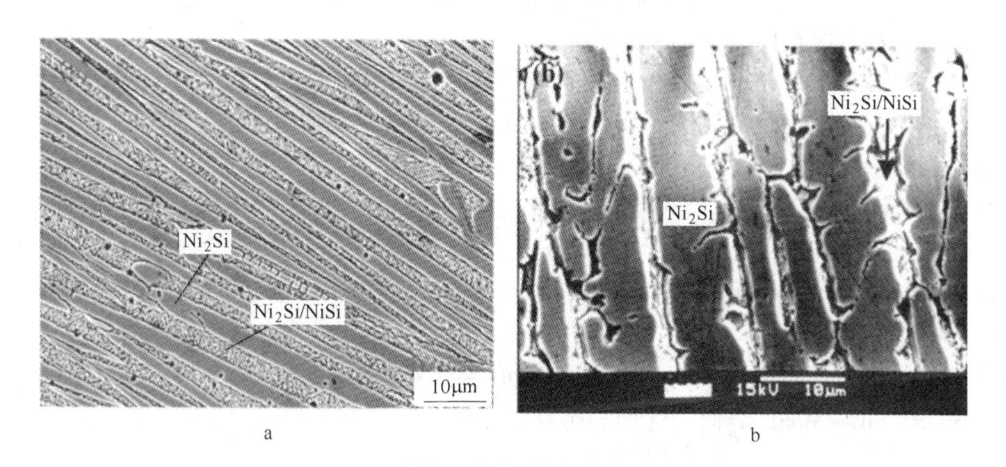

图 8-56 Ni_2Si/NiSi 涂层的二次电子形貌[77]

a—二元合金涂层；b—添加 5.6% Cr 的涂层

是四方 $MoSi_2$ 单相，而温度为 973K 时在熔盐环境中会生成六方 $MoSi_2$。涂层的生长速率和形貌受这些相的影响。高温氧化时，Mo 基体和 $MoSi_2$ 涂层的界面处会形成 Mo_5Si_3。图 8-57 显示的是涂层 XRD 图谱及截面背散射电子形貌。

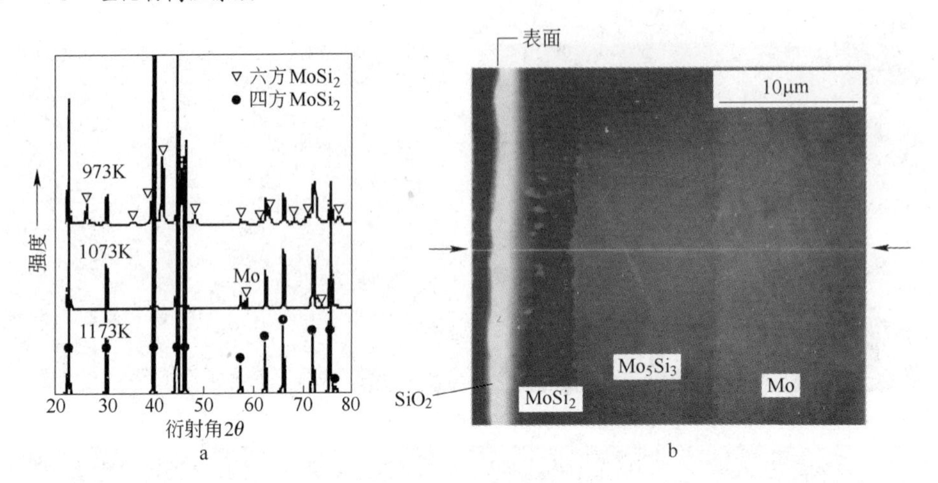

图 8-57 Mo 合金基体上 $MoSi_2$ 涂层 XRD 图谱及截面背散射电子照片[35]

a—涂层相组成分析；b—涂层截面形貌

8.7 硅化物高温涂层的失效

涂层失效（failure）是指涂层在预定使用期间出现脱落（包括涂层从基体脱落及涂层层间剥离）、开裂、机械强度大幅度下降和起泡等严重的涂层缺陷，从而导致涂层失去保护作用的现象。造成高温涂层失效的方式有很多种，如高温氧化失效、热震失效及热腐蚀失效等。

8.7.1 高温氧化失效

在高温氧化过程中，涂层和基体中有益元素浓度逐渐降低，以致最后不能形成保护性氧化膜，涂层保护作用下降并最终失效。

当涂层表面形成 SiO_2 膜后，根据 Wagner 金属氧化理论[79]，氧化速度受正、负离子通过氧化膜的传输速度来控制。由于 SiO_2 是 N 型半导体，氧化膜中电子多数为载流子，氧化过程可简单分解为如下步骤：

（1）气氛中的 O_2 向 O_2/SiO_2 界面扩散，并在这一界面处发生物理吸附，即：

$$O_2(g) \longrightarrow O_2(ad.) \qquad (8-18)$$

（2）在 O_2/SiO_2 界面，物理吸附的分子氧电离形成 O^{2-}，这一过程是通过从导带中获得电子来实现的，即：

$$O_2(ad.) + 4e' = 2O^{2-} \qquad (8-19)$$

（3）在 $SiO_2/MoSi_2$ 界面，Si 向导带释放电子，发生电离，变为 Si^{4+}，即：

$$Si = Si^{4+} + 4e' \qquad (8-20)$$

综合步骤（2）、（3），在 $O_2/MoSi_2$ 界面发生的总反应为：

$$Si^{4+} + 2O^{2-} = SiO_2 \qquad (8-21)$$

（4）为维持上述界面反应的持续进行，必须保证有一定流量的阳离子通过氧化膜向 O_2/SiO_2 界面迁移，或者氧负离子通过氧化膜向 $SiO_2/MoSi_2$ 界面迁移，相界反应和粒子传输过程如图 8-58 所示。一般情况下，氧在 SiO_2 膜中的迁移率极低，反应主要受 Si^{4+} 通

过氧化膜向 O_2/SiO_2 界面迁移控制。

由于 SiO_2 是 N－型半导体，存在氧离子空位和电子，因此阳离子的移动可以看作相等通量的氧离子的反向迁移。参照图 8－58 所示的粒子传输过程，Si^{4+} 扩散通量 $J_{Si^{4+}}$ 为[79]：

$$J_{Si^{4+}} = J_{V_O} = D_{V_O}\frac{C''_{V_O} - C'_{V_O}}{\xi} \qquad (8-22)$$

式中，ξ 为氧化膜厚度；D_{V_O} 为氧离子空位的扩散系数；C''_{V_O} 和 C'_{V_O} 分别为 O_2/SiO_2 界面及 $SiO_2/MoSi_2$ 界面上的空位浓度。O_2/SiO_2 界面处 Si^{4+} 的浓度为 $C''_{Si^{4+}}$，那么：

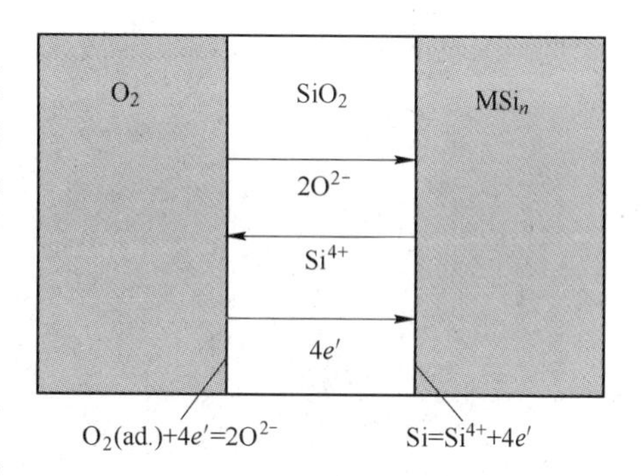

图 8－58 $MoSi_2$ 氧化过程中相界反应和粒子传输示意图

$$J_{Si^{4+}} = C''_{Si^{4+}}\frac{d\xi}{dt} = D_{V_O}\frac{C''_{V_O} - C'_{V_O}}{\xi} \qquad (8-23)$$

因为在每个界面上都达到了热力学平衡，所以（$C''_{V_O} - C'_{V_O}$）和 $C''_{Si^{4+}}$ 都是常数。由上式得到：

$$\frac{d\xi}{dt} = \frac{k}{\xi} \qquad (8-24)$$

其中：

$$k = D_{V_O}\frac{C''_{V_O} - C'_{V_O}}{C''_{Si^{4+}}} = 常数 \qquad (8-25)$$

积分式（8－24），并取 $t=0$，$\xi=0$，则有：

$$\xi^2 = 2kt \qquad (8-26)$$

$$\xi^2 = K_p t \qquad (8-27)$$

式（8－27）即为由经典 Wagner 理论推导的金属硅化物（MSi_n）涂层 Si 选择性氧化的抛物线规律。K_p 为氧化常数，反映了氧化膜厚度随时间的变化情况，单位为：$\mu m^2/h$。在实际计算中有时还采用测量试样单位面积增重（Δm）的氧化抛物线常数 K'_p（$mg^2/(cm^4 \cdot h)$）。由于 Wagner 模型是基于厚膜（$>10\mu m$）建立的，且假设任一时刻氧化温度为持续稳定值，这与实际情况并不相符，假设 $t = t_i$ 时，$\xi = \xi_i$，则式（8－27）相应变换得：

$$\xi = \sqrt{K_p(t - t_i) + \xi_i^2} \qquad (8-28)$$

式（8－28）即为 $MoSi_2$ 涂层 Si 选择性氧化时，氧化膜厚度随时间变化的动力学方程。

同理，氧化膜单位面积增重随时间变化的动力学方程为：

$$\Delta m = \sqrt{K'_p(t - t_i) + (\Delta m_i)^2} \qquad (8-29)$$

由式（8－29）可知，涂层氧化膜的单位面积增重量（Δm）与氧化时间（t）满足抛物线关系。

图 8－59 显示了不同 Si 含量 Al－Si 涂层在 800℃循环氧化 150h 后的表面形貌。

许谅亮[33]根据涂层静态氧化增重及氧化膜增厚动力学曲线，在 Wagner 氧化理论基础

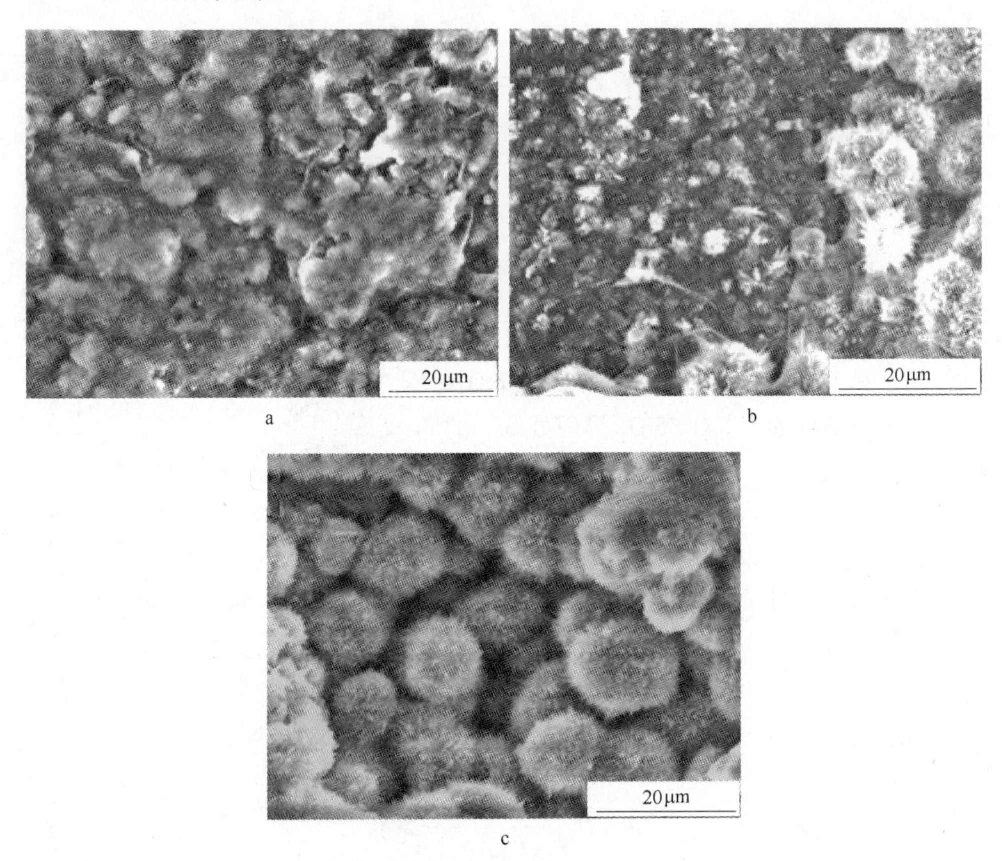

图 8－59　Al－Si 涂层在 800℃循环氧化 150h 后的表面形貌[80]

a—Al－8Si；b—Al－13Si；c—Al－20Si

上对相关模型进行了简化处理。计算出 Mo－Si 涂层在 1700℃时的静态氧化增重可表示为 $\Delta m = \sqrt{4.7231(t - t_i) + (\Delta m_i)^2}$（$\Delta m$ 表示单位面积增重），涂层表面形貌的变化情况如图 8－60 所示。

Yan J H[81] 发现 $MoSi_2$ 涂层在 1200℃氧化 200h 后明显增重，涂层表面黏附着大量氧化产物，如图 8－61 所示。

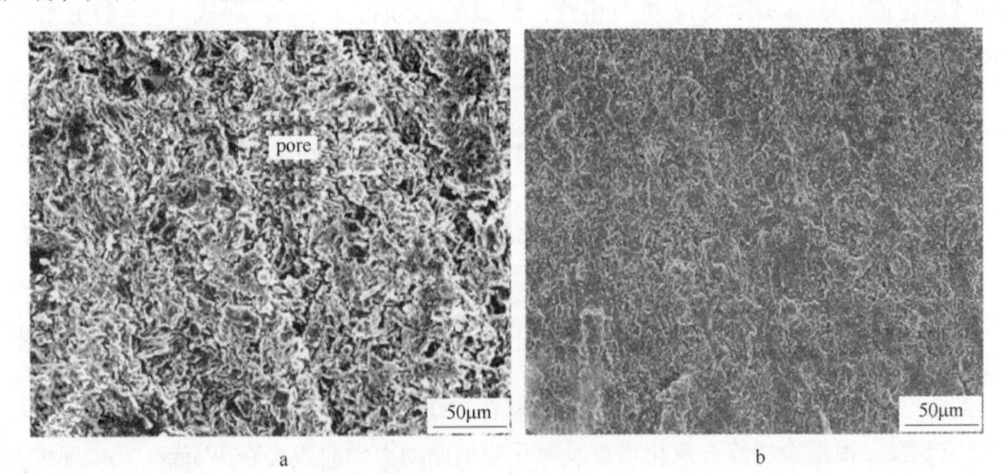

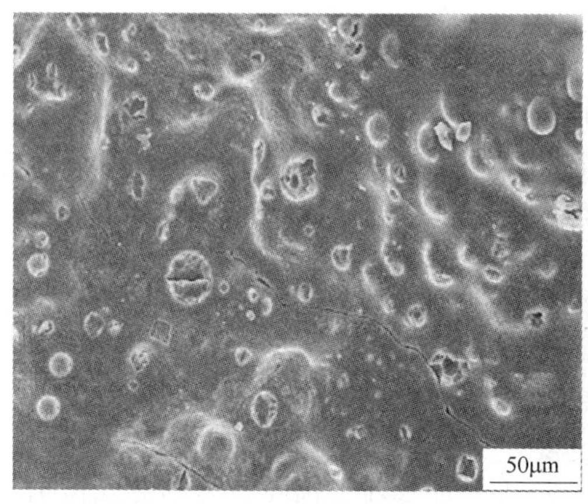

c

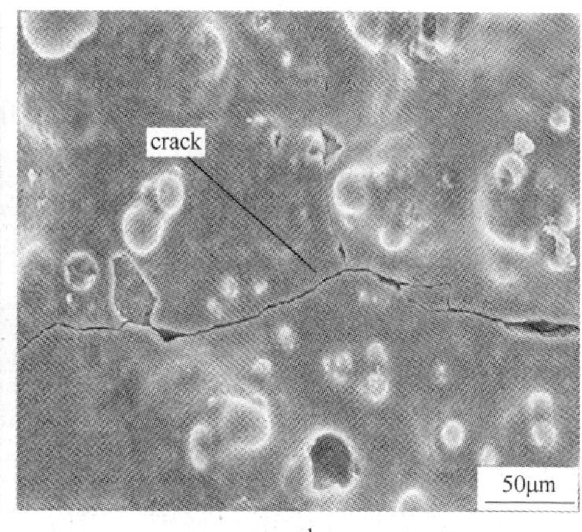

d

图 8-60 SiC/Si-$MoSi_2$ 双层涂层在 1400℃不同时间氧化的表面形貌[33]

a—0h；b—40h；c—80h；d—100h

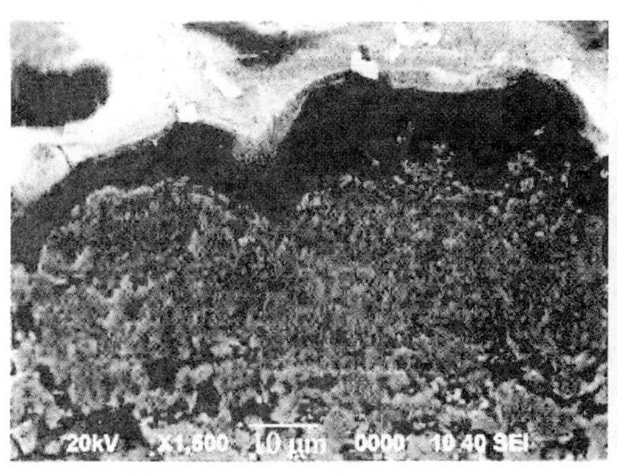

a

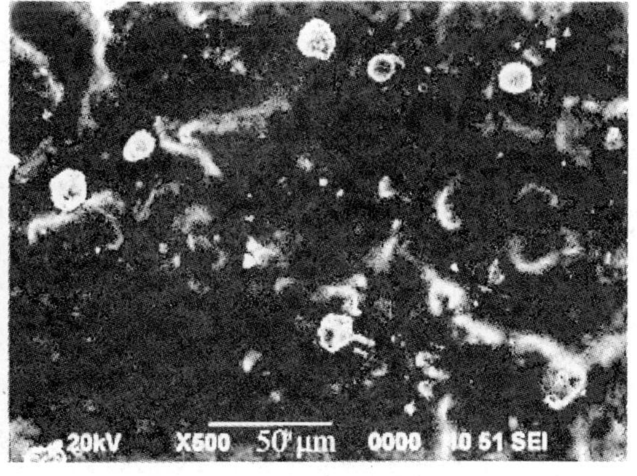

b

图 8-61 $MoSi_2$ 涂层在 1200℃氧化 200h 后的形貌

a—涂层纵向；b—涂层表面

实验证明在高温氧化情况下，许多涂层会发生脱落并导致涂层在氧化过程中失重。殷磊[82]在 Nb-Si 系涂层的研究中发现，涂层中的硅不断向铌基体中扩散，并与铌反应，使涂层中的硅大量损失，形成连续密集孔洞。随氧化时间延长，孔洞横向贯连，使涂层从主体与过渡层接触的界面处发生横向断裂，涂层表面大块剥落，涂层试样明显失重。随氧化时间的延长，涂层表面生成大量 Nb_2O_5，并不断脱落，最终涂层失效，涂层失效后的铌基体表面形貌如图 8-62 所示。

图 8-62 涂层失效后铌基体表面氧化物形貌

8.7.2　热震失效

涂层试样从高温冷却下来，由于与基体的线膨胀系数（CTE）不匹配，在硅化物涂层内部产生较大的应力，当应力超过涂层材料本身的强度时，在涂层中产生内部裂纹，在应力持续作用下，裂纹不断扩展，直至涂层失效。

涂层中残余热应力的大小可以表示为[83]：

$$\sigma_{\mathrm{th}} = -\frac{E}{1-\nu}\Delta\alpha\Delta T \tag{8-30}$$

式中，ΔT 是服役温度与室温的温差，$\Delta\alpha$ 为涂层与基体线膨胀系数（CTE）的差值（$\Delta\alpha = \alpha_{\mathrm{c}} - \alpha_{\mathrm{s}}$），$\nu$ 为涂层材料的泊松比，E 为弹性模量。

涂层在冷热周期性变化过程中，内应力也呈周期性变化，即涂层经受循环应力的作用。涂层材料有一定的疲劳强度极限。当涂层所经受的循环应力幅度高于涂层的疲劳强度极限时，涂层内部将产生裂纹。高温涂层材料一般韧性较差，裂纹一旦形成，对裂纹扩展的阻碍作用很小，因此，裂纹将迅速扩展直至涂层剥落。涂层的热震失效主要经历裂纹形成、扩展和最终剥落三个过程。

在 ΔT 一定的条件下，涂层的热应力主要取决于基体与涂层材料线膨胀系数的差值 $\Delta\alpha$。对于多元涂层材料膨胀系数 α_{c} 可用如下公式进行计算：

$$\alpha_{\mathrm{c}} = \frac{\sum \alpha_i M_i}{\sum M_i} \tag{8-31}$$

$$M_i = E_i \cdot (1-\nu_i) \cdot \frac{\beta_i}{\rho_i} \tag{8-32}$$

式中，E_i，ν_i，β_i，ρ_i，α_i 分别为涂层 i 组元的弹性模量、泊松比、膨胀系数、质量分数、密度、膨胀系数。

蔡志刚[37]在对 Mo－Si 系涂层的研究中发现，通过包渗法制备的 Mo－Si 涂层，在热震过程中，裂纹从涂层内部萌生并一直扩展到涂层表面，裂纹扩展的区域较宽，扩散路径几乎呈直线，并且穿过 Al_2O_3 颗粒，同时有交叉裂纹产生（见图 8－63）。这种裂纹的产生是由于涂层与基体的线膨胀系数不匹配造成的。而涂层内部的孔洞则能有效地提高涂层的断裂韧性，并释放内部应力，减缓裂纹扩展速率，提高涂层的寿命。

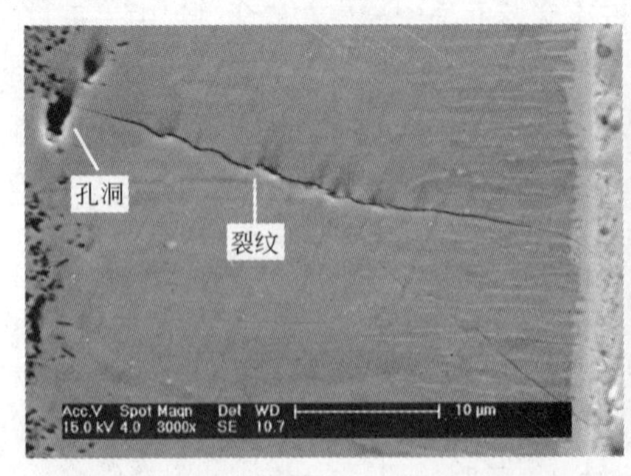

a

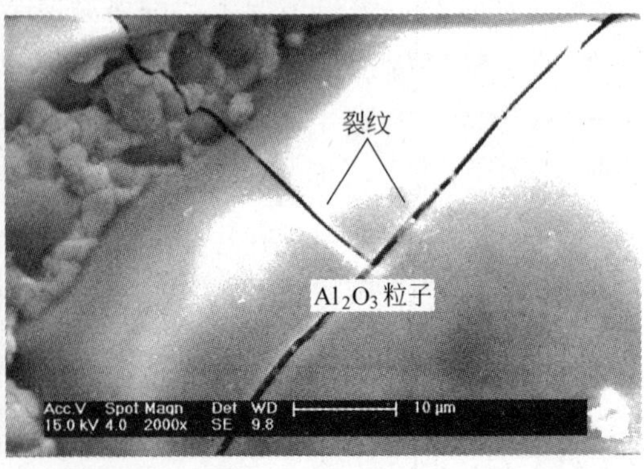

b

图 8－63　包渗后的 Mo－Si 涂层裂纹

a—内部裂纹；b—表面裂纹

许谅亮[33]对不同 Si/Mo 配比烧结体线膨胀系数（CTE）进行了测量，结果如图 8－64 所示，其中直线表示数据拟合结果。当配比小于 1∶2.3 时，随硅含量增加，各组 CTE 增加。当配比等于 1∶2.3 时，即生成纯 $MoSi_2$ 相，所得结果（8.16×10^{-6}）与纯 $MoSi_2$ 相的 CTE（8.2×10^{-6}）较为接近。计算值与实验结果基本吻合。当 Mo/Si 摩尔配比大于 1∶2.3 时，随着硅含量增加，该材料的线膨胀系数逐渐降低，如图 8－65 所示。

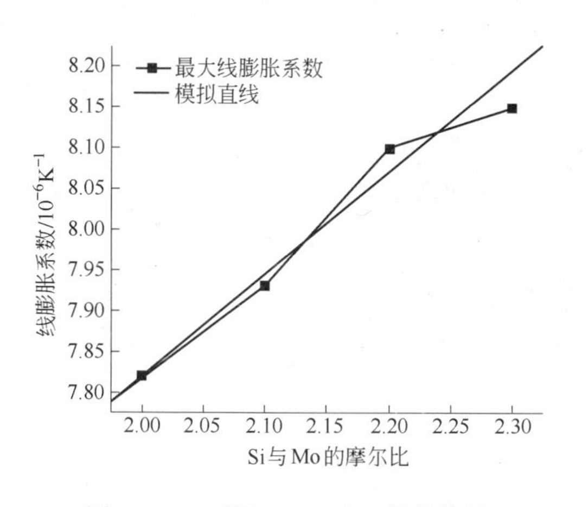

图 8－64　不同 Si/Mo 配比烧结体的线膨胀系数

图 8－65　Si－Mo 烧结体线膨胀系数与 Si 含量的关系

H. J. Li 等人[84]研究了 C/C 复合材料基体上的 $MoSi_2$－SiC－Si 涂层在高温下的氧化行为，结果发现 $MoSi_2$ 和 SiC 的界面结合较差，在热震过程中由于 $MoSi_2$ 和 SiC 线膨胀系数不匹配，界面容易形成裂纹。高温下，氧通过涂层的裂纹渗入 C/C 复合材料基体。在涂层裂纹的尖端，氧与基体材料发生反应，使基体与涂层界面处形成巨大的孔洞，最终导致涂层失效，如图 8－66 所示。

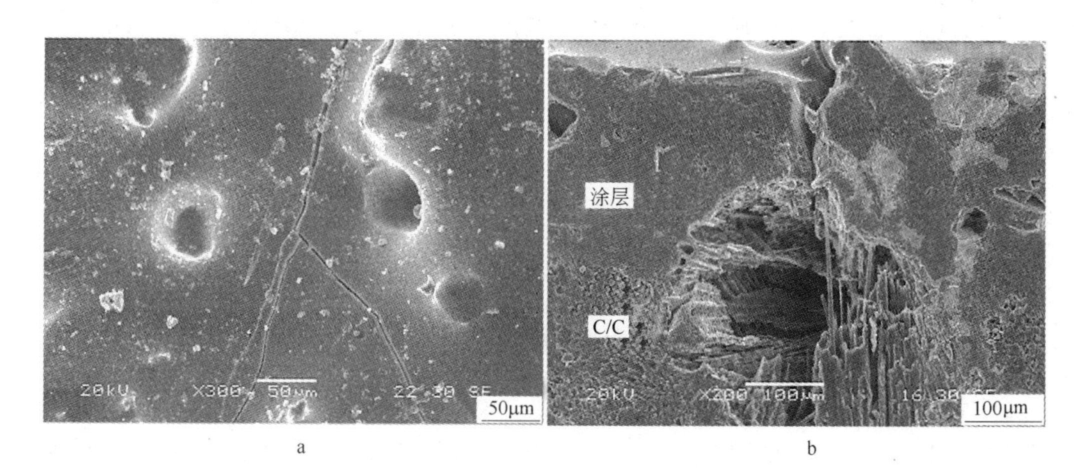

图 8－66　$MoSi_2$－SiC－Si 涂层在 1500℃高温氧化 200h 后的形貌

a—涂层表面；b—涂层纵截面

图 8－67 为 13Cr 钢基体上硅化物涂层由于与基体膨胀系数不匹配造成的开裂并脱落

的现象[85]。

图 8－68 为 $MoSi_2$ 涂层与 Mo 基体由于膨胀系数不匹配而在涂层内部形成的粗大纵向裂纹[86]。

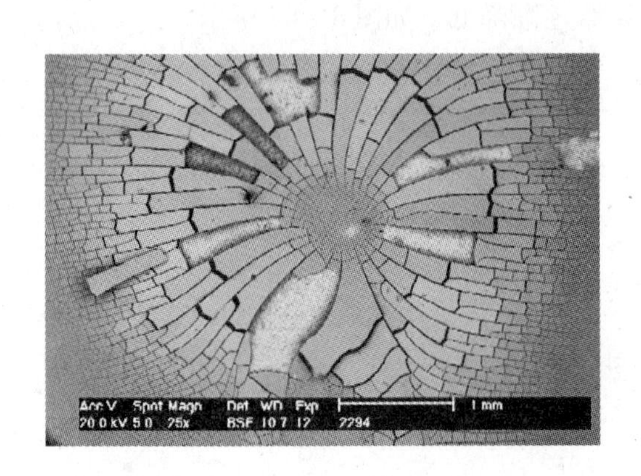

图 8－67 13Cr 钢的硅化物涂层失效

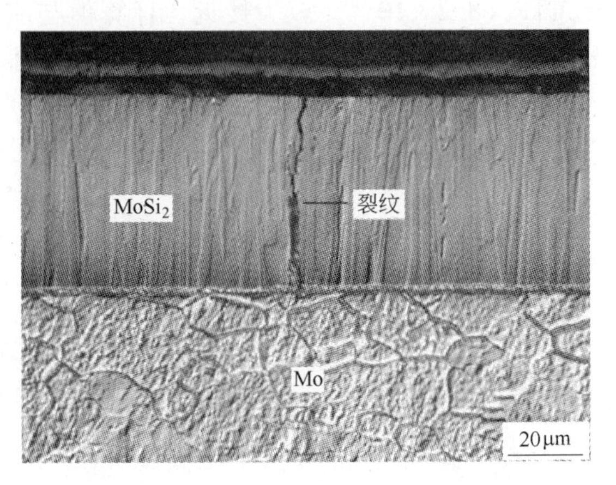

图 8－68 化学气相沉积法制备的 $MoSi_2$ 涂层的粗大纵向裂纹

涂层与基材的膨胀系数匹配偏差是普遍存在的问题。图 8－69 绘出了某些金属的线膨胀系数与熔融温度间的关系。显然，膨胀匹配度愈小产生的应力愈小，涂层的使用寿命就越长。因此，为降低涂层应力，可以从以下几方面着手：

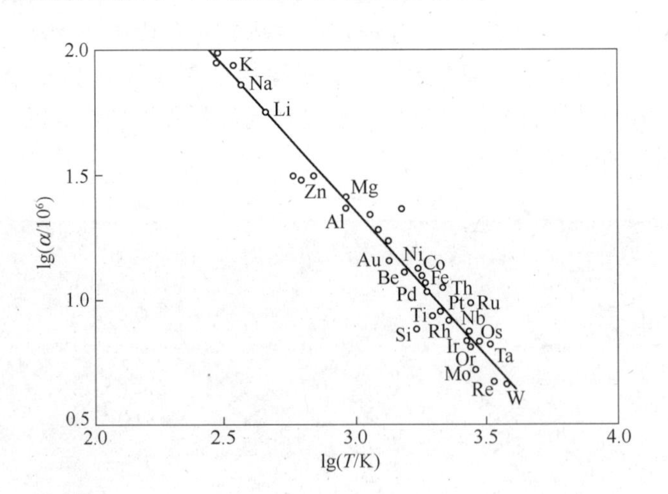

图 8－69 某些金属的线膨胀系数与熔融温度间的关系

（1）使涂层与基材的膨胀匹配度接近，即力求两者的膨胀系数相同或相差很小。如铌的线膨胀系数 $\alpha_{(0\sim900℃)}=7.95\times10^{-6}/℃$，$MoSi_2$ 的 $\alpha_{(20\sim900℃)}=8.05\times10^{-6}/℃$，两者很接近，所以铌合金叶片的防护层的成分多选用 $MoSi_2$。

（2）膨胀系数匹配度还直接影响到涂层的初生裂缝密度，这些裂缝在使用时经温度冷热交变而扩大，最后会造成局部损坏。因此，在力求减小膨胀匹配差的同时还应尽量减少涂层中的应力。如 Battelle－Geneva 研制的以合金化硅化钼为骨架并热浸 SnAl 合金的复合防护层，硅化物骨架为多孔性，高温下 SnAl 合金为液态，可使防护层中的应力减至最低程度。

(3) 在工程实际中，往往难以完全消除膨胀匹配差，这种情况下，可用其他结构修补并治愈其缺陷。例如 TRW 的 Si－Cr－Ti 防护层初生态裂缝密度较大，但它的扩散合金底层具有一定的抗氧化能力，可降低外防护层开裂带来的危害性。

(4) 涂层与基材之间在高温长期使用过程中发生互扩散等固态反应，使涂层寿命缩短和基材性能变坏。为防止或减缓上述过程的进行，在两者之间加阻挡层是有必要的。

8.7.3 热腐蚀失效

工业所用的燃料，其燃烧产物中通常含有 Na_2SO_4、V_2O_5 等盐类。而船用燃气轮机和飞机发动机等高温设备，热端部件（如叶片）在燃气条件下工作，也可能从海水中摄取 Na_2SO_4、NaCl 等盐类，这些盐类容易沉积在热端部件上，使金属表面被一层离子态的薄层熔盐所覆盖并发生热腐蚀，从而使合金或涂层的使用寿命缩短，甚至突然失效，这就是所谓的热腐蚀失效。

Gloubel 和 Pettit 等人[87,88]详细研究了 Na_2SO_4 引起的高温热腐蚀现象，并系统地建立了热腐蚀的盐溶解模型。这一模型把热腐蚀描述为保护性金属氧化物/熔盐界面发生碱性或酸性溶解，而在熔盐/气相交界面发生再沉积的过程。

在 Na_2SO_4 熔盐中，存在下列热力学平衡：

$$Na_2SO_4 \rightleftharpoons Na_2O + SO_3 \tag{8-33}$$

$$SO_3 \rightleftharpoons \frac{1}{2}S_2 + \frac{3}{2}O_2 \tag{8-34}$$

涂层在该条件下发生氧化，致使表面 O_2 分压降低，而 S_2 分压上升，导致硫化物在金属/氧化物界面生成。这样就使涂层表面 SO_3 降低，而 Na_2O 浓度升高。Na_2O 具有较高的碱性，在高温下容易导致合金发生碱性热腐蚀。图 8－70 和图 8－71 分别显示了 Ti－Cr－Si 涂层和 NiCoCrAlYSiB 涂层经高温腐蚀后的形貌。

图 8－70 Ti－Cr－Si 涂层在高温腐蚀环境下严重腐蚀的形貌[89]

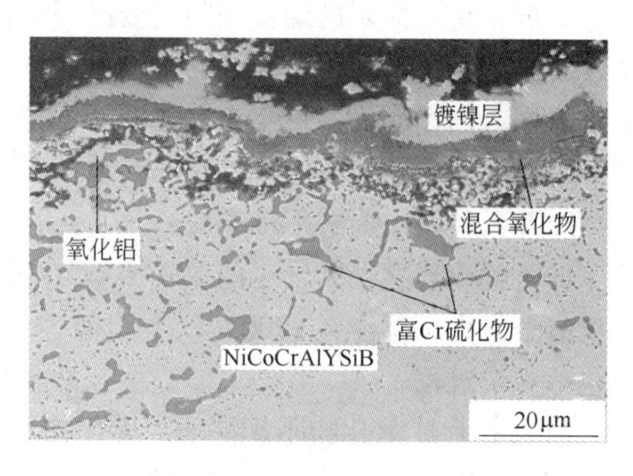

图 8－71 NiCoCrAlYSiB 涂层在 900℃75% Na_2SO_4＋25% K_2SO_4（质量分数）腐蚀环境中保温 200h 后出现的严重热腐蚀现象[90]

8.7.4　其他形式的失效

8.7.4.1　应力氧化失效

通常情况下，涂层的工作环境十分复杂，既有高温下的氧化作用，又要承受较高的应力。在氧化和应力共同作用下，涂层容易出现应力氧化失效。

肖鹏等人[91]研究了 SiC 涂层 C/C 复合材料应力氧化及失效过程，如图 8 – 72 所示。首先，涂层表面裂纹为氧向材料内部扩散提供了通道，当材料被拉伸时，垂直于拉伸方向的裂纹变宽，更有利于氧的进入；氧进入材料内部后氧化优先从各类界面、缺陷以及孔隙处开始。随着氧化在这些区域的进一步进行，纤维与基体炭以及基体炭层片之间的间隙、孔洞变大。在氧化严重区域，纤维被氧化变细，从而强度降低，随着氧化继续进行，纤维在最薄弱处被拉断而逐渐失去承载能力。

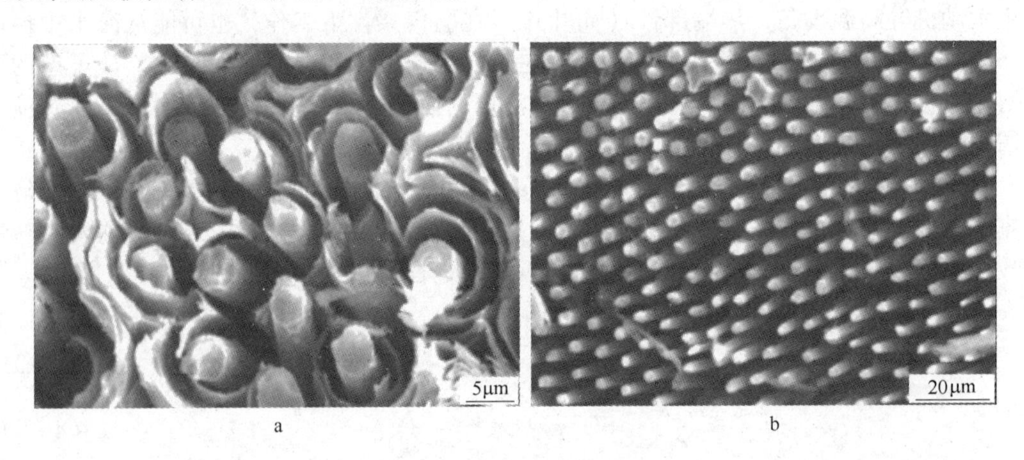

图 8 – 72　SiC 涂层 C/C 复合材料在 1000℃和不同应力水平下的氧化形貌
a—应力 20% 抗拉强度；b—应力 50% 抗拉强度

8.7.4.2　磨损失效

涂层在工作过程中有可能与接触面产生摩擦磨损，涂层的磨损是失效的一个重要原因。一般来说，涂层的磨损失效主要是由于硬质粒子的挤压、犁削和沿气孔、微裂纹等发生应力集中部位的颗粒断裂，断裂后生成的磨屑有些充填于气孔和微裂缝中，有些则介于磨损表面之间，充当新的磨粒，形成恶性循环，加快了涂层表面的失效[92]，如图 8 – 73 所示。

8.7.4.3　涂层自身的蒸发

硅化物涂层在一大气压的氧气或空气中温度在 1700℃以下能稳定和有效工作数小时，在低氧气压力下温度在 1700℃以上则很容易蒸发而发生破坏。通常硅化物涂层的蒸发主要包括 4 个过程：

（1）在形成氧化物阻挡层前，硅化物本身在真空或惰性气体中蒸发；

（2）防护性 SiO_2 层的单纯蒸发；

（3）在硅化物 – 氧化物界面处硅化物和 SiO_2 之间反应形成气态的 SiO（g）；

（4）硅化物表面由于氧的供应不足不能完全形成防护性 SiO_2（晶）层。

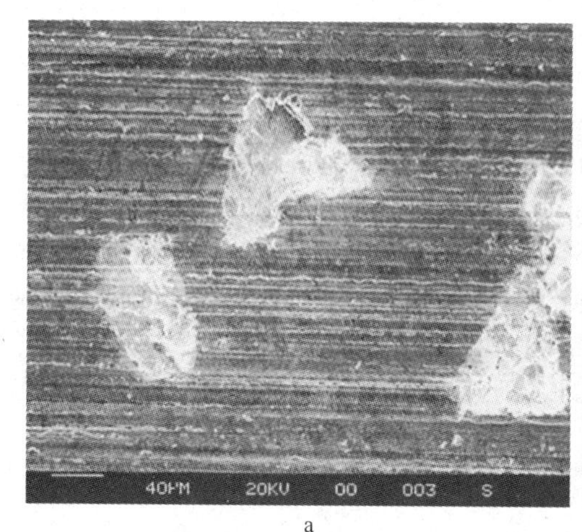

a

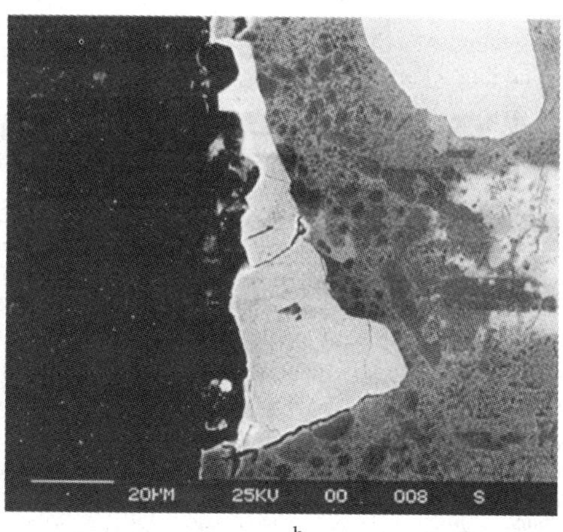

b

图 8－73 Ni－Cr－B－Si 涂层磨损后的形貌
a—表面；b—纵截面

参 考 文 献

[1] 金石译．高温抗氧化涂层［M］．北京：科学出版社，1980.

[2] 李金桂．国外航空表面防护技术［J］．航空科学技术，1995（4）：29～31.

[3] 张菁．化学气相沉积技术发展趋势［J］．表面技术，1996，25（2）：1～3.

[4] Hidouci A，Pelletier J M. Microstructure and Mechanical Properties of $MoSi_2$ Coatings Produced by Laser Processing［J］. Mater. Sci. Eng. A，1998，252：17～26.

[5] Terentieva V S，Bogachkova V S，Goriatcheva O P. Method for Protecting Products Made of a Refractory Material Against Oxidation and Resulting Products：United States Patent US 5677060［P］. 1997.

[6] 难熔金属论文集编辑组编．难熔金属论文集（第一分册）：二硅化钼涂层的粉化研究［M］．宝鸡：宝鸡有色金属研究所，1982：213～216.

[7] 翟金坤，马祥，白新德．C－103 铌合金上 Si－Cr－Ti 料浆熔烧涂层的改性研究［J］．航空学报，1994，15（4）：499～506.

[8] 徐子文，阮中健．激光熔覆 Mo－Si 难熔金属硅化物高温涂层的加工工艺、组织与性能［J］．耐火材料，2003，37（1）：34～37.

[9] 吕旭东，王华明．激光熔覆 $MoSi_2$ 金属硅化物复合材料涂层显微组织［M］．应用激光，2002，22（3）：273～274.

[10] 成来飞．液相法制备碳－碳 Si－Mo 防氧化涂层［J］．高技术通讯，1996（4）：17～20.

[11] 方海涛，朱景川，尹钟大．碳/碳复合材料抗氧化陶瓷涂层研究进展［J］．高技术通讯，1999（8）：54～58.

[12] Rödhammer P，Knabl W，Semprimoschnig C. Protection of Nb and Ta Based Alloys Against High Temperature Oxidation［J］. int. J. Refract. Met. Hard Mater.，1993～1994：283～293.

[13] Chou T C. Solid State Reactions Between $MoSi_2$ and Ir［J］. Ipta Metall. Mater.，1990（24）：1131～1136.

[14] Kobayashi E，Yoshihara M，Tanaka R. Improvement in Oxidation Resistance of the intermetallice Compound Titanium Aluminide by Heat Treatment Under a Low Partial Pressure Oxygen Atmosphere［J］. High Temp. Technol.，1990，8（3）：179～184.

[15] Haasch R T, Tewari S K, Sircar S. Nonequilibrium Synthesis of $NbAl_3$ and Nb – Al – V Alloys by Laser Cladding: Part Ⅱ Oxidation Behavior [J]. Metall. Trans. A, 1992, 23 (9): 2631 ~ 2639.

[16] Yi D Q. Structural Silicides – Processing, Microstructure and Toughening [D]. Gotcborg Sweden: Doctoral Thesis for the Degree of Doctor of Philosophy in Chalmers University of Technology, 1997.

[17] Joshi A, Lee J S. Coating with Particulate Dispersions for High Temperature Oxidation Protection of Carbon and C/C Composites [J]. Composites Part A. 1997, 28A (2): 181 ~ 189.

[18] Assadi H, Gärtner F, Stoltenhoff T, et al. Bonding Mechanism in Cold Gas Spraying [J]. Acta Mater., 2003, 51 (15): 4379 ~ 4394.

[19] 厄特塞考·阿克希科, 等. 采用在 SiC 毡上 CVD – SiC 涂层提高 C/C 复合材料抗氧化性能 [J]. 电碳, 2002 (2): 17 ~ 22.

[20] Smeacetto F, Salvo M. Oxidation Protective Multilayer Coatings for Carbon – Carbon Composites [J]. Carbon, 2002, 40: 583 ~ 587.

[21] Savage G. Carbon – Carbon Composites [M]. London: Chapman & Hall, 1993.

[22] 郭海明, 舒武炳, 乔生儒, 等. C/C 复合材料防氧化复合涂层的制备及其性能 [J]. 宇航材料工艺, 1998, 28 (5): 37 ~ 40.

[23] Wang R, Sano H, Uchiyama Y, et al. Oxidation Behaviours of Carbon/Carbon Composite with Multi – Coatings of Lab6 – Si/Polycarbosilane/SiO_2 [J]. J. Mater. Sci., 1996, 31 (23): 6163 ~ 6169.

[24] Ruscher C H, Fritze H, Borchardt G, et al. Mullite Coatings on SiC and C/C – Si – SiC Substrates Characterized by infrared Spectroscopy [J]. Am. Ceram. Soc., 1997, 80 (12): 3225 ~ 3232.

[25] 戴达煌, 刘敏, 余志明, 等. 薄膜与涂层现代表面技术 [M]. 长沙: 中南大学出版社, 2007, 7: 41 ~ 45.

[26] Nomura N, Suzuki T. Microstructure and Oxidation Resistance of a Plasma Sprayed Mo – Si – B Multiphase Alloy Coating [J]. Intermetallics, 2003, 11 (7): 735 ~ 742.

[27] Noriyuki S, Akira N. Y_2SiO_5 High Temperature Oxidation Resistant Coating on C/C Composites by Plasma Spraying [J]. J. Inst. Met., 1999, 63 (1): 118 ~ 125.

[28] Choy K L. Chemical Vapour Deposition of Coatings [J]. Prog. Mater. Sci., 2003, 48 (2): 57 ~ 170.

[29] 吴恒, 李贺军, 王永杰, 等. 低压沉积温度对 $MoSi_2$ 涂层微观结构与性能影响 [J]. 无机材料学报, 2009, 24 (2): 392 ~ 396.

[30] Kmetz M, Willis W, Suib S, et al. CVD Mo, W and Cr Oxycarbide, Carbide and Silicide Coatings on SiC Yarn [J]. J. Mater. Sci., 1991, 26 (8): 2107 ~ 2110.

[31] Nyutu E K, Kmetz M A, Suib SL. formation of $MoSi_2$ – SiO_2 Coatings on Molybdenum Substrates by CVD/MOCVD [J]. Surf. Coat. Technol., 2006, 200 (12 ~ 13): 3980 ~ 3986.

[32] 科洛梅采夫著, 马志春译, 耐热扩散涂层 [M]. 北京: 国防工业出版社, 1988.

[33] 许谅亮. 铌合金 Si – Mo 涂层组织结构及高温抗氧化行为的研究 [D]. 中南大学硕士学位论文, 2007: 39 ~ 50.

[34] 孙希泰. 材料表面强化技术 [M]. 北京: 化学工业出版社, 2005: 4.

[35] Ryosuke O. Suzuki, Masayori Ishikawa, Katsutoshi Ono. $MoSi_2$ Coating on Molybdenum Using Molten Salt [J]. J. Alloys Compd., 2000 (306): 285 ~ 291.

[36] 叶大伦, 胡建华. 实用无机热力学数据手册 [M]. 北京: 冶金工业出版社, 2002.

[37] 蔡志刚. 铌合金高温抗氧化硅化物涂层的制备和研究 [D]. 中南大学, 2006.

[38] Gaffet E, Gras C. In Situ Synchrotron Characterization of Mechanically Activated Self – Propagating High – Temperature Synthesis Applied in Mo – Si System [J]. Acta Mater., 1999, 47 (7): 2113 ~ 2123.

[39] Deevi S C. Diffusional Reactions Between Mo and Si in the Synthesis and Densification of $MoSi_2$ [J].

Int. J. Refract. Met. Hard Mater., 1995 (13): 337 ~ 342.

[40] 肖来荣，蔡志刚，宋成. Mo (Si, Al)$_2$ 高温抗氧化涂层的形貌与结构研究 [J]. 兵器材料科学与工程，2006，29 (3)：51 ~ 53.

[41] 胡娟. Mo – Si – B 系材料制备及其性能研究 [D]. 武汉理工大学，2008.

[42] 王禹，胡行方. Ta 合金高温防护涂层研究 [J]. 材料工程，2001，10：3 ~ 4.

[43] 袁庆龙，冯旭东，曹晶晶，等. 激光熔覆技术进展 [J]. 材料导报，2010，24 (2)：112 ~ 116.

[44] Chen Y, Wang H M. Microstructure of Laser Clad TiC/NiAl – Ni_3 (Al, Ti, C) Wear – Resistant intermetallic Matrix Composite Coatings [J]. Mater. Lett., 2003, 57: 2029 ~ 2036.

[45] 刘元富. 稀有金属材料与工程 [J]. 激光熔敷 Ti_5Si_3/NiTi 金属间化合物复合材料涂层组织与耐磨性，2003 (5)，32：367 ~ 371.

[46] Pasumarthi V, Chen Y, Bakshi S R. Reaction Synthesis of Ti_3SiC_2 Phase in Plasma Sprayed Coating [J]. J. Alloys Compd., 2009, 484 (1 ~ 2): 113 ~ 117.

[47] Wu N Y, Kawaharab Y, Kurokawa K. Structure and Oxidation Resistance of Plasma Sprayed Ni – Si Coatings on Carbon Steel [J]. Vacuum, 2006, 80: 1256 ~ 1260.

[48] 马勤，杨延清，等. 二硅化钼 – 用途广泛的金属间化合物 [J]. 材料开发与应用，1997，12 (6)：27 ~ 32.

[49] 易茂中，冉丽萍. 厚涂层结合强度测定方法研究进展 [J]. 表面技术，1998，27 (2)：33 ~ 37.

[50] Cheng K, Ren C B, Weng W J, et al. Bonding Strength of Fluoridated Hydroxyapatite Coatings: a Comparative Study on Pull – Out and Scratch Analysis. Thin Solid Films, 2009, 517 (17): 5361 ~ 5364.

[51] 肖来荣，殷磊，易丹青. 铌及铌合金高温涂层研究进展 [J]. 材料导报，2004，18 (1)：13 ~ 15.

[52] Schuster J C. Silicon Nitride – Metal Joints: Phase Equilibria in the Systems Si_3Ni_4 – Cr, Mo, W and Re [J]. J. Mater. Sci., 1988, 23: 2792 ~ 2796.

[53] 袁磊，于景坤. Mo 粉加入量对反应烧结 $MoSi_2$ – Si_3N_4 – BN 复合材料性能的影响 [J]. 耐火材料，2008，42 (6)：440 ~ 444.

[54] 胡传炘，宋幼慧. 涂层技术原理及应用 [M]. 北京：化学工业出版社，2000.

[55] Totemeier T C, Wright R N, Swank W D. Feal and Mo – Si – B intermetallic Coatings Prepared by Thermal Spraying [J]. Intermetallics, 2004, 12 (12): 1335 ~ 1344.

[56] Zhang X C, Xu B S, Wu Y X, et al. Porosity, Mechanical Properties, Residual Stresses of Supersonic Plasma – Sprayed Ni – Based Alloy Coatings Prepared at Different Powder Feed Rates [J]. Appl. Surf. Sci., 2008, 254 (13): 3879 ~ 3889.

[57] Yoon J K, Byun J Y. Multilayer Diffusional Growth in Silicon – Molybdenum interactions [J]. Thin Solid Films, 2002, 405: 170 ~ 178.

[58] Yoon J K, Kin G H. formation of $MoSi_2$/A – Si_3N_4 Composite Coating by Reactive Diffusion of Si on Mo Substrate Pretreated by Ammonia Nitridation [J]. Scripta Mater., 2002, 47: 249 ~ 253.

[59] Govindarajan S, Suryanarayana C, Moore J J, et al. Synthesis and Characterization of a Diffusion Barrier Layer for Molybdenum [J]. J. Adv. Mater., 1999, 31 (2): 23 ~ 33.

[60] Tiwari R., Herman H. Vacuum Plasma Spraying of $MoSi_2$ and Its Composites [J]. Mater. Sci. Eng. A, 1992, 155: 95 ~ 100.

[61] Mueller A, Wang G, Robert A R. Oxidation Behavior of Tungsten and Germanium – Alloyed Molybdenum Disilicide Coatings [J]. Mater. Sci. Eng. A, 1992, 155: 199 ~ 207.

[62] Cockeram B V. Growth and Oxidation Resistance of Boron – Modified and Germanium – Doped Silicide Diffusion Coatings formed by the Halide – Activated Pack Cementation Method [J]. Surf. Coat. Technol., 1995, 76 ~ 77: 20 ~ 27.

[63] Cockeram B V, Robert R A. Oxidation – Resistant Boron – and Germanium – Doped Silicide Coating for Refractory Metals at High Temperature [J]. Mater. Sci. Eng. A, 1995, 192 ~ 193: 980 ~ 986.

[64] Alam M Z, Rao A S, Das K D. Microstructure and High Temperature Oxidation Performance of Silicide Coating on Nb – Based Alloy C – 103 [J]. Oxid. Met. 2010, 73: 513 ~ 530.

[65] Boettinger W J. Application of Ternary Phase Diagrams to the Development of $MoSi_2$ – Based Materials [J]. Mater. Sci. Eng. A, 1992, 155: 33 ~ 44.

[66] Juliš M, ObrtlíK K, PospíŠilovÁ S, et al. Effect of Al – Si DiffuSion Coating on the Fatigue Behavior of Cast inconel 713LC at 800℃ [J]. Proc. Eng., 2010, 2: 1983 ~ 1989.

[67] Han Y F, Xing Z P, Chaturvedi M C, et al. Oxidation Resistance and Microstructure of Ni – Cr – Al – Y – Si Coating on Ni_3Al Based Alloy [J]. Mater. Sci. Eng. A, 1997, 239 ~ 240: 871 ~ 876.

[68] 樊丁，付锐，张建斌，等. 激光熔覆原位自生 TiC 增强 Ni_3（Si，Ti）金属间化合物复合涂层研究 [J]. 兰州理工大学学报，2004，30（6）：16 ~ 18.

[69] 杨世伟，张志明，潘健全，等. 镍基高温合金渗 Al – Si 涂层抗高温氧化性能研究 [J]. 热加工工艺，2007，36（20）：59 ~ 61.

[70] 娄瑾，杨世伟，向军淮. 三种铝硅涂层的抗氧化性能研究 [J]. 材料热处理学报，2007，28（3）：130 ~ 133.

[71] Jian L N, Wang H M. Microstructure and Wear Behaviours of Laser – Clad $Cr_{13}Ni_5Si_2$ – Based Metal – Silicide Coatings on a Titanium Alloy [J]. Surf. Coat. Technol., 2005, 192（2 ~ 3）: 305 ~ 310.

[72] Yu C Z, Zhu S L, Wei D Z, et al. Oxidation and H_2O/NaCl – induced Corrosion Behavior of Sputtered Ni – Si Coatings on Ti_6Al_4 V at 600 ~ 650℃ [J]. Surf. Coat. Technol., 2007, 201（16 ~ 17）: 7530 ~ 7537.

[73] 张维平，刘中华，邹龙江. 钛合金表面激光熔覆镍 – 铬 – 硅复合涂层的显微组织和摩擦学性能 [J]. 机械工程材料，2008，32（7）：52 ~ 55.

[74] Duan G, Wang H M. High – Temperature Wear Resistance of a Laser – Clad Γ/Cr_3Si Metal Silicide Composite Coating [J]. Scripta Mater., 2002, 46（1）: 107 ~ 111.

[75] 杨鑫，邹艳红，黄启忠，等. C/C 复合材料 $MoSi_2$ – Mo_5Si_3/ SiC 涂层的制备及组织结构 [J]. 无机材料学报，2008，23（4）：779 ~ 783.

[76] Lu X D, Wang H M. High – Temperature Phase Stability and Tribological Properties of Laser Clad Mo_2Ni_3Si/NiSi Metal Silicide Coatings [J]. Acta Mater., 2004, 52（18）: 5419 ~ 5426.

[77] Cai L X, Wang H M, Wang C M. Corrosion Resistance of Laser Clad Cr – Alloyed Ni_2Si/NiSi Intermetallic Coatings [J]. Surf. Coat. Technol., 2004, 182（2 ~ 3）: 294 ~ 299.

[78] 张国法. 激光熔覆技术在高锰钢辙叉生产上的应用 [J]. 热加工工艺，2008，37（11）：81 ~ 87.

[79] Meier S M, Gupta D K. Interdiffusion and Diffusion Structure Development in Selected Refractory Metal Silicides [J]. Trans. AIME. 1994, 116: 250 ~ 256.

[80] 梅雪莲. 钛合金表面低氧压熔结涂层制备及其性能分析 [D]. 吉林大学硕士学位论文，2008，5：60 ~ 71.

[81] Yan J H, Xu H M, Zhang H A, et al. $MoSi_2$ Oxidation Resisitance Coatings for $Mo_5Si_3/MoSi_2$ Composites [J]. Rare Metals, 2009, 28: 418 ~ 422.

[82] 殷磊. 铌合金高温抗氧化硅化物涂层的研究 [D]. 中南大学，2006.

[83] 陈雪梅. $MoSi_2$ 基复合陶瓷的高温氧化行为 [J]. 机械工程材料，1999，3（3）：30 ~ 32.

[84] Li H J, Xue H, Wang Y J, et al. A $MoSi_2$ – SiC – Si Oxidation Protective Coating for Carbon/Carbon Composites [J]. Surf. Coat. Technol., 2007, 201（24）: 9444 ~ 9447.

[85] SchüTz M, Malessa M, Rohr V, et al. Development of Coatings for Protection in Specific High Tempera-

ture Environments [J]. Surf. Coat. Technol., 2006, 201: 3872~3879.

[86] Yoon J K, Kim G H, Han J H, et al. Low-Temperature Cyclic Oxidation Behavior of $MoSi_2/Si_3N_4$ Nanocomposite Coating formed on Mo Substrate at 773K [J]. Surf. Coat. Technol., 2005, 200 (7): 2537~2546.

[87] Globel J A, Pettit F S. Na_2SO_4-induced Accelerated Oxidation (Hot Corrosion) of Nickel [J]. Met. Trans., 1970, 1: 1943~1954.

[88] Globel J A, Pettit F S. Mechanism for the Hot Corrosion of Nickel-Base Alloys [J]. Met, Trans. 1973, 4: 261~278.

[89] Bandyopadhyay P P, Hadad M, Jaeggi C, et al. Microstructural, Tribological and Corrosion Aspects of Thermally Sprayed Ti-Cr-Si Coatings [J]. Surf. Coat. Technol., 2008, 203: 35~45.

[90] Wang Q M, Wu Y N, Ke P L, et al. Hot Corrosion Behavior of Aipnicocraly (SiB) Coatings on Nickel Base Super Alloys [J]. Surf. Coat. Technol., 2004, 186: 389~397.

[91] 肖鹏，黄辉，栾新刚，等. SiC涂层C/C复合材料应力氧化失效行为 [J]. 中南大学学报（自然科学版），2008，39：953~955.

[92] Stephenson D J, Hedge J, Corbett J. Surface Finishing of Ni-Cr-B-Si Composite Coatings by Precision Grinding [J]. International Journal of Machi., 2002, 42: 357~363.

9 硅化物基功能材料

金属硅化物独特的物理、化学特性使它们在功能材料领域具有广阔的用途。首先，硅化物具有良好的高温抗氧化性能，可为高温电炉的发热元件和难熔金属的高温保护涂层，1907年，二硅化钼就用作金属的高温防护涂层，20世纪30年代二硅化钼电热元件已在工业上得到应用。

其次，硅化物的电阻比多晶硅的电阻低，热稳定性好，且与硅基体之间相容性高；20世纪80年代起，硅化物开始在超大规模集成电路的金属栅、肖特基接触、欧姆接触等方面得到应用。目前，$CoSi_2$、$NiSi_2$、$TiSi_2$ 等薄膜已成为半导体集成电路中的关键材料。

此外，从磁性来看，第四周期过渡族元素的硅化物都是顺磁性的，其磁化率与这些过渡族元素的磁化率相似。Fe_3Si 和 Fe_5Si_3 则是铁磁性的，特别是 Fe_3Si 在高频信息技术领域表现突出，大有希望代替普通硅钢片。有些硅化物（如 V_3Si、$CoSi_2$、Mo_3Si、PtSi、PbSi、Th_2Si_3）具有超导特性。其中，V_3Si 的超导转变温度比较高，达到了17K。另外，一些二硅化物（如 $CrSi_2$、$MnSi_2$、$FeSi_2$）既具有半导体的性质，又有高的熔点和优良的抗氧化性，可以作为热/电转换元件用于太阳能/电能转换。

综上所述，很多金属硅化物不仅具有抗氧化、耐高温、抗腐蚀的优点，而且具有独特的物理性能，是极具潜力的新型功能材料，本章将按金属硅化物的功能及其用途分节介绍。

9.1 金属硅化物超导材料

超导材料是指在一定的低温条件下呈现出电阻等于零以及排斥磁力线的性质的材料，多年以来，人们陆续发现一些金属硅化物具有超导性能。Hardy 和 Hulm[1] 于1953年报道了一系列二元硅化物的超导转变温度研究结果，其中以 *A*15 结构（所属空间群为 $Pm\bar{3}n$）的 V_3Si 的临界温度最高，为17K。然后，他们对过渡族元素的二元硅化物进行了较为系统和详细的研究[2]。其后，人们发现一些三元金属硅化物同样具有超导特性，如：$CeCu_2Si_2$、$Sc_2Fe_3Si_2$、LaPtSi 和 URu_2Si_2 等。2000年，Sanfilippo 等人研究表明，高压下三方晶系 $CaSi_2$（$R\bar{3}m$）转变为具有 AlB_2 结构的六方晶系 $CaSi_2$（$I4_1/amd$），其超导临界温度大约为14K[3]。为了更好地解析硅化物超导现象，我们先从超导现象的起源来介绍。

9.1.1 超导现象

1911年荷兰物理学家 Onners 在研究水银低温电阻时发现：当温度降低到4.2K时，水银的电阻急剧下降，以致完全消失（即零电阻）。1913年他在一篇论文中首次以“超导电性”一词来表达这一现象。我们把物质在冷却到某一温度点以下电阻为零的现象称为超导电性，相应物质称为超导体。超导现象的发现，引起了各国科学家的高度重视，并寄予很大期望。但直到1986年以前，已知超导材料的最高临界温度只有23.3K，大多数超导材料的临界温度还要低得多，这样低的温度基本上只有液氮才能达到。因此，尽管超导材料具有革命性的潜力，但由于很难制造工程用的材料，又难以保持很低的工作温度，所以几十年来超导技术的实际应用一直受到严格限制。直到1957年BCS理论的提出，才真正弄清了超导的本质。20世纪80年代中期，氧化物高温超导体的发现与研究，为超导技术进一步走向实用化提供了前提条件。

9.1.1.1 超导体的基本属性

（1）零电阻效应。当材料温度 T 降至某一数值 T_c 时，超导体的电阻突然变为零，这就是超导体的零电阻效应。电阻突然消失的温度称为超导体的临界温度 T_c。

（2）迈斯纳效应。这一现象是1933年德国物理学家迈斯纳等人在实验中发现的，只要超导体材料的温度低于临界温度进入超导状态后，超导材料就会将磁力线完全排斥于体外，因此其体内的磁感应强度总是零，这种现象称为“迈斯纳效应”（见图9-1）。即在超导状态下，超导体内磁感应强度 $B \equiv 0$。

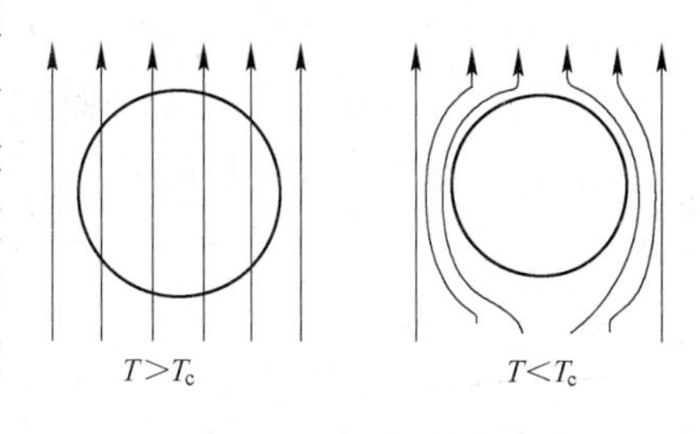

图9-1 迈斯纳效应

迈斯纳效应指明了超导态是一个热力学平衡状态，与如何进入超导态的途径无关，超导态的零电阻现象和迈斯纳效应是超导态的两个相互独立，又相互联系的基本属性。单纯的零电阻并不能保证迈斯纳效应的存在，但零电阻效应又是迈斯纳效应的必要条件。因此，衡量一种材料是否是超导体，必须看是否具备零电阻和迈斯纳效应。

产生迈斯纳效应的原因是：当超导体处于超导态时，在磁场作用下，表面产生一个无损耗感应电流。这个电流产生的磁场恰恰与外加磁场大小相等、方向相反，因而总合成磁场为零。换句话说，这个无损耗感应电流对外加磁场起着屏蔽作用，因此称它为抗磁性屏蔽电流。

9.1.1.2 超导现象的物理本质

超导体的微观物理本质由美国物理学家巴丁（Bardeen）、库柏（Cooper）和施里弗（Schrieffer）等人在1957年揭示，简称为BCS超导微观理论。这个理论认为，超导现象产生的原因是由于超导体中的电子在超导态时，电子之间存在着特殊的吸引力，而不是正常态势电子之间的静电斥力。这种吸引力使电子双双结成电子对，它是超导态电子与晶格点阵间相互作用产生的结果。这种电子对，又称为库柏电子对。无数电子对相互重叠又常常互换搭配对象形成一个整体，电子对作为一个整体的流动产生了超导流。这些成对的电子在材料中规则地运动时，如果碰到物理缺陷、化学缺陷或热缺陷，而这种缺陷所给予电子的能量变化又不足以使“电子对”破坏，则此“电子对”将不损耗能量，即在缺陷处电子不发生散射而无障碍地通过，这时电子运动的非对称分布状态将继续下去。这一理论揭示超导体中可以产生永久电流的原因。

当温度低于临界温度 T_c 时，电子结成对，而温度超过 T_c 时，电子对将被拆散。这就是超导体中存在临界温度 T_c 的原因。由于拆开电子对需要一定能量，因此超导体中基态和激发态之间存在能量差，即在能隙度或外磁场强度增加时，电子对获得能量，当温度或外磁场强度增加到临界值时，电子对全部被拆开成正常态电子。这一重要的理论预言了电子对能隙的存在，成功地解释了超导现象。这一理论的提出标志着超导理论的正式建立，使超导研究进入了一个新的阶段。

9.1.2　超导体的性能及其评价方法

9.1.2.1　超导材料的评价方法

评价超导材料有 3 个基本参数：临界温度 T_c、临界磁场 H_c 和临界电流 I_c。

A　临界温度 T_c

超导体从常导态转变为超导态的温度就叫临界温度，即电阻突然变为零时的温度，以 T_c 表示。目前已知的金属超导材料中铑临界温度最低，为 0.0002K，Nb_3Ge 最高，为 23.3K。为了便于超导材料的使用，希望临界温度越高越好。在实际情况中，由于材料的组织结构不同，临界温度不是一个特定的数值，而是跨越了一个温度区域。从而引入下面 4 个临界温度参数：

（1）起始转变温度 T_c（onset），即材料开始偏离常导线性关系式的温度。

（2）零电阻温度 T_c（$R_n=0$），即在理论材料电阻 $R=0$ 时的温度。

（3）转变温度宽度 ΔT_c，即（0.1 ~ 0.9）R_n（R_n 为起始转变时，材料的电阻值）对应的温度区域宽度。ΔT_c 越窄，说明材料的品质越好。

（4）中间临界温度 T_c（mid），即取 $0.5R_n$ 对应的温度值。对于一般常规超导体，这一温度值有时可视为临界温度。图 9－2 所示为 4 个临界参数及相互关系。

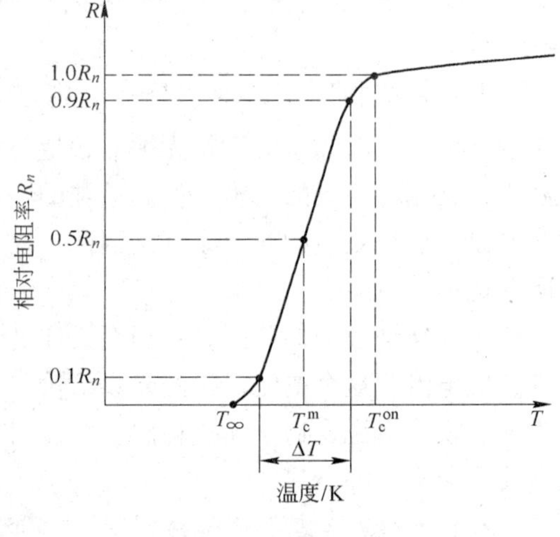

图 9－2　R_n-T 曲线

B　临界磁场 H_c

对于处于超导态的物质，若外加足够强的磁场，则可以破坏其超导性，使其由超导态转变为常导态。一般将可以破坏超导态所需的最小磁场强度叫做临界磁场，以 H_c 表示。H_c 是温度的函数，即：

$$H_c=H_{c0}\left(1-\frac{T^2}{T_c^2}\right)(T\leqslant T_c) \tag{9-1}$$

式中，H_{c0}为绝对零度时的临界磁场。当 $T=T_c$ 时，$H_c=0$。随着温度的下降，H_c 升高，到绝对零度时达到最高。可见在绝对零度附近超导材料并没有实用意义，超导材料的使用都要在临界温度以下的较低温度使用。

C　临界电流 I_c

产生临界磁场的电流，也就是超导态允许流动的最大电流，叫做临界电流，即破坏超导电性所需的最小极限电流，以 I_c 表示。根据西尔斯比定则，对于半径为 a 的超导体所形成的回路中，有以下关系：

$$I_c = \frac{aH_c}{2} \tag{9-2}$$

I_c 与温度的关系也有如下抛物线关系：

$$I_c = I_{c0}\left(-\frac{T^2}{T_c^2}\right) \tag{9-3}$$

式中，I_{c0} 为绝对零度时的临界电流。

要使超导体处于超导状态，必须将其置于三个临界值 T_c、H_c 和 I_c 之下。三者缺一不可，任何一个条件遭到破坏，超导状态随即消失。其中 T_c、H_c 只与材料的电子结构有关，是材料的本征参数。而 H_c 和 I_c 不是相互独立的，彼此有关并不依赖于温度。三者关系可用图 9－3 所示曲面来表示。在临界面以下的状态为超导态，其余均为常导态。

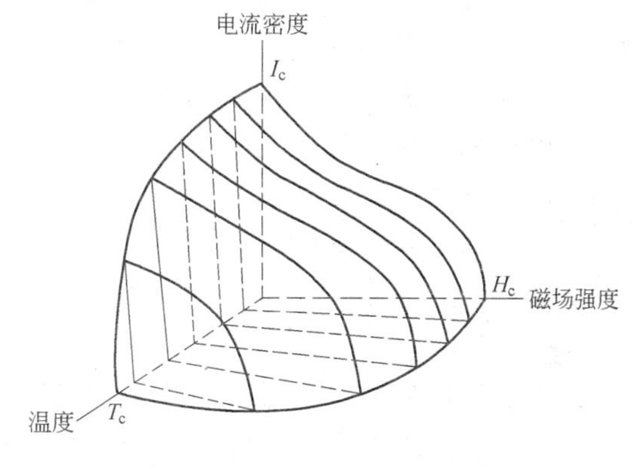

图 9－3 T_c、I_c 和 H_c 之间的关系

9.1.2.2 超导材料的性能测试方法

电学性质的测量和磁学性能的测量是测试超导材料临界温度的两种基本方法。下面以测量超导临界温度为例，介绍这两种测量方法。

A 电阻测量

超导电性的两个基本特征是零电阻和迈斯纳效应，即在常导－超导转变时，电阻消失并且磁通从超导体内排出。这种电磁性质的显著变化，可以作为测量临界温度 T_c 的基本依据。测量时缓慢改变温度同步检测样品电阻或磁性的变化，利用电阻或磁性的突变来确定 T_c。

电阻法测量超导临界温度是基于随着温度的降低样品进入超导态时，电阻变为零而检测出 T_c 的。通常采用四引线测量法（如图 9－4 所示），电压测量精度为 10^{-7}V。样品的电阻率是根据公式 $\rho = \frac{R \times S}{l}$（$R$ 为电阻，S 为样品的横截面积，l 为连接电压的两电极之间的距离）计算得到，画出 $\rho - T$ 曲线并确定 T_c。四引线法由于电压测量回路的高输入阻抗特性，吸取电流极小，因此能够避免引线及接点电阻给测量带来的影响。

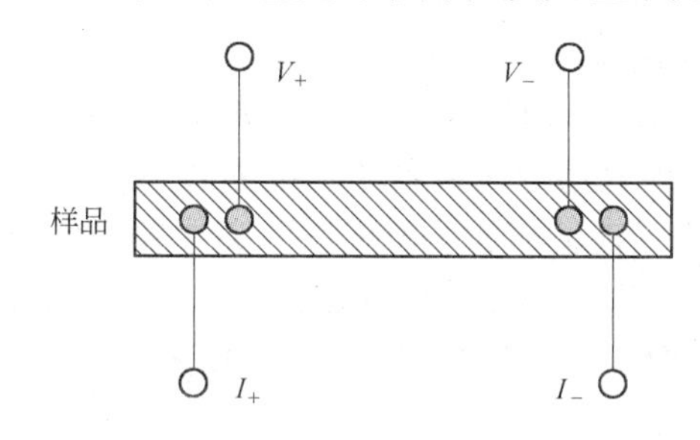

图 9－4 四引线法测量电阻示意图

B 磁性测量

磁性测量法测量超导临界温度是根据样品发生常导－超导态转变时，磁化率 χ 发生突变而检测出 T_c。通常有交流磁化率和直流超导量子干涉器（SQUID）磁强计测量两种方法，下面只简单介绍交流磁化率的测量原理。

交流磁化率的测量原理可用（图 9－5）简易的交流电桥电路来解释。虚线内为两组参数极为对称的线圈。图中 e 为音频信号源，输出频率为 ω 的正弦电流 I，在串接的两初级线圈中产生交变磁场，同时给锁相提供同频的参考输入。与初级线圈同轴的两个自感为

L_1 和 L_2 的次级线圈串联正接构成电桥的两个臂，而桥路的另外两个臂由电位器的两部分 R_1，R_2 组成，初、次级之间的互感分别为 M_1 和 M_2。在不装样品时，调节 R 使电桥平衡。理想情况下，电桥的平衡条件为 $R_1=R_2$，$L_1=L_2$，$M_1=M_2$。然后在一个次级线圈中装入待测样品，当发生超导转变时，磁通从样品中排出，使其中一个初、次级线圈间的互感发生了变化，于是破坏了电桥的平衡。从电桥的非平衡输出电压的大小就度量了样品交流磁化率的大小。

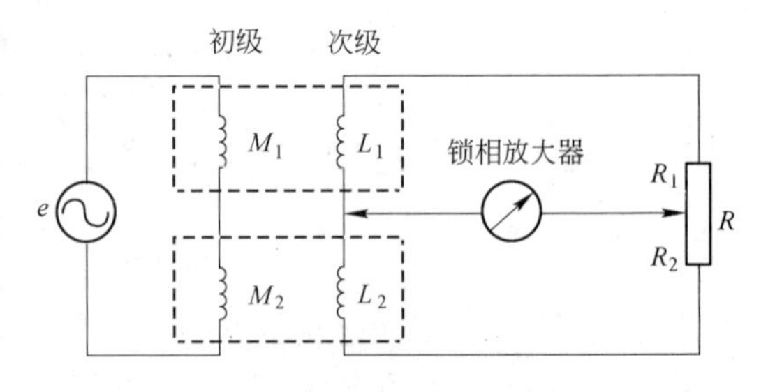

图 9－5 简易互感电桥电路

9.1.3 二元硅化物超导材料

许多过渡族金属的二元硅化物都具有超导电性。Hardy 和 Hulm[1,2] 在 20 世纪 50 年代报道了一系列过渡族金属二元硅化物和锗化物的超导转变温度研究结果，其中硅化物中以 V_3Si 的临界温度最高，为 17.0K。其他二元硅化物，如：Mo_3Si、$MoSi_{0.7}$、$WSi_{0.7}$、$ThSi_2$ 等超导临界温度大于 1.2K，而 TiSi、$TiSi_2$、$MoSi_2$、$CrSi_2$ 等超导临界温度则低于 1.2K。

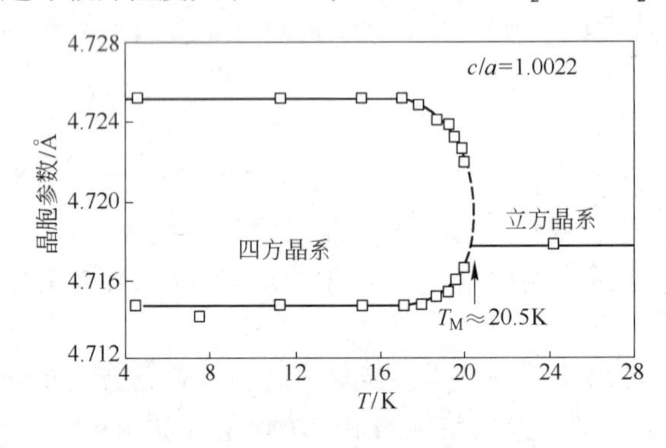

图 9－6 V_3Si 马氏体转变温度

V_3Si 是具有 $A15$ 立方结构（$Pm\bar{3}n$）的传统超导体，自从 G. F. Hardy 等人[1] 发现其超导电性后，人们对其结构和物理性质进行了广泛的研究。尽管 V_3Si 结构简单，但其显现出 $A15$ 结构超导体共有的反常行为，其反常的电、磁、力学性质都与费米面的异乎寻常的电子态密度有关，而具有高剩余电阻比率（RRR ≈ 20）的 V_3Si 样品，在 21K[4,5] 左右，会产生由立方到四方的马氏体转变（如图 9－6 所示）。弹性拉伸或压缩应变也降低临界电流密度和临界磁场，在临界转变温度之下，发生马氏体相变，成为弱正方结构。在高温下，甚至高于马氏体形成的温度下，预先进行大应变的塑性变形可以稳定四方马氏体。这种马氏体转变产生超塑性和形状记忆效应[6]。V_3Si 是硬而脆的相，加工制造十分困难，这是由于 V_3Si 的电子结构造成的，这种电子结构使邻近的 V 原子之间有很强的共价结合。

V_3Si 的实际应用是有意义的，因为它有良好的超导性能，而且有高的稳定性。尽管 V_3Si 是脆性的，但是它可以热挤压变形，还可以在高静水压力作用下实现室温塑性变形，进行多股纤维的生产，超导线材可以制备螺线管磁体。多层的 V_3Si 可以在固态下制备，它是在 Si 衬底上 V 和 SiO_2 进行薄膜反应而成。

为改善 V_3Si 的超导电性，多种元素的掺杂取代已被广泛研究，如以元素 Al，P，Ga，In，Ge，B 和 C 在 Si 位置掺杂取代，以元素 Cr，Zr，Ti，Ru，Ce，La，Mn 和 Nb 在 V 位置掺杂取代。Hatt 等人[7] 研究表明随着 Al 含量的增加，超导转变临界温度下降（图 9－7），主要是因为费米面电子态密度下降和电－声子对的弱化。

对 B 掺杂金刚石[8,9]的研究表明，费米面附近载流子浓度对 T_c 起主要决定作用。V_3Si 体系超导电性服从传统的 BCS 理论，Korshunov 等人发现 V_3Si 的电子态密度在费米面附近有极大值[10]。根据电子结构计算[10~13]和刚性能带模型，Cr 掺杂在 V 位置，将减少每个单胞的价电子数，导致费米能增加而电子态密度减少。

贺兵等人[14]设想用 Ti 和 Cr 进行等电子掺杂将保持费米面附近的电子态密度基本不变，进而 T_c 也不会下降很快，同时因为在掺杂原子附近引入了新的钉扎中心和额外应力还能提高临界电流密度 I_c。根据这个设想他们合成了 $V_{3-2x}Cr_xTi_xSi$（$x=0$，0.05，0.10，0.15，0.2）系列的 Ti 和 Cr 的共掺杂样品。对该体系的结构、电磁性质进行了研究。他们发现该体系中 Ti 的最大固溶度在 0.1 ~ 0.15 之间。$V_{3-2x}Cr_xTi_xSi$ 与 V_3Si 具有相同的 A15 晶体结构，不同掺杂量对其磁化率和电阻率的影响如图 9－8 和图 9－9 所示。通过测定磁化率和电阻率随温度的变化求得其超导临界温度，图 9－10 给出了临界温度与掺杂量之间的关系，结果表明随着掺杂量的增加 T_c 逐渐降低；在相同掺杂量的情况下，通过测量电阻率的变化求得的临界温度高于通过测量磁化率的变化求得的临界温度。与相关的参考文献比较发现：对于 V 位置的相同掺杂量，等电子掺杂样品的 T_c 都比单掺杂的样品高，此现象说明，费米面的电子态密度对决定 T_c 起着重要作用。

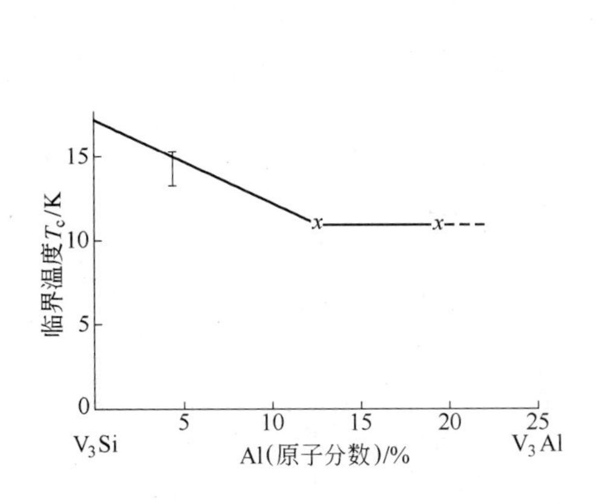

图 9－7 Al 含量对 V_3Si 的超导临界温度的影响

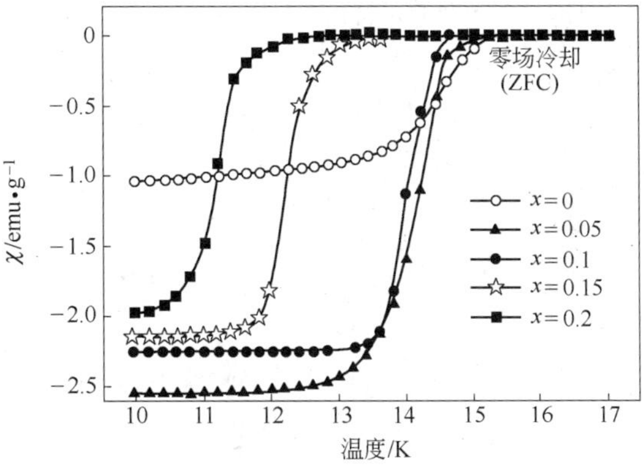

图 9－8 $V_{3-2x}Cr_xTi_xSi$ 磁化率随温度变化曲线

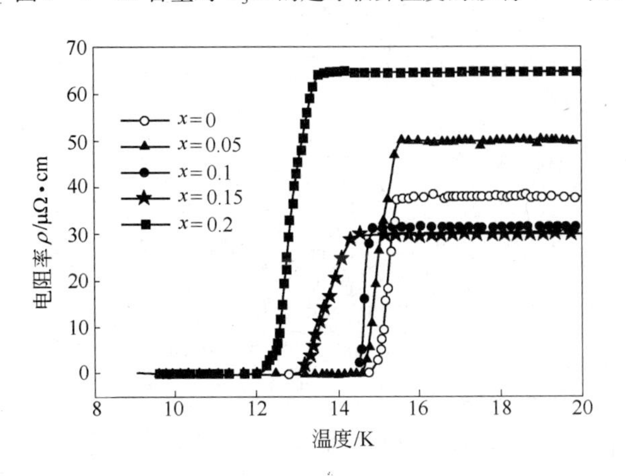

图 9－9 $V_{3-2x}Cr_xTi_xSi$ 电阻率随温度变化曲线

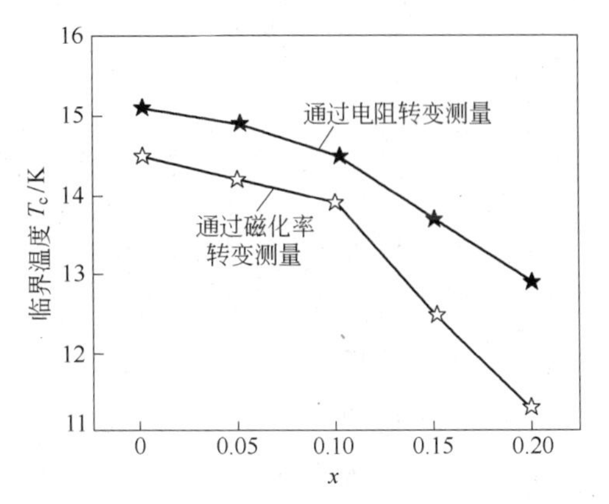

图 9－10 掺杂量对 $V_{3-2x}Cr_xTi_xSi$ 超导临界温度的影响

9.1.4　三元硅化物超导材料

除了A15型硅化物之外，一些含Ce、U等元素的三元硅化物也被发现具有超导性，如：$CeCu_2Si_2$、$Sc_2Fe_3Si_2$、$Lu_2Fe_3Si_2$、LaPtSi和URu_2Si_2等。这些三元硅化物属于所谓的重费米子化合物（heavy fermion compounds）。重费米子是指那些物质的电子有效质量非常高，高达自由电子质量的1000倍，这种具有极高有效质量的电子就称为重费米子。由于重费米子系统具有许多非寻常的特性，许多科学家正在对其进行深入的实验和理论研究，新的结果不断出现。

德国科学家Steglich[15]于1979年首先发现了$CeCu_2Si_2$的超导转变，其电阻率和磁化率与温度的关系如图9－11所示，从图9－11可以看出其临界温度为0.5K左右。由于其有非常诱人的低温性能一直以来备受关注。当它的实际化学计量配比不同时，可以表现出不同的物理特性：当硅含量多时，呈现出反铁磁性（Antiferromagnetism，A型）；当铜含量多时呈现出超导性（Superconductivity，S型）；当三种元素的含量之比接近1∶2∶2时；两种特性同时具备（A/S型）[16]。Stockert等人[17]认为A/S型$CeCu_2Si_2$的两种特性之间是相互排斥和抑制的。对$CeCu_2Si_2$单晶体的热力学研究表明，存在一个临界磁场$B_c \leq$ 1.6T时，超导特性就会受到抑制[18,19]。

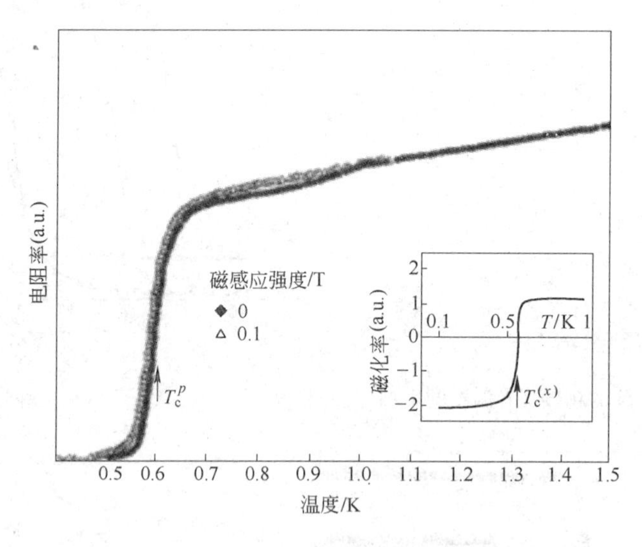

图9－11　$CeCu_2Si_2$的电阻率和磁化率与温度的关系

Aliev等[20]研究了压力对$CeCu_2Si_2$超导临界温度的影响，结果如图9－12所示。从图9－12可以看出：低于400MPa时，临界温度随着压力增大而升高；高于400MPa后，临界温度又有缓慢降低的趋势。冯世平[21]借助BCS机制，采用周期Anderson模型，解释了$CeCu_2Si_2$超导临界温度在低压区域内随压力增加而升高这一现象，推导出临界温度在低压区域随压力增大而升高的公式，如式（9－4）所示，并将Aliev等低压下临界温度与压力的结果进行数值模拟，得到式（9－5），从而可以求得式（9－4）中a、b系数。将式（9－5）的计算结果与Aliev等人的实验结果绘于图9－13中。

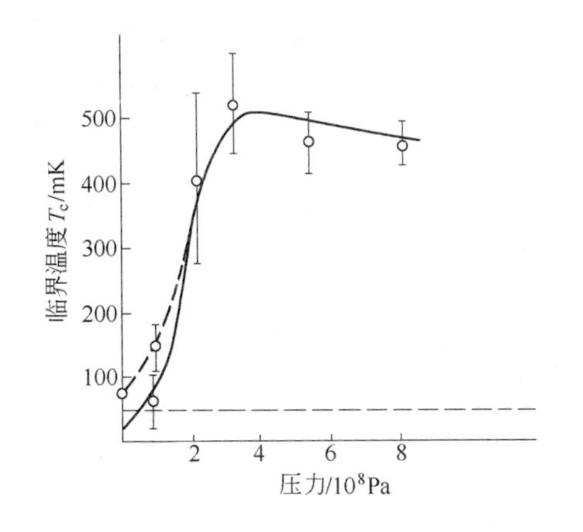

图 9－12 $CeCu_2Si_2$ 超导临界温度与压力的关系

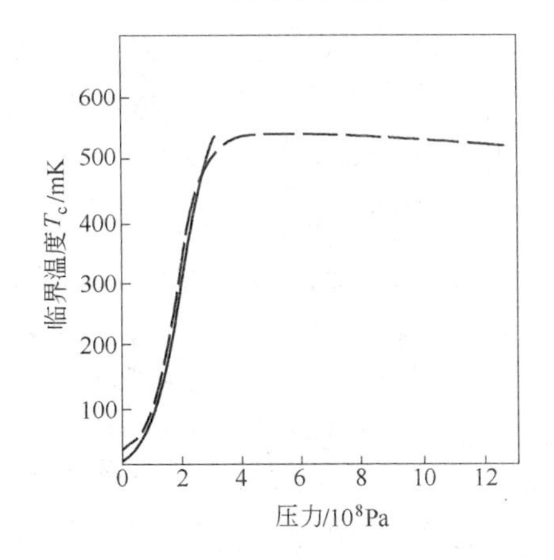

图 9－13 $CeCu_2Si_2$ 在不同压力下超导临界温度的理论计算结果与实测温度的对比
（虚线表示理论计算结果，实线表示实验结果）

$$T_c^p = T_c^0 \exp(ap - bp^2) \tag{9-4}$$

$$T_c = 0.014 \cdot \exp(2.32p - 0.37p^2) \tag{9-5}$$

URu_2Si_2 是第一个被发现超导性与磁性有序共存的化合物。URu_2Si_2 的反铁磁性转变温度为 17K（图 9－14），超导临界转变温度 T_c（$B=0$）$=1.45$K（图 9－15），当温度低于 T_c 时，磁性与超导共存[22]。

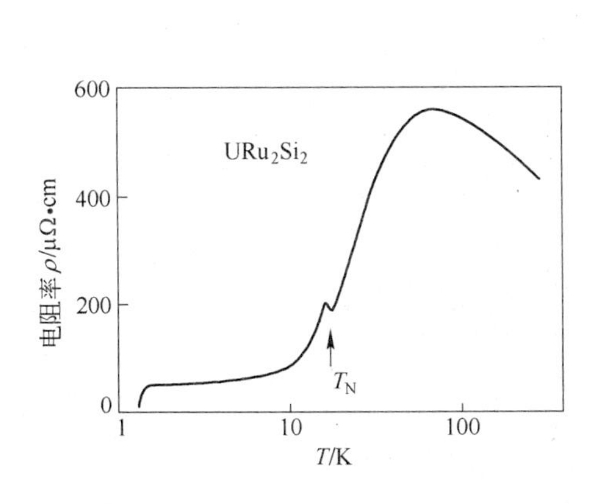

图 9－14 URu_2Si_2 电阻率随温度变化曲线

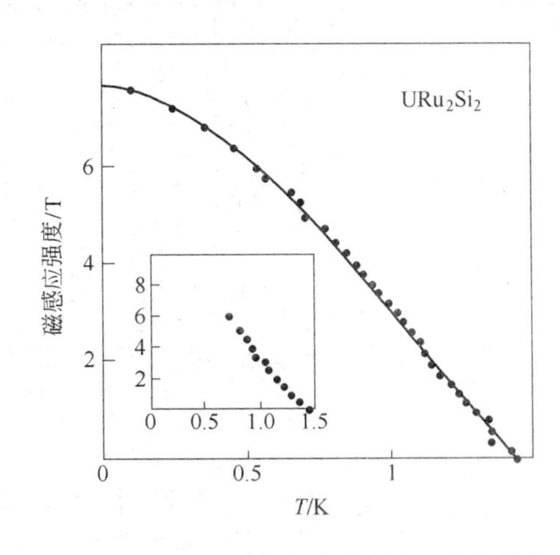

图 9－15 URu_2Si_2 的磁感应强度－温度曲线

Malik 等人[23]采用电弧炉熔炼 La、Pd 和 Si 的混合物，得到了一种新的三元金属间化合物，采用 X 射线衍射分析确定了其分子式为 La_3Pd_5Si，属于正交晶系，空间群为 *Imma*，$Z=4$，晶胞参数 $a=1.31363(11)$ nm，$b=0.74365(5)$ nm，$c=0.76496(6)$ nm。同时，研究了 La_3Pd_5Si 的低温超导特性，测得其超导临界温度为 1.4K 左右，如图9－16 所示。

Evers 等人[24]研究了 LaPtSi 和 LaPtGe 两者的超导特性，其临界温度分别为 3.3K 和 3.4K。李文新[25]研究了 Ni 掺杂取代 Pt 对 $La(Pt_{1-x}Ni_x)$ Si 超导临界温度的影响，试验结果如图 9－17 所示。随着 Ni 含量的增加，临界温度逐渐降低，从 LaPtSi 的 3.30K 降至

LaNiSi 的 1.23K。李文新等人[26]研究了 Th 掺杂取代 La 对（$La_{1-x}Th_x$）PtSi 超导临界温度的影响，结果如图 9－18 所示。超导转变温度宽度（0.1～0.9R_n）分别为：LaPtSi（T_c＝3.18～3.37K），（$La_{0.75}Th_{0.25}$）PtSi（T_c＝2.58～3.00K）和（$La_{0.5}Th_{0.5}$）PtSi（T_c＝2.52～2.68K）。

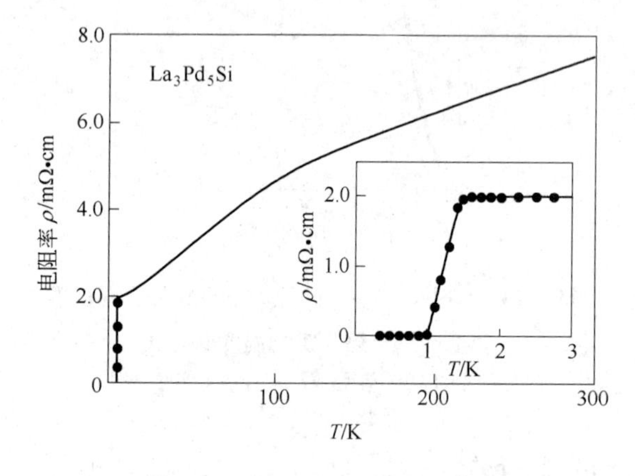

图 9－16　La_3Pd_5Si 的 $\rho-T$ 曲线

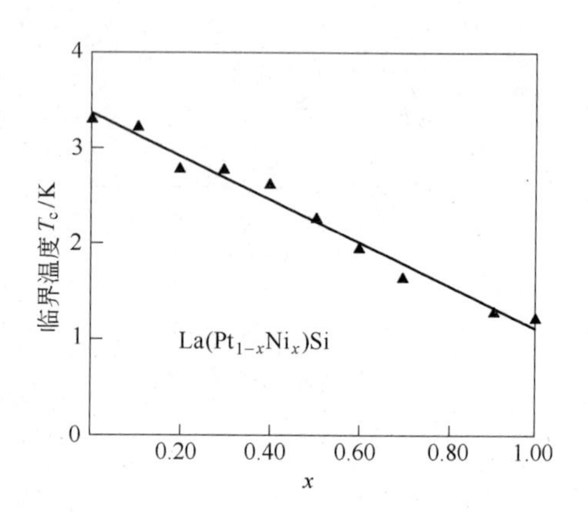

图 9－17　La（$Pt_{1-x}Ni_x$）Si 的临界温度与 Ni 含量的关系

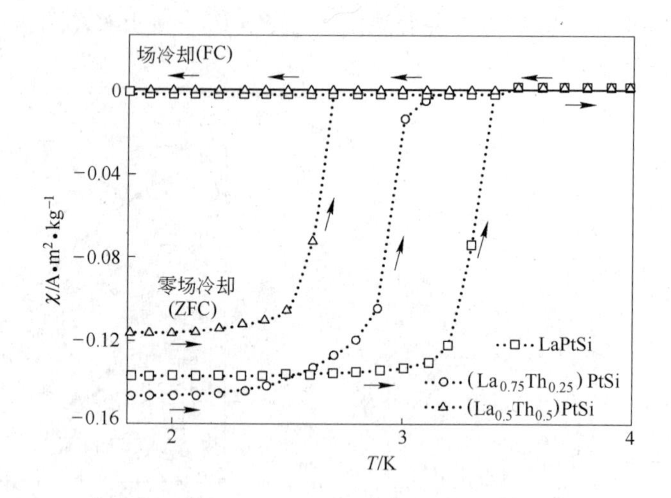

图 9－18　（$La_{1-x}Th_x$）PtSi 的 $\chi-T$ 曲线

Braun[27]研究了 Sc、Y、Sm、Lu 和 Eu 等稀土元素铁硅化物（$RE_2Fe_3Si_2$）的超导特性。其中 $Lu_2Fe_3Si_2$ 和 $Sc_2Fe_3Si_2$ 超导临界温度较高，分别为 6.1K 和 4.5K，且两者的临界温度随着压力的增加而降低。

另一类三元超导化合物 $R_5T_4X_{10}$（其中 R＝Sc，Y，Lu；T＝Co，Rh，Ir，Os；X＝Si，Ge）属于 $Sc_5Co_4Si_{10}$型结构，是简单四边形结构，空间群为 *P4/mbm*，每个晶胞含 38 个原子。T 和 X 原子形成五边形和六边形的网状平面，与四边形基面平行，并通过 T－X－T 的 Z 形链沿 *c* 轴连接五边形－六边形层由 R 原子层隔开。其最大特点是不含 TM－TM（过渡金属－过渡金属）键，所以与其他三元超导化合物不同，其超导性与过渡金属团簇无关[28]。这些硅化物通常表现出电荷密度波和磁性或超导性的共存特性[29]，但 $Sc_5Ir_4Si_{10}$ 却没有表现出电荷密度波，而表现出最高的超导转变温度（T_c 约为 8.5K）[30]，是唯一的例外。Tamegai 等人通过研究磁场穿透深度随温度的变化关系认为 $R_5T_4X_{10}$ 属于 S 波超导体[30]。

9.2 硅化物基热电材料

热电材料是指能够实现热能和电能直接相互转换的材料，它在热能发电、余热回收、半导体制冷领域具有重要的应用前景。1964 年，Ware 和 McNeill[31] 发现：$\beta FeSi_2$ 具有高温热电转换功能，是适于在 200 ~ 900℃ 温度范围工作的良好的热电材料。随后，Nikitin 等人[32] 第一次从热电的角度研究发现 Mg_2Si-Mg_2Sn 有很好的物理和化学性质，也是一种很有前途的热电材料。其后大量新型热电材料陆续被人们所认识。

目前对硅化物热电材料的研究主要集中在两大类，即过渡金属硅化物和碱土金属（AEM）硅化物。Tm 硅化物主要有 $CrSi_2$，$MnSi_{2-x}$，$MoSi_2$，$ReSi_{2-x}$，$TiSi_2$，$ZrSi_2$ 以及 $\beta FeSi_2$ 等，其中尤以 $\beta FeSi_2$ 得到了深入系统的研究。AEM 硅化物热电材料主要有 Mg_2Si，Ca_2Si，$BaSi_2$ 及 Sr_2Si，对环境协调性好，无毒副作用，且具有较大的态密度有效质量，较高的载流子迁移率及较小的晶格热导率而成为和 $\beta FeSi_2$ 一样备受重视的热电材料。

9.2.1 热电现象

热能与电能之间能够相互转换的现象早在 19 世纪初就已经被发现了。热电发电时由于不同材料对的赛贝克温差电动势效应（Seebeck Effect），热能转变成电动势能。而热电冷却则是指被称做珀尔帖热效应（Peltier Effect）的现象，通过消耗电动势能而获得制冷或者加热的效果。热电发电和热电制冷的工作原理如图 9－19 和图 9－20 所示。前者是两种不同金属构成的回路中，当一端的接点被加热，另一端处于低温放热的状态时，回路中产生直流电，即热电发电。而后者是异种金属构成的直流回路中，一端的接点吸热，而另一端放热的现象。热电制冷是利用了吸热端，反过来利用放热的现象也可以得到热电加热的效果。

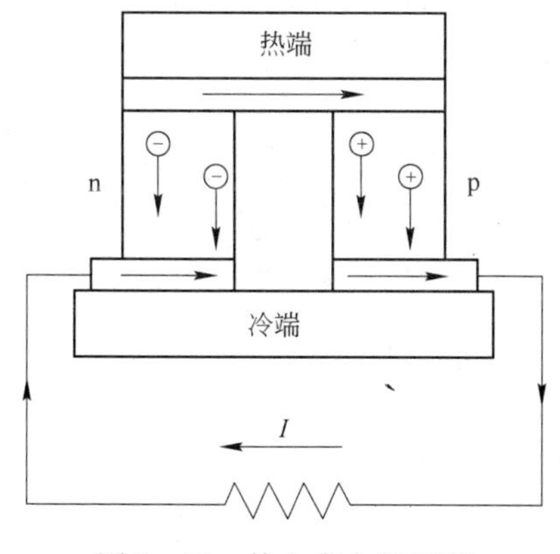

图 9－19 热电发电的原理

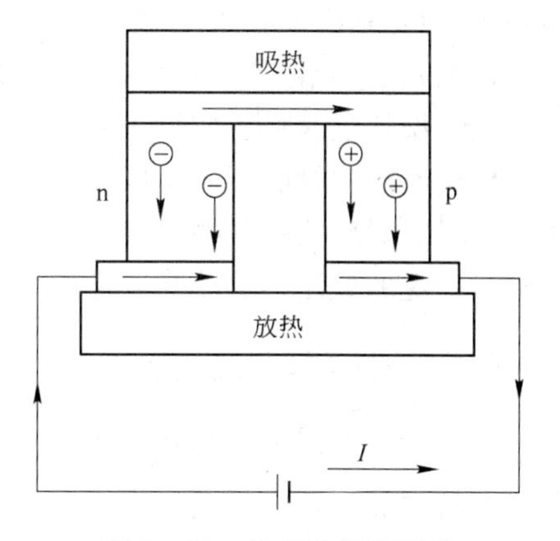

图 9－20 热电冷却的原理

以图示的"Π"字形热电转换单元为例，其共同点是都利用了P型及N型热电半导体，即通常所说的热电材料。一个多世纪以来，从金属到半导体已有许多种热电材料被发现，其中有些热电材料转换效率高的材料得到了应用。"Π"字形热电转换单元的另一个共同点就是都是以金属电极将热电材料对连接起来并构成回路。

热电材料的用途主要有热电发电和热电制冷两个方面。热电发电时利用Seebeck效应，直接将热能转化为电能。最早把热电发电模式实用化的是苏联，他们利用煤油灯火木材作为热源在边远地区为家用无线电接收机供电，功率范围可从几瓦到几百瓦。1962年美国首次将热电发电器应用于人造卫星上，开创了研制长效远距离，无人维护的热电发电站的新纪元。随着空间探索的增加、医用物理学的进展以及在地球难以到达地区日益增加的资源考察与探索活动，需要开发一类能够自身供能并且无需照看的电源系统，热电发电材料对这些应用尤其合适。对遥远的深空探测器，采用放射性同位素作为热源的热电发电器（RTG），已应用于卫星、太空飞船中。如1977年美国发射的旅行者飞船就安装了1200个热电发生器。另外，热电发电在工业余热、废热和低品位热温差发电方面也有很大的潜在应用。

与热电发电相反，热电制冷利用Peltier效应可以制造热电制冷机。它具有机械压缩制冷机所没有的一些优点：尺寸小、质量轻、无任何机械传动部分，工作无噪声，无液态或气态介质，因而不存在污染环境问题，可实现精确控温，响应速度快，器件使用寿命长。因此热电制冷已用于很多领域。除冰箱、空调、饮水机等家用电器外，热电制冷更重要的应用是信息技术领域，如红外探测器、激光器、计算机芯片等。例如，俄罗斯米格战斗机配备的AA－8和AA－11系列导弹就采用热电制冷对红外探测系统进行温控。热电制冷也已用于医学，如半导体制冷运血箱、冷敷仪、冷冻切片机、呼吸机、PCR仪等。另外，热电制冷材料的一个可能具有实际应用意义的场合是为超导材料的使用提供低温环境。

9.2.2　热电材料简介

自20世纪60年代以来，人们研究了许多材料的热电性能，发现了许多有应用前景的半导体热电材料，如：$CoSb_3$、Zn_4Sn_3、PbTe、$(Bi, Sb)_2(Te, Sb)_3$、$Bi_{1-x}Sb_x$和SiGe等。

对热电材料研究主要集中在具有方钴矿（Skutterudite）类结构的化合物、笼合物（Clathrate）、Half－Heusler化合物和Zintl相化合物等。此外，氧化物体系、层状过渡金属氧化物体系、超晶格热电材料、稀土间金属化合物、聚合物热电材料、梯度热电材料、碳纳米管等新型热电材料正成为人们研究的热点。

半导体金属硅化物由于其组成元素在地壳中原料丰富，价格低，在高温下抗氧化性较好，主元素具有对环境的毒害作用较小，生态友好等优点，其作为热电材料的研究在近十年来受到了广泛的关注，陆续开发出来$FeSi_2$、$MnSi_2$、$CrSi_2$、Mg_2Si等电热材料。

9.2.3　材料热电性能及其测量方法

9.2.3.1　绝对热电势系数（或赛贝克系数）

前面分析赛贝克效应时已经指出，双导体回路的相对赛贝克系数可以由组成回路的两个导体的绝对赛贝克系数求出。实际上，每种导体（或半导体）的绝对赛贝克系数也称为绝对热电势系数（以下简称热电势系数）。它表示材料形成温差热电势的能力，定义为单位温差形成的温差热电势，即：

$$S = \frac{\mathrm{d}V}{\mathrm{d}T} \tag{9-6}$$

根据量子力学，可以推出热电势系数的一般表达式为：

$$S = \frac{\pi^2}{3}\frac{k^2 T}{e}\frac{\partial}{\partial E}[\ln\sigma(E)]\Big|_{E=E_F} \tag{9-7}$$

式中，k 为玻耳兹曼常数；T 为绝对温度；e 为电子电荷；σ 为电导率；E_F 为费米能。

热电材料的电学性能测量主要包括电阻率和 Seebeck 系数测量两个方面，研究在一定温度范围内热电材料电学性能随温度的变化关系。电阻率可以采用直流四探针法测量。根据 Seebeck 系数定义（式 9-6），Seebeck 系数的测量原理如图 9-21 所示。

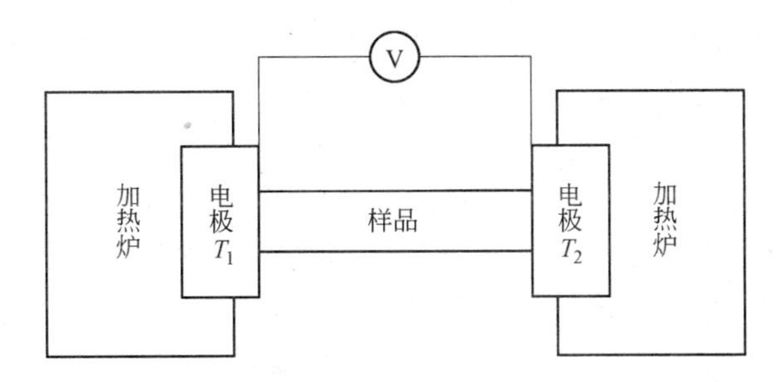

图 9-21　Seebeck 测试原理

$S(T_1) = \lim\limits_{T_2 \to T_1} \dfrac{V(T_2, T_1)}{T_2 - T_1}$，当温度 T_2 足够接近 T_1 时，$S(T_1) = V/(T_2 - T_1)$。

9.2.3.2 热电优值

材料的综合热电性能可用热电优值 Z 来表示，其值愈大，热电性能愈好。优良的热电材料应具有大的 Seebeck 系数和低热导率以保留接点处的热能，同时应具有高的电导率以减少焦耳（J）热损失，这三个参数关联起来如下式所示：

$$Z = \frac{S^2\sigma}{\kappa} = \frac{S^2}{\rho\kappa} \tag{9-8}$$

式中，S 为热电势系数；σ 为电导率；κ 为热导率；ρ 为电阻率。可见热电优值 Z 由电学性能和热学性能两部分组成，其中的电学性能部分（$S^2\sigma$）称为热电材料的“功率因子”。在实际应用中，为了不同测量数据之间的比较，通常也用无量纲优值 ZT 来表示材料的热电性能。

9.2.3.3 热导率的测量

材料的热导率 κ 由热扩散系数 λ、热容 c_p 和密度 d 三者的乘积得到，即：$\kappa = c_p\lambda d$，其中材料的定压热容和热扩散系数用脉冲激光微扰法在激光热常数测试仪上测得，样品的密度用阿基米得法测试。

9.2.4 热电材料制备及发展

热电材料制备工艺在很大程度上影响着其热电性能。因此，研究人员在改变配方的同时，也努力寻求更优的工艺条件来制备性能优越的热电材料。目前制备半导体热电材料的方法日趋成熟，主要包括：熔体生长法、粉末冶金法、气相生长法（包括物理气相沉积、化学气相沉积、分子束外延法等）、化学法、电化学法、水热合成法、机械合金化法（MA 法）、热压法、放电等离子烧结法等。前两种方法适合制备体积较大的块晶体材料，气相生长法只适合制备薄膜材料，而化学法和电化学法不仅可以制备薄膜材料，而且可以制造纳米材料。电化学法对其他几种方法操作简单、成本降低，而且可以在微米级甚至纳米级的微区内生长温差电材料，因此被认为是一种很有前途的温差电薄膜材料以及纳米材料的制备技术。后面的几种，如水热合成、机械合金法等都是近几年发展的新型热电材料的研究方法，制备出来的热电材料具有较好的热电性能，是具有较好前景的热电材料研究方法。

无论用于发电还是制冷，热电材料的 Z 值越高越好。从前面的公式可知，材料要得到高的 Z 值，应具有高的 Seebeck 系数、高的电导率和低的热导率，所以好的热电材料必须要像晶体那样导电，同时又像玻璃那样导热，但在常规材料中是有困难的，因为三者耦合，都是自由电子（包括空穴）密度的函数，材料的 Seebeck 系数随载流子数量的增大而减小，电导率和导热系数则随载流子数量的增大而增大。热导率包括晶格热导率（声子热导）和载流子热导率（电子热导）两部分，晶格热导率 k 占总热导率的 90%；所以为增大 Z 值，在复杂的体系内，最关键的是降低晶格热导率，这是目前提高材料热电效率的主要途径，提高热电材料热电性能的主要方法有以下几种[33]：

（1）低维化。目前，国际上正试图通过低维化来改善热电材料的输运性能，如将该材料做成量子阱超晶格、在微孔中平行生长量子线、量子点等。低维化的材料之所以具有不同寻常的热电性能，主要是量子阱和量子线的作用，低维化可通过量子尺寸效应和量子阱超晶格多层界面声子散射的增加来降低热导率。当形成超晶格量子阱时，能把载流子（电子和空穴）限制在二维平面中运动，从而产生不同于常规半导体的输运特性，低维化也有助于增加费米能级 E_F 附近的状态函数，从而使载流子的有效质量增加（重费米子），故低维化材料的热电势率相对于体材料有很大的提高。

（2）掺杂。通过掺杂修饰材料的能带结构，使材料的带隙和费米能级附近的状态密度增大。掺杂调制技术在势垒中掺杂施主，电子则由势垒层的导带进入阱层的导带，而电离施主留在势垒层中，这样在阱层运动的电子就不会受到电离施主的散射影响，从而提高了载流子的迁移率，同时势阱的宽度变小，也提高了载流子的迁移率，从而提高了材料的热电优值。当向热电材料中掺入半金属物质如 Sb、Se、Pb 等，特别是引入稀土原子时，因为稀土元素有特有的 f 层电子能带，具有较大的有效质量，有助于提高材料的热电功率因子，同时 f 层电子与其他元素的 d 电子之间的杂化效应也可以形成一种中间价态的复杂能带结构，从而可以获得高优值的热电材料。

（3）梯度化。通过梯度化扩大热电材料的使用温区，提高热电输出功率。不同的热电材料只有在各自工作的最佳温度范围内才能发挥出最优的热电性能，当温度稍微偏出后，ZT 值急剧下降，极大地限制了热电材料的发展和应用，梯度化是把两种或两种以上的单一材料结合在一起，使每种材料都工作在各自最佳的工作温度区间，这样不仅扩大了材料的应用温度范围，又获得了各段材料的最佳 ZT 值，使材料的热电性能得到大幅度的提高。

9.2.5 碱土金属硅化物热电材料

碱土金属硅化物（Mg_2Si、Ca_2Si、Ba_2Si 和 Sr_2Si）逐渐成为热电材料的研究热点，尤其是 Mg_2Si，地壳中 Mg 和 Si 元素含量丰富、环境协调性好、无毒副作用，且具有较大的态密度有效质量，较高的载流子迁移率及较小的晶格热导率，Mg_2Si 逐渐成为一种备受重视的热电材料。

9.2.5.1 Mg_2Si 的基本性质

从 Mg - Si 相图（图 2 -6）可以看出，Mg_2Si 是 Mg - Si 二元系的唯一化合物。Mg_2Si 属于反萤石型结构，空间群为 $Fm\bar{3}m$，晶胞参数 $a=0.635$nm。它属于正常价金属间化合物，几何密排相（GCP）。Mg_2Si 单晶是一种不含杂质的半导体，其熔点是 1087℃，理论密度 1.99g/cm^3，禁带宽度 0.78eV。第一共晶点（$Mg+Mg_2Si$）为 637.6 ~645℃，共晶成分 Si 含量（质量分数）1.37% ~2%。第二共晶点（Mg_2Si+Si）为 950℃，Si 聚集（质量分数）57%。相图显示在高真空下，在 450℃时生成 Mg_2Si，温度达到 700℃时多余的自由 Mg 从 Mg_2Si 产物中再度升华。

9.2.5.2 Mg_2Si 系热电材料的制备方法

Mg_2Si 的常用制备方法包括：机械合金化、粉末冶金法、机械合金化与粉末冶金结合、悬浮感应熔炼法、熔体生长法、热扩散法等。

由于 Mg_2Sn 与 Mg_2Si 同样是反萤石型结构，Sn 和 Si 具有相近的电负性，$Mg_2Si_{1-x}Sn_x$ 成为近几年来研究的热点，$Mg_2Si_{1-x}Sn_x$ 体系的合成方法也得到了较快的发展，放电等离子体烧结法（SPS）[34] 在这一体系中得到了应用，但 SPS 方法目前仅仅得到 Sn 含量小于 $x=0.1$ 的固溶体。1968 年 Nikitin 等人[35]对 $Mg_2Si_{1-x}Sn_x$ 的相图进行了研究，发现当 x 处于 $0.4<x<0.6$ 区域时，这里存在一个转熔反应，不能形成 $0.4<x<0.6$ 的连续固溶体。1969 年，Zikitin 等人[36]采用高频感应直接熔融得到了 $Mg_2Si_{1-x}Sn_x$（$x=0.2$、0.3、0.4、0.6、0.7、0.8）有限固溶体。2005 年 Isoda 等人[37]采用液 - 固反应法结合热压烧结得到了 $Mg_2Si_{0.5}Sn_{0.5}$。对采用熔融法合成 $Mg_2Si_{1-x}Sn_x$ 来讲，最主要的困难是 Mg 在高温下具有较高的活性而引起的 Mg 的蒸发逸散和氧化，同时 Mg、Si、Sn 及各种微量元素存在彼此间熔点、比重差而引起产物成分的不均或偏析等均给材料的组成、控制、结构与性能关系的调整带来困难。

1996 年 Michael 等人[38]采用机械合金化得到 $Mg_2Si_{1-x}Sn_x$（$0<x<0.4$）固溶体粉体，然后对其进行热压烧结，得到了 $Mg_2Si_{1-x}Sn_x$（$0<x<0.4$）固溶体的块体。Janot 等人[39]采用 MA 法制备出了 Mg_2Ni、Mg_2Si、Mg_2Sn、$Mg_2Si_{0.5}Sn_{0.5}$ 等。2007 年 Song 等人[40]采用 Bulk 机械合金化（BMA） - 热压法制备出了单相 $Mg_2Si_{1-x}Sn_x$（0、0.2、0.4、0.6、0.8、1.0）固溶体。机械合金化方法（MA）虽然降低了体系的反应温度，避免 Mg 的蒸发逸散，以及最近兴起的 BMA，但是还是不可避免由球磨介质的存在而引入杂质，仍然不能很好解决上述问题。2008 年 Tani 等人[34]制备出了 Sn 含量小于 0.1 的 $Mg_2Si_{1-x}Sn_x$ 固溶体。

SPS 法虽然省时快捷，能在短时间内迅速合成目标产物，但是由于低熔点物质 Sn 的存在，不能制备出高 Sn 含量的固溶体，Mg 的氧化问题仍难避免，且样品的均匀性较差。

为了解决传统方法制备 $Mg_2Si_{1-x}Sn_x$ 基热电材料过程中带来 Mg 的氧化、挥发、碳化等问题，引进低温固相反应法合成 $Mg_2Si_{1-x}Sn_x$，然后采用 SPS 进行致密化，得到块体。低温固相反应法所用设备简单，成本较低。将高纯的 Mg、Si、Sn 原始粉料，按所需的比例配好后，混合均匀，干法压坯成型，放置于 WC 的坩埚中，在高纯氩气保护下进行固相反应，可以合成单相、氧化程度较小、无碳化 $Mg_2Si_{1-x}Sn_x$（$0\leqslant x\leqslant 1.0$）粉末，并且得到了 $x=0.5$ 的固溶体粉末。然后采用 SPS 对低温固相反应法合成的粉末烧结。在合成和烧结过程中，不可避免的还是存在着 $Mg_2Si_{1-x}Sn_x$ 的氧化和杂质的引入等问题。

目前研究和制备 $Mg_2Si_{1-x}Sn_x$ 热电材料的手段还十分有限，如何解决 Mg 高温蒸发和氧化以及产物 $Mg_2Si_{1-x}Sn_x$ 本身的氧化造成组分无法控制，以及杂质的引入使得材料的热电性能大幅度下降的问题，将是今后研究这一材料努力的方向。

9.2.5.3　Mg_2Si 系热电材料的性能研究

Morris 等人[41]采用 Ag 和 Cu 掺杂将 N 型 Mg_2Si 转变为 P 型 Mg_2Si。张倩等人[42]采用 La 掺杂得到最大的无量纲热电优值 $ZT=0.42$（$Mg_{1.995}La_{0.005}Si$，501℃）。Jung 等人[43]采用 Sb 掺杂的最大的无量纲热电优值 $ZT=0.62$（$Mg_2Si:Sb_{0.02}$，550℃）。Tani 等人[44]采用放电等离子烧结法制备 Bi 掺杂的 Mg_2Si 材料，研究了 Bi 掺杂对 Mg_2Si 的电阻率、电导率、Seebeck 系数和无量纲热电优值（ZT）的影响，结果表明：Bi 掺杂的 Mg_2Si 为 N 型半导体，Bi 对 Mg_2Si 的电阻率、电导率、Seebeck 系数和无量纲热电优值（ZT）有重要影响，当 Bi 添加量为 2%（原子分数）和温度为 589℃时，得到最大的无量纲热电优值 $ZT=0.86$。Bi 含量对 Mg_2Si 无量纲热电优值的影响如图 9－22 所示。

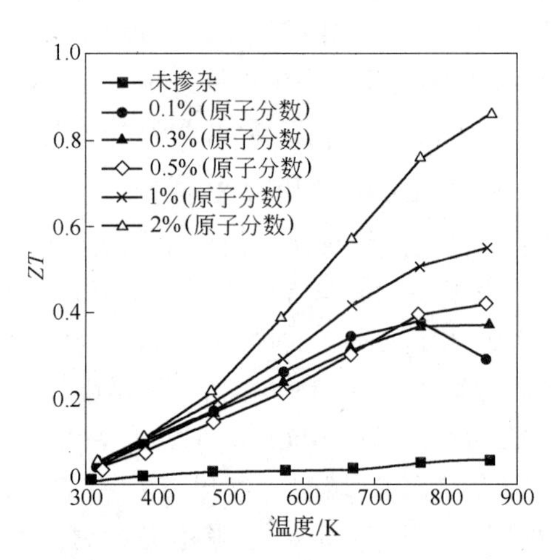

图 9－22　Mg_2Si 的 ZT 值与温度的关系

$Mg_2Si_{1-x}Sn_x$ 具有较高的热电优值。Nikitin 等人[32]研究了 $Mg_2Si_{0.7}Sn_{0.3}$ 的热电性能得到最大的热电优值为 $Z=0.7\times10^{-3}K^{-1}$。Zaitsev 等人[45]得到最大的无量纲热电优值为 $ZT=1.1$ 的 $Mg_2Si_{0.6}Sn_{0.4}$ 和 $Mg_2Si_{0.4}Sn_{0.6}$。Isoda 等人[37]研究了 Sb 掺杂对 $Mg_2Si_{0.5}Sn_{0.5}$ 热电性能的影响，当 Sn 掺杂量为 7500×10^{-6} 和温度为 347℃时，取得最大的无量纲热电优值 $ZT=1.2$。

9.2.6　过渡族金属硅化物热电材料

1964 年，Ware 和 McNeill[31]首次发表了有关半导体 $\beta FeSi_2$ 热电性能的研究报道，从此很多有关 $\beta FeSi_2$ 热电材料的研究工作相继展开。$\beta FeSi_2$ 具有在 200～900℃范围内的热电转换功能，是适于在这一温度范围工作的良好的热电材料，$\beta FeSi_2$ 具有高的抗氧化性，在大气中工作无需保护，不易中毒；另外，这种材料来源丰富，价格低廉，选用低纯度的工业原料制备对其热电性能无明显影响。$\beta FeSi_2$ 的另一大优点是，可以通过在 $\beta FeSi_2$ 掺入不同杂质的同时制成 P 型和 N 型半导体，这就避免了由于半导体两只脚材料的热膨胀系数不同而引起的热电元器件制作上的困难。正是由于以上特点，$\beta FeSi_2$ 已成为一种很有发展前途的热电材料。

9.2.6.1 β－$FeSi_2$ 的基本性质

β－$FeSi_2$ 属于正交晶系，空间群为 *Cmca*，点阵常数为 $a=0.9863nm$，$b=0.7791nm$，$c=0.7883nm$[46]。$\beta FeSi_2$ 在低于915℃下能稳定存在，在高于970℃时，$\beta FeSi_2$ 将初步转变为四方结构的 $\alpha FeSi_2$。$\beta FeSi_2$ 是直接禁带半导体，禁带宽带为0.85eV左右。$\beta FeSi_2$ 的导带和价带都相当平坦，导致能带边缘载流子的有效质量增大，空穴和电子迁移率降低，约在 $0.3 \sim 4cm^2/(V \cdot s)$ 范围内[47]。

$\beta FeSi_2$ 是一种本征半导体，化学性能稳定，而且通过不同元素掺杂，可制成P型或N型半导体，显著提高其热电性能。重掺杂 $\beta FeSi_2$ 基热电材料的Seebeck系数在200μV/K以上，足以与实用化的高性能热电材料相比。但 $\beta FeSi_2$ 基材料的电导率/热导率比值 σ/κ 较小，Mn掺杂P型 $FeSi_2$ 的 σ/κ 值在 $2000K/V^2$ 左右，Co掺杂N型 $FeSi_2$ 的 σ/κ 在 $5000K/V^2$ 左右，比 Bi_2Te_3 基热电材料 σ/κ 值低一个数量级以上，因而 $\beta FeSi_2$ 基热电材料的 *ZT* 值较低。低的电导率和高的热导率是制约 $\beta FeSi_2$ 基热电材料性能和实际应用的关键因素。

从Fe－Si相图（图2－29）可以看出：合金成分为 $FeSi_2$ 时，当温度在1212～982℃之间时，存在的相为 αFe_2Si_5 和 $\varepsilon FeSi$，当温度低于982℃时，发生包析反应生成 $\beta FeSi_2$（$\alpha Fe_2Si_5 + \varepsilon FeSi \longrightarrow \beta FeSi_2$）。如果 $FeSi_2$ 材料中不仅存在β相，还有其他一些未转变的相，由于金属传导特性，内部会形成短路电流，这将使得材料的热电系数明显降低，从而影响了材料的热电性能。从Fe－Si相图中可以看出，β相的单相固溶成分范围很窄，当β相形成后，化合物的包析反应需要通过β相的内部扩散来实现，并且在转变过程中会产生阻碍β相生成的堆垛层错，所以β相的转变过程非常缓慢[48]。Yamauchi等人[49]研究发现微量的Cu可以急剧加速退火时包析反应（$\alpha Fe_2Si_5 + \varepsilon FeSi \longrightarrow \beta FeSi_2$）速率，但随着退火时间延长，对包析反应加速作用逐渐减弱。微量的Cu也可以急剧增加共析反应（$\alpha Fe_2Si_5 \longrightarrow Si + \beta FeSi_2$）速率。

9.2.6.2 $\beta FeSi_2$ 制备方法

传统 $\beta FeSi_2$ 制备方法为熔铸→粉末冶金→真空退火，效率较慢。在传统的制备过程中，铸锭被研磨成细的颗粒，再烧结成所需的形状。该法是采用Fe粉、Si粉为原料，用真空熔炼→制粉冷压→真空烧结→长时间退火的方法制成块状 $\beta FeSi_2$ 热电材料。用此方法制备的热电材料晶粒较粗大，容易出现微裂纹。且得到的块体材料孔隙度较大。

朱铁军、赵新兵等人采用真空悬浮熔炉方法制备热电材料[50]。该法是将熔炼的纯铁和纯硅等元素按照比例混合后置入悬浮炉中熔炼，熔体在熔炼过程中是悬浮状态，再在水冷坩埚中冷却，样品反复熔炼后放入快速凝固炉中重熔，熔体被金属辊以27.5m/s的转速甩出，获得针状快凝粉，然后在真空中以1100℃温度烧结，最后在800℃下退火21h。

最近几年有学者[51]采用在Ga溶液内应用温度梯度生长方法制备出 $\beta FeSi_2$ 块体单晶。该方法是采用99.999%的铁粉和99.999%的硅粉作为原料，按照1∶2比例混合，先合成为 $FeSi_2$ 化合物，然后将Ga（纯度99.999%）和硅化物同时置于硅管真空室内，真空室内另一端采用石英棒密封。$\beta FeSi_2$ 的生长周期为24～144h，在生长期内石英管并以30r/

min 的转速旋转。当生长完成后，石英管在水中被迅速冷却。采用此法可生长出 $\beta FeSi_2$ 块状单晶。

采用机械合金化法则能有效细化晶粒，提高 $\beta FeSi_2$ 的热电性能[52]。该法是将欲合金化的纯铁和纯硅粉末按比例混合，经长时间球磨，使之成为弥散分布的超微细粒子，然后再在固态下实现合金化。这种方法不需要经过汽相、液相，不受物质的蒸汽压、熔点等因素的制约，与传统熔铸法相比，不需要太长的退火时间。

采用自蔓延高温合成（Self - propagating - High - temperature Synhesis，SHS）技术制备 $\beta FeSi_2$ 能够得到与传统熔炼制备 $\beta FeSi_2$ 相当的热电优值，而且采用 SHS 技术可以通过调整孔隙率来降低热导率，从而提高热电优值[53]。Ohta 等人[54]通过元素粉末直接烧结法制得与传统熔炼法热电性能相当的 $\beta FeSi_2$。Schilz 等人[55]采用等离子喷涂法制备 $\beta FeSi_2$ 热电器件。

制备 $\beta FeSi_2$ 薄膜的方法主要有：分子束外延法、超细粒子束沉积技术、离子束共溅射方法、金属有机化学气相沉积方法等。

Ehara 等人[56]采用共溅射法（在 N_2 气氛中 800℃退火 0.5h）研究了不同磷掺杂量对 $\beta FeSi_2$ 热电性能的影响，当掺杂量在 $1.4 \times 10^{-7} \sim 1.4 \times 10^{-5}$之间时，$\beta FeSi_2$ 由原来的 N 型（不掺杂）转变为 P 型半导体；当掺杂量为 $1.4 \times 10^{-4} \sim 1.4 \times 10^{-2}$之间时，出现大量的 FeSi，$\beta FeSi_2$ 含量随着 P 含量的增加而减少，如图 9 - 23 所示。

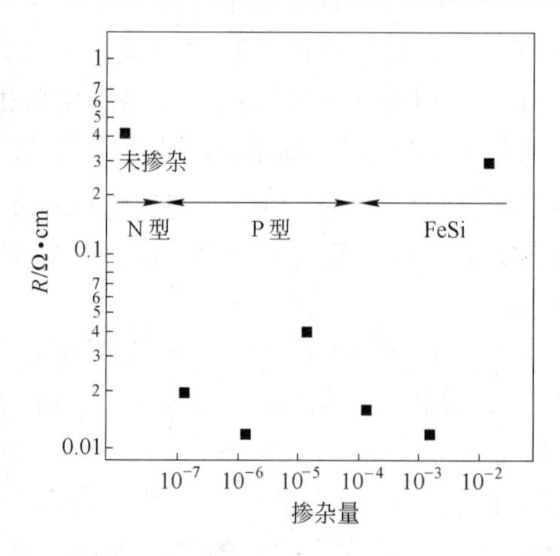

图 9 - 23 磷掺杂量对 $FeSi_2$ 电阻率的影响

9.2.6.3 $\beta FeSi_2$ 国内外研究进展

Heinrich[57]研究表明 $\beta FeSi_2$ 的 Seebeck 系数与原料的纯度有关，99.99% 的 Fe 制备的 $FeSi_2$ 的 Seebeck 系数为正，99.999% 的 Fe 制备的 $FeSi_2$ 的 Seebeck 系数为负。

Ware 和 McNeill[31] 比较了 Al、Co 掺杂对 $\beta FeSi_2$ 热电性能的影响。制备 $\beta FeSi_2$ 的方法为：首先熔炼 FeSi 合金，再进行区域精炼，然后加入所需的 Si 再次熔炼，将熔体从石英管中拉出（急冷），最后经 900℃ 退火得到 $\beta FeSi_2$。研究表明，Al 能够促进 Fe 和 Si 的反应，加快烧结过程中铁硅化合物的生成。而且 Al 取代 Si 制成的 P 型 $\beta FeSi_2$ 一般具有较好的热电性能。随着 Co 含量的增加，热电优值先增加后降低，即杂质应有一恰当的含量；比较了 $FeSi_2$ - 5% $CoSi_2$（N 型半导体）和 $FeSi_2$ - 2% $FeAl_2$（P 型半导体）在 100 ~ 700℃ 范围内热电优值的变化情况（图 9 - 24），相同温度下，前者的热电优值高于后者；且两者的热电优值都随着温度先增加后降低，有一最佳温度。由此可见：适量的掺杂是提高 $\beta FeSi_2$ 热电性能的有效途径，但当掺杂

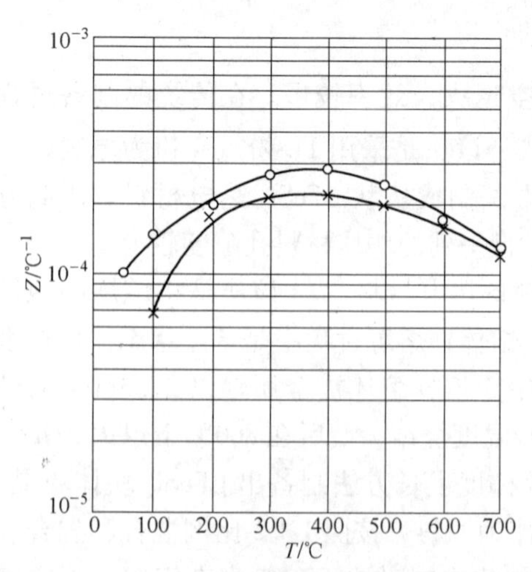

图 9 - 24 $FeSi_2$ 的热电优值与温度的关系

○—$FeSi_2$ - 5% $CoSi_2$；×—$FeSi_2$ - 2% $FeAl_2$

过量时，材料的半导体性质逐渐减小，金属性质逐渐增强，会引起热电优值的大幅度下降。

Ito 等人[58]采用粉末冶金法制备块体 $\beta FeSi_2$，研究了 Ti、Nb 和 Zr 对 $\beta FeSi_2$ 热电性能的影响。Ti、Nb 和 Zr 对 $\beta FeSi_2$ 热电优值的影响如图 9－25 所示。结果表明：Ti 对 $\beta FeSi_2$ 热电性能的影响较小，在较低温度范围内，仅能有限地提高 $\beta FeSi_2$ 的热电优值。Nb 在较高温度下能够提高 $\beta FeSi_2$ 的热电优值。当 Zr 含量（原子分数）为 0.02% 时，$\beta FeSi_2$ 的热电优值随着温度升高而增加，在 791℃ 下 $Z=0.67\times10^{-5}/K$，是未掺杂时的 10 倍。

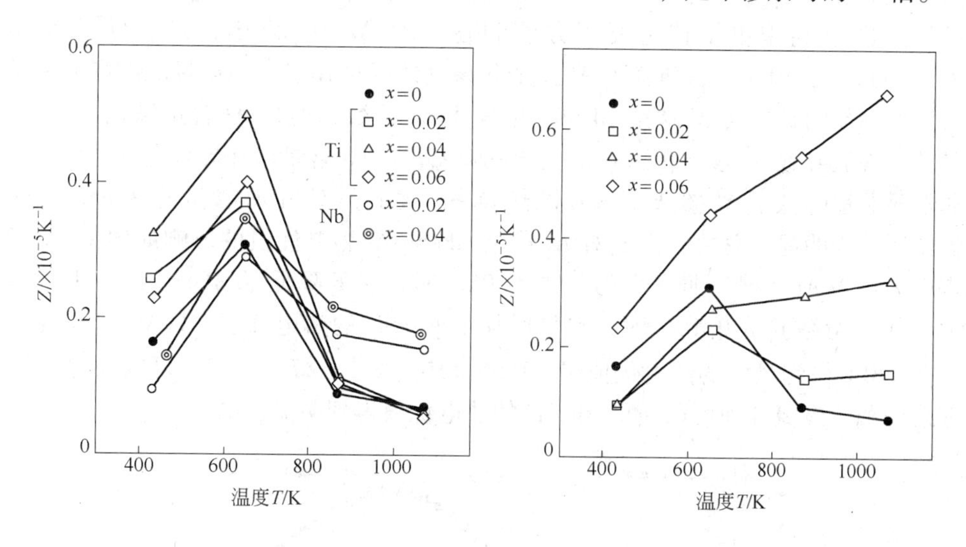

图 9－25 $Fe_{1-x}Ti_xSi_2$、$Fe_{1-x}Nb_xSi_2$、$Fe_{1-x}Zr_xSi_2$ 的热电优值 Z 与温度的关系

Kim 等人[59]研究了 Cr、Co、Cu 和 Ge 对 $\beta FeSi_2$ 热电性能的影响。样品制备方法为：电弧熔炼后破碎筛分，将小于 45μm 颗粒在 400℃，656MPa 下热压，然后在 1130～1200℃ 下真空烧结 3h，最后将烧结后的样品置于抽真空的密封石英管中，在 840℃ 下退火 10h。Cr、Co、Cu 和 Ge 对 $\beta FeSi_2$ 热电优值的影响如图 9－26 所示。结果表明：Cr、Co、Cu 和 Ge 都使 $\beta FeSi_2$ 电导率（σ）增加，同时也使 Seebeck 系数降低。当 Cr 含量（原子

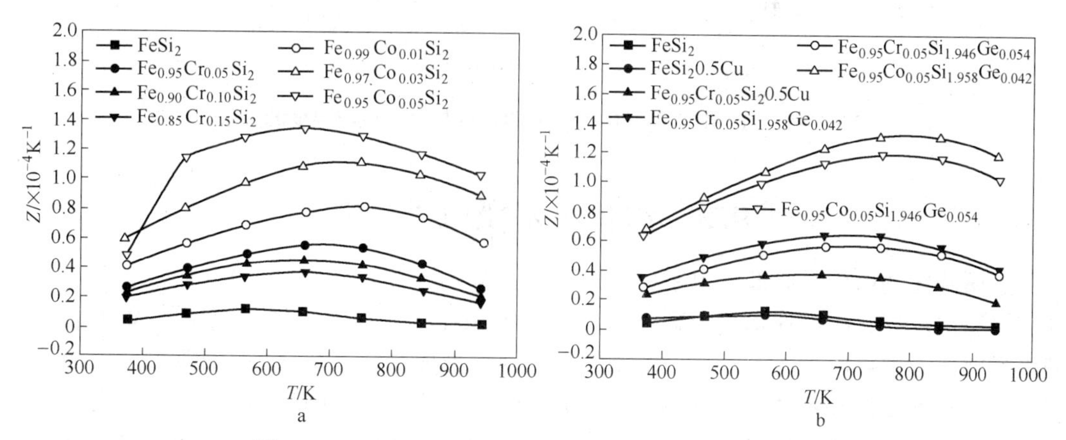

图 9－26 Cr、Co、Cu 和 Ge 对 $\beta FeSi_2$ 热电优值的影响

a—Cr 和 Co 掺杂；b—Cu 和 Ge 掺杂

分数）为0.05%时，热导率（κ）低于$\beta FeSi_2$的热导率；当Cr含量（原子分数）≥0.10%时，热导率高于$\beta FeSi_2$的热导率。随着Co含量增加，热导率降低。添加（原子分数）0.5% Cu后，热导率升高。Ge降低了晶格热导率，从而使总的热导率（晶格热导率与电子热导率之和）降低。添加Cr、Co和Ge后，$\beta FeSi_2$的热电优值增加，而添加Cu则稍微降低了$\beta FeSi_2$的热电优值。$\beta FeSi_2$的热电优值$Z=0.19\times10^{-4}/K$，试验取得的最大热点优值为$1.3\times10^{-4}/K$（$Fe_{0.95}Co_{0.05}Si_2$/657K，$Fe_{0.95}Co_{0.05}Si_{1.958}Ge_{0.042}$/845K），相应的无量纲热电优值（$ZT$）分别为0.85和1.10。

赵新兵等[60]利用单辊快速凝固方法制备了含Al的$\beta FeSi_2$，并进行了渗氮处理（950℃，100MPa，30min），研究了Al掺杂和渗氮处理对$\beta FeSi_2$热电性能的影响。结果表明：渗氮处理能明显提高Al掺杂$\beta FeSi_2$的Seebeck系数，但是Al含量增加导致Seebeck系数降低；渗氮导致Al掺杂$\beta FeSi_2$的电导率降低，而Al含量增加导致电导率增加；渗氮处理非常显著地降低了Al掺杂$\beta FeSi_2$的热导率，尤其是对高Al含量的$\beta FeSi_2$的热导率的降低作用尤为明显。总之，渗氮对Al掺杂$\beta FeSi_2$的热电优值的影响如图9－27所示。具体表现为：当Al含量（原子分数）为0.05%时，渗氮降低了$\beta FeSi_2$的热电优值；当Al含量（原子分数）为0.10%时，渗氮增加了$\beta FeSi_2$的热电优值；$FeAl_{0.05}Si_2$经渗氮处理后，在470℃得到最大的热电优值$Z=1.55\times10^{-4}K^{-1}$，$ZT=1.15$。可以预测，随着Al含量继续增加，渗氮处理可以使得$\beta FeSi_2$的热电优值得到明显提高。

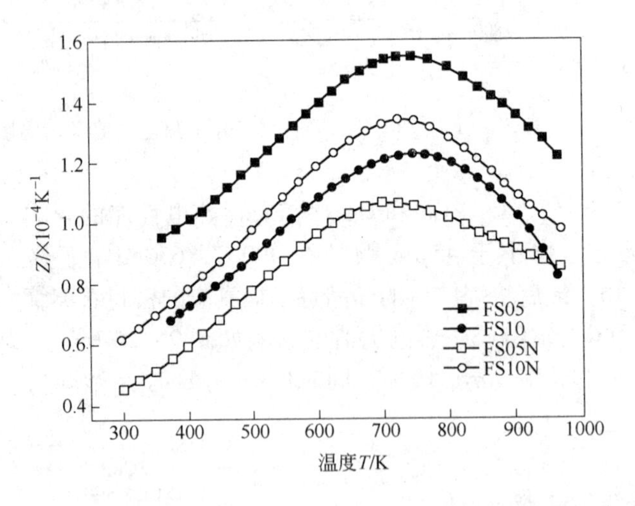

图9－27　$FeAl_xSi_2$（$x=0.05$，0.10）的热电优值与温度的关系

9.3　硅化物基微电子材料

金属硅化物由于具有低的电阻率（约为多晶硅的十分之一或更低），而且化学稳定性和高温稳定性好，抗电迁移能力强，并可直接沉积在多晶硅上，被广泛用作MOS器件的栅极材料，元器件间的互联导体，欧姆接触材料，形成肖特基势垒或构成阻挡层，在不少场合可替代多晶硅和难熔金属材料使用；而且随着集成度的不断提高，其所占的使用比例将不断增大。除了理想的低阻抗值，金属硅化物的广泛使用还得益于硅化物易于制备和成型，以及硅化物在制备过程和实际器件使用过程中的稳定性，下面将按照其不同应用领域

来分类介绍。

9.3.1 微电子材料简介

微电子工业发展非常迅速，影响其发展的因素固然很多，但材料科学与工程的发展扮演了极其重要的角色。目前微电子技术所采用的材料主要有硅（包括单晶硅和多晶硅）、二氧化硅、铝以及一些硅化物等。决定材料性质的参数主要包括介电常数 ε、载流子的迁移率 μ、载流子的饱和速度 v_s、击穿电场强度 E_c、热导率 κ 等。

贵金属具有良好的化学稳定性，高导电率和热导率，独特的电学、磁学、光学性能，广泛应用于微电子技术。另外，由于半导体集成电路通常在高频下工作，对线宽和可靠性的要求日益严格，与 Si 生成化合物的 Pt、Pd、Ti 等稀贵金属或高熔点金属是半导体器件工业中主要的金属化材料。

在微电子器件中，金属硅化物由于具有低的电阻率，而且化学稳定性和高温稳定性好，抗电迁移能力强，易于制备和成型，被广泛用作 MOS 器件的栅极材料，元器件间的互联导体，欧姆接触材料，替代多晶硅和难熔金属材料使用；半导体集成电路金属化工艺对于硅化物的基本要求为：（1）低电阻；（2）与 Si 和 SiO_2 有良好的附着力并与之基本不发生反应；（3）与硅有较低的接触电阻，特别是能与重掺硅形成欧姆接触或合适的肖特基势垒；（4）热稳定；（5）适合于光刻和腐蚀；（6）有较高的抗氧化、抗蚀能力；（7）低界面应力；（8）抗电迁移；（9）可在较低温度下形成[61]。

9.3.2 导电薄膜

薄膜材料是典型的二维材料，其表面性质较为突出，存在一系列与表面界面有关的物理效应，如：薄膜材料的各向异性；表面能级的存在对半导体等载流子少的物质将产生较大影响；电子在表面碰撞发生非弹性散射等。

薄膜材料的种类非常多，它包括单质、氧化物、氮化物等。按照导电性可将其分为导体（如 Cu、Al、$TiSi_2$）、半导体（如 Si、Ge、GaAs）和绝缘体（如金刚石、Si_3N_4、聚合物）三种。又可按其成分分为六大类：

（1）单一金属所形成的薄膜导体：集成电路中应用非常广泛的铝薄膜以及铜、银、金导电薄膜；

（2）不同金属膜所构成的复合导电薄膜：如 Cr - Au、Ni - Au、Ti - Pd - Au、Ti - Pt - Au、Ti - Cu - Ni - Au 等系统；

（3）非晶硅薄膜：采用重掺杂多晶硅薄膜做 MOS 器件的栅极材料，并形成互联导体，近 20 年来它一直是 MOS 集成电路的主流工艺；

（4）难熔金属薄膜：如 W、Mo、Ti、Ta 等，主要适用于 256K 以上的大规模集成电路的要求；

（5）金属硅化物导电薄膜：利用 Si 与许多金属可形成导电化合物的特性而形成的一类特殊导电薄膜，如 WSi_2、$MoSi_2$、$TaSi_2$、$CoSi_2$、$PtSi_2$ 等，这些硅化物的电阻率在 $10^{-5}\Omega \cdot cm$ 范围，比重掺杂多晶硅低两个数量级；

（6）金属氧化物透明导电薄膜：目前在液晶、太阳能电池等方面应用十分广泛，如氧化锡（SnO_2）薄膜和氧化铟锡（$In_2O_3 - SnO_2$）薄膜等。

导电薄膜在半导体集成电路和混合集成电路中应用十分广泛，它主要用作薄膜电阻器的接触端、薄膜电容器的上下电极、薄膜电感器的导电带引出端头，也可用作元器件之间的互联线、外贴元器件和外引线的焊区，以及用于形成肖特基结和阻挡层等。金属硅化物在晶体管中的位置如图 9－28 所示。Ⅳ－B 族、Ⅴ－B 族和Ⅵ－B 族的难熔金属硅化物主要用在大规模集成电路（LSI）中替代多晶硅材料，用作栅极和互连材料，因为它们在 900℃或更高的温度下能形成富硅的硅化物因而在集成电路后续高温过程中能形成稳定的硅化物。它与 N 型和 P 型硅形成的肖特基势垒比较低，因而适合于做欧姆触点。其中，尤以Ⅳ－B 族的 $TiSi_2$，Ⅴ－B 族的 $NbSi_2$ 和 $TaSi_2$，Ⅵ－B 族的 $MoSi_2$ 和 WSi_2 最为常用。而Ⅷ族亚贵金属硅化物，特别是 PtSi，Pd_2Si 和 NiSi 等，则主要用作欧姆触点材料和形成肖特基势垒。

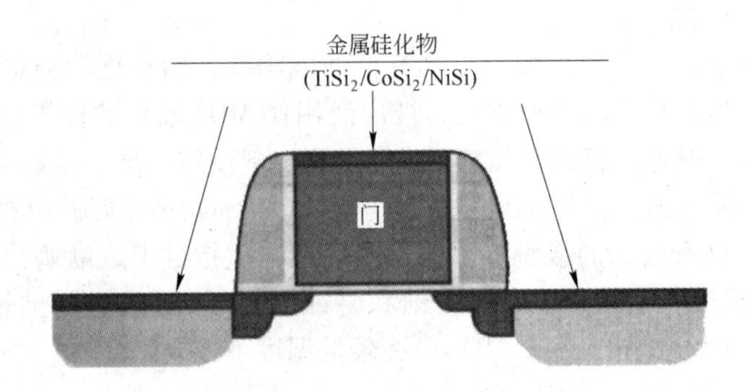

图 9－28　金属硅化物在晶体管中的位置

9.3.3　硅化物基微电子材料与器件性能表征

可以采用各种现代分析技术对硅化物基微电子材料与器件进行表征，这些方法包括表面形貌观察、器件尺寸测量、电化学测试以及物理和化学分析。

（1）表面形貌分析。表面形貌的观察测试手段主要包括：光学显微法、扫描电子显微镜（SEM）、透射电子显微镜（TEM）、原子力显微镜（AFM）和扫描隧道显微镜（STM）。

（2）器件尺寸测量。关键尺寸线宽采用电机械探针（如表面轮廓仪）和 AFM 测量，线宽中可分辨的最小栅距由探针的曲率半径所决定，电机械探针的曲率半径为 1～10μm，AFM 的曲率半径为 1～10nm。另外，AFM 不仅可提供表面图像，而且可以提供台阶高度和线宽数据，可对光刻中线宽进行测量。薄膜的厚度采用 X 射线反射法进行测量。

（3）电性能测试。基片和沉积薄膜的电学特性，如电阻、电阻率、导电类型、载流子密度和寿命、迁移率、接触电阻以及势垒高度等，可用多种电学测试方法进行表征。例如，可用四探针方法测量硅化物薄膜的方块电阻。

（4）物理和化学分析。物理和化学分析方法主要包括：X 射线衍射（XRD）、红外光谱（IR）、俄歇电子能谱法（AES）、X 射线光电子波谱法（XPS）、二次离子质谱（SIMS）、全反 X 射线荧光光谱（TXRFS）、卢瑟福散射能谱法（RBS）、电子探针分析（EMPA）、原子吸收光谱（AAS）、微波光导衰减法（μPCD）、X 射线断层摄影术（XRT）等。

9.3.4 硅化物基微电子材料

硅化物首先是作为金属和多晶硅之间的阻挡层引入到大规模集成电路（LSI）中的。20 世纪 80 年代，$MoSi_2$ 多晶硅化物首先应用于 LSI 产品中制作 256K 的 DRAM 字线；由于 WSi_2 的薄膜方块电阻比 $MoSi_2$ 更低，80 年代中期，WSi_2 多晶硅化物广泛用于逻辑产品的栅接触中；90 年代早期，更低电阻率的 $TiSi_2$ 开始应用于自对准硅化（Self - alignedSilicide，简称 Salicide）工艺；90 年代末期，深亚微米互补金属氧化物半导体（CMOS）工艺中广泛采用 $CoSi_2$ 来替代 $TiSi_2$；当特征尺寸减少到 100nm 以下时，NiSi 的优势使其成为接触应用的选择材料；现代集成电路中，$TiSi_2$、$CoSi_2$ 和 NiSi 是使用最为广泛的三种硅化物[61~63]。表 9 - 1[61] 列出了集成电路中几种常用金属硅化物的温度和电阻率。

表 9 - 1　集成电路中几种常用金属硅化物的合金温度和电阻率

金属硅化物	最低共晶温度/℃	合金温度/℃	电阻率/Ω·m
$CoSi_2$	900	600 ~ 700	$(13 \sim 19) \times 10^{-8}$
$MoSi_2$	1410	900 ~ 1100	$(40 \sim 70) \times ^{-8}$
$PtSi_2$	830	700 ~ 800	$(28 \sim 35) \times 10^{-8}$
$TaSi_2$	1385	900 ~ 1100	$(35 \sim 55) \times 10^{-8}$
$TiSi_2$	1330	600 ~ 700	$(13 \sim 17) \times 10^{-8}$
WSi_2	1440	900 ~ 1100	31×10^{-8}

9.3.4.1 $TiSi_2$

硅化物在尺寸不断缩小的集成电路接触和局部互联技术中有重要作用，其中 $TiSi_2$ 应用最普遍，它的电阻率低和热稳定性较好[64~66]，另外，它不像其他硅化物一样对杂质氧存在敏感。$TiSi_2$ 有 *C*49 和 *C*54 两种结构，电阻率分别为 60 ~ 70μΩ·cm 和15 ~ 20μΩ·cm。为了降低电路的电阻，提高速度，需要采用 *C*54 相的 $TiSi_2$。

钛硅化物 $TiSi_2$ 被最早广泛应用于 0.25μm 以上 MOS 技术。其工艺是首先采用诸如物理溅射等方法将 Ti 金属沉积在晶片上，然后经过稍低温度的第一次退火（600 ~ 700℃），得到高阻的中间相 *C*49，然后再经过温度稍高的第二次退火（800 ~ 900℃）使 *C*49 相转变成最终需要的低阻 *C*54 相。$TiSi_2$ 既可作为器件的电极和互联引线，又可作为离子注入的阻挡层，以减小离子注入的深度。例如在 N 型硅衬底上通过 $TiSi_2$ 层进行 P 型离子注入掺杂形成浅 PN 结。硅衬底中注入离子状况会显著影响 $TiSi_2$ 的表面形态。实验证明杂质有助于在硅衬底上覆盖 $TiSi_2$。硼和氟同时存在可减缓 $TiSi_2$ 薄膜表面形貌变差[61]。

陈力俊等人[67] 在超高真空（1.333×10^{-7}Pa）条件下将 Ti(99.995%) 沉积在 Si 的（111）面上，采用反射高能电子衍射仪（RHEED）和透射电子显微镜（TEM）分析了不同温度下退火过程中 Ti - Si 之间的反应和相转变。当退火温度为 450℃时，30min 后在 Ti 和非晶硅的界面上开始出现 Ti_5Si_3 晶核，60min 后仍没有出现其他新相；当退火温度为 475℃，30min 后，出现 Ti_5Si_3、Ti_5Si_4、TiSi 和 *C*49$TiSi_2$；当退火温度为 500℃时，5min 后

出现 Ti_5Si_3，7min 后出现 Ti_5Si_4 和 TiSi，10min 后出现 $C49TiSi_2$，60min 后仅有 TiSi 和 $C49TiSi_2$；当退火温度为700℃时，10min 后同时出现 $C49TiSi_2$ 和 $C54TiSi_2$，60min 后仅有 $C54TiSi_2$；800℃和900℃下退火 1h 后也仅剩 $C54TiSi_2$。应力和溅射温度[68,69]对 Ti/（001）Si 界面上 $C49TiSi_2$ 和 $C54TiSi_2$ 相转变的研究结果表明，界面拉应力和高温溅射有利于 $C49TiSi_2$ 向 $C54TiSi_2$ 转变，拉应力下的转变温度比压应力下的转变温度低了约 100℃。

Miglio 等人[70]的研究表明 $C49TiSi_2$ 具有比 $C54TiSi_2$ 更低的弹性常数，从而导致 $C49$ 相优先生成。Matsubara 等人[71]研究认为，As 掺杂后的 $TiSi_2$ 薄膜中，$C49$ 结构向 $C54$ 结构的转变存在能垒，且能垒随着 As 含量增加而增加，沉积在 $C49$ 晶界的 As 起到了阻碍相转变的作用。黄志青等人[72]研究了 Ag 掺杂（原子分数，0～20%）对 $C49$ 相向 $C54$ 相转变的影响，结果表明，由于纳米尺寸的 Ag 在 $C49$ 相晶界大量析出，增加了 $C54$ 相的异质形核速率，使得相转变温度降低。Lundqvist 等人[73]研究表明高温溅射有利于提高 $C49$ 相向 $C54$ 相转变。Sabbadini 等人[74]研究表明 $C49$ 相向 $C54$ 相转变时的温度越高，形成的 $C54$ 相热稳定性越好。

刘允等人[75]详细描述了亚微米自对准硅化物（Self－alignedsilicide）的制造设备和工艺，并以实际生产为目标，以实验数据为依据，对影响自对准硅化物薄膜特性的各项工艺参数进行调试和论证，找出合适的第一步快速退火工艺（RTP1）温度，开发出适合自对准硅化物薄膜的工艺标准。实验采用钛与硅反应获得 $TiSi_2$，主要包括了两大工艺过程：Ti 淀积和 $TiSi_2$ 硅化物形成过程。在 Ti－Si 的反应中，Si 作为主要的扩散剂，所以 Ti 采用常温淀积（加热器设为0℃，这样形成的多孔状结构在 RTP 工艺时有利于 Si 的扩散，容易形成 $TiSi_2$）。同时淀积功率不能太高，这样有利于膜厚的控制。

对于 $C54-TiSi_2$ 的钛硅化物而言，最大的缺点是存在线宽效应，即线宽和接触面积减小时，$TiSi_2$ 电阻增大，相转变温度也会提高。原因是当线宽变得过窄时，从 $C49$ 相到 $C54$ 相的相变过程会由原先的二维模式转变成一维模式，这使得相变的温度和时间将大大增加。而过高的退火温度会使主要的扩散元素 Si 扩散加剧而造成漏电甚至短路的问题。因此随着 MOS 尺寸的不断变小，会出现 $TiSi_2$ 相变不充分而使接触电阻增加的现象（图 9－29）[76]。

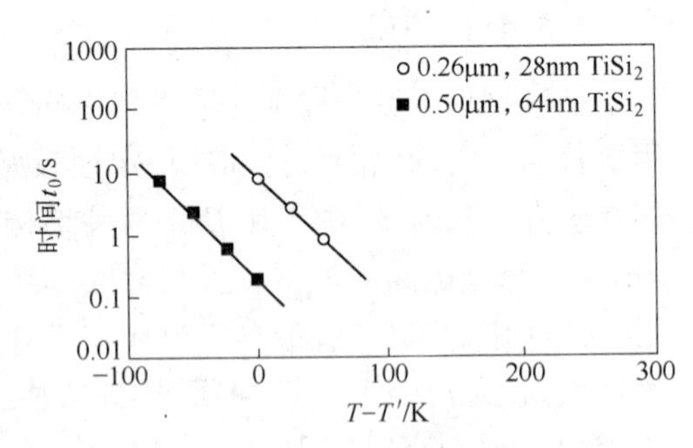

图 9－29 不同线宽 $TiSi_2$ 相变温度与相变时间的关系图

9.3.4.2 $CoSi_2$

在考虑将硅化物应用于集成电路时，硅化物的电阻率是最重要的判断依据。在所有硅化物中，$CoSi_2$ 差不多是电阻率最低的。对 $CoSi_2$ 薄膜电阻率的测量结果表明，$CoSi_2$ 薄膜表现出类似于金属的很低的电阻率[77]。它作为钛硅化物的替代品最先被应用于从 0.18μm～90nm 技术节点，其主要原因在于它在该尺寸条件下没有出现线宽效应。另外，钴硅化物形成过程中的退火温度相比于钛硅化物有所降低，有利于工艺热预算成本的降低；同时由于桥接造成的漏电和短路也得到改善。

$CoSi_2$ 与 Si 晶格失配小（室温下为 1.07%[78]），可在单晶 Si 衬底上外延生长连续均

匀的 $CoSi_2$ 薄膜。通常采用外延法（分子束外延、离子束合成和固相外延）、电子束蒸发、离子注入和溅射等方法进行研究。

$CoSi_2$ 的（111）外延比较容易实现[79]，而（100）外延却较难，通过固相反应在（100）Si 衬底上生长 $CoSi_2$ 往往会出现（110）和（111）等其他不同取向的晶粒[80]，这与表面形成能有关，计算得到表面能之比为 $\gamma\{100\}/\gamma\{111\} = 1.43 \pm 0.07$[81]，从而导致两种外延生长的难易程度有明显差别。

为了促进 $CoSi_2$ 外延生长，特别是为了在 MOS 集成电路应用较广泛的（100）Si 上得到高质量的（100）$CoSi_2$ 外延层，采用了各种方法，如氧化物诱导外延[82]、钛中间层诱导外延[83]和碳中间层诱导外延[84]等。

$CoSi_2$ 因不存在线宽效应而成功用于 0.25μm ~ 90nm 技术节点的集成电路制程。但是，$CoSi_2$ 的缺点在于形成硅化物时消耗硅较多，尤其第二次退火的温度在 700℃ 以上因而不适于 45nm 以下的制程。此外，短沟道效应也对金属硅化物的热导率提出更加严格的要求[61]。

9.3.4.3 NiSi

对于 45nm 及其以下技术节点的半导体制程，镍硅化物（NiSi）正成为接触应用上的选择材料。相对于之前的钛和钴的硅化物而言，镍硅化物具有一系列独特的优势：NiSi 薄膜形成温度较低（350 ~ 750℃）、消耗的 Si 量较少、不利于形成桥连、没有线宽效应、薄膜应力小。

镍硅化物仍然沿用之前硅化物类似的两步退火工艺，但是退火温度有了明显降低（ <600℃），这样就大大减少对器件已形成的超浅结的破坏。从扩散动力学的角度来说，较短的退火时间可以有效地抑制离子扩散。因此，尖峰退火（spikeanneal）被用于镍硅化物的第一次退火过程。该退火只有升降温过程而没有保温过程，因此能大大限制已掺杂离子在硅化物形成过程中的扩散。图 9 - 30 给出了镍硅化物第一次退火时尖峰退火的温度曲线[76]。

图 9 - 31[62] 是钴硅化物和镍硅化物的电阻随着不同线宽的变化情况。从图中可以看出，线宽在 40nm 以下钴硅化物的电阻明显升高，而镍硅化物即使在 30nm 以下都没有出现线宽效应。

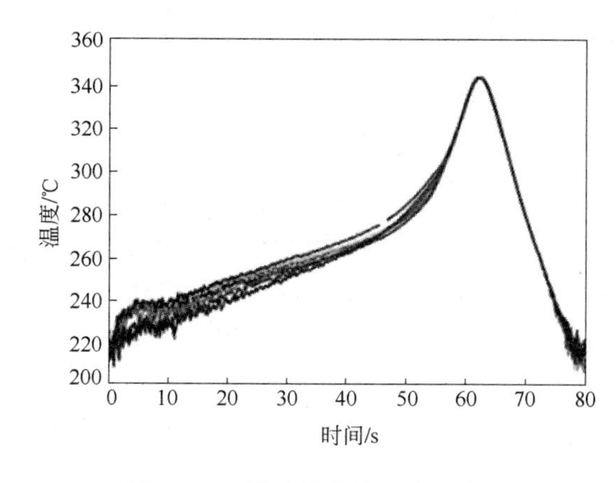

图 9 - 30 镍硅化物第一次退火时尖峰退火的温度曲线

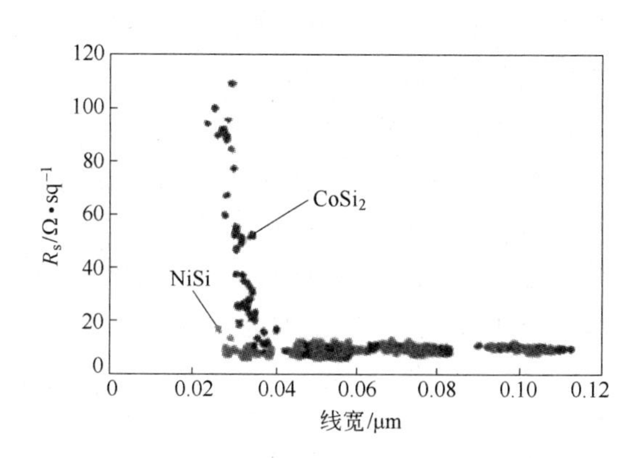

图 9 - 31 $CoSi_2$ 和 NiSi 电阻随线宽的变化图

另外，镍硅化物的形成过程对源/漏硅的消耗较少，而靠近表面的硅刚好是掺杂浓度最大的区域，因而对于降低整体的接触电阻十分有利。镍硅化物的反应过程是通过镍原子的扩散完成，因此不会有源漏和栅极之间的短路。同时镍硅化物形成时产生的应力最小。几种金属硅化物各项性能的对比见表 9－2[76]。

表 9－2　三种典型金属硅化物的参数对比

参　数	$TiSi_2$(C54)	$CoSi_2$	NiSi	NiSi 的优缺点
技术节点	>0.18μm	0.18μm～90nm	≤65nm	
体电阻率/×10^{-8}Ω·m	13～16	18～22	12～15	低电阻率
耗硅量（1nm 厚度金属薄膜)/nm	2.24	3.63	1.84	更节省硅
应力/×10^8Pa	15～25	8～10	1	更低的应力
移动元素	Si	Co	Ni	无短路
热稳定性/℃	900	1000	600	高温下不稳定

虽然镍硅化物较之其他硅化物具有很多优点，但是它对制造过程的控制和整合也提出了更高的要求。镍硅化物随着温度的升高具有不同的化学组成。低温时首先形成的是高阻 Ni_2Si，随着温度的升高，低阻的 NiSi 开始出现。NiSi 相在高温下不稳定，在高于 700℃ 左右时会因为团聚和相变而生成高阻的 $NiSi_2$ 相（如图 9－32[85] 所示），因此对后续工艺中各个步骤的最高温度产生了限制。在 Ni 中掺入少量 Pt 能提高 NiSi 的高温稳定性。Ge 掺杂能够提高 NiSi 薄膜的热稳定性，使 NiSi 向 $NiSi_2$ 转变的温度提高 50～100℃[86,87]。

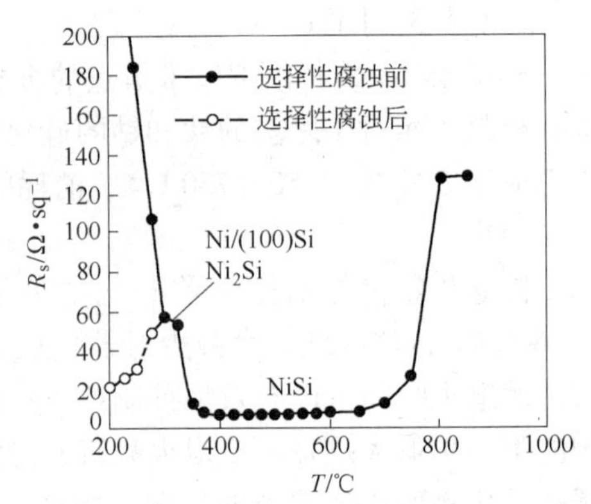

图 9－32　Ni－Si 的相变曲线

镍硅化物整合的另一个挑战是接触面漏电流的增大，其原因是镍硅化物与硅之间存在缺陷或界面过于粗糙。因此对于 Ni 金属镀膜之前晶片表面的清洁状况及缺陷控制的要求十分严格。如果表面清洁状况不理想，很容易形成诸如针状等缺陷，从而造成器件漏电。另外，界面形貌的控制对漏电流也至关重要。尖峰退火具备限制扩散的能力，从而能控制镍硅化物与硅接口间的形貌。

9.3.4.4　稀土金属硅化物[61]

关于稀土金属硅化物的研究始于 20 世纪 80 年代。1981 年，Tu 等人[88]研究发现在 N 型硅衬底上稀土金属硅化物仅具有 0.4eV 的肖特基势垒，这在互联接触面积越来越小的超大规模集成电路接触设计中非常重要，因而引起了人们对稀土金属硅化物的广泛研究兴趣。表 9－3是目前几种稀土硅化物在 N－Si（100）衬底上的肖特基势垒高度。

表 9－3　稀土金属硅化物肖特基势垒高度　(eV)

$GdSi_2$	$ErSi_2$	$DySi_2$	$HoSi_2$	YSi_2
0.39±0.06	0.39±0.06	0.37±0.06	0.37±0.06	0.39±0.06

Knapp[89]利用电子束快速加热方法，在 Si（111）表面外延生长得到非常光滑平整的多种稀土金属（Y、Gd、Tb、Dy、Ho、Er、Tm、Lu）的硅化物薄膜。Frangis[90]1997年首先于超高真空环境下通过外延生长在 Si（100）面上得到35～45nm 厚度的 $ErSi_2$ 薄膜，并试图用于半导体 CMOS 器件。研究人员已成功在 Si（111）面上外延生长低漏电流和低接触电阻的 $ErSi_2$，$GdSi_2$ 和 YSi_2 等稀土金属硅化物。由于对硅衬底有不同的晶格失配率，导致稀土金属硅化物与 Si 衬底存在晶格匹配的各向异性。金属硅化物一般沿着失配度小的方向生长，形成微米长度的自组装纳米线。近期研究发现 Er、Dy、Sm、Gd 和 Ho 可在 Si（001）衬底上自组装形成稀土金属硅化物纳米线结构[91]。Preinesberger[92]用角分辨光电子能谱研究 Si（001）表面上生长 Dy 的硅化物纳米线，结果显示该纳米线的电子学性质在平行和垂直纳米线的两个方向上极不相同，且仅在沿纳米线方向上表现出显著的金属性。这一研究结果展示了稀土金属硅化物在纳米电子器件应用方面的良好前景。

稀土金属硅化物相对于硅不但有较低的肖特基势垒（在 N 型硅上 0.3～0.4eV，在 P 型硅上 0.7～0.8eV）而且与 Si（111）衬底晶格失配较小（约 0.75%），因而可以实现所谓的二维稀土金属硅化物外延生长。例如，$ErSi_2$ 是在 Si（111）表面沉积单层（ML）铒，于500℃下退火形成 1×1 结构的二维硅化物[93]。为进一步研究稀土金属硅化物的生长过程，在 0.1～1.0mm 区域研究了 Ho/Si(111) 体系。其制备过程为：将金属钬盛于钽舟之中，采用直接电流加热，钬即沉积在 Si(111) 衬底表面，最后于650℃再进行 15min 原位退火。扫描隧道电镜（STM）结果证实表面存在非局域化的电子结构，并具有半金属特点。

目前，用于集成电路的稀土金属硅化物有热蒸发、离子注入、溅射沉积、分子束外延等多种制备方法，一般需要辅助适当的后处理工艺。利用热蒸发法制备稀土金属硅化物需结合后退火过程。但该方法受到“临界温度”限制（此处“临界温度”指稀土金属薄膜在硅表面退火形成硅化物的起始温度）。低于此温度，无法形成稀土金属硅化物。该“临界温度”一般为 300～350℃，所制备的样品表面较为粗糙，同时在 Si/稀土金属硅化物界面存在大量结构缺陷以及晶格失配。另外，稀土金属硅化物容易被氧化，这些因素限制了高质量薄膜的制备及应用。

9.3.5 金属硅化物微电子材料的发展前景

金属硅化物是用于半导体集成电路的关键功能材料。随着超大规模集成电路的临界线宽向纳米尺度发展，对用作电接触的金属硅化物性能和质量提出更加严格的要求。因此，改进其微观结构的完整性、一致性，提高其质量与稳定性；以及研究和制备新的金属硅化物材料显得越来越重要。在使用多晶硅/二氧化硅栅结构近半个世纪之后，微电子工业处于向高 k/金属栅叠层结构的转变时期。最近，又开始在 45nm 集成电路工艺中采用全硅化物栅（FUSI）[94,95]。FUSI 可能是成本低、易插入标准集成电路制程并具有工业简洁性和模块性的较好过渡方案。目前改进上述金属硅化物的性能、提高品质、减少缺陷的研究正方兴未艾。而探索 32nm 及以下技术节点极大规模半导体集成电路用新型金属硅化物已成为今后研究的主攻方向。可以预计，未来金属硅化物将具有更加广阔的市场前景。

9.4 硅化物基红外元件材料

用金属硅化物制备的肖特基势垒红外电荷耦合器件（SBIRCCD）具有灵敏度高（光谱灵敏范围为1～6.5μm）、动态范围大、光电响应均匀（可达0.5%～2%）、无需机械扫描及可采用成熟的MOS工艺，便于大规模集成等特点。Pd_2Si－SBIRCCD工作于1～3μm，PtSi－SBIRCCD工作于3～6.5μm。Pd_2Si－SBIRCCD和PtSi－SBIRCCD广泛应用于军事、天文仪器、遥感和医疗卫生等领域。

9.4.1 红外材料简介

红外线是英国人赫舍尔在1800年发现的。它本质上和可见光一样是一种电磁波，波长在0.76～1000μm之间。在红外技术中，按地球上大气对红外辐射传输的影响，将它分为四个光谱区：0.76～3μm为近红外；3～6μm为中红外区；6～15μm为远红外区；15～1000μm为极远红外区。红外线的辐射起源于分子的振动和转动，而分子振动和转动起源于温度。所以在0K以上的温度，一切物体均可辐射红外线，故红外线是一种热辐射，有时也叫它热红外。

红外探测器就是一种将不可见的红外光辐射转换为可见或可测量信号的器件，红外探测器的发展动力主要来自于军事应用和民用需求。目前各国各军兵种都非常重视和发展新型探测器，红外成像具有极强的抗干扰能力，而且在作战中不会产生各种辐射，隐蔽性好，生存能力强。红外成像探测器可探测0.1～0.5℃的温差，长波红外成像可穿透烟雾，分辨率高，空间分辨能力更可达0.1毫弧度。另外，红外成像不受低空工作时地面和海面的多径效应影响，低空导引精度很高，可直接攻击目标要害，具有良好的抗目标隐形能力。现有的电磁隐形、点源非成像红外隐形技术对红外成像导引均无效。同时，在军事应用方面对红外探测器的要求是具有快速响应、输出电视制式图像、有较高的温度灵敏度和较高的空间分辨率，以满足武器系统作用距离的要求；在民用上，由于红外探测器能反映目标红外辐射的强弱，而红外辐射的强弱直接与温度有关，因而可以利用红外热像仪测量物体的温度，也可以用来进行故障检测、质量监控、疾病诊断等[96]。

9.4.2 金属硅化物基红外材料

金属硅化物肖特基势垒红外电荷耦合器件（SBIRCCD）由肖特基势垒红外探测器（SBIRD）和电荷耦合器件（CCD）读出寄存器组成。工作温度为77～140K，光谱灵敏范围为1～6.5μm，主要有Pd_2Si（工作于1～3μm）和PtSi（工作于3～6.5μm）两个系列。其制备方法主要包括：蒸发、溅射、分子束外延、脉冲激光沉积和激光分子束外延等。

硅化铂（PtSi）红外焦平面探测器是半导体肖特基势垒器件技术、电荷耦合器件（CCD）技术与红外成像技术相结合的产物。其基本的概念是：将电荷耦合器件的光敏元件PtSi肖特基势垒器件列阵，把只能响应可见光的电荷耦合器件的光谱从短波红外连续扩展到中波红外波段，成为可实现红外凝视成像的焦平面探测器。硅化铂红外焦平面探测器与电荷耦合器件技术兼容，因此几乎具有所有电荷耦合器件技术的优点，同时肖特基势垒器件的不足也被保留下来[97]。

基于成熟的硅电荷耦合器件技术的硅化铂红外焦平面探测器有如下五大特点：

（1）容易制作大规模的探测器。硅化铂红外焦平面探测器依托成熟的电荷耦合器件技术，可获得大规模的探测器，例如：已研制成功规模达到 4096×4096 的电荷耦合器件[98]。以及规模达到 1968×1968 的硅化铂红外焦平面探测器。根据大规模的硅化铂红外焦平面探测器的这一特点，可以研制用于对扩展源目标的大面积成像侦察、高空间分辨力的红外成像仪。

（2）均匀性好。硅化铂红外焦平面探测器的均匀性好，可做到百万量级的面阵或万元量级的长线列具有百分之几以下的非均匀性和千分之几以下的盲元[99]，这对锑化铟，碲镉汞是很难办到的。硅化铂红外焦平面探测器的均匀性好，对红外成像仪整机为获得高画质的热图像所进行高质量的非均匀性校正和盲元补偿很有利。

（3）可探测的光谱范围宽。硅化铂红外焦平面探测器的光谱宽，可从 0.76～1.0μm 的近红外到 1～5μm 的中短波红外[100]，甚至具有扩展到 0.4～0.76μm 可见光波段和紫外波段的潜力。

（4）制造成本低。硅化铂红外焦平面探测器的制造成本低，产品性能/价格比与致冷的碲镉汞、锑化铟红外焦平面探测器相比有较大的优势。与致冷碲镉汞、锑化铟红外焦平面探测器相比，在探测器的规模、均匀性和价格上又具有优势，与非致冷红外焦平面探测器相比，在性能方面要有优势。

（5）器件稳定性好。硅化铂焦平面探测器的稳定性好，是一个典型的整体集成式的焦平面探测器，即探测红外辐射的材料作为探测器制造的一个工艺环节集成在整个器件制造工艺中，实现了在信号处理电路上直接“长器件”。由于没有不同材料之间线膨胀系数不匹配、探测器列阵与信号处理电路互联牢固性等问题，铂、硅材料组分简单、结构稳定，因此硅化铂焦平面探测器具有在科学、工业测试仪器上使用的潜力，甚至作为标准红外探测器使用。

硅化铂红外焦平面探测器的主要不足之处有：

（1）量子效率低。硅化铂红外焦平面探测器的量子效率低[101]，典型值为 1%，导致其热灵敏度不高。硅化铂红外焦平面探测器宜用于针对大视场的侦察、监视、预警等应用的红外成像仪。

（2）填充因子小。在正面照射结构的硅化铂红外焦平面探测器的一个探测元中，集成了硅化铂红外光敏元、信号读出处理电路，因此探测器的填充因子小，典型值约为 0.3。填充因子小既降低探测器的热灵敏度，又导致探测器的调制传递函数在高频端较低。

（3）杜瓦、制冷机/器的配套较困难。封装硅化铂红外焦平面探测器的芯片，可以利用为碲镉汞、锑化铟焦平面探测器配套研制的杜瓦、制冷机/器。但此时硅化铂红外焦平面探测器只有价格上的优势。一旦硅化铂红外焦平面探测器向大规模发展，则因芯片的尺寸大，就需要大尺寸的杜瓦、大冷量的制冷机，进一步导致硅化铂红外焦平面探测器组件的成本上升。在探测器芯片上节约了的成本，在杜瓦、制冷机/器的配套上要增加。

Naem[102]研究了快速热处理工艺中 Pt/Si 界面之间反应，首先在 Pt/Si 界面生成 Pt_2Si 直至 Pt 全部转化为 Pt_2Si，然后在 Pt_2Si/Si 界面生成 PtSi 直至 Pt_2Si 消失。F 掺杂能够提高 PtSi/Si 界面的热稳定性，使得 PtSi/Si 的欧姆接触和肖特基接触热稳定性从 650℃ 提高至

800℃，F 原子聚集在 PtSi/Si 界面，且 F 与 Si 以 SiF_2 或 SiF_3 的形式键合，改变了 PtSi/Si 的界面能，从而提高了界面的高温稳定性[103]。

肖特基二极管是焦平面红外探测器的关键，其势垒高度制约了红外探测器的截止波长和量子效率。如果降低 PtSi/p－Si 势垒高度则能将探测器的应用拓展到长波红外领域，而且当 PtSi 的截止波长扩展时，量子效率也会提高。采用 Ar 背面轰击可改善肖特基势垒特性；PtSi/$Si_{1-x}Ge_x$/Si 结构能降低肖特基势垒高度；采用分子束外延掺杂、热掺杂等工艺在 PtSi/Si 界面掺入杂质能使有效势垒降低。

9.5 硅化物基磁性材料

自然界中有一类物质，如铁、镍、钴以及铁氧体等，在一定的情况下能相互吸引，这种性质被称为磁性。使之具有磁性的过程称为磁化。能够被磁化的或者能够被磁性物质吸引的物质称为磁性物质或磁介质。

一些金属硅化物及合金也具有磁性，如：

（1）高硅硅钢片，特别是硅含量（质量分数）为 6.5% 的硅钢片，具有优异的软磁性能，中高频铁损低，磁致伸缩接近于零，磁导率高，矫顽力低，是制作低噪声、低铁损变压器和电抗器的理想铁芯材料。

（2）Sendust 合金（Fe－Si－Al）具有高的磁导率、高饱和磁感应强度、高电阻以及成本低廉等优点，是做磁芯的理想材料。

9.5.1 磁性材料表征

衡量磁性材料性能的基本量有磁场强度、磁感应强度、磁导率、磁矩、磁化强度、磁化率等。

（1）磁场强度（H）：它是由导体中的电流或者永磁体产生的。定义为一根通有直流电流 I(A) 无限长直导线，在距导线中心 r(m) 产生的磁场强度为：

$$H = \frac{I}{2\pi r} \tag{9-9}$$

（2）磁感应强度（B）：材料在磁场强度为 H 的外加磁场作用下，会在材料内部产生一定磁通量密度，称其为磁感应强度，即在强度为 H 的磁场中被磁化后，物质内部磁场强度的大小。

（3）磁导率（μ）：表示在单位强度的外磁场下材料内部的磁通量密度。其大小为：

$$\mu = \frac{B}{H} \tag{9-10}$$

（4）磁矩（μ_m）：根据经典电磁学理论，任一封闭电流都具有磁矩m，其方向与环形电流法线方向一致，大小等于电流（I）与环形面积（A）的乘积：

$$\mu_m = \mathbf{I} \times \mathbf{A} \tag{9-11}$$

磁矩是表征材料磁性大小的物理量。磁矩愈大，磁性愈强，即物体在磁场中受的力愈大。

（5）磁化强度（M）：单位体积的磁矩称为磁化强度，其单位为 A/m，它等于：

$$M = \frac{\sum \mu_m}{V} \tag{9-12}$$

式中，V 为物体的体积。磁化强度是用来表征材料被外加磁场磁化的强弱程度的。

（6）磁化率（χ）：当磁介质在磁场强度为 H 的外加磁场中被磁化时，会使它所在空间的磁场发生变化，即产生一个附加磁场，强度大小为 M，它与外加磁场强度之比为磁化率：

$$\chi = \frac{M}{H} \tag{9-13}$$

磁化率表征了物质本身的磁化特性。

9.5.2 磁性材料的分类

物质按磁化率以及其在磁场中的行为可分为以下 5 类：

（1）抗磁性物质：磁化率 χ 为很小的负数，大约在 10^{-6} 数量级。它们在磁场中受微弱斥力。

（2）顺磁性物质：磁化率 χ 为正值，约为 $10^{-3} \sim 10^{-6}$。它在磁场中受微弱力。

（3）铁磁性物质：在较弱的磁场作用下，就能产生很大的磁化强度。χ 是很大的正数，且 M 或 B 与外磁场强度 H 呈非线性关系变化，如铁、镍、钴等。铁磁体在温度高于某临界温度后变成顺磁体。此临界温度成为居里温度或居里点，常用 T_c 表示。

（4）反铁磁性物质：χ 是很小的正数，在温度低于某温度时，它的磁化率随温度升高而增大。这个温度称为奈尔温度，用 T_N 表示。高于 T_N 时，其行为像顺磁体，如氧化镍、氧化锰等。

（5）亚铁磁性物质：这类磁体类似于铁磁体，但 χ 值没有铁磁体那么大。磁铁矿（Fe_3O_4）、铁氧体矿等属于亚铁磁体。

从磁性能的特点来看，金属磁性材料又可以划分为软磁合金、硬磁合金、矩磁合金和压磁合金（也叫磁滞伸缩合金）四种。在很多场合下，以上四种磁性合金可以简单地合并为软磁合金和硬磁合金两种，人们常把矫顽力小于 0.8kA/m 的材料成为软磁合金，而把矫顽力大于 0.8kA/m 的材料称为硬磁合金。

9.5.3 金属软磁材料

软磁材料主要是指那些容易反复磁化，且在外磁场去掉后，容易退磁的材料。它的特点是磁滞回线细长，磁导率高，矫顽力低，铁心损耗低。衡量软磁材料的重要指标有以下几个：

（1）起始磁导率 μ_i：当外加磁场强度 H 接近于零时的磁导率。磁导率是软磁性材料的重要参数。

（2）矫顽力 H_c：当磁性物质磁化到饱和后，由于有磁滞现象，故要使磁感应强度 B 减为零需要有一定负磁场，单位为安/米（A/m）。软磁材料的矫顽力通常很低，约为 $10^{-1} \sim 10^{2}$ A/m 的数量级。软磁材料的反磁化过程主要是通过畴壁位移来实现的，因此材料内部应力起伏和杂质的含量与分布成为影响矫顽力 H_c 的主要因素。对于内应力不易消除的材料，应着重考虑降低 λ_s（饱和磁致伸缩系数）；对于杂质含量较多的材料应着重考虑降低 K_1（磁各向异性常数）值。可以发现，软磁材料降低 H_c 的方法与提高起始磁导率的方法相一致。因此，对于软磁材料，在提高起始磁导率的同时可以实现降低 H_c 的目的。

（3）饱和磁感应强度 B_s：是指用足够大的外磁场来磁化磁性物质时，其磁化曲线接近水平不再随外磁场的加大而增加时的相应 B 值，单位为 T 或 Gs。软磁材料通常要求其具有高的饱和磁感应强度 B_s，这样不仅可以获得高的起始磁导率，还可以节省资源，实现磁性器件的小型化。对于软磁材料，可以通过选择适当的配方成分来提高材料的 B_s 值。然而，实际情况是，材料的 B_s 值一般不可能有很大的变动。

（4）磁损耗：软磁材料多用于交流磁场，因此动态磁化造成的磁损耗不可忽视。动态磁化所造成的磁损包括 3 个部分：涡流损耗、磁滞损耗和剩余损耗。随着交流磁场频率的增加，软磁材料动态磁化所造成的磁损耗增大。

（5）稳定性：高科技特别是高可靠工程技术的发展，要求软磁材料不但要高 μ_i，低损耗等，更重要的是高稳定性。软磁材料的高稳定性是指磁导率的温度稳定性要高，减落要小，随时间的老化要尽可能地小，以保证其长寿命工作于太空、海底、地下和其他恶劣环境。影响软磁材料稳定工作的因素有低温、潮湿、电磁场、机械负荷、电离辐射等，在这些因素的影响下，软磁材料的基本特性参数发生变化，从而导致性能的变化。

9.5.4 硅化物基磁性材料

9.5.4.1 Fe－Si 基合金

Fe－Si 基合金（俗称硅钢，亦称电工钢）是电力和电讯工业用以制造发电机、电动机、变压器、互感器、继电器以及其他电器仪表的重要磁性材料。1882 年英国哈德菲尔特开始研究硅钢，1898 年发表了 4.4% Si－Fe 合金的磁性结果。1903 年美国开始大规模生产电工钢。1968 年日本正式生产高磁感取向硅钢（牌号 Z8H）。研究表明，硅钢片中的硅含量对其产品的特性（如：磁感应强度和铁损）影响很大：随着硅含量的增加，硅钢片的电阻率增大，涡流损失减小，从而在较高频率下表现出优良的磁性。目前世界范围内，大批量生产的硅钢片中硅含量大都控制在 4% 以内。因为当硅含量超过 5% 以后，由于 $B2$ 或 DO_3（Fe_3Si）有序相的出现，合金变得既硬又脆，使机械加工性能急剧恶化。然而当硅钢片中硅含量达到 6.5% 时，其磁致伸缩系数趋于零，是制作低噪声、低铁损的理想铁芯材料。但是，另一方面，由于硅含量的提高而导致的脆性增大给材料的进一步加工带来了诸多困难，也就使 6.5% Si 高硅钢的发展受到了制约。

由于 Fe－Si 基合金在能量转换和信息处理领域具有举足轻重的地位，对该合金的研究和开发一直都十分活跃，主要集中在以下三个方面[104]：

（1）开发超薄晶粒取向硅钢片；

（2）纳米晶磁性材料的开发应用；

（3）Fe_3Si 基合金的研制和开发。其中，对 Fe_3Si 基合金的研究，主要集中在含 Si（质量分数）约 6.5% 的 Fe－Si 合金、Sendust 系列合金和 Fe_3Si 合金三方面。

硅钢片，特别是硅含量（质量分数）为 6.5% 的硅钢片，具有优异的软磁性能，比如中高频铁损低、磁致伸缩接近于零，磁导率高，矫顽力低，是制作低噪声、低铁损变压器和电抗器的理想铁芯材料。但此材料韧性差，很难制备。高硅硅钢片仍是研究与开发的热点。Fe－6.5% Si 硅钢的物理、力学性能如表 9－4 所示。

表 9－4 Fe－6.5%Si 硅钢的物理、力学性能[105,106]

密度 /g · cm^{-3}	电阻率 /μΩ · cm	比热容（304K） /J ·（kg · K）$^{-1}$	线膨胀系数（423K） /K^{-1}	热导率(304K) /W ·（m · K）$^{-1}$
7.48	82	535	11.6×10^{-6}	18.9
居里温度/K	磁致伸缩系数	维氏硬度 HV/MPa	抗拉强度 σ_b/MPa	伸长率 δ/%
973	0.6×10^{-6}	3874	480	0.2

表 9－5[106,107]为硅钢的磁性能，从表中的数据可看出，当频率为 5kHz 时，高硅钢的铁损约为同样厚度取向硅钢的 1/2，磁致伸缩系数为取向硅钢的 1/8，当频率为 10kHz 时，高硅钢的铁损约为同样厚度的取向硅钢的 46%；与无取向硅钢相比，磁致伸缩系数约为其 1/50。可见，高硅硅钢片适合在中高频、低铁损、低噪声条件下应用。

表 9－5 高硅钢与普通钢、非晶的磁性特性比较

材料	板厚 /mm	磁通密度 B_8/T	铁损/W · kg^{-1}					最大磁导率 /μm	磁致伸缩系数 λ_s/10^{-6}
			W1.0/50	W1.0/400	W0.5/1K	W0.2/5K	W0.1/10K		
6.5% Si 高硅钢	0.05	1.25	0.7	6.1	4.6	6.2	5.1	16000	0.1
	0.1	1.25	0.6	6.1	5.2	140	8.2	18000	
	0.3	1.3	0.5	10.0	11.0	25.2	24.5	25000	
取向硅钢	0.10	1.85	0.7	7.2	7.6	19.5	18	24000	－0.8
	0.35	1.93	0.4	12.2	15.2	49.0	47	94000	－0.8
无取向硅钢	0.35	1.45	0.7	14.4	15.0	38	33	18000	5.0
铁基非晶	0.025	1.38	0.1	1.5	2.2	4.0	4.0	300000	27

高硅硅钢片特别适用于中高频的电动机、变压器以及高频扼流线圈中的铁芯材料，因为与普通硅钢片铁芯材料相比，有很多优势，用高硅硅钢片可使器件尺寸更小、重量更轻、工作频率更高、铁损更低。日本已用 6.5% Si 硅钢（质量分数）制成 1kHz 音频变压器，在 B = 1.0T 时，噪声比 3% Si（质量分数）取向硅钢下降 21dB，铁损下降 40%，6.5% Si 硅钢取代 3% Si 取向硅钢用于 8kHz 电焊机中[104]，铁芯重量从 7.5kg 减轻到 3kg。目前，丰田汽车公司率先在全世界销售的混合动力汽车 PRIUS 上，升压转换反应堆上使用 Fe－6.5% Si 硅钢[108]；Fe－6.5% Si 硅钢也可以在太阳能发电的电抗器上应用[107]。

Fe_3Si 具有复杂的晶体结构，从而导致其相变过程的复杂性。Fe_3Si 具有很宽泛的化合范围（大约 x(Si) = 10% ~ 27%），Fe_3Si 可形成两种有序结构 α_2($B2$) 和 α_1(DO_3)，这两种结构都是基于 bcc 结构[109,110]。αFe 是 bcc 结构的无序固溶，最邻近原子的有序化导致 αFe 向 α_2 转变，次邻近原子的有序化导致 α_2 向 α_1 转变[111,112]。室温下为 α_1 结构，随着温度升高首先发生 $\alpha_1 \rightarrow \alpha_2$ 转变，随后发生 $\alpha_2 \rightarrow \alpha$ 转变直至熔化。由于 Fe_3Si 在低温下是一种铁磁性材料，且随着铁含量的降低居里温度降低。

Fe_3Si 的实验室制备方法很多，主要有分子束外延（MBE）、脉冲激光沉积（PLD）、物理气相沉积（PVD）、化学气相沉积（CVD）和机械合金化（MA）等。不同的制备方法得到的 Fe_3Si 的性质有些不同，其应用方向也有一定区别。MBE 作为一种先进的薄膜制作方法可用于制备基于 Fe_3Si 薄膜的隧道结，这种隧道结可用于制造磁阻随机存储器（MRAM）等磁性元件。

Fe_3Si 合金具有负的电阻温度系数，是一种有特殊性质的导体，有可能成为新型的电阻材料[113]。同时，Fe_3Si 还可用于材料表面改性而作为一种涂层材料，目前的研究集中在功能涂层和结构涂层两个方面。在功能涂层方面因其高硬度、抗腐蚀、低电导率等优点可作为硅钢片的涂层材料而代替普通非铁磁性的绝缘涂层。

Schneeweiss 等人通过 Si 在晶粒取向钢（GO 钢）表面化学气相沉积并结合热处理工艺成功制得了 GO 钢表面的 Fe_3Si 涂层，且涂层表现出高硬度、良好的抗腐蚀性、高电阻性以及和基体不同的组织结构等特点[114]。另有研究表明，Fe_3Si 宽泛的磁化率与其反铁磁性转变有关，中子衍射结果表明合金内部的无定形态起了决定作用。因此，要利用 Fe_3Si 的这种特有的磁学性能就需要制备大块的非晶 Fe_3Si 合金，但考虑到大块非晶合金制备的困难，通过制备非晶 Fe_3Si 涂层则能够很好地解决二者之间的矛盾[115,116]。

9.5.4.2 Sendust 合金和 Super Sendust 合金

Sendust 合金于 1936 年在日本仙台（Sendai，因此取名为 Sendust）研制成功，它是一种 Fe－Si－Al 系合金，该系合金的性能对于成分的变化很敏感，材料的磁晶各向异性常数 K_1 和磁致伸缩系数 λ_s 随成分的改变而迅速改变，从而导致合金性能的急剧变化。图9－33 为 Fe－Si－Al 系合金的磁晶各向异性常数 K_1 和磁致伸缩系数 λ_s 随成分变化图。

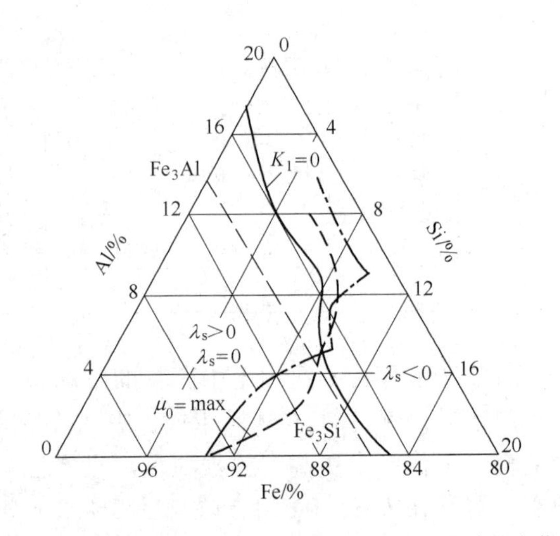

图9－33 Fe－Si－Al 系合金的 K_1 和 λ_s 随成分的变化

Sendust 合金具有非常高的磁特性，见表 9－6。从表中可看出，Sendust 合金具有高的磁导率、高饱和磁感应强度、高电阻以及成本低廉等优点，是做磁芯的理想材料[117]。

表 9－6 Sendust 合金的磁性能

初始磁导率 μ_i /$H \cdot m^{-1}$	最大磁导率 μ_m /$H \cdot m^{-1}$	饱和磁感应强度 B_s/T	矫顽力 H_c /$A \cdot m^{-1}$	硬度 HV /MPa	电阻率 /$\mu\Omega \cdot cm$
35000	117000	1.1	1.59	5100	81

Sendust 合金硬度很大而且耐磨，非常适合于作磁头材料，但是它最大的缺点是质地太脆不易于冷加工，在很长一段时间里限制了它的推广应用。为了改善 Sendust 合金的脆性，20 世纪 70 年代日本科学家在此合金中加入（2%～4%）Ni 和经磁场热处理改善了加工性和磁性，并命名为 Fe－Si－Al 合金（Super Sendust，成分为 Fe 3.2Ni－6Si－5.4Al（质量分数））。这种合金可以用温轧方法获得 0.2mm 的厚薄带，其高频性能与含钼的高镍 Perm 合金相当，用它装配的磁头磨耗几乎为零[118]。

近年来随着各种电子设备不断向高频化、集成化、功能化、数字化的方向发展，电磁干扰（EMI，Electro Magnetic Interference）尤其高频干扰（进入微波频段）已变得越来越严重，因此抑制高频干扰已成为目前迫不及待的问题。由于 Mn - Zn 和 Ni - Zn 铁氧体受 Snokes 效应的限制，高频应用方面受到很大影响，目前人们的目光主要转向软磁合金和铁氧体的改性研究。作为传统软磁合金材料，Fe - Si - Al 合金材料磁性能较好，特别是当其成分接近 Sendust 合金时，具有与 Perm 合金一样的高磁导率，饱和磁化强度更高，电阻率更大，更适合在高频下使用。

1988 年，Yoshizawa 等人发现，当晶粒尺寸达到纳米级，材料的软磁性能会有很大改善[119]。冯则坤等人采用机械合金化的方法制得了具有良好软磁性的纳米晶 Sendust 合金[120]。经适当的球磨处理，获得具有较大纵横比的扁平状微粉，有效抑制了材料的涡流损耗，并获得高的磁导率，提高了材料的抗电磁干扰性能[121]。

9.6 硅化物电热功能材料

电热材料是能够有效地将电能转换为热能的材料。电热材料主要包括金属类（高熔点纯金属、Ni - Cr 合金等）和非金属类（氧化物、非氧化物等）。

9.6.1 电热功能材料简介

电加热方法是将电能转换为热能并加以利用的过程。按其转化原理可分为以下几种：(1) 等离子加热；(2) 电子束加热；(3) 电弧加热；(4) 感应加热；(5) 电阻加热。在这五种加热方法中，电阻加热方法具有线路简单、使用方便、价格便宜等优点，因此，在工业加热炉和干燥设备以及家电中得到广泛应用。

电阻加热时所利用的导电材料称之为电发热体，许多材料都可以在电流通过时产生电阻热，但是只有那些能有效地将电能转化为热能的电发热体材料，才可用来制造电热元件，电热元件的电发热体材料叫做电热功能材料。

电热功能材料大致可分为金属和非金属两大类：

(1) 金属类电热材料。主要包括高熔点纯金属，如钨（W）、钼（Mo）、钽（Ta）、铂（Pt），但其价格昂贵，仅用于一些特殊要求的场合。合金类主要有镍铬系（Ni80 - Cr20 合金）及铁铬铝系高电阻合金（67Fe - 25Cr - 5Al - 3Co），使用温度在 1200℃以下。

(2) 非金属电热材料，与金属相比，非金属陶瓷发热体的价格便宜、耐火性能好，具有适当的电阻值、化学稳定性好、线膨胀系数小、高温强度大和使用寿命长等优点，被广泛用作高温电阻炉的发热元件，以及某些感应加热炉的发热元件。对于非金属陶瓷电热材料，可分为非氧化物（SiC、$MoSi_2$、C 等）和氧化物（ZrO_2、ThO_2、$LaCrO_3$ 等）两类。若从导电机制来看，又可分为电子导电型发热体（SiC、$MoSi_2$、C、$LaCrO_3$）和离子导电型发热体（ZrO_2、ThO_2）两类。

在非金属陶瓷基电热材料中，历史最长、使用最广和最经济的电热材料是碳化硅，广泛应用于 1000 ~ 1400℃工业高温加热炉中。目前国产碳化硅发热元件在空气介质中最高使用温度为 1450℃，正常使用温度在 1400℃以下，超过 1400℃就要采用二硅化钼发热元件。然而国外的碳化硅发热元件最高使用温度已达 1650℃，在 1600℃以下的温度范围已经取代了二硅化钼发热元件[122]。但是，SiC 发热元件的一个最突出的缺陷是易于老化，即随着使用时间增加电阻值增加的现象。所以近年来硅化钼发热元件的应用日益受到重视，其使用温度范围也较高，目前 $MoSi_2$ 发热元件能够达到1850℃，而且它还具有电阻值稳定、不会老化、发热量大、加热速率快等优点[123]。其他电热材料，如铬酸镧基电热材料在1600～1900℃范围内的氧化气氛中使用，ZrO_2 基电热材料可以在2000℃以上的高温使用，碳素电热材料在中性或还原性气氛中可以达到3300℃。

9.6.2　电热功能材料性能的表征与测试方法

电热功能材料使用过程中一般具有如下要求：

（1）电阻率高，以求节省材料；电阻温度系数小，电阻均匀稳定。

（2）熔点高，高温下不分解、不蒸发，使用稳定性好。

（3）线膨胀系数小，以保证电热元件的体积变化小。

（4）高温抗氧化性能良好，从而延长电热元件在空气中使用的寿命。

（5）化学稳定性好，不与各种气体介质和耐火材料发生化学反应，以免被腐蚀损坏。

（6）高温强度好，不因发生脆性变化而降低使用寿命。

（7）致密度要大。

陶瓷材料或者复合材料密度的测量通常采用排水法。金属及合金的电阻率一般都较小，需要高灵敏度的测量方法。一般采用双电桥法或电位差计法。具体测量方法可参考有关标准。

由于试样的热膨胀变化量很小，所以就需要将试样的伸长量进行放大。根据放大方法的不同，有三种伸长量的测量方法：光学放大法、机械放大法和电放大法。电放大法是利用各种电学原理放大并检测试样的热膨胀量，即把试样的长度转换为电信号，然后再对电信号进行处理，绘出膨胀曲线。主要有电感式膨胀仪和电容式膨胀仪。由于电信号便于利用现代电子技术和计算机技术，易于实现测量技术的自动化，应用较广泛[124]。

9.6.3　金属硅化物基电热材料

Ⅳ、Ⅴ和Ⅵ族金属元素与硅形成的硅化物一般有 M_3Si、M_5Si_3 和 MSi_2 三种，且具有熔点高，导热性好等特点，并且在空气中加热时由于硅的氧化而在表面生成一层致密的 SiO_2 保护膜从而具有优异的抗氧化性能。一般说来，硅化物中的硅含量越低，它的熔点则越高；然而由于硅含量的减少，因此在高温使用过程中，由于形成的 SiO_2 数量减少从而形成不了致密的 SiO_2 保护膜而使抗氧化性能降低。作为高温发热元件，抗氧化性能是衡量其品质的重要参数，因此选取二硅化物最为合理。表9－7中列出了各种硅化物的熔点和电阻率，从表中可看出，熔点高且电阻率较高的有 WSi_2 和 $MoSi_2$。由于 $MoSi_2$ 在800～1300℃的温度范围内在空气中加热时可发生以下反应：$MoSi_2 + O_2 \rightarrow MoO_3 + SiO_2$，其中 MoO_3 挥发而 SiO_2 留在表面从而生成一层致密的保护膜使内部的 $MoSi_2$ 不再与 O_2 接触。因此在空气中使用的高温发热元件，采用 $MoSi_2$ 作为基体效果最好[123]。

表9－7　各种二硅化物的熔点与电阻率

二硅化物	熔点/℃	电阻率/Ω·cm
$TiSi_2$	1540	123×10^{-6}
$ZrSi_2$	1520	16.1×10^{-6}

续表 9 - 7

二硅化物	熔点/℃	电阻率/Ω · cm
VSi_2	1750	9.5×10^{-6}
$NbSi_2$	1950	6.3×10^{-6}
$TaSi_2$	2400	8.5×10^{-6}
$MoSi_2$	2030	21.5×10^{-6}
WSi_2	2150	33.4×10^{-6}

$MoSi_2$ 电热材料的力学性能及物理性能见表 9 - 8。

表 9 - 8 $MoSi_2$ 发热元件的力学性能及物理性能[125]

发热元件	Kanthal $MoSi_2$	国产 $MoSi_2$
抗拉强度/MPa（1550℃）	100% ±25%	—
弯曲强度/MPa	450% ±10%	200
压缩强度/MPa	1400 ~ 1500	—
断裂韧性/MPa · $m^{1/2}$	3 ~ 4	—
体积密度/g · cm^{-3}	5.6	5.5
气孔率/%	<1	7.3
线膨胀系数/$℃^{-1}$	$(7\sim8)\times10^{-6}$	—
硬度/GPa	8 ~ 9	5.7

$MoSi_2$ 元件具有良好的电阻特性，这是它能够取代传统发热体的决定因素，它在室温下电阻率很低，但随着温度升高，其电阻值急剧增大。它升温快、耗电低，在正常操作情况下，元件电阻不随使用时间长短而变化，因此新旧元件可以混合使用。其电阻率与温度关系如图 9 - 34 所示。

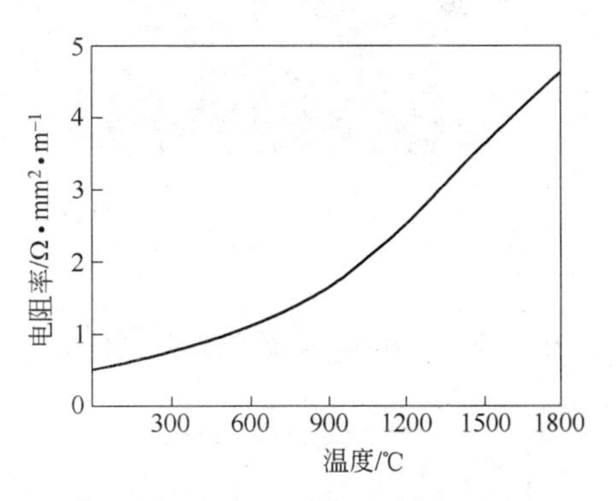

图 9 - 34 $MoSi_2$ 发热元件电阻率与使用温度的关系

$MoSi_2$ 表面生成的致密 SiO_2 保护膜可以防止发热元件的进一步氧化，因此，凡是能与 SiO_2 发生反应的气体都能影响 $MoSi_2$ 发热元件的使用寿命及温度。表 9 - 9 列出了各种气氛对 $MoSi_2$ 发热元件的使用温度的影响。从表中可看出，$MoSi_2$ 发热元件在空气中使用温度最高。

表 9 - 9 $MoSi_2$ 发热元件在各种气氛中的最高使用温度[126] （℃）

空气	1700	一氧化碳	1500
氮气	1600	二氧化硫	1600
氩气、氦气	1500	氨（含 8% H_2）	1400
氢气（干）	1350	甲烷	1350
二氧化碳	1600	真空	1100

发达国家对 $MoSi_2$ 的研究始于20世纪30年代，其中以瑞典康泰尔（Kanthal）公司的产品为代表。我国于1987年研制出第一代硅钼棒。与国外产品相比，长期以来，我国产品存在着致密度差，抗折强度低，焊口易脱焊，使用寿命低和形状单一等弱点，难以满足我国陶瓷材料制造业快速发展的需要。近年来，随着现代科学技术，尤其是信息技术的不断进步，二硅化钼发热元件的研究、生产和应用也取得了快速发展，由传统的U、W和L型产品逐步实现螺旋形和波浪形等复杂形状的发热元件[127]，如图9－35所示。

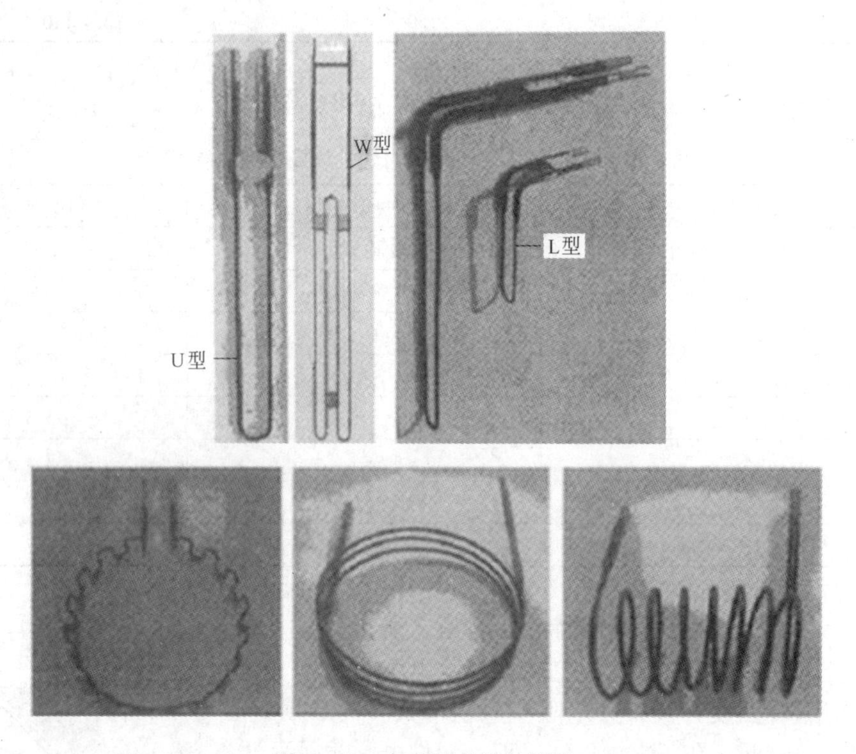

图9－35 各种形状的硅钼棒

9.6.4 提高 $MoSi_2$ 电热性能的方法

目前，$MoSi_2$ 发热体的缺点主要有以下三点：

（1）其材料内部含有15%左右的铝硅酸盐玻璃相，具有高温易变形的弱点，在炉体设计方面仍有它的局限性；

（2）室温断裂韧性低和易高温蠕变；

（3）在400～1200℃之间使用，二硅化钼发热元件材料会发生灾难性的低温氧化，使其在上述温度下的使用寿命减少到1/4以下。

国内外对 $MoSi_2$ 基材料的改性研究主要是合金化和复合化[128]。合金化改性，主要是通过添加合金化元素来提高其高温强度，改善室温脆性。常用的合金化元素主要有W、Nb、Co、Al、B、Ge等。其中，马勤[129]对添加W、B元素的研究表明，合金化元素W、B的加入可以明显起到细化晶粒，提高材料力学性能，改善材料综合特性的作用。W的加入可以生成 $(Mo,W)Si_2$ 合金化合物，同时还可形成难熔硅化物 WSi_2 和 Mo_5Si_3 等化合物，从而起到固溶强化和提高使用温度的作用。

$MoSi_2$ 基复合电热材料主要包括：$MoSi_2-SiC$、$MoSi_2-Al_2O_3$、$MoSi_2-ZrO_2$ 等。由于 ZrO_2 与 $MoSi_2$ 具有很好的化学相容性以及其他类似的特性，已成为 $MoSi_2$ 改性复合化的理想候选材料之一。有关 ZrO_2 与 $MoSi_2$ 的复合化研究。[130~134] 主要是侧重于结构材料方面；近年来也有相关的报道研究了加入 ZrO_2 颗粒制备 $MoSi_2$ 基复合型发热元件材料的可能性。

（1）$MoSi_2-SiC$ 复合型。$MoSi_2-SiC$ 复合发热体的最高使用温度可达 1700℃。在高温使用时，它与硅化钼发热体一样，$MoSi_2-SiC$ 复合发热体中的 $MoSi_2$ 可被氧化形成 SiO_2 保护薄膜，可防止氧的渗透和进一步发生氧化作用。同时在这种复合发热体结构中，SiC 颗粒构成骨架结构和承受荷重，使 $MoSi_2-SiC$ 复合发热体在高温下使用时不会发生软化变形，因而安装方法可以简化，与碳化硅发热体一样，可以采用水平安装，或像 $MoSi_2$ 发热体那样，采用垂直吊装。$MoSi_2-SiC$ 复合发热体的电器性能与碳化硅发热体相似，低温下，电阻与温度呈正态变化。在 750℃左右变为呈负态变化，在 1300℃以上又变为呈正态变化。

（2）$MoSi_2-Al_2O_3$ 复合型。通过 Al_2O_3 与 $MoSi_2$ 复合而制成的 $MoSi_2-Al_2O_3$ 复合型电热材料具有与 $MoSi_2$ 电热材料相近的电学特征和热学特性，而且材料的高温抗氧化性能更加优良。与纯二硅化钼材料相比，$MoSi_2-Al_2O_3$ 复合型电热材料实用性、经济性更好。

（3）$MoSi_2-ZrO_2$ 复合型。$MoSi_2-ZrO_2$ 复合型电热材料的研究是目前 $MoSi_2$ 基电热材料研究的一个新方向。添加氧化锆复合化改性二硅化钼的研究表明，该复合型电热材料具有与二硅化钼电热材料相近的抗热震性能，而且随着氧化锆组分的增加复合电热材料的力学性能、电学性能都得到了一定程度的改善。

马勤等人[135]通过挤压成型法制备了不同体积百分比的 $MoSi_2-ZrO_2$ 复合电热材料，研究了 ZrO_2 颗粒的加入量及烧结时间对材料力学和电学性能的影响。结果表明，ZrO_2 的加入细化了 $MoSi_2$ 基体的晶粒，改善了其力学性能及抗热震性能，与纯 $MoSi_2$ 相比，含 20% ZrO_2 颗粒的复合材料烧结 4h 后的室温抗弯强度提高 92%（图 9-36），这主要是由晶粒细化和第二相的弥散强化引起的；含 20% ZrO_2 颗粒的复合材料烧结 2h 后电阻率提高 80%（图 9-37）。同时，随着烧结时间的增加，无论是材料的力学性能、电学性能还是复合发热体的热学性能都得到了显著的提高。电阻率的提高是由于 ZrO_2 是一种

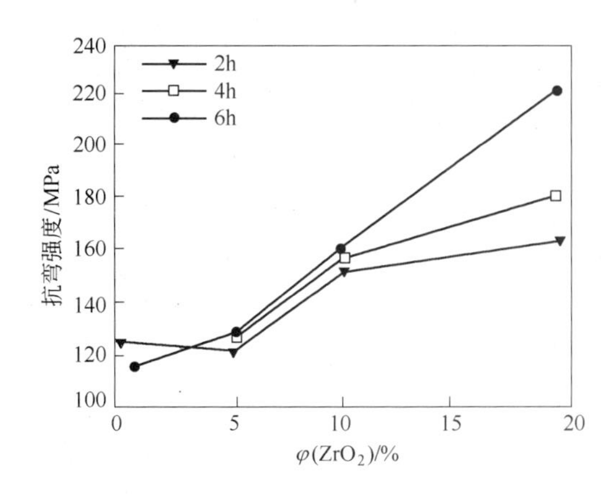

图 9-36　ZrO_2 添加量对不同烧结时间 $MoSi_2$ 材料室温抗弯强度的影响

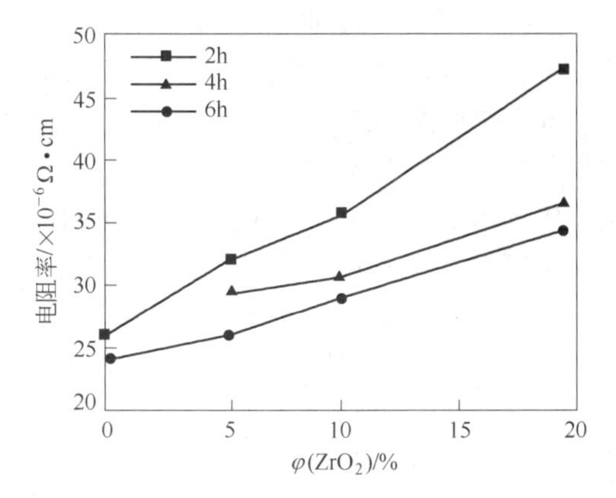

图 9-37　ZrO_2 添加量对不同烧结时间 $MoSi_2$ 材料室温电阻率的影响

具有负电阻温度特性的材料，在常温下，ZrO_2 是不导电的，加入 ZrO_2 相当于在材料中加入了绝缘体，这势必会增加复合材料的电阻率，电阻率的增加明显可以弥补二硅化钼电阻率偏低的不足，从而实现更大的热工效率；耐热温度也有一定的提高。

由于电热材料在高温下使用时，高温抗氧化性能是很重要的性能指标。郭铁明等人[136]通过热重法研究挤压成型制备的纯 $MoSi_2$ 及 20% $ZrO_2/MoSi_2$ 复合材料的高温氧化行为，分别用 XRD 和 FESEM 分析试样氧化层的物相结构及氧化形貌。结果表明，20% $ZrO_2/MoSi_2$ 复合材料在 800℃ 氧化时表现为钼、硅的同时氧化，氧化产物主要为 MoO_3（部分挥发）和 SiO_2。1100℃ 氧化时，硅的选择性氧化和钼、硅的同时氧化均有发生，氧化产物主要为 MoO_3，Mo_5Si_3 和 SiO_2。1300℃ 氧化时，主要为硅的选择性氧化，氧化产物为 Mo_5Si_3 和 SiO_2。复合材料在 800℃ 和 1100℃ 氧化后质量无明显变化，1300℃ 氧化后质量略有增加。ZrO_2 的加入降低了复合材料的致密度，促进了氧在基体中的扩散，使复合材料在 1300℃ 的抗氧化性能略有下降。

另外，颜建辉等人[137]利用热重分析法（TGA），SEM 和 X 射线技术研究了不同致密度的 $MoSi_2$ 材料在 700～1200℃ 的氧化行为。结果表明：氧化 480h 后，不同致密度的 $MoSi_2$ 材料均未发生“粉化”现象，致密度和“粉化”现象无本质关系。低致密度（85.0%）$MoSi_2$ 材料氧化动力学在初始和后续阶段基本上都呈直线形，而高致密度的材料氧化动力学遵守抛物线规律。致密度为 85.0% 的 $MoSi_2$ 材料在 700～1200℃ 之间氧化时，氧化温度越高，材料氧化增重逐渐减少；而致密度为 90.2% 和 94.8% 的 $MoSi_2$ 材料在 700～1000℃ 之间，随着温度升高，材料增重越多，而在 1200℃ 氧化时，增重最小。

9.6.5　硅化物电热材料的发展前景

$MoSi_2$ 发热元件已经渗透到工业加热的不同领域，成为玻璃、冶金、磁性材料、热处理、传统陶瓷和先进陶瓷以及实验室烧结、分析测试等设备的重要部件之一。$MoSi_2$ 发热元件在红外辐射加热、硅晶圆处理、取暖等方面也发挥了巨大的作用。$MoSi_2$ 发热元件是一种电热元件，可以实现洁净加热和零污染，在煤炉、油炉改造升级方面也将发挥巨大的优势。

未来 $MoSi_2$ 发热元件的研究还是要不断提高其工作温度，延长使用寿命；改善力学性能，尤其是室温断裂韧性性能，提高运输和安装的可靠性；改善抗 400～700℃ 低温氧化的能力，扩大发热元件的使用范围；提高 $MoSi_2$ 发热元件的电热转换效率，减少热损失。

随着炉膛空间进一步扩大，$MoSi_2$ 发热元件必将向大型化发展；微加热系统的开发需要尺寸更小的发热元件，$MoSi_2$ 发热元件也会向微型化发展；线状、带状、管状以及板状电热体的出现和应用使得 $MoSi_2$ 发热元件逐渐向异型化方向发展。未来 $MoSi_2$ 发热元件必将在家庭生产（器具、炉、装置等）、农业生产（大棚、烘干等）、工业加热甚至航空航天（空间材料实验室，航天器、卫星、导弹、飞机、舰艇上精密仪器和特殊零部件的加热和温度控制）上发挥巨大的作用。

如前所述，$MoSi_2$ 的应用研究虽然在近些年已有较大的进步，但其主要产品仍然为发热元件。现在世界上 $MoSi_2$ 发热元件的主要生产厂家为康泰尔公司，它几乎垄断了这一产品的世界市场，此外美国的 Starbar 公司，日本的理研工业公司也在生产这种产品，但其生产规模较小，分别只占本国市场的 20%～30% 左右。据统计日本每年对 $MoSi_2$ 发热元件的需求数为5万只左右，以800美元/只的平均价格计算，日本的年销售额可达4000万美元，而欧洲的用量与日本相当，美国的用量大约为日本的2倍，世界3大市场的合计约为1.6亿美元，如果将上述以外地区的市场也考虑进来的话，全球范围的二硅化钼发热元件市场会更大。另外，随着半导体工业的发展对高纯度二硅化钼制的特殊形状发热元件的需求量也在增大，目前的市场规模大约为1200万美元，如果这一市场进一步扩大，高纯度$MoSi_2$特殊形状发热元件的用量可望翻倍[138]。

参 考 文 献

[1] G F Hardy, J K Hulm. Superconducting Silicidesand Germanides [J]. Physical Review, 1953, 89 (4): 844.

[2] G F Hardy, J K Hulm. The Superconductivity of Some Transition Metal Compounds [J]. Physical Review, 1954, 93 (5): 1004 ~ 1016.

[3] S Sanfilippo, H Elsinger, M Núñez - Regueiro, et al. Superconducting High Pressure $CaSi_2$ Phase with T_c up to 14K [J]. Physical Review B, 2000, 61 (6): R3800 ~ R3803.

[4] L R Testardi. Structural Instability and Superconductivity in A - 15 Compounds [J]. Reviews of Modern Physics, 1975, 47 (3): 637 ~ 648.

[5] B W Batterman, C S Barrett. Crystal Structure of Superconducting V_3Si [J]. Physical Review Letters, 1964, 13 (13): 390 ~ 392.

[6] P W Anderson. A Career in Theoretical Physics [M]. Singapore: World Scientific Pub Co Inc, 1994: 464.

[7] B A Hatt, J K R Page, V G Rivlin. The Structure and Superconducting Behavior of Some V - Al Binary Alloys and of Ternary "β - W" Alloys Based on the V - Al Alloy [J]. Journal of Low Temperature Physics, 1973, 10 (3 ~ 4): 271 ~ 284.

[8] E A Ekimov, V A Sidorov, E D Bauer, et al. Superconductivity in Diamond [J]. Nature, 2004, 428 (6982): 542 ~ 545.

[9] H Umezawa, T Takenouchi, Y Takano, et al. Advantage on Superconductivity of Heavily Boron - doped (111) Diamond Films [J]. Condensed Matter, 2005, 0503303 (preprint), 22.

[10] V A Korshunov, A D Shevchenko. Densities of Phonon and Electron States in V_3Si and Cr_3Si Crystals [J]. Solid State Communications, 1983, 48 (6): 577 ~ 580.

[11] F Reinert, G Nicolay, B Eltner, et al. Observation of a BCS Spectral Function in a Conventional Superconductor by Photoelectron Spectroscopy [J]. Physical Review Letters, 2000, 85 (18): 3930 ~ 3933.

[12] G Arbman. Trend Studies of A15 Compounds by Self - consistent Band Calculations [J]. Solid State Communications. 1978, 26 (11): 857 ~ 861.

[13] O Bisi, L W Chiao. Electronic Structure of Vanadium Silicides [J]. Physical Review B, 1982, 25 (8): 4943 ~ 4948.

[14] 贺兵. 含C、Si、B新超导体探索 [D]. 广西大学, 2008: 35 ~ 42.

[15] F Steglich, J Aarrts, C D Bredl, et al. Superconductivity in the Presence of Strong Pauli Paramagnetism: $CeCu_2Si_2$ [J]. Physical Review Letter, 1979, 43 (25): 1892 ~ 1896.

[16] O Stockert, J Arndt, A Schneidewind, et al. Magnetism and Superconductivity in the Heavy - fermion Compound $CeCu_2Si_2$ Studied by Neutron Scattering [J]. Physical B: Condensed Matter, 2008, 403 (5 ~ 9): 973 ~ 976.

[17] O Stockert, D Andreica, A Amato, et al. Magnetic Order and Superconductivity in Single - crystalline

$CeCu_2Si_2$ [J]. Physica B: Condensed Matter, 2006, 374 ~ 375: 167 ~ 170.

[18] G Bruls, B Wolf, D Finsterbusch, et al. Unusual B – T Phase Diagram of the Heavy – fermion Superconductor $CeCu_2Si_2$ [J]. Physical Review Letters, 1994, 72 (11): 1754 ~ 1757.

[19] J Toby, D Chandan. Structure and Magnetization of Two – dimensional Vortex Arrays in the Presence of Periodic Pinning [J]. Physical Review B, 2003, 67 (21): 214514 (11).

[20] F G Aliev, N B Brandt, R V Lutsiv, et al. Superconductivity of $CeCu_2Si_2$ [J]. JETP Letters, 1982, 35 (10): 539 ~ 542.

[21] 冯世平. $CeCu_2Si_2$ 的超导临界温度随压力变化的理论解释 [J]. 物理学报, 1986, 35 (5): 687 ~ 690.

[22] W Schlabitz, J Baumann, B Pollit, et al. Superconductivity and Magnetic Order in a Strongly Interacting Fermi – system: URu_2Si_2 [J]. Zeitschrift für Physik B: Condensed Matter, 1986, 62 (2): 171 ~ 177.

[23] S K Malik, Darshan C Kundaliya. Superconductivity in the New Intermetallic Compound La_3Pd_5Si [J]. Solid State Communications, 2003, 127 (4): 279 ~ 282.

[24] J Evers, G Oehlinger, A Weiss, et al. Supraconductivity of LaPtSi and LaPtGe [J]. Solid State Communications, 1984, 50 (1): 61 ~ 62.

[25] W H Lee. Superconductivity of Ni – doped LaPtSi [J]. Solid State Communications, 1995, 94 (6): 425 ~ 428.

[26] J Y Chen, H H Sung, K J Syu, et al. Crystal Structure and Superconductivity in the Th – doped LaPtSi Compounds [J]. Physica C: Superconductivity, 2010, 470 (S1): S772 ~ S773.

[27] H F Braun. Superconductivity of Rare Earth – iron Silicides [J]. Physics Letters A, 1980, 75 (5): 386 ~ 388.

[28] 顾冬梅, 王智河, 于广亮, 等. 三元超导化合物 $Sc_5Ir_4Si_{10}$ 的低温比热性质 [J]. 稀有金属材料与工程, 2008, 37 (S4): 49 ~ 52.

[29] G J Li, M Miura, Z X Shi, et al. Anisotropic Superconducting Properties in $Sc_5Ir_4Si_{10}$ [J]. Physica C: Superconductivity and its Applications, 2007, 463 ~ 465: 76 ~ 79.

[30] T Tamegai, G J Li. Quasi – one – dimensional Superconductivity in $Sc_5Ir_4Si_{10}$ and $Lu_5Ir_4Si_{10}$ Single Crystals [J]. International Journal of Modern Physics B, 2007, 21 (18 ~ 19): 3334 ~ 3339.

[31] R M Ware, D J McNeill. Iron Disilicide as a Thermoelectric Generator Material [J]. Proceedings of the Institution of Electrical Engineers, 1964, 111 (1): 178 ~ 182.

[32] E N Nikitin, V G Bazanov, V I Tarasov. Thermoelectric Properties of Mg_2Si – Mg_2Sn Solid Solution [J]. Soviet Physics Solid State, 1961, 3 (12): 2648 ~ 2651.

[33] 况学成, 宁小荣. 热电材料的研究现状及发展趋势 [J]. 佛山陶瓷, 2008, 18 (6): 34 ~ 40.

[34] J Tani, H Kido. Thermoelectric Properties of Al – doped $Mg_2Si_{1-x}Sn_x$ ($x \leqslant 0.1$) [J]. Journal of Alloys and Compounds, 2008, 466 (1 ~ 2): 335 ~ 340.

[35] E N Nikitin, E N Tkalenko, V K Zaitsev, et al. The Study of Phase Diagram and Some Properties of the Solid Solutions in the System Mg_2Si – Mg_2Sn [J]. Izv. Akad. Nauk USSR, Neorg. Mater., 1968, 4 (11): 1902 ~ 1906.

[36] E N Nikitin, V K Zaitsev, E N Tkalenko, et al. Lattice Thermal Conductivity of Mg_2Si – Mg_2Sn, Mg_2Ge – Mg_2Sn, and Mg_2Si – Mg_2Ge Solid Solutions [J]. Soviet Physics – Solid State, 1969, 11: 221.

[37] Y Isoda, T Nagai, H Fujiu, et al. Thermoelectric Properties of Sb – doped $Mg_2Si_{0.5}Sn_{0.5}$. 2006 International Conference on Thermoelectrics.

[38] Michael Riffel, Jurgen Schilz. Mechanically Alloyed $Mg_2Si_{1-x}Sn_x$ Solid Solution as Thermoelectric Materi-

als, 1996 International Conference on Thermoelectrics, 133 ~ 136.

[39] R Janot, F Cuevas, M Latroche, et al. Influence of Crystallinity on the Structural and Hydrogenation Properties of Mg_2X Phases (X = Ni, Si, Ge, Sn) [J]. Intermetallics, 2006, 14 (2): 163 ~ 169.

[40] R B Song, T Aizawa, J Q Sun. Synthesis of $Mg_2Si_{1-x}Sn_x$ Solid Solutions as Thermoelectric Materials by Bulk Mechanical Alloying and Hot Pressing [J]. Materials Science and Engineering: B, 2007, 136 (2 ~ 3): 111 ~ 117.

[41] R G Morris, R D Redin, G C Danielson. Semiconducting Properties of Mg_2Si Single Crystals [J]. Physical Review, 1958, 109 (6): 1909 ~ 1915.

[42] 张倩，朱铁军，殷浩，等. La掺杂n型Mg_2Si基半导体的热电性能研究 [J]. 功能材料，2008，39 (12): 2008 ~ 2010, 2014.

[43] J Y Jung, K H Park, I H Kim. Thermoelectric Properties of Sb – doped Mg_2Si Prepared by Solid – State Synthesis. IOP Conference Series: Materials Science and Engineering, 2011, 18, symposium 9C, 142006.

[44] Jun – ichi Tani, Hiroyasu Kido. Thermoelectric Properties of Bi – doped Mg_2Si Semiconductors [J]. Physica B: Condensed Matter, 2005, 364 (1 ~ 4): 218 ~ 224.

[45] V K Zaitsev, M I Fedorov, E A Gurieva, et al. Thermoelectrics of n – type with $ZT > 1$ Based on Mg_2Si – Mg_2Sn Solid Solutions. 2005 International Conference on Thermoelectrics.

[46] Y Dusausoy, J Protas, R Wandji, et al. Structure Cristalline du Disiliciure de fer, $\beta - FeSi_2$ [J]. Acta Crystallographica Section B, 1971, 27 (6): 1209 ~ 1218.

[47] N E Christensen. Electronic Structure of $\beta - FeSi_2$ [J]. Physical Review B, 1990, 42 (11): 7148 ~ 7153.

[48] T Kojima, K Masumoto, M A Okamoto, et al. Formation of $\beta - FeSi_2$ from the Sintered Eutectic Alloy FeSi – Fe_2Si_5 Doped with Cobalt [J]. Journal of the Less Common Metals, 1990, 159: 299 ~ 305.

[49] I Yamauchi, T Okamoto, H Ohata, et al. β – phase Transformation and Thermoelectric Power in $FeSi_2$ and Fe_2Si_5 Based Alloys Containing Small Amounts of Cu [J]. Journal of Alloys and Compounds, 1997, 260 (1 ~ 2): 162 ~ 171.

[50] 朱铁军，赵新兵，胡淑红，等. 快速凝固$\beta - FeSi_2$半导体的热电性能 [J]. 功能材料，2001，32 (3): 280 ~ 281.

[51] Shin – ichiro Kondo, Masayuki Hasaka. Molecular Orbital Calculations on Iron Disilicide $\beta - FeSi_2$. Japanese Journal of Applied Physics, 1993, 32 (5R): 2010 ~ 2013.

[52] M Umemoto. Preparation of Thermoelectric $\beta - FeSi_2$ Doped with Al and Mn by Mechanical Alloying [J]. Materials Transactions, JIM, 1995, 36 (2): 373 ~ 383.

[53] T H Song, H L Lee, C N Pai, et al. Thermal Conductivity of Fe – Si Alloys Prepared by the SHS Process [J]. Journal of Materials Science Letters, 1995, 14 (23): 1715 ~ 1717.

[54] Y Ohta, S Miura, Y Mishima. Thermoelectric Semiconductor Iron Disilicides Produced by Sintering Elemental Powders [J]. Intermetallics, 1999, 7 (11): 1203 ~ 1210.

[55] J Schilz, E Müller, K Schackenberg, et al. On the Thermoelectric Performance of Plasma Spray – formed Iron Disilicide [J]. Journal of Materials Science Letters, 1998, 17 (17): 1487 ~ 1490.

[56] T Ehara, S Naito, S Nakagomi, et al. Phosphorous Doping in Beta – irondisilicide by Co – sputtering Method [J]. Materials Letters, 2002, 56 (4): 471 ~ 474.

[57] A Heinrich, G Behr, H Griessmann. Thermoelectric Properties of $\beta - FeSi_2$ Single Crystals Prepared with 5N Source Material [J]. Thermoelectrics, 1997. Proceedings ICT '97. XVI International Conference on, Dresden, Germany, 26 ~ 29 Aug 1997.

[58] M Ito, H Nagai, S Katsuyama, et al. Effects of Ti, Nb and Zr Doping on Thermoelectric Performance of β - $FeSi_2$ [J]. Journal of Alloys and Compounds, 2001, 315 (1 ~ 2): 251 ~ 258.

[59] S W Kim, M K Cho, Y Mishima, et al. High Temperature Thermoelectric Properties of p - and n - type β - $FeSi_2$ with Some Dopants [J]. Intermetallics, 2003, 11 (5): 399 ~ 405.

[60] H Y Chen, X B Zhao, T J Zhu, et al. Influence of Nitrogenizing and Al - doping on Microstructures and Thermoelectric Properties of Iron Disilicide Materials [J]. Intermetallics, 2005, 13 (7): 704 ~ 709.

[61] 屠海令，王磊，杜军. 半导体集成电路用金属硅化物的制备与检测评价 [J]. 稀有金属，2009, 33 (4): 453 ~ 461.

[62] 汪涛. VLSI 中常用金属硅化物的研究 [D]. 上海交通大学，2004: 1 ~ 121.

[63] 王大海，万春明，徐秋霞. 自对准硅化物工艺研究 [J]. 微电子学，2004, 34 (6): 631 ~ 635, 639.

[64] L A Clevenger, J M E Harper, C Cabral, et al. Kinetic Analysis of C49 - $TiSi_2$ and C54 - $TiSi_2$ Formation at Rapid Thermal Annealing Rates [J]. Journal of Applied Physics, 1992, 72 (10): 4978 ~ 4980.

[65] K Shenai. Novel Refractory Contact and Interconnect Metallizations for High - voltage and Smartpower Applications [J]. IEEE Transactions on Electron Devices, 1990, 37 (10): 2207 ~ 2220.

[66] O A Fouad, M Yamatazo, H Ichinose, et al. Titanium Disilicide Formation by rf Plasma Enhanced Chemical Vapor Deposition and Film Properties [J]. Applied Surface Science, 2003, 206 (1 ~ 4): 159 ~ 166.

[67] M H Wang, L J Chen. Phase Formation in the Interfacial Reactions of Ultrahigh Vacuum Deposited Titanium thin Films on (111) Si [J]. Journal of Applied Physics, 1992, 71 (12): 5918 ~ 5925.

[68] S L Cheng, S M Chang, H Y Huang, et al. Transmission Electron Microscopy Investigation of the Formation of C54 - $TiSi_2$ Phase on Stressed (001) Si [J], Micron, 2002, 33 (6): 543 ~ 547.

[69] L J Chen, S L Cheng, S M Chang. Enhanced Formation of Low - resistivity $TiSi_2$ Contacts for Deep Submicron Devices [J]. Bulletin of Materials Science, 1999, 22 (3): 391 ~ 397.

[70] L Miglio, M Lannuzzi, M Celino, et al. Supersoft Elastic Parameters and Low Melting Temperature of the C49 Phase in $TiSi_2$ by Brillouin Scattering and Molecular Dynamics [J]. Applied Physics Letters, 1999, 74 (24): 3654 ~ 3656.

[71] Y Matsubara, T Horiuchi, K Okumura. Activation Energy for the C49 - to - C54 Phase Transition of Polycrystalline $TiSi_2$ Films with Arsenic [J]. Applied Physics Letters, 1993, 62 (21): 2634 ~ 2636.

[72] S Y Sun, C J Lee, H S Chou, et al. Effects of Ag Addition on Phase Transformation and Resistivity of $TiSi_2$ thin Films [J]. Applied Surface Science, 2011, 257 (7): 2550 ~ 2554.

[73] N Lundqvist, J Åberg, S Nygren, et al. Effects of Substrate Bias and Temperature During Titanium Sputter-deposition on the Phase Formation in $TiSi_2$ [J]. Microelectronic Engineering, 2002, 60 (1 ~ 2): 211 ~ 220.

[74] A Sabbadini, F Cazzaniga, T Marangon. Influence of $TiSi_2$ Formation Temperature on Film Thermal Stability [J]. Microelectronic Engineering, 2000, 50 (1 ~ 4): 159 ~ 164.

[75] 刘允，陈海峰. 亚微米自对准硅化物工艺开发 [J]. 电子与封装，2006, 6 (3): 37 ~ 39.

[76] 方志军，汤继跃，许志. 集成电路中金属硅化物的发展与演变 [J]. 集成电路应用，2008 (9): 51 ~ 52.

[77] J A Kittl, Q Z Hong, M Rodder. Mechanisms of Thin Film Ti and Co Silicide Phase Formation on Deep - sub - micron Geometries and Their Implications and Applications to 0.18μm CMOS and BEYOND. Advanced Metallization for Future ULSI, Mat. Res. Soc. Symp. Proc. Vol. 427, 1996: 505 ~ 510.

[78] Z Y Yao, F G Qin, Z Z Ren. Study on Preparation of GaN and $CoSi_2$ Epitaxial Films by Mass Analyzed Low Energy Dual Ion Beam Epitaxy [J]. Vacuum, 1992, 43 (11): 1059 ~ 1060.

[79] R T Tung, J M Gibson, J M Poate. Growth of Single Crystal Epitaxial Silicides on Silicon by the Use of Template Layers [J]. Appllied Physics Letters, 1983, 42 (10): 888 ~ 890.

[80] A H van Ommen, C W T Bulle – Lieuwma, C Langereis. Properties of $CoSi_2$ Formed on (001) Si [J]. Journal of Applied Physics, 1988, 64 (5): 2706 ~ 2716.

[81] D P Adams, S M Yalisove, D J Eaglesham. Interfacial and Surface Energetics of $CoSi_2$ [J]. Journal of Applied Physics, 1994, 76 (9): 5190 ~ 5194.

[82] R T Tung. Oxide Mediated Epitaxy of $CoSi_2$ on Silicon [J]. Applied Physics Letters, 1996, 68 (24): 3461 ~ 3463.

[83] M L A Dass, D B Fraser, C S Wei. Growth of Epitaxial $CoSi_2$ on (100) Si [J]. Applied Physics Letters, 1991, 58 (12): 1308 ~ 1310.

[84] 屈新萍，徐蓓蕾，茹国平，等. Co/C/Si (100) 结构固相外延生长 $CoSi_2$ [J]. 半导体学报, 2003, 24 (1): 63 ~ 67.

[85] A Lauwers, J A Kittl, M Van Dal, et al. Low Temperature Spike Anneal for Ni – silicide Formation [J]. Microelectronic Engineering, 2004, 76 (1 ~ 4): 303 ~ 310.

[86] B Y Tsui, C M Hsieh, Y R Hung, et al. Improvement of the Thermal Stability of NiSi by Germanium Ion Implantation [J]. Journal of the Electrochemical Society, 2010, 157 (2): H137 ~ H143.

[87] C M Hsieh, B Y Tsui, Y R Hung, et al. Thermal Stability Improvement of NiSi on Gate by High Dosage Germanium Implantation [J]. Electrochemical and Solid – state Letters, 2009, 12 (6): H226 ~ H228.

[88] K N Tu, R D Thompson, B Y Tsaur. Low Schottky Barrier of Rare – earth Silicide on n – Si [J]. Applied Physics Letters, 1981, 38 (8): 626 ~ 628.

[89] J A Knapp, S T Picraux. Epitaxial Growth of Rare – earth Silicides on (111) Si [J]. Applied Physics Letters, 1986, 48 (7): 466 ~ 468.

[90] N Frangis, J Van Landuyt, G Kaltsas, et al. Growth of Erbium – silicide Films on (100) Silicon as Characterised by Electron Microscopy and Diffraction [J]. Journal of Crystal Growth, 1997, 172 (1 ~ 2): 175 ~ 182.

[91] J Nogami, B Z Liu, M V Katkov, et al. Self – assembled Rare – earth Silicide nanowires on Si (001) [J]. Physical Review B, 2001, 63 (23): 233305.

[92] C Preinesberger, S K Becker, S Vandré, et al. Structure of $DySi_2$ Nanowires on Si (001) [J]. Journal of Applied Physics, 2002, 91 (3): 1695 ~ 1697.

[93] E W Perkins, I M Scott, S P Tear. Growth and Electronic Structure of Holmium Silicides by STM and STS [J]. Surface Science, 2005, 578 (1 ~ 3): 80 ~ 87.

[94] S C Yuan, Y M Liu. Two – Mask Silicides Fully Self – aligned for Trench Gate Power IGBTs with Super – junction Structure [J]. IEEE Electron Device Letters, 2008, 29 (8): 931 ~ 933.

[95] M Zhang, J Knoch, Q T Zhao, et al. Impact of Dopant Segregation on Fully Depleted Schottky – barrier SOI – MOS – FETs [J]. Solid – State Electronics, 2006, 50 (4): 594 ~ 600.

[96] 蔡毅. 硅化铂红外焦平面探测器的特点与应用潜力分析 [J]. 半导体光电, 2007, 28 (1): 1 ~ 4.

[97] P Lahnor, R Schmiedl, D Woerle, et al. Infrared Response of Silicide Schottky Barrier Detectors Formed From Mixed Pt/Ir Layers on Si. Proceedings of SPIE (Infrared Detectors for Remote Sensing: Physics, Materials, and Devices), 1996, 2816: 58 ~ 66.

[98] G John, L Gerard, B Richard. 4096 × 4096 Pixel CCD Mosaic Imager for Astronomical Applications. Proceedings of SPIE (Charge – Coupled Devices and Solid State Optical Sensors Ⅱ), 1991, 1447: 264 ~ 273.

[99] 胡晓梅. 红外焦平面探测器的非均匀性与校准方法研究 [J]. 红外与激光工程, 1999, 28 (3):

9 ~ 12.

[100] M Kimata, M Denda, S Iwade, et al. A Wide Spectral Band Photodetector with PtSi/p – Si Schottky – barrier [J]. International Journal of Infrared and Millimeter Waves, 1985, 6 (10): 1031 ~ 1041.

[101] F Raissi, M M Far. High Sensitive PtSi/porous Si Schottky Detectors [J]. IEEE Sensors Journal, 2002, 2 (5): 476 ~ 481.

[102] A A Naem. Platinum Silicide Formation Using Rapid Thermal Processing [J]. Journal of Applied Physics, 1988, 64 (8): 4161 ~ 4167.

[103] B Y Tsui, J Y Tsai, T S Wu, et al. Effect of Fluorine Incorporation on the Thermal Stability of PtSi/Si Structure [J]. IEEE Transaction on Electron Devices, 1993, 40 (1): 54 ~ 63.

[104] 钟太彬，林均品，陈国良. Fe_3Si 基合金的制备及应用研究进展 [J]. 功能材料，1999，30 (4): 337 ~ 339, 344.

[105] Y Takada, M Abe, S Masuda, et al. Commercial Scale Production of Fe ~ 6.5wt% Si Sheet and its Magnetic Properties [J]. Journal of Applied Physics, 1988, 64 (10): 5367 ~ 5369.

[106] H Haiji, K Okada, T Hiratani, et al. Magnetic Properties and Workability of 6.5% Si Steel Sheet [J]. Journal of Magnetism and Magnetic Materials, 1996, 160: 109 ~ 114.

[107] 李晓，赫晓东，孙跃. 高硅钢片的特性、制备及研究进展 [J]. 磁性材料及器件，2008，39 (6): 1 ~ 4.

[108] S Kunihiro, N Misao, H Yasuyuki. Electrical Steels for Advanced Automobiles – core Materials for Motors, Generators, and High – frequency Reactors [J]. JFE Technical Report, 2004, (4): 67 ~ 73.

[109] K Yamamoto, Y Kimura, Y Mishima. Phase Constitution and Microstructure of the Fe – Si – Cr Ternary Ferritic slloys [J]. Scripta Materialia, 2004, 50 (7): 977 ~ 981.

[110] H Usuba, K Yamamoto, Y Kimura, et al. Phase Equilibria and Microstructures in the Fe – Si – Cr – Ti System [J]. Intermetallics, 2006, 14 (5): 505 ~ 507.

[111] H Meco, R E Napolitano. Liquidus and Solidus Boundaries in the Vicinity of Order – disorder Transitions in the Fe – Si System [J]. Scripta Materialia, 2005, 52 (3): 221 ~ 226.

[112] S Matsumura, Y Tanaka, Y Koga, et al. Concurrent Ordering and Phase Separation in the Vicinity of the Metastable Critical Point of Order – disorder Transition in Fe – Si alloys [J]. Materials Science and Engineering: A, 2001, 312 (1 ~ 2): 284 ~ 292.

[113] M Mohri, N Yanagisawa, Y Tajima, et al. Rechargeable Lithium Battery Based on Pyrolytic Carbon as a Negative Electrode [J]. Journal of Power Sources, 1989, 26 (3 ~ 4): 545 ~ 551.

[114] O Schneeweiss, N Pizúrová, Y Jirásková, et al. Fe_3Si Surface Coating on SiFe Steel [J]. Journal of Magnetism and Magnetie Materials, 2000, 215 ~ 216: 115 ~ 117.

[115] M Cherigui, H I Feraoun, N E Feninehe, et al. Structure of Amorphous Iron – based Coatings Processed by HVOF and APS Thermally Spraying [J]. Materials Chemistry and Physics, 2004, 85 (1): 113 ~ 119.

[116] M Cherigui, N E Fenineche, G Ji, et al. Microstructure and Magnetic Properties of Fe – Si – based Coatings Produced by HVOF Thermal Spraying Process [J]. Journal of Alloys and Comounds, 2007, 427 (1 ~ 2): 281 ~ 290.

[117] 田民波. 磁性材料 [M]. 北京：清华大学出版社，2000: 71.

[118] 孙玉魁，张长安，董学智，等. 金属软磁材料及其应用 [M]. 北京：冶金工业出版社，1986: 29 ~ 30.

[119] Y Yoshizawa, S Oguma, K Yamauchi. New Fe – based Soft Magnetic Alloys Composed of Ultrafine Grain Structure [J]. Journal of Applied Physics, 1988, 64 (10): 6044 ~ 6046.

[120] 曹琦，龚荣洲，冯则坤，等. Fe - Si - Al 系合金粉微波吸收特性 [J]. 中国有色金属学报，2006，16 (3)：524 ~ 529.

[121] S Yoshida，S Ando，Y Shimada，et al. Crystal Structure and Microwave Permeability of Very thin Fe - Si - Al Flakes Produced by Microforging [J]. Journal of Applied Physics，2003，93 (10)：6659 ~ 6661.

[122] 吕振林，李世斌，高积强，等. 碳化硅发热元件失效分析 [J]. 机械工程材料，2002，26 (6)：37 ~ 39.

[123] 杭瑞强. $MoSi_2$ 电热材料研究 [D]. 西北工业大学，2006.

[124] 张帆，周伟敏. 材料性能学 [M]. 上海：上海交通大学出版社，2009.

[125] 冯培忠，王晓虹，杜学丽，等. Kanthal $MoSi_2$ 发热元件的组织结构和性能 [J]. 耐火材料，2006，40 (2)：120 ~ 122.

[126] 林育炼，刘盛秋. 耐火材料与能源 [M]. 北京：冶金工业出版社，1993.

[127] 冯培忠，王晓虹. 二硅化钼发热元件的多样化及其发展趋势 [J]. 工业加热，2007，36 (3)：62 ~ 64.

[128] 来忠红，朱景川，王丽艳，等. $MoSi_2$ 及 $MoSi_2$ 基材料的强韧化 [J]. 材料科学与工艺，2000，8 (2)：108 ~ 112.

[129] 马勤，李和平，李云峰. 合金元素 W、B 对 $MoSi_2$ 发热体物理化学性能的影响 [J]. 工业炉，2004，26 (3)：4 ~ 7.

[130] 马勤，康沫狂，薛群基. ZrO_2 增韧 $MoSi_2$ 的作用机制与 KIC 测试方法的响应关系 [J]. 金属热处理学报，2000，21 (2)：89 ~ 94，99.

[131] 艾云龙，马勤，邓克明，等. ZrO_2 + SiC 颗粒强韧化 $MoSi_2$ 复合材料的显微组织和性能 [J]. 金属热处理学报，2000，21 (4)：18 ~ 22.

[132] 马勤，阎秉均，尹洁，等. 热压 ZrO_2 - $MoSi_2$ 复合材料的强韧化效果与机制 [J]. 甘肃工业大学学报，2001，27 (4)：23 ~ 26.

[133] 马勤，杨延清. $MoSi_2$ - ZrO_2 纳米复合材料的力学性能与断裂行为 [C]. 中国航空学会'95 新型金属材料研讨会论文集，1995. 07. 01，成都.

[134] J J Petrovic，R E Honnell. Partially Stabilized ZrO_2 Particle - $MoSi_2$ Matrix Composites [J]. Journal of Materials Science，1990，25 (10)：4453 ~ 4456.

[135] 马勤，郭铁明，季根顺，等. $MoSi_2$ - ZrO_2 复合电热材料的制备与性能 [J]. 工业加热，2005，34 (2)：24 ~ 28.

[136] 郭铁明，马勤，季根顺，等. ZrO_2/$MoSi_2$ 复合电热材料的高温氧化行为 [J]. 有色金属，2008，60 (4)：44 ~ 47.

[137] 颜建辉，张厚安，李益民. 不同致密度 $MoSi_2$ 材料在 700 ~ 1200℃的氧化行为 [J]. 稀有金属，2007，31 (1)：18 ~ 21.

[138] 江莞，赵世柯，王刚. 二硅化钼材料的研究现状及应用前景 [J]. 无机材料学报，2001，16 (4)：577 ~ 585.

主要英文缩写及中文说明

缩写符号	英　　文	中文说明
2D	Two – dimensional	二维
3D	Three – dimensional	三维
AAS	Atomic Absorption Spectroscopy	原子吸收光谱
AC	As Cast	铸态
AEM	Alkaline Earth Meta – Silicide	碱土金属硅化物
AES	Auger Electron Spectroscopy	俄歇电子能谱
AES	Auger Electron Spectroscopy	俄歇电子能谱
AFM	Atomic Force Microscope	原子力显微镜
APB	Anti – Phase Boundary	反相畴界
APBE	Anti – Phase Boundary Energy	反相畴界能
ARPES	Angle – Resolved Photoemission Spectroscopy	角分辨光电子谱
ASA – LMTO	Atomic Sphere Approximation LMTO	原子球近似 – 线性蛋糕模子轨道
BE	Binding Energy	结合能
CBED	Convergent Beam Electron Diffraction	共聚束电子衍射
CCD	Charge Coupled Device	电荷耦合器件
CLS	Core Level Spectra	芯能级光谱
CMOS	Complementary Metal – Oxide Semiconductor	补偿型金属氧化物半导体
COD	Crack Opening Displacement	顶端张开位移
CRSS	Critical Resolved Shear Stress	临界分切应力
CSL	Coincidence Site Lattice	重合点阵
CTE	Coefficient of Thermal Expansion	热膨胀系数
CVD	Chemical Vapor Deposition	化学气相沉积
CVT	Chemical Vapor Transport	化学气相输运法
DBTT	Ductile Brittle Transition Temperature	韧脆转变温度
DFT	Density Functional Theory	密度泛函理论
DOS	Density Of States	态密度
ED	Electron Diffraction	电子衍射
EDC	Energy Distribution Curve	能量分布曲线
EELS	Electron Energy Loss Spectroscopy	电子能量损失谱
EF	Fermi Fnergy	费米能
EIV	Effective Ionic Value	有效离子价
EMI	Electro Magnetic Interference	电磁干扰
EMPA	Electron Probe Micro Analysis	电子探针
FWHM	Full Width at Half Maximum	半高宽
FZ	Float Zone Method	悬浮区熔法
GO	Grain Orientation	晶粒取向
HFC	Heavy Fermion Compounds	重费米子化合物

缩写符号	英　文	中文说明
HFI - HCS	High Frequency Induction - Heated Combustion Synthesis	高频热激发辅助燃烧合成
HIP	Hot Isostatic Pressing	热等静压
HP	Hot - Pressing	热压烧结
HT	Heat Treatment	热处理态
IR	Infrared Spectrometry	红外光谱
LAPW	Linear Augmented Plane Wave	线性化缀加平面波
LEED	Low Energy Electron Diffraction	低能电子衍射
LICVD	Laser - Induced Chemical Vapor Deposition	激光诱导化学气相沉积
LMTO	Linear Muffin - Tin Orbital	线性蛋糕模子轨道
LNT	Liquid - Nitrogen Temperature	液氮温度
LOM	Light Optical Microscopy	光学显微镜
LPCVD	Low Pressure Chemical Vapor Deposition	低压化学气相沉积
LQ	Liquid Quench	液体淬火
LROP	Long - Range Ordered Parameter	长程有序参数
MA	Mechanical Alloying	机械合金化
MACS	Microwave Activated Combustion Synthesis	微波激活自蔓延高温合成
MBE	Molecule Beam Epitaxy	分子束外延
MDBT	Miniaturised Disk Bend Test	小型碟片弯曲测试
ML	Mono Layer	单原子层
MMC	Metal Matrix Composite	金属基复合材料
MOCVD	Metal Organic Chemical Vapor Deposition	金属 - 有机物化学气相沉积
MOS	Metal - Oxide Semiconductor	金属氧化物半导体
ND	Neutron Diffraction	中子衍射
ODS	Oxide Dispersion Strengthened	氧化物弥散强化
OPW	Orthogonalized Plane Wave	正交化平面波
PBR	Pilling - Bedworth Ratio	金属原子与其氧化物分子的体积比
PECVD	Plasma Enhanced Chemical Vapor Deposition	等离子体增强化学气相沉积
PLC	Plrtevin - Le Chatelier	塑性失稳
PVD	Physical Vapor Deposition	物理气相沉积
RBS	Rutherford Back - scattering Spectroscopy	卢瑟福散射能谱法
RMA	Reaction Mechanical Alloying	反应机械合金化
RT	Room Temperature	室温
RTAP	Rapid Thermal Annealing Process	快速退火工艺
RTG	Radioisotope Thermoelectric Generator	放射性同位素温差发电器
SAD	Selected Area Diffraction	选区衍射
SAS	Self - Aligned Silicide	自对准硅化物
SBH	Schottky Barrier Height	肖特基势垒高度
SBIRCCD	Schottky - Barrier Infrared Charge Coupled Device	肖特基势垒红外电荷耦合器件
SBIRD	Schottky - Barrier Infrared Device	肖特基势垒红外探测器
SDR	Solid - State Displacement Reaction	固态置换反应
SEM	Scanning Electron Microscope	扫描电子显微镜
SENB	Single Edge Notch Beam	单边切口梁悬臂梁法
SEXAFS	Surface Extended X - ray Absorption Fine Structure	表面扩展 X 射线吸收精细结构
SF	Stacking Fault	堆垛层错
SHS	Self - propagating High - temperature Synthesis	自蔓延高温合成

缩写符号	英　文	中文说明
SIMS	Secondary Ion Mass Spectrometry	二次离子质谱
SISF	Super - lattice Intrinsic Stacking Fault	超点阵内禀堆垛层错
SMC	Silicide Matrix Composite	金属硅化物基复合材料
SPS	Spark Plasma Sintering	放电等离子烧结
SSM	Solid - State Metathesis	固态转换合成
STM	Scanning Transmission Microscope	扫描隧道显微镜
TB	Tight - Banding	紧束缚
TCP	Topo - logically Closed Phase	拓扑密堆相
TCVD	Thermal Chemical Vapor Deposition	热化学气相沉积
TEM	Transmission Electron Microscope	透射电子显微镜
TGA	Thermal Gravimetric Analysis	热重分析
TM	Transition Meta - Silicide	过渡金属硅化物
TXRFS	Total X - Ray Reflection Fluorescence Spectrometry	全反 X 射线荧光光谱
UPS	Ultraviolet Photoelectron Spectroscopy	紫外光电子能谱
VAR	Vacuum Arc Re - melting	真空电弧熔炼
VLSI/ULSI	Very Large Scale Integration/ Ultra Large Scale Integrated	超大/甚大规模集成电路
XPS	X - ray Photoelectron Spectroscopy	X 射线光电子能谱
XRD	X - Ray Diffraction	X 射线衍射
XRT	X - ray Roentgenography Technique	X 射线断层摄影术
μPCD	micro - Photo Conduction Decay	微波光导衰减法